de Gruyter Lehrbuch
Hake/Grünreich · Kartographie

Günter Hake · Dietmar Grünreich

Kartographie

7., völlig neu bearbeitete und erweiterte Auflage

Walter de Gruyter
Berlin · New York 1994

Günter Hake
Univ.-Prof. a. D. Dr.-Ing. Dr. phil. h. c.
Börie 58
D-30966 Hemmingen

Dietmar Grünreich
Univ.-Prof. Dr.-Ing.
Institut für Kartographie
Universität Hannover
Appelstraße 9 A
D-30167 Hannover

Auflagen

1. Auflage 1962
2. Auflage 1966
3. Auflage 1968
4. Auflage 1970
5. Auflage 1975
6. Auflage 1982

⊗ Gedruckt auf säurefreiem Papier, das die US-ANSI-Norm über Haltbarkeit erfüllt.

Die Deutsche Bibliothek — CIP-Einheitsaufnahme

Hake, Günter:
Kartographie / Günter Hake ; Dietmar Grünreich. — 7., völlig neu bearb. und erw. Aufl. — Berlin ; New York : de Gruyter, 1994
  (De-Gruyter-Lehrbuch)
  ISBN 3-11-013397-0 brosch.
  ISBN 3-11-013398-9 Gb.
NE: Grünreich, Dietmar:

© Copyright 1994 by Walter de Gruyter & Co., D-10785 Berlin

Dieses Werk einschließlich aller seiner Teile ist urheberrechtlich geschützt. Jede Verwertung außerhalb der engen Grenzen des Urheberrechtsgesetzes ist ohne Zustimmung des Verlages unzulässig und strafbar. Das gilt insbesondere für Vervielfältigungen, Übersetzungen, Mikroverfilmungen und die Einspeicherung und Verarbeitung in elektronischen Systemen.

Printed in Germany.
Diskettenkonvertierung: D. L. Lewis, Berlin. Druck: Gerike GmbH, Berlin.
Buchbinderische Verarbeitung: Lüderitz & Bauer, Berlin.

Dem Andenken
Werner Lichtners
(† 12. 4. 1989)
Ihm verdankt
die Kartographie
wertvolle Anstöße.

Vorwort

Verfasser der 1. bis 3. Auflage (1962-1968) des Bandes „Kartographie" war Prof. Dr.-Ing. *Viktor Heißler*. Nach seinem Tode 1966 bearbeitete Prof. Dr.-Ing. *Günter Hake* die 4. Auflage als „Kartographie I" neu (1970) und schuf durch stoffliche Erweiterung einen weiteren Band „Kartographie II" (1970). 1975 erschien die 5. und 1982 die 6. Auflage des Bandes I, 1976 die 2. und 1985 die 3. Auflage des Bandes II.

Die Absicht des Autors, die nächsten Auflagen zusammen mit seinem Nachfolger Prof. Dr.-Ing. *Werner Lichtner* zu bearbeiten, kam durch dessen Tod im Jahre 1989 leider nicht zustande. Erst nach Wiederbesetzung der Stelle durch Prof. Dr.-Ing. *Dietmar Grünreich* im Jahre 1991 konnte mit einer neuen Gemeinschaftsarbeit begonnen werden. Anstelle der bisherigen zwei Bände der „Sammlung Göschen" legen die Autoren nunmehr den Band „Kartographie" in völlig neu bearbeiteter 7. Auflage als „de Gruyter Lehrbuch" vor.

Der Inhalt des Buches ist nach der stofflichen Entwicklung und Gliederung sowie nach dem Grade der Ausführlichkeit und Schwierigkeit so angelegt, daß er sich möglichst vielseitig verwenden läßt. In erster Linie dient er als einführendes und begleitendes Lehrbuch für Hochschulstudierende der Fachrichtungen Vermessungswesen, Kartographie und Geographie, aber auch der übrigen geowissenschaftlichen Bereiche und der mit raumbezogener Planung befaßten Studiengänge. Daneben eignet er sich zum Selbststudium und zur beruflichen Fortbildung für alle, die mit der Darstellung raumbezogener Informationen zu tun haben. Schließlich vermittelt und erleichtert er den Einstieg in ein weiterführendes und vertiefendes Fachstudium.

Die Autoren erhielten zu diesem Buch von vielen Seiten eine Menge sachbezogener Informationen und Unterstützungen. Ihr Dank gilt daher
– allen Personen und Stellen, die ihnen manche großzügige Hilfe sowie wertvolle Hinweise und Anregungen in Gesprächen, Briefen usw. gaben;
– den Lieferanten zahlreicher Bildvorlagen;
– den beteiligten Angehörigen des Verlages Walter de Gruyter für die große Förderung des Vorhabens und die stets angenehme und vertrauensvolle Zusammenarbeit;
– Herrn Dipl.-Ing. Dieter Heidorn, der sich bei der Herstellung neuer und der Überarbeitung vorhandener Abbildungen und Tabellen bis hin zu druckreifen Vorlagen erneut bewährte.

Die Anlagen mit den Kartenausschnitten am Ende des Bandes wurden freundlicherweise von folgenden Stellen zur Verfügung gestellt :
  1 - 4   Landesvermessungsamt Rheinland-Pfalz, Koblenz,
  5 - 8   Institut für Angewandte Geodäsie, Frankfurt am Main,
  9   Stadtvermessungsamt Hannover, Hannover,

10, 11	Bundesamt für Seeschiffahrt und Hydrographie, Hamburg,
12 - 15	Westermann Schulbuchverlag GmbH, Braunschweig,
16	Ravenstein Verlag GmbH, Bad Soden/Taunus,
17	Baubehörde Hamburg – Vermessungsamt, Hamburg,
18, 19, 21	Nieders. Landesverwaltungsamt – Landesvermessung, Hannover,
20	Landesvermessungsamt Nordrhein-Westfalen, Bonn,
22	Bundesanstalt für Geowissenschaften und Rohstoffe, Hannover,
23, 24	Nieders. Landesamt für Bodenforschung, Hannover.

Die Verfasser und der Verlag danken diesen Stellen für ihre großzügige und wirkungsvolle Unterstützung, denn sie haben das Buch durch das bereichert, was den Kern der Kartographie nach wie vor ausmacht: Karten!

Mit dem Erscheinen dieses Buches blickt der Verlag zurück auf 100 Jahre der Veröffentlichung von Büchern mit kartographischer Thematik: Als Band 30 der Sammlung Göschen verfaßten *Eugen Gelcich* und *Friedrich Sauter* im Jahre 1894 eine „Kartenkunde", deren 2. Auflage *Paul Dinse* 1897 überarbeitete und die *Max Groll* in der 3. Auflage 1909 revidierte. 1912 schuf *Max Groll* eine neu gegliederte „Kartenkunde" in zwei Bänden (Band II als Nr. 599 der Sammlung Göschen). Beide Bände erschienen als 2. Auflage 1922/1923 in der Neubearbeitung von *Otto Graf*, davon Band I nochmals 1931 als Neudruck. Daneben gab es 1912 und in der 2. Auflage 1925 das Buch von *Reinhard Hugershoff* und *Otto Israel* über „Die topographischen Aufnahmen" (Sammlung Göschen Nr. 607). 1936 entstand wiederum eine einbändige „Kartenkunde" aus der Feder von *Max Eckert-Greifendorff*; nach dessen Tode führte *Wilhelm Kleffner* die Durchsicht der 2. (1943) und der 3. Auflage (1950) durch. Der Verlagsvertrag von 1958 mit *Viktor Heißler* aus Hannover markierte schließlich den Beginn der Entwicklung, die das Vorwort in den ersten zwei Absätzen näher beschreibt.

Die jetzigen Autoren beglückwünschen den Verlag zu diesem stetigen, auch in schwierigen Zeiten durchgehaltenen Publikationserfolg, und sie wünschen ihm und damit auch sich und allen künftigen Autoren ein gutes Gelingen für die nächsten 100 Jahre.

Inhaltsverzeichnis

Teil 1: Allgemeine Kartographie 1

1. Einführung 3
   1.1 Begriffe und Aufgaben der Kartographie 3
   1.2 Merkmale und Einteilung der Kartographie 5
   1.3 Objektinformationen in der Kartographie 7
       1.3.1 Zum Begriff des Objekts 8
       1.3.2 Räumlicher Bezug (Geometrische Information) 9
       1.3.3 Sachlicher Bezug (Semantische Information) 10
       1.3.4 Zeitlicher Bezug (Temporale Information) 11
       1.3.5 Objektgruppen, direkte und abgeleitete Informationen . 12
   1.4 Informationsdarstellung in der Kartographie 13
       1.4.1 Merkmale der Informationsdarstellung 13
       1.4.2 Die Karte als graphische (analoge) Darstellung . . . 15
       1.4.3 Digitale Darstellungen 21
   1.5 Kommunikation mit Informationen der Kartographie 24
       1.5.1 Kommunikations-, Informations- und Zeichentheorie . 24
       1.5.2 Merkmale kartographischer Kommunikation 26

2. Raumbezug in der Kartographie 29
   2.1 Geodätische Grundlagen 29
       2.1.1 Gestalt und Größe des Erdkörpers, Bezugsflächen . . 29
       2.1.2 Einheiten und Koordinatensysteme 31
       2.1.3 Grundlagenvermessungen 37
   2.2 Kartennetzentwürfe 42
       2.2.1 Grundlagen 42
       2.2.2 Konische Abbildungen 54
       2.2.3 Azimutale Abbildungen 58
       2.2.4 Zylindrische Abbildungen 63
       2.2.5 Polykonische Abbildungen, Polyederabbildungen . . . 72
       2.2.6 Gesamtdarstellungen der Erde 73
       2.2.7 Transformation von Kartennetzen 77
   2.3 Raumbezug in der Geo-Informatik 80
       2.3.1 Grundlagen geometrischer Datenmodelle 80
       2.3.2 Elementare digitale Darstellungsformen 81
       2.3.3 Mathematische Grundlagen des Raumbezugs 82
       2.3.4 Metrik und Topologie im geometrischen Datenmodell . 86

3. Kartographische Modellbildung 88
   3.1 Grundzüge kartographischer Darstellung 88
       3.1.1 Begriffe und Aufgaben 88

3.1.2	Kartengraphik als Zeichensystem	89
3.1.3	Kartographische Gestaltungsmittel	96
3.1.4	Kartenmaßstab	106
3.1.5	Bestandteile der Karte	108
3.2	Generalisierung und Lagemerkmale	110
3.2.1	Generalisierung	110
3.2.2	Lagemerkmale kartographischer Objekte	117
3.3	Modellbildung in der digitalen Kartographie	119
3.3.1	Begriffe und Aufgaben	119
3.3.2	Raumbezogene Datenmodellierung in der Geo-Informatik	122
3.3.3	Bildung digitaler Objektmodelle (DOM)	132
3.3.4	Bildung digitaler kartographischer Modelle (DKM)	140
3.3.5	Bedingungen der Modellbildung durch die digitale Kartographie	142
4.	Kartographische Techniken	144
4.1	Grundzüge und Materialien	144
4.1.1	Begriffe und Aufgaben	144
4.1.2	Träger der Darstellung	145
4.1.3	Strahlungsempfindliche Schichten	147
4.2	Graphische Darstellung mit manuellen Techniken	153
4.2.1	Tuschezeichnung	153
4.2.2	Schichtgravur	154
4.2.3	Manuelle Schummerung	156
4.2.4	Folienschneiden für Abziehverfahren	157
4.2.5	Darstellung der Schrift	157
4.3	Mechanische und photographische Techniken mit Teildarstellungen	157
4.3.1	Darstellung von Netzen und koordinierten Punkten	158
4.3.2	Schriftsatz	158
4.3.3	Montage- und Abreibverfahren	159
4.3.4	Abziehverfahren (Strip-Mask-Verfahren)	160
4.3.5	Mechanische Schummerung	161
4.3.6	Rasterung	161
4.4	Photographische Übertragung von Gesamtdarstellungen	164
4.4.1	Bildübertragung durch optische Projektion	164
4.4.2	Bildübertragung durch Kontaktkopie	167
4.5	Techniken der Vervielfältigung	170
4.5.1	Vervielfältigung durch Druckverfahren	170
4.5.2	Weitere Vervielfältigungsverfahren	177
4.6	Rechnersysteme für die GDV	178
4.6.1	Allgemeines zur GDV	178
4.6.2	Hardware einer Graphik-Arbeitsstation	180
4.6.3	Systemsoftware (Betriebssystem, Sprachen, GKS)	186

4.7 Digitalisierung graphischer Darstellungen 188
    4.7.1 Grundsätze der Analog-Digital-Wandlung 188
    4.7.2 Digitalisierung im Vektorformat 189
    4.7.3 Digitalisierung im Rasterformat 192
4.8 Datenverwaltung 194
    4.8.1 Allgemeines zur Datenverwaltung 194
    4.8.2 Verwaltung raumbezogener Daten 198
4.9 Graphische Datenverarbeitung in der Kartographie 202
    4.9.1 Grundzüge der kartographischen Datenverarbeitung . . 202
    4.9.2 Elementare Operationen der GDV 203
    4.9.3 Umwandlung zwischen Vektor- und Raster-Daten . . . 211
    4.9.4 Methoden der kartographischen Vektor-Datenverarbeitung 218
    4.9.5 Methoden der kartographischen Raster-Datenverarbeitung 223
    4.9.6 Digitale kartographische Schriftgestaltung 227
4.10 Ausgabe graphischer Daten 229
    4.10.1 Grundsätze der Digital-Analog-Wandlung 229
    4.10.2 Zeichengeräte für die Ausgabe von Vektor-Daten . . . 230
    4.10.3 Zeichengeräte für die Ausgabe von Raster-Daten . . . 233
4.11 Systemkonfigurationen für die digitale Kartographie 235
    4.11.1 Kartographische Automationssysteme 235
    4.11.2 System für die Geo-Informationsverarbeitung 237
    4.11.3 Künftige Entwicklung 237

5. Planung kartographischer Arbeiten 239
   5.1 Konzeption kartographischer Projekte 239
   5.2 Redaktionelle Arbeiten 241
    5.2.1 Überlegungen zur Datenerfassung, Quellenkritik 241
    5.2.2 Redaktionelle Rahmenbedingungen 242
    5.2.3 Inhalt des Redaktionsplanes 243
   5.3 Urheberrecht und Nutzungsrecht 245

6. Erfassung der Informationen 248
   6.1 Merkmale der Herkunft und Erfassung 248
   6.2 Überblick über die Vermessungsarbeiten 249
   6.3 Erfassung vor Ort 250
    6.3.1 Terrestrisch-topographische Vermessungen 250
    6.3.2 Hydrographische Vermessungen 261
    6.3.3 Thematische Erfassungen 262
   6.4 Erfassung durch Photogrammetrie und Fernerkundung . . . 264
    6.4.1 Geräte und Verfahren der Photogrammetrie und
          Fernerkundung 265
    6.4.2 Topographische Anwendungen 273
    6.4.3 Thematische Anwendungen 275
   6.5 Erfassung aus Karten 278

Inhaltsverzeichnis

      6.5.1 Informationserfassung zum Zwecke der Kartenherstellung   278
      6.5.2 Informationserfassung für den Aufbau von DOM   280
   6.6 Erfassung aus anderen Quellen   285
      6.6.1 Erfassung von Namen und anderen Bezeichnungen   285
      6.6.2 Auswertung von Statistiken   286
      6.6.3 Auswertung amtlicher Veröffentlichungen und Nachweise   287
      6.6.4 Auswertung von Fachliteratur und Archivalien   288
      6.6.5 Auswertung digitaler Informationssysteme   288

7. Herstellung kartographischer Darstellungen   290
   7.1 Begriffe und Aufgaben   290
   7.2 Klassische Herstellung   291
      7.2.1 Grundzüge des Kartenentwurfs   291
      7.2.2 Grundzüge der Originalherstellung   295
      7.2.3 Arbeitsabschnitte der Originalherstellung   301
   7.3 Rechnergestützte Herstellung   309
      7.3.1 Kennzeichen der rechnergestützten Herstellung   309
      7.3.2 Bearbeitung topographischer Karten   312
      7.3.3 Bearbeitung thematischer Karten   314
   7.4 Herstellung durch digitale Informationsverarbeitung   319
      7.4.1 Grundzüge digitaler kartographischer Informationsverarbeitung   319
      7.4.2 Aufbereitung von Geo-Daten zu integrierten Datenmodellen   322
      7.4.3 Bearbeitung digitaler Kartenmodelle (DKM)   327
      7.4.4 Beispiele digital bearbeiteter kartographischer Darstellungen   329
      7.4.5 Entwicklung und Forschung   334

8. Auswertung kartographischer Informationsdarstellungen   341
   8.1 Begriffe und Aufgaben   341
   8.2 Auswertung graphischer Informationen (Kartenauswertung)   341
      8.2.1 Aufgaben und Begriffe der Kartenauswertung   341
      8.2.2 Kartenlesen   345
      8.2.3 Kartenmessen (Kartometrie)   347
   8.3 Auswertung digitaler Informationen   357
      8.3.1 Grundzüge der digitalen Informationsauswertung   357
      8.3.2 Methoden der Auswertung digitaler Geo-Daten   359
      8.3.3 Datenqualität   365

Teil 2: Angewandte Kartographie   367

9. Topographische Karten   369
   9.1 Begriffe und Aufgaben   369

9.2 Gruppierung topographischer Karten 370
9.3 Karteninhalt 371
  9.3.1 Situationsdarstellung 371
  9.3.2 Geländedarstellung 379
  9.3.3 Schrift 391
9.4 Kartennetz und Kartenrandangaben 393
  9.4.1 Kartennetz und Suchnetz 393
  9.4.2 Angaben in Kartenrand und Kartenrahmen 393
9.5 Äußere Kartengestaltung 394
  9.5.1 Abgrenzung des Kartenfeldes durch den Kartenrahmen . 394
  9.5.2 Kartenbenennung 395
  9.5.3 Gestaltung von Kartenrahmen und Kartenrand 396
9.6 Aktualisierung topographischer Karten 397
  9.6.1 Aktualisierung amtlicher topographischer Kartenwerke . 398
  9.6.2 Aktualisierung sonstiger topographischer Karten 399
9.7 Überblick zu den topographischen Karten 400
  9.7.1 Amtliche topographische Kartenwerke 400
  9.7.2 Topographisch-thematische Kartenwerke und Karten . . 407
  9.7.3 Topographische Kartenwerke der Erde 410
  9.7.4 Topographische Karten anderer Weltkörper 412

10. Thematische Karten 414
  10.1 Begriffe und Aufgaben 414
  10.2 Gruppierung thematischer Karten 416
  10.3 Karteninhalt 418
    10.3.1 Thematische Darstellung 419
    10.3.2 Topographischer Kartengrund 446
    10.3.3 Schrift 447
  10.4 Kartennetz und Kartenrandangaben 448
    10.4.1 Kartennetz und Suchnetz 448
    10.4.2 Angaben in Kartenrand und Kartenrahmen 449
  10.5 Äußere Kartengestaltung 450
    10.5.1 Abgrenzung des Kartenfeldes, Kartenrahmen 450
    10.5.2 Kartenbenennung 451
    10.5.3 Gestaltung von Kartenrahmen und Kartenrand 451
  10.6 Aktualisierung thematischer Karten 452
  10.7 Überblick zu den thematischen Karten 453
    10.7.1 Naturbereich 453
    10.7.2 Bereich menschlichen Wirkens 459

11. Atlanten 472
  11.1 Begriffe und Aufgaben 472
  11.2 Weltraumatlanten 473
  11.3 Erdatlanten 474

11.4	National- und Regionalatlanten	475
11.5	Stadtatlanten	476
11.6	Topographische Atlanten	476
11.7	Fachatlanten	477
11.8	Bildatlanten	478
11.9	Sonderformen von Atlanten	479

12. Kartenverwandte Darstellungen ... 480
    12.1 Ebene kartenverwandte Darstellungen ... 480
        12.1.1 Von Luft- und Satellitenbildern bis zur Bildkarte ... 481
        12.1.2 Vogel- und Satellitenperspektiven ... 486
        12.1.3 Panoramen ... 486
        12.1.4 Blockbilder ... 487
        12.1.5 Profile ... 489
        12.1.6 Senkrechte Axonometrien ... 490
        12.1.7 Schiefe Axonometrien ... 491
        12.1.8 Stereodarstellungen ... 493
    12.2 Reliefs ... 494
    12.3 Globen ... 495
    12.4 Bewegte Karten (Filmkarten) ... 497

13. Geo-Informationssysteme (GIS) ... 498
    13.1 Begriffe und Aufgaben ... 498
    13.2 Gruppierung der GIS ... 499
    13.3 Aufbau eines GIS ... 500
    13.4 Überblick zu den GIS ... 502
        13.4.1 GIS im Bereich öffentlicher Aufgaben ... 502
        13.4.2 GIS in der Industrie ... 510
        13.4.3 GIS in Wissenschaft und Forschung ... 512
    13.5 Forschung und Entwicklung zu GIS ... 513
        13.5.1 Forschung zu GIS-Methoden ... 513
        13.5.2 Entwicklungen auf dem Gebiete der GIS ... 513

Teil 3: Gegenwart und Geschichte der Kartographie ... 515

14. Gegenwart der Kartographie ... 517
    14.1 Stellung der Kartographie ... 517
    14.2 Institutionen der Kartographie ... 517
    14.3 Ausbildungswege und Forschungen zur Kartographie ... 519
    14.4 Kartographisches Schrifttum, Kartennachweise ... 520

15. Überblick zur Geschichte der Kartographie ... 522
    15.1 Begriffe und Aufgaben ... 522
    15.2 Die Kartographie im Altertum ... 523
    15.3 Die Kartographie im Mittelalter ... 525
    15.4 Die Kartographie im Zeitalter der Entdeckungen ... 526

15.5 Von der Regionalkartographie zur topographischen Landesaufnahme 528
15.6 Der Aufstieg der Themakartographie 533
15.7 Die Entwicklung der Atlaskartographie 535
15.8 Die Entwicklung der kartographischen Technologien 537

Anhang 1: Abkürzungen 541
Anhang 2: DIN-Normen 546
Anhang 3: Formelzeichen 548
Literaturverzeichnis 553
Sachverzeichnis 581

Teil 1:
Allgemeine Kartographie

1 Einführung

1.1 Begriffe und Aufgaben der Kartographie

Wie viele andere Disziplinen, so unterliegt gegenwärtig auch die Kartographie einem erheblichen Wandel ihrer Inhalte und Verfahren. Über Jahrhunderte hinweg waren ihre graphischen Darstellungen trotz aller inneren und äußeren Vielfalt stets zugleich Medium und Speicher von Informationen, und Zahlen dienten weitgehend nur als bloße Hilfsmittel auf dem Wege zur Graphik. Nunmehr aber zwingt der wachsende Einfluß der digitalen Rechentechnik zu einem grundsätzlichen Umdenken: Die Zahlen erlangen zunehmend eine eigene Funktion, indem sie es ermöglichen, die Informationen zu codieren, zu verarbeiten, zu speichern und vielfältig im Rahmen von Informationssystemen auszuwerten. Dementsprechend beschränkt sich die Graphik als Ableitung aus solchen Datensammlungen (Digital-Analog-Wandlung) mehr und mehr auf die visuelle Vermittlung von Informationen.

Bisher galt die Kartographie als „Wissenschaft, Technik und Kunst der Herstellung von Karten und kartenverwandten Darstellungen, ausgehend von unmittelbaren Beobachtungen und/oder der Auswertung von Quellen, mit den Arbeitsvorgängen des Kartenentwerfens, der Kartengestaltung, der Ausführung des Kartenoriginals und der Vervielfältigung, sowie der Lehre der Kartenbenutzung" *(Internat. Kartograph. Vereinigung* 1973). Sinngemäß ähnliche Definitionen finden sich z.B. bei *Witt* (1979). Jüngere Bemühungen um einen möglichst internationalen Konsens zur Beschreibung der Kartographie sind gekennzeichnet durch solche Entwürfe wie „ ... die Disziplin, die sich mit der strukturierten Wiedergabe geo-räumlicher Daten befaßt" oder „ ... die Wissenschaft und Technik der Kommunikation mit raumbezogenen Informationen, üblicherweise mittels Karten".

Angesichts der aufgezeigten, noch nicht abgeschlossenen Entwicklung läßt sich Kartographie gegenwärtig etwa wie folgt beschreiben: *Die Kartographie ist ein Fachgebiet, das sich befaßt mit dem Sammeln, Verarbeiten, Speichern und Auswerten raumbezogener Informationen sowie in besonderer Weise mit deren Veranschaulichung durch kartographische Darstellungen.*

Dabei gilt als *raumbezogene Information* jede Angabe, in der zur Sachaussage über ein Objekt auch dessen geometrische Festlegung in einem Bezugssystem gehört. Demgemäß sind *kartographische Darstellungen* – auch *kartographische Ausdrucksformen* genannt – vor allem gekennzeichnet durch ein System geometrisch gebundener graphischer Zeichen aus einem endlichen, mit vereinbarten Bedeutungen versehenen Zeichenvorrat. Unter diesen ist die *Karte* (Begriff siehe 1.4.2.1) am bedeutendsten; die übrigen Darstellungsformen (z.B. Luftbild, Panorama, Globus) gelten als *kartenverwandte Darstellungen* (Kap.12).

Mit den wachsenden Systemtechnologien und ihren durchgehenden Arbeitsabläufen werden die Sachgrenzen der Kartographie immer unschärfer: Einerseits ist es schon bei vielen anderen fachlichen Datenerfassungen (z.B. Statistik) möglich, in einem Zuge bis zum kartographischen Endprodukt zu gelangen; andererseits ist gerade deshalb in raumbezogenen Disziplinen schon bei der Erfassung zunehmend auch der kartographische Aspekt zu beachten.

Die vorgenommenen Begriffsbestimmungen beschreiben durch die Tätigkeiten des Sammelns, Verarbeitens, Speicherns, Darstellens und Gebrauchens raumbezogener Informationen und dem Aufbau von Informationssystemen bereits umfassend die *konkreten* Aufgaben der Kartographie. Darüber hinaus besteht aber ihre zentrale, mehr *ideelle* Aufgabe darin, aus wissenschaftlichen Erkenntnissen und methodischen Möglichkeiten solche kartographischen Darstellungen als digitale oder graphische Modelle zu schaffen, aus denen jeder Benutzer eine möglichst zutreffende Vorstellung und Erkenntnis der vergangenen, gegenwärtigen oder geplanten Wirklichkeit gewinnt. Der Kartograph wirkt damit auch wie ein Dolmetscher raumbezogener Informationen.

Diese Aufgaben sind jedoch nicht einmalig oder zeitlich begrenzt. Vielmehr erfordern die sich ständig verändernde Wirklichkeit sowie neu gewonnene Erkenntnisse und Aspekte zur Erfassung und Gestaltung der Umwelt auch fortgesetzt das Sammeln und Verarbeiten neuer Daten bis hin zu daraus abgeleiteten neuen oder aktualisierten Modellen.

Die Kartographie bedient sich bei ihren Aufgaben auch der Erkenntnisse und Entwicklungen anderer Disziplinen (z.B. Photogrammetrie und Fernerkundung, graphische Techniken). In neuerer Zeit gibt ihr besonders die *Geo-Informatik* die Chance, ihren Aufgabenbereich zu erweitern: So kann es sowohl um Produkte gehen, die für einen längerfristigen Gebrauch gedacht sind (Atlanten, topographische und geologische Karten usw.), als auch um Präsentationen, die kurzfristig und nur vorübergehend benötigt werden (Bildschirmdarstellungen oder Kopien für Entscheidungen, touristische Beratung, Navigation). Als *Geo-Informatik* gilt die Disziplin, die sich befaßt mit den Theorien der Strukturierung, Speicherung, Verwaltung und Verarbeitung von Geo-Daten sowie der Entwicklung entsprechender Methoden einschließlich der dafür benötigten Informations- und Kommunikationstechniken. Zu den wichtigsten Aufgaben gehört dabei die Entwicklung von Konzepten für die Formalisierung der räumlichen Vorstellungen der Menschen, so daß eine Darstellung raumbezogener Daten in Computermodellen möglich wird. Zum damit verbundenen Begriff *Informationssystem* siehe 1.4.3.

Daß der Informationsbedarf der Praxis bisher erst lückenhaft erfüllt ist, geht beispielhaft aus dem Stand der Erschließung der Erde durch topographische Karten hervor *(Böhme* 1989/1991/1993): Viele Landflächen der Erde sind nicht einmal durch brauchbare Karten 1:100 000 oder 1:50 000 gedeckt. Auch übersteigt die wachsende Nachfrage nach thematischen Karten das derzeitige Angebot.

1.2 Merkmale und Einteilung der Kartographie

Kartographische Darstellungen gibt es schon seit langer Zeit. Dennoch hat sich die Kartographie erst relativ spät aus einem Hilfsmittel zur Erforschung der Erde, zur Abgrenzung privaten Besitzes und politischer Zuständigkeit, zur Landnutzung sowie für den Verkehr und für militärische Operationen zu einem eigenständigen Wissenszweig entfaltet. Auf diesem langen Wege war sie gekennzeichnet durch rein empirisch-handwerkliche Techniken der Zeichnung und Vervielfältigung einerseits und graphisch-künstlerische Gestaltung andererseits. Erst mit Beginn einer exakteren Geländedarstellung am Ende des 18. Jh. entwickelten sich Methodenlehren, und am Beginn des 20. Jh. vertieften *Peucker* (1902) und *Eckert* (1921) solche und weitere Ansätze zu einem ersten wissenschaftlichen Lehrgebäude.

1. Aus dieser Entwicklung ergab sich nahezu zwangsläufig die meist übliche Zweiteilung in theoretische und praktische Kartographie. Dies entspricht etwa den in manchen Kartographie-Definitionen enthaltenen Begriffen „Wissenschaft" und „Technik", doch ist eine solche Einteilung heute nicht viel mehr als ein sehr vereinfachtes Schema, weil sich in vielen Stoffgebieten Theorie und Praxis stark miteinander mischen: Gerade an der wachsenden Komplexität von Computerprogrammen, bei den Grundlagen methodischer Standardisierungen und in den Entscheidungskriterien für bestimmte Verfahrensabläufe zeigt sich, daß auch in die technischen Bereiche immer mehr die Theoriebezüge eindringen.

In seinen Betrachtungen zur Theorie der Kartographie beschreibt *Freitag* (1991) deren Entwicklungen in den letzten 40 Jahren im deutschen Sprachraum, wobei er vor allem die Beiträge von *Arnberger* (1966, 1976), *Imhof* (1956, 1972), *Ogrissek* (1987) und *Witt* (1970, 1979) vorstellt und dabei auch unterschiedliche Auffassungen aufzeigt. Er selbst gliedert die allgemeine Kartographie in einen theoretischen, einen methodologischen und einen praktischen Bereich, und zur Theorie zählt er vor allem die Zeichen-, die Modell- und die Kommunikationstheorie. Insgesamt offenbart die Vielfalt theoretischer Erörterungen neben persönlichen Standpunkten auch den allgemeinen Auffassungswandel und die anhaltende Entwicklung und Veränderung der Kartographie.

Hierzu gehören auch die Betrachtungen über die Beziehungen der Kartographie zu den Nachbarwissenschaften, z.B. durch *Schmidt-Falkenberg* (1964). *Arnberger* (1976) und *Kretschmer* (1980) sehen die Kartographie vor allem als Formalwissenschaft und damit die Kartengraphik als zentrales Anliegen. Dagegen weisen die von *Freitag* (1991) genannten Theorien auch zu einem erkenntnistheoretischen Aspekt, bei dem es um die Objektbeziehungen nach Raum, Zeit und Sprache geht. Die mit der graphischen Datenverarbeitung zunehmenden Modellierungen der Wirklichkeit von der Erfassung bis zur Auswertung könnten solche Entwicklungen vertiefen, obwohl auch im internationalen Schrifttum umstritten ist, ob die Kartographie sich auch mit dem Wesen der zu erfassenden Außenwelt zu beschäftigen hat oder sich nur einer spezifischen Informationsvermittlung widmen sollte (*Board* 1967, *Robinson/Petchenik* 1976, *Sališčev* 1982, *Taylor* 1987, *Tikunov* 1987).

Unabhängig von solchen verschiedenen Sichtweisen besitzt jedoch die Kartographie ein besonderes Merkmal, mit dem sie sich von anderen Disziplinen unterscheidet: Die Darstellung raumbezogener Daten beginnt im Kopf und beruht auf dem abstrakt-gedanklichen Ansatz zur Konstruktion eines analogen oder digitalen Bildes, während sonst der konkret-apparative Einsatz technischer Sensoren zu einer physikalischen Bilderzeugung führt. Diese Feststellung zeigt zugleich die zwei verschiedenen Grundlagen der Kartographie: Im Vorgang der Erfassung der Daten, vor allem ihrer Geometrie, sowie im Gebrauch der Werkzeuge zu ihrer Verarbeitung, Darstellung, Speicherung und Verwaltung beruht sie auf den mathematischen und technischen Prinzipien des Vermessungswesens, der Informatik, Reproduktionstechnik und Statistik. Dagegen geht es bei der Strukturierung der Bildzeichen, vor allem ihrer semantischen Objektmerkmale, sowie in ihrer Generalisierung und späteren Auswertung um den mehr geisteswissenschaftlichen Bezug einer spezifischen Zeichensprache.

2. Entspricht die Zweiteilung in Theorie und Praxis weitgehend einer vertikalen Gliederung der Kartographie, so entsteht eine mehr horizontale Gruppierung durch die Aufteilung nach Stoffgebieten. Sie ist die in Bezug auf inhaltliche Systematik wichtigste Gliederung und liegt auch der Einteilung dieses Buches wie folgt zugrunde:

Teil 1: *Allgemeine Kartographie*. Sie umfaßt die Grundlagen des Fachwissens, ihre Verfahren und Werkzeuge. Zunächst geht es um die grundlegenden Merkmale des kartographischen Raumbezugs (Kap.2), der kartographischen Modellierung (Kap.3) und ihrer technischen Realisierung (Kap.4). Anschließend beziehen sich die mehr methodisch orientierten Aussagen auf die Planung kartographischer Arbeiten (Kap.5), auf die Erfassung der Informationen (Primärmodelle, Kap.6), auf deren weitere Verarbeitung zu graphischen und digitalen Darstellungen (Sekundärmodelle, Kap.7) und auf deren Auswertung (Tertiärmodelle, Kap.8).

Teil 2: *Angewandte Kartographie*. Sie orientiert sich an den produktbezogenen Tätigkeiten und umfaßt daher topographische Karten (Kap.9), thematische Karten (Kap.10), Atlanten (Kap.11), kartenverwandte Darstellungen (Kap.12) und Geo-Informationssysteme (Kap.13).

Teil 3: *Gegenwart und Geschichte der Kartographie*. Sie ist die Kunde der Institutionen, der Ausbildungsgänge und des Schrifttums (Kap.14) sowie der geschichtlichen Entwicklung der Kartographie (Kap.15).

Der früher häufig benutzte Begriff *Kartenkunde* erstreckt sich vor allem auf die Bereiche der Kap. 2, 3, 4, 7 und 8, erfaßt aber mitunter noch andere Stoffgebiete und schließt dann auch meist Angaben über bestimmte Karten und Kartenwerke sowie geschichtliche Betrachtungen ein.

3. Die Gliederung nach *institutioneller Herkunft und Zweckbestimmung* kartographischer Darstellungen führt zur Einteilung in amtliche und private (gewerbliche) Kartographie: Die *amtliche* Kartographie wird von öffentlichen Insti-

tutionen ausgeübt, die im Rahmen von Gesetzen, Verwaltungsanordnungen oder -vereinbarungen tätig sind. In diesen Bereich fallen die amtlichen topographischen Kartenwerke, die Katasterkarten sowie weitere Karten und Kartenwerke (z.B. Seekarten, Luftverkehrskarten), an derem Vorhandensein aus Gründen der Rechts- und Verkehrssicherheit, der Landesverteidigung, der Verwaltung, Planung usw. ein besonderes öffentliches Interesse besteht. Die *private (gewerbliche)* Kartographie erfüllt dagegen, von öffentlichen Aufträgen abgesehen, in erster Linie die in der heutigen Zeit rasch wachsenden Bedürfnisse nach Information auf verschiedensten Gebieten. In ihren Bereich gehören vor allem die Atlanten sowie die Schul-, Stadt-, Straßen- und Freizeitkarten (z.B. Wanderkarten) und zahlreiche weitere thematische Karten.

4. Entsprechend der *Gruppierung der Karten* (1.4.2.2) ist es auch üblich, von topographischer und thematischer Kartographie zu sprechen. Weitergehende Gliederungen führen dann zur Planungs-, Seekartographie usw.

5. In ähnlicher Weise kommt es im Hinblick auf die *Maßstabsgruppen* zur Kartographie großer, mittlerer und kleiner Mäßstäbe.

6. Die Einteilung nach *historischen Epochen* orientiert sich gewöhnlich an jeweils typischen Merkmalen in der Entwicklung von Gestaltung, Technik usw. (z.B. Kartographie des Mittelalters).

7. Nach der *äußeren Form* der Darstellung kann man z.B. Atlaskartographie, Pressekartographie, Fernsehkartographie unterscheiden.

8. Bei vergleichenden Betrachtungen kartographischer Produkte ist es mitunter üblich, die Kartographie in Bezug zu setzen zu *Kontinenten, Ländern, Regionen usw.* (z.B. Kartographie Nordamerikas, der Schweiz).

1.3 Objektinformationen in der Kartographie

Die Kartographie ermöglicht Aussagen über alle Objekte (1.3.1), die einen räumlichen Bezug aufweisen und sich durch mindestens ein weiteres Merkmal (Attribut) beschreiben lassen. Damit besteht die kartographische Beschreibung eines Objekts allgemein aus den Angaben über seinen räumlichen (1.3.2), sachlichen (1.3.3) und zeitlichen (1.3.4) Bezug.

1.3.1 Zum Begriff des Objekts

Im weitesten Sinne gilt die Bezeichnung „Objekt" für alle konkreten Gegenstände (z.B. Gebäude) und abstrakten Sachverhalte (z.B. Bevölkerungsdichte), für die in der Sprache ein Hauptwort (Substantiv) besteht (Gegenstände im weitesten Sinne). Das Wort als sprachlicher Indikator kann der Umgangssprache angehören (z.B. Weg) oder ein Fachbegriff sein (z.B. Pleistozän als geologischer Terminus).

Nicht alle Objekte sind jedoch zur kartographischen Erfassung und Darstellung geeignet; vielmehr kommen nur solche in Betracht, die einen mehr oder weniger exakten Raumbezug aufweisen. Nur für diese Objekte ist nämlich die Frage nach dem „Wo?" sinnvoll und durch die Darstellung lösbar. Dagegen sind z.B. Rechte wie das Schuldrecht, ferner Musikstücke, Formeln, aber auch Empfindungen von undifferenziertem Raumbezug. Objekte mit Raumbezug lassen sich wie folgt einteilen:

1. *Gegenstände* im engeren Sinne sind die konkreten, unbelebten und belebten Gebilde unserer Umwelt. Da diese sinnlich wahrnehmbar, meist sichtbar sind, spricht man auch von Erscheinungen oder Phänomenen (z.B. See, Haus, Tier, Mensch).

2. *Sachverhalte* beschreiben mehr abstrakt die immanenten Merkmale eines Objekts oder seine Beziehung zu anderen Objekten. Beim *Sachverhalt eines Objekts selbst* geht es um bestimmte, häufig nicht sofort wahrnehmbare Eigenschaften (z.B. Temperatur eines Gewässers, Merkmale eines Bodenprofils). Das *Verhalten zu anderen Objekten* beruht entweder auf einer einfachen Relation (z.B. Bevölkerungsdichte als Relation zwischen Gesamtbevölkerung und Bezugsfläche) oder auf raumzeitlichen Veränderungen (z.B. Wasserstände, Berufspendler).

Allgemein – und damit auch in der Kartographie – erfordert eine wirkungsvolle Verständigung (Kommunikation) unter Menschen sowie ein besseres Begreifen der Umwelt, die einzelnen Objekte durch Bildung von Klassen, Arten, Gattungen usw. einem Ordnungsschema zu unterwerfen. Jedes Objekt verliert damit allerdings bestimmte individuelle Kennzeichen: An die Stelle der eingehenden Beschreibung eines einzelnen *realen* Gegenstands tritt ein abstrakter Allgemeinbegriff mit den Merkmalen eines *idealen* Gegenstands. Eine solche *Klassifizierung* von Objekten gehört zu den wesentlichen Kennzeichen der Verallgemeinerung (Generalisierung, 3.2), die zur Bildung von Modellen der umgebenden Welt (1.4.1.2) unvermeidbar ist. Lediglich durch Eigennamen (bei Orten, Wasserläufen usw.) und ähnliche Angaben bleiben singuläre Merkmale erhalten. Bei Sachverhalten lassen sich neben Klassen, Gruppen usw. auch Typen bilden, wenn sich aus der Verknüpfung verschiedenartiger Merkmale charakteristische Ausprägungen ergeben (z.B. Bodentyp im Gegensatz zur Bodenart als Klasse).

Die Behandlung der Objekte in digitalen Prozessen setzt eine systematische und hierarchische Gliederung bei der Klassifizierung der Objekte voraus. Im Rahmen von Informationssystemen geschieht dies gewöhnlich für jede Klasse und hierarchische Stufe durch Zahlencodes, die in ihrer Gesamtheit zu einer Auflistung führen, die meist als *Objektartenkatalog* bezeichnet wird (3.3.3).

1.3.2 Räumlicher Bezug (Geometrische Information)

Die Angabe zum Raumbezug eines Objekts ist das für die Kartographie notwendige und besonders typische Merkmal. Sie ist die Antwort auf die Frage „*Wo* ist das Objekt?" als die nach außen gerichtete Beziehung eines Objektes zu seiner Umwelt.

Bei der *klassischen Karte* beruht der geometrische Raumbezug auf ihrer grundrißlichen Projektion und ihrer die Realität verkleinernden Maßstäblichkeit. Absolute Bezüge ermöglicht das Kartennetz; Nachbarschaftsbeziehungen ergeben sich nach dem Augenschein oder durch weitere Kartenauswertung. Bei *digitalen Informationen* ergibt sich der geometrische Raumbezug gewöhnlich aus Koordinaten und Höhen als absoluten Objektpositionen sowie aus Formparametern für Flächen, Linien und Punkte; dabei stehen die Daten zur Wirklichkeit im Verhältnis 1:1. Die aus der Folge elektrischer Signale nicht unmittelbar wahrnehmbaren Nachbarschaftsbeziehungen erfordern weitere Daten in Form eines topologischen Raumbezugs, z.B. durch Kanten- und Knoten-Strukturen (2.3).

Nach Art und Abgrenzung ihres Vorkommens lassen sich die Objekte in (1) Diskreta und (2) Kontinua unterscheiden:

1. *Diskreta* lassen sich nach allen Seiten gegen andere Objekte abgrenzen. Die geometrische Information liegt damit in der Beschreibung dieser Abgrenzung, und zwar meist als Flächenkontur, sonst als Mittellinie (z.B. Hochspannungsleitung) oder Mittelpunkt (z.B. Denkmal), wenn dies wegen der Größe und Form des Objekts bzw. wegen des vorgesehenen Auflösungsvermögens bei der Modellbildung nicht anders möglich ist. Innnerhalb der Diskreta ist zu unterscheiden zwischen (a) Objekt-, (b) Verbreitungs- und (c) Bezugsflächen (Beispiele siehe Abb. 1):
    a) *Objektflächen* kennzeichnen das Vorkommen von Objekten in einer absoluten, also eindeutigen Weise. Jedes Objekt tritt sozusagen ausschließlich auf: Wo Wald ist, kann kein See sein.
    b) *Verbreitungsflächen* stellen streng genommen gar nicht das Objekt dar, sondern die Fläche, über die sich das Objekt (z.B. Tierart) verbreitet. Das Objekt wird jedoch erst ab einem bestimmten Intensitätsgrad des Vorkommens (relatives Vorkommen) zur Kenntnis genommen: Wenige Indios in Mitteleuropa geben noch keinen Anlaß, von „Vorkommen" zu sprechen. Auch kann es zu

Überlappungen kommen: Wo Elefanten auftreten, können auch Zebras vorhanden sein.
c) *Bezugsflächen* ergeben sich aus der Zuordnung bestimmter, vor allem statistischer, d.h. quantitativer Sachverhalte.

Dargestellt wird die	Objekt ist	
	der Gegenstand selbst	der Sachverhalt
Objektfläche (absolutes Vorkommen)	Gewässer, Gebäude, Wald, Bodenart, geolog. Struktur	Verwaltungsbereich Rechtsgebiet
Verbreitungsfläche (relatives Vorkommen)	Volksstamm, Tierart, Pflanzenart	Sprache, Seuche, Konfession
Bezugsfläche	—	Produktionsmenge Bevölkerungsdichte

Abb. 1. Gliederung der Diskreta mit Beispielen

2. *Kontinua* sind räumlich oder flächenhaft unbegrenzt und dabei von lückenlosem, stetigen Verlauf. Ihre geometrische Information besteht in der Lageangabe für Zahlenwerte, die sich von Ort zu Ort kontinuierlich ändern (sog. *Wertefelder*). Die Tabelle der Abb. 2 gibt eine Übersicht mit Beispielen. Dabei können Kontinua sein
a) *reale Kontinua,* bei denen das Prinzip der Stetigkeit nicht immer in aller Strenge erfüllt ist (z.B. bei Bruchkanten einer Geländeoberfläche) oder
b) *Modelle,* die meist auf einem physikalischen oder auf einem geometrischen Ansatz beruhen.

Merkmal des Kontinuums		Ausbreitung des Kontinuums	
		raumfüllend	flächenhaft
Real (sichtbar, meßbar)		Schwerefeld Magnetfeld Wetterdaten	Geländeoberfläche Grundwasserspiegel Meeresoberfläche
Modell	physikalisch	Klimadaten	Geoid
	geometrisch	Isochronen	Rotationsellipsoid Isodeformaten

Abb. 2. Gliederung der Kontinua mit Beispielen

1.3.3 Sachlicher Bezug (Semantische Information)

Im Gegensatz zu dem nach außen gerichteten Raumbezug umfaßt der Sachbezug alle nach innen, auf das Wesen des Objekts bezogenen Angaben (substantielle Merkmale, Attribute, Deskriptionsdaten). Dabei geht es in der sprachlichen Benennung des Objekts (Denotation) um seine begriffliche Grundbedeutung, und zwar (1) stets in Bezug auf seine Art (Qualität) und (2) nach Bedarf auch über eine damit verbundene Menge (Quantität).

1. *Qualität* – hier als völlig wertfreier Begriff gedacht – ist die Angabe von Art, Beschaffenheit, Eigenschaft oder Kennzeichen eines Objekts durch Bezeichnung der Klasse und evtl. seiner individuellen Benennung. Sie ist daher die Antwort auf die Frage „*Was* ist da und dort?". Zwischen solchen Qualitäten können geordnete Beziehungen bestehen (z.B. zeitlich bei geologischen Formationen, räumlich in der Folge vom Bach zum Strom oder hierarchisch bei Verwaltungsebenen), oder es gibt eine vereinbarte Bedeutungsskala (z.B. bei topographischen Objekten). Solche Merkmale spielen bei der begrifflichen Generalisierung eine Rolle (3.2.1.2, Abb. 80).

2. *Quantität* ist die gewöhnlich durch Zahlen dargestellte Angabe von Menge, Wert, Intensität, Größe usw. und damit die Antwort auf die Frage „*Wieviel* ist da und dort?" Originale Daten der Erfassung sind entweder *diskrete (abzählbare*, meist ganzzahlige) oder *kontinuierliche (stetige*, durch Messung entstandene) Werte; findet die Erfassung einer stetigen Zahl nicht an einer (analogen) Meßskala statt, sondern als digitale Anzeige, so liegt eine Diskretisierung des stetigen Wertes vor. Die Aufbereitung der Originaldaten führt von konkreten Einzelwerten oft über Vereinfachungen zu abgeleiteten Werten wie Mittel- und Summenwerte, Zeitfolgen usw. Dabei sind die Zahlenangaben entweder absolute oder relative Größen (Verhältniszahlen), letztere als Meß-, Gliederungs- oder Beziehungszahlen. Die Tabelle der Abb. 3 gibt eine Übersicht mit Beispielen.

Im einzelnen ergibt sich bei der *Skalierung* von vorwiegend statistischen Zahlen:
– Die *Nominalskala (Kategorialskala)* besteht aus einer willkürlichen, nicht eindeutigen Reihenfolge, z.B. Personenzahl in Merkmalsgruppen wie Berufen, Konfessionen usw.
– Die *Rangskala (Ordinalskala)* beruht auf einer geordneten Reihenfolge, z.B. nach dem Lebensalter. Soweit dabei die Angaben durch Ordnungszahlen repräsentiert werden (z.B. Gütestufen beim Ackerboden), sind dies keine echten Quantitäten, sondern *geordnete Qualitäten*, deren Ordnungsschema lediglich aus Zahlenangaben besteht.
– Die *Intervallskala* weist gleiche Skalenabstände, jedoch einen willkürlichen Nullpunkt auf, z.B. Temperaturangaben in C°.
– Die *Verhältnisskala (Ratioskala)* ist eine Intervallskala mit absolutem Nullpunkt, z.B. Temperatur in K°, Gewicht in to.

1.3.4 Zeitlicher Bezug (Temporale Information)

Diese Angabe gilt dem zeitlichen Verhalten des Objekts und ist daher die Antwort auf die Frage „*Wann* war das Objekt wo und wie?". Streng genommen enthalten alle Objekte eine dynamische Komponente, doch bringt eine kartographische Wiedergabe vorzugsweise entweder (1) das Beharrende (Statische) oder (2) das sich Ändernde (Dynamische) zum Ausdruck:

Art der Zahl	Quantitäten als	
	konkrete Einzelwerte	statistisch abgeleitete Werte
Absolutzahl	**kontinuierlich** (stetig, aus Messungen)	
	Wetterdaten, Wasserstände	Klimadaten aus Wetterdaten
	diskret (meist ganzzahlig, durch Abzählen)	
	Personen, Produkte	Durchschnittseinkommen Gesamtbevölkerung des Staates
Relativzahl (Verhältniszahl)		
Meßzahl (Indexzahl)	Kostenentwicklung (1950 = 100)	
	eines Produkts	der gesamten Lebenshaltung
Gliederungszahl	Altersgliederung der Bevölkerung (in %)	
	im Zählbezirk (Gemeinde)	im Staatsgebiet
Beziehungszahl	Patienten je Arzt	
Personenbezug	in der Einzelpraxis	im Bereich der Ärztekammer
Flächenbezug	Baulandpreise je m^2	
	für Einzelgrundstück	Richtpreis für Baugebiet
Sachbezug	Jahresumsatz je to	
	für ein Produkt	für eine Branche

Abb. 3. Gliederung quantitativer Angaben mit Beispielen

1. *Statisches Verhalten* bedeutet die Konstanz der Erscheinungen und Sachverhalte in bezug auf Geometrie und Substanz. Die kartographische Darstellung hat den Charakter einer „Momentaufnahme", wie dies vor allem für topographische Karten gilt.
2. *Dynamisches Verhalten* bewirkt die kartographische Wiedergabe geometrischer und substantieller Veränderungen (z.B. Strömungen, Transporte, Stadtentwicklungen), meist in bestimmten thematischen Karten.

Das Interesse am Zeitbezug richtet sich in den meisten Fällen nicht so sehr auf die zeitliche Datierung, sondern mehr auf die räumliche Veränderung, die das Objekt in einem bestimmten Zeitabschnitt erfährt. Dabei geht es entweder um einen Ortswechsel des gesamten Objekts (z.B. Vogelflug, Berufspendler) und die Angabe des dabei benutzten Weges oder nur um eine Änderung der Objektausdehnung (z.B. Küstenlinie, Staatsgebiet).

1.3.5 Objektgruppen, direkte und abgeleitete Informationen

Durch Kombination der Merkmale über Raum-, Sach- und Zeitbezug lassen sich Objektgruppen bilden, zu denen spezifische Strukturen der kartographischen Informationen und Darstellungsweisen gehören. In *topographischen* Karten herrschen Diskreta mit rein qualitativen Angaben vor, und daneben tritt nur noch das Geländerelief als reales flächenfüllendes Kontinuum auf. Da alle Objekte zudem statisch wirken, ergeben sich für einen Maßstabsbereich typische und relativ ähnliche Graphikmerkmale. In *thematischen* Karten führen dagegen die Objektmerkmale der jeweiligen Fachthematik zu vielfältigen Kombinationsmöglichkeiten, und sie bestimmen damit auch die sehr unterschiedlichen Erscheinungsbilder der einzelnen Karten.

Die als Raum-, Sach- und Zeitbezug (als Antwort auf Wo, Was, Wann) unmittelbar erfaßten Objektdaten lassen sich als *direkte (primäre, originäre) Informationen* für die Informationsverarbeitung auffassen. Demgegenüber ergeben sich im Zuge späterer Auswertungen (8.2.1) aus digitalen Datensammlungen oder durch Kartennutzung *abgeleitete (sekundäre, mittelbare, indirekte) Informationen,* die Objekte miteinander verknüpfen (z.B. bei Angaben über Entfernung und Gefälle) oder die über die Objekte weitere Angaben liefern (als Antwort auf Warum, Woher, Wofür usw. bei Fragen nach Funktion, Nachbarschaft, Bedeutung, Eignung, Alter usw.).

1.4 Informationsdarstellung in der Kartographie

1.4.1 Merkmale der Informationsdarstellung

1.4.1.1 Arten der Informationsdarstellung

Die klassische Form kartographischer Darstellung war und ist die Karte auf einem materiellen Träger. Diese ist im Vergleich zu früher aber nicht mehr das alleinige Ziel der Informationsdarstellung und ferner nicht mehr nur stets ein Endprodukt, sondern sie kann auch ein – mitunter vorläufiges – Zwischenprodukt sein. Reproduktions- und Computertechnik erlauben nämlich nunmehr auch andere Darstellungsweisen, und zwar
– nach der *Form der Erscheinung* nicht nur eine materielle (reale), sondern auch eine immaterielle (virtuelle) Präsentation (z.B. Bildschirmkarte als sog. papierlose Karte) sowie eine latente, nicht wahrnehmbare Form (z.B. belichteter Photofilm), ferner
– nach der *Art der Daten* neben der graphischen (analogen) Darstellung auch die digitale Wiedergabe.
  Abb. 4 gibt hierzu eine Übersicht. Die Umrandung einzelner Felder kennzeichnet etwa den gegenwärtigen Stellenwert der Möglichkeiten. Dabei lassen sich immaterielle Karten durch technische Prozeduren in reale Karten (Hardcopy), digitale in analoge Darstellungen umwandeln. Umgekehrte Vorgänge sind ebenfalls möglich (z.B. durch Video, Digitalisierung). Als Sonderfall der materi-

Erscheinungsform der Darstellung / Art der Daten	präsent (wahrnehmbar)		latent (nicht wahrnehmbar)
	materiell (real)	immateriell (virtuell)	
graphisch (analog)	klassische Karte	Dia-Projektion / Bildschirmkarte	noch nicht entwickelte photographische Karte
digital	alphanumerischer Listendruck	Bildschirm	Daten im Speichermedium

Abb. 4. Möglichkeiten der End- und Zwischenprodukte in der Kartographie nach Erscheinungsform und Datenart

ellen Präsentation gibt es neben dem Regelfall der visuellen Wahrnehmung auch die taktile (haptische) Wahrnehmung, d.h. das Betasten im Falle der Blindenkarte (12.2), ferner als Besonderheit der virtuellen Wiedergabe den Einsatz *bewegter Karten* (*animated maps*, 12.4) in Form von Filmen, Videoaufzeichnungen oder Computergraphiken.

1.4.1.2 Informationsdarstellungen als Modelle

Modelle sind Arbeitsmittel der Wissenschaft, aber auch Gebilde der täglichen Kommunikation. Sie ermöglichen es, die Fülle der Umweltinformationen durch Ordnung und Reduktion faßbar zu machen. Aufbauend auf dem jeweiligen Erkenntnisstand sind Modelle mehr oder weniger gute Annäherungen an die Wirklichkeit oder Teile davon. Durch Ansatz mathematischer Beziehungen, graphischer Darstellungen, verbaler Formulierungen, körperlicher Nachbildungen usw. machen sie die Wirklichkeit in ihren Merkmalen erst begreifbar oder leichter verständlich. Diese Modellbildung, die mehr oder weniger fachbezogen sein kann, ist nach ihrem Wesen eine Verallgemeinerung (Generalisierung); eine erste Stufe dazu ist die in 1.3.1 genannte Bildung von Objektklassen.

Auch Darstellungen kartographischer Informationen lassen sich unter diese allgemeinen Betrachtungen einordnen. Sie entstehen jedoch nicht unmittelbar nach der Wirklichkeit (siehe auch 1.5.2 und Abb.6); vielmehr bildet zunächst der jeweilige Fachmann (z.B. Topograph, Geologe, Sozialgeograph) aus den von ihm erfaßten Informationen ein *Primärmodell* der Umwelt. Der Fachmann informiert den Kartographen über dieses Modell; damit wird die Karte ein *Sekundärmodell* der Wirklichkeit. Der Benutzer der Karte bildet sich daraus sein tertiäres Modell der Umwelt. Dieses *Tertiärmodell* unterscheidet sich von den vorangegangenen realen Modellen dadurch, daß es zunächst ein im Individuum verankertes abstraktes Vorstellungsmodell bildet, das von anderen Personen nicht „einsehbar" ist. Das bedeutet, daß eine konkrete Karte – darüber hinaus aber auch jede unmittelbare Raumerfahrung – im Benutzer eine Vorstellung als *kognitive*

Karte (Vorstellungskarte, mental map) erzeugt oder eine solche bereits vorhandene Karte bestätigt bzw. korrigiert (*Downs/Stea* 1982, *Gould/White* 1986). Eine solche „innere" Karte läßt sich als Kartenskizze abfragen und gestattet dann Rückschlüsse auf Bildungsstand, räumliches Vorstellungsvermögen, Erfahrungen und Gewohnheiten.

Die Theorie der Modellbildung unterscheidet nach steigendem Abstraktionsgrad zwischen ikonischen (z.B. Bilder), analogen (z B. Nachbildungen) und symbolischen (z.B. Formeln) Modellen. Soweit die Karte wegen ihrer spezifischen Kartengraphik in bezug auf die dargestellten Objekte symbolhaft ist, kann man sie als Symbolmodell auffassen. Da die Karte Objektzusammenhänge und damit räumliche Strukturen erkennbar macht, ist sie insoweit auch ein Strukturmodell. Schließlich ist die Karte nach ihrer Erscheinungsform ein graphisches Modell (1.4.2). Dieses kann jedoch aus einem digitalen Modell (1.4.3) entstanden sein.

Der Modellcharakter der Karte läßt sich hinsichtlich ihrer Bestandteile noch weiter differenzieren: So ist die Darstellung des Kartennetzes, einer Planung oder eines Geoids eine theoretische Konstruktion und damit ein deduktives Modell. Dagegen ergibt die graphische Umsetzung einzelner Informationen über Topographie, Bodennutzung, Grundstücke usw. ein ortsgebundenes Abbildungsmodell; soweit daraus für größere Bereiche typische allgemeingültige Aussagen entstehen (z.B. zur Siedlungsstruktur), wird es ein induktives Modell.

Die Karte als Modell bildet wie jede statische bildliche Darstellung im Sinne der Informationstheorie (1.5.1) nur eine *räumliche* Folge physikalischer (optischer) Signale, d.h. sie ist nur an Orts- und nicht an Zeitkoordinaten gebunden. Der besondere Vorteil dieser *Konfiguration* besteht im Vergleich zu Tabelle und Text in der unmittelbaren Anschauung der Zusammenhänge. Mit der *bewegten* Karte erweitert sich die Konfiguration um die Zeitkomponente. Demgegenüber läßt sich ein digitales Modell nur als zeitliche Folge elektronischer Signale *(Sequenz)* realisieren; dieser Umstand zwingt dazu, neben der Angabe der absoluten Objektpositionen auch noch die Nachbarschaftsbeziehungen zu beschreiben.

1.4.2 Die Karte als graphische (analoge) Darstellung

Alle graphischen (analogen) Erzeugnisse der Kartographie bezeichnet man als *kartographische Darstellungen* (Begriff siehe 1.1). Dazu gehören die *Karte* als wichtigster Fall und die übrigen *kartenverwandten Darstellungen* (Kap.12). Begriffliche Abgrenzungen dazu untersucht *Herzog* (1988).

1.4.2.1 Begriffe und Bezeichnungen der Karte im Wandel

Nach einer früheren Definition ist die klassische Karte die „maßstäblich verkleinerte, generalisierte und erläuterte Grundrißdarstellung von Erscheinungen und Sachverhalten der Erde, der anderen Weltkörper und des Weltraumes in einer

Ebene" (*Internat. Kartograph. Vereinigung* 1973). Eine Reihe weiterer Definitionen hat *Witt* (1979) zusammengestellt.

Abweichend von diesen Definitionen ist es nunmehr jedoch auch möglich, die Karte durch ein latentes Modell digitaler Daten dauerhaft (z.B. in Informationssystemen) oder zwischenzeitlich (z.B. am Reproscanner) zu repräsentieren. Da aber gerade der Fall zwischenzeitlicher Digitalisierung den Status als Karte nicht unterbrechen sollte, ist das Bemühen um eine Neudefinition verständlich. So lautet ein Entwurf (*Hake* 1988): „Die Karte ist ein maßgebundenes und strukturiertes Modell räumlicher Bezüge. Sie ist im weiteren Sinne ein digitales, graphikbezogenes Modell, im engeren Sinne ein graphisches (analoges) Modell." Eine ähnliche Formulierung stammt von *Steurer* (in *Kelnhofer* 1989). Dazu gilt für das graphische Modell inhaltlich das, was allgemein alle kartographischen Darstellungen kennzeichnet, nämlich die Verwendung eines Zeichenvorrats mit vereinbarten Bedeutungen (1.1). Näheres zum Maßstab einer Karte siehe 3.1.4, zu ihren Bestandteilen in 3.1.5.

Jede Karte entsteht *geometrisch* als senkrechte Projektion (Grundrißbild) auf eine definierte Bezugsfläche (z.B. Ellipsoid) und deren anschließende Abbildung in die Ebene; bei ausreichend großen Maßstäben und damit geringer Gebietsfläche ergibt sich annähernd eine senkrechte Parallelprojektion auf die in Meereshöhe gedachte Horizontalebene des Gebiets.

Der Name Karte kommt vom lateinischen charta (Brief, Urkunde), bürgerte sich jedoch erst im 15. Jh. ein. Bis dahin war die Bezeichnung mappa üblich, die im englischen Sprachgebiet noch als map für Landkarten erhalten geblieben ist, während mit chart ausschließlich See- und Luftfahrtkarten gemeint sind. Vom 15. bis 17. Jh. wurde häufig auch noch die Bezeichnung Landtafel bzw. das dieser Bezeichnung entsprechende lateinische Wort tabula benutzt. Zum Alter der Begriffe Karte und Kartographie äußert sich eingehend u.a. *Sališčev* (1979). Mit der Bezeichnung *Landkarte* grenzt sich die Kartographie nach *außen* von anderen Bedeutungsinhalten der Karte ab (z.B. Spielkarte, Fahrkarte); nach *innen* versteht sie darunter alle Karten, die im Gegensatz zu den Seekarten ganz oder überwiegend Landflächen darstellen.

1.4.2.2 Gruppierungen und Benennungen von Karten

Karten lassen sich nach verschiedenen Gesichtspunkten gruppieren, und innerhalb solcher Bereiche gibt es zahlreiche Benennungen, die im einzelnen auf besondere Merkmale hinweisen. Ganz allgemein bezieht sich dabei der Begriff der *Kartenart* (z.B. geologische Karte) vorwiegend auf den Karteninhalt, während ein *Kartentyp* mehr durch Merkmale der Kartengraphik, des Maßstabs und der Zweckbestimmung gekennzeichnet ist. Über *kognitive Karten (mental maps)* siehe 1.4.1.2, *Landkarten* 1.4.2.1 und *digitale Karten* 1.4.3. Zu *Kartenfolge, -reihe, -sammlung, -satz* und *-serie* siehe Nr.5.

1. Gruppierung nach dem Karteninhalt (Kartenthema)

Die heute vorherrschende Auffassung geht aus von einer Zweiteilung in topographische und thematische Karten. In topographischen Karten sind die „... Situation, Gewässer, Geländeformen, Bodenbewachsung und eine Reihe sonstiger ... Erscheinungen ... Hauptgegenstand ...". Dagegen stellen die thematischen Karten die „... Erscheinungen und Sachverhalte zur Erkenntnis ihrer selbst ..." dar (*Internat. Kartograph. Vereinigung* 1973), d.h. sie machen ein bestimmtes Thema (z.B. Klima, Planung) durch das Medium „Karte" verständlich. Dabei weisen die Kartenbenennungen als *Kartenart* auf das einzelne Thema hin (z.B. Bodenkarte).

Diese Zweiteilung liegt auch der Gliederung in diesem Buch zugrunde. Streng genommen ist zwar die Topographie auch nur ein Thema wie jedes andere, und die Gruppierung nach dem Karteninhalt wäre dann ein jederzeit erweiterungsfähiger Katalog vieler Themengebiete. Demgegenüber läßt sich jedoch die besondere Stellung der Topographie als Thema begründen mit ihrer Basisfunktion als notwendiger Kartengrund aller thematischen Karten. Auch orientieren sich in der Praxis der Kartenherstellung die Organisationsformen, besonders bei den Fachbehörden, sachlich und als Folge historischer Entwicklungen an dieser Zweiteilung.

Für die Gruppe der topographischen Karten wird auch die Bezeichnung als allgemeingeographische Karten benutzt (*Sališčev* 1967). Als eigentliche topographische Karten gelten dann nur Karten bis zum Maßstab von etwa 1:300 000, während die Karten kleineren Maßstabs als geographische oder chorographische Karten bezeichnet werden. Vor allem von geographischer Seite gibt es hierzu die Meinung, daß der genannte Maßstab die Grenze zwischen exakter und detailreicher topographischer Darstellung und der allgemeineren geographischen Beschreibung markiere. Dem hält *Imhof* (1968) entgegen, daß jede dieser Karten „eine topographische und eine geographische Darstellung" sei. Auch *Arnberger/Kretschmer* (1975) bezeichnen alle diese Karten als topographische Karten. Zu ihrer weiteren Einteilung siehe 9.2.

Die Grenze zwischen topographischen und thematischen Karten ist nicht exakt anzugeben. Zunächst ist festzustellen, daß nahezu jede topographische Karte auch thematische Darstellungen (z.B. politische Grenzen, Gebäudenutzung) enthält; sie bleibt dennoch eine topographische Karte. Andererseits machen aber bereits wenige, aber graphisch betonte thematische Darstellungen auf einer vollständigen topographischen Karte diese zur thematischen Karte. Dazwischen gibt es Mischformen (z.B. bei bestimmten Stadt-, Straßen- und Wanderkarten); die dafür früher auch verwendete Bezeichnung als angewandte Karte ist nicht treffend und auch entbehrlich. Letztlich werden der Zweck und die Gestaltung einer Karte die Zuordnung in eine der beiden Gruppen in den meisten Fällen ermöglichen. Zur weiteren Gliederung thematischer Karten siehe 10.2.

Der Begriff Plan wird noch sehr unterschiedlich benutzt:
a) Die überlieferte Auffassung versteht darunter eine geometrisch exakte, aber kartographisch einfach gestaltete Kartierung in sehr großen Maßstäben (z.B. Katasterplan 1:1000) oder

b) eine Karte, die vorwiegend der Übersicht dienen soll und daher ihrem Maßstab entsprechend geometrisch und inhaltlich stärker vereinfacht ist (z.B. Stadtplan), oder
c) eine Karte, die nur Teildarstellungen enthält (z.B. Lageplan).
d) In zunehmendem Maße bezieht man den Begriff Plan im Sinne von „Planung" immer mehr auf die Darstellung eines künftigen Vorhabens (z.B. Bebauungsplan, Regionalplan), unter anderem auch im Rahmen gesetzlicher Formulierungen. Ein solcher Plan besteht in vielen Fällen aus dem Kartenteil und einem vorgeschriebenen Textteil.

2. *Gruppierung nach dem Kartenmaßstab*

Karten sind *maßstäblich* und können groß-, mittel- und klein*maßstäbig* sein, wobei sich etwa folgende Einteilung ergibt:

Große Maßstäbe: 1:10 000 und größer,
mittlere Maßstäbe: kleiner als 1:10 000 bis etwa 1:300 000,
kleine Maßstäbe: kleiner als 1:300 000.

Die angegebenen Grenzbereiche zwischen den drei *Maßstabsgruppen* können allerdings noch erheblichen Schwankungen unterliegen:
– Sie gehen davon aus, daß in einem Gebiet, wie z.B. Mitteleuropa, bereits zahlreiche Karten und Kartenwerke unterschiedlichsten Maßstabs vorliegen. Dagegen kann in einem kartographisch unerschlossenen Bereich ein Kartenwerk 1:50 000 durchaus als großmaßstäbig gelten.
– Sie setzen den normalen kartographischen Duktus voraus. Daher gelten z.B. Wandkarten auch dann noch als kleinmaßstäbig, wenn ihr Kartenmaßstab rein zahlenmäßig in die mittlere Maßstabsgruppe fällt.

3. *Gruppierung nach der Art der Entstehung*

Man unterscheidet zwischen Grundkarten und Folgekarten. *Grundkarten* sind die unmittelbare, vollständige und exakte Wiedergabe der originalen Daten aus topographischen Vermessungen, thematischen Aufnahmen oder Bildauswertungen. *Folgekarten (abgeleitete Karten)* entstehen dagegen durch kartographisches Umgestalten (Generalisieren) von Grundkarten oder anderen Folgekarten meist größeren Maßstabs (3.2.1). Ist diese Unterscheidung bei der erstmaligen Kartenherstellung noch relativ eindeutig, so können bei späteren Aktualisierungen je nach Quellenlage Mischformen auftreten. Darüber hinaus kann eine klare Unterscheidung bei bestimmten thematischen Karten wegen der Art der Datenaufbereitung schwierig sein (10.2 Nr.3).

4. *Gruppierung nach der graphischen Struktur des Kartenbildes (Kartentyp)*

Man spricht von *Strichkarten, Signaturenkarten, Isolinienkarten* usw., wenn diese Gefüge im Kartenbild jeweils überwiegen. Dagegen bezeichnet man die klassischen Karten insgesamt auch als *Strichkarten,* wenn man sie von *Halbtonkarten (Photokarten)* unterscheiden will. Solche *Bildkarten* entstehen auf der Grundlage entzerrter Luft- und Satellitenbilder, die mit kartographischen Gestaltungsmitteln ergänzt werden (12.1.1). Als *Kartogramm* gilt die Darstellung eines Zahlenwertes je Bezugsfläche (z.B. Bevölkerungsdichte); über einen anderen Bedeutungsinhalt siehe Nr.10.

5. Gruppierung nach äußerer Form und Art des Verbundes

Als *Kartenwerk* (z.B. topographisches Kartenwerk, Flurkartenwerk) bezeichnet man die Gesamtheit der Karten, die auf einer systematischen Grundlage von Kartennetz, Blattschnitt und -bezeichnung in einheitlicher Gestaltung und meist in gleichem Maßstab ein bestimmtes Gebiet (z.B. den Bereich eines Staates) lückenlos überdecken. Das einzelne Stück daraus ist das *Karten-* oder *Einzelblatt*. Als *Kartenserie* gilt meist - vor allem im internationalen Sprachgebrauch – ein militärisches Kartenwerk.

Eine *Kartensammlung* ist eine räumlich geschlossene, systematisch geordnete Zusammentragung von Karten für Dokumentation und Benutzung. Weitere Bezeichnungen wie Kartenfolge, -reihe oder -satz besitzen keinen eindeutig benutzten Bedeutungsgehalt: Meist gilt als *Kartenfolge* die Wiedergabe eines Gebietes durch die Folge von Maßstäben oder aus verschiedenen Zeitabschnitten. Eine *Kartenreihe* faßt oft Karten gleichen Inhalts bzw. verschiedener Teile davon zusammen, die nach dem jeweiligen Zweck auch verschieden gestaltet sein können. Ein *Kartensatz* besteht dagegen meist aus Karten verschiedener Themen, die aber unter einem Gesamtaspekt (z.B. Planung) miteinander verknüpft sind.

Als *Atlas* gilt die systematische, meist buchförmig gebundene Sammlung von Karten ausgewählter Maßstäbe und Themen für ein bestimmtes Gebiet (z.B. Weltatlas, Nationalatlas), zur Darstellung eines besonderen Themas (z.B. Klimaatlas, Seuchenatlas) oder typischer topographischer Erscheinungen (z.B. topographischer Atlas, Luftbildatlas). Näheres siehe Kap.11.

Wandkarten sind Karten sehr großen Formats and relativ grober graphischer Gestaltung, um bei Unterricht und Vortrag die Lesbarkeit auch bei größerem Betrachtungsabstand zu ermöglichen. Im Gegensatz dazu bezeichnet man auch Karten des üblichen, handlichen Formats als *Handkarten*.

Eine zunehmende Rolle spielen *Medienkarten* als kartographische Darstellungen in bestimmten visuellen Informationsmitteln. Darunter sind die kleinformatigen, meist einfarbigen *Textkarten* in Sachbüchern (z.B. Schulbüchern) und Fachzeitschriften für einen längeren Gebrauch bestimmt. Dagegen sind *Kurzzeitkarten* nur für eine begrenzte Verwendungs- bzw. Wahrnehmungsdauer konzipiert. Zu ihnen gehören einerseits Karten und kartenverwandte Darstellungen, die in der Touristik, bei Veranstaltungen, im Verkehr usw. einem bestimmten Benutzerkreis als Schnellinformation dienen, andererseits die *Massenmedien-Karten* als *Pressekarten (Zeitungskarten)* oder als *Fernsehkarten (Videokarten)*.

Deckblattkarten (Oleatenkarten) auf durchsichtiger Folie lassen sich über anderen Karten einpassen und gestatten damit die Zusammenschau verschiedener Darstellungen (graphische Addition) für Sach- oder Zeitvergleiche, für kartometrische Arbeiten oder zur Orientierung. In besonderen Fällen enthalten sie Angaben über inzwischen eingetretene oder über geplante Veränderungen.

Taktile Karten (Blindenkarten) enthalten erhabene Punkt- und Linienelemente sowie Blindenschrift zum Abtasten.

Bewegte Karten (animated maps) stellen durch Filme, Videoaufzeichungen oder Computergraphiken räumliche Veränderungen als Ablauf (Vorgang) dar.

6. Gruppierung nach der institutionellen Herkunft

Entsprechend der Einteilung in amtliche und private Kartographie (1.2) kann man auch zwischen *amtlichen* und *privaten* Karten unterscheiden.

7. Gruppierung nach Häufigkeit und Technik der Ausfertigung

Da Karten heute meist als Offsetdrucke erscheinen, findet ein Hinweis auf das Vervielfältigungsverfahren nur in Sonderfällen (z.B. bei *Holzschnittkarte, Siebdruckkarte*) statt. Der seltenere Fall der einzigen Ausfertigung gilt als *Unikat*. Der Bezug zur graphischen Datenverarbeitung ist erkennbar im Falle der *Computerkarte* sowie durch den Hinweis auf verwendete Hardware wie z.B. bei *Bildschirmkarte, Plotterkarte, Printerkarte*.

8. Gruppierung nach der zeitlichen Einstufung

Hierbei liegen *alte Karten* oder *Karten aus früherer Zeit* dann vor, wenn sie ein gewisses Alter erreicht haben und nicht mehr bearbeitet werden oder bereits durch neuere Karten in anderer Darstellungsweise ersetzt wurden. Dabei treten auch Benennungen einzelner Epochen oder Kartenarten (z.B. *Portulankarten*) auf. Dagegen sollten als *historische Karten (Geschichtskarten)* nur solche Karten gelten, die geschichtliche Themen behandeln.

9. Gruppierung nach besonderen Funktionen

Als *Arbeitskarten* gelten a) Karten, die für bestimmte Eintragungen bereitgehalten werden (mitunter in der einfachen Form der *Umrißkarte*), aber auch b) solche Karten, in denen erstmalig (und evtl. nur vorläufig) die Ergebnisse von Vermessungen oder thematischen Aufnahmen dargestellt sind. *Grundlagenkarten* können dagegen nicht nur Arbeitskarten im Sinne von a) sein, sondern darüber hinaus auch Quelle oder Kartengrund für andere Karten. Über Hauptkarten, Nebenkarten, stumme Karten sowie Umriß-, Lern-, Leer-, Frage- und Beikarten siehe 3.1.5.

10. Gruppierung nach dem Grade der Maßstäblichkeit

Als *Karten-Anamorphose* gilt eine nach bestimmten Regeln verzerrte Darstellung, deren Maßstab entweder größere Schwankungen aufweist oder auf nichtgeometrischer Grundlage beruht (2.2.7.1). Ein *Kartogramm (Topogramm)* ist im

Gegensatz zur eigentlichen Karte eine topographisch nicht exakte, mehr schematische Darstellung von Raumbezügen (3.2.2; vgl. aber die andere Bedeutung in Nr.4). Eine *Kartenskizze* ist darüber hinaus auch graphisch nicht exakt; entsteht sie örtlich nach einfachen Messungen oder Schätzungen, so gilt sie auch als *Geländeskizze*.

11. Weitere Gruppierungen

Über die bisherigen Gruppierungen hinaus lassen sich noch weitere Merkmale verwenden. So kann es u.a. um die Aufnahmeart (z.B. Meßtischblatt), um Eigenschaften des Kartennetzes (z.B. flächentreue Karte), Abgrenzung des Kartenfeldes (z.B. Rechteckkarte), Herkunft der Informationen (z.B. statistische Karte), Art und Umfang der Aussage (z.B. analytische Karte) oder um das dargestellte Gebiet (z.B. Kontinentkarte) usw. gehen. Solche Wortzusammensetzungen sind für den praktischen Sprachgebrauch sehr nützlich, für die Systematik im Rahmen der allgemeinen Kartographie aber von geringerer Bedeutung, da die Merkmale selbst im anderen Zusammenhang behandelt werden.

1.4.3 Digitale Darstellungen

1. Von der Datenerfassung zum Geo-Informationssystem

Der Einsatz digitaler Arbeitsweisen setzt voraus, daß alle Informationen in digitaler Form vorliegen. Diese Bedingung wird bei neuen Informationen bereits im Erfassungsvorgang durch Einsatz geeigneter Meß- und Registriergeräte erfüllt. Soweit jedoch auf ältere Informationen, vor allem aus Karten, zurückzugreifen ist – was noch für einige Zeit der Fall sein dürfte –, sind diese Karten zu digitalisieren (Analog-Digital-Wandlung). Hierbei und bei der weiteren Verarbeitung der Daten kommen vor allem Geräte und Programme der *graphischen Datenverarbeitung (GDV)* zum Zuge. Diese konnte sich als Teil der Computertechnik (DV) erst dann entwickeln, als der zunehmende Wunsch nach Visualisierung von DV-Resultaten und nach rechnergestützter Konstruktion und Manipulation von Bildern durch ausreichend leistungsfähige Geräte und Programme realisierbar wurde.

Für den Einsatz jeder digitalen Datentechnik gilt allgemein, daß ihre Vorteile vor allem oder überhaupt erst dann eintreten, wenn größere Datenbestände auf lange Sicht und für möglichst vielseitige Verwendung angelegt werden, und zwar besonders in der Form eines Informationssystems. Dabei versteht man unter einem *Informationssystem* einen systematisch geordneten und verwalteten Datenbestand, der zur Auskunft, Erkenntnisgewinnung und Entscheidungshilfe dient. Nach *Dworatschek* (1989) läßt sich ein Informationssystem auch als mögliche Antwort auf die folgende Grundfrage beschreiben: „Für welchen und mit welchem Personenkreis sollen welche Aufgabenpakete unter Anwendung welcher Programmpakete auf welche Datenorganisation mit Hilfe welcher Rechnerstruktur gelöst werden?". Damit wird deutlich, daß die Bestandteile eines Informationssystems sich stets aus Geräten, Programmen (für Datenbank und Auswertung) und Daten ergeben.

Eines der wichtigsten Unterscheidungsmerkmale zwischen Informationssystemen ist die Art des Datenbezuges. Danach geht es um Personen (z.B. Bevölkerungsdaten), Sachen (z.B. Literaturauskunft), um den Zeitbezug (z.B. bei Wetterdaten) oder um den Raumbezug (z.B. Ortspositionen) sowie um die Kombination solcher Datenarten. So sind *raumbezogene Informationssysteme (RIS)* dadurch gekennzeichnet, daß sie bei Personen-, Sach- und Zeitangaben stets auch einen Raumbezug beschreiben. Dieser bezieht sich auf jedes einzelne Objekt durch geometrische Informationen über Lage und Form sowie auf Objekt-Beziehungen durch Angaben zur Nachbarschaft-Beziehung, die als topologische Informationen unabhängig sind von der Metrik. Da solche Systeme ohne graphische Aussagen nicht auskommen, spielt bei ihnen die *graphische Datenverarbeitung (GDV)* eine herausragende Rolle; dies erklärt auch das spätere Aufkommen von RIS im Vergleich zu anderen Informationssystemen (z.B. in der Literaturdokumentation).

Raumbezogene Informationssysteme (RIS) entstehen vor allem in öffentlichen Verwaltungen für größere Bezugsterritorien (z.B. Bundesland, Ballungsgebiet) und in raumbezogenen Wissenschaften für bestimmte Themenbereiche (z.B. Umweltüberwachung). Sie ermöglichen intensiven Datenverbund und damit auch gründlichere Datenanalyse, erfordern aber sorgfältige und leistungsfähige Datenverwaltung und -aktualisierung. Die auf einheitlichem Raumbezug basierenden Daten sind ganz überwiegend sachbezogen, nur teilweise zeitbezogen und selten personenbezogen.

Unter den raumbezogenen Informationssystemen stehen im Vordergrund die *Geo-Informationsysteme (GIS)*. Sie erstrecken sich auf Daten aus allen Geo-Bereichen (Geo-Daten), die zur digitalen Auswertung und zur analogen Wiedergabe in Karten aller Maßstäbe geeignet sind. Als spezielle GIS-Ausprägungen können dazu gelten:
– *Landinformationssysteme (LIS),* deren Thematik vor allem mit dem Grund und Boden verbunden ist und sich damit vorwiegend auf Karten großer bis mittlerer Maßstäbe bezieht;
– *Fachinformationssysteme (FIS),* die sich auf einen enger begrenzten Themenkreis mit meist einfacherer räumlicher Gliederung erstrecken.

Weitere Einteilungen ergeben sich aus der territorialen Abgrenzung (z.B. für ein Ballungsgebiet) sowie aus der inneren Struktur eines Systems (z.B. in Bezug auf Basisdaten, dezentrale Organisation). Bei diesen neueren Entwicklungen darf jedoch nicht übersehen werden, daß auch die bisherigen kartographischen Produkte – vor allem Kartenwerke und Atlanten – nach Struktur und Funktion im weiteren Sinne als klassische Informationssysteme, wenn auch in analoger Form, anzusehen sind.

Wie die graphischen Darstellungen, so sind auch die digitalen Darstellungen Modelle (1.4.1.2). Dabei kann man unterscheiden

- nach den Elementen der Darstellung zwischen Vektor- und Rasterform (2.3.2) sowie
- nach der Art der Aussage über Objektstrukturen zwischen (Nr.2) digitalen Objektmodellen und (Nr.3) digitalen Kartenmodellen.

2. *Digitale Objektmodelle*

Sie sind das Ergebnis (a) unmittelbarer oder (b) mittelbarer Erfassung der Objekte und noch weitgehend graphik-unabhängig, d.h. noch frei von digitaler Codierung graphischer Zeichen und weiteren Zeichenbefehlen.

a) Die *unmittelbare* Erfassung ist der Normalfall der Topographie, bei dem aus digitaler terrestrischer oder photogrammetrischer Vermessung oder durch Kartendigitalisierung das digitale *Landschaftsmodell* (DLM) entsteht. Dieses besteht aus dem digitalen *Situationsmodell* (DSM) und dem digitalen *Geländemodell (Reliefmodell, Höhenmodell)* (DGM).

b) Die *mittelbare* Erfassung ist ein Vorgang, der mit kartographischer Tätigkeit noch nicht in direktem Zusammenhang zu stehen braucht, vor allem dann, wenn die Erfassung der Daten gar nicht primär auf eine kartographische Wiedergabe ausgerichtet ist (z.B. bei Wetterbeobachtungen, Bodenbewertungen, Volkszählungen). Sollen jedoch diese Daten auch als Quelle einer themakartographischen Darstellung dienen, so entsteht zunächst ein digitales (thematisches) *Fachmodell* (DFM). Es setzt sich zusammen aus einem mehr oder weniger reduzierten DLM und der eigentlichen Fachaussage.

Digitale Objektmodelle sind entsprechend dem Grade der Feinheit ihrer Daten (der Auflösung) auf einen bestimmten Maßstabsbereich bezogen und unterliegen bei Anwendung in einem (meist kleineren) Maßstabsbereich einer Modellgeneralisierung. Näheres siehe 3.3.3.

3. *Digitale kartographische Modelle (Darstellungsmodelle)*

Durch digitale Datenverarbeitung entsteht aus einem digitalen Objektmodell ein digitales kartographisches Modell (DKM), darüber hinaus auch durch Digitalisieren kartographischer Darstellungen. Dieses ist die Summe aller Objektinformationen in Gestalt graphischer Strukturen (Objekt-Codes in Verbindung mit Zeichenbefehlen, Angaben über Strichbreiten, Farben usw.). Damit läßt sich ein DKM auch bezeichnen als „Inhalt einer (klassischen) Karte in digitaler Form", als „digital gespeicherte Karte" oder kurz als „digitale Karte". Näheres siehe 3.3.4.

1.5 Kommunikation mit Informationen der Kartographie

1.5.1 Kommunikations-, Informations- und Zeichentheorie

Entstehung und Gebrauch kartographischer Darstellungen sind ihrem Wesen nach spezielle Kommunikationsprozesse, und zwar Mittel menschlicher Kommunikation über räumliche Strukturen der Umwelt. Allgemein lassen sich solche Prozesse durch den Satz „Wer sagt was zu wem mit welcher Wirkung?" beschreiben. Dabei gibt es zwischen den *Kommunikationsgrößen* oder *Kommunikatoren* (Menschen, Tiere und Automaten) entweder
– dialogisierende *Kommunikation (Duplex-Kommunikation)* als *wechselseitige,* sich gegenseitig beeinflussende Beziehungen oder
– diagnostische *Kommunikation (Simplex-Kommunikation)* als *einseitige* Erfassung, Beobachtung, Analyse oder Erkenntnis der Außenwelt, wie sie sich für den einzelnen Kommunikator jeweils als Gesamtheit der belebten und unbelebten Umwelt ergibt.

Kommunikation dient der *Informationsübertragung;* ihre Wirkung besteht in dem Einfluß, den die empfangene Information auf den Kommunikator ausübt. Hierbei bedeutet Information soviel wie Nachricht oder Mitteilung. Die große Bedeutung der Kommunikation für das Leben liegt darin, daß sie offenbar eine existentielle und soziale Notwendigkeit ist, denn „man kann nicht nicht kommunizieren" (*Watzlawick* 1971). Dabei lassen sich innerhalb der Kommunikationstheorie die (1) Informationstheorie und die (2) Zeichentheorie als zwei verschiedene Aspekte auffassen.

1. Die *Informationstheorie* ist mathematisch fundiert und auf die reine Syntax beschränkt, läßt also den Sinngehalt einer Nachricht (die Semantik) unberücksichtigt. Sie beschreibt den Vorgang der Informationsübertragung durch ein Schema, dessen Begriffe weitgehend der Nachrichtentechnik entstammen (*Mildenberger* 1990). Nach Abb. 5 wird ein Kommunikator zum *Sender (Expedient)* und der andere zum *Empfänger (Rezipient)* der Information. Der Inhalt dieser Information wird zunächst beim Sender im Wege der sog. *Codierung* (Verschlüsselung) in bestimmte Zeichen (z.B. Buchstaben) umgesetzt. Diese wiederum werden auf einem bestimmten Kanal als physikalische Signale (z.B. als Schallimpulse) ausgestrahlt und erreichen so den Empfänger. Dort werden sie wieder zu Zeichen zusammengesetzt, die ihrerseits dann im Wege der sog. *Decodierung* (Entschlüsselung) die Nachricht ergeben. Auf den Informationskanal können von außen *Störquellen* (z.B. Lärm) einwirken und die Zeichenbildung und damit auch den Inhalt der Nachricht beim Empfänger beeinflussen.

Aus dieser Beschreibung folgt, daß Informationen stets in codierter Form als Zeichen übertragen werden. Zeichen oder Zeichenfolgen lassen sich demnach auch als Realisationen von Informationsinhalten auffassen. Dabei beschränkt sich

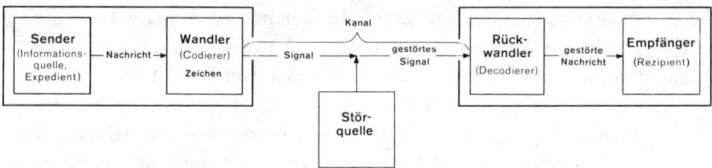

Abb. 5. Schema der Informationsübertragung

der Begriff des Zeichens keineswegs nur auf das, was sich im optischen Wege wahrnehmen läßt. Auch Laute, Gerüche und Berührungen gehören daher zu den Zeichen. Darüber hinaus spricht man von *Zeichensystemen,* wenn aus einem Zeichenvorrat mannigfaltige Kombinationen zusammenhängender Zeichen zu einer Vielzahl von Ausdrucksmöglichkeiten führen.

Für die Informationsverarbeitung sind folgende Definitionen üblich:
– Zeichen: Ein Element aus einer zur Darstellung von Information vereinbarten endlichen Menge von verschiedenen Elementen. Die Menge wird Zeichenvorrat genannt.
– Signal: Die physikalische Darstellung von Nachrichten oder Daten.
– Daten: Zeichen (als digitale Daten) oder kontinuierliche Funktionen (als analoge Daten), die zum Zwecke der Verarbeitung Information auf Grund bekannter oder unterstellter Abmachungen darstellen (siehe auch DIN 44 300 und 44 301).

Über diesen informationstheoretischen Aspekt hinaus ist eine wechselseitige, also dialogisierende Kommunikation nur dann sinnvoll, wenn die Kommunikatoren ein bestimmtes gemeinsames Repertoire an Zeichen (Zeichenvorrat) und Zeichenbedeutungen besitzen. Nur dann nämlich ist es dem Empfänger möglich, die durch die Zeichen codierten Informationen in ihrem Sinngehalt zu gewinnen. Wer z.B. das lateinische Alphabet nicht kennt und/oder die deutsche Sprache nicht beherrscht, wird den Inhalt dieses Buches seinem Sinne nach ohne weitere Hilfe nicht begreifen.

2. Die *Zeichentheorie,* die sog. *Semiotik,* befaßt sich in mehr erkenntnistheoretischer Weise mit den Zeichen, die die Informationen repräsentieren. Naturgemäß spielt innerhalb der Semiotik das sprachliche Zeichensystem eine zentrale Rolle, da es in den menschlichen Kommunikationsprozessen am häufigsten auftritt. Die Zeichentheorie unterscheidet dabei zwischen drei folgenden Betrachtungsweisen als sog. *Zeichendimensionen:*

a) Die *syntaktische* Dimension regelt die formale Bildung der Zeichen und ihre Beziehung untereinander. Da der Sinngehalt des Zeichens hierbei noch keine Rolle spielt, ist demnach eine kartographische Darstellung bereits dann syntaktisch einwandfrei, wenn die Zeichnung in ihrer Struktur richtig erkannt werden (weil z.B. Größe, Abstand und Kontrast der Zeichen ausreichend gewahrt sind). Im syntaktischen Bereich liegt damit die zentrale Zuständigkeit des Kartographen; er stützt sich dabei auf Erkenntnisse der Wahrnehmungspsychologie, die die Sicherheit und Schnelligkeit bei der Auffasung graphischer Gestalten untersucht.

b) Die *semantische* Dimension betrifft die Beziehung der Zeichen zu den Objekten, die sie anzeigen sollen, bringt also die sog. Zeichenbedeutung zum Ausdruck. Erst sie stellt sicher, daß die beim Empfänger eintreffende Nachricht möglichst identisch ist mit der von der Informationsquelle ausgehenden. Eine Signatur kann zwar syntaktisch einwandfrei sein, aber durch den Leser (z.B. ein Kind) in ihrem Sinngehalt nicht erfaßt werden. Allgemein erfordert die kartographische Semantik eine eindeutige und verständliche Zeichenerklärung, und dieses Erfordernis betrifft sowohl den Fachautor als auch den Kartographen. Darüber hinaus können Zeichenassoziationen sehr hilfreich sein, wenn sich damit der gedankliche Brückenschlag zum gemeinten Objekt spontan einstellt.

c) Die *pragmatische* Dimension regelt die Beziehung zum wahrnehmenden Subjekt und nimmt damit Einfluß auf dessen Verhaltensweise. So kann das syntaktisch einwandfrei wahrgenommene und semantisch als Wanderweg erkannte Kartenzeichen den Wanderer zum Begehen dieses Weges veranlassen. Es gehört daher auch zur kartographischen Pragmatik, daß sich das Niveau der Kartenaussage auf das Repertoire an Wissen, Intelligenz und Erfahrung der Kartenbenutzer einstellt. Allgemein kann das Kartenlesen Bekanntes sichtbar machen, aber auch Neues vermitteln.

Allgemeines zur Zeichentheorie findet man z.b. bei *Morris* (1972), *Eco* (1972) und *Seiffert* (1991). Mit Betrachtungen der Zeichendimensionen in der Kartographie befassen sich u.a. *Freitag* (1977), *Ucar* (1979), *Bollmann* (1981) und *Prell* (1983).

1.5.2 Merkmale kartographischer Kommunikation

Wendet man die allgemeinen Erkenntnisse über Kommunikation auf die Kartographie an, so ergibt sich ein Netz aus mehreren Kommunikationsvorgängen, wie es Abb. 6 in groben Zügen darstellt. Dabei wird die Umwelt zunächst durch eine weitgehend einseitige diagnostische Kommunikation erfaßt.

Innerhalb des dargestellten Kommunikationsnetzes ist der Kartograph einerseits Empfänger und andererseits Sender von Informationen, und es geht sowohl um den Ablauf konventioneller Kartenherstellung als auch um den von GIS-Techniken.

Der erste Kommunikationsvorgang führt von der Umwelt zum Fachmann: Die Zeichen der Umwelt, die der Fachmann (z.B. Topograph, Geologe, Statistiker) oder sein Gerät auf verschiedenen physikalischen Kanälen als Signale empfängt, werden im Gedächtnis oder als Protokolle, Registrierungen, Karteneintragungen usw. gespeichert und zu einem fachbezogenen Modell der Umwelt als Primärmodell (1.4.1.2) verarbeitet. In der nächsten Informationsübertragung empfängt der Kartograph die Zeichen dieses Fachmodells und bildet daraus ein kartographisches Modell durch Karten oder digitale Daten (Sekundärmodell). Am Ende der dritten Kommunikation verarbeitet der Benutzer als Empfänger die Ergebnisse seiner Auswertung zur eigenen Umweltvorstellung (Tertiärmodell).

Dieser zunächst sehr einseitig gerichtete Verlauf der Informationen gilt streng genommen nur dann, wenn der Benutzer auf diesem Wege neue Informationen über die Umwelt erhält. Wird dagegen die kartographische Wiedergabe vorwiegend zu Vergleichen benutzt, so erweitert sich die Informationskette zu einem oder mehreren Regelkreisen. Solche Ver-

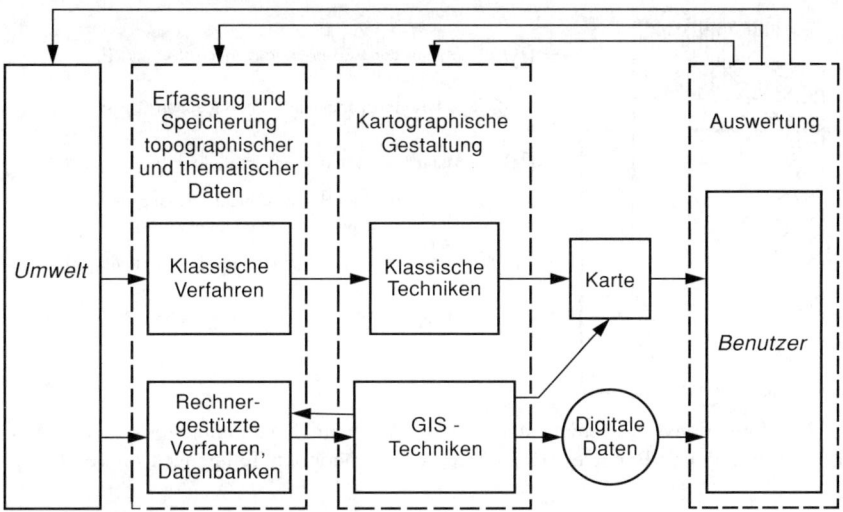

Abb. 6. Das kartographische Kommunikationsnetz

gleiche können sich beziehen a) auf die Umwelt selbst (z.B. Geländevergleich), b) auf eine andere kartographische Darstellung und c) auf bereits bestehende Kenntnisse von der Umwelt. Die Vergleiche können bewirken, daß der Fachmann neue Sachinformationen codieren muß, der Kartograph die Kartenzeichen zu ändern hat oder der Benutzer sein Weltbild korrigiert. Schließlich läßt sich das Netz noch erweitern um die vielen und wichtigen Fälle, in denen mehrere Benutzer mit Hilfe der Karte untereinander kommunizieren, ferner wenn der Kartograph die von ihm aufbereiteten Daten nicht nur dem Benutzer, sondern auch der Datensammlung des Fachmanns überläßt und dieser wie ein Benutzer weitere Aktivitäten und damit auch Kommunikationsvorgänge auslöst.

Bei jedem Kommunikationsvorgang ist mit Verfälschungen und Minderungen der Informationen zu rechnen. Abweichungen von der Wirklichkeit werden schon bei der Erfassung der Informationen durch den jeweiligen Fachmann auftreten, weil z.B. bei schwierigen fachwissenschaftlichen Erhebungen die Erkenntnisbildung nur im Rahmen des sinnlich und apparativ Wahrnehmbaren sowie des allgemeinen Wissensstandes und Weltbildes möglich ist. Ähnliches gilt für die Modellierung durch den Kartographen, soweit er die Fachinformation nicht richtig oder nicht vollständig verstanden hat oder weil z.B. maßstabsbedingte Generalisierungen erforderlich sind und damit Detailinformationen über die Realität verloren gehen bzw. durch Verallgemeinerung verändert werden. In welcher Weise schließlich Informationen bei einem Kartengebrauch durch den Benutzer (Bildung des individuellen Tertiärmodells) gemindert und verfälscht werden können, zeigt Abb. 7. Dabei beschreiben die dargestellten Teilmengen die einzelnen Sachverhalte und die dabei jeweils zugrundeliegenden Ursachen und Probleme.

Kommunikation mit Informationen der Kartographie

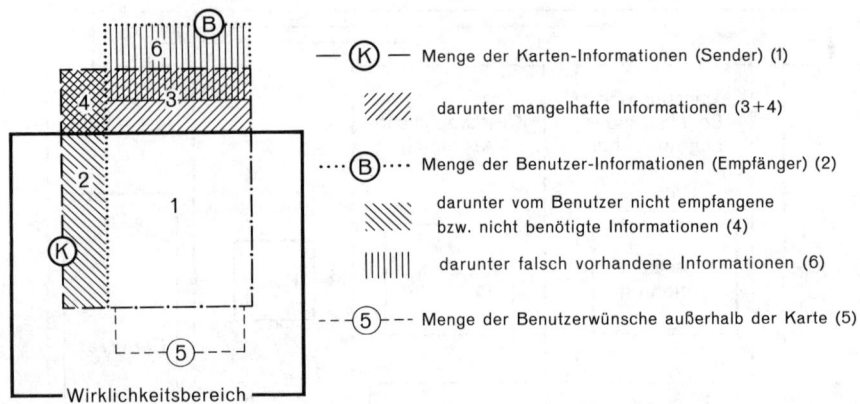

Abb. 7. Informationsverfälschung und -minderung beim Kommunikationsvorgang zwischen Kartograph und Benutzer (Erläuterung der numerierten Teilmengen im Text)

Für die Informationsmenge der Karte (K) als Sender gilt:
Informationen der Karte entsprechen der Wirklichkeit (1+2).
Informationen der Karte entsprechen nicht der Wirklichkeit wegen Verfälschungen aus dem Kommunikationsvorgängen zwischen Außenwelt, Fachautor und Kartograph (3+4), weil
– mangelhafter Erkenntnisstand im Primärmodell (Fachproblem),
– mangelhafte Auswertung des Primärmodells (semantisches Problem),
– mangelhafte Kartenzeichen (syntaktisches Problem),
– zwischenzeitliche Veränderung der Wirklichkeit (Aktualitätsproblem),
– Mangel an Wahrhaftigkeit (Karte als Lüge, ethisches Problem).

Für die Informationsmenge beim Benutzer als Empfänger (E) gilt:
Informationen beim Benutzer entsprechen der Wirklichkeit (1).
Informationen beim Benutzer entsprechen nicht der Wirklichkeit (Verfälschung, 3+6) weil
– Mängel in der Karte (syntaktisches Problem, 3),
– mangelhaftes Eigenrepertoire (Bildungs-Problem, 6) oder
– mangelhafte Wahrnehmung (z.B. schlechtes Licht, Störproblem, 6).

Außerhalb der Informationsmenge des Benutzers (E) gilt ferner:
Informationen durch Benutzer nicht empfangen (Minderung, 2+4), weil
– mangelhaftes Eigenrepertoire (Bildungs-Problem, 2),
– Mängel in der Karte (syntaktisches Problem, 4).
Informationen durch Benutzer benötigt, aber nicht in der Karte enthalten (5) (Daten-Problem).

2 Raumbezug in der Kartographie

Angaben zum Raumbezug (1.3.2) bilden die notwendigen und typischen Basisdaten für die übrigen kartographischen Objektinformationen. Ihr weiträumiger und widerspruchsfreier Zusammenhang ist aber nur dann gewährleistet, wenn sie auf einer exakten geodätischen Grundlage aus Bezugsfläche, Koordinatensystem und Grundlagenvermessung (2.1) beruhen. Die damit verbundenen geometrischen Festlegungen (Verortungen, Geocodierungen) werden beschrieben in numerischer Form durch Koordinaten und Höhen sowie numerisch/graphisch durch Kartennetze (2.2). Solche Angaben erhalten beim Einsatz der Geo-Informatik (2.3) eine Vektor- oder Rasterform als jeweils elementare geometrische Struktur, und dazu gehören noch topologische Aussagen über die Nachbarschaftsbeziehungen der Objekte.

2.1 Geodätische Grundlagen

2.1.1 Gestalt und Größe des Erdkörpers, Bezugsflächen

2.1.1.1 Die Erde als Kugel

Nach der Vorstellung der Naturvölker war die Erde eine Scheibe. Doch bereits *Pythagoras* (um 500 v.Chr.) und *Aristoteles* (um 350 v.Chr.) erkannten die Erde als Kugel. *Eratosthenes* führte um 200 v.Chr. die erste geschichtlich beglaubigte Erdmessung durch (*Bialas* 1982).

Er bestimmte an dem Tage, an dem in Syene (heute Assuan) die Sonne mittags im Zenit stand, im nördlich davon gelegenen Alexandria ihren Zenitwinkel γ zu rund 7,2° (Abb. 8). Die zugehörige Meridianbogenlänge b leitete er vermutlich aus verschiedenen Vermessungsergebnissen ab. Mit der Annahme einer sehr weit entfernten Sonne erhielt er als Zentriwinkel zu b ebenfalls γ und konnte damit den Radius R berechnen. Die erste Gradmessung der Neuzeit führte *Fernel* 1525 am Meridianbogen Paris-Amiens mit Hilfe der Umdrehungen eines Wagenrades durch.

2.1.1.2 Die Erde als Rotationsellipsoid

Zweifel an der Kugelgestalt der Erde tauchten auf, als *Newton* um 1670 das Gravitationsgesetz fand. Die Schwerkraft auf der Erdoberfläche setzt sich zusammen aus der zum Erdinnern weisenden Anziehungskraft und der normal zur Rotationsachse gerichteten Fliehkraft. Letztere ist im Äquator am größten und nimmt

30 Geodätische Grundlagen

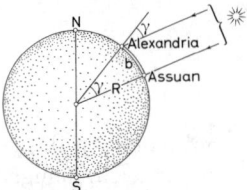
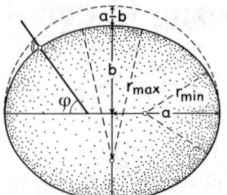

Abb. 8. Erdmessung des Eratosthenes   Abb. 9. Erdellipsoid

nach den Polen zu ab; daher muß die Erde im Flüssigkeitsstadium am Äquator eine Aufwölbung erfahren haben. Ein solches Rotationsellipsoid wird im anglo-amerikanischen Schrifttum auch als *spheroid* bezeichnet, da es näherungsweise der Kugel (sphere) entspricht.

Dementsprechend ergaben die Gradmessungen französischer Wissenschaftler um 1736 äquatornah im heutigen Ekuador und polnah in Lappland den größten Krümmungshalbmesser r_{max} am Pol, den kleinsten Wert r_{min} am Äquator (Abb. 9). Die ersten wissenschaftlich exakten Gradmessungen in Deutschland waren die von *C.F. Gauß* zwischen Inselsberg/Thüringer Wald und Altona (1822-1824) und *Bessel* in Ostpreußen (1831). Daraus und aus weiteren Messungen errechnete *Bessel* um 1840 unter Ausgleichung der Messungswidersprüche die Dimensionen eines Erdellipsoids, das seitdem den Landesvermessungen in Deutschland bis heute zugrunde liegt.

Erdmaße nach		Große Halbachse a	Kleine Halbachse b	Abplattung $f = (a-b)/a$
Bessel	1841	6377397 m	6356079 m	1 : 299,15
Clarke	1880	6378249 m	6356515 m	1 : 293,47
Hayford	1909	6378388 m	6356912 m	1 : 297,0
Krassowskij	1940	6378245 m	6356863 m	1 : 298,3
IUGG	1967	6378160 m	6356775 m	1 : 298,25
IUGG	1980	6378137 m	6356752 m	1 : 298,26

Unter den später mehrfach berechneten Erddimensionen wurde 1924 das von *Hayford/USA* bestimmte Ellipsoid als „Internationales Ellipsoid" empfohlen. 1944 verarbeitete *Krassowskij/UdSSR* sehr großräumiges Material zu neuen Erddimensionen. Die *Internationale Union für Geodäsie und Geophysik (IUGG)* empfahl 1967 in Luzern ein „Geodätisches Bezugssystem 1967" und 1979 in Canberra/Australien ein neues „Geodätisches Bezugssystem 1980" (*Torge* 1991). Letzteres entspricht in den Dimensionen dem „World Geodetic System 1984 (WGS 84)", das den Positionsbestimmungen nach Satelliten des Global Positioning System (GPS) zugrunde liegt. Die Tabelle enthält die bekanntesten Erddimensionen; weitere Erd-Maße siehe 2.1.2.5.

2.1.1.3 Die Erde als Geoid

Schon die ersten Berechnungen der Erddimensionen aus mehreren Gradmessungen zeigten Differenzen, die sich nicht allein durch Messungsungenauigkeiten erklären ließen. Es zeigte sich, daß der Erdkörper durch ein mathematisches Rotationsellipsoid nur genähert darstellbar ist. Seine wirkliche Form ist physikalisch bestimmt durch die ruhend gedachte Meeresoberfläche, die man sich auch unter den Kontinenten – etwa durch ein System kommunizierender Röhren – fortgesetzt denken kann. Diese Fläche erhielt 1873 von *Listing* die Bezeichnung „Geoid". Sie ist eine Niveaufläche, d.h. sie wird in allen Punkten von den Lotrichtungen senkrecht geschnitten. Da aber die Lotrichtungen von der in der Erdkruste relativ unregelmäßigen Massenverteilung abhängen, ist die Geoidfläche keine glatte, sondern eine schwach gewellte Fläche (Abb. 10).

Die Abweichungen des Geoids von einem ihm optimal angepaßten Rotationsellipsoid, die sog. Geoidundulationen, bleiben meist unter 50 m. Die auftretenden Lotabweichungen als die Winkel zwischen der Ellipsoidnormalen und der physischen Lotrichtung, an der sich die Meßgeräte mit Libellen usw. orientieren, können im Flachland und Mittelgebirge bis zu 10″, im Hochgebirge bis zu 1′ betragen.

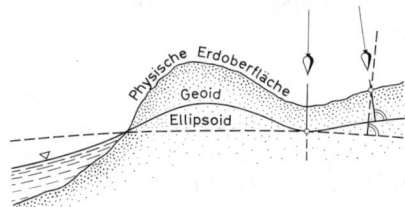

Abb. 10. Geoid

In der Praxis beziehen sich die Höhenmessungen aus physikalischen Gründen (z.B. wegen des Verhaltens des Wassers) auf das Geoid. Das geometrische Ellipsoid ist dagegen wegen seiner besseren Berechenbarkeit die Bezugsfläche für die Lagekoordinaten einer Landesvermessung. Wissenschaft und spezielle, vor allem globale Anwendungen (z.B. Satellitentechnik) bevorzugen schließlich dreidimensionale geozentrische Systeme (2.1.2.5).

2.1.2 Einheiten und Koordinatensysteme

Jede meßbare Größe ergibt sich aus einem Zahlenwert (*Maßzahl*) und der zugehörigen Angabe der Einheit (*Vergleichsgröße, Normal*). Das gegenwärtige Einheitensystem beruht auf einer internationalen Konvention von 1969 als „Système International d'Unités" (*SI, Internationales Einheitensystem*), das in Deutschland durch Bundesgesetz von 1969 (mit späteren Änderungen) eingeführt wurde (mit Hinweis auf die Definitionen in DIN 1301).

Als *SI-Basiseinheiten* gelten die 7 Größen
Länge (Meter), Masse (Kilogramm), Zeit (Sekunde), Stromstärke (Ampere), Stoffmenge (Mol), Lichtstärke (Candela), thermodynamische Temperatur (Kelvin).

Davon abgeleitete *SI-Einheiten* sind z.B. ebener Winkel (Radiant), Kraft (Newton), Temperatur (Grad Celsius), *Einheiten außerhalb des SI,* aber darauf bezogen, sind z.B. Stunde, Liter, Winkel (Grad, gon). Dezimale *Vielfache* und *Teile* der SI-Einheiten entstehen durch Voranstellen von Vorsätzen vor Einheitennamen bzw. Vorsatzzeichen vor Einheitenzeichen:

Vielfaches	10	100	1000	1 000 000	1 000 000 000
Vorsatz; Vorsatzzeichen	Deka; da	Hekto; h	Kilo; k	Mega; M	Giga; G

Teil	1/10	1/100	1/1000	1/1 000 000	1/1 000 000 000
Vorsatz; Vorsatzzeichen	Dezi; d	Zenti; c	Milli; m	Mikro; μ	Nano; n

2.1.2.1 Längenmaße

In den meisten Staaten der Erde ist die Einheit der Längenmessung das Meter (m). Nichtmetrische Maßsysteme gelten vor allem noch in Großbritannien und in den USA. Dabei ist

1 inch (in)	(deutsch: Zoll)			=	2,54 cm
1 foot (ft)	(deutsch: Fuß)	=	12 in	=	30,48 cm
1 yard (yd)		=	3 ft	=	91,44 cm
1 fathom	(deutsch: Faden)	=	6 ft	=	1,8288 m
1 statute (british) mile		=	5280 ft	=	1609 m
1 engl. (London) mile		=	5000 ft	=	1524 m

Die internationale Luftfahrt benutzt für Höhenangaben noch die Einheit „Fuß" (30,48 cm), und in der Seeschiffahrt gilt als nautisches Maß heute noch die Seemeile (sm) = 1852 m als mittlere Länge einer Bogenminute auf dem Erdmeridian. Seit 1965 werden in Großbritannien die Maßangaben in den amtlichen Karten auf das Meter umgestellt.

Das 1868 im Norddeutschen Bund und 1872 im Deutschen Reich gesetzlich eingeführte Meter war durch einen Platin-Iridium-Endmaßstab definiert (*Legales* Meter). 1893 wurde nach einem internationalen Prototyp das *internationale* Meter eingeführt. Die zuletzt 1983 international festgelegte Definition beschreibt das Meter als Länge des Weges, den das Licht im Vakuum während der Dauer von 1/299 792 458 einer Sekunde durchläuft.

Vor Einführung des Meters gab es zahlreiche, sehr uneinheitliche Maßsysteme. Einige davon sind nachfolgend zusammengestellt. Dabei wurde das Zoll (mit dem Kurzzeichen ″) häufig noch in 12 Linien (‴) unterteilt, und das 6fache des Fuß galt meist als Klafter (z.B. in Österreich).

Land	Zoll (″) [cm]	Fuß (′) [cm]	Rute (bzw. Klafter) [m]	Meile [m]
Preußen (Rheinland)	2,615 · 12	= 31,38 · 12	= 3,766 · 2000	= 7532,5
Bayern (München)	2,432 · 12	= 29,18 · 10	= 2,918	7420,4[1]
Württemberg	2,865 · 10	= 28,65 · 10	= 2,865 · 2600	= 7448,7
Sachsen	2,360 · 12	= 28,32	4,295[3]	= 7500,0[2]
Hannover (Calenberg)	2,434 · 12	= 29,21 · 16	= 4,673	7419
Österreich	2,634 · 12	= 31,61 · 6	= 1,896 · 4000	= 7585,9
Schweiz	3,000 · 10	= 30,00 · 10	= 3,000 · 1600	= 4800,0[4]

[1] = deutsche (geographische oder gemeine) Meile = 1/15 Äquatorgrad = 7420,4 m
[2] = Post-Meile = vom Norddeutschen Bund 1968 festgelegte Meile = 7500,0 m
[3] Zugleich 10faches des Dezimalfuß von 42,95 cm
[4] Auch als Wegstrecke bezeichnet

2.1.2.2 Flächenmaße

Durch Quadrieren der Längeneinheit m ergeben sich die Flächeneinheit m² sowie die Vielfachen dam², hm², km² bzw. die Teile dm², cm², mm² usw. Daneben gibt es die gesetzlich zugelassenen Bezeichnungen 1 Ar (a) = 100 m² und 1 Hektar (ha) = 10000 m² bei Angabe von Flur- und Grundstücksflächen.

In den nichtmetrischen Systemen ist 1 square foot (sqft) = 0,0929 m², 1 acre (ac) = 4047 m². Einige ältere Flächenmaße sind z.B. 1 preußischer Ouadratfuß = 0,099 m², 1 preuß. Quadratrute = 14,18 m², 1 preuß. Morgen = 2553 m², 1 württembergischer Morgen = 3152 m², 1 bayerisches Tagwerk = 3407 m², 1 Wiener Joch = 1600 Quadrat-Klafter = 5755 m², 1 geographische Quadratmeile = 55,0629 km².

2.1.2.3 Höhen- und Schweremaße

Höhenangaben in Karten und digitalen Modellen sind stets metrische Informationen. In Bezug auf die geophysikalische Realität (siehe 2.1.1.3) repräsentieren sie jedoch nicht völlig exakt die Relationen zwischen den Potentialflächen des Erdschwerefeldes. Für feinere Betrachtungen benutzt man daher die geopotentielle Kote als Ausdruck der Potentialdifferenz mit den Dimensionen [m²/s²]. Aus dieser ergibt sich die *Normalhöhe* in [m] als Division durch die mittlere Normalschwere γ_m. Näheres siehe z.B. bei *Torge* (1975, 1991).

Die *Normalschwere* γ_o der Erde am Äquator beträgt in Meereshöhe 9,78 m/s²; sie wächst zu den Polen infolge verringerter Zentrifugalkraft. Für die Breite $\varphi = 50°$ ergibt sich z.B. 9,81 m/s². Abweichungen der wirklichen Schwere g von diesem Normalwert entstehen aus lokalen Massenanomalien oder aus Höhenlagen. Früher gab es für 0,01 m/s² auch die Bezeichnung 1 Gal. Näheres zur Schweremessung siehe 6.3.1.1 Nr.4.

2.1.2.4 Winkelteilungen

Die abgeleitete SI-Einheit dazu ist der Radiant (rad) als Zentriwinkel eines Kreises vom Halbmesser 1 m und einem Bogen von 1 m (1 rad = 1 m/m). Als herkömmliche Einheit des ebenen Winkels gilt die Teilung des Vollkreises in 360° (Grad) mit den sexagesimalen Untereinheiten 1' (Minute) = 1°/60 und 1" (Sekunde) = 1'/60 = 1°/3600. Der SI-Bezug lautet 1° = π/180 rad. Das Vermessungswesen benutzt wegen der Vorteile bei Messung und Berechnung nahezu ausschließlich die Teilung des Vollkreises in 400 gon mit den dezimalen Untereinheiten 1 cgon = 0,01 gon und 1 mgon = 0,1 cgon = 0,001 gon. Der SI-Bezug beträgt 1 gon = π/200 rad. Für die gegenseitigen Umwandlungen ist

	1 rad	= 57,29578°	= 3437,75'	= 206 265"
bzw.	1 rad	= 63,66198 gon	= 6366,20 cgon	= 63 662 mgon

und umgekehrt

	1°	= 0,017453 rad	1'	= 0,000291 rad	1"	= 0,000005 rad
bzw.	1 gon	= 0,015708 rad	1 cgon	= 0,000157 rad	1 mgon	= 0,000016 rad

ferner	1°	= 1,111111 gon	1'	= 1,851851 cgon	1°	= 0,308642 mgon

und umgekehrt

1 gon	= 0,9°	1 cgon	= 0,54'	1 mgon	= 3,24"

2.1.2.5 Koordinatensysteme

1. Geographische Koordinaten

Das bereits von den Griechen benutzte System beschreibt eine Punktlage auf der definierten Erdoberfläche durch zwei dimensionslose Winkelgrößen; es handelt sich damit um krummlinige *Flächenkoordinaten*. Dabei gilt als Äquator Ä der Kreis, dessen Ebene senkrecht zur Rotationsachse NS der Erde durch den Erdmittelpunkt verläuft (Abb. 11). Die parallel zum Äquator verlaufenden Breiten- oder Parallelkreise (z.B. B_P) werden vom Äquator aus polwärts in Winkelwerten von 0° bis ±90° als nördliche (+) bzw. südliche (−) *geographische Breite* φ gezählt. Die Meridiane oder Längenkreise (z.B. L_P) schneiden den Äquator und alle Breitenkreise senkrecht und gehen durch die beiden Pole N und S. Ihre *geographische Länge* λ wird vom 1884 international vereinbarten Nullmeridian in Greenwich aus westlich und östlich bis jeweils 180° gezählt. Über Erddimensionen siehe 2.1.1.2.

Bei der Annahme der Erdfigur als *Rotationsellipsoid* ist die geographische Breite φ der Winkel zwischen der Oberflächennormale in P und der Äquatorebene; der Scheitelpunkt liegt damit außerhalb des Erdmittelpunktes (Abb. 9). Bei der Annahme als *Kugel* ist dagegen der Scheitelpunkt von φ stets mit dem Kugelmittelpunkt identisch (Abb. 11).

In Karten des 16. und 17. Jahrhunderts sind die Angaben der geographischen Länge meist auf die Azoren oder die Kapverdischen Inseln bezogen. 1634 einigte man sich auf den 20° westlich von Paris definierten Meridian von Ferro, der westlichsten Kanarischen

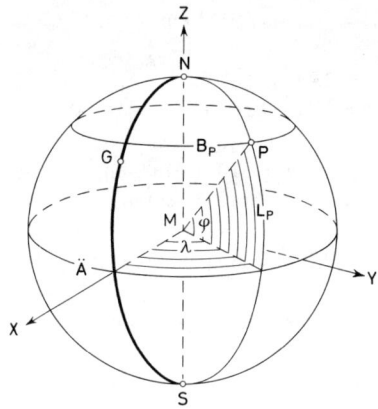

Abb. 11. Geographisches Koordinatensystem φ, λ auf der Kugel und globales Koordinatensystem X,Y,Z

Insel (17°39'46" westl. Greenwich). Weitere früher häufig benutzte Nullmeridane sind u.a. der von Paris (2°20'14" ö.L.), von Berlin (13°23'44" ö.L.), von Pulkowo bei St. Petersburg (30°19'39" ö.L.) und von Washington (77°3'2" w.L.).

Für das Besselsche Erdellipsoid folgen einige ausgewählte Werte für jeden vollen 10. Breitenkreis (nach *Jordan/Eggert/Kneißl* 1956ff.). Zwischenwerte und Vielfache der Angaben lassen sich daraus genähert ermitteln.

	Bogenlänge in km					Flächengröße in km²		
	für einen Breitenkreisabschnitt			für einen Meridianbogen		für ein Eingradfeld		
bei φ	$\Delta\lambda = 1°$	1'	1"	von φ_1 bis φ_2	$\Delta\varphi = 1°$	von φ_1 bis φ_2	$\Delta\varphi = 1°$, $\Delta\lambda = 1°$	
0°	111,307	1,855	0,0309	± (0° - 1°)	110,564	± (0° - 1°)	12	306
± 10°	109,627	1,827	0,0304	± (10° - 11°)	110,600	± (10° - 11°)	12	105
± 20°	104,635	1,744	0,0091	± (20° - 21°)	110,700	± (20° - 21°)	11	546
± 30°	96,475	1,608	0,0268	± (30° - 31°)	110,849	± (30° - 31°)	10	640
± 40°	85,384	1,419	0,0237	± (40° - 41°)	111,032	± (40° - 41°)	9	411
± 50°	71,687	1,195	0,0199	± (50° - 51°)	111,226	± (50° - 51°)	7	890
± 60°	55,793	0,930	0,0155	± (60° - 61°)	111,407	± (60° - 61°)	6	122
± 70°	38,182	0,636	0,0106	± (70° - 71°)	111,555	± (70° - 71°)	4	157
± 80°	19,391	0,323	0,0054	± (80° - 81°)	111,649	± (80° - 81°)	2	058
± 89°	1,949	0,032	0,0005	± (89° - 90°)	111,680	± (89° - 90°)		109

Mit der Erdfigur als Kugel ergeben sich einfachere Rechenformeln, die eine leichte und meist ausreichend genaue Ermittlung von Größen gestatten. Die beste Näherung erreicht man dabei mit der dem Erdellipsoid etwa oberflächen- und volumengleichen Kugel vom Radius $R = 6371$ km.

Umfang aller Großkreise (damit auch Äquator und Meridiane) $= 2R\pi = 40\,030$ km,

Umfang eines Breitenkreises mit der Breite φ $= 2R\pi \cdot \cos\varphi$,

Länge eines Breitenkreisabschnittes zwischen λ_1 und λ_2 $= 2R\pi \cdot \cos\varphi \cdot (\lambda_1^\circ - \lambda_2^\circ)/360^\circ$,

Oberfläche der gesamten Kugel $= 4R^2\pi = 510,1$ Mio $\cdot$ km^2,

Oberfläche der Zone zwischen den Breitenkreisen φ_1 und φ_2 $= 2R^2\pi \cdot (\sin\varphi_1 - \sin\varphi_2)$,

Oberfläche des Zonenabschnitts φ_1 bis φ_2 und $\lambda_1 - \lambda_2 = \Delta\lambda^\circ$ $= 2R^2\pi \cdot (\sin\varphi_1 - \sin\varphi_2)\,\Delta\lambda^\circ/360^\circ$,

Volumen der gesamten Erdkugel $= \tfrac{4}{3}R^3\pi = 1\,083\,000$ Mio. km^3.

2. Geozentrische Koordinaten

Dieses *globale* System ist ein erdfestes dreidimensionales rechtwinkliges System (X, Y, Z) mit dem Ursprung im Erdschwerpunkt (Geozentrum), der Z-Achse in der mittleren Rotationsachse der Erde, der XY-Ebene in der mittleren Äquatorebene und der XZ-Ebene in der mittleren Meridianebene von Greenwich (Abb. 11). Im Gegensatz zu den regional begrenzten Systemen der Landesvermessungen mit ihrer Trennung in zweidimensionale, auf das Ellipsoid bezogene Lagesysteme (2.1.3.1) und eindimensionale, auf das Geoid bezogene Höhensysteme (2.1.3.2) kommt es ohne Bezugsflächen aus. Unter Einbeziehung von Zeit- und Rotationsparametern eignet es sich besonders für Satellitentechnik, Astronomie, Navigation, Geophysik und andere globale Bereiche (z.B. WGS 84, siehe 2.1.1.2).

3. Ebene Koordinaten

Zur numerischen Festlegung von Punkten im Grundriß und zur Darstellung in Karten großer und mittlerer Maßstäbe dient das System der geradlinigen *rechtwinkligen (kartesischen) Koordinaten* der Landesvermessung. Dieses entsteht durch geodätische Abbildung (2.2.1.2) der Ergebnisse der Lagevermessungen (2.1.3.1) von der Oberfläche eines definierten Erdellipsoids in die Ebene. Dabei zeigt die positive x-Achse (Abszisse) nach oben (Gitter-Nord), die positive y-Achse (Ordinate) nach rechts (Abb. 12). Die Lage des Nullpunktes 0 ergibt sich aus der Festlegung, die bei der einzelnen geodätischen Abbildung getroffen wird. Ein solches System gilt im Gegensatz zu den geographischen und geozentrischen Koordinaten nur für einen definierten Abbildungsbereich (z.B. Meridianstreifen). In Einzelfällen entstehen daneben örtliche (topozentrische) Koordinatensysteme mit einem vereinbarten Nullpunkt und einer vorgegebenen Richtung der x-Achse.

In Abb. 12 ist der Punkt P_1 durch das rechtwinklige Koordinatenpaar x_1 und y_1 fixiert. Beschreibt man dagegen P_1 durch die beiden Elemente r und α (rechtsdrehend), so liegt ein *Polarkoordinatensystem* vor. Betrachtet man zwei Punkte P_1 und P_2 mit den Koordinatendifferenzen $\Delta x = x_2 - x_1$ und $\Delta y = y_2 - y_1$, so ergeben sich zwischen ihnen Strecke s und Richtungswinkel t (rechtsdrehend)

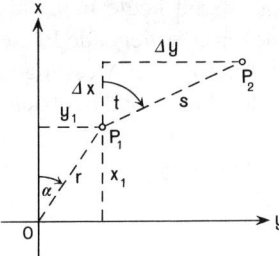

Abb. 12. Rechtwinkliges und polares Koordinatensystem

zu

$$s = \sqrt{\Delta x^2 + \Delta y^2} \quad \text{und} \quad \tan t = \frac{\Delta y}{\Delta x}.$$

Umgekehrt erhält man aus s und t von P_1 aus die Koordinaten von P_2 zu

$$x_2 = x_1 + s \cdot \cos t \quad \text{und} \quad y_2 = y_1 + s \cdot \sin t.$$

In vielen Taschenrechnern stehen die Formeln für diese Koordinatenumwandlungen (rechtwinklig/polar und umgekehrt) zur Verfügung.

2.1.3 Grundlagenvermessungen

Diese sind in fast allen Staaten öffentliche Aufgaben, die meist durch staatliche Ämter der Landesvermessung wahrgenommen werden. Dabei entstehen Festpunktfelder als Gesamtheit von örtlich dauerhaft markierten Punkten; diese werden nach Auswertung der Messungen beschrieben durch Angabe ihrer Lage, Höhe und Schwere im jeweiligen Bezugssystem. Sie stellen sicher, daß die nachfolgenden Einzelvermessungen (zur Topographie, zum Liegenschaftskataster und zu größeren Bauprojekten und -werken) und deren kartographische Wiedergabe sowie darüber hinaus die Datenspeicherung in einem Informationssystem widerspruchsfrei und in größerem Zusammenhang möglich ist. Zur Technik der Vermessungen siehe auch Kap.6.

2.1.3.1 Bestimmung von Lagefestpunkten

1. Aufbau und Abmarkung eines Lagefestpunktfeldes

Entsprechend der früher vorherrschenden Meßmethode werden solche Festpunkte auch als *trigonometrische Punkte* bezeichnet. Dabei führte das herkömmliche Schema im Aufbau der Punktfelder zu einer hierarchischen Stufung der Festpunkte: Während die Netze 1. Ordnung durchschnittliche Punktentfernungen von 30 bis 50 km aufweisen, verringert die nachfolgende *Netzverdichtung* durch die Netze 2., 3. und 4. Ordnung die Punktentfernungen bis zu 1 bis 3 km in der 4. Ordnung.

Geodätische Grundlagen

Die Festpunkte – früher meist Kirchturmspitzen o.ä. – sind heute meist als Bodenpunkte durch Steinpfeiler vermarkt (Abb. 13). Eine darunterliegende Platte sowie weitere exzentrische Marken dienen als Sicherung. Im Zuge der Messungen befinden sich über den Bodenpunkten Meßgeräte, Signale, Antennen, Beobachtungsleitern usw.

Abb. 13. TP-Vermarkung (Bodenpunkt)

2. Messungen im Lagefestpunktfeld

Das klassische Verfahren ist die seit dem 17. Jahrhundert angewandte *Triangulation* (Abb. 14), bei der auf allen trigonometrischen Punkten die Dreieckswinkel gemessen werden. Das damit in seiner Form eindeutig festgelegte Netz erhält seinen Maßstab durch Bestimmung der Länge mindestens einer Dreiecksseite. Diese bestimmte man früher indirekt aus einem Basisvergrößerungsnetz (Abb. 14).

Mit dem Einsatz hochgenauer elektronischer Streckenmessungen wurde die *Trilateration* zum ebenbürtigen und in den äußeren Bedingungen meist günstigeren Verfahren (Abb. 15). Dabei erstreckt sich die Streckenmessung über die Dreiecksseiten hinaus auf weitere Diagonalverbindungen. In der Praxis verknüpft man oft die Prinzipien beider Verfahren.

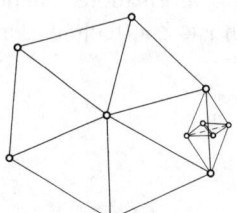 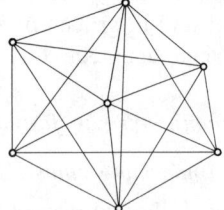

Abb. 14. Triangulationsnetz mit Basisvergrößerungsnetz

Abb. 15. Trilaterationsnetz

Während die Netze 1. und 2. Ordnung meist durch geschlossene Messung und Berechnung entstanden, herrschte in den Netzen 3. und 4. O. bisher das Verfahren der Einzelpunkteinschaltung vor. Hierbei werden die neuen Punkte einzeln, zu zweit, zu dritt usw. im Anschluß an vorhandene Festpunkte gemessen. Anstelle eines Dreiecksnetzes kann man auch ein Netz großräumiger Polygonzüge (Traversen) aufbauen und dieses dann weiter verdichten. Zum Aufbau neuer und zur Verdichtung bestehender Festpunktfelder eignen sich auch Aerotriangulationen mit einem flächendeckenden Verband von Luftbildern (6.4.1.2) sowie Positionsbestimmungen mittels Satelliten oder inertialer Meßsysteme (6.3.1.1).

Da in allen Verfahren stets mehr Meßgrößen ermittelt werden, als zur eindeutigen Festlegung erforderlich sind, erhält man durchgreifende Kontrollen und durch rechnerische Ausgleichung bestmögliche Ergebnisse mit Angaben zur erreichten Genauigkeit. In modernen Netzen beträgt der Maßstabsfehler etwa 1:500 000, und die Punktgenauigkeit erreicht etwa ±0,03 m.

3. Festlegung der Lagebezugsfläche

Eine solche Festlegung erforderte bisher die folgenden zusätzlichen, meist astronomischen Messungen in mindestens einem Netzpunkt:
– Bestimmung der geographischen Koordinaten φ, λ als absolute Fixierung,
– Bestimmung des Azimuts α zu einem zweiten Punkt als Orientierung.
Danach ergeben sich die geographischen Koordinaten für alle weiteren Netzpunkte durch rechnerische Übertragung; da solche Koordinaten für Folgerechnungen wenig geeignet sind, rechnet man sie in rechtwinklig metrische Koordinaten x, y der Landesvermessung um. Heute ermöglichen Satellitenmessungen auch die direkte Punktfestlegung auf der Bezugsfläche.

Allgemein gilt als *Geodätisches Datum* eines Festpunktfeldes neben der Beschreibung des sog. Fundamentalpunktes die Angabe der Dimensionen des gewählten Ellipsoids sowie der Lage seines Mittelpunktes zum globalen Geozentrum (Schwerpunkt der Erde).

Das deutsche Hauptdreiecksnetz (DHDN) basiert auf dem Ellipsoid von Bessel mit dem Punkt Rauenberg bei Berlin als Fundamentalpunkt (bei angenommener Lotabweichung Null) und der Orientierung durch das astronomische Azimut Rauenberg-Berlin/Marienkirche. In der DDR entstand das staatliche trigonometrische Netz 1. Ordnung (STN 1.O.) aus einem einheitlichen Astronomisch-Geodätischen Netz (AGN) osteuropäischer Länder; es beruht auf einem einheitlichen Koordinatensystem mit dem Krassowskij-Ellipsoid als Grundlage (*Ihde* 1991) und soll über ein neues GPS-Netz mit dem DHDN verknüpft werden (*Strauss* 1991). Auf das Besselsche Ellipsoid beziehen sich auch die Dreiecksnetze von Österreich (mit dem Fundamentalpunkt Hermannskogel bei Wien und der Orientierung nach dem Azimut von dort zum Hundsheimer Berg) sowie der Schweiz (mit dem Fundamentalpunkt Berner Sternwarte).

Die isolierten Festlegungen der Lagefestpunktfelder der einzelnen Staaten führten wegen der getrennten Messungen und der unterschiedlichen Ansätze in den Dimensionen und Rechnungen an den Nahtstellen der Netze zu großen Klaffungen, die bis zu mehreren 100 m betragen. Nach den ersten rechnerischen Zusammenschlüssen zu einem einheitlichen (west)europäischen Netz ab 1950 ist über mehrere Zwischenstufen nunmehr als künftiges gemeinsames Bezugssystem das *European Terrestrial Reference System 1989 (ETRS 89)* vorgesehen.

4. Weitere Verdichtung des Lagefestpunktfeldes

Reicht das Lagefestpunktfeld für den unmittelbaren Anschluß von Einzelvermessungen noch nicht aus, so lassen sich weitere Verdichtungen durch Punkte vornehmen, die als Polygonpunkte, Aufnahmepunkte, Lagefestpunkte 5. Ordnung usw. bezeichnet werden. Sie wurden bisher durch Polygonzüge bzw. -netze oder durch polares Anhängen in Abständen zwischen 50 m und 500 m bestimmt und durch Granitsteine, unterirdische senkrechte Rohre, ebenerdige Metallbolzen, Kunststoffmarken usw. so fixiert, daß die gegenseitige Sicht und die anschließende Einzelmessung nicht durch Hindernisse (z.B. Mauern, Strauchwerk) erschwert wird. Solche topographischen Zwänge lassen sich in Zukunft mindern durch die von solchen Punkten unabhängigere Aufstellung (freie Stationierung) von Tachymetern als Totalstation oder von GPS-Empfängern, wobei höhere Meßgenauigkeiten noch die Flexibilität der Detailvermessung erweitern.

2.1.3.2 Bestimmung von Höhenfestpunkten

1. Aufbau und Abmarkung eines Höhenfestpunktfeldes

Das vom Lagefestpunktfeld in der Regel unabhängige Netz der durch Nivellement bestimmten Höhenfestpunkte (NivP) gliedert sich in der Bundesrepublik Deutschland in das Netz 1. Ordnung (Maschenweite 30 bis 60 km), das Netz 2.O. (15 bis 20 km) und das Netz 3.O., das je nach Örtlichkeit oder Bedarf eine Maschenweite von höchstens 10 km aufweist. Ein Netz 4.O. entsteht nur in besonderen Fällen.

Eine Identität von Lage- und Höhenfestpunkten ist dabei im Hinblick auf Abmarkung, örtliche Lage und Messung weder sinnvoll noch erforderlich. Die meisten Höhenfestpunkte sind durch metallische Höhenbolzen festgelegt, die in Außenwänden von Gebäuden, in Mauern oder in Granitpfeilern eingelassen sind (Abb. 16).

Abb. 16. Höhenbolzen

2. Messung von Höhennetzen

Solche Messungen sind Präzisionsnivellements, die als Liniennivellements durch geologisch stabile Gebiete bei günstigen atmosphärischen Bedingungen und auf erschütterungsfreien Wegen sowie unter Beachtung weiterer methodischer Feinheiten die Höhenunterschiede zwischen den Festpunkten ermitteln. Dazu treten im Netz 1.O. die Anschlüsse an den Normalhöhenpunkt (NH), also an die definierte Bezugsfläche, an weitere unterirdische Festlegungen (UF) zur Netzstabilisierung sowie Gravimetermessungen zur Korrektur der Meßdaten infolge lokaler Massenanomalien.

Das Verknüpfen vieler Nivellementslinien zu einem ausgedehnten Nivellementsnetz ermöglicht es, die Messungsergebnisse rechnerisch auszugleichen und damit auch die erreichten Genauigkeiten zu ermitteln. Diese liegen im Netz 1.O. bei ±0,4 mm/1 km und besser, in den Netzen 2. und 3.O. bei etwa ±0,7 mm/1 km. Wegen der Fehlerfortpflanzung nach der Quadratwurzel der Entfernung ergibt sich für 10 km Entfernung etwa ±1,2 mm bzw. ±2,2 mm.

3. Höhenbezugsfläche

Die für Höhenangaben besonders gut geeignete Niveaufläche ist das Geoid als die in Ruhe gedachte Meeresoberfläche. Tatsächlich haben die meisten Staaten auch eine Höhenbezugsfläche gewählt, die angenähert mit dem mittleren Wasserstand eines benachbarten Meeres zusammenfällt, im Anhalt daran aber durch eine bestimmte Marke exakt festgelegt ist. Man spricht wegen dieses Zusammenhangs auch oft von *Meereshöhen*.

Im Bereich der Bundesrepublik Deutschland beziehen sich die Höhenangaben seit 1879 auf eine als *Normal Null* (NN) bezeichnete Niveaufläche. Diese war durch Nivellements vom Amsterdamer Pegel auf etwa ±0,1 m genau abgeleitet und 37,000 m unter einer Höhenmarke an der alten Berliner Sternwarte definiert worden. Wegen des Abbruchs der Sternwarte entstand 1912 etwa 40 km östlich von Berlin ein neuer Normalhöhenpunkt (NH von 1912). Die heutige Definition der Bezugsfläche beruht auf der Gesamtheit der Punkte 1. Ordnung als deutsches Haupthöhennetz (DHHN 85) mit Einschluß der unterirdischen Festlegungen (UF). In der DDR entstand das staatliche Nivellementsnetz 1. Ordnung (SNN); es beruht auf einer Gesamtausgleichung des Präzisionsnivellementsnetzes osteuropäischer Länder und ist auf den Kronstädter Pegel bei St. Petersburg bezogen (*Ihde* 1991). Dieses Netz soll durch eine Gesamtausgleichung in das DHHN überführt werden. Bisher lag die SNN-Bezugsfläche etwa 8 bis 16 cm höher als NN (*Weber* 1991).

In Österreich beziehen sich die Höhenangaben auf eine Marke am Molo Sartorio in Triest, die 3,352 m über dem Mittelwasser des Adriatischen Meers liegt.Für die Schweiz gilt eine Höhenmarke am Pierre du Niton, einem Felsblock im Hafen von Genf. Die Höhe dieses Punktes bezieht sich auf den mittleren Wasserstand des Mittelmeers und ist mit 373,60 m ü.M. festgelegt. Die unterschiedliche Festlegung der Höhensysteme in anderen europäischen Staaten führt an den Grenzen der Bundesrepublik Deutschland etwa zu folgenden Durchschnittswerten, um die die benachbarten Bezugsflächen unter NN liegen:
Niederlande 0,02 m, Schweiz 0,08 m, Dänemark 0,11 m, Österreich 0,27 m, Frankreich 0,27 m, Belgien 2,31 m (Bezugsfläche = mittleres Tideniedrigwasser!).

Das Einheitliche Europäische Nivellementsnetz (*Réseau Européen Unifié de Nivellement = REUN*) entstand 1960 durch gemeinsame Ausgleichung ausgewählter Nivellementslinien des westlichen Europas unter Bezug auf den Amsterdamer Pegel für 1950.0; eine Neuberechnung liegt seit 1973 vor. Damit erfüllte sich für Teilbereiche zum ersten Mal der Wunsch nach einem gemeinsamen internationalen und widerspruchsfreien Höhennetz.

Die Höhen- bzw. Tiefenangaben in den Seekarten der deutschen Nordseeküste sind auf ein besonderes *Seekartennull* (SKN) bezogen, das als örtliches mittleres Springniedrigwasser (MSpN) definiert ist und damit etwa um den halben Betrag eines statistisch ermittelten Gezeitenhubs unter NN liegt. Dieser Unterschied beträgt in Borkum etwa 1,4 m, Wilhelmshaven 1,9 m und List/Sylt 0,9 m. Im Bereich der deutschen Ostseeküste ist SKN praktisch gleich NN.

2.1.3.3 Bestimmung von Schwerefestpunkten

Angaben zum Schwerefeld der Erde ermöglichen es, die Beziehungen zwischen Ellipsoid und Geoid exakter zu beschreiben und damit vor allem für die Höhenfestpunkte genauere Werte zu ermitteln. Daneben sind sie wertvolle Informationen für viele geowissenschaftliche und andere Untersuchungen.

In Anlehnung an Nivellementslinien ist in der Bundesrepublik Deutschland das deutsche Hauptschwerenetz (DHSN 82) entstanden und bereits weitgehend durch Netze 2. und 3. Ordnung verdichtet worden. Es beruht auf dem vom Deutschen Geodätischen Forschungsinstitut (DGFI) bis 1976 geschaffenen Schweregrundnetz (DSGN 76), dem wiederum das *International Gravity Standardization Net (IGSN 71)* zugrunde liegt (Weber 1991). Eine Erweiterung des DHSN 82 auf die Gebiete der neuen Bundesländer im Anhalt an die dortigen Punkte des staatlichen gravimetrischen Netzes (SGN) ist vorgesehen. Zu Schweremessungen siehe 6.3.1.1 Nr.4.

2.2 Kartennetzentwürfe

2.2.1 Grundlagen

2.2.1.1 Begriffe und Aufgaben

Kartennetzentwürfe (Kartenabbildungen) sollen die Netzlinien und Punkte eines Koordinatensystems von der exakt definierten Oberfläche eines Weltkörpers nach bestimmten Regeln so in die Ebene abbilden, daß sie dort eine geeignete geometrische Grundlage für digitale Modelle und kartographische Darstellungen ergeben.

Kartennetzentwürfe sind damit spezielle Anwendungen der Gesetze mathematischer Abbildungen auf die Kartographie; man spricht daher auch von mathematischer Kartographie. Eine mathematische Abbildung ist in allgemeiner Weise gekennzeichnet durch eine Vorschrift, die jedem Element einer Menge ein Element einer anderen Menge zuordnet. Eine solche Vorschrift gilt als umkehrbar eindeutige oder eineindeutige Abbildung, wenn die Zuordnung in beiden Richtungen zu eindeutigen Ergebnissen führt. Der in älterem

Schrifttum häufiger anzutreffende Begriff *Kartenprojektion* hat sich historisch aus dem französischen bzw. englischen Wort *projection* mit der Bedeutung von *Entwurf* oder *Vorhaben* entwickelt. Keineswegs ist er aber allgemein auch im Sinne einer geometrischen Perspektive aufzufassen, denn nur wenige Netzentwürfe – wie noch gezeigt wird – sind das Ergebnis einer echten Perspektive.

Ausführlichere Darstellungen zu den Kartennetzentwürfen finden sich z.B. in den Lehr- bzw. Handbüchern von *Hammer* (1889), *Jordan-Eggert-Kneißl* (1956ff.), *Wagner* (1962), *Richardus/Adler* (1972), *Arnberger/Kretschmer* (1975), *Großmann* (1976), *Hoschek* (1984), *Snyder* (1987), *Schröder* (1988), *Canters/Decleir* (1989), *Kuntz* (1990), *Maling* (1992). Eine Bibliographie stammt von *Snyder* (1988).

Die weiteren Betrachtungen beschränken sich auf Abbildungen der Erdoberfläche. Dabei kann man wegen der heutigen Möglichkeiten der Rechentechnik für die Erdgestalt grundsätzlich von einem exakt definierten *Bezugsellipsoid* (2.1.1.2) ausgehen. Dies ist sogar notwendig, wenn die Ergebnisse von Grundlagenvermessungen abzubilden und Karten bis etwa zum Maßstab 1:2 Mio. herzustellen sind. Bei noch kleineren Maßstäben und bei Überschlagsrechnungen ist dagegen die Annahme der Erdfigur als *Kugel* zulässig, weil die bei dieser Vereinfachung zusätzlich auftretenden Fehler wesentlich geringer bleiben als die unvermeidbaren Abbildungsverzerrungen. Als Radius der mit dem Ellipsoid volumengleichen Kugel reicht dabei gewöhnlich der Wert $R = 6370$ km aus. Diese vereinfachende Annahme liegt auch den Formeln der weiteren Abschnitte zugrunde (siehe auch 2.2.1.3).

2.2.1.2 Einteilung der Netzentwürfe

1. Einteilung nach den Parametern des Kartennetzes

Das Kartennetz stellt die Linien des geographischen oder eines geodätischen (ebenen rechtwinkligen) Koordinatensystems (2.1.2.5) dar. Bei der Abbildung des globalen Netzes der *geographischen* Koordinaten von der Erdoberfläche (Urbild) in die Ebene (Abbild) ergeben sich je nach Formelansatz unterschiedliche Netzbilder. Dagegen wird ein begrenztes System *geodätischer* Koordinaten zwar mit Nullpunkt und Koordinatenrichtung auf dem Ellipsoid fixiert, aber dann werden mit diesen Vorgaben die geographischen Koordinaten einiger Lagefestpunkte in rechtwinklig-ebene Koordinaten dieses Netzes transformiert. Alle weiteren Berechnungen finden dann meist in dem stets quadratischen Netzbild in der Ebene statt.

Geographische Netze liegen gewöhnlich den Karten im Maßstab 1:500 000 und kleiner zugrunde; sie gelten auch als *kartographische Abbildungen im engeren Sinne* oder *Gradnetzentwürfe*. In diesen erscheinen die Netzlinien bestimmter runder Koordinatenwerte in der Regel vollständig dargestellt. Als *Gradfeld* gilt dabei die einzelne Netzmasche, als *Eingradfeld* das Flächenelement, das einer Differenz von 1° in Länge und Breite entspricht. Zur *Gradabteilung* siehe 9.5.1.

Geodätische Netze sind in der Regel die Grundlage für Karten im Maßstab 1:500 000 und größer. Ihre stets quadratische Gitterstruktur erleichtert das Berechnen, Kartieren und Auswerten. Als *Gitterelement* gilt dabei die quadratische Netzmasche, die in Karten unter Vorgabe einer runden und konstanten Koordinatendifferenz vollständig dargestellt oder nur angedeutet ist. Gegenüber den Gradnetzentwürfen unterscheiden sich die geodätischen Abbildungen noch wie folgt:
- Sie sollen nicht nur die Netzlinien von Koordinaten in Karten *graphisch* darstellen, sondern auch die *digitale* Bearbeitung der geodätischen Grundlagen und der Objekte des Karteninhalts ermöglichen.
- Wegen der höheren Genauigkeitsansprüche müssen die Beträge der Abbildungsverzerrungen sehr gering bleiben. Das bedeutet jeweils begrenzte Abbildungsbereiche in Form von Meridianstreifen, Breitenzonen o.ä. mit eindeutigen Übergängen zwischen benachbarten Systemen. Da Karten kleiner Maßstäbe meist mehrere solcher Bereiche überdecken würden, sind für sie schon aus diesem Grunde geodätische Netze unzweckmäßig.

2. *Einteilung nach der Art des Netzbildes*

Dieser Aspekt gilt nur für geographischen Netze, da die geodätischen Netze – wie erwähnt – stets ein quadratisches Gitter bilden.

Im Falle der *azimutalen Abbildungen* gilt folgendes: Die Bilder der Meridiane sind Geraden, die sich in einem Punkt schneiden (Abb. 17a). Die Winkel (Azimute), die sie einschließen, sind gleich den Winkeln, die zwischen den Meridianen auf der definierten Erdfigur liegen. Die Bilder der Breitenkreise sind konzentrische Kreise um den Schnittpunkt. Dieses Abbildungsergebnis kann man sich geometrisch entstanden denken, wenn man die Kartenebene im Pol als Tangentialebene an die Erdfigur legt und dann die Breitenkreise nach bestimmten Regeln – die nicht auf einer Perspektive zu beruhen brauchen – auf diese Ebene überträgt (z.B. Punkt *P* nach *P'*, Abb. 17b). Weil die Berührungsebene zugleich Horizontebene ist, spricht man auch von *Horizontalabbildungen*.

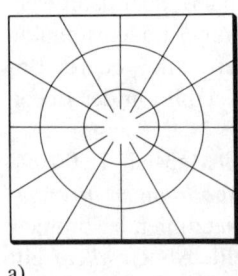 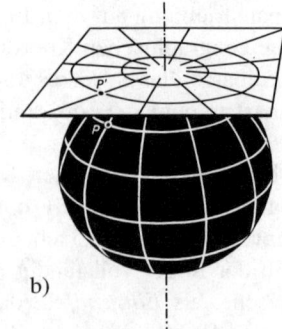

a)   b)

Abb. 17. Azimutale Abbildung

Bei den *zylindrischen Abbildungen* sind die Bilder der Meridiane und der Breitenkreise zwei parallele Geradenscharen, die sich gegenseitig rechtwinklig schneiden (Abb. 18a). Die geometrische Deutung führt zu einem Zylinder, dessen Mantel die Erdfigur im Äquator berührt (Abb. 18b), und bei dessen Abwicklung sich ein rechtwinkliges Netzbild ergibt.

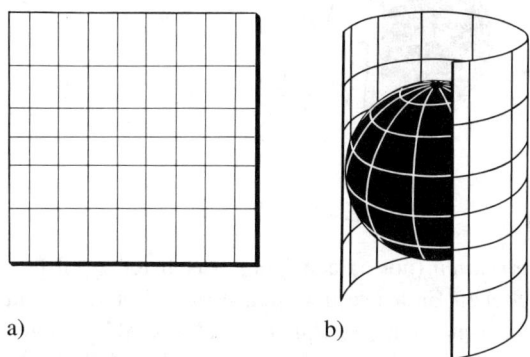

a)   b)

Abb. 18. Zylindrische Abbildung

Die *konischen Abbildungen* stimmen teilweise mit den azimutalen Abbildungen überein, doch sind die Winkel zwischen den Meridianbildern stets kleiner als die entsprechenden Längenunterschiede auf der Erdfigur (Abb. 19a). Dies läßt die Deutung eines einhüllenden Kegelmantels zu, der sich gleichfalls in die Ebene abwickeln läßt (Abb. 19b). Die konischen Abbildungen stellen den allgemeinsten Fall der echten Abbildungen dar; aus ihnen gehen die zylindrischen hervor, wenn die Kegelspitze ins Unendliche rückt, und die azimutalen, wenn der Öffnungswinkel des Kegels 180° wird.

Die beschriebenen Abbildungen haben folgendes gemeinsam: 1. Alle Meridianbilder sind Geraden, die sich im Bild des Pols schneiden (im Grenzfalle im Unendlichen). 2. Alle Breitenkreisbilder sind konzentrische Kreise um das Polbild (im Grenzfalle mit unendlich großen Radien). 3. Alle Linien schneiden sich rechtwinklig. Abbildungen, die diese Bedingungen erfüllen, werden auch als *echte* Abbildungen bezeichnet.

Neben diesen drei Gruppen der sog. echten Netzentwürfe gibt es solche, die sich nicht mehr vollständig durch die unmittelbare Vorstellung einer Abbildungsfläche erklären lassen. Dazu gehören
– die sog. *unechten* Abbildungen, darunter Planisphären und Planigloben,
– Kartennetze mit vorsätzlichen Verzerrungen *(Kartenanamorphosen)*,
– Kartennetze als Ergebnis von Transformationen zwischen Karten.

3. Einteilung nach der Lage der Abbildungsfläche
Diese ergibt sich aus den gegenseitigen Lagen zwischen Erdkörper und Abbildungsfläche. Fällt die Erdachse mit der Achse bzw. Lotlinie der Abbildungsfläche

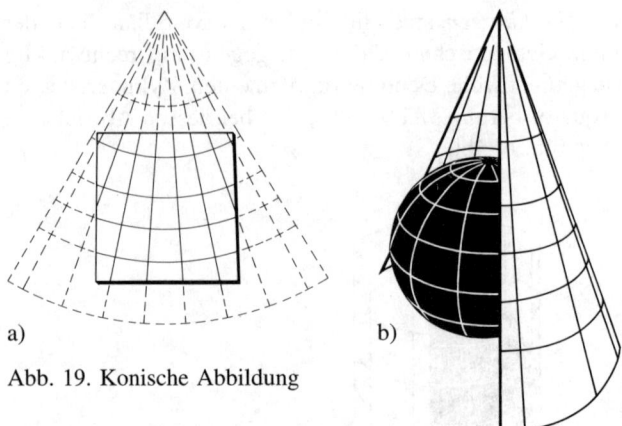

Abb. 19. Konische Abbildung

zusammen, so spricht man von *normalen* (normalachsigen, erdachsigen, polständigen) Abbildungen (Abb. 20). Stehen Erdachse und Achse bzw. Lot senkrecht zueinander, so liegen *transversale* (querachsige, äquatorständige) Abbildungen vor (Abb. 21). Schließen endlich Erdachse und Achse bzw. Lot einen beliebigen Winkel miteinander ein, so handelt es sich um *schiefachsige* (zwischenständige) Abbildungen (Abb. 22).

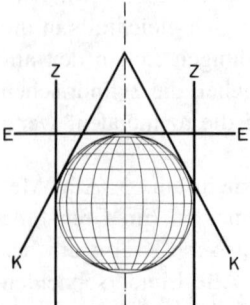 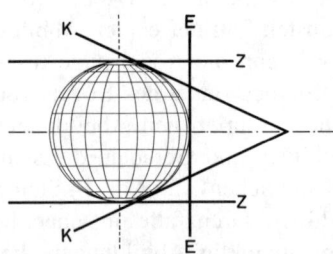

Abb. 20. Normale Abbildungen   Abb. 21. Transversale Abbildungen

4. Einteilung nach den Abbildungseigenschaften

Eine Abbildung, die der definierten Erdoberfläche in allen Teilen ähnlich ist, kann nur wieder auf einer Ellipsoid- oder Kugelfläche – z.B. auf dem Globus – möglich sein. Nur sie ist unter Berücksichtigung des konstanten Verkleinerungsverhältnisses zugleich längen-, flächen- und winkeltreu.

Bei der Abbildung einer Ellipsoid- oder Kugelfläche in eine Ebene lassen sich dagegen die drei Eigenschaften gleichzeitig niemals streng verwirklichen. Es ist

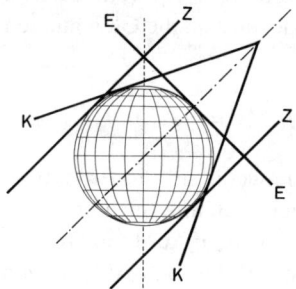

Abb. 22. Schiefachsige Abbildungen

lediglich möglich, Abbildungen mit a) *partieller Längentreue* (Äquidistanz) in bestimmten Richtungen oder b) *Flächentreue* (Äquivalenz) oder c) *Winkeltreue* (Konformität) zu erzeugen; dabei treten dann für die jeweils nicht abbildungstreuen geometrischen Elemente Verzerrungen auf. Daneben kann man d) sog. *vermittelnde* Abbildungen so einrichten, daß zwar eine besondere Abbildungstreue entfällt, aber damit die Verzerrungen insgesamt geringer ausfallen. Schließlich ist zu beachten, daß Flächentreue und partielle Längentreue auch im Endlichen gelten, während die Konformität stets nur eine Winkeltreue im Differentiellen ist.

Abbildungseigenschaften und Verzerrungsverhältnisse entscheiden in erster Linie die Wahl des Netzentwurfes, der dem Zweck der Karte am besten entspricht. Geographen bevorzugen für vergleichende Untersuchungen die flächentreuen Abbildungen. In der Navigation und im Vermessungswesen gibt man dagegen den konformen Abbildungen den Vorzug. Verkehrskarten beruhen häufig auf partiell längentreuen Netzen. Die Verwendung und Eignung von Kartennetzen nach Maßstab und Zweckbestimmung erörtern u.a. *Kretschmer* (in *Österr. Geogr. Ges.* 1970), *Heupel/Schoppmeyer* (1979) und *Hufnagel* (in *Dodt/Herzog* 1988).

2.2.1.3 *Abbildungsgleichungen und Abbildungsverzerrungen*

1. Allgemeine Abbildungsgleichungen

Die für die einzelnen Netzentwürfe aufzustellenden Abbildungsgleichungen sind die mathematischen Gesetze, nach denen die Punkte der Erdoberfläche in die Ebene abzubilden sind. Je nach Zweckmäßigkeit verwendet man dabei in der Abbildungsebene polare Koordinaten m, α oder rechtwinklige Koordinaten x', y' als Funktion der geographischen Koordinaten φ, λ beliebiger Oberflächenpunkte. In zahlreichen Fällen benutzt man statt der Breite φ die Poldistanz $\delta = 90° - \varphi$.

Allgemein gelten damit folgende Abbildungsgleichungen:

$$m = f_1(\varphi, \lambda), \quad \alpha = f_2(\varphi, \lambda) \quad \text{bzw.} \quad x' = f_3(\varphi, \lambda), \quad y' = f_4(\varphi, \lambda).$$

Bei den sog. *echten* Abbildungen hängt die Abbildungskoordinate jeweils nur von einer geographischen Koordinate ab. Bei ihnen vereinfachen sich die Gleichungen zu

$$m = f_1(\varphi), \quad \alpha = f_2(\lambda) \quad \text{bzw.} \quad x' = f_3(\varphi), \quad y' = f_4(\lambda).$$

Die Gleichungen führen zum Abbildungsmaßstab 1:1, wenn sie die Erddimensionen enthalten. Beim Bezug auf eine Karte sind daher noch alle linearen Maße durch die Maßstabszahl m_k und alle Flächenmaße durch $(m_k)^2$ zu dividieren.

Bei den *Gradnetzentwürfen* beschränken sich die nachfolgenden Ableitungen zur besseren Veranschaulichung und zur Vereinfachung auf geschlossene Formeln für die Erdfigur als Kugel mit dem Radius R. *Geodätische Abbildungen* erfordern dagegen stets ellipsoidische Rechnungen. Diese beruhen weitgehend nicht auf geschlossenen Formeln, sondern auf Reihenentwicklungen. Aus Platzgründen muß wegen des umfangreichen Formelapparats auf die Fachliteratur verwiesen werden (z.B. *Torge* 1975, 1991, *Großmann* 1976, *Heck* 1987, *Kuntz* 1990).

2. Geographisches Netz und Konstruktionsnetz

Bei echten Abbildungen in transversaler oder in schiefachsiger Lage gelten die genannten Abbildungsgleichungen nicht für die geographischen Koordinaten, sondern für ein durch die Lage der Abbildungsfläche fixiertes *Konstruktionsnetz*. Dessen Pol oder *Hauptpunkt H* ist der Berührungspunkt der Ebene bzw. der Durchstoßpunkt der Zylinder- bzw. Kegelachse. Auf ihn mit den bekannten geographischen Koordinaten (φ_H, λ_H) beziehen sich die Netzmeridiane (Hauptkreise) und Netzbreiten (Horizontalkreise). Damit lassen sich für alle Punkte N des zur Darstellung vorgesehenen geographischen Netzes (meist runde Werte) die Konstruktionskoordinaten (azimutale Koordinaten) α, δ nach den Regeln der sphärischen Trigonometrie für die schiefachsige Lage (Abb. 23) wie folgt berechnen, wobei $\Delta\lambda = \lambda_H - \lambda_N$.

$$\cos\delta_N = \sin\varphi_H \cdot \sin\varphi_N + \cos\varphi_H \cdot \cos\varphi_N \cdot \cos\Delta\lambda.$$

$$\cos\alpha_N = \frac{\sin\varphi_N - \sin\varphi_H \cdot \cos\delta_N}{\cos\varphi_H \cdot \sin\delta_N} \quad \text{bzw.} \quad \sin\alpha_N = \frac{\sin\Delta\lambda \cdot \cos\varphi_N}{\sin\delta_N}.$$

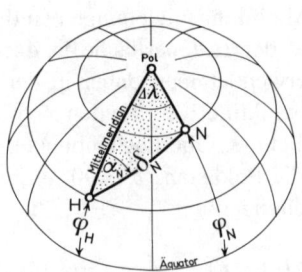

Abb. 23. Beziehungen zwischen geographischem Netz und Konstruktionsnetz bei schiefachsigen Abbildungen

Mit den so gewonnenen Werten α_N, δ_N werden die Abbildungsgleichungen berechnet und deren Ergebnisse in rechtwinklige Koordinaten zur Kartierung des Netzes umgeformt.

Bei der *transversalen* Lage liegt der Hauptpunkt im Äquator, so daß $\varphi_H = 0$ wird. Dann vereinfachen sich die Formeln zu

$$\cos \delta_N = \cos \varphi_N \cdot \cos \Delta \lambda \quad \text{bzw.} \quad \cos \alpha_N = \frac{\sin \varphi_N}{\sin \delta_N}.$$

Für bestimmte Hauptpunktsbreiten φ_H, Netzpunktbreiten φ_N und Längenunterschiede $\Delta \lambda$ (meist in 5°-Intervallen) haben *Hammer* (1889) und *Wagner* (1962) die Werte α_N und δ_N berechnet und tabellarisch zusammengestellt, doch gibt es hierzu auch geeignete Rechenprogramme.

3. Verzerrungsellipse (Tissot'sche Indikatrix)

Die Untersuchung lokaler Verzerrungen geht aus vom Verhältnis $\rho = s'/s$ zwischen zwei sich entsprechenden differentiell kleinen Längenelementen s' im Abbild und s im Urbild (Abb. 25). Diese *Längenverzerrung* (genauer: *Längenverzerrungsfaktor*) ist in ihrem Wert nicht nur von Punkt zu Punkt verschieden, sondern auch am selben Punkt 0 von der Richtung α abhängig. Dreht man nämlich s einmal um 0 so ergibt sich ein differentiell kleiner Kreis, während im Abbild bei Drehung von s' um $0'$ allgemein kein Kreis zu erwarten ist. Auch stimmen die Richtungen α von s und α' von s' nicht überein, so daß zwei beliebige, im Urbild zueinander senkrechte Längenelemente sich auch nicht rechtwinklig abbilden. Von besonderem Interesse sind nun die Werte

$h = \rho_\varphi \quad$ = Längenverzerrung in Richtung des (Netz)Meridians,
$k = \rho_\lambda \quad$ = Längenverzerrung in Richtung des (Netz)Breitenkreises,
$a = \rho_{\max} \;$ = maximale Längenverzerrung,
$b = \rho_{\min} \;\,$ = minimale Längenverzerrung.

Tissot fand 1881, daß es zwei im Urbild zueinander senkrechte Richtungen gibt, die auch im Abbild wieder einen rechten Winkel bilden. In diesen Richtungen liegen zugleich die Extremwerte a und b (*Hauptverzerrungsrichtungen*). Da aber die echten Abbildungen gerade durch Rechtwinkligkeit der Netzlinien-Schnitte in Urbild und Abbild gekennzeichnet sind, fallen bei ihnen a und b auf die Netzlinien und sind damit zugleich die Werte h und k. So wäre z.B. $h = a$ und $k = b$, wenn $h > k$ bzw. umgekehrt $h = b$ und $k = a$, wenn $h < k$ (Abb. 24).

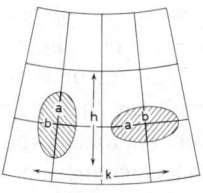

Abb. 24. Hauptverzerrungsrichtungen und ihre Lage bei echten Abbildungen

Es läßt sich ferner zeigen, daß die Abbildung des kleinen Urbildkreises eine Ellipse ist, und a bzw. b sind damit die große bzw. kleine Halbachse dieser *Verzerrungsellipse (Tissotsche Indikatrix)*. Legt man Urbildkreis und Abbildellipse übereinander (Abb. 25), so ergibt sich bei der Abbildung des Punktes P nach P' für die Ableitung der *Richtungsverzerrung* zunächst die Beziehung $\tan \alpha = y/x$ und $\tan \alpha' = y'/x'$.

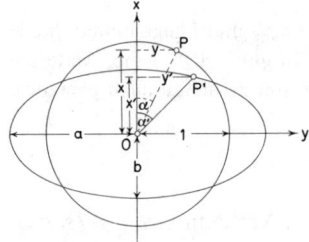

Abb. 25. Urbildkreis und seine Abbildung als Verzerrungsellipse

Dabei ist $y' = a \cdot y$ und $x' = b \cdot x$, so daß $\tan \alpha' / \tan \alpha = a/b$, und mit korrespondierender Subtraktion und Addition ergibt sich

$$\frac{a-b}{a+b} = \frac{\sin \alpha' \cdot \cos \alpha - \cos \alpha' \cdot \sin \alpha}{\sin \alpha' \cdot \cos \alpha + \cos \alpha' \cdot \sin \alpha} = \frac{\sin(\alpha' - \alpha)}{\sin(\alpha' + \alpha)}.$$

Es genügt, für die Indikatrix den Maximalwert ω der Richtungsverzerrung $(\alpha' - \alpha)$ zu kennen, und dieser ergibt sich, wenn $\sin(\alpha' + \alpha) = 1$, also ist

$$\sin(\alpha' - \alpha)_{\max} = \sin \omega = \frac{a-b}{a+b}.$$

Da ein Winkel aus der Differenz zweier Richtungen hervorgeht, wird das Maximum w der *Winkelverzerrung* dann auftreten, wenn sich die maximalen Richtungsverzerrungen ω addieren. Demnach ist $w = 2\omega$.

Die *Flächenverzerrung* (genauer: der *Flächenverzerrungsfaktor*) ist der Quotient $\phi = F'/F$, wobei die Fläche des Urbildkreises $F = 1 \cdot \pi$ und die Fläche der Abbildellipse $F' = a \cdot b \cdot \pi$ betragen. Damit wird $\phi = a \cdot b$.

Für bestimmte Abbildungseigenschaften lauten damit die Bedingungen wie folgt: Bei partieller Längentreue ist $a = 1$ oder $b = 1$, bei Flächentreue $F = F'$ und damit $a \cdot b = 1$ und bei Konformität (Winkeltreue) wegen $\omega = 0$, $a - b = 0$ und damit $a = b$, d.h. die Indikatrix wird zum Kreis.

4. Lokale und globale Abbildungsverzerrungen

a) Die *lokale* Betrachtungsweise beruht auf einem Vergleich einander entsprechender unendlich kleiner Größen in Urbild und Abbild mit Hilfe der *Verzerrungsellipse*. Die dabei auftretenden Werte ermöglichen es, Eignung und Eigenschaften eines Netzentwurfes zu untersuchen bzw. umgekehrt im Anhalt an bestimmte Bedingungen die Abbildungsgleichungen aufzustellen. Da lokale Verzerrungen nur begrenzt gültig sind, ist es erforderlich, die Untersuchung eines

Netzentwurfes an mehreren Stellen und vor allem in kritischen Bereichen (z.B. in Randzonen und in der Mitte des Kartenfeldes) durchzuführen. Außerhalb der längentreuen Bereiche ergibt sich bei Flächentreue aus $a \cdot b = 1$, daß dann $b < 1$ und $a > 1$, während bei Konformität wegen $a = b$ beide Werte < 1 oder > 1. Das bedeutet, daß mit wachsendem Abstand vom längentreuen Bereich die Flächentreue große Winkelverzerrungen bzw. die Konformität große Flächenverzerrungen erzeugt.

Linien gleicher Längen-, Flächen- und Winkelverzerrungen in Netzentwürfen gelten als *Isodeformaten (Äquideformaten)*. Da bei echten Abbildungen die Verzerrungsbeträge nur von der Breite (bzw. Netzbreite) abhängen, fallen dort die Isodeformaten mit den zugehörigen Breitenkreisbildern zusammen.

b) Eine mehr *globale* Betrachtungsweise ergibt sich, wenn man die Untersuchungsstellen regelmäßig über das gesamte Netz verteilt, die ermittelten Verzerrungswerte durch Integration zu einem Mittelwert zusammenfaßt und damit ein quantitatives Gesamt-Kriterium für die Beurteilung des Netzes erhält. Darüber hinaus lassen sich auch die Verzerrungen *endlicher* Größen ermitteln durch Vergleich von Längen, Flächen und Winkeln auf Urbild und Abbild. Die Urbild-(Soll-)Werte gewinnt man aus den geographischen Koordinaten von Punkten oder unmittelbar aus dem Gradnetz (z.B. für die Fläche einer Netzmasche), die Abbild-(Ist-)Werte aus den Abbildungskoordinaten. Solche Verfahren erfordern einen höheren Rechenaufwand.

Den Weg zu Kartennetzen mit möglichst geringen Verzerrungen untersuchen u.a. *Frančula* (1971), *Albinus* (1981), *Peters* (1982), *Grafarend/Niermann* (1984), *Györffy* (1990).

2.2.1.4 Orthodrome und Loxodrome

Zwischen zwei Orten der Erdoberfläche spielt der Verlauf der kürzesten Verbindung oder eines konstanten Kurses eine große Rolle. Es ist daher wichtig zu wissen, welche Gestalt diese Linien in Kartennetzen aufweisen.

Die *Orthodrome* („Geradlaufende") ist auf der Kugel als Teil eines Großkreises die kürzeste Verbindungslinie zwischen zwei Punkten (Abb. 26). Sie ist daher in der See- und Luftfahrt, im Funkverkehr, aber auch bei allgemeinen kartometrischen Aufgaben von Bedeutung. Wegen der Abbildungsverzerrungen bildet sie sich im allgemeinen jedoch nicht als Gerade ab (siehe die Darstellung in den einzelnen Netzbildern); eine Ausnahme bildet lediglich die gnomonische Projektion (2.2.3.5).

Wegen dieses Sachverhaltes lassen sich lange Entfernungen in Karten nicht immer mit der möglichen Genauigkeit messen; man greift in solchen Fällen besser die geographischen Koordinaten der Endpunkte ab und rechnet die Entfernung mit den Bezeichnungen der Abb. 23 zu $HN = R \cdot \text{arc}\, \delta_N$, wobei δ_N aus der dazu angegebenen Formel für $\cos \delta_N$ zu gewinnen ist. Zwischenpunkte auf der Orthodrome lassen sich nach den Formeln der sphärischen Trigonometrie rechnen oder mit der gnomonischen Abbildung (2.2.3.5) als Hilfsnetz graphisch ermitteln und dann in das Kartennetz übertragen.

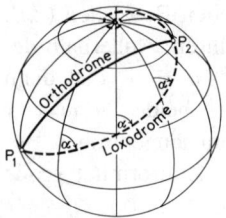

Abb. 26. Orthodrome und Loxodrome

Als *Loxodrome* („schief laufende Linie") gilt jede Kurve, die in ihrem Verlauf auf der Kugel alle Meridiane unter konstantem Winkel (= Azimut) schneidet (Abb. 26). Sie spielt daher bei allen Navigationsverfahren, also in der See- und Luftfahrt, als sog. Kurslinie eine wichtige Rolle. Bei einer *magnetischen* Loxodrome gilt der konstante Kurswinkel in bezug auf die magnetischen Meridiane.

Zwischen zwei Punkten $P_1(\varphi_1, \lambda_1)$ und $P_2(\varphi_2, \lambda_2)$ ergibt sich das Azimut α der Loxodrome zu

$$\tan\alpha = \frac{\lambda_2 - \lambda_1}{\ln\tan(45° + \varphi_2/2) - \ln\tan(45° + \varphi_1/2)}.$$

Daraus folgt auch die allgemeine Gleichung der Loxodrome für den Fall, daß ihr Anfangspunkt φ_1, λ_1 und ihr Azimut α gegeben sind:

$$\lambda = \lambda_1 + \tan\alpha \, [\ln\tan(45° + \varphi/2) - \ln\tan(45° + \varphi_1/2)].$$

Dabei kann die Variable φ alle Werte von $-90°$ bis $+90°$ annehmen.
Für den Verlauf der Loxodrome ergeben sich dann folgende Fälle:
1. Für $\alpha = 0°$ und $\alpha = 180°$ wird $\tan\alpha = 0$ und damit $\lambda = \lambda_1$, d.h. die Loxodrome verläuft auf dem Meridian des Anfangspunktes.
2. Für $\alpha = \pm 90°$ wird $\tan\alpha = \infty$, d.h. λ wird unbestimmt, und die Loxodrome verläuft auf dem Breitenkreis des Anfangspunktes. Zwangsläufig ist damit auch $\varphi = \varphi_1$.
3. Für alle anderen Werte α gilt dann:
    a) Jeder Wert $(-90°) < \varphi < (+90°)$ liefert *einen* endlichen Wert von λ.
    b) bei $\varphi = \pm 90°$ wird $\lambda = \pm\infty$, d.h. die Loxodrome nähert sich den Polen in unendlich vielen Umläufen.
    c) umgekehrt liefern die Werte λ, $\lambda + 2\pi$, $\lambda + 4\pi$ usw. jeweils einen anderen Wert von φ, d.h. jeder Meridian wird unendlich oft von der Loxodrome geschnitten. Praktisch interessiert nur der erste Wert.

Die Loxodrome ist also eine Kurve, die sich in unendlich vielen Windungen spiralförmig den beiden Polen nähert, ohne sie im Endlichen erreichen zu können (Abb. 26). Das Verhalten bei den Polen hat jedoch keine praktische Bedeutung.

Ähnlich wie die Orthodrome erscheint auch die Loxodrome in den Kartenabbildungen im allgemeinen als gekrümmte Linie; lediglich in der Mercatorprojektion bildet sie sich stets als Gerade ab (2.2.4.4).

2.2.1.5 Meridiankonvergenz, Deklination, Nadelabweichung

Bei geodätischen Abbildungen gilt die Richtung der zur positiven x'-Achse parallelen Netzlinien als *Gitter-Nord,* wenn die x-Achse nach Geographisch-Nord weist. Doch nur auf dieser x'-Achse fallen Gitter-Nord und Geographisch-Nord zusammen, während sonst die beiden Richtungen in jedem östlich oder westlich gelegenen Punkt um einen bestimmten Winkel γ, die *Meridiankonvergenz,* abweichen. Diese wird vom Meridian aus im Uhrzeigersinn gezählt, so daß γ ostwärts der Abszissenachse positiv, westwärts negativ ist. Die Größe der Meridiankonvergenz in einem bestimmten Punkt hängt ab von seinem Längenunterschied $\Delta\lambda$ (bzw. seinem Abstand y') gegen den Mittelmeridian und von seiner geographischen Breite φ. Genähert ist

$$\gamma = \Delta\lambda \cdot \sin\varphi \quad \text{bzw.} \quad \gamma° = \tan\varphi \cdot 57,3 \cdot y'/R.$$

Im deutschen Gauß-Krüger-System mit $\Delta\lambda = 1,5°$ für den Grenzmeridian erreicht demnach γ Maximalwerte von etwa $\pm 1°10'$.

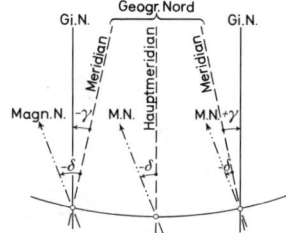

Abb. 27. Meridiankonvergenz, Deklination, Nadelabweichung in einem Meridianstreifensystem

Bei Arbeiten mit einem Kompaß, z.B. bei der Kartenorientierung (Einnorden, 8.2.3.4), oder mit einer Bussole, z.B. bei Kartenberichtigungen, kommt noch eine weitere Nordrichtung in Frage, nämlich die Richtung einer freischwebenden Magnetnadel, die als *Magnetisch-Nord* bezeichnet wird. Der Winkel δ, den die Richtungen nach Magnetisch-Nord und nach Geographisch-Nord einschließen, ist die *Deklination,* und der Winkel zwischen den Richtungen nach Magnetisch-Nord und Gitter-Nord heißt *Nadelabweichung.* Diese ist die Differenz von Deklination und Meridiankonvergenz. Da die Deklination in Deutschland z.Zt. durchweg westlich, also negativ ist, ist die Nadelabweichung in den deutschen Koordinatensystemen, absolut betrachtet, ostwärts des Hauptmeridians gleich der Summe, westlich des Hauptmeridians gleich der Differenz von Deklination und Meridiankonvergenz.

2.2.1.6 Praktische Netzkonstruktionen

Kartennetze entstehen nur selten noch auf manuellem Wege (7.2.1.2), meist mit mechanischen rechtwinkligen (seltener polaren) Koordinatographen (4.3.1) oder mit Zeichenanlagen der Computertechnik (4.10). Für die meisten Netzentwürfe gibt es Rechen- und Zeichenprogramme; diese ermitteln auch für die Zeichnung von Kurven aus den Netzpunkten die Interpolationsfunktionen, die dem

Sollverlauf der Netzlinie entsprechen. Darüber hinaus ermöglichen es weitere Programmbausteine, daß sogleich auch der digitale Karteninhalt zeichnerisch entstehen kann.

Soweit die Netzkartierung gerätebedingt von rechtwinkligen Koordinaten x', y' ausgeht, sind polare Abbildungskoordinaten α, m noch umzuformen. Die *Netzdichte* ergibt sich durch die Wahl bestimmter Netzlinien mit gewöhnlich runden Koordinatenwerten. Sie richtet sich danach, daß einerseits kartometrische Arbeiten problemlos möglich sind und andererseits das Kartenbild graphisch nicht zu stark belastet ist. Während geographische Netze infolge ihrer Struktur gewöhnlich vollständig darzustellen sind, ist dies bei den quadratischen geodätischen Netzen nur für Entwurfskartierung (7.2.1.2) und Kartometrie (8.2.3) erforderlich, während man sich sonst auf kleine Koordinatenkreuze im Kartenfeld oder gar auf eine Anzeige im Kartenrahmen beschränken kann.

2.2.2 Konische Abbildungen

2.2.2.1 Allgemeine Abbildungsgleichungen

Konische Abbildungen gibt es fast nur in normaler Lage. Sie eignen sich vor allem für Gebiete mittlerer Breite, besonders bei größerer West-Ost-Ausdehnung. Die allgemeinen Abbildungsgleichungen ergeben sich wie folgt:

1. Die Meridiane bilden ein Strahlenbüschel mit dem Zentrum S' (Abb. 28). Dem Längenunterschied λ auf der Kugel entspricht der Winkel α zwischen den Meridianbildern; entsprechend gehört zum Vollkreis $2\pi = 360°$ im Kugelpol der Winkel σ als Öffnungswinkel des gesamten verebneten Kegelmantels. Das Winkelverhältnis (*Abbildungskonstante*) beträgt demnach $n = \alpha/\lambda = \sigma/2\pi$. Die erste Abbildungsgleichung lautet damit $\alpha = n\lambda$.

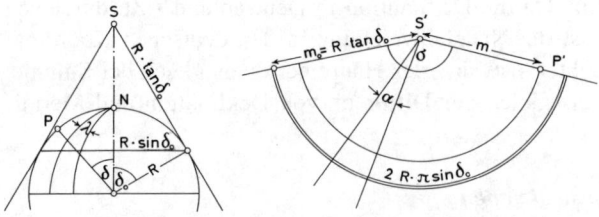

Abb. 28. Prinzip der konischen Abbildungen (hier mit Berührkegel)

2. Die Bilder der Parallelkreise sind konzentrische Kreise um S'. Für sie entsteht als zweite Abbildungsgleichung das *Halbmessergesetz* $m = f(\delta)$.

Die Längenverzerrung h ergibt sich durch Gegenüberstellen der differentiellen Elemente dm im Halbmesser und $R\,d\delta$ im Meridianbogen. k erhält man durch Vergleich zwischen der Länge $2mn\,\pi$ des Breitenkreises auf dem Kegel und dem Umfang $2R\pi\sin\delta$ des Kugelkreises. Damit gilt

$$h = \frac{dm}{R\,d\delta}, \quad k = \frac{mn}{R\sin\delta}.$$

2.2.2.2 Mittabstandstreue konische Abbildungen

Als Mittabstandstreue gilt die Längentreue auf den Meridianen, d.h. zum Zentrum S', also $h = 1$. Damit ist $dm = R\,d\delta$ und durch Integration erhält man $m = R\,\delta + C$. Die freie Verfügung über die Integrationskonstante C und die Abbildungskonstante n erlaubt noch zwei zusätzliche Bedingungen, z.B.
- ein längentreuer Parallelkreis und der Pol als Punkt,
- ein längentreuer Parallelkreis und der Kegel als Berührungskegel (1),
- zwei längentreue Parallelkreise und der Kegel als Schnittkegel (2).

Die Netzbilder zeigt Abb. 29, Verzerrungsdiagramme Abb. 30.

1. Bei *einem* längentreuen Parallelkreis mit Berührungskegel bei δ_o (Ptolemäus-Entwurf) folgt aus $k_o = 1$ die Beziehung $m_o n = R\sin\delta_o$, also $n = \sin\delta_o\,R/m_o$. Da nach Abb. 28 für den Berührungskreis $m_o = R\tan\delta_o$ ist und andererseits $m_o = R\delta_o + C$, so folgt damit $C = R(\tan\delta_o - \delta_o)$. In n bzw. C eingesetzt, ergibt sich für Abbildungsgleichungen und Verzerrungen

$$\alpha = \cos\delta_o\,\lambda, \quad m = R(\tan\delta_o + \delta - \delta_o).$$

$$h = \frac{dm}{R d\delta} = 1, \quad k = \frac{m\cos\delta_o}{R\sin\delta} = \Phi \geq 1.$$

$$\sin\omega = \frac{m\cos\delta_o - R\sin\delta}{m\cos\delta_o + R\sin\delta}.$$

2. Für die Abbildung mit *zwei* längentreuen Parallelkreisen δ_1 und δ_2 ergibt sich (ohne nähere Ableitung, mit h und k aus 2.2.2.1)

$$a = \frac{\sin\delta_2 - \sin\delta_1}{\delta_2 - \delta_1}\lambda, \quad m = R(\delta + \frac{\sin\delta_1 - n\cdot\delta_1}{n}).$$

Diese Abbildung – auch *De l'Islesche Projektion* (1745) – trifft man bei Verkehrskarten, dem Weltkartenwerk 1:2 500 000 und anderen kleinmaßstäbigen Karten sowie bei der alten Topographischen Übersichtskarte 1:200 000 des Deutschen Reiches.

2.2.2.3 Flächentreue konische Abbildungen

Setzt man die Größen für h und k aus 2.2.2.1 in die Bedingung der Flächentreue $h \cdot k = 1$ ein, so erhält man analog zu 2.2.2.2 eine Differentialgleichung für dm und $d\delta$. Bei deren Integration ist wiederum durch die Verfügung über C und n die Erfüllung zweier zusätzlicher Bedingungen wie in 2.2.2.2 möglich (Netzbilder und Verzerrungsdiagramme Abb. 29 bzw. 30).

1. Bei *einem* längentreuen Parallelkreis bei δ_o und mit dem Pol als Punkt (*Lambert* 1772) erhält man (ohne nähere Ableitung)

$$\alpha = [\cos(\delta_o/2)]^2 \lambda, \quad m = \frac{2R}{\cos(\delta_o/2)} \sin(\delta/2).$$

$$h = \frac{\cos(\delta/2)}{\cos(\delta_o/2)} = \frac{1}{k}, \quad \sin\omega = \frac{cos^2(\delta/2) - \cos^2(\delta_o/2)}{\cos^2(\delta/2) + \cos^2(\delta_o/2)}.$$

2. Für *zwei* längentreue Parallelkreise bei δ_1 und δ_2 gilt

$$\alpha = \frac{\cos\delta_1 + \cos\delta_2}{2} \cdot \lambda,$$

$$m = \frac{2R}{n} \sqrt{\sin^2(\delta_1/2) \cdot \sin^2(\delta_2/2) + n\sin^2(\delta/2)}.$$

h und k ergeben sich durch Einsetzen von m, n, δ und $dm/d\delta$. Diese Abbildung – als *Albers-Projektion* (1805) bekannt – trifft man bei zahlreichen Einzel- und Atlaskarten mittlerer Breiten (z.B. in den USA).

2.2.2.4 Konforme konische Abbildungen

Setzt man in der Bedingung für Konformität $h = k$ die Werte aus 2.2.2.1 ein, so ergibt sich als Differentialgleichung $dm/m = nd\delta/\sin\delta$. Die Varianten, die sich aus der Verfügung über C und n ergeben, stammen von *Lambert* (1772). Dabei bildet der Pol sich stets als Punkt ab, C hat die Bedeutung eines Maßstabsfaktors. Abb. 29 und 30 zeigen die Netzbilder bzw. Verzerrungsdiagramme.

1. Bei *einem* längentreuen Parallelkreis bei δ_o und einem Berührkegel ist

$$\alpha = \cos\delta_o \lambda, \quad m = R\frac{\tan\delta_o}{[\tan(\delta_o/2)]^n}[\tan(\delta/2)]^n.$$

2. Für *zwei* längentreue Parallelkreise bei δ_1 und δ_2 ergibt sich

$$\alpha = n\lambda = \frac{\ln\sin\delta_2 - \ln\sin\delta_1}{\ln\tan(\delta_2/2) - \ln\tan(\delta_1/2)} \lambda,$$

$$m = \frac{R\sin\delta_1}{n} \frac{[\tan(\delta/2)]^n}{[\tan(\delta_1/2)]^n}.$$

Verzerrungen durch Einsetzen von m, n, δ und $dm/d\delta$ in die allgemeinen Formeln in 2.2.2.1. Diesen Entwurf findet man mit ellipsoidischen Daten bei Übersichtskarten 1:500 000 (z.B. in der Bundesrepublik Deutschland und in Österreich), bei Luftfahrtkarten sowie bei den Neuausgaben der Internationalen Weltkarte 1:1 Mio.

2.2.2.5 Konische Abbildungen mit geodätischen Koordinaten

Von einem festgelegten Nullpunkt aus zeigt die x'-Achse nach Norden in Meridianrichtung. Die dazu senkrechte y'-Achse verläuft so, daß sie sich immer mehr

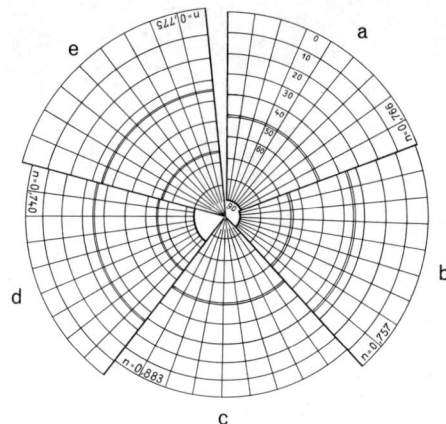

Abb. 29. Konische Abbildungen (mit 10°-Netz und Breitenangaben φ):
a) Mittabstandstreu mit einem längentreuen Parallelkreis bei $\varphi = 50°$ ($\delta = 40°$),
b) mittabstandstreu mit zwei längentreuen Parallelkreisen bei $\varphi = 35°$ und $65°$ ($\delta = 55°$ und $25°$),
c) flächentreu mit einem längentreuen Parallelkreis bei $\varphi = 50°$ ($\delta = 40°$) und dem Pol als Punkt,
d) flächentreu mit zwei längentreuen Parallelkreisen bei $\varphi = 35°$ und $65°$ ($\delta = 55°$ und $25°$),
e) konform mit zwei längentreuen Parallelkreisen bei $\varphi = 35°$ und $65°$ ($\delta = 55°$ und $25°$).
Die Netze weisen in den längentreuen Linien einen einheitlichen Maßstab auf und sind damit vergleichbar.

vom Bild des Breitenkreises des Nullpunktes nach Süden entfernt. Der Nullpunkt liegt entweder auf einem längentreuen Breitenkreis (Berührkegel) oder zwischen zwei längentreuen Breitenkreisen (Schnittkegel). Es kommen praktisch nur konforme Abbildungen mit ellipsoidischen Daten in Betracht. Dabei nehmen die Längen- und Flächenverzerrungen nach Norden und Süden zu; daher beschränkt sich jedes System auf eine bestimmte Breitenzone. Nach Osten und Westen wächst allerdings die Meridiankonvergenz erheblich. Da benachbarte Systeme jeweils von unterschiedlichen Kegelparametern ausgehen, ist eine globale Verwendung nicht so günstig wie bei den konformen transversalen zylindrischen Abbildungen (2.2.4.5).

Eine solche Abbildung gab es im 19. Jh. in Deutschland in Mecklenburg. In Frankreich gibt es folgende vier konforme (Lambert-) Systeme mit je zwei längentreuen Breitenkreisen und dem Clarke-Ellipsoid (1880): Nullpunkte auf dem Pariser Meridian und den Breiten 46,85 gon = 42,165°, 49 gon = 44,1°, 52 gon = 46,8° und 55 gon = 49,5°; in den Nullpunkten ist $x' = 600$ km und $y' = 200$ km und die Längenverzerrung etwa 0,9999 (*Reignier* 1957). Über weitere Systeme (z.B. in Belgien, Dänemark) siehe *United Nations* 1983.

58 Kartennetzentwürfe

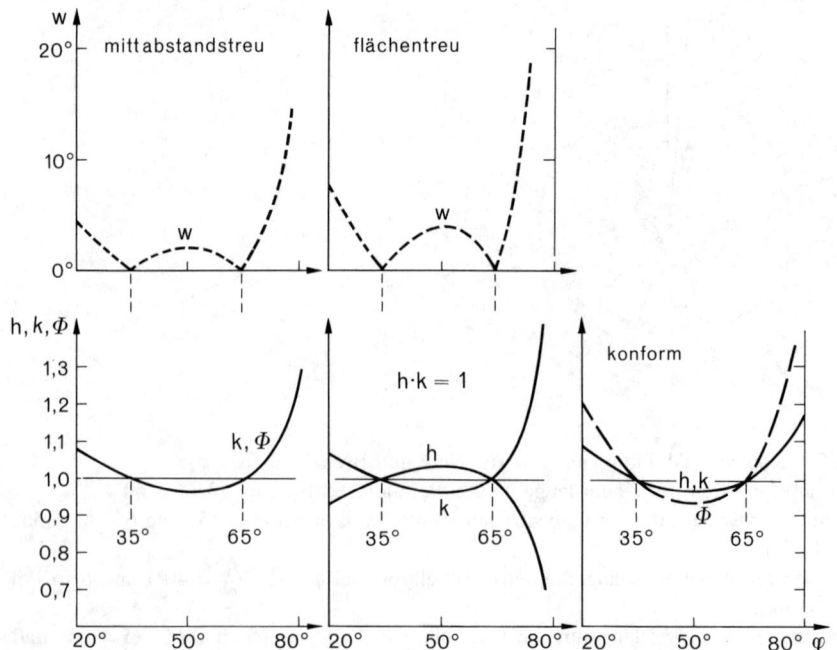

Abb. 30. Verzerrungsbeträge konischer Abbildungen mit zwei längentreuen Parallelkreisen ($\varphi = 35°$ und $65°$)

2.2.3 Azimutale Abbildungen

2.2.3.1 Allgemeine Abbildungsgleichungen

Azimutale Abbildungen gibt es in allen Lagen der Abbildungsebene und meist mit *geographischen* Koordinaten. Sie eignen sich besonders für Gebiete beliebiger Breite, aber mit etwa gleicher Ausdehnung in allen Richtungen. Man kann sie als Grenzfall der konischen Abbildungen ansehen, bei denen aus einem immer flacher werdenden Kegelmantel schließlich eine Ebene und damit die Abbildungskonstante zu $n = 1$ wird. Wegen der Anwendung in beliebigen Lagen beziehen sich die Abbildungsgleichungen auf das Konstruktionsnetz von Haupt- und Horizontalkreisen (2.2.1.3). Sie ergeben sich zusammen mit den Verzerrungen mit Bezug auf 2.2.2.1 allgemein zu

$$\alpha = \lambda, \quad m = f(\delta), \quad h = \frac{dm}{Rd\delta}, \quad k = \frac{m}{R \sin \delta}.$$

Neben den mittabstandstreuen, flächentreuen und konformen Abbildungen (2.2.3.2 bis 2.2.3.4) gibt es noch die auf einer echten Perspektive beruhenden Projektionen. Unter diesen sind vor allem solche von Interesse, bei denen das

Projektionszentrum eine besondere Lage aufweist (2.2.3.4 bis 2.2.3.7). Stets ist $C = 0$, damit der Hauptpunkt als Punkt erscheint.

2.2.3.2 Mittabstandstreue azimutale Abbildung

Wie bei der konischen Abbildung ist Mittabstandstreue die Längentreue in Richtung Hauptpunkt, also auf den Hauptkreisen (Netzmeridianen) als sog. *Speichentreue*. Aus der Bedingung $h = 1$ folgt $dm = R d\delta$ und damit gilt

$$\alpha = \lambda, \quad m = R\delta, \quad h = 1, \quad k = \frac{R\delta}{\sin\delta} = \Phi, \quad \sin\omega = \frac{\delta - \sin\delta}{\delta + \sin\delta}.$$

Abb. 31 zeigt das Netzbild, Abb. 36 das Verzerrungsdiagramm. Diese Abbildung (1569 erstmalig von *Mercator*, 1772 in allgemeiner Lage von *Lambert*) findet man z.B. in normaler Lage für Himmelskarten der Polbereiche sowie mit ellipsoidischen Daten für die Weltkarte 1:2,5 Mio. in höheren Breiten. Sie eignet sich auch besonders für Karten, in denen Richtungen und Entfernungen von einem zentralen Punkt aus verzerrungsfrei entnommen werden sollen (z.B. Funkmeßkarten).

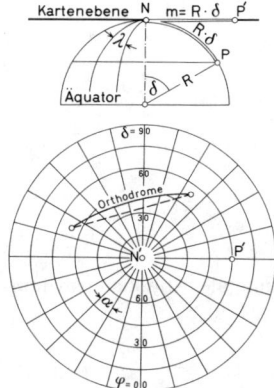
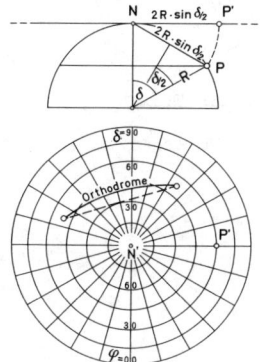

Abb. 31. Mittabstandstreue azimutale Abbildung in normaler Lage

Abb. 32. Flächentreue azimutale Abbildung in normaler Lage

2.2.3.3 Flächentreue azimutale Abbildung

Aus der Bedingung der Flächentreue $h k = 1$ ergibt sich $m\, dm = R^2 \sin\delta\, d\delta$ und damit nach beiderseitiger Integration das Halbmessergesetz für m

$$\alpha = \lambda, \quad m = 2R \sin\frac{\delta}{2}.$$

$$h = \cos\frac{\delta}{2} = b \leq 1, \quad k = \frac{1}{\cos(\delta/2)} = a \geq 1,$$

$$\sin\omega = \frac{\sin^2(\delta/2)}{2 - \sin^2(\delta/2)}.$$

60   Kartennetzentwürfe

Abb. 32 zeigt das Netzbild, Abb. 36 das Verzerrungsdiagramm. Den von *Lambert* (1772) stammenden Entwurf findet man bei vielen topographischen Karten kleinen Maßstabs, vor allem in Atlanten.

2.2.3.4 Konforme azimutale Abbildung

Mit der Bedingung der Konformität $h = k$ wird aus $dm/m = R\,d\delta/\sin\delta$, und durch beiderseitige Integration folgt das Halbmessergesetz für m.

$$\alpha = \lambda, \quad m = 2R\tan\frac{\delta}{2}, \quad h = k = \frac{1}{\cos^2(\delta/2)}, \quad \phi = \frac{1}{\cos^4(\delta/2)}.$$

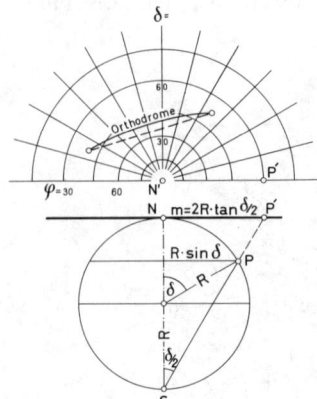

Abb. 33. Konforme azimutale Abbildung in normaler Lage

Abb. 33 zeigt das Netzbild, Abb. 36 das Verzerrungsdiagramm. Aus Abb. 33 ist zu erkennen, daß es sich bei dieser sog. *stereographischen Projektion* um eine echte Perspektive mit dem Zentrum im Südpol (allgemein im Gegenpol des Berührungspunktes) handelt; sie war schon im Altertum bekannt. In dieser Abbildung ist ferner nicht nur die Indikatrix ein Kreis, sondern es werden alle Kreise der Kugeloberfläche – auch Kleinkreise – wieder als Kreise (u.U. mit dem Radius ∞) abgebildet (Kreistreue), allerdings nicht mit identischen Kreismittelpunkten.

Da die Flächenvergrößerung gegen den Kartenrand stark zunimmt, eignet sich der Entwurf für Atlaskarten wenig; für Sternkarten ist er jedoch wegen der Konformität und Kreistreue sehr geschätzt. Mit ellipsoidiscben Daten findet er ferner Anwendung bei Luftverkehrskarten und den Blättern der Internationalen Weltkarte 1:1 Mio. für die Polargebiete. Über die Verwendung bei geodätischen Abbildungen siehe 2.2.3.8.

2.2.3.5 Gnomonische Abbildung

Bei dieser Perspektive mit dem Zentrum im Kugelmittelpunkt lauten die Abbildungsgleichungen und die Formeln für die Verzerrungen

$$\alpha = \lambda, \quad m = R \tan \delta, \quad h = \frac{1}{\cos^2 \delta}, \quad k = \frac{1}{\cos \delta},$$

$$\sin \omega = \tan^2 \frac{\delta}{2}.$$

Abb. 34 zeigt die geometrische Konstruktion, Abb. 36 das Verzerrungsdiagramm. In normaler Lage liegt der Äquator im Unendlichen. Die starken Randverzerrungen machen damit die Abbildung meist wenig geeignet. Ihre große Bedeutung erhält sie dadurch, daß sie alle Großkreise – und damit jede Orthodrome (2.2.1.4) als kürzeste Verbindungslinie zweier Punkte – als gerade Linie abbildet. Man benutzt daher diese Abbildung in der See-, Flug- und Funknavigation als Hilfskonstruktion zur Ermittlung der Orthodrome und deren Übertragung in ein anderes Kartennetz.

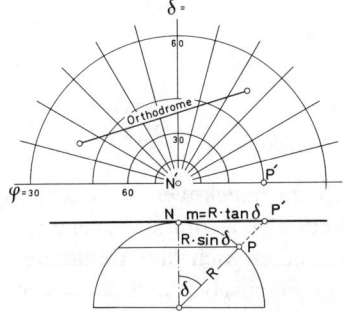

Abb. 34. Gnomonische Abbildung in normaler Lage

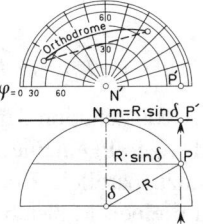

Abb. 35. Orthographische Abbildung in normaler Lage

2.2.3.6 Orthographische Abbildung

Bei diesem Grenzfall der echten Perspektive liegt das Projektionszentrum im Unendlichen. Die Abbildungsgleichungen und Verzerrungen lauten

$$\alpha = \lambda, \quad m = R \sin \delta, \quad h = \cos \delta = \Phi, \quad k = 1, \quad \sin \omega = \tan^2 \frac{\delta}{2}.$$

Abb. 35 gibt die Netzkonstruktion zu erkennen, Abb. 36 zeigt das Verzerrungsdiagramm. Auch diese Abbildung ist für Karten wenig geeignet. Man findet sie in transversaler Lage bei Mondkarten (daher auch *selenographische Abbildung*) und bei vergleichbaren Darstellungen aus dem astronomischen Bereich.

Kartennetzentwürfe

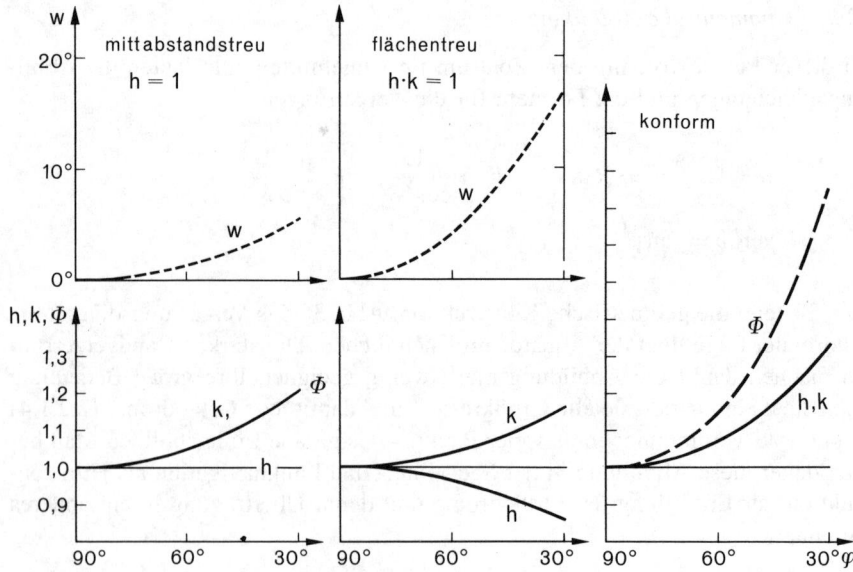

Abb. 36. Verzerrungsbeträge azimutaler Abbildungen

2.2.3.7 Allgemeinster Fall perspektiver Azimutalabbildung

Die geometrische Konstellation der bisher behandelten perspektiven Abbildungen läßt sich wie folgt verallgemeinern: 1) An die Stelle der Berührungsebene tritt eine beliebige, dazu parallele Ebene. Dadurch verändern sich die Abbildungsergebnisse nur um einen Maßstabsfaktor bei der gnomonischen und der stereographischen Projektion. 2) Als Projektionszentrum gilt jeder beliebige Punkt auf der zur Ebene senkrechten Geraden (verlängerte Kugelachse). In diesem Falle ergeben sich jeweils andere Abbildungsgleichungen. Liegt das Projektionszentrum von der Erdkugel her jenseits der Abbildungsebene, so entpricht das Abbildungsergebnis einer Senkrechtphotographie aus einem Luft- oder Raumfahrzeug.

Eine weitere Verallgemeinerung tritt ein, wenn die Abbildungsebene nicht mehr senkrecht zur Kugelachse steht. Eine solche Abbildung entspricht im Ergebnis einer Schrägaufnahme aus einem Luft- oder Raumfahrzeug. Die Abbildungsgleichungen entsprechen damit zugleich den Formeln der Photogrammetrie über die Beziehungen zwischen Bild- und Objektkoordinaten. Bei bekannter Position des Projektionszentrums ist es damit z.B. möglich, das geographische Netz
- für eine Satellitenperspektive (12.1.1) zu konstruieren oder
- nachträglich in ein photographisches Raumbild einzutragen, wenn dessen äußere Orientierung bekannt ist oder wenn sich Punkte mit bekannter geographischer Lage im Bild identifizieren lassen.

2.2.3.8 Azimutale Abbildungen mit geodätischen Koordinaten

Ist der Pol der Nullpunkt (normale Lage), so zeigt die x'-Achse in Richtung eines Meridians, die y'-Achse zum dazu senkrechten Meridian. Bei anderen Lagen verläuft die x'-Achse vom vereinbarten Nullpunkt (Hauptpunkt) nach Norden in Meridianrichtung; von der y'-Achse entfernt sich dann das Bild des Nullpunkt-Breitenkreises immer mehr nach Norden. In der Praxis kommen nur konforme Abbildungen mit ellipsoidischen Daten vor. Dabei nehmen die Längen- und Flächenverzerrungen mit wachsender Entfernung vom Nullpunkt zu; gleiches gilt für den Wert der Meridiankonvergenz.

Für die geodätischen Abbildungen der Landesvermessungen in den Niederlanden, in Rumänien und Ungarn gibt bzw. gab es schiefachsige konforme Azimutalabbildungen; sie werden teilweise durch transversale Zylinderabbildungen abgelöst (*United Nations* 1983). Als Ergänzung zum UTM-System (2.2.4.5) gibt es für Polargebiete oberhalb 84° nördlicher bzw. 80° südlicher Breite die *Universal Polar Stereographic (UPS)* als normale konforme Azimutalabbildung des Internationalen Ellipsoids (*Jeschor-Bleiel* 1989). Die x'-Achse liegt auf dem Nullmeridian von Greenwich; am Nullpunkt sind x' und $y' = 2000$ km (damit im System stets positiv), die Längenverzerrung ist dort 0,994 (*Snyder* 1987). Wie beim UTM-System gibt es ein Meldegitter.

2.2.4 Zylindrische Abbildungen

2.2.4.1 Allgemeine Abbildungsgleichungen

Zylindrische Abbildungen gibt es
- in *normaler* Lage und mit *geographischen* Koordinaten für äquatoriale Bereiche, bei Seekarten auch in höheren Breiten,
- in *transversaler* Lage mit *geodätischen* Koordinaten (2.2.4.5),
- in *schiefachsiger* Lage seltener.

Als Grenzfall der konischen Abbildung entsteht die Zylinderabbildung, wenn der Kegelmantel immer spitzer wird, bis die Spitze ins Unendliche rückt. Damit wird die Abbildungskonstante $n = 0$, und polare Abbildungskoordinaten werden ungeeignet. Darum liegt allen Abbildungsgleichungen nunmehr ein rechtwinkliges System x', y' zugrunde, dessen Nullpunkt im Abbild des (Horizontalkreis)-Äquators liegt. Mit r als Zylinderradius gilt:

$$x' = r f(\varphi), \quad y' = r\lambda.$$

Die Verzerrung h folgt durch Gegenüberstellen der differentiellen Größen dx' und $R\,d\varphi$. Der Wert k ergibt sich durch Vergleich zwischen dem Umfang des Zylindermantels $2r\pi$ und der Breitenkreislänge $2R\pi \cos\varphi$.

$$h = \frac{dx'}{R\,d\varphi}, \quad k = \frac{r}{R\cos\varphi}.$$

2.2.4.2 Mittabstandstreue zylindrische Abbildungen

Als Mittabstandstreue gilt die Längentreue in Bezug auf den Äquatorabstand; daher wird bei allgemeiner Lage der Abbildungsfläche für die Hauptkreise (Meridiane) $h = 1$, so daß $dx' = R\, d\varphi$. Die Integration führt zu $x' = R\varphi + C$. Die Integrationskonstante C muß 0 sein, sonst würde sich der Äquator als ein um den Betrag C breiter Streifen darstellen. Darüber hinaus läßt sich Längentreue erzielen entweder für den Äquator als den Breitenkreis mit $\varphi = 0$ (Berührungszylinder) oder für zwei symmetrisch zum Äquator liegende Breitenkreise $\varphi_1 = -\varphi_2$ (Schnittzylinder). Die Abb. 37 und 38 zeigen die Netzbilder, Abb. 42 stellt das Verzerrungsdiagramm dar.

1. Bei *längentreuem Äquator* ist $k = 1$ für $\varphi_o = 0$. Mit $\cos \varphi_o = 1$ ergibt sich damit $r = R$ (Kugelradius = Zylinderradius). Daraus folgt

$$x' = R\varphi, \quad y' = R\lambda, \quad h = 1, \quad k = \frac{1}{\cos \varphi} = \Phi, \quad \sin \omega = \tan^2 \frac{\varphi}{2}.$$

Die quadratische Netzstruktur der bereits im Altertum bekannten Abbildung hat zu der Bezeichnung als *quadratische Plattkarte* geführt.

2. Bei *zwei längentreuen Parallelkreisen* ist $k = 1$ für $\varphi_1 = -\varphi_2$; also wird $r = R \cos \varphi_1$, und somit ist

$$x' = R\varphi, \quad y' = R \cos \varphi_1\, \lambda, \quad h = 1, \quad k = \frac{\cos \varphi_1}{\cos \varphi} = \Phi,$$

$$\sin \omega = \frac{\cos \varphi - \cos \varphi_1}{\cos \varphi + \cos \varphi_1}.$$

Wegen der rechteckigen Form der Netzmaschen gilt die Abbildung als *rechteckige Plattkarte*.

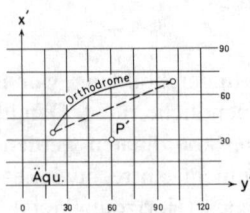
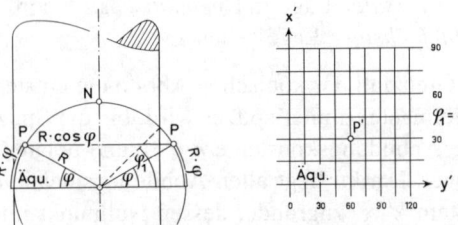

Abb. 37. Mittabstandstreue zylindrische Abbildung mit längentreuem Äquator

Abb. 38. Mittabstandstreue zylindrische Abbildung mit zwei längentreuen Parallelkreisen

2.2.4.3 Flächentreue zylindrische Abbildungen

Die Bedingung der Flächentreue mit $hk = 1$ ergibt $dx' = (R^2/r) \cos \varphi\, d\varphi$ und durch Integration $x' = (R^2/r) \cdot \sin \varphi + C$. Wie in der mittabstandstreuen Abbildung ist $C = 0$, und die Verfügung über r ergibt zwei Möglichkeiten:

1. Bei *längentreuem Äquator* ist $r = R$ und damit (siehe Abb. 39 und 42)

$$x' = R\sin\varphi, \quad y' = R\lambda, \quad h = \cos\varphi, \quad k = \frac{1}{\cos\varphi},$$

$$\sin\omega = \frac{\sin^2\varphi}{2 - \sin^2\varphi}.$$

2. Bei *zwei längentreuen Parallelkreisen* ist $r = R\cos\varphi_1$, und damit ergibt sich die von Behrmann (1910) stammende Abbildung

$$x' = \frac{R}{\cos\varphi_1}\sin\varphi, \quad y' = R\cos\varphi_1\,\lambda, \quad h = \frac{\cos\varphi}{\cos\varphi_1} = \frac{1}{k},$$

$$\sin\omega = \frac{\cos^2\varphi - \cos^2\varphi_1}{\cos^2\varphi + \cos^2\varphi_1}.$$

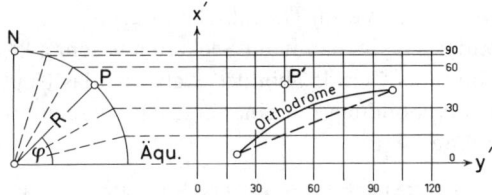

Abb. 39. Flächentreue zylindrische Abbildung mit längentreuem Äquator

2.2.4.4 Konforme zylindrische Abbildung (Mercatorprojektion)

Gerhard Kremer (latinisiert *Mercator*) schuf erstmals 1570 dieses Netz zum Entwurf einer Weltkarte (Seekarte). Die Bedingung der Konformität führt mit $h = k$ (aus 2.2.4.1) zu

$$dx' = r \cdot \frac{d\varphi}{\cos\varphi} \quad \text{und integriert zu} \quad x' = r\ln\tan(45° + \frac{\varphi}{2}) + C.$$

Auch hier wird $C = 0$, damit für $\varphi_o = 0$ auch $x' = 0$ wird. Mit der Verfügung über r ergeben sich wieder zwei Fälle:

1. Bei *längentreuem Äquator* (Berührungszylinder) ist mit $r = R$

$$x' = R\ln\tan(45° + \frac{\varphi}{2}), \quad y' = R\lambda, \quad h = k = \frac{1}{\cos\varphi}, \quad \Phi = \frac{1}{\cos^2\varphi}.$$

Abb. 40 zeigt ein Netzbild, Abb. 42 das Verzerrungsdiagramm.

2. Bei *zwei längentreuen Parallelkreisen* (Schnittzylinder) tritt gegenüber dem Berührungszylinder in den Gleichungen noch der Faktor $\cos\varphi_1$ auf. Es ergeben sich damit ähnliche Netzbilder, die sich nur im Maßstab um den genannten Faktor unterscheiden.

Wie aus den Formeln für h, k und ϕ zu ersehen ist, sind in beiden Abbildungsfällen die Längen- und Flächenverzerrungen so erheblich, daß sich z.B. für

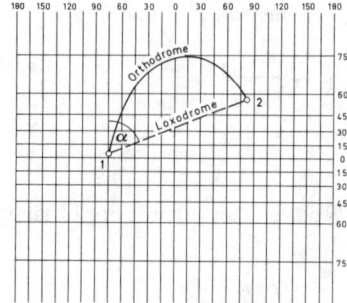

Abb. 40. Konforme zylindrische
Abbildung (Mercatorprojektion)

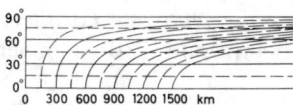

Abb. 41. Maßstab der wachsenden
Breite

$\varphi = 60°$ bereits ein doppelter Längen- bzw. ein vierfacher Flächenmaßstab ergibt. Daher ist solchen Netzen häufig ein *Maßstab für wachsende Breiten* (Abb. 41) beigefügt. Die Pole sind nicht darstellbar, da sie im Unendlichen liegen.

Die große Bedeutung dieser Abbildung bleibt damit auf Seekarten beschränkt, da sich in ihr die *Loxodrome* (Kurslinie) als Gerade abbildet. Dabei ist das Netz jeder Seekarte meist eine Schnittzylinderabbildung mit einer eigenen längentreuen *Bezugsbreite,* die etwa in Kartenmitte liegt.

Für das Azimut α vom 1 zu 2 ergibt sich $\tan \alpha = (y'_2 - y'_1)/(x'_2 - x'_1)$ aus Abb. 40. Setzt man die Werte der Abbildungsgleichungen ein, so erhält man eine Formel, die mit der für die Loxodrome in 2.2.1.4 identisch ist.

2.2.4.5 Zylindrische Abbildungen mit geodätischen Koordinaten

1. Allgemeine Abbildungsgleichungen

Würde man in 2.2.4.1 die geographischen Koordinaten durch ein metrisches Kugelsystem $x = R\varphi$ und $y = R\lambda$ ersetzen, so entstünde eine geodätische Abbildung auf einem Zylinder in normaler Lage. Für die Praxis wesentlich günstiger sind jedoch Abbildungen auf einem transversalen Zylinder mit der x'-Achse als Bild eines Meridians und der y'-Achse als Äquatorbild. Dem entspricht auf der Kugeloberfläche die x-Achse (Abszisse) längs eines Meridians und die y-Achse (Ordinate) senkrecht dazu. Alle y-Linien sind damit Kugel-Hauptkreise, die sich im Querpol Q als Hauptpunkt treffen (Abb. 43). Dann ergibt sich sich in Analogie zu 2.2.4.1 allgemein

$$x' = \frac{r}{R}x, \quad y' = \frac{r}{R}f(y).$$

In entsprechender Weise folgt für die Verzerrungen h (in Richtung von y') und k (in Richtung von x') aus 2.2.4.1

$$h = \frac{dy'}{dy \cdot r/R} = \frac{R\,dy'}{r\,dy}, \quad k = \frac{r}{R\cos(y/R)} = \frac{r}{R}\left[1 + \frac{y^2}{2r^2} + \ldots\right].$$

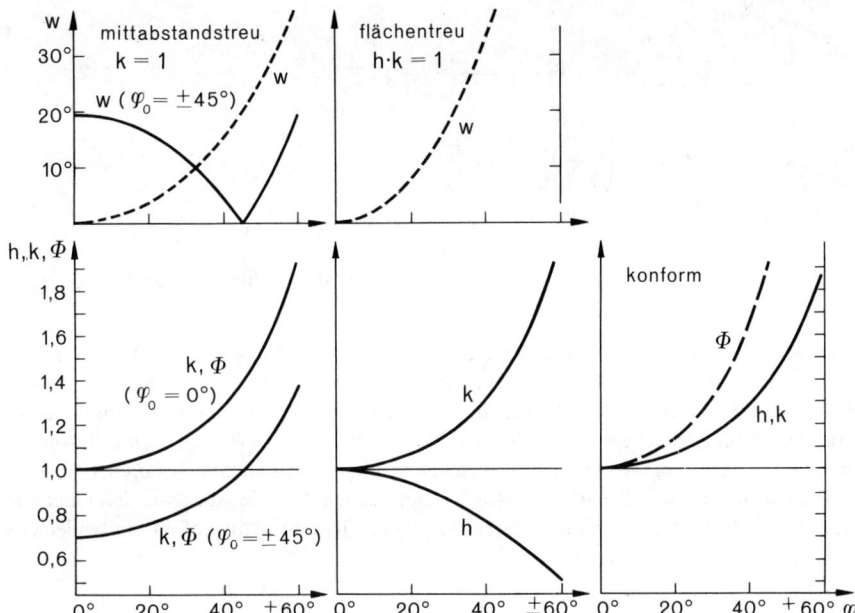

Abb. 42. Verzerrungsbeträge zylindrischer Abbildungen mit längentreuem Äquator, bei mittabstandstreuer Abbildung auch mit Längentreue bei $\varphi = \pm 45°$

Das Netz der x', y'-Koordinaten bildet stets ein quadratisches Gitter. Dabei gehen auch die weiteren Abbildungsgleichungen wegen der einfacheren und kürzeren Darstellung von der Kugel als Urbildfläche aus; in der Praxis beruhen die Ansätze jedoch stets auf ellipsoidischen Daten.

2. Ordinatentreue Abbildung

Diese Abbildung entspricht der in 2.2.4.2 beschriebenen mittabstandstreuen Abbildung, nur in anderer Lage und mit anderen Parametern. Dabei spielt in der Praxis nur der Fall des längentreuen Hauptmeridians eine Rolle, d.h. $x' = x$ wegen $r = R$. Die Ordinatentreue erfordert $h = 1$, so daß $dy' = dy$ und durch Integration $y' = y + C$ wird. Mit der Forderung $C = 0$ lauten die Abbildungsgleichungen damit

$$x' = x, \quad y' = y.$$

Abb. 43 zeigt, daß auf der Kugel die Abszissenunterschiede Δx zum Querpol hin kleiner werden, während die Werte $\Delta x'$ im quadratischen Netz der Ebene konstant bleiben, was einer Abszissendehnung k entspricht.

$$h = 1, \quad k = 1 + \frac{y^2}{2r^2} + \ldots, \quad \Phi = k, \quad \sin\omega = \frac{y^2}{4r^2} + \ldots.$$

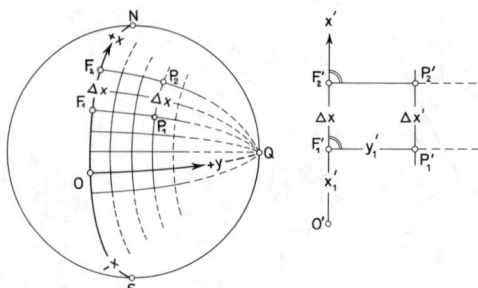

Abb. 43. Ordinatentreue Abbildung

Diese Abbildung hat erstmalig der Franzose *Cassini* 1745 angewandt. Der bayerische Astronom *Soldner* stellte 1810 Rechenformeln dafür auf, und daher spricht man auch von *Soldnerschen Koordinaten*. Die Abbildung ist im 19. Jahrhundert als Katasterabbildung in Württemberg (mit der Kugel als Urbild) und in Preußen (mit dem *Bessel*schen Ellipsoid als Urbild) eingeführt worden. Die ellipsoidischen Rechnungen ließen sich durch Übergang auf eine jeweils günstige *Schmiegungskugel* vereinfachen. Um die Abszissendehnungen in Grenzen zu halten, blieb in Preußen jedes der 40 einzelnen Systeme auf 64 km beiderseits des Hauptmeridians beschränkt.

3. Konforme Abbildungen
a) Gaußsche Abbildung der Kugel

Diese Abbildung entspricht einer transversalen Mercatorprojektion (2.2.4.4), jedoch mit den unter Nr. 1 beschriebenen metrischen Parametern x' und y'. Nach der Konformitätsbedingung $h = k$ (aus Nr. 1) ergibt sich

$$dy' = \frac{r^2}{R^2 \cos(y/R)} dy \quad \text{und integriert zu}$$

$$y' = \frac{r^2}{R^2} y \left(1 + \frac{y^2}{6R^2} + \ldots \right) + C.$$

Bei *längentreuem Hauptmeridian* ist $r = R$ und mit $C = 0$ wird damit

$$x' = x, \quad y' = y + \frac{y^3}{6R^2} + \ldots, \quad h = k = 1 + \frac{y^2}{2R^2} + \ldots,$$

$$\phi = 1 + \frac{y^2}{R^2} + \ldots.$$

Die Abszissendehnung k in x' wird demnach durch eine Ordinatendehnung h in y' kompensiert, was den Ordinatenzuschlag $y^3/6R^2$ zu y bewirkt. Die Abbildung bleibt damit im Differentiellen dem Urbild ähnlich.

Darüber hinaus hat *C.F. Gauß* für die von ihm geleitete hannoversche Landesvermessung (1822-1847) auch die Abbildung des Ellipsoids entwickelt. Die von ihm hinterlassenen Notizen haben 1866 *Schreiber* und vor allem 1912/1919 *Krüger* geschlossen dargestellt, und daher führen diese Koordinaten die Bezeichnung als *Gauß-Krüger-Koordinaten*, im Ausland meist als *transversale Mercator-Koordinaten*.

b) Das deutsche Gauß-Krüger-System

Die 1927 in Deutschland eingerichteten Meridianstreifensysteme mit dem Bessel-Ellipsoid als Bezugsfläche gruppieren sich um die längentreuen *Haupt-* oder *Mittelmeridiane* 6°, 9°, 12°, 15° ö.L. als Abszissenachsen, wobei die x'-Werte ab Äquator gezählt und als *Hochwerte* bezeichnet werden. Um negative Vorzeichen bei den y'-Werten (Ordinaten) zu vermeiden, erhält jeder Hauptmeridian den Wert $y' = 500\,000$ m. Davor setzt man die Kennziffer des Systems als die durch 3 geteilte Längengradzahl des Hauptmeridians. Die so veränderten Ordinaten heißen *Rechtswerte*. Die Ausdehnung jedes Systems nach beiden Seiten um 1,5° Längengrade (rund 100 km) (Abb. 44) hält die Werte der Längenverzerrung in Grenzen (siehe Tabelle). Punkte im Bereich der Grenzmeridiane 7°30′, 10°30′ usw. werden nach Bedarf in beiden Systemen koordiniert. Jedem Meridianstreifensystem entspricht im Urbild damit ein ellipsoidisches Zweieck.

y' in km	20	40	60	80	100	150
Längenverzerrung $h = k = s'/s$	1,000005	1,000020	1,000044	1,000079	1,000123	1,000276
Streckenkorrektur in mm/km	+5	+20	+44	+79	+123	+276

Beispiel: Turmspitze (Knopfmitte) der Andreaskirche in Braunschweig mit den geographischen Koordinaten $\lambda = 10°31'15,8414''$ und $\varphi = 52°16'09,4416''$. Ihre Gauß-Krüger-Koordinaten sind
im System des 9. Längengrades $R_9 = 3\,603\,820,13$ m und $H_9 = 5\,793\,801,08$ m,
im System des 12. Längengrades $R_{12} = 4\,399\,055,56$ m und $H_{12} = 5\,793\,741,52$ m.
Der Ordinatenfußpunkt ist im System mit der Kennziffer 3 um den Betrag H_9, im 4. System um den Betrag H_{12} vom Äquator entfernt. Die Gaußsche Ordinate beträgt im 3. System $y' = +103\,820,13$ m, d.h. der Punkt liegt östlich des Hauptmeridians von 9°; im 4. System ergibt sich $y' = -100\,944.44$ m, d.h. der Punkt liegt westlich des Hauptmeridians von 12°.

c) Das UTM-System

Die auf dem Internationalen Ellipsoid (2.1.2) beruhende konforme *Universal Transversal Mercator Projection (UTM)* überdeckt die Erde zwischen 84° nördl. und 80° südl. Breite mit 60 Meridianstreifensystemen von je sechs Längengraden Ausdehnung. Sie kam zunächst bei Militärkarten der USA und der NATO in Gebrauch (*Jeschor-Bleiel* 1989), wurde aber 1951 auch durch die *Internationale Assoziation für Geodäsie (IAG)* für Landesvermessungen empfohlen. Um größere Längenverzerrungen im Bereich der Grenzmeridiane zu vermeiden, ist der Mittelmeridian nicht längentreu, sondern mit dem Verjüngungsfaktor 0,9996 abgebildet (Schnittzylinder). Eine Längentreue ergibt sich damit etwa bei 180 km

70   Kartennetzentwürfe

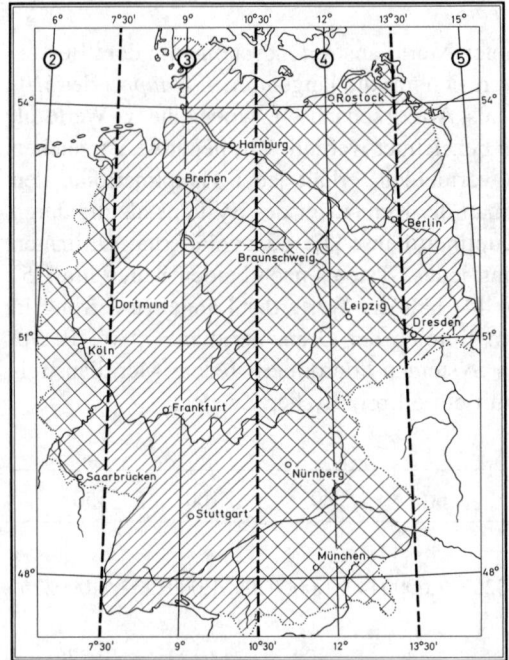

Abb. 44. Meridianstreifensysteme nach Gauß-Krüger in Deutschland

beiderseits des Mittelmeridians, während die Längenverzerrung am Grenzmeridian etwa 1,00015 beträgt (für $\varphi = 50°$). Die x'-Zählung beginnt am Äquator (auf der Südhalbkugel mit Zuschlag von 10 000 km zu den negativen x'-Werten), die y'-Zählung am Mittelmeridian mit 500 km zur Vermeidung negativer Werte. Die so entstandenen Koordinaten bezeichnet man mit E (East = Ost) und N (North = Nord).

Die Mittelmeridiane der als *Zonen* bezeichneten Streifensysteme liegen bei 3°, 9°, 15° usw. östl. und westl. Länge. Ihre durchlaufende Numerierung von West nach Ost beginnt beim Mittelmeridian 177° westl. Länge; damit trägt z.B. Zone 3° östl. Länge die Nummer 31, Zone 9° ö. L. die Nummer 32 usw. Innerhalb jeder Zone sind Intervalle von etwa 8° Breitenunterschieden gebildet, die – beginnend bei 80° südlicher Breite – mit großen Buchstaben bezeichnet werden. Jedes der so entstandenen Felder wird vom Mittelmeridian aus durch Gitterlinien mit vollen 100 km-Werten in E und N weiter in Quadrate unterteilt, die man entsprechend einer Anordnung in Zeilen und Spalten durch Doppelbuchstaben kennzeichnet (Abb. 45). Innerhalb eines Quadrates findet dann eine Punktfestlegung mit Hilfe der Koordinaten statt. So ergibt sich ein universelles *Meldegitter*.

d) Weitere konforme zylindrische Systeme

Die geodätischen Abbildungen der Staaten der Erde beruhen heute überwiegend und zunehmend auf transversalen konformen Zylinderabbildungen (siehe die Übersicht in *United Nations* 1983).

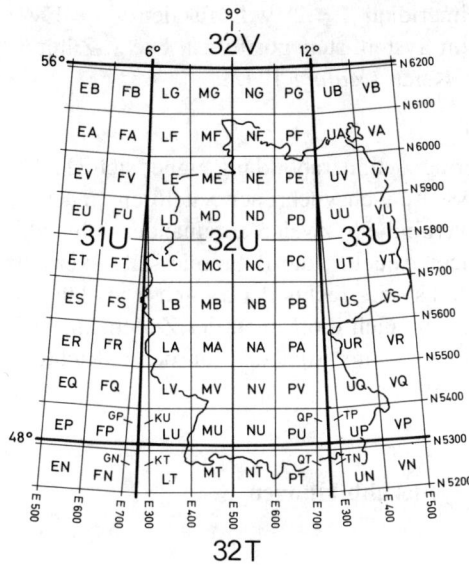

Abb. 45. UTM-System

In den *osteuropäischen Staaten* und in der *DDR* galten bisher einheitliche Meridianstreifensysteme nach Gauß-Krüger mit 6° Längenunterschied, längentreuem Mittelmeridian und dem Ellipsoid von Krassowskij (2.1.1.2), bei Karten in den Maßstäben 1:5000 und größer auch 3° breite Meridianstreifen. Die bisher geheimen Punktkoordinaten im sog. *System 42/83* (Datumparameter von 1942, Ausgleichung von 1983) bleiben für den Bereich der neuen Bundesländer einstweilen erhalten (*Strauss* 1991).

In *Österreich* gibt es 3° breite Meridianstreifen mit den längentreuen Mittelmeridianen 28°, 31° und 34° ostwärts Ferro (Ferro = 17°40′ westl. Greenwich) auf der Grundlage des Besselschen Ellipsoids. Die Zählung der x'- oder Hochwerte beginnt am Äquator, die der y'- oder Rechtswerte am Mittelmeridian, so daß westlich der x'-Achse negative y'-Werte auftreten. Der Bezug auf Ferro-Meridiane wird beibehalten, weil sich hierbei 3 günstig auf das Staatsgebiet verteilte Streifensysteme ergeben (*Arnberger/Kretschmer* 1975).

In der *Schweiz* wird eine konforme schiefachsige Zylinderabbildung benutzt, deren Nullpunkt in Bern liegt und deren x'-Achse nach Norden zeigt. Die längentreue y'-Achse ist das Bild der Berührungslinie des Zylinders mit dem Erdellipsoid. Zur Vermeidung negativer Zahlenwerte und von Koordinatenvertauschungen hat der Nullpunkt die Koordinatenwerte $x' = 200$ km, $y' = 600$ km. Der Abbildung liegt das Besselsche Erdellipsoid zugrunde (*Bolliger* 1967). Die maximale Streckenverzerrung beträgt im Süden 1,00019, die maximale Meridiankonvergenz im Osten rund 2°.

In *Großbritannien* führte der Ordnance Survey ab 1945 das National Grid ein als transversale Zylinderabbildung des Ellipsoids von Airy mit dem

Maßstabsfaktor 0,9996 auf dem Mittelmeridian $\lambda = 2°$ w.L. für den y' ($=$ East) den Wert 400 km aufweist und damit im System stets positiv ist. Die x'-Zählung ($=$ North) beginnt an einem Punkt im Kanal (*Maling* 1992).

4. Space Oblique Mercator Projection

Diese schiefachsige, nicht exakt konforme Zylinderabbildung eignet sich als Abbildungssystem für die Abtastergebnisse sonnensynchroner Satelliten (6.4.1.1). Dabei ergibt sich die x'-Achse als Verbindung zweier aufeinander folgender Schnittpunkte der Flugbahnlinie mit dem Äquator; die Bahnlinie selbst verläuft zwischen den Schnittpunkten jeweils links oder rechts der x'-Achse als längentreue gekrümmte Kurve. Damit erscheinen auch die Linien der Zeilenabtastung als leicht gekrümmte Kurven, die bis zu 4° (am Äquator) von der y'-Richtung abweichen (*Snyder* 1982, *Buchroithner* 1989).

2.2.5 Polykonische Abbildungen, Polyederabbildungen

Während die echten konischen Abbildungen von der Vorstellung nur *eines* Kegels ausgehen, liegt den polykonischen Abbildungen die Annahme *mehrerer* Kegelflächen zugrunde. Dabei gehen zwar die Merkmale echter Abbildungen verloren, doch sind nunmehr größere Nord-Süd-Ausdehnungen beiderseits eines ausgewählten Mittelmeridians möglich (z.B. von Nord- bis Südamerika). Die Abbildungen können flächentreu oder konform sein oder auch längentreue Breitenkreise aufweisen.

Beim Entwurf mit längentreuem Mittelmeridian sind die Bilder der längentreuen Breitenkreise wegen der unterschiedlichen Lage des Bildes der einzelnen Kegelspitzen nicht mehr konzentrische Kreise. Für die Meridiane ergeben sich stetig gekrümmte Kurven, wenn man unendlich viele Kegel auf unendlich schmale Kugelzonen bezieht. Die Rechtwinkligkeit der Netzlinien geht verloren, so daß die Hauptverzerrungsrichtungen a und b nicht mehr wie bei echten Entwürfen mit den Werten h und k längs der Netzlinien zusammenfallen (Abb. 46).

Wählt man statt für den Mittelmeridian die Längentreue für zwei östlich und westlich gelegene Meridiane, so verringern sich die Längenverzerrungen h an den Grenzmeridianen bei Einzelblättern eines Kartenwerks. Wird dieses Prinzip für jedes Blatt einer West-Ost-Reihe bei geradlinigen Grenzmeridianen wiederholt und jede Reihe als Abbildungszone betrachtet, so ergibt sich eine *modifizierte polykonische Abbildung*, wie sie früher den Blättern der Internationalen Weltkarte 1:1 Mio. (9.7.3.2) zugrunde lag (Abb. 47).

Polyederabbildungen kann man als Sonderfall der polykonischen Abbildungen mit zonaler Einteilung erklären. Man denke sich die Eckpunkte der eine Karte auf der Kugel begrenzenden Netzlinien geradlinig verbunden. Es entstehen Kugelsehnen, die ein Trapez bilden. Die Ebene dieses Trapezes ist die Abbildungsfläche. Die Gesamtheit dieser Flächen ergibt unter der Kugeloberfläche ein Polyeder. In der Ebene lassen sich die Trapeze nicht ohne Klaffungen aneinander legen (Abb. 48). Die Abbildung ist vor allem bekannt

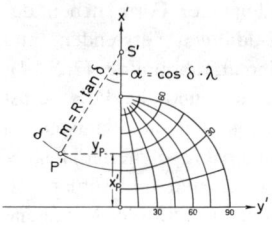

Abb. 46. Polykonische Abbildung mit stetig gekrümmten Meridianbildern

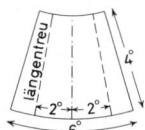

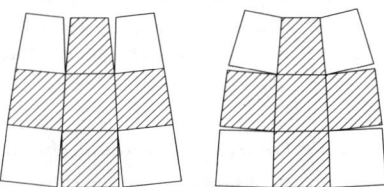

Abb. 47. Modifizierte polykonische Abbildung

Abb. 48. Polyederprojektion

als die der Topographischen Karte 1:25 000 (Meßtischblatt) in Preußen früher zugrunde gelegte *Preußische Polyederprojektion*. Man kann sie auch als ein zerlapptes Netz (2.2.6.3) ansehen.

2.2.6 Gesamtdarstellungen der Erde

2.2.6.1 Planigloben

Diese früher häufig benutzte, heute kaum noch verwendete Darstellungsweise besteht aus zwei benachbarten Kreisflächen, die jeweils eine Karte der Erdhalbkugel bilden. Die *Globularprojektion* von *Nicolisi* (1660) unterteilt die Bilder des Äquators, des Mittel- und des kreisförmigen Begrenzungsmeridians jeweils längentreu und fixiert damit auch die Lage der kreisförmigen übrigen Meridiane und Breitenkreise (Abb. 49). Diesen Entwurf kombinierte 1852 *Nell* mit der transversalen stereographischen Projektion (2.2.3.4) zur *modifizierten Globularprojektion* und erzielte damit geringere Winkelverzerrungen. Für Planigloben eignen sich auch die azimutalen Abbildungen (2.2.3) mit Ausnahme der gnomonischen Projektion.

2.2.6.2 Planisphären

Sie sind zusammenhängende Darstellungen, und zwar meist mit elliptischem Umriß, aber auch mit den Polen als Linie. Dabei stehen flächentreue und vermittelnde Entwürfe im Vordergrund.

Grundsätzlich ließen sich für Erdkarten in zusammenhängender Form neben der mittabstandstreuen Azimutalabbildung auch die Zylinderabbildungen verwenden, und nicht selten trifft man hierzu auch heute noch auf die Mercatorabbildung (2.2.4.4), obwohl sie in höheren Breiten erhebliche Verzerrungen aufweist und die Pole selbst überhaupt nicht enthalten kann. Allgemein sind daher für Erdkarten die Planisphären günstiger. *Frančula* (1971) hat unter Ansatz bestimmter Verzerrungs-Kriterien festgestellt, daß dabei die vermittelnden Abbildungen am günstigsten sind und ferner solche, bei denen die Pole als nicht zu lange Linien erscheinen und die Meridiane und Breitenkreise sich als gekrümmte Linien abbilden. Dagegen besteht die Auffassung, daß die Netzlinien – vor allem bei Schulkarten – geradlinig darzustellen seien, um die gegenseitige Lage geographischer Örter nach Länge und Breite besser erkennbar zu machen. Weitere Untersuchungen stammen von *Hufnagel* (in *Dodt/Herzog* 1988).

1. Unechte konische Abbildung (Bonnesche Abbildung)

Der im 19. Jh. häufig benutzte Entwurf von *Bonne* (1752) lehnt sich an die mittabstandstreue Kegelabbildung (2.2.2.2): Ein Breitenkreis ist Berührungskreis; die übrigen Breitenkreise sind dazu konzentrische Kreise. Mittelmeridian und Breitenkreise sind längentreu unterteilt (sog. *Abweitungstreue*), wodurch sich die Meridiane allerdings als gekrümmte Linien abbilden. Die flächentreue Abbildung erreicht mit wachsendem Abstand vom Mittelmeridian erhebliche Längen- und Winkelverzerrungen (Abb. 50).

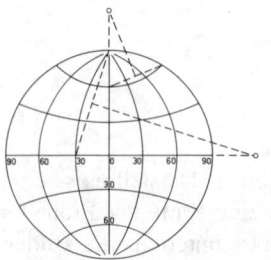
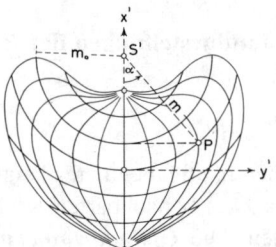

Abb. 49. Globularprojektion   Abb. 50. Bonnesche Abbildung

2. Unechte azimutale Abbildungen

Aus einer transversalen Azimutalabbildung entsteht ein mittabstandstreuer (*Aitoff* 1889) bzw. flächentreuer (*Hammer* 1892) Entwurf durch Dehnen und Umbeziffern der jeweiligen ebenen Darstellung: Aus der Abbildung einer *Halbkugel* auf die Kreisfläche entsteht die Abbildung der *ganzen* Kugeloberfläche auf die Fläche einer Ellipse mit dem Achsverhältnis 1:2.

Abb. 51 zeigt den flächentreuen Entwurf von Hammer; der Aitoffsche Entwurf ist diesem sehr ähnlich. Der Amerikaner *Briesemeister* entwarf 1948 eine schiefachsige flächentreue Planisphäre mit Zentrum in $\varphi = 45°$ N und $\lambda = 10°$ ö.L. Er geht dazu von der

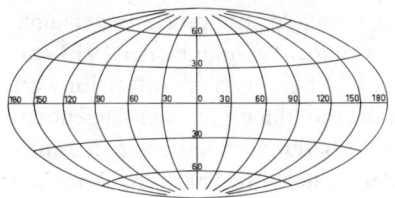
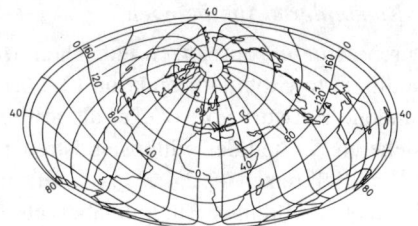

Abb. 51. Abbildung von Hammer Abb. 52. Abbildung von Briesemeister

entsprechend schiefachsigen flächentreuen Azimutalabbildung (2.2.3.3) aus, bei der die Längengrade auf den doppelten Betrag umbeziffert werden und die ferner in West-Ost-Richtung zu einer Ellipse ausgedehnt wird, bei der sich große und kleine Halbachsen wie 1,75:1 verhalten (Abb. 52).

3. Unechte zylindrische Abbildungen

Im Gegensatz zu den echten Zylinderabbildungen sind die Meridianbilder hier gekrümmte Linien. Der von *Mollweide* (1805) stammende Entwurf ergibt eine Ellipse mit dem Achsverhältnis 1:2. Die Parallelkreiszonen sind flächentreu, und durch gleichabständiges Unterteilen der Parallelkreisbilder entstehen auch flächentreue Gradabteilungen (Abb. 53). *Eckert* (1906) stellte sechs Entwürfe nach folgenden Grundsätzen auf: Die Pollinie ist so lang wie der Mittelmeridian, der Äquator doppelt so lang wie die Pollinie, und die Parallelkreise bilden sich parallel zum Äquator ab. Alle Abbildungen sind im ganzen, einige auch in den Breitenzonen flächentreu (aber nicht in den Gradabteilungen). Die Entwürfe unterscheiden sich in den Meridianbildern: Diese sind in den Entwürfen 1 und 2 geradlinig, aber am Äquator geknickt (Trapez-Entwürfe), in den Entwürfen 3 und 4 Ellipsen (elliptische Entwürfe) und in den Entwürfen 5 und 6 Sinuslinien (sinusoidale Entwürfe). Abb. 54 zeigt den Entwurf Nr. 6. Das System unechter Zylinderabbildungen beschreibt *Hufnagel* (1989). Die sog. Robinson-Abbildung von 1974 untersucht *Beineke* (1991).

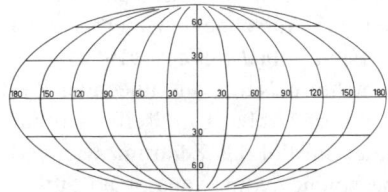
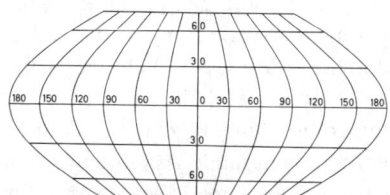

Abb. 53. Abbildung von Mollweide Abb. 54. Abbildung von Eckert

4. Kombinierte Abbildungen

Durch *Mitteln* von Netzen entstehen *Mischkarten* wie z.B. die bereits genannte modifizierte Globularprojektion (2.2.6.1). Ein weiteres Beispiel ist der 1913 entstandene Entwurf von *Winkel* als arithmetisches Mittel aus dem Aitoff-Entwurf (siehe Nr. 2) und der mittabstandstreuen Zylinderabbildung mit zwei längentreuen Parallelkreisen (2.2.4.2). Als vermittelnde Abbildung ist sie zwar in keiner Hinsicht abbildungstreu, gilt aber als eine der besten Planisphären (*Frančula* 1971) (Abb. 55).

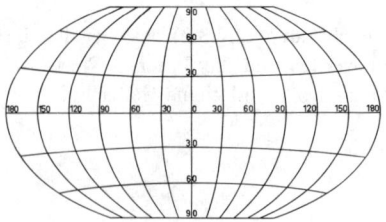

Abb. 55. Abbildung von Winkel   Abb. 56. Abbildung von Goode

Das *Zusammenfügen* von Netzen verknüpft mehrere Entwürfe *nebeneinander*. So fügte z.B. *Wagner* (1966) für die Kartenwerke „Deutsche Weltkarte" und „Deutsche Meereskarte" echte Azimutal-, Zylinder- und Kegelentwürfe – zum Teil in schiefachsiger Lage – aneinander. Dazu stellte er an den Nahtstellen durch erzwungene Längentreue sicher, daß keine Sprünge auftreten.

2.2.6.3 Zerlappte Netze

In den meisten Planisphären ergeben sich die größten Verzerrungen dort, wo die Darstellungen weit vom Äquator und Mittelmeridian entfernt liegen. Eine Minderung dieser Schwierigkeit ist möglich, wenn man statt *eines* Mittelmeridians *mehrere* Mittelmeridiane in günstiger Lage einführt. Durch das partielle Gruppieren der Netzteile um diese Meridiane herum muß aber das Netz an anderen Stellen aufgeschnitten werden, und zwar am besten dort, wo dies am wenigsten stört. Solche aufgeschnittenen Netze – auch *interrupted projections* oder *mehrpolige* Abbildungen genannt – können z.B. die Kontinente geschlossen und mit geringeren Verzerrungen darstellen, wenn man das Aufschneiden hierbei etwa durch die Mitte der Weltmeere führt. Eine Übersicht gibt *Dahlberg* (1962).

1916 entwickelte der Amerikaner *Goode* mehrere Netze aus unechten Zylinderabbildungen, z.B. aus dem Mollweide-Entwurf (Abb. 56). Greift man auf normale azimutale Abbildungen zurück, so bildet ein Pol das Zentrum, während der Gegenpol mehrfach dargestellt wird. Eine solche, vom Äquator ab aufgeschnittene Darstellung eignet sich zur Wiedergabe der Weltmeere.

2.2.7 Transformation von Kartennetzen

Im weiten Sinne gilt als Netztransformation jede geometrische Änderung in der Abbildung eines koordinatengebundenen digitalen oder graphischen Ausgangsbestandes mit sonst unverändertem Raumbezug der Objekte. Dabei kann man unterscheiden zwischen Verfahren, die aus bestimmten Gründen vorsätzlich Verzerrungen zum Ziele haben, und Transformationen im engeren Sinne, bei denen es um den Übergang zwischen zwei Netzen mit dem in ihnen fixierten Inhalt geht.

2.2.7.1 Verzerrung von Kartennetzen (Kartenanamorphosen)

In der Regel gilt für Netzentwürfe das Prinzip, die unvermeidbaren Verzerrungen so gering wie möglich zu halten. Bei bestimmten Fällen der Kartendarstellung und -auswertung kann es aber durchaus zweckmäßig sein, dem Karteninhalt (1) größere Schwankungen in der Maßstabsgeometrie oder gar einen (2) nicht-geometrischen Maßstabsparameter aufzuzwingen.

1. *Geometrische* Verzerrungen orientieren sich vor allem an der wechselnden graphischen Dichte einer Karte und dem damit verbundenen Grad von Lesbarkeit. Ein seit langem bekanntes Beispiel sind die auf photomechanischen Wege entstandenen Netze bestimmter Stadtkarten: Innerstädtische Bereiche erscheinen in einem größeren, Außenbezirke in kleinerem Maßstab (z.B. für Hamburg 1:17000 bis 1:40000). Solche Netze lassen sich heute auch rechnerisch ableiten, wobei zugleich der digitale Karteninhalt an den Verzerrungen teilnimmt.

Lichtner (1983a) ist bei der Entwicklung eines Verkehrslinienplanes für den Großraum Hannover von der Bedingung ausgegangen, daß sich von einem Zentralpunkt in Stadtmitte ausgehend die Kartenmaßstabszahl m_k richtungsunabhängig linear ändert. Die beste Variante ergab sich dazu bei einem vorgegebenen Kartenfeld mit einer Maßstabsänderung von 1:25 000 bis 1:100 000. Einen Schritt weiter gehen die *polyfokalen* Verzerrungen, bei denen sich mehrere Zentren durch einen solchen „Lupeneffekt" darstellen lassen. Diese Netze eignen sich besonders für Karten von Großgemeinden mit mehreren, isoliert liegenden Ortsteilen (Abb. 57). Weitere Ausführungen finden sich z.B. bei *Maling* (1992) und *Rase* (1992).

2. Zeit- oder *sachbezogene* Verzerrungen geben die exakte Bindung an die Maßstabsgeometrie auf und führen dafür andere Maßstabs-Parameter ein. Dabei bleibt zwar die topologische Struktur einer Karte weitgehend erhalten, doch ist die Wiedergabe eines geometrischen Kartennetzes meist nicht mehr möglich. Damit geht zwar der Bezug zum *absoluten* (geometrischen) Raum verloren, doch lassen sich andererseits geographische Erkenntnisse zum *relativen* Raum gewinnen.

Ein Beispiel zum Zeit-Parameter sind sog. *mittzeittreue* Karten, in denen der Maßstab auf den mittleren Fahrzeiten von Verkehrsmitteln beruht (*Kadmon* 1975). Im Anhalt an

78 Kartennetzentwürfe

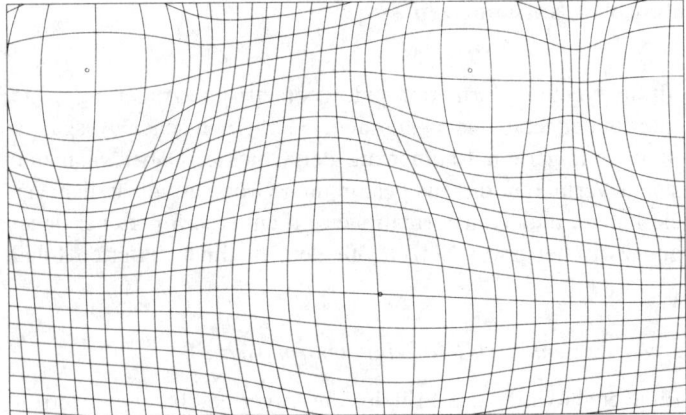

Abb. 57. Polyfokal verzerrres Kartennetz für eine Großgemeinde mit mehreren Ortsteilen (nach *Lichtner*)

empirisch ermittelte Isochronen wird der Karteninhalt geometrisch so deformiert, daß sich für die Isochronen konzentrische Kreise um den Zentralpunkt ergeben. Ein Beispiel für einen Sach-Parameter ist der Fall, bei dem die Einwohnerzahl eines Landes dessen Kartenfläche bestimmt (Abb. 260).

2.2.7.2 Transformation zwischen Kartennetzen

1. Freier Netzentwurf aus einem anderen Netzentwurf

Hierbei kommt es darauf an, einen Netzentwurf zu finden, der in geometrischer Hinsicht günstige Voraussetzungen schafft für die vorgesehene Darstellung und Auswertung eines Karteninhalts. Eine seit langem bekannte Methode ist das sog. *Umbeziffern*. Dabei wird ein Ausgangsentwurf dadurch verändert, daß den Netzlinien in systematischer Weise ein anderer Zahlenwert zugeteilt wird. So führt z.B. ein Umbeziffern von Meridianbildern einer Zylinderabbildung zu einer affinen Transformation. Viele Planisphären lassen sich als Ergebnis eines Umbeziferns deuten, wobei auch bisherige Abbildungseigenschaften beibehalten oder neue erzwungen werden können. Ein Beispiel ist bei den Entwürfen von *Aitoff* und *Hammer* (2.2.6.2) beschrieben. Weitere Beispiele und Möglichkeiten beschreiben *Wagner* (1982) und *Bartsch* (1983). Die praktische Bedeutung liegt vor allem bei Karten sehr kleiner Maßstäbe.

2. Datenübertragung zwischen zwei vorgegebenen Netzen

Hierzu kann man unterscheiden zwischen manuellen, optischen, photographischen und mathematischen Verfahren sowie zwischen geschlossenen Lösungen und solchen, die ein partielles Vorgehen erfordern. Die methodischen Schwierigkeiten ergeben sich besonders dadurch, daß gewöhnlich nicht nur das Netz selbst, sondern auch der darin eingebundene Karteninhalt zu transformieren ist.

a) Überführung eines Ist-Netzes in das Soll-Netz
Dieser wegen der instabilen Zeichenträger früher wichtige Fall der klassischen Kartentechnik bestand im *manuellen* Hochzeichnen und partiellen Einpassen einzelner Netzmaschen, evtl. unter weiterer Verdichtung durch ein Hilfsnetz, bei größeren Maßstabsänderungen auch in *optischen* Verfahren mit Hilfe optischer Umzeichner. Als geschlossenes *photographisches* Verfahren dient seit langem die kartographische Entzerrung (7.2.3.1) als optisch-mechanische Realisierung projektiver Geometrie; eine moderne partielle Variante hierzu ist die optische Differentialentzerrung (6.4.1.2) mittels Orthoprojektor (*Jansa/Vozikis* 1985). Mit wachsendem digitalen Datenbestand kommen nun aber immer mehr die *mathematischen* Methoden der Transformation und deren programmtechnische Realisierung zum Zuge.

Geschlossene Ansätze setzen die Abbildungsgleichungen der beiden Netze miteinander in Beziehung. Bei Karten großer und mittlerer Maßstäbe eignen sich auch solche Formeln, denen das Prinzip der Projektivität, Affinität oder Ähnlichkeit zugrunde liegt, bei größerer Anzahl von Stützpunkten auch mit Einschluß eines Ausgleichungsverfahrens. Unterscheiden sich die Netzstrukturen stärker, so sind *partielle* Ansätze erforderlich, die von ausreichend dichten und gut verteilten Stützpunkten ausgehen und mit Polynomen, Lagrange- und Spline-Interpolationen u.ä. arbeiten (*Fischer* 1979, *Brandenberger* 1985).

b) Zusammentragen des Inhalts zweier Karten
Hierfür eignen sich ebenfalls alle bisher genannten Verfahren, jedoch meist nur mit dem jeweils partiellen Ansatz. Dies folgt daraus, daß gewöhnlich nicht nur die Netze unterschiedliche Grundlagen besitzen (z.B. beim Zusammenführen thematischer Karten mittlerer und kleiner Maßstäbe), sondern auch der Karteninhalt inhomogene Daten in Bezug auf Geometrie und Aktualität aufweisen kann. Die damit oft verbundenen Zwänge gegenseitiger lokaler und regionaler Anpassung erfordern viele einwandfreie Stützpunkte, evtl. auch eine Analyse hinsichtlich größerer Lagefehler. Die Schwierigkeiten können sich noch vergrößern, wenn die Netzgrundlage einer Karte unbekannt ist oder die Karte überhaupt kein Kartennetz enthält (z.B. bei der Datenübernahme aus Karten früherer Jahrhunderte).

c) Datenübertragung aus Erfassungsvorgängen
Digitale Daten aus Luftbild- und Satellitenaufnahmen, Echogrammen usw. werden gewöhnlich im Wege ihrer Aufbereitung in ein geodätisches Bezugssystem umgesetzt, das mit dem vorgesehenen Kartennetz identisch sein kann, aber nicht sein muß. Soweit dabei die Daten noch mit Einflüssen des Erfassungssystems (z.B. physikalischen Effekten) oder mit Identifizierungsfehlern behaftet sind, werden in beiden Fällen keine geschlossenen Ansätze, sondern in erster Linie Interpolationsvorgänge mit Hilfe von Stützpunkten zum Zuge kommen.

d) Datenübertragung zum bzw. vom Informationssystem
Geschlossene Rechenansätze herrschen dagegen vor,
– wenn der digitalisierte Bestand einer Karte in ein – z.B. im Aufbau befindliches – Informationssystem übernommen wird,

- wenn umgekehrt aus einem Informationssystem eine Karte als graphische Ausgabe (evtl. sogar unter Änderung der Netzgrundlage) entsteht,
- wenn Daten zwischen Informationssystemen ausgetauscht werden.

e) Wechsel der Netzgrundlage innerhalb eines Informationssystems
Wird ein Informationssystem auf eine andere Abbildungsgrundlage gestellt oder ist im Grenzbereich zwischen zwei Abbildungssystemen (z.B. Meridianstreifensystemen) der Objektnachweis in beiden Systemen erwünscht, so kommen die hierfür vorhandenen geschlossenen Transformationsformeln zum Ansatz. Das setzt allerdings voraus, daß sich an den Raumbezugsdaten der Objekte (z.B. aus einer neuen Erfassung) nichts geändert hat.

2.3 Raumbezug in der Geo-Informatik

2.3.1 Grundlagen geometrischer Datenmodelle

Die *klassische* Kartographie kann den Raumbezug der Objekte nur in zwei Schritten vollständig vermitteln: Im Herstellungsprozeß geht es zunächst nur um die absolute Position der Objekte und ihre Form, während die Nachbarschaftsbeziehungen sich erst im Zuge der Kartenauswertung durch Betrachtung der Objekte im Zusammenhang erschließen (siehe 1.3). Dagegen muß die *digitale* Kartographie den Raumbezug in einem geometrischen Datenmodell sogleich umfassend abbilden und in einem Computersystem speichern. Das gespeicherte Datenmodell soll einerseits die Herstellung vielfältiger kartographischer Darstellungen und andererseits computergestützte Auswertungen ermöglichen.

Die geometrischen Angaben eines solchen Datenmodells lassen sich auf folgende *Grunddatentypen* zurückführen:
1. *Punktdaten* beschreiben
- reale punktförmige Objekte (z.B. Lage- oder Höhenfestpunkte),
- punktförmig generalisierte, ursprünglich flächenförmige, diskrete Objekte (z.B. Brunnen) oder
- ausgewählte Punkte kontinuierlicher Objekte in Form von Wertefeldern durch Koordinaten im zwei- oder dreidimensionalen Raum.
2. *Liniendaten* als kontinuierliche Punktfolgen im zweidimensionalen Raum ergeben sich für
- reale linienförmige Objekte (z.B. Grenzen von Verwaltungsgebieten, Bruchkanten, Netzwerke) oder
- linienförmig generalisierte, ursprünglich flächenhafte diskrete Objekte (z.B. Straßen, Fließgewässer).

3. *Flächendaten* beschreiben diskrete Flächenobjekte durch geschlossene Randlinien. Jede Fläche stellt eine zweidimensionale Teilmenge des zwei- oder dreidimensionalen Raumes dar.

Ein geometrisches Datenmodell enthält gewöhnlich eine Kombination dieser Grunddatentypen. Bei diesen unterscheidet man ferner zwischen
- *Vektormodellen* (*vector models*), bei denen die räumlichen Strukturen in *Vektorform* dargestellt sind, und
- *Netzmodellen* (*tesselation models*) auf der Grundlage regelmäßiger oder unregelmäßiger Polygone (z.B. Quadrat, Dreieck); die quadratische *Rasterform* hat dabei die größte praktische Bedeutung.

2.3.2 Elementare digitale Darstellungsformen

2.3.2.1 Vektorform

Diese Darstellung nähert die Form und die Position einer *Linie* durch eine Folge von Punkten (*Stützpunkten*) in der Weise an, daß zwischen zwei benachbarten Punkten P_i und P_{i+1} jeweils ein kleines gerades Linienelement, ein Vektor, entsteht (Abb. 58b). Dessen explizite Beschreibung nach Form und Position beruht auf kartesischen Koordinaten von Anfangs- und Endpunkt in einem zwei- oder dreidimensionalen Koordinatensystem. Ein *Punkt* läßt sich als Nullvektor auffassen, bei dem Anfangs- und Endpunkt identisch sind. Eine *Fläche* ergibt sich aus einem geschlossenen Linienzug.

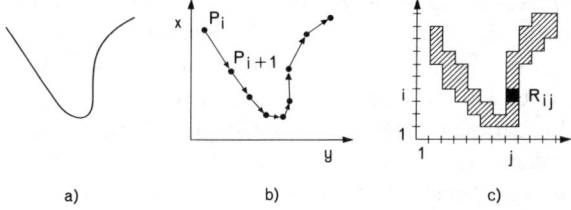

Abb. 58. Darstellung einer Linie (a) in Vektorform (b) und in Rasterform (c)

2.3.2.2 Rasterform

Bei dieser flächenhaften Betrachtungsweise gilt als kleinste Einheit das diskrete Flächenelement (*Masche, Zelle, Pixel*) eines feinen quadratischen Rasters (*Rastermatrix*), das sich dem Objekt überlagern läßt. Die Lage R_{ij} einer Zelle ergibt sich durch Abzählen der Zeilen *i* und der Spalten *j* (Abb. 58c). Es gibt neben der quadratischen Pixelform auch dreieckige und sechseckige (*regular tessellation models*).

2.3.3 Mathematische Grundlagen des Raumbezugs

2.3.3.1 Metrik

Die vollständige Abbildung des Raumes in einem Datenmodell erfordert neben der Beschreibung der Objektgeometrie durch Koordinaten auch deren Umgebung durch eine Abstandsfunktion, die sog. Metrik. Unter einer Metrik versteht man den Abstand zweier Punkte p und q mit den folgenden Eigenschaften:

1. Der Abstand von einem Punkt zu sich selbst ist Null: $d(p, q) = 0 \Leftrightarrow p = q$.
2. Der Abstand ist symmetrisch: $d(p, q) = d(q, p)$.
3. Die Summe zweier Dreiecksseiten ist größer als oder gleich der Länge der dritten Seite: $d(p, k) + d(k, q) \geq d(p, q)$. (k ist der dritte Dreieckspunkt)

Ein Raum mit diesen Eigenschaften wird als *metrischer Raum* bezeichnet. Mit Hilfe einer Metrik können Lage, Richtung und Abstand definiert werden. Damit lassen sich Abstände zwischen Objekten berechnen, kürzeste Wege finden und nächste Nachbarn identifizieren. So ist z.B. die Metrik des Euklidischen Raumes durch die folgende Distanzfunktion zwischen den Punkten $p(x_1, \ldots, x_n)$ und $q(y_1, \ldots, y_n)$ definiert:

$$d(p, q) = \sqrt{\sum_{i=1}^{n} (x_i - y_i)^2}$$

Für den dreidimensionalen Anschauungsraum ist $n = 3$ und für den zweidimensionalen Darstellungsraum der Karte $n = 2$. Die Euklidische Distanz ist das klassische Modell für die Lösung geometrischer Probleme. Sie beruht auf der Betrachtung des Raumes als Kontinuum mit einer unbegrenzten Zahl von Punkten. Die *analytische* Geometrie ermöglicht dazu die Abbildung dieses Raumes in den Koordinatenraum; sie ist jedoch nicht das einzige Konzept für die Behandlung raumbezogener Phänomene. So versagt die Euklidische Geometrie und führt zum Ansatz der *diskreten* Geometrie, wenn sich z.B. bei Erreichbarkeitsbetrachtungen in einer Stadt die kürzesten Abstände nicht nach der Euklidischen Distanz, sondern nur nach dem Straßennetz angeben lassen. Eine Möglichkeit dazu ist durch die *City-Block-Metrik* gegeben: Die auch als *City-Block-Distanz* (Taxi-Distanz) bezeichnete Distanzfunktion ergibt sich dabei als die Summe der Strecken eines horizontalen Segments und eines vertikalen Segments, mit denen die Punkte p und q verbunden werden (Abb. 59):

$$d(p, q) = \left| x_q - x_p \right| + \left| y_q - y_p \right|$$

Zwar gelten auch hierfür die Eigenschaften einer Metrik (Symmetrie u. Dreiecksungleichung), doch unterscheiden sich die räumlichen Nachbarschaftsbeziehungen. Außerdem sind die City-Block-Distanzen nicht unabhängig von Änderungen des Koordinatensystems: Bei geänderter Orientierung der Koordinatenachsen können sich andere Streckenlängen ergeben. Abstandsdefinitionen dieser Art sind Gegenstand der diskreten Geometrie, die zu den Grundlagen der digitalen Bildverarbeitung gehört (z.B. *Haberäcker* 1991).

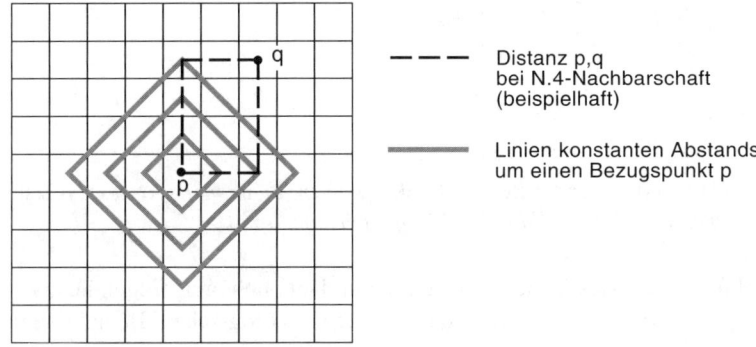

Abb. 59. City-Block-Distanz

Ist mindestens eine der genannten Bedingungen für eine Metrik nicht erfüllt, so liegt ein *nicht-metrischer Raum* vor. Das ist z.B. der Fall, wenn schnellste Verbindungen in einem Straßennetz mit Strecken unterschiedlicher Gewichtung (Einbahnstraßen, enge Ortsdurchfahrten, Schnellstraßenabschnitte) zu ermitteln sind und dabei metrische Betrachtungen auch von charakterisierenden Angaben (Attributen, siehe 3.3) abhängen. Nicht-metrische Räume erlangen eine wachsende Bedeutung in raumbezogenen Analysen.

2.3.3.2 Topologie

Die Angaben zum Raumbezug in der Topologie befassen sich mit solchen Eigenschaften von Figuren, die unabhängig sind von ihrer Größe und Gestalt, also ihrer Metrik. Den Untersuchungen liegen umkehrbar eindeutige stetige Abbildungen (*topologische Abbildungen, Homöomorphismen*) zugrunde. Die Topologie wird deshalb anschaulich als „Gummihautgeometrie" bezeichnet. Jeder metrische Raum ist zugleich ein spezieller topologischer Raum. Zu den topologischen Abbildungen gehören auch die Translationen, Rotationen und Skalierungen der analytischen Geometrie, und die bei solchen Transformationen unveränderten Eigenschaften gelten als topologische Invarianten.

Die erst seit der Jahrhundertwende als selbständige mathematische Disziplin angesehene Topologie wurde anfangs als „Geometrie der Lage" bezeichnet und geht auf Arbeiten von *Euler* (1736) zur Lösung des bekannten Königsberger Brückenproblems zurück. Sie gliedert sich heute in die geometrische, algebraische und mengentheoretische Topologie. Dabei beruht die Beschreibung von Punkten und ihren gegenseitigen Beziehungen auf der algebraischen Topologie.

Die topologische Beschreibung raumbezogener Objekte und ihrer gegenseitigen Beziehungen verwendet folgende *Elementarstrukturen* (Abb. 60):

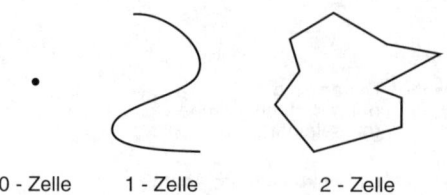

0 - Zelle   1 - Zelle   2 - Zelle

Abb. 60. Beispiele von 0-, 1- und 2-Zellen: 0-Zelle *(Knoten, Punkt, node, vertex)*; 1-Zelle *(Kante, Linie, edge, arc)*; 2-Zelle *(Masche, Fläche, polygon, area)*

Die Struktur kartographischer Darstellungen läßt sich auf folgende, zwischen Knoten, Kanten und Maschen bestehenden topologischen Beziehungen zurückführen (Abb. 61):
1. Knoten-Adjazenz: Knoten werden durch Kanten verbunden.
2. Knoten-Kanten-Inzidenz: Jeder Knoten liegt am Anfang oder Ende einer Kante.
3. Maschen-Adjazenz: Maschen werden durch Kanten voneinander getrennt.
4. Maschen-Kanten-Inzidenz: Jede Masche wird durch Kanten begrenzt.

Die vier Grundbeziehungen gelten auch dann, wenn zwei Knoten bzw. zwei Kanten in den geometrisch gleichen Ort fallen und zu einem Knoten bzw. einer Kante verschmelzen (sog. *Singularitäten*). Aus den Grundbeziehungen lassen sich als weitere topologische Beziehungen die Kanten-Adjazenz und die Knoten-Maschen-Adjazenz ableiten.

Die klassische Landkarte stellt eine zweidimensionale komplexe topologische Struktur mit folgenden Eigenschaften dar (Abb. 62):
1. Jede 1-Zelle inzidiert mit genau zwei 2-Zellen (Maschen-Kanten-Inzidenz).
2. Um jede 0-Zelle gibt es eine eindeutige Kette von einander abwechselnden 1- und 2-Zellen (Knoten-Kanten- und Knoten-Maschen-Inzidenz).
3. Für je zwei 2-Zellen der komplexen Struktur sollen die gemeinsamen begrenzenden 1-Zellen gegensinnig orientiert sein. Es handelt sich dann um eine geschlossene Fläche.

Bei einer topologischen Struktur mit n Knoten, m Kanten und r Maschen gilt die Eulersche Formel

$$n - m + r = 2.$$

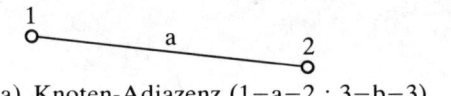 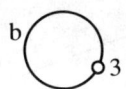

a) Knoten-Adjazenz (1−a−2 ; 3−b−3)

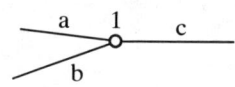 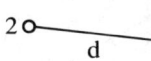

b) Knoten-Kanten-Inzidenz (1−a,b,c ; 2−d)

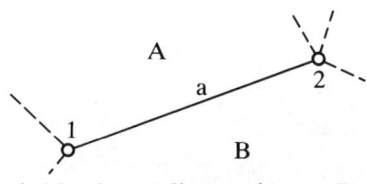 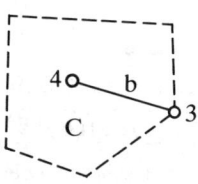

c) Maschen-Adjazenz (A−a−B ; C−b−C)

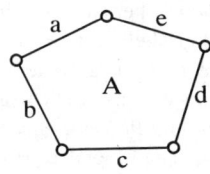 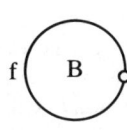

d) Maschen-Kanten-Inzidenz (A−a,b,c,d,e ; B−f)

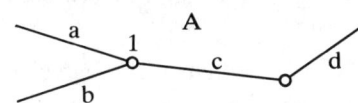

e) Kanten-Adjazenz über Knoten (1 : a−b−c) und über Maschen (A : a−c−d)

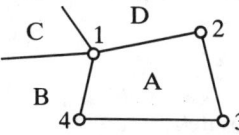

f) Knoten-Maschen-Inzidenz über Knoten (1 − A,B,C,D)
und über Maschen (A − 1,2,3,4)

Abb. 61. Topologische Beziehungen zwischen Knoten, Kanten und Maschen (nach *Findeisen* 1990)

86 Raumbezug in der Geo-Informatik

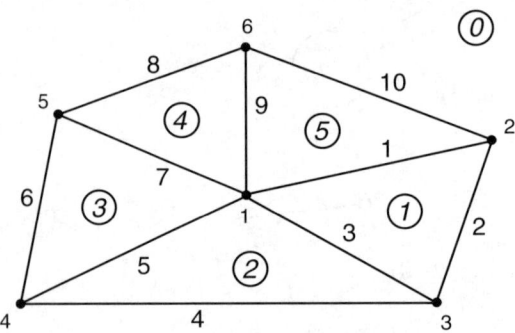

0 - Zellen: 1, 2, 3, 4, 5, 6
1 - Zellen: 1, 2, 3, 4, 5, 6, 7, 8, 9, 10
2 - Zellen: ⓪ ① ② ③ ④ ⑤ mit ⓪ : " Außenland "

Abb. 62. Topologische Beschreibung einer Karte (aus *Kainz* 1989)

Das topologische Konzept läßt sich auch aus der *Graphentheorie* herleiten, die ihren Ursprung in dem *Vier-Farben-Problem* hat (z.B. *Aigner* 1984). Dabei geht es um das inzwischen gelöste Problem, eine Landkarte mit nur vier Farben so zu gestalten, daß Länder mit gemeinsamen Kanten stets verschiedene Farbdarstellungen haben. Die heutige Bedeutung der Graphentheorie besteht darin, daß sich Strukturen und Prozesse mit Hilfe zweidimensionaler Netzwerke darstellen und untersuchen lassen. Eine besondere Bedeutung für die Beschreibung zweidimensionaler Strukturen haben die *planaren Graphen,* die dadurch gekennzeichnet sind, daß sich die Kanten nur in den Knoten schneiden. Wenn bei einem planaren Graph auch die durch Kanten und Knoten gebildeten Maschen betrachtet werden, spricht man von einer *Landkarte im graphentheoretischen Sinn.*

Die topologische Beschreibung des Raums ist für die digitale Kartographie und Geo-Informatik in zweifacher Hinsicht bedeutend: Einerseits ist die topologische Beschreibung der Nachbarschaft von Objekten eine wichtige Grundlage für die Gestaltung raumbezogener Datenstrukturen; andererseits lassen sich die topologischen Beziehungen mittels der *Eulerschen* Formel überprüfen und für effiziente räumliche Analysen nutzen.

2.3.4 Metrik und Topologie im geometrischen Datenmodell

Zur Bildung geometrischer Datenmodelle sind folgende Verbindungen von Metrik und Topologie von Bedeutung:
1. Ein *topologisches Vektormodell* beschreibt die geometrischen Objektinformationen nach einem hierarchischen Schema. Dabei befindet sich die metrische Beschreibung in Form von Koordinaten auf der untersten Stufe. Der nächst höheren

Hierarchiestufe werden die daraus ableitbaren Relationen und die topologischen Relationen *explizit* zugeordnet.

2. In einem *Rastermodell* als wichtigstem Vertreter der regelmäßigen Netzmodelle (regular tessellation models) ist die Topologie *implizit* in der Rastermatrix enthalten. Alle Maschen haben eine konstante Größe und Form; für eine beliebige Masche gibt es feste Nachbarn, die über die Zeilen- und Spaltennumerierung lokalisierbar sind. Darüber hinaus lassen sich weitere Nachbarschaftstypen definieren (4.9.2.2).

3. Beim *unregelmäßigen Netzmodell (irregular tessellation model)* wird der Raum vollständig in Zellen unterschiedlicher Größen unterteilt wird. Dieses Datenmodell hat für die Modellierung des Reliefs eine große Bedeutung bekommen (Abb. 95, 3.3.2.2).

Zur Verknüpfung der geometrischen Datenmodelle mit semantischen Objektinformationen zu raumbezogenen Datenmodellen siehe 3.2.

Weiterführende Betrachtungen zu den Grundlagen geometrischer Datenmodelle findet man z.B. bei *Dutton* (in *Goodchild/Gopal* 1989), *Egenhofer* und *Herring* (in *Maguire* u.a. 1991), *Findeisen* (1990), *Frank* und *Mark* (in *Maguire* u.a. 1991), *Gatrell* (in *Maguire* u.a. 1991), *Kainz* (in *Mayer* 1989), *Molenaar* (in *Schilcher* 1991) und *Peuquet* (in *Taylor* 1991).

Die *Ordnungstheorie* ergänzt die metrischen und topologischen Aspekte der Datenmodellierung ohne unmittelbaren Raumbezug. Das Konzept der Ordnung ermöglicht es, Objektmengen durch Angabe einer Ordnungsrelation zu strukturieren und ohne Koordinatenoperationen zu vergleichen. Der Unterschied zwischen topologischen und ordnungstheoretischen Beziehungen läßt sich an folgendem Beispiel erklären: Gegeben seien die Objekte einer Stadt und das Land, zu dem die Stadt gehört. Ordnungstheoretisch ist die Stadt im Land enthalten, topologisch ist das Stadtgebiet eine Insel im Landesgebiet. Weitere Ausführungen hierzu siehe z.B. *Kainz* (in *Mayer* 1989).

3 Kartographische Modellbildung

3.1 Grundzüge kartographischer Darstellung

3.1.1 Begriffe und Aufgaben

Der Weg von der ersten Idee bis zum kartographischen Produkt verläuft durch zwei Bereiche, die sich mit den Begriffen *Konzept* und *Verwirklichung* beschreiben lassen.
- Im *gedanklich-konzeptionellen* Bereich (Kap.3) geht es um die allgemeinen Grundsätze einer sinnvollen Informationsdarstellung. Eine solche Gestaltung ist zweierlei: *Vorgang* (Prozeß) und *Ergebnis* (Resultat). Im *Vorgang* bildet sich allmählich das Konzept aus eigenen Vorstellungen, fremden Vorgaben, Versuchen, Änderungen, Skizzierungen usw. Das *Ergebnis* als endgültiges Konzept legt die Art der graphischen Präsentation bzw. der Strukturierung digitaler Daten für GIS oder eine Vorstufe dazu fest. Zu den mehr *redaktionellen* Überlegungen siehe Kap.5.
- Im *praktisch-technischen* Bereich (Kap.4 und 7) ist das gestalterische Konzept konkret zu verwirklichen. Diese Realisierung erstreckt sich auf alle Prozesse und Resultate bei Entwurf, Original, Reproduktion, graphischer Datenverarbeitung (GDV) usw.

Beide Bereiche beeinflussen sich gegenseitig: So müssen gedankliche Ansätze berücksichtigen, ob die gewünschten graphischen Strukturen auch ausführbar sind; umgekehrt bestimmen berufliche Qualifikationen sowie verfügbare Geräte, Verfahren und Programme das Ausmaß des Gestaltungsspielraums.

Jedes konzeptionelle Vorgehen hat – unabhängig davon, ob analog oder digital – zu beachten, daß es bei der Präsentation kartographischer Informationsdarstellungen auch weiterhin primär um die graphische Wiedergabe in Form von Karten geht. Deren Gestaltung ist gekennzeichnet durch eine typische Darstellungsweise, die man auch als *Kartengraphik* bezeichnet (3.1.2), ferner durch ihre Maßstäblichkeit (3.1.4) und die klare Strukturierung nach bestimmten Bestandteilen (3.1.5). Mit der zunehmenden Anwendung der GDV gewinnen nunmehr aber auch die Aspekte an Bedeutung, bei denen es neben der Kartengraphik um eine sachgerecht strukturierte Verarbeitung, Speicherung und langfristige Verwaltung digitaler Objektdaten geht (3.3). Stets aber erfordert die gegenüber der Umwelt eintretende maßstäbliche Verkleinerung auch eine Generalisierung bei der Erfassung und Wiedergabe der Objekte (3.2).

Die Ergebnisse eines Konzepts besitzen sowohl bei graphischen (analogen) wie bei digitalen Daten das Kennzeichen eines Modells (1.4.1.2), und zwar eines

Sekundärmodells, das aus dem *Primärmodell* der Erfassung (Kap.6) hervorgegangen ist:
- *Graphische (analoge)* Modelle entstehen im Falle von Karten (1.4.2) und ihren Vorstufen. Das gilt sowohl für die unmittelbar graphisch entstehenden Karten als auch für Karten, die sich mittelbar über GDV als Digital-Analog-Wandlung digitaler Daten ergeben.
- *Digitale* Modelle (1.4.3) sind entweder *Objektmodelle* mit einem von graphischen Merkmalen noch völlig unabhängigen Datenbestand (Landschaftsmodelle der Topographie oder thematische Fachmodelle) oder *Darstellungsmodelle* mit allen Angaben zur Objektbeschreibung durch graphische Zeichen (Kartographische Modelle als digitale Karten).

3.1.2 Kartengraphik als Zeichensystem

Als *Kartengraphik* gilt die Gesamtheit der für Karten aller Art typischen Darstellungsweisen; diese läßt sich auffassen als ein Zeichensystem im Sinne der Zeichentheorie (Semiotik, 1.5.1). Ein Teil der Merkmale und Regeln dieses Systems ist kennzeichnend für die Vielfalt aller graphischen Darstellungen überhaupt, der andere Teil für *kartographische* Darstellungen im besonderen. Jedes Kartenzeichen stellt eine codierte Information dar, die *allein* sowie aus der Beziehung *zwischen* den Zeichen mannigfaltige Aussagen über Raumbezüge und Eigenschaften von Objekten liefert.

3.1.2.1 Aufbau des kartographischen Zeichensystems

Bei näherer Analyse der Kartengraphik ergibt sich ein dreistufiger Aufbau dieses Zeichensystems. Dabei gehen die weiteren Betrachtungen aus von dem in der Kartographie üblichen Fall der *Positivdarstellung,* d.h. daß die Bildstellen dunkler sind als die bildfreien Stellen.

1. *Graphische Elemente* sind die nach ihrer geometrischen Ausbreitung zu unterscheidenden *Punkte, Linien* und *Flächen.* Diese bilden die Bausteine jeder graphischen Darstellung überhaupt und lassen sich mit dem Laut bzw. Buchstaben der Sprache vergleichen.

2. *Zusammengesetzte Zeichen* sind spezifische Zusammenfügungen der graphischen Elemente zu höheren Gebilden. Das für die Kartographie typische, originale und bedeutendste zusammengesetzte Zeichen ist die *Signatur* (das *Kartenzeichen*). Drei weitere Zeichen (*Diagramm, Halbton* und *Schrift*) stammen aus anderen Bereichen graphischer Darstellung. Graphische Elemente und zusammengesetzte Zeichen bilden gemeinsam die kartographischen Gestaltungsmittel (3.1.3). Sie sind dem Wort der Sprache vergleichbar.

3. *Graphische Gefüge* ergeben sich, wenn die Elemente und Zeichen bei jeweils bestimmten Objektarten typische graphische Strukturen erzeugen. Dem

90 Grundzüge kartographischer Darstellung

graphischen Gefüge, das in wesentlichem Maße den Gesamteindruck der Karte bestimmt, entspricht etwa der Satz der Sprache mit seiner Aussage. Abb. 63 zeigt Beispiele linearer Gefüge, Abb. 70 flächenhafte Gefüge.

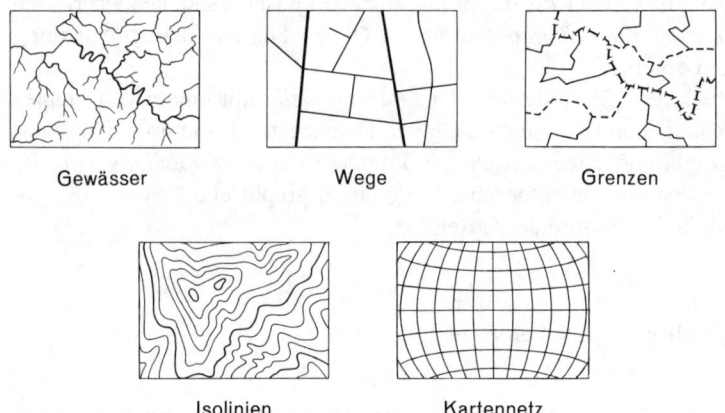

Abb. 63. Beispiele linearer graphischer Gefüge

3.1.2.2 Graphische Variation der Zeichen

Der dreistufige Aufbau des kartographischen Zeichensystems beschreibt aber die Vielfalt der graphischen Erscheinungsmöglichkeiten noch nicht vollständig. Vielmehr können die Zeichen (Gestaltungsmittel) auch noch in ihrer Erscheinung selbst durch den Einsatz *graphischer Variabler* in jeweils bestimmter und typischer Weise verändert (variiert) werden (Abb. 64).

1. Überblick zu den Ausdrucksmöglichkeiten der Variablen

Allgemein führen alle Variablen zu folgenden Wirkungen:
a) *Objektive Gliederung* durch differenzierte Darstellung nach Qualitäten und/ oder Quantitäten der Objekte,
b) *subjektive Bewertung* durch Betonen oder Zurückdrängen,
c) *verstärkte Anschaulichkeit* auf der Basis von Assoziationen.

Im *einzelnen* beschreiben die Variablen die Objektmerkmale wie folgt:
a) *Größe (Breite)* zeigt unterschiedliche Quantitäten und eignet sich besonders gut zum Bewerten durch Betonen oder Abschwächen.
b) *Form* läßt Qualitäten unterscheiden und erleichtert bei bild- und symbolhaften Zeichen die Assoziation.
c) *Füllung* gliedert Quantitäten, meist in gestufter Weise, seltener Qualitäten.
d) *Tonwert* beschreibt ebenfalls Quantitäten, vor allem flächenbezogene Relativzahlen (Dichtewerte).
e) *Richtung (Orientierung)* eignet sich für weitere Aufgliederung von Merkmalen sowie zum Hinweis auf zeitliches Verhalten.

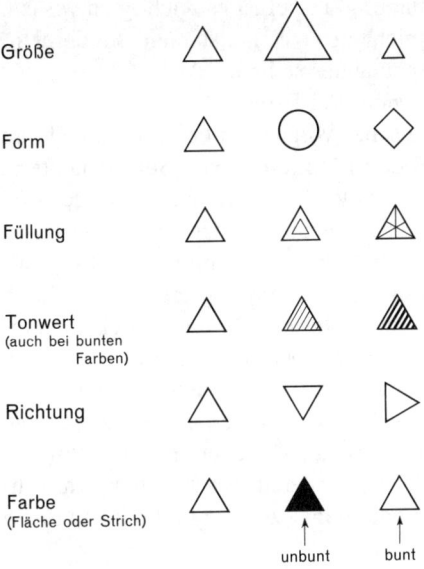

Abb. 64. Möglichkeiten der graphischen Variation eines Zeichens

f) *Farbe* beschreibt als Farbton in erster Linie verschiedene Qualitäten, als Farbsättigung auch Quantitäten, daneben auch zeitliches Verhalten. Sie ist in hohem Maße für Assoziationen geeignet.

2. Farbe als herausgehobene Art der Zeichenvariation

Farbe ist ein *Sinneseindruck,* der sich ergibt aus einem physikalischen Vorgang (Farbreiz durch elektromagnetische Schwingung in Form des Lichtes) und einem physiologischen Vorgang (*Farbempfindung* am Ende des Weges Auge-Gehirn). Farbe als *Substanz* (z.B. Druckfarbe) ist im Gegensatz dazu besser als Farbmittel oder Farbstoff zu bezeichnen. Zur Farbenlehre siehe z.B. *Richter* (1981) und *Küppers* (1985), zur Farbreproduktion in der Kartographie z.B. *Schoppmeyer* (1991).

Lichtfarbe ist die farbige Wirkung der von einer Lichtquelle ausgehenden emittierten Strahlung. Trifft die Lichtfarbe auf einen Körper, so wird ein Teil des Spektrums von diesem aufgenommen (absorbiert). Den übrigen, zurückgeworfenen (remittierten) Anteil bezeichnet man als Körperfarbe. Durch Farbmittel läßt sich die *Körperfarbe* verändern; dabei können die Mittel deckend oder lasierend (transparent) sein.

Unbunte Farben reichen von Weiß über Grau bis Schwarz und unterscheiden sich damit nur durch die Helligkeit (Leuchtdichte). *Bunte Farben* werden dagegen durch drei Merkmale beschrieben: (1) Der *Farbton* ist die Eigenschaft, die eine bunte Farbe von einer unbunten unterscheidet; (2) die *Sättigung* kennzeichnet den Grad der Buntheit im Vergleich zum gleichhellen Unbunt; (3) die *Helligkeit* ist ein Ausdruck für die Stärke der Lichtempfindung. Dabei ist es wichtig zu wissen, daß Sättigungsstufe und Helligkeitsstufe nicht in einer konstanten, sondern für jeden Farbton verschiedenen Beziehung zueinander stehen.

Bei der Mischung von Farben ergeben sich drei Fälle:
1. Die *additive Farbmischung* als physiologischer Vorgang tritt ein, wenn mehrere Farbreize zusammenwirken, vor allem bei den Lichtfarben von Selbstleuchtern. Dabei führt die fortgesetzte Mischung vom Dunkleren zum Helleren. Mit den drei Grundfarben Rot, Grün und Blau (RGB) ist bei entsprechender Tonwertvariation nahezu jede bunte Farbe bis hin zum Weiß darstellbar (z.B. am Farbbildschirm).
2. Die *subtraktive Farbmischung* als physikalischer Vorgang ergibt sich durch direktes Vermischen von Farbstoffen oder wenn lasierende Farbmittel übereinander liegen und damit die darunter befindliche Körperfarbe wie mit Farbfiltern verändern. Sie ist von praktischer Bedeutung beim Mehrfarbendruck von Vollflächen. Die fortgesetzte Mischung führt hierbei vom Helleren zum Dunkleren. Die drei Grundfarben (Normfarben CMY) Cyanblau, Magentarot und Gelb (Yellow) entsprechen den Mischfarben 1. Ordnung der additiven Mischung; mit ihnen läßt sich bei entsprechender Tonwertvariation nahezu jede Farbe bis hin zum Schwarz darstellen.
3. Die *autotypische* Farbmischung entsteht duch das Zusammenspiel additiver und subtraktiver Mischung. Sie spielt eine wichtige Rolle in der für die technische Farbwiedergabe benutzten Methode der Rasterung (7.2.3.1): Soweit sich dabei die Farbstoffe überlagern, kommt es zur subtraktiven Mischung, ihr unmittelbares Nebeneinander führt zur additiven Mischung. Zum Übergang zwischen den Bildschirmfarben auf RGB-Basis und den Druckfarben auf CMY-Basis siehe 4.9.2.2.

Farbordnungen und -systeme (z.B. Ostwald, Hickethier) versuchen, die Farbentheorie für die Praxis anwendbar und standardisierbar zu machen. Eine *Farbtafel* entsteht aus der Kombination der drei Grundfarben der subtraktiven Farbmischung oder anderer Farbtöne in jeweils verschiedenen Tonwertabstufungen. Sie ermöglicht Auswahl und Vergleich von Farben für bestimmte Darstellungen und macht zugleich das technisch Erforderliche erkennbar. Mehrere Farbtafeln lassen sich zu einem *Farbenatlas* zusammenstellen (z.B. *Küppers* 1978).

Farbassoziationen fördern die Anschaulichkeit einer Darstellung, z.B. bei Naturfarben (Waldgrün, Gewässerblau) sowie bei Farbkontrasten und -skalen als Ausdruck für Empfindungen (z.B. Temperaturen) oder Tendenzen (z.B. Gewinn und Verlust bei Bevölkerungsbewegungen). Als *Vier-Farben-Problem* wird die Tatsache bezeichnet, daß sich vier Farben so auf diskrete Flächen verteilen lassen, daß sich an keiner Stelle Flächen gleicher Farbe berühren.

3.1.2.3 Kartenlogische Bedingungen für die Kartengraphik

Um die Merkmale einer Karte zu erfüllen, gelten für die Anwendung der Kartengraphik die folgenden Rahmenbedingungen:
1. Maßstab (3.1.4) und Grundrißdarstellung (3.2.2) erfordern eine geometrisch möglichst exakte, d.h. ortsgebundene Anordnung der Zeichen.

2. Bedeutung (Semantik) und Generalisierung der Zeichen führen bei den Gestaltungsmitteln und ihrer Variation zu folgenden Grundsätzen:
- Gleiches gleich, Ungleiches ungleich darstellen;
- Wichtiges erhalten, Unwichtiges fortlassen;
- Charakteristisches betonen, weniger Typisches abschwächen.

3. Die Lesbarkeit des *einzelnen* Kartenzeichens setzt voraus
- eine visuell noch wahrnehmbare graphische Mindestgröße (3.1.2.4),
- die Wahrnehmbarkeit seiner typischen Gestalt (3.1.2.5),
- die Realisierbarkeit und Konstanthaltung in den technischen Prozessen wie Zeichnung, Vervielfältigung, GDV usw. (3.1.2.6).

4. Die Lesbarkeit in Bezug auf die *gegenseitigen* Beziehungen zwischen den Zeichen hat die Aspekte der graphischen Dichte, von Kontrast, Differenzierung und Gewichtung zu berücksichtigen (3.1.2.5).

3.1.2.4 Graphische Mindestgrößen

Mit kleiner werdendem Maßstab schrumpft auch jede maßstäbliche Objektwiedergabe immer mehr zusammen, bis schließlich ihre Lesbarkeit in Frage gestellt ist. Daher spielt die *Mindestgröße* eines noch gerade lesbaren Zeichens eine Rolle; sie wird bestimmt durch (1) das menschliche Sehvermögen und durch (2) die Leistungsfähigkeit der kartentechnischen Verfahren.

1. Das *menschliche Sehvermögen* geht hier von der Annahme aus, daß ein Auge mit normaler Sehkraft unter normalen Beleuchtungsverhältnissen und mit dem üblichen Betrachtungsabstand auf die Karte blickt. Dann wäre ein Kartenelement einwandfrei erkennbar, wenn es die in Abb. 65 dargestellten Mindestgrößen nicht unterschreitet, und wenn ferner die Mindestgröße von Farbflächen etwa 1 mm^2 beträgt, damit die Farbe erkennbar ist. Werden statt der Farbe Rasterflächen dargestellt, so vergrößert sich der Mindestbetrag noch je nach Feinheit des Rasters. Für größere Betrachtungsabstände (wie z.B. bei Schulwandkarten) ergeben sich auch entsprechend größere Minimaldimensionen.

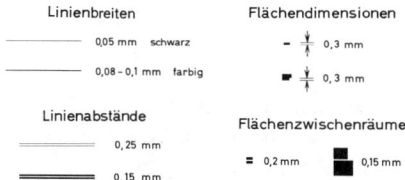

Abb. 65. Minimaldimensionen von Kartenelementen

Die Mindestgrößen spielen auch eine wichtige Rolle beim Entwurf des Zeichenschlüssels einer Karte. Karten großer Maßstäbe werden z.B. oft in verkleinerter Form (als Planungsunterlagen usw.) benutzt; darauf ist dann schon bei der Abmessung von Strichbreiten und der Feinheit von Signaturen Rücksicht zu nehmen.

94 Grundzüge kartographischer Darstellung

2. Die Leistungsfähigkeit der *Kartentechnik* ist von der Qualität der einzelnen Prozesse abhängig, die von der ersten graphischen bzw. digitalen Festlegung eines Zeichens bis zur endgültigen Ausgabe zu durchlaufen sind. Dabei treten im Vergleich zur ersten Darstellung stets gewisse Güteverluste auf in Form von Abbildungsunschärfen, Passerungenauigkeiten, Strichverbreiterungen, Auflösungsgrenzen der Hardware usw., doch sollte als Prinzip gelten, diese Einflüsse so klein zu halten, daß ein Zuschlag zu den obigen Zahlenwerten gewöhnlich nicht erforderlich ist.

3.1.2.5 Kartengraphik und Gestaltwahrnehmung

Neben dem objektiv-geometrischen Erfordernis der Mindestgröße spielen auch die Gesetze der subjektiven Wahrnehmung eine Rolle. Nach den Erkenntnissen der *Gestaltpsychologie* beruht die Gestaltwahrnehmung durch Menschen darauf, daß nach bestimmten Gestalt-Gesetzen aus graphischen Elementen Figuren gebildet werden. Insbesondere bewirkt das *Prägnanzprinzip* (Prinzip der guten Gestalt), daß derjenige Zusammenschluß von Elementen bevorzugt wird, der eine möglichst geschlossene, stabile, in sich folgerichtige und einfache Gestalt ergibt. Eine solche Gestalt ist in hohem Maße invariant gegen Verschiebungen, Drehungen, Maßstabsänderungen, Kontraständerungen und -umkehrungen sowie Farbänderungen (Abb. 66), ferner auch gegen kleine Unterbrechungen (Freistellungen, z.B. bei Linien), die im Zuge der Gesamtgestalt noch als virtuelle Teildarstellungen wahrnehmbar sind.

Abb. 66. Beispiele der Gestaltwahrnehmung:
Die Drehung der linken Vorlage um einen rechten Winkel nach links bzw. ihre Positiv-Negativ-Umkehr ist in der 1. Zeile sofort, in der 2. Zeile erst nach Analyse wahrnehmbar.
(Quelle: Bauer/Goos: Informatik)

Für die Kartengraphik gelten damit folgende Grundsätze (Abb. 67):
a) Die *graphische Differenzierung* muß ausreichend sein. Darum sollten die Möglichkeiten der graphischen Variation weitgehend ausgeschöpft werden (z.B. in Breite und Farbe von Linien). Karten, die aus Kostengründen oder als Textkarten in Büchern einfarbig sein müssen, sind daher oft schwierig zu gestalten.

Kartographische Modellbildung 95

b) Die *graphische Dichte* darf nicht zu groß sein. Hierzu ergeben sich bei Karten großer Maßstäbe kaum Probleme, aber bereits in mittleren Maßstäben können sich die Darstellungen von Siedlungen, Verkehrswegen usw. so häufen, daß die Lesbarkeitsgrenze bereits bei Werten erreicht ist, die größer als die Minimaldimensionen in 3.1.2.4 sind.

c) *Kontrast* und *Objekttrennung* müssen ausreichend sein. Dies erfordert vor allem hellen Untergrund, kräftige Linienfarben und eine erkennbare Abstufung bei Farbtönen und Tonwerten, ferner eine klare *Freistellung* zwischen den Gestaltungsmitteln.

d) Der *Kontext der Darstellung* soll die Tendenz zum Erkennen bestimmter Ordnungen und Strukturen (z.B. beim Siedlungsbild und Verkehrsnetz) erleichtern.

e) *Optische Täuschungen* sind zu vermeiden oder möglichst gering zu halten: So wirkt bei benachbarten Tonwertstufen die hellere Fläche am Rande der dunkleren Fläche scheinbar heller und umgekehrt die dunklere Fläche am Rande der helleren noch dunkler (*Machsches Phänomen*). Entsprechend erscheint ein konstanter Tonwert heller in dunkler Umgebung und dunkler bei heller Umgebung (*Simultankontrast*).

f) Auch Gewohnheiten und Erwartungen im Umgang mit Karten spielen eine Rolle: Der Kartenbenutzer geht aus von der üblichen Nordorientierung, dem Lichteinfall bei Schummerungen sowie von bestimmten Farben und bildhaften Zeichen bei Stadt- und Straßenkarten.

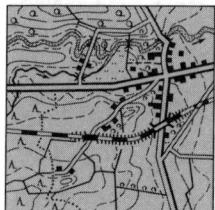 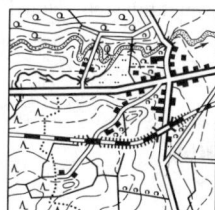 

Abb. 67. Einfluß von Kontrast, Differenzierung und Dichte auf die Güte der Kartengraphik

Über das Wahrnehmen von Kartenzeichen berichten u.a. *Bollmann* (1981), *Arnberger* (1982b), *Peterson* (1984), *Castner/Eastman* (1984/1985) und *Asche* (1988).

3.1.2.6 Kartengraphik und Kartentechnik

Die Kartengraphik hat auch die Möglichkeiten der Kartentechnik zu berücksichtigen, denn der graphische Gestaltungsspielraum hat dort seine Grenzen, wo die weitere Verarbeitung einer graphischen Struktur durch Zeichnung, Reproduktion, GDV und Druck schwierig oder gar unmöglich wird oder wo aufwendige Vorgänge zur Kostenfrage werden (Kap.4 und 7).

Die Holzschnittkarten des 15. Jh. ließen nur einen relativ groben Duktus zu. Dagegen konnte man später auf den Kupferplatten in sehr feiner Strichmanier arbeiten. Flächendarstellungen waren nur durch verschiedene Schraffuren, Vignettierungen usw. oder durch manuelles Kolorieren der gedruckten Strichkarten möglich. Erst die Rastertechnik erlaubte das mechanische Aufhellen von Farbflächen und die Wiedergabe von Halbtönen (Schummerung). Maßbeständige Folien, standardisierte Kopierprozesse und Offsettechnik verbessern und verbilligen heute den Mehrfarbendruck. Nach wie vor ist aber zu beachten, daß sehr feine und dichte Darstellungen die Reproduktionsvorgänge erschweren und den Verkleinerungsspielraum für eine Karte einengen können: Kleine Punkte und schmale Linienelemente werden „krank" oder verschwinden völlig, schmale Zwischenräume „verschmieren" oder füllen sich teilweise oder ganz.

Neue Kartentechniken können auch die Entscheidung über eine Kartengestaltung stark beeinflussen: Lineare und bildhafte Signaturen erfordern bei manueller Zeichnung einen hohen Aufwand; ihre Realisierung durch Abreiben, Montieren oder Lichtzeichnen ist dagegen meist rasch und problemlos. Die Aufteilung des Karteninhalts auf zahlreiche Farbfolien und die damit verbundenen Kombinationsmöglichkeiten erfordern die graphische Abstimmung zwischen den Inhalten der einzelnen Folien, vor allem bei Reduktion der Farbenzahl bis hin zur einfarbigen Wiedergabe. In ähnlicher Weise bedarf es sorgfältiger Entwurfsüberlegungen bei Anwendung der sog. kurzen Skala (Druck mit Normfarben der subtraktiven Farbmischung).

Der vorhandene Gerätepark ist von Einfluß auf das größtmögliche Kartenformat, auf die Schriftherstellung, auf die Wahl des Arbeitsmaßstabes und seine Veränderung usw. Die verfügbaren Kopierraster und autotypischen Raster bestimmen die Wahl von Tonwerten und die Gestaltung der Schummerung. Beim Einsatz der GDV sind die Möglichkeiten des automatischen Zeichnens, der Raster-Vektor-Transformation und umgekehrt, der Schrifterzeugung und der Zwischenausgabe als Hardcopy zu beachten. Auch kann man dabei zahlreiche Entwurfsvarianten entstehen lassen und sich danach für die kartographisch günstigste Lösung entscheiden.

3.1.3 Kartographische Gestaltungsmittel

Nach den Ausführungen in 3.1.2.1 gelten als kartographische Gestaltungsmittel die Grundelemente Punkt, Linie und Fläche sowie die zusammengesetzten Zeichen Signatur, Diagramm, Halbton und Schrift. Mit diesen Zeichen und ihren graphischen Variationen (3.1.2.2) lassen sich jeweils typische Aussagen über Objektmerkmale (1.3) vornehmen. Damit ergibt sich eine erwünschte Zuordnung zwischen Objekteigenschaften und Kartengraphik. Sie findet hier in der Weise statt, daß für die Gestaltungsmittel gezeigt wird, welche Objektmerkmale sie allgemein darstellen können. Der Hinweis auf das einzelne Objekt selbst erfordert jedoch später noch weitere Festlegungen in Form von Zeichenschlüsseln. Auf der umgekehrten Betrachtungsweise, nämlich den Objekten bzw. Objektgruppen die geeigneten Gestaltungsmittel zuzuordnen, beruhen die Erläuterungen der Kap. 9 und 10. Über Lagemerkmale der Darstellung siehe 3.2.2.

3.1.3.1 Punkte

Damit sind kleine graphische Punkte mit einem Mindestdurchmesser von etwa 0,3 mm (3.1.2.4) gemeint, die jeweils einzeln die Lage eines Objekts angeben. Dagegen gelten Punkte als Teile eines Punktrasters oder ähnlicher Anordnungen als Elemente flächenhafter Signaturen.

Kartographische Modellbildung   97

Die graphische Variation ist fast nur mit der Farbe und damit zur Angabe unterschiedlicher Objektqualitäten möglich. Bei Verzicht auf Farbvariation kann der Punkt selbst nur die *Lage* angeben, und es sind daher zur Angabe von *Qualität* oder *Quantität* weitere Gestaltungsmittel erforderlich (Schrift in Abb. 68a, Signatur und Schrift in Abb. 68b).

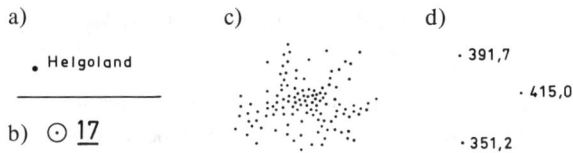

Abb. 68. Punktdarstellungen
a) und b) als Lageangabe je eines Objektes, c) als Wert einer Objektmenge, d) als punktuelle Zahlenwerte eines Kontinuums.

Die Lageangabe kann sich auf folgende Fälle beziehen:
1. Lageangabe für lokale (punktförmige) Diskreta
   – Der Punkt stellt jeweils ein einziges Objekt dar; dies ist z.B. je nach Maßstab eine kleine Insel oder ein Festpunkt (Abb. 68a und b).
   – Bei großer Häufung artgleicher Objekte kann ein Punkt auch eine konstante Anzahl von Objekten repräsentieren und besitzt damit die Bedeutung eines *Mengenwertes*. Diese Darstellungsweise eignet sich neben der Angabe absoluter Mengen besonders gut zur Wiedergabe typischer *Objektverteilungen* (z.B. Bevölkerung; Abb. 68c, 251).
2. Lageangabe für Zahlenwerte im Kontinuum
   Beispiele sind Höhen- und Tiefenpunkte in topographischen Karten, Meßpunkte in Wetterkarten usw. Die notwendige geometrische bzw. quantitative Angabe liefert der beigeschriebene Zahlenwert (Abb. 68d).

3.1.3.2 Linien

Unter diesen Begriff fallen alle nicht unterbrochenen Striche, die eine *Lage* angeben. Die graphische Variation ist nach der Farbe (Qualitätsangabe) oder nach der Größe (= Strichbreite zur Angabe von Quantität oder zur Betonung) möglich. Ohne diese Variation sind qualitative oder quantitative Angaben nur mit *zusätzlichen* Gestaltungsmitteln – Signatur oder Schrift – oder durch *Umwandlung* in lineare Signaturen (im Wege der Linienunterbrechung) zu gewinnen (Abb. 69). Weitere Liniendarstellungen enthält Abb. 63.

Mit der Lageangabe sind folgende Aussagen möglich:
1. Abgrenzung diskreter Objekte. wie z.B. Grundstücke, Wälder, Gewässer. Bei relativ schmalen Objekten tritt an die Stelle der *Begrenzungslinien* die *Mittellinie* (siehe auch Abb. 254, 255); hierzu gehört auch die *Bewegungslinie* (Abb. 275).

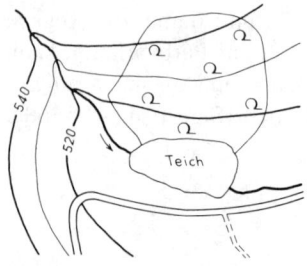

Abb. 69. Liniendarstellungen: Begrenzungs- und Mittellinien diskreter Objekte, Isolinien im Kontinuum. Die Feldwegdarstellung ist eine lineare Signatur. Erläuterung durch Schrift, Signatur (oder Farbe)

2. Verbindung gleicher Werte im Kontinuum. Solche Linien bezeichnet man als *Isolinien* oder *Wertelinien* (z.B. Höhenlinien, Isothermen, Isochronen usw., Abb. 227, 271, 272, 273, 302).

Die Wahl der Linienbreite kann mitunter nicht nur Ausdruck für die Bedeutung sein (z.B. Grenze eines großen, übergeordneten Bereiches), sondern auf für den Grad der geometrischen Exaktheit: Dünne Linien wirken exakt. dicke dagegen weniger lagetreu. Linienbreiten oberhalb der graphischen Mindestgröße (3.1.2.4) werden für Karten und Kartenwerke meist durch Zeichenvorschriften festgelegt. Eine darüber hinausgehende allgemeine Normung wie bei technischen Zeichnungen ist jedoch bei der Kartengraphik unzweckmäßig.

3.1.3.3 Flächen

Es handelt sich um Vollflächen, die in ihrer gesamten Ausdehnung in Farbton und Tonwert konstant sind. Das schließt auch solche Darstellungen ein, die lediglich aus technischen Gründen durch sehr feine Raster (Mikroraster) wiedergegeben werden. Grobe, dem Auge als solche erkennbare Raster (Makroraster, Schraffuren) zählen dagegen zu den Flächensignaturen. Die graphische Variation ist nur nach Farbton und Tonwert möglich.

Die Flächendarstellung gestattet folgende Aussagen:
1. Angabe von Lage und Qualität flächenhafter Diskreta. Dabei gibt der Rand (die Kontur) der Fläche die Abgrenzung des Objekts wieder, während in der Variation des Farbtons (bzw. des Tonwerts bei einfarbigen Karten) die Qualität zum Ausdruck kommt (Abb. 70a, 278). Diese auch *Arealkarten* genannten Darstellungen sind demnach *Objektflächen* (z.B. Gebäude) oder *Verbreitungsflächen* (z.B. Sprachgebiete) (1.3.3).
2. Angabe flächenbezogener Quantitäten. Diese erscheinen als Variation des bunten oder unbunten Tonwerts (Abb. 70b). Die Flächen sind daher *Bezugsflächen* (siehe auch 1.3.3) und die Angaben meist Relativzahlen. Eine solche Darstellung wird als *Flächendichtekarte* oder *Flächenkartogramm* bezeichnet (Abb. 262, 266b, 266c).
3. Angabe von Wertstufen eines Kontinuums. Die *Intervallfläche* zwischen zwei Isolinien weist einen konstanten Farbton bzw. Tonwert auf (Abb. 70c, 271c).

  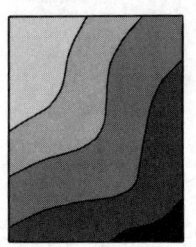

a) b) c)

Abb. 70. Flächendarstellungen
a) Objekt- und Verbreitungsflächen (Arealkarte), b) Bezugsflächen (Flächendichtekarte),
c) Wertstufen eines Kontinuums

Die Variation dieser Größen führt zu einer Folge von Wertintervallen (z.B. bei farbigen Höhenschichten, 9.3.2.7).

3.1.3.4 Signaturen

Signaturen, auch *Kartenzeichen* oder *Symbole* genannt, sind abstrahierte Objektbilder oder konventionelle Zeichen, die man allen graphischen Variationen unterziehen kann und mit denen folgende Aussagen möglich sind:
1. Stets eine qualitative Angabe (z.B. Ort, Verwaltungsgrenze, Bodenbedeckung) durch Variation in Farbe, Form oder Richtung,
2. dazu in vielen Fällen eine Lageangabe (z.B. Ort, Verwaltungsgrenze), evtl. auch zur Veränderung der Lage,
3. in manchen Fällen auch noch eine quantitative Angabe (z.B. Einwohnerzahl). Eine solche Angabe läßt sich in *stetiger Weise* durch Veränderung der Größe der Signatur oder in *gestufter Weise* durch Wechsel von Form, Tonwert oder Füllung zum Ausdruck bringen. Die stetige Darstellung erfordert einen besonderen Größenmaßstab (Signaturenmaßstab).

Die große Fülle der Gestaltungsmöglichkeiten macht die Signatur zu einem der wichtigsten Gestaltungsmittel in Karten. Sie ist eine abstrakte bis bildhafte Kurzschrift, die im Vergleich zur Kartenschrift weniger Kartenfläche beansprucht und zugleich das Vorstellungsvermögen unmittelbarer anspricht. Allerdings ist damit der Zwang verbunden, die Signaturen in einer besonderen Zeichenerklärung (*Legende*) zu erläutern.

Die Signatur gibt es allein oder in Verbindung mit anderen Gestaltungsmitteln. Man gewinnt eine brauchbare Übersicht über die Vielfalt der Signaturen, wenn man sie (1) nach ihrer Form und (2) nach der Anordnung im Kartenbild gruppiert. Eine Zusammenstellung von Beispielen enthält die Abb. 72.

1. *Formen der Signaturen*

a) Bildhafte Signaturen, auch als sprechende, anschauliche oder abgeleitete Signaturen bezeichnet:
   Dazu gehören *Grundrißbilder* und *Aufrißbilder* von Objekten in individueller

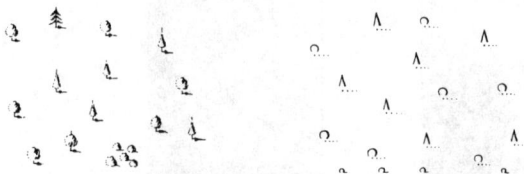

Abb. 71. Bildhafte Baumsignaturen in individueller und in schematischer Darstellung

oder mehr oder weniger schematisierter Darstellung (Abb. 71). Eine weitere Gruppe bilden die *symbolhaften* Darstellungen als typische und allgemeinverständliche Sinnbilder der Objekte (Abb. 72, 237, 259a).
b) Geometrische, abstrakte Signaturen:
Diese Gruppe reicht von einfachen Figuren wie Kreis, Dreieck, Quadrat usw. bis zu Linienunterbrechungen und Makrorastern (Schraffuren). Die Figuren können dabei als Hohlformen, Vollformen oder teilgefüllte Formen sowie in verschiedensten Kombinationen miteinander auftreten (Abb. 238, 239, 240).
c) Ziffern, Buchstaben, Unterstreichungen:
Ziffern werden als Index-, Schlüssel- oder Verhältniszahlen, *Buchstaben* als Abkürzungen dann benutzt, wenn sie verständlicher sind als konventionelle Symbole oder wenn sie eine bessere Gesamtdarstellung ermöglichen (z.B. in Bodenkarten, geomorphologischen Karten). *Unterstreichungen* von Schriften liefern eine zusätzliche qualitative Angabe für das Objekt (z.B. Sitz einer Verwaltung).

2. *Anordnung der Signaturen*

a) Lokale Signaturen (Positionssignaturen):
   – Sie geben Lage und Qualität solcher Objekte an, die nicht mehr grundrißtreu oder -ähnlich darstellbar sind (Abb. 226a). Dabei wird die Lage durch die Mitte oder den Fußpunkt der Signatur, die Qualität durch Variation nach Form, Farbe oder Richtung angegeben. Die Signatur ist anders als die Kartogrammsignatur (siehe d) größer als das Grundrißbild des Objekts.
   – Quantitäten (z.B. Einwohnerzahlen, Abb. 221b) werden stetig (Abb. 244, 245, 261a) oder gestuft (Abb. 242) wiedergegeben. Ein besonderer Fall liegt vor, wenn man solche Angaben durch mehrere gleich große, streng geordnete Signaturen darstellt. Jede Signatur repräsentiert damit eine festgelegte Werteinheit (*Werteinheitssignatur*, Abb. 248, 249, 250, 261c; vgl. auch den Mengenwert bei 3.1.3.1). Infolge des meist großen Flächenbedarfs geht dabei die Lagetreue verloren.
b) Lineare Signaturen:
   – Treten sie in Verbindung mit dem Gestaltungsmittel Linie auf. so gibt die Linie die Lage, die Signatur die Qualität an (z.B. Hochspannungsleitung). Treten sie allein auf, so geben sie beides an und bestehen meist in einer

Kartographische Modellbildung 101

regelmäßigen Folge bildhafter oder geometrischer Zeichen (z.B. Grenzsignaturen). Beispiele siehe Abb. 222, 223, 226b, 254, 255.
- Quantitäten (z.B. Transportmengen entlang der Verkehrswege) werden stetig oder gestuft wiedergegeben. Bei stetiger Wiedergabe werden die Liniensignaturen bis zu bandförmigen Darstellungen verbreitert (*Bandsignaturen,* Abb. 276, *Bandkartogramm,* Abb. 277).

Auch Kontinua lassen sich mit Liniensignaturen darstellen. Dazu gehören die Hilfshöhenlinien und die nach Lage und Größe der Geländeneigung aufgebauten Böschungsschraffen (9.3.2.3). In Strömungsbereichen zeigen die Längen der pfeilartigen Signaturen häufig den Betrag der Strömungsgeschwindigkeit an (Abb. 279).

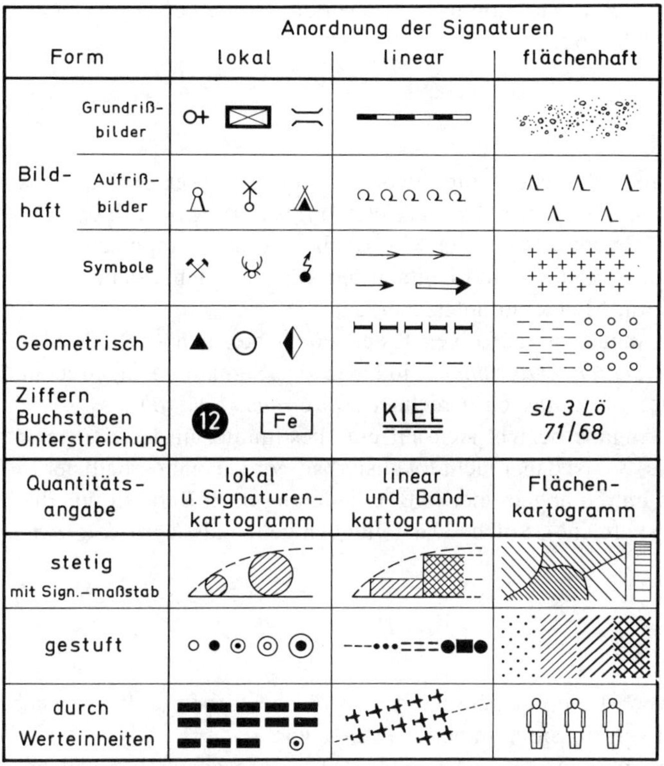

Form		Anordnung der Signaturen		
		lokal	linear	flächenhaft
Bildhaft	Grundrißbilder	○+ ⊠ ⋈	▬▬▬	∴∵∴
	Aufrißbilder	🏠 ⚥ ⛺	∩∩∩∩∩	∧ ∧ ∧ ∧ ∧
	Symbole	⚒ 🦌 ♪	→ ⇒	+++++++ +++++ +++++
Geometrisch		▲ ○ ◆	┤┤┤┤┤	≡≡≡ ∘∘∘
Ziffern Buchstaben Unterstreichung		⑫ [Fe]	KIEL	sL 3 Lö 71/68
Quantitätsangabe		lokal u. Signaturenkartogramm	linear und Bandkartogramm	Flächenkartogramm
stetig mit Sign.-maßstab				
gestuft		○ ● ⊙ ◉ ●	---•••≡≡≡●■●	
durch Werteinheiten		▬▬▬ ▬▬ ⊙	++++++ ++++ +++	👤 👤 👤

Abb. 72. Beispiele für Formen und Anordnungen von Signaturen

c) Flächenhafte (flächig verteilte) Signaturen:
   Es sind Kartenzeichen, die in ständiger Wiederholung über eine Fläche gleichmäßig oder unregelmäßig verteilt sind einschließlich der als solche sichtbaren Raster (Makroraster, Schraffuren). Sie bezeichnen die Qualität flächenhaft erscheinender Diskreta (Wald, Bodenarten, Sprachen usw.,

Abb. 225, 257). Die Abgrenzung wird durch eine Linie oder einfach durch das Ende des Auftretens der Signaturen angezeigt. Zu dieser Gruppe rechnet man oft auch aus der Geländedarstellung die Gebirgsschraffen (9.3.2.3, Abb. 303, 304) und die Formzeichen (9.3.2.6, Abb. 229, 230, 231).
d) Signaturen für Kartogramme:
Sie stellen flächenbezogene Quantitäten (1.3.3) dar. Sind die darzustellenden Werte *absolute* Größen (z.B. Fördermengen), so entsteht eine rein äußerlich den lokalen Signaturen entsprechende Wiedergabe. Im Gegensatz zu den lokalen Signaturen (siehe a) sind jedoch die Zeichen kleiner als die Bezugsfläche und auch in dieser verschiebbar (Signaturenkartogramm, Abb. 261). Handelt es sich um *relative* Größen (z.B. Bevölkerungsdichte), so liegt eine Flächenfüllung vor, die den flächenhaften Signaturen entspricht, in der visuellen Wirkung aber eine Variation nach Tonwerten ausdrücken soll (Flächendichtekarte, Abb. 85, 262).

3.1.3.5 Diagramme

Diagramme sind graphische Mittel zur Wiedergabe quantitativer Daten, vor allem statistischer Größen, bei denen die *sachliche Aufgliederung* oder die *zeitliche Entwicklung* eines Sachverhaltes gezeigt wird (Abb. 252). Die graphische Variation von Diagrammen ändert Art und Umfang der Aussage nicht, kann aber die Verdeutlichung fördern. Man kann unterscheiden:
1. Die quantitative Angabe ist auf einen festen Punkt bezogen (z.B. Winddiagramm). Solche *lokalen Diagramme* sind wie die Signaturen lagetreu und werden daher auch oft zu diesen gerechnet (*Diagrammsignatur*).
2. Die quantitative Angabe bezieht sich auf eine bestimmte, in der Karte noch erkennbare Fläche. Sie ist daher nicht lokalisierbar, wird also innerhalb der Bezugsfläche nur raumtreu angeordnet (z.B. Gliederung nach Berufen innerhalb eines Verwaltungsbereichs). Solche Darstellungen gelten als *Kartodiagramme* (Abb. 263).

3.1.3.6 *Halbtöne*

Halbtöne sind Flächen, die im Gegensatz zu den Flächenfarben (3.1.3.3) wechselnde Tonwerte aufweisen. Sie kommen wie folgt vor:
1. Als *Schummerung* zum Zwecke einer möglichst formanschaulichen Geländedarstellung (9.3.2.5, Abb. 228). Eine solche Wiedergabe kann Gefällverhältnisse und grundrißähnliche Lagemerkmale aufzeigen.
2. Als Ergebnis photographischer Aufnahmen (z.B. *Luftbilder*) und deren Wiedergabe in *Luftbildkarten* und ähnlichen Darstellungen (12.1.1). Dabei zeigen sprunghafte Veränderungen der Halbtöne (Konturen) häufig, jedoch nicht immer Grundrißmerkmale an (z.B. Wegegrenzen). Qualitative Objektmerkmale sind meist erst durch einen besonderen Deutungsprozeß (*Interpretation*) zu

gewinnen, wenn sie nicht bereits durch Gestaltungsmittel (Signaturen, Schrift usw.) erläutert werden.

Bei der Kartenvervielfältigung im herkömmlichen Druckverfahren sind die Halbtöne in beiden Fällen in feine Rasterelemente aufzulösen, so daß hierbei streng genommen nur von *Pseudo-Halbtönen* gesprochen werden kann.

3.1.3.7 Kartenschrift

Die Kartenschrift gilt als besonderer Bestandteil des Karteninhalts (3.1.5), da sie unter allen Gestaltungsmitteln die geringste *geometrische* Aussagemöglichkeit besitzt; dafür ist sie aber das wichtigste *erläuternde* Element der Karte. Sie bezieht sich auf Namen (Namengut), Abkürzungen und Zahlen. Stumme Karten wirken unfertig, Karten mit einer nicht verständlichen Sprache (z.B. Japanisch) erscheinen fremd.

Durch die Variation nach Form und Farbe lassen sich Qualitäten beschreiben, durch die Variation nach Größe auch Quantitäten angeben. Im einzelnen ergeben sich die *Merkmale der Kartenschrift* wie folgt (Abb. 73):

1. Die *Schriftart* (*Duktus, Font*) bestimmt weitgehend das Gesamtbild und damit zugleich Lesbarkeit und ästhetische Wirkung der Kartenschrift. Sie läßt sich als Variation nach der Form auffassen: Mehrere Schriftarten in einer Karte können verschiedene Objektklassen kennzeichnen. Die Kartenschriften sind zeichnerisch entwickelt worden, doch lehnen sich die heute gebräuchlichen Arten stark an die im Buchdruck üblichen Schriftzeichen an und werden neuerdings auch wie diese benannt (siehe DIN 16518). Man unterscheidet folgende Gruppen von Schriftarten (Abb. 73):
   - *Antiqua* oder römische Schrift mit wechselnden Strichbreiten und Fußstrichen (Serifen) (a); eine besonders gerundete Form wird in der Kartographie auch als *Kursiv* bezeichnet (b,g,h);
   - *Grotesk-*, Block- oder Balkenschrift mit konstanten Strichbreiten und ohne Serifen (z.B. nach DIN 1451) (c);
   - *Fraktur-* oder gebrochene Schrift, in Karten überwiegend nur bis zum 16. Jh. angewandt (d);
   - *Normschrift* als Schreibschrift für einfachere Darstellungen, mit konstanten Strichbreiten und gerundeten Enden (Schablonenschrift). Dazu gehören die Schriften nach DIN 6776 (ISO 3098) mit besonderer Eignung für Mikroverfilmung (Beispiel e in Schriftart A vertikal) sowie die schräge Mittelschrift (f) und die senkrechte Schrift.

Majuskeln, Versal- oder *Kapitalschrift* weisen nur gleich hohe Großbuchstaben auf, während bei *Minuskeln* auch Kleinbuchstaben verschiedener Ober- und Unterlänge auftreten.

2. Auch die *Schriftlagen* lassen sich als Variation der Form auffassen. Neben der stehenden Schrift (a-e) gibt es die vorwärts- oder rechtsliegende (f,g) sowie

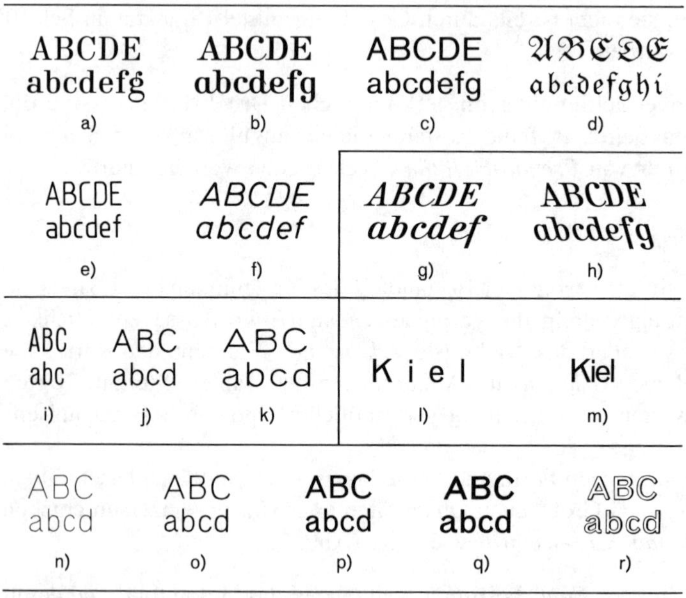

104 Grundzüge kartographischer Darstellung

ABCDE abcdefg a)	ABCDE abcdefg b)	ABCDE abcdefg c)	ABCDE abcdefghi d)
ABCDE abcdef e)	ABCDE abcdef f)	*ABCDE* *abcdef* g)	**ABCDE** **abcdefg** h)
ABC abc i)	ABC abcd j)	ABC abcd k)	K i e l l) Kiel m)
ABC abcd n)	ABC abcd o)	**ABC abcd** p)	**ABC abcd** q)	ABC abcd r)

Abb. 73. Merkmale der Kartenschrift

die rückwärts- oder linksliegende (h) Schrift. Eine schräggestellte Antiqua wird auch als *Kursivschrift* bezeichnet.

3. Unter den *Schriftbreiten,* die ebenfalls Formvariationen sind, gibt es die enge oder schmale (i), normale (j) und breite (k) Schrift.

4. Die *Schriftstärken* gelten als Variation in Größe bzw. Füllung; sie geben damit häufig Mengen, Werte und Bedeutungen, also Quantitäten an. In der Kartographie trifft man neben der Haarschrift (n) vor allem auf magere (o), normale (p) und halbfette (q) Schriften. Hohlschriften (r) – meist mit Schattierung – sind nicht gefüllte Schriften.

5. Die *Schriftgröße* (der *Schriftgrad*) bietet als typische Größenvariation die Möglichkeit zu quantitativer Differenzierung (z.B. Einwohnerzahlen einer Gemeinde) einschließlich einer Abstufung nach Bedeutung (z.B. Größe einer Region, eines Seenbereiches oder Gebirgszuges).

6. Die *Schriftfarbe* (Farbvariation der Schrift) erleichtert die Zuordnung zu den einzelnen Objektqualitäten.

7. Durch *Sperren* (*Spationieren*) (l) werden die Buchstabenabstände größer, durch *Komprimieren* (m) kleiner.

Für die *Anwendung der Kartenschrift* gibt es zwei Möglichkeiten:

1. Kartenschrift in Verbindung mit einem anderen Gestaltungsmittel:

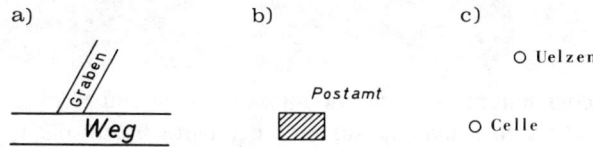

Abb. 74. Kartenschrift als qualitative Angabe
a) zur Erläuterung anstelle von Signaturen, b) zur weiteren Differenzierung einer Objektklasse, c) zur Identifizierung

- Qualitative Angabe a) anstelle eines anderen Gestaltungsmittels (z.B. einer Signatur), b) zur weiteren Differenzierung einer (z.B. durch Schraffur) bezeichneten Qualität und c) zur Identifizierung durch Angabe von Namen (Abb. 74).
- Quantitative Angabe durch Zahlenwerte (km-Stein, Höhenlinie) oder durch die Schriftgröße (z.B. Ortsname neben der Ortssignatur gibt zugleich ungefähre Einwohnerzahl an).
2. Kartenschrift allein:
Hier liefert die Schrift neben der qualitativen Angabe auch noch eine Lageangabe, allerdings nur in raumtreuer Darstellung. Beispiele dieser Art sind a) flächenhafte Diskreta, die sich nicht exakt abgrenzen lassen wie die Verbreitung von Menschen (Abb. 259) und Tieren sowie b) die Wiedergabe topographischer oder landschaftlicher Bereiche (Abb. 75).

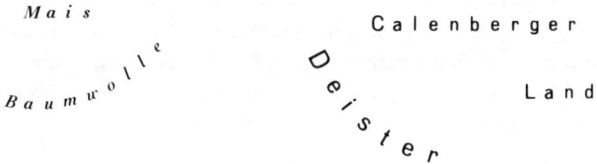

Abb. 75. Kartenschrift zur Angabe von Lage und Qualität

Die *Lage der Schrift (Schriftplazierung)* soll eine klare Zuordnung zum bezeichneten Objekt gewährleisten, möglichst wenig Verdeckungen anderer Darstellungen hervorrufen und Bereiche vermeiden, in denen Aktualisierungen zu erwarten sind. Im einzelnen lassen sich dazu etwa folgende Regeln angeben:
a) Bei flächenhaften Objekten (z.B. Gebirge, Staatsgebiete) waagerecht oder in Richtung der größten Ausdehnung;
b) bei linearen Objekten (z.B. Flußlauf) parallel zur Linienführung;
c) bei lokalen Objekten (z.B. Ortssignatur) rechts von der Objektdarstellung und etwas höher als diese, soweit freie Fläche vorhanden. Dabei entweder waagerecht oder – wie bei Atlaskarten häufig – parallel zu den Breitenkreisen.

3.1.4 Kartenmaßstab

Da die Karte eine Grundrißdarstellung ist, sind alle Punkte, Linien und Flächen der dreidimensionalen Wirklichkeit senkrecht auf eine definierte Bezugsfläche projiziert. Als Bezugsfläche gilt allgemein das Erdellipsoid (2.1.1.2); dieses läßt sich bei Karten großer Maßstäbe wegen der geringen Ausdehnung des Abbildungsbereiches durch eine lokale Ebene ersetzen.

Als Kartenmaßstab gilt das *lineare* Verkleinerungs- oder Verjüngungsverhältnis der Karte gegenüber der Natur (Längenmaßstab). Aus dem Vergleich einer Kartenstrecke s' mit der ihr entsprechenden Naturstrecke s ergibt sich der *Maßstab* zu $M_K = s' : s$ oder in anderer Schreibweise zu $M_K = s'/s$. Streng genommen handelt es sich bei der Naturstrecke s stets um den auf Meereshöhe reduzierten horizontalen Anteil der räumlichen Entfernung zwischen zwei Punkten. Nur dann nämlich ist eine widerspruchsfreie grundrißliche Darstellung möglich.

Anstelle der Maßstabsangabe $M_K = s'/s$ für den Einzelfall eines Streckenvergleichs erhält man eine allgemeine normierte Aussage, wenn man im Zähler statt der variablen Größe s' die Längeneinheit 1 einführt. Mit dieser Kürzung des Bruches s'/s durch s' erhält man $M_K = 1 : (s/s')$. Wird $s/s' = m_K$ gesetzt, so ergibt sich mit

$$M_K = 1 : m_K$$

die übliche Form der Angabe des *numerischen* Kartenmaßstabes. Sie besagt, daß einer Längeneinheit in der Karte m_K Einheiten in der Natur entsprechen. Dabei wird m_K als *(Karten)Maßstabszahl* oder *Maßstabsfaktor* bezeichnet.

Die Umrechnung von Kartenmaßen in Naturmaße und umgekehrt läßt sich mit Hilfe der Formeln $s = m_K \cdot s'$ und $s' = s : m_K$ leicht durchführen. Auf einigen Kartenwerken ist neben dem numerischen Kartenmaßstab zusätzlich angegeben, welcher Kartenstrecke in cm die Naturstrecke von 1 km entspricht, z.B. „1:25000 (4 cm der Karte = 1 km der Natur)".

Die Kartenmaßstäbe beruhen allgemein auf runden Maßstabszahlen, z.B. 1:25000, 1:100000 usw. Unrunde Maßstabsangaben ergeben sich aus nichtmetrischen Maßsystemen. So liegt z.B. der britischen Karte 1:63360 das Verhältnis 1 Zoll (inch) zu 1 Meile (mile) zugrunde; damit ergibt sich (siehe 2.1.2.1) 1 : (12 · 5280) = 1 : 63360. Die alten hannoverschen Separationskarten, die später zum Teil auch noch bei der Aufstellung des Grundsteuerkatasters als Grundlagen dienten, besaßen oft einen Maßstab von 1,5 Fuß zu 200 Ruten. Bei 1 Rute = 16 Fuß ergibt sich 1,5 : (16 · 200) = 1 : 2133,3. Näheres über Maßstäbe alter Karten siehe z.B. *Neumann* (in *Neumann/Zögner* 1992).

Der Maßstab einer Karte ist streng genommen innerhalb des Kartenfeldes nicht konstant, da es theoretisch keine vollständig längentreue Abbildung der definierten Erdoberfläche geben kann (2.2.1.3). In Karten größerer Maßstäbe wirkt sich dies jedoch praktisch nicht aus. Bei kleinmaßstäbigen Karten, die große Teile der Erdoberfläche darstellen, treten dagegen relativ große Längenverzerrungen auf. Dann wird entweder der Maßstab der längentreuen Bereiche, ein Maßstabsdiagramm, der Mittelpunktmaßstab oder ein Durchschnittswert angegeben.

Setzt man in die Formel $M_K = 1 : m_K$ Zahlenwerte für m_K ein, so wird der Betrag von M um so größer, je kleiner m_K ist. Dementsprechend spricht man von großen Maßstäben (bzw. großmaßstäbigen Karten) bei relativ kleinen Maßstabszahlen; umgekehrt bezeichnet man als kleine Maßstäbe (bzw. kleinmaßstäbige Karten) solche mit relativ großen Maßstabszahlen.

Neben der numerischen Maßstabsangabe enthalten Karten meist auch einen graphischen Maßstab. Dieser hat die Form einer *Maßstabsleiste* (*Maßstabsskala*), mit deren Hilfe Abgriffe und Vergleiche möglich sind. In topographischen Karten findet man dazu gelegentlich auch einen *Schrittmaßstab*. Der früher bei Karten größerer Maßstäbe übliche *Transversalmaßstab* ist heute kaum noch anzutreffen. Als graphischer Kartenmaßstab eignet sich auch das dargestellte Kartennetz. Einfach gestaltete Karten enthalten oft nur eine Maßstabsleiste.

Der Vorteil graphischer Maßstäbe ergibt sich, wenn z.B. bei einer auf Papier gedruckten Karte durch Schwankungen der Luftfeuchtigkeit Dimensionsänderungen auftreten. Da der graphische Maßstab die Längenänderungen mitmacht, kann man ihn direkt und relativ zuverlässig zur Längenbestimmung heranziehen (8.2.3.3). Man erhält ferner den tatsächlichen mittleren Maßstab einer solchen Karte, wenn man für das Kartennetz oder die Maßstabsleiste die Istwerte dem Soll gegenüberstellt.

Zum *Flächenverhältnis* zwischen Natur und Karte ergibt sich durch den Maßstabsansatz in beiden Flächendimensionen

$$F = F' \cdot (m_K)^2 \quad \text{und umgekehrt} \quad F' = F : (m_K)^2.$$

Schließlich gilt für die Umrechnung zwischen den Maßstäben $(M_K)_1$ und $(M_K)_2$ zweier Karten
für identische Strecken $s'_1 : s'_2 = (m_K)_2 : (m_K)_1$ und
für identische Flächen $F'_1 : F'_2 = (m_K)_2^2 : (m_K)_1^2$.

Der damit erhebliche Verlust an Zeichenfläche beim Übergang von einer Karte größeren Maßstabs in eine solche kleineren Maßstabs ist die Hauptursache für die bei der Kartengestaltung (3.2.1.1) auftretenden Probleme. So geht z.B. bei der Ableitung einer Karte 1:100 000 aus einer Karte 1:25 000 die Darstellungsfläche auf 1/16 ihrer ursprünglichen Größe zurück.

Als *Maßstabsfolge* bezeichnet *Freitag* (1962) den Fall, bei dem die Maßstabszahlen verschiedener Karten durch einen einfachen Faktor (z.B. 2) oder eine festgelegte Folge von Faktoren miteinander verbunden sind. Dagegen liegt eine *Maßstabsreihe* vor, wenn verschiedene Faktoren ohne Regelhaftigkeit auftreten. Häufig werden jedoch beide Begriffe als Synonyme angesehen. Die Wahl einer Maßstabsfolge spielt eine wichtige Rolle in der Atlaskartographie und in der amtlichen Kartographie.

Aufnahmemaßstab in der Datenerfassung (z.B. am Meßtisch) oder *Arbeitsmaßstab* (*Bearbeitungsmaßstab*) bei Entwurf oder Zeichnung sind gewöhnlich größer als der endgültige *Originalmaßstab* (*Endmaßstab*). Die Verkleinerung reduziert dabei die geometrischen und graphischen Ungenauigkeiten.

108   Grundzüge kartographischer Darstellung

Neben dem graphischen *Längenmaßstab* können in Karten noch zwei weitere Arten graphischer Maßstäbe auftreten:
1. Der *Neigungsmaßstab* (*Böschungsdiagramm*) erleichtert die Bestimmung des Geländeneigungswinkels aus Höhenlinien (8.2.3.4).
2. Der *Wertmaßstab* (*Signaturenmaßstab*) gestattet die Entnahme quantitativer Angaben aus Diagrammen oder Wertskalen (10.3.1.3).

Über Maßstabsschwankungen durch geometrische *Verzerrungen* von Kartennetzen sowie über *nicht-geometrische* Kartenmaßstäbe (mit Zeit- oder Sachparametern) siehe 2.2.7.1.

3.1.5 Bestandteile der Karte

1. *Formale (äußere) Gliederung (Abb. 76a)*

a) Das *Kartenfeld* (*Kartenbild, Kartenspiegel*) ist die Fläche, in der der Karteninhalt dargestellt ist. Nach der Gestalt des Kartenfeldes unterscheidet man zwischen Rahmenkarten und Inselkarten. Die heutigen Karten sind meist *Rahmenkarten;* ihr Kartenfeld ist von quadratischer, rechteckiger oder trapezartiger Form, wobei die Begrenzungslinien meist durch Linien des Kartennetzes gebildet werden (9.5.1). *Inselkarten* stellen bestimmte topographische oder politische Bereiche ohne ihre Nachbarschaft, also inselartig dar.

a)
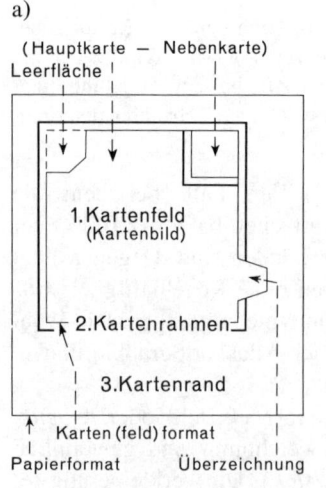

b)
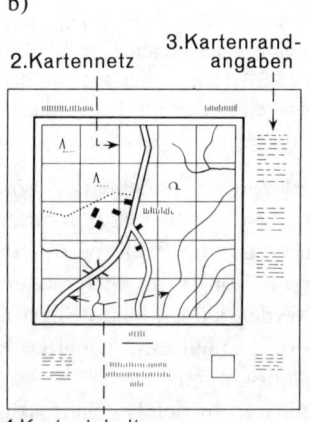

Abb. 76. Bestandteile der Karte

Mitunter (z.B. bei Stadtkarten) tritt im Kartenfeld neben der *Hauptkarte* noch eine *Nebenkarte* auf. Diese enthält entweder einen Hauptkartenauschnitt in größerem Maßstab (z.B. Stadtzentrum) oder einen Anschlußbereich, der bei richtiger Lage über das Kartenfeld hinausgehen würde. *Leerflächen* sind Flächen des Kartenfeldes, die keinen Inhalt aufweisen; *Überzeichnungen* sind Inhaltsdarstellungen, die über die Begrenzungslinien des Kartenfeldes hinausgehen. Vereinzelt bei Karten, häufiger bei Kartenausschnitten und -zusammenfügungen fällt der Kartenrahmen ganz oder teilweise fort, und das Kartenfeld reicht ganz oder an einigen Stellen bis an die Blattbegrenzung. Die sonst im Kartenrand anzutreffenden Angaben befinden sich dann in der restlichen Randfläche oder im Kartenfeld.

b) Der *Kartenrahmen* ist eine streifenförmige schmale Fläche zwischen der Kartenschnittlinie (Kartenfeldrandlinie, Kartenfeldbegrenzungslinie), die das Kartenfeld abgrenzt, und einer äußeren Begrenzungslinie, an der der Kartenrand beginnt. Vereinzelt besteht der Kartenrahmen nur aus einer Begrenzungslinie zwischen Kartenfeld und Kartenrand. Inselkarten gibt es sowohl mit als auch ohne Kartenrahmen.

c) Der *Kartenrand,* die Kartenfläche außerhalb des Kartenrahmens, wird durch das meist rechteckige *Blattformat* (Papierformat) abgegrenzt.

2. Sachliche (innere) Gliederung (Abb. 76b)

a) Der *Karteninhalt* (Hauptkarte) liegt innerhalb des Kartenfeldes und ist
– im engeren Sinne die Gesamtheit der Graphik (das *Kartenbild*) bzw. der digitalen Daten für diese Graphik (Syntaktik, 1.5.1),
– im weiteren Sinne die Gesamtheit der Informationen (das *Kartenthema*), für die diese Graphik bzw. deren Daten stehen (Semantik).
Der Karteninhalt besteht aus der Situation (Grundriß), Höhendarstellung, Schrift und solchen thematischen Angaben, die sich nicht den anderen Teilen des Karteninhalts zuordnen lassen (z.B. Diagramme). Karten ohne Schrift gelten als *stumme* Karten (z.B. die sog. Fragekarten oder Lernkarten des Unterrichts, oft in der Form der Umrißkarte).

b) Das *Kartennetz* stellt bestimmte Linien des geodätischen oder geographischen Koordinatennetzes in der Kartenebene dar und ermöglicht damit die geometrisch einwandfreie Darstellung des Karteninhalts. Ist das Kartennetz nicht dargestellt, so liegt in den meisten Fällen wenigstens dem Entwurf oder der Vorlage ein Kartennetz zugrunde. Karten, die ein Kartennetz, aber keinen Karteninhalt aufweisen, gelten als *Leerkarten.*

c) Die *Kartenrandangaben* umfassen alle textlichen und graphischen Darstellungen im Kartenrand (z.B. Maßstab, Herausgeber, Legende), aber auch im Kartenrahmen (z.B. Koordinatenwerte, Anschlußhinweise). Dazu gehören auch Nebenkarten (Beikarten, im Gegensatz zur Hauptkarte).

3.2 Generalisierung und Lagemerkmale

3.2.1 Generalisierung

3.2.1.1 Notwendigkeit der Generalisierung

Wichtigstes Merkmal aller in den verschiedenen Fachdisziplinen benutzten Modelle zur Beschreibung der Umwelt ist der mehr oder weniger große Grad der Generalisierung der Informationen im Vergleich zur realen Beschaffenheit der Objekte. In der Kartographie beruht die Notwendigkeit der Generalisierung als wichtiger Teil der Gestaltung auf folgender Überlegung:
Bereits Grundkarten stehen zur Realität in einem erheblichen Verkleinerungsverhältnis und erfordern daher bei den zu erfassenden Daten einen dem Maßstab entsprechenden Generalisierungsgrad. Folgekarten weisen gewöhnlich kleinere Maßstäbe auf als ihre Ausgangskarten. Würde man aber eine Ausgangskarte einfach nur photographisch verkleinern, so ergäbe sich bei fortgesetzter Anwendung dieses Vorgangs folgendes: Durch die Maßstabsverkleinerung schrumpft jede geometrisch exakte Wiedergabe eines Objekts immer mehr zusammen, bis sie schließlich unterhalb des Betrages der *graphischen* Mindestgröße (3.1.2.4) liegen würde. Da dies aber nicht praktikabel ist, hat man wie folgt zu entscheiden:
– Man beachtet entweder das *Prinzip der Lesbarkeit,* muß dann aber das Objekt vergrößern, also unmaßstäblich wiedergeben und schränkt damit das *Prinzip der geometrischen Richtigkeit* ein,
– oder man betreibt *Verzicht auf Wiedergabe* und schränkt damit jedoch das *Prinzip der Vollständigkeit* ein. Dieser Verzicht läßt sich entweder aus der geringen Objektbedeutung oder aus dem Mangel an Darstellungsfläche begründen.

3.2.1.2 Arten der Generalisierung

Die Arten der Generalisierung ergeben sich (1) aus den einzelnen Aufgaben-(Anwendungs-)Bereichen sowie (2) aus den Merkmalen der Objekte. Einen Überblick mit Beispielen gibt Abb. 77.

1. Aufgaben-(Anwendungs-)Bereiche der Generalisierung

Die Generalisierung bezieht sich sowohl (a) auf die Objekte selbst als auch (b) auf deren kartographische Darstellung.

a) Die *Objektgeneralisierung* ist Erfassungs- oder Modellgeneralisierung:
– Die *Erfassungsgeneralisierung* ist eine Aufgabe des jeweiligen Fachmanns (Topograph, Geologe usw.) und/oder des Kartographen. Entsprechend der Beschaffenheit der erfaßten Daten nach Umfang und Genauigkeit wird dabei die Realität (Umwelt) in ein erstes analoges Modell (Grundkarte) oder in ein digitales Modell (Objekt-Modell) umgesetzt. Dabei geht es geometrisch vor allem

Kartographische Modellbildung

Aufgabe der G. / Art der Information	Objekt - G. Erfassungs - G. (von Umwelt zu Modell) - Bildung des Ausgangs-M.		Kartographische G. Modell - G. (von Modell zu Modell)		
	Umwelt → A (Grundkarte)	Umwelt → D (M.-Daten)	D → D (Objekt - M.→ Objekt - M.)	D → D → A (Objekt - M.→ Kartogr. M.→ Karte)	A → A (Ausgangs-K.→ Folge - K.)
Geometrische G. (G. des Raumbezugs)	Einfluß auf Umfang und Genauigkeit Meß- und Registrierdaten		Einschränkungen in Geometrie | Geometrie und Graphik des Ausgangs - M. |der Ausgangs-K.		
Semantische G. (G. des Sachbezugs, begriffliche G.)	Qualitative G.: Bildung von und Zuordnung zu Objektklassen angemessen detailliert | weniger detailliert |graphikbedingte Einschränkung				
	Quantitative G.: Bildung von Summen-, Mittel- und Durchschnittswerten angemessen detailliert | Abrundungen und Fortfall von Zahlenwerten |graphikbedingte Einschränkung				
Temporale G. (G. des Zeitbezugs)	Zeitbezug der Erfassungsvorgänge; Zeitpunkte und -intervalle thematischer Daten angemessen genau | ungenauer und selektiert				

Abkürzungen: G - Generalisierung A - Analoges Modell
M - Modell D - Digitales Modell
K - Karte

Abb. 77. Arten der Generalisierung und ihre Wirkungen

um meßtechnische Vereinfachungen (z.B. Vernachlässigung von Gebäudeteilen, Erfassung eines Mastes nur in seinem Mittelpunkt) sowie sachlich um die Bildung von Objektklassen (z.B. Bodenarten), die Aufbereitung statistischer Daten usw. Solche Vorgänge lassen sich damit je nach Sachinhalt auch als *topographisches* bzw. *thematisches* Generalisieren bezeichnen.
- Die *Modellgeneralisierung* als Bearbeitung von Objektmodellen ist mit der Erfassungsgeneralisierung vergleichbar, aber mit dem Unterschied, daß dieser Vorgang sich nicht auf das Objekt selbst bezieht, sondern auf ein Objektmodell, aus dem ein neues Objektmodell geringerer Auflösung abgeleitet werden soll (Einzelheiten hierzu siehe 3.3.3).

b) Die *kartographische Generalisierung* führt zu Folgekarten oder digitalen kartographischen Modellen. Sie ist weitgehend eine Aufgabe des Kartographen und gilt daher als *Generalisierung im engeren Sinne:*
- Beim *Folgekarten-Prinzip* entsteht die Folgekarte unmittelbar aus einer anderen Karte meist größeren Maßstabs. Dies war in der Kartographie bisher der Standardfall generalisierender Maßnahmen.
- Beim *digitalen* kartographischen Modell (DKM) beruht die Generalisierung auf den graphikbedingten Einschränkungen, denen das zugrundegelegte Objektmodell zu unterziehen ist.

2. Objektbezogene elementare Vorgänge der Generalisierung

Entsprechend den in 1.3 beschriebenen Objektmerkmalen unterscheidet man zwischen (a) geometrischer (raumbezogener), (b) semantischer (sachbezogener) und (c) temporaler (zeitbezogener) Generalisierung. Dabei treten in jeweils unterschiedlichem Ausmaß folgende *elementare Vorgänge* auf:

Vereinfachen – Vergrößern – Verdrängen – Zusammenfassen (Aggregieren) – Auswählen (Selektieren) – Klassifizieren – Bewerten.

Abb. 78 verdeutlicht diese Vorgänge am Beispiel des geometrischen Teils der kartographischen Generalisierung. Für ihre Anwendung gilt folgendes:
– Sie sind Einzelschritte, deren Einsatz und sinnvolle Verknüpfung sich ergibt

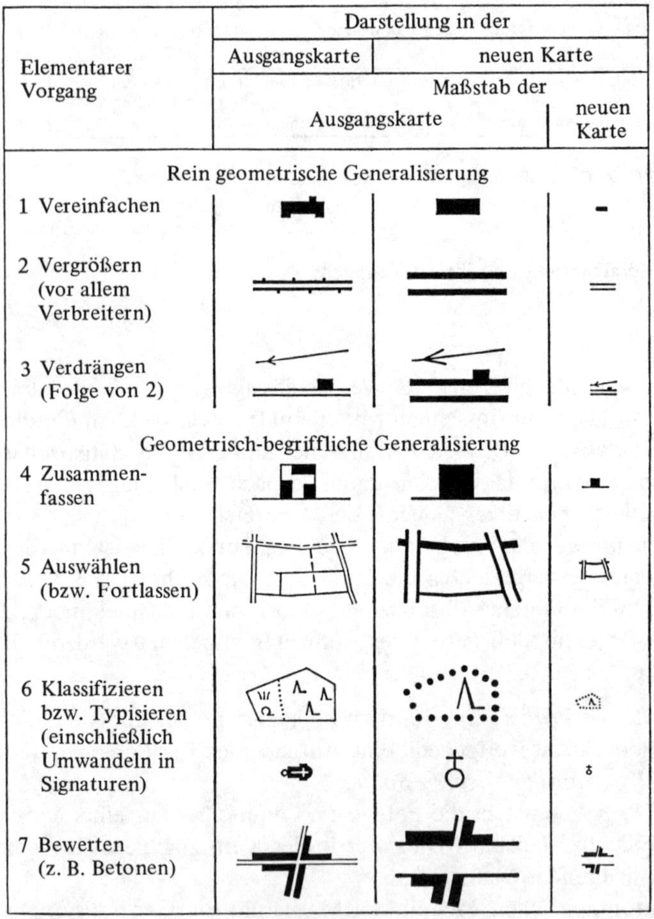

Elementarer Vorgang	Darstellung in der		
	Ausgangskarte	neuen Karte	
	Maßstab der		
	Ausgangskarte		neuen Karte
Rein geometrische Generalisierung			
1 Vereinfachen			
2 Vergrößern (vor allem Verbreitern)			
3 Verdrängen (Folge von 2)			
Geometrisch-begriffliche Generalisierung			
4 Zusammenfassen			
5 Auswählen (bzw. Fortlassen)			
6 Klassifizieren bzw. Typisieren (einschließlich Umwandeln in Signaturen)			
7 Bewerten (z. B. Betonen)			

Abb. 78. Elementare Vorgänge der kartographischen Generalisierung, dargestellt an Beispielen zur geometrischen Generalisierung

aus der allgemeinen Kartenlogik (3.1.2.3), aus geometrischen Bedingungen (Abb. 79) und methodischen Festlegungen (3.2.1.3).
– Sie sind nach Wirkung und Reihenfolge nicht völlig unabhängig voneinander (z.B. ist Verdrängen meist eine Folge des Vergrößerns).

a) Geometrische (raumbezogene) Generalisierung
Diese Generalisierung des Raumbezugs (1.3.2) ist bei der klassischen Kartenherstellung eine *graphische,* beim Einsatz der GDV auch eine *numerische* Generalisierung. Dabei können alle elementaren Vorgänge auftreten, wobei in der kartographischen Generalisierung die folgenden speziellen Ausprägungen eine herausragende graphische Bedeutung besitzen:
– *Glätten* als wichtigster Fall des Vereinfachens, wie dies bei stärker gekrümmten Verläufen linearer Objekte sowie bei Flächenkonturen und Höhenlinien notwendig sein kann, ferner
– *Verbreitern* als wichtigster Fall des Vergrößerns, wie dies bei linearen Objekten (Gewässer, Verkehrswege) meist unvermeidlich ist.
Um inhaltlich und graphisch sachgerechte Ergebnisse zu gewinnen, sind die elementaren Vorgänge unter bestimmten Bedingungen einzusetzen, die in Abb. 79 näher erläutert sind. Anwendungsbeispiele siehe Abb. 218, 219, 227.

Bedingung	Beispiele
Graphisch	Maßstabsbedingte Mindestgrößen von Strecken und Flächen, Flächenverhältnis von Bildstellen zu bildfreien Stellen, Einfluß des Zeichenschlüssels
Geometrisch	Streckentreue, Proportionstreue, Flächentreue, Parallelitäten, Geradlinigkeiten, Rechtwinkeligkeiten
Strukturell	Nachbarschaft (zu Grenzen, Wegen usw.), Genese (z. B. Relief), Typus (z. B. Ort), Funktionelle Verknüpfung (z. B. Häuser)

Abb. 79. Bedingungen der geometrischen Generalisierung

b) Semantische (sachbezogene, begriffliche) Generalisierung
Entsprechend den inhaltlichen Merkmalen (1.3.3) treten qualitative und quantitative Generalisierungen auf. Bei der *qualitativen* Generalisierung stehen die Vorgänge des Zusammenfassens, des Auswählens und des Klassifizierens im Vordergrund. Abb. 80 gibt eine Übersicht mit Beispielen.
  Die *quantitative* Generalisierung tritt vor allem bei thematischen Generalisierungen auf. Hierbei geht es besonders um die Vorgänge des Vereinfachens, des Zusammenfassens, des Auswählens und des Klassifizierens. In Abb. 81 sind Beispiele zusammengestellt.

114 Generalisierung und Lagemerkmale

Strukturen der Qualitäten	Vorgang	Beispiele
Gleichwertig	Auswählen (tlw. auch Bewerten und Zusammenfassen)	Straße, Haus, Wald, See
Geordnet	Auswählen und Zusammenfassen	Bach - Fluß - Strom - Meer Weg - Straße - Autobahn
Hierarchisch	Klassifizieren und Zusammenfassen	Laub-, Nadel-, Mischwald → Wald Gemeindebezirk → Kreis → Bezirk → Land

Abb. 80. Vorgänge der qualitativen Generalisierung

Merkmal der Quantitäten	Vorgang	Beispiele
Absolutzahlen	Vereinfachen Zusammenfassen Auswählen Typisieren	Rundungen (Einwohnerzahlen) Summenwerte (versch. Berufe) Werte unter Schwellenwert Mittelwerte (Klimadaten)
Relativzahlen (Verhältniszahlen)	Vereinfachen Klassifizieren und Typisieren (Auswählen)	Rundungen (Pkw-Dichte) Wertgruppen (Bevölk.-Dichte) Mittelwerte (Richtpreise) Indexierung (Handelspreise) Standardisierung (Vergleiche) (Nur ausnahmsweise, da auch Relativzahl 0 meist wichtig)

Abb. 81. Vorgänge der quantitativen Generalisierung

c) Temporale (zeitbezogene) Generalisierung
Diese bezieht sich auf Angaben zum zeitlichen Verhalten (1.3.4) im Rahmen thematischer Generalisierungen. Dabei treten vor allem die Vorgänge des Vereinfachens, des Zusammenfassens, des Auswählens und des Typisierens auf. Eine Zusammenstellung mit Beispielen gibt die Abb. 82.

3.2.1.3 Methoden der Generalisierung

Die Anwendung der in 3.2.1.2 Nr.2 beschriebenen elementaren Vorgänge und ihrer Bedingungen führt zu zwei typischen Arbeitsweisen:
– Ein intuitives Vorgehen (Nr.1) im Anhalt an Erfahrung und Können des Bearbeiters und/oder
– der Ansatz verbindlicher Regeln (Nr.2) in Form von Gestaltungsvorschriften oder Rechenprogrammen.
Die bisherige Praxis besteht meist aus einer Mischung beider Möglichkeiten: So schafft z.B. in der topographischen Kartographie ein genau vorgegebener Zeichenschlüssel eine Reihe von Vorschriften; dennoch verbleibt auch hier ein

Art der zeitlichen Datierung	Vorgang	Beispiele
Lokaler Bezug	Vereinfachen Auswählen	Rundungen (nur Jahresangabe bei geschichtl. Ereignis) Weniger bedeutendes Datum (lokales Ereignis)
Lineare Folge (Räumliche Veränderungen des gesamten Objekts)	Vereinfachen Auswählen Zusammenfassen	Rundungen (Datierungen einer Expedition) Weniger bedeutendes Datum (bei militär. Operation) Summe mehrerer Zeitintervalle (bei Völkerwanderung)
Räumliche Ausdehnung (Räumliche Veränderung der Objektgrenze, = genetische Karte)	Vereinfachen Auswählen Zusammenfassen	Rundungen (Datierung einer neuen Grenze) Weniger bedeutendes Datum (Geringe Grenzveränderung) Summe mehrerer Zeitintervalle (Geolog. Epoche, Stadterweiterung)
Geschwindigkeit	Vereinfachen Typisieren	Rundungen (Strömungsgeschwindigkeit in vollen m/s) Mittelwerte (Autobahnverkehr, rezente Krustenbewegung)

Abb. 82. Vorgänge der zeitlichen Generalisierung

individueller Gestaltungsspielraum, in dem die subjektiven Auffassungen der Bearbeiter ihren Niederschlag finden.

1. Intuitives Generalisieren

Diese auch als *freies Generalisieren* bezeichnete Methode tritt als ein Generalisieren mit unterschiedlicher Gewichtung immer stärker mit kleiner werdendem Maßstab auf, wenn die Richtigkeit einer Darstellung zugunsten der Lesbarkeit soweit einzuschränken ist, daß statt einer *Gruppe* gleichwertiger Objekte nur noch *ein* Objekt wiedergegeben wird: So werden z.B. Häufungen von Einzelgebäuden, Flußschleifen oder Straßenkehren durch jeweils eine einzige Darstellung ersetzt, die umgekehrt keine eindeutigen Schlüsse mehr auf die örtliche Situation zuläßt. Trotz solcher oft willkürlich erscheinenden Entscheidungen gibt es auch auch bei dieser Methode gewisse Regelhaftigkeiten; sie lassen sich aber nicht oder nur schwierig in formale Vorgaben kleiden (z.B. zur Betonung bestimmter Strukturen).

2. Regelhaftes Generalisieren

Die Bemühungen um solche Methoden haben sich verstärkt
– mit den gestiegenen Anforderungen an Generalisierungsergebnisse und
– mit dem zunehmenden Einsatz der Computertechnik.
Hierfür gibt es zwei verschiedenartige Ansätze:

- Die mehr *empirische* Methode (a), die sich vorwiegend auf Erfahrungen sowie auf die Analyse von Karten und darin enthaltener Generalisierungsergebnisse stützt, und
- die mehr *konstruktive* Methode (b), die sich fester Vorgaben geometrischer sowie sach- und zeitbezogener Art bedient.

In der Praxis durchdringen sich häufig beide Ansätze, z.B. bei der Entwicklung und Erprobung eines neuen Zeichenschlüssels für eine Folgekarte.

Eckert (1921) hielt formale Vorschriften in der kartographischen Generalisierung nicht für sinnvoll. Die bisherigen Teillösungen bei Anwendungen der GDV berechtigen aber zu der Annahme, daß solche Regeln in stärkerem Maße als bisher anwendbar sind. Diese haben jedoch keinen absoluten Charakter wie Naturgesetze oder mathematische Axiome, sondern sind lediglich sinnvolle und kartenlogisch (3.1.2.3) konsequente Konventionen über Art und Folge in der Anwendung elementarer Vorgänge. Sie sind daher so gut oder so schlecht, wie es die Ansätze und Programme selbst sind. Daher können sie auch keine *objektive* Karte im absoluten Sinn erzeugen, aber sie liefern wenigstens *homogene* und damit vergleichbare Ergebnisse. Dies spielt vor allem bei großen Kartenwerken eine wichtige Rolle. *Imhof* (1972) beschreibt diesen Sachverhalt als subjektive Kollektivität.

a) Empirische Methoden

Ein typischer Fall ist die Reihenfolge, in der die Objektgruppen generalisiert werden. In topographischen Karten beginnt man z.B. mit dem Netz der Gewässer und Verkehrswege; dann folgt das Siedlungsbild, während die Oberflächenformen erst zum Schluß an die Reihe kommen. Dieses Prinzip läßt sich allerdings bei späteren Aktualisierungen der Karten nicht immer konsequent einhalten. Auch Zeichenvorschriften beruhen auf empirisch gefundenen und erprobten Regeln, soweit in ihnen die Erfahrungen aus ersten Entwürfen und Probekarten ihren Ausdruck gefunden haben.

Einer der ersten Ansätze, solche Regeln in mathematische Formen zu kleiden. ist das 1961 von *Töpfer* (1974) aus umfangreichen Analysen und mit der Annahme sachgerechter Ausgangsdaten gefundene *Auswahlkriterium*

$$n_F = n_A \sqrt{m_A/m_F}$$

mit n_A bzw. n_F = Anzahl der Objekte im Ausgangs- bzw. Folgemaßstab,
m_A bzw. m_F = Maßstabszahl im Ausgangsmaßstab bzw. Folgemaßstab.

Die Formel gilt vor allem für die Generalisierung topographischer Karten großen und mittleren Maßstabs. Sie läßt sich noch zu einer Reihe spezieller Formeln modifizieren, wenn im Folgemaßstab Objektbedeutung bzw. Zeichenschlüssel wesentlich von den Verhältnissen im Ausgangsmaßstab abweichen. Auch kann man sie auf die geometrische Formvereinfachung ansetzen, wenn man Ecken und Wendepunkte bei linienhaften Objekten (Straßen, Flüsse usw.) und bei den Umringslinien flächenhafter Objekte (Seen, Ortsumrisse usw.) als fiktive Einzelobjekte auffaßt. Das Auswahlkriterium läßt noch weitgehend die Entscheidung offen, welches Objekt nun unter gleichwertigen Objekten auszuwählen ist, doch verstärken sich die Bemühungen, hierzu erste Lösungen mit Hilfe statistischer Methoden zu finden.

b) Konstruktive Methoden

Schon Zeichenvorschriften enthalten eine konstruktive Komponente, wenn sie durch Vorgabe von Karteninhalt, Kartennetz, graphischem Duktus usw. eine bestimmte Vorgehensweise bei der Generalisierung erfordern. Ein konsequenter konstruktiver Ansatz besteht aus einer Fülle sinnvoller formaler Bedingungen zur Bearbeitungsreihenfolge, zur Geometrie (siehe Abb. 79), zur Klassenbildung (z.B. Überführung in vorgegebene Zeichentypen) usw. Dabei dürfen diese Ansätze sich nicht nur auf diese Objekte allein beziehen, sondern sollen auch deren Beziehungen untereinander berücksichtigen. Die Einsatzmöglichkeiten solcher Verfahren liegen vor allem bei der GDV. Problemfälle, die ein Programm nicht zufriedenstellend lösen kann, sind evtl. noch unter visueller Kontrolle zu korrigieren. Weitere Einzelheiten siehe 7.4.3, 7.4.4.

3.2.2 Lagemerkmale kartographischer Objekte

Die Wirkungen der Generalisierung, insbesondere die Einschränkung der geometrischen Richtigkeit zugunsten der Lesbarkeit, führen bei den einzelnen Objekten zu mehr oder weniger exakten Lagemerkmalen. Diese lassen sich durch vier verschiedene Darstellungsweisen beschreiben (Abb. 83).

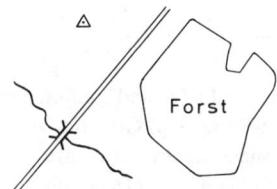

Abb. 83. Lagemerkmale kartographischer Darstellung
Grundrißtreu: Waldbegrenzung; Grundrißähnlich: Straße; Lagetreu: TP, Wasserlauf; Raumtreu: Schrift

1. Grundrißtreue Darstellung
Diese auch als *Maßstabstreue* bezeichnete Darstellungsweise herrscht in Karten großen Maßstabs vor. Diskrete flächenhafte Objekte werden durch ihre Begrenzungslinien, Kontinua durch Isolinien maßstäblich exakt wiedergegeben. Die Genauigkeit kartometrischer Arbeiten (z.B. Längen- und Flächenmessungen) findet ihre Grenze lediglich in der Genauigkeit des kartometrischen Verfahrens und in der allgemeinen geometrischen Genauigkeit der zeichnerischen Darstellung.

2. Grundrißähnliche Darstellung
Diese Darstellungsweise ist vorwiegend bei Karten mittlerer Maßstäbe anzutreffen. Lineare Objekte werden verbreitert wiedergegeben, und allgemein ist der Verlauf aller Linien und Flächenkonturen stärker vereinfacht, bei Höhenlinien jedoch unter Beachtung typischer Formen. Kartometrische Arbeiten sind meist

mit ausreichender Genauigkeit möglich, haben jedoch die beschriebenen Wirkungen zu berücksichtigen.

3. *Lagetreue Darstellung*
Diese auch als *Positionstreue* bezeichnete Darstellungsweise tritt in Karten mittlerer, noch mehr aber in Karten kleinerer Maßstäbe auf. Die Grundrißgestalt des Objektes ist nicht mehr darstellbar; die Mitte einer Signatur kennzeichnet lediglich den Mittelpunkt eines lokalen Objektes, und bei bandförmigen Objekten gibt eine einzige Linie die gedachte Mittellinie an (Abb. 84a). Dementsprechend sind auch kartometrische Arbeiten bereits stärker eingeschränkt.

4. *Raumtreue Darstellung*
Während die lagetreue Darstellung noch die genaue Position der Mitte oder Achse eines Objekts angibt, zeigt die raumtreue Darstellung nur noch die ungefähre geographische Lage eines Objektes in der Karte an. Dabei treten drei Fälle auf:
a) Das Objekt ließe sich zwar lagetreu darstellen, die tatsächliche Wiedergabe ist jedoch stark schematisiert, bisweilen in fast skizzenhafter Manier (z.B. bei schematisch dargestellten Verkehrsnetzen, Abb. 84b). Solche Darstellungen, die auch als *Topogramme* bezeichnet werden, lassen kaum noch exakte kartometrische Arbeiten zu.

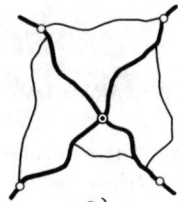
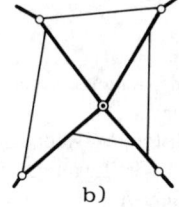

Abb. 84. Lage- und raumtreue Darstellungen: a) Orte und Verkehrsnetz lagetreu; b) Orte lagetreu, Verkehrsnetz raumtreu

b) Das Objekt ist eine flächenbezogene Quantität (z.B. ein statistischer Mittelwert wie die Bevölkerungsdichte) und läßt sich damit nach seiner Lage überhaupt nicht eindeutig fixieren. Bei solchen *Flächendichtekarten (Kartogramme,* Abb. 85) bzw. *Kartodiagrammen* lassen sich kartometrische Arbeiten nur auf die grundrißtreue bzw. -ähnliche Bezugsfläche oder auf die nach der Größe variierte geometrische Signatur (10.3.1.3 Nr.2) beziehen.

Abb. 85. Flächendichtekarte mit grundrißtreuer bzw. -ähnlicher Bezugsfläche und raumtreuer Angabe der Quantität

c) Auch die Kartenschrift ist raumtreu, soweit sie linienhafte oder flächenhafte Objekte bezeichnet (Abb. 259b).

3.3 Modellbildung in der digitalen Kartographie

3.3.1 Begriffe und Aufgaben

Aufgabe der digitalen Kartographie ist es, analoge kartographische Ausdrucksformen als Mittel visueller Kommunikation raumbezogener Informationen durch Einsatz digitaler Technologien schneller, kostengünstiger und flexibler bereitzustellen, als es mit der klassischen Kartentechnik möglich ist. Ein wesentliches technisches Merkmal ist der vollständige digitale Datenfluß von der Erfassung raumbezogener Daten bis zur kartographischen Wiedergabe. Ein eingeschränkter, aber bereits operationeller Datenfluß ergibt sich dadurch, daß der in einem gedanklichen Prozeß gestaltete Kartenentwurf oder eine vorhandene Karte in eine digitale Form umgewandelt (6.5) und der Kartenherstellungsprozeß rechnergestützt durchgeführt werden (7.3). Dies ist die Aufgabe eines kartographischen Automationssystems (*Weber* 1991) als Vorstufe eines Geo-Informationssystem (GIS).

Durch die Entwicklung der graphischen Datenverarbeitung und der Datenbanktechnik einerseits und durch methodisch-technische Beiträge vieler Disziplinen ist die *GIS-Technologie* entstanden (4.11). Im Bereich der digitalen Datenerfassung umfaßt sie die Verfahren der Kartendigitalisierung, der Photogrammetrie und Fernerkundung, der Ableitung aus vorhandenen digitalen Modellen der terrestrischen Topographie und anderer Fachdisziplinen sowie die Erfassung thematischer Daten aus anderen Quellen. Damit stehen in umfassender Weise Methoden für die Gewinnung und Aufbereitung von Fakten über Erscheinungen und Sachverhalte auf, über und unter der Erdoberfläche (Geo-Objekte) zur Verfügung. Diese als Geo-Daten bezeichneten Fakten stellen die originären Geo-Informationen dar. Für ihre Speicherung, Verwaltung und Benutzung (Retrieval) entwickelt die Informatik effiziente Methoden. Rechnergestützte Analysemethoden sind an die Stelle der analogen Kartenauswertung getreten, und für ihre in den meisten Anwendungen notwendige graphische Wiedergabe (*Visualisierung*) entwickelt die Kartographie geeignete Techniken und Methoden.

Diese Entwicklung hat teilweise zu der Auffassung geführt, daß die Kartographie als Disziplin nicht mehr das Monopol der Visualisierung raumbezogener Informationen habe. Dieser Standpunkt ist zwar nicht unberechtigt, jedoch verkennt er die klassische Aufgabe der Kartographie, Geo-Daten so zu transformieren, daß räumliche Strukturen und Prozesse erkennbar werden und dadurch in Verbindung mit allgemeinem geographischem und speziellem fachlichem Wissen *Geo-Informationen* gewonnen werden können. Dies läßt sich allein durch eine gewissermaßen naive Anwendung der allgemeinen Methoden der Computergraphik nicht erreichen. Hierfür muß die digitale Kartographie die Methoden der kartographischen Gestaltungslehre mit den Methoden der Informatik und mit der GIS-Technologie verbinden. Diese Aufgabe umfaßt den gesamten Modellierungsprozeß, einschließlich der zu speichernden Datenmodelle und der Datenverarbeitung zum Zwecke der Auswertung und Präsentation der Geo-Daten. Dabei erweist sich als ein weiteres wesentliches Merkmal der digitalen Kartographie die differenzierte Gliederung des konzeptionellen Bereichs einerseits und die starke Integration der technischen Herstellungsverfahren andererseits. Dies ist diametral zur klassischen Kartographie, bei der im gedanklich-konzeptionellen Bereich die ganzheitliche Sicht des Kartenautors dominiert, während der Kartenherstellungsprozeß in viele technische Einzelvorgänge gegliedert ist. Dementsprechend muß sich der kartographisch Tätige einerseits mit den konzeptionellen Aspekten der Vermittlung raumbezogener Informationen in Verbindung mit den technischen Möglichkeiten der digitalen Technologie auseinandersetzen und andererseits ihre Handhabung beherrschen.

Die konzeptionellen Grundlagen der digitalen Kartographie entstammen der kartographischen Kommunikations- und Modelltheorie sowie der Geo-Informatik. Eine modellorientierte Gliederung ergibt sich nach dem kartographischen Kommunikationsnetz (Abb. 86 in Verbindung mit Abb. 6). Dabei entstehen zuerst auf Grund der verschiedenen fachlichen Wirklichkeitsvorstellungen mehrere Primärmodelle der Umwelt (*konzeptionelle Modelle, conceptual models*). Ein jedes beschreibt die Objekte eines fachspezifischen Umweltausschnittes mit ihren geometrischen, semantischen und temporalen Informationen (1.3) sowie gegenseitigen Beziehungen unabhängig von einer konkreten kartographischen Präsentation. Die Menge der objektorientierten Geo-Daten eines Fachgebiets bildet ein *digitales Objektmodell (DOM)*. Bevor verschiedene DOM gemeinsam verwendet werden können, ist die Verknüpfung der fachspezifischen Geo-Daten zu einem geometrisch und semantisch widerspruchsfreien (konsistenten) DOM notwendig. Dieser auch als Datenintegration bezeichnete Prozeß ist Bestandteil der Modellbildung (3.3.3.3).

Ein DOM liefert die Ausgangsdaten einerseits für die unmittelbare Kartenherstellung und andererseits für *Modellrechnungen* im Rahmen von GIS. Bei letzteren handelt es sich um Methoden der Auswertung von Geo-Daten (z.B. Abstandsberechnungen, Flächenberechnung, Massenberechnung) sowie der Interpolation und Extrapolation nach Raum und Zeit, die der Gewinnung von abgeleiteten Geo-Informationen dienen (*Teutsch, Zölitz-Möller/Reiche* in Günther u.a. 1992). Damit es zu dem gewünschten Erkenntnisgewinn kommen kann, müssen auch die Ergebnisse der Modellrechnungen in den meisten Fällen kartographisch visualisiert werden. Das Ergebnis jedes Kartengestaltungsprozesses ist ein *digitales kartographisches Modell (DKM)* als virtuelles, nicht wahrnehmbares Sekundärmodell (digitale Karte) (3.3.4). Ein für die visuelle Kommunikation geeig-

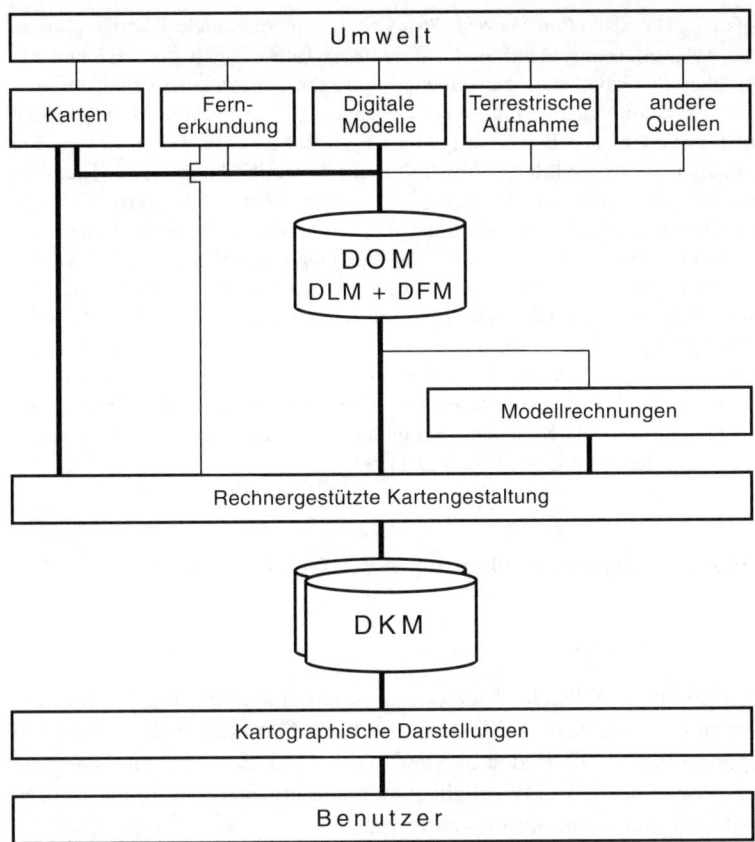

Abb. 86. Schema der digitalen Kartographie

netes analoges Sekundärmodell (kartographische Darstellung) ergibt sich durch einen Digital-Analog-Wandlungsprozeß unter Einsatz geeigneter Hardware und Software der graphischen Datenverarbeitung (4.6, 4.9, 4.10).

Die noch offenen Fragen der formalen Datenorganisation als notwendige Voraussetzung für die digitale Speicherung, Verwaltung und Verarbeitung der Geo-Daten lassen sich mit den in der Informatik entwickelten Methoden beantworten (3.3.2)

Die Literatur zur digitalen Kartographie und Geo-Informatik nimmt seit etwa 1975 rasch zu. Anfangs waren es überwiegend Veröffentlichungen aus dem Bereich der rechnergestützten Kartographie, seit Mitte der 1980er Jahre sind Veröffentlichungen, mittlerweile auch von eigenständigen GIS-Konferenzen, hinzugekommen. Die IKV/ICA führt regelmäßig internationale Konferenzen zu diesem Themenbereich durch und veröffentlicht die Vortragsmanuskripte in sog. Conference Proceedings. Einen Meilenstein in der Entwicklung der digitalen Kartographie stellt die 1986 in London als AUTO CARTO London veranstaltete „International Conference on the acquisition, management and presentation of spatial data" dar (*Blakemore* 1986). Die 16. Internationale Kartographische Konferenz fand 1993 in Deutschland statt (*Mesenburg* 1993). Auch die FIG und die ISPRS widmen diesem Gebiet eine zunehmende Aufmerksamkeit bei ihren Konferenzen. Mittlerweile existieren auch mehrere überwiegend englischsprachige Monographien zu Geo-Informationssystemen, z.B. von *Maguire* u.a. (1991) und von *Laurini/Thompson* (1992). Sie enthalten u.a. ausführliche Abschnitte zur Modellbildung. Diese Thematik wird auch durch das *National Center for Geographic Information and Analysis (NCGIA)*, in Beiträgen zu den in den USA jährlich stattfindenden Konferenzen des Vermessungs- und Kartenwesens und der Photogrammetrie und Fernerkundung (ACSM und ASPRS Annual Meetings) sowie in eigenen Veröffentlichungen zu bestimmten Themen, wie Generalisierung (*Buttenfield/McMaster* 1991) und Datenqualität (*Goodchild/Gopal* 1989) behandelt. Vor diesem Hintergrund sind auch Ansätze für eine raumbezogene Informationstheorie (spatial information theory) *Frank/Mark* (in *Maguire* u.a. 1991) erkennbar. Im deutschsprachigen Raum sind die Arbeiten von *Barthelme* (1989), *Bill/Fritsch* (1991,1994), *Findeisen* (1990) und *Göpfert* (1991) zu nennen. Schließlich findet man anwendungsbezogene Darstellungen zur Geo-Informatik bei *Schilcher* (1991).

3.3.2 Raumbezogene Datenmodellierung in der Geo-Informatik

3.3.2.1 Grundlagen der Datenmodellierung

Die in der Informatik entwickelte Methode der Datenmodellierung berücksichtigt, daß Computersysteme formale Systeme sind, die Symbole nach bestimmten Regeln manipulieren, aber die Bedeutung der Symbole nicht verstehen. Dabei ergeben sich ausgehend von einer Wirklichkeitsvorstellung (external model) durch stufenweise Abstraktion (*Peuquet* in *Taylor* 1991)
- ein logisches Datenmodell (conceptual model),
- eine logische Datenstruktur (logical model) und
- eine physische Dateistruktur (internal model).

Während die beiden erstgenannten Abstraktionen unabhängig von einer DV-technischen Realisierung (Implementierung) sind, ermöglicht die letzte Abstraktionsstufe die digitale Speicherung in einem Computer (4.8). Die Stufen der Datenabstraktion werden in Abb. 87 dargestellt.

Bei einem *Datenmodell* handelt es sich um die formalisierte Beschreibung einer fachspezifischen Wirklichkeitsvorstellung, um eine Abstraktion ausgewählter Objekte der Realität. Zu diesem Zwecke müssen Klassen benannter Objekte, ihre Attribute und Relationen sowie ihre Funktionen festgelegt werden. Dieser Vorgang wird als *semantische Modellierung* der Realität bezeichnet. Zu jedem Datenmodell gehören auch die Metadaten (Informationen über Daten). Sie umfassen allgemeine Eigenschaften der Daten, z.B. Datenquelle, Genauigkeit und Aktualität, und einen Datenkatalog. Dieser enthält eine abstrakte Beschreibung des Datenmodells sowie weitere Angaben, die die Qualitätssicherung der Geo-Daten betreffen. Hierzu gehören vor allem Regeln für die Prüfung der Wider-

Kartographische Modellbildung 123

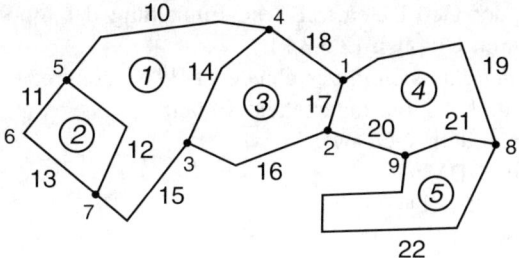

a) Datenmodell

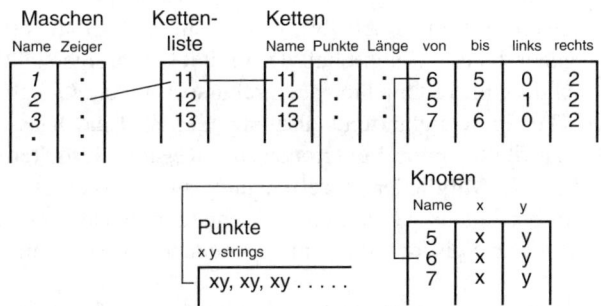

b) Datenstruktur

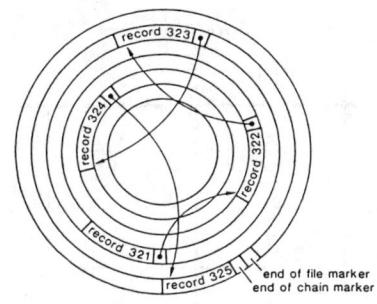

c) Dateistruktur

Abb. 87. Stufen der Datenabstraktion (nach *Peuquet* 1991)

spruchsfreiheit (Konsistenz) der Geo-Daten, z.B. die Einhaltung der topologischen Bedingungen bei planaren Graphen (2.3.3.2).

Das *allgemeine Datenmodell* läßt sich in verschiedener Weise konkretisieren. Nach abnehmendem Vollständigkeitsgrad unterscheidet man:
- das objektorientierte Datenmodell (OODM),
- das Netzwerk-Datenmodell (NDM),
- das hierarchische Datenmodell (HDM),
- das unstrukturierte Datenmodell (UDM).

Objektorientierte Datenmodelle entsprechen am ehesten der menschlichen Wirklichkeitsvorstellung. Dabei entstehen aus den Objekten der Realität (*Entitäten, entities*) digitale Objekte, denen eindeutige Namen und Attribute zugeordnet werden. Letztere bestehen jeweils aus einem Attributtyp und einem Attributwert, womit sich eine bestimmte generalisierte Eigenschaft der Entität beschreiben läßt. Aus den Objekten lassen sich komplexe Objekte (auch rekursiv) bilden. Gleichartige Objekte werden zu Klassen (Objektarten) zusammengefaßt. Eine Klasse ist durch bestimmte Klassenattribute sowie Funktionen und Regeln (Verhalten) gekennzeichnet, die auf alle ihre Mitglieder zutreffen und auf untergeordnete Klassen vererbt werden. Darüber hinaus werden die Beziehungen zwischen den Entitäten in Form von *Relationen* zwischen den entsprechenden Objekten modelliert.

Alle weiteren Datenmodelle lassen sich als Untermengen aus dem objektorientierten Datenmodell (OODM) ableiten. Abb. 88 zeigt die Merkmale der verschiedenen Datenmodelle.

Komponenten des allgemeinen Datenmodells	Merkmale			
	OODM	NDM	HDM	UDM
Objekte	x	x	x	x
Komplexe Objekte	x			
Namen	x	x	x	x
Attribute	x	x	x	x
Klassen - Klassenattribute - Verhalten	x x	x	x	
Relationen	x	x	(x) nur hierarchisch	

Abb. 88. Ausprägungen des allgemeinen Datenmodells (nach *Weber* 1991)

Für die nächste Abstraktionsstufe stehen Modellbeschreibungssprachen zur Verfügung, mit denen sich aus Datenmodellen *logische Datenstrukturen* entwickeln lassen. Diese formalen Sprachen verwenden als Sprachelemente *abstrakte Datentypen,* zu denen eine interne Datenstruktur sowie zugeordnete Funktionen und Regeln gehören. Ein Beispiel für einen solchen abstrakten Datentyp ist das (digitale) Objekt. Bekannte Sprachen zur Beschreibung von Datenmodellen sind, gegliedert nach steigendem logischen Niveau (*Weber* 1991b):
- die aus der Anfangsphase der EDV stammende *lineare* Syntax;
- die für die Modellierung von Netzwerken geeignete *CODASYL*-Syntax (CODASYL = Conference on Data Systems Languages, USA);
- die *relationale* Syntax, mit der, gestützt auf Tabellen mit Zeilen (Tuples) und Spalten (Domains), Relationen konstruiert, jedoch noch keine Objekte gebildet werden können; dies ist erst mit der neu entwickelten *objektorientierten* Syntax möglich;
- die für die digitale Kartographie interessante *hypergraph-basierte Datenstruktur* (HBDS) verwendet die abstrakten Datentypen Objekt, Klasse, Objektattribut, Klassenattribut, Relationen zwischen Objekten und Relationen zwischen Klassen;
- die *Entity-Relationship* Syntax benutzt Entitäten (entities) für Objekte und ihre Mengen (entity sets), relationships für Relationen und deren Attribute; Erweiterungen dieser Syntax sind unter der Bezeichnung *Extended Entity-Relationship-Model* (EER) bekannt geworden; eine erhebliche praktische Bedeutung hat die graphische Darstellung der Datenmodelle durch Entity-Relationship-Diagramme wegen ihrer Übersichtlichkeit bekommen;
- die Syntax der *objektorientierten Programmiersprachen,* wie z.B. C++, verfügt über Klassen von Objekten mit einer internen Datenstruktur; die Objekte haben Verbindungen untereinander, tauschen Meldungen aus, die bestimmte Funktionen auslösen, und es lassen sich Attribute, Algorithmen und Regeln von Klassen vererben, die zusammen mit individuellen Attributen und Regeln in sie eingekapselt sind; auf Grund dieser Merkmale spricht man von struktureller und verhaltensmäßiger Objektorientiertheit.

Ein Datenmodell läßt sich grundsätzlich mit mehreren Sprachen formal als logische Datenstruktur beschreiben. So ist die Formulierung eines objektorientierten Datenmodells in CODASYL-Syntax möglich. Jedoch ist eine objektorientierte Programmiersprache vorzuziehen, weil sie die gleichen oder allgemeinere abstrakte Datentypen verwendet wie das Datenmodell selbst.

3.3.2.2 Raumbezogene Datenmodelle

Raumbezogene Datenmodelle stellen Sonderfälle des allgemeinen Datenmodells dar, bei denen alle zu modellierenden Entitäten einen Bezug zur Erdoberfläche haben (spatial entities). Durch die Abstraktion der raumbezogenen Wirklichkeitsvorstellung entstehen raumbezogene Objekte bzw. Geo-Objekte. Ihre geometrischen Informationen (1.3.2) werden mit raumbezogenen Attributen und

126 Modellbildung in der digitalen Kartographie

Relationen beschrieben, und ihre semantischen und temporalen Informationen (1.3.3, 1.3.4) mit nicht-räumlichen, thematischen Attributen. Darüber hinaus gibt es auch nicht-raumbezogene Relationen wie z.B. die sog. Aggregationsrelation (m:n-Relation oder many-to-many-Relation), die angibt, wie sich komplexe Objekte aus einfachen Objekten zusammensetzen. Mit diesen Elementen ergibt sich das allgemeine raumbezogene Datenmodell, das in Abb. 89 in Form eines Entity-Relationship Diagramms dargestellt ist.

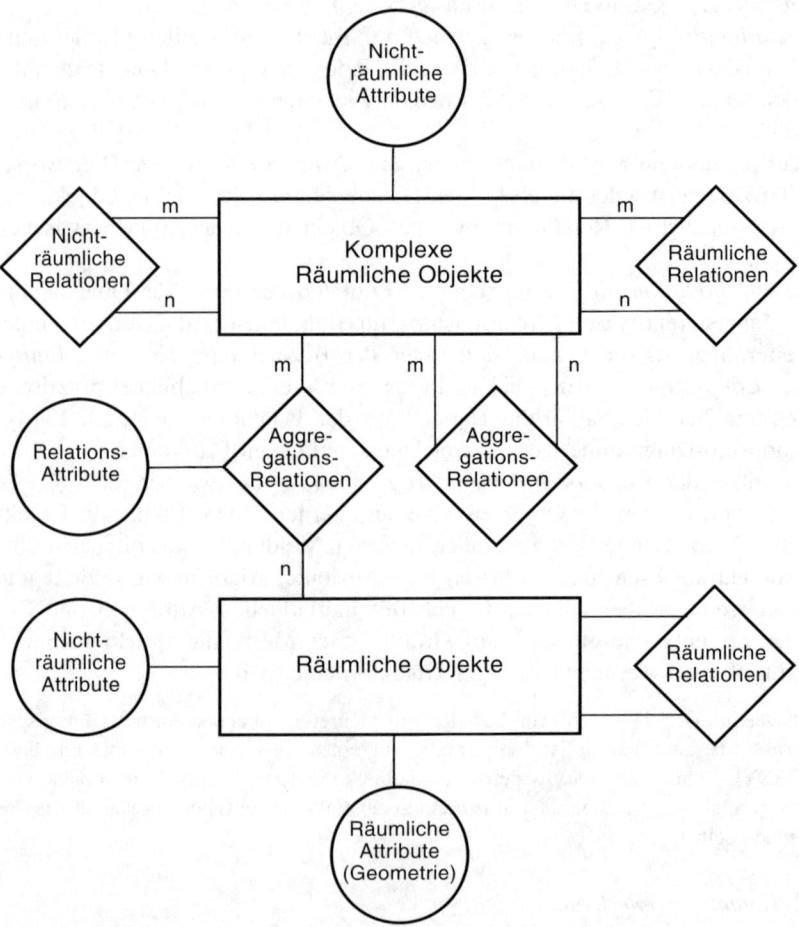

Abb. 89. Allgemeines raumbezogenes Datenmodell (nach *Weber* 1991)

Hierzu ergeben sich noch folgende Erläuterungen:

1. Räumliche Attribute (Beschreibung der Objektgeometrie)

Die Möglichkeiten zur Abbildung der in der digitalen Kartographie wichtigen zweidimensionalen geometrischen Objektinformationen in einem Datenmodell lassen sich auf drei Grundtypen zurückführen (*Peuquet* in *Taylor* 1991, *Weber* 1991, vgl. auch 2.3):
- vektororientierte Datenmodelle (Vektormodus),
- mosaikorientierte Datenmodelle (Mosaikmodus),
- hybride Datenmodelle (hybrider Modus).

a) Bei *vektororientierten Datenmodellen* ist die Linie die zugrundeliegende geometrische Einheit. Für die Modellierung der geometrischen Objektinformationen sind eine Reihe von Methoden entwickelt und untersucht worden.

Das sog. *Spaghetti-Datenmodell* (Abb. 90) entsteht bei der linienweisen Umwandlung einer Strichkarte in die digitale Form. Nachbarschaftsbeziehungen können nur aus den redundant gespeicherten Koordinaten errechnet werden. Deshalb ist dieses Datenmodell für raumbezogene Analysen nicht geeignet. Dagegen läßt sich die Karte mit hoher Genauigkeit reproduzieren.

Datenmodell   Datenstruktur

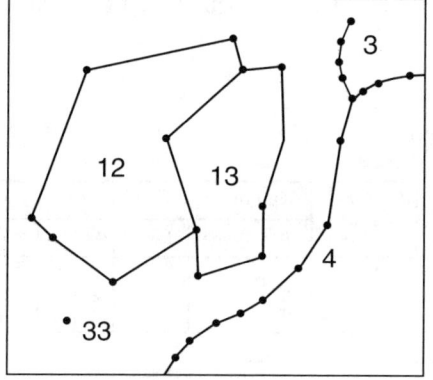

Objekt	ID	Geometrie
Punkt	33	X, Y - Koordinaten
Linie	3	$x_1\, y_1\ x_2\, y_2 \ldots x_n\, y_n$
	4	$x_1\, y_1\ x_2\, y_2 \ldots x_n\, y_n$
Polygon	12	$x_1\, y_1\ x_2\, y_2 \ldots x_n\, y_n$
	13	$x_1\, y_1\ x_2\, y_2 \ldots x_n\, y_n$

Abb. 90. Unstrukturiertes Datenmodell („Spaghetti-Modell")

Beim *topologischen Datenmodell* (Abb. 91) werden die Nachbarschaftsbeziehungen explizit modelliert, indem jeder Kante der Identifikator (Objektname oder -nummer) des Objekts zur Linken bzw. zur Rechten zugeordnet wird. Durch die Auswertung des mittels Knoten und Kanten beschriebenen Modells (planarer Graph) lassen sich flächenhafte Objekte bilden. Aufgrund der redundanzfreien Speicherung stellt dieses Datenmodell bereits eine erhebliche Verbesserung gegenüber dem Spaghetti-Modell im Hinblick auf raumbezogene Analysen dar, jedoch sind bei großräumigen Auswertungen zeitraubende sequentielle Suchprozesse erforderlich, bis z.B. die Menge aller zu einer Masche gehörenden Kan-

Datenmodell

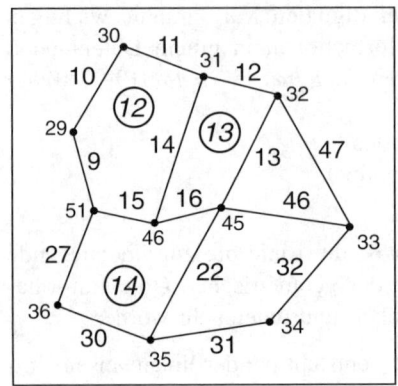

Datenstruktur

Kanten	Rechts	Links	Start-knoten	End-knoten
9	12	0	51	29
10	12	0	29	30
11	12	0	30	31
12	0	13	32	31
13	0	13	45	32
14	12	13	31	46

Knoten	x	y
	Koordinaten	
29		
30		
31		
32		
33		
34		

Abb. 91. Topologisches Datenmodell

ten gefunden worden ist. Dieser Nachteil ist beim *hierarchischen Vektor-Datenmodell* als Weiterentwicklung des topologischen Datenmodells beseitigt worden (*Peucker/Chrisman* 1975)(Abb. 92).

Datenmodell   Datenstruktur

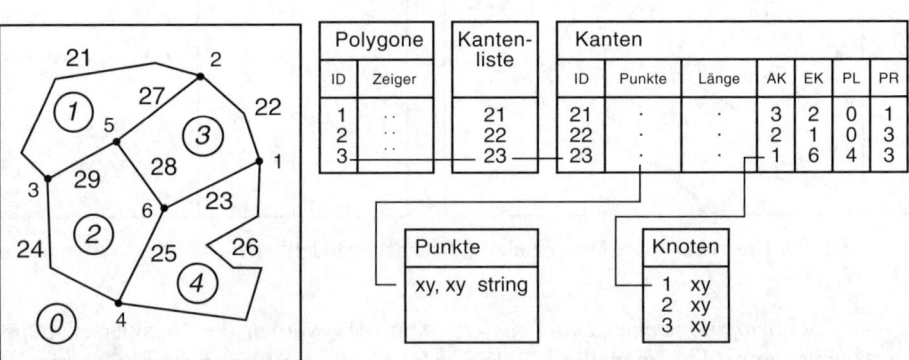

Abb. 92. Hierachisches Vektormodell

Dies gelingt durch Einführung der Kette als logischem Grundelement. Jede Kette ist durch einen Anfangsknoten (AK) und einen Endknoten (EK) begrenzt. Die Anzahl der Ketten hängt lediglich von der Anzahl der Maschen (PL, PR) ab, nicht aber von der Anzahl der Stützpunkte, d.h. der Form der Ketten. Die durch

Listen realisierte Hierarchie von Knoten, Ketten und Maschen unterstützt auch großräumige Auswertungen sehr effizient. Dafür entsteht als neuer Nachteil, daß eine umfangreiche Zeigerstruktur (Pointer) aufgebaut und sorgfältig verwaltet werden muß, eine im Hinblick auf die Datenintegrität wesentliche Forderung.
Vektordatenmodelle lassen sich gewöhnlich einem dieser drei Grundtypen zuordnen.

b) Die nach dem *Mosaikmodus* entwickelten Datenmodelle basieren auf der Topologie (2.3.4). Sie sind dadurch gekennzeichnet, daß sie auf polygonal definierten Raumeinheiten (Maschen, Zellen, Kacheln) aufbauen, mit denen der kontinuierliche Raum in Form eines flächendeckenden Netzes diskretisiert wird. Jede Masche enthält konstante semantische Informationen, die sich auf einen bestimmten Themenbereich beziehen.

Netze aus *gleichmäßig geformten Maschen* (engl. regular tessellation) entstehen z.B. bei der Abtastung analoger Vorlagen oder bei der Fernerkundung; hierbei haben die quadratisch geformten Pixel (von engl. picture element) die größte praktische Bedeutung. *Netze* aus *ungleichmäßig geformten Maschen* (engl. irregular tessellation) ergeben sich z.B. durch die Flurstücke des Liegenschaftskatasters, durch administrative und politische Gebietseinteilungen und durch solche nach sozialen, ökonomischen und demographischen Aspekten gebildete Regionen sowie durch eine Beschreibung von Kontinua durch Vernetzung ungleichmäßig verteilter Stützpunkte.

Zu den in der Praxis wichtigsten Datenmodellen des Mosaikmodus gehören:
– das Raster-Datenmodell mit quadratischen Pixeln,
– die regelmäßige hierarchische Rasterung durch geschachtelte Quadrate (quadtrees) und
– ungleichmäßige Mosaike, bei denen die Modellierung von Geo-Objekten mittels topologisch strukturierter Vektordaten geschieht.

Das *Raster-Datenmodell* hat im Hinblick auf den Einsatz von Scannern (4.7.3), Graphikbildschirmen (4.6.2.3) und Rasterplottern (4.10.3) eine große praktische Bedeutung. Zur Reduktion des ohnehin großen Speicherbedarfs werden verschiedene Komprimierungsverfahren angewendet, z.B. die Lauflängenkodierung (run length coding (rlc)), (Abb. 93).

Eine weitere Reduktion des Speicherbedarfs sowie Vorteile beim Datenretrieval und bei der Raster-Datenverarbeitung erreicht man mit einer hierarchischen Rasterung. Durch rekursive Zerlegung eines aus quadratischer Pixeln gebildeten Gitters erhält man einen sog. *Quadtree* (Abb. 94). Es handelt sich um eine Baumstruktur, bei der jedes Ausgangspixel in vier gleichgroße Pixel der nächstniedrigen Hierarchiestufe zerlegt wird. Dieser Vorgang wird solange fortgesetzt, bis nur noch Pixel mit eindeutigen Werten vorliegen. Baumstrukturen sind in der Informatik gründlich untersucht worden, ein Standardwerk stammt von *Samet* (1989). Quadtrees unterstützen auch bestimmte Prozesse der kartographischen Rasterdatenverarbeitung, z.B. bei der kartographischen Generalisierung (*Aasgaard* 1992).

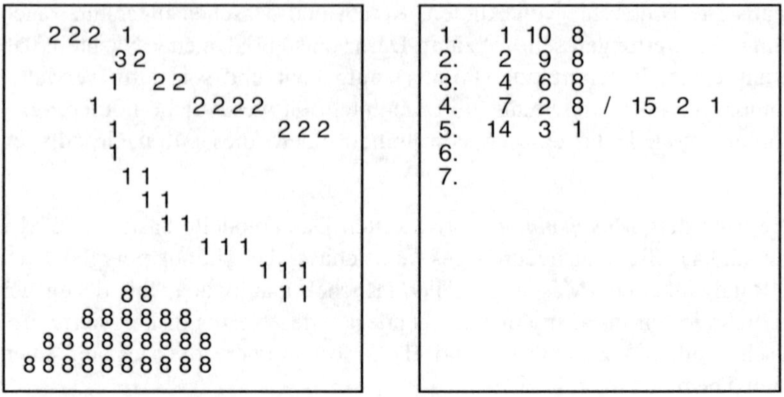

130 Modellbildung in der digitalen Kartographie

```
    2 2 2 1                  1.    1 10  8
         3 2                 2.    2  9  8
         1   2 2             3.    4  6  8
       1       2 2 2 2       4.    7  2  8  /  15 2 1
       1               2 2 2 5.   14  3  1
       1                     6.
         1 1                 7.
           1 1
             1 1
               1 1 1
                     1 1 1
         8 8               1 1
       8 8 8 8 8 8
     8 8 8 8 8 8 8 8
   8 8 8 8 8 8 8 8 8 8
```

Abb. 93. Rasterdatenmodell mit rlc-Struktur

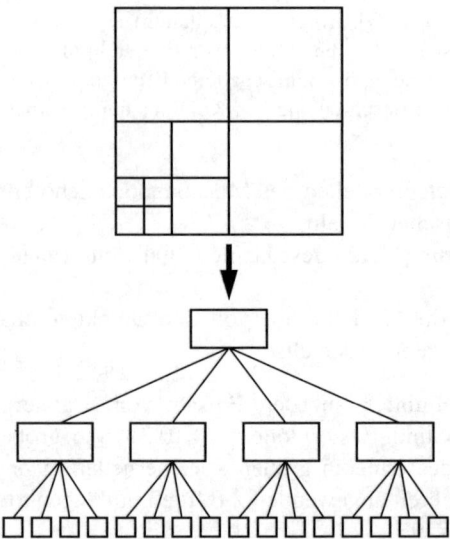

Abb. 94. Quadtree-Datenmodell

Datenmodelle mit *unregelmäßigen Maschen* (irregular tessellation) ermöglichen eine gute Anpassung an die flächenhafte Verteilung der Daten. Weitere Vorteile sind die explizite topologische Struktur und die redundanzfreie Speicherung. Eine oft vorkommende Anwendung dieses Datenmodells ist die Triangulation eines Stützpunktfeldes (engl. triangulated irregular network = TIN), die zu den *Thiessen*-Polygonen führt (Abb. 95). Eine wichtige topologische Eigenschaft ist das in Maschennetzen geltende Dualitätsprinzip, z.B. *Aigner* (1984). Danach läßt sich zu jedem Netz ein duales Netz konstruieren, dessen Knoten den Maschen des Ausgangsnetzes zugeordnet sind; so stellt z.B. das in Abb. 95 dargestellte Dreiecksnetz das duale Netz der *Thiessen*-Polygone dar.

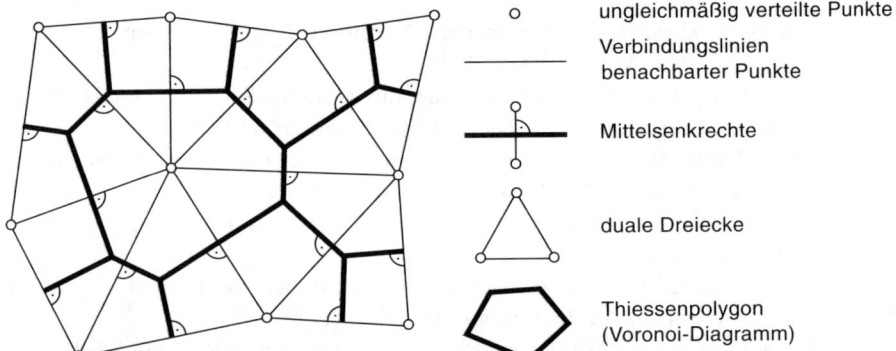

Abb. 95. Trianguliertes Netzwerk (TIN = Triangulated Irregular Network)

c) Weder allein mit Vektor-Datenmodellen noch mit Raster-Datenmodellen lassen sich alle Aufgaben der digitalen Kartographie und der Geo-Informationsverarbeitung optimal lösen. Dafür werden *komplexe (hybride) Datenmodelle* entwickelt. Diese Bezeichnung wird in zweifacher Weise verwendet:

- Man benutzt regelmäßige Raster- oder Quadtree-Strukturen für Punkt- und Liniendaten. Dabei enthält jedes Blatt des Baumes die Koordinaten der Punkte und Linien innerhalb des ihm entsprechenden Quadrates der Ebene ähnlich wie beim Vektormodus. Raumbezogene Operationen werden in einem zweistufigen Verfahren durchgeführt: Im ersten Schritt werden die betroffenen Rastermaschen durch Raster-Datenverarbeitung bestimmt, und im zweiten Schritt wird das Problem durch Vektor-Datenverarbeitung im Innern der ermittelten Rastermasche gelöst.
- Die Objektinformationen werden sowohl mit Vektor-Daten als auch mit Raster-Daten beschrieben. Die zunächst unabhängigen Datenmodelle werden in einem System gemeinsam verwaltet. Diese Form der hybriden Datenmodelle gewinnt eine größere Bedeutung durch den Wunsch nach gemeinsamer Auswertung von gescannten Kartenbildern oder Luftbildern und objektorientierten Vektor-Datenmodellen.

2. Raumbezogene Relationen

Zu den raumbezogene Relationen gehören
- die Hierarchien ineinandergeschachtelter Flächen,
- die Überführungsrelationen (z.B. zwischen Verkehrswegen und Gewässern),

– räumliche Reihenfolgen (z.B. in räumlich geordneten Netzwerken von Dreiecken),
– geometrische Nachbarschaftsbeziehungen und
– die topologischen Relationen (2.3).

3. Datenkatalog

Der Datenkatalog eines raumbezogenen Datenmodells muß Auskünfte auf folgende Fragen geben (*Weber* 1991):
– In welche Objektarten gliedern sich die aufzunehmenden Geo- Objekte?
– Wie sind die Ausprägungen jeder Objektart definiert und begrenzt?
– Welche Maßnahmen der Erfassungsgeneralisierung sind bei der Umwandlung der Objekte der Realität in Geo-Objekte anzuwenden?
– Wie setzt sich ein komplexes Geo-Objekt aus anderen (komplexen) Geo-Objekten zusammen?
– Welche geometrischen, semantischen und temporalen Informationen gehören zu jeder vorkommenden Menge von Geo-Objekten?
– Welcher Bereich von Attributwerten ist bei jedem vorgesehenen Attribut zugelassen?
– Welche Beziehungen bestehen zwischen Attributen?
– Welcher Modus der geometrischen Darstellung soll angewendet werden?
– Welche Auflösung soll für die Geometrie gewählt werden?
– Welche Informationen werden explizit dargestellt?
– Welches sind die Konsistenzbedingungen der Relationen?

3.3.3 Bildung digitaler Objektmodelle (DOM)

3.3.3.1 Von der Wirklichkeit zum DOM

Ein digitales Objektmodell (DOM) besteht aus einem *digitalen Landschaftsmodell* (DLM) bzw. DLM-Auszug und einem oder mehreren *fachlichen Datenmodellen* (DFM). Ein DLM ist der Spezialfall eines DOM, und es wird aus einem *digitalen Situationsmodell* (DSM) mit diskreten topographischen Objekten sowie aus einem *digitalen Geländemodell* (DGM) (Reliefmodell) gebildet. Das DLM bzw. der DLM-Auszug hat für fachthematische Geo-Daten die gleiche Funktion wie der topographische Kartengrund in der klassischen thematischen Kartographie (10.3.2).

  Bei der Bildung eines DOM wird ein konkreter Ausschnitt der Wirklichkeit unter Verwendung eines objektorientierten Datenmodells interpretiert und beschrieben. Das Ergebnis dieses Prozesses wird dann entsprechend der ausgewählten logischen Datenstruktur digitalisiert und in einer Datenbank mit einer bestimmten physischen Dateistruktur gespeichert. Die Datenbank ist somit der Träger des DOM.

Für die Interpretation eines Wirklichkeitsausschnitts ist ein *Datenkatalog* (3.3.2) erforderlich, in dem alle zu erfassenden Objektarten (Objektklassen) detailliert zu beschreiben sind. Dieser wird auch als Objektartenkatalog bezeichnet, und er entsteht durch eine mit großer Sorgfalt durchzuführende *Klassifizierung der Umwelt* nach fachspezifischen Gesichtspunkten. Dabei werden die fachlich bedeutenden Objekte (entities) nach dem *Prinzip der semantischen Ähnlichkeit* gruppiert. So sind z.B. für die Erstellung eines topographischen Objektartenkatalogs alle vorkommenden Waldgebiete verschiedenster Merkmale, wie Vegetationsmerkmal (z.B. Laubwald, Nadelwald), vorherrschende Baumart, zunächst zu einer Objektart „Wald" zusammenzufassen. Dieses herausragende Attribut wird um weitere Attribute ergänzt, mit denen eine der Modellauflösung entsprechende detaillierte Beschreibung konkreter Objekte möglich ist. Ein solches Konzept ist die Voraussetzung für eine erscheinungsorientierte, anwendungsunabhängige semantische Modellierung der Umwelt. Ein Beispiel für einen solchen Datenkatalog ist der im ATKIS-Vorhaben der deutschen Vermessungsverwaltungen entwickelte Objektartenkatalog (*AdV* 1989; siehe Abb. 96 und 13.3).

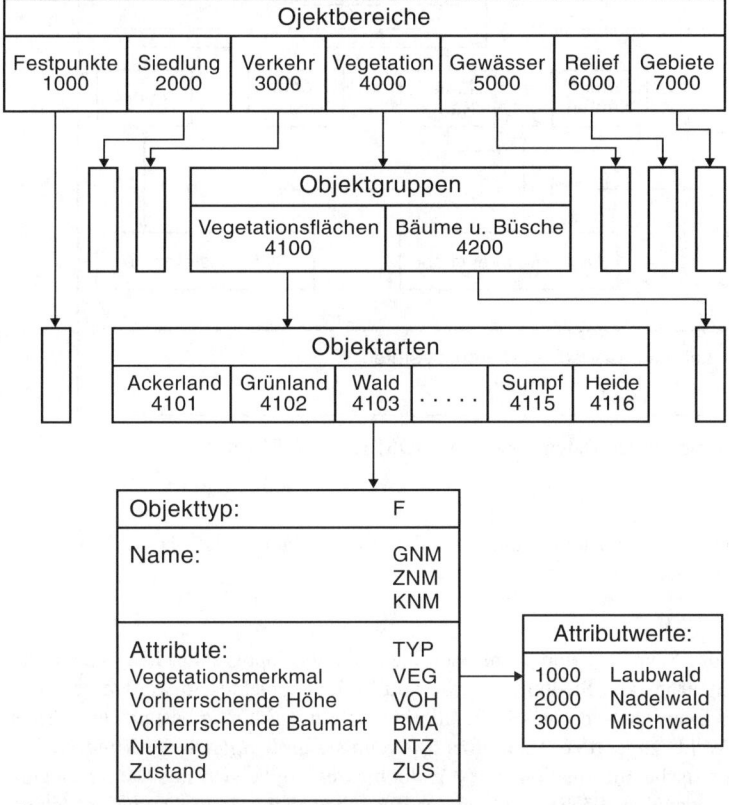

Abb. 96. Aufbau des ATKIS-Objektartenkatalogs (nach *AdV* 1989)

Der *allgemeine* Ablauf der DOM-Bildung ist wie folgt:
1. Klassifizierung aller relevanten Umweltobjekte entsprechend einem Objektartenkatalog.
2. Bildung der Geo-Objekte mit Festlegung der geometrischen und semantischen Informationen sowie der expliziten Relationen.
3. Objektweise digitale Erfassung der Geo-Daten.
4. Bildung der Objektrelationen.
5. Konsistenzprüfung.
6. Speicherung des Modells in einer Datenbank.

Ein für die DOM-Bildung geeignetes Datenmodell ist in Abb. 97 dargestellt (*AdV* 1989).

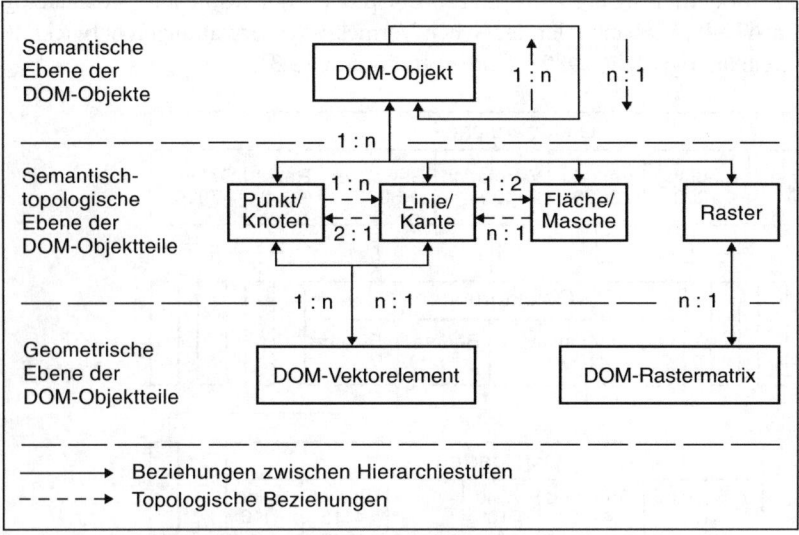

Abb. 97. Objektorientiertes Datenmodell für DOM (nach *AdV* 1989)

Am Beispiel eines digitalen topographischen *Landschaftsmodell* (DLM) ergibt sich folgender Ablauf der Modellbildung:

a) Bildung eines DSM

Als Ergebnisse der Schritte 1 und 2 enstehen die diskreten topographischen Objekte des DSM wie Gewässerobjekte, Siedlungsobjekte und Verkehrsobjekte. So werden beispielsweise durch die Interpretation eines Luftmeßbildes alle mit Bäumen bestandene Flächen der Objektart „Wald" zugeordnet (klassifiziert), wenn sie größer/gleich der Mindestfläche sind. Die geometrische Information eines Waldobjektes ergibt sich aus der Festlegung seiner Grenzen gegenüber Flächen mit anderer Bodenbedeckung (sog. Definitionsgeometrie).

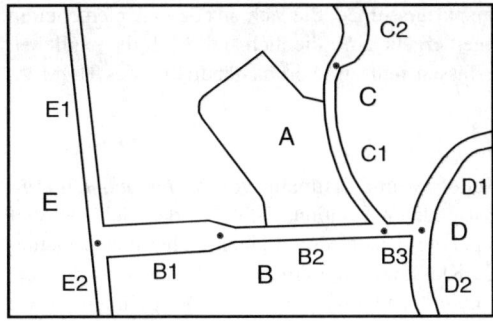

a) Ausgangssituation

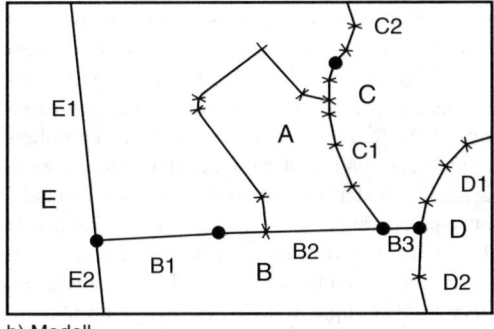

b) Modell

Abb. 98. Topographische Modellierung eines Ausschnitts der Wirklichkeit, a) Ausgangssituation b) Modell (nach *AdV* 1989)

Ebenso wie die Auswahl bestimmter Attribute ist auch die Festlegung der Definitionsgeometrie mit einer *Erfassungsgeneralisierung* verbunden. Zunächst haben alle topographischen Objekte eine dreidimensionale Geometrie (z.B. Gebäude, Reliefformen). Diese wird im Regelfall auf eine flächenhafte Geometrie (z.B. Gebäudegrundriß) reduziert. Darüber hinaus ist es häufig zweckmäßig, anstelle der flächenhaften eine linienförmige und punktförmige geometrische Beschreibungen in Verbindung mit Parametern zu verwenden, wie z.B. Straßenachse mit Straßenbreite (Abb. 98). Grundsätzlich wird für Modellrechnungen im Rahmen eines GIS die dritte Dimension benötigt; dagegen erfordert die kartographische Darstellung eine zweidimensionale Abbildung der Geometrie.

Während sich die Modellbildung der Schritte 1 und 2 als ein *gedanklich-analytischer* Prozeß charakterisieren läßt, entsteht das DOM bzw. DSM in den folgenden Schritten 3, 4 und 5 nach einer mehr *technisch-synthetischen* Vorgehensweise. Zuerst werden dabei die geometrischen Objektinformationen digitalisiert und der Ebene der Geometrieelemente zugeordnet (Abb. 97). Diese werden für identische geometrische Objektinformationen nur einmal, d.h. redundanzfrei erfaßt, um die geometrischen und topologischen Bedingungen auch bei komplexen, aus verschiedenen Geo-Objekten bestehenden DSM sicher einhalten zu können. Unter Hinzufügung lokal geltender semantischer Informationen werden auf der Basis der Geometrieelemente die Objektteile eines Objektes gebildet. Aus ihnen entsteht dann im nächsten Teilschritt das digitale Objekt, dem die für alle Objektteile geltenden Informationen wie Objektname und Objektart zugeordnet werden. Unter bestimmten Bedingungen sind mehrere elementare Objekte zu einem komplexen Objekt zu verknüpfen. Ein Beispiel dafür sind mehrspurige Straße, die sich aus den als elementaren Objekten modellierten Richtungsfahrbahnen ergeben. Schließlich sind noch die expliziten Relationen zwischen den Objekten zu erfassen und zur Vervollständigung des DOM zu speichern.

b) Bildung eines DGM

Die digitale Modellierung des Geländereliefs wurde erstmalig von *Miller* und *LaFlamme* (1958) beschrieben. Im Gegensatz zu anderen Kontinua läßt sich das Geländerelief aufgrund seiner Morphologie (z.B. Bruchkanten) nicht durch einen einheitlichen mathematischen Ansatz beschreiben. Durch die Klassifizierung ergeben sich einerseits diskrete punktförmige (z.b. Muldenpunkte) und linienförmige Objekte (z.b. Geripplinien) sowie andererseits die durch einen Oberflächengraphen (*Wolf* 1988, *Weibel* 1989) gebildeten Maschen als Kontinua. Für eine geometrisch genaue und morphologisch richtige Beschreibung des Reliefs sind die diskreten Objekte und die Maschen (Kontinua) durch räumliche Koordinaten x, y und z sowie Angaben zur Punktart zu erfassen. Dabei entsteht ein *gemessenes* DGM mit überwiegend unregelmäßig verteilten Punkten. Im Hinblick auf eine günstige Weiterverarbeitung und Speicherung wird entweder allein aus den originären Stützpunkten in Form von Dreiecksnetzen (TIN, 3.3.1) oder aus flächenhaft interpolierten Punkten in gitterförmiger Anordnung ein *gerechnetes* DGM abgeleitet. Bei letzterem hängt die Maschenweite ab von der Genauigkeit der Approximation an das Gelände, vom vertrebaren Rechenaufwand und vom Speicherbedarf. Als *hybrides* DGM kann eine Kombination von gitterförmigem DGM und lokalen Dreiecksmaschen im Bereich von Strukturlinien bezeichnet werden (Abb. 99). Eine vereinfachte digitale Beschreibung des Reliefs ist das digitale Höhenmodell (DHM), das lediglich aus einer Menge dreidimensionaler Koordinaten in gitterförmiger Anordnung besteht. Für die Berechnung digitaler Geländemodelle gibt es eine Reihe ausgereifter Programmsysteme (z.B. *Ebner* u.a. 1983, *Kraus* 1987, *Kruse* 1990). Die Möglichkeiten zur Erfassung der gemessenen DGM werden in Kap. 6 beschrieben; die mathematischen Grundlagen der Oberflächenmodellierung werden in 7.4.2.2, die der DGM-Auswertung in 8.3.2.2 behandelt.

3.3.3.2 Qualität der Geo-Informationen

Eine Aussage über die Qualität der Geo-Informationen als Ergebnis der Auswertung der originären DOM-Daten und der Modellrechnungen ist von großer Bedeutung in Entscheidungs- und Planungsprozessen.

Nach ISO 8402 ist Qualität „die Gesamtheit von Merkmalen einer Einheit bezüglich ihrer Eignung, festgelegte und vorausgesetzte Erfordernisse zu erfüllen." Demzufolge läßt sich die Qualität eines DOM daran messen, inwieweit es den Nutzeranforderungen und -erwartungen entspricht. Damit dies bei einem für viele Anwendungen offenen System vom einzelnen Anwender beurteilt werden kann, sind bei der Bildung eines DOM Angaben über die Qualität der abgebildeten Geo-Daten z.B. in Form von *Qualitätsattributen (Metadaten)* zu beschreiben. Diese können sich auf Aussagen über die geometrische, semantische und temporale Genauigkeit sowie auf Angaben zur Zuverlässigkeit der Datenquellen und zur Vollständigkeit der Modellierung beziehen. Während eine Ermittlung dieser Angaben für Geo-Objekte mit einigem Aufwand möglich ist, sind die

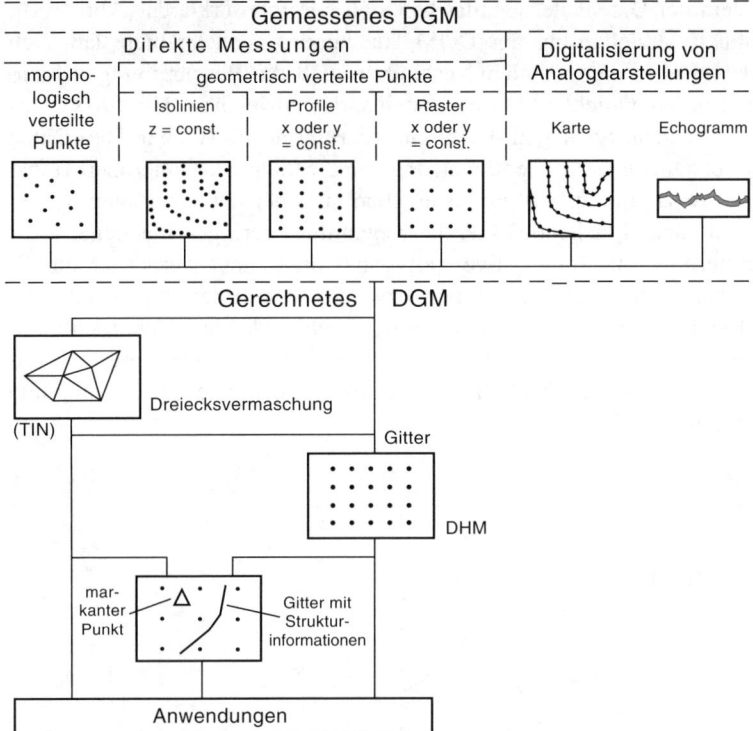

Abb. 99. Modellierung des Geländereliefs

theoretischen Grundlagen für die Schätzung von Fehlermaßen für die abgeleiteten Geo-Informationen und für ihre Anwendung sowie für die Zuverlässigkeit der Schätzungen noch nicht ausreichend entwickelt (*Goodchild/Gopal* 1989, *Caspary* 1992). *Kraus/Haussteiner* (1993) weisen auf die unterstützende Funktion der *Visualisierung* bei Erfassung, Interpretation und Vermittlung *der Datenqualität* hin. Mit dieser Methode der digitalen Kartographie lassen sich die Anwender der GIS für Genauigkeitsfragen sensibilisieren.

3.3.3.3 Datenintegration

Als Datenintegration wird diejenige Maßnahme bezeichnet, die eine semantische und geometrische Verknüpfung der Geo-Daten verschiedener DOM zu einem homogenen DOM zum Ziel hat. Die Notwendigkeit der Datenintegration ergibt sich einerseits im Hinblick auf genaue und zuverlässige Modellrechnungen mit komplexen, aus verschiedenen Fachgebieten stammenden Geo-Daten und andererseits zur Verringerung des Aufwandes bei den Prozessen zur Gestaltung kartographischer Darstellungen.

138 Modellbildung in der digitalen Kartographie

Das Problem der Datenheterogenität läßt sich wie folgt erklären (Abb. 100): Bei der digitalen Modellierung der DOM verschiedener Fachgebiete läßt sich ohne besondere Koordinierung nicht verhindern, daß die Beschreibungen identischer geometrischer Objektstrukturen voneinander abweichen. Hierfür gibt es verschiedene Ursachen. So liegen der Digitalisierung der fachlichen Geo-Daten in der Regel verschiedene Zeichenträger, Paß- und Stützpunkte und/oder Transformationsansätze zugrunde. Als Folge ergeben sich bei der Überlagerung der Geo-Daten zusätzliche Flächenobjekte, die wegen ihrer geringen Flächenausdehnung als Splitterpolygone (engl. sliver polygons) bezeichnet werden. Andererseits können aber auch Objekte vergrößert bzw. die Anzahl der Objekt reduziert werden, weil sich topologische Defekte (z.B. durch fehlende Flächenschlüsse) einstellen. Außer diesen *topologischen Fehlern* führt die Überlagerung nicht integrierter Modelle zu einem erheblichen Mehraufwand bei Datenspeicherung und Datenverarbeitung.

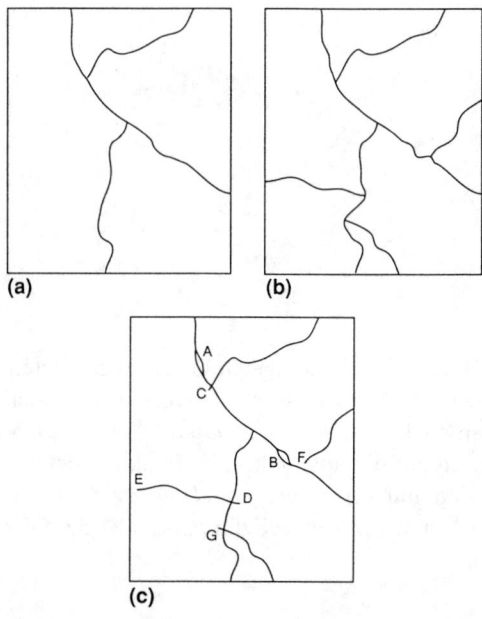

Topologische Fehler beim Zusammenfassen
verschiedener Karten (Modelle)   (a) + (b) —➤ (c)
A,B: neue'Objekte'   C,D,E,F : fehlerhafte Objektbildung

Abb. 100. Topologische Fehler bei der Verknüpfung zweier nicht integrierter DOM

Die Lösung des Integrationsproblems setzt voraus, daß sich die beteiligten Fachgebiete über die semantische Modellierung der Umwelt verständigen, d.h. ein in metrischer und topologischer Hinsicht gemeinsames Objektverständnis haben, und ein einheitliches Raumbezugssystem zur Verfügung steht. Für die

Kartographische Modellbildung   139

Datenintegration ausreichend ist allein ein einheitliches geodätisches Koordinatensystem, wenn es um die Verknüpfung punktförmiger diskreter oder durch Stützpunktfelder dargestellter Kontinua geht. Sind aber DOM mit linienförmigen und flächenhaften Objekten zu integrieren, so sind dafür auch die topologischen Informationen der diskreten topographischen Objekte erforderlich. Beim Integrationsprozeß sind noch zwei Fälle zu unterscheiden:
a) Sind die geometrischen Informationen der beteiligten DOM gleichgewichtig, dann ist ein plausibler Verlauf der identischen Geometrien zu schätzen.
b) Hat die geometrische Information eines DOM ein höheres Gewicht, so sind alle anderen Objekte bei identischen Geometrien darauf zu beziehen. Dies ist der Fall bei den Basisinformationssystemen (Kap. 13).

Ein besonderer Fall der Datenintegration tritt dann auf, wenn zunächst DSM (2D) und DGM (3D) getrennt aufgebaut werden. Hieraus ergibt sich die Aufgabe, die getrennt geführten DSM und DGM zu einem dreidimensionalen DLM zu verknüpfen (Abb. 101).

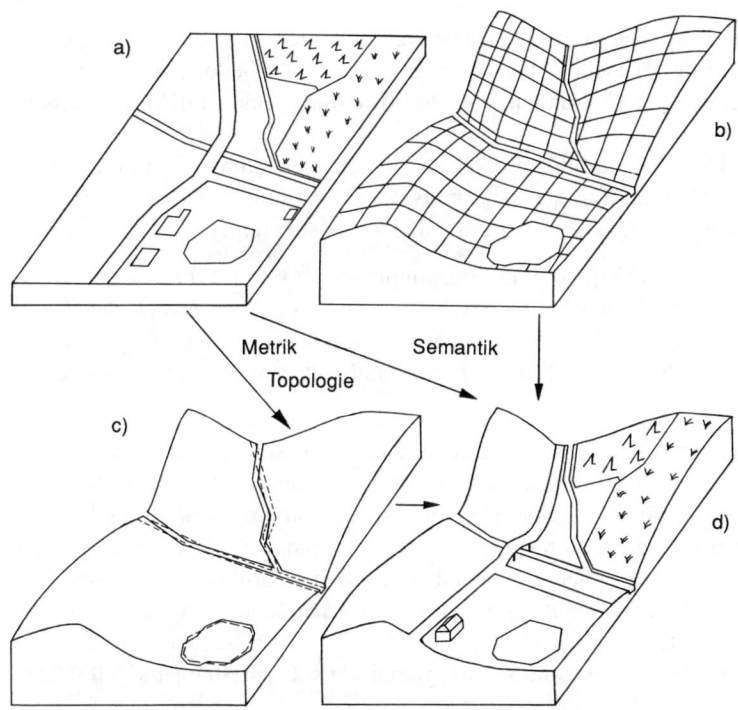

Abb. 101. Integration von DSM und DGM zum 3D-DLM.

3.3.3.4 Generalisierung digitaler Objektmodelle (Modellgeneralisierung)

Eine wachsende Bedeutung erlangt die Modellbildung, bei der, ausgehend von einem geometrisch und semantisch höher aufgelösten DOM, ein DOM mit geringerer Modellauflösung abzuleiten ist. Dieser Fall wird als *Modellgeneralisierung* bezeichnet (siehe Abb. 77 und 7.4.5.2).

3.3.4 Bildung digitaler kartographischer Modelle (DKM)

Die Notwendigkeit zur Herstellung digitaler kartographischer Modelle (DKM) ergibt sich aus drei Anlässen:
1. Die ein DOM bildenden Geo-Daten sind kartographisch darzustellen, z.B. zur Herstellung topographischer oder analytischer thematischer Karten;
2. Die Ergebnisdaten einer Modellrechnung sind zu präsentieren;
3. Die Qualität der DOM-Daten und der daraus gewonnenen Geo-Informationen soll visualisiert werden.

Die für die Präsentation verwendeten Methoden decken den Gesamtbereich der kartographischen Darstellungen ab (1.4), jedoch konzentrieren sich die folgenden Ausführungen auf die Ableitung eines DKM aus einem DOM.

Bevor ein DKM-Gestaltungsprozeß stattfinden kann, muß ein umfassendes Regelwerk für die inhaltliche und graphische Gestaltung der Karte erarbeitet werden. Im einzelnen geht es dabei um folgende Festlegungen:

1. Die darzustellenden Objekte und Objektteile des DOM und ihre Beziehungen sind in Form von Daten so zu beschreiben, daß sie dem Zweck der Karte entsprechen und sich durch Signaturen darstellen lassen. Das Ergebnis legt den Inhalt einer Karte als Menge der Kartenobjektarten fest (*Signaturenkatalog*).

2. Kartographische Signaturen und ihre Beziehungen sind so zu strukturieren, daß sie sich den Geo-Objekten zuordnen lassen. Dabei sind die geometrischen Ausprägungen der Signaturen (z.B. punktförmig, linienförmig) zu definieren und diese den geometrischen (topologischen) Merkmalen der darzustellenden Geo-Objekte gegenüberzustellen. Darüber hinaus sind für die Darstellung der semantischen Objektinformationen (Attributtypen und -werte) geeignete graphische Variable (3.1.2) auszuwählen. Es entsteht auf diese Weise ein abstraktes kartographisches Darstellungsmodell (*Uthe* 1991).

Ein Beispiel für einen Signaturenkatalog stellt Abb. 102 dar.

Objektbereich: z. B. *Vegetation (4000)*	Objektgruppe: z. B. *Vegetationsflächen (4100)*

Kartenobjektart: z. B. *Laubwald (409)*

Ableitung aus DOM:
    Objektart :   z. B. *Wald, Forst*
    Attribute :   z. B. *Laubwald*
    Namen   :   z. B. *Nr. d. Forstabteilung*

Regeln für die kartographische Gestaltung (beispielhaft):

1. Festlegung des topologischen Objekttyps: z. B. *flächenförmig (F)*
2. DKM-Objektteile bilden für
   - *den Flächenrand in dunkelgrün, Darstellungspriorität: 5*
   - *den Flächendecker in dunkelgrün, Darstellungspriorität: 1*
   - *die Laubbaumsignaturen in dunkelgrün*
3. Modellierungsregeln
   Die Laubbaumsignaturen sind im Abstand von ca. 1 cm gleichmäßig zu verteilen. Der Mindestabstand zum Flächenrand beträgt 0,3 cm.
4. Signaturendefinition   Signatur-Muster

   Flächenrand
   Flächendecker
   Punktform

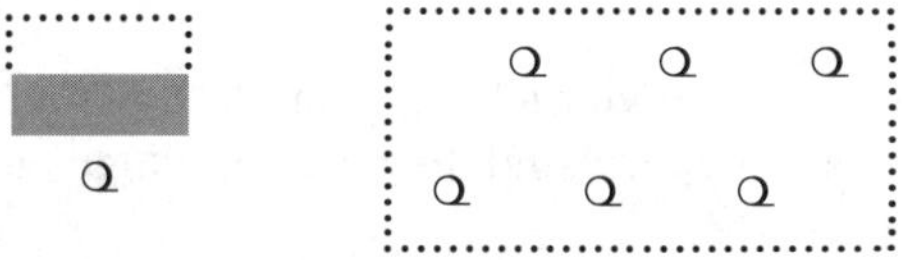

Abb. 102. Aufbau eines Signaturenkatalogs (nach *AdV* 1989)

Auf der Grundlage des Regelwerks ist eine digitale Signaturenbibliothek einzurichten, die die Mustersignaturen für alle darzustellenden Objektinformationen aufnimmt.

Der Gesamtprozeß für die Herstellung eines DKM durchläuft dann folgende Abschnitte (Einzelheiten siehe 7.4.3):

1. Klassifizierung der Geo-Objekte des DOM und Auswahl der darzustellenden Objektinformationen (als kartographisch determinierte Modellgeneralisierung).
2. Bildung von Kartenobjekten unter Berücksichtigung eines objektorientierten DKM-Datenmodells (Abb. 103).
3. Rechnergestützte kartographische Modellierung.

142 Modellbildung in der digitalen Kartographie

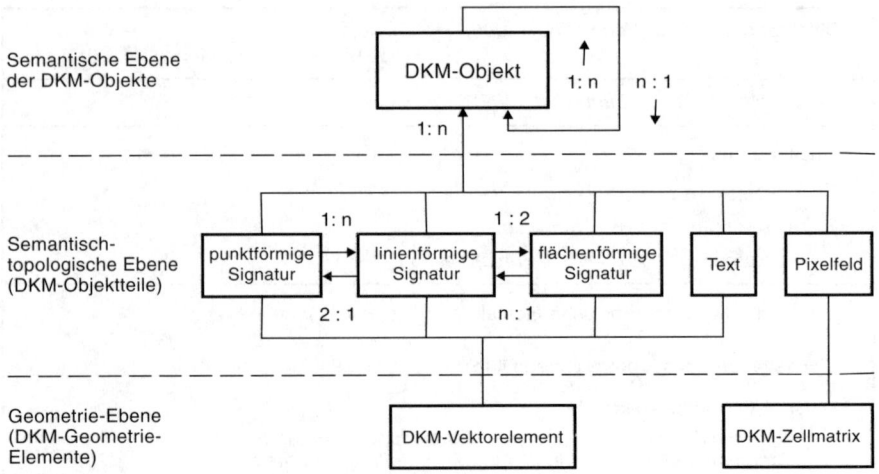

Abb. 103. Objektorientiertes Datenmodell für DKM (nach *AdV* 1989)

3.3.5 Bedingungen der Modellbildung durch die digitale Kartographie

Für die Konzeption und Verwirklichung von Sekundärmodellen der Umwelt durch die digitale Kartographie sind folgende Bedingungen zu erfüllen bzw. Voraussetzungen zu schaffen:

1. In technischer Hinsicht stellt sich zuallererst die Aufgabe, objektorientierte Modelle der Umwelt in definierter Qualität einzurichten. Die digitale Kartographie entwickelt hierfür Methoden für die strukturierte *Erfassung* des Inhalts von Karten bzw. Kartenwerken in digitaler Form sowie für die Aufbereitung einschließlich der Datenintegration (3.3.3.3). Die geometrisch-topologisch strukturierte Darstellung in Karten unterstützt die Einrichtung der DOM in besonders wirtschaftlicher Weise (4.7, 6.5).

2. Für die *Verwaltung* der DOM werden künftig objektorientierte Datenbankverwaltungssysteme zum Einsatz kommen. Im Zusammenhang damit bieten objektorientierte Programmiersprachen vorgefertigte abstrakte raumbezogene Datentypen an, mit denen zu jedem Objekt mehrere Darstellungen, z.B. in verschiedenen Maßstäben und von verschiedenen Zeitpunkten, speicherbar sind (*Günther/Riekert* 1992). Unter Umständen kann es in manchen Aufgabengebieten zweckmäßig sein, Übergangslösungen zu realisieren, z.B. den Aufbau von Raster-Datenbanken aus gescannten Karten (*Jäger* in *Festschrift für Günter Hake* 1992).

3. Bei der Entwicklung der *Methoden* der kartographischen Datenverarbeitung, einem Spezialgebiet der Geo-Datenverarbeitung (spatial data handling),

sind verstärkt *objektorientierte Techniken* einzusetzen. Sie verbinden die Datenstrukturen und die Methoden, z.B. zur Berechnung geometrischer Operatoren der Generalisierung, und erfüllen so die Anforderungen der Objektorientiertheit in Bezug auf Strukturen und Verhalten. Im Hinblick auf die Notwendigkeit, über interaktive kartographische Komponenten verfügen zu können, kommt der *Expertensystemtechnik* eine erhebliche Bedeutung zu. Weiterhin erzwingen die Erfordernisse der Wirtschaftlichkeit, die Ergebnisse der weltweiten Standardisierung auf den Gebieten der GDV, der Datenhaltung und der Datenkommunikation zu berücksichtigen.

4. Im Hinblick auf eine gute *Qualität der kartographischen Produkte* ist eine interaktive kartographische Arbeitsweise notwendig. Sie ermöglicht Kreativität bei der Kartengestaltung, und schafft dadurch eine ganz wesentliche Voraussetzung für die Informationsgewinnung bei der Kartenauswertung. *Spiess* (in *Mayer* 1990) weist darauf hin, daß sinnvoll und interessant gestaltete Karten im Gegensatz zu standardisierten, langweiligen graphischen Darstellungen den Betrachter zum Denken anregen. Dies aber ist die Bedingung für Erkenntnis (*Roszak* 1986).

5. Einen nicht zu unterschätzenden Umfang macht die *Aus- und Weiterbildung* der Systemanwender aus. Diese Maßnahmen beziehen sich nicht nur auf die Systemtechnik, sondern in besonderem Maße auch auf den Umgang mit der Kartengraphik und mit den Regeln der Kartengestaltung.

6. Der digitalen Kartographie fällt die Aufgabe zu, den Inhalt der zu erwartenden umfangreichen Geo-Datenbanken für den Menschen anschaulich darzustellen. Dies bezieht sich nicht nur auf den inhaltlichen Umfang der klassischen Kartendarstellung (Wo? Was? Wieviel? Wann?), sondern auch auf die Beantwortung der Fragen „In welcher Qualität?", „Für welchen Zweck?" „Für wen?" Und „Warum?" (*Taylor* 1991). Diese Aufgabe erfordert die Überarbeitung der bisherigen Konzeption der Kartographie. Die Möglichkeiten der digitalen Technologie werden von der werkzeugorientierten Unterteilung der Kartographie (manuell/rechnergestützt) zur produktorientierten Gliederung (z.B. Umwelt-und Planungskartographie) führen (*Weber* 1991).

4 Kartographische Techniken

4.1 Grundzüge und Materialien

4.1.1 Begriffe und Aufgaben

Mit Hilfe technischer Verfahren und Geräte läßt sich die gedankliche Konzeption zur Gestaltung der Informationen (*Sekundärmodell*, 3.1.1) in konkrete graphische und/oder digitale Darstellungen umsetzen. Dazu beschränkt sich der Inhalt dieses Kapitels zunächst auf die isolierte Beschreibung der grundlegenden technischen Möglichkeiten, die der Kartographie durch die graphischen und digitalen Techniken zur Verfügung stehen. Dabei geht es um die Träger der Darstellung (4.1.2), um strahlungsempfindliche Schichten (4.1.3) und um die verschiedenen manuellen, mechanischen, photographischen, druck- und computertechnischen Verfahren (4.2-4.11). Erst das Kapitel 7 befaßt sich mit den Verknüpfungen dieser elementaren Sachverhalte zu bestimmten kartographie-typischen Verfahrensabläufen.

Als *Kartentechnik* galt bisher die Gesamtheit der technischen Verfahren zur Herstellung und Aktualisierung von Kartenoriginalen und Kartenvervielfältigungen. In zunehmendem Maße gibt es nunmehr aber auch technische Vorgänge bereits bei der Erfassung und den Entwurfsarbeiten sowie bei der Speicherung, Verwaltung und Nutzung der verarbeiteten Informationen. Es kommt hinzu, daß die technischen Abläufe immer weniger isolierte Einzelschritte sind, sondern miteinander verzahnte Teile eines offenen und flexiblen Systems. Diese Verzahnung ist zweifach:
– Geräte, Verfahren und Materialien bedingen einander durch die Kette der Verarbeitungsprozesse hindurch (z.B. bei der Entscheidung zwischen Vektor- und Rastermodus, siehe auch 3.1.1 und 3.3.2).
– Gestaltung und deren Realisierung bilden nicht immer mehr eine klare sachliche und zeitliche Folge, weil z.B. aus Bildschirmdarstellungen leichter als bisher Zwischenoriginale und aus diesen wieder Entwurfsvorlagen entstehen können.

Damit erweitert sich die klassische Kartentechnik zu einer umfassenderen *Kartentechnologie*, die alle Bereiche der Kartenbearbeitung erfaßt. Im Zusammenhang damit steht auch die im Kap. 7 näher erläuterte Modifikation der herkömmlichen Begriffe von Entwurf, Original und Vervielfältigung.

Das *allgemeine* Schrifttum über graphische Techniken und deren Teilbereiche ist sehr umfangreich. Neuere Lehr- und Handbücher zur Papierverarbeitung stammen z.B. von *Tenzer* (1989), zur Reproduktionstechnik von *Golpon* (1988), *Ihme* (1991) und *Morgenstern* (1985, Rasterungstechnik), zur Drucktechnik von *Duppen* (1986, Siebdruck),

Gaitzsch (1987, Druckformen), *Stiebner* (1986, allgemein), *Teschner* (1990, Offsetdruck), *Walenski* (1991, Offsetdruck). Fachwörterbücher gibt es z.B. von *Agte* (1981, Druckindustrie), *Bauer* (1986, Reproduktionstechnik), *Born* (1972, graphische Industrie), *Schaffner* (1991, EDV und Druck), *Stiebner* (1986, Schrift). Geschichtliche Darstellungen bringen z.B. *Sandermann* (1988, Papier) und *Wolf* (1990, graphische Verfahren).

Dagegen ist die *spezielle* Literatur zu kartographischen Techniken verteilt auf wenige Monographien (z.B. *Keates* 1989, *Schoppmeyer* 1991), auf Sammelwerke (z.B. die Ergebnisse der Arbeitskurse Niederdollendorf in (*Bosse* 1973, 1976, 1978, 1979 und *Leibbrand* 1984b, 1985, 1989, 1991) sowie auf zahlreiche Fachaufsätze. Für das gesamte graphische Gewerbe gibt es zahlreiche Regelungen in den DIN-Normen (siehe auch Anhang 2); solche mit dem Schwerpunkt Kartentechnik zählt *Leibbrand* in (*Dodt/Herzog* 1988) auf.

4.1.2 Träger der Darstellung

Solche *Bildträger* (*Zeichnungsträger* im weiteren Sinne) tragen die Ergebnisse von Zeichnungen, Montagen, Reproduktionen, Drucken, Digital-Analog-Wandlungen usw. Art und Beschaffenheit des Materials, auf dem sich die Informationsdarstellungen befinden, bestimmen weitgehend die Techniken der Originalherstellung und der Vervielfältigung. Als wichtigste Trägerstoffe für eine *dauerhafte* Darstellung gelten Papier, Kunststoff-Folien, Glas und Metalle. *Vorübergehende* und immaterielle (virtuelle) Darstellungen ergeben sich im Durchlicht auf Bildschirmen und Mattglasscheiben oder im Auflicht auf Projektionsflächen.

4.1.2.1 Papier

Es hat in der Kartentechnik eine dreifache Bedeutung:
– Als Karton trägt es mitunter noch den Entwurf und die Reinzeichnung.
– Als beschichtetes oder unbeschichtetes Papier dient es der Übertragung einer Darstellung im Kopierprozeß (Lichtpause, Photo, Bürokopie).
– Als Kartenpapier ist es der Bedruckstoff für den Auflagedruck.

Das Papier wurde etwa um 100 n.Chr. in China erfunden, kam aber erst um 1150 über Arabien und Spanien nach Europa. Hier war seit etwa 200 v.Chr. das aus ungegerbten Tierhäuten hergestellte *Pergament* im Gebrauch. 1350 entstand die erste deutsche Papiermacherei. Der Name stammt vom *Papyrus,* das seit etwa 3500 v.Chr. in Ägypten aus den Markfasern der Papyrusstaude gewonnen wurde.

Als Rohstoffe dienen Holz, Stroh, Lumpen (Hadern) und Altpapier. Die daraus erzeugten Faserstoffe (Halbstoffe) werden in Mahlgeräten mechanisch bearbeitet und bilden dann mit weiteren Füllstoffen einen Papierbrei (Ganzstoff), der auf dem Siebband der Papiermaschine gerüttelt und entwässert wird und dann beheizte Trockenzylinder und Glättwerke durchläuft. Durch Beschichten (Streichen) und spezielles Glätten (Satinieren) in sog. Kalandern läßt sich die Oberfläche weiter verbessern. Kartenpapier soll holzfrei und von bestimmter Festigkeit sein. Dazu wird dem Rohstoff Holz auf chemischem Wege nur die Zellulose, nicht auch der Holzschliff zur Verarbeitung entnommen. Das Gewicht für 1 m² Papier beträgt bis zu 150 g; Sorten bis 600 g/m² bezeichnet man als Karton, über 600 g/m² als Pappe. Kartenpapier wiegt etwa 90 g/m². Bei einer Stoffdichte von rund 1 gibt diese Gewichtsangabe zugleich die ungefähre Papierdicke in μm an. Weitere Einzelheiten siehe z.B. *Sandermann* (1988) und *Tenzer* (1989).

Der besondere Vorteil des Papiers liegt darin, daß es Graphit, Schreibpaste, Tinte, Tusche und Druckfarben problemlos annimmt und rasurfähig ist. Nachteilig ist die starke Abhängigkeit der Papierdimensionen vom Grad der Luftfeuchtigkeit. Dieser *Papierverzug* ist quer zur Laufrichtung etwa 3-6mal größer als in Laufrichtung. Als *Laufrichtung* gilt die Richtung der Breifasern; diese stellen sich beim Rütteln des Siebbandes stets in Bandrichtung ein. Um sie festzustellen, wendet man z.B. die Feuchtprobe an: Ein gefeuchtetes Papier krümmt sich stets quer zur Laufrichtung. Eine Papierstabilisierung erreicht man z.B. durch Kleben mehrerer Bögen mit sich kreuzenden Laufrichtungen. Am wirkungsvollsten ist jedoch das Kaschieren auf Aluminiumplatten oder -folien. Solche *Alu-Kartons* sind fast völlig maßbeständig.

Bedrucktes Kartenpapier wird gefaltet (gefalzt) oder ungefaltet (plano) benutzt. Eine gut durchdachte *Falzung* steigert die Handlichkeit im Gebrauch. Das *Falzschema,* d.h. die Anordnung der Knickkanten (Brüche), besteht bei den meisten Karten aus einer harmonikaartigen Falzung durch Parallelbrüche (sog. Zickzack- oder Leporellofalzung) in Nord-Süd-Richtung und einer oder zwei Falzungen quer dazu.

Synthetische Papiere bestehen aus reinem Kunststoff in Folienform oder aus Fasern, können aber auch aus einer Mischung von Kunststoffasern mit herkömmlichen Zellstoff- oder Holzschliffasern hergestellt werden. Sie sollen die guten Oberflächeneigenschaften des Papiers beibehalten, zugleich aber widerstandsfähiger gegen Reißen, Scheuern, Falzen und Feuchtigkeit sein. Andererseits sind sie leichter dehnbar, nicht so steif wie Papier, kaum besser zu bedrucken als dieses und merklich teurer.

Von einem Kartenoriginal fordert man heute meist, daß es maßbeständig und transparent ist. Das Papier kann beide Forderungen zugleich nicht erfüllen: Maßbeständiger Alu-Karton ist nicht transparent, Transparentpapier nicht sehr maßbeständig. Aus diesem Grunde eröffnet sich den Kunststoff-Folien ein weites Anwendungsgebiet.

4.1.2.2 Kunststoff-Folien

Erste brauchbare Zeichenfolien waren *Celluloseacetate*, die sich leicht bezeichnen lassen, jedoch nicht sehr maßbeständig sind. Die meisten Zeichenfolien bestehen heute aus *Polyvinylchlorid (PVC)* oder *Polyester (PE)*.

Polyvinylchloride entstehen aus dem Monomer Vinylchlorid durch sog. Polymerisation, bei der sich hochmolekulare, meist langkettige Verbindungen bilden. Nach der Polymerisation entstehen die Folien durch Walzen in geheizten Kalandern; eine Mattierung wird durch Oberflächenprägung oder mechanisches Aufrauhen erzeugt. *Polyester* sind Polymere mit der Estergruppe, die sich durch Polykondensation von Dicarbonsäuren mit Alkoholen ergeben; ihre Oberflächenmattierung entsteht durch Pigmentlackierung. *Polycarbonate* sind Polyester der Kohlensäure durch Polykondensation von Diphenolen mit Phosgen.

Die Folien sind glasklar, einseitig bzw. beidseitig mattiert oder undurchsichtig (opak) und etwa 0,05 bis 0,25 mm stark. *Unbeschichtete* Folien dienen als Zeichenfolien (mindestens einseitig mattiert) oder als Montagefolien. *Beschichtete* Folien tragen eine Lichtpaus-, Photo-, Kopier-, Gravur-, Maskier-, Schneide- oder Strippingschicht in Form eines dünnen *Films*. Die Eignung von Folien hängt ab vom Einfluß der Temperatur und der Luftfeuchtigkeit, von ihrer Wärme- und Alterungsbeständigkeit, Festigkeit, Flexibilität und Knickbeständigkeit sowie von ihrem Verhalten zu Tuschen und Farben.

Der Wärmeausdehnungskoeffizient beträgt bei PVC-Folien etwa 60 bis $70 \cdot 10^{-6}$ je 1°C, bei Polyesterfolien etwa $25 \cdot 10^{-6}$ je 1°C. Der Ausdehnungskoeffizient je 1% Änderung der relativen Luftfeuchtigkeit ergibt sich für PVC-Folien zu rund $5 \cdot 10^{-6}$ und für Polyesterfolien zu rund $10 \cdot 10^{-6}$. Die sog. Erweichungstemperatur von PVC-Folien liegt bei rund 70°C, von Polyesterfolien bei etwa 150°C. Bei höheren Temperaturen ändert sich das Maßverhalten; zugleich erhöht sich – wie auch bei sehr niedrigen Temperaturen – die Sprödigkeit. Polyesterfolien sind von hoher mechanischer Festigkeit, jedoch haften auf ihnen Tuschen und Kopierfarben nicht unmittelbar, sondern nur mit Hilfe einer besonderen Lackmattierung. Alle Folien laden sich ferner bei geringer Luftfeuchtigkeit elektrisch auf.

4.1.2.3 Glas und Metalle

Da Glas sich nicht unmittelbar bezeichnen oder einfärben läßt, benutzt man es nur als Träger von Photo- oder Gravurschichten. Seine Vorteile beruhen auf der hohen Maßbeständigkeit (thermischer Ausdehnungskoeffizient etwa $8 \cdot 10^{-6}$ je 1°C), der Planlage und großen Transparenz. Nachteilig sind dagegen die leichte Zerbrechlichkeit, das hohe Gewicht und die damit verbundene Unhandlichkeit; aus diesen Gründen ist das Glas weitgehend von der Folie abgelöst worden.

Metallplatten dienen als Druckformen in Druckmaschinen. Das Druckbild wird durch Plattenkopie (4.4.2.4) übertragen. Über die Beschaffenheit der Metallplatten siehe 4.5.1.4.

4.1.3 Strahlungsempfindliche Schichten

Alle Verfahren, bei denen eine *aktinische* Strahlung die Beschaffenheit einer Schicht so verändert, daß damit eine Bildübertragung möglich ist, gelten als *photographische Verfahren im weitesten Sinne*. Dabei ist aktinisches Licht der Teil des elektromagnetischen Spektrums, auf den die sensibilisierte Schicht photochemisch reagiert. Die Verfahren führen zu analogen Aufzeichnungen, die sich nachträglich auch digitalisieren lassen. Unmittelbare digitale Registrierungen ergeben sich beim elektrooptischen Abtasten (Scannen, 4.7.3) einer Vorlage oder bei ihrer Aufnahme durch CCD-Kameras.

Strahlungsempfindliche Schichten kommen vorwiegend zum Einsatz, wenn von der Vorlage eine weitere, evtl. modifizierte Ausfertigung entstehen soll. Man erhält dann eine *Kopie*, beim Lichtpausverfahren auch *Pause* genannt. Als Eignungskriterien zur Anwendung der einzelnen Schichten gelten:
- Materialqualität in Bezug auf Maß- und Alterungsbeständigkeit, Festigkeit, Planlage, Reaktion auf Zeichnung und Korrektur,
- Ergebnisqualität nach Auflösung, Dichte und Standardisierbarkeit,
- Wirtschaftlichkeit hinsichtlich Materialkosten, Geräteeinsatz, Verarbeitungsgeschwindigkeit, Wiederholbarkeit (Generierungsrate),
- Grad der Umweltbelastung durch Chemikalien, Belichtung, Abluft.

Weitere, mehr organisatorische Kriterien ergeben sich aus der Qualifikation des Personals und dem vorhandenen Gerätepark. Allgemeine Anwendungen siehe 4.4, bei der Originalherstellung 7.2.3. Übersichten zu reprotechnischen Filmen gibt es von *Schulz/Stupp,* zu Farbkopierverfahren von *Schoppmeyer/Averdung* (alle in *Dodt/Herzog* 1992).

4.1.3.1 Photographie mit Silberhalogeniden (Silbersalzen)

Sie gilt als *Photographie im engeren Sinne* und ist das wichtigste Verfahren der Reproduktionsphotographie. Bei dem seit 1834 bekannten Verfahren wird die Schicht aus Silberhalogenid (z.B. Bromsilber) durch die Belichtung zu Silber reduziert und das zunächst latente Bild durch die Entwicklung sichtbar gemacht. In der Kartentechnik geht es fast immer um Schwarz-Weiß-Material; Farbphotographien trifft man bei der direkten Wiedergabe bunter Vorlagen (z.B. bei alten Karten, Planungsentwürfen). Die Empfindlichkeit der gebräuchlichen Photoschichten bedingt relativ kurze Belichtungszeiten und damit Dunkelraumbetrieb, doch gibt es auch zunehmend Materialien, die sich im Hellraumbetrieb verarbeiten lassen.

Der normale photographische Prozeß verwandelt ein Positiv in ein Negativ bzw. umgekehrt; dabei ergibt sich zugleich eine Seitenvertauschung. Die Entwicklung findet zunehmend an Maschinen statt, die schneller und standardisierter arbeiten. Korrekturen werden überwiegend durch Abdecken im Negativ, seltener durch Rasuren im Positiv vorgenommen. *Direktpositivfilme* sind vorbelichtete Filme, also mit latenter Schwärzung. Diese wird unter einem Positiv an den bildfreien Stellen abgebaut, und zwar bei geringempfindlicher Schicht mit gelber Strahlung bzw. Gelbfolie (Herschel-Effekt) oder bei hochempfindlichem Film mit UV-Strahlung (Solarisationseffekt). Im *Diffusionsverfahren* entsteht zunächst ein Negativ, das anschließend im Kontakt mit dem Positivmaterial einem Durchlaufgerät zugeführt wird. Dabei diffundieren die Silbersalze an den Bildstellen zum Kontaktmaterial und lassen dort ein positives Bild entstehen. In der *Farbphotographie* gibt es eine dreistufige Schicht mit jeweiliger Sensibilisierung für Rot, Grün und Blau. Für die nachfolgende Entwicklung zum farbigen Positiv gibt es verschiedene Verfahren.

Die für die meisten Vorlagen verwendeten sog. *Strichfilme* besitzen ein hohes Auflösungsvermögen, dagegen eine geringere Allgemeinempfindlichkeit. Sie sind nach der spektralen Empfindlichkeit orthochromatisch, und ihre Gradationskurve (Schwärzungskurve) steigt steil an. *Lithfilme* weisen besonders hohe Schwärzung und Randschärfe auf; *Linefilme* erreichen diese extremen Merkmale nicht ganz, sind aber dagegen infolge größeren Belichtungs- und Entwicklungsspielraums in der Verarbeitung leichter standardisierbar und kostengünstiger. *Tageslichtfilme* sind für kurzwelliges Licht sensibilisiert und reagieren daher nur auf Lichtquellen mit sehr hohem UV-Anteil; dabei gibt es positiv und negativ arbeitende Materialien. *Panchromatische Halbtonfilme* mit nicht so steiler Gradation eignen sich für die Wiedergabe von Halbtonvorlagen; gegenüber der Vorlage sind Tonwert- und Kontrastveränderungen zur Verbesserung der Lesbarkeit möglich (z.B. im Luftbild). Beim *Strippingfilm* läßt sich die Photoschicht nach der Entwicklung von einer darunter befindlichen, mit dem Träger verbundenen dünnen Membran abziehen und damit – z.B. beim Schriftsatz – montieren.

Der Verbesserung und Standardisierung des photographischen Vorgangs dienen die Erkenntnisse der *Sensitometrie* über die Wirkung von Belichtung und Entwicklung. Sie bezeichnet

bei Durchsichtsvorlagen	bei Aufsichtsvorlagen
den Transmissionsgrad T	den Reflexionsgrad R
(Transparenz, Durchlässigkeit)	(Reflexionsvermögen)
als Verhältnis (Quotient) aus	
durchgelassenem Lichtstrom ϕ_t	reflektiertem Lichtstrom ϕ_r
und auftreffendem Lichtstrom ϕ_0	
$T = \phi_t/\phi_0.$	$R = \phi_r/\phi_0.$

Der Kehrwert $1/T$ bzw. $1/R$ als Verhältnis zwischen auftreffendem und durchgelassenem bzw. reflektiertem Lichtstrom entspricht damit dem Grade der photographischen Schwärzung und wird als Opazität (Undurchlässigkeit) O_p bezeichnet. Da die Zahlenwerte für T und R sich von 0 bis 1 erstrecken können, ergeben sich für O_p Werte zwischen ∞ und 1, also mitunter große Zahlen. Auch empfindet das menschliche Auge Abstufungen von Opazitäten, die in geometrischer Reihe vorgenommen sind, wie eine arithmetische Reihe, d.h. logarithmisch. Aus diesen Gründen verwendet man zur Angabe der Dichte (Schwärzung) D den Zehnerlogarithmus der Opazität:

$$D = \lg O_p = \lg 1/T \quad \text{bzw.} \quad \lg 1/R.$$

Die so definierte *Dichte* läßt sich bei Vorlagen und Ergebnissen messen mit *Densitometern*, und zwar lokal (z.B. beim Einzelpunkt) oder integral (z.B. für eine kleine Rasterfläche). Als *Dichteübertragungsfunktion* gilt die Beziehung zwischen dem Dichteumfang ($D_{max} - D_{min}$) einer Vorlage und dem des Ergebnisses. Sie kann für den Einzelfall aus Theorie und Erfahrung vorgegeben werden, wird durch Einhalten bestimmter Belichtungs- und Entwicklungszeiten verwirklicht und durch Densitometer kontrolliert.

150 Grundzüge und Materialien

Die Definition der Dichte weist den Vorteil auf, daß beim Zusammentreffen mehrerer Vorlagen oder Filter die Dichtewerte einfach zu addieren sind, während die Werte der Opazitäten zu multiplizieren wären. Hart arbeitende Strichfilme besitzen ein $D = 4$ ($T = 1 : 10000$) und mehr, kontrastreiche Halbtonfilme ein $D = 3$ ($T = 1 : 1000$). Die maximale Dichte von Schwarz-Weiß-Darstellungen auf Photopapier, von schwarzen Tuschezeichnungen und Druckergebnissen liegt bei etwa $D_{max} = 1,5$ ($R = 1 : 30$). Weiße Photo- und Druckpapiere besitzen selbst eine Dichte von etwa 0,1 ($R = 1 : 1,3$).

4.1.3.2 Diazotypie (Lichtpause)

Die Lichtpaustechnik begann 1840 mit dem *Blaupausverfahren* (Negativ-Verfahren mit Naßentwicklung). 1923 erschien das heute übliche *Diazotypie-Verfahren* nach positiven, transparenten Vorlagen und mit Trockenentwicklung. Bei dieser Methode enthält die Lichtpausschicht Diazoverbindungen und Farbstoffkomponenten. Durch das Belichten mit stark ultraviolettem Licht zerfällt die Diazoverbindung an den bildfreien Stellen und verliert ihren gelben Farbton; sie bleibt aber unter den Bildstellen erhalten. In der nachfolgenden Entwicklung mit Ammoniakdämpfen kuppeln sich Diazoverbindung und Farbstoffkomponente an den unbelichteten Stellen zum Azofarbstoff. Aus dem Entwicklungsgerät tritt ein trockenes Positiv in meist schwarzer Farbe; weitere Lichtpausfarbstoffe sind Rot, Blau und Sepia. Träger der Diazoschichten sind Papiere, Kunststoff- und Metallfolien.

Die Lichtpaustechnik ist fast immer ein *Kontaktverfahren*, so daß die Bildübertragung stets 1:1 stattfindet. Im Vergleich zu den photographischen Emulsionen ist die Empfindlichkeit der Lichtpausschichten wesentlich geringer, jedoch meist höher als die der Dichromatschichten. Ein Dunkelraumbetrieb ist nicht erforderlich, doch sind direktes Sonnenlicht und grelles Kunstlicht zu vermeiden. Die Schichten arbeiten überwiegend sehr kontrastreich. Daher lassen sich auch Strichdarstellungen von oft ungenügender Deckung (z.B. Graphitzeichnungen) noch in ausreichender Qualität wiedergeben. Daneben gibt es aber auch hochempfindliche Schichten mit weicher Gradation. Auch einwandfrei entwickelte Lichtpausen sollte man nicht für längere Zeit dem direkten Sonnenlicht aussetzen, doch kann man mit Schutzfolien das Verblassen erheblich verzögern. Kleinere Korrekturen lassen sich mit flüssigen Korrekturmitteln oder durch Radieren, größere durch Nachbelichten mittels Maske vornehmen.

4.1.3.3 Dichromat-Verfahren

Diese entwickelten sich aus den photolithographischen Verfahren des 19. Jh. und breiteten sich vor allem seit etwa 1920 aus. Die Schichten sind im Vergleich zu den Photoemulsionen wesentlich lichtunempfindlicher; das ermöglicht jedoch einen Hellraumbetrieb. Sie bestehen aus im Wasser gelösten Kolloiden und Sensibilatoren. Die Kolloide sind tierischer (z.B. Gelatine), pflanzlicher (z.B. Gummiarabicum) oder synthetischer (z.B. Polyvinylalkohol) Herkunft. Als Sensibilatoren dienen Dichromate als Salze der Dichromsäure.

Die Schicht wird auf die Folie mittels Schleuder oder Durchlaufgerät aufgetragen; sie ist wegen der begrenzten Haltbarkeit alsbald zu belichten. Unter der nachfolgenden Belichtung mit kurzwelligem Licht oxydiert die Kolloidschicht und wird dadurch hart, wobei die Sensibilatoren als Auslöser wirken. Durch das Entwickeln mit Wasser oder Säuren werden die nicht gehärteten Schichtteile weggespült. Das anschließende Einfärben (auch mit Buntfarbe möglich) und Entschichten richtet sich danach, ob eine Negativkopie (Negativ zu Positiv oder umgekehrt) oder eine Positivkopie (Positiv zu Positiv) vorliegt.

Bei der *Negativkopie* wird in allen Fällen unter der Negativvorlage die Schicht an den Bildstellen gehärtet. Dem Auftragen von Kopierfarbe auf die Gesamtfläche folgt eine Entwicklung, in der die nicht gehärtete Schicht mit der Farbe darüber verschwindet. Das entstandene Positiv weist demnach an den Bildstellen harte Schicht und Farbe auf.

Bei der *Positivkopie* bleibt im Falle der Selbstbeschichtung die Schicht an den Bildstellen unter der Positivvorlage ungehärtet und wird daher durch das Entwickeln entfernt. An diese Stellen gelangt bei Folien eine anlösende Kopierfarbe (Filmfarbe), bei Metallplatten ein Kunstharzlack, der später die Druckfarbe trägt. Anschließend wird die gehärtete Schicht mit Wasser entfernt. Das entstandene Positiv weist demnach an den Bildstellen nur Farbe auf. Bei vorbeschichteten Druckplatten zerfällt die Schicht durch die Lichteinwirkung an den bildfreien Stellen. Es entsteht ein Positiv mit harter Schicht an den Bildstellen, auf die später die Druckfarbe gelangt.

Korrekturen zum Entfernen von Darstellungen sind vor dem Einfärben je nach Kopierverfahren durch chemische oder mechanische Rasuren bzw. durch Abdecken möglich. Nachträge lassen sich auf den Folien mit den üblichen Zeichenverfahren, auf den Platten mit fetthaltiger Tusche vor dem Gummieren vornehmen.

4.1.3.4 Photopolymer-Verfahren

Monomere als niedermolekulare Kunststoffe (z.B. Styrol) formen sich unter Einwirkung von Licht, Wärme und bestimmten Zutaten zu langkettig vernetzten Polymeren (Polymerisation) mit geänderten physikalischen Eigenschaften. Die Technik breitete sich aus mit dem Aufkommen der photopolymeren Druckplatten um 1960. Bei der sog. *Photohärtung* befindet sich die mit Farbpigmenten versehene Schicht auf einem Träger aus Kunststoff oder Metall und unter einer Schutzschicht. Durch Belichten mit UV-Strahlen im Kontakt mit der Vorlage wird die Polymerschicht hart, und die nicht belichteten Teile lassen sich mit Wasser abspülen *(Wash-Off-Verfahren, Auswaschfilme)*. Bei diesem Negativverfahren (Negativ-zu-Positiv) werden die verbliebenen Schichtstellen (Bildpartien) nach dem Trocknen durch Nachbelichten fixiert; die bildfreien Stellen sind frei von einer Schicht und daher problemlos zu bezeichnen, die Bildstellen leicht zu radieren. Neben dem üblichen Schwarz-Weiß-Verfahren gibt es auch die Möglichkeit der Farbwiedergabe.

Ist der Schichtträger eine Metallplatte, so eignen sich die Schichtstellen als Träger der Druckfarbe im Flachdruck, oder die Platte wird an den schichtfreien Stellen für den Tiefdruck geätzt. Eine weitere Variante ergibt sich, wenn das Licht eine Änderung der Haftung zwischen Polymerschicht und Schutzschicht bewirkt; sie liegt z.B. dem Farbprüfverfahren Cromalin (7.2.3.2) zugrunde.

4.1.3.5 Elektrophotographie

Sie ist seit etwa 1960 in der Bürotechnik das gebräuchlichste Verfahren der Kopie bzw. der Vervielfältigung in nicht zu hohen Auflagen. Neben der einfarbigen Wiedergabe 1:1 nach Aufsichtsvorlagen sind auch Verkleinerungen und Vergrößerungen sowie farbige Reproduktionen möglich. Das Verfahren beruht auf der Bilddifferenzierung durch eine von der Vorlage reflektierte Strahlung auf eine lichtempfindliche Schicht mittels optischer Projektion sowie auf einer nachfolgenden Substanzübertragung. Die Allgemeinempfindlichkeit der Schichten ist zwar geringer als bei Photoschichten, aber wesentlich höher als bei Lichtpausschichten. Die Spektralempfindlichkeit läßt sich auf den gesamten Bereich des sichtbaren Lichts ausdehnen.

Beim heute vorherrschenden indirekten Verfahren mit unbeschichtetem Papier *(Transfer-Verfahren, Xerographie)* wird die positive Vorlage auf eine elektrostatisch aufgeladene Halbleiterschicht (z.B. Selen, Zinkoxid) projiziert. Die Ladung fließt an den belichteten, bildfreien Stellen ab; das latente Ladungsbild wird durch feste oder flüssige Farbpartikel (Toner) sichtbar gemacht, auf einen entgegengesetzt aufgeladenen Träger (Papier, Kunststoff) übertragen und dort fixiert. Bei farbiger Wiedergabe verlaufen Belichtung und Farbauftrag nacheinander für die Grundfarben Cyan, Magenta und Gelb mit anschließender gemeinsamer Fixierung. In der *Elektrographie* als Variante entsteht das Ladungsbild nicht durch Projektion, sondern direkt auf einem Träger mit Hilfe einer – evtl. digital gesteuerten – Schreibelektrode.

4.1.3.6 Thermographie

Sie beruht auf der Bilddifferenzierung durch Wärmestrahlen. Dabei werden entweder an den von der Strahlung getroffenen Stellen des Trägers Farbstoffe freigesetzt (direktes Verfahren) oder die erwärmte Farbe wird auf einen anderen Stoff übertragen (indirektes Verfahren, Transfer-Thermographie). Durch die Begrenzung in Format und Auflösung eignet sich die Thermographie vorwiegend für bürotechnische Arbeiten.

4.1.3.7 Magnetische Bildaufzeichnung

Die durch das Objektiv einer Videokamera fallenden Lichtstrahlen bewirken eine von der Intensität, Farbe usw. abhängige lokale Magnetisierung einer Magnetschicht. Diese befindet sich auf einem Kunststoffband und besteht aus feinen Kristallen (z.B. Chromdioxid). Die analoge Aufzeichnung als Standbild oder in Form von Bewegtbildern läßt sich analog oder nach Umwandlung auch digital weiter verarbeiten.

4.2 Graphische Darstellung mit manuellen Techniken

Zu manuellen *Entwurfsarbeiten* (7.2.1) gehören Lineale, (u.U. Kurvenlineale), Anlegemaßstäbe, Dreiecke, Winkelmesser (Transporteure), Kartiernadeln, Graphitstifte (Härtegrad mindestens 3 H) und Radierwerkzeug. Darüber hinaus sind im einzelnen auch Filz- und Kugelschreiber, Buntstifte, lasierende und deckende Farbmittel, Klebe- und Abreibefolien usw. verwendbar. Der klassischen *Originalherstellung* (7.2.2) dient die reproduktionsreife *Rein-* oder *Originalzeichnung* im Anhalt an die Entwurfszeichnung oder nach anderen geeigneten Vorlagen (z.B. aufbereitete Luftbilder). Dazu beruht der Einsatz von Zeichengeräten (Zeichenwerkzeugen) und Zeichenmitteln (z.B. Tusche)
– auf der Übertragung von Substanzen (Graphit, Schreibpasten, Einfärbemittel, meist jedoch Tusche) (4.2.1) einschließlich der Schattierung von Flächen (4.2.3) und der Zeichnung von Schriften (4.2.5),
– auf der Gravur von Schichten (4.2.2),
– auf dem Schneiden von Folien (4.2.4).
Diese Arbeiten stützen sich auf das meist mechanisch (4.3.1), seltener manuell (7.2.1.2) erzeugte Kartennetz oder auf eine geometrisch einwandfreie Ausgangsdarstellung. Die genannten *manuellen* Techniken lassen sich fast immer auch *mechanisch* in hand- oder computergesteuerten Geräten (z.B. Plotter) einsetzen.

4.2.1 Tuschezeichnung

Unter den Substanzen, die beim Zeichnen übertragen werden, bevorzugt man in der Praxis der Originalzeichnung schwarze Tuschen, da sich mit ihnen am sichersten gleichmäßige, randscharfe und für die Reproduktionen genügend gedeckte und kontrastreiche Striche erzielen lassen. Die Tuschezeichnung ist auf Karton oder Folie möglich. Farbige Tuschen kommen nur für Unikate und für Vorlagen im Farbauszugsverfahren in Betracht.

Zur *manuellen Tuschezeichnung* werden Zeichenfedern, Ziehfedern (Reißfedern), Lineale, verschiedene Zirkel, Radiergeräte u.a.m. benutzt. Die heute bevorzugten Tuschefüller können durch Röhrchen (Düsen) unterschiedlicher Öffnung gleichmäßige Striche in Breiten zwischen 0,1 und 2,5 mm wiedergeben. Schraffiergeräte ermöglichen eine exakte Flächenschraffur (z.B. bei Gebäudeflächen), Schablonen die gleichmäßige Darstellung von Signaturen und einfachen Schriften (z.B. Normschriften).

Die Tuschezeichnung auf gutem Karton mit den gewöhnlichen Ausziehtuschen ist problemlos. Dagegen erfordert jede Zeichnung auf PVC-Folien Spezialtuschen, die meist folienanlösend sind und dadurch fest haften, jedoch mehr Aufwand bei der Korrektur erfordern. Auf lackmattierten Polyesterfolien wird mit besonderen wässerigen, aber nach der Trocknung wasserfesten Tuschen gezeichnet. Für das Entfernen von Darstellungen genügt meist der Gebrauch angefeuchteter Plastikradierer. Wird bei Polyesterfolien die Lackmattierung durch Rasuren verletzt, so ist eine Nachmattierung nötig, die mit einem Spezialmittel selbst vorgenommen werden kann. Die sehr harte Lackmattierung bei Polyesterfolien erfordert Zeichengeräte mit Hartmetall- oder Saphirspitze, um einen raschen Abrieb zu vermeiden.

4.2.2 Schichtgravur

Die Gravur beschichteter Kunststoffolien bzw. Glasplatten entfernt an den Zeichnungsstellen die Schicht und legt damit den Schichtträger frei. Aus dem Gravurergebnis wird das Positivoriginal durch Reproduktion oder Einfärbung gewonnen. Gegenüber der Tuschezeichnung ergibt sich eine höhere Zeichengeschwindigkeit, eine gleichmäßigere Strichbreite und eine bessere Randschärfe. Meist ist es dadurch leichter möglich, das Kartenoriginal unmittelbar im Maßstab der Karte zu bearbeiten.

Das Verfahren ist besonders vorteilhaft bei langlebigen Karten mit feiner Graphik. Dazu gibt es spezielle Graviergeräte, mit denen sich Striche, Doppelstriche, Punkte und Kreise sowie nach Schablonen auch Schriften und Signaturen darstellen lassen. Die Stichel sind aus hartem Stahl und spitz oder meißelförmig geschliffen, werden oft mit einer Lupe versehen und teilweise in Vorrichtungen gehalten, die auf Füßen über die Schicht gleiten und für eine möglichst konstante Gravurtiefe sorgen (Abb. 104).

Abb. 104. Gravurring-System für Foliengravur (Dr.-Ing. Schweißthal)

Gute Gravurergebnisse setzen eine möglichst dünne Schicht (etwa 5 μm dick) voraus, die nicht spröde, sondern so beschaffen ist, daß sich der Span leicht löst und randscharfe Linien entstehen. Die Schicht soll ferner kratzfest sein und eine Härte aufweisen, die auf die beim Gravieren wirksame Kraft – auch beim maschinellen Gravieren – gut abgestimmt ist. Schichten auf Folien gibt es in konfektionierter Form; man kann aber auch eine Folie oder Glas mit Hilfe einer Schleuder oder durch Aufstreichen, Aufgießen, Aufwalzen bzw. Aufsprühen selbst beschichten. Die Schichten lassen sich ferner mit Kopier- und Diazoschichten überdecken, mit deren Hilfe Anhaltskopien möglich sind. Spezielle Diazo-Gravurschichten führen bei Belichtung unter einem Negativ zu einer Negativlichtpause, was einer Auswaschkopie entspricht (Ätzgravur 7.2.3.1); Ergänzungen lassen sich sodann manuell weitergravieren.

Die einzelnen Methoden der Schichtgravur hängen ab
- von der *visuellen* Transparenz als der Möglichkeit, durch die Schicht mit den Augen hindurchzusehen, und
- von der *aktinischen* Transparenz als der Möglichkeit, durch die Schicht mittels Strahlung auf lichtempfindliches Material einzuwirken.

Beide Transparenzmerkmale sind zwar häufig, aber nicht immer identisch.

Die *visuelle* Transparenz bestimmt die Zeichenmethode der Farbtrennung (7.2.2.4). Ist sie ausreichend vorhanden, so läßt sich die beschichtete Folie auf die Vorlage legen und die Darstellung hochgravieren. Bei Schichten, die keinen Durchblick gestatten, ist der Entwurf auf die Schicht durch Zeichnung oder durch Kopie (*Anhaltskopie* 7.2.3.1) zu übertragen und dann in der vorgesehenen Weise nachzugravieren.

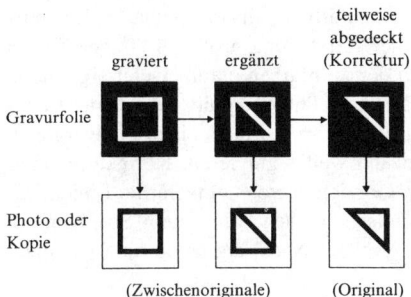

Abb. 105. Negativgravur

Die *aktinische* Transparenz bestimmt die Art der Weiterverarbeitung der Gravurergebnisse. Fehlt sie, so liegt ein negatives Kartenbild vor *(Negativgravur)*. Von diesem gewinnt man das Positiv durch Photographie oder Kopie (Abb. 105), d.h. auf einem neuen Zeichenträger. Ist Transparenz vorhanden, so eignet sich das Gravurergebnis nicht als Reproduktionsvorlage. Statt dessen wird eine Farbe aufgetragen, die sich an den freigelegten Stellen mit der Folie fest verbindet. Entfernt man sodann die Schicht, so entsteht unmittelbar das Positiv (*Positivgravur*, Abb. 106), also ohne Wechsel des Zeichenträgers. Dieser Vorgang ist im Prinzip auch mit aktinisch nicht transparenten Schichten möglich; bestimmte Schichten dieser Art auf Folie eignen sich daher sowohl für die Negativ- wie auch für die Positivgravur. Während Negativgravuren sich sowohl auf Folie – meist Poly-

156 Graphische Darstellung mit manuellen Techniken

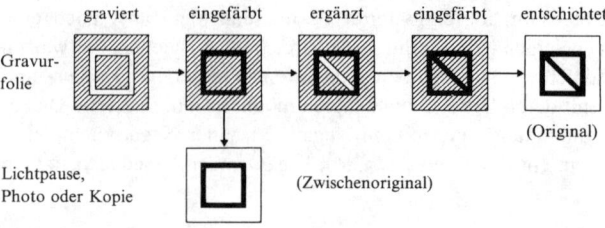

Abb. 106. Positivgravur mit aktinisch transparenter Schicht

esterfolie – als auch auf Glas ausführen lassen, kommen für Positivgravuren nur PVC-Folien wegen der Farbannahme in Betracht.

Die heute bevorzugte *Negativgravur* ist vorteilhaft, weil sie als Reproduktionsvorlage unverändert bleibt und damit weiter verwendbar ist. Das Verfahren eignet sich vor allem für die Herstellung von Karten mittlerer und kleiner Maßstäbe nach Anhaltskopien. Bei der Schichtgravur auf Glas kann man die Schicht auf dem Glas nach der Reproduktion entfernen und das Glas erneut für eine weitere Gravur beschichten. Korrekturen bestehen im manuellen Abdecken fortfallender Darstellungen mit einer lichtundurchlässigen Schichtmasse.

Bei der *Positivgravur* ist der einfache Übergang zum Positiv mit dem Risiko verbunden, daß die Gravur zu wiederholen ist, wenn die Einfärbung ein mangelhaftes Ergebnis liefert. Das Verfahren findet man vor allem bei der Herstellung großmaßstäbiger Karten sowie bei Luftbildauswertungen. Wenn man nach dem Einfärben die überschüssige Farbe entfernt, die Schicht aber stehen läßt, so kann man durch Photographie, Kopie oder Lichtpause ein Zwischenoriginal ableiten und z.B. für eine Schriftvorlage, einen Feldvergleich oder zur Korrekturlesung benutzen und anschließend weiter gravieren. Korrekturen sind mit Pinsel oder Zeichenfeder vor dem Einfärben möglich. Bereits eingefärbte Linien lassen sich durch mechanische Rasur oder auf chemischem Wege mit einem Spezialmittel entfernen. Nach dem Entschichten läßt sich für größere Nachträge auch eine manuelle Nachbeschichtung vornehmen.

Über Erfahrungen mit der Schichtgravur sowie die Entwicklung von Werkzeugen und Folien berichten u.a. *Podschadli/Schweißthal* (1982) und *Schweißthal* (1989).

4.2.3 Manuelle Schummerung

Diese entsteht auf Karton oder Folie im Anhalt an eine Darstellung der Höhenlinien und des Gewässernetzes durch flächig wirkende Techniken mit Wasserfarben, verriebenen Graphitminen oder mit einem Sprühverfahren. Das Ergebnis ist ein echter Halbton, der nachträglich noch einer autotypischen Rasterung (7.2.3.1) zu unterziehen ist. Soweit dabei unvermeidliche Tonwertänderungen eintreten, sind sie bei der Herstellung der Schummerungsvorlage bereits in entgegengesetztem Sinne zu berücksichtigen.

Die Wasserfarbentechnik einschließlich der Sprühverfahren ist am günstigsten für große, etwa gleich zu tönende Flächen. Das Arbeiten mit Graphitminen eignet sich dagegen vor allem zur Darstellung von Bereichen mit harten Übergängen (z.B. bei Kanten). Während das Aufbringen von Wasserfarben – besonders bei lavierenden Techniken – einen fast kornlosen Schummerungston erzeugt, ergibt sich bei Graphitminen ein Korn in Abhängigkeit von der Oberfläche des Zeichenträgers. Dieses Korn läßt sich jedoch bei Verwendung eines Wischers (Estompe) erheblich reduzieren.

Einzelheiten der Schummerungstechnik beschreibt z.B. *Langer* in (*Bosse* 1973). Zur mechanischen Schummerung siehe 4.3.5, zur Schummerung durch GDV 7.4, zur Anwendung in topographischen Karten 9.3.2.5.

4.2.4 Folienschneiden für Abziehverfahren

Es gibt aktinisch nicht transparente, aber durchsichtige Schneide-Abziehfolien, die zur Herstellung von Farbdeckern über die Vorlage gelegt werden. Dann schneidet man manuell entlang der sichtbaren Kontur einer Fläche und kann dann je nach negativer oder positiver Arbeitsweise entweder die von der Kontur umschlossene Fläche oder ihre Umgebung abziehen (cut'n strip). Eine mechanische Variante dieser Methode ist das in 4.3.3 geschilderte Strip-Mask-Verfahren.

4.2.5 Darstellung der Schrift

Die Kartenschrift entstand früher durch Gravur der Kupfer- bzw. Steinplatte als Druckträger, später mit dem Aufkommen des Flachdrucks und der Reproduktionstechnik durch Zeichnung mit Tusche auf Karton bzw. Folie. Dazu entstanden besondere Schriftarten, die zur Kartengraphik besser passen als die relativ starren Typen des Buchdrucks. Diese manuellen Techniken sind heute bereits weitgehend verdrängt durch mechanische und photographische Methoden (4.3.2).

4.3 Mechanische und photographische Techniken mit Teildarstellungen

Die manuelle Originalherstellung erfordert hohen Aufwand und gute kartographische Fähigkeiten besonders dort, wo exakte Kartenschriften, komplizierte Signaturen, paßgerechte Flächenfarben und formtypische Schummerungen zu erzeugen sind. Daher liegt es nahe, Verfahren einzusetzen, durch die solche Darstellungen auf mechanischem oder photographischem Wege exakter, schneller, bequemer, kostengünstiger oder auch mit angelerntem Personal zu gewinnen sind. Dies führt allerdings oft zu getrennter Bearbeitung von Teildarstellungen auf einzelnen Trägern, so daß die Ergebnisse anschließend noch reproduktionstechnisch zusammenzuführen sind.

Ein altes mechanisches Verfahren ist der Gebrauch des sog. *Storchschnabels (Pantograph)*, um Bilder zu übertragen und zugleich ihren Maßstab zu verändern. An dessen Stelle trat im 20. Jh. der *optische Pantograph* als Umzeichengerät, mit dem sich die auf eine Mattscheibe projizierte Vorlage in einem anderem Maßstab ganz oder teilweise nachzeichnen läßt.

4.3.1 Darstellung von Netzen und koordinierten Punkten

Für einfachere mechanische Verfahren der Kartierung quadratischer geodätischer Netze gibt es Kartierschablonen, oder man greift im Wege der Reprotechnik auf geeignete Netzdarstellungen zurück. Für einzelne Punktkartierungen gibt es sog. *Kleinkoordinatographen*. Der größere und genauere *Koordinatograph* ist ein Zeichentisch, über dem die Kartiervorrichtung in zwei zueinander senkrechten Richtungen bewegt wird. Diese enthält die auf die Zeichenfläche absenkbare Nadel, die zur Zeichnung ersetzt wird durch eine Graphitmine, einen Tuschefüller oder einen Gravurstichel sowie zur Koordinatenbestimmmung durch ein Einstellmikroskop.

4.3.2 Schriftsatz

Eine erste Mechanisierung der Schrifterzeugung besteht in der Verwendung von *Schablonen*. Daneben gibt es *elektromechanische Schreibgeräte*, bei denen die Schrift buchstabenweise auf einer Tastatur abgerufen und mit einem Zeichenwerkzeug dargestellt wird; ein Wechsel der Schriftart ergibt sich durch Kassettenwechsel. Solche Hilfsmittel eignen sich jedoch nur für einfache Normschriften. Eine weitere Mechanisierung stellt der *Druck* von Kartenschriften dar; dabei reichen die Möglichkeiten vom direkten Einstempeln bis zum Einmontieren oder Abreiben gedruckter bzw. photographierter Schrift.

Das leistungsfähigste Verfahren ist heute der *Photosatz (Lichtsatz)*. Er ist exakt, schnell, flexibel hinsichtlich der Schriftmerkmale und kann direkt ein Schriftpositiv auf Film liefern. Dieser Film wird nach den einzelnen Namen, Zahlen usw. zerschnitten und dann in die Schriftfolie montiert, oder der Film ist bereits die Schriftfolie selbst, wenn das Verfahren zugleich auch die richtige Positionierung (Schriftplazierung) ermöglicht. Als eigentlicher *Photosatz* gelten die Verfahren der Belichtung durch einen materiellen, meist negativen Schriftträger (Schablone) im Gegensatz zum immateriellen *Lichtsatz* mittels digital gesteuertem Kathoden- oder Laserstrahl.

Den Arbeiten zum Schriftsatz liegt ein *Schriftmanuskript (Schriftliste)* zugrunde, in dem alle zu setzenden Schriften mit ihren Merkmalen (3.1.3.7) zusammengefaßt sind. Spezielle Photosatz-Filme sind entweder sehr dünne Folien (etwa 0,06 mm) oder Stripping-Filme, die sich als feine Häutchen vom Träger abziehen lassen. In beiden Fällen ist es möglich, auch seitenverkehrt (Schicht nach unten) zu montieren, um damit erwünschte Umkehrungen ohne weiteren Reprovorgang zu erreichen. Die genaue Schriftplazierung ergibt sich aus den Angaben einer *Schriftvorlage* (7.2.3.1).

Photosetzgeräte als *Kompaktsysteme* sind modifizierte Textverarbeitungssysteme mit Schrifteingabe über eine Tastatur, der Eingabekontrolle am Bildschirm, einer Rechner- und Speichereinheit mit Programmen zur Schrifterfassung, -gestaltung, -speicherung und -belichtung sowie mit einer Belichtungseinheit. *Verbundsysteme* bestehen dagegen meist aus mehreren getrennt aufgestellten Erfassungs- und Verarbeitungseinheiten, die in einem Netzwerk einer Belichtungseinheit zuarbeiten.

4.3.3 Montage- und Abreibverfahren

Wie beim Schriftsatz ist es auch möglich, Signaturen auf Folien zu drucken bzw. photographisch auf Film zu übertragen und in beiden Fällen danach in das Original selbsthaftend oder mit geeigneten Klebern zu montieren. Die Folien, die als Zwischenoriginale nur Montageergebnisse tragen, sind meist nicht mattiert. Sie werden über eine geeignete Unterlage gelegt, damit die genaue Montageposition erkennbar ist. Als Unterlage eignet sich der Entwurf, eine bereits fertige Reinzeichnung (z.B. vom Grundriß) oder eine Stehfolie (7.2.2.4, z.B. für ein Kartenwerk). Einzelheiten zur Schriftmontage siehe 7.2.3.1.

Neben der Montage von Einzeldarstellungen lassen sich auch ganze Kartenausschnitte montieren, wenn diese graphisch einwandfrei sind (z.B. bei Umstellung älterer Karten auf neue Zeichenträger unter gleichzeitiger Verbesserung der Lagegenauigkeit). Die Ausschnitte entstehen dabei oft durch Zerschneiden eines Filmes und partielles Einpassen auf ein vorher erzeugtes Sollnetz. Das Verfahren ist nicht ganz frei von Willkür, wenn der Umfang der Einpaßmöglichkeiten zu gering ist. Neukartierungen sind in diesem Falle meist besser, aber wesentlich aufwendiger.

Abreibfolien enthalten auf der Rückseite Signaturen, grobe Raster, Ziffern oder Buchstaben sowie Geraden- und Kurvenstücke als Linien bzw. lineare Signaturen. Reibt man die auf das Original gelegte Folie im Bereich einer Signatur mit einem runden Gegenstand (z.B. Kugelschreibermine) leicht an, so löst sich die Signatur von der Folie und haftet selbstklebend auf dem Original. Bei starker mechanischer Beanspruchung des Originals ist wegen der begrenzten Abriebfestigkeit solcher Teile u.U. vom Original ein weiteres Original im Wege der Umkopie (7.2.3.1) zu fertigen.

160 Mechanische und photographische Techniken mit Teildarstellungen

Die Abreibfolien entstehen meist durch Siebdruck der Zeichen auf einer mit Trägerschicht versehenen Kunststoffolie. Das Druckergebnis wird anschließend überzogen von einer dünnen Schicht, die aus einem Wachskleber besteht. Das Reiben mit einem harten Gegenstand weicht die wärmeempfindliche Trägerschicht auf und verbindet das mit dem ebenfalls weich gewordenen Kleber versehene Zeichen mit der neuen Unterlage. Neben den lieferbaren gedruckten Abreibfolien kann man auf photographischem Wege solche Folien selbst erzeugen und damit die Möglichkeit des Abreibens eigener Zeichen schaffen. Auch kann man das Abreiben zunächst auf einer Zwischenfolie (Positionierfolie) vornehmen und diese dann an der gewünschten Stelle montieren. Für thematische Karten sind Abreibverfahren dort besonders wirkungsvoll, wo sich – wie z.B. in der Punktmethode – gleichbleibende Darstellungen häufen.

4.3.4 Abziehverfahren (Strip-Mask-Verfahren)

Die bereits vorhandene Strichdarstellung einer Karte (z.B. die Grenzlinien von Gewässern und Wäldern) wird durch Photographie oder Folienkopie so auf einen Film übertragen, daß eine negative Konturenfolie entsteht. Hierbei sind die Konturen frei von Schicht, während die zwischen ihnen liegenden Flächen aus einer dünnen Haut von Photo- bzw. Kopierschicht bestehen. Man kann nun die Konturen mit einer lichtundurchlässigen Abdeckfarbe abdecken und danach die Schichthaut bestimmter Flächen mittels Pinzette oder Schaber leicht abziehen (strippen). Es entsteht eine paßgerechte Negativmaske für eine Farbfläche (Gewässerblau, Waldgrün usw.), aus der sich bei Bedarf auch ein positiver Farbdecker durch Kopie ableiten läßt (Abb. 107). Ein solches Vorgehen empfiehlt sich, wenn der Anteil der zu gewinnenden Farbflächen geringer ist als die nicht zu strippende Restfläche. Ist der Anteil dagegen wesentlich größer, so verzichtet man auf das Abdecken der Konturen, strippt die Restflächen und erhält unmittelbar einen positiven Decker.

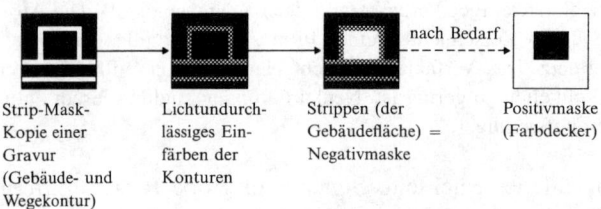

Strip-Mask-   Lichtundurch-   Strippen (der   Positivmaske
Kopie einer   lässiges Ein-   Gebäudefläche) =   (Farbdecker)
Gravur   färben der   Negativmaske
(Gebäude- und   Konturen
Wegekontur)

Abb. 107. Strip-Mask-Verfahren (für die Farbfolie „Gebäudefläche")

Der besondere Vorzug des Verfahrens besteht neben der Einfachheit und Schnelligkeit in der Tatsache, daß der abgeleitete Farbdecker gegenüber der Konturenfolie völlig frei von Lagefehlern ist und damit einen Mehrfarbendruck in bestmöglicher Übereinstimmung zwischen Konturen und Flächenfarben gewährleistet. Man kann auch mehrere Farbdecker von einer Stripkopie ableiten, wenn man nach dem Strippen und der kopiertechnischen Ableitung eines positiven Deckers die gestrippten Flächen abdeckt und dann andere Flächen strippt.

4.3.5 Mechanische Schummerung

Dieses vom Bildhauer *Wenschow* um 1930 entwickelte und nach ihm benannte Verfahren geht aus von der körperhaften Nachbildung des Geländereliefs. Dazu werden die Höhenlinien einer Karte mit einem Stift abgefahren und dessen Bewegungen mechanisch auf eine Fräse übertragen, die aus einem Gipsblock ein Stufenmodell (siehe 12.2) herausschneidet. Das geglättete und morphologisch überarbeitete Geländemodell wird von mehreren. günstig angeordneten Lichtquellen schräg beleuchtet. Mit einer langbrennweitigen Kamera entsteht eine photographische Halbtonaufnahme als Vorlage für die Schummerungsfolien, evtl. noch unter Vornahme einer Retusche.

4.3.6 Rasterung

Der reproduktionstechnische Vorgang des Rasterns (der Rasterung) bewirkt ein Zerlegen des Inhalts einer Vorlage in graphische Strukturen, z.B. regelmäßig angeordnete feine Punkten oder Linien (*Morgenstern* 1985). Dabei gilt der Begriff *Raster* hier nur im reproduktionstechnischen Sinne und nicht als Raster (Datenformat) der GDV (2.3.2.2). Er bezieht sich entweder auf das mit der graphischen Struktur versehene *Trägermaterial* (z.B. Rasterfolie) oder auf das *Ergebnis* des Rasterns. Dieses Ergebnis entsteht
– bei der *photographischen* Rasterung durch Belichten in einem Zuge von einer bzw. durch eine Vorlage auf eine strahlungsempfindliche Schicht unter Zwischenschalten einer materiellen Rasterdarstellung als Arbeitsmittel (Trägermaterial) in den Strahlengang,
– bei der *elektronischen* Rasterung durch Belichten kleiner Teile von Rasterpunkten nacheinander und in parallelen Zeilen auf eine Photoschicht mit Hilfe eines immateriellen Programms.
Die einzelnen *Rastermerkmale* lassen sich wie folgt beschreiben:

1. Äußere Rastermerkmale

Beim Arbeitsmittel der photographischen Rasterung wird unterschieden:
– Nach dem Trägermaterial benutzt man *Filmraster* oder *Glasraster*. Glasraster werden nur in Reproduktionskameras, Filmraster auch in anderen Geräten eingesetzt.

162 Mechanische und photographische Techniken mit Teildarstellungen

– Nach der Form gibt es quadratische bzw. rechteckige *Normalraster* und kreisrunde *Rundraster* (z.B. als drehbare Glasraster in der Kamera).
– Nach der gegenseitigen Anordnung zwischen Raster und lichtempfindlicher Schicht unterscheidet man *Kontaktraster* und *Distanzraster (Aufnahme-* oder *Projektionsraster)*. Letztere befinden sich als Glasraster in der Kamera wenige mm vor der Schicht.

2. *Strukturelle Rastermerkmale*

Die Rasterstrukturen lassen sich bei den Arbeitsmitteln wie bei den Ergebnissen der Rasterung wie folgt beschreiben:

a) Das *Rastermuster* stellt sich im Falle der regelmäßigen Anordnung der Elemente Punkt und Linie als Kreuz-, Linien- oder Punktraster dar (Abb. 108). Die Rasterpunkte können quadratisch, kreisförmig oder elliptisch sein. Neben diesen Normalformen gibt es noch Strukturraster als deutlich wahrnehmbare, regelmäßige oder unregelmäßige Anordnung von Punkten, Linien, Signaturen oder Kombinationen davon (Abb. 109). Sie lassen sich als Abwandlungen elementarer Rastermuster (a, b), als eigenständige Formen (c, d) oder als mechanische Realisation von Flächensignaturen (e) kennzeichnen. Man trifft sie meist als qualitative Flächendarstellungen in thematischen Karten (Abb. 257a). Ein wichtiger Sonderfall ist der Kontaktraster auf Film mit unscharfen Rasterelementen (Abb. 110) zur Aufrasterung modulierter Halbtöne (z.B. Schummerungen) oder für Rasterkopien unter Variation der Belichtungszeit.

Abb. 108. Kreuz-, Linien- und Punktraster (16er Raster)

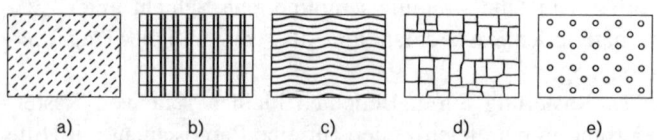

a)   b)   c)   d)   e)

Abb. 109. Strukturraster. Erläuterungen siehe Text

b) Die *Rasterfeinheit (Rasterweite)* wird beschrieben durch die Anzahl der Linien bzw. Punktreihen je cm. Der Kehrwert $K_{mm} = 10/\text{Rasterweite}$ gilt als *Rasterkonstante* oder *Rasterperiode*. Rastermuster, die dem Auge deutlich erkennbar sind, bilden als sog. *Makroraster* den Übergang zur Flächensignatur, z.B. als Schraffur. Bei den Rastern im engeren Sinne reicht die Weite in der Praxis vom groben Raster (20 bis 33 Linien/cm) über den Mittelraster (40 bis

Abb. 110. Beispiel eines Kontaktrasters (Mikroaufnahme)

54 Linien/cm), den Feinraster (60 bis 80 Linien/cm) bis zum extrem feinen Raster (120 Linien/cm). Je feiner ein Raster ist, desto höher muß beim Druck die Papierqualität sein. Raster mit 60 Linien/cm und mehr lassen sich mit bloßem Auge bei normalem Betrachtungsabstand nicht mehr auflösen; sie täuschen daher einen echten Flächenton vor.

c) Der *Rastertonwert* als *optische* Größe hängt von der densitometrisch gemessenen Dichte der Rasterelemente und des Untergrundes ab. Dagegen ist die etwa gleich große *Flächendeckung* eine *geometrische* Größe als prozentuales Verhältnis der Fläche der Rasterelemente zur Gesamtfläche.

DIN 16 600 beschreibt für einen Raster von 5 Lin/cm (in Abb. 111 mit 7 Lin/cm dargestellt) eine elfstufige lineare Reihe von 0% bis 100% Trotz der konstanten Tonwertänderung um jeweils 10% wird das Tonwertverhältnis benachbarter Stufen nicht als konstant empfunden. Ein empfindungsgemäßes konstantes Verhältnis ergibt sich bei einer mehr progressiven Reihe entrechend den psychophysischen Gesetzen; eine solche Reihe ist nahe 0 durch kleinere und im weiteren Verlauf durch größere prozentuale Änderungen gekennzeichnet, z.B. in der siebenstufigen Folge 0 – 6 – 21 – 42 – 68 – 89 – 100%.

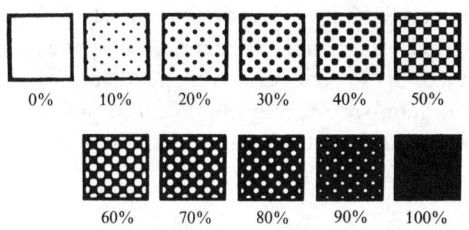

Abb. 111. Tonwertreihe nach DIN 16 600

Bei gleichem Tonwert sind die Rasterelemente um so kleiner, je feiner der Raster ist. Das bedeutet also, daß mit zunehmender Feinheit die Wiedergabe in den sehr niedrigen und den sehr hohen Tonwerten beschränkt ist, da die Darstellung sehr spitzer Punkte bzw. Lichter reproduktionstechnische Schwierigkeiten bereitet. So sind z.B. bei einem 80er Raster die quadratischen Punkte für 10% bzw. die Lichter für 90% Tonwert nur noch 0,04 mm breit.

d) Die *Rasterwinklung* gibt an, unter welchem Winkel die Richtung der Linien bzw. Punktreihen gegen eine Senkrecht-Waagerecht-Richtung verläuft. Beim Druck in einer Farbe liegt die Winklung vorzugsweise bei 45°, beim Mehrfarbendruck sind bestimmte Winklungen erforderlich, damit die Rasterelemente beim Druck keine auffälligen, periodischen Muster *(Moiré)* bilden, sondern sich gleichmäßig auf die Papierfläche verteilen. So legt DIN 16 547 für den Vierfarbendruck mit der kurzen Skala die Winklung mit 0° (Gelb), 15° (Magenta), 45° (Schwarz) und 75° (Cyan) fest. Dabei kann bei Rastern gleicher Weite und für große Farbflächen eine Winklungs-Genauigkeit bis zu $\pm 1'$ erforderlich sein.

4.4 Photographische Übertragung von Gesamtdarstellungen

Die in 4.3 beschriebenen Vorgängen sind meist Teilprozesse im Vorfeld von Originalherstellungen. Danach sind aber oft noch Veränderungen der gesamten Darstellung erforderlich, z.B. zur Leserichtigkeit, zum Maßstab usw. Eine solche Veränderung läßt sich am besten im Wege der Übertragung des Gesamtbildes auf eine strahlungsempfindliche Schicht vornehmen. Bei dieser Übertragung durchquert die Strahlung eine *Durchsichtsvorlage* oder wird an einer *Aufsichtsvorlage* reflektiert. In beiden Fällen erzeugt der Inhalt der Vorlage eine Abstufung in der Intensität der Strahlung, und das bewirkt eine entsprechende Differenzierung der von ihr getroffenen Schicht. Nach der gegenseitigen Lage zwischen Vorlage und Schicht ist die Bildübertragung entweder durch *optische Projektion* oder im Wege der *Kontaktkopie* möglich.

Weitere Unterscheidungsmerkmale ergeben sich aus der Art des Trägermaterials, aus der bildlichen Beziehung zwischen Vorlage und Ergebnis (Negativ- oder Positivverfahren) und vor allem aus der stofflichen Zusammensetzung und der spezifischen Reaktion der verschiedenen Schichten. Für die kartentechnischen Belange ist ferner kennzeichnend, daß die Vorlagen überwiegend Strich-, Raster- oder Vollflächendarstellungen sind und daß die Ergebnisse vorwiegend auf Folien entstehen. Auch weisen Vorlagen und Ergebnisse meist große Formate auf; dies zwingt zu einer entsprechenden instrumentellen und räumlichen Ausstattung.

4.4.1 Bildübertragung durch optische Projektion

4.4.1.1 Reproduktionskamera

Nach dem üblichen Kamera-Prinzip bildet ein Objektiv die Vorlage in der Schichtebene auf einer Silbersalz-Schicht (4.1.3.1) ab, meist mit veränderter Bildgeometrie. Die normale Aufnahmeanordnung geht aus vom Fall der Aufsichtsvorlage, doch wird eine Durchsichtsvorlage meist in gleicher Weise behandelt. Über die Anwendungen der Kamera siehe 7.2.3.

Kamera und Originalhalter ruhen entweder auf einem gemeinsamen, gut gefederten Träger (Schwingstativ) oder sind in Brückenbauweise ausgeführt. Die

Stative sind 3 bis 8 m lang; die Bildformate reichen von 50×50 cm^2 bis 120×150 cm^2. Kleine Kameras sind gewöhnlich *Einraumkameras*, größere Kameras dagegen oft *Zweiraumkameras*, bei denen sich der Hinterkasten im zweiten, abdunkelbaren Raum befindet. Eine solche räumliche Trennung beschleunigt die Arbeiten, da z.B. im Hellraum bereits unmittelbar nach der Belichtung ein Wechsel der Vorlagen im Originalhalter möglich ist. Neben dem Typ der Horizontalkamera (Abb. 112) gibt es auch noch die raumsparende Vertikalkamera mit meist abgeknicktem Strahlengang.

Abb. 112. Zweiraum-Reproduktionskamera Pontika der Firma RTS in Brückenbauweise

Die eigentliche *Kamera* besteht a) aus dem Hinterkasten mit Meßmattscheibe, Filmsaugplatte, Schaltpult und Durchleuchtungskasten und b) dem beweglichen Vorderkasten (Standarte) mit dem auswechselbaren Objektiv. Sie besitzt Vorrichtungen zur automatischen Scharfeinstellung, Spiegelsysteme für Seitenvertauschung, Rückvergrößerungsmöglichkeiten usw. Die Steuerungen für Maßstab, Schärfe, Blende usw. beruhen zunehmend auf elektronischer Digitaltechnik. Vorder- und Hinterkasten sind durch den lichtdichten Balgen miteinander verbunden. Das Objektiv besitzt ein hohes Auflösungsvermögen und weitreichende Verzeichnungsfreiheit. Der *Originalhalter* ist ein pneumatischer Rahmen, der die Vorlage (Maximalformat etwa 130×210 cm^2) aufnimmt und durch den erzeugten Unterdruck fest gegen die ebene Glasplatte preßt. Er ist kipp- und schwenkbar, oft auch seitlich verschiebbar. Die Beleuchtungseinrichtung (bis über 10 kW) muß eine gleichmäßige Ausleuchtung der Vorlage gewährleisten.

4.4.1.2 Mikroverfilmung

Sie dient der Dokumentation und Sicherung von Zeichnungen, Schriftstücken usw. mit den Vorzügen des geringen Bedarfs an Raum, Mobiliar und Material sowie der übersichtlichen und leichten Benutzung und Verwaltung. Sie benutzt hochauflösende Silberhalogenidemulsionen (etwa 200 Linien/mm) mit ausreichender Schwärzung ($D \geq 1,0$) der Negative. Dabei wird in der *analogen* Methode eine Aufsichtsvorlage durch die reflektierte Strahlung in einem Zuge mittels optischer Projektion unter starker Verkleinerung auf eine photographische Schicht übertragen. Das *digitale* Verfahren setzt dagegen einen digitalen Datenbestand durch Bewegung eines Kathoden- oder Laserstrahls in die analoge Filmdarstellung um (4.10.2.3).

Die Mikroverfilmung führt bei Zeichnungen in der Regel zu Aufnahmen auf 35 mm breiten unperforierten photographischen *Rollfilm* mittels Schrittkamera (Schritt 52 mm). Das maximale Format des Bildfeldes beträgt 30×41 mm^2; beim größtmöglichen Vorlagenformat DIN A 0 erfordert das eine 30fache Verkleinerung, um das Ergebnis (28×40 mm^2) noch darstellen zu können. Schriftstücke werden meist auf 16 mm-Film oder auf Mikrofiche erfaßt. Das *Mikrofiche* ist ein Planfilm vom Format 105×148 mm^2 (DIN A 6), der auch eine gleichzeitige Aufnahme mehrerer Vorlagen gestattet (z.B. 6×12 Vorlagen DIN A 4). *Mikrofilm-Jackets* entstehen, wenn der in Streifen zerschnittene Rollfilm in Klarsichttaschen untergebracht ist.

Die Ergebnisse lassen sich wie folgt weiterverarbeiten:
- *Dupliziergeräte* sind Kontaktgeräte; sie ermöglichen das Anfertigen von Zweitnegativen (Arbeitsfilmen) im Lichtpausverfahren sowie von Positiven im Silbersalzverfahren.
- *Lesegeräte* projizieren das Filmbild auf eine Mattscheibe (Maximalformat DIN A 1).
- *Rückvergrößerungsgeräte* projizieren das Filmbild auf eine lichtempfindliche Schicht, wobei meist ein Positiv entsteht. Dabei handelt es sich um elektrophotographische oder Silbersalzverfahren auf Papier oder Folie als Schichtträger bis zum Maximalformat DIN A 0.
- Kombinierte *Lese-* und *Rückvergrößerungsgeräte* (Reader-Printer) bieten Vorzüge bei bestimmten dezentralen Anwendungen.

Eine verstärkte Anwendung findet der Mikrofilm im Bereich großmaßstäbiger Karten, vor allem bei Flurkarten, Betriebskarten, Leitungskarten und Karten der raumbezogenen Fachplanung. Bei Karten kleinerer Maßstäbe – etwa ab 1 : 5000 – zeigen sich noch die Grenzen des technisch Möglichen. Die Hauptprobleme liegen dabei in der Abbildungsunschärfe, der geometrischen Verzeichnung und dem Mehrfarbenpasser. Die Mikroverfilmung von topographischem und thematischem Quellenmaterial ist dagegen problemlos und kann für die Kartenbearbeitung vorteilhaft sein. Über die Mikroverfilmung als schnelle Analogausgabe der GDV siehe 4.10.2.3.

4.4.2 Bildübertragung durch Kontaktkopie

Hierbei besteht unmittelbare Berührung zwischen Vorlage und Schicht. Der Inhalt der Vorlage wird daher stets in Originalgröße übertragen. Im Normalfall lassen sich nur Durchsichtsvorlagen verarbeiten.

4.4.2.1 Kontaktkopiergeräte

Diese sind meist kastenförmige Konstruktionen, über denen eine Lichtquelle hängt oder in denen sich die Lichtquelle nach außen abgeschirmt befindet (Abb. 113). Sie enthalten eine Schaltuhr zur Belichtungsregelung und einen pneumatischen Rahmen (Formate bis etwa 120×150 cm^2), der Vorlage und strahlungsempfindliche Schicht im engen Kontakt aufnimmt. Solche Geräte sind meist Mehrzweckgeräte, mit denen sich verschiedene Schichten auf Folien, Papier und Druckplatten belichten lassen. Neben den Lichtquellen für Streulicht enthalten sie daher auch noch mindestens eine Punktlichtlampe für UV-Licht. Nach dem Belichten sind die für die verschiedenen Schichten jeweils geeigneten Entwicklungsgeräte zu benutzen.

Im Vergleich zu Kameras sind Kontaktgeräte leichter zu bedienen, billiger und von geringerem Raumbedarf. Soweit daher die Arbeiten an beiden Geräten zu gleicher Güte im Ergebnis führen und soweit das Format es zuläßt, wird man im allgemeinen dem Kontaktkopierverfahren den Vorzug geben.

Abb. 113. Mehrzweck-Kopieranlage RS 30 der Firma Sack für Silbersalz-, Diazo-, Dichromat- und Photopolymerschichten mit Professional-Copy-Computer (PCC)

Spezielle Lichtpausgeräte kommen zum Zuge, wenn Kopien zwar rasch, aber nicht mit höchsten Ansprüchen an Detailwiedergabe und an das Einhalten der Vorlagenmaße gewünscht werden. Sie sind meist Kombinationen aus Belichtungs- und Entwicklungsteil.

Einfache *Flach-Lichtpausgeräte* (Kasten mit Deckel, Glasplatte und Leuchtstofflampen) dienen nur dem Belichten. Die zugehörigen *Entwicklungsgeräte* sind entweder einfache Kästen mit einer Schale Ammoniakwasser darin oder *Entwicklungsmaschinen*, in denen die belichteten Pausen durch Walzen eingeführt, dann entwickelt und über Walzen wieder ausgeführt werden. In *Lichtpausmaschinen* befindet sich ein Glaszylinder mit einer Quecksilberhochdrucklampe darin. Das sog. *Pausgut* wird an einem Arbeitspult eingelegt, läuft über den rotierenden Zylinder an der Lampe vorbei und tritt dann wieder aus der Maschine heraus. Nach Trennung der Teile von Hand wird die belichtete Lichtpause in den Entwickler eingeführt. *Lichtpausautomaten* trennen das Pausgut selbständig und nehmen auch die Entwicklung ohne weiteren Eingriff vor. Die Arbeitsgeschwindigkeit der Geräte hängt von der Empfindlichkeit der Schicht, der Helligkeit der Lichtquelle und der Transparenz der Vorlage ab. Sie kann Beträge bis zu 20 m/min erreichen. Die größte Arbeitsbreite liegt etwa bei 160 cm.

Kopiergeräte der Elektrophotographie sind vorwiegend auf die einfarbige Wiedergabe 1:1 von Aufsichtsvorlagen bis DIN A3 ausgelegt; dabei sind oft auch Vergrößerungen und Verkleinerungen möglich. Der Anteil farbiger Wiedergabemöglichkeiten nimmt ständig zu. Großkopierer arbeiten bis zum Format DIN A0 mit Blatt- und Rollenmaterial.

4.4.2.2 Kontaktkopie auf Papiere

Solche Kopien dienen in erster Linie dem Herstellen von Arbeitsunterlagen wie Übersichten, Listen, Vorlagen, Bearbeitungsvermerken usw. Dabei führen vor allem kleinformatige Aufsichtsvorlagen vorwiegend zur Elektrophotographie, wobei der Anteil farbiger Wiedergaben zunimmt; großformatige Durchsichtsvorlagen erfordern meist die Lichtpause. Das Lichtpausmaterial (Bögen oder Rollen) reicht vom einfachen Lichtpauspapier (40 g/m^2) für Übersichten, Tabellen usw. bis zum kartonstarken Lichtpauspapier (210 g/m^2) für Kartierungsunterlagen, Zusammenfügungen usw.

Neben dem normalen Lichtpauspapier gibt es noch spezielle Ausführungen:
– Auf Polyesterfolie kaschierte oder mit Gewebe verstärkte Papiere sowie Schichten auf synthetischem Papier eignen sich für stärkere Beanspruchungen.
– *Kontrastpapiere* liefern auch von kontrastschwachen Vorlagen noch gute Ergebnisse.
– *Halbtonpapiere* eignen sich für nicht gerasterte und transparente Luftbilder.
– *Zweifarbenpapiere* sind für zwei Spektralbereiche sensibilisiert und erlauben daher eine zweifarbige Darstellung, sind jedoch wenig lichtbeständig.
– *Transparente Lichtpauspapiere* eignen sich für Zwischenoriginale, sind jedoch nicht maßbeständig und nur bedingt strapazierbar.

Besondere Paustechniken mit kartentechnischer Bedeutung sind 1. die *Sammelpause* im Einzelfall durch Übereinanderlegen sehr dünner Folien und Belichten mit einer Punktlichtquelle; 2. die *Grautonpause* durch Vorbelichten unter einer Rasterfolie oder durch Nachbelichten nach Entfernen der Vorlage; 3. die *Zweitonpause* als Sammelpause, bei der a) eine der zwei Vorlagen eine halbdurchlässige Darstellung aufweist oder b) nach Entfernen einer Vorlage nachbelichtet wird oder c) eine Vorlage bereits gerastert ist;

4. die *Pseudo-Halbtonpause*, bei Belichtung unter einer gerasterten Halbton-Vorlage (z.B. Luftbild).

4.4.2.3 Kontaktkopie auf Folien

Folienkopien lassen sich in nahezu allen Stufen und für vielfältige Zwecke der Originalherstellung einsetzen (7.2.3); das ist oft sogar mit verschiedenen strahlungsempfindlichen Schichten möglich. Soweit dabei die Ergebnisse gleichwertig sind, sind diejenigen Schichten im Vorteil, die leichter zu handhaben, standardisierbarer, schneller, billiger und auch im Hellraum möglich sind. Bei allen Verfahren kommen vorwiegend klare Folien zum Einsatz, sonst auch – vor allem bei Lichtpausen – mattierte, seltener opake Folien, bei Dichromatkopien auch Glas und Acrylglas.

4.4.2.4 Kontaktkopie auf Druckplatten

Karten werden zum größten Teil durch Offsetdruck vervielfältigt. Dazu sind die Inhalte der Kartenoriginale, d.h. aller Farbfolien, im Kontaktverfahren auf die Druckplatten zu übertragen (Druckplattenkopie); dazu dienen heute meist die bereits mit einer Diazo- oder Photopolymerschicht versehenen und lichtdicht verpackten Platten. Im einzelnen kommen als Kopiervorlagen (Kopieroriginale) in Betracht
– die in Kamera, Kontaktgerät oder Scanner gewonnenen *Filme* oder
– die nach diesen Filmen oder nach Montagen, Schichtgravuren usw. in einem weiteren Vorgang hergestellten *Folienkopien.*
Die Kopiervorlagen sind in der Regel seitenverkehrte Positive, die Darstellungen auf der Druckplatte seitenrichtige Positive.

Soweit die Druckplattenkopie sich auf den Flachdrucks bezieht, spricht man auch von *Flachdruckkopie* oder im Hinblick auf den heute üblichen indirekten Flachdruck (= Offsetdruck) von *Offsetkopie*. Dabei wird das Kopieroriginal auf die Druckplatte in der Regel im Kontakt kopiert. Nach dem üblichen Kopierprozeß erhält die Platte noch eine Schutzschicht (Gummierung), die an den bildfreien Stellen eine Oxydation verhindert und beim Druck die Feuchtung verbessert. Zu neueren Entwicklungen als filmlose Druckformherstellungen gehören
– die elektrophotographische Druckplattenkopie mit Kontaktgerät oder Kamera, so daß auch Maßstabsänderungen und der Gebrauch nichttransparenter Vorlagen möglich sind, ferner
– die Laserbelichtung der sensibilisierten Druckplatte nach digitalen Daten.
Über die Beschaffenheit der Metallplatten siehe 4.5.1.4. Für geringe Auflagen in kleinen Formaten (Kleinoffset) kann man auch auf Folie oder Papier als Druckträger kopieren, vor allem in der Bürotechnik.

4.5 Techniken der Vervielfältigung

Vervielfältigen bedeutet – im Gegensatz zum *Kopieren* – das Ableiten einer größeren Anzahl analoger Darstellungen nach einem analogen Original oder einem digitalen Modell.

In der reinen Analogtechnik ist der *Druck* das wichtigste Vervielfältigungsverfahren für Karten. Er ist vor allem bei mehrfarbigen Karten die Regel sowie bei einfarbigen Karten im Falle ausreichender Auflagenhöhe, evtl. unter Beachtung einer möglichen Vorratshaltung, ferner für Arbeitsmaterialien oder im Zusammenhang mit Textveröffentlichungen in Fachliteratur, Zeitungen, touristischen Prospekten usw.

Für Vervielfältigungen geringeren Ausmaßes, für die Herstellung von Kartenausschnitten, Sicherungsstücken usw. eignen sich die Verfahren der *Reprographie* sowie alle höherwertigen Techniken der *Digital-Analog-Wandlung* (4.10). Die Reprographie umfaßt als Sammelbegriff verschiedene Verfahren, die vorwiegend der Büro- und Dokumentenvervielfältigung dienen. Für die Kartentechnik sind darunter in erster Linie die Elektrophotographie (4.1.3.5), daneben die Lichtpause (4.1.3.2) und die Mikroverfilmung (4.4.1.2) von Bedeutung.

4.5.1 Vervielfältigung durch Druckverfahren

4.5.1.1 Allgemeines zur Drucktechnik

Drucken beruht auf der Bilddifferenzierung durch Substanzübertragung, d.h. der Abgabe der Druckfarbe von der bzw. durch die Druckform an den Bedruckstoff (meist Papier). Dabei unterscheidet man nach der vertikalen Gliederung der druckenden und der nicht druckenden Teile (also der Bildstellen und der bildfreien Stellen) auf der Druckform zwischen Hochdruck, Tiefdruck, Flachdruck und Durchdruck.

Der Druck wird mit *Druckmaschinen (Pressen)* ausgeführt. Entsprechend der Formulierung „Drucken" bzw. „Pressen" erfordert die Farbübertragung auf den Bedruckstoff (meist Papier) einen nicht geringen Kraftaufwand. Die *Druckform* liegt in der Maschine eben (Flachformdruck) oder ist auf einen Zylinder gespannt (Rotationsdruck); der Gegendruck wird in beiden Fällen meist durch einen Zylinder ausgeübt. Der Rotationsdruck ist das schnellere Verfahren; bei ihm wird das Papier aus einem Stapel Bögen einzeln abgenommen (Bogenrotation), oder es läuft als Rolle durch (Rollenrotation). Jedes Druckverfahren hat seine eigenen Maschinen, doch gibt es heute auch schon sog. Hybrid-Maschinen, die sich für zwei Druckverfahren eignen, wobei jeweils nur geringe Umstellungen erforderlich sind.

Die *Druckfarben* bestehen im wesentlichen aus *Farbkörpern* (Pigmenten) und Bindemitteln. Die Farbkörper sind pulverige anorganische oder organische Substanzen; am bekanntesten ist der Ruß, der durch Verbrennen von Gas oder Öl gewonnen wird und zur Herstellung der schwarzen Farbe (Druckerschwärze) dient. Zu den *Bindemitteln* gehören vor allem Harz- und Ölfirnisse. Die Farben sollen schnell auftrocknen, möglichst lichtecht, wasser-, radier- und scheuerfest sein. *Lasurfarben* sind durchsichtig und eignen sich zum Erzeugen von Mischfarben durch Übereinanderdrucken (subtraktive Farbmischung). *Deckfarben* ändern dagegen auch beim Aufdrucken über eine andere Farbe ihren Farbton nicht.

Die Zusammensetzung der Farben im einzelnen hängt von den Druckverfahren, -maschinen, -formen, -geschwindigkeiten usw. ab. Für den Mehrfarbendruck gibt es neben dem üblichen Sortiment die sog. Normfarben: Für den Hochdruck nach DIN 16508, für den Offsetdruck nach DIN 16509 oder die sog. Europa-Skala nach DIN 16538 bzw. 16539. Allgemeine Farbbegriffe werden in DIN 16515 erläutert. Zur Kontrolle der Farbwiedergabe werden oft am Rande des Papierbogens die gedruckten Farben als Teile des Kontrollstreifens in einer Farbskala zusammengestellt. Beim Kartendruck – vor allem bei Kartenwerken, die immer wieder neu gedruckt werden – ist besonders darauf zu achten, daß die einmal gewählten Farbtöne (z.B. Waldgrün, Gewässerblau) bei allen Drucken für lange Zeit konstant bleiben.

Sind die Druckformen hergestellt, so kommt es zunächst zum *Andruck*. Dieser dient als Probedruck einer letzten Durchsicht (Korrekturlesung) des Inhalts, der Prüfung der Passer sowie der endgültigen Entscheidung über die Wahl der Farben. Der Andruck findet auf besonderen, relativ langsam arbeitenden Andruckpressen (meist Flachformmaschinen) statt; über Farbprüfverfahren als möglichen Andruckersatz siehe 7.2.3.2. Erfüllt der Andruck die gestellten Anforderungen, so steht dem *Auflagedruck (Fortdruck)* mit der *Druckfreigabe (Imprimatur)* durch den Auftraggeber nichts mehr im Wege. Als *Schön- und Widerdruck* gilt die Reihenfolge bei beidseitigem Bedrucken des Bedruckstoffs, als *Nutzendruck* der gleichzeitige Druck mehrerer identischer oder verschiedener Darstellungen zur Ausschöpfung des Druckformats und Verkürzung des Druckganges. Ein *Nachdruck* findet statt, wenn eine Auflage ohne Änderung später erneut gedruckt wird; ist dagegen die Auflage geändert, so liegt ein *Neudruck* vor.

Dabei umschließt das Format der Druckform jeweils das des Bedruckstoffes, dieses wiederum das eigentliche Druckformat (z.B. unter Abzug der nicht bedruckbaren Greiferkante beim Papiertransport) und dieses schließlich das Blattformat (der Karte). Die außerhalb des Blattformats mitgedruckten *Kontrollelemente* gestatten beim Druck die laufende Prüfung der Farbgebung, der Rasterqualität, der Passer usw.

4.5.1.2 Hochdruck

Der Hochdruck ist das älteste der vier Druckverfahren. Bei ihm sind die druckenden Elemente erhaben (Abb. 114). Da in der Regel direkt gedruckt wird, ist das Druckbild seitenverkehrt.

172 Techniken der Vervielfältigung

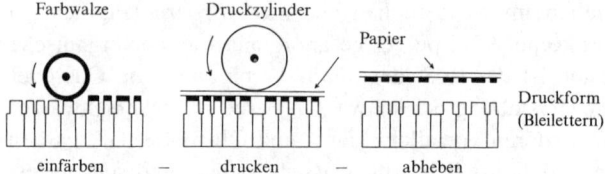

Abb. 114. Prinzip des Hochdrucks

Die ersten Druckformen waren *Holzschnitte* (etwa ab der 2. Hälfte des 14. Jh.). Seine große Bedeutung gewann der Hochdruck mit der Erfindung der beweglichen Lettern durch *Gutenberg* (1445); man spricht daher auch oft vom Buchdruck. Außer dem direkten Hochdruck gibt es seit einiger Zeit auch ein als *Trockenoffset, Hochoffset* oder *Letterset* bezeichnetes indirektes Verfahren, bei dem von einer seitenrichtigen Druckform auf einen Gummizylinder und von diesem auf das Papier gedruckt wird. Zu den einfachen Hochdruckverfahren der Bürotechnik zählt neben dem Gebrauch der Schreibmaschine das Typendruckverfahren mit Metall- oder Gummilettern sowie das Prägeplattenverfahren bei Druck von Adressen und Karteien sowie die Punktdarstellung bei Matrixdruckern der GDV.

Im Kartendruck spielte der Hochdruck nur eine allgemeine Rolle, solange die Druckformen in Holz geschnitten wurden (15. Jh.). Daneben war er partiell von Bedeutung, als die Kartenschrift zeitweise auch über Handsatz, Druck und anschließende Photographie entstand.

4.5.1.3 Tiefdruck

Beim Tiefdruck sind die druckenden Elemente in einer Platte tiefgelegt (Abb. 115). Da es sich stets um einen Direktdruck handelt, ist das Druckbild auf der Druckform seitenverkehrt. Das Tieflegen war zunächst ein manueller Prozeß, seit der Mitte des 15. Jh. als *Kupferstich*, später auch als *Stahlstich* und *Steingravur*. Da auch die heutige mechanische Druckformherstellung noch relativ viel Aufwand erfordert, liegt die Hauptanwendung des Tiefdrucks zur Zeit dort, wo auf Papieren mittlerer Qualität sehr hohe Auflagen ein- oder mehrfarbig gedruckt werden (z.B. bei Illustrierten).

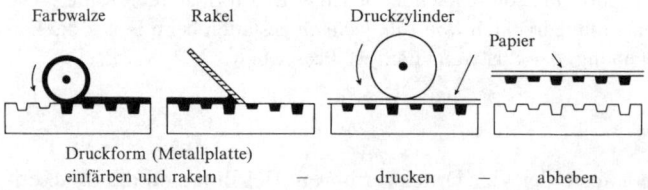

Abb. 115. Prinzip des Tiefdrucks (Rakeltiefdruck mit gleichgroßen, aber verschieden tiefen Näpfen)

Beim modernen tiefenvariablen Tiefdruck wird die positive Vorlage (Strich oder Halbton) zusammen mit einem Tiefdruckraster (Kreuzraster mit 60-70 Lin/cm) durch Kopie und Ätzung oder durch unmittelbare Gravur der Rasterpunkte auf eine Kupferplatte übertragen. Es entstehen unterschiedlich tiefe *Näpfe* zwischen denen sog. *Stege* erhaben stehenbleiben. Beim Druck nehmen die Näpfe entsprechend ihrer Tiefe unterschiedliche Farbmengen auf und erzeugen damit auch unterschiedliche Tonwerte. Die Druckfarbe ist verhältnismäßig dünnflüssig und wird nach dem Auftragen jedesmal von einem über die ganze Platte laufenden Stahlmesser, der *Rakel*, soweit abgestreift, daß die Stege farbfrei bleiben *(Rakeltiefdruck)*. Die Kupferplatte ist meist verchromt oder vernickelt und damit auch für hohe Auflagen geeignet. Durch den Tiefdruckraster wird die gesamte Vorlage, also z.B. auch die Schrift, rasterartig zerlegt. Die Wiedergabe ergibt jedoch nicht so isolierte und verschieden große Rasterelemente wie beim Offsetdruck, sondern mehr zum Halbton tendierende Flächenstücke.

Für den Kartendruck hat der *Kupfertiefdruck* lange Zeit bis in das 20. Jh. hinein eine bedeutende Rolle gespielt. Infolge der Möglichkeiten und Vorzüge des Flachdrucks ist er heute für die Kartenvervielfältigung unbedeutend geworden.

4.5.1.4 Flachdruck

Beim Flachdruck liegen Druckbild und Leerfläche in nahezu einer Ebene an der Oberfläche der Platte. Da demnach ein Relief nicht vorhanden ist, beruht die Trennung zwischen druckenden und nicht druckenden Elementen auf einem anderen Prinzip, nämlich der Unvermischbarkeit von fetthaltiger Druckfarbe und Wasser. Während die druckenden Teile Wasser abstoßen, aber Farbe annehmen, verhält es sich an den Leerstellen gerade umgekehrt. Für einen solchen Vorgang ist daher neben dem Einfärben der Druckform stets auch eine *Feuchtung* erforderlich; diese ist das typische Merkmal des Flachdrucks (Abb. 116). Die Bildübertragung im Flachdruck ist im direkten und im indirekten Wege möglich.

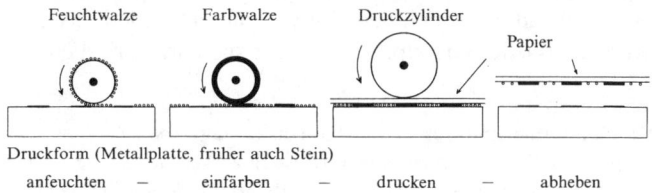

Abb. 116. Prinzip des direkten Flachdrucks

1. Direkter Flachdruck

Beim direkten Flachdruck überträgt die Druckform das seitenverkehrte Druckbild unmittelbar auf das Papier. Das erste Verfahren dieser Art war der am Anfang des 19. Jh. entwickelte *Steindruck*, der bis in das 20. Jh. hinein auch im Kartendruck eine bedeutende Rolle gespielt hat. Später benutzte man als Druckform auch *Metallplatten* aus Zink oder Aluminium. Inzwischen haben alle direkten Verfahren gegenüber dem indirekten Flachdruck ihre Bedeutung verloren. Als direkter Flachdruck gilt auch der *Lichtdruck*, der heute noch in der mehrfarbigen Wiedergabe künstlerischer Darstellungen wegen seiner Originaltreue als unübertroffen gilt.

2. *Indirekter Flachdruck (Offsetdruck)*

Bei diesem, mit Beginn des 20. Jh. aufgekommenen Verfahren wird das seitenrichtige Druckbild zunächst auf einen mit Gummituch bespannten Zylinder übertragen und dann von diesem auf das Papier gedruckt (Abb. 117). Dieser Vorgang des „Absetzens" kommt auch in der heute üblichen, aus dem Englischen stammenden Bezeichnung als *Offsetdruck* zum Ausdruck.

Im Vergleich zum direkten Flachdruck ermöglicht der Offsetdruck höhere Auflagen bei größerer Stundenleistung und mit einem sehr geringen, nahezu problemlosen Feuchtungsaufwand. Die Anpassungsfähigkeit des Gummituches sichert ferner eine gute Wiedergabequalität auch beim Bedrucken von Papieren minderer Güte. Durch diese Vorteile dominiert der Offsetdruck außer im klassischen Mehrfarbendruck (mittlere bis große Formate und Auflagen von etwa 1000 bis 50000 Stück) auch in den Bereichen des Buchdrucks und des Zeitungsdrucks.

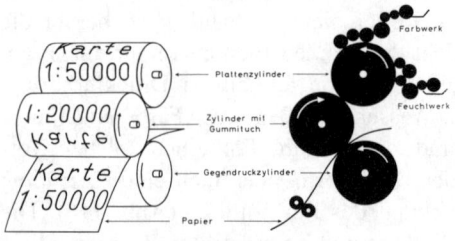

Abb. 117. Offsetdruck (Schema)

Für Andruck und geringe Auflagehöhen werden mitunter noch Offsetflachpressen eingesetzt. Vorherrschend ist jedoch der Einsatz von Offsetrotationspressen (Abb. 118). Das Kernstück jeder Offsetpresse besteht aus Farbwerk, Feuchtwerk und Druckwerk.

a) *Farbwerk*. Die Druckfarbe gelangt aus einem Farbkasten unter genau regelbarer Abgabe auf rotierende Zwischenwalzen (Reibzylinder). Diese bewirken durch begrenztes Hin- und Herbewegen in Achsrichtung eine einwandfreie Farbverteilung. Danach gelangt die Farbe auf 3 bis 4 Auftragswalzen, die mit der Druckplatte in Berührung stehen. Für das beim Farbwechsel nötige Walzenwaschen gibt es besondere Waschvorrichtungen.

b) *Feuchtwerk*. Die verschiedenen Systeme gehen von einem Wasserkasten aus, von dem das Feuchtmitel über Zwischenwalzen auf eine oder mehrere Auftragswalzen gelangt. Alkoholzusätze verringern die erforderliche Feuchtmenge und damit deren Einfluß auf das Druckpapier.

c) *Druckwerk*. Bei den *Flachpressen* befinden sich Druckform und Gegendruckplatte (mit einem Bogen Papier darauf) in ebener Lage nebeneinander. Der Gummizylinder lauft über die Druckform und gibt anschließend die dort aufgenommene Farbe an das Papier ab.

Beim Rückweg wird er angehoben, während nun die Feuchtwalzen und die Farbwalzen über die Druckform laufen und sie damit für den nächsten Druck vorbereiten. Bei den *Rotationspressen* besteht das Druckwerk aus drei Zylindern, nämlich 1. dem Platten- oder Formzylinder mit aufgespannter Druckplatte, 2. dem Gummizylinder und 3. dem Druckzylinder (Gegendruckzylinder), der das durchlaufende Papier gegen den Gummizylinder drückt. Da die Zylinder durch Zahnradantrieb rotieren, lassen sich durch Verringern der Plattenunterlage auch die Druckbildlängen verändern und somit u.U. Passerschwierigkeiten verringern.

Abb. 118. Zweifarben-Bogenoffset-Druckmaschine Speedmaster 102 (Heidelberg)

Beim *Bogenrotationsdruck* sind die Bögen als Einlegestapel geordnet und werden einzeln voll Gummisaugern abgehoben und zum Anlegetisch geführt, wo sie schuppenförmig angeordnet liegen und dann Stück für Stück an die Anlegemarken (vordere und seitliche Anschläge) geführt werden. Das Papier liegt dabei so, daß seine Laufrichtung (4.1.2.1) senkrecht zur Transportrichtung steht. Die richtige Weiterführung zwischen Gummi- und Druckzylinder hindurch wird durch das sog. *Einrichten* sichergestellt. Dieser Prozeß, mit dem jeder Druckgang beginnt, sorgt dafür, daß das Druckbild richtig innerhalb des Papiers liegt und daß beim Mehrfarbendruck die einzelnen Farbdarstellungen mit Hilfe des Paßsystems in richtige Beziehung zueinander gelangen. Die bedruckten Bögen werden auf einem Auslegestapel wieder geordnet. Nach dem Druck werden die Bögen stapelweise in einer Schneidmaschine geschnitten und nach Bedarf mit einer Falzmaschine gefalzt.

Die *Offsetdruckplatten* sind meist feingekörnte oder oberflächen-oxydierte *Aluminiumplatten*, wobei die Körnung dem Erhalt des Feuchtmittels auf der Platte dient. Für höhere Auflagen eignen sich besonders *Mehrmetallplatten*: Die *Bimetallplatten* bestehen aus einer elektrolytisch verchromten Kupferplatte, aus der bei der Plattenkopie das Kupfer an den Bildstellen durch Ätzung freigelegt wird. Kupfer ist für Fett, Chrom für Wasser optimal empfänglich. Bei *Trimetallplatten* bilden Chrom und Kupfer jeweils eine dünne Schicht auf einer dicken Stahl- oder Aluminiumplatte.

Für den Mehrfarbendruck spielt die richtige *Papierbehandlung* eine große Rolle, z.B. durch Klimatisierung von Papierlager und Drucksaal. Da bei jedem Farbgang das Einrich-

176 Techniken der Vervielfältigung

ten und die Farbgebung sich erst allmählich vervollkommnen und bis dahin eine Anzahl unbrauchbarer Drucke anfällt (Ausschuß, Makulatur), erfordert jeder Mehrfarbendruck die Abschätzung der tatsächlich benötigten Papiermenge. Die Anzahl der ausgeführten Drucke läßt sich an einem Zählwerk ablesen. Während des Auflagedrucks werden durch ständige Stichproben einzelne Bögen auf Passer, Farbführung, Kontrollstreifen usw. überprüft.

Im Bereich des Kartendrucks ist der Offsetdruck das bei weitem vorherrschende Verfahren. Entscheidend dafür sind neben den bereits genannten Vorteilen auch die Möglichkeiten, die sich durch den Weg über Kopieroriginale und die Druckplattenkopie (4.4.2.4) ergeben. Zum Einsatz gelangen meist Offsetmaschinen der Formatklassen II (61×86 cm^2) bis VII (110×160 cm^2). Die mögliche *Stundenleistung* liegt bei Flachpressen zwischen 200 und 500, bei Bogenrotationspressen zwischen 5000 und 15000 Drucken und bei Rollenrotationspressen zwischen 250 und 300 m/min. Tatsächlich liegen im Kartendruck diese Stundenleistungen jedoch meist niedriger, um die hohen Passergenauigkeiten besser einhalten zu können. Die Reihenfolge der Druckfarben (Farbreihenfolge) richtet sich meist nach dein Anteil der geometrisch exakten Darstellung in den einzelnen Farbfolien: Strichdarstellungen kommen daher in der Regel vor Flächen, Signaturen und Schriften. Beim Gebrauch der kurzen Skala hängt die Folge vorwiegend vom Einsatz von Einfarben- oder Mehrfarbenmaschinen ab.

Für den Mehrfarbendruck hoher Auflagen ist der Einsatz von *Zweifarbenmaschinen*, evtl. sogar von *Vierfarbenmaschinen* wirtschaftlich. Der Tatsache, daß damit die Anzahl der Durchläufe vermindert wird, steht allerdings eine wesentlich höhere Einrichtezeit gegenüber. Der an solchen Maschinen stattfindende Naß-in-Naß-Druck erfordert besondere Druckfarben. Für spezielle Anwendungen gibt es auch das Verfahren des rasterlosen Offset, bei dem vom Plattenkorn gedruckt wird, sowie das des wasserlosen Offsets (Trockenoffset). Als Kleinoffset gelten die in der Bürotechnik üblichen Offsetverfahren bis zum Format DIN A 2.

4.5.1.5 Durchdruck (Siebdruck)

Bei diesem Verfahren hat die Druckform die Funktion einer Schablone. Durch die offenen Stellen, die den Bildstellen entsprechen, gelangt die Druckfarbe auf das darunter liegende Papier (Abb. 119). Die bekannteste Methode ist der im 19. Jh. aufgekommene *Siebdruck*; seine künstlerische Variante wird auch als *Serigraphie* bezeichnet. Die Druckform ist ein sehr feinmaschiges Sieb aus Metall-, Seide- oder Kunststoffäden (50 bis 150 Fäden/cm); es bewirkt die notwendige Stabilisierung der Schablone.

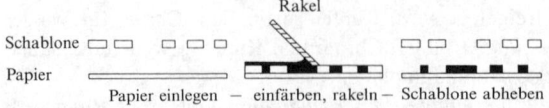

Abb. 119. Prinzip des Durchdrucks

Das Sieb ist auf einem Rahmen aus Holz oder Metall befestigt. Nach Auftragen einer Kopierschicht auf das Sieb und Belichten unter einer positiven Vorlage ist die Schicht an den bildfreien Stellen gehärtet, während sie sich an den Bildstellen entfernen läßt und damit die Siebmaschen dort freilegt. Dieser Vorgang ähnelt dem ersten Teil des Positivverfahrens in der Folienkopie (4.4.2.3). Das Ergebnis ist eine seitenverkehrte Schablone, die mit dem Rahmen so in das Siebdruckgerät eingelegt wird, daß das Sieb mit seiner Schichtseite nach unten zeigt. Nach Einlegen des Papiers schließt man über diesem den Siebrahmen, so daß Papier und Sieb in unmittelbarem Kontakt liegen. Die zähflüssige Farbe wird streifenförmig in das Sieb eingegossen und mit einer Rakel durch die offenen Siebmaschen gepreßt. Die Rakelführung wird von Hand, bei größeren und teureren Geräten auch automatisch vorgenommen. Da die relativ dick aufgetragene Farbe nur langsam trocknet, ist ein Stapeln des bedruckten Papiers nur mit Zwischenlagen oder bogenweise auf besonderen Ablegevorrichtungen möglich.

Das Verfahren eignet sich gut für den Druck größerer Formate mit ausgedehnten Flächenfarben in niedrigen Auflagen auf Papier, Pappe, Holz, Metall und Kunststoff. Es eignet sich daher z.B. für den Plakatdruck sowie zum Bedrucken nichtebener Gegenstände wie Dosen, Buchrücken usw.

Für einen Einsatz in der Kartenvervielfältigung ist zu beachten, daß feine Striche durch die Siebmaschen rasterartig aufgelöst werden. Mit dem Siebdruck lassen sich daher nur dann brauchbare Qualitäten erzielen, wenn die Strichelemente nicht zu fein sind bzw. wenn ein sehr feinmaschiges Sieb benutzt wird. Andererseits erweist sich gerade der Siebdruck bei der Vervielfältigung mehrbiger großmaßstäbiger Karten in geringer Auflagehöhe als besonders wirtschaftlich.

Ein weiteres Durchdruckverfahren ist der in der Bürotechnik angewandte *Schablonendruck*, bei dem die Schablone aus Spezialpapier in der Schreibmaschine durch Anschlag mit der ohne Farbband verwendeten Type entsteht.

4.5.2 Weitere Vervielfältigungsverfahren

Die Anwendungen der *Elektrophotographie* in der Kartentechnik beschränken sich bisher auf Ausfertigungen nach Kartenoriginalen oder Kartendrucken, und zwar vorwiegend für das Zusammentragen von Quellenmaterial, für redaktionelle Arbeitsplanungen, Entwurfsvarianten, Planungsskizzen und Prüfzwecke. Darüber hinaus erlangen unter den analogen Verfahren die der der elektrophotographischen und der photopolymeren Farbverfahren zunehmend an Bedeutung. Erstere setzen für die Vervielfältigung in kleinen Auflagen eine mehrbige originale Vorlage voraus, letztere erfordern das Vorhandensein von Farbfolien. Sie sind ferner hinsichtlich des Formats teilweise nur beschränkt anwendbar. Auch die Methoden der *Thermographie* gehen kaum über das Format DIN A 3 hinaus und lassen im übrigen nur eine einfarbige Wiedergabe zu.

Über die Entwicklung der Vervielfältigung im Wege der *graphischen Ausgabe der Computertechnik* siehe 4.10.

4.6 Rechnersysteme für die GDV

4.6.1 Allgemeines zur GDV

Als *graphische Datenverarbeitung (GDV, Computer Graphics)* gilt der Teil der elektronischen Datenverarbeitung, bei dem graphische Darstellungen die Vorlagen oder die Ergebnisse einer digitalen Datenverarbeitung sind. Dieser Fall liegt auch bei der Erfassung und Speicherung digitaler Geo-Daten aus Karten und bei der rechnergestützten Kartenherstellung vor. Insgesamt hat die GDV eine große Bedeutung, weil graphisch dargestellte Informationen für den Menschen besonders schnell, anschaulich und auch komplex wahrzunehmen und zu verarbeiten sind. Graphische Informationen sind im engeren Sinne die linienhaften Strukturen, wie sie bei Zeichnungen, Schriften, Diagrammen usw. und damit auch bei den klassischen Strichkarten auftreten. Darüber hinaus lassen sich aber auch die flächenhaften Bilder (z.B. gescannte Karten, Farbphotos) einbeziehen.

Ein bedeutendes Anwendungsgebiet der GDV ist das rechnergestützte Entwerfen (Computer Aided Design = CAD). Seine Technologien eignen sich sowohl für Konstruktionszeichnungen, Gebäudeplanungen usw. als auch für die rechnergestützte Kartenherstellung. Allerdings sind in der Kartographie die zu bearbeitenden Geo-Objekte bereits real vorhanden (außer bei Planungskarten) und damit geometrisch gebunden, jedoch freier in der Art der graphischen Wiedergabe; in anderen Bereichen verhält es sich dagegen mehr oder weniger umgekehrt. Die fachspezifischen Anwendungen der digitalen Bildverarbeitung reichen vom Fernsehen bis zur Medizin. In Photogrammetrie und Fernerkundung dient sie neben Korrekturen und Transformationen vor allem der Interpretation von Aufnahmen aus Flugzeugen und Satelliten, z.B. zur Objektklassifizierung. In der digitalen Kartographie hat die Bild- bzw. Raster-Datenverarbeitung wichtige Anwendungsgebiete z.B. bei der automationsgestützten Datenerfassung aus Karten in Verbindung mit der kartographischen Mustererkennung (6.5.2.2), bei der Auswertung digitaler Kartenmodelle (8.3.2.1) sowie bei der Vorbereitung der Herstellung von Kopieroriginalen (4.4.2.4, 4.9, 7.3).

Wie in der Datenverarbeitung üblich unterscheidet man auch in der GDV zwischen der Hardware (Geräte, Verbindungen usw.) als dem materiellen Anteil und der Software (Programme) als dem geistigen Anteil eines Datenverarbeitungssystems. Dieses stellt allgemein eine Funktionseinheit zur Verarbeitung von

Daten dar, und zwar durch eine Reihe von Operationen, die nach bestimmten Programmen eine Aufgabe erledigen. Dabei wird die Gesamtheit der Geräte eines solchen Systems als Datenverarbeitungsanlage (DVA) bezeichnet. Die speziell für die GDV entwickelten Anlagen heißen *Graphik-Arbeitsstationen (Workstation, graphic workstation)*. Sie besteht neben dem eigentlichen Rechner (4.6.2) aus peripheren Einheiten, die der Eingabe, Speicherung und Ausgabe der Daten dienen. Dabei ist es für die GDV typisch, daß ein Teil der peripheren Einheiten für die Analog-Digital-Wandlung (4.7) bzw. für den umgekehrten Vorgang (4.10) geeignet sein muß. Abb. 120 stellt den prinzipiellen Aufbau einer Workstation dar; ein Beispiel zeigt Abb. 121.

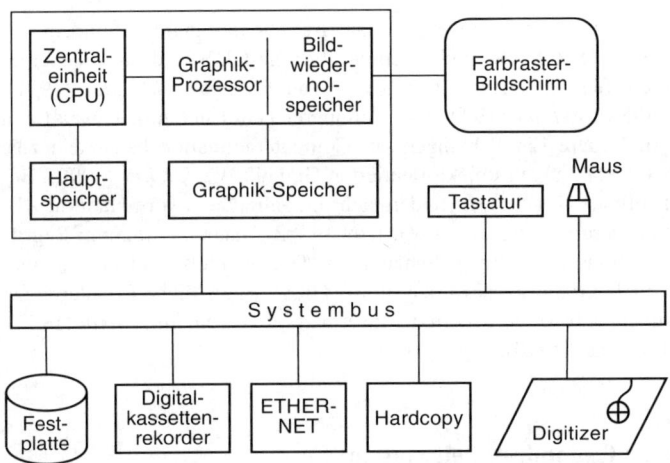

Abb. 120. Graphik-Arbeitsstation (Workstation)

Innerhalb der GDV gibt es folgende Verfahrensweisen:
– Die *passive GDV* besteht nur aus dem einseitig gerichteten Durchlauf der Daten von der Erfassung bis zur graphischen Ausgabe nach einem festen Programm.
– Die *interaktive GDV* besteht aus Interaktionen, d.h. Aktionen und Reaktionen in Form eines Dialogs zwischen Mensch und dem im Rechner ablaufenden Programm. Die damit verbundenen Entscheidungen führen zur Manipulation von Daten im Wege von Regelkreisen, und zwar solange, bis das gewünschte Ergebnis oder bestimmte Rahmenbedingungen erreicht sind.

Die Verfahrensentwicklungen der Kartographie nutzen die passive GDV bei mathematisch beschreibbaren Aufgaben, z.B. Berechnung von Kartennetzentwürfen sowie Vor- und Nachbereitung der Kartengestaltungsaufgaben. Im Prozeß der Kartengestaltung selbst kommt grundsätzlich die interaktive GDV zum Einsatz, zunehmend in Verbindung mit Expertensystemen (Abb. 195).

Im Vergleich zu den klassischen kartographischen Techniken können sich bei Anwendung der GDV folgende Vorteile ergeben:

- Ersparnis an Zeit und/oder Kosten,
- Befriedigung höherer Ansprüche an die inhaltliche Aussage durch geringere Fehlerrate und/oder größere Homogenität der Ergebnisse,
- größere Flexibilität bei der graphischen Ausgabe im Hinblick auf Objektumfang und/oder Zeichenschlüssel,
- exaktere graphische Darstellung,
- Möglichkeit der digitalen Datenspeicherung für spätere Zwecke,
- Chancen für neue Darstellungstechniken,
- einzige Möglichkeit, überhaupt zu einem kartographischen Ergebnis zu kommen, z.b. wegen der sonst nicht zu bewältigenden umfangreichen Datenmengen.

Das allgemeine Schrifttum zur Datenverarbeitung ist sehr umfangreich, und inzwischen gibt es auch eine große Zahl von Lehrbüchern über die GDV und ihre mathematischen Grundlagen. Veröffentlichungen stammen z.b. von *Abramowski/Müller* (1991), *Encarnação/Strasser* (1988), *Fellner* (1992) (mit umfangreichem Literaturnachweis) und *Hoschek/Lasser* (1989). Neuere Entwicklungen zur Computeranimation behandeln z.B. *Leister/Müller/Stosser* (1991) und zur objektorientierten Graphik *Wisskirchen* (1990). Begriffsdefinitionen und formale Regelungen finden sich in zahlreichen Normblättern, z.B. DIN 44300 (Informationsverarbeitung; Begriffe), DIN 44302 (Datenübertragung; Begriffe), DIN 66001 (Informationsverarbeitung; Schaubilder für Datenfluß- und Programmabläufe), DIN 66252, Teil 1 (Graphisches Kernsystem – GKS). Begriffliche Erläuterungen findet man auch in einigen Fachwörterbüchern der Informatik, z.B. von *Springstein* (1982), *Schneider* (1991) und *Schulze* (1990).

4.6.2 Hardware einer Graphik-Arbeitsstation

4.6.2.1 Rechner und allgemeine Peripherie

1. Zentraleinheit

Die für die Datenverarbeitung und Datenverwaltung sowie für die Steuerung der Peripheriegeräte wichtigste Komponente einer Workstation ist die Zentraleinheit. Sie besteht aus dem Steuerwerk (Leitwerk), dem Rechenwerk und dem internen Speicher (Hauptspeicher, Arbeitsspeicher, Primärspeicher) für Programme und Daten sowie den Ein-/Ausgabekanälen. Für die GDV eignen sich vor allem Workstation mit RISC-Prozessoren (RISC = Reduced Instruction Set Computer) als Zentraleinheit. Dabei handelt es sich um Mikroprozessoren, in die eine kleine Menge der am häufigsten gebrauchten Maschinenbefehlen hardwaremäßig integriert ist, so daß sehr kurze Ausführungszeiten auftreten.

Bei solchen Prozessoren liegt die in Millionen Instruktionen pro Sekunde (MIPS) angegebene Rechengeschwindigkeit gegenwärtig bei 30-100 MIPS. Für die Beschleunigung der graphischen Datenverarbeitung verfügen sogenannte Hochleistungsworkstation über zusätzliche Graphikprozessoren. Die für die interne Darstellung der Daten verwendeten Worte (als Vielfaches von 8 Bit) haben eine Länge von 32 Bit, bei den neuesten Mikroprozessoren bereits 64 Bit. Für die GDV-Anwendungen in der Kartographie sind Hauptspeicher mit mindestens 64 Megabyte (MB) Speicherkapazität erforderlich. Weil die dafür verwendeten Halbleiterspeicher Programmbefehle und Daten nur so lange speichern, wie Strom eingeschaltet ist, und außerdem aus Kostengründen nicht in beliebiger Größe eingebaut werden, kommen zusätzlich externe Speicher zum Einsatz (4.6.2.2).

Bei geringeren Anforderungen an Rechengeschwindigkeit, Auflösung, Datenmengen usw. kommen auch CISC-Mikroprozessoren (CISC = Complex Instruction Set Computer) in Frage, die überwiegend bei Personal Computern (PC) eingesetzt werden.

2. Terminal (Datensichtstation)

Ein Terminal ist ein kombiniertes Ein- und Ausgabegerät für den Dialog zwischen Mensch und Rechner. Es besteht aus Tastatur und Bildschirm und dient der Eingabe von Befehlen oder Daten sowie der Ausgabe von Systemmeldungen und Ergebnissen. Im Zusammenhang mit dem Einsatz graphikorientierter Bieneroberflächen (sog. Window-Systeme, 4.6.3) werden gewöhnlich Graphikbildschirme verwendet(4.6.2.3).

Abb. 121. Interaktiver graphischer Arbeitsplatz der Firma SNI

3. Ausgabegeräte

Zur Standardperipherie eines Rechners gehört ein *Drucker*, mit dem sich alphanumerische Ergebnisse auf Papier oder Folie ausgeben lassen. In Verbindung mit einer Workstation kommen Nadel-, Laser-, Tintenstrahl- und Thermodrucker zum Einsatz. Vor der Ausgabe werden die Daten intern in binäre Raster-Daten umgewandelt. Die graphische Qualität ist meist auch ausreichend für kleinformatige Probezeichnungen (sog. Hardcopy). Geräte für die Ausgabe solcher Daten mit hoher Qualität sind die Plotter (4.10).

4.6.2.2 Externe Speicher

Die externen Speichermedien (Sekundärspeicher) eines Datenverarbeitungssystems sollen Programme und digitale Daten dauerhaft speichern. Als Merkmale gelten Kapazität, Zugriffsart, Arbeitsgeschwindigkeit (Zugriffszeit und Übertragungsrate) sowie die Permanenz des Mediums und die Kosten je Speichereinheit. Die wichtigsten Medien für die externe Speicherung sind Magnetplatten, laseroptische Platten sowie Magnetbänder. Bei fallenden Kosten werden künftig auch Halbleiterspeichen (sog. RAM-Disks, RAM = Random Access Memory) eine größere Rolle z.B. bei Quasi-Echtzeitverarbeitungen spielen.

Magnetplatten speichern die Daten auf magnetisierbaren Schichten. Sie verfügen über eine Speicherkapazität von etwa 40 bis 2000 MB. Der direkte Zugriff führt infolge der schnellen Rotation zu einer Zugriffszeit zwischen 10 und 20 ms; die Übertragungsrate liegt zwischen 1,5 bis zu 10 MB/s. Eine kleinere Variante ist der Diskettenspeicher (Floppy Disk) mit geringeren Leistungsdaten, aber auch niedrigerem Preis.

Eine große Bedeutung haben die *optischen Plattenspeicher* durch die Fortschritte der Lasertechnologie bekommen. Dabei lassen sich drei Techniken unterscheiden. Die aus der Unterhaltungselektronik bekannte Compact Disc (CD-ROM, ROM = Read Only Memory) wird herstellerseitig beschrieben. Der Inhalt kann beliebig oft gelesen, aber nicht verändert werden. Solche Speicherplatten werden standardmäßig zur Verteilung von Software und Dokumentationen sowie auch von digitalen Karten z.B. für Kfz-Navigationssysteme eingesetzt. Die Speicherkapazität beträgt ca. 600 MB. Speicherplatten vom Typ WORM (Write Once Read Multiple) sind mit entsprechenden Laufwerken vom Anwender einmalig beschreibbar. Sie eignen sich u.a. wegen ihrer großen Kapazität von 2-6 GB und geringen Fehlerrate sehr gut als Archivmedium. Einen erweiterten Einsatzbereich ermöglichen die optischen Platten vom Typ WMRM (Write Multiple Read Multiple). Die Wiederbeschreibbarkeit wird durch eine magneto-optische Beschichtung der Plattenoberfläche ermöglicht. Platten dieses Typs eignen sich besonders für die Speicherung großer Datenmengen, die regelmäßig zu aktualisieren sind, z.B. Rasterkartenarchive (in Festschrift für *Günter Hake* 1992).

Optische Platten ermöglichen eine preisgünstige Speicherung großer Datenmengen in der auch bei Magnetplatten verwendeten physischen Dateistruktur. Andererseits haben sie deutlich geringere Zugriffsgeschwindigkeiten als diese.

Magnetbänder besitzen je nach Bandlänge (Standardlänge 730 m) und Datendichte (bis zu 6250 bpi) eine Kapazität von bis zu 100 MB. Die Magnetbandspeicherung ist eine relativ preisgünstige Archivierungstechnologie. Der sequentielle Zugriff führt allerdings bei einer maximalen Übertragungsrate von etwa 0,3 MB/s zu einer Zugriffszeit, die je nach Position auf dem Band bis über 100 s betragen kann. Die zur Standardausstattung einer Workstation gehörenden *Mag-*

netbandkassetten (Streamer) haben eine Kapazität zwischen 60 und 300 MB. In begrenztem Umfang eignen sie sich für die lokale Sicherung von Daten und Programmen. Neuere Magnetbandkassetten können bis zu 2 GB in 1 - 2 Stunden speichern.
Über anwendungsbezogenen Speicherbedarf siehe 4.8.1.

4.6.2.3 Sichtgeräte (Graphikbildschirme, display terminals)

1. Allgemeine Merkmale der Sichtgeräte

Solche Geräte sind Ein- und Ausgabegeräte, mit denen sich alphanumerische und graphische Daten sichtbar machen lassen. Der alphanumerischen Eingabe dient eine entsprechende Tastatur und der graphischen Eingabe eine Reihe von Vorrichtungen, die das Identifizieren (Objektansprache) und das Positionieren (Punktangabe) ermöglicht.

Zu den bekanntesten graphischen Eingabevorrichtungen gehören die Maus (mouse), der Steuerknüppel (joystick), die Rollkugel (trackingball) und der Lichtgriffel (light pen). Diese Vorrichtungen führen am Bildschirm ein Fadenkreuz (cross-hairs) oder einen Zeiger (cursor, pointer) zur Bezeichnung der Punktlage. Eine für umfangreichere graphische Veränderungen (z.B. Kartenaktualisierung) geeignete Eingabevorrichtung ist das an das Sichtgerät angeschlossene graphische Tablett (4.7.2).

Es gibt bei Bildschirmen verschiedene Funktionsprinzipien, z.B. Gasentladungs(Plasma)-, Flüssigkeitskristall (LCD)-, Light-Emitting-Diode(LED)- und Kathodenstrahlröhren (CRT = Cathod Ray Tube). Letztere haben gegenwärtig die größte Bedeutung. Bei CRT-Bildschirmgeräten emittiert in der luftleeren Glasröhre eine metallische Kathode (sog. Kanone) Elektronen; diese durchdringen ein Spannungsgitter, das die Menge der Elektronen steuert. Die anschließende zylindrische Anode beschleunigt die Elektronen und führt sie dann dem Fokussier- und dem Ablenksystem zu. Die Ablenkung ergibt sich mit Ablenkplatten (elektrostatisch) oder Ablenkspulen (elektromagnetisch). Das Ablenksystem sorgt dafür, daß der fokussierte Strahl die Sichtfläche an der vorgesehenen Stelle erreicht. Die Sichtfläche ist mit Phosphor beschichtet, der vom Elektronenstrahl lokal zur Lichtemission (Fluoreszenz) angeregt wird. Soll ein Punkt für das menschliche Auge kontinuierlich leuchten, so muß er mindestens 25 mal pro Sekunde angestrahlt werden.

Bei *Farbbildschirmen* ist – ähnlich wie bei Farbfernsehgeräten – die Innenseite des Bildschirms mit Dreiergruppen von roten, grünen und blauen Phosphorpunkten beschichtet. Anstelle einer einzigen Kathode werden drei Kathoden – je eine für die roten, grünen und blauen Phosphorpunkte – verwendet. Da die Phosphortripel sehr nahe beieinander liegen, läßt sich durch individuelle Ansteuerung der einzelnen Farbpunkte praktisch jeder Farbton erzeugen. Es handelt sich dabei um eine Anwendung des additiven Farbmodells (3.1.2.2). Damit jeder der drei Kathodenstrahlen jeweils nur auf den ihm zugeordneten Phosphorpunkt trifft, ist unmittelbar vor den Phosphortripeln eine Lochmaske (shadow mask) montiert. Die komplizierte Technologie der Lochplattenherstellung und die Anordnung der Phosphortripel läßt gegenwärtig einen Abstand der Löcher von 0,28 mm zu; damit ergibt sich eine Auflösung der Farbbildschirme von 1280×1024 Bildpunkten bei einem Format von 348×261 mm^2 (Bildschirmdiagonale 19″). Der für eine optimale Betrachtung günstigste Abstand zum Bildschirm liegt zwischen 0,6 und 0,9 m. Bildschirmdarstellungen lassen sich schnell mit einem sog. Hardcopygerät auf Papier übertragen.

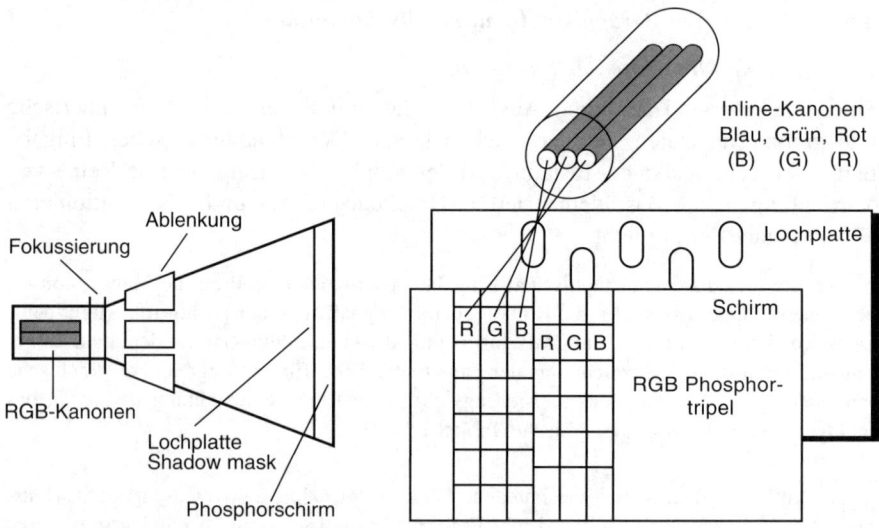

Abb. 122. Funktionsprinzip eines Farbraster-Bildschirms

Beispiele zum Einsatz von Sichtgeräten sind vielfach enthalten in den Literaturhinweisen zu verschiedenen Anwendungen (6.5, 7.3 u. 7.4). Zu den Aussichten einer Bildschirmtext-Kartographie äußert sich *Albinus* (1982). Über perspektive Zeichnungen mittels Bildschirm berichtet *Pomaska* (1980). Der ergonomischen Gestaltung von Bildschirmarbeitsplätzen ist die DIN-Norm 66234, Teil 7 gewidmet.

2. Rastergraphik-Sichtgeräte

Eine Graphik-Workstation ist meist mit einem Farbraster-Bildschirm ausgestattet, der nach dem *Raster-Scan-Prinzip* funktioniert. Die Bildwiederholungsrate soll aus ergonomischen Gründen mindestens 72 Hz betragen. Dies zwingt zum Einsatz eines Bildwiederholspeichers (Frame Buffer, Refresh Buffer) in Verbindung mit einem Graphikprozessor (Graphik-Adapter). Dieser führt zur Beschleunigung der Ausgabe die wichtigsten graphischen Funktionen aus, wie das Aufrastern von Vektoren aus einem speziellen Segmentspeicher, das Zeichnen von Pixeln, das Vergrößern („Zoom") und Verschieben („Scroll", „Roam") des Bildes.

Die Bildinformation liegt als rechteckige Matrix mit $n \times m$ Bildpunkten (Pixel) im Bildwiederholspeicher. Vor der Ausgabe wird die Bildmatrix zeilenweise von oben nach unten gelesen und für jedes Pixel die Information über Farbe bzw. Helligkeit entnommen.

Daraus werden die Steuersignale generiert. Der Graphikprozessor muß so leistungsfähig sein, daß auch inhaltsreiche Bilder innerhalb der Wiederholungsrate vollständig regenerierbar sind.

Die Zahl der darstellbaren verschiedenen Farben wächst exponentiell mit der Zahl der Bitebenen des Bildwiederholspeichers (siehe Abb. 123). Für kartographische Anwendungen sind mindestens 8 Bitebenen, d.h. 8 Bit/Pixel, erforderlich. Damit lassen sich $2^8 = 256$ verschiedene Farbtöne darstellen. Diese werden aus der großen Menge aller möglichen Farbentöne ausgewähl und mit den Zahlen des Wertebereichs 0 bis 255 codiert. Zur Darstellung eines Farbtons wird sein Farbcode mittels einer Referenztabelle (*LUT* = Color *Look-up Table*) in die prozentualen Rot-, Grün- und Blauanteile umgewandelt; damit wird die Intensität der Kathodenstrahlen gesteuert. Die LUT ist variabel definierbar, so daß sich die Farbcodes in verschiedenen Farb- oder Grautönen darstellen lassen (Abb. 123). Bei der Gestaltung mit sogenannter Echtfarbendarstellung werden 3×8 Bitebenen, d.h. je 8 Bit eine für Rot, Grün und Blau benötigt. Zusätzliche Bitebenen sind erforderlich, wenn die kartographische Darstellung z.B. mit einem farbigen Luft- oder Satellitenbild überlagert werden soll.

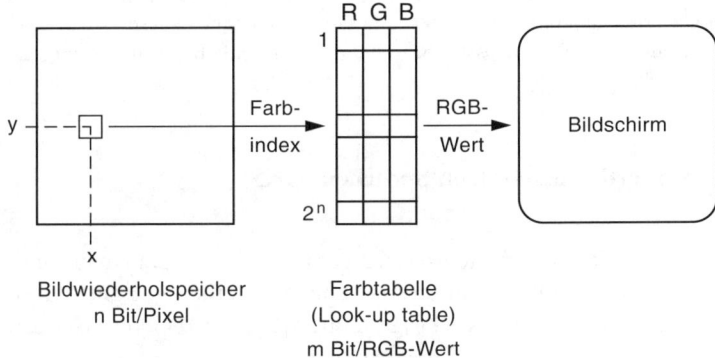

Abb. 123. Farbauswahl mittels Farbtabelle (Color Look-up Table)

Der Vorteil des Raster-Scan-Prinzips besteht darin, daß interaktive Eingriffe sofort angezeigt werden und die übrigen Bereiche dabei ständig präsent bleiben. Damit ist es auch rasch möglich, Bildausschnitte (windows) darzustellen oder Bilddrehungen und -verschiebungen vorzunehmen. Für die Anwendung in der Kartographie ist von Bedeutung, daß sich die Kartengraphik (3.1.2) ohne größere Einschränkungen realisieren läßt, z.B. die Gestaltung flächenhafter Graphikobjekte. Auch können mit besonderen Programmen dreidimensionale Modelle perspektiv dargestellt (Abb. 193) und Bewegungsvorgänge simuliert werden.

Lediglich der bei Linien auftretende Treppeneffekt ist bei den gegenwärtigen Bildschirmauflösungen unvermeidbar.

4.6.2.4 Netzwerk

Größere Datenverarbeitungsaufgaben werden nach dem Schema der *verteilten Datenverarbeitung* (*distributed processing*) durchgeführt. Zu diesem Zweck sind die Arbeitsstationen über ein schnelles Datenleitungsnetz (Netzwerk) miteinander sowie mit gemeinsamen Ein- und Ausgabegeräten und speziell für die Datenspeicherung und -verwaltung eingesetzten Rechnern (sog. Fileserver) verbunden.

Je nach Ausdehnung unterscheidet man *lokale Netzwerke (LAN = Local Area Network)* mit einer Ausdehnung von wenigen Kilometern und *großräumige Netzwerke (WAN = Wide Area Network)*. Die linien-, ring- oder sternförmig gestalteten Netzwerke bestehen hardwaremäßig aus der Verkabelung, speziellen Geräten für die Signalverstärkung (Repeater) sowie Prozessoren für die Herstellung und Kontrolle der Verbindungen und die Konvertierung der Übertragungsprotokolle u.a.m. Die Art der Verkabelung richtet sich nach bestimmten Standardspezifikationen, z.B. dem weitverbreiteten Ethernet. Üblich sind Koaxialkabel und Lichtwellenleiter. Soll ein Rechner in ein Ethernet-LAN integriert werden, so ist er mit einem Ethernet-Interface auszustatten. Dieses wird mit einem sogenannten Transceiverkabel und einem Transceiver an das Ethernet-Kabel angeschlossen. Die Software für die Steuerung eines Netzwerkes wird in 4.6.3 angesprochen.

Bei der dezentralen Datenverarbeitung holt man für eine Workstation zunächst einen Auszug, z.B. einen Kartenausschnitt, aus einer zentralen Datenbank. Dieser wird lokal und unabhängig von anderen DV-Prozessen bearbeitet und anschließend in die zentrale Datenbank zurückgeschrieben.

4.6.3 Systemsoftware (Betriebssystem, Sprachen, GKS)

Das Funktionieren eines Rechnersystems setzt voraus, daß die Daten in einer bestimmten Weise codiert und formatiert sind und daß ferner geeignete Programme in einer vom Rechner lesbaren Programmiersprache existieren. Bei den Programmen kann man wie folgt unterscheiden:
– Die *Systemsoftware* (Betriebssystem, Operating System) ermöglicht den Betrieb des Rechners durch Organisationsprogramme zur Steuerung der Zentraleinheit und der Peripheriegeräte, Übersetzungsprogramme (Compiler) für die Programmiersprachen sowie Dienstprogramme für Datenübertragungen, Fehlersuche usw.
– Die *Anwendungssoftware* dient der Lösung der fachlichen Aufgaben.

Zur Systemsoftware einer Workstation gehören z.Z. das Betriebssystem UNIX, Programme für die Datenübertragung über Ethernet-LAN überwiegend nach der TCP/IP-Konvention (Transmisson Control Protocol/Internet Protocol) und Dienstprogramme für die Softwareentwicklung, z.B. die Programmiersprache C und die objektorientierte Sprache C++, sowie für geräteunabhängige Methoden der GDV. Hierzu ist z.B. das Graphische Kernsystem (GKS) (DIN 66252 bzw. ISO 7942 von 1985) zu zählen. Mangels existierender Standards wurden die Programme der GDV in der Anfangszeit geräteabhängig entwickelt. Hieraus ergaben sich Probleme bei der Installation neuer Graphikendgeräte, weil die Programme in der Regel umfangreich geändert werden mußten. Das führte zu dem Vorschlag eines Graphikstandards mit dem Ziel, alle Grundfunktionen der GDV zu beschreiben, die für die geräteunabhängige Entwicklung möglichst wirkungsvoller graphischer Anwendungen erforderlich sind. Das GKS-Konzept läßt sich in folgenden Punkten beschreiben (Abb. 124):

1. Zwischen den graphischen Gerätesystemen und den Anwendungsprogrammen wird eine einheitliche Schnittstelle festgelegt. Diese enthält sechs logische Eingabemöglichkeiten, z.B. Locator für Positionseingaben und Pick für die Identifizierung graphischer Objekte.
2. GKS definiert eine anwendungsunabhängige und effizient realisierbare Funktionsbibliothek für die graphische Verarbeitung zweidimensionaler Objekte.
3. GKS berücksichtigt Anforderungen aus möglichst vielen graphischen Anwendungsgebieten.
4. GKS trennt zwischen graphischen Grundfunktionen und den auf höherer logischer Ebene liegenden Modellierungsfunktionen.

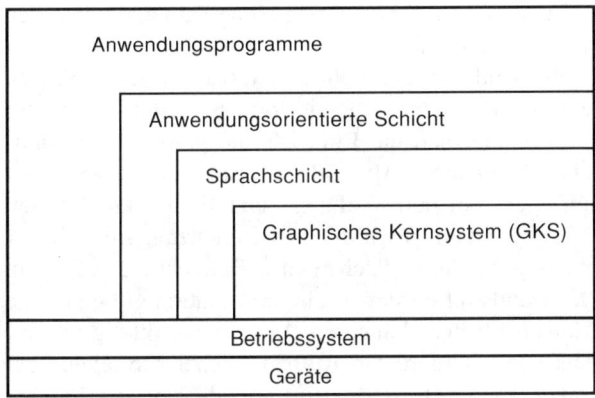

Abb. 124. Das GKS-Schichtenmodell

Die nachhaltige Bedeutung von GKS liegt in der allgemeingültigen Strukturierung der GDV, die auch bei der Entwicklung neuer Graphikstandards berücksichtigt wird. Nach Abschluß der GKS-Normierung hat sich die internationale Normung u.a. der Standardisierung auf dem Gebiet der GDV dreidimensionaler Objekte (GKS-3D, ISO 8805 und PHIGS = Programmer's Hierarchical Interactive Interface Graphics System, ISO 9592-1) sowie der Archivierung und dem Transport graphischer Informationen (CGM = Computer Graphics Metafile, ISO 8632) zugewandt.

Für UNIX-Workstation steht mit dem *X-Windows-System* mittlerweile ein sog. Industriestandard zur Verfügung, mit dem Darstellungsbereiche (Fenster, Windows) auf dem Bildschirm erzeugt und verwaltet werden können; die einzelnen

Fenster dürfen sich auch überlappen. In einem Fenster lassen sich elementare 2D-Darstellungsobjekte wie Linien, Polygone oder Texte erzeugen. X Window hat sich wegen der Netzwerkfähigkeit schnell durchsetzen können.

4.7 Digitalisierung graphischer Darstellungen

4.7.1 Grundsätze der Analog-Digital-Wandlung

Das Umsetzen analoger Darstellungen in digitale Daten bezeichnet man als *Digitalisierung*. Diese besteht darin, daß in der graphischen Darstellung bestimmte diskrete Elemente ausgewählt und in ihrer Position durch digitale Angaben meist als Werte eines rechtwinkligen ebenen Koordinatensystems x, y beschrieben werden. Dabei ist die Auswahl so zu treffen, daß die analoge Vorlage mit Hilfe der digitalen Daten und der Verarbeitungsprogramme stets reproduzierbar ist, d.h. daß jede spätere graphische Ausgabe mit dieser Vorlage innerhalb der zulässigen graphischen Ungenauigkeit übereinstimmt.

Die Analog-Digital-Wandlung führt in der rechnergestützten Kartographie zu Daten im Vektorformat (Vektor-Daten) oder im Rasterformat (Raster-Daten). Im Fall der *Vektor-Daten* (2.3.2.1) kann man die Linie als die graphische Grundstruktur der Analoginformation betrachten (Abb. 58a, b). Ein graphischer Punkt läßt sich als Nullvektor auffassen, bei dem Anfangs- und Endpunkt identisch sind; eine Fläche bildet sich aus einem geschlossenen Linienzug. Im Fall der Raster-Daten (2.3.2.2) steht dagegen eine flächenhafte Betrachtungsweise im Vordergrund. Als graphische Grundstruktur der Analoginformation gilt daher die Fläche, die man sich aus kleinen Flächenelementen (Pixel) mosaikartig zusammengesetzt denken kann. Der computergerechte Aufbau solcher Mosaiken geht von einem feinen quadratischen Raster (Rastermatrix) aus, die von der Vorlage überdeckt wird. Die Beschreibung graphischer Punkte, Linien und Flächen führt damit zur Registrierung aller Pixel, die von den graphischen Darstellungen ganz oder teilweise bedeckt werden (Abb. 58c).

Die rechnergestützte Kartographie begann zunächst mit der Digitalisierung in Vektor-Daten. Die später aufgekommene Erfassung in Raster-Daten hat heute eine größere Bedeutung, insbesondere bei mittel- und kleinmaßstäbigen Karten mit dichter graphischer Darstellung. Ihr besonderer Vorzug liegt in der wesentlich kürzeren Erfassungsdauer. Die früher noch bestehenden Nachteile der Speicherung und Verarbeitung größerer Datenmengen sind durch die Verfügbarkeit leistungsfähiger Hardware- und Softwaresysteme der GDV beseitigt. Andererseits ergeben sich bei der Trennung der Pixel nach Einzelobjekten grundsätzliche Schwierigkeiten. Beim Aufbau objektorientierter Modelle für GIS wird deshalb die Vektorform gewählt. Um in den einzelnen späteren Arbeitsstadien jeweils die

Vorteile einer Datenart auszuschöpfen, spielen Transformationen zwischen Vektor- und Raster-Daten und umgekehrt eine wichtige Rolle (4.9.3).

Eine allgemeine Darstellung zur Digitalisierung stammt von *Johannsen/Uhrig* (1977), eine Theorie der kartographischen Linie von *Peucker* (1976). Spektralanalytische Betrachtungen über Digitalisierungen im Vektorformat stellt Fischer (1982a) an.

4.7.2 Digitalisierung im Vektorformat

4.7.2.1 Geräte zur Digitalisierung im Vektorformat

Die Digitalisierungsgeräte (Koordinatenerfassungsgeräte, *Digitizer*) bestehen aus dem Tisch, der Meßvorrichtung und und einem Interface (Mikroprozessor) für den Anschluß an eine Workstation bzw. einen PC (Abb. 125).

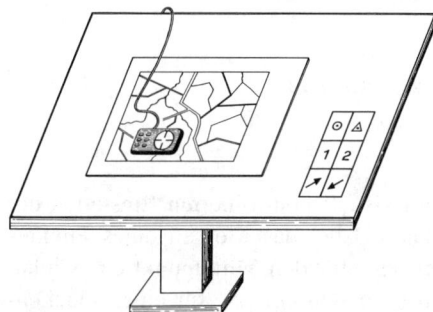

Abb. 125. Schema eines Digitalisiergeräts für manuelle Digitalisierung im Vektorformat, Tisch mit Vorlage und Menü, Cursor mit Meßmarke und Tasten

Der *Tisch* ist in seinem Format meist so bemessen, daß sich auch große Vorlagen auf ihm befestigen lassen; in vielen Fällen ist er auch nach Höhe und Neigung verstellbar. Einige Hersteller können auch durchleuchtbare Tischflächen für transparente Vorlagen liefern.

Bei den *Meßvorrichtungen* zur Ermittlung der Tischkoordinaten herrschen heute die elektronischen Verfahren vor, bei denen sich in der Tischfläche ein gitterförmiges Drahtgewebe befindet. Die Meßvorrichtung (*Cursor*) läßt sich frei führen. Die Ermittlung der Wegstrecken in Richtung der Drahtgitter beruht meist auf einem induktiven Prinzip; weniger gebräuchlich sind die Anwendung kapazitativer oder magnetostriktiver Prinzipien. Die Koordinatenmessung ist absolut (auf einen festen Nullpunkt bezogen) oder inkrementell (durch Summation konstanter Koordinatendifferenzen). Eine Variante dieses Gerätetyps ist das graphische Tablett, das vorwiegend bei dezentraler Teilbearbeitung, Kartenfortführung usw. in Verbindung mit einem Bildschirm eingesetzt wird.

Seit Einführung der Graphik-Arbeitsstationen mit hochauflösenden, nach dem Raster-Scan-Prinzip funktionierenden Graphikbildschirmen gewinnt die *Digitalisierung am Bildschirm (on-screen-digitizing)* zunehmend an Bedeutung. Diese setzt voraus, daß ein Scanner (4.7.3.1) sowie Software für die Speicherung und Verarbeitung kombinierter Vektor- und Raster-Daten verfügbar ist.

Mit einer zusätzlichen Tastatur lassen sich weitere Angaben, z.B. zur Objektkennzeichnung, eingeben.

Für die rechnergestützte Kartenherstellung sollte das Digitalisierergebnis eine Lagegenauigkeit von mindestens ±0,1 mm besitzen. Um dies zu gewährleisten, liegt die gerätetechnisch bedingte Auflösung der Digitizer (Resolution) als kleinstes meßbares Element bei 0,025 mm. Die erreichbare Lagegenauigkeit wird beeinflußt von der zeitlichen Konstanz der Digitizerelektronik, der Einstellgenauigkeit des Operateurs und der Homogenität des Gerätekoordinatensystems; bei letzterer wirken zusammen die Cursorexzentrizität (Differenz zwischen dem elektronischen und dem optischen Mittelpunkt der Meßlupe), Maßstabs- und Winkelabweichungen, Verzerrungen im Randbereich und lokale Inhomogenitäten der Gerätekoordinaten.

4.7.2.2 Methoden der Digitalisierung im Vektorformat

Hierbei gibt es folgende Möglichkeiten:

a) Die *manuelle Digitalisierung* besteht im visuell kontrollierten Einstellen der Meßmarke des Cursors. Der Operateur kann dabei das Messen eines Punktes durch Knopfdruck auslösen (Punktmodus), z.B. für den Mittelpunkt eines lokalen Objekts, für den Knickpunkt einer sonst geraden Grenze, für einen Flächenschwerpunkt usw. Die Digitalisierung einer Linie kann sowohl im *Punktmodus* als auch im sog. *Linienverfolgungsmodus* geschehen (Abb. 126). Dabei findet die Punktregistrierung im konstanten Zeitintervall (*time mode, stream mode*) oder im konstanten Intervall für lineare Größen (*distance mode*, z.B. für $dx+dy =$ const.) statt. Die Intervallgröße ist in beiden Fällen innerhalb bestimmter Grenzen frei wählbar.

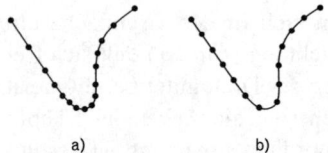

a)   b)

Abb. 126. Vektorielle Digitalisierung einer Linie mit konstantem Zeitintervall (a) bzw. mit konstantem Wegintervall (b)

b) Die *Digitalisierung am Bildschirm* unterscheidet sich grundsätzlich wenig von der manuellen Digitalierung. Ihre Vorteile liegen in der höheren geometrischen Genauigkeit, die durch die vorhergehende automatische Abtastung der Vorlage mit einer Auflösung z.B. von 0.05 mm erzielt wird, in der größeren Schnelligkeit der Digitalisierung sowie in der einfacheren Kontrolle auf Vollständigkeit und Richtigkeit der Erfassung.

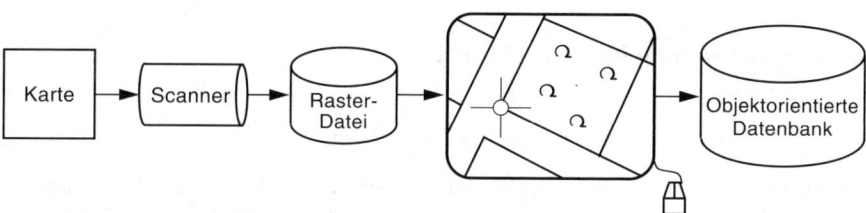

Abb. 127. Vektorielle Digitalisierung am Graphikbildschirm

c) Eine frühere Variante der *halbautomatischen Digitalisierung* benutzt ein elektrooptisches Prinzip, mit dessen Hilfe eine Linie in einer negativen Vorlage, z.B. Mikrofilm, durch einen geeigneten Sensor (z.B. Laser mit Photodiode) automatisch verfolgt wird. Der Operateur hat jedoch das Meßgerät meist interaktiv zum Anfangspunkt der Linie zu führen, Objektkennzeichnungen zu geben und u.U. bei Kreuzungspunkten Entscheidungen zu treffen. Der reine Erfassungsvorgang ist je nach Inhalt der Vorlage etwa 5-15mal schneller als die manuelle Digitalisierung. Diese recht aufwendige Hardwarelösung hat weitgehend an Bedeutung verloren, seitdem die Linienverfolgung in Verbindung mit einer Graphik-Workstation auch softwaremäßig möglich ist. Die *Linienverfolgung* geschieht dabei in einer gescannten Karte, d.h. also im Hauptspeicher der Workstation, unter Bildschirmkontrolle eines Operateurs (*Trepper* 1991).

d) Zu den Methoden der halbautomatischen Digitalisierung gehört auch jene, bei der, ausgehend von gescannten Vorlagen (Raster-Daten), zunächst unstrukturierte Vektor-Daten automatisch berechnet werden, um daraus anschließend in einem teils automatischen, teils interaktiven Prozeß strukturierte Vektor-Daten zu erzeugen (6.5.2).

Die *Kontrolle* der Digitalisierung auf Vollständigkeit und Richtigkeit geschieht durch Vergleich einer Plotterzeichnung der digitalisierten Daten mit der Vorlage. Bei interaktiven Systemen kann der Graphikbildschirm den Fortgang der Digitalisierung laufend anzeigen und damit sofortige Eingriffe veranlassen.

Die *Menü-Technik* arbeitet entweder mit einer gefelderten Vorlage, die sich auf der Tischfläche meist am Rande befindet, oder mit programmgesteuert dargestellten Tabellen auf einem Graphikbildschirm. Das Digitalisieren eines einzigen Punktes eines Menü-Feldes aktiviert die darin festgelegte Funktion (z.B. Programmaufruf von Digitalisiervorgängen).

Über manuelle Einflüsse beim Liniendigitalisieren berichten *Johannsen/Giebels* (1978), über geometrische Bedingungen *Brüggemann* (1981), über Genauigkeitsuntersuchungen *Fischer* (1990) und *Kauper* (1989). Über Erfahrungen mit der Digitalisierung am Rasterbildschirm berichtet *Ohlhof* (1992). Die Entwicklung von Methoden der halbautomatischen Digitalisierung mittels Raster-Vektor-Konvertierung und kartographischer Mustererkennung stellen *Lichtner* (1987), *Illert* (1990), *Yang* (1989) und *Klauer* (1993) vor.

4.7.3 Digitalisierung im Rasterformat

4.7.3.1 Geräte zur Digitalisierung im Rasterformat

Solche Digitalisierungsgeräte (*Abtaster, Scanner*) bestehen in der Regel aus einer zylindrischen Trommel (Trommelscanner) oder einem Tisch als Träger der Vorlage (Flachbettscanner) oder rotierenden Zylindern, ferner aus einer Abtast- und Registriervorrichtung. Nach Art der Abtastvorrichtung unterscheidet man das elektro-optische Prinzip, CCD-Scanner (Charge Coupled Device) mit vielen gleichzeitig messenden Sensoren (lichtempfindlichen Halbleitern) und die Videokamerageräte. Bei dem *elektro-optischen Prinzip* wird der ausgesandte Lichtstrahl z.B. einer Xenonlampe von der Aufsichtsvorlage diffus reflektiert. Der Sensor eines Farbscanner spaltet das reflektierte Licht in drei Strahlen auf und filtert daraus die Signale der Spektralbereiche Blau (400-510 nm), Grün (510-580 nm) und Rot (580-700 nm). Die Lichtsignale gelangen auf Photodioden, in denen die Lichtstärken in elektrische Signale (Stromstärken) umgewandelt werden. Daraus entsteht dann eine digitale Angabe, die je nach Scanner aus Binärdaten oder Grauwertdaten besteht. Diese Wandlung vom analogen Signal in das digitale Pixel bezeichnet man als Quantisierung. Die Pixeldaten gelangen zum Rechner, in dem sie meist in komprimierter Form gespeichert werden. Neben Aufsichtsvorlagen lassen sich vielfach auch Durchsichtsvorlagen verarbeiten. Die in der Reproduktionstechnik eingesetzten Abtastgeräte bezeichnet man als *Reproscanner* (Farbscanner). Sie setzen die empfangenen Signale sofort oder später in photographisch gerasterte Folien als Vorlagen für die Druckplattenherstellung um. *Videoscanner* benutzen als Abtastvorrichtung eine Videokamera mit flächenhaft angeordneten Halbleiterelementen(CCD). Solche Photodioden dienen in zeilenweiser Anordnung als Abtastvorrichtung beim *Einzugsscanner*. Typische Einzugscanner haben eine geometrische Auflösung von 16-63 Pixel/mm ($\simeq$ 400 − 1600 dpi) und eine radiometrische Auflösung von 256 Graustufen.

4.7.3.2 Methoden der Digitalisierung im Rasterformat

Im Gegensatz zur Digitalisierung in Vektor-Daten handelt es sich hier stets um *automatische Verfahren* der Analog-Digital-Wandlung, die nach Einstellung des Vorlagenformats usw. selbständig ablaufen.

Beim *Trommelscanner* (Abb. 128) rotiert die Trommel, und die Abtastvorrichtung bewegt sich mit Hilfe einer Spindel parallel zur Trommelachse. Mit jeder Umdrehung wird ein schmaler Streifen der Vorlage erfaßt; innerhalb des Streifens ergibt sich die Folge der Pixel aus der Signalfolge des Abtasters. Die Größe der Pixel sollte $0,1 \times 0,1$ mm^2 nicht überschreiten; gute Ergebnisse werden in der digitalen Kartographie mit $0,05 \times 0,05$ mm^2 erzielt. Trotz dieser geringen Dimension läßt sich eine Vorlage in wenigen Minuten vollständig digitalisieren. Weitere Kenngrößen eines Trommelscanners sind seine radiometrische Auflösung (bis 256 Graustufen), sein Abtastformat (bis ca. 1 m $\times$ 2,5 m), seine Abtastgeschwindigkeit (bis zu 1200 Zeilen/min) seine absolute Genauigkeit (bis zu $\pm 0,02$ mm) und seine Wiederholgenauigkeit (bis zu $\pm 0,01$ mm). Für anspruchsvollere kartographische Zwecke sind Schwarzweiß- und Einzelfarbenscanner mit Auflösungen ab 32 P/mm und 12 Graustufen bzw. Farben, Abtastformate ab 60 cm $\times$ 60 cm, Geschwindigkeiten ab 500 Upm geeignet. Die sehr großen Datenmengen erzwingen bei der hohen Erfassungsgeschwindigkeit eine schnelle Speichermöglichkeit in Verbindung mit einer Datenkompression, z.B. Lauflängenkodierung (run length encoding). Der reine Erfassungsvorgang kann bis zu 200mal schneller sein als das manuelle Digitalisieren; jedoch ist ein höherer Aufwand für die Nachbearbeitung erforderlich.

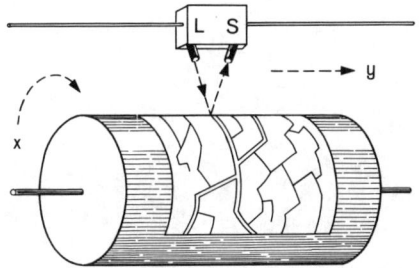

Abb. 128. Schema eines Trommelscanners für automatische Digitalisierung im Rasterformat. Trommel mit Vorlage: Abtastkopf mit Lichtquelle (L) und Empfangssensor (S)

Beim *Flachbettscanner* fährt ein brückenartiger Schlitten in Gesamtbreite über die Vorlage, und ein darauf beweglicher Abtaster erfaßt gleichzeitig mehrere Streifen (z.B. 500 Streifen von je 0,1 mm Breite) in einer Zone. Danach verschiebt sich der Abtaster für die Erfassung der nächsten Zone. Die geringere Relativgeschwindigkeit zwischen Vorlage und Abtaster wird kompensiert durch die gleichzeitige Erfassung vieler Streifen, so daß auch hier der Erfassungsvorgang nur wenige Minuten dauert. Auch der *Videoscanner* arbeitet mit einer ebenen Vorlage. Die mit einem Zoom-Objektiv versehene Videokamera kann verschieden große Teilbilder nacheinander erfassen und diese mit Hilfe eines Programms rechnerisch zum Gesamtbild zusammenfügen. Bei einem *Einzugscanner* wird die Vorlage an einem Arbeitspult eingeführt und läuft über die rotierenden Zylinder über oder unter der Abtastoptik hindurch. Mit jedem Vorlagenvorschub wird eine Zeile in der von der Empfindlichkeit und der Anzahl der CCD-Elemente abhängigen Auflösung digitalisiert. Diese Geräte spielen bei der Digitalisierung großformatiger Schwarz-Weiß-Vorlagen mit einfacher Graphik eine bedeutende Rolle. Sie eignen sich jedoch nicht für andere kartographische Vorlagen, da die Vorlagenzuführung zu größeren Verzerrungen führt.

Auch die digitale Bildverarbeitung in Photogrammetrie und Fernerkundung geht von einer Raster-Datenerfassung aus. Dabei ergibt sich als besonderer Vorzug, daß neben der Ortslage des Pixels auch die Werte von Farbton- und Farbhelligkeit erfaßbar sind. Die digitale Registrierung von 256 Graustufen ($\cong$ 8 bit) erfordert Grauwertoperationen (4.9.2.2). Sieht man diese Möglichkeit der Grauwertregistrierung als Normalfall an, so kann man die rechnergestützte Kartenherstellung mit Strichkarten auffassen als Sonderfall der auf zwei Grauwertstufen (0 für leere Stelle, 1 für Zeichnungsstelle) reduzierten Bildverarbeitung: es entstehen sog. *Binärbilder*.

Allgemeines zur Rasterdigitalisierung siehe *Lichtner* (1981), *Weber* (1982a, 1991a) und *Hunger* (in *Schilcher* 1991). Die Einsatzmöglichkeiten der Scanner in der Kartenproduktion erläutert *Morgenstern* (in *Mayer* 1988).

4.8 Datenverwaltung

4.8.1 Allgemeines zur Datenverwaltung

Unter *Datenverwaltung* versteht man allgemein das Eintragen erfaßter oder verarbeiteter Daten auf einem Speichermedium (Speichern), die Aktualisierung der Daten, die Kontrolle des Zugriffs auf die Daten im Hinblick auf Datensicherheit und Datenschutz sowie das Bereitstellen der gespeicherten Daten für Verarbeitungs- und Ausgabeprozesse. Die Datenverwaltung verbindet die computerunabhängige Modellbildung (3.3) mit der Datenverarbeitung auf einem Computer; sie hat somit eine zentrale technische Funktion. Die in der Kartographie anfallenden großen Datenmengen stellen erhebliche Anforderungen an die Speicherkapazität und die Organisation der Datenspeicherung im Hinblick auf die Bereitstellung und die Aktualisierung; darüber hinaus erfordert die interaktive Arbeitsweise kurze Zugriffs- und Verarbeitungszeiten.

Die Literatur über die allgemeine Datenverwaltung ist sehr umfangreich. Neuere Lehr- und Handbücher stammen z.B. von *Dworatschek* (1989), *Schneider* (1991) und *Zehnder* (1987).

4.8.1.1 Dateiverwaltung

Die klassische Datenverwaltung geht aus von einer Unterteilung der Benutzerdaten in Datenelemente, Datensätze (Records), Datenblöcke (Blocks) als Vielfaches von Datensätzen sowie Dateien. Als Datei (File) gilt eine Dateneinheit, die aus sachlich zusammengehörigen Datensätzen gebildet und auf einem externen Speichermedium zusammengefaßt ist. So kann man z.B. die Gesamtheit der Punktkoordinaten für einen bestimmten Bereich als Koordinatendatei auffassen; dabei bildet jeder Punkt mit seinen Koordinaten und weiteren Merkmalen (Attributen) einen Datensatz. Auch die gespeicherten Namen eines Atlasregisters können eine Datei bilden.

Ein *Dateiverwaltungssystem* (*File Management System* – FMS) hat als Komponente des Betriebssystems (4.6.2) folgende Grundfunktionen:
– die erfaßten bzw. verarbeiteten Daten werden blockweise in den freien, einer Datei zugeordneten Bereich auf einem Speichermedium (4.6.2.2) geschrieben,
– die Datensätzen erhalten im Zuge der Einspeicherung automatisch eine interne Adresse (Schlüssel, Key),
– bei Bedarf werden die Datensätze für die Verarbeitung oder Ausgabe bereitgestellt, d.h. mit Hilfe ihrer Adressen gesucht, identifiziert, gelesen und in den Hauptspeicher geschrieben.

Zur Dateiverwaltung gehören auch Funktionen für die Sicherung der Daten, für die Schaffung freier Speicherbereiche (Reorganisation), für das Löschen von Dateien u.a.. Sie hat vor allem die Dateiorganisation zu berücksichtigen, die auch die Zugriffsart festlegt. Diese ist einerseits vom Speichermedium abhängig, z.B. der direkte Zugriff auf einzelne Datensätze bei Magnetplatten, andererseits wird eine Dateiorganisation danach ausgewählt, wie die zu speichernden Daten erfaßt bzw. die gespeicherten Daten verarbeitet werden sollen.

4.8.1.2 Datenbankverwaltung

Die wachsenden Anforderungen an die Wirtschaftlichkeit der Datenverarbeitung und die Archivierung großer Datenmengen führten seit Mitte der 1960er Jahre zur Entwicklung und zum Einsatz von *Datenbankverwaltungssystemen (Data Base Management Systems, DBMS)*. Es handelt sich dabei um Programmsysteme zur Speicherung, Pflege, Bereitstellung und Sicherung von großen Datenbeständen (Datenbanken). Als *Datenbank (data base)* gilt die Gesamtheit aller gespeicherten Daten, die für eine rechnergestützte Bearbeitung fachlicher Informationen erforderlich sind. Sie bildet zusammen mit dem DBMS ein *Datenbanksystem*. Abbildung 129 stellt die Zusammenhänge zwischen Anwenderprogrammen und Daten bei Einsatz eines Datenbankverwaltungssystems dar.

Datenbanksysteme haben folgende Merkmale:
1. Die Daten sind von den Anwendungsprogrammen getrennt;
2. Alle Datenbankoperationen wie Anfragen, Eintragungen und Korrekturen werden über eine einheitliche Datenbankschnittstelle abgewickelt;

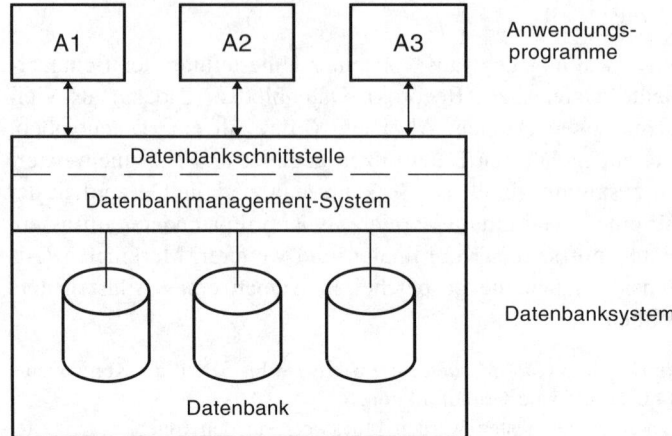

Abb. 129. Aufbau eines Datenbanksystems

3. Die Zugriffsberechtigung des Datenbankbenutzers wird geprüft;
4. Die Konsistenz (Widerspruchsfreiheit) der Daten wird nach jeder Änderung geprüft;
5. Die Datenbankbenutzer erhalten eine ihren Erfordernissen entsprechende Sicht (view) der Daten.
6. Es können konkurrierende Zugriffe auf die Datenbank verwaltet werden (Multi-User-Betrieb).

Als Vorteile gegenüber einem Dateiverwaltungssystem sind zu nennen:
– die erhöhte Sicherheit der Daten vor Zerstörung, Verfälschung und Mißbrauch;
– die Möglichkeit der redundanzfreien Datenspeicherung und
– die einfachere Austauschbarkeit von Programmen und Dateien.

Dies wird durch die in der Informatik entwickelte Beschreibung eines Datenbanksystems auf drei Abstraktionsebenen erreicht. Man unterscheidet (z.B. *Dworatschek* 1991, *Schneider* 1992)
– das konzeptionelle Schema,
– das interne Schema und
– mehrere externe Schemata.

Das *konzeptionelle Schema* beschreibt die logischen Beziehungen der Daten. Dabei geht es z.B. um die Zuordnung von Attributen zu Objekten und um Beziehungen zwischen Objekten. Es entpricht dem logischen Datenmodell (3.3.2). Im internen Schema werden die Art und der Aufbau der physischen Datenstrukturen (3.3.2) beschrieben, z.B. mit wieviel Byte ein bestimmtes Attribut an welcher Stelle eines bestimmten Datensatzes gespeichert werden soll und wie die Zugriffe auf das Attribut geregelt sind. Für die Zugriffe, die Organisation des physischen Speichers und die Datensicherheit sorgt das Betriebssystem. Die Abstraktionsebene des externen Schema dient der Vereinfachung und Erleichterung der Datenbankbenutzung. Hierfür werden entsprechend den Anforderungen der unterschiedlichen Nutzer Ausschnitte aus dem konzeptionellen Schema als individuelle Sichten (Views) auf eine Datenbank festgelegt. Damit wird zugleich ein Schutz vor unberechtigtem Datenbankzugriff erreicht.

Jede Datenbank läßt sich nach der Art der Beziehungen der einzelnen Datengruppen (Menge gleichartiger Datenelemente, z.B. Punktnummern) einem der folgenden Grundtypen zuordnen:

1. Das *hierarchische Datenbankmodell* dient der Speicherung solcher Daten, die in einer 1:n - Beziehung (Baumstruktur) zueinander stehen. Ein Beispiel sind alle zu einer Stadt gehörenden Stadtteile. Solche Strukturen sind leicht zu modellieren; sie bieten effiziente Such- und Einfügungsstrategien für einzelne Themen. Als Datenbankmodell für raumbezogene Informationen ist es jedoch nicht geeignet, da es nicht möglich ist, die dabei auftretenden komplexen Strukturen zu beschreiben.

2. Das *Netzwerk-Datenbankmodell* erlaubt die Modellierung hierarchischer und netzartiger Strukturen, d.h. es sind 1:n- und m:n-Beziehungen zugelassen. Seine Vorteile sind die platzsparende Speicherung komplexer Strukturen und der schnelle Zugriff darauf. Dem steht als wesentlicher Nachteil die Schwerfälligkeit bei der Anpassung an geänderte Bedingungen gegenüber. Die Einführung neuer Datenelemente und neuer Zugriffspfade bedeutet im allgemeinen eine Neuorganisation der gesamten Datenbank. Dieses Modell ist deshalb für Anwendungen geeignet, die vorhersehbar und weitgehend stabil sind. Das ist z.B. der Fall bei der topographischen Landesaufnahme.

3. Beim derzeit weit verbreiteten *relationalen Datenbankmodell* werden die Daten gruppenweise in Tabellenform gespeichert. Die Spalten einer Tabelle bezeichnet man als Domänen (Domains) und die Zeilen als Tupel (Tuple). Beim relationalen Konzept müssen die Datengruppen nicht von vornherein über Verweise (Pointer) miteinander verknüpft werden; vielmehr lassen sich die Beziehungen (Relationen) zum Zeitpunkt der Auswertung implizit über die Werte herstellen. Dieses Konzept hat vor allem folgende Vorteile:
– die Organisation einer Tabelle ist von der der anderen unabhängig;
– es ist eine weitgehend redundanzfreie und damit stabile Datenspeicherung möglich;
– es werden für Auswertungen nicht von vornherein explizite Angaben über die Zugriffspfade benötigt;
– Tabellen lassen sich in einfacher Weise kombinieren, verändern und abfragen; hierfür stehen Anfragesprachen, z.B. die Structured Query Language (SQL), und Möglichkeiten zur Einbindung in eine Programmiersprache zur Verfügung.

Aktuelle Entwicklungen in der Informatik richten sich auf die Anwendung *objektorientierter Datenbanken* (*Günther* in *Günther* u.a. 1992).

4.8.2 Verwaltung raumbezogener Daten

4.8.2.1 Anforderungen und Merkmale

Die Verwaltung raumbezogener Daten hat unterschiedliche Zielsetzungen zu berücksichtigen. Einerseits erfordert die langfristige Speicherung (Archivierung) großer Datenmengen besondere Maßnahmen der Konsistenzerhaltung (Widerspruchsfreiheit), der Aktualisierung und der Bereitstellung für verschiedenartige Anwendungen. Hierbei ist auch zu berücksichtigen, daß Geo-Daten einen Anteil von etwa 80% am Gesamtwert der technischen Komponenten eines GIS haben. Andererseits sind Modellrechnungen und interaktive kartographische Gestaltungsprozesse mit kleinen Datenmengen räumlich begrenzter Gebiete zu unterstützen; hierbei kommt es besonders auf einen schnellen Zugriff über Positionsangaben sowie einen möglichst raschen Bildaufbau an. Während sich die Anforderungen an die Verwaltung einer Archivdatenbank mit Standard-DBMS erfüllen lassen, sind zur Unterstützung der interaktiven graphischen Datenverarbeitung spezielle Maßnahmen erforderlich (*Frank* 1985):

1. Die gebündelte Speicherung räumlich benachbarter Daten auf dem Massenspeicher;
2. Die Verwendung von ausreichend dimensionierten schnellen Pufferspeichern zur Beschleunigung der interaktiven Bearbeitung, z.B. eines Kartenblattes;
3. Die Durchführung von Konsistenzprüfungen nicht nach jeder Datenänderung, sondern erst nach Durchführung einer Anzahl interaktiver Vorgänge (sog. Transaktion), z.B. zur Aktualisierung eines Kartenausschnitts. Jede Transaktion überführt eine Datenbank von einem konsistenten Anfangszustand in einen neuen konsistenten Endzustand.

Die Überlegungen zur Speicherung schließen auch die Abschätzung der Datenmenge ein. Bei der rechnergestützten Herstellung einer Karte bezieht sich diese Abschätzung gewöhnlich auf den Inhalt der gesamten Karte oder der einzelnen Farbfolien (z.B. Höhenliniendarstellung). Beim Aufbau einer Datenbank ist die Datenmenge meist für ein ganzes Kartenwerk zu ermitteln. So ergibt sich z.B. für die Speicherung eines Blattes einer TK 50 im Vektorformat etwa 3 MB (*Weber* 1991), für die eines Blattes der TK 25 mit allen Folien (Auflösung 320 L/cm) im komprimierten Rasterformat etwa 30 MB (*Jäger* in Festschrift für *Günter Hake* 1992) und für die eines Blattes der TÜK 200 etwa 50 MB.

Die Verwaltung raumbezogener Daten wird seit 1980 in Verbindung mit ihrer Modellierung (3.3) in einer wachsenden Zahl von wissenschaftlichen Untersuchungen zunächst im Vermessungswesen und danach in der Informatik behandelt und in Fachaufsätzen sowie Dissertationen dargestellt, z.B. von *Frank* (1983,1985), *Kainz* (in *Mayer* 1988), *Findeisen* (1990) und *Yang* (1990, 1992). In den seit Ende der 1980er Jahre veröffentlichten Monographien und Sammelwerken über Geo-Informationssysteme, z.B. von *Bartelme* (1989), *Bill u. Fritsch* (1991), *Laurini u. Thompson* (1992), *Maguire u.a.* (1991), *Schil-*

cher u.a. (1993) findet man auch spezielle Kapitel über die Speicherung und Verwaltung von raumbezogenen Daten.

4.8.2.2 Verwaltung von Raster-Daten

Liegen die geometrischen Informationen in Form von Raster-Daten (2.3.2.2) vor, können sie einfach als zweidimensionale Matrizen gespeichert werden. Jedes Pixel belegt eine durch Zeilen- und Spaltennummer definierte Position, die der räumliche Lage entspricht. Treten nur die Werte 0 und 1 auf, handelt es sich um ein Binärbild. Bei Grauwertbildern (z.B. digitalisierten Luftbildern) ist ein Wertebereich von 0 bis 255 entsprechend einem Byte bzw. bei Farbbildern je Grundfarbe üblich.

Matrizen sind mathematisch gut definiert, allgemein verwendbar und einfach zu implementieren. Dem steht als Nachteil gegenüber, daß ein erheblicher Speicherbedarf besteht. Die zu speichernde Datenmenge hängt von der Auflösung der geometrischen und semantischen Informationen ab. Wird z.B. eine Karte von 50×50 cm^2 mit einer geometrischen Auflösung von 50 μm gescannt (4.7.3), ergeben sich 10^8 Pixel; bei 1 Byte je Pixel bedeutet dies einen Speicherbedarf von 100 MB (Netto).

Zur Lösung der Speicher- und Verarbeitungsprobleme stehen verschiedene Methoden der *Datenkompression* zur Verfügung. Dabei kommen solche in Betracht, bei denen kein Informationsverlust auftritt:
– Die *Lauflängenkodierung* (run length encoding) (Abb. 93) wird bei der Datenerfassung mit Scannern angewendet. Zur Komprimierung werden diejenigen Pixel innerhalb einer Zeile zu einem Block zusammengefaßt, die den gleichen Wert haben; die Komprimierungsfaktoren liegen zwischen 5-10. Da diese Methode zeilenorientiert ist, berücksichtigt sie nicht unmittelbar die Nachbarschaftsbeziehungen in einer Matrix.
– Besser angepaßt an die zweidimensionalen Vorlagen ist die Speicherung von *Kacheln* oder *Superpixeln,* deren Größe nach Potenzen von 2 festgelegt wird. Übliche Kachelgrößen sind z.B. 64×64 oder 128×128 Pixel. Jeder Datensatz besteht aus einem Superpixel; es handelt sich um eine statische Blockung;
– *Quadtrees* (Abb. 94) ermöglichen eine dynamische Blockung. Für die Speicherverwaltung ergibt sich die Möglichkeit, die Adressen der Quadtree-Elemente (Quadtree-Codes) für den geometrisch-optimierten Zugriff zu verwenden. Der Komprimierungsfaktor beträgt zwischen 5-10; gegenüber der Lauflängenkodierung besteht der Vorteil, daß die Nachbarschaftsoperationen besser unterstützt werden.

Sind für das gleiche Gebiet verschiedene semantische Informationen, z.B. Gewässer und Wald, zu verwalten, so geschieht dies nach dem Ebenen- oder Layer-Prinzip. Wie beim Folienprinzip der analogen Kartentechnik werden die Informationen einschließlich ihrer aufeinander abgestimmten geometrischen Be-

200 Datenverwaltung

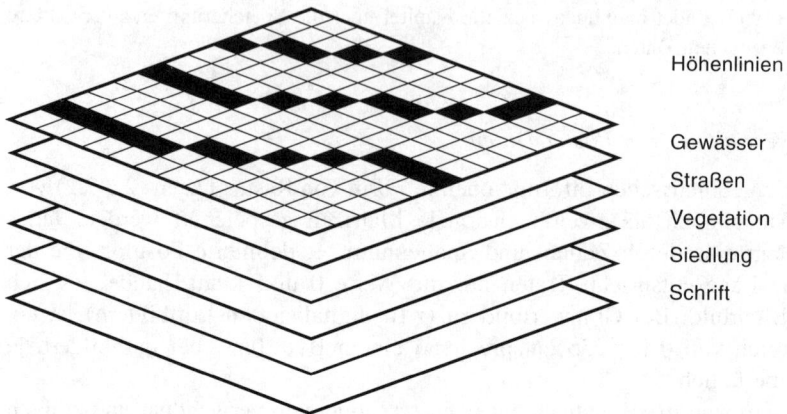

Abb. 130. Ebenenprinzip und Raster-Datenverwaltung

schreibung unterschiedlichen Ebenen zugeordnet (Abb. 130). Eine Gesamtdarstellung ergibt sich einfach durch Überlagerung dieser Ebenen.

Für die Verwaltung der Raster-Daten werden Magnetplatten oder optische Speicher in Verbindung mit speziellen Dateiverwaltungssystemen oder mit dem der allgemeinen Dateiverwaltung des Betriebssystems eingesetzt. Ein Datenverwaltungssystem für digitale Rasterkarten stellt (*Weber* 1983b) vor.

4.8.2.3 Verwaltung von Vektor-Daten

Vektor-Datenmodelle dienen der objektorientierten Beschreibung der geometrischen und semantischen Informationen (3.3.2.2). Für die Implementierung solcher Modelle gibt es folgende Varianten, die sich hinsichtlich der Organisation und der Behandlung der geometrischen und der nicht-geometrischen Informationen unterscheiden:

1. Die geometrischen und semantischen Daten (Attribute) werden getrennt gespeichert und verwaltet (Abb. 131). Für die Abbildung der Netzstrukturen des geometrischen Datenmodells finden spezialisierte Dateiverwaltungssysteme Anwendung (4.8.1.1), während für die Attributdaten meistens relationale DBMS zum Einsatz kommen. Die notwendigen logischen Verbindungen ergeben sich mittels eindeutiger Verweise (Pointer). Diese Technik wird bei vielen kommerziellen GIS-Systemen verwendet.

2. Die in Abb. 132 dargestellte Variante verwendet eine einheitliche Verwaltung (z.B. relationales DBMS) für geometrische, semantische und temporale Informationen. Mit einem speziellen DB-Verwaltungsprogramm (sog. Shell), das in der Lage ist, raumbezogene Operationen auszuführen, gelingt die Trennung von Anwender und Datenbank. Diese Technik ist vor allem in den Bereichen interessant,

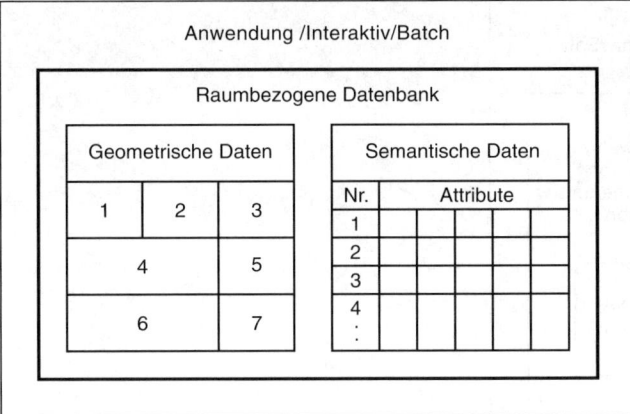

Abb. 131. Getrennte Speicherung von Geometrie und Attributen

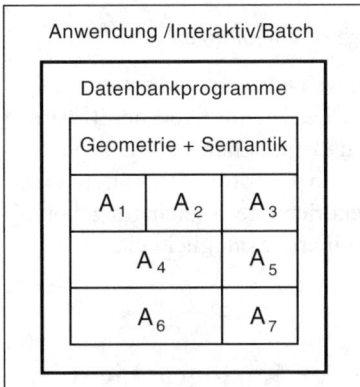

Abb. 132. Gemeinsame Speicherung von geometrischen und semantischen Informationen (A_i = Attribute zum Objekt i)

in denen mit großen Datenmengen gearbeitet wird und Fragen der Datenbankadministration, Datensicherheit, Datenschutz u.ä. eine wichtige Rolle spielen.

3. Die bisher erst im Entwicklungsstadium befindliche objektorientierte Datenbanktechnik wird künftig eine große Rolle für die Verwaltung raumbezogener Informationen spielen. Diese Datenbanktechnik verspricht größere Flexibilität und bessere Konfigurierbarkeit als die derzeit verfügbaren Systeme. Sie kann auch Funktionen der Modellrechnungen und der Generalisierung ausführen. Es handelt sich also nicht mehr um reine Datenverwaltungssysteme, sondern um integrierte Datenbank- und Methodenbanksysteme.

Abb. 133. Objektorientiertes Datenbanksystem

4.8.2.4 Verwaltung integrierter Vektor- und Raster-Datenbanken

Ein Nachteil getrennt verwalteter Vektor- und Raster-Datenmodelle besteht darin, daß sie zum Zweck der Verarbeitung durch Überlagerung verknüpft werden müssen. Neuere Untersuchungen haben gezeigt, daß ein höherer Integrationsgrad erreichbar ist durch die alleinige Speicherung von Quadtree-Strukturen (*Yang* 1992). Damit lassen sich die ebenen- und objekorientierte Speicherung kombinieren, und es ergibt sich eine wirksamere Modellierungsmöglichkeit.

4.9 Graphische Datenverarbeitung in der Kartographie

4.9.1 Grundzüge der kartographischen Datenverarbeitung

Allgemein hat die GDV die Aufgabe, geometrische Informationen des dreidimensionalen Raumes in den zweidimensionalen Darstellungsraum abzubilden und darauf bestimmte Operationen z.B. im Zuge von Modellrechnungen und für graphische Darstellungen durchzuführen.
   Der Einsatz der GDV in der Kartographie dient
– der Aufbereitung digitalisierter Daten (6.5);
– der Bereitstellung ausgewählter Geo-Daten aus einer Datenbank und
– der Bearbeitung der erfaßten und gespeicherten Informationen mit dem Ziel der analogen Ausgabe (7.3, 7.4) in Form von Kartenentwürfen oder Kartenoriginalen (bzw. Teilen oder Vorstufen dazu).

Darüber hinaus kommt die GDV im Zuge der Auswertung in Geo-Informationssystemen zur Anwendung (8.3).

Mit dem Einsatz digitaler Technologien stellt sich für die Kartographie die Aufgabe, die Daten mit den Anwendungsprogrammen auch auf verschiedenen Graphik-Arbeitsstationen verarbeiten zu können. Eine allgemeine Voraussetzung dafür ist die Kompatibilität (Verträglichkeit). Diese bezieht sich nicht nur auf Kodierung und Format der Daten, sondern auch auf Hardware und Software des Datenverarbeitungssystems. Als Portabilität (Übertragbarkeit) gilt der Grad der Anpassungsfähigkeit eines Programms an verschiedene Datenverarbeitungsanlagen; sie läßt sich als Sonderfall der Kompatibilität auffassen. Dazu sollten auch die allgemeinen und grundlegenden Operationen der graphischen Datenverarbeitung möglichst unabhängig sein vom jeweiligen Rechner und seiner Peripherie sowie von der spezifischen Anwendung. Dies ist sinnvoll wegen einer Menge von Gemeinsamkeiten:
a) bei den graphischen Interaktionen (z.B. bestimmten Änderungsvorgängen) und
b) bei der graphischen Ausgabe (z.B. Linienunterbrechungen der Vektorgraphik, Grauwerten der Rastergraphik).

Diese Anforderungen haben zur Entwicklung des GKS-Schichtenmodells geführt (Abb. 124). Über die Entwicklung einer auf GKS beruhenden Kompatiblen Interaktiven Graphischen Schnittstelle (KIGS) berichtet *Brüggemann* (1986). Ein Mittel für die Standardisierung kartographischer Operationen sind außerdem die sog. Kartiersprachen, mit denen sich auf flexible Weise bestimmte Arbeitsabläufe in Form von Prozeduren zusammenstellen lassen.

Entsprechend dem GKS-Schichtenkonzept werden in diesem Abschnitt elementare (4.9.2) und komplexere Standardmethoden (4.9.3, 4.9.4, 4.9.5) beschrieben. Durch Kombination der Methoden der kartographischen Vektor- und Raster-Datenverarbeitung entstehen die Verfahren der hybriden kartographischen Datenverarbeitung. Soweit es um spezifische Anwendungen solcher Methoden geht, befinden sich die Angaben in den Abschnitten 6.5, 7.3 und 7.4 sowie 8.3.

Die erforderlichen mathematischen Grundlagen der digitalen Kartographie waren und sind Gegenstand einer Reihe wissenschaftlicher Untersuchungen (z.B. *Meier* 1993). Die folgenden Ausführungen müssen sich auf eine exemplarische Behandlung beschränken.

4.9.2 Elementare Operationen der GDV

4.9.2.1 Operationen mit Vektor-Daten

Die geometrischen Operationen mit Vektor-Daten beziehen sich auf die Definitionspunkte der Objekte, die im dreidimensionalen und zweidimensionalen Objektraum gewöhnlich durch kartesische Koordinaten beschrieben werden. Die mathematischen Ansätze entstammen der analytischen Geometrie bzw. Vektorrechnung.

Für die darstellungsbezogenen elementaren Operationen der vektororientierten GDV werden sog. homogene Koordinaten verwendet. Damit lassen sich die geometrischen Veränderungen der Objekte, z.B. Drehung, Skalierung und Verschiebung, in Form von Matrizenoperationen formulieren. Zwischen den kartesischen Koordinaten eines Punktes $P(x, y)$ im R^2 und seinen homogenen Koordinaten (x_h, y_h, w) besteht die einfache Beziehung:

$$x = x_h : w$$
$$y = y_h : w \quad \text{(mit } w \neq 0, \text{ i.d.R. } w = 1\text{)}.$$

Durch die Entwicklung effizienter Rechenmethoden der GDV hat sich in der Mathematik der spezielle Bereich der Computergeometrie (Computational Geometry) entwickelt (z.B. *Fellner* 1992). Ohne Anspruch auf Vollständigkeit seien für Anwendungen folgende Beispiele elementarer Operationen genannt:
- im Bereich der graphischen Wiedergabe handelt es sich um Koordinatentransformationen für die Abbildung von Ausschnitten aus einer Datenbank auf die Darstellungsfläche eines Gerätes (z.B. Graphik-Bildschirm, sog. Window-Viewport-Transformation), um Sichtbarkeitsberechnungen, Freistellungen bzw. Beseitigung verdeckter Kanten u.a.m;
- bei der Selektion von Geo-Daten aus einer Datenbank oder bei räumlichen Analysen werden explizite topologische Beziehungen, z.B. die Lage eines Punktes zu einer gegebenen Kurve, die relative Lage zweier Kanten und zweier Polygone (Maschen) zueinander benötigt und durch Schnittberechnungen bestimmt und
- im Zuge von Modellberechnungen sind Strecken, Richtungen, Geradenschnitte, Krümmungen, Flächeninhalte, Volumen usw. zu bestimmen.

4.9.2.2 Operationen mit Raster-Daten

1. Elementare Operationen

Die Raster-Datenverarbeitung ist in ihren elementaren Operationen das Kernstück der digitalen Bildverarbeitung, und zwar weitgehend unabhängig von den fachspezifischen Anwendungen, die von der Medizin bis zur Fernerkundung reichen (z.B. *Göpfert* 1991). Die folgenden Ausführungen beschränken sich auf solche Operationen, die für kartographische Anwendungen von Bedeutung sind. Bemerkenswert ist dabei, daß die Raster-Datenverarbeitung sich weitgehend aus wenigen der folgenden elementaren Operationen zusammensetzt:

a) Bei den arithmetischen Operationen werden die sich entsprechenden Pixelpaare zweier Bilder arithmetisch (z.B. durch eine Addition) verknüpft (Abb. 134);
b) Bei den logischen Operationen werden die sich entsprechenden Pixelpaare zweier Bilder logisch verknüpft (z.B. das logische UND) (Abb. 135);
c) Durch die Parallelverschiebung erhalten alle Pixel eines Bildes entsprechend dem gewählten Nachbarschaftstyp (z.B. N.4) (2.3) eine neue Lage innerhalb der Bildmatrix;
d) Bei der Schwellwertoperation erhalten alle Pixel mit einem Grauwert größer/gleich einem Schwellwert den neuen Grauwert 1, alle anderen den

Grauwert 0 (Abb. 136a); es entsteht ein sog. Binärbild, und der Vorgang wird als Binärisierung bezeichnet;
e) Durch die Grauwertselektion lassen sich aus einem Bild alle Pixel mit Grauwerten innerhalb eines vorgegebenen Werteintervalls ermitteln (Abb. 136b);

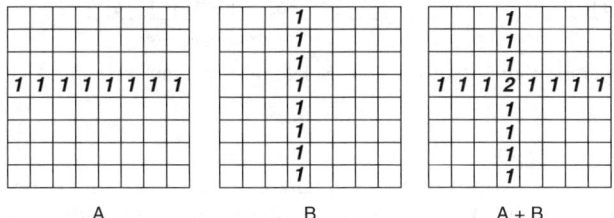

Abb. 134. Arithmetische Verknüpfung der Binärbilder A und B

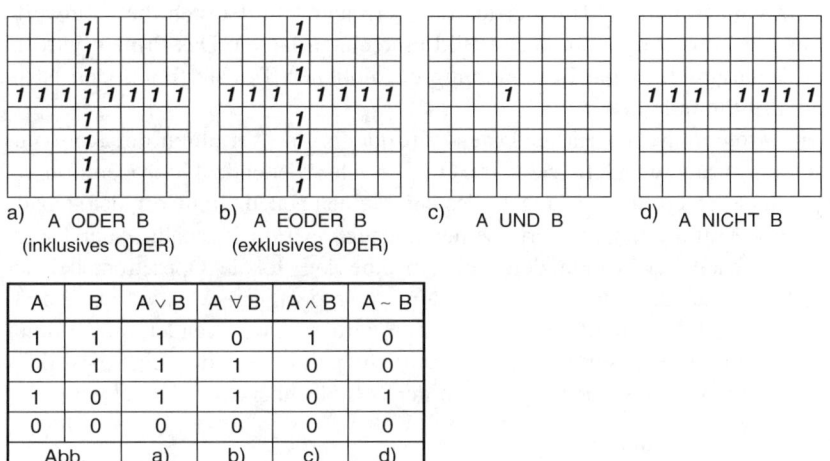

A	B	A ∨ B	A ∀ B	A ∧ B	A ~ B
1	1	1	0	1	0
0	1	1	1	0	0
1	0	1	1	0	1
0	0	0	0	0	0
Abb.		a)	b)	c)	d)

Abb. 135. Logische Verknüpfung der Binärbilder A und B

Mit elementaren Operationen lassen sich z.B. die Ergebnisse der Scannerdigitalisierung wie folgt verarbeiten: Sind Grauwerte in der Stufenskala von 0-255 (Quantisierung) erfaßt worden, so läßt sich mit Hilfe eines Grauwerthistogramms ein geeigneter Schwellwert (z.B. 200) festlegen und mittels einer Schwellwertoperation ein Binärbild, d.h. eine Strich- bzw. Flächenkarte erzeugen. Diese kann aber noch Störpixel enthalten.

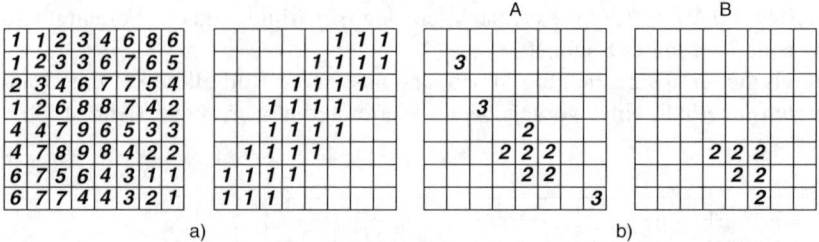

Abb. 136. a) Schwellwertoperation am Grauwert 5, b) Selektion der Grauwerte < 3

2. Filteroperationen

Mit Filteroperationen lassen sich bestimmte Frequenzbereiche einer durch periodische Schwingungen gekennzeichneten Erscheinung abschwächen oder unterdrücken. In der DBV handelt es sich bei den periodischen Schwingungen um Änderungen der Bildhelligkeit bzw. der digitalen Grauwerte in Abhängigkeit vom Bildort (Lagekoordinaten). Die theoretischen Grundlagen entstammen der digitalen Signalverarbeitung; sie unterscheidet zwischen Filteroperationen im Ortsbereich und im Frequenzbereich. Die Filterung wird durch eine bestimmte Übertragungsfunktion (Transferfunktion) erreicht, mit der sich die Grauwerte des Eingangsbildes zu einem neuen Bild umrechnen lassen. Das Prinzip wird in Abb. 137 dargestellt. Eine Beschreibung der üblichen Transferfunktionen ist in *Göpfert* (1991) enthalten.

Bei kartographischen Raster-Daten wird häufig das Verfahren der Konvolution (Faltung) angewendet. Diese im Ortsbereich arbeitende Filteroperation ersetzt jeden Grauwert des Eingangsbildes durch einen neuen Grauwert, der sich als gewichtetes Mittel der Grauwerte seiner Umgebung (mit Ausnahme der Randpixel) berechnen läßt. Es handelt sich um eine sog. lokale Operation, bei der die Nachbarschaft des jeweiligen Pixel durch eine geeignete Maske (z.B. 3 × 3-Matrix) berücksichtigt wird. Die Konvolution wird z.B. angewendet, um Bildrauschen (Störpixel) zu beseitigen. Dabei wird für jedes Pixel des Eingangsbildes ein neuer Grauwert aus den Grauwerten der N.8-Nachbarschaft berechnet.

3. Verdicken und Verdünnen

Abb. 138 stellt das Prinzip des Verdickens als eine viermalige Parallelverschiebung und anschließende Vereinigung (log. ODER) des Eingangsbildes und der parallelverschobenen Bilder zu einem Ausgangsbild dar. Bearbeitet man mit diesen Operationen den Bildhintergrund, so bewirkt dies eine Verdünnung der Graphikdarstellung. *Verdicken (Blow)* und *Verdünnen (Shrink)* sind häufig verwendete Grundoperationen, z.B. bei der Elimination von Flächenelementen oder bei der Erzeugung linienförmiger Signaturen bestimmter Breite (siehe 4.9.5.3).

4. Distanz- oder Abstandsmatrix

Die Distanzmatrix ist ein Bild, in dem der Grauwert jedes Pixel seinem Abstand zum nächstgelegenen Objektrand im Eingangsbild entspricht. Die Ab-

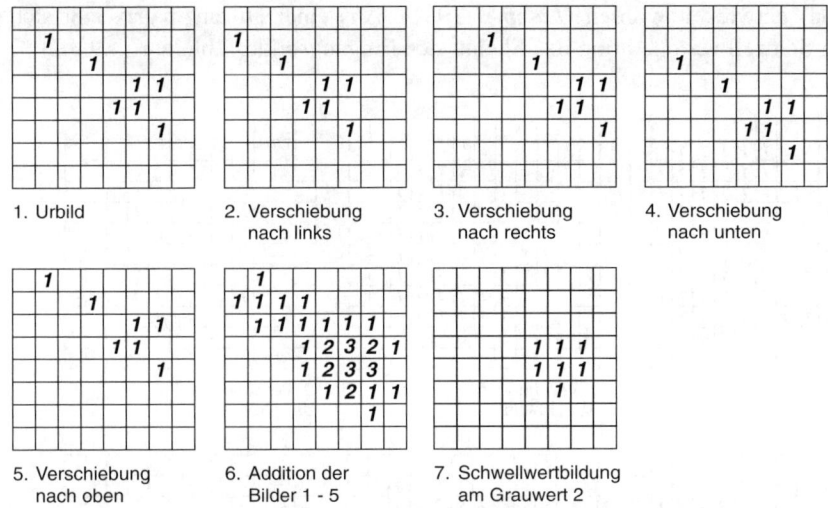

Abb. 137. Beseitigung von Bildrauschen (Störpixel) durch Filterung

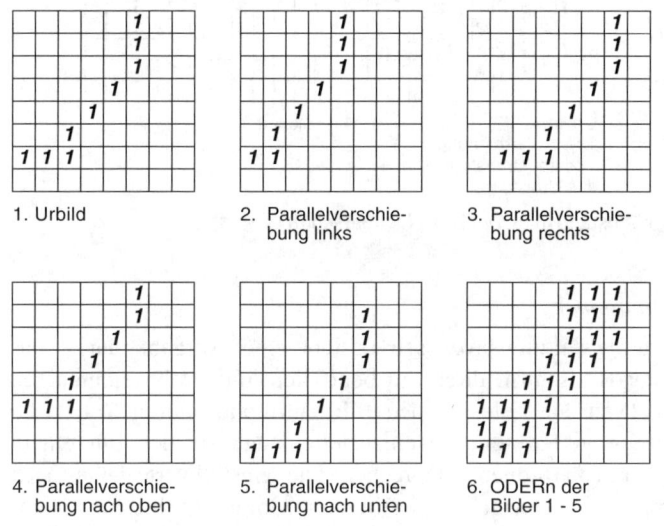

Abb. 138. Verdicken bei N.4-Nachbarschaft

standsbestimmung läßt sich als eine wiederholte Anwendung der Operationen „Verdünnen" und „Addition zweier Bilder" beschreiben (Abb. 139). Je nach ausgewählter Metrik (2.3.3.1) unterscheidet man zwischen N.4- und N.8-Distanzen. Für die Bestimmung der Distanzmatrix, z.B. für die Raster-Vektor-Konvertierung und für Abstandsberechnungen in raumbezogenen Analysen, sind leistungsfähige Algorithmen (z.B. sequentielle Vorwärts- und Rückwärtstransformation) entwickelt worden (*Lichtner* 1981). Aus einer Distanzmatrix läßt sich durch Schwellwertoperation das Skelett des Eingangsbildes ableiten (4.9.3.2).

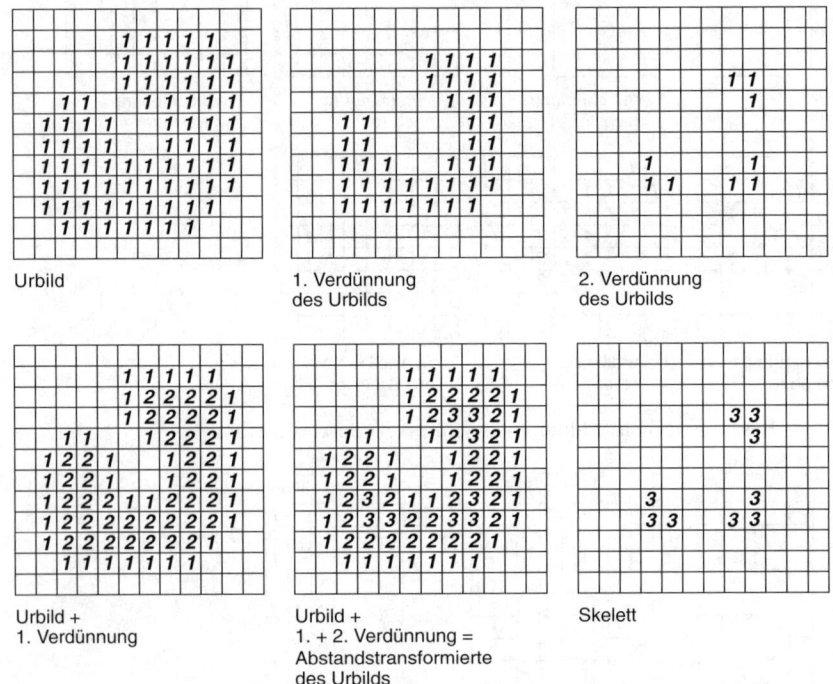

Abb. 139. Distanz- oder Abstandsmatrix (N.4-Nachbarschaft)

5. Farbraumtransformationen

Bei interaktiven Kartengestaltungsprozessen besteht eine Aufgabe darin, das Ergebnis am Farbraster-Bildschirm direkt zu beurteilen, um Probezeichnungen (proofs) einzusparen. Dazu sind die mit den Bildschirmphosphoren Rot, Grün und Blau (RGB) erzeugten Farbtöne so einzustellen, daß sie den mit einem Ausgabegerät erzeugbaren Farbtönen entsprechen. Die Einstellwerte lassen sich durch eine sog. Farbraumtransformation bestimmen. Grundlage hierfür ist das 1. *Graßmannsche* Gesetz (siehe z.B. *Schoppmeyer* 1991), wonach sich jede Farbe (Farbvalenz) durch additive Mischung dreier Grundfarben (Primärvalenzen) darstellen läßt. Dies läßt sich mathematisch durch eine Vektorgleichung beschreiben:

$$\vec{F} = R_F \cdot \vec{r} + G_F \cdot \vec{g} + B_F \cdot \vec{b}.$$

Darin sind $\vec{r}, \vec{g}, \vec{b}$ die Einheitsvektoren des RGB-Farbraums und R_F, G_F, B_F die Farbwerte der entsprechenden *Primärvalenzen*.

Abb. 140a stellt den RGB-Farbraum dar. Die Verbindung des Schwarzpunktes S mit dem diametral gelegenen Weißpunkt W bildet die Unbuntgerade; auf ihr liegen alle unbunten Farben, die sich nur durch ihre Helligkeit unterscheiden. Entsprechend läßt sich ein Farbraum mit den von Farbrasterplottern und im Offsetdruck nach der kurzen Skala verwendeten Grundfarben Cyan (C), Magenta (M) und Gelb (Y, yellow) definieren (Abb. 140b); es unterscheiden sich dabei nur die Bezeichnungen der Eckpunkte. Die Farbe Schwarz (S) liegt auf dem Punkt (1,1,1), da vom einfallenden Licht alle Grundfarben absorbiert werden, d.h. es wird kein Licht reflektiert. Umgekehrt werden bei der Farbe Weiß (W) alle Grundfarben reflektiert, und deshalb wird ihr der Punkt (0,0,0) zugeordnet.

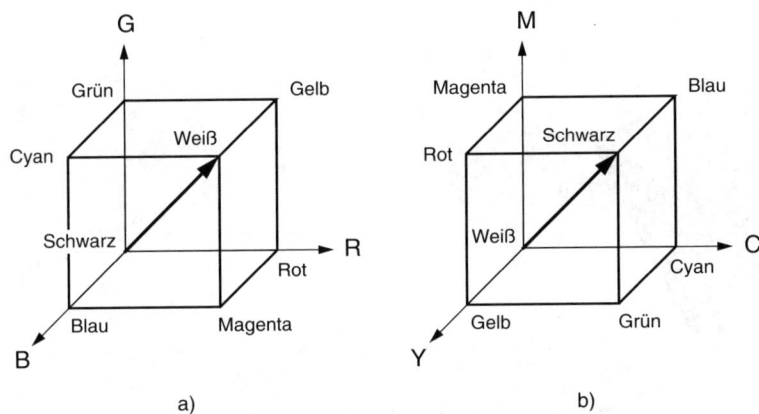

Abb. 140. Farbräume: a) RGB-Farbraum, b) CMY-Farbraum

Beide Farbräume lassen sich mit folgenden Vektorgleichungen ineinander umrechnen:

$$\begin{pmatrix} R \\ G \\ B \end{pmatrix} = \begin{pmatrix} S \\ S \\ S \end{pmatrix} - \begin{pmatrix} C \\ M \\ Y \end{pmatrix} \quad \text{und} \quad \begin{pmatrix} C \\ M \\ Y \end{pmatrix} = \begin{pmatrix} W \\ W \\ W \end{pmatrix} - \begin{pmatrix} R \\ G \\ B \end{pmatrix}$$

Darin sind die Vektoren (S, S, S) im CMY-Farbraum sowie (W, W, W) im RGB-Farbraum gleich (1,1,1).

Die Farbraum-Modelle RGB und CMY sind auf die technischen Möglichkeiten der Farbwiedergabe ausgerichtet. Bei der Betrachtung einer Farbdarstellung nimmt man jedoch keine Rot, Grün- oder Blauanteile, sondern Farben wahr, die sich hinsichtlich ihres *Farbtones* (Hue), ihrer *Sättigung* (Saturation) und ihrer *Helligkeit* (Intensity, Value) unterscheiden. Dieses Farbraummodell wird in der Literatur als *IHS-*(oder *HSV-*) *Modell* bezeichnet. Geometrisch läßt sich dieses Modell durch eine sechsseitige Pyramide veranschaulichen, die durch Projektion des RGB-Einheitswürfel entlang der Unbuntgeraden entsteht; diese bildet die Pyramidenachse ($S = 0$) (siehe Abb. 141). Ein Farbton wird als Winkel α angegeben, beginnend mit Rot bei 0°. Die *Sättigung* stellt das Verhältnis der Reinheit einer Farbe zu ihrer maximalen Reinheit (bei $S = 1$) dar. Ebenen mit I=constant stellen die Intensitäten (Value) der verschiedenen Farben dar. Die größte Intensität (1) liegt an der Basis, die geringste (0) an der Spitze der Pyramide. Die reinsten Farben besitzen die Werte $I = S = 1$ und unterscheiden sich nur im Farbwinkel. Bei der Verwendung eines Farbtons wird zunächst die entsprechende reine Farbe ausgewählt ($H = \alpha, I = S = 1$) und dann Weiß oder Schwarz zugemischt.

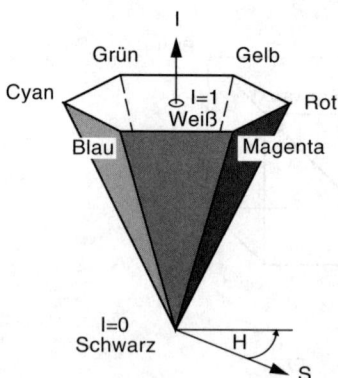

Abb. 141. Das IHS-Farbmodell

Zur Bewertung und Einordnung der Farben hat die *Commission Internationale de l'Eclairage* (CIE) ein international gültiges *Normfarbsystem* entwickelt, das auf drei Farben aus dem roten ($\lambda_R = 700$ nm), grünen ($\lambda_G = 546,1$ nm) und blauen ($\lambda_B = 435,8$ nm) Spektralbereich als Primärvalenzen aufbaut (DIN 5033, Teil 1-9). Dieses auf dem Farbgleichheitsurteil von etwa 95% der Bevölkerung beruhende System (*Frey* 1988) ermöglicht eine zahlenmäßige Festlegung der Farben. Mit Hilfe des Normvalenzsystems lassen sich die in den unterschiedlichen technischen Systemen realisierten Farbräume ineinander umrechnen. Dazu wird das charakteristische Farbverhalten (Gamut) jedes Ein-/Ausgabegeräts unter Verwendung standardisierter Farbvorlagen und in Beziehung zur menschlichen Farbwahrnehmung beschrieben. Das in Abb. 142 dargestellte Konzept eines Gesamtsystems für die Farbübertragung ermöglicht es, z.B. das Farbverhalten eines Farbrasterplotters (CMYK) im interaktiven Gestaltungsprozeß auf einem Farbrasterbildschirm (RGB) zu simulieren.

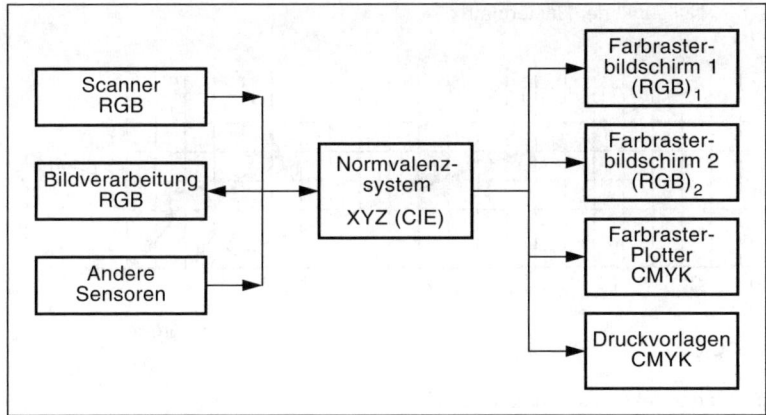

Abb. 142. Geräteunabhängiges Farbmodell (CIE) in einem GDV-System

Eingehende Ausführungen über Farbräume, Farbmodelle und Farbraumtransformationen findet man z.B. bei *Fellner* (1992), *Frey* (1988) und *Schoppmeyer* (1991, 1992); letzterer behandelt insbesondere auch die kartographischen Aspekte.

4.9.3 Umwandlung zwischen Vektor- und Raster-Daten

Dem Vorteil der raschen Datenerfassung und -ausgabe sowie der einfacheren Strukturierung der Datenbank bei den Raster-Daten steht der Nachteil gegenüber, daß im Vergleich zur Vektor-Datenverarbeitung längere Rechenzeiten und mehr Speicherplätze erforderlich sind; ferner ist die Objekttrennung nach Merkmalen schwieriger. Es liegt daher der Gedanke nahe, in den einzelnen Arbeitsabschnitten jeweils die Datenform zu verwenden, die für die Bearbeitung einer bestimmten Aufgabe größere Vorteile bietet. Das setzt Methoden für die Umwandlung von Vektor-Daten in Raster-Daten und umgekehrt voraus. Die Anwendung solcher Methoden ist sogar notwendig, wenn für bestimmte Prozesse nicht die geeigneten Geräte zur Verfügung stehen.

4.9.3.1 Umwandlung von Vektor-Daten in Raster-Daten

Die Umwandlung von Vektor-Daten in Raster-Daten (*Rasterisierung*) ist erforderlich, wenn nach Ablauf einer kartographischen Vektor-Datenverarbeitung
– eine Raster-Datenbank entstehen soll,
– für die weitere Verarbeitung Raster-Daten benötigt werden oder
– eine graphische Ausgabe am Rasterplotter vorgesehen ist.
   Zur Beschleunigung der Datenverarbeitung werden vor der Rasterisierung alle Vektoren in horizontale bzw. vertikale Bänder oder in Kacheln (Facetten)

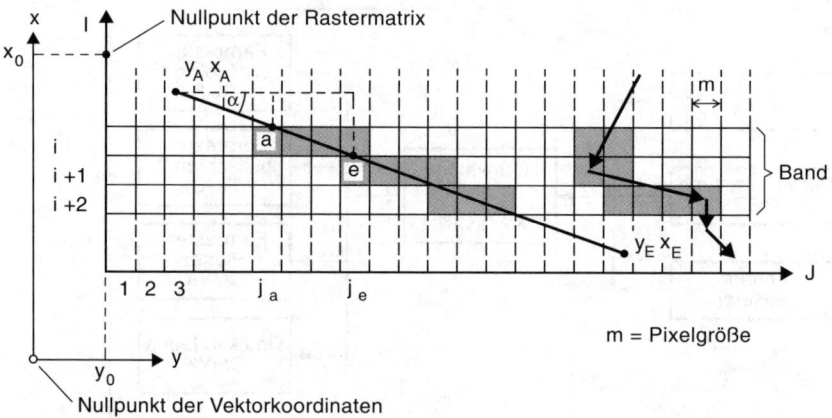

Abb. 143. Prinzip der Vektor-Raster-Datenkonvertierung (nach *Weber* 1982)

sortiert. Dann werden für jeden Vektor in Abhängigkeit vom Neigungswinkel α innerhalb eines Bandes die Zeilen-und Spaltenindices der Rastermatrix durch Geradenschnitt berechnet. Für den in Abb. 143 dargestellten Fall $|y_E - y_A| > |x_E - x_A|$ ergibt sich folgender Berechnungsablauf (*Weber* 1982):

1. Berechnung der Steigung des Vektors

$$\tan \alpha = \frac{x_A - x_E}{y_A - y_E}.$$

2. Berechnung des Spaltenindex j_a bei bekannter Zeilenkoordinate i:

$$j_a = \text{integer} \left[\frac{1}{m} \left[(y_A - y_0) + \frac{i \cdot m - (x_0 - x_A)}{\tan \alpha} \right] \right] + 1.$$

3. Berechnung des Spaltenindex j_e:

$$j_e = \text{integer} \left[\frac{1}{m} \left[(y_A - y_0) + \frac{(i - 1) \cdot m - (x_0 - x_A)}{\tan \alpha} \right] \right] + 1.$$

4. Zuordnung des Binärwertes 1 zu allen Pixeln in Zeile i zwischen j_a und j_e („Schwärzung").
5. Die Schritte 3) und 4) sind für alle übrigen Zeilen des Bandes, die den Vektor schneiden, zu wiederholen; dabei ergibt sich der neue Spaltenindex j_a jeweils aus dem j_e der vorhergehenden Zeile.
6. Wiederholung der Schritte 1) bis 5) für die anderen Vektoren, die das Band berühren.
7. Wiederholung der Schritte 1) bis 6) für das nächste Band.

Die Umwandlung eines Vektors ergibt binäre Raster-Daten, die ihm nach Richtung und Länge im Rahmen der Pixelgröße entsprechen. Diese Darstellung wird als *(Raster)-Skelett* bezeichnet (4.9.3.2). Im einfachsten Fall wird jedes Pixel geschwärzt, das von einem Vektor geschnitten wird; eine graphisch günstigere

Gestaltung wird erreicht, wenn die optische Dichte bzw. die Länge des Vektors berücksichtigt wird.

Einem Skelett lassen sich noch weitere Angaben zuordnen, die entweder die graphische Erscheinung (Strichbreite) oder sogar die semantische Information des Objekts (z.B. Objektschlüssel) beschreiben. Letzteres kann mit der *Freeman-Kodierung* erreicht werden, die zugleich den Speicherbedarf reduziert. Der Verlauf eines Skeletts wird dabei nicht durch Angabe von Zeilen- und Spaltenindices beschrieben, sondern durch Angabe des Anfangspixels (i_A, j_A) und die Richtungen $(R_1 \ldots R_N)$ zu den N Folgepixeln (siehe Richtungszeiger in Abb. 144). Eine Richtungskette hat z.B. folgenden Aufbau: | Objektschlüssel | Attribut | i_A | j_A | N | R_1 | R_2 | $\ldots R_N$ |.

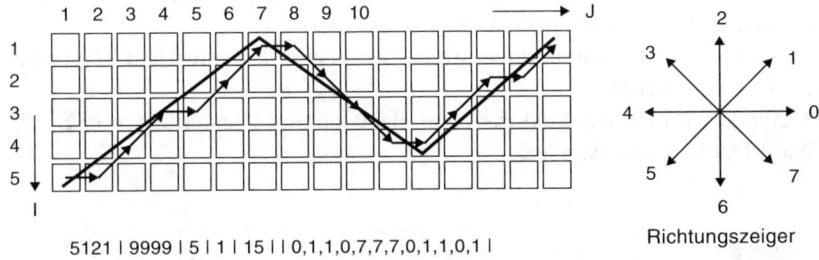

Abb. 144. Raster-Skelett und *Freeman*-Kodierung

Ausgehend vom Anfangspixel läßt sich die Lage jedes Pixel in der Bildmatrix berechnen, und die semantische Information kann für die graphische Darstellung objektorientierter Daten in Rasterform ausgewertet werden (*Jäger* 1990). Möglichkeiten zur Rasterisierung einer Linie erläutert *Franklin* (1979), den besonders schnellen *Bresenham*-Algorithmus (*Fellner* 1992). In modernen GDV-Systemen werden für die Rasterisierung spezielle Prozessoren, sog. RIP = Raster Image Processor, eingesetzt.

4.9.3.2 Umwandlung von Raster-Daten in Vektor-Daten

Die Umwandlung von Raster-Daten in Vektor-Daten (Vektorisierung) ist notwendig, wenn
- nach der Raster-Digitalisierung einer Vorlage am Scanner die weitere Verarbeitung mit Vektor-Daten (z.B. die kartographische Mustererkennung, siehe 6.5.2.2) oder
- nach einer Verarbeitung in Raster-Daten die Reduktion der Datenmenge

erwünscht ist. Das Problem dieser Umwandlung besteht darin, aus den regelmäßigen Rasterelementen das Linienmuster so zu finden, daß sich die Linienachsen, ihre Anfangs-, End- und Knotenpunkte zutreffend ergeben.

Die Methoden der *Vektorisierung* gehen aus von Binärbildern, die in einem Vorverarbeitungsprozeß (4.9.2.2) zu erzeugen sind. Dabei wird die Eingangsbildmatrix in die Vordergrundflächen der Graphikelemente („1") und in den komplementären Hintergrund („0") zerlegt. Eine praktische Bedeutung haben die beiden folgenden Vektorisierungsmethoden erlangt:

1. Die *Methode der Randlinienextraktion* ersetzt die Ränder der Vordergrundflächen durch geschlossene Polygone in Vektor-Daten (siehe Abb. 145). Diese ergeben sich durch
   - eine lokale Transformation zur Ermittlung der Randpixel unter Berücksichtigung eines bestimmten Nachbarschaftstyps; z.B. erhält man eine Kontur durch folgende N.4-Nachbarschaftsoperation (siehe Abb. 145 b):

   $B'(i, j) = 1$, wenn $B(i, j) = 1$ und mindestens ein N.4-Nachbar $= 0$,
   $B'(i, j) = 0$ sonst.

   - eine Linienverfolgung über alle Randpixel mit Transformation in ein kartesisches Koordinatensystem (Abb. 145 c) und
   - eine abschließende Linienglättung, mit der Zacken im Linienverlauf (Treppeneffekt) beseitigt werden.

Diese Methode wird bei der Vektorisierung flächenhafter Darstellungen (z.B. für einen Wald-Decker) angewendet.

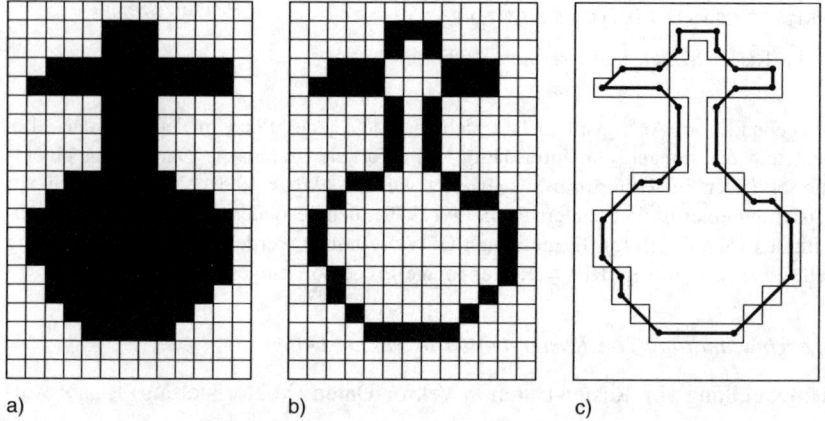

a)   b)   c)

Abb. 145. Prinzip der Randlinienextraktion: a) Binärbild, Randlinien in Raster-Daten (b) und in Vektor-Daten (c)

2. Die *Methode der Mittellinienextraktion* ersetzt die Vordergrundflächen durch ihre Raster-Skelette und wandelt diese in Vektor-Daten um.

Ein *Skelett* ist mathematisch definiert als Menge aller Punkte innerhalb eines (graphischen) Objekts, um die sich Kreise so in das Objekt einbeschreiben lassen, daß sie seinen Rand an mindestens zwei Stellen berühren. Bei langgestreckten schmalen Objekten ergibt sich dabei die Mittelachse, bei kompakteren Flächen ein verästeltes Liniennetz und bei kreisförmigen Objekten der Mittelpunkt.

Diese Methode bietet sich bei Vorlagen mit Strichdarstellungen an. Aus kartographischer Sicht stellen sich folgende Anforderungen an eine Mittellinienextraktion:
- eindeutige Erkennung der Linienmitten, Linienanfänge und Schnittpunkte von Linien (Knoten),
- ausreichend genaue Ermittlung der Linienbreiten und der Ausdehnung der Knotenpunktbereiche sowie
- Erhaltung des topologischen Zusammenhangs.

Diese Forderungen werden mit folgendem Verfahren erfüllt (Abb. 146):

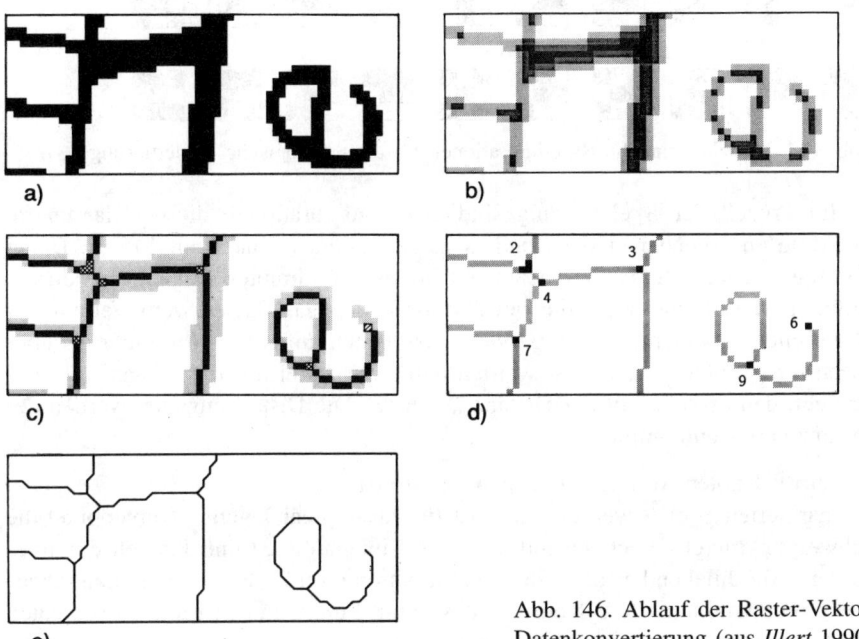

Abb. 146. Ablauf der Raster-Vektor-Datenkonvertierung (aus *Illert* 1990)

1. Schritt: Ableitung der Distanzmatrix (siehe Abb. 139 und Abb. 146b).

2. Schritt: Topologische Skelettierung (siehe Abb. 146c).
Die *topologische Skelettierung* bestimmt das Linienskelett unter Erhaltung des topologischen Zusammenhangs. Grundlage dafür ist eine Klassifizierung aller möglichen Nachbarschaftskonfigurationen in einem Binärbild unter Berücksichtigung der N.8-Nachbarschaft. Aus den 256 Möglichkeiten ergeben sich nach Elimination von Symmetrien und Rotationen 51 Grundmuster (*Kreifelts* u.a. 1974). Diese lassen sich entsprechend ihrer topologischen Bedeutung in sechs Klassen einteilen. Für die Skelettierung werden die Klassen „Linienanfang", (A-Klasse), „Linienelement" (L-Klasse) und „Knoten" (K-Klasse) benötigt (siehe Abb. 147).

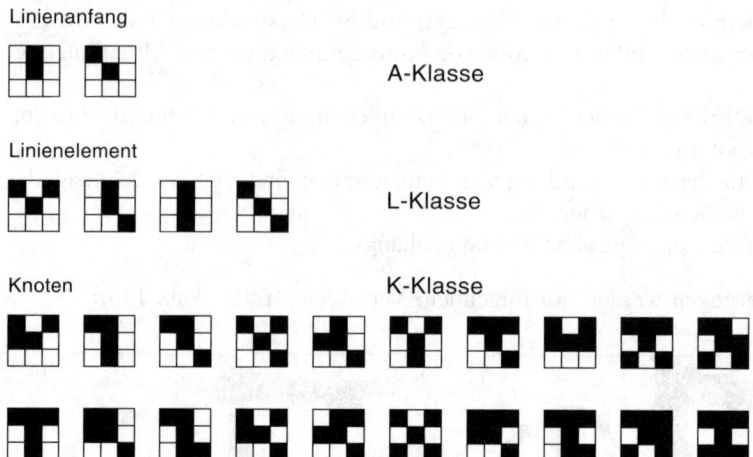

Abb. 147. N.8-Nachbarschaftskonfigurationen für die topologische Skelettierung

Im Prozeß der Skelettierung sind die Konfigurationen dieser Klassen im Binärbild zu erkennen und besonders zu markieren (siehe Abb. 146 c). Dabei sind die Nachbarschaftsuntersuchungen in einer bestimmten Reihenfolge durchzuführen (Partitionierung), die gewährleistet, daß das Skelett dem Verlauf der Mittellinien entspricht. Gute Ergebnisse lassen sich mit einer Partitionierung über Distanzen erreichen. Zunächst werden dabei nur Pixel mit der Distanz „1" untersucht, dann solche mit der Distanz „2" usw.. Die Distanzangaben werden der Distanzmatrix entnommen.

3. Schritt: Knotenextraktion (siehe Abb. 146 d)
Im markierten Skelett werden zunächst für zusammenhängende Knotenpixel die Schwerpunktpixel berechnet und dann die Linienanfänge und Knoten durchnumeriert. Anschließend erfolgt die Transformation ihrer Zeilen- und Spaltenindices in ein rechtwinkliges X,Y-Koordinatensystem. Punktnummern und Koordinaten werden in einer Knotendatei zusammengefaßt.

4. Schritt: Linienverfolgung (siehe Abb. 146 e)
Ausgehend von den Knoten werden die Linienpixel (L-Klasse) verfolgt. Dabei ergeben sich Linien (Kanten) zwischen zwei Knoten, zwei Linienanfängen oder einem Knoten und einem Linienanfang; außerdem können auch Zyklen (Ringpolygone) auftreten, die jeweils im gleichen Knoten beginnen und enden. Den Linien lassen sich noch die über die Länge gemittelte Breite (Distanz) zuordnen, z.B. für die graphische Wiedergabe mit Vektor-Plottern (4.10) oder für die Bestimmung von Objekteigenschaften in der Mustererkennung (6.5).

Das Ergebnis des Vektorisierungsprozesses kann noch die in Abb. 148 dargestellten Mängel aufweisen.

Die Mängel lassen sich durch folgende Maßnahmen teilweise automatisch beheben:

Kartographische Techniken 217

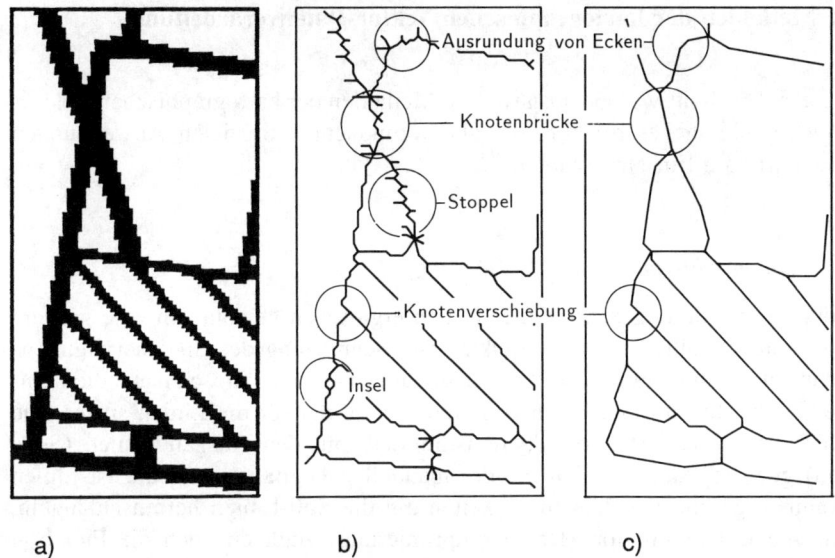

Abb. 148. Mängel der Vektorisierung: a) Binärbild, b) Vektordarstellung, c) Ergebnis nach Korrektur (aus *Illert* 1990)

- Mit Glättungsverfahren wird der gezackte Verlauf geglättet (4.9.4.1);
- Stoppel lassen sich aufgrund ihrer Länge erkennen und anschließend löschen;
- für die Korrektur von Knotenverschiebungen und -brücken sowie Eckenausrundungen stehen kontextabhängige Methoden zur Verfügung.

Automatisch nicht lösbare Mängel sind interaktiv zu beheben.

Mängel und ihre Korrekturmöglichkeiten werden eingehend von *Illert* (1990) und *Klauer* (1986, 1993) diskutiert. Die Erfahrung lehrt, daß sich durch eine sorgfältige *Bildvorverarbeitung* die möglichen Mängel erheblich reduzieren lassen. Dementsprechend konzentriert sich die aktuelle Entwicklung auf Verbesserungen der Eingangsbilder durch Methoden der digitalen Bildverarbeitung.

Die Vektorisierung ist eines der ersten Probleme, das in den Forschungsarbeiten der Bildverarbeitung und der digitalen Kartographie bearbeitet wurde. Anfangs entstanden Skelettierungsmethoden, bei denen solange Pixel vom Rand der Vordergrundobjekte „abgeschält", d.h. zu Hintergrundpixeln umgewandelt, werden, bis nur noch zusammenhängende Linien mit der Breite eines Pixels übrigbleiben. Hierüber berichten z.B. *Kreifelts* u.a. (1974) und *Weber* (1982a). Eine andere Methode findet die Mittellinien durch Mittelung der Abstände gegenüberliegender Punkte auf den Rändern des Vordergrundes. An der Universität Hannover wurde ein Verfahren entwickelt, das an die Arbeiten von *Kreifelts* u.a. (1974) anknüpft und die kartographischen Anforderungen mit dem Raster-Vektor-Konvertierungsprogramm RAVEL erfüllt (*Illert* 1987, *Lichtner* 1987, *Klauer* 1986 und *Yang* 1989). Ansätze zur Weiterverarbeitung der Vektor-Daten werden in *Klauer* (1993) untersucht.

4.9.4 Methoden der kartographischen Vektor-Datenverarbeitung

In diesem Abschnitt werden ausgewählte Methoden der kartographischen Vektor-Datenverarbeitung beschrieben, die als Komponenten in vielen Anwendungen (Verfahren) zum Einsatz kommen.

4.9.4.1 Datenreduktion

Bei der Digitalisierung gekrümmter Linien ergibt sich gewöhnlich eine größere Menge unregelmäßig verteilter Punkte. Zur Begrenzung des Speichervolumens und zur Vermeidung unnötigen Rechenaufwands liegt der Wunsch nahe, die Menge der Punkte bis auf den Bestand zu reduzieren, der für die Linien später eine graphisch noch ausreichende Übereinstimmung mit den Ausgangslinien (Soll-Linien) gewährleistet. Da sich bei der manuellen Digitalisierung die Ist-Linien im Rahmen graphischer Ungenauigkeiten um die Soll-Linien herumschlängeln, könnte die Datenreduktion (Datenkomprimierung) zugleich noch die Funktion einer Glättung erfüllen.

Die meisten Methoden der Datenreduktion beruhen auf der Entscheidung darüber, ob sich ein digitalisierter Punkt innerhalb einer gewissen Toleranz aus den signifikanten Punkten berechnen läßt oder nicht. Ein Ansatz ist die Methode nach *Douglas/Peucker* (1973), die eine digitalisierte Linie durch ein Sehnenpolygon ersetzt, innerhalb dessen die originären Punkte mit einem Fehler kleiner/gleich einer wählbaren Toleranz a prädizierbar sind. Diese Methode setzt die vollständige Datenmenge voraus, und sie benötigt viel Rechenzeit, weil die Abstände der digitalisierten Punkte zu den einzelnen Sehnen mehrfach zu berechnen sind. Zu den ökonomischeren Methoden ist die Datenreduktion nach *Skappel* zu rechnen (*Fischer* 1982b). Sie geht aus von einer stückweisen Betrachtung der zu reduzierenden Kurve. Solange ein originärer Punkt innerhalb eines begleitenden Grenzbandes liegt, wird er weggelassen. Liegt er außerhalb, so wird er gespeichert, und die Orientierung des Begleitbandes wird neu berechnet. Zusätzlich wird zwischen den Punkten P_i und P_{i+1} jeweils die *Douglas/Peucker*-Methode angewendet, um zu verhindern, daß signifikante Kleinformen der Kurve unbeabsichtigt eliminiert werden (Abb. 149).

Praktische Anwendungen haben gezeigt, daß damit eine durchschnittliche Reduktion auf 20-25% der ursprünglichen Datenmenge erreichbar ist (*Fischer* 1982b).

Über die verschiedenen mathematischen Ansätzen berichten u.a. *Douglas/Peucker* 1973 und *Weber* 1982b. *Fischer* (1982a,b) schlägt als wirksamste Lösung die Anwendung eines sog. Optimalfilters vor, wenn bei der Digitalisierung die richtige Abtastfrequenz gewählt wurde. In gleicher Weise argumentiert *Meier* (1993), der auch weitergehende mathematische Konzepte behandelt.

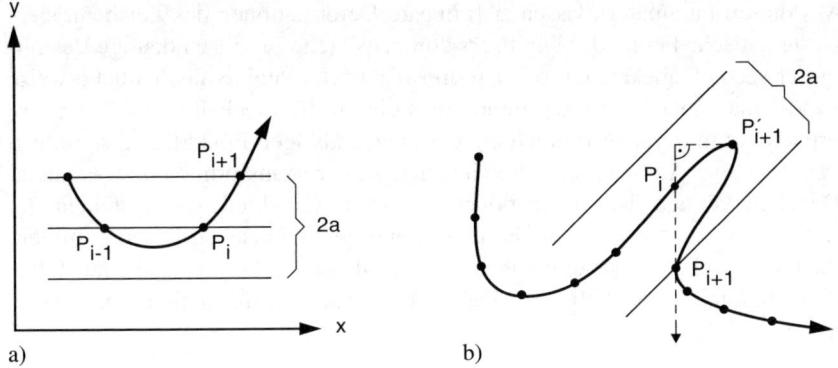

Abb. 149. Datenreduktion nach *Skappel:* a) Begleitendes Grenzband, b) *Douglas/Peucker*-Methode (aus *Fischer* 1982b)

4.9.4.2 Koordinatentransformation

Bei den Transformationen zwischen verschiedenen Koordinatensystemen handelt es sich vor allem um die Fälle, bei denen rechtwinklig-ebene Koordinaten der Landesvermessung aus Tischkoordinaten bzw. vektorisierten Raster-Daten der digitalisierten Punkte P_i entstehen.

Bei der Transformation von Tischkoordinaten wird allgemein die Affin-(6-Parameter)-Transformation angewendet (Abb. 150). Damit lassen sich die zu transformierenden Punkte
- in beiden Koordinatenrichtungen verschieben (Translation),
- getrennt nach den Koordinaten x und y um die Winkel α_x und α_y drehen (Rotation) und
- durch Multiplikation mit den getrennt nach Koordinatenachsen bestimmten Maßstabsfaktoren m_x und m_y so ändern, daß diese in beiden Koordinatensystemen übereinstimmen (Skalierung).

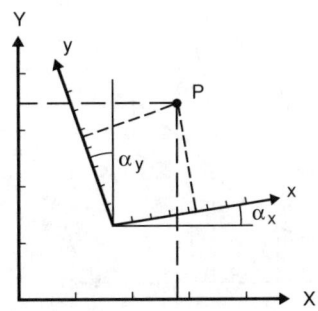

$$X = a_0 + a_1 x + a_2 y$$
$$Y = b_0 + b_1 x + b_2 y$$

Abb. 150. Affintransformation

Mit diesen Parametern lassen sich lineare Deformationen des Zeichenträgers und systematische Fehler des Digitizers kompensieren. Für die eindeutige Bestimmung der sechs Unbekannten reichen drei identische Punkte aus. Üblicherweise verwendet man aber bei Karten mindestens die vier Blattecken und z.B. weitere Gitterpunkte, um durch Ausgleichung der überschüssigen Punktdigitalisierungen eine zuverlässige Aussage über die Genauigkeit der Transformation zu erhalten.

Daneben können Transformationen zwischen verschiedenen Systemen der Landesvermessung sowie zwischen diesen und geographischen Daten auftreten. Die mathematischen Ansätze beruhen auf geschlossenen Formeln oder auf Interpolationsfunktionen mit Hilfe von Paßpunkten. Zur Transformation von Kartennetzen siehe 2.2.7.

4.9.4.3 Interpolation und Approximation von Linien

Aus den mit diskreten Punkten beschriebenen geometrischen Objektinformationen sind häufig möglichst genaue, glatte Kurven zu erzeugen. Die mathematische Modellierung geht üblicherweise von einer Parameterdarstellung der Kurven (z.B. Höhenlinien aus einem DGM) aus. Als Parameter t verwendet man den Abstand zwischen den gegebenen diskreten Punkten (Abb. 151). Damit kann $x = x(t)$ und $y = y(t)$ in Abhängigkeit von t dargestellt werden.

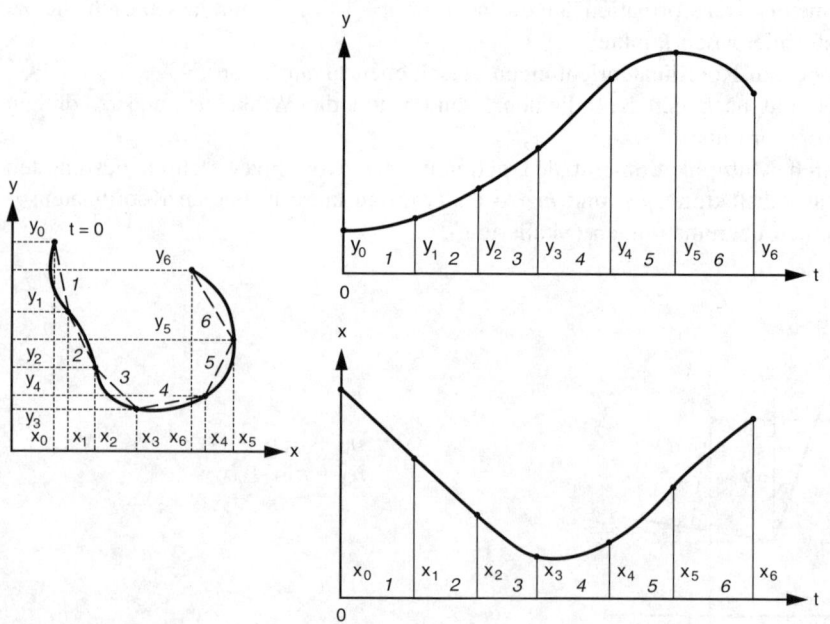

Abb. 151. Parameterdarstellung einer Kurve

Für kartographische Anwendungen geeignete Interpolationsansätze sind *B-Splines* und die *Akima-Interpolation*. Beide Ansätze beruhen auf einer stückweisen Interpolation mit Polynomen, wobei nur Stützpunkte der näheren Umgebung verwendet werden. Daher tritt das bei Polynominterpolationen über die gesamte Stützpunktmenge übliche Ausschwingen nicht auf, und der Rechenaufwand ist vergleichsweise gering. Der nur mit kubischen Polynomen arbeitende *Akima*-Ansatz ergibt unter Beschränkung auf gewisse Brechungswinkel Kurven, die unter allen möglichen Interpolationsansätzen der freihändigen Interpolation durch einen geübten Zeichner am nächsten kommt (*Kraus* 1987).

Da alle graphischen Ausgabegeräte (4.10) lediglich zwei Punkte geradlinig verbinden können, müssen die Kurven vor der graphischen Ausgabe durch einen Polygonzug so approximiert werden, daß visuell der Eindruck einer glatten Kurve entsteht. Dafür sind in den Prozessoren der Ausgabegeräte geeignete Algorithmen implementiert. Für die Berechnung eines gut approximierenden Polygons gibt Kraus (1987) folgende Formel für die Schätzung des mindestens einzuhaltenden Polygonpunktabstands an:

$$\Delta t \leq \sqrt{8 \cdot dS_{max}/|S''_{max}|}.$$

mit Δt: Abstand der Polygonpunkte,
dS_{max}: max. Approximationsfehler, näherungsweise Zeichengenauigkeit;
S''_{max}: Krümmung zwischen den Stützpunkten der Interpolationskurve.

4.9.4.4 Signaturieren in Vektor-Daten

Durch *Signaturierung* werden digital gespeicherte Objektinformationen mit kartographischen Gestaltungsmitteln (3.1.2, 3.1.3) sichtbar gemacht.

In der Literatur findet man auch die Bezeichnung Symbolisierung, analog zum englischen Begriff „symbolization". Im Hinblick auf die Ausführungen in 3.1.2.1 wird jedoch dem Begriff Signaturierung der Vorzug gegeben. Seitdem die Wiedergabe der Kartengraphik mit hochauflösenden Laser-Rasterplottern (4.10) hardware-technisch möglich geworden ist, stellen die in Verbindung mit den verfügbaren digitalen Datenmodellen rasch wachsenden Anforderungen an die Visualisierung eine große Herausforderung an die digitale Kartographie dar. Die dafür entwickelten bzw. noch zu entwickelnden Methoden gehören zur Grundausstattung einer für die digitale Kartographie geeigneten Graphik-Workstation.

Die Signaturierung setzt sich aus folgenden Arbeitsschritten zusammen:

1. Die vorbereitende Gestaltung und Konstruktion der Signaturen nach sorgfältiger Analyse der darzustellenden Objektinformationen und ihrer Zuordnung zu geeigneten kartographischen Gestaltungsmitteln (3.1.2, 5.1) unter Berücksichtigung von Kartenmaßstab und Kartenzweck.
2. Speicherung und Verwaltung der Signaturen in einer Signaturen-Bibliothek (digitales „Musterblatt") mit allen Angaben wie Signaturennummer, Linienmuster, Linienbreiten, Farbgebung, Darstellungspriorität u.a., die für den kartographischen Modellierungsprozeß erforderlich sind.

3. Die Anwendung der Signaturen im konkreten Gestaltungsprozeß; zunächst ist dabei eine Signatur entsprechend den vorgegebenen geometrischen und semantischen Objektinformationen auszuwählen und dann auf die Bezugsgeometrie (z.B. Mittelachse eines Straßenobjekts) in die Darstellungsfläche abzubilden. Diesen Vorgang kann man sich als ein (virtuelles) Kartieren und Zeichnen im Hauptspeicher der Graphik-Workstation vorstellen.

Da als Ausgabegerät für qualitativ einwandfreie Karten Laser-Rasterplotter einzusetzen sind, liegt es nahe, die Signaturierung vollständig im Wege der Raster-Datenverarbeitung durchzuführen (4.9.5.3). Es hat sich jedoch gezeigt, daß die Signaturierung in Vektor-Daten für eine Reihe von Kartenarten und Kartentypen zweckmäßiger ist bzw. allein bestimmte Gestaltungsaufgaben lösen kann. Dies gilt u.a. dann, wenn
– objektorientierte Geoinformationen zu visualisieren sind;
– dieselben Geoinformationen oder Teilmengen davon flexibel in verschiedenen Gestaltungsvarianten zu präsentieren sind;
– Signaturen entlang von Kurven zu plazieren sind.

Bei einer systematischen Betrachtung der Signaturierung in Vektor-Daten ergeben sich noch folgende Bemerkungen:

1. Die Konstruktion *punktförmiger Signaturen* ist grundsätzlich ohne Einschränkungen der graphischen Gestaltung möglich. Im Hinblick auf eine wirtschaftliche Ausgabe sollten jedoch folgende Empfehlungen berücksichtigt werden (*Weber* 1991):
– Verwendung von Punktsignaturen mit konstanter Orientierung,
– Mindestbreite der Striche $\geq 0,1$ mm,
– Darstellung schmaler Linien in einer Farbe der kurzen Skala.

2. *Lineare Signaturen* lassen sich allein aus den Grundelementen Rechteck und Kreis bilden (Abb. 152a). Da diese gewöhnlich eine feste Größe haben, d.h. nicht skaliert werden dürfen, können sie nicht regelmäßig zwischen den Polygonpunkten (4.9.4.3) verteilt werden. Ausgehend von sauber gestalteten Polygonpunkten ist ein Ausgleich der Elementpositionen durchzuführen (Abb. 152b und c).

Ein weiteres Detailproblem ist die Füllung bzw. Vermeidung der an den Polygonpunkten auftretenden Risse (Abb. 152b), so daß glatte gleichmäßig erscheinende Linien entstehen. Mögliche Lösungen sind die Kreisbogenmethode (Abb. 152d) und die Polygonmethode (Abb. 152e). Während die erste Methode die Lücken durch nachträglich eingepaßte Kreisbögen füllt, vermeidet die zweite Methode von vornherein Lücken durch Konstruktion des Signaturenrandpolygons. Beide Methoden unterscheiden sich deutlich hinsichtlich ihres Verarbeitungs- und Verwaltungsaufwands. Im Hinblick auf die künftig verfügbaren Rechnerleistungen sind diese Nachteile zugunsten einer guten Signaturendarstellung vernachlässigbar. Aus wirtschaftlichen Gründen sollen möglichst keine unterbrochenen, asymmetrischen, ornamentierten oder breitenvariable Liniensignaturen verwendet werden.

Kartographische Techniken 223

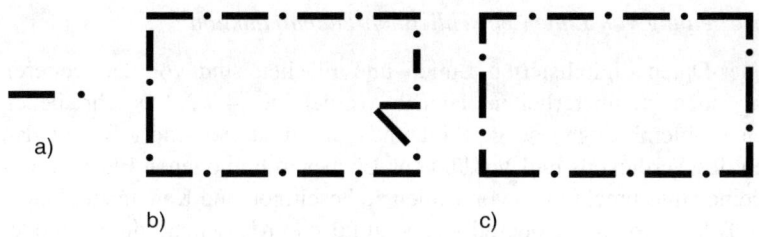

a)

b)   c)

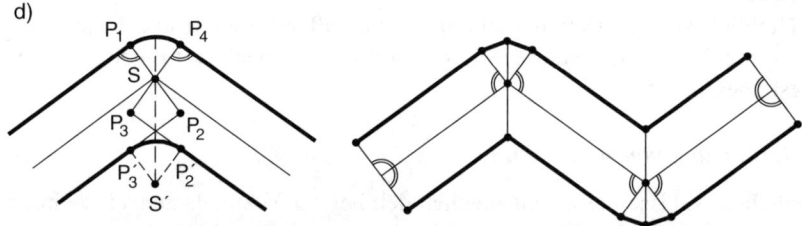

d)

Abb. 152. Probleme der Signaturierung in Vektor-Daten
a) Grundelemente, b) Ungünstige Aufteilung der Elemente, c) Gute Aufteilung der Elemente mit ausgearbeiteten Ecken, d) Lückenkorrektur nach der Bogenmethode, e) Lückenkorrektur nach der Polygonmethode

3. Die vektorielle *Signaturierung von Flächen* ist nur in einfachen Fällen zu empfehlen (z.B. Gebäudedarstellung in Katasterkarten). Die bei der Überlagerung mehrerer Darstellungsebenen auftretenden Prioritätsprobleme sind rechentechnisch einfacher mit der Raster-Datenverarbeitung zu lösen. Diese ist auch allein geeignet, unbunte oder bunte Flächentöne zu realisieren.

Die sich an die objektbezogene Signaturierung anschließende kartographische Modellierung, z.B. Generalisierung und Freistellung, wird im Zusammenhang mit der digitalen kartographischen Informationsverarbeitung behandelt (7.4). Auch die mit der Signaturierung eng verwandte Schriftgestaltung wird in einem eigenen Abschnitt dargelegt (4.9.6). Die Kombination mit der Signaturierung in Raster-Daten (4.9.5.3) ergibt die vorteilhaften hybriden Methoden. Detaillierte Betrachtungen zur Signaturierung stellen *Brandenberger* (1993) und *Jäger* (1993) an. Die Liniendarstellung mit GKS-Funktionen behandelt *Rase* (1993).

4.9.5 Methoden der kartographischen Raster-Datenverarbeitung

Im diesem Abschnitt werden ausgewählte Standardmethoden der kartographischen Raster-Datenverarbeitung beschrieben. Ausführliche Darstellungen stammen vor allem von *Weber* (1980, 1982a), *Lichtner* (1981), *Fischer* (1982b) und *Göpfert* (1991).

4.9.5.1 Verarbeitung von Linien einschließlich Datenreduktion

Die in Raster-Daten digitalisierten Linien und Flächen sind vor der weiteren Verwendung noch zu überarbeiten. Hierfür werden die 4.9.2.2 beschriebenen Operationen problembezogen ausgewählt und eingesetzt. So sind z.B. mit den Operationen des Verdickens und Verdünnens Löcher in homogenen Flächen aufzufüllen, kleine Unterbrechungen von Linien zu beseitigen und Kanten zu glätten. Mit anderen Bildverarbeitungsoperationen sind falsche Klassenzuordnungen oder eine zu geringe Differenzierung des Bildinhaltes (z.B. nur in Vordergrund und Hintergrund) zu korrigieren.

Im Hinblick auf die Datenspeicherung sind Filterverfahren und Datenkomprimierungsverfahren anzuwenden; dies allerdings erst nach der Entzerrung des Eingangsbildes (4.9.5.2).

4.9.5.2 Entzerrung von Bildmatrizen

Die sachlichen Anlässe hierzu entsprechen den bei der Vektor-Datenverarbeitung (4.9.4.2) genannten Fällen. Der auch in der Photogrammetrie übliche Ansatz besteht darin, daß zunächst im Ergebnisbild das Rastermuster erzeugt wird und dann für jedes Pixel dieses Musters das Pixel der Vorlage gesucht wird, das ihm nach der Transformationsvorschrift geometrisch ganz oder überwiegend zugeordnet ist (indirektes Verfahren). Die beste Genauigkeit liefert eine pixelweise Entzerrung, doch wird zur Vermeidung des dabei entstehenden großen Rechenaufwands in der Praxis das sog. *Ankerpunktverfahren* bevorzugt.

Dabei werden gewöhnlich die Transformationsparameter nach dem Ansatz der Affin-Transformation über die vier Blattecken bestimmt (4.9.4.2). Die indirekte Entzerrungsmethode gibt anschließend im Ausgangsbild gleichmäßig über das Rasterbild verteilte Pixel z.B. im Abstand von 128 Pixeln (sog. Ankerpunkte) vor und berechnet dafür mittels der Transformationsparameter die entsprechenden Lagen im Eingangsbild. Die Positionen aller zwischen den Ankerpunkten liegenden Pixel lassen sich dann linear interpolieren. Für sie sind anschließend plausible Grauwerte des Eingangsbildes (z.B. der Grauwert des jeweils nächstgelegenen Pixels) zu ermitteln und den entzerrten Pixeln im Ausgangsbild zuzuordnen; dieser Vorgang wird als *Resampling* bezeichnet (*Albertz* u.a. 1987, *Göpfert* 1991). Das Prinzip ist in Abb. 153 dargestellt.

4.9.5.3 Signaturieren in Raster-Daten

Die *Signaturierung in Raster-Daten* setzt sich aus den gleichen Arbeitsschritten zusammen, wie in 4.9.4.4 dargelegt.

Punktförmige Signaturen werden aus der Signaturenbibliothek (in Raster-Daten) entnommen und an die Positionen der digitalen Raster-Karte kopiert, wo ein Pixel mit entsprechendem Grauwert den Bezugspunkt markiert. *Lineare Signaturen* lassen sich bei vorgegebenem Raster-Skelett (Mittelachse) entweder mittels einfacher Grundelemente (*Giebels* 1983) oder durch Kreisschablonen erzeugen (Abb. 154). Der zweite Ansatz ist vor allem bei komplizierteren Signa-

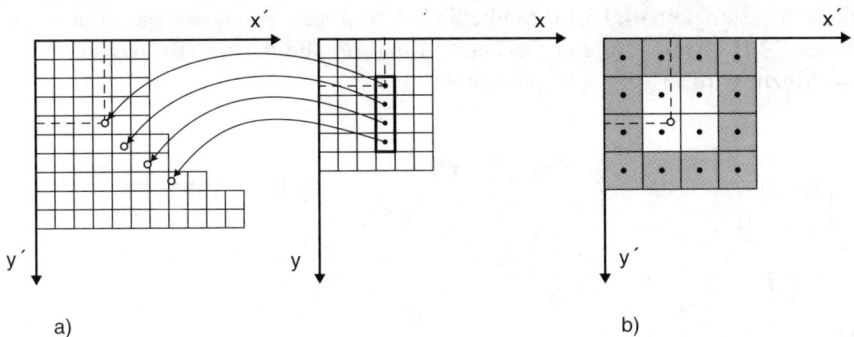

a) b)

Abb. 153. Indirekte Entzerrung gescannter Kartenbilder. a) Prinzip der Entzerrung (links: Eingangsbild, rechts: Ausgangsbild), b) Prinzip der Grauwertzuordnung (Resampling)

turen und in Verbindung mit weiterführenden kartographischen Modellierungen (z.B. Behandlung von Über- bzw. Unterführungen im Straßennetz, Verdrängen) vorteilhaft. Eine praktikable Lösung stammt von *Jäger* (1990).

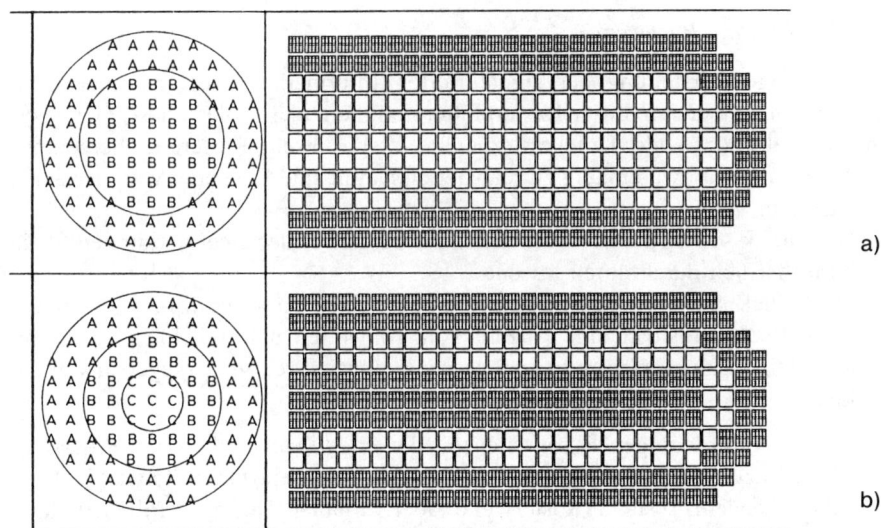

Abb. 154. Signaturierung in Raster-Daten mit Kreisschablonen zur Erzeugung einer a) doppellinigen, b) dreilinigen Signatur.

Zur Erzeugung *komplexer Signaturen* (z.B. punktförmiger Signaturen an einer Kurve) ist es zweckmäßig, die Mittelachse in Vektor-Daten zu beschreiben, um die erforderlichen Parameter (z.B. Linienlängen und Tangentenrichtungen) leichter berechnen zu können. Hat man die Liniensignatur erzeugt, werden die

226 Graphische Datenverarbeitung in der Kartographie

Vektoren rasterisiert (4.9.3.1). Schließlich lassen sich Flächenobjekte durch logisches UND (Abb. 135) mit Decker (A) und Symbolmuster (B) signaturieren. Das Prinzip wird in Abb. 155 dargestellt.

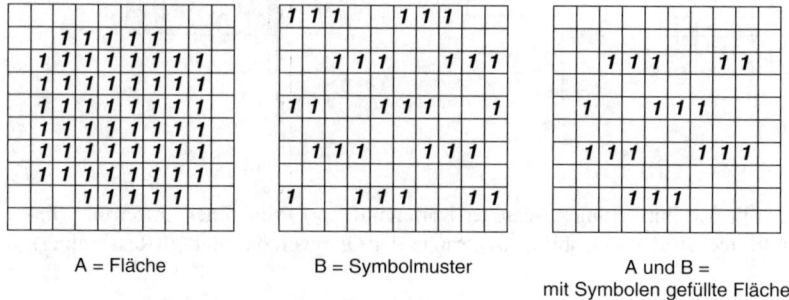

A = Fläche   B = Symbolmuster   A und B = mit Symbolen gefüllte Fläche

Abb. 155. Flächensignaturierung in Raster-Daten

Weitere Ausführungen zur Signaturierung in Raster-Daten können *Weber* (1982a), *Giebels* (1983) und *Jäger* (1990) entnommen werden.

4.9.5.4 Digitale Rasterung

Die analoge Darstellung der signaturierten Informationen ist in hoher Qualität allein mit einem Laser-Rasterplotter möglich (4.10.3.1). Diese Gerätesysteme sind in der Lage, Druckrasterpunkte (elektronische Rasterung, Screening) software- und hardwaremäßig zu realisieren. Damit sind folgende Anforderungen zu erfüllen:
– Der Druck soll sich durch Anwendung der kurzen oder einer verkürzten Skala wirtschaftlich durchführen lassen;
– Der Druck soll eine hohe Qualität haben: es dürfen keine Moirés auftreten, es muß eine ausreichende Anzahl von Tonwerten unterscheidbar sein, und auch feine Linien müssen trotz Rasterung einwandfrei wiedergegeben werden können.

Diese Anforderungen lassen sich mit der *amplitudenmodulierten Rasterung* erfüllen. Dazu werden Punkte des Druckrasters mittels einzelner Plotter-Pixel mit gleichbleibendem Abstand (Rasterweite) aber variabler Fläche auf Film belichtet. Dabei bestimmt die Größe einer Elementarfläche (z.B. 7 × 7 Pixel) die Rasterweite, die vertikale Anordnung der Pixel in der Elementarfläche die Rasterwinkelung und die Anzahl der belichteten Pixel den Rastertonwert (Abb. 156 a). Bei geringer Pixelauflösung macht sich jedoch bei dieser Art der elektronischen Rasterung nachteilig bemerkbar, daß bei feinen Rasterweiten (60 Druckrasterpunkte/cm) zu wenig Tonwerte unterscheidbar sind.

Bei der *frequenzmodulierten Rasterung* entstehen flächengleiche Druckrasterpunkte aus jeweils der gleichen Anzahl von Pixeln, jedoch mit unterschiedlichen

Abständen. Diese ergeben sich durch Anwendung eines Zufallszahlengenerators. Die Vorteile der Frequenzmodulation bestehen darin, daß aufgrund der variablen Rasterweiten keine Einschränkungen des Tonwertumfangs und aufgrund der fehlenden Rasterwinklung auch keine Moiré-Effekte auftreten (Abb. 156 b).

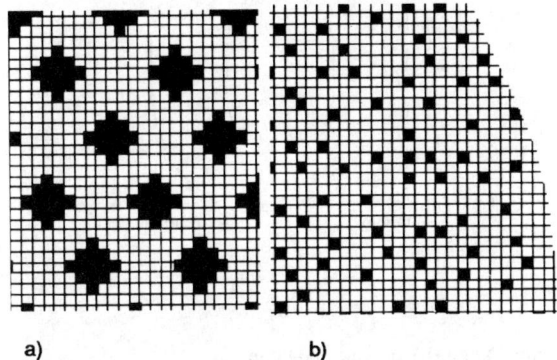

Abb. 156. Digital erzeugte Druckrasterpunkte: a) Amplitudenmodulation, b) Frequenzmodulation

Ob sich diese neue Methode der elektronischen Rasterung auch im Kartendruck durchsetzen wird, hängt u.a. davon ab, daß sich schmale Linien in der kurzen oder einer verkürzten Skala farbig deckend reproduzieren lassen. Die bisher erforderlichen hohen Rechenzeiten, die einen praktischen Einsatz dieser Rastertechnik verhindert haben, sind aufgrund der Leistungsfähigkeit moderner Computer erheblich zurückgegangen.

Die theoretischen Grundlagen der amplitudenmodulierten digitalen Rasterung behandelt *Schoppmeyer* (1991), praktische Anwendungen *Morgenstern* (in *Mayer* 1989) und *Christ* (1989). Eine Untersuchung zur frequenzmodulierten Rasterung stellt *Humbel* (1993) vor. Erste Überlegungen zum Einsatz in der digitalen Kartographie stammen von *Jäger* (in *DGfK* 1993).

4.9.6 Digitale kartographische Schriftgestaltung

Die Schriftgestaltung in Karten hat sich bisher weitgehend einer automatischen Bearbeitung entzogen, obwohl es bereits seit Anfang der 1970er Jahre Untersuchungen und Entwicklungen auf diesem Gebiet gibt. Die Konstruktion praktisch beliebiger Schriftzeichen (ähnlich wie punktförmige Signaturen) in Form von Vektor- oder Raster-Daten ist zwar uneingeschränkt möglich; die Hauptprobleme entstehen jedoch bei dem Versuch, die allgemeinen Regeln der Schriftgestaltung bzw. Schriftplazierung (*Imhof* 1962) in ein automatisches Verfahren umzusetzen. Deshalb werden gegenwärtig interaktive Verfahren der Schriftgestaltung ange-

Graphische Datenverarbeitung in der Kartographie

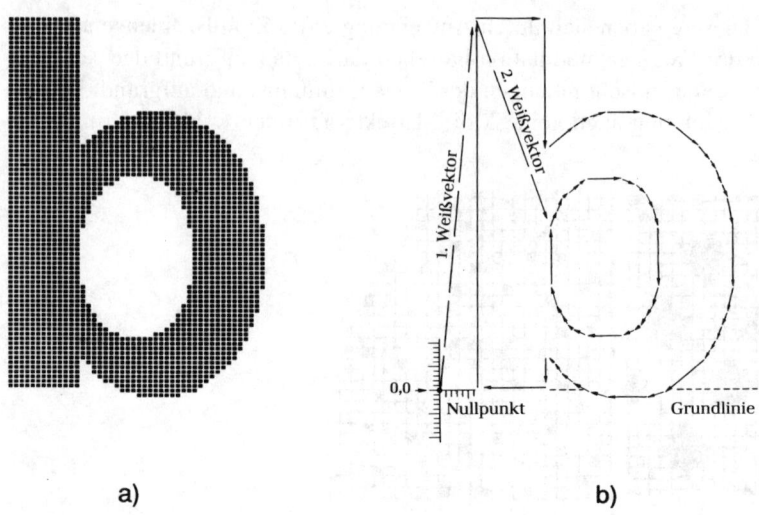

a)   b)

Abb. 157. Schriftzeichen a) in Raster-Daten, b) in Vektor-Daten

wendet. Die Definition von Schriftzeichen in Raster-Daten und in Vektor-Daten wird in Abb. 157 dargestellt.

Die bisherigen Ansätze versuchen das Gestaltungsproblem in folgenden Teilschritten zu lösen:

1. Für jeden Namenszug werden zunächst einzeln die möglichen Positionen in der Darstellungsfläche berechnet und bewertet; dabei wird zwischen der Beschriftung von punktförmigen, linienförmigen und flächenhaften Objekten unterschieden.
2. Dann werden alle Namenszüge plaziert und dazu die Standlinien nach Lage und Form berechnet sowie die Zeichen des jeweiligen Namenszuges positioniert und orientiert.
3. Anschließend sind aufgetretene Konfliktsituationen zu identifizieren und zu lösen, z.B. durch geometrische Veränderung der Schriftpositionen oder durch Generalisierung (Auswahl) der Schrift.

Die Lösung der Probleme der automatisierten Schriftgestaltung ist Gegenstand der aktuellen Forschung. Eine frühe Arbeit stammt von *Yoeli* (1972); erste Anwendungen der Expertensystemtechnik über stellen *Freeman* u.a. (1984) vor; über neuere Untersuchungen berichtet *Kresse* (in *DGfK* 1993).

4.10 Ausgabe graphischer Daten

4.10.1 Grundsätze der Digital-Analog-Wandlung

Das Ergebnis der kartographischen Datenverarbeitung ist ein digitales kartographisches Modell. Es ist sinnlich nicht wahrnehmbar und muß deshalb in ein wahrnehmbares analoges, d.h. graphisches Modell umgewandelt werden. Dieser Vorgang wird als Digital-Analog-Wandlung bezeichnet. Hierfür gelten folgende Grundsätze:
– Aus *Vektor-Daten* entstehen graphische Linienstrukturen als Folge kleiner gerader Linienelemente.
– Aus *Raster-Daten* entstehen graphische Rasterstrukturen in Form kleiner Flächenelemente evtl. mit variablen Helligkeitswerten oder (wie am Reproscanner) in Gestalt verschieden großer Rasterpunkte.
– Sollen aus Vektor-Daten Rasterstrukturen oder aus Raster-Daten Linienstrukturen entstehen, so sind im Zuge der Datenverarbeitung entsprechende Umwandlungen vorweg vorzunehmen (4.9.3)

Im Gegensatz zu der in 4.8 behandelten *digitalen* Datenspeicherung kann man die graphische Datenausgabe auch als eine *graphische* Datenspeicherung auffassen.

Die für eine graphische Ausgabe auf einem Zeichnungsträger in Betracht kommenden Geräte benötigen für ihre Funktion eine eigene Steuerelektronik (Mikroprozessor). Wird diese von der Zentraleinheit einer Datenverarbeitungsanlage selbst wahrgenommen, so spricht man von einem *on-line Plotter*. Besitzt dagegen das Ausgabegerät einen eigenen Steuerrechner, so handelt es sich um einen *off-line Plotter*. Eine solche permanente und vom Gerät trennbare Fixierung läßt sich im weiteren Sinne als *Hardcopy* bezeichnen; im engeren Sinne bezieht sich dieser Begriff auf Papierkopien, mit denen die Darstellungen eines Bildschirms festgehalten werden können. Zur temporären Ausgabe auf einem Graphikbildschirm siehe 4.6.2.3.

Die *Zeichengeräte* lassen sich nach verschiedenen Aspekten klassifizieren (*Weber* 1991):
– nach der Form der *Zeichenfläche:* Tischzeichner (-plotter) und Trommelzeichner (-plotter);
– nach dem *Zeichenwerkzeug:* z.B. Stiftplotter, Lichtzeichner, Elektronenstrahlplotter, Laserplotter, Tintenstrahlplotter;
– nach der Art der *Steuerung* des Werkzeugs: z.B. Inkrementalsteuerung (d.h. in kleinen, festen Schritten) oder Stetigbahnsteuerung (d.h. kontinuierlich);
– nach der *Genauigkeit* und *graphischen Qualität:* Präzisionsplotter für hohe graphische Ansprüche und Verifikationsplotter hauptsächlich für Kontrollzwecke;
– nach der *Art der auszugebenden digitalen Daten:* Vektorplotter und Rasterplotter.

Vektorplotter können nur Vektor-Daten ausgeben, und sie verfügen auch nur über eingeschränkte Möglichkeiten, die kartographischen Gestaltungsmittel wiederzugeben. Sie fahren die vorgegebenen Punkte mit einem Zeichenwerkzeug an, wobei die Bewegungen meist in eine x- und eine y-Komponente zerlegt wird.

Nach der *Genauigkeit* kann man wie bei den Digitalisierungsgeräten unterscheiden zwischen der *Wiederholungs-Genauigkeit,* die sich aus der Streuung bei gleichen Ausgangswerten ergibt, und der *absoluten Genauigkeit,* die aus dem Vergleich mit Sollwerten hervorgeht. Ein wichtiges Kriterium ist ferner die *dynamische Genauigkeit* als die absolute Genauigkeit in Abhängigkeit von der Geschwindigkeit bzw. Beschleunigung des Zeichenwerkzeugs. Schließlich ist die *mechanische Genauigkeit* als Teil der absoluten Genauigkeit ein Ausdruck für die Genauigkeit der Spindeln, Zahnstangen usw.

Rasterplotter erzeugen die graphische Darstellung wie die Rasterbildschirme (4.6.2.3) aus matrixartig angeordneten Pixeln unterschiedlicher Helligkeit oder Farbe. Diese Geräte können sowohl für die Raster- als auch für die Vektor-Datenausgabe eingesetzt werden, letztere nach Umwandlung der Vektor- in Raster-Daten (4.9.3). Mit Geräten dieser Art können die kartographischen Gestaltungsmittel vollständig (mit gewissen Einschränkungen bei einigen Plottern) wiedergegeben werden.

4.10.2 Zeichengeräte für die Ausgabe von Vektor-Daten

4.10.2.1 Tischzeichner (flatbed plotter)

Diese Zeichengeräte stellen Linien wie folgt dar:
– Durch kleine Einzelschritte (Inkremente) in Form konstanter Koordinatendifferenzen und die daraus sich ergebenden Kombinationen (Inkrementalsteuerung) oder
– als stetige, mathematisch über eine Reihe von Punkten interpolierte Funktion (Stetigbahnsteuerung).

Sind die Inkremente kleiner als 0,1 mm, kann man von einer Quasi-Stetigbahnsteuerung sprechen. Die nach *elektromechanischem* Prinzip arbeitenden Geräte erstellen eine Karte nach rechtwinkligen Koordinaten (Abb. 158): Über dem Tisch mit dem befestigten Zeichnungsträger bewegt sich das Zeichenwerkzeug, und zwar in einer Koordinatenrichtung längs einer Brücke und in der anderen, dazu senkrechten Richtung durch Verschieben der gesamten Brücke. Der Tisch ist meist horizontal, in anderen Fällen auch schräg oder vertikal angeordnet. Ein Stellsystem besorgt den Antrieb in den Koordinatenrichtungen mit Motoren über Spindeln oder Zahnstangen. Ein Meßsystem registriert die Ist-Position des Werkzeugs durch elektro-optisches Abtasten codierter Lineale oder durch Winkelcodierer. Die Steuereinheit vergleicht die Ist- mit der Soll-Position und bewirkt Korrekturen.

Die *Zeichenwerkzeuge* sind in einfachen Fällen Graphitminen, eingesetzte Tuschefüller, Minen für Schreibpasten, Faserstifte und runde Gravurnadeln. Bei

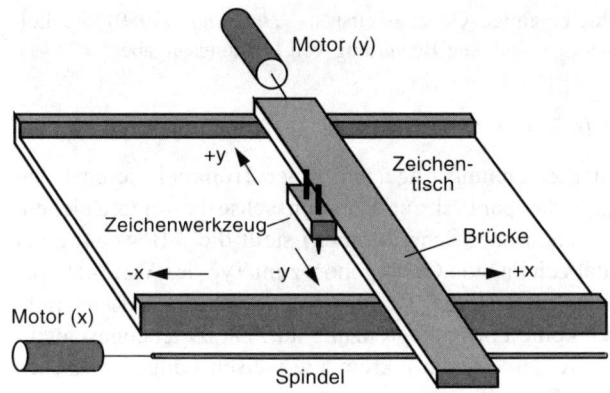

Abb. 158. Schema eines Tischzeichners

den Präzisionsgeräten sind die übrigen Werkzeuge wie meißelförmige Gravierer, Folienschneider und Lichtzeichner mit einer Richtungscharakteristik versehen. Letztere bewirkt, daß bei Kurvenstücken das Werkzeug so nachgeführt wird, daß seine Richtung stets mit der Kurventangente übereinstimmt (Tangentialsteuerung). Der Folienschneider trennt die auf der Folie befindliche Schicht längs der geschnittenen Kontur auf, so daß Flächenstücke wie beim Folienschneiden (4.2.4) abgezogen werden können.

Neben dem mechanischen *Zeichenwerkzeug* (pen plotter) gibt es noch den Lichtzeichner (Lichtprojektor), der als sog. Photoplotter mit einem faseroptischen Lichtleiter über ein optisches System durch eine Projektionsschablone (für Signaturen, Zahlen, Schriften und kleine quadratische Linienelemente) eine Photoschicht belichtet und damit Dunkelraumbetrieb erfordert.

Als *Präzisionszeichenmaschinen* gelten Geräte, die mittels Gravur oder Lichtzeichnung geometrisch und graphisch so exakt arbeiten, daß unmittelbar Kartenoriginale entstehen können. Das erfordert jedoch einen leistungsfähigen Steuerrechner und eine relativ geringe Zeichengeschwindigkeit. Präzisionsvektorplotter haben meistens DIN A0-Format, eine Auflösung von ca. 0,025 mm, eine absolute Genauigkeit um ±0,05 mm und eine Wiederholgenauigkeit um ±0,02 mm, ihre maximale Geschwindigkeit liegt bei ca. 30 m/min.

Für Kartenentwürfe und ihre Varianten, Teildarstellungen, Zwischenoriginale usw. sind daher die Verifikationsplotter für Vektor-Daten wirtschaftlicher, die mit einfacherem Werkzeug und relativ hoher Zeichengeschwindigkeit arbeiten. Sie haben eine absolute Genauigkeit von ±0,1% der Linienlänge sowie eine Wiederholgenauigkeit von ±0,1 mm; ihre maximale Geschwindigkeit liegt bei etwa 50 m/min.

Nach elektro-optischem Prinzip arbeiten diejenigen Photoplotter, bei denen ein Laserstrahl unter Ablenkung mittels Spiegelsystem die Photoschicht belichtet. Als Aufnahmematerial dient meist Mikrofilm (4.1.3).

232 Ausgabe graphischer Daten

Johannsen (1979) beschreibt einige Genauigkeitstests, *Hoffmann* (1980) die Leistungsparameter und *Marckwardt* (1983) die Bewertung von Leistungsangaben.

4.10.2.2 Trommelzeichner (drum plotter)

Bei diesen Geräten liegt der Zeichnungsträger auf einer Trommel, deren Rotation die x-Bewegung ergibt; das parallel zur Rotationsachse bewegte Zeichenwerkzeug (meist Tuscheröhrchen oder Schreibminen) stellt die y-Bewegung dar (Abb. 159). Das inkremental zeichnende Gerät gehört zum Typ des Verifikationsplotters. Benutzt man als Zeichnungsträger Rollenware, so tritt in der Längsrichtung (x-Richtung) praktisch keine Formatbegrenzung auf. Die Zeichengeschwindigkeit beträgt rund 500 Inkremente/s; die Inkremente weisen Längen zwischen 0,1 und 0,3 mm auf. Geräte dieses Typs finden sich auch als Ausgabeeinheiten bei Registriergeräten, z.B. als Echographen, Pegelschreiber.

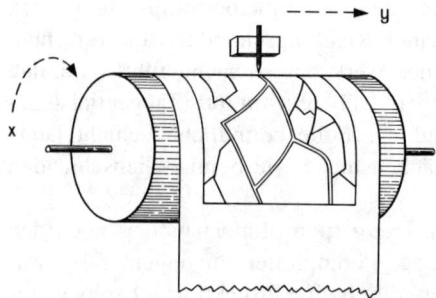

Abb. 159. Schema eines Trommelzeichners

4.10.2.3 Mikrofilmzeichner (COM-Plotter)

Auch die Ausgabe auf Mikrofilm (Computer Output on Microfilm = COM) arbeitet mit Vektor-Daten. Beim *indirekten Verfahren* entsteht das Strichbild zunächst mittels Kathodenstrahl auf einem Bildschirm, von wo es durch eine Mikrofilmkamera aufgenommen wird. Die trägheitslose und formatsparende Aufzeichnung ist so schnell, daß etwa 2 Bilder/s entstehen können und damit keine besondere Regenerierung des Schirmbildes erforderlich ist. Beim *direkten Verfahren* zeichnet ein Laserstrahl mit Hilfe eines Spiegel-Ablenksystems. Bei einer Zeichengeschwindigkeit von rund 10 cm/s ist das Gerät in bezug auf den Karteninhalt etwa 10-20mal schneller als ein Zeichentisch. Zur Mikroverfilmung siehe 4.4.1.2. Die Geräte können auch alphanumerische Zeichen ausgeben. Nachteilig ist bei der Ausgabe von Karten auf Mikrofilm, daß die geometrische und graphische Qualität der Präzisionsplotter infolge der notwendigen Rückvergrößerung nicht erreichbar ist. Technische Einzelheiten und Untersuchungen beschreibt *Grünreich* (1981).

4.10.3 Zeichengeräte für die Ausgabe von Raster-Daten

4.10.3.1 Laser-Rasterplotter

Laser-Rasterplotter sind entweder reine Rasterplotter oder kombinierte Scanner/Rasterplotter (Recorder). Die in der Kartographie eingesetzten Laser-Rasterplotter sind Trommelplotter mit Argonionen-Laser (488 nm) oder Helium-Neon-Laser als Lichtquelle. Das Filmmaterial wird von außen auf der Trommel mittels Vakuum befestigt, die sich während des Belichtungsvorgangs dreht (Außentrommelprinzip). Dabei werden die digitalen Pixel mit einem durch eine Blende zu einem Punkt bestimmter Größe und Form gebündelten Laserstrahl auf Film belichtet. Bei einer Trommelumdrehung wird eine Zeile oder Spalte der Bildmatrix abgearbeitet. Die elektronische Rasterung (screening) (4.9.5.4) wird entweder durch spezielle Programmierung eines einzigen (singulären) Strahls oder des in mehrere Teilstrahlen zerlegten Laserstrahls erreicht. Durch Vorschub der Laser-Belichtungseinheit in Richtung der Trommelachse wird die gesamte Zeichnung zeilenweise für die Herstellung kartographischer Originale belichtet. Das Prinzip wird in Abb. 160 dargestellt.

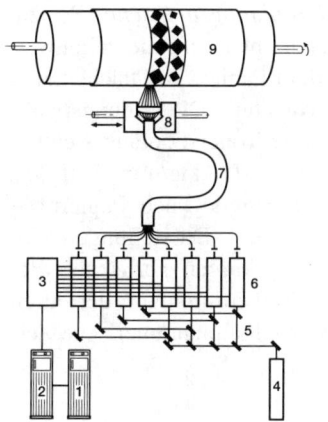

1	=	Raster Image Processor
2	=	Seitenspeicher
3	=	Recordersteuerung
4	=	Argonionen-Laser
5	=	Optische Strahlteiler
6	=	Modulatoren
7	=	Datenübertragung zu den Belichtungsspuren
8	=	Belichtungsrechen mit max. 8 Spuren
9	=	Rotierender Zylinder mit Film

Abb. 160. Prinzip eines Laserbelichters

Laser-Rasterplotter für die Kartenproduktion müssen folgende Anforderungen erfüllen (*Christ* in *Mayer* 1989):
1. Zeichnungsformate von mindestens 60×60 cm^2;
2. Geometrische Auflösung von mindestens 30 bis zu 100 Linien/mm, kontinuierlich veränderbar mit variabler Größenänderung des jeweiligen Laser-Belichtungspunktes;
3. Genauigkeit von mindestens ± 25 μm in Achsen- und Umfangsrichtung;

4. Strichzeichnung und Zeichnung von flächigen sowie verlaufenden Druckrastern mit mindestens 120 Tonwertstufen;
5. sichere Befestigung der Filme, z.B. mit Paßstiften und Vakuum-Halterung.

Bei Scanner/Recordern (sog. Reproscanner) befinden sich auf derselben Achse die Abtastwalze mit der Vorlage; deshalb können die Vorgänge von Erfassung und Ausgabe gleichzeitig stattfinden. Die dazwischenliegende Datenverarbeitung dient der geometrischen und graphischen Manipulation der Vorlage (z.B. Entzerrung, Tonwertveränderung). Die systematische Flächenabtastung und -aufzeichnung erlaubt eine hohe Zeichengeschwindigkeit. Eine Zusammenstellung technischer Merkmale einiger Rasterplotter findet man in *Jäger* (in *DGfK* 1993).

Die neueren Laser-Rasterplotter (Laserbelichter) verwenden Laserdioden, und der Film wird im Innern der Trommel fixiert (Innentrommelprinzip, in-line Prinzip). Dadurch wird erreicht, daß der optische Weg des Laserstrahls stets eine konstante Länge hat, während der Laserstrahl mit hoher Geschwindigkeit abgelenkt wird.

4.10.3.2 Elektrostatische Rasterplotter

Diese Geräte erstellen eine Zeichnung nach dem *elektrophotographischen* Prinzip (4.1.3.5). Dem Rastermodus der auszugebenden Daten entspricht die zeilenweise Darstellung elektrostatischer Punktladungen auf dem Papier. Die flächenhafte Rasterdarstellung folgt aus dem schrittweisen Zeilenvorschub. Die Ladungspunkte werden durch erwärmte Farbkörper oder durch eine Toner-Fontäne sichtbar und fest gemacht (Abb. 161). Die Rasterweite beträgt 8 Punkte/mm, läßt sich aber auch verdoppeln. Die Vorschubgeschwindigkeit liegt je nach Papierbreite zwischen 5 und 25 mm/s. Neben der Ausgabe von S/W-Darstellungen gibt es die Möglichkeit der farbigen Wiedergabe nach der kurzen Farbskala. Bei manchen Geräten erfordert jede Farbe einen erneuten Papierdurchlauf, der durch Paßmarken kontrolliert wird. Wegen der Möglichkeit, auch alphanumerische Zeichen auszugeben, spricht man von Printer-Plotter.

4.10.3.3 Tintenstrahlzeichner (ink jet plotter)

Das Gerät erzeugt die Rasterpunkte zeilenweise auf dem Zeichnungsträger durch feine elektronisch abgelenkte Farbtröpfchen aus einer Düse. Der Zeilenvorschub ergibt sich aus der Drehung der Trommel, auf der sich der Zeichnungsträger befindet. Es stehen vier Sprühköpfe (Düsen) für die kurze Farbskala zur Verfügung. Die Rasterfeinheit liegt bei etwa 12 Punkten/mm, sie kann softwaremäßig verdoppelt werden. Das Gerät kann auch alphanumerische Zeichen darstellen. Das Funktionsprinzip eines Ink-Jet-Plotter sowie weitere Prinzipien der Farberzeugung beschreibt *Brües* (in *Leibbrand* 1991).

Kartographische Techniken 235

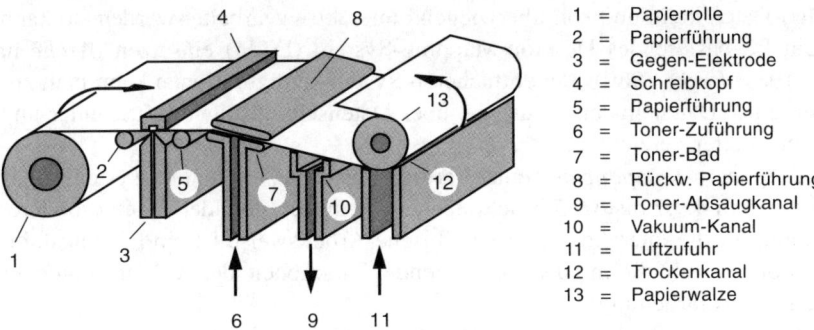

Abb. 161. Schema eines elektrostatischen Rasterplotters

4.10.3.4 Matrixdrucker

Matrixdrucker erzeugen Schwarz/Weiß- oder Farbdarstellungen geringerer Qualität. Der einzelne Rasterpunkt entsteht aus einem elektronischen Impuls durch Druck mit einer feinen Nadel (Nadeldrucker). Die Papierfärbung ergibt sich durch direktes Färben der Nadel, mittels Farbband oder aus der Farbschicht innerhalb eines Spezialpapiers. Die Matrixgrößen für alphanumerische Zeichen betragen 5×7 bzw. 7×9 Punkte. Für die Kartographie eignen sie sich begrenzt zur Schnellinformation als sog. Präsentationsgraphik.

4.11 Systemkonfigurationen für die digitale Kartographie

Durch Integration der in den Abschnitten 4.6 bis 4.10 dargestellten Hardware- und Softwarekomponenten der GDV sowie aufgabenbezogener Programme der kartographischen Datenverarbeitung (siehe 6.5, 7.3, 7.4 und 8.3) ergibt sich ein *kartographisches Automationssystem* für die Datenerfassung aus und die Herstellung von kartographischen Darstellungen oder – bei stärkerer Betonung raumbezogener Modellrechnungen, Analysen und Simulationen – ein *System für die Geo-Informationsverarbeitung*.

4.11.1 Kartographische Automationssysteme

Zu einem vollständigen kartographischen Automationssystem gehört ein Farb-Rasterscanner, mehrere vernetzte UNIX-Workstation mit ausreichend dimensioniertem Magnetplattenspeicher und optischem Speicher, einem Verifikationsplotter und einem Präzisions-Rasterplotter (Abb. 162). Ist der Umfang der darzustellenden Geo-Daten klein und soll überwiegend interaktiv gearbeitet werden, so kann man ein PC-basierendes Desktop-Mapping-System (DTM) einsetzen (*Asche* in *Mayer* 1989, *Peyke* 1989). Bei einfacheren Systemkonfigurationen kann man zugunsten einer Datenein- und -ausgabe über Datenschnittstellen auf Scanner und Präzisionsplotter verzichten.

Die *Software-Komponenten* eines kartographischen Automationssystems werden aus den in 4.9.1 bis 4.9.5 beschriebenen Methoden gebildet. Von besonderer Bedeutung für die interaktive kartographische Arbeitsweise ist ein leistungsfähiger Editor. Er umfaßt mindestens folgende Funktionen der Vektor- und/oder Raster-Datenverarbeitung:
- Eintragen neuer Punkte (z.B. zur Beschreibung einer Kurve),
- Verschieben von Punkten,
- Löschen von Punkten und Knoten,
- punktweise Modifikation von Flächen,
- Löschen von Flächen,
- Konstruktion von Signaturen,
- Plazieren orientierter Signaturen entlang einer Kurve,
- Plazieren von Kartenschrift,
- Konstruktion von Legenden.

Für viele Anwendungen ist die Verknüpfung von Methoden der Vektor- und Raster-Datenverarbeitung zu einem hybriden Verarbeitungssystem mit einer entsprechenden Datenverwaltung (4.8) erforderlich (z.B. *Grünreich* 1990).

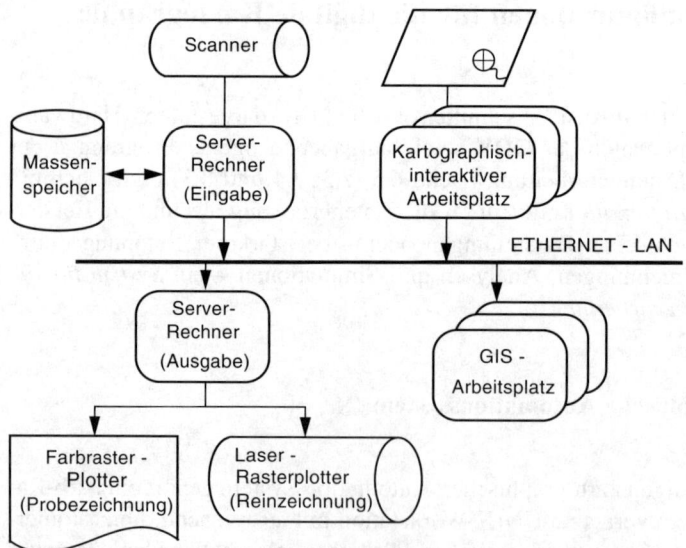

Abb. 162. Konfiguration eines kartographischen Automationssystems

Die Verbindung zu Systemen der Geo-Informationsverarbeitung wird über standardisierte Datenschnittstellen hergestellt. Die interne Benutzeroberfläche ermöglicht es, mit dem System zu kommunizieren und dafür aus Grundfunktionen gebildete aufgabenorientierte Prozeduren (Makros) zu verwenden.

4.11.2 Systeme für die Geo-Informationsverarbeitung

Diese Systeme unterscheiden sich zunächst hardwaremäßig und weitgehend auch softwaremäßig nicht von den kartographischen Automationssystemen, jedoch sind die Methoden der *Modellrechnung* stärker ausgeprägt. Workstation für die Geo-Informationsverarbeitung müssen die Möglichkeiten der verteilten Datenbanken (client-server-Modell) mit denen der verteilten Datenverarbeitung (distributed processing) verbinden. Die Komponenten solcher Systeme beschreiben *Bill/Fritsch* (1991).

4.11.3 Künftige Entwicklung

Aufgrund der steigenden Anforderungen aus den Anwendungsgebieten einerseits und der Entwicklungen in der Geo-Informatik sind folgende Trends zu beobachten:
1. Die Hardwareentwicklung eilt der Softwareentwicklung voraus (*Frank* in *Günther* u.a. (1992)).
2. Das Hauptproblem der kartographischen Datenverarbeitung ist die Bewältigung der Programmentwicklung und der sachgerechte Umgang mit den Programmen zur Lösung der gestellten Aufgaben.
3. Die Erkenntnisse der kartographischen Kommunikationstheorie und die Gestaltungsmethoden müssen stärker bei der Methodenentwicklung berücksichtigt werden.
4. Die Standardisierung der Schnittenstellen für Kommunikation, Datenaustausch u.ä. wird zunehmend international vereinbart (*Brüggemann* in *Günther* u.a. (1992)).
5. Die für einige Zeit noch bestehende Aufgabe der Datenerfassung aus Karten wird vermehrt mit den Methoden der kartographischen Mustererkennung (6.5) gelöst.
6. Für die Entwicklung der Anwenderprogramme sind die in der Informatik entwickelten Werkzeuge, wie z.B. die objektorientierte Programmierung in Verbindung mit entsprechenden Datenbanktechniken, anzuwenden.

7. Für die sachgerechte Anwendung der Software ist Fachpersonal in ausreichendem Umfang auszubilden und auf die besondere Funktion der Kartographie im Zusammenhang mit GIS vorzubereiten.

5 Planung kartographischer Arbeiten

5.1 Konzeption kartographischer Projekte

Als *Konzeption* gilt die Summe der gedanklichen Ansätze und Vorstellungen zu Form und Inhalt eines kartographischen Projekts. Dies umfaßt vor allem die *Herstellung* einer kartographischen Darstellung, später zum Teil auch deren *Aktualisierung*. Die Anlässe dazu können verschieden sein:
- *Gesetzliche Vorschriften oder Verwaltungsvereinbarungen* als Ausdruck öffentlicher Erfordernisse sowie aktuelle Anlässe zwingen die zuständigen Fachbehörden zur Herstellung und Aktualisierung von Kartenwerken bestimmter Maßstäbe in den Bereichen von Topographie, Liegenschaftskataster, Seefahrt, Luftfahrt, Landesverteidigung usw. sowie von Plänen zu Maßnahmen der Raumordnung.
- Die *Nachfrage am Kartenmarkt* durch einen größeren Interessentenkreis führt zu einem Kundenauftrag oder zur Eigeninitiative; sie erstreckt sich vorwiegend auf die Gebiete der Stadt-, Straßen- und Freizeitkarten sowie der Atlanten, Panoramen, Globen usw.
- Ein *spezieller Auftrag* für Zwecke der Planung, Marktanalyse, Bestandserhebung usw. bezieht sich vorwiegend auf Karten der Fachplanung, der Bevölkerungs- und Wirtschaftstruktur usw.
- Die *Präsentation von Untersuchungsergebnissen* aus Verwaltung, Wirtschaft und Wissenschaft in Monographien, Fachzeitschriften usw. betrifft unter Kooperation zwischen Fachautor, Kartograph und Verlag vor allem Karten aus Geowissenschaften, Archäologie, Siedlungsgeschichte, Bevölkerungsstruktur, Geomedizin, Volkswirtschaft usw.

Im Gegensatz zur Kartenauswertung (8.2) führt die Kartenkonzeption zur umgekehrten Reihenfolge der semiotischen Zeichendimensionen (1.5.1): Zuerst geht es beim Zweck des Vorhabens, der Kartenfunktion, um die Pragmatik, bei dem daraus folgenden Sachinhalt um die Semantik und in deren Folge in der Art der Darstellung um die Syntaktik. Letztere umfaßt
- die *Strukturierung* der digitalen Daten von der Erfassung bis zur möglichen Einbettung in ein Geoinformationssystem sowie
- die *Gestaltung* der kartographischen Darstellung.

Dabei sind im Hinblick auf die oben genannten, sehr unterschiedlichen Ausgangssituationen folgende Fälle zu unterscheiden:
1. Das bisherige Konzept bleibt bestehen, z.B. wegen der weiteren Gültigkeit der Zeichenvorschriften amtlicher Kartenwerke.

2. Das bisherige Konzept soll teilweise oder ganz geändert werden, z.B. für die nächste Ausgabe einer Stadtkarte.
3. Ein Konzept ist erstmalig zu erarbeiten, z.B. für die Herausgabe einer Karte über Umweltschäden.

Die weiteren Betrachtungen beziehen sich damit in erster Linie auf die Fälle 2 und 3. Neben der eigentlichen kartographischen Präsentation geht es dabei auch um die *sachliche Aussage* der Daten. So ist in Zusammenarbeit zwischen Auftraggeber, thematisch kompetentem Fachmann und Kartographen zu klären, welches Gewicht den einzelnen Teilen der inhaltlichen Aussage zu geben ist (z.B. bei Straßenkarten die Gewichtung zwischen Straßennetz und Eisenbahnnetz). Sofern es die äußeren Vorgaben zulassen, ist auch eine Erörterung zum Umfang der zu erfassenden Objekte angebracht, wenn dadurch ein wesentlicher Informationsgewinn erzielbar ist und die graphische Darstellungsdichte dies gestattet.

Solche fachlichen Erörterungen und Abgrenzungen stehen bereits in enger Wechselwirkung mit der Klärung formaler und inhaltlicher kartographischer Fragen. In *formaler* Hinsicht geht es vor allem um die Entscheidung über den Kartenmaßstab und das Blattformat, *inhaltlich* um die Art der Kartengraphik. Je größer dabei die Komplexität der Aussage und je vielfältiger die verfügbaren Wege der technischen Verwirklichung sind, umso mehr empfiehlt es sich, eine Reihe von graphischen Gestaltungsmöglichkeiten zu erproben und aus ihnen die optimale Variante auszuwählen. Dabei sind auch die Fähigkeiten und Gewohnheiten im Kartenlesen bei dem zu erwartenden spezifischen Benutzerkreis (z.B. im Schulunterricht) zu berücksichtigen.

Neben diesen zentralen Überlegungen erfassen die konzeptionellen Ansätze auch noch folgende Bereiche:
– Die Erfassung und Bewertung der Ausgangsdaten (5.2.1),
– die Grundzüge des methodischen Vorgehens (Kap. 6 und 7),
– die Fragen der Speicherung und Aktualisierung der Daten (4.8, 7.3).

Erörterung und Beschluß zu einem kartographischen Projekt haben auch zu berücksichtigen, daß eine Konzeption nur dann praxisnah und realisierbar sein kann, wenn dazu geeignete äußere Rahmenbedingen (5.2.2) geschaffen werden und gewahrt bleiben. Dazu gehören
– die Regelungen zur Organisation der Arbeiten, zu Kooperationen und zu Auftragsvergaben,
– die Kalkulation der Kosten und Termine,
– die Fragen der Verbreitung und der Bereithaltung.

Ist mit dem Beschluß über ein Konzept das Vorhaben zur Verwirklichung vorgesehen, so führt die Erörterung weiterer Einzelheiten innerhalb der genannten Rahmenbedingungen bereits in das Aufgabengebiet der *Redaktion* ein. Diese legt auf der Grundlage der nunmehr verbindlichen Konzeption die Einzelheiten der Arbeitsabläufe bis hin zu den technischen Maßnahmen fest, bei größeren Vorhaben in Form des *Redaktionsplans* (5.2.3).

5.2 Redaktionelle Arbeiten

5.2.1 Überlegungen zur Datenerfassung, Quellenkritik

Zur *Erfassung* der Daten ist vorab deren Ausgangslage zu klären:
1. Es gibt bereits geeignete Daten, die evtl. nur zu aktualisieren wären.
    a) Diese Daten liegen in der eigenen Institution vor oder
    b) die Daten liegen anderweitig vor und sind verfügbar.
2. Geeignete Daten sind nicht vorhanden und daher zu erfassen
    a) im Eigenbetrieb oder
    b) durch Auftragsvergabe.

Die *Eignung* der Daten orientiert sich an folgenden Merkmalen:
– Die erforderliche *geometrische* Genauigkeit richtet sich nach der Genauigkeit, mit der die Objekte überhaupt ansprechbar sind (Objektunschärfe), ferner nach dem Betrag der graphischen Genauigkeit mit Bezug auf den vorgesehenen Maßstabsbereich der Karte sowie nach der Genauigkeit, die in den Verfahren der digitalen Datenanalyse (z.B. bei Flächenberechnungen) einzuhalten ist.
– Die Forderung nach *Zuverlässigkeit* bezieht sich vor allem auf die semantische Objektinformation. Diese soll sachgerecht, d.h. ausreichend detailliert, exakt und vollständig sein sowie dem letzten Erkenntnisstand entsprechen. Das gilt vor allem für thematisch-wissenschaftliche Darstellungen (z.B. mit historischem Inhalt).
– Die Daten sollen so *aktuell* wie möglich sein (z.B. bei Verkehrskarten). Dies läßt sich in geeigneter Weise durch zeitliche Angaben zu den einzelnen Quellendaten sichtbar machen.

Die *Eignung* der Daten ist meist unproblematisch, wenn es um die originäre Erfassung topographischer oder thematischer Informationen (6.3, 6.4) geht. So wird z.B. einer fachthematischen Aussage entsprechend beim Einsatz von Luftbildaufnahmen die Photoemulsion gewählt, die solche Informationen am besten erkennbar macht. Daneben kann man den *Grad der Zuverlässigkeit* durch den methodischen und instrumentellen Ansatz beeinflussen, soweit es sich um praxisreife Verfahren und Geräte handelt. Bei Forschungsarbeiten ist dagegen eine strenge Prüfung und Wertung aller neuen Arbeitsschritte unerläßlich.

Eine *erstmalige* Erfassung der Daten wirft auch die Frage auf nach ihrer anderweitigen Eignung und künftigen Bedeutung:
– Bei Karten, die nur ein einmaliges aktuelles Ereignis ohne größere Details darstellen (z.B. Pressekarten), ist eine darüber hinausgehende Speicherung der Daten entbehrlich.
– Bei größerem Erfassungsaufwand ist zu klären, ob die Daten nicht ohne wesentliche zusätzliche Arbeit auch anderen Zwecken dienen könnten. Nicht selten ist aber ein anderer oder gar künftig neuer Informationsbedarf noch nicht

zu erkennen, doch sollte mindestens in allen Fällen der Raumbezug in einem allgemein verbindlichen System sichergestellt sein.

Bei der Erfassung aus anderen Quellen (6.5-6.6) können sehr unterschiedliche Verhältnisse vorliegen. Probleme der geometrischen Exaktheit ergeben sich z.B. bei der Verwendung älterer Karten. Aber auch bei der umfangreichen Auswertung neuerer Karten (z.B. für die Atlasherstellung) sind die Genauigkeiten in Lage (9.3.1.6) und Höhe (9.3.2.9) ebenso zu beachten wie die Eigenschaften und Verzerrungen der Netzentwürfe (2.2). Mangelnde Merkmalsangaben, unklare oder mehrdeutige Beschreibungen und Fachbegriffe, umstrittene wissenschaftliche Grundlagen oder unzureichende statistische Stichproben können den inhaltlichen Wert der Informationen in Frage stellen.

Solche und ähnliche Fälle lassen sich nur durch sorgfältige Prüfung klären, wenn möglich, auch unter Vergleich verschiedener Quellen zum selben Sachverhalt. Mitunter stehen aber andere Quellen gar nicht zur Verfügung, so daß auch mangelhafte Quellen auszuschöpfen sind. In jedem Falle sollte aber die endgültige Karte ausreichende Hinweise auf die Quellenlage geben (*Quellenvermerk*), vielleicht sogar durch den graphischen Duktus (z.B. verlaufende Flächenfarben) den geringeren Grad an Zuverlässigkeit deutlich machen.

Besondere Schwierigkeiten können auftreten, wenn der Wert des Quellenmaterials große regionale Unterschiede aufweist. Das ist z.B. der Fall, wenn die Karte Länder mit sehr unterschiedlichem topographischen Kartengrund oder mit verschiedenartiger Statistik darzustellen hat. Eine solche heterogene Quellenlage läßt sich z.B. in einer Nebenkarte im Kartenrand (*Zuverlässigkeitsskizze*) zum Ausdruck bringen.

5.2.2 Redaktionelle Rahmenbedingungen

Zu den redaktionellen Arbeiten gehören alle Überlegungen, Beschlüsse und Maßnahmen, die auf der Grundlage der endgültigen Konzeption alle Einzelheiten bei der Herstellung bzw. Aktualisierung von Karten regeln. Die dazu bestehenden Rahmenbedingungen ergeben sich neben den von außen kommenden, in 5.1 genannten einzelnen Anlässen (1) aus den eigenen Möglichkeiten (z.B. personelle Besetzung) und (2) aus den Fragen und Festlegungen zu den Kosten und Terminen.

1. Die *eigenen Möglichkeiten* des Kartenherstellers orientieren sich am erforderlichen Einsatz von (a) Personal, (b) Geräten und Material.

a) Bei den *personellen Möglichkeiten* ist zu klären, welche fachlichen Qualifikationen bereits im Hause zur Verfügung stehen, z.B. wissenschaftliche Kartographen, Geographen, Ingenieure, Techniker, Zeichner, Reproduktions- Fachleute. Unter Umständen sind von außerhalb wissenschaftliche Berater und Spezialisten (z.B. für das Namengut) heranzuziehen und bestimmte technische Teilarbeiten zu vergeben.

b) In bezug auf *Geräte und Materialien* stellt sich die Frage, ob im Hause auf Geräte der Zeichentechnik, des Schriftsatzes, der Photographie, Kopie und Lichtpause, des Drucks, der Buchbinderei und auch der graphischen Datenverarbeitung zurückgegriffen werden kann oder ob teilweise auch hierzu andere Stellen in Anspruch zu nehmen sind.

2. Zu den (a) Kosten und (b) Terminen ergibt sich folgendes:
a) Die *Kosten* bestimmen sich aus dem Umfang der notwendigen Arbeiten und Materialien in Verbindung mit der Auflagenhöhe. Sie erfordern eine technische und kaufmännische Vorkalkulation und haben evtl. auch noch die künftig zu erwartenden Folgearbeiten zu berücksichtigen. Auch kann eine spätere Nachkalkulation eforderlich sein, um u.a. für die nächste Vorkalkulation realistischere Ansätze zu gewinnen.
b) Die *Termine* richten sich danach, ob es sich z.B. um vorgegebene Zyklen der Aktualisierung bei Kartenwerken handelt oder ob es um die Beachtung der Marktlage bei Atlanten geht.

5.2.3 Inhalt des Redaktionsplans

Der Redaktionsplan regelt die Einzelheiten des Entwurfs, der Originalherstellung, der Vervielfältigung und der späteren Datenverwaltung sowie die Fragen des personellen Einsatzes, der technischen Verfahren und des organisatorischen und zeitlichen Ablaufs.

Für den Entwurf und die anschließende Originalisierung sind mindestens folgende Einzelheiten festzulegen:
1. Die *Benennung* der Karte soll das darzustellende Thema zutreffend und möglichst kurz bezeichnen. Sie sollte auch – besonders bei Kartenwerken und Atlanten – längere Zeit bestehen bleiben und damit einen höheren Bekanntheitsgrad und eine werbewirksame „Titelpflege" schaffen.
2. *Maßstab und Format* stehen in enger Beziehung miteinander, z.B. wenn ein bestimmtes Gebiet in einer einzigen Karte darzustellen ist: Ein kleinerer Maßstab hat ein kleineres Format zur Folge und umgekehrt. Beschränkungen im Format können sich ergeben durch die Blattschnittsystematik von Kartenwerken, durch die Größe von Atlasbänden sowie durch die Maximalformate bei Materialien und Geräten (Kameras, Druckmaschinen usw.).
3. Die *Wahl des Netzentwurfes* orientiert sich vor allem an der Art der Kartenauswertung.
4. Die *Abgrenzung des Kartenfeldes* führt meist zu Rahmenkarten. Sie ist bei Kartenwerken an den Blattschnitt gebunden, bei Einzelkarten dagegen wesentlich freier. Nebenkarten, z.B. bei Stadtkarten, sowie Überlappungsbereiche, z.B. bei Atlaskarten, sind sorgfältig festzulegen.

5. *Umfang und Gestaltung* des Karteninhalts sind eine zentrale Aufgabe der Redaktion, deren Einzelheiten sich im Rahmen der allgemeinen Festlegungen durch die vorangegangene Konzeption zu halten haben. So führen die Überlegungen zum „Was" und „Wie" der Darstellung zu den Details des *Zeichenschlüssels* als eine zunächst interne Zeichenanweisung (Zeichenvorschrift), die evtl. im Anhalt an Probekarten und Gestaltungs-Varianten entstanden und zu erproben ist; daraus entwickelt sich später die *Zeichenenerklärung* für den Benutzer. Beim „Wie" spielt neben der Lesbarkeit (unter Beachtung photographischer Verkleinerungs-Absichten) auch das technisch Mögliche (z.B. bei weitgehender Rasterung für den Einsatz der sog. kurzen Skala) eine Rolle.

6. Beim *Namengut* sind amtliche Schreibweisen von Ortsnamen, regional übliche Bezeichnungen bestimmter Bereiche, Bedeutungen, Transkriptionsregeln usw. zu beachten.

7. Die Gestaltung von *Kartenrand und -rahmen* berücksichtigt die vollständige, übersichtliche und graphisch ausgewogene Verteilung der erläuternden Angaben. Bei gefalzten Karten sollten die Teildarstellungen möglichst jeweils geschlossen in einer aus der Falzung entstehenden Teilfläche liegen.

8. Eine *Darstellung auf der Kartenrückseite* ergibt sich mitunter bei Atlanten, umfangreichen Legenden oder bei touristischen Informationen. Sie erfordert u.U. eine sorgfältige Abstimmung zwischen der Plazierung der rückseitigen Darstellungen, der Falzung sowie dem Transparenzgrad des Papiers.

9. Das *Quellenmaterial* ergibt sich im Wege des Sichtens und Zusammentragens (Kompilierens). Die nachfolgende Auswertung hat auch ständig Quellenkritik (5.2.1) zu üben. Über die verschiedenen lnformationsquellen siehe Kap.6.

10. Die *äußere Form der Karte* ergibt sich daraus, ob sie ungefalzt (eben, plano) oder gefalzt ist, ferner ob sie lose, gebunden, in einer Tasche oder im Umschlag in den Vertrieb kommt.

11. Für die *technischen Herstellungsprozesse* ist evtl. auch über die Papierqualität, die verwendeten Druckfarben, einen möglichen Nutzendruck usw. zu entscheiden.

Auf der Grundlage des Redaktionsplans ergibt sich der tatsächliche Arbeitsablauf aus einzelnen *Arbeitsanweisungen*, die den Einsatz von Personal, Geräten und Material sowie einen Zeitplan festlegen (siehe z.B. *Leibbrand* 1981). Umfangreiche technische Vorgänge lassen sich in diagrammartigen Darstellungen verdeutlichen, in denen die einzelnen Maßnahmen und deren Merkmale durch vereinbarte Symbole zum Ausdruck kommen; solche *Flußdiagramme* schließen auch die Vorgänge der GDV ein. Über Merkmale der Entwurfsphase siehe 7.2.1.1.

In der *amtlichen Kartographie* mit geschlossen vorliegenden Kartenwerken beziehen sich die laufenden Arbeiten der Kartenredaktion vor allem auf die Probleme der Aktualisierung, die Zykluszeiten, die regionalen Reihenfolgen in der Bearbeitung, die Abläufe in der Maßstabsreihe, daneben auf Neuzeichnungen, Herausgabe von Sonderkarten, Änderungen der Musterblätter usw. Die Güte eines amtlichen Kartenwerks steht und fällt nach wie vor mit der Sorgfalt, die auf den Inhalt des Musterblattes verwendet wird. Dessen

Verbindlichkeit wird daher auch gewöhnlich erst dann wirksam, wenn sich aus einer Anzahl von typischen Probekarten die Eignung einer solchen Darstellungsrichtlinie ergeben hat.

In der *gewerblichen Kartographie* nehmen die redaktionellen Arbeiten besonders dort einen großen Umfang an, wo es um die Herstellung von Atlanten geht. Das beginnt mit der Verlagsplanung, in der nach Abgrenzung des Vorhabens der Arbeitsumfang kalkuliert wird, wobei auch die Vertriebschancen aufgrund einer Marktanalyse und eines erhofften Werbungserfolges abgeschätzt werden. Der anschließende Rahmenentwurf legt den Kreis der Mitarbeiter (vor allem der Kartographen und Fachberater) fest, ferner die Arbeitsanweisungen und Zeichenschlüssel, und er sieht schließlich Probekarten vor. Als Quellenmaterial eignen sich die vorhandenen Erdkartenwerke, andere Erd- und Nationalatlanten, topographische Kartenwerke verschiedener Maßstäbe, Satellitenbilder, Statistiken, amtliche Mitteilungen, Presseveröffentlichungen (z.B. über politische Veränderungen, Anlage von Verkehrswegen), Nachschlagewerke, besondere Informationsdienste usw. Die redaktionellen Überlegungen haben auch die spätere Aktualisierung ebenso einzubeziehen wie z.B. die Führung besonderer Schriftfolien in Fremdsprachen bei Lizenzausgaben.

5.3 Urheberrecht und Nutzungsrecht

Kartenkonzeption als gedankliche Entwicklung und teilweise auch charakteristische Anwendung eines bestimmten Programm- und Zeichensystems für eine Karte ist eine eigenschöpferische Leistung des Autors. Als Ergebnis eines solchen Ansatzes ist diese Karte ein Werk, das als persönliche geistige Schöpfung ihres Autors urheberrechtlichen Schutz genießt.

Handelt es sich beim Kartenautor nicht um einen freischaffend Tätigen, so wird sein persönliches Urheberrecht meist im Rahmen dienst- bzw. arbeitsrechtlicher Vereinbarungen durch seine Beschäftigungsstelle wahrgenommen, d.h. in der amtlichen Kartographie durch die zuständige Behörde und in der gewerblichen Kartographie durch den Arbeitgeber.

In der Bundesrepublik Deutschland nennt das *Urheberrechtsgesetz* von 1965 (UrhG, mit Einschluß späterer Änderungen) unter anderem „Programme für die Datenverarbeitung" und „Darstellungen wissenschaftlicher oder technischer Art wie Zeichnungen, Pläne, Karten, Skizzen, Tabellen und plastische Darstellungen" ausdrücklich als geschützte Werke, wenn sie persönliche geistige Schöpfungen sind. Zwar genießen amtliche Werke (Gesetze, Erlasse, Urteile usw.) keinen Urheberschutz, doch gilt dies nach der bisherigen Rechtsprechung nicht für amtliche Kartenwerke, da diese nicht zur allgemeinen öffentlichen Kenntnisnahme, sondern zur Information für Einzelfälle bestimmt sind.

Fragen des Urheberrechts treten besonders dann auf, wenn eine Karte im Anhalt an eine andere Karte entsteht, z.B. der Entwurf einer privaten Wanderkarte nach dem Inhalt einer amtlichen Karte. Werden dabei lediglich Abzeichnungen oder Maßstabsveränderungen, mechanische Vervielfältigungen oder einfache -nderungen in den Farben oder Schriftarten vorgenommen. so liegt keine eigene Leistung vor; es handelt sich vielmehr um rechtsverletzende Plagiate der Vorlage. Dagegen bestehen durchaus eigenschöpferische Tätigkeiten, wenn der Inhalt der Vorlage durch wesentlich andere graphische Betonung neugestaltet wird, wenn andere Darstellungsmittel zum Zuge kommen (z.B. Schummerung) oder wenn wesentlich neue Eintragungen stattfinden (z.B. Wanderwege mit Kennzeichnungen). Bei Karten, die ganz oder überwiegend nach strengen Formvorschriften entstehen (z.B. großmaßstäbige Flurkarten und Lagepläne), kann es umstritten sein, ob sie überhaupt schutzwürdige Werke sind.

Das Urheberrecht umfaßt neben dem *Veröffentlichungsrecht* das *Verwertungsrecht*, das aus dem Recht der Vervielfältigung, der Verbreitung und der Ausstellung besteht. Bearbeitung und Umgestaltung einer Karte zum Zwecke der Veröffentlichung oder Verwertung sind daher nur mit Einwilligung des Urhebers möglich. Das Verwertungsrecht ist jedoch eingeschränkt
– bei einzelnen Vervielfältigungen (nach höchstrichterlicher Rechtssprechung maximal 7 Exemplare) zum persönlichen und eigenen wissenschaftlichen Gebrauch,
– bei sonstigem eigenen Gebrauch von kleinen Teilen eines Werks oder wenn dieses seit zwei Jahren vergriffen ist, und
– bei eigenem Gebrauch für den Unterricht in der erforderlichen Anzahl.

Aus den gesetzlich zugelassenen Vervielfältigungsmöglichkeiten ergibt sich ein Vergütungsanspruch des Urhebers gegen die Hersteller von Vervielfältigungs-(Kopier-)geräten (Geräteabgabe) bzw. gegen Schulen, Bibliotheken usw., die solche Geräte betreiben (Betreiberabgabe). Da diese Abgaben an sog. Verwertungsgesellschaften zu zahlen sind, findet z.B. für kartographische Verlage die entsprechende Ausschüttung auf vertraglicher Grundlage durch die Verwertungsgesellschaft WORT in München statt.

Neben dem Verwertungsrecht sind bei kartographischen Produkten die *Nutzungsrechte* von Bedeutung. Diese kann der Urheber ganz oder teilweise an andere Personen (z.B. an einen Herausgeber) übertragen; dabei sind räumliche, zeitliche und inhaltliche Beschränkungen möglich.

Solche Fälle ergeben sich z.B. für kartographische Verlage bei Atlas-Lizenzen in anderen Ländern oder bei der Benutzung von Stadt- und Verkehrskarten in Publikationen anderer Verlage. Die Nutzung amtlicher Karten der Landesvermessungen ergibt sich außer nach dem UrhG aus den jeweiligen Vermessungsgesetzen und erstreckt sich damit auch auf Werke, die nach dem UrhG nicht schutzwürdig sind. Neben den durch diese Gesetze festgelegten Schranken der Vervielfältigung geht es meist um die Abgabe von Transparenten (Zweitoriginalen) und zunehmend auch von digitalen Datenbeständen. Bei deren Nutzung sind gewöhnlich die Datenquellen und Genehmigungsvermerke anzugeben.

Bei der Abgabe digitaler Geodaten durch die zuständigen Ämter an behördliche und private Nutzer dürfte sich die Schutzwürdigkeit zwar nicht auf die einzelnen Daten beziehen, jedoch auf den der digitalen Modellierung zugrunde liegenden geistigen Ansatz. Darüber hinaus erscheinen Kostenansätze für die Datennutzung gerechtfertigt, wenn für die Datenerhebung die ausschließliche Zuständigkeit gesetzlich geregelt ist. Bei wachsender Nutzung digitaler Daten werden schließlich auch die Fragen der Haftung für die

Richtigkeit der Daten und Programme (z.B. im See- und Luftverkehr, bei Planungen) eine zunehmende Rolle spielen.

Abgesehen von möglichen Streitfällen können Sinn und Nutzen des Urheberschutzes sich auch ins Gegenteil verkehren, wenn eine nicht unbedingt bessere Variante in der Kartengestaltung vom Autor nur deshalb bevorzugt wird, um sich selbst einen Urheberanspruch zu sichern, oder wenn eine gute Graphik durch urheber- oder gar patentrechtliche Hindernisse keine Verbreitung findet. Zu Fragen des Urheberrechts in der Kartographie äußern sich u.a. Schmidt-Falkenberg (1974b), *Bormann* (1975), *Vonhoff* (1987), *Strobel* (1988).

Vergleichbare urheberrechtliche Regelungen gibt es auch in Österreich (Gesetz von 1936 mit zahlreichen späteren Novellierungen) und in der Schweiz (Gesetz von 1922 mit späteren Neufassungen).

Im internationalen Urheberschutz ist die sog. *Revidierte Berner Übereinkunft (RBÜ) von 1886/1908* (in der Pariser Fassung von 1971) ein mehrseitiger völkerrechtlicher Vertrag, dessen Inhalt in Form von Mindestfestlegungen unmittelbar für die Vertragspartner verbindlich ist. Demgegenüber verpflichtet das *Welturheberrechtsabkommen (WUA) von 1952* (in der revidierten Fassung von 1971) die Vertragspartner lediglich zum Erlaß von Schutzrechten im eigenen Lande nach den getroffenen Abmachungen. Es regelt u.a., daß veröffentlichte Werke von Ausländern Urheberschutz erlangen, wenn das Copyright-Zeichen © mit dem Namen des Urhebers und dem Jahr der ersten Veröffentlichung angegeben ist, und zwar unabhängig von inländischen Formalitäten wie Registrierung usw. Beiden Abkommen sind bisher 83 Staaten (1990) beigetreten. Sie wurden in der Bundesrepublik Deutschland durch Gesetz von 1973 im UrhG in der Weise berücksichtigt, daß Ausländer wie Inländer zu betrachten sind.

6 Erfassung der Informationen

6.1 Merkmale der Herkunft und Erfassung

Kartographische Arbeiten erfordern vorab die Überlegung, *woher* und *wie* die benötigten Informationen zu gewinnen sind. Dabei sind die Informationen auch daraufhin zu prüfen, ob sie nach Zuverlässigkeit, Genauigkeit, Aktualität usw. geeignet sind (Quellenkritik, 5.2.1).

Nach der *Herkunft (Quelle)* kann man unterscheiden:
- *Unmittelbare (originäre)* Informationen erhält man vom Objekt (6.3) sowie von Objektbildern (z.B. Luftbildern, 6.4), Grundkarten (6.5.1) oder Informationssystemen (6.6.5), soweit sie die Objektinformationen in der erforderlichen Detailtreue und Vollständigkeit enthalten.
- *Mittelbare (abgeleitete)* Informationen stammen aus solchen Quellen, die bereits das Ergebnis maßstabs- oder themenbedingter Aufbereitung der Objektdaten sind, z.B. generalisierte Karten (6.5.1). Dazu gehören auch Fachinformationssysteme und Fachdaten (z.B. über Klima, Statistik, 6.6), vor allem dann, wenn diese ursprünglich für andere Zwecke entstanden und erst später für kartographische Vorhaben herangezogen werden (z.B. Wahlergebnisse).

Bei der *Erfassung* kann man nach der *Art* der Information entsprechend der Einteilung in 1.3 wie folgt gliedern:
- *Raumbezugsdaten* (1.3.2) liefern die für jede kartographische Darstellung und Speicherung notwendigen *geometrischen* Angaben über Ort und Form der einzelnen Objekte. Sie sind daher das direkte oder indirekte Ergebnis von Vermessungen im Anhalt an Bezugssysteme auf geodätischer Grundlage (2.1), in der GDV als Vektor- oder Rasterdaten.
- *Sachdaten* (1.3.3) sind Angaben über Art und Menge der Objekte. Dabei ist die Erfassung *topographischer* Objekte stets und unmittelbar mit den Vermessungen des Raumbezugs verknüpft. Erfassungen *thematischer* Gegenstände und Sachverhalte ergeben sich aus den Aufnahme-Verfahren der einzelnen Fachdisziplinen; ihr Raumbezug läßt sich unmittelbar oder im Anhalt an topographische Objekte gewinnen.
- *Zeitbezogene (temporale)* Daten (1.3.4) liefern Angaben zum *Zeitpunkt* von Erst- oder Wiederholungserfassungen eines Bereiches (z.B. bei Wetterkarten) oder *zum Thema* selbst (z.B. bei Geschichtskarten).

In vielen Fällen ist die Erfassung sowohl vor Ort (am Objekt, 6.3) als auch aus einer mehr oder weniger großen Distanz bis hin zur Satellitenaufnahme (6.4) möglich. Stets ist der Erfassungsvorgang zugleich ein Prozeß der Objektmodellierung, und zwar die Bildung eines *Primärmodells* (1.4.1.2). Dabei sind vor allem die semantischen Objektdaten einem Klassifizierungsschema (1.3.1) zu unterziehen.

6.2 Überblick über die Vermessungsarbeiten

Die *Vermessungskunde* – oder *Geodäsie* im weiteren Sinne – befaßt sich mit der Ausmessung und Abbildung der Erdoberfläche. Im engeren Sinne erstreckt sich der Begriff der Geodäsie – wie im englischen und französischen Sprachgebiet üblich – nur auf die Grundlagenvermessungen.

1. Nach der *Anwendung* ergibt sich folgende Einteilung:
a) *Grundlagenvermessungen* (2.1.3) haben stets die Krümmung der Erdoberfläche zu berücksichtigen. Darunter bestimmt die *Erdvermessung* Figur und äußeres Schwerefeld der Erde durch Messungen kontinentalen Ausmaßes. Die *Landesvermessung* schafft für ein Staatsgebiet Lage-, Höhen- und Schwerefestpunkte und legt diese in einem aus der Erdvermessung gewonnenen Bezugssystem (2.1) fest.
b) *Einzelvermessungen* sind in der Regel eingebettet in die von Erd- und Landesvermessung geschaffenen geodätischen Grundlagen. Als Bezugsfläche im Grundriß reicht aber bei einem Vermessungsgebiet von geringerer Ausdehnung als etwa 10 km gewöhnlich eine örtliche Horizontalebene aus. Damit sind einfachere Berechnungen in ebenen Koordinatensystemen möglich.
– *Topographische Vermessungen* (6.3.1, 6.4) erfassen die sichtbaren Gegenstände an der Erdoberfläche und die Geländeformen, meist als Bestandteil der Landesvermessung (topographische Landesaufnahme). Ist die Erdoberfläche vom Wasser bedeckt, spricht man von *hydrographischen Vermessungen* (6.3.2).
– *Katastervermessungen* (Vermessungen von Liegenschaften) dienen der Abgrenzung von Eigentum und Nutzung am Grund und Boden.
– *Ingenieurvermessungen* beziehen sich auf Bauwerke und Maschinen im Stadium ihrer Planung, Absteckung, Errichtung und Überwachung.

2. Nach den *Komponenten* der geometrischen Festlegung unterscheidet man:
a) *Lagemessungen* (Horizontalmessungen, Grundrißmessungen) legen die Objekte zweidimensional auf der Lagebezugsfläche fest (z.B. im Liegenschaftskataster).
b) *Höhenmessungen* (Vertikalmessungen) ermitteln den vertikalen Abstand gegen die Höhenbezugsfläche (z.B. bei Messungen von Höhenfestpunkten, Fundamenten, Pegeln).
c) *Messungen nach Lage und Höhe* (dreidimensionale Messungen) sind als räumlich eindeutige Festlegungen das Kennzeichen der meisten topographischen Vermessungen.

3. Nach der *Art der Objekterfassung* (räumliche Anordnung) gibt es:
a) *Messungen am Objekt* (vor Ort) erfassen dieses unmittelbar von einem meist erdfesten Standpunkt (terrestrische Messung, 6.3).
b) *Bildmessungen* (Photogrammetrie) oder *Abtast-Ergebnisse* (Fernerkundung) beziehen sich auf ein Abbild oder eine Signalregistrierung des Objekts (6.4).

Sprachlich versteht man unter dem Begriff *Messung* vorwiegend den technischen Vorgang, unter *Vermessung* dagegen mehr den Bezug der Messung auf das Objekt.

Nähere Darstellungen zur Vermessungskunde finden sich in den Bänden zum Handbuch der Vermessungskunde (*Jordan-Eggert-Kneißl* 1956ff.), in den Lehrbüchern zur Vermessungskunde von *Volquardts/Matthews* (1985/1986), *Baumann* (1991/1992) und *Kahmen* (1993), zur Instrumentenkunde von *Deumlich* (1988), zur Photogrammetrie von *Schneider* (1974), *Schwidefsky/Ackermann* (1976), *Konecny/Lehmann* (1984), *Rüger/Pietschner/Regensburger* (1987), *Kraus* (1987/1989) und *Regensburger* (1990), zur Fernerkundung von *Kraus/Schneider* (1988/1990), *Gierloff-Emden* (1989), *Buchroithner* (1989), *Albertz* (1991) und *Hildebrandt* (1992), zur Geodäsie von *Torge* (1975/1991) und *Groten* (1979/1980), zur Satellitengeodäsie von *Seeber* (1989, 1993) und *Bauer* (1992) sowie in weiteren Lehrbüchern zu einzelnen Teilbereichen der Vermessungskunde, z.B. elektronische Streckenmessung (*Kahmen* 1992), Ausgleichungsrechnung (*Höpcke* 1980). Begriffliche Erläuterungen befinden sich u.a. in den 18 Bänden des dreisprachigen Fachwörterbuches „Benennungen und Definitionen im deutschen Vermessungswesen" (*IfAG* 1971), des deutschen Fachwörterbuches „Photogrammetrie und Fernerkundung" (*IfAG* 1993) sowie in den Normblättern DIN 18709 und 18716; ferner gibt es Taschenbücher zur Photogrammetrie (*Albertz/Kreiling* 1989), zum Vermessungswesen (*Dresbach* 1993), zur Fernerkundung (*Strathmann* 1993).

6.3 Erfassung vor Ort

6.3.1 Terrestrisch-topographische Vermessungen

6.3.1.1 Meßtechnik terrestrischer Vermessungen

Sowohl bei den Grundlagenvermessungen (2.1.3) als auch bei den folgenden Einzelvermessungen bezieht sich die Meßtechnik terrestrischer Verfahren auf die Bestimmung von Winkeln, Strecken, Höhen und Schwerewerten.

1. Winkelmessung

Im Vermessungswesen werden Horizontal- und Vertikalwinkel gemessen, und zwar mit *Theodoliten* (nur für Winkelmessung) oder *Tachymetern* (für Winkel- und Streckenmessung, Abb. 163). Die Geräte sind gewöhnlich auf einem dreibeinigen Stativ befestigt. Ihr Fernrohr kann mit dem Oberbau horizontal um die vertikale Stehachse sowie allein vertikal um die horizontale Kippachse gedreht werden. Das im Fernrohr befindliche Strichkreuz dient der exakten Einstellung von Zielpunkten. Das Meßergebnis wird visuell über ein eingebautes Mikroskop abgelesen oder elektronisch registriert. Mit *Nivelliergeräten* zur Höhenbestimmung sind Horizontalwinkelmessungen möglich, wenn sie einen Horizontalkreis besitzen.

Am Horizontalkreis wird stets nur die *Richtung* zu einem Punkt abgelesen; ein *Horizontalwinkel* ergibt sich demnach als Differenz zweier Richtungen. Am Vertikalkreis liest man den *Vertikalwinkel* dagegen unmittelbar als *Zenitwinkel* z gegen die Zenitrichtung (senkrecht nach oben) oder seltener als *Höhenwinkel* α gegen die Horizontale ab. Damit gilt $z = 100 - \alpha$ (gon). Zenitrichtung bzw. Horizontale erhält man mit Hilfe einer Libelle oder eines automatischen Indexes. Je nach Leistungsfähigkeit des Gerätes liegt die Genauigkeit einer gemessenen Richtung etwa zwischen $\pm 0,1$ mgon und ± 10 mgon.

Besondere Horizontalwinkel für Orientierungen, Berechnungen usw. ergeben sich wie folgt:
– *Richtungswinkel* t gegen die x-Achse (Gitter-Nord) eines geodätischen Koordinatensystems (Abb. 12) aus Berechnungen (2.1.2.5),
– *Geographisches Azimut* α gegen die geographische Nordrichtung (Abb. 23), aus Beobachtung von Gestirnen oder aus geodätischen Berechnungen,
– *Magnetisches Azimut* gegen die magnetische Nordrichtung aus Messungen mit der Kompaßnadel (Bussole).

2. Streckenmessung

Als endgültige Strecke zwischen zwei Punkten gilt im Vermessungswesen in der Regel die auf die Höhenbezugsfläche (Meeresspiegel) reduzierte horizontale Komponente der räumlichen Entfernung. Nach dem Meßprinzip unterscheidet man zwischen mechanischer, optischer und elektronischer Streckenmessung.

a) Mechanische Streckenmessung
Sie wird hauptsächlich mit Rollbändern aus Stahl ausgeführt. Diese sind 20, 25, 30, 50 oder auch 100 m lang. Solche Meßgeräte kamen bisher vor allem in der Katastervermessung zum Einsatz. Als Einheit der Ablesung gilt dabei in der Regel 1 cm.

b) Optische Streckenmessung
Auf der Strichplatte des Fernrohrs eines Theodolits, Nivelliers oder Tachymeters befinden sich zusätzlich zwei Distanzstriche. Liest man zwischen diesen Strichen den Abschnitt l einer im Zielpunkt aufgehaltenen Vertikallatte ab, so erhält man bei einer unter dem Zenitwinkel z geneigten Visur die Entfernung $E = (c + kl)\sin^2 z$. Dabei wird bereits bei der Fernrohrkonstruktion angestrebt, daß $c = 0$ und $k = 100$ ist. Damit ist $E = 100\, l \sin^2 z$. Die Reduktionsrechnungen mit $\sin^2 z$ lassen sich beim Einsatz sog. *Reduktionstachymeter* vermeiden, da bei diesen statt der festen Distanzstriche im Gesichtsfeld zwei Kurvenpaare ihre Abstände beim Kippen des Fernrohrs nach der Funktion $\sin^2 z$ verändern.

Da die Ablesung des Lattenabschnittes l mit cm-Feldern höchstens auf ±1 mm möglich ist, ergibt sich danach mit $k = 100$ eine Streckengenauigkeit von höchstens ±0,1 m. Im Vergleich zur mechanischen Streckenmessung ist das optische Verfahren daher ungenauer, aber schneller und bequemer. Es war bis zum Aufkommen der elektronischen Streckenmessung die vorherrschende Methode in der terrestrisch-topographischen Vermessung.

c) Elektronische Streckenmessung
Sie ermittelt die Laufzeit elektromagnetischer Wellen, die am Standpunkt in Streckenrichtung ausgestrahlt, am Zielpunkt durch ein oder mehrere Prismen reflektiert und am Standpunkt wieder empfangen werden. Man erhält die räumliche (schräge) Entfernung durch Multiplikation der halben Laufzeit mit der Ausbreitungsgeschwindigkeit c der Wellen in der Atmosphäre.

Für c ergibt sich $c = c_0 : n$, wobei $c_0 = 299\,792,5$ km/s die Ausbreitungsgeschwindigkeit im Vakuum ist. Der Brechungsindex n schwankt in mittleren Breiten zwischen 1,00029 und 1,00034 und ist durch Messung von Temperatur, Druck und Feuchtigkeit der Luft zu ermitteln. Die Laufzeit wird nicht direkt gemessen, sondern ergibt sich durch Vergleich zwischen den Phasenlagen der gesendeten und der empfangenen Meßwelle. Um deren eindeutige Ausbreitung zu gewährleisten, wird sie durch Modulation einer sog. Trägerwelle aufgeprägt.

Nach der Länge der Trägerwellen unterscheidet man:
– Mikrowellen-Entfernungsmesser, z.B. mit Trägerwelle 0,03 m (= 10 GHz Frequenz) und mit Meßwelle 40 m (= 7,5 MHz Frequenz);
– elektrooptische Entfernungsmesser mit Trägerwelle im Bereich von Infrarot oder von sichtbarem Licht (z.B. 0,9 μm) und mit Meßwelle 20 m (= 15 MHz) für die Feinmessung.

Nach dem Aufbau der Geräte unterscheidet man:
– Geräte nur für die Streckenmessung,
– Geräte in Verbindung mit einem Theodolit zur gleichzeitigen Messung von Strecken und Winkeln,
– Integrierte Geräte (elektronische Tachymeter) als Einheit von Theodolit und Entfernungsmesser (Abb. 163).

Die Reduktion der gemessenen schrägen Entfernung s' zur Horizontalstrecke s ergibt sich bei relativ kurzen Strecken aus der gleichzeitigen Messung des Zenitwinkels z (Abb. 164) zu $s = s' \sin z$. Die Meßgenauigkeit liegt selbst bei Streckenlängen von mehreren km noch bei etwa ±1 bis 2 cm. Dies und die wirtschaftliche Arbeitsweise verschafften diesem Verfahren breiten Eingang sowohl in die Grundlagen- wie in die Einzelvermessungen.

Zur elektronischen Streckenmessung gehören auch die *Positionsbestimmungen nach Satelliten* (Nr. 5) sowie die *Funkortungsverfahren* zur Lagebestimmung auf Gewässern durch gleichzeitiges Messen von Entfernungen bzw. Entfernungsunterschieden zu mehreren Festpunkten. Geometrische Örter der Funkortung sind dabei die auf die Festpunkte

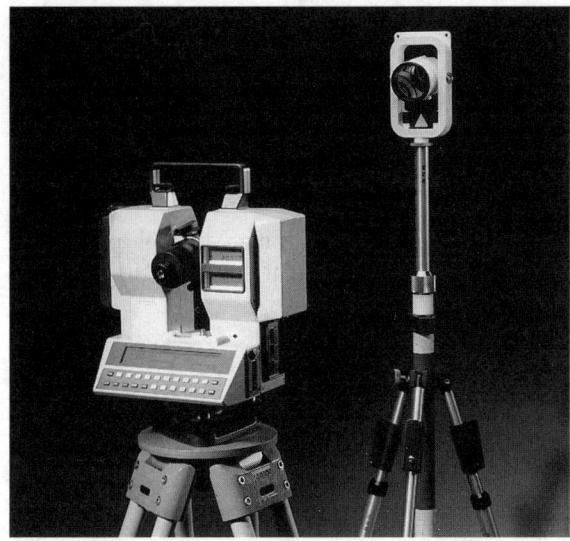

Abb. 163. Computer-Tachymeter Rec Elta 3 mit Prisma (Carl Zeiss)

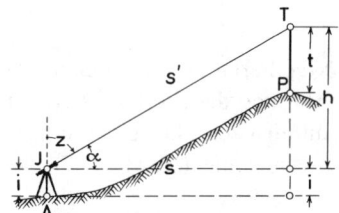

Abb. 164. Reduktion der gemessenen Schrägstrecke und trigonometrische Höhenmessung über kurze Strecken

bezogenen Kreise bzw. Hyperbeln. Ferner gibt es *Laserimpulsentfernungsmessungen* zu Satelliten und zum Mond. Die *Very Long Baseline Interferometry (VLBI)* ist eine interferometrische Messung der Radiostrahlung von Quasaren über einer meist mehrere 1000 km langen Basis als Beitrag zur Messung von Größe und Figur der Erde sowie deren Veränderung. Schließlich dient die *Satellitenaltimetrie* mit Radarwellen der Bestimmung der Satellitenhöhe über der Erdoberfläche.

3. Höhenmessung

Als Höhe (oder Tiefe) gilt im Vermessungswesen der in der Lotlinie gemessene Abstand von einer Bezugsfläche (2.1.3.2). Da diese meist nicht direkt zur Verfügung steht, erfassen die Messungen selbst nur Höhenunterschiede. Über Tiefenmessungen in Gewässern siehe 6.3.2.

a) Geometrisches Nivellement

Hierbei wird der Höhenunterschied benachbarter Punkte durch horizontales Zielen nach lotrecht gestellten Nivellierlatten bestimmt. Bezeichnet man die Ablesung an der Latte im Punkt A (Abb. 165) mit R_1 (Rückblick) und die in W_1 mit

V_1 (Vorblick), so ist der Höhenunterschied zwischen A und W $h_1 = R_1 - V_1$. Durch fortlaufendes Summieren der gemessenen Höhenunterschiede ergibt sich der Höhenunterschied aus einem solchen *Liniennivellement* zwischen A und einem Punkt B in größerer Entfernung zu

$$\Delta H = h_1 + h_2 + h_3 + \ldots = \Sigma h = \Sigma R - \Sigma V.$$

Ist die Höhe des Anschlußpunktes A bekannt, so erhält man die Höhe des Punktes B aus $H_B = H_A + \Delta H$. Die Meßausrüstung besteht aus dem Nivelliergerät

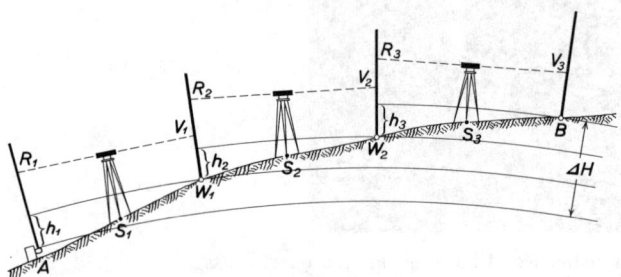

Abb. 165. Prinzip des Nivellements

(Abb. 166) mit Stativ und den 3 bis 5 m langen Nivellierlatten mit Maßteilung (z.B. cm-Felder) oder Strichcodierung. Die Horizontierung der Ziellinie – früher nur mit Röhrenlibellen – ergibt sich heute meist automatisch über einen eingebauten pendelförmigen Kompensator mit optischen Bauelementen.

Abb. 166. Digitalnivellier WILD NA 3000 mit Strichcodelatte

Die Leistungsfähigkeit eines Nivelliers wird durch die Standardabweichung $s_h = a\sqrt{n}$ beschrieben (n = Nivellementslänge in km). Bei *Baunivellieren* für einfache technische Zwecke ist $a \approx 10$ mm, bei *Ingenieurnivellieren* für genauere Zwecke beträgt $a \approx 3$ bis 5 mm, bei *Fein-* oder *Präzisionsnivellieren* für Nivellements höchster Genauigkeit ist $a \approx 1$ mm und besser.

b) Hydrostatisches Nivellement
Die horizontale Bezugslinie wird nach dem Gesetz der kommunizierenden Röhren durch eine mit Wasser gefüllte Schlauchwaage erzeugt. An den Schlauchenden befinden sich Standgläser mit Skalen zur Ablesung des Wasserstandes. Mit Präzisionsgeräten läßt sich die Höhe auf ±1 mm und genauer übertragen; beim Einsatz längerer Schläuche sind Stromübergänge und Inselanschlüsse möglich.

c) Trigonometrische Höhenmessung
Hierbei ergibt sich der Höhenunterschied h zwischen dem Punkt J und der Zieltafel T (Abb. 164) aus dem in J gemessenen Zenitwinkel z (Höhenwinkel α) und der Horizontalentfernung s zu $h = s \cot z$ ($= s \tan \alpha$). Man erhält s aus direkter oder indirekter Streckenmessung oder durch Rechnung aus Koordinaten (2.1.2.5). Mit der Instrumentenhöhe i in A, der Tafelhöhe t in P und der bekannten Höhe H_A ergibt sich damit die Höhe von P bei kurzen Entfernungen bis etwa 250 m zu

$$H_P = H_A + s \cdot \cot z + i - t.$$

Bei größeren Strecken ergibt sich die Höhe des Punktes P unter Berücksichtigung der Erdkrümmung und der atmosphärischen Strahlenbrechung (Refraktion) zu

$$H_P = H_A + s \cdot \cot z + \frac{s^2}{2R} \cdot (1 - k) + i - t.$$

Mit $R = 6370$ km und dem Durchschnittswert des sog. Refraktionskoeffizienten von $k = 0,13$ erhält man für das Glied $s^2/2R \cdot (1 - k)$ den ungefähren Wert 0,068 s^2(km). Die Korrektur wegen Erdkrümmung und Refraktion beträgt damit z.B. +0,07 m für $s = 1$ km und +0,27 m für $s = 2$ km. Das Verfahren erreicht gewöhnlich nicht die Genauigkeit des Nivellements, ist aber z.B. in sehr bergigem Gebiet wesentlich wirtschaftlicher als dieses.

d) Barometrische Höhenmessung
Ihr liegt die physikalische Tatsache zugrunde, daß der Luftdruck mit wachsender Höhe abnimmt. Zu seiner Messung dienen *Quecksilberbarometer* (Flüssigkeitsbarometer) in einem Zentralpunkt zur Registrierung der meteorologisch bedingten Druckschwankungen und damit zur Korrektur der Messungsergebnisse sowie *Federbarometer* (Trockenbarometer, Aneroide) für die eigentliche Feldmessung.

Die Maßeinheit des Luftdrucks ist 1 hPa (Hektopascal, früher = 1 mbar) = 100 N/m^2 (N = Newton). *Altimeter* sind Geräte, die statt der hPa-Teilung eine lineare Meterskala besitzen und damit das unmittelbare Ablesen der Höhenwerte gestatten. In mittleren Breiten und in Meereshöhe entspricht einer Luftdruckänderung von 1 hPa eine Höhenänderung von etwa 8 m. Da der Luftdruck höchstens auf ±0,3 hPa meßbar ist, folgt daraus eine Höhengenauigkeit von höchstens ±2 m. Das Verfahren eignet sich für Erkundungen, Expeditionen und überschlägliche Vermessungen.

e) Höhenmessung mit Freihandgeräten
Solche Geräte eignen sich bei geringeren Genauigkeitsansprüchen zur Bestimmung von Höhenunterschieden oder Gefällsangaben. Sie beruhen meist auf dem Pendelprinzip und besitzen gewöhnlich eine Winkelteilung, eine Prozentskala und eine Teilung zur Reduktion von Schrägstrecken.

4. Schweremessung (Gravimetrie)
Sie dient der Messung der Schwerebeschleunigung der Erde mit Hilfe von Fallmethoden, Pendeln oder Federwaagen. *Absolutgravimeter* ermitteln für eine Station den tatsächlichen Betrag g der Schwere, *Relativgravimeter* die Schweredifferenz Δg zwischen zwei Punkten.

Aus den Messungsergebnissen berechnet man die Schwereanomalien als Abweichungen gegen den Normalwert γ_o der Schwere, die Komponenten der Lotabweichung, die Geoidundulation, die Korrektur von Feinnivellements und weitere Angaben zur Klärung bestimmter geowissenschaftlicher Fragestellungen. Der Normalwert γ_o der Schwere ergibt sich wegen der Abplattung des Erdkörpers an den Polen und der Zentrifugalbeschleunigung in Abhängigkeit von der geographischen Breite φ zu

$$\gamma_o = 9{,}780\,327 \cdot (1 + 0{,}005\,3024 \sin^2 \varphi - 0{,}000\,0058 \sin^2 2\varphi) \; [\text{ms}^{-2}].$$

Die tatsächlichen Schwerewerte g lassen sich mit den Gravimetern auf etwa $\pm 1 \cdot 10^{-7}$ ms^{-2} genau bestimmen.

5. Positionierung mittels erdumkreisender Satelliten
An erster Stelle solcher Verfahren steht zur Zeit das *Global Positioning System (GPS)*. Dieses besteht aus mindestens 18 Satelliten, die in rund 20 000 km Höhe die Erde in etwa 12 Stunden umkreisen, und von denen sich jeweils mindestens 4 Satelliten über dem örtlichen Horizont befinden. Zu diesen werden mit einem über dem Meßpunkt aufgestellten Antennen-Empfänger sichtunabhängig die Laufzeiten der von ihnen ausgestrahlten Signale (Trägerwelle im dm-Bereich) gemessen und daraus sog. Pseudoentfernungen ermittelt. Nach deren Umwandlung in echte Entfernungen ergibt sich nach dem Prinzip des räumlichen Bogenschlags die Punktposition in Koordinaten und Höhen; dies erfordert die Kenntnis der Bahnparameter der Satelliten, des erdfesten Koordinatensystems X,Y,Z (2.1.2.5) und der Transformationsparameter in das jeweilige geodätische Bezugssystem. Durch simultane Messungen (*Relativmessung*) mit mehreren Empfängern auf Neu- und Referenzpunkten einer Region lassen sich die größten systematischen Fehlereinflüsse eliminieren und damit Punktgenauigkeiten erreichen, die für die meisten vermessungstechnischen Belange ausreichen.

6. Positionierung mittels inertialer Meßsysteme

Das nach dem Trägheitsprinzip arbeitende Meßsystem besitzt für jede Achse dreier orthogonaler Koordinaten einen die Orientierung stabilisierenden Kreisel und einen Beschleunigungsmesser. Die doppelte Integration der Beschleunigung ergibt die Längenangabe in der jeweiligen Koordinatenrichtung. Damit erhält man zwischen Festpunkt und Neupunkt die dreidimensionalen Koordinatenunterschiede, die Schwereanomalie und die Komponenten der Lotabweichung. Mit bestimmten Meßanordnungen kann man die Koordinaten auf etwa ± (0,1 bis 1) m genau bestimmen. Die Systeme werden in Hubschraubern und Kraftfahrzeugen eingesetzt.

6.3.1.2 Topographische Vermessungen durch Zahlentachymetrie

Das Ziel topographischer Vermessungen im klassischen Sinne war und ist die Herstellung und Aktualisierung topographischer Karten. Im weiteren Sinne gelten als topographische Vermessungen aber auch solche, die nur fachbezogenen Aufgaben dienen, z.B. für Leitungskarten und bautechnische Planungsgrundlagen; dabei richten sich Maßstab, Genauigkeit und Messungsanordnung (z.B. in Profilen) ausschließlich nach den Erfordernissen des jeweiligen Projekts.

Entsprechend dem Inhalt topographischer Karten (Kap. 9) bezieht sich die Erfassung auf Situation, Gelände, Namen und thematische Merkmale:
– Als *Situation* gilt die Lage der auf der Erdoberfläche vorhandenen und mit ihr verbundenen Gegenstände wie Gebäude, Verkehrswege, Gewässer, Bodenbedeckungen usw. Sie wird nach den Objektumrissen, Mittellinien oder Mittelpunkten als orthogonale Grundrißprojektion in die Bezugsfläche eingemessen und in den durch Abbildung entstehenden Koordinaten (Raumbezugssystem) bzw. in der Kartenebene dargestellt (9.3.1).
– Das *Gelände* (Relief) ist die Erdoberfläche als Grenzfläche zwischen der festen Erde (Lithosphäre) einerseits und der Luft (Atmosphäre) bzw. dem Wasser (Hydrosphäre) andererseits. Die Erfassung besteht darin, Höhen- oder Tiefenlinien aus einem Punktfeld oder unmittelbar zu gewinnen und diese zusammen mit weiteren Kleinformen gleichfalls grundrißlich durch Zahlen oder Graphik darzustellen (9.3.2).
– Das *Namengut* (z.B. Namen von Orten, Gewässern, Bergen) und wichtige *thematische Merkmale* (z.B. Kreisgrenzen) werden in ihrem mehr oder weniger exakten Raumbezug festgelegt.

Bis etwa zur Mitte des 20. Jh. beruhte die *topographische Landesaufnahme* als topographische Vermessung eines ganzen Staatsgebietes auf terrestrischen Verfahren. Umfang und Genauigkeit der Aufnahme orientierten sich ausschließlich an der zweckbestimmten Objektauswahl und dem vorgesehenen Kartenmaßstab (*Krauß/Harbeck* 1984). Im vorigen Jahrhundert lagen solche Maßstäbe etwa bei 1:25 000 und kleiner; heute sind meist die größeren Maßstäbe 1:2 500 bis 1:10 000 üblich. In zunehmendem Maße bestimmen nunmehr aber Aufbau und Aktualisierung von Geo-Informationssystemen Art und Ausmaß der Erfassung.

258   Erfassung vor Ort

Wichtigstes Verfahren der terrestrischen topographischen Vermessung ist heute die elektronische (Zahlen-)Tachymetrie, zunehmend mit Selbstregistrierung der gemessenen Daten. Es wird vor allem dann eingesetzt,
- wenn das Aufnahmegebiet relativ klein ist und sich daher ein Bildflug mit anschließender Auswertung durch Bildmessung nicht lohnt,
- wenn ausgedehnte Waldgebiete eine Luftbildauswertung nicht gestatten,
- wenn es um Arbeiten zur Aktualisierung topographischer Karten geht und diese nur von begrenztem Umfang sind,
- wenn Terminzwänge und schlechtes Bildflugwetter vorliegen oder
- wenn topographische Vermessungen terrestrisch zu prüfen sind.

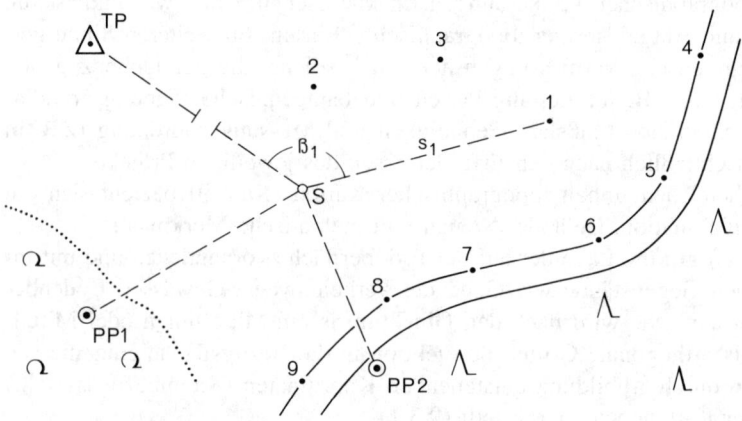

Abb. 167. Polaraufnahme

Kennzeichen der tachymetrischen Verfahren ist die punktweise Erfassung der Situation und der Geländeoberfläche, und zwar im Wege der polaren Bestimmung der Objektpunkte (2.1.2.5 Nr. 3, Abb. 167) von einem günstig gelegenen Standpunkt. Dies setzt voraus, daß im Aufnahmegebiet eine ausreichende Anzahl örtlich markierter und nach Lage und Höhe bekannter Anschlußpunkte verfügbar ist. Reichen für deren Bestimmung die vorhandenen Lage- und Höhenfestpunkte der Landesvermessung nicht aus, so ist evtl. noch eine Verdichtung dieser Festpunktfelder vorzunehmen. Dabei erlaubt es der Einsatz elektronischer Tachymeter zunehmend, durch sog. *freie Stationierung* von der direkten Aufstellung auf Festpunkten abzugehen und dafür einen beliebigen, örtlich günstigsten Standpunkt für die Aufnahme zu wählen, wobei Beobachtungen zu den umliegenden Anschlußpunkten einbezogen werden. Dieser Grad von Flexibilität wird sich noch erhöhen, wenn sich die Standpunkte durch Satellitenbeobachtungen (GPS-Messungen) fixieren lassen. Ein weiterer Gewinn ergibt sich, wenn der Topograph die Zielpunkte mit dem Prisma selbst auswählt und das Gerät am

Standpunkt sich als *Meßroboter* automatisch zum Zielpunkt nachsteuert und dann auf Abruf mißt und registriert.

Allgemein sind die *Situationspunkte* in einer so dichten Folge zu legen, daß eine zutreffende Darstellung der Umrißlinien topographischer Objekte, vor allem bei gekrümmten Linien (z.B. Bäche, Waldwege) gewährleistet ist. Eine einwandfreie Geländedarstellung erfordert, daß zunächst charakteristische *Geländelinien* als Hilfslinien der Geländeerfassung erkannt und im Anhalt daran die zu messenden *Geländepunkte* sachgerecht verteilt werden.

Zu den Geländelinien gehören (Abb. 168):
1. Die *Geripplinien*, die als a) Rückenlinien (Kammlinien, Wasserscheiden) oder b) Muldenlinien (Tallinien, Wassersammler) die Geländeoberfläche in Teilbereiche sinnvoll gliedern;
2. die *Fallinien*, die die Richtung des stärksten Geländegefälles (Böschung) aufzeigen;
3. die *Formlinien* (Leitlinien), die – vor allem im Bereich der Geripplinien – den Grad der Ausprägung von Rücken und Mulden anzeigen und damit den ungefähren Verlauf der Höhenlinien andeuten;
4. die *Kantenlinien (Bruchkanten, Geländekanten)*, die im Gelände einen mehr oder weniger ausgeprägten Wechsel der Hangneigung anzeigen (vor allem bei Kleinformen) und die zusammen mit den Geripplinien eine notwendige Information besonders bei der rechnergestützten Weiterverarbeitung der Messungsergebnisse (7.4) bilden.

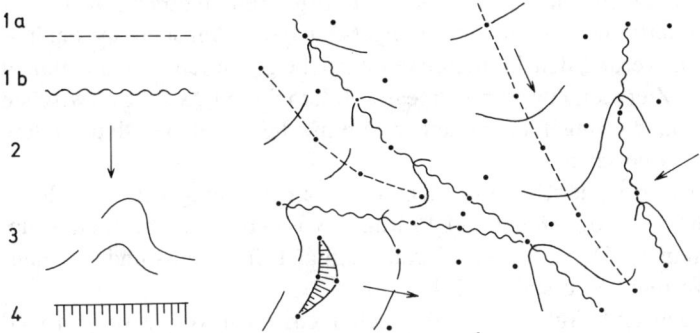

Abb. 168. Darstellung von Geländelinien in Feldrissen und Kartierungen mit einem Beispiel für die Verteilung von Geländemeßpunkten

Die zu messenden *Geländepunkte* sind die höchsten Stellen der Kuppen, die tiefsten der Mulden sowie die Sattelpunkte. Sie liegen ferner auf den Geripplinien sowie in den übrigen Geländeteilen in profilartiger Anordnung. In den beiden letzten Fällen sind sie so zu verteilen, daß zwischen benachbarten Punkten in Fallrichtung möglichst konstantes Gefälle besteht, so daß die spätere lineare Interpolation der Höhenlinien weitgehend den örtlichen Verhältnissen entspricht. Die notwendige Punktzahl ist damit abhängig von den Geländeverhältnissen, den Genauigkeitsansprüchen und dem Kartenmaßstab. Für den Maßstab 1:5 000 schwankt sie zwischen 300 und 700 Punkten je km^2.

Der Topograph führt einen ungefähr maßstäblichen *Feldriß (Feldskizze)*, in dem er die gemessenen Punkte mit ihrer Nummer, die Situation und die Geländelinien darstellt. Im Falle einer reinen Höhenaufnahme über einem bereits erfaßten und damit bekannten Grundriß ist evtl. der Feldriß entbehrlich. Sofern keine Selbstregistrierung stattfindet, werden die gemessenen Größen – Entfernung, Richtung und Höhenunterschied – unter der jeweiligen Punktnummer in einem *Feldbuch* eingetragen.

Mit dem Gewinn an Reichweite, Genauigkeit und Schnelligkeit durch elektronische Registriertachymetrie geht die praktische Bedeutung der folgenden Verfahren zurück:
– *Meßtischaufnahme*: Hierbei führt die Punktmessung mit einer *Kippregel* auf dem Meßtisch zur sofortigen Punktkartierung auf einem vorbereiteten Aufnahmeoriginal. Unmittelbar danach entsteht das Höhenlinienbild durch örtliches Interpolieren zwischen den gemessenen Punkten mittels Gefällmesser o.ä. (sog. Krokieren).
– *Kombinierte Methode*: Nach Messung und häuslicher Grundrißkartierung entsteht das Höhenlinienbild örtlich durch Krokieren. Dies verbindet den Vorteil der schnelleren Zahlenmethode mit den qualitativen Vorzügen der Meßtischmethode.
– *Nivelliertachymetrie*: Sie gestattet in sehr ebenem Gelände die Polaraufnahme mit einem Nivelliergerät, das einen Horizontalkreis besitzt.

Für die Auswertung der Zahlentachymetrie gilt folgendes:
– Bei *manueller* Registrierung der Messungselemente entsteht die Kartierung im Anschluß an Zwischenrechnungen zunächst als Grundrißbild durch linienhaftes Verbinden von kartierten Punkte eines Objekts nach den Angaben des Feldrisses. Die Höhen werden den kartierten Punkten beigeschrieben. Höhenlinien entstehen dann Zug um Zug durch lineares Interpolieren (8.2.3.6) zwischen solchen Punkten, die ungefähr auf einer Fallinie liegen; dabei sind weitere Formhinweise zu beachten.
– Bei *Selbstregistrierung* der Daten werden diese vom Datenträger in einer Rechner eingelesen, mit Programmen zur Prüfung, Korrektur usw. bearbeitet, um danach als bereinigte Daten für die Bildung digitaler Situations- und Geländemodelle zur Verfügung zu stehen (7.4).

Überarbeitungen und Ergänzungen bei tachymetrischen Vermessungen sind erforderlich,
– wenn die Höhenlinien auf eine vorhandene Situation einzupassen sind,
– wenn der Inhalt von Flurkarten, Stadtgrundkarten oder Lageplänen übernommen werden soll oder
– wenn die Vermessung der Kartenaktualisierung dient.

Thematische Angaben, die nach Zeichenvorschriften oder Vereinbarungen in der topographischen Karte enthalten sein sollen, lassen sich meist im Zuge der Messungen nicht ermitteln (z.B. Grenzen von Grundstücken, Gemeinden, Natur-

Erfassung der Informationen 261

schutzgebieten). Man muß sie daher anderen Unterlagen entnehmen. Das gleiche gilt für die zur Kartenschrift gehörenden *Namen* der Orte, Berge, Täler, Wälder, Seen, Straßen usw. Näheres über die Informationsquellen hierzu siehe 6.5 bis 6.6.

6.3.2 Hydrographische Vermessungen

Hydrographische Vermessungen beziehen sich auf die vom Wasser bedeckte Erdoberfläche, daneben auf Inseln, Häfen, Uferbefestigungen, Riffe, Seezeichen, Leuchtfeuer, Wracks usw. Die auch als *Peilungen* bezeichneten Vermessungen bestehen aus getrennten (1) Tiefenmessungen und (2) Lagemessungen sowie deren (3) Korrektur und (4) gegenseitiger Zuordnung.

1. Die Tiefenmessung (*Lotung*) findet meist von einem in Fahrt befindlichen Boot oder Schiff statt. Da die Formen des Gewässerbodens nicht sichtbar sind, verläuft die punktweise Erfassung meist in Parallelprofilen, die annähernd senkrecht die vermuteten Niveaulinien schneiden.

Zur Messung wurden früher meist Peilstangen oder an Leinen befestigte Lote verwendet. Heute benutzt man *Echolote* nach dem Schallmeßverfahren. Dabei wird die Laufzeit abgestrahlter und am Boden reflektierter Ultraschallimpulse in Tiefenangaben umgesetzt, die digital registriert und/oder als Bodenprofile (*Echogramme*) gezeichnet werden. Temperatur und Salzgehalt des Wassers sind wegen ihres Einflusses auf die Ausbreitungsgeschwindigkeit (etwa 1400 m/s) zu ermitteln. Die Geräte lassen sich meist auf verschiedene Tiefenmeßbereiche einstellen. Den Übergang von Tiefenprofilen zu bandförmigen Flächenerfassungen ermöglichen *Bodenkartenschreiber*, die eine größere Anzahl von Echoloten an Auslegern beiderseits des Schiffes aufnehmen, oder *Fächerecholote*, die senkrecht zur Fahrtrichtung in einem bestimmten Sektor hin- und her schwenken. Die erreichbare Lotungsgenauigkeit beträgt im Flachwasser etwa ± (0,05 bis 0,20) m, bei größeren Tiefen etwa ± 0,8‰ der Tiefe. Tiefenmessungen mit Lasergeräten sind bisher wegen der Trübung des Wassers nur bis zu einer Tiefe von etwa 50 m möglich gewesen.

2. Die Lagemessung (*Ortung*) reicht von den auf Landflächen üblichen Verfahren bei Binnengewässern und in Küstennähe bis zum Einsatz von GPS-Positionierungen auf hoher See. Ihre Genauigkeit hängt sehr stark vom Verfahren ab. Bei Binnengewässern erreicht sie nicht ganz die Genauigkeit terrestrischer Vermessungen. Im Küstenbereich schwankt sie zwischen ±1 und ±10 m, auf hoher See zwischen ±10 m und mehreren 100 m.

3. Die Korrektur (*Beschickung*) der Tiefenmessung ergibt sich daraus, daß die zunächst gegen die im Messungszeitpunkt reale Wasseroberfläche gemessene Tiefe auf eine Höhenbezugsfläche (2.1.3.2) umzurechnen ist. Als solche gilt bei Binnengewässern und in Küstennähe der Landeshorizont (z.B. NN), im Gezeitenbereich auf offener See ein definiertes Seekartennull (SKN). Die Umrechnung ergibt sich aus der simultanen Messung benachbarter Pegel oder durch Gezeitenberechnungen.

4. Die Verknüpfung (*Zuordnung*) von Lotung und Ortung ergibt sich über eine simultane Zeitmessung, so daß sich der Lotung eine bestimmte Schiffsposition zuordnen läßt.

Kleinere Wasserläufe werden gewöhnlich im Anhalt an eine talwärts verlaufende Stationierung in regelmäßigen Abständen durch Querprofile und durch ein Längsprofil aus den tiefsten Punkten der Querprofile erfaßt. In den Querprofilen legt man die Lage der Punkte durch Streckenmessungen, ihre Tiefe durch Peilstäbe oder schwere Lote fest. *Größere Wasserläufe* werden in Querprofilen durch ein Vermessungsschiff unter elektronischer Entfernungsmessung und Echolotung abgefahren. Bei Vermessungen *größerer Binnenseen* und auf dem *Meer* wird gleichfalls ein Schiff, evtl. mit mehreren Beibooten, eingesetzt. Dabei wählt man den Abstand zwischen den parallelen Lotlinien so, daß sich auch für die zwischen ihnen liegenden Bereiche eine zuverlässige Tiefenliniendarstellung entwickeln läßt. Zur Ortung eignen sich bei Landnähe terrestrische Verfahren der Punktverfolgung und allgemein alle Funkortungsverfahren und GPS-Methoden, die den jeweiligen Genauigkeitsanspruch erfüllen. *Wattgebiete* als die im Gezeitenbereich der Küste bei Niedrigwasser trockenfallenden Flächen lassen sich terrestrisch (bei Niedrigwasser, 6.3.1.2), hydrographisch (bei Hochwasser) oder photogrammetrisch (bei auflaufendem Wasser, 6.4.2.1) vermessen.

Die Auswertung von Tiefenmessung und Ortung, ihre zeitbezogene Verknüpfung, die Zuordnung zu den Bezugsflächen und die Darstellung von Profilen und Tiefenlinien (Isobathen) beruht zunehmend auf digitalen Rechentechniken. Beim Einsatz spezieller Vermessungsschiffe sind solche Auswertungen bereits an Bord möglich.

6.3.3 Thematische Erfassungen

Wie die topographischen Informationen bei der topographischen Vermessung sind auch thematische Informationen unmittelbar und erstmalig zu erfassen, wenn sie aus anderen Quellen (6.4-6.6) nicht zu gewinnen sind. In diesem Falle orientiert sich der Vorgang der Erfassung ausschließlich oder überwiegend an den Erfordernissen für die Herstellung der vorgesehenen thematischen Karte oder eines Fachinformationssystems. Werden thematische Informationen aus verschiedensten Fachgebieten als Bestandserhebung für ein ganzes Staatsgebiet erfaßt, so spricht man auch von *thematischer Landesaufnahme*.

Als Informationsquellen kommen die Objekte selbst (thematische Feldaufnahme) oder von den Objekten empfangene Signale (Luftbilder, Satellitenbilder, Abtaster) in Betracht. Entsprechend dem Inhalt einer thematischen Karte (Kap. 10) gehört zur Erfassung der Informationen auch der Bezug auf eine topographische Grundlage. Diese liegt entweder bereits vor oder entsteht im Zuge der thematischen Erfassung.

Die *thematische Feldaufnahme* ist die klassische Erfassungsmethode vieler geowissenschaftlicher, aber auch zahlreicher anderer Disziplinen. Dabei besteht die eigentliche thematische Aufnahme im Erfassen der Sach- und temporalen Daten der Objekte (1.3.3-1.3.4). Der topographische, also geometrische Raumbezug ergibt sich durch terrestrische Vermessungsverfahren oder durch Feldkartierung. An der Grenze zwischen topographischer und thematischer Vermessung liegt die Katastervermessung, die dem Nachweis der Rechte am Grund und Boden dient und dabei auch den Gebäudebestand und die Bodennutzungen erfaßt (Liegenschaftskataster).

Werden *Qualitäten*, also Arten oder Eigenschaften, erfaßt, so kommt es darauf an, die einzelnen Feststellungen einer Objektklasse mit bekannten Merkmalen oder einer zeitlichen Datierung zuzuordnen. Beispiele solcher *Beschreibungen* sind geologische Strukturen, Bodenprofile, Pflanzengesellschaften, Landnutzungen, archäologische Funde, Ortsentwicklungen, Wanderwege, Freizeiteinrichtungen. Im geowissenschaftlichen Bereich geschieht dies häufig mit speziellen Geräten zur Ermittlung physikalischer oder chemischer Eigenschaften (z.B. von Korngrößen, pH-Werten).

Liegen in bestimmten Fällen noch keine Klassenmerkmale vor, so bleibt es zunächst bei den einzelnen Feststellungen, vor allem, wenn mit Hilfe der Karte selbst erst das räumliche Verteilungsmuster und Klassifizierungsschema erforscht werden soll (z.B. bei der Dialektforschung). Im sozialgeographischen Bereich entsteht die Beschreibung häufig im Wege der Befragung (z.B. für die Ermittlung sozialräumlicher Verteilungen).

Das Erfassen von *Quantitäten*, also von Mengen oder Werten besteht im Messen oder Zählen. Das *Messen* erfaßt gewöhnlich kontinuierliche Merkmale (z.B. meteorologische Daten, Schwereanomalien, Wasserstände, Luftverschmutzungen, Navigationsdaten). Bei Meßdaten, die einer zeitlichen Veränderung unterliegen, tritt an die Stelle der lokalen Einzelmessung häufig die kontinuierliche Registrierung in graphischer Form (z.B. Barogramm, Pegelkurve) oder in digitaler Aufzeichnung auf einem Datenträger (z.B. Kassette). Das *Zählen* bezieht sich auf diskrete Merkmale (z.B. statistische Erhebungen über die Anzahl von Brutvögeln, über den forstlichen Baumbestand, über den ruhenden und fließenden Kraftfahrzeugverkehr). Hierbei können sich die Daten nach dem Augenschein, über eine Befragung, durch Registrierung mittels elektrischer Kontakte usw. ergeben.

Für den topographischen Bezug liegen die Aufnahmemaßstäbe meist zwischen 1:5 000 und 1:25 000. Vorhandene topographische Karten und Luftbilder dienen im Felde unmittelbar zur Eintragung der Ergebnisse. Liegen solche Unterlagen nicht vor, so sind die thematischen Objekte wie bei einer topographischen Vermessung zu erfassen und in Feldbüchern und Feldrissen (Feldskizzen) zu protokollieren.

Die geometrische Genauigkeit der Erfassung richtet sich dabei nicht nur nach dem Kartenmaßstab, sondern auch nach der Schärfe, mit der das Objekt überhaupt zu erfassen ist. Unterirdische Leitungen lassen sich z.B. exakt bestimmen; forstliche Bestandsgrenzen sind dagegen örtlich nicht immer eindeutig. In vielen Fällen genügt daher schon eine geometrische Festlegung durch Einsatz von

Gefällmesser, Kompaß und anderem Kleingerät, durch Einschreiten von Bezugslinien oder -punkten her und durch anschließendes Kartieren.

Bei den meisten Objekten handelt es sich um *Diskreta*. Diese sind – bezogen auf den Kartenmaßstab – als flächenhaft (z.B. Landnutzungen), linear (z.B. Leitungen) oder lokal (z.B. Bohrungen) anzusehen. Die Erfassung bezieht sich dabei auf die Grenze der Fläche bzw. auf die Mittellinie bzw. auf den Mittelpunkt des Objekts. Ist das Objekt ein *Kontinuum* (z.B. Temperaturverteilung), so bilden die gemessenen Quantitäten ein sog. Wertefeld. Dessen Wiedergabe in der Karte entsteht aus der Interpolation bestimmter Isolinien im Anhalt an die gemessenen Werte. Das Verfahren gleicht insoweit dem Entwurf der Höhenlinien bei der Auswertung topographischer Vermessungen, doch ist die Punktdichte meist wesentlich geringer, und bei der Interpolation sind neben dem rein geometrischen Prinzip auch die kausalen Zusammenhänge mit anderen Einflußgrößen zu beachten (z.B. Niederschlagsmenge in Abhängigkeit von Relief und vorherrschender Windrichtung).

Die methodischen und instrumentellen Vorgehensweisen und der jeweilige Erfahrungsstand sind bei den einzelnen fachthematischen Erfassungen sehr unterschiedlich. So gestatten z.B. die wissenschaftlichen Erkenntnisse in der Geomorphologie eine sehr intensive und komplexe Feld- und Laborarbeit (*Leser* 1977). Ein typisches Beispiel für eine durch Verwaltungsvorschriften eingehend festgelegte Erfassung ist die Bodenschätzung, deren Ergebnisse in den Schätzungskarten des Katasters, teilweise auch in Bodenkarten 1:5000 dargestellt werden. In anderen Fällen wiederum muß der Bearbeiter erst eigene Erfahrungen aus seinen Feldarbeiten gewinnen, um erste Regeln für spätere Arbeitsweisen festlegen zu können.

6.4 Erfassung durch Photogrammetrie und Fernerkundung

Diese Verfahren beruhen darauf, daß die natürliche Strahlung (z.B. Sonnenlicht) oder eine künstliche Strahlung (z.B. Radar, Schall) von den einzelnen Objekten unterschiedlich zurückgeworfen (reflektiert) wird. Erfaßt man die reflektierte Strahlung mit einem Sensor (z.B. Kamera), so erzeugt die Strahlungsdifferenzierung auf einem Informationsträger (z.B. Film) Helligkeits- bzw. Ladungsunterschiede und damit Bildstrukturen.

Für die Herstellung von Karten kommen vorwiegend in Betracht:
– Als Strahlung aus dem elektromagnetischen Spektrum vorwiegend der Bereich des sichtbaren bis infraroten Lichts, daneben auch Mikrowellen,
– als Sensoren Meßkammern oder Abtastsysteme,
– als Sensorplattformen Flugzeuge zur Luftbildaufnahme (Aerophotogrammetrie) oder Satelliten (bemannt oder unbemannt) zur Satellitenaufnahme,

- als Informationsträger photographische Emulsionen (für analoge Daten) oder elektronische Speichermedien (für digitale Daten),
- als Informationsverarbeitung (Auswertung) die Veränderung des Bildinhaltes (Bildverarbeitung), die Deutung des Bildinhaltes (Bildinterpretation) und die Entnahme geometrischer Daten (Bildmessung).

Während in der Photogrammetrie die geometrische Bildmessung in analoger Form oder im digitalen Vektormodus vorherrscht, ist in der Fernerkundung die digitale Bildverarbeitung im Rastermodus die Regel. In Zukunft werden sich jedoch die methodischen Möglichkeiten noch stärker durchmischen. Über Lehrbücher zur Photogrammetrie und Fernerkundung siehe 6.2.

6.4.1 Geräte und Verfahren der Photogrammetrie und Fernerkundung

6.4.1.1 Aufnahmetechnik

1. Optisch-photographische Systeme

Bei einer photographischen Aufnahme ist die Rekonstruktion eines Objekts am genauesten, wenn die gegenseitige Lage zwischen der Bildebene im Anlegerahmen des Films und dem Objektiv als Projektionszentrum mit seinem Abbildungsgesetz bekannt ist. Diese sog. *innere Orientierung* kennzeichnet das Aufnahmegerät als *Meßkammer*, das Aufnahmeergebnis als *Meßbild*.

Luftbildaufnahmen entstehen meist als Senkrechtaufnahmen mit Reihenmeßkammern, bei denen die Teilvorgänge automatisch ablaufen. Das Bildformat beträgt vorwiegend 23×23 cm². Die dazu üblichen Objektivbrennweiten $f = 9$, 15, 21, 30 und 60 cm führen zu Kammertypen mit den Merkmalen des Überweit-, Weit-, Zwischen-, Normal- und Schmalwinkel.

Der *Luftbildfilm (Fliegerfilm)* ist eine bis zu 60 m lange Rolle aus weitgehend maßbeständigem Polyester als Träger der Photoschicht. Je nach Auswertezweck benutzt man Schwarz-Weiß-Emulsionen mit panchromatischer oder mit infraroter Sensibilisierung sowie Colorfilme als Diapositiv- oder Falschfarbenfilme (Color-Infrarot-Filme). Anstelle eines Colorfilms erhält man ein farbiges Bild auch auf indirektem Wege: In einer Kamera mit mehreren Objektiven und unterschiedlichen Filtern davor entstehen auf Schwarz-Weiß-Film jeweils Bilder für verschiedene Spektralbereiche, meist in den vier Bändern blau, grün, rot und infrarot auf infrarotem Film. Für die spätere Verarbeitung und Auswertung sind solche Aufnahmen flexibler als die direkten Farbaufnahmen. Dafür geeignete *Multispektralkammern* werden in Flugzeugen und in bemannten Satelliten eingesetzt.

Für den Bildflug erhält man die *Flughöhe über Grund* h_g aus Bildmaßstab $M_b = 1 : m_b$ und Brennweite f. Nach Abb. 169 ergibt sich aus der Geländestrecke s und der ihr entsprechenden Bildstrecke s' das Verhältnis $s : s' = h_g : f$, und da $s : s' = m_b$, so folgt daraus $h_g = f \cdot m_b$. Die Flughöhen der meisten

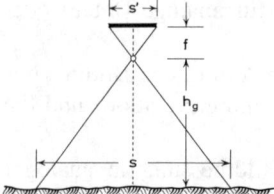 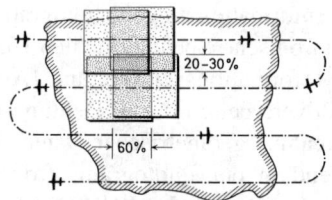

Abb. 169. Flughöhe und Bildmaßstab   Abb. 170. Anordnung eines Bildflugs

kommerziellen Bildflüge liegen zwischen 300 und 7500 m. Das aufzunehmende Gebiet wird meist in parallelen Flugstreifen beflogen, die möglichst in OW- oder NS-Richtung verlaufen und zwischen denen eine Querüberdeckung von 20 bis 30% besteht (Abb. 170). Innerhalb eines Flugstreifens weisen benachbarte Bilder eine mindestens 60%ige Längsüberdeckung auf, so daß jeder Geländepunkt in mindestens zwei Luftbildern abgebildet ist und sich demnach stereoskopisch betrachten und messen lassen kann. In der Praxis trifft man oft auf noch höhere Längsüberdeckungen, um eine optimale Bildauswahl vornehmen zu können.

Über zivile Bildflüge in der Bundesrepublik Deutschland führen die Landesvermessungsbehörden und das Institut für Angewandte Geodäsie (*Schmidt-Falkenberg* 1978) Nachweise mit Angabe der Bildflugdaten und der Aufnahmezeitpunkte. In Österreich besteht ein Luftbildarchiv beim Bundesamt für Eich- und Vermessungswesen, in der Schweiz ein Nachweis von Stereoluftbildern bei der Eidgenössischen Vermessungsdirektion. Der erstmalige Einsatz einer Meßkammer in Satelliten fand 1983 und 1984 in den Space-Shuttle-Flügen bei 250 km Flughöhe statt; mit der Metric Camera MC ($f = 30$ cm, 23×23 cm^2) war die Eignung für Kartenmaßstäbe bis 1:50 000 zu testen. In den sowjetischen bzw. russischen Kosmos-Satelliten wird bei etwa gleicher Flughöhe eine ferngesteuerte Kamera KFA ($f = 100$ cm, 30×30 cm^2) eingesetzt.

2. Abtastsysteme (Scanner)

a) *Passive Systeme* erfassen die elektromagnetische Strahlung im Bereich des sichtbaren Lichts bis zur Thermalstrahlung. Dabei gab es zunächst *optisch-mechanische* Scanner wie den Multispektralscanner (MSS) bzw. den Thematic Mapper (TM) in den US-LANDSAT-Satelliten, später auch *optoelektronische* Scanner wie im französischen Satelliten SPOT.

Der Scanner vom Typ Landsat-MSS arbeitet seit 1972 in 4 Kanälen für den Bereich des sichtbaren Lichts und des nahen Infrarots (Wellenlängen für grün-gelb 0,5-0,6; orangerot 0,6-0,7; rot-infrarot 0,7-0,8; infrarot 0,8-1,1 μm). Ein senkrecht zur Flugrichtung schwingender Spiegel lenkt die Strahlung für jeden Kanal (Band) gleichzeitig auf 6 Detektoren, was einer Abtastung von 6 parallelen Geländezeilen entspricht (Abb. 171). Der Strahlungsintensität entsprechend entstehen in den Detektoren elektrische Signale. Diese werden zum Schluß in digitaler Form dargestellt und entweder unmittelbar oder nach Zwischenspeicherung auf Band zur Erde übermittelt. Bei einer mittleren Flughöhe von 915 km ergibt sich aus der Spiegelauslenkung für jede Satellitenbahn ein erfaßter Geländestreifen von rund 185 km Breite. Innerhalb jeder Zeile erfaßt jeder Detektor als

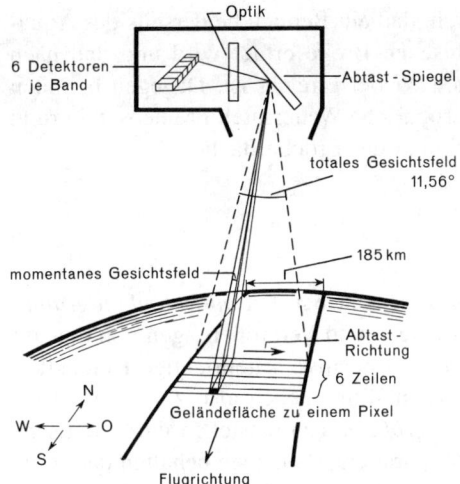

Abb. 171. Multispektral-scanner-Aufnahmesystem im Satelliten Landsat (Quelle: NASA-Handbuch)

Bildelement (Pixel) gleichzeitig eine Geländefläche von rund 80 × 80 m². Im Thematic Mapper (TM, ab 1982) gibt es 7 Spektralkanäle, die bei einer Flughöhe von 705 km zu einer Pixelgröße von 30 × 30 m² führen.

Das optoelektronische System im SPOT-Satelliten (seit 1986) beruht auf ladungsgekoppelten Halbleiter-Bauelementen (CCD = Charge Coupled Devices) flächenhafter Anordnung, wobei jeweils die Elemente einer Bildzeile gleichzeitig belichtet und digital gespeichert werden. Wahlweise stehen 3 Spektralkanäle oder ein panchromatischer Kanal zur Verfügung, die bei einer Flughöhe von 832 km eine Pixelgröße von 20 × 20 m² bzw. 10 × 10 m² erzeugen. Der in Deutschland entwickelte CCD-Scanner MOMS-01 (Modular Optoelectronic Multispectral Scanner) kam bei zwei Shuttle-Missionen 1983 und 1984 zum Einsatz, die Version MOMS-02 bei der deutschen Spacelab-Mission D2 im Jahre 1993 in der US-Raumfähre Columbia.

b) Zu den Sensoren *aktiver Systeme* gehört vor allem das Radarverfahren. Die Mikrowellenimpulse (Wellenlänge zwischen 1 und 30 cm) werden von einer Antenne gesendet und empfangen. Dem Vorteil, daß Aufnahmen bei jedem Wetter und zu jeder Tageszeit möglich sind, steht als Nachteil der hohe technische Aufwand gegenüber: Da aus großer Flughöhe die erforderliche Bildauflösung direkt nur mit einer riesigen Antenne zu erzielen wäre, gewinnt man sie im SAR-Verfahren (Synthetic Aperture Radar) indirekt mit kleinerer Antenne und wiederholter Abtastung identischer Punkte. Dieser Umstand und das zeitliche Entstehen der Bildelemente in Abhängigkeit vom Eintreffen der reflektierten Impulse führen zu einer sehr aufwendigen geometrischen Datenverarbeitung.

Erste erfolgreiche Ergebnisse lieferte 1991 der Europäische Fernerkundungssatellit ERS-1 (European Remote Sensing Satellite) mit einer Auflösung von 30 m. In Verbindung damit ist auch die Herstellung einer Radarkarte Deutschlands geplant.

c) Alle genannten Satelliten umlaufen die Erde *sonnensynchron*, d.h. beim Überqueren des Äquators ergibt sich immer die gleiche Ortszeit. Die Erde dreht sich so unter den Umlaufbahnen hindurch, daß ein Bereich beiderseits des Äquators bis zu einer bestimmten geographischen Breite erfaßt wird und daß nach einer Anzahl von Tagen dieselbe Region wieder erreicht ist. Dagegen befinden sich *geostationäre* Satelliten, z.B. der europäische Wettersatellit Meteosat, in rund 36 000 km Höhe stets über demselben Punkt der Erdoberfläche.

6.4.1.2 Auswertetechnik

1. Bildverarbeitung

Die einfachste Form der Bildverarbeitung besteht bei den *optisch-photographischen* Systemen in der Ableitung von Abzügen und Vergrößerungen von den auf Film entstandenen Einzelbildern. *Abzüge* sind positive seitenrichtige Kontaktkopien auf Papier, Film oder Glas vom Originalfilm, stehen also zur Originalaufnahme im Verhältnis 1:1 (Abb. 282). *Vergrößerungen* entstehen durch optische Übertragung auf eine zur Ebene des Film parallele Ebene; sie behalten damit die Aufnahmegeometrie unter Berücksichtigung des etwa bis zum 6-fachen möglichen Vergrößerungsfaktors bei. Bei *Abtastsystemen* wie *CCD-Kameras* werden die in digitaler Form registrierten Bildelemente (Pixel) mit einem Aufzeichnungsgerät in analoge Zeichen (Grauwerte) umgesetzt und dann in parallelen Zeilen zu einer bildhaften Wiedergabe zusammengefügt. Damit ergibt sich ein Bildzusammenhang für den gesamten abgetasteten Streifen und zwar entsprechend der Aufnahmegeometrie. Hierbei legt die für das Bildelement vorgesehene analoge Größe den ungefähren Bildmaßstab fest; Begriffe wie „Abzug" oder „Vergrößerung" geben damit hier keinen Sinn.

Die weitere Verarbeitung der Bilder soll deren Auswertung erleichtern oder überhaupt erst ermöglichen. Beim einzelnen Bild beziehen sich die dabei eintretenden Veränderungen
- (a) auf die *Geometrie*, vor allem zum Zweck der Entzerrung, daneben zur Korrektur infolge der Abbildungsfehler des Systems usw., ferner
- (b) auf die *Struktur*, insbesondere durch Grauwertoperationen.

Die Technik der Bildverarbeitung beruht auf *analogen* (photographischen) oder *digitalen* Verfahren. Die letzteren erfordern meist eine hohe Rechenkapazität, eröffnen aber auch eine große Vielfalt weiterer Möglichkeiten bis in den Bereich der Interpretation hinein. Das Verknüpfen der Bilddaten mit den Raumbezugsdaten eines geodätischen Systems bezeichnet man als *Geocodierung*.

a) Geometrische Verarbeitung von Bildern durch Entzerrung
Als erster Teil der *Einbildauswertung* stützt sie sich auf Paßpunkte, Karten oder Orientierungsdaten. In Aufnahmen mit photographischen Kameras beseitigt die Entzerrung die perspektiven Verzerrungen, die eintreten, wenn die Aufnahmerichtung der Kamera um einen Nadirwinkel v (bis etwa 2 gon) gegen die Lotrichtung geneigt ist. Dabei läßt sich das Bild gleichzeitig so vergrößern, daß ein runder Maßstab entsteht. Im Entzerrungsergebnis bleibt somit der photographische Bildcharakter erhalten, doch liefert der Bildinhalt nur Angaben zum Grundriß.

Im *analogen* Verfahren der gleichzeitigen Entzerrung des gesamten Bildes am *Entzerrungsgerät* verbleiben aber noch die zum Nadir (= Lotfußpunkt des Aufnahmeortes) radialen Lagefehler Δr, die infolge der zentralperspektiven Aufnahme an einem Punkt P durch den Höhenunterschied Δh des Geländes entstehen (Abb. 172). Streng genommen sind daher auf diesem Wege nur Luftbilder eines völlig ebenen Gebietes fehlerfrei zu entzerren. Erst die *Differentialentzerrung* an einem Orthophotosystem beseitigt auch diesen Fehlereinfluß.

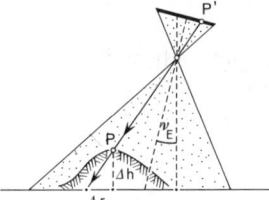

Abb. 172. Analoge optische Entzerrung eines Luftbildes

Die Entwicklung der *Orthophototechnik* begann mit dem Orthoprojektor: Bei diesem *mechanischen* Prinzip werden jeweils kleine Bildelemente nacheinander durch eine Spaltblende belichtet, die in parallelen Streifen über die Photoschicht läuft. Die dabei laufende Veränderung des Abstandes zwischen Bildprojektor und Photofläche ergibt sich aus den bekannten Geländehöhen. Damit entsteht ein im Grundriß fehlerfreies *Orthophoto*.

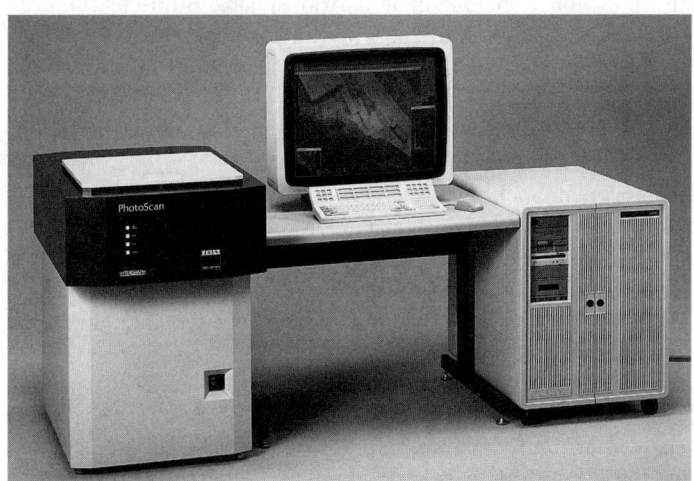

Abb. 173. Hochleistungsscanner PhotoScan PS1 von Zeiss für photographische Bilder als Teil des Bildverarbeitungssystems PHODIS

Der Einsatz *digitaler* Orthophotosysteme (Abb. 173) erweitert die geometrischen Verarbeitungsmöglichkeiten und verbindet sie mit strukturellen Maßnahmen (siehe b) durch die *digitale Bildverarbeitung*. Die digitalen Ausgangsdaten ergeben sich direkt aus CCD-Aufnahmen oder indirekt aus analogen Bildern mit Hilfe eines Scanners; sie werden verarbeitet mit den Daten der Kamera, von Paßpunkten und eines vorhandenen oder am System gewonnenen digitalen Geländemodells: Jedem Flächenelement (Pixel) eines vorgesehenen Orthophotos wird ein korrigiertes Bildpixel mit seinem Grauwert zugeordnet (*indirekte Entzerrung*). Die Raster-Ausgabe am Bildschirm oder als Hardcopy ist in einem bestimmten Maßstabsbereich und auch farbig möglich. Dabei lassen sich Mosaiken, Perspektiven und Stereopartner (zur räumlichen Betrachtung zweier *Stereophotos*) sowie Verknüpfungen mit Vektordaten einer Strichkarte erzeugen. Über die weitere Verarbeitung bis zu Bildkarten siehe 12.1.1.4.

Eine geometrische Verarbeitung im Rastermodus ergibt sich auch bei Satellitenaufnahmen mit Abtastern, wenn deren Inhalt pixelweise mit Hilfe von Paßpunkten in ein vorgegebenes Kartennetz übertragen werden soll.

b) Strukturelle Verarbeitung von Bildern
Solche Verarbeitungen dienen dazu, die topographischen und mehr noch die verschiedenen thematischen Interpretationen zu verbessern. Dazu gehören bei *Einzelbildern* die Kontraständerungen (z.B. durch photographische oder elektronische Maskierung) und die Farbcodierung mittels Äquidensiten im Anhalt an festgelegte Grauwertintervalle. Diese Verarbeitungen beruhen früher auf analogen Methoden, werden aber zunehmend durch digitale Verfahren ersetzt, die jedoch einen digitalisierten Bildinhalt voraussetzen. Auf digitaler Grundlage arbeiten auch radiometrische Korrekturen, bei denen z.B. ein Helligkeitsabfall zum Bildrand hin, der Einfluß von Sonnenlicht und Atmosphäre, Streifenstrukturen bei Satellitenbildern usw. beseitigt werden. Filterungen ermöglichen z.B. eine Verstärkung von Kanten (Hochpaßfilter) und erhöhen damit scheinbar die Bildschärfe.

Bei *Mehrfachbildern* vom selben Bereich soll durch strukturelle Verarbeitungen das Mischen und Vergleichen erleichtert werden. *Multispektrale* Bilder sind Aufnahmen in verschiedenen Spektralbereichen; ihre Mischung zu einem Gesamtbild in naturnahen oder bewußt falschen Farben erfordert meist eine Grauwertoperation oder Maskierung der einzelnen Farbkanäle. Ihr Vergleich dient vor allem der Objektklassifizierung (6.4.3.1). *Multitemporale* Bilder beziehen sich auf verschiedene Aufnahmezeitpunkte und informieren über Objektänderungen mit Hilfe von Grauwertunterschieden.

2. Bildinterpretation
Soweit sich die Auswertung auf die Interpretation allein beschränkt, genügen als Unterlagen meist die – evtl. durch Bildverarbeitung verbesserten – Kontaktabzüge, Entzerrungen, Satellitenbilder o.ä. Im Vergleich zur Aufnahme, Verarbeitung und Messung ist der Geräteaufwand relativ gering. Häufig reicht schon die räumliche Bildbetrachtung mittels *Stereoskop* (Abb. 174). Dieses läßt sich auch mit einem Leuchttisch zur Durchmusterung transparenter Bilder verbinden. Daneben gibt es auch Interpretationsgeräte, die gleichzeitig eine Betrachtung durch

Abb. 174. Spiegelstereoskop WILD ST4 von Leica

zwei Personen gestatten. Einige Geräte sind mit einfachen Zeichenvorrichtungen verbunden.

Mit Projektionsgeräten lassen sich starke Bildvergrößerungen zur eingehenden Betrachtung erzeugen. Sog. Teilchengrößen-Analysatoren erleichtern das Erkennen und Auszählen von Objekten. Farbmischprojektoren erlauben das Mischen von Multispektralaufnahmen, während ein sog. change detector beim Vergleich multitemporaler Bilder Unterschiede erkennt, automatisch registriert und damit rasches Aktualisieren von Daten ermöglicht.

3. Bildmessung

Der für die Kartenherstellung wichtigste Fall ist die Zweibildmessung (Stereophotogrammetrie). Sie gestattet es, zwei an verschiedenen Aufnahmeorten entstandene Meßbilder, soweit sie dasselbe Geländestück darstellen (Abb. 175), an einem dafür geeigneten Gerät räumlich, d.h. nach Lage und Höhe auszumessen. Dabei betrachtet jedes Auge mit Hilfe eines optischen Systems eines der beiden Meßbilder. Die Gehirnfunktionen verschmelzen nun physiologisch die beiden Bilder zu einem räumlich wahrgenommenen Modell des Geländes (stereoskopisches Sehen), das sich am Gerät mit Hilfe einer ebenfalls räumlich gesehenen Meßmarke dreidimensional punkt- oder linienweise als analoge Strichzeichnung oder als digitale Speicherung im Vektormodus ausmessen läßt.

Das Meßprinzip besteht nach Abb. 175 darin, die Aufnahmeverhältnisse beider Bilder mit dem Abstand b zwischen den Kammern in einem virtuellen Modell so wiederherzustellen. daß die einander entsprechenden Bildstrahlen (z.B. von P'_1 im ersten Bild und P''_1 im zweiten Bild) den Punkt P_1 auch im Modell richtig erzeugen und in einem vorgegebenen Modellmaßstab nach Lage und Höhe meßbar machen. Wird sodann die Position der Meßmarke unter Wahrung des räumlichen Oberflächenkontakts verändert, so kann
– sie eine sichtbare Linie (z.B. Wegegrenze) abfahren,

- bei unveränderter Höheneinstellung eine Höhenlinie erzeugen oder
- in einem vorgegebenen Grundrißgitter die Punkthöhen eines digitalen Geländemodells messen.

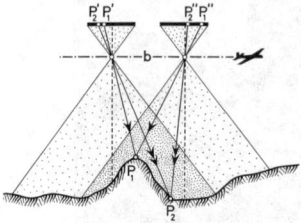

Abb. 175. Zweibildmessung

Den meisten Zweibildgeräten lag bisher ein *analoges* Auswerteprinzip zugrunde, bei dem auf optischem, optisch-mechanischem oder mechanischem Wege die Aufnahmeverhältnisse in kleinerem Modellmaßstab rekonstruiert werden (analoge Photogrammetrie). Die neueren Geräte nach *analytischem* Auswerteprinzip gehen dagegen von den rechnerischen Beziehungen zwischen den beiden Bildkoordinatensystemen, den Orientierungsparametern sowie den Landeskoordinaten und Höhen der Paßpunkte aus. Die dabei auftretenden umfangreichen mathematischen Beziehungen sind beim Bewegen der Meßmarke laufend mit neuen Bildkoordinaten zu versehen und daher nur mit leistungsfähigen Rechnern ohne Verzögerung zu mechanischen Bewegungen zu verarbeiten (Abb. 176).

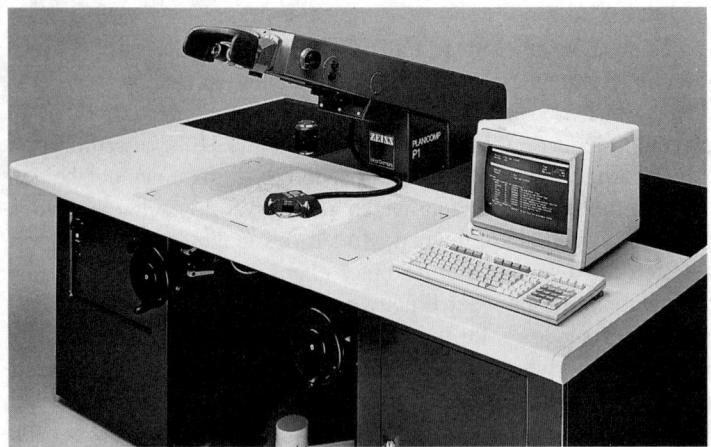

Abb. 176. Stereomeßsystem Planicomp P1 von Zeiss

Bei der *räumlichen Aerotriangulation* mißt man an den Auswertegeräten oder an Präzisionskomparatoren die Modell- bzw. Bildkoordinaten ausgewählter Punkte im Verband eines Flugstreifens oder mehrerer, zu einem Block zusammengefaßter Streifen (Blocktriangulation). Die gemessenen Daten werden sodann im Anhalt an relativ wenige Festpunkte mit besonderen Rechenverfahren in die gesuchten Landeskoordinaten und Höhen überführt. Damit erhält man für einen großen Bereich die für die einzelne Modellorientierung und -auswertung benötigten Paßpunkte sowie neue terrestrische Festpunkte mit einem Minimum an örtlichen Arbeiten.

Die mit der Zweibildmessung erreichbare Genauigkeit läßt sich etwa wie folgt angeben: Geht man von einer auf das Bild bezogenen Meßgenauigkeit von rund ± 0,01 mm aus, so ergeben sich bei Bildmaßstäben zwischen 1:10000 und 1:30000 Punktungenauigkeiten zwischen ± 0,10 m und ± 0,30 m nach Lage und Höhe. Allgemein wird die Höhenungenauigkeit mit etwa ± 0,1‰ der Flughöhe angegeben. Mit Präzisionskomparatoren lassen sich diese Angaben noch verbessern.

6.4.2 Topographische Anwendungen

6.4.2.1 Topographische Anwendungen der Photogrammetrie

Die Topographie war und ist weltweit das Hauptanwendungsgebiet der exakten Bildmessung. Dazu finden die Bildflüge meist zu Beginn des Frühjahrs statt, soweit dadurch die Auswertung für noch laubfreie Hochwaldgebiete möglich wird. Vorzüge und Merkmale der Photogrammetrie ergeben sich im Vergleich zu den terrestrischen Verfahren wie folgt:
– Die Bestimmung örtlicher Paßpunkte läßt sich durch den Einsatz der Aerotriangulation stark verringern; oft genügt es, vorhandene Festpunkte durch weiße Platten o.ä. luftsichtbar zu machen (Signalisierung). Daneben sind nach Bedarf noch Höhenkontrollpunkte zu bestimmen.
– In der analogen Kartierung ergibt sich der Vorzug der unmittelbaren linienweisen Erfassung der Situation. Auch Höhenlinien lassen sich direkt abfahren, wenn die Geländeneigungen größer als etwa 3 gon sind; dann entsteht eine Wiedergabe, die meist geometrisch genauer und formtypischer ist als bei tachymetrischen Messungen.
– Bei digitaler Punktmessung entsteht ein Situationsmodell, und Umrißlinien ergeben sich durch Zeichenprogramme. Regelmäßig angeordnete Höhenpunkte führen zum digitalen Geländemodell, aus dem Höhenlinien durch Interpolationsprogramme gebildet werden.
– Die häusliche, vom Wetter unabhängige Ausmessung der Luftbilder erbringt hohe Flächenleistungen und ist jederzeit wiederholbar.

Für die weitere Bearbeitung kann im Vergleich zu terrestrischen Vermessungen (6.3.1.2) eine umfangreichere und besondere topographische Überarbeitung und Ergänzung in den folgenden Fällen erforderlich sein:

- Wenn die Höhenlinien-Kartierung differentielle Unsicherheiten aufweist oder wenn digitale Interpolationsergebnisse unzutreffend wirken, ist eine örtliche Prüfung der Geländeformen geboten.
- Bei unsicherer Ausmessung ist die Identifizierung, die Art und Bedeutung sowie die Lage des Objekts zu prüfen.
- Bei unvollständiger Ausmessung (z.B. im Wald) und bei späteren topographischen Veränderungen sind Ergänzungsvermessungen unumgänglich.

Die Verfahren sind bis etwa zum Kartenmaßstab 1:100 000 unmittelbar anwendbar. Sie eignen sich damit auch für den Einsatz in kartographisch wenig erschlossenen Gebieten sowie zu einer Kartenaktualisierung, die sich gleichzeitig auf verschiedene Maßstäbe beziehen kann.

Durch die *Orthophototechnik* kommt es in wachsendem Umfang auch zur Herstellung von *Luftbildkarten,* vor allem in den Maßstäben 1:5 000 bis 1:25 000. Dabei tritt zur photographischen Darstellung der Situation oft noch eine Höhenliniendarstellung und die Angabe von Namen. Näheres siehe 12.1.1. Luftbildkarten oder ihre Vorstufen eignen sich auch in analogen oder digitalen Verfahren zur Kartenaktualisierung; hierzu siehe 9.6.

Ein Sonderfall der Verwendung von Entzerrungen ist das *Wasserlinienverfahren* bei der Vermessung von Wattgebieten. Dabei erfassen Luftbilder zwischen Niedrigwasser und Hochwasser in zeitlichen Anständen immer wieder dasselbe Gebiet (Serieneinzelbildmessung). Wegen des auflaufenden Wassers bildet sich die Wasserlinie, d.h. die Grenzlinie zwischen Wasser und trockenem Watt in jedem Bild anders ab. Da die Wasserlinien nur genäherte Niveaulinien sind, müssen sie im Wege einer Höhenzuordnung (Beschickung) nach Pegelmessungen oder Paßpunkten noch in Höhenlinien überführt werden. Das Höhenlinienbild wird sodann mit der Luftbildentzerrung vom Niedrigwasser-Zeitpunkt kombiniert (*Buziek/Hake* 1991).

6.4.2.2 Topographische Anwendungen der Fernerkundung

Aufnahmen mit Meßkammern oder Abtastern aus Satelliten gewinnen für topographische Karten zunehmend an Bedeutung, solange sich das Auflösungsvermögen solcher Geräte weiterhin verbessert. Dabei wird die kritische Grenze der Identifizierung und damit der Anwendung in erster Linie durch schmale, aber wichtige lineare Objekte wie Gewässer und Verkehrswege bestimmt. Weitere Einschränkungen können dort eintreten, wo die Höhenmeßgenauigkeit für sonst in Betracht kommende Kartenmaßstäbe nicht ausreicht. Andererseits ist mit den fortgesetzt stattfindenden Satellitenüberfliegungen die Chance der raschen Datenaktualisierung verbunden.

Abtastsysteme (z.B. LANDSAT TM) erlauben daher z.Zt. nur Arbeiten in den Maßstäben etwa ab ab 1:200 000 und kleiner. Dort sind sie allerdings besonders vorteilhaft für Übersichtszwecke sowie bei der Bearbeitung von Atlaskarten von Bereichen, für die konventionelle Karten nur beschränkt oder gar nicht zu erhalten sind. Mit Meßkammern (z.B. Metric Camera in der Shuttle-Mission, KFA in Kosmos-Satelliten, Kammern des SPOT-Satelliten) lassen sich auch Karten bis etwa zum Maßstab 1:50 000 bearbeiten.

Analog zu den Luftbildkarten stoßen auch die *Satelliten-Bildkarten* auf wachsendes Interesse, das weit über die rein topographische Information hinausgeht. Für Entzerren und möglichst nahtloses Zusammenfügen der einzelnen Szenen wird die digitale Bildverarbeitung ebenso mit Erfolg eingesetzt wie bei den Farbmanipulationen bis hin zu einer naturnahen Farbskala. Auch hier ist vor allem bei kontrastarmen linearen Objekten die Grenze der Identifizierung am ehesten erreicht. Darüber hinaus kann es zu Schwierigkeiten bei einer umfangreicheren Plazierung von Namen kommen. Als größtmöglicher Maßstab solcher Bildkarten gilt z.Zt. etwa 1:50 000. Über die topographischen Anwendungen der Fernerkundung bei Planeten und Monden siehe 9.7.4.

6.4.3 Thematische Anwendungen

6.4.3.1 Methoden der thematischen Anwendungen

Die in 6.4.2.1 genannten Vorzüge gelten in besonderem Maße auch für das Erfassen thematischer Informationen. Im Vergleich zu den klassischen Verfahren der thematischen Feldaufnahme (6.3.3) ist das Arbeiten mit Abbildern der Objekte meist schneller, billiger und müheloser. Darüber hinaus lassen sich manche Informationen nur auf diesem Wege gewinnen, weil das aufgenommene Gebiet schwer zugänglich ist oder weil die thematischen Sachverhalte örtlich nicht erkennbar sind. Im Vergleich zur topographischen Anwendung ist die Bildmessung von geringerem Umfang und/oder meist ungenauer; dafür liegt der Schwerpunkt in der fachbezogenen Interpretation.

Die thematische Auswertung bezieht sich auf das Originalbild oder auf das Ergebnis einer mit diesem Original durchgeführten Bildverarbeitung (6.4.1.2 Nr. 1) in Bezug auf Maßstab, Grauwerte, Farben usw. Sie kann sich ferner auf das einzelne Bild oder auf die Beziehung zwischen multispektralen oder multitemporalen Bildern erstrecken. Der notwendige topographische Raumbezug der Sachdaten ergibt sich entweder aus dem Bild selbst oder durch eine Verknüpfung des Bildes mit einer Karte bzw. einem terrestrischen Koordinatensystem. Die dabei auftretenden Arbeiten reichen von der Entnahme und Umrechnung einzelner Bildgrößen bis zur vollständigen Entzerrung.

Fachbezogene Interpretationen sind (1) visuell (analog) oder (2) automatisiert (digital) möglich. Ihre Ergebnisse können zu Bildvermerken, Interpretationsskizzen, Kartendarstellungen, Merkmalslisten, Zahlentabellen, Fachdateien usw. führen.

1. Die *visuelle Bildinterpretation* ist zur Zeit noch die am häufigsten benutzte Methode der Informationsgewinnung aus Bildern. Die dabei auftretenden Vorgänge lassen sich in ihrer Systematik mit denen der Karteninterpretation (8.2.2) vergleichen. Danach beginnt jede Interpretation mit dem *Erkennen*, d.h. mit dem Identifizieren eines Objekts nach Lage und Art. Im Anschluß daran sind

Vorgänge wie das *Zählen* oder *Schätzen* von Objektmengen sowie das *Vergleichen* nach Art und Menge (zum Zwecke des Ordnen, Bewerten usw.) möglich. Solche Arbeiten sind oft Vorstufen zum Prozeß des *Deutens* unter einer meist fachspezifischen Zielsetzung, z.B. einer Analyse nach funktionalen, naturräumlichen usw. Aspekten.

Das Erkennen ist ein sehr komplexer Vorgang, der in relativ kurzer Zeit abläuft. Dabei geht es um das Wahrnehmen prägnanter Bildgestalten, denen sich aus Erfahrung und Analogie ein Sinngehalt zuordnen läßt. Solche Bildgestalten formen sich aus dem Zusammenspiel von Helligkeitswerten (Kontrast), von Farbtönen (bei Colorbildern), von Formen und Feinstrukturen (Texturen). Bei stereoskopischer Betrachtung tritt dazu noch der dreidimensionale Effekt. Das Erkennen wird begünstigt durch den hohen Grad an Redundanz, den die Bildinformationen aufweisen. Es wird andererseits erschwert durch die Abhängigkeit der Bildgestalt von der Tages- und Jahreszeit der Aufnahme, vom Aufnahmegebiet, vom Bildmaßstab, von der Art der lichtempfindlichen Schicht und des Filters, von der Beleuchtung (Schatten), vom Umfang der perspektiven Verdeckung durch andere Objekte und von der Art der Bildverarbeitung.

Die Systematisierung der Interpretation führt nach *Schneider* (1974) zu zwei Interpretationsschlüsseln:
– *Eliminationsschlüssel*, meist in Form des sog. Gabelschlüssels, leiten schrittweise solange durch logische Verzweigungen bei den Merkmalen vom Allgemeinen zum Besonderen, bis das Objekt eliminiert ist.
– *Beispielschlüssel (Auswahlschlüssel)* schaffen Vergleichsmöglichkeiten durch Bilder und Texte zu bekannten Objekten (z.B. Siedlungsformen). Als Analogschlüssel erleichtern sie dabei auch die Interpretation unbekannter Gebiete, als Assoziationsschlüssel auch den Schluß auf nicht sichtbare Sachverhalte, die erfahrungsgemäß zusammen mit den erkannten Objekten auftreten (z.B. bei der Lagerstätten-Exploration).
Interpretationschlüssel gelten jedoch nur für die jeweils fachbezogenen Fragestellungen und sind darüber hinaus oft nur unter den besonderen Bildmerkmalen (z.B. Colorbild) gültig.

2. Die *automatisierte* Interpretation als digitale Bildauswertung strebt an, das Erkennen und Deuten über Computerprogramme zu betreiben. Sie ist damit die auf Photogrammetrie und Fernerkundung bezogene besondere Form der bereits in vielen Disziplinen eingesetzten *Mustererkennung (Pattern Recognition)*. Ihre wichtigste Anwendung besteht z.Zt. in den Ansätzen zur *Klassifizierung* von Objekten. Methoden der automatischen *Identifizierung* von Objekten befinden sich noch in den Anfängen und weisen mitunter noch relativ hohe Fehlerraten auf.

Die Objektklassifizierung beruht auf der quantitativen Merkmalsbildung mit mathematisch-statistischen Methoden, nach denen die Verteilungsmuster bestimmter Grauwerte der Pixel in den verschiedenen Multispektralbildern untersucht werden. In der sog. überwachten Klassifizierung definiert der Bearbeiter Musterklassen aus dem Bildmaterial und „trainiert" damit den Rechner, vergleichbar dem Beispielschlüssel der visuellen Interpretation. Die sog. nicht-überwachte Klassifizierung beschränkt sich dagegen auf die Analyse der Häufigkeitsverteilung des spektralen Bildmusters (Cluster-Bildung). Die Ergebnisse lassen sich sodann durch geeignete Programme in thematische Kartierungen umsetzen. Eine Variation solcher Verfahren ergibt sich beim Vergleich multitemporaler Bilder zum Erkennen von Veränderungen.

6.4.3.2 Beispiele der thematischen Anwendungen

Solche Anwendungen sind bereits heute sehr mannigfaltig, und sie entwickeln und verfeinern sich weiterhin ständig. Einen detaillierten Überblick geben u.a. *Buchroithner* (1989) und *Gierloff-Emden* (1989). Die nachstehenden Angaben beziehen sich nur auf die wichtigsten Anwendungsgebiete und einige Beispiele dazu.

In der Geologie hat sich die Photogeologie zu einem speziellen Arbeitsgebiet entwickelt, mit dem sowohl wissenschaftliche wie wirtschaftliche Ziele verfolgt werden. Dabei erstrecken sich die Auswertungen auf einen relativ großen Maßstabsbereich und haben auch Bedeutung für Geomorphologie und Bodenkunde. Das Zusammenspiel von Gewässernetz, Bodenbedeckung und Strukturlinien (Lineamenten) gestattet Schlüsse auf Gesteins- und Bodenarten, Wassergehalt (z.B. aus Radarbildern), rezente Formbildungen, Erosionen, unsichtbare Strukturen wie Lagerstätten usw. Eine Einführung in die Photogeologie gibt *Kronberg* (1984), zum Einsatz in der Geomorphologie *Verstappen* (1977), in der Bodenkunde *Mulders* (1987).

Für Gewässer aller Art lassen sich z.B. neben Wasserständen und -strömungen, Überschwemmungenn und Einzugsgebieten auch Verschmutzungen und Temperaturen (z.B. beim Abwasser) mit bestimmten Emulsionen (z.B. für thermales Infrarot) oder mit Abtastern sehr differenziert erfassen. Veränderungen in ozeanographischen Daten, Eisbedeckungen des Wassers sowie Gletscher sind Gegenstand des Vergleichs multitemporaler Bilder.

Im Bereich der Vegetationskartierung hat sich vor allem das forstliche Luftbildwesen bereits früh und breit entfaltet. Schwarz-weiße Infrarotfilme und Colorfilme liefern die besten Voraussetzungen für die Unterscheidung nach Holzarten. Farbinfrarotfilme geben sichere und frühzeitige Hinweise auf Pflanzenkrankheiten. Aus Kronendurchmesser, Kronenschluß und Bestandshöhe kann man relativ genau auf den Holzvorrat schließen. Für den Bereich landwirtschaftlicher Flächen geht es vor allem um Nutzungskartierung und Ertragsabschätzung, evtl. in Verbindung mit dem Erkennen von Schäden. Einen Überblick zu den Anwendungen liefern *Huss* (1984) und *Oesten u.a.* (1991) für die Forstwirtschaft, *Kühbauch u.a.* (1990) für die Landwirtschaft.

Geostationäre Wettersatelliten erfassen mit Multitemporalaufnahmen die Veränderungen der Großwetterlage. Mit Thermalaufnahmen aus Flugzeugen und Satelliten erhält man differenzierte Aussagen zu lokalen und regionalen Klimaverhältnissen, evtl. noch nach Tageszeiten unterschieden. Sie gestatten auch Hinweise zu Umwelteinflüssen bei durchgeführten oder beabsichtigten Eingriffen in die Landschaft.

Disziplinen mit historischem Bezug wie Archäologie und Heimatkunde versuchen, aus den Bildstrukturen Hinweise auf örtlich nicht mehr erkennbare Siedlungsreste, Feldlager, Grabstätten, Wege- und Grabensysteme usw. zu entnehmen. Damit sind exakte Kartierungen und gezielte Grabungen möglich. Spezielle Aufnahmetechniken, z.B. bei sehr niedrigem Sonnenstand, verbessern die Erkennbarkeit solcher Objekte. Zur Luftbildarchäologie siehe u.a. *Deuel* (1977).

Für Zwecke der Raumordnung, der Planungsprozesse und deren Erfolgskontrolle sowie zur Umweltüberwachung eignen sich Luft- und Satellitenbilder durch den aktuellen Nachweis der Flächennutzungen, des ruhenden und fließenden Verkehrs, der baulichen Struktur, der Dichte und funktionalen Gliederung einer Siedlung sowie der Dokumentation von Altlasten und des Altzustandes nach örtlichen Veränderungen. Einen Überblick gibt z.B. *ARL* (1984).

Über die thematischen Anwendungen bei Planeten und Monden siehe z.B. *Neukum/Neugebauer* (1984) und in 10.7.1.9.

6.5 Erfassung aus Karten

Eine Karte beruht im Gegensatz zur physikalisch erzeugten Abbildung der Photogrammetrie und Fernerkundung auf dem *gedanklichen* Ansatz zur Konstruktion eines Modells der Umwelt. Dabei werden die geometrischen und semantischen Objektinformationen mit Hilfe eines Kartennetzes und einer vorgegebenen Kartengraphik zu einem ortsgebundenen Abbildungsmodell (Sekundärmodell der Umwelt) verarbeitet (1.4.1.2). Die *Vorteile* einer Karte als Informationsquelle liegen in der eindeutigen Codierung der semantischen Informationen, der Strukturierung nach dem Folienprinzip sowie der im Rahmen des Kartenzwecks vollständigen topologischen Beschreibung der Umwelt und der maßstabsbedingten geometrischen Genauigkeit. Zur Gewinnung von Primärinformationen ist es notwendig, die Kartengraphik syntaktisch einwandfrei zu erkennen und die Semantik der Kartenzeichen richtig zu verstehen (8.2.1).

Die Erfassung von Primärinformationen aus Karten (interne Auswertung, 8.1) kann aus zwei Anlässe geschehen:
– zum Zweck der Kartenherstellung und
– für den Aufbau von digitalen Objektmodellen.

6.5.1 Informationserfassung zum Zweck der Kartenherstellung

Bei der Herstellung und Aktualisierung *topographischer Karten* findet oft ein Rückgriff auf vorhandene Karten gleichen oder größeren Maßstabs statt:
– Für topographische *Grundkarten* kommen neben den Messungsergebnissen vor allem die Inhalte von Flurkarten (z.B. Grundstücksgrenzen), Stadtgrundkarten (z.B. Parkwege) sowie von Bestands- und Entwurfsdarstellungen anderer Stellen (z.B. forstliche Grenzen, Straßenbau) in Betracht.

– Topographische *Folgekarten* entstehen definitionsgemäß ohnehin nur aus anderen Karten.

Bei der Anfertigung *thematischer Karten* können topographische Karten über den notwendigen Raumbezug hinaus in Einzelfällen auch noch thematische Informationen liefern (*Hake* in ARL 1971, *Satzinger* 1975). So kann z.B. die Geomorphologie der Geländedarstellung morphographische Angaben entnehmen. Aus dem Vergleich älterer und jüngerer Karten lassen sich Daten zur Änderung der Landnutzung, zur Siedlungsgeschichte und zur Entwicklung des Verkehrsnetzes ableiten. Aber auch thematische Karten eignen sich mitunter als Quellen für andere thematische Karten: Alte Flurkarten geben Informationen über die Agrarverfassung. Hydrogeologische Karten, Klima- und Bodenkarten sind Unterlagen für eine Darstellung der potentiellen Vegetation.

Erfassung und Aufbereitung der Informationen aus vorhandenen Karten sind vor allem durch zwei Vorgänge gekennzeichnet: Interpretation und Generalisierung. Die *Karteninterpretation* (Näheres siehe 8.2.2) findet meist unter einem fachspezifischen Gesichtspunkt statt. Die für die Herstellung einer anderen Karte benötigten Informationen werden entweder dem Kartenbild ohne Veränderung entnommen oder noch generalisiert. Die *Generalisierung* (Näheres siehe 3.2) ist maßstabs-, objekt- oder darstellungsbedingt. Dabei ergibt sich die Maßstabsbedingtheit bei der Auswertung von Karten größerer Maßstäbe. Die Objektbedingtheit führt gewöhnlich zu einer Selektion, wenn das thematische Interesse sich nur auf bestimmte Objektgruppen beschränkt. Schließlich ergibt sich eine darstellungsbedingte Generalisierung, wenn der graphische Duktus der Vorlage von dem der vorgesehenen Karte erheblich abweicht.

Die Ergebnisse von Interpretation und Generalisierung werden auf der ausgewerteten Karte selbst, auf einer Deckfolie dazu oder auf einem anderen Zeichenträger dargestellt und sind damit eine Vorstufe zum Kartenentwurf des Fachautors. In dieser analogen Form lassen sich die Informationen mittels konventioneller kartographischer Techniken (4.2-4.4) weiterverarbeiten (siehe 7.2). Die gleichen Informationen können auch durch Einsatz der GDV zu kartographischen Darstellungen verarbeitet werden, wenn sie zuvor digital erfaßt werden. Hierfür kommen sowohl die Methoden der Digitalisierung und Aufbereitung im Vektorformat als auch im Rasterformat in Betracht (4.7 und 4.9). Im Hinblick auf ihre möglichst wirtschaftliche Verwendung werden die digitalen Daten gespeichert (archiviert) und aktualisiert (4.8).

Vor jeder digitalen Datenerfassung ist ein *logisches Datenmodell* (3.3) festzulegen. Aus ihm und den Eigenschaften der Kartenvorlagen ergeben sich die Einzelheiten des anzuwendenden Digitalisierverfahrens. Hierbei kommen drei Möglichkeiten in Betracht:
– Auf logisch niedrigem Niveau wird die Kartendarstellung für die rechnergestützte Bearbeitung im gleichen graphischen Duktus digitalisiert, z.B. Aktualisierung (7.3).

280   Erfassung aus Karten

- Wenn die Daten nicht nur für die Bearbeitung im gleichen Duktus, sondern auch für andere Maßstäbe, Netzentwürfe und Zeichenschlüssel verwendet werden sollen, sind die Kartenobjekte signaturenunabhängig zu erfassen. Dafür wird ein Datenmodell mittleren logischen Niveaus benötigt.
- Die Erfassung auf höchstem logischem Niveau dient vorrangig dem Aufbau digitaler Objektmodelle (DOM), mit denen sich im Rahmen von GIS vielseitige Geo-Informationen erzeugen und kartographisch visualisieren lassen.

6.5.2 Informationserfassung für den Aufbau von DOM

Für den Aufbau von digitalen Objektmodellen (DOM) für GIS-Anwendungen sind die in Karten dargestellten Primärinformationen objektstrukturiert zu erfassen. Als Informationsquellen eignen sich besonders großmaßstäbige Karten (z.B. Katasterkarten und topographische Grundkarten); sie stellen die originalen Daten weitgehend vollständig und exakt dar.

Im Hinblick auf die bei DOM bevorzugte *Vektorform* (3.3.2.2) unterscheiden sich die Erfassungsverfahren nach
- dem Umfang der Vorlagenvorbereitung,
- den Techniken und Methoden sowie dem Zeitaufwand und der Genauigkeit der Digitalisierung und
- den Methoden der Datenaufbereitung für die Bildung eines DOM.

Einen Überblick über die Verfahren gibt Abb. 177:

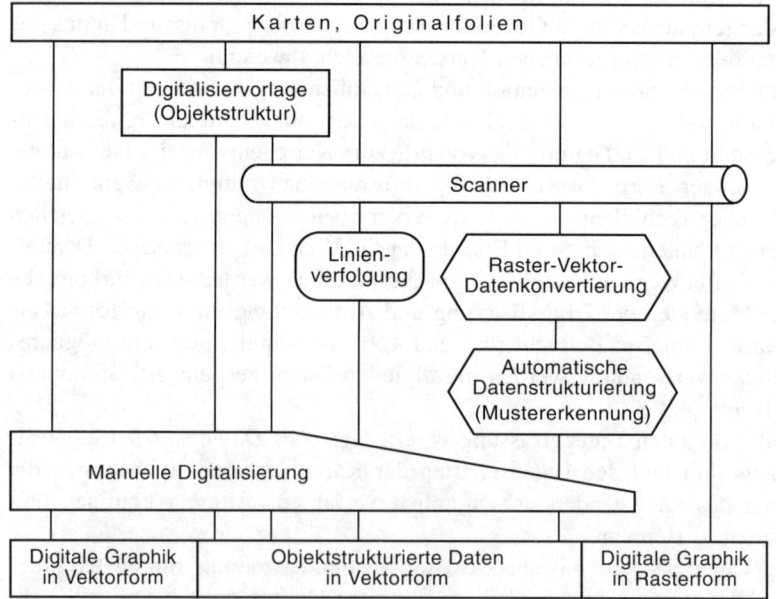

Abb. 177. Verfahren zur Digitalisierung von Karten

Die *interaktive* (manuelle) Digitalisierung vom Digitizer oder Bildschirm hat bislang die größte praktische Bedeutung beim Aufbau von DOM. Auch für die *automatisierte* Datenerfassung gibt es mittlerweile praktikable Verfahrenslösungen. Dagegen hat sich die *halbautomatische* Linienverfolgung für diese Anwendung nicht durchsetzen können.

6.5.2.1 Operatorgesteuerte Erfassung

Dieses Verfahren umfaßt folgende Arbeitsschritte:
1. Interpretation der Kartenvorlagen und Erarbeiten einer Digitalisierungsvorlage;
2. Interaktive Digitalisierung am Digitizer oder auf dem Bildschirm (4.7.2.2);
3. Aufbereitung der Daten.

Bei der von einem Operateur ausgeführten Datenerfassung spielt die *Vorlagenvorbereitung* eine große Rolle. Karteninterpretation, Generalisierung und fachlogische Objektbildung einschließlich Codierung mit Attributen sind sorgfältig durchzuführen, damit die Digitalisierung zügig durchgeführt werden kann. Diese beginnt mit einer Einpassung der Kartenvorlage durch *Transformation* identischer Punkte im Koordinatensystem des Digitizers in das Benutzerkoordinatensystem (4.9.4.2). Mit Hilfe der Transformationsparameter werden die Koordinaten der *Objektdigitalisierung* on-line in das Benutzerkoordinatensystem transformiert. Nach der Art der Linienerfassung (Erfassung der Topologie) lassen sich vier Vorgehensweisen unterscheiden (*Riemer* 1985):
– Digitalisieren geschlossener Polygone für jede Masche;
– Digitalisieren der Kanten von Knoten zu Knoten;
– Digitalisieren wie zuvor mit automatischem Maschenschließen;
– Digitalisieren der Linien und späteres Berücksichtigen der Knoten-Kantenstruktur.

Die Eingabe von semantischen Informationen (Objektarten, Attributen) und die Bildung digitaler Objekte erfolgen gewöhnlich über Menü-Funktionen.

Zur *Datenaufbereitung* (Interaktiv oder Batchbetrieb) gehören
– die Glättung der Linien, d.h. Elimination der zufälligen Fehler des Operateurs, z.B. durch gleitende Mittelbildung;
– die Reduktion überflüssiger Stützpunkte (Datenkompression);
– die Berichtigung topologischer Fehler, z.B. Schließen von Lücken.

Diese Vorgänge werden teilweise interaktiv und teilweise automatisch durchgeführt. Das Verfahren liefert unmittelbar objektstrukturierte Vektor-Daten, und es ist universell einsetzbar. Besonders vorteilhaft ist die visuelle Kontrollmöglichkeit.

6.5.2.2 Automatisierte Erfassung

Das *automatisierte* Verfahren ist dadurch gekennzeichnet, daß Digitalisierung, Karteninterpretation und die Objektbildung weitgehend automatisch erfolgen; der interaktive Arbeitsanteil läßt sich dadurch erheblich reduzieren und auf Korrekturen und Ergänzungen beschränken. Die *Vorlagenvorbereitung* beschränkt sich auf das Schließen von Lücken u.ä. (Vermeiden topologischer Fehler); zu den aufwendigeren Maßnahmen gehört die Eintragung von Farbcodierungen für die Unterstützung der automatischen Objektbildung. Der Verfahrensablauf wird in Abbildung 178 dargestellt.

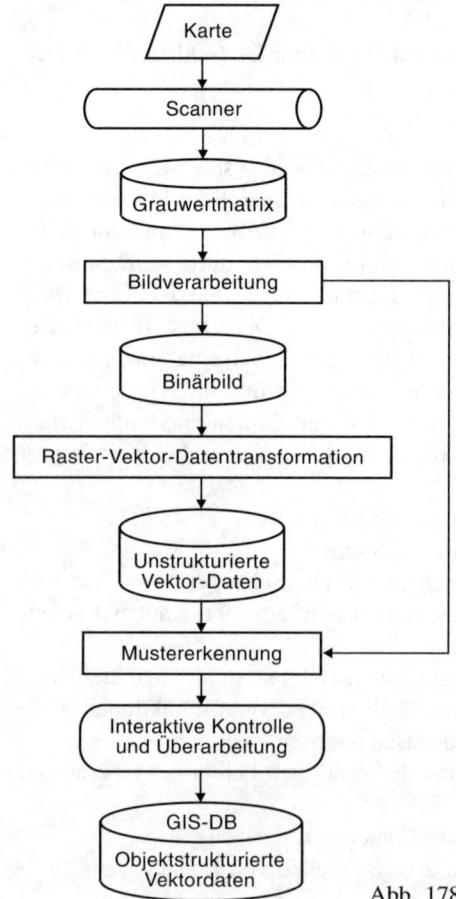

Abb. 178. Ablauf der automatisierten Digitalisierung

Die Digitalisierung beginnt mit dem Scannen der Kartenvorlage. Bei der Einstellung der (geometrischen) Scan-Auflösung ist das Abtasttheorem der Signaltheorie zu berücksichtigen. Dieses besagt, daß die *Pixelgröße* (Abtastintervall) kleiner sein muß als die Hälfte der kleinsten in der Karte vorkommenden Strichbreite. Wichtig für den Erfolg der anschließenden Strukturierung ist, daß durch die Vorverarbeitung der gescannten Karte eine bestmögliche topologische Qualität erreicht wird. Durch Anwendung von Methoden der *kartographischen Mustererkennung* wird anschließend versucht, den graphischen Strukturen weitgehend automatisch eine Bedeutung zuzuweisen und Objekte zu bilden.

Dabei geht man nach der Strategie „vom Kleinen ins Große" vor. Als erste Maßnahme sind einzelne Buchstaben, Ziffern und Signaturen zu erkennen. Eine relativ sichere Methode für die Erkennung von Zeichen in einheitlicher Größe und Orientierung ist das noch in Raster-Daten durchzuführende *Template Matching*. Für jedes zu erkennende Zeichen wird eine Schablone als Rastermatrix (Template) für den Vergleich mit der gescannten Rasterkarte bereitgestellt. Ein Kartenausschnitt wird dann einem Zeichen zugeordnet, wenn sich eine hohe Korrelation zwischen Template und Ausschnitt ergibt. Da bei der Kartengestaltung häufig mehrere Schriftarten und Schriftgrößen verwendet werden und die Schriftzüge unterschiedlich orientiert und gesperrt sind, müssen andere Erkennungsmethoden angewendet werden. Am weitesten verbreitet sind die Methoden der *numerisch-statistischen Klassifizierung*. Dabei beruht die Zuweisung eines Zeichens zu einer Klasse auf Merkmalen, welche die charakteristischen Eigenschaften durch numerische Größen beschreiben. Wenn Objekte einer Stichprobe mit bekannter Klassenzugehörigkeit in den Merkmalsraum eingetragen werden, bilden die einzelnen Klassen typische Häufungen (Gebiete) aus. Die Gebiet der Klassen sind dann durch Trennfunktionen voneinander abzugrenzen. Zeichen mit unbekannter Bedeutung werden jener Klasse zugeordnet, in deren Gebiet sie aufgrund ihrer Merkmale fallen. Entscheidend für den Erfolg dieser Klassifizierungsmethode ist die Festlegung geeigneter Merkmale. Je schärfer die Klassen in Merkmale voneinander getrennt sind, desto sicherer ist die Klassenzuordnung (*Illert* 1992). Ein Beispiel zur numerisch-statistischen Klassifizierung ist in Abb. 179 dargestellt.

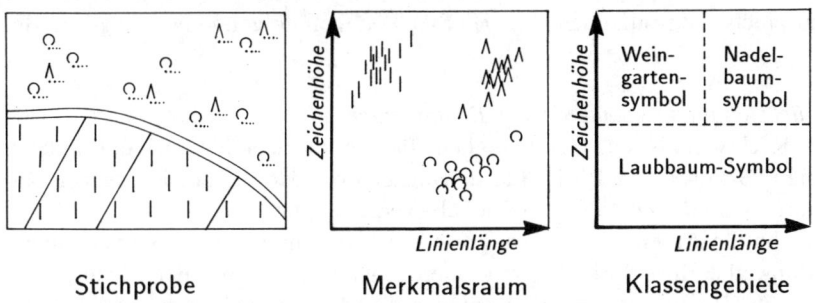

Abb. 179. Numerisch-statistische Klassifizierung von Signaturen (aus *Illert* 1992)

Als Unterscheidungsmerkmale werden in diesem Beispiel die Linienlänge und die Höhe der Zeichen verwendet. Die Trennung der Gebiete geschieht mit Hilfe des sog. Quader-Klassifikators; die Trennflächen sind dabei Parallelen zu den Koordinatenachsen des Merkmalraums.

Eine Analyse komplexer graphischer Strukturen ist ohne Berücksichtigung der Nachbarschaft (Kontext) nicht möglich. Dabei kommen *prozedurale* und *wissensbasierte* Methoden zur Anwendung. Im ersten Fall werden verschiedene Algorithmen in fester Reihenfolge zu Erkennungsprozeduren zusammengefaßt. Diese Maßnahme ist von der jeweiligen Kartenart abhängig. Wissensbasierte Methoden versuchen die graphischen Strukturen in Form von Regeln zu beschreiben. Damit lassen sich die graphischen Elemente zu komplexeren Elementen verknüpfen, aus denen wiederum die Objektbedeutung abzuleiten ist.

Die automatisierte Erfassung ist bislang erst dann erfolgreich, wenn die Strukturen der Kartengraphik einfach sind; das ist z.B. der Fall bei Katasterkarten und Höhenliniendarstellungen. Aber auch dabei hängt die Erfolgsrate wesentlich von der graphischen Qualität der Vorlage ab. Während ein menschlicher Betrachter Mängel der Kartengraphik ausgleichen kann, sind die bisher verfügbaren Programme der Mustererkennung dazu kaum in der Lage. Angesichts des großen Entwicklungsaufwands lohnt sich die automatisierte Digitalisierung nur bei umfangreichen Kartenwerken (*Illert* 1992). Gegenüber der Digitizer-Erfassung ergeben sich jedoch signifikant genauere Geometrie-Daten und kürzere Erfassungszeiten (*Schmitz* in *Schilcher* 1991, *Späni* 1990, *Fischer* 1992, *Grüner/ Carstensen* 1993).

Die dem Gebiet der sogenannten „künstlichen Intelligenz" (KI) zuzuordnende Mustererkennung ist ein aktuelles Forschungsgebiet in vielen Anwendungsbereichen. Die Grundlagen entstammen der Signaltheorie und der Informatik. Theoretische und praktische Ansätze und Ergebnisse auf dem Gebiet der kartographischen Mustererkennung stammen von *Weber* (1988) und *Yang* (1989) für die Erkennung von linearen Signaturen, Ziffern und Zeichen, von *Illert* (1991) für die Erkennung flächenhafter, linearer und punktförmiger Signaturen einschließlich Schriftzeichen, von *Klauer* (1993) für die Optimierung der Erkennungsleistung bei großmaßstäbigen Strichkarten und von *Meng* (1993) für die Erkennung von Kartenschrift unter Einsatz moderner KI-Techniken.

6.5.2.3 Datenaufbereitung

Im Anschluß an die Digitalisierung sind die objektstrukturierten Vektor-Daten vor der Abspeicherung aufzubereiten. Hierbei kommen folgende Vorgänge in Betracht:

1. *Berücksichtigung geometrischer Bedingungen,*
z.B. Rechtwinkligkeit, Geradlinigkeit, Parallelität oder Identität mit anderen Linien (*Brüggemann* 1981), Flächenangaben bei der Digitalisierung von Katasterkarten (*Boljen* 1987), und lokale Verzerrungen.
In mehreren Arbeiten sind dazu praktikable Verfahren für die digitale Umgestaltung alter Inselflurkarten mit heterogener Qualität in einen einheitlichen Maßstab *(Homogenisierung)* entstanden. Die Verfahrenslösungen für die Homogenisierung lassen sich zwei verschiedene Grundkonzepten zuordnen. Die *sequentiell* arbeitenden Verfahren führen die Schritte „Umformung der digitalisierten Koordinaten", „Verteilung der Restklaffungen" und „Berücksichtigung geometrischer Bedingungen" getrennt aus (*Wiens* 1986, *Morgenstern* u.a. 1988, *Rose* 1988). Die simultane Lösung wertet alle zur Verfügung stehenden Informationen in einem geschlossenen Ausgleichungsansatz aus (*Ben-*

ning/Scholz 1990). Über einen Vergleich beider Homogenisierungsansätze berichten *Benning* u.a. (1990).

2. *Datenintegration*
Sind für ein Gebiet Karten verschiedener geometrischer Qualität und unterschiedlicher semantischer Modellierung erfaßt worden, ergibt sich die Aufgabe, diese zu einem homogenen DOM zusammenzuführen. Ziel der Datenintegration ist die widerspruchsfreie semantische und geometrische Verknüpfung der Geo-Daten (3.3.3.3). Eine systematische Betrachtung für die Datenintegration mit Bezug auf das ATKIS-DLM 25 stellt *Grünreich* (in *Günther* u.a. 1992) an.

6.6 Erfassung aus anderen Quellen

6.6.1 Erfassung von Namen und anderen Bezeichnungen

Die sachgerechte Erfassung geographischer Namen erfordert gewöhnlich die Auswertung verschiedener Quellen. Ortsnamen ergeben sich aus den amtlichen Gemeindeverzeichnissen. Diese werden in der Bundesrepublik Deutschland von den Statistischen Ämtern der Bundesländer und vom Statistischen Bundesamt herausgegeben (*Thieme* 1968b). Bei Gebieten ohne solche Verzeichnisse muß man auf Karten oder andere Veröffentlichungen zurückgreifen und evtl. auch Sprachforscher, Historiker usw. befragen, z.B. bei der Herstellung kleinmaßstäbiger Atlaskarten. Das gilt allgemein auch für die Namen von Flüssen, Seen, Bergen, Wäldern usw. Erstmalig erschien 1966 ein Wörterbuch geographischer Namen für Europa ohne die Sowjetunion (*Ständiger Ausschuß für geographische Namen* 1966).

Mehrere Konferenzen der Vereinten Nationen zur Standardisierung geographischer Namen haben seit 1967 in Resolutionen die Herausgabe und Aktualisierung nationaler Namenbücher empfohlen. Als erstes Werk erschien 1975 das Geographische Namenbuch Österreichs (*Breu* 1975). 1981 folgte das Geographische Namenbuch Bundesrepublik Deutschland (*Böhme* 1980, *IfAG* 1981). In beiden Büchern beschränken sich die Angaben auf die Namen, die in den jeweiligen amtlichen topographischen Übersichtskarten 1:500 000 enthalten sind. Das Namenbuch der Bundesrepublik Deutschland ist aus einem Informationssystem für geographische Namen abgeleitet worden, dem das Datenbanksystem DATAS zugrunde liegt. Die Namenbücher nennen für die Objekte neben dem Namen (und vorhandenen Synonymen) die Kategorie (z.B. Fluß), die Größe (z.B. Einwohnerzahl, Berghöhe), die Lage in Koordinaten, im System der topographischen Karten und in den Verwaltungseinheiten sowie bestimmte Kennziffern und Funktionsangaben (z.B. Hafen).

Über die Rolle der Kartenschrift in topographischen Karten und ihre Probleme siehe 9.3.3. In thematischen Karten treten in größerem Umfang bei der Beschreibung der Sachverhalte auch fachspezifische Bezeichnungen auf. Diese ergeben sich meist aus der fachwissenschaftlichen Terminologie und lassen sich daher der jeweiligen Fachliteratur oder speziellen Fachwörterbüchern entnehmen.

6.6.2 Auswertung von Statistiken

Die Statistik ist als (1) beschreibende Statistik die Menge von Informationen, die als Tabellen, Diagramme, Indexzahlen usw. Zustände und Vorgänge beschreiben. Dagegen ist die (2) analytische Statistik die wissenschaftliche Methodenlehre, die vor allem die mathematische Auswertung der Informationen zum Gegenstand hat.

1. Die zur *beschreibenden Statistik* erforderliche Sammlung, Aufbereitung und Veröffentlichung von Daten liegt in den Händen statistischer, meist amtlicher Institutionen. Die Erhebungen finden periodisch oder nach Bedarf statt und beziehen sich auf bestimmte Regionen und Themenkreise.

So erscheinen statistische Veröffentlichungen von den Vereinten Nationen und ihren Kommissionen, von anderen internationalen Organisationen, von der Europäischen Gemeinschaft, von Staaten und Ländern, von größeren Gemeinden und Gebietskörperschaften, aber auch von Industrie- und Dienstleistungsbetrieben, Forschungsinstituten, Vereinen und Verbänden. Beispiele hierfür sind das Statistische Jahrbuch der Bundesrepublik Deutschland des Statistischen Bundesamtes mit Quellennachweis, die Statistischen Berichte der Statistischen Landesämter, das Statistische Jahrbuch Deutscher Gemeinden des Deutschen Städtetages, Veröffentlichungen einzelner Ministerien, Statistische Berichte von Gemeinden und Fachbehörden (z.B. über Steuern, Schulen, Fremdenverkehr, Wohnungsbau).

In der amtlichen Statistik haben Erhebungen in kürzeren Zeitabständen den Charakter von Stichproben (Mikrozensus). So werden z.B. in der Bundesrepublik Deutschland vierteljährlich 1‰, und jährlich 1% aller Haushalte befragt. Diese Maßnahmen dienen der Aktualisierung langperiodischer Erhebungen (Großzählungen), die wie z.B. die Volks- und Berufszählungen etwa alle 10 Jahre und die Gebäude-, Wohnungs- und Arbeitsstättenzählung auch in kleineren Zeitabständen stattfinden. Daneben gibt es besondere Erhebungen mit relativ vielen Einzelmerkmalen, z.B. Ermittlungen über Wohnverhältnisse und landwirtschaftliche Betriebszählungen. Weitere Daten ergeben sich aus der gesetzlichen Meldepflicht (z.B. bei Seuchen).

Nachteilig ist dabei oft die Tatsache, daß die veröffentlichten Daten selbst schon das Ergebnis einer Aufbereitung der originären Daten der Erhebung unter rein statistischen Gesichtspunkten sind. Von Vorteil ist dagegen die zunehmende Anwendung der Computertechnik. Mit ihr ist es möglich, Varianten der Aufbereitung durch Veränderung von Parametern durchzuspielen, Daten zu aggregieren und zu generalisieren und das Ergebnis solcher Versuche sogleich in einer Darstellung am Plotter oder Bildschirm sichtbar zu machen. Im Verbund mit anderen Datenquellen lassen sich darüber hinaus fachbezogene Informationssysteme (z.B. für die Regionalplanung) aufbauen und damit die Mängel der amtlichen Statistik hinsichtlich Vollständigkeit und Aktualität vermindern.

Voraussetzung für eine kartographisch sinnvolle Auswertung statistischer Quellen ist eine ausreichend kleinräumige Gliederung der Bereiche, auf die sich die statistischen Daten beziehen. Nach *Witt* (1979) benötigt man bis etwa zum Maßstab 1:1 Mio. als kleinste Bezugsflächen noch die Gemeindegebiete, während für städtische Bereiche mindestens der einzelne Baublock als Bezugseinheit erwünscht ist. Einzelheiten zu den Anwendungen statistischer Daten beim Entwurf thematischer Karten und den damit verbundenen Problemen siehe Kap. 10.

2. Die *analytische Statistik* spielt zwar bei der Aufbereitung statistischer Informationen für kartographische Zwecke eine zunehmende Rolle, steht aber in bezug auf Umfang und wissenschaftliche Grundlagen dieser spezifischen Anwendung noch in den Anfängen. Bei den bisher angewandten, allgemein üblichen Verfahren handelt es sich in erster Linie um Methoden der Korrelations- und Regressionsrechnung, der Ermittlung von Häufigkeitsverteilungen, Standardabweichungen und Vertrauensbereichen. Dabei sollten jedoch die Besonderheiten der Kartographie berücksichtigt werden, z.B. die Wahrung der Aussagen über räumliche Verteilungsmuster.

6.6.3 Auswertung amtlicher Veröffentlichungen und Nachweise

Die Inhalte amtlicher Veröffentlichungen sind auch für die Herstellung von Karten zu berücksichtigen. In Gesetz- und Verordnungsblättern erscheinen u.a. Angaben über Gebiets- und Verwaltungsreformen, neue Namen von Gebietskörperschaften, kleinere Änderungen politischer Grenzen, Errichtung von Naturschutzgebieten usw. Andere amtliche Bekanntmachungen (in Amtsblättern, in der Presse usw.) geben Richtlinien für die Darstellung von Grenzen und Namen in Schulatlanten, stellen Wahlergebnisse fest, liefern Angaben zur Auslegung und Feststellung von Plänen, zur Umwidmung von Straßen, zur Umbenennung von Straßen und Plätzen usw.

Amtliche Nachweise können für Bestandsdaten – vor allem im Bereich der raumbezogenen Planung – wichtige Daten liefern. Dabei enthalten die Grundbücher Angaben über die Rechtsverhältnisse am Grund und Boden (Eigentum, Erbbaurecht, Lasten und Beschränkungen, Hypotheken usw.). Sie stützen sich dabei hinsichtlich der örtlichen Merkmale auf die Bücher und Karten des Liegenschaftskatasters (Flurbuch, Liegenschaftsbuch, Flurkarte, Schätzungskarte) als sog. amtliches Verzeichnis der Grundstücke, zunehmend in automatisierter Form. Auch Einwohnermeldekarteien, Beitragslisten usw. können kartographische Informationen liefern. Die Auswertung aller solcher Nachweise setzt selbstverständlich voraus, daß sie aus Gründen des Datenschutzes weder dem Interesse der Öffentlichkeit noch dem der betreffenden Privatpersonen entgegensteht.

6.6.4 Auswertung von Fachliteratur und Archivalien

Für zahlreiche Kartenthemen kommt auch das fachliche Schrifttum als Quelle in Betracht. Dazu gehören Hand- und Lehrbücher, Fachzeitschriften, Berichte, Resolutionen wissenschaftlicher Gesellschaften, Bibliographien, Wörterbücher, Lexika, Normblätter, Kursbücher, Flugpläne, Unterlagen zur Schreibweise von Namen, über Transkriptions- und Transliterationssysteme usw. Dabei ist auch älteres Schrifttum sowie wichtiges Aktenmaterial aus Bibliotheken und Archiven eingeschlossen; dieses kann ebenso wie die Archivkarten insbesondere für alle Kartendarstellungen mit historischer Fragestellung eine wertvolle Fundgrube sein.

6.6.5 Auswertung digitaler Informationssysteme

Digitale Informationssysteme beschaffen, verarbeiten, speichern und übermitteln Informationen für gegenwärtige und künftige Bedürfnisse. Dabei ermöglichen die Techniken der elektronischen Datenverarbeitung, daß die Fachdaten jeweils nur an einer Stelle gesammelt und fortgeführt werden, aber im Datenverbund durch Datenfernübertragung auch anderen Stellen zur Verfügung stehen und dort durch Verknüpfung mit weiteren Daten neue und komplexere Informationen rasch und jederzeit aktuell erzeugen und in verschiedenen Formen ausgeben. Dadurch ergeben sich völlig neue Möglichkeiten der Integration und Auswertung von Geo-Daten im Rahmen von *Geo-Informationssystemen (GIS)*, zugleich verlieren die bisher analog geführten Register und Nachweise (6.6.1–6.6.4) ähnlich wie die Karten ihre Bedeutung als Informationsspeicher.

GIS werden zunehmend in vielen raumbezogenen Fachgebieten, z.B. Geowissenschaften, Umweltschutz, Statistik, Planung, Versorgung und Verkehrslenkung genutzt (Kap. 13). Im großmaßstäbigen Bereich soll das *automatisierte Liegenschaftskataster* mit den Komponenten „Automatisiertes Liegenschaftsbuch (ALB)" und „Automatisierte Liegenschaftskarte (ALK)" die Basis für kommunale Landinformationssysteme (LIS) nach dem MERKIS-Konzept des Deutschen Städtetages (MERKIS = Maßstaborientierte Einheitliche Raumbezugsbasis für kommunale Informationssysteme) bilden (DST 1988), weil es der einzige vollständige Nachweis aller Grundstücke, auch der im Grundbuch nicht gebuchten, ist. Man kann seine kleinste Einheit, das Flurstück, als elementaren Baustein und Träger raum- und personenbezogener Merkmale (z.B. Flächengröße, Bodennutzung, Eigentumsverhältnisse) ansehen. Die Flurstücke lassen sich zu Bezugsflächen verschiedener Strukturen zusammensetzen, z.B. als Baublöcke oder Rasterelemente, was für den Bezug weiterer statistischer Daten und deren Kartendarstellung von Vorteil ist. Während der

Aufbau der ALB-Datenbank weitgehend abgeschlossen ist, befindet sich die Umwandlung der Katasterflurkarten in die Grundrißdatei der ALK noch in der Anfangsphase. Weitere Einzelheiten zu ALK und ALB siehe 13.4.1.

Eine entsprechende Funktion im mittel- und kleinmaßstäbigen Bereich hat das *Amtliche Topographisch-Kartographische Informationssystem (ATKIS)*; dieses soll die Basis bilden für fachbezogene GIS, z.B. Bodeninformationssysteme, Statistische Informationssysteme und Umweltinformationssysteme. Hierüber berichten z.B. *Grünreich* in *Günther* u.a. (1992), *Preuß* in *Günther* u.a. (1992) und *Harbeck* in *DGfK* (1993). Weitere Informationen findet man in 13.4.1.

7 Herstellung kartographischer Darstellungen

7.1 Begriffe und Aufgaben

Während das Kap. 4 zunächst in vorwiegend analytischer Weise die grundlegenden kartographischen Techniken beschreibt, geht es in den folgenden, mehr synthetischen Betrachtungsweisen um die Verknüpfungen solcher Techniken zu Verfahrensabläufen, die für die Produktion kartographischer Informationsdarstellungen, also für die konkrete Erzeugung der *Sekundärmodelle* aus den *Primärmodellen* (Kap. 3) von Bedeutung sind. Wenn dabei der Kürze wegen nur von der *Kartenherstellung* die Rede ist, so beziehen sich die Aussagen in der Regel auch auf den Fall der *Aktualisierung*. Ferner umfaßt hier der Begriff der Karte auch ihre digitale Darstellung sowie die kartenverwandten Darstellungen, wenn dies technisch sinnvoll ist.

Mit der Vielfalt der verfügbaren Techniken erweitert sich auch der herkömmliche Begriff der *Kartentechnik* zu einer umfassenderen *Kartentechnologie* (siehe 4.1). Dabei lassen sich die Verfahrensabläufe insgesamt beschreiben durch die beiden Grenzfälle der (1) klassischen Kartentechnik und der (2) vollständigen graphischen Datenverarbeitung. Dazwischen sind beliebig viele Mischformen möglich.

1. Die *klassische* Kartentechnik (7.2) vollzieht sich in der Reihenfolge (a) Kartenentwurf – (b) Kartenoriginal – (c) Kartenvervielfältigung:

a) Im *Kartenentwurf* (auch *Kartenmanuskript, Rohzeichnung*) finden die gedanklichen Konzepte von Autor, Kartograph und/oder Herausgeber zur Kartengestaltung ihren ersten sichtbaren Ausdruck. Er ist die Vorlage für die Herstellung des Originals und muß daher in allen Lageangaben (z.B. Begrenzungslinien) *geometrisch* exakt sein. Dagegen ist eine *graphisch* exakte Darstellung meist noch entbehrlich (Näheres siehe 7.2.1).

b) Das *Kartenoriginal* ist allgemein die verbindliche Vorlage für die Vervielfältigung von Karten; es muß daher geometrisch und graphisch exakt, im vorgesehenen Zeichenschlüssel gehalten und reproduktionsfähig sein. Dies entspricht dem Originalbegriff der graphischen Technik, wenn es sich um ein Unikat handelt, dessen Bearbeitung nicht auch noch in die Reproduktionsprozesse reicht (wie z.B. bei der sog. Originalgraphik). Andererseits führen die kartographischen Erfordernisse zu bestimmten Modifikationen des Originalbegriffes (siehe auch 7.2.2):
• Ein Kartenoriginal kann aus einem *Satz von Folien* bestehen, wenn dies aus Gründen der Drucktechnik, der Gestaltungsvariation, der Bearbeitungsorganisation usw. erforderlich ist.
• Soll das Kartenoriginal für längere Zeit zur Verfügung stehen (z.B. bei Kar-

tenwerken), so spielen die Gesichtspunkte der Altersbeständigkeit des Trägermaterials, der Sicherheit und Schonung, der Aktualisierung usw. eine wichtige Rolle. Für einen beabsichtigten Druck wird dann jeweils ein *Kopieroriginal* zur Herstellung einer Druckplatte abgeleitet.

• Daneben kann die periodische Ableitung eines *Gebrauchsoriginals* zweckmäßig sein, um bei laufender Bearbeitung (z.b. bei Flurkarten) das eigentliche Kartenoriginal zu schonen.

• *Zwischenoriginale* entstehen, wenn sie Träger weiterer Eintragungen (z.B. von Planungsinhalten) werden sollen.

• Schließlich liegt ein *Ausgangsoriginal* dann vor, wenn dies als Vorlage bei der Kartenherstellung durch optische Trennung (7.2.2.5) dient.

Teilweise noch weit in das 20. Jh. hinein entstanden die Kartenoriginale durch unmittelbares manuelles Bearbeiten der Druckformen (Kupferplatte, Lithographiestein). Dieser Vorgang war mühsam, zeitraubend und wenig anpassungsfähig an spätere inhaltliche und graphische Änderungen. Heute ist es bei der Vielfalt leistungsfähiger graphischer Techniken günstiger, zunächst den Weg der einfacheren und schnelleren Zeichnung zu gehen und daraus mit reproduktionstechnischen Mitteln die endgültigen Originale abzuleiten. Dabei treten allerdings oft zahlreiche technische Zwischenprozesse auf, z.B. bei einem einzigen Blatt einer amtlichen topographischen Karte weit über 300 solcher Vorgänge.

c) Als *Kartenvervielfältigung* gilt der Fall, daß meist eine mehr oder weniger große Anzahl von Ausfertigungen entsteht. Dagegen liegt eine *Kopie* vor, wenn bei den reproduktionstechnischen Zwischenprozessen jeweils nur ein einziges Exemplar entsteht.

2. Beim *Einsatz der GDV* (7.3, 7.4) gilt die in Nr. 1 beschriebene eindeutige Reihenfolge nicht mehr ausschließlich: Durch die schnellen Ausgabemöglichkeiten können sich die Zwischenergebnisse verselbständigen: Entwürfe sind zugleich Originale, Originale zugleich Vervielfältigungen, und aus der rein sequentiellen Arbeitsweise entwickeln sich Programmschleifen, bei denen z.B. das Original zur Vorlage für einen weiteren Entwurf wird usw. Soweit die herkömmliche Drucktechnik eingesetzt wird, enden solche Prozesse schließlich beim Kopieroriginal.

7.2 Klassische Herstellung

7.2.1 Grundzüge des Kartenentwurfs

7.2.1.1 Merkmale der Entwurfsphase

Der Entwurf als Vorlage für die Originalherstellung entsteht meist als Folge von Kartierung und Entwurfszeichnung. Als *Kartierung* gilt im engeren Sinne das graphische Darstellen des geometrischen Anteils eines Karteninhalts durch Punkte und Linien auf einem besonders dafür vorgesehenen Träger, auf einer anderen Karte oder auf einer Luftbildentzerrung. Sie stützt sich auf das Kartennetz oder auf eine geometrisch einwandfreie Ausgangsdarstellung. Die *Entwurfszeichnung* vervollständigt das geometrische Gerüst der Kartierung um die Darstellungen bzw. Hinweise zu den sach- und zeitbezogenen Aussagen. Das muß nicht sogleich im Zeichenschlüssel geschehen; es genügen vielmehr Angaben (z.B. über Farben sowie Art und Anordnung von Signaturen und Schriften) in dem Umfang, der einem anderen Bearbeiter die spätere Originalherstellung eindeutig ermöglicht.

Die Übergänge zwischen beiden Bereichen sind gleitend: Beschränkt sich die Kartierung auf die Darstellung von Punkten, so führt bereits das Verbinden von Gebäudeecken zur Umrißlinie oder von interpolierten Höhenpunkten zur Höhenlinie in den Bereich der Entwurfszeichnung. Entstehen dagegen Wegegrenzen oder Höhenlinien unmittelbar, z.B. durch Luftbildmessung, so herrscht noch das Merkmal der Kartierung vor. Beim Einsatz der GDV fallen Kartierung und Entwurfszeichnung sowie evtl. auch die Originalzeichnung, z.B. bei Flurkarten, zusammen.

Ein ins Einzelne gehendes Schema für den Entwurf von Karten läßt sich angesichts ihrer Mannigfaltigkeit nicht angeben. In schwierigen Fällen erfordert die Entwurfsphase viel Aufwand, weil eine gewisse Optimierung der kartographischen Wiedergabe nur über mehrere Entwurfs-Varianten möglich ist. Das gilt z.B. für die Wahl von Strichbreiten, Signaturen, Mischfarben und Schriften sowie von Größenmaßstäben bei Signaturen und Diagrammen. In anderen Fällen, z.B. bei Flurkarten, wo klare Darstellungsvorschriften ohne wesentliche graphische Probleme vorliegen, läßt sich die Entwurfsphase weitgehend überspringen, so daß durch unmittelbare Kartierung und Zeichnung sogleich das Original entsteht. Weicht der Maßstab des Entwurfs von dem der vorgesehenen Karte ab, so ist dieser sog. *Arbeitsmaßstab* meist größer. Zu den redaktionellen Überlegungen, die den Entwurfsarbeiten vorangehen, siehe 5.2.

In der *amtlichen Kartographie* ist der Kartenentwurf durch Musterblätter und weitere Richtlinien geregelt. Dabei entsteht der Entwurf von *Grundkarten* als exakte Kartierung der Ergebnisse topographischer Vermessungen, der von Folgekarten durch Generalisierung geeigneter Ausgangskarten. In der *gewerblichen Kartographie* nehmen die Entwurfsarbeiten besonders dort einen großen Umfang an, wo es um die Herstellung von Atlanten geht. Im Anhalt an das vielfältige Quellenmaterial (Karten, Luftbilder, Statistiken usw.) kommt es gewöhnlich zu einer Kartengrundlage, auf der die umfangreichen Entwurfs- und Generalisierungsarbeiten stattfinden. Die Herstellung *thematischer Karten*, besonders solche komplexer bzw. synthetischer Art beginnt oft mit einem speziellen Autorenentwurf, für den auch die Bezeichnung als *Materialaufbereitungskarte* üblich ist. Hierbei wird der thematische Sachverhalt auf einer anderen Karte oder auf dem bereits vorhandenen topographischen Kartengrund dargestellt. Daran schließt sich der Entwurf des Kartographen, der vor allem in der adäquaten kartographischen Gestaltung bzw. Umsetzung des Themas besteht. Die anschließende Autorenkorrektur stellt sicher, daß der kartographische Entwurf keine Mängel in der inhaltlichen Aussage aufweist.

Nach Abschluß der Entwurfsarbeiten findet gewöhnlich eine kritische Durchsicht statt. Dabei stehen Fragen der sachgerechten Wiedergabe, der Lesbarkeit und der Vollständigkeit, aber auch der zeichnerischen und reproduktionstechnischen Ausführbarkeit im Vordergrund. Sind alle Mängel behoben, so kann die Reinzeichnung des Originals stattfinden.

7.2.1.2 Kartierung

Dazu gehört die Darstellung des Kartennetzes sowie der Punkte und Linien aus Vermessungsergebnissen, Karten und Luftbildern. Die Konstruktion des Kartennetzes entfällt, wenn die Punkte und Linien unmittelbar in vorhandene Karten oder Luftbildentzerrungen einkartiert werden. Die Kartierung von Punkten und Linien beschränkt sich u.U. auf die Wiedergabe weniger Paßpunkte und -linien, wenn der Karteninhalt bei Folgekarten im Wege der Generalisierung entsteht. Zu den Werkzeugen und Trägern der Kartierung siehe 4.1 bis 4.4.

Die Kartierung des *Kartennetzes* führt bei Karten großer und mittlerer Maßstäbe zur Darstellung des rechtwinklig-ebenen (geodätischen) Koordinatensystems, stets in Form eines quadratischen Gitters (Abb. 180). Bei Karten kleiner Maßstäbe entsteht das Netz der geographischen Koordinaten.

Das quadratische Kartennetz *geodätischer* Koordinaten entsteht meist *mechanisch* (z.B. mittels Koordinatograph, 4.3.1). Ein einfaches *manuelles* Verfahren ergibt sich wie folgt (Abb. 180): Man verbindet die Ecken des Zeichenträgers diagonal miteinander und trägt vom entstandenen Schnittpunkt S vier gleich lange Strecken s auf den Diagonalen ab. Die Verbindung der vier Streckenendpunkte A bis D ergibt ein exaktes Rechteck. Aus diesem Rechteck entwickelt man ein Quadratnetz bestimmter Maschenweite, markiert die entstehenden Punkte durch einen feinen Nadelstich und schreibt den Netzlinien die Koordinatenwerte bei. Die kartierten Punkte lassen sich zeilen- und spaltenweise sowie in den Diagonalen auf Geradlinigkeit prüfen; ferner müssen die Diagonalabstände das $\sqrt{2}$fache der Maschenweite betragen.

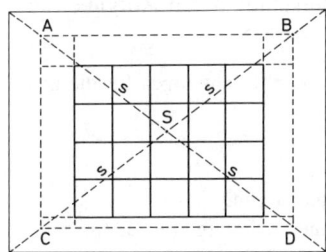

Abb. 180. Manuelle Konstruktion eines Kartennetzes (quadratisches Gitter)

Die Netzlinien *geographischer* Koordinaten entstehen im Falle normaler echter Abbildungen direkt aus Geraden und Kreisen im Anhalt an die Abbildungsgleichungen (siehe 2.2), in den übrigen Fällen indirekt aus einem Quadratnetz, wenn man die Schnittpunkte geographischer Netzlinien im Quadratnetz berechnet, kartiert und die Linien durch manuelle oder rechnerische Interpolation miteinander verbindet.

Die Kartierung von *Punkten* nach rechtwinkligen Koordinaten verläuft umgekehrt wie eine Koordinatenbestimmung aus der Karte. Die Erläuterungen zu 8.2.3.2 und in Abb. 199 gelten daher sinngemäß. Dies gilt entsprechend auch für die Kartierung nach polaren Koordinaten (8.2.3.4). Zur Interpolation von Höhenlinien siehe 8.2.3.6.

7.2.1.3 Entwurfszeichnung

Sie richtet sich in Exaktheit und Technik danach, ob die Originale durch *Trennung nach Sachgruppen* (zeichnerische Farbtrennung, 7.2.2.4) oder durch *optische Trennung* (Farbauszugsverfahren, 7.2.2.5) entstehen sollen.

1. Entwurfszeichnung im Fall der Trennung nach Sachgruppen (7.2.2.4)

Je nach Zweckmäßigkeit ist zunächst zu entscheiden, ob Kartierung und Zeichnung auf einem einzigen Träger stattfinden oder bereits auf mehrere Träger entsprechend den später entstehenden Farbfolien verteilt werden.

Bei *Grundkarten* ist die zeichnerische Ausarbeitung der Kartierung gewöhnlich einfach. Sie ergibt sich bei *topographischen* Grundkarten im Zuge von Luftbildmessungen meist unmittelbar durch die Strichzeichnung; bei terrestrischen Vermessungen orientiert sich die Entwicklung von der Punkt- zur Liniendarstellung an den Angaben des Feldrisses oder ähnlicher Unterlagen. Bei *thematischen* Grundkarten werden die kartierten oder in Karten bzw. Luftbildern fixierten Darstellungen von Bezugspunkten (z.B. Wetterstationen) oder der Ergebnisse von Vermessungen (z.B. Bodenschätzungsgrenzen) weiter ausgearbeitet durch die Wiedergabe der erfaßten thematischen Daten (z.B. Wetterdaten, Schätzungsmerkmale) in Form von Signaturen, Diagrammen oder Schriften.

Bei *Folgekarten* entsteht die Entwurfszeichnung als Generalisierung der Ausgangskarte mit den damit verbundenen graphischen Zwängen (3.2.1). Bei inhaltlichen Abwandlungen (z.B. Straßenkarte aus topographischer Karte) treten weitere Umwandlungen und Ergänzungen hinzu. Allgemeine Regeln für die Methodik des Entwurfs lassen sich wegen der sehr unterschiedlichen Aufgaben und Ausgangssituationen nicht aufstellen.

Bei *topographischen* Folgekarten können z.B. die Entwurfszeichnungen für die generalisierte Darstellung entstehen
– durch unmittelbares Überzeichnen der Ausgangskarte,
– auf einer oder mehreren Deckfolien zur Ausgangskarte,
– auf Luftbildern, z.B. in Verbindung mit der Kartenaktualisierung,
– im Anhalt an reproduktionstechnisch gewonnene Vorgeneralisierungen (z.B. Ausbelichtungen), Teildarstellungen unter Montage im Rahmen des Kartennetzes usw.
Dazu kann die Ausgangskarte auch vorweg verkleinert werden. In einfachen Fällen ist mitunter eine Entwurfszeichnung entbehrlich; die Generalisierung wird dann erst unmittelbar bei der Originalzeichnung auf der Grundlage einer Anhaltskopie von der Ausgangskarte und unter Beachtung des Zeichenschlüssels vorgenommen.

Bei *thematischen* Folgekarten liegt häufig ein verbindlicher Zeichenschlüssel vor. Die Entwurfszeichnung erhält dadurch einen hohen Stellenwert, vor allem, wenn die Gestaltung eng verbunden ist mit der Aufbereitung der Daten aus bestimmten Quellen (z.B. Statistik, Fachliteratur, Archivmaterial). Dabei können sich mitunter Entwurfsvarianten ergeben, aus denen dann die beste Darstellung für die Originalzeichnung auszuwählen ist.

2. *Entwurfszeichnung für optische Trennung (Farbauszug, 7.2.2.5)*
Hierbei ist die Entwurfszeichnung auf einem einzigen Träger vorzunehmen, um als originalartige Vorlage (*Ausgangsoriginal*) für die Farbauszüge dienen zu können. Damit gelten die folgenden Bedingungen:
– Linien, Signaturen, Diagramme und Schriften müssen graphisch so exakt sein, wie es die Ergebnisse der Vervielfältigung sein sollen. Dies gilt allgemein auch für die Farbwerte bei Linien- und Flächenfarben.
– Abweichungen sind zulässig oder gar notwendig, wenn z.B. bei unmaskierten Farbauszügen diese Abweichungen im reproduktionstechnischen Vorgang gerade wieder kompensiert werden. Solche Verhältnisse treten vor allem bei der Veränderung von Flächenfarbwerten auf.
Die Entwurfszeichnung ist daher in der Regel mit der bei der Reinzeichnung für Originale üblichen Präzision durchzuführen. Das erfordert u.a.
– für die Strichzeichnung vorwiegend die Tuschezeichnung,
– für die Schrift die exakte Zeichnung, die Verwendung von Schablonen bzw. Abreibefolien oder die Montage von Photosatz-Schrift,
– für die Flächenfarben die sorgfältige manuelle Kolorierung oder die Montage farbiger Schneidfolien.

7.2.2 Grundzüge der Originalherstellung

7.2.2.1 Kennzeichen der Vorlagen und Ergebnisse

Die Vielfalt der kartentechnischen Prozesse erfordert eine klare und erschöpfende Angabe aller Merkmale, die für die Bearbeitung einer Darstellung eine Rolle spielen. Dazu gehören folgende Unterscheidungen:
Art der *Darstellung*:
1. Strich – Halbton,
2. positiv (POS) – negativ (NEG),
3. seiten-(lese-)richtig (SR) – seiten-(lese-)verkehrt (SV),
4. Originalmaßstab – Arbeitsmaßstab,
5. einfarbig – mehrfarbig;
Art des *Trägers*:
6. transparent (Durchsicht) – opak (Aufsicht),
7. einseitig/beidseitig mattiert – glatt (poliert),
8. Entstehung durch manuelle, mechanische oder photographische Techniken (z.B. Lichtpause), durch Druck oder als Ausgabe der GDV.

Die *Strichdarstellung* ist der kartentechnische Hauptfall; dabei schließt der Begriff *Strich* auch die Darstellung voll gedeckter Punkte, Flächen und Schriften ein. *Halbtonvorlagen* ergeben sich bei Schummerungen, Luftbildern und Ausgangsdarstellungen für das Farbauszugsverfahren.

7.2.2.2 Einfarbige Karten

Das Original ist meist eine transparente Folie, die die gesamte Kartendarstellung enthält. Es entsteht in einfachen Fällen (z.B. bei Flurkarten) durch Auszeichnen der Entwurfskartierung oder beim Einsatz der GDV durch unmittelbare Reinzeichnung nach den digitalen Daten. In anderen Fällen erhält man die Folie nach den bei den mehrfarbigen Karten beschriebenen Techniken.

Die Folie dient als Vorlage in folgenden Fällen:
1. Herstellung von Lichtpausen bei Ableitung einzelner Exemplare (z.B. Flurkarte, Grundriß der Deutschen Grundkarte 1:5 000) und bei sehr geringen Auflagen (z.B. bestimmten Planungskarten);
2. Herstellung einer Filmkopie oder transparenten Lichtpause als Gebrauchsoriginal zur Schonung des Ausgangsoriginals bzw. als Zwischenoriginal zur Darstellung weiterer, z.B. thematischer Angaben;
3. Herstellung einer Druckplatte für die Vervielfältigung durch Druck. Solche einfarbigen Kartendrucke treten z.B. auf bei einfachen Orientierungs- und Lageplänen, vielen topographischen Kartengrundlagen thematischer Karten sowie im Zuge von Textveröffentlichungen (u.a. als Verbreitungs-, Fund-, Wetter- und Wirtschaftskarten in Büchern, Zeitungen usw.).

7.2.2.3 Allgemeines zu den Farbfolien mehrfarbiger Karten

Die Vervielfältigung mehrfarbiger Karten beruht überwiegend auf dem Mehrfarbendruck. Die dazu erforderlichen Vorlagen sind meist transparente Folien, deren Inhalte sich auf die Druckplatten übertragen lassen, und zwar so viele transparente Folien wie Druckfarben vorgesehen sind. Jede sog. *Farbfolie (Farbplatte)* enthält damit nur die Darstellungen, die in einer der Druckfarben erscheinen sollen. Ihre Herstellung ist auf zwei Wegen möglich, nämlich
– durch Farbtrennung nach Sachgruppen (7.2.2.4) oder
– durch Farbtrennung auf optischem Wege (Farbauszug, 7.2.2.5).

Über dieses *drucktechnische* Erfordernis hinaus kann es nützlich sein, den Karteninhalt auf eine noch größere Anzahl von Folien zu verteilen. Dieses sog. *Folienprinzip* ermöglicht
– *arbeitstechnische Vorteile*, z.B. bei der Aufteilung auf verschiedene Bearbeiter sowie zur getrennten Bearbeitung von Grundriß und Schrift, auch wenn sie später in einer Druckfarbe erscheinen; ferner
– *Kartenvarianten* nach Inhalt und Gestaltung durch Zusammenkopieren oder Trennen von Folien-Inhalten, Fortlassen bestimmter Objektgruppen sowie durch mögliche Farbdifferenzierungen.

Besondere lichtundurchlässige *Decker (Farbdecker, Flächendecker)* sind erforderlich, wenn Teilflächen nicht übertragen oder bearbeitet werden sollen (Tilgungsdecker), bzw. wenn umgekehrt nur diese Teilflächen zu übertragen oder zum Bearbeiten freizustellen sind (Masken, Schablonen). Dies kann der Fall sein
– bei der photographischen Ableitung mehrerer Farbfolien aus einer einzigen Vorlage, soweit dies graphisch möglich ist (z.B. Trennkopie, 7.2.3.1 Nr. 11),
– im Zuge einer Schriftfreistellung (7.2.3.1 Nr. 9),
– bei der Rasterung von Flächen (7.2.3.1 Nr. 7).
Die Decker entstehen auf besonderer Folie manuell (zeichnerisch oder durch Schneiden, 4.2), mechanisch (z.B. durch Abziehen, 4.3.4), photographisch oder durch GDV.

Damit im Druckergebnis die einzelnen Farbdarstellungen lagerichtig zueinander passen, werden alle Farbfolien von einem einzigen Entwurf abgeleitet und durch ein sog. *Paßsystem* miteinander in Beziehung gebracht. *Optische (visuelle)* Paßsysteme bestehen meist aus feinen Paßecken oder -kreuzen. Die Ecken decken sich gewöhnlich mit den Ecken des Kartenrahmens; die Kreuze liegen soweit im Randbereich des Zeichenträgers, daß sie beim späteren Beschneiden der Druckexemplare fortfallen. Bei *mechanischen* Paßsystemen erzeugen *Paßlochstanzen* im Randbereich des Zeichenträgers kreisförmige bzw. schlitzartige Paßlöcher in bestimmter Anordnung. Die Vorlage läßt sich sodann mittels Paßstiften durch die Paßlöcher exakt fixieren; dies ist vor allem beim Arbeiten mit Negativen vorteilhaft. Mit sog. *Kontrollstreifen* kann man bis zum Auflagedruck nach einer bestimmten Systematik das Einhalten von Qualitätsanforderungen (z.B. für Rastertonwerte) und das Erkennen von Mängeln (z.B. in Kopie und Druck) sicherstellen; sie liegen ebenfalls außerhalb des eigentlichen Kartenblattformats.

Ist ein Druck ausnahmsweise nicht vorgesehen, so verbleiben für die Vervielfältigung in geringer Anzahl die Farbverfahren der strahlungsempfindlichen Schichten (4.1.3, 7.2.3.2) oder der Einsatz des Farbplotters der GDV (4.10.3). Soll nur ein einziges Exemplar, ein Unikat, entstehen, so wird aus dem Entwurf durch manuelle bzw. mechanische Bearbeitung das Original. Einen solchen Fall gab es früher z.B. bei Katasterkarten und einzelnen thematischen Karten. Dabei entstand die mehrfarbige Darstellung in den Linien mit farbiger Zeichentusche, in den Flächen mit Aquarellfarben.

7.2.2.4 Farbfolien durch Trennung nach Sachgruppen

Dieses Verfahren (auch *zeichnerische* oder *analytische Farbtrennung* genannt) ist heute noch der Hauptfall der Kartenherstellung. Ein Beispiel zeigt Abb. 181. Dabei entstehen die Farbfolien nach den Angaben des Entwurfs, und zwar manuell (z.B. durch Schichtgravur), mechanisch (z.B. durch Montage) oder rechnergestützt (z.B. durch Lichtzeichnung). Die Wahl der Druckfarben orientiert sich am Zeichenschlüssel der Karte und an den technischen Möglichkeiten (z.B. bei Mischfarben). Dabei ergeben die Festlegungen in den Farbmerkmalen und in der Druckfolge eine jeweils spezifische Farbskala oder sie gehen von der sog. kurzen

Skala (siehe unten) aus. Für die Originalzeichnung muß der Inhalt des Entwurfs so beschaffen sein, daß der Zeichner erkennen kann, wie der Inhalt nach den einzelnen Farbfolien zu trennen ist, z.B. durch bestimmte Hinweise (7.2.1.1).

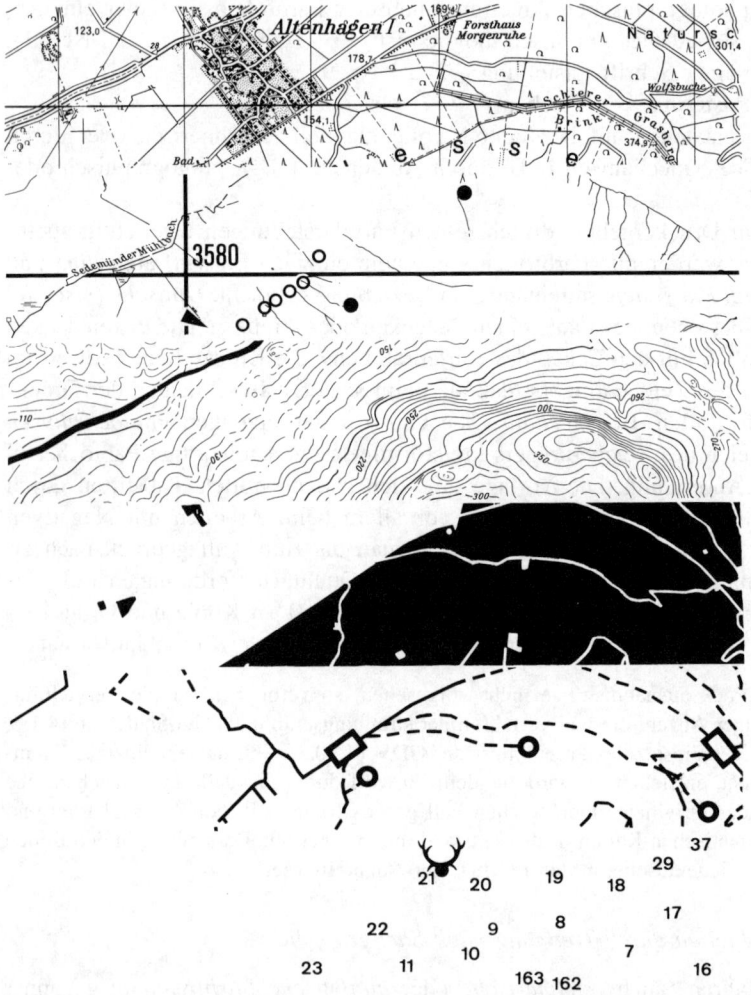

Abb. 181. Farbfolien vom oberen Teil der Anlage 18. Von oben nach unten (für die Druckfarben): Grundriß mit Schrift (schwarz), Gewässer, Meldegitter und Löschwasserentnahmestellen (blau), Höhenlinien, Straßennetz (orange), Wald (hellgrün), Feuerbarrieren und Forstorganisation (dunkelgrün), Waldwegenetz (violett)

Der Vorgang der Farbtrennung beruht auf manuellen, mechanischen und photographischen Prozessen. Zu den *manuellen* Verfahren gehören:

1. *Auszeichnen der Entwurfsdarstellung*: Dieses eignet sich nur für sehr einfache Fälle und beim Vorherrschen einer Farbe.
2. *Hochzeichnen nach der Entwurfsdarstellung*: Dazu müssen die über den Entwurf gelegte Zeichenfolie bzw. die darauf befindliche Gravurschicht ausreichend transparent sein. Bei nicht senkrechter Blickrichtung erzeugen sog. *Betrachtungsparallaxen* Lagefehler der Zeichnung.
3. *Zeichnen nach Anhaltsdarstellung (Leitdarstellung)*: Die Methode ist besonders günstig bei feinen graphischen Darstellungen, und sie erfüllt auch höchste Genauigkeitsanforderungen. Zur Herstellung der Anhaltsdarstellung siehe 7.3.2.1 Nr. 3; als Vorlage dient eine bereits vorhandene Strichzeichnung, eine verkleinerte Ausgangskarte, ein verkleinerter manueller Generalisierungsentwurf, ein bereits vorhandener topographischer Kartengrund o.ä. Die Darstellung, die ganz oder teilweise, identisch oder in graphisch veränderter Form nachgezeichnet bzw. -graviert wird, muß so beschaffen sein, daß die nicht nachgezeichneten Partien in den folgenden Reproduktionen fortfallen.

Mechanische Farbtrennungen ergeben sich z.B. durch Abziehverfahren (4.3.4), *photographische* Farbtrennungen durch Trennkopie (7.2.3.2 Nr. 11).

Bei größeren Kartenwerken kann es vorteilhaft sein, die von Blatt zu Blatt *unveränderlichen* Anteile nur einmal zu erzeugen und in der Folge immer wieder für weitere Blätter zu verwenden (*Stehfolie*). Häufig handelt es sich dabei um die Darstellungen zum Kartenrahmen und zu bestimmten Kartenrandangaben (z.B. Maßstab, Herausgeber), die mit Teilen der Situation zusammen in einer Farbe (z.B. Schwarz) erscheinen sollen. Die variablen Anteile dazu (z.B. Koordinatenwerte, Blattnamen) werden entweder auf dieser Folie oder auf einer weiteren Leerfolie montiert und dann mit den übrigen Darstellungen derselben Farbe zusammenkopiert. Besitzen die variablen Anteile eine feste Position, sorgt u.U. ein *Standbogen (Einteilungsbogen)* für exakte Lagehinweise bei der Montage und damit zum einwandfreien Bezug zu anderen Teildarstellungen.

Zur Einsparung von Druckgängen läßt sich auch die *kurze Skala* anwenden, die bei der Farbtrennung auf optischem Wege (Farbauszugsverfahren, 7.2.2.5) verbindlich ist. Dabei verteilt man den Karteninhalt zeichnerisch auf drei Farbfolien für die Grundfarben Cyan, Magenta und Gelb, wobei ein Teil der Darstellungen in Vollfarben, der andere in bestimmten, durch Rasterung erzeugten Tonwerten erscheint. Bei Mischfarben treten identische Darstellungen in mehr als einer Folie auf; so ergibt sich z.B. das Waldgrün aus dem späteren Übereinanderdrucken von Gelb und Cyan. Die Wahl der Mischfarben geschieht meist anhand einer *Farbtafel (Farbatlas)*, in der die in Betracht kommenden Grundfarben und ihre Rastertonwerte erkennbar sind. Häufig entsteht daneben noch eine Schwarzfolie als ungerasterte Darstellung der Schrift, teilweise auch der feinen Linien.

7.2.2.5 Farbfolien durch optische Trennung (Farbauszug)

Die Verfahren der photographischen oder elektronischen Farbtrennung (auch *Farbauszugsverfahren* genannt) gewinnen für die Originalherstellung zunehmend

an Bedeutung. Im graphischen Gewerbe sind sie der Normalfall der Fertigung von Druckplatten nach einer farbigen Vorlage. Die Farbauszüge von dieser Vorlage führen zu vier Farbfolien (sog. *kurze Skala*), nämlich zu
- drei Folien für die drei bunten Grundfarben Cyan (Blaugrün), Magentarot (Purpur) und Gelb (Yellow) (CMY) der sog. subtraktiven Farbmischung (3.1.2.2) und
- einer Folie für das unbunte Schwarz.

Der als Ausgangsoriginal anzusehende Entwurf (7.1 Nr. 1b) kann sowohl eine Aufsichts- als auch eine Durchsichtsvorlage sein, und die Wiedergabe ist entweder originalgetreu oder sie weist tolerierte bzw. sogar beabsichtigte Abweichungen auf (vor allem in den Farben). Zu den wichtigsten kartographischen Anwendungen gehören:
- Beschleunigung bzw. Verbilligung bis zum Kartendruck, vor allem wenn Veränderungen häufiger eintreten, die Karten aber kurzfristig wieder vorliegen sollen, z.B. Planungskarten;
- Buntdruck alter Karten, die nur als farbige Unikate existieren oder deren Druckplatten verlorengegangen sind;
- Buntdruck von Bildkarten nach farbigen Luft- oder Satellitenbildern sowie von kolorierten Schwarzweißbildern;
- Beurteilung der endgültigen Kartendarstellung schon zur Entwurfsphase bei komplizierter Gestaltung. Erst wenn der korrigierte originalhafte Entwurf befriedigt, findet der endgültige Farbauszug statt.

Das Prinzip des Farbauszugsverfahrens und der weiteren Verarbeitung bis zum Druck läßt sich am anschaulichsten mit der klassischen photographischen Methode erläutern (Abb. 182). Von der bunten Vorlage entstehen drei photographische Halbtonauszüge auf panchromatischem Film durch jeweils verschiedene Farbfilter. In der ersten Aufnahme läßt ein Blaufilter die gelben Spektralanteile der Vorlage nicht durch: Im Negativ weisen die Gelbbereiche keine Schwärzung, im Positiv damit eine starke Schwärzung auf. Entsprechend läßt bei der zweiten Aufnahme ein Grünfilter nicht die Magentabereiche hindurch, was einer Schwärzung dieser Bereiche im Positiv entspricht. Bei der dritten Aufnahme führt schließlich ein Rotfilter zu einer Schwärzung der Cyanbereiche im Positiv. Die so entstandenen Positive sind damit in erster Näherung Farbfolien für die Farben Cyan, Magenta und Gelb. Der daneben noch entstehende Schwarzauszug sorgt später für die sog. Tiefe in der Druckwiedergabe. Abb. 183 zeigt ein Beispiel.

Für die weitere Verwertung sind die Auszüge noch folgenden Eingriffen zu unterziehen:
- Rastern, da echte Halbtöne nicht zum Druck geeignet sind (4.3.6).
- Maskieren für notwendige Korrekturen in Farbton- und -helligkeit, damit das Druckergebnis mit der Vorlage übereinstimmt, aber auch, um Abweichungen gegen die Vorlage zu erreichen.

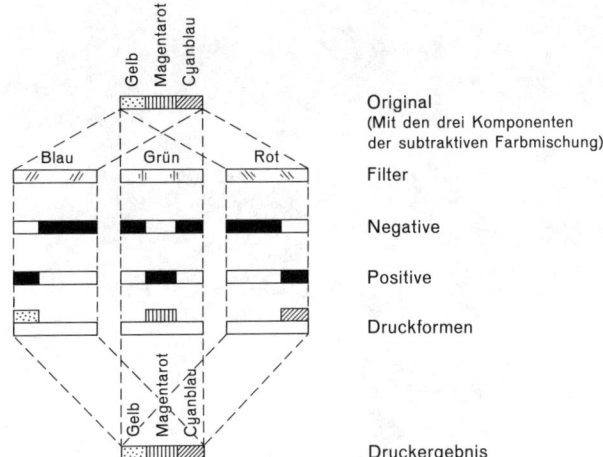

Abb. 182. Prinzip des Farbauszugsverfahrens (Farbtrennung auf optischem Wege)

Die *photographische* Farbtrennung ist die ältere, klassische Methode. Die Farbfolien entstehen durch Erfassen der Vorlage jeweils als Ganzes unter Abbildung auf photographische Halbtonfilme. Die Auszüge finden statt an Kameras (4.4.1.1) oder an Kontaktkopiergeräten (4.4.2.1). Zur *elektronischen* Farbtrennung an Farbscannern (Reproscannern) siehe 4.7.3.1.

Der *Schwarzauszug* erfüllt neben der sog. Tiefe des Druckes häufig noch eine besondere Funktion: Weil die Farbauszüge vollständig gerastert werden, können feine Striche und Schriften ihre Randschärfe verlieren oder gar unterbrochen werden. Da solche feinen graphischen Strukturen meist vorwiegend in der Schwarzdarstellung auftreten, entsteht die Schwarzfolie dann nicht durch Farbauszug, sondern ungerastert im Verfahren der Trennung nach Sachgruppen (zeichnerischen Farbtrennung, 7.2.2.4).

7.2.3 Arbeitsabschnitte der Originalherstellung

In der klassischen Kartenherstellung entsteht aus der Entwurfszeichnung (7.2.1.3) das Kartenoriginal, und zwar durch Reinzeichnung oder andere technische Maßnahmen (Kap. 4). Auf diesem Wege sind infolge der verschiedenen Ausgangssituationen u.U. noch die nachfolgend beschriebenen Arbeiten erforderlich.

7.2.3.1 Vor- und Zwischenstufen der Originalherstellung

1. Verarbeitung nichttransparenter Vorlagen, Kontraststeigerung
Vorlagen auf Zeichenkarton, alte oder gedruckte Karten lassen sich auf transparente Filme umstellen. Dabei ist an der *Kamera* zugleich auch eine Maßstabsände-

302 Klassische Herstellung

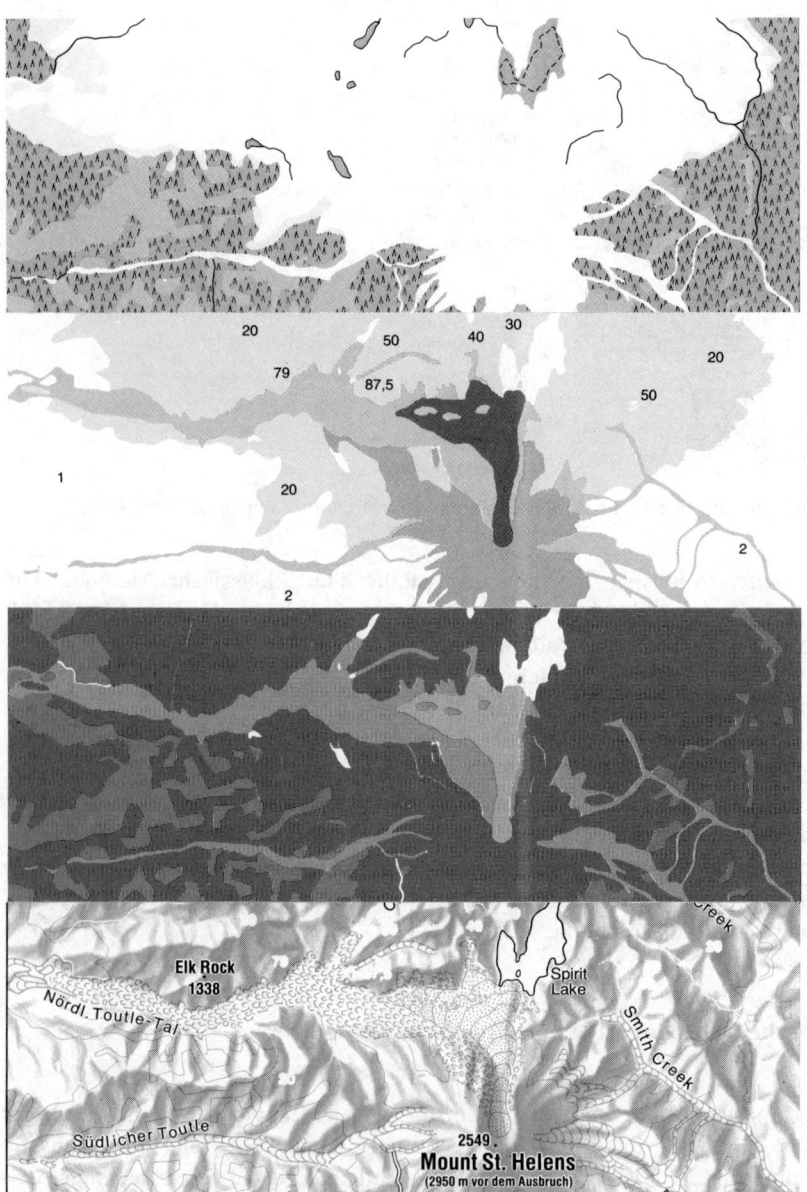

Abb. 183. Farbfolien des mittleren Teils vom unteren Ausschnitt der Anlage 15.
Von oben nach unten für die Druckfarben der kurzen Skala (CMY) Cyanblau, Magentarot
und Gelb (Yellow) sowie Schwarz

rung bzw. Entzerrung (Nr. 2) möglich. Aufnahmen am *Kopiergerät* finden als *Reflexverfahren* statt, bei dem der Film von der Lichtquelle her vor der Vorlage liegt. Das Licht fällt zunächst durch den Schichtträger und wird dann an der Vorlage reflektiert; die reflektierte Lichtmenge hängt ab von der lokalen Schwärzung auf der Vorlage und wirkt entsprechend auf die Schicht. Da die Vorlagen meist Positive sind, entsteht mit Direktpositivfilmen sofort wieder ein Positiv. Kontrastschwache oder schmutzige Vorlagen oder solche mit Strichen unterschiedlicher Schwärze und größeren Rasuren lassen sich durch Aufnahme mit ultrasteilen Emulsionen in ihrer Qualität verbessern (*Kontraststeigerung*).

2. Maßstabsänderung, Kartographische Entzerrung

Es ist an Kameras meist möglich, die Vorlage bis zu 5facher Vergrößerung und 12facher Verkleinerung zu verändern. Die exakte Solleinstellung wird auf dem Millimeternetz der Meßmattscheibe vorgenommen. In gleicher Weise lassen sich auch instabile Vorlagen wieder auf ihr Sollformat umbilden.

Eine *kartographische Entzerrung* ist erforderlich, wenn das Sollformat einer Vorlage durch einfache Maßstabsveränderung allein nicht mehr wiederzugewinnen ist (z.B. wenn ein ursprünglich quadratisches Format nur noch rechteckig ist). Solche Entzerrungen sind geometrisch meist affine Umbildungen; diese lassen sich an einer zentralperspektiven Kamera nicht in einem Zuge, sondern nur in Näherungsschritten vornehmen, für die es auch rechnergestützte Verfahren gibt.

3. Herstellung einer Anhaltsdarstellung (Leitdarstellung)

Die Anzahl der Anhaltsdarstellungen (7.2.2.4) entspricht in der Regel der Anzahl der Farbfolien. Eine noch größere Anzahl ermöglicht den Einsatz mehrerer Zeichner. Man kann auch eine Anhaltsdarstellung zerschneiden und dann auf mehrere Kräfte verteilen. In beiden Fällen sind jedoch die Ergebnisse in einer besonderen Montage zusammenzutragen.

Für *Tuschezeichnungen* (4.2.1) entsteht die Anhaltsdarstellung als Blaudruck auf Karton bzw. als Blaukopie auf mattierter Folie. Nach durchgeführter Zeichnung ergibt sich die Farbfolie im Wege der Photographie: Die lichtempfindlichen Schichten reagieren auf die blauen Darstellungen wie auf die bildfreien Stellen, d.h. die blauen, nicht nachgezeichneten Darstellungen verschwinden bei der Reproduktion.

Für die *Schichtgravur* (4.2.2) entsteht die Anhaltskopie (Leitkopie) auf der Gravurschicht, und zwar möglichst in einer zur Farbe der Gravurschicht ausreichend kontrastierenden Farbe. Nach fertiger Gravur wird die Farbfolie durch Reproduktion abgeleitet, wenn es sich um eine Negativgravur handelt, bzw. sie entsteht durch Einfärben des Gravurergebnisses im Falle der Positivgravur. Im Verfahren der Negativgravur kann man auch nach Photographie bzw. Kopie die gravierten Stellen lichtundurchlässig abdecken und dann auf derselben Anhaltskopie die Gravur des Inhalts der zweiten usw. Farbfolie vornehmen.

304 Klassische Herstellung

4. Herstellung von Auswaschkopie und Stripkopie

Sie sind Sonderformen der Anhaltskopie. Dabei wird nach Belichtung und Entwicklung anstelle der Kopierfarbe ein Mittel verwendet, das in den entwickelten Bereichen auch die Gravurschicht entfernt und damit die Folie an allen Bildstellen freilegt (*Auswaschkopie, chemische Gravur, Ätzgravur*). Nach Entfernen der Kopierschicht an den bildfreien Stellen ist eine weitere manuelle Gravur möglich. Das Verfahren eignet sich besonders zur Aktualisierung von Karten. Die *Stripkopie* entsteht mit einer Spezialschicht, die das Abziehverfahren ermöglicht (4.3.4).

5. Montieren und Abreiben von Schriften und Signaturen

Es ist meist zweckmäßig, die Kartenschrift auf einer besonderen *Schriftfolie* entstehen zu lassen, auch wenn diese später mit einer anderen Folie zu einer einzigen Farbfolie zusammenzukopieren ist. Die durch Photosatz entstandenen Filme der einzelnen Namen, Zahlen usw. erhalten ihre genaue Plazierung (Positionierung) nach den Angaben einer *Schriftvorlage*. Diese entsteht vorab z.B. als einfache Lichtpause von anderen Farbfolien (Grundriß, Höhenlinien, Gwässer usw.) und enthält die Hinweise zur Plazierung.

Auch Signaturen, die photomechanisch entstanden sind, lassen sich wie die Schrift montieren. Darüber hinaus sind auch Abreibeverfahren möglich, wenn vorab für bestimmte Signaturen (z.B. Doppellinien für Straßen) Abreibefolien gefertigt wurden. Wegen der begrenzten Haftung von montierten bzw. abgeriebenen Darstellungen auf dem Trägermaterial ist gewöhnlich noch ein Umkopieren der Ergebnisse erforderlich.

6. Herstellung von Farbauszügen

Die Halbtonauszüge entstehen unter Verwendung von Farbfiltern an der Kamera oder am Kopiergerät. Das dabei notwendige *Rastern* (Nr. 7b) ist unmittelbar mit den Negativen (Direktrasterung) oder später mit den Positiven möglich. Dazu ist ein *Maskieren* erforderlich, wenn Farbton- und -helligkeitswerte zu korrigieren sind.

7. Rastern von Vorlagen

Das Rastern findet am Kameras (mit Distanz- und Kontaktrastern) und in zunehmendem Maße an Kopiergeräten (mit Kontaktrastern) statt. Nach Vorlage und Ergebnis kann man wie folgt unterscheiden:

a) Rastern als *Gestaltungsprozeß*: Durch Einsatz jeweils konstanter Rastermerkmale (Muster, Feinheit, Tonwert) ergibt sich eine graphische Variation der Gestaltungsmittel, vor allem bei Flächen. Als Vorlage dient die Darstellung der zu rasternden Bereiche (z.B. Vollflächen als sog. Decker, 7.2.2.3). Als Arbeitsmittel ist bei der photographischen Rasterung ein *Kopierraster* erforderlich, der als Filmraster scharf konturierte Rasterelemente aufweist und im Kontakt mit der lichtempfindlichen Schicht verarbeitet wird. Jede mit besonderem Rastermerkmal versehene Fläche entsteht in zwei Belichtungsabschnitten: Zunächst unter dem Decker, dann unter dem jeweiligen Kopierraster. Sachgerechte Belichtung führt

zu einem Tonwert, der dem des Kopierrasters entspricht. Im einzelnen ergeben sich folgende Anwendungen:
– *Abstufung einer Druckfarbe*. Durch Verwendung von Vollton, Kreuz-, Linien- und Punktraster lassen sich z.B. vier Tiefenstufen der Meere mit nur einer blauen Druckfarbe in verschiedenen blauen Tonwerten darstellen. Zu jeder Rasterstufe gehört ein besonderer Farbdecker.
– *Farbmischungen* ergeben sich in größerer Zahl, wenn weitere Druckfarben hinzutreten und die Flächen sich dabei auch überlappen. So entstehen z.B. schon aus 2 Farben, jeweils in Vollton und zwei verschiedenen Rastern dargestellt, 6 reine Farben und 9 Mischfarben, also insgesamt 15 Farben bei nur 2 Druckgängen!
– Eine mechanische *Darstellung von Flächensignaturen* ergibt sich mit sehr groben Rastern, z.B. für Gebäudeflächen, Grenzbänder, Verbreitungsflächen (mit Strukturrastern) und Flächendichtekarten.

b) Rastern für den Druck von *Halbtönen*: Echte Halbtonvorlagen sind zu rastern, weil sich beim Druck die Halbtöne nur in der Form einer Simulation durch Rasterstrukturen als *unechte* Halbtöne darstellen lassen. Diese sog. *autotypische* Rasterung ist zugleich das Rastern im engeren Sinne der Drucktechnik; sie ersetzt seit ihrer Erfindung durch *Meisenbach* 1881 die bis dahin üblichen manuellen Tonwertsimulationen (z.B. durch variable Liniendichte beim Kupferstich). Bei den Vorlagen handelt es sich um Schummerungen (Abb. 184), Luftbilder (Anlage 20) oder Ausgangsdarstellungen für Farbauszugsverfahren; im Zuge von Schummerungen kann es auch zur Rasterung (Modulierung) überlagernder Flächen (z.B. Waldgrün) kommen, um die Lesbarkeit zu erhöhen. Als Rasterträger dienen die zwischen Vorlage und Schicht befindlichen Distanz- oder Kontaktraster.

Bei den scharf konturierten *Distanzrastern* handelt es sich um Kreuzraster. Durch jedes kleine quadratische Rasterfenster fällt Licht auf eine Schicht und erzeugt dort eine Schwärzung in Form eines gedeckten Kerns und eines um diesen angeordneten teilgeschwärzten Hofes. Diese Schwärzung hängt neben der Belichtungsdauer und der Schichtempfindlichkeit vor allem von der durch den Tonwert der Vorlage bedingten Lichtmenge ab. Beim *Kontaktraster* mit seinen unscharfen Rasterelementen ergibt sich aus dem unmittelbaren Kontakt mit der Schicht ein Schwärzungsverlauf im Ergebnis, der dem beim Distanzraster ähnelt. Eine Sonderform dazu ist z.B. neben dem Grauraster der Magentaraster, bei dem Kontrasterhöhungen bzw. -minderungen mittels Magenta- bzw. Gelbfilter möglich sind.

8. Negativ-Positiv-Umwandlung, Seitenvertauschung, Umkopie

Negative Vorlagen (z.B. die Ergebnisse einer Negativgravur) werden in Positive umgewandelt, evtl. in Verbindung mit Maßstabsänderungen und weiteren Vorgängen (z.B. Abdecken). Bei einer solchen Umwandlung tritt gewöhnlich auch eine *Seitenvertauschung* ein (sog. Kontern). Dagegen bleibt eine seitenrichtige Abbildung weiterhin seitenrichtig, wenn in der Kamera ein Umkehrsystem (Prismen, Spiegel) zwischen Original und Originalhalter eingeschaltet wird

306 Klassische Herstellung

Abb. 184. Vergrößertes Rasterbild einer Schummerung

(allerdings mit den Abbildungsfehlern dieses Systems) oder im Kopiergerät die transparente und unmattierte Vorlage mit der Bildseite dem Original abgewandt im Originalhalter liegt. *Umkopien* können erforderlich sein, wenn Montageergebnisse dauerhaft zu erhalten sind, ein Wechsel des Trägermaterials oder der strahlungsempfindlichen Schicht geboten ist oder Parallelarbeiten mehrere Ausfertigungen eines Originals erfordern.

9. Verändern von Strichbreiten, Schriftfreistellung, Vignettieren

Am *Kopiergerät* verhindert eine zwischen Vorlage und Schicht gelegte Folie den direkten Kontakt. Dadurch entstehen Unterstrahlungen, und die Bilddimensionen werden je nach positiver oder negativer Vorlage und in Abhängigkeit von der Belichtungsdauer kleiner oder größer. Der gleiche Effekt ergibt sich auch durch photographisches Überbelichten.

Eine vor das Objektiv der *Kamera* geschaltete planparallele Platte (*Strichbreitenwandler*) wird um die Aufnahmeachse gedreht und dabei zugleich um einen bestimmten Winkel hin und her gekippt. Der von jedem Punkt der Vorlage ausgehende Lichtstrahl beschreibt dabei in der Abbildung eine kleine Kreisscheibe. Bei einer positiven Vorlage strahlen die bildfreien Stellen und verringern damit die Flächendimensionen der Bildstellen um einen konstanten Betrag. Bei negativer Vorlage ist es umgekehrt.

In den genannten Fällen kann man zum *Freistellen* von Schrift, Signaturen usw. mit dem Negativ der Schriftfolie ein Positiv mit größer dimensionierter Schrift erzeugen. Dieses bildet dann bei der nachfolgenden Reproduktion einer Vorlage einen Decker, der ein Einbelichten aller Darstellungen innerhalb seines Bereiches verhindert. Das *Vignettieren* (z.B. an Küsten- oder Grenzlinien) ergibt sich wie folgt: Auf dem zu belichtenden Film liegt ein Kontaktraster, dann folgt ein Positiv, eine Streufolie oder Mattglasscheibe und dann ein Negativ der Vorlage. Bei Belichtung unter diffusem Licht treten Unterstrahlungen auf, die an den Positivkanten am stärksten wirksam sind und mit zunehmendem Abstand davon abnehmen.

10. Zusammenführen von Darstellungen

Sollen mehrere Vorlagen (z.B. Grundriß und Schrift) eine Farbfolie bilden, so kommt es am Kopiergerät zur *Zusammenkopie* (*Sammelkopie, Additionskopie*). Dabei lassen sich im Silbersalzverfahren (4.1.3.1) mehrere Negativvorlagen nacheinander über ein mechanisches Paßsystem auf einen Film belichten, der anschließend zum Positiv entwickelt wird. Bei gleichzeitigem Rastern liegt der negative Kopierraster auf Film im Kontakt mit der Schicht unter der Vorlage (Abb. 185).

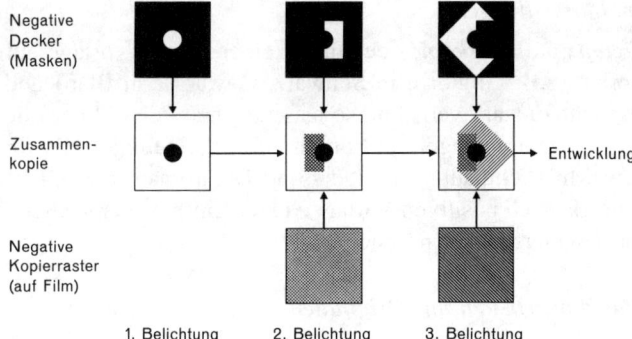

Abb. 185. Herstellung einer Farbfolie mit Flächen im Vollton, Kreuz- und Linienraster durch Zusammenkopie im Silbersalzverfahren. Bei den seitenvertauschten Ergebnissen der Belichtung handelt es sich zunächst um latente Schwärzungen.

Beim Dichromatverfahren (4.1.3.3) ist bei jeder paßgerecht einzukopierenden Vorlage jeweils ein ganzer Kopierprozeß erforderlich. Das ist zwar nachteilig, aber evtl. für eine lange Verwendungsdauer oder sehr große Formate notwendig. Ein gleichzeitiges Kopieren durch Übereinanderlegen ist nur ausnahmsweise mit sehr dünnen Vorlagen möglich, da sonst der Einfluß der Unterstrahlung zu groß wird.

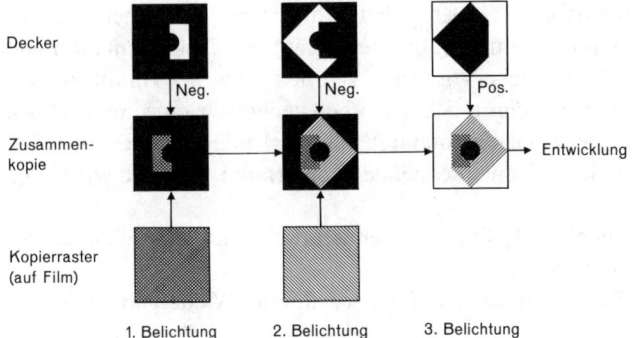

Abb. 186. Herstellung einer Farbfolie mit Flächen im Vollton, Kreuz- und Linienraster durch Zusammenkopie im Lichtpausverfahren mit gleichzeitiger Seitenvertauschung. Die Ergebnisse der Belichtungen zeigen die verbliebene, aber noch nicht entwickelte (also noch gelbe) Diazoschicht.

Das Lichtpausverfahren (4.1.3.2) erfordert in bestimmter Folge Negativ- und Positivdecker sowie positive Vorlagen und Kopierraster (Abb. 186), ist aber insgesamt sehr wirtschaftlich. Ein einfacheres und mechanisches Zusammenführen ergibt sich bei Teildarstellungen geringen Umfangs durch Verwenden *selbstklebender Folien*, die im Lichtpausverfahren entstehen.

11. Trennen von Originaldarstellungen

Ist bei einer solchen *Trennkopie* (*Auskopie*) der Inhalt einer Negativvorlage auf zwei Farbfolien aufzuteilen (z.B. Grundriß in Schwarz, Gewässer in Blau) und sind die Teile graphisch nicht zu stark verzahnt, so lassen sich auf einer Leerfolie Decker (Tilgungsdecker, 7.2.2.3) erzeugen, mit deren Hilfe die Teile jeweils für sich ausbelichtet werden. Mit Lichtpaus-, Polymer- und Dichromatschichten ist dies sowohl mit negativen als auch positiven Vorlagen unter Einsatz entsprechend negativer bzw. positiver Tilgungsdecker möglich.

7.2.3.2 Weitere Reproduktionsarbeiten mit Originalen

1. Ableiten weiterer Originale

Durch *Umkopie* lassen sich Zweitoriginale (Duplikate), Sicherungs- und Gebrauchsoriginale ableiten. Seitenverkehrte *Gebrauchsoriginale* gestatten z.B. bei Flurkarten die anschließende Herstellung einfacher Lichtpausen im Kontakt. Ist die Rückseite mattiert, so ist eine nach Seiten getrennte weitere Bearbeitung möglich, z.B. Aktualisierung im Kataster. In ähnlicher Weise lassen sich in *Zwischenoriginalen* (beim Lichtpausverfahren oft als *Mutterpausen* bezeichnet) weitere Darstellungen (z.B. Planungen) vornehmen. Mattierte Lichtpausfolien mit blauer, schwach deckender Farbe eignen sich für die nachfolgende Herstellung von *Zweitonoriginalen*.

2. Ableiten von Mehrfarbendarstellungen

Die *Mehrfarbenkopie (Prüfkopie)* eignet sich für die Herstellung mehrfarbiger Karten in kleinen Auflagen (z.B. im Planungsverfahren), für Dokumentation und Archivierung sowie für Prüfzwecke vor dem Andruck bzw. als Andruckersatz (*Farbprüfverfahren, Color Proofing*). Sie ist arbeitstechnisch eine Sonderform der Zusammenkopie auf meist opaker (undurchsichtiger) Folie, bei der für jeden Kopiergang die der Druckfarbe entsprechende Kopierfarbe gewählt wird. Die Prüfung bezieht sich
– auf offenkundige Mängel, z.B. fehlende, entbehrliche, graphisch unsaubere oder nicht paßgerechte Teile, sowie
– auf ihr Zusammenwirken im Hinblick auf die erwünschte Wiedergabe im späteren Auflagedruck.

Damit ist die Korrektur der Farbfolien bereits vor dem Andruck möglich, und weitere Druckplattenkopien als Folge der Korrektur nach dem Andruck bleiben erspart.

Farbprüfverfahren lassen sich nach folgenden technischen Alternativen unterscheiden:
– Herstellung eines Satzes transparenter Folien, die mit mechanischen Passern wie Deckfolien übereinander gelegt werden oder Zusammentragen auf einem einzigen opaken Träger (Folie oder Karton; z.B. Cromalin);
– Beschränkung auf die drei bunten Normfarben oder Verfügung über eine größere Anzahl von Farbtönen;
– Zwang zur Verwendung positiver oder negativer Vorlagen.

Wenn statt der verwendeten Farbfolien bereits auf eine im Mehrfarbendruck entstandene Karte zurückgegriffen werden kann, ist auch eine Mehrfarbenkopie im Wege der photographischen Farbkopie möglich.

7.3 Rechnergestützte Herstellung

7.3.1 Kennzeichen der rechnergestützten Herstellung

Als rechnergestützte Verfahren gelten allgemein solche, bei denen im Rahmen menschlicher Tätigkeit die Computertechnik bestimmte Aufgaben übernimmt. Je mehr dabei der Anteil unmittelbarer menschlicher Arbeit und Einwirkung abnimmt, um so mehr verwandelt sich die rechnergestützte Arbeitsweise in einen automatischen Vorgang. Bei der *rechnergestützten Kartenherstellung* ersetzen digitale Methoden teilweise die bisher üblichen manuellen, mechanischen, optischen und vervielfältigungstechnischen Methoden, wenn sie bei gleicher Qualität der Ergebnisse wirtschaftlicher als diese sind. Finden die rechnergestützten Arbeiten im Rahmen eines GIS mit durchgehendem digitalem Datenfluß statt, liegt der Fall der *digitalen Kartographie* vor (7.4).

Bei der Herstellung von Karten lassen sich digitale Methoden in allen Arbeitsbereichen einsetzen, nämlich bei der Bearbeitung von Kartennetzen, bei der Datengewinnung, in der Kartengestaltung und in der Kartentechnik. Als Kartenherstellung gilt hier der sprachlichen Kürze wegen auch der Fall der Aktualisierung. Der Einsatz der Datenverarbeitung dient
– einerseits der Verarbeitung von analogen und digitalen Geo-Informationen zu Kartenentwürfen und Kartenoriginalen bzw. Teilen oder Vorstufen dazu mit dem Ziel der analogen Ausgabe;
– andererseits der Speicherung digitaler kartographischer Modelle mit dem Ziel, den schnellen Zugriff auf einen aktuellen Datenbestand zu ermöglichen.

Abb. 187 zeigt den *Verfahrensablauf* bei der rechnergestützten Kartenherstellung, der wie bei der klassischen Vorgehensweise in die Abschnitte Kartenentwurf, Originalherstellung und Kartenvervielfältigung gegliedert ist. Diese lassen sich jedoch infolge des Einsatzes digitaler Methoden nicht mehr völlig trennen (7.1 Nr. 2). Dies gilt vor allem für die Phase der Originalherstellung mit einem kartographischen Editor, die sich teilweise noch der graphikorientierten Entwurfsphase zuordnen läßt, weil dabei Varianten im Hinblick auf die visuelle Auswahl der besten graphischen Gestaltung in Originalqualität hergestellt werden können.

Für die Datenverarbeitungsprozesse wird ein kartographisches Automationssystem eingesetzt (siehe 4.11, Abb. 162). Sie sind je nach Umfang der zu verarbeitenden Daten und der anzuwenden Methoden entweder mit einer Workstation

310 Rechnergestützte Herstellung

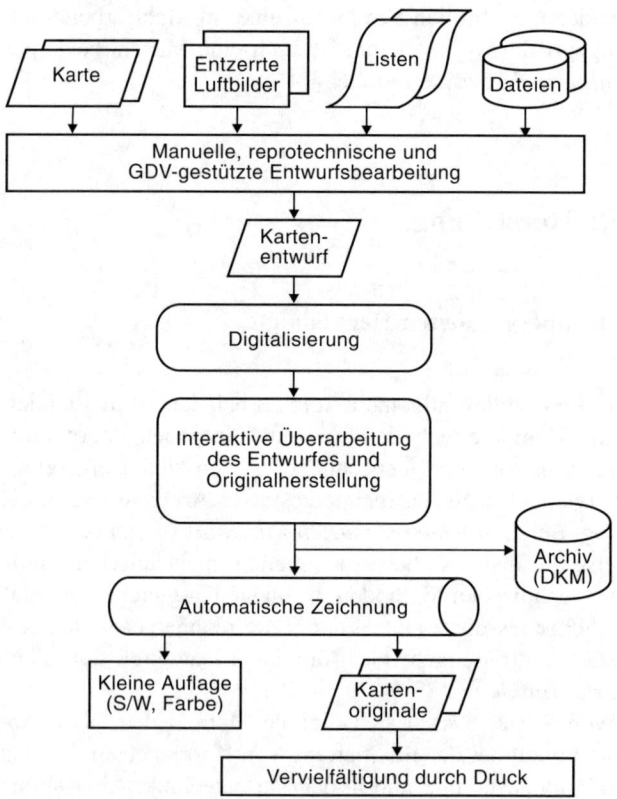

Abb. 187. Schema der rechnergestützten Kartenherstellung

oder mit einem graphikfähigen Personalcomputer (sog. Desktop Mapping) durchzuführen.

Zur Kennzeichnung der rechnergestützten Kartenherstellung ergeben sich noch folgende Bemerkungen:

a) Die *Ausgangsdaten*, z.B. Grundkarten, Feldaufnahmen, entzerrte Luftbilder, statistische Erhebungen u.a.m., liegen in *analoger* und *digitaler Form* vor. Die im Zuge der Entwurfsbearbeitung wegen des heterogenen Inhalts, Maßstabs, geometrischer Grundlage u.a.m. erforderliche *Datenaufbereitung* muß schon deswegen zumindest teilweise rechnergestützt erfolgen. Hierdurch ergeben sich aber auch völlig neue Möglichkeiten, die bei der traditionellen Entwurfsbearbeitung nicht zur Verfügung stehen, z.B. die rechnergestützte Auswahl des optimalen Kartennetzentwurfs.

b) Die weitere graphikorientierte Entwurfsbearbeitung geschieht mit traditionellen Techniken. Dies ist notwendig, solange für die schwierige kartographische Generalisierung und für die notwendigen Beurteilungen und Entscheidungen zur graphischen Gestaltung geeignete digitalen Methoden nicht zur Verfügung stehen.

c) Im Hinblick auf die Anwendung digitaler Methoden für die Originalherstellung (kartographischer Editor, Plotter) ist der Kartenentwurf zu digitalisieren. Bei einfacher gestalteten Kartenentwürfen ist die Methode der Vektordigitalisierung ausreichend (4.7.2). Inhaltlich und graphisch komplexere Entwürfe sind aus Gründen der Wirtschaftlichkeit mit einem Scanner (Raster-Daten) zu digitalisieren (4.7.3).

d) Im Zuge der Originalherstellung wird die Entwurfsdarstellung am Farbrasterbildschirm elementweise mit dem Fadenkreuz eingestellt und nach zusätzlicher Angabe graphischer Attribute für Strichbreite, Farbdarstellung, Signaturennummer u.ä. interaktiv signaturiert. Dabei sind noch Verfeinerungen der Entwurfsdarstellung möglich.

e) Das als Ergebnis entstandene DKM wird zweckmäßigerweise in einem digitalen Archiv gespeichert und steht so für künftige Arbeiten, z.B. Entwurf einer anderen Karte oder rechnergestützte Aktualisierung, zur Verfügung. Für die Kartenvervielfältigung sind die digitalen Daten noch durch automatische Zeichnung auszugeben. Die dafür durchzuführenden Prozesse, z.B. des Freistellens der Verkehrswege, Gewässer und Schrift und der digitalen Druckrasterung, laufen weitgehend automatisch nach Verfahren der kartographischen Datenverarbeitung ab (4.9). Dabei sind noch zwei Fälle zu unterscheiden:

– bei kleinen Auflagen (etwa 10-20 Exemplare) lassen sich die Karten direkt aus dem digitalen Datenbestand erzeugen, wenn ein qualitativ ausreichender Farbrasterplotter zur Verfügung steht (4.10.3.3);

– bei großen Auflagen (z.B. Topographische Kartenwerke) sind die Kopieroriginale (7.2.3) für den Offset-Druck mit einem Laser-Rasterplotter anzufertigen (4.10.3.1).

Im Vergleich zur klassischen Arbeitsweise ergeben sich bei Einsatz der *rechnergestützten* Kartenherstellung folgende *Vorteile:*

a) Die GDV ermöglicht eine flexiblere Aufteilung des Karteninhalts in Objektgruppen. In Anlehnung an die Folientrennung der klassischen Kartentechnik spricht man von einem *digitalen Folienprinzip.* Dadurch können z.B. neben den Standardausgaben amtlicher topographischer Karten auch Farbfolien für Sonderausgaben und topographische Grundlagen für thematische Karten entstehen, die dem Zweck der Karte angepaßt sind. Ein solches Zusammenführen bzw. Trennen von Objektgruppen ersetzt damit auch die reproduktionstechnische Sammel- bzw. Trennkopie (7.2.3.1 Nr. 10 und 11).

b) Auch der reproduktionstechnische Vorgang der *Maßstabsänderung* durch Vergrößern oder Verkleinern mit Hilfe der Kamera läßt sich ersetzen durch unmittelbare graphische Ausgabe im gewünschten Maßstab. Dabei ergibt sich als Vorteil, daß im Gegensatz zur einfachen photographischen Maßstabsänderung über die Wahl der Strichbreiten in jedem Einzelfalle frei verfügt werden kann.

c) Der Fall der *kartographischen Entzerrung* läßt sich im Wege der *Datentransformation* lösen (4.9.5.2). Bei Kartenwerken sind Sonderfälle von Blattschnitt und Format leichter zu realisieren, und sie ersetzt damit Kopier- und Montagearbeiten sowie die üblichen manuellen Überarbeitungen an den Montagerändern. Umfangreiche Übertragungen des Karteninhalts von einem Kartennetzentwurf in einen anderen lassen sich wirtschaftlich überhaupt nur GDV-gestützt durchführen.

d) Das *Seitenvertauschen (Kontern)* auf kopiertechnischem Wege wird entbehrlich, wenn die graphische Ausgabe diese Notwendigkeit unmittelbar berücksichtigt, z.B. durch *seitenverkehrtes Zeichnen*.
e) Findet die rechnergestützte Herstellung einer Karte in unmittelbarer Nachbarschaft einer bereits vorhandenen, im konventionellen Wege entstandenen Karte statt, so können Probleme der *Randanpassung* entstehen. Bei rein passiver Bearbeitung kann dies zu aufwendiger Software führen; interaktive Eingriffe sind gewöhnlich günstiger (*Schmidt* 1982).
f) Bei der Gestaltung der Kartenschrift bietet sich eine Kombination von digitalem Photosetzgerät für die *Schriftherstellung* in Verbindung mit einem rechnergestützten Verfahren für die Schriftplazierung an. Das als Schriftdatei auf einem Datenträger mit allen Merkmalen gespeicherte Schriftgut für den Bereich eines Kartenfeldes wird dem Photosetzgerät zugeführt. Das Gerät belichtet entsprechend den Rechenanweisungen die Schriftzüge in der näherungsweise richtigen Position. Die sog. Schriftplazierung wird mit dem kartographischen Editor durchgeführt; damit kann die exakte Position der Schrift festgelegt werden. Eine neuere Untersuchungen zur automatisierten Schriftplazierung stammt von *Kresse* (in DGfK 1993).
g) Beim Einsatz eines Reproscanners (4.7.3.1) führt die rechnergestützte Verarbeitung der Farbauszüge zu einem gerasterten Original. Damit findet das Rastern in einem Zuge mit der digitalen Verarbeitung statt, so daß eine besondere reproduktionstechnische Maßnahme entbehrlich ist.

Über einschlägige Erfahrungen bei der Herstellung der Topographischen Übersichtskarte 1:200 000 berichten *Meurisch/Weber* (1985).

7.3.2 Bearbeitung topographischer Karten

7.3.2.1 Herstellung topographischer Grundkarten

Die wichtigsten Datenquellen hierfür sind photogrammetrische und terrestrische Messungen sowie die Flurkarten des Liegenschaftskatasters. Die Daten entstehen in Verbindung mit dem Aufbau von LIS und topographischen GIS zunehmend in digitaler Form (Kap. 13).

Bei topographischen Grundkarten (z.B. Deutsche Grundkarte 1:5 000) werden schon seit längerem digitale Methoden der Erfassung durch photogrammetrische und terrestrische Vermessungen und der Aufbereitung der erfaßten alphanumerischen Originaldaten (Rohdaten) angewendet, so daß sich bereinigte und geprüfte Daten ergeben, die auch in formaler Hinsicht zur weiteren Datenverarbeitung geeignet sind. Durch zwischenzeitliche Datenausgabe (z.B. am Bildschirm) lassen sich die Ergebnisse aufzeigen und damit auch Entscheidungen über mögliche Eingriffe in das Datenmaterial treffen. Die weitere Bearbeitung des Karteninhalts geschieht überwiegend durch GDV (4.9), z.B. in photogrammetrischkartographischen Systemen. Ein hoher Automatisierungsgrad besteht bereits seit etwa 1980 bei der rechnergestützten Interpolation von Höhenlinien aus digitalen Geländemodellen. Dagegen sind zur ergänzenden Bearbeitung der Situationsdarstellung klassische Methoden der Kartenherstellung (z.B. Freistellungen, Schriftgestaltung) auf den automatisch gezeichneten Originalfolien anzuwenden, weil noch Defizite bezüglich der Methoden und der Verfügbarkeit digitaler Geo-Daten bestehen. Nach beendetem Aufbau digitaler Datenmodelle für GIS werden diese Defizite beseitigt sein.

Bei topographischen Daten spielt vor allem das Bearbeiten der Meßwerte eine wichtige Rolle: Verfahrensbedingte Korrekturen (z.b. aus Wetterdaten) sind anzubringen, Mehrfachmessungen sind zu mitteln, überschüssige Beobachtungen erfordern eine Ausgleichung, die Ermittlung von Genauigkeitsmaßen schafft Kriterien für die Güte und weitere Verwendung der Daten. Die mehr formalen Prüfungen beziehen sich z.b. auf die Vollständigkeit, Reihenfolge, Numerierung und sonstige Kennung der Daten. Die Bearbeitung der DGM wird in 7.4.2.2 behandelt.

Eine ausführliche Darstellung der Erfassung und Verarbeitung topographischer Daten findet man z.B. in den Lehrbüchern von *Kahmen* (1993) und *Konecny/Lehmann* (1984). Ein Konzept zur rechnergestützten Herstellung topographischer Grundkarten auf der Basis der ALK-Grundrißdatei entwickelt *Grünreich* (1985).

7.3.2.2 *Herstellung topographischer Folgekarten*

1. Erstherstellung

Die rechnergestützte Herstellung topographischer Folgekarten ist in erster Linie mit den Problemen der *Generalisierung* belastet. Diese Probleme sind bisher methodisch noch nicht praxisreif gelöst und Gegenstand der Forschung (7.4). In der Praxis wird das Problem der Generalisierung wie folgt gelöst:

Ausgehend von einer aktuellen topographischen Grundkarte entsteht in traditioneller Weise ein manueller Entwurf der Generalisierung. Dieser wird anschließend mit einem Scanner digitalisiert, interaktiv signaturiert (Originalherstellung) und automatisch gezeichnet. Diese Methode verbindet die Fähigkeit des Kartographen zur graphikorientierten inhaltlichen Gestaltung mit der Schnelligkeit der Digitalisierung in Raster-Daten und mit den Möglichkeiten der maschinellen Originalherstellung. Damit lassen sich Folgekarten bei gleicher kartographischer Qualität schneller herstellen als bei Einsatz der klassischen Methoden. Der Zeitgewinn wirkt sich vor allem positiv auf die Aktualität des Karteninhalts aus.

2. Aktualisierung

Bei der rechnergestützten Aktualisierung (Fortführung) sind im Hinblick auf die Verhältnisse in der Praxis zwei Fälle zu unterscheiden:
a) Liegt die zu aktualisierende Karte nur in analoger Form vor, so kann man den *Aktualisierungsentwurf* (z.B. auf einer vergrößerten Karte) digitalisieren und im entsprechenden Zeichenschlüssel als Reinzeichnung ausgeben. Diese

314 Rechnergestützte Herstellung

Zeichnung wird dann kopiertechnisch mit dem Original (nach entsprechender Rasur) vereint. Ein solches Verfahren beschreiben *Lehmbrock/Oster* (1981).
b) Der in der gegenwärtigen Praxis bedeutendere Fall besteht darin, daß die zu aktualisierende Karte und der in traditioneller Weise bearbeitete Aktualisierungsentwurf als digitaler Raster-Datenbestand vorliegen. Nach digitaler Überlagerung und gemeinsamer Darstellung auf dem Farbrasterbildschirm erfolgt die Berichtigung der Karte einschließlich Signaturierung interaktiv. Der aktualisierte Originalfoliensatz entsteht als vollständige Neuzeichnung. Ein Beispiel für diese Arbeitsweise ist die in Anlage 21 dargestellte rechnergestützte Aktualisierung der TK 25 (*Grünreich* 1990). Ähnliche Verfahren werden seit Anfang der 1980er Jahre unter Einsatz der Rasterdaten- bzw. der hybriden Datenverarbeitung entwickelt und zur Aktualisierung amtlicher Topographischer Kartenwerke eingesetzt. Darüber berichten *Weber* (1986), *Appelt* (1987) und *Spiess* (in *Mayer* 1989). Ein Konzept für die Kartenfortführung mit Methoden der digitalen Bildverarbeitung stellt auch *Peterle* (1984) vor; über ein neues Verfahren zur Fortführung der Kartenserie JOG250 berichten *Giebels/Meurisch* (1993).

7.3.3 Bearbeitung thematischer Karten

7.3.3.1 Eignungsmerkmale für bestimmte Kartentypen

Im Vergleich zu den topographischen Karten haben digitale Methoden bei der Bearbeitung thematischer Karten früher Fuß fassen können. Die Gründe dafür liegen in der unproblematischeren Datenverarbeitung, in der einfacheren Kartengraphik oder in den Möglichkeiten der Entwurfsvariation. Dabei ergeben sich besondere Vorteile, wenn

a) die Daten von der Erfassung her bequem und ohne größere Generalisierungsvorgänge zu verarbeiten sind und
b) ein einfacherer Zeichenschlüssel auch eine rasche graphische Ausgabe an einem Plotter oder Drucker gestattet.

Solche Voraussetzungen liegen vielfach vor bei Wetterkarten, Leitungskarten, zahlreichen statistischen Karten zur Bevölkerung, Wirtschaft usw., einigen Darstellungen aus dem Planungsbereich, Medienkarten zur Schnellinformation sowie zahlreichen topographischen Kartengrundlagen.

In bezug auf die Kartengraphik sind für eine rechnergestützte Bearbeitung besonders die analytischen Karten geeignet, deren Monothematik ein weitgehend einheitliches graphisches Gefüge aufweist. Dazu gehören vor allem als Typen die Signaturenkarten, die Areal- und Verbreitungskarten, die Bezugsflächenkarten und die Isolinienkarten. Bei komplexen Karten ergeben sich Erleichterungen, wenn keine Zeichenvorschrift bestehen und sich damit die Chance ergibt, unter mehreren kartographischen Varianten die beste auszuwählen. Bei diesen Karten muß jedoch in der Regel ein gut gestalteter Autorentwurf erarbeitet werden, der dann durch Digitalisierung der weiteren rechnergestützten Bearbeitung zugeführt wird.

1. Typ der Signaturenkarte (Abb. 237,238)

Bei der rechnergestützten Bearbeitung lassen sich alle Signaturenformen (bildhafte und geometrische Signaturen) realisieren (Abb. 237, 238). Aus graphischen Entwurfsvarianten kann der optimale Größenmaßstab für Signaturen zur Darstellung quantitativer Sachverhalte ermittelt werden (Abb. 188, 247). Bei gegenseitiger Überdeckung der Zeichen sorgt ein Unterprogramm oder ein interaktiver Eingriff für den graphischen Fortfall der überdeckten Linien.

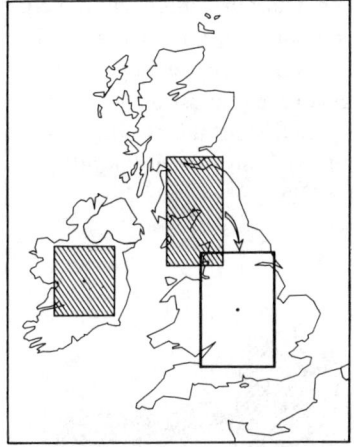

Abb. 188. Lösung von Überdeckungsproblemen (aus *Heidorn* 1990)

2. Typ der Areal- und Verbreitungskarte (Abb. 257)

Dieser Kartentyp differenziert nach qualitativen Merkmalen von Flächen; er tritt daher z.B. bei geologischen Karten und politischen Karten auf. Die Flächenabgrenzungen durch Konturen sind häufig den topographischen Karten nicht zu entnehmen; sie befinden sich auf Autorenentwürfen (Manuskriptkarten) oder Luftbildern und sind dort zu digitalisieren. Eine Rasterdigitalisierung ist möglich, wenn für die weitere Verarbeitung zugleich Flächenkennzeichen (z.B. durch Farbmarkierung) vorgenommen und erfaßt werden. Ist ferner noch eine Flächenfüllung durch Farbflächen oder gleichförmige Flächensignaturen (z.B. Schraffuren) vorgesehen, so läßt sich diese Darstellung aus der Linienzeichnung ableiten:

3. Typ der Bezugsflächenkarte (Abb. 261, 262)

Dieser Kartentyp ist graphisch der Areal- und Verbreitungskarte sehr ähnlich; er dient jedoch der Darstellung quantitativer, vielfach statistischer Angaben für die Bezugsflächen. *Administrative* und *geographische* Bezugsflächen lassen sich meist anderen Karten entnehmen und dort digitalisieren. Bei geometrischen Bezugsflächen in Form von Koordinatengittern beschränkt sich die Erfassung auf die Eingabe der Koordinatenwerte der Netzlinien.

Solche Bezugsflächen unterliegen oft einer hierarchischen Ordnung (Gemeinde, Kreis, Land). Für eine flexible Datenverwaltung ist es daher sinnvoll, die Flächengrenzen bei der Erfassung im Sinne der Graphentheorie nach den zwischen den Knotenpunkten liegenden Kanten aufzugliedern und abzulegen (2.3.3). Damit ist eine bequeme Aktualisierung bei Gebietsveränderungen sowie ein einfacher Übergang zu höheren Einheiten möglich.

Wenn es sich bei den quantitativen Angaben um Absolutdarstellungen durch Signaturen handelt, so gelten auch hier die Ausführungen wie beim Typ der Signaturenkarte. Bei Relativdarstellungen (Choroplethenkarten) durch Helligkeitsstufen ist es möglich, die Grenzdarstellung so vorzubereiten, wie dies beim Typ der Arealkarte geschildert wurde. Da die Relativdarstellung in der Regel die Bildung von Wertgruppen fordert, kann der Bildungsvorgang selbst auch im Wege der Datenverarbeitung und nach bestimmten Vorgaben stattfinden; ein Beispiel hierzu gibt *Menke* (1981). Die rechnergestützte Herstellung von Relativdarstellungen gehört heute zu den Standardmethoden der GIS.

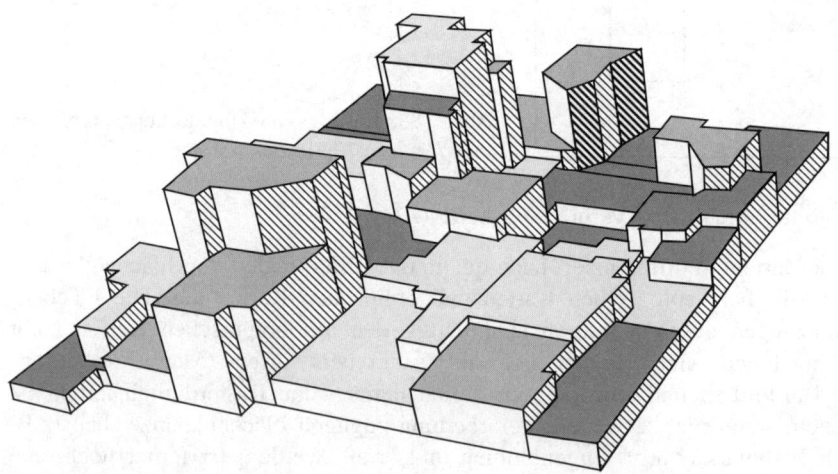

Abb. 189. Perspektive Darstellung einer statistischen Oberfläche (aus *Kraak* 1988)

Bei *geometrischen* Bezugsflächen kann man absolute Zahlenwerte (Attribute) auch wie Höhen als (thematische) dritte Dimension über den Gitterpunkten oder Flächen auftragen. Man erhält am Bildschirm oder Plotter eine statistische Oberfläche, die perspektiv (meist als Axonometrie, 12.1.6 und 12.1.7) dargestellt wird. Die Parameter der Perspektive sind dabei so zu wählen, daß möglichst geringe Verdeckungen entstehen (*Kraak* 1988).

Die Möglichkeit der schnellen Berechnung perspektiver Darstellungen, auszulöschender verdeckter Linien und Flächen sowie der Ober- und Seitenflächendarstellung machen die Vorteile der rechnergestützten gegenüber der klassischen kartographischen Bearbeitung deutlich. Liegen die Ausgangsdaten vollständig und dreidimensional in digitaler Form vor, so ergeben sich wachsende Anforderungen an die Herstellung kartenverwandter Darstellungen (7.4.4.3).

4. Typ der Isolinienkarte (Abb. 271)

Dieser Kartentyp dient der Darstellung von Kontinua (1.3.2). Die dazu benutzten Isolinien entstehen rechnerisch durch Interpolation aus Wertepunkten; für diesen Vorgang eignen sich die Verfahren der Bearbeitung digitaler Geländemodelle, soweit die Lageverteilung und Dichte der Wertepunkte dies gestattet (7.4.2). Liegen die Isolinien bereits als isolierte graphische Darstellung vor, so ist die notwendige Digitalisierung besonders vorteilhaft im Wege des Scannens.

7.3.3.2 Beispiele bestimmter thematischer Kartenarten

Über diese allgemeinen Ausführungen für bestimmte Kartentypen hinaus bringen die nachfolgenden Abschnitte noch weitere Einzelheiten zu bestimmten Kartenarten, in denen rechnergestützte Verfahren bereits im Einsatz sind. Eine wachsende Anzahl von thematischen Karten entsteht im Rahmen von GIS (Kap. 13)

1. Geowissenschaftliche Karten (10.7.1)

Die thematische Vielfalt in den Bereichen Geologie, Bodenkunde, Geomorphologie usw. legte es – ähnlich wie bei den topographischen Kartenwerken – früh nahe, Verfahren der rechnergestützten Kartenherstellung anzuwenden. Während die Karten anfangs auf nur wenige Teilaspekte begrenzt waren, ist es durch Überführung der geowissenschaftlichen Datenbestände in die digitale Form möglich geworden, die Daten für bestimmte Auswertezweck sinnvoll zu verknüpfen (*Vinken* 1980). Ein Beispiel ist das *Niedersächsische Bodeninformationssystem* (NIBIS, 13.4.1), für das eine Datenbank mit Daten der Bodenschätzung, des Reliefs, der Geologie, der Landnutzung u.a.m. aufgebaut wird. Kennzeichnend ist die Erarbeitung einer Konzeptkarte (fachlicher Kartenentwurf) durch den Geowissenschaftler auf der Grundlage der aus der Datenbank selektierten Daten und seines Expertenwissens. Diese wird digitalisiert und rechnergestützt zur endgültigen Karte verarbeitet (*Oelkers* 1993). Nach diesem Verfahren sind die Kartenbeispiele der Anlage 23 und 24, nach einem ähnlichen Verfahren die Anlage 22 hergestellt worden. Über die rechnergestützte Herstellung einer Geologischen Karte 1:25 000 berichten auch *Häberlein/Weisser* (1989).

318 Rechnergestützte Herstellung

2. Planungskarten (10.7.2.9)

Rechnergestützte Verfahren trifft man bei allen Arten von Planungskarten an, und zwar in erster Linie bei den einfacheren graphischen Strukturen in der Vektor-Datenverarbeitung, während die Raster- Datenverarbeitung auch komplexere Vorlagen mittels Reproscanner verarbeiten kann und dabei auch zur Schnellinformation geeignet ist. Die Möglichkeiten der automatisierten Herstellung thematischer Karten für die Raumplanung diskutiert *Rase* (in *Mayer* 1988). Einen zusammenfassenden Überblick über den Einsatz der GDV in der *Planungskartographie* gibt *ARL* (1990,1991).

3. Atlaskarten (Kap. 11)

Die rechnergestützte Kartenherstellung findet in der Atlaskartographie hervorragende Einsatzmöglichkeiten:
– Durch Änderung der Parameter des Netzentwurfs läßt sich das *Kartenlayout* optimal gestalten;
– zur Beurteilung der möglichen Netzentwürfe können z.B. die Netzlinien und die Tissotschen Indikatrizen (2.2.1.3) berechnet und dargestellt werden; diese Vorgehensweise ermöglicht eine objektive Auswahl des *optimalen Netzwurfs;*
– die *Transformation* der in einem anderen Netzentwurf vorliegenden kartographischen Darstellungen in den ausgewählten Netzentwurf wirtschaftlich durchführen (Abb. 190);
– für die *visuelle Beurteilung* und Auswahl von Signaturen und Kartenschriften können mehrere Varianten wirtschaftlich hergestellt werden;
– umfangreiche statistische Datenbestände werden für die Darstellung in Diagrammkarten aufbereitet.

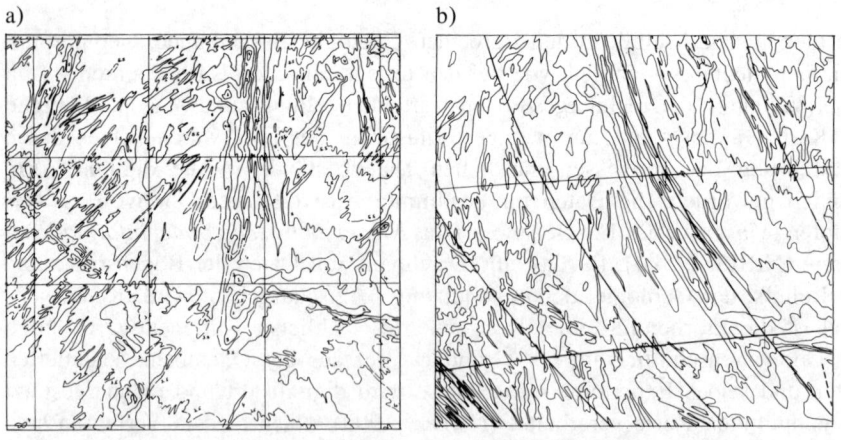

Abb. 190. Transformation eines komplexen Kartengrundes (aus *Spiess* 1987)
a) Entwurf der Tiefenkurven einer GEBCO-Karte in Mercatorprojektion;
b) Transformation des digitalisierten Entwurfs in eine flächentreue Azimutalprojektion

Weitere Ausführungen hierzu machen *Brandenberger* (in *Mayer* 1988), *Spiess* (1987), und *Mayer* (in *Mayer* 1990, 1993).

7.4 Herstellung durch digitale Informationsverarbeitung

Während sich der Einsatz digitaler Technologien bei der rechnergestützten Kartenherstellung (7.3) darauf beschränkt, den von einem menschlichen Experten gestalteten Kartenentwurf zu einem digitalen kartographischen Modell (DKM) zu verarbeiten, geht es nunmehr auch um die *Simulation menschlicher Denkprozesse* bei der Kartengestaltung durch digitale kartographische Informationsverarbeitung. Dadurch sollen Karten (Kap. 9 und 10) und kartenverwandte Darstellungen (Kap. 12) entstehen, die in ihrer Qualität dem in der Kartographie erreichten Stand mindestens entsprechen und den Wünschen der Benutzer gerecht werden. Die zusätzlichen Forderungen hinsichtlich kurzer Bearbeitungszeiten und hoher Produktivität werden durch Integration der Verarbeitungsprozesse in einen ununterbrochenen digitalen Datenfluß von den Ausgangsdaten bis zum DKM realisiert.

Entwicklung und Einsatz der digitalen kartographischen Informationsverarbeitung stehen in einem engen Zusammenhang mit GIS. Da diese sich gegenwärtig erst teilweise in einem operationellen Stadium befinden, gibt es nur wenige Veröffentlichungen über Untersuchungen oder gar praktische Erfahrungen.

Dieser Abschnitt gibt einen Überblick über die den Entwicklungsarbeiten in der wissenschaftlichen und praktischen Kartographie zugrundeliegenden Konzeptionen einerseits und den bereits erreichten Stand der Technik andererseits.

7.4.1 Grundzüge digitaler kartographischer Informationsverarbeitung

Die zur Herstellung kartographischer Ausdrucksformen angewendeten digitalen Verfahren reichen von der Aufbereitung der erfaßten Geo-Daten bis zur Bearbeitung eines DKM und dessen analoger Ausgabe. Abb. 191 gibt einen Überblick über die möglichen Verfahrenswege.

Die kartographische Informationsverarbeitung beginnt mit der Datenaufbereitung. Ihre Aufgabe ist es, die für einen bestimmten Zweck nach verschiedenen Methoden (6.3-6.6) erfaßten Geo-Daten zu einem Modell mit *einheitlichem Raumbezug* zu integrieren (3.3.3). Dabei entstehen
– digitale *objektorientierte* Modelle (Objektmodelle, DOM) und
– digitale *bildorientierte* Modelle (DBM).

320 Herstellung durch digitale Informationsverarbeitung

Hiermit ergeben sich folgende Möglichkeiten zur Herstellung einer kartographischen Darstellung:

1. Herstellung kartographischer Ausdrucksformen aus DOM

Dabei führt der Weg über eine objektorientierte kartographische Modellierung des DOM zu einem objektorientierten DKM (ODKM) (7.4.3.1) und nach weiteren Prozessen zu einem ausgabereifen, bildorientierten DKM (7.4.3.2). Diese zweistufige Vorgehensweise ergibt sich aus dem Zwang zur logischen Strukturierung des Gesamtprozesses; sie ist aber auch zweckmäßig im Hinblick auf eine möglichst vielseitige, flexible Verwendung des ODKM.

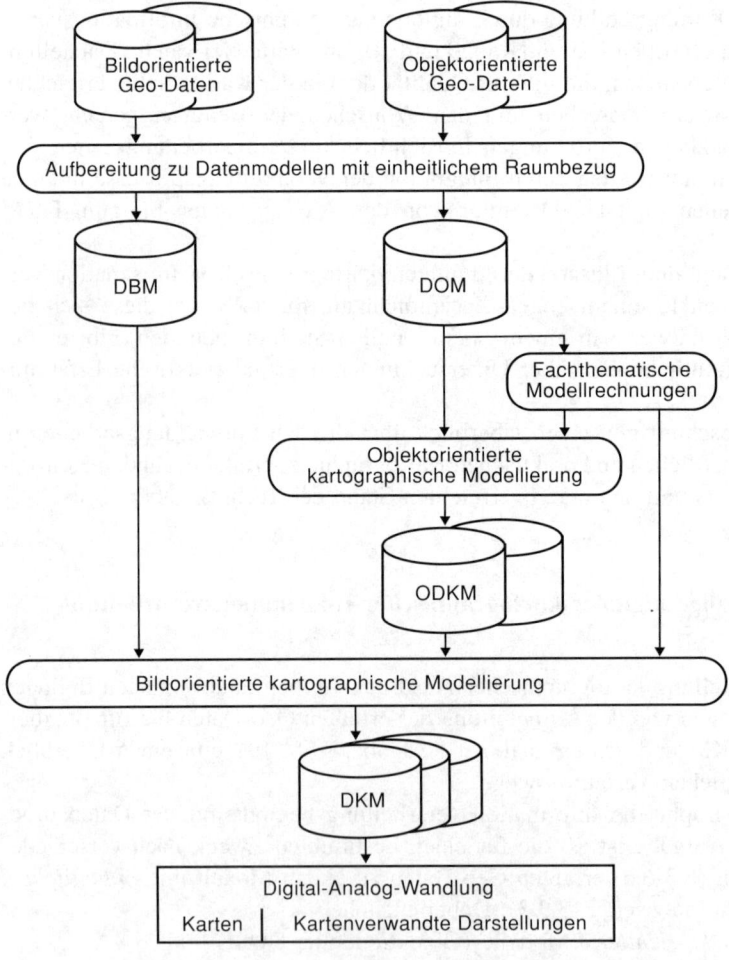

Abb. 191. Digitale Bearbeitung kartographischer Darstellungen

2. Visualisierung der Ergebnisse von Modellrechnungen

Modellrechnungen im Rahmen von GIS nutzen die integrierten Datenmodelle und andere Fachdaten für Analysen oder Simulationen räumlicher Strukturen und Prozesse. Ihre Ergebnisse sind in der Regel kartographisch zu visualisieren, z.B. die Darstellung von Reliefparametern, Bodenarten und Niederschlagsmengen in thematischen Karten der Erosionsgefährdung oder die Zuordnung klassifizierter demographischer Daten zu Verwaltungsgebieten in Choroplethenkarten. Die Möglichkeit der Speicherung und Verarbeitung dreidimensionaler Daten in einem GIS erfordert verstärkt die Entwicklung von Methoden zur Darstellung kartenverwandter Darstellungen (*Kraak* 1988).

3. Herstellung kartographischer Ausdrucksformen aus DBM

Die hierbei angewendete bildorientierte kartographische Modellierung führt direkt zu einem DKM, z.B. digitale Orthobildkarte. Darüber hinaus kann auch eine Verknüpfung mit Darstellungen aus dem OKDM erforderlich sein, z.B. aus einem DGM abgeleitete Höhenliniendarstellung mit einer Orthobildkarte.

Für die graphische Ausgabe eines DKM werden i.d.R. die in 4.10.3 dargestellten Geräte und Methoden benutzt; der Graphikbildschirm kommt überwiegend bei GIS-Anwendungen, Rasterplotter für die Herstellung von permanenten Karten zum Einsatz.

Aufgrund der bestehenden Datenlage und der bisher verfügbaren Methoden läßt sich die digitale Herstellung kartographischer Ausdrucksformen gegenwärtig erst in wenigen Fällen produktionsmäßig durchführen, z.B. zur Herstellung von Katasterflurkarten, Wetterkarten, Karten der Statistik, Orthobildkarten und häufig nur zur temporären Darstellung dreidimensionaler Modelle am Bildschirm. In den meisten Anwendungsbereichen wird im Hinblick auf GIS-Anwendungen intensiv daran gearbeitet, die Datendefizite zu beseitigen (Kap. 13) und zunächst einfachere Methoden der digitalen kartographischen Informationsverarbeitung zu entwickeln. Zur Lösung komplexer Gestaltungsaufgaben (z.B. Generalisierung topographischer Karten) sind noch Grundlagenforschungen durchzuführen. Da der Übergang von der analogen Kartentechnik zur digitalen kartographischen Technologie bereits mit der rechnergestützten Kartenherstellung (7.3) geschafft ist, handelt es sich bei der weiteren methodischen Entwicklung der DKM-Bearbeitung um einen evolutionären Prozeß. Dieser wird durch die Entwicklung leistungsfähiger und preiswerter Hardware sowie neuer Instrumente der Geo-Informatik (z.B. objektorientierte Programmentwicklung) für den Einsatz interaktiver kartographischer Arbeitsweisen unterstützt.

Zur digitalen Kartographie gibt es bisher kein Lehrbuch im engeren Sinne, das dieses Gebiet allein und umfassend behandelt. Einige Lehrbücher zu Geo-Informationssystemen und zur Kartographie enthalten einen Abschnitt darüber. Allgemeine Abhandlungen zur Konzeption und zum Leistungsstand der digitalen Informationsverarbeitung zur Herstellung kartographischer Darstellungen stammen von *AdV* (1989), *Brassel* (in *Mayer* 1990), *Endrullis/Hoppe* (1989), *Brülke/Hermann* (1991), *Brandenberger* (1993), *Grünreich* (in DGfK 1993) und *Jäger* (in DGfK 1993). Detaillierte Informationen erhält man vielfach im Rahmen wissenschaftlicher Untersuchungen (z.B. *Lichtner* 1981, *Fischer* 1982b), aus Fachaufsätzen mit geschlossener Darstellung von Teilgebieten oder mit dem Merkmal einer allgemeinen Übersicht (z.B. berichten *Spiess* (1988) über Entwicklung und Möglichkeiten der digitalen Kartographie, *Grünreich* (1992) über die Rolle der Kartographie im Zusammenhang mit GIS), aus Arbeitsberichten (z.B. der IKV/ICA-Kommissionen), aus Konferenzberichten (Proceedings) (z.B. der EUROCARTO und von den Internationalen Kartographischen Konferenzen) und aus den einschlägigen Fachzeitschriften des In- und Auslandes. Einzelthemen werden in den Heften der Reihe I der Nachrichten aus dem Karten- und Vermessungwesen behandelt. Die Konzeption eines Schwerpunktprogramms „Digitale Geowissenschaftliche Kartenwerke" der Deutschen Forschungsgemeinschaft und die Forschungsergebnisse stellt *Vinken* (1985,1992) vor. Eine eingehende Behandlung findet das Gebiet auch in den Wiener Schriften zur Geographie und Kartographie mit den Vorträgen der Wiener Symposien „Digitale Technologie in der Kartographie" (*Mayer* 1988,1989,1990,1993). Die Bibliographia Cartographica enthält in ihren jährlich erscheinenden Ausgaben auch einen Abschnitt über Kartentechnik (Automation) mit Literatur aus aller Welt. Grundlegende Arbeiten zu den kartenverwandten Darstellungen stammen von *Hermann/Kern* (1986), *Kraak* (1988) und *Kraus/Jansa* (in *Mayer* 1988).

7.4.2 Aufbereitung von Geo-Daten zu integrierten Datenmodellen

7.4.2.1 Bildorientierte Modelle (DBM)

Die Aufbereitung bildorientierter Daten findet im wesentlichen bereits im Zuge der Datenerfassung statt, z.B. als Geocodierung von Satellitenbildern oder als Entzerrung gescannter Kartenbilder. Sollen Daten aus verschiedenen Quellen (z.B. Orthobilder und Raster-Karten) gemeinsam verarbeitet und präsentiert werden, sind sie auf ein gemeinsames Paßpunktfeld bei einheitlicher Pixelauflösung zu transformieren (4.9.5.2, 7.4.4.2).

Dieser Fall der Datenintegration ist bedeutend für die digitale Herstellung von thematischen Karten und von Bildkarten (7.4.4).

7.4.2.2 Objektorientierte Modelle (DOM)

DOM sind im Rahmen von GIS die wichtigsten Datenquellen für die kartographische Informationsverarbeitung; sie umfassen (1.4.3)
– die Digitalen Landschaftsmodelle (DLM) mit den Komponenten DSM und DGM und
– die Digitalen Fachmodelle (DFM).

1. Bearbeitung digitaler Landschaftsmodelle

a) Integration digitaler Situationsmodelle

Digitale Situationsmodelle (DSM) stellen objektorientierte Beschreibungen der Landschaft dar. Die geometrischen Angaben beziehen sich auf die diskreten Objekte (z.B. Bauwerke, Verkehrswege). In der Aufbauphase der GIS entstehen sie aus Kostengründen überwiegend durch Digitalisierung der Grundrißdarstellung

großmaßstäbiger topographischer Karten und Orthophotos, seltener durch photogrammetrische und terrestrische Aufnahmen. Die Verknüpfung der aus verschiedenen Quellen stammenden Geo-Daten geschieht bei der klassischen Ausarbeitung der Erfassungsvorlage. Liegen Daten aus verschiedenen Quellen in digitaler Form vor, ist die *Datenintegration* rechnergestützt durchzuführen:
- Mit einer geometrischen Transformation aller Datenmodelle in ein einheitliches Paßpunktfeld (4.9.4.2) wird zunächst eine globale Einpassung erreicht.
- Die geometrischen Beschreibungen sind zu homogenisieren durch Herstellen der Geradlinigkeit von Verbindungslinien, der Rechtwinkligkeit von Gebäuden und der Parallelität von Linien.
- Gewöhnlich sind auch noch lokale Anpassungen erforderlich. So ist bei einem im Rahmen der geometrischen Genauigkeit identischen Verlauf der gemeinsamen Grenze benachbarter Objekte dafür zu sorgen, daß diese vereinheitlicht wird. Allgemein bedeutet dies, daß bei identischen Objekten und Objektteilen einheitliche Knoten, Kanten und Maschen zu schaffen sind.

Die Datenintegration geschieht bislang noch mit erheblichem Aufwand interaktiv; robuste, automatisch ablaufende Verfahren sind noch Gegenstand von Forschung und Entwicklung. Allgemeine Aspekte der automatisierten Datenintegration behandeln *Flewerdew* sowie *Shepherd* (in *Maguire* u.a. 1991), mathematische Ansätze der objektorientierten Datenintegration stellen *Becker/Ottmann* in (*Clauer/Purgathofer* 1988) vor; *Finsterwalder* (1993) beschreibt ein Verfahren für die Ermittlung identischer Linien.

b) Berechnung digitaler Geländemodelle

Digitale Geländemodelle entstehen bei photogrammetrischer Erfassung meist aus regelmäßig und bei terrestrischer Erfassung aus unregelmäßig verteilten Reliefpunkten (*gemessenes* DGM). Daraus entstehen die *gerechneten* DGM entweder durch *Approximation* des Reliefs in vorwiegend gitterförmiger Punktanordnung oder durch *Triangulation* der erfaßten Reliefpunkte (3.3.3.1).

Im ersten Fall hängt der Gitterpunktabstand (Gitter- oder Maschenweite) einerseits von der gewünschten Genauigkeit der Approximation an die Geländeoberfläche, andererseits vom vertretbaren Rechen- und Speicheraufwand ab. Für die Ermittlung der Höhen der Gitterpunkte gibt es verschiedene mathematische Ansätze der flächenhaften Interpolation.

Ein robuster Ansatz ist die Interpolationsmethode der gleitenden Flächen. Dabei wird das Relief in jedem Gitterpunkt durch ein Flächenpolynom approximiert, dessen Koeffizienten durch Ausgleichung der Stützpunkte in der Nachbarschaft des Gitterpunktes zu schätzen sind. Bei deren Auswahl muß darauf geachtet werden, daß sie das Geländerelief repräsentieren. Die Höhe eines Gitterpunktes wird als Abstand des approximierenden Flächenpolynoms zur Höhenbezugsfläche ermittelt. Im Hinblick auf eine automatische Verarbeitung ist es zweckmäßig, mehrere Polynomansätze zu implementieren und die jeweils beste Approximation durch ein numerisch-statistisches Kriterium auszuwählen. Solche Ansätze sind:

Ellipsoidische Fläche $z_i = a_1 + a_2 x_i + a_3 y_i + a_4 x_i y_i + a_5 x_i^2 + a_6 y_i^2$.
Hyperbolische Fläche: $z_i = a_1 + a_2 x_i + a_3 y_i + a_4 x_i y_i$.
Schrägebene: $z_i = a_1 + a_2 x_i + a_3 y_i$.
Horizontalebene: $z_i = a_1$.

Zusätzliche Angaben über charakteristische Geländelinien (z.B. Bruchkanten) sind erforderlich, um einen formgerechten Verlauf der Höhenlinien erzeugen zu können. Bruchkanten usw. lassen sich durch Verschneidung mit dem Gitter in das DGM integrieren; dabei entstehen lokale Dreiecksnetze.

Bei der in der Praxis weit verbreiteten Digitalisierung von Höhenlinien zum Zweck der DGM-Berechnung liegt eine Schwierigkeit darin, daß die Verteilung der digitalisierten Punkte inhomogen ist: Längs der digitalisierten Höhenlinien ist die Punktdichte maximal, senkrecht dazu minimal. Damit ergibt sich eine ungünstige Verteilung der Stützpunkte für die Gitterpunktinterpolation; sie kann durch bestimmte Auswahl- und Suchkriterien gemindert werden (*Menke* 1980).

Eine andere Möglichkeit zur morphologisch richtigen Beschreibung des Geländes stellt die Triangulation nach *Delaunay* dar (Abb. 95). Diese läßt sich so erweitern, daß auch Strukturlinien oder Höhenlinien als Dreiecksseiten berücksichtigt werden. Umgekehrt lassen sich aus den topologischen Beziehungen des mit einer *Delaunay*-Triangulation erzeugten Dreiecksnetzes auch Strukturlinien ermitteln und unwesentliche Punkte reduzieren. Eine solche Anwendung ist z.B. dann sinnvoll und zweckmäßig, wenn von einer Oberfläche hochredundante Abtastungen vorliegen (z.B. bei Laserabtastungen des Geländereliefs oder Fächerecholotungen des Meeresbodens).

Zur Theorie und Anwendungen der DGM-Methode ist seit den 1970er Jahren eine umfangreiche Literatur entstanden. Eine umfassende Darstellung der Methoden und Algorithmen der Vektor-Datenverarbeitung für die Berechnung gitterförmiger digitaler Geländemodelle gibt *Kraus* (1987). Neue Entwicklungen stammen von *Schaffeld* (1988) zur Anwendung der Methode der Finiten Elemente, *Gottschalk* (1988) und *Ebner* u.a. (1989) zur Anwendung der Raster-Datenverarbeitung und *Fritsch* (1991) zur Splineinterpolation. Über eine modifizierte *Delaunay*-Triangulation zur Erzeugung eines DGM in Wattgebieten aus Wasserlinien berichtet *Buziek* (1990). Eine Konzeption für die Ermittlung von Strukturinformationen aus einem triangulierten DGM stellen *Buziek/Grünreich* (1993) vor. Einen Überblick über Methoden der Interpolation und zum rationellen Aufbau digitaler Reliefmodelle gibt *Höpfner* (1990a,b).

c) Integration von DSM und DGM

DSM und DGM des gleichen Gebiets werden aus organisatorischen und wirtschaftlichen Gründen gewöhnlich getrennt erfaßt und verwaltet. Für bestimmte Anwendungen (z.B. in den Geowissenschaften) ist jedoch ein homogenes dreidimensionales DLM erforderlich. Wenn eine Neuvermessung aus Kostengründen nicht in Frage kommt, ist das DLM aus den bereits erfaßten DSM und DGM zu berechnen. Ein möglicher Ansatz besteht in der Verschneidung eines gitterförmigen DGM mit dem DSM (Abb. 101). Dabei erhält jedes flächenhaften Objekt die in seinem Umring liegende Teilmenge der DGM-Gitterpunkte, und für alle Punkte des DSM werden Höhen interpoliert. Zur Beseitigung redundanter geometrischer Informationen bei identischen Objektgeometrien in DSM und DGM (z.B. Uferlinie eines Gewässers) sind die gleichen Probleme wie bei der DSM-Integration zu lösen (Nr. 1). Ansätze der dreidimensionalen Datenintegration beschreiben *Fritsch* (1991) und *Kraus* (1991). Weiterführende Ansätze sind Gegenstand aktueller Forschung.

d) Generalisierung eines DLM (Modellgeneralisierung)

Aufgabe der Modellgeneralisierung ist es, aus einem DLM bestimmter geometrischer und semantischer Auflösung eine für die beabsichtigte Anwendung geeignete Teilmenge mit geringerer *Modellauflösung* abzuleiten (3.2.1.1, Abb. 77). Eine Modellgeneralisierung ist erforderlich,
- wenn ein DLM als topographische Referenz für ein DFM geringerer räumlicher Auflösung und Genauigkeit verwendet werden soll (7.4.2.2, Nr. 2);
- als Teilprozeß der kartographischen Generalisierung (7.4.3.1).

Zur *Modellgeneralisierung* gehören folgende Prozesse:
α) vorbereitende *Analyse* der Anforderungen an ein generalisiertes DLM (Folgemodell) hinsichtlich Zweck, Inhalt, Qualität u.a.m.;
β) Beschreibung der im Folgemodell abzubildenden Informationen in Form eines Regelwerks;
γ) *Durchführung* der Modellgeneralisierung
- Identifizierung der zu generalisierenden räumlichen Strukturen des Ausgangsmodells
- Festlegung der Generalisierungsprozesse (3.2.1.2)
  * *Auswahl* der erforderlichen Objektinformationen,
  * *Klassifizieren* der ausgewählten Objektinformationen, d.h. Zuordnen zu den generalisierten Objektklassen,
  * *Zusammenfassen* der klassifizierten Objektinformationen nach semantischen und geometrischen Aspekten (Bilden generalisierter Objekte) und
  * *Vereinfachen* der geometrischen Objektbeschreibungen;
- Ausführung des resultierenden Prozeßmodells unter Verwendung einer Methodenbank;
- automatische *Qualitätskontrolle* des Folgemodells.

Die Verwirklichung dieser Konzeption steht in engem Bezug zu GIS; sie befindet sich noch weitgehend im Stadium von Forschung und Entwicklung.

2. Bearbeitung digitaler Fachmodelle (DFM)

a) Auswertung der DFM

Bei Anwendungen im Rahmen von GIS werden fachthematische Modelle der Umwelt so ausgewertet und aufbereitet, daß auch eine kartographische Darstellung für die visuelle Kommunikation der Ergebnisse hergestellt werden kann. Dabei kommen auch die aus der thematischen Kartographie bekannten Prozeduren für die Aufbereitung thematischer Daten zur Anwendung, z.B.

- die Berechnung von Klassengrenzen bei statistischen Angaben (z.B. *Kishimoto* 1972, *Menke* 1981);
- die begriffliche Zusammenfassung diskreter nominal klassifizierter Objekte zu Objekten begrifflich abstrakterer Klassen (z.B. Landnutzung, Bodentypen, Strassenklassen);

b) Integration von DFM und DLM

Voraussetzung für die integrierte Auswertung der Geo-Daten verschiedener Fachgebiete und für die wirtschaftliche Herstellung kartographischer Darstellungen ist ihre Integration in ein *einheitliches Raumbezugssystem*. Dazu ist es zweckmäßig, das Konzept des topographischen Kartengrundes der traditionellen thematischen Kartographie (10.3.2) auch auf DFM zu übertragen. Das bedeutet, daß sowohl das einem DLM zugrundeliegende geodätische Koordinatensystem als auch die aus topographischer Sicht durchgeführte semantische Modellierung der Umwelt die Grundlage für den Raumbezug darstellt. Läßt sich ein fachliches Geo-Objekt auf ein topographisches Objekt des DLM beziehen, so ist dessen geometrische Information auch im DFM zu verwenden. Dadurch entsteht ein *integriertes DOM*.

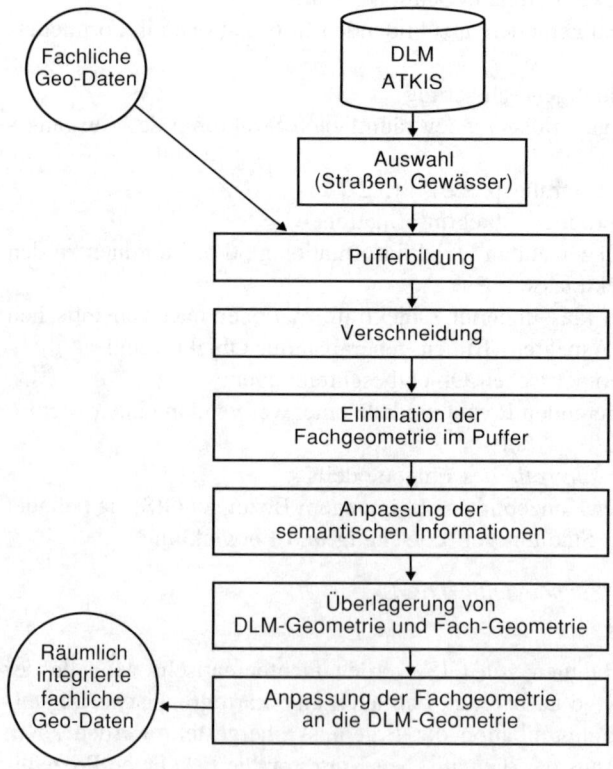

Abb. 192. Integration fachlicher Geo-Daten in ein DLM

Konzeptionelle Aspekte der Integration fachlicher Geo-Daten in das DLM des ATKIS-Projekts (13.) behandelt *Grünreich* (in *Günther* u.a. 1992). *Mutz* (in *Günther* u.a. 1992) stellt ein Verfahren für die Integration fachlicher Geo-Daten (in Raster-Daten) in das ATKIS-DLM vor (Abb. 192). Basis für die Integration ist die in hohem Maße bestehende Orientierung solcher Daten an den linienförmigen Objekten des Verkehrs- und Gewässernetzes. Zur Integration werden diese automatisch mit einem Pufferbereich in einer der Unschärfe der zu integrierenden Objekte entsprechenden Breite umgeben. Die in einen Pufferbereich fallenden Grenzen fachlicher Geo-Objekte werden durch Verschneidung identifiziert und durch die geometrischen Beschreibungen der DLM-Objekte ersetzt. Das auf diese Weise teilweise neu definierte Netz der fachlichen Grenzen wird anschließend homogenisiert und in das DFM eingefügt.

Eine Realisierung dieses Konzepts läßt sich nicht nur auf den Fall der erstmaligen Integration beschränken. Es ist darüber hinaus auch notwendig, daß die zunächst fachgebietsweise durchgeführte *Aktualisierung* der digitale Modelle ihren Niederschlag im integrierten DOM findet. Eine nicht zu unterschätzende Bedeutung hat (z.B. in der Übergangsphase bis zum Aufbau vollständiger objektorientierter Modelle) auch die Kombination von DOM-Teilkomponenten mit Raster-Datenmodellen (*Grünreich* in Festschrift für *Günter Hake* 1992).

7.4.3 Bearbeitung digitaler Kartenmodelle (DKM)

Die Bearbeitung eines bestimmten DKM gliedert sich in zwei Abschnitte, die zeitlich entkoppelt sind. Ziel des *vorbereitenden* Abschnittes ist es, die Werkzeuge für die Bearbeitung des DKM zu entwickeln. Wichtige Aufgaben sind hierbei
– die Analyse der inhaltlichen und gestalterischen Anforderungen, die in ein Regelwerk (sog. Signaturenkatalog) einmünden;
– die Implementierung des Regelwerkes in Form einer Methodenbank, die aus Prozeduren für die Transformation der Daten der festgelegten Ausgangsmodelle, einer Bibliothek mit allen vorkommenden Signaturen in digitaler Form und Prozeduren für ihre Wiedergabe besteht.

Das *Regelwerk* enthält Vorschriften für die Auswahl und Klassifizierung der DOM-Informationen und für die Gestaltung der einzelnen Signaturen. Dabei handelt es sich um die Vorgänge des Typisierens (d.h. Umwandeln der DOM-Informationen in Signaturen), des Vergrößerns aus Gründen der Lesbarkeit und des Bewertens im Hinblick auf die Darstellungspriorität des Objekts. Dadurch werden bereits einige Generalisierungsprozesse ausgeführt (3.2.1.2).

Bei der *DKM-Bearbeitung* ist noch eine Unterscheidung in Abhängigkeit von der Art der auszuführenden Prozesse bzw. Zwischenergebnisse zu machen (Abb. 191):

a) Sind kartographische Darstellungen aus einem DOM herzustellen, gliedert sich die Ausführungsphase in zwei logische Abschnitte:
 – die objektorientierte Kartengestaltung und
 – die bildorientierte Kartengestaltung.

b) Sind kartographische Darstellungen aus einem DBM herzustellen, ist nur eine bildorientierte Gestaltung erforderlich und möglich.

In beiden Fällen sind im Hinblick auf die Kartennutzung gut verständliche Erläuterungen zum Gebrauch und zum Geltungsbereich einer Karte, z.B. in Form von Legende, Nebenkarten, Qualitätsangaben, zu erstellen.

7.4.3.1 Objektorientierte DKM (ODKM)

Ziel der *objektorientierten Kartengestaltung* ist die Herstellung eines *objektorientierten* DKM in Vektor-Daten. Dieses läßt sich mit einem entsprechend gestalteten Pogrammsystem präsentieren; es kann aber noch in einem gewissen Umfang modifiziert bzw. selektiv genutzt werden (z.B. Auswahl bestimmter digitaler Folien). Die Prozesse der objektorientierten Kartengestaltung umfassen:

a) die *darstellungsbedingte* Aufbereitung der DOM-Daten einschließlich einer Modellgeneralisierung (7.4.2.2), z.B.
 – Auswahl, Klassifizierung und begriffliche Zusammenfassung der DOM-Objekte sowie Vereinfachung der Objektgeometrie;
 – Bildung von DKM-Objekten;
 – Berechnung von Isolinien aus einem DGM;
 – Berechnung von Perspektiven aus einem DGM;
 – Berechnung von Klasseneinteilungen aus statistischen Daten;
 – Auswertung von Zeitreihenmessungen (z.B. Pegelmessungen);
b) die *objektorientierte* kartographische Modellierung nach einem hierarchischen Prinzip in der Reihenfolge der Darstellungspriorität der Objekte mit den Vorgängen
 – digitaler Entwurf durch programmgesteuerte Umsetzung der Signaturencodes mittels der entsprechenden digitalen Beschreibung der Signaturenbibliothek;
 – Identifizierung möglicher Darstellungskonflikte;
 – Lösung der Darstellungskonflikte durch weiteres Vereinfachen der geometrischen Informationen, durch begrifflich-geometrische Zusammenfassung und durch Verdrängen.

Aus wirtschaftlichen Gründen wird angestrebt, die umfangreichen Rechenoperationen zur Berechnung von Entwurfsdarstellungen weitgehend mit automatischen Prozeduren durchzuführen. Ein Entwurf ist grundsätzlich im Hinblick auf eine gute kartographische Qualität visuell am Bildschirm zu kontrollieren und interaktiv zu korrigieren. Zum Stand der rechnergestützten Generalisierung und der Forschungsansätze siehe 7.4.5.2.

7.4.3.2 Bildorientierte DKM

Die bildorientierte kartographische Modellierung wandelt ein DBM oder ein ODKM in ein DKM um, das unmittelbar mit einem *Rasterplotter* (4.10.3) ausgeben werden kann. Sie umfaßt folgende Arbeitsschritte:
a) Bei ODKM oder unmittelbar darzustellenden Ergebnissen von Modellrechnungen die Transformation der vektoriellen Kartengraphik in *Raster-Daten* (4.9.3.1);
b) Schriftgestaltung, d.h. Plazierung der Kartenschrift unter Verwendung der ausgewählten Schriftart und der weiteren Schriftmerkmale (4.9.6);
c) Lösung von Darstellungskonflikten durch Freistellung (z.B. *Irmer/Wojdziak* 1989);
d) visuelle Kontrolle und Korrektur;
e) digitale Rasterung für die Ausgabe von Filmen für den Offset-Druck (4.9.5.4).

Die unter a) auszuführenden Einzelprozessen umfassen auch die Umwandlung von Ergebnissen der Modellrechnungen in *kartenverwandte Darstellungen*. Solche Modellrechnungen finden z.B. zur Erzeugung einer Geländeschummerung aus einem DGM statt. Dabei wird (als Teil der objektorientierten Modellierung) mit Hilfe eines dem Kartenmaßstab und der Geländestruktur angepaßten DGM für jede Gittermasche die mittlere Hangneigung und das Azimut für die Richtung des stärksten Gefälles bestimmt. Setzt man für eine gedachte Lichtquelle ebenfalls das Azimut und den Einfallswinkel der parallelen Lichtstrahlen fest, so läßt sich der Auftreffwinkel auf die Hangfläche innerhalb der Gittermasche und damit auch der Helligkeitswert innerhalb einer Grauwertskala errechnen. Setzt man die Helligkeitswerte in verschieden große Punkte von gleicher Schwärzung um, so entsteht quasi eine rechnergestützte autotypische Rasterung, die als Vorlage zur Druckplattenkopie dient. Eines der ersten Beispiele zur rechnergestützten Schummerung stammt von *Brassel* (1973), den aktuellen methodischen Stand spiegeln u.a. die Untersuchungen von *Schulz* (1990), *Böhm* (1991) und *Ecker* (1991) wider. In anderen Fällen können aus Modellrechnungen panoramische Darstellungen (*Weibel/Herzog* 1988), Anaglyphenkarten (*Mesenburg* 1985) und perspektive Siedlungsdarstellungen (*Mesenburg* 1988) entstehen. Die mathematischen Grundlagen kartenverwandter Darstellungen werden in 12.1 dargestellt.

7.4.4 Beispiele digital bearbeiteter kartographischer Darstellungen

Die Herstellung kartographischer Darstellungen durch Verfahren der digitalen Informationsverarbeitung ist in der Praxis erst in Ansätzen realisiert. Es werden überwiegend rechergestützte Verfahren (7.3) angewendet, deren digitale Ergebnisse jedoch für weitere Prozesse genutzt werden. Daraus ergibt sich das Erfordernis, die verschiedenen Modelle zu kombinieren, z.B. Objektmodelle in Vektorform mit gescannten Karten (DBM).

7.4.4.1 Beispiele digital bearbeiteter topographischer Karten

Eine vollständige digitale Bearbeitung topographischer Karten traditioneller Qualität wird gegenwärtig nur im großmaßstäbigen Bereich, insbesondere in der Stadtkartographie durchgeführt. Hierüber berichten z.B. *Wilmersdorf* (in *Mayer* 1990) und *Matthias* (in *DGfK* 1993). Die Situation im mittel- und kleinmaßstäbigen Bereich ist im wesentlichen durch zwei Problembereiche geprägt:
1. Bislang stehen die topographischen Daten in digitaler Form im erforderlichen Umfang nicht zur Verfügung. Dieses Defizit soll in Deutschland durch das ATKIS-Projekt beseitigt werden (Kap. 13).
2. Der Automatisierungsgrad der Methoden zur rechnergestützten Generalisierung topographischer Darstellungen ließ eine wirtschaftliche Anwendung bisher noch nicht zu. Die Entwicklung leistungsfähiger Methoden der digitalen Generalisierung ist Aufgabe der kartographischen Grundlagenforschung (7.4.5).

7.4.4.2 Beispiele digital beabeiteter thematischer Karten

In Anwendungsbereichen der thematischen Kartographie mit großer Bedeutung für Verwaltung und Wirtschaft werden seit etwa 1970 erhebliche Anstrengungen unternommen, die Fachdaten digital zu führen und kartographische Darstellungen auf digitalem Wege zu erzeugen.

1. Flurkarten des Liegenschaftskatasters (10.7.2.2)

Die einfache und homogene Kartengraphik sowie die digitale Datenerfassung (z.B. durch registrierende Tachymeter) haben der Computertechnik einen festen Platz in der Praxis des Liegenschaftskatasters verschaffen (Automatisierte Liegenschaftskarte – ALK, 13.4.1). In Verbindung mit dem digital geführten beschreibenden Teil des Liegenschaftsnachweises (Automatisiertes Liegenschaftsbuch – ALB, 13.4.1) bestehen umfangreiche Möglichkeiten zur digitalen Herstellung großmaßstäbiger thematischer Karten.

Die Datenverarbeitung bis hin zur graphischen Ausgabe ist verhältnismäßig problemlos: Die beiden wichtigsten Objektgruppen sind die Flurstücke und die Gebäude, wobei die Verbindungslinien der sie definierenden Grenz- bzw. Eckpunkte meist geradlinig verlaufen. Für Gebäudeschraffuren und -raster, Grenzsignaturen und Schriften gibt es spezielle Zeichenprogramme – evtl. unter interaktiver Bearbeitung–, so daß das Ergebnis der graphischen Ausgabe vielfach bereits das vollständige Original sein kann. Es ist jedoch auch die Kombination der Linienzeichnung mit nachfolgender Montage von Signaturen und Schriften möglich. Ein besonderer Vorzug der Datenverarbeitung besteht auch darin, daß weitere, für den Katasternachweis notwendige Angaben (z.B. Koordinaten, Flächen, Strecken, Winkel) gewissermaßen als Nebenprodukte der Kartenherstellung und -fortführung entstehen. In bestimmten Anwendungsfällen (z.B. Beschleunigung der Kartenherstellung) kann die Strichdarstellung mit digitalen Orthobildern kombiniert werden. Zur Kartengestaltung im ALK-System äußert sich *Mittelstraß* (1989).

2. Leitungskarten

Der Aufbau von Netzinformationssystemen ist bei vielen Versorgungsunternehmen weit vorangeschritten. Die geometrischen Informationen der fachlichen Objekte (Leitungen für Gas, Wasser, Elt, Telefon usw.) werden üblicherweise in das Landeskoordinatensystem integriert. Zunehmend wird die Datenintegration unter Verwendung der ALK-Grundrißdatei als Basis für den Raumbezug durchgeführt. Die Leitungsdarstellung erscheint entweder auf einer besonderen Folie (Deckfolie) oder in Kombination mit einer Wiedergabe der Bezugstopographie. Das häufige Vorkommen neben- oder übereinanderliegender Leitungen zwingt zu ausreichend differenzierender Darstellungsweise und zu einer teilweisen geometrischen Verschiebung der Wiedergabe im Sinne einer generalisierenden Verdrängung. Für diesen Zweck befinden sich auch Verfahren der rechnergestützten Generalisierung im Einsatz (*Pollmann* in *Schilcher* 1991). Erfahrungen aus der Anwendung der digitalen Kartenherstellung stellt *Schwarz* (in *Schilcher* 1991) vor.

3. Wetterkarten (10.7.1.6)

Die Karten mit den Stationsdaten entstehen an Plottern mit den vollständigen Schrift- und Zeichenangaben nach dem internationalen Wetterschlüssel. Die daraus abgeleitete Ausgabe anderer Karten (z.B. über Luftdruck) ergibt sich nach einem Interpolationsprogramm. Der Kartengrund ist meist vorgedruckt oder liegt digital vor. Die so entstandenen Originalwetterkarten lassen sich anschließend über Funk oder Fernsprechnetz übertragen; auf der Empfängerseite entstehen dann sog. Faksimilekarten. Für die Wettervorhersage werden bewegte Karten (animated maps, 12.4) hergestellt.

4. Verkehrskarten (10.7.2.6)

Die Herstellung von Verkehrskarten geschieht zunehmend im Zusammenhang mit Fahrzeugnavigationssystemen (13.4.2). Karten dieses Typs enthalten:
a) bei Straßenkarten das Straßennetz mit seiner verkehrsspezifischen Differenzierung,
b) bei Seekarten die Küstenkonturen, die Schiffahrtswege, die Tiefenlinien und die linearen nautischen Angaben (Sektorengrenzen bei Leuchttürmen, Decca-Netze usw.) soweit sie für die Führung eines Schiffes benötigt werden (Anlage 11),
c) bei Luftfahrtkarten die Objekte der Flugsicherung in Verbindung mit einer topographischen Karte in digitaler Form (z.B. Digital Chart of the World – DCW).

Über digital erstellte Seekarten im ECDIS (13.4.1) berichtet *Hecht* (1989, 1993).

7.4.4.3 Beispiele digital bearbeiteter kartenverwandter Darstellungen

Kartenverwandte Darstellungen haben in vielen Anwendungen gegenüber Karten den Vorteil der größeren Anschaulichkeit. Ihre Herstellung mit klassischen Verfahren ist jedoch aufwendig, und fand deshalb bisher in relativ wenigen Fällen statt. Liegen nunmehr die dreidimensionalen geometrischen Objektbeschreibungen in digitaler Form vor, lassen sich solche Darstellungen vergleichsweise einfach auf digitalem Wege mittels mathematischer Abbildungen konstruieren und kartographisch modellieren. Dabei ist entsprechend der in Kap. 12. beschriebenen Einteilung der kartenverwandten Darstellungen zu unterscheiden zwischen echten dreidimensionalen Modellen und zweidimensionalen Abbildungsmodellen.

Es ergeben sich dadurch neue Möglichkeiten und Aufgaben für die digitale Kartographie; manche Autoren sprechen von 3D-Kartographie (*Kraak* 1988). Eine detaillierte Darstellung der mathematischen Grundlagen geben *Hermann/Kern* und *Hell* (in *Hermann/Kern* 1986). Die mathematische und algorithmische Formulierung der Abbildungsaufgaben (einschließlich der Probleme der Sichtbarkeitsberechnungen, der Schattierungsberechnung u.a.m.) findet man in den Lehrbüchern der GDV (z.B. *Fellner* 1992).

1. Reliefmodelle

Die rechnergestützte Herstellung eines Reliefmodells aus einem DGM mittels einer numerisch gesteuerten Fräse beschreibt *Christ* (1988).

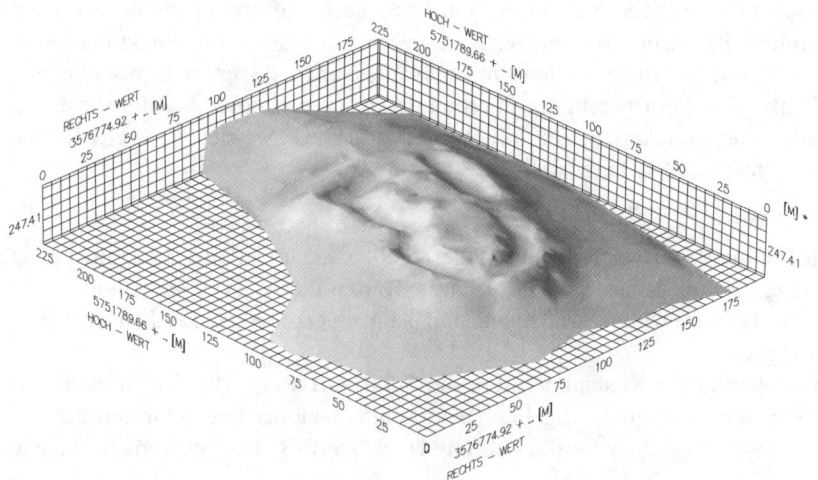

Abb. 193. Perspektive Darstellung eines DGM mit stärkerer Überhöhung

2. Perspektive Darstellung digitaler Landschaftsmodelle (DLM)

Perspektive Darstellungen entstehen aufgrund mathematischer Abbildungsgleichungen entweder als Parallel- oder Zentralperspektiven in der zweidimensionalen Darstellungsebene nach den in 12.1.4 dargelegten Beschreibungen. Eine erhebliche Bedeutung haben solche Darstellungen des Geländereliefs in den Geowissenschaften, Bauingenieurwesen u.a. (Abb. 193).

Eine noch größere Anschaulichkeit kann erreicht werden durch Überlagerung des DGM mit bildhaften Darstellungen der Bodenbedeckung, z.B. aus digitalen Orthobildern. Liegt sogar ein integriertes DLM einschließlich der dreidimensionalen geometrischen Beschreibung diskreter Objekte vor, lassen sich auch Siedlungsreliefdarstellungen herstellen.

Die Herstellung solcher Darstellungen beschreiben *Kraus/Jansa* (in *Mayer* 1988), *Christ* (1988) und *Mesenburg* (1988).

3. Panoramen

Panoramische Darstellungen digitaler Geländemodelle einschließlich der Bodenbedeckung bilden die Erdoberfläche am ehesten in der Weise ab, wie sie ein menschlicher Betrachter wahrnimmt. Eine ausführliche Beschreibung der Konstruktion und kartographischen Modellierung geben *Weibel/Herzog* (1988).

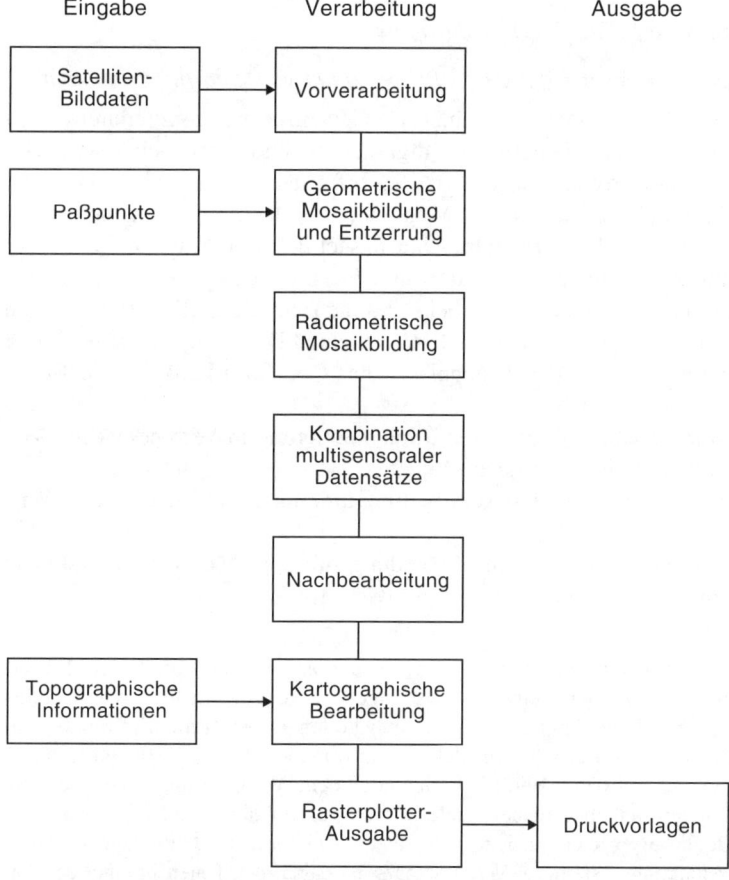

Abb. 194. Herstellung einer Satellitenbildkarte (aus *Albertz* u.a. 1992)

4. Satelliten- und Luftbildkarten

Die methodischen und technischen Voraussetzungen für die digitale Herstellung von Luft- und Satellitenbildkarten sind erfüllt, so daß solche Karten von jedem Teil der Erdoberfläche produziert werden können. Der Ablauf der Herstellung einer Satellitenbildkarte ist Abb. 194 zu entnehmen.

Albertz u.a. (1992) beschreiben die Probleme und Lösungen bei der Herstellung und Gestaltung hochauflösender Satellitenbildkarten. *Spiess* u.a. (1992) untersuchen die Herstellung einer Satellitenbildkarte aus einem Schwarzweiß-Orthobild. Die Herstellung von Orthobildern beschreibt u.a. *Bähr* (1987), geeignete Algorithmen der digitalen Bildverarbeitung *Göpfert* (1991).

7.4.5 Entwicklung und Forschung

7.4.5.1 Ansätze in der digitalen Kartographie

1. Entwicklungen bei Verarbeitung und Präsentation von Geo-Informationen

Die aktuelle Entwicklung auf dem Gebiet der Geo-Informationsgewinnung wird von der Entwicklung und dem Einsatz digitaler Technologien beherrscht. Generell besteht die Erwartung, daß das in Geo-Informationssystemen gebündelte methodische Potential die klassischen Möglichkeiten der raumbezogenen Informationsgewinnung erheblich erweitert. Und tatsächlich treten die Vorgänge der Bestandsaufnahme räumlicher Strukturen und Prozesse sowie ihrer räumlichen Korrelation durch Modellrechnungen mehr und mehr an die Stelle der bisherigen Arbeitsweisen in den raumbezogenen Fachgebieten. Die aktuelle Entwicklung basiert ganz wesentlich auf den Ergebnissen der Geo-Informatik in den Bereichen

– *räumliche Datenstrukturen* und deren Implementierung in Verbindung mit Methoden zur Behandlung räumlicher Objekte,
– *Expertensysteme* zur rationellen Verarbeitung umfangreichen, auch vagen Wissens und
– *graphische Datenverarbeitung* in Verbindung mit sog. Multimedia-Systemen (*Bill* 1992) und Animation (*Dransch* in DGfK 1993).

Bei einer *kritischen* Betrachtung dieser Entwicklung ist zu bemerken, daß der Einsatz digitaler Technologien zu einer Steigerung des Angebots von Bildern führt. Diese sollen den Systembenutzern einen Einblick in die gespeicherten Daten (Primärinformationen) und die Resultate der Modellrechnungen (Sekundärinformationen) geben. Bei einigen Anwendungen ergibt sich auf den ersten Blick eine erhebliche Verbesserung gegenüber dem bisherigen Informationsangebot, insbesondere dort, wo es auf die schnelle Bereitstellung primärer Geo-Daten aus verschiedenen Fachgebieten ankommt (z.B. im Umweltschutz und bei Verkehrslenkungssystemen). Voraussetzung ist dabei, daß Daten in einer der Anwendung entsprechenden Qualität und Zuverlässigkeit verarbeitet werden.

Bei komplexeren Anwendungen bleibt es jedoch dem Systembenutzer überlassen, die Bilder zu interpretieren und zu bewerten, um zu einem Erkenntnisgewinn zu kommen. Das große Angebot an Primärinformationen droht hier in eine Überflutung umzuschlagen, wenn es nicht gelingt, geeignete Methoden der rechnergestützten Generalisierung von Geo-Informationen unter Berücksichtigung der Erfordernisse der visuellen Kommunikation zu entwickeln und diese anzuwenden. Die klassische Aufgabe der Generalisierung, Geo-Daten im Hinblick auf eine bestimmte Anwendung zu Geo-Informationen zu verarbeiten und verständlich zu präsentieren, erhält dadurch eine neue Bedeutung (7.4.5.2).

2. Forschungsaufgaben der digitalen Kartographie

Ausgehend von der allgemeinen Zielsetzung der Kartographie, Geo-Informationen für die visuelle Kommunikation graphisch darzustellen, ergeben sich aus der Entwicklung der Geo-Informationsverarbeitung folgende *Forschungsaufgaben:*

a) Die für eine bestimmte Anwendung benötigten Geo-Daten müssen im Hinblick auf eine gute Qualität der numerischen Ergebnisse und der kartographischen Darstellung sowie die Wirtschaftlichkeit der Verarbeitungsprozesse zu einem konsistenten digitalen Objektmodell (DOM) vereinigt werden. Dabei kommt der Verbesserung des Automationsgrades der *Datenintegration* im Hinblick auf den interdisziplinären Einsatz von GIS eine erhebliche Bedeutung zu. Bei den noch erforderlichen Forschungs- und Entwicklungsarbeiten sind die für die Herstellung des einheitlichen Raumbezugs wichtigen *Basisinformationssysteme* des Vermessungswesens zu berücksichtigen (*Grünreich* in *Günther* u.a. 1992).

Ein damit zusammmenhängendes Gebiet beschäftigt sich mit der Entwicklung einer Fehlertheorie der Geo-Informationsverarbeitung einschließlich der Visualisierung der Genauigkeit und Zuverlässigkeit der Geo-Daten (*Goodchild/Gopal* 1989, *Caspary* 1992, *Kraus/Haussteiner* 1993).

b) Forschungen zur *rechnergestützten Generalisierung* sind in zweifacher Hinsicht notwendig: Erstens sind wirkungsvolle Verfahren für die automatisierte Ableitung von Datenmodellen geringerer geometrischer und semantischer Auflösung aus hochauflösenden Datenmodellen (Modellgeneralisierung zur Datengewinnung) einerseits und andererseits für die Bereitstellung des Raumbezugs aus einem hochaufgelösten DLM für die Integration fachlicher Geo-Daten mit geringerer räumlicher Auflösung (Modellgeneralisierung zur Datenintegration) zu entwickeln. Zweitens sind die Forschungen zur kartographischen Generalisierung zu intensivieren, damit Verfahren entstehen, mit denen die Benutzeranforderungen an die Visualisierung digitaler Geo-Daten in flexibler Weise und mit guter Qualität erfüllt werden können (Einzelheiten in 7.4.5.2).

c) Bei der Entwicklung computergestützter Verfahren sind die in der Informatik entwickelten Techniken und Methoden zu berücksichtigen, z.B. Methoden der Wissensdarstellung und der Implementierung (objektorientierte Programmierung und Datenverwaltung, neuronale Netze).

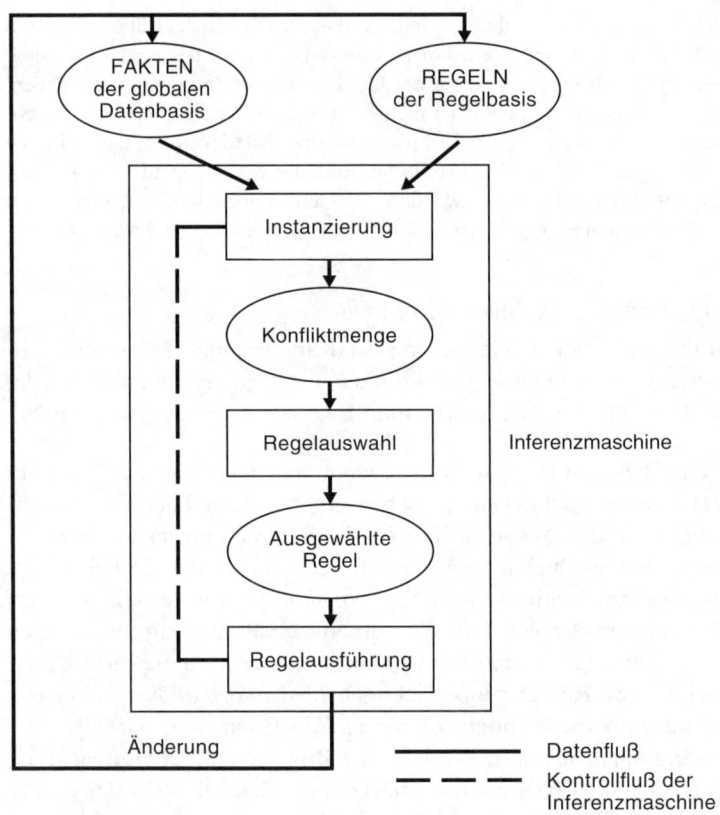

Abb. 195. Allgemeiner Aufbau eines Expertensystems (aus *Liedtke/Ender* 1989)

Zunehmend werden die Möglichkeiten von *Expertensystemen* untersucht und im Hinblick auf den Einsatz bei der Kartengestaltung kritisch diskutiert. Expertensysteme sind Anwendungsprogramme, die durch eine strenge Trennung in eine problembeschreibende Komponente (*Regelbasis*) und eine problemlösende Komponente (*Inferenzmaschine*) gekennzeichnet sind. Die Anordnung der Elemente in der Wissensbasis soll auf die Problemlösung keinen Einfluß haben, und die Problemlösung für die konkreten Fakten aus der *Datenbasis* soll automatisch ablaufen. Diese Forderungen können durch Programmiersprachen der „Künstlichen Intelligenz" (KI) erfüllt werden (z.B. PROLOG=PROgramming in LOGic). Weiterhin enthält ein Expertensystem eine *Dialogschnittstelle,* die dem Systembenutzer jederzeit Auskunft über den eingeschlagenen Lösungsweg und die Gründe ihrer Entscheidungen geben können soll. Den allgemeinen Aufbau eines Expertensystems stellt Abb. 195 dar.

Eine allgemeine Beschreibung zur Expertensystemtechnik stammt von *Liedtke/Enderle* (1989), Betrachtungen zum Einsatz in der Kartengestaltung stellen *Spiess* (1991) und

Hutzler/Spiess (in *Mesenburg* 1993) an, ihre Anwendbarkeit in der kartographischen Mustererkennung untersuchen u.a. *Illert* (1990) und *Meng* (1993). Eine Reihe von Untersuchungen beschäftigt sich mit der Expertensystemtechnik in der Generalisierung, z.B. von Muller (1990) und *Weibel* (in *Buttenfield/McMaster* 1991).

7.4.5.2 Besondere Ansätze zur rechnergestützten Generalisierung

Die Entwicklung wirkungsvoller Verfahren der rechnergestützten Generalisierung von Geo-Daten wird als die Hauptaufgabe der Forschung in der Kartographie angesehen. Die ersten Arbeiten wurden Anfang der 1970er Jahre u.a. *von Töpfer* (1974), *Staufenbiel* (1974) und *Hake* (1975) durchgeführt.

Anfangs strebte man an, den digitalisierten Datenbestand der Ausgangskarte mittels einer passiven GDV zu einem *Generalisierungsentwurf* der Folgekarte zu verarbeiten; dieser war anschließend nach konventionellen Methoden zu vervollständigen. Seitdem die technologischen Voraussetzungen geschaffen waren, wurde die interaktive GDV in das Konzept einbezogen. Damit lassen sich auch die kritischen Bereiche, z.B. bei großer Objektdichte, überhaupt erst sinnvoll rechnergestützt behandeln. Diese Methode verbindet die Schnelligkeit der passiven GDV mit den Möglichkeiten der Interaktion. Eine Zusammenfassung des bis Anfang der 1980er Jahre erreichten Forschungsstandes zur rechnergestützten Generalisierung legt *Weber* (1982) vor.

Forschung und Entwicklung zur rechnergestützten Generalisierung werden im Zusammenhang mit dem Aufbau und Einsatz von GIS intensiviert. Ziele sind hierbei die vielfältige Nutzung der digitalen Objektmodelle und die Herstellung kartographischer Darstellungen durch digitale Informationsverarbeitung. Hieraus ergeben sich als neue Forschungs- und Entwicklungsaufgabe (3.2.1):
– Die Entwicklung von Methoden der *Modellgeneralisierung* für die Bereitstellung objektstrukturierter Geo-Daten geringerer semantischer und geometrischer Auflösung für Modellberechnungen einerseits und im Zuge der kartographische Generalisierung andererseits;
– die Entwicklung von Methoden der graphisch bedingten Modellierung kartographischer Objekte (*kartographische Generalisierung* im engeren Sinne).

1. Die *Modellgeneralisierung* umfaßt die semantische und die geometrische Generalisierung eines digitalen Objektmodells. Im Falle topographischer Modelle ergeben sich folgende Unterscheidungen:

a) Generalisierung des DSM

Die *semantische* Generalisierung umfaßt die Klassifizierung, die Auswahl und die begriffliche Zusammenfassung der Objektqualitäten des Ausgangsmodells zu Oberbegriffen. In quantitativer Hinsicht läßt sich die Menge der Objekte einer bestimmten Objektart auch durch Regeln wie z.B. das *Töpfer*'sche Wurzelgesetz (3.2.1.3) bestimmen.

Die Ansätze der *geometrischen Generalisierung* gliedern sich in Methoden für die Verarbeitung punktförmiger, linienförmiger und flächenhafter Objekte. *Punktförmige* Objekte werden durch die Auswahl repräsentativer Objekte z.B. nach der Methode der Schwerpunktberechnung bei Punktgruppen oder Methoden der stochastischen Geometrie (*Meier* 1991) generalisiert. Einen breiten Raum nimmt in der Literatur die Generalisierung *linienförmiger* Objekte nach Methoden der Vektor-Datenverarbeitung ein. Dabei wird unterschieden zwischen Methoden, die nach bestimmten Kriterien Linienstützpunkte weglassen/auswählen (z.B. *Douglas/Peucker* (1973), 4.9.4.3), und solchen, bei denen neue Punkte berechnet werden z.B. durch die Bildung des gewichteten arithmetischen Mittels für jeden Punkt der Originalkurve (Tiefpaßfilterung durch gleitendes arithmetisches Mittel) oder durch die Bestimmung des Kurvenverlaufs aufgrund von Kreisen mit einem Toleranzradius um jeden Stützpunkt nach *Williams* (1978). Für die Generalisierung *flächenhafter* Objekte werden vektor- und rasterorientierte Ansätze vorgeschlagen. *Lay/Weber* (1983) untersuchen Methoden der Raster-Datenverarbeitung. *Grünreich* (1985) stellt einen graphentheoretischen Ansatz für die Generalisierung von Flächennetzen vor.

b) Generalisierung des DGM

In den ersten Untersuchungen zur Generalisierung des Geländereliefs wurden noch die Höhenlinien als Objekt der Generalisierung betrachtet. Methoden der Vektor-Datenverarbeitung untersucht *Hentschel* (1979), *Schweinfurth* (1984) beschreibt die Höhenliniengeneralisierung mit Methoden der digitalen Bildverarbeitung.

In den neueren Untersuchungen hat sich die Erkenntnis durchgesetzt, daß es sachgerechter ist, die Reliefgeneralisierung auf das DGM zu beziehen. Dabei sind jene Punkte und Strukturlinien des Ausgangs-DGM zu eliminieren, welche für das Folge-DGM zu klein oder nicht bedeutend genug sind.

Erste Ansätze stammen von *Brassel* (1973) und *Wu* (1981). *Yoeli* (in *SGK* 1990) schlägt vor, die Generalisierung topographischer Reliefs in zwei Abschnitten durchzuführen. Zuerst ist das System der Strukturlinien zu generalisieren, danach die durch sie gebildeten Oberflächensegmente. Weiterführende Untersuchungen stammen von *Weibel* (1989, 1991); sie führen zur *adaptiven* Reliefgeneralisierung. Dabei wird aufgrund einer analytischen Bestimmung des Reliefcharakters entschieden, nach welchem mathematischen Ansatz das Folge-DGM abzuleiten ist. Bei einem ruhigen Reliefverlauf wird eine *globale Filterung,* bei einem mäßig bewegten Relief die *selektive Filterung* und bei rauhem Relief eine *heuristische* Generalisierung angewendet. Letztere geht von der Beschreibung des Systems der charakteristischen Geländelinien und Geländepunkte in einem sog. Strukturlinienmodell (SLM) aus. Dieses wird durch Auswählen/Weglassen, Vereinfachen, Zusammenfassen, Verdrängen und Betonen generalisiert. Daraus wird das generalisierte DGM durch Triangulation oder Interpolation eines gitterförmigen DGM abgeleitet. Die Reliefgeneralisierung durch Filterung beschreibt auch *Meier* (1991).

c) Generalisierung des DLM

Die weitere Entwicklung ergibt sich aus der Forderung, die dreidimensionale Beschreibung der Landschaft in einem DLM zu generalisieren. Die Untersuchung geeigneter Ansätze ist Gegenstand der aktuellen Forschung. Konzeptionelle Betrachtungen stammen *von Brassel/Weibel* (1987), *Muller in Maguire u.a.* (1991), *Buttenfield/McMaster* (1991) und *Grünreich* (1992).

2. Die Forschungsarbeiten *zur kartographischen Generalisierung* konzentrieren sich darauf, die Vorgehensweise eines Kartographen durch ein Prozeßmodell zu simulieren, welches aus elementaren Generalisierungsvorgängen gebildet und auf die Daten des Ausgangsmodells angewendet wird. Im Hinblick auf die Komplexität des Ansatzes beschränkt man sich in der aktuellen Forschung auf gut standardisierter Kartenwerke, z.B. topographische Karten. Ziel der Untersuchungen ist es, das kartographische Expertenwissen zu ermitteln und in Form von Regeln als Voraussetzung für die Implementierung in einem Computer zu beschreiben.

Dazu sind u.a. folgende Forschungsaufgaben zu lösen:
- Bewertung existierender Regeln der Generalisierung; diese sind aus Quellen wie Arbeitsrichtlinien, Musterblätter und Lehrbücher abzuleiten;
- Bestimmung von Regeln durch Untersuchung konventionell bearbeiteter Karten;
- Untersuchung der funktionalen Zusammenhänge zwischen den verschiedenen Objektbereichen, z.B. Gewässernetz und Relief;
- praktische Untersuchung der Regeln einschließlich Vergleich mit konventionell bearbeiteten Musterlösungen (*SGK* 1990; *Grimm* 1993; *Herdeg* 1993).

Bei der Implementierung sind die verschiedenen Möglichkeiten der Informatik zu berücksichtigen; hierbei lassen sich prozedurale, regelbasierte und objektorientierte Ansätze sowie solche nach der Methode der neuronalen Netze unterscheiden (*Meng* 1993). Als *Prototyp* der Generalisierung mit einem *Expertensystem* gilt das von *Nickerson/Freeman* (1986) beschriebene System MAPEX. Dieses enthält eine Regelbasis für die Steuerung der Folge der geometrischen Operationen und eine Bibliothek mit Prozeduren für
- die Auswahl, die Vereinfachung und Kombination von Objekten,
- die Skalierung von Signaturen,
- die Identifizierung von Konflikten bei Signaturen und deren Lösung durch Verdrängung sowie
- die automatische Namensplazierung.

Weitere konzeptionelle Arbeiten zur Anwendung der Expertensystemtechnik stammen z.B. von *Mackaness/Fischer* (1987), *Brassel/Weibel* (1987), und *Muller* (1990). Eine kritische Betrachtung zur Anwendung von Techniken der „künstlichen Intelligenz" stellt *Weibel* (in *Buttenfield/McMaster* 1991) an. Eine Zusammenstellung der wissenschaftlichen Arbeiten zur Generalisierung an der Universität Hannover findet man in der Festschrift *Hake* (1992). Diese konzentrieren sich auf die Generalisierung topographischer Objekte für den groß- und mittelmaßstäbigen Anwendungsbereich. Spezielle Ansätze zur Gebäudegeneralisierung stammen von *Meyer* (1989), zur Generalisierung von Verkehrswegen und Gewässern von *Menke* (1982), zum Problem der Verdrängung *Lichtner* (1977), *Christ* (1979), *Endrullis* (1987), *Monmonier* (1989) und *Jäger* (1990), sowie zur Generalisierung mehrerer Objektgruppen von *Grünreich* (1985) und *Powitz* (1993).

8 Auswertung kartographischer Informationsdarstellungen

8.1 Begriffe und Aufgaben

Jeder Benutzer kartographischer Informationsdarstellungen als *Sekundärmodelle* (Kap. 3, 4 und 7) bildet aus diesen im Zuge der Auswertung sein *Tertiärmodell* der Umwelt. Dabei läßt sich die Auswertung wie folgt gliedern:
1. *Interne* Auswertung im Zuge kartographischer Arbeiten:
   a) *Umgestaltung* einer Karte, und zwar *inhaltlich* durch Eintragungen, Änderungen usw. oder *formal* durch Zerschneiden, Zusammenfügen usw.
   b) *Ableitung* einer Karte ganz oder teilweise aus einer anderen Karte.
2. *Externe* Auswertung nach den jeweiligen beruflichen oder persönlichen Belangen des Benutzers (Auswertung im engeren Sinne). Neben den vielen zweckgebundenen Formen einer solchen Auswertung gibt es noch die *Kartenkritik*, die sich speziell mit der Karte als kartographischem Produkt befaßt, und zwar über die Quellenkritik (5.2.1) hinaus auch mit den Objektdaten, der Kartengraphik, der technischen Wiedergabequalität und der ästhetischen Wirkung.

Nachfolgend geht es nur um die *externe* Auswertung. Diese bezog sich bisher ausschließlich auf die Karte als *graphisches* Informationsmittel (8.2). Das Aufkommen raumbezogener Informationssysteme ermöglicht es nunmehr aber in wachsendem Maße, auch die *digitalen* Informationen unmittelbar auszuwerten (8.3). Dabei ergeben sich besondere Vorteile dort, wo sich Datenverknüpfungen und -analysen gewinnen lassen, die mit den bisherigen Auswertetechniken wegen der Datenmenge und des Arbeitsaufwandes nicht praktikabel waren.

8.2 Auswertung graphischer Darstellungen (Kartenauswertung)

8.2.1 Aufgaben und Begriffe der Kartenauswertung

Der Umgang mit Karten wird allgemein als *Kartengebrauch* oder *Kartenbenutzung* bezeichnet. Sie reicht von der einfachen Identifizierung eines Objekts bis zur umfangreichen Interpretation. Wenn dabei der Kürze wegen nur von der Auswertung der Karte die Rede ist, so gilt dies jedoch sinngemäß auch für alle kartenverwandten Darstellungen (Kap. 12), soweit sie sich dazu eignen.

Jede Kartenauswertung läßt sich als Informationsverarbeitung durch den Kartenbenutzer auffassen:

a) Die in der Karte enthaltenen Darstellungen bilden die *Primärinformationen* (über Raum-, Sach- und Zeitbezug der Objekte, 1.3.5). Diese lassen sich im Sinne des Kommunikationsprinzips (1.5) durch Auswertung entnehmen, wenn eine ungestörte Informationsübertragung, eine ausreichende Gestaltwahrnehmung (3.1.2.5) und ein bekanntes Zeichenrepertoire gewährleistet sind. Damit spielt die gewöhnlich im Kartenrand befindliche *Legende* mit ihrem Kernstück, der *Zeichenerklärung*, für den Kartenbenutzer eine zentrale Rolle (vgl. 1.5.1) (*Freitag* 1987).

b) Darüber hinaus ist es möglich, in nahezu unbegrenzter Weise *Sekundärinformationen* (1.3.5) abzuleiten. Diese ergeben sich

– durch direkte Verknüpfung von Primärinformationen (z.B. bei der Bestimmung von Entfernung, Mengensumme, Reisezeit) oder

– durch analysierende Vorgänge, Bezug zu weiteren Daten usw.; dabei können die *Sekundärinformationen* neben den Angaben zum üblichen „Wo, Was, Wieviel, Wann?" auch noch Fragen zum „Warum, Woher, Wofür usw.?" beantworten, d.h. bestimmte Zusammenhänge klären (z.B. zwischen Verkehrsnetz und Bebauung).

Jede Kartenauswertung erzeugt beim Benutzer ein inneres Bild, eine Vorstellung der räumlichen Verhältnisse als *kognitive Karte (Vorstellungskarte, mental map)* oder sie bestätigt bzw. korrigiert eine bereits vorhandene innere Karte. Dabei ergibt sich am Ende der Auswertung im Sinne der Zeichentheorie (1.5.1) die *pragmatische* Dimension der Kartenzeichen: Die syntaktisch einwandfrei wahrgenommenen und semantisch richtig erkannten Zeichen nehmen Einfluß auf die Verhaltensweise des wahrnehmenden Subjekts. Jedes wahrgenommene Zeichen fordert gewissermaßen zur einer Handlung auf (z.B. Wandern auf dem erkannten Wege, Planen im Anhalt an erkannte Gebäude), auch wenn diese Handlung zunächst nur in der Änderung des räumlichen Bewußtseins oder in einer Bestätigung des vorhandenen Wissens besteht.

Die Kartenauswertung läßt sich beschreiben nach ihrem Zweck (1) und nach der – damit häufig verbundenen – Art des methodischen Ansatzes (2).

1. Über die verschiedenen *Zwecke* der Kartenauswertung (*Kartenfunktion*) gibt Abb. 196 eine Übersicht. Dabei gilt die Karte am Beginn der Auswertung stets als *Darstellungsmittel* mit beschreibender Funktion (*Deskriptionsmittel*), vorwiegend als Entnahme von Primärinformationen zum Gewinnen, Bestätigen oder Korrigieren von Wissen. Als *Arbeitsmittel* ist sie bereits zugleich Informationsquelle und Grundlage für neue Darstellungen, wobei Primär- und Sekundärinformationen benutzt werden. Als *Forschungsmittel (Erkenntnismittel)* schließlich ist sie durch Analyse und experimentelle Variation thematischer Verknüpfungen vor allem ein heuristisches Werkzeug zur Gewinnung von Sekundärinformationen; dies gilt besonders für Karten komplexen Inhalts und beim gleichzeitigen Gebrauch mehrerer Karten.

In einer Welt voller Ereignisse und bisher nie gekannter Mobilität spielt die Karte als Mittel zur raschen Unterrichtung eine zunehmende Rolle. Man schätzt, daß etwa 10-15% der täglichen, durch Presse, Rundfunk und Fernsehen vermittelten Informationen geogra-

Funktion der Karte	Anteil der Primär / Sekundär -informationen	Anwendungs- bereich	Zweck der Kartenauswertung
Beschreibung	viel / wenig	Bildung	Vermittlung von Wissen (Untericht, Selbststudium)
Arbeitsmittel als Informations- quelle und Grundlage neuer Dar- stellungen	unterschiedlich	Orientierung	Zurechtfinden (örtlich oder häuslich)
		Verwaltung	Bestandsanalyse, Organisations- und Entscheidungshilfe
		Planung	Entwicklung und Festlegung der Zielvorstellung
		Kartographie	Unterlage für andere Karten, Ausgangsstufe für neue Gestaltung
Forschung	wenig / viel	Wissenschaft	Raumanalyse, Prüfung von Hypothesen, Erkenntnisgewinn aus Art der Wiedergabe

Abb. 196. Zwecke der Kartenauswertung

phischer Natur sind. Diese werden weitgehend erst verständlich, wenn man räumliche Bezüge auf Karten nachvollzieht oder einmal nachvollzogen und dann behalten hat. Daß viele Menschen ihr gegenwartsnahes, auf raumbezogene Ereignisse gerichtetes Wissen ganz oder überwiegend den *Medienkarten* in Zeitungen und Fernsehen als Schnellinformation entnehmen, zeigt die wachsende Bedeutung solcher Karten für die Kartographie.

Über die genannten Informationszwecke hinaus kann eine Kartendarstellung auch eine rechtswirksame Bedeutung erlangen. Das ist vor allem der Fall
– bei Liegenschaftskarten, soweit deren Inhalt am öffentlichen Glauben des Grundbuchs teilnimmt;
– bei Festlegungskarten, in denen Grenzlinien die örtliche Abgrenzung von Rechtsgebieten nach Gesetz oder Vertrag verbindlich fixieren (z.B. Hoheits- und Naturschutzgebiete, Sperrzonen);
– bei Planungskarten, deren Planinhalt für die Träger künftiger Maßnahmen bindend ist (z.B. Flächennutzungsplan, Bebauungsplan).

2. Über die *Arten* der Kartenauswertung gibt Abb. 197 einen Überblick, wobei auch gegenseitige Abhängigkeiten zum Ausdruck gebracht werden. Im allgemeinen kann man unterscheiden zwischen den qualitativen und teilweise auch quantitativen Vorgängen des *Kartenlesens* (8.2.2) und den geometrischen Prozeduren des *Kartenmessens* (*Kartometrie*. 8.2.3).

344 Auswertung graphischer Darstellungen (Kartenauswertung)

Die Verknüpfung von Zwecken und Arten der Kartenauswertung in einer Matrix (Abb. 198) läßt erkennen, welche Arten vorwiegend bei den verschiedenen Zwecken auftreten. Bestimmte Auswertezwecke beschränken sich demnach in der Regel auch auf bestimmte Auswertearten.

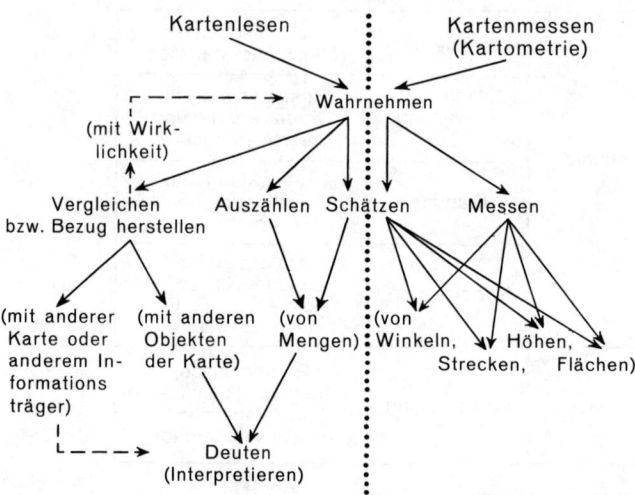

Abb. 197. Arten der Kartenauswertung

Art \ Zweck	Kartenlesen					Karten-messen
	Wahr-nehmen	Ver-gleichen	Deuten	Aus-zählen (von Mengen)	Schätzen	Messen
Bildung	•		•	•	•	•
Orientierung	•	•			•	•
Verwaltung	•		•	•	•	
Planung	•		•	•		•
Kartographie	•	•				•
Wissenschaft	•		•	•		•

• = in der Praxis hauptsächlich vorkommende Fälle der Zuordnung

Abb. 198. Zuordnung von Zwecken und Arten der Kartenauswertung

Für die Heranbildung zur Kartenauswertung spielen Schulunterricht und schulkartographische Produkte eine wesentliche Rolle. In neueren Schulatlanten wird dabei die wachsende Bedeutung der thematischen Karte deutlich. Nehen den Wandkarten und Atlanten werden im Unterricht *stumme* Karten bzw. *Umrißkarten* zur Erarbeitung geographischer Kenntnisse benutzt. Diese erscheinen in Form gedruckter Arbeitsblätter, in gestempelter Form oder als abwaschbare Folien. Zum Vorführen und Üben gibt es Arbeitstransparente als Grund- und Deckfolien sowie Magnetwände und Magnetsignaturen.

Größere Abhandlungen zur Kartenauswertung, teilweise mit einer Einführung in die Kartenkunde, stammen z.B. von *Fezer* (1976), *Muehrke* (1978), *Hüttermann* (1979, 1981, 1992), *Keates* (1982), *Maling* (1989), *Jeschor/Bleiel* (1989) und *Linke* (1992).

8.2.2 Kartenlesen

Das Kartenlesen – auch als *Karteninterpretation* im weiteren Sinne bezeichnet – besteht im 1. Wahrnehmen (Identifizieren), 2. Auszähien, 3. Schätzen, 4. Vergleichen oder 5. Deuten (Interpretieren) von Einzelheiten des Karteninhalts. Diese einzelnen Tätigkeiten sind in der Praxis des Kartenlesens meist eng miteinander verbunden. Sie sind vorwiegend qualitativer, teilweise aber auch quantitativer Natur.

Bei *topographischen Karten* soll das Lesen der *Karte allein* zu einer zutreffenden Vorstellung vom Gelände und damit auch zu einer richtigen Geländebeurteilung führen; dies setzt allerdings voraus, daß der Benutzer über Geländekenntnisse verfügt, die ihm solche Vorstellungen ermöglichen. Das Kartenlesen *im Gelände* dient neben der Schulung derartiger Vorstellungen vor allem der Orientierung. *Thematische Karten* werden meist für sich, d.h. ohne Vergleich mit dem Objekt gelesen.

1. Das visuelle *Wahrnehmen* eines Objektes nach Lage und Art (Qualität) ist die erste und stets notwendige Phase jeder Kartenauswertung. Die dabei aus den graphischen Strukturen sieh ergebenden Gestalttendenzen führen über die Wahrnehmung von Unterschieden zwischen den einzelnen Darstellungen zur *Identifizierung* des Objekts. Schnelligkeit und Zuverlässigkeit des Wahrnehmens hängen sowohl von der Dichte und Lesbarkeit des Karteninhalts wie auch vom Kartenverständnis des Benutzers ab.

So können einander ähnliche Darstellungen (z.B. zahlreiche Einzelhäuser, dichtes Wege- oder Grabennetz) oder nicht vollständig dargestellte Objekte (z.B. Verwaltungsgrenzen) das Wahrnehmen erschweren und leichter Irrtümer erzeugen; eine Dorfkirche ist dagegen meist schnell erkannt. Oft ist das Wahrnehmen erst aus dem räumlichen Zusammenhang benachbarter Objekte möglich, seltener durch das Objekt allein: Zum Wahrnehmen eines unter vielen Gebäuden bedarf es der Identifizierung mit Hilfe der Umgebung; eine typische Flußschleife ist dagegen bereits an ihrer Form selbst zu erkennen. Das Wahrnehmen typischer Oberflächenformen aus Höhenlinien oder anderen Darstellungsmitteln erfordert Formkenntnisse und Anschauungsvermögen; es leitet bereits zum Deuten über.

2. Das *Auszählen* ist im Gegensatz zum Wahrnehmen und Deuten ein quantitativer Prozeß. Mit ihm wird für einen bestimmten Bereich die Anzahl von Objekten gleicher Qualität ermittelt (z.B. Gebäude an einem Ort, Orte in einem Kreis, Bahnhöfe, Fabriken, Fundorte, Wetterstationen usw.) Das Ergebnis ist aber nur dann einwandfrei bzw. kennzeichnend, wenn die Objekte in der Karte vollständig enthalten sind, also nicht bereits durch eine Auswahlgeneralisierung reduziert wurden.

In thematischen Karten erstreckt sich das Auszählen auch auf Darstellungen durch Punkte, Signaturen, Kartodiagramme usw., wenn für einen größeren Bereich eine Gesamtmenge (z. B. Bevölkerung, Produktion) ermittelt werden soll. Im weiteren Sinne kann man zum Auszählen auch das Ermitteln einer Fahrstrecke aus Entfernungsangaben (z.B. in Straßenkarten) rechnen, wobei statt der oft langwierigen Längenmessung (8.2.3.3) lediglich eine Summierung der abgelesenen Teilstrecken vorzunehmen ist.

3. Das *Schätzen* ist eine überschlägliche Ermittlung einer Quantität (anstelle des exakten Auszählens) oder einer geometrischen Größe (anstelle des exakten Kartenmessens, einschließlich Größensignaturen usw.).

4. Das *Vergleichen* bezieht sich hier nur auf seine qualitative bzw. quantitative Seite, da Vergleiche geometrischer Größen (z.B. Flächen) zur Kartometrie (8.2.3) gehören. Es gibt vier Fälle des Vergleichens:
a) Der *Vergleich zwischen Karte und Gelände* beruht auf einem fortgesetzten Verfahren des bereits beschriebenen Wahrnehmens (Nr. 1). Er dient der Geländeorientierung, aber auch dem Training des Vorstellungsvermögens und dem besseren Verständnis für die Möglichkeiten und Grenzen der Kartengestaltung. Das Zurechtfinden im Gelände wird erleichtert, wenn die Karte richtig orientiert ist (8.2.3.4).
b) Der *Vergleich verschiedener Karten* desselben Gebietes und *gleicher* Thematik liefert in ähnlicher Weise Hinweise zur Beurteilung der Kartengraphiken und der äußeren Form der Karten. Werden Karten desselben Gebietes, aber *verschiedener* Themen miteinander verglichen, so können die Karten Forschungsinstrumente sein, die zu neuen Erkenntnissen über Abhängigkeiten, Korrelationen usw. von Gegenständen und Sachverhalten verhelfen; ein Beispiel ist die Grenzgürtelmethode (10.3.1.3) zur Bestimmung von Kernräumen und deren Grenzzonen.
c) Beim *Vergleich zwischen Karte und anderem Informationsträger* verdeutlicht die Karte die räumlichen Beziehungen, während z.B. ein Text weitere Beschreibungen des Objekts enthält oder eine Tabelle genaueres Zahlenmaterial liefert.
d) Der *Vergleich zwischen verschiedenen Objekten innerhalb einer Karte* geht schließlich über zum Deuten (Nr. 5) unter gleichzeitiger Wertung nach bestimmten Gesichtspunkten (z.B. Bedeutungsunterschiede bei Orten, Straßen, Gewässern). Auch das Vergleichen thematischer Größendarstellungen (z.B. gestufte Signaturen, Diagramme) gehört hierher.

5. Das *Deuten* als Interpretation im engeren Sinne geht als Ergebnis einer intensiven Denkleistung einen wesentlichen Schritt weiter. Es versucht, aus der kartographischen Darstellung auch Aussagen zu gewinnen über die Eigenart der räumlichen Beziehungen, ihre Entwicklungen, Funktionen und Strukturen. Neben dem notwendigen Wahrnehmen kann es sich dazu auch des Auszählens, Schätzens und Vergleichens sowie kartometrischer Methoden bedienen. Eine solche Karteninterpretaton ist ihrem Wesen nach eine meist fachbezogene *Analyse* des Raumes. Die dabei gewonnenen Erkenntnisse können in einem weiteren Schritt zur *Synthese* führen, wenn sich ein Raumtyp beschreiben läßt als eine modellartige Einheit aus herausragenden Merkmalen. Mitunter schließt sich an diese Modellbildung und -vorstellung auch eine *Beurteilung (Bewertung)* nach bestimmten Gesichtspunkten an, z.B. als Entscheidungshilfe über die Geländeeignung für bauliche Maßnahmen oder die mögliche Änderung des Verlaufs von Verwaltungsgrenzen.

Ein Beispiel des Deutens sind geographisch-landeskundliche Beschreibungen zu topographischen Karten, z.B. die 1978-1982 vom Zentralausschuß für deutsche Landeskunde herausgegebenen „Deutsche Landschaften" als Erläuterungen zur Topographischen Karte 1:50 000". Auch die Topographischen Atlanten (11.6) enthalten landeskundliche Beschreibungen. Häufig werden die Deutungen unter einem bestimmten, fachwissenschaftlich eng begrenzten Thema vorgenommen. So können z.B. Geograph und Historiker aus der gegenseitigen Stellung der Gebäude, aus Bebauungsdichte und Straßennetz wesentliche Erkenntnisse zur Siedlungsgeschichte gewinnen. Die Höhenlage von Quellen und die Dichte des Gewässernetzes geben dem Geologen Aufschluß über Lage und Eigenschaft von Gesteinsschichten. Kartographische Darstellungen in thematischen Karten können als gelungen gelten. wenn sie die Deutungen weitgehend erleichtern (z.B. Klimakarten, die die Relation zwischen Niederschlag und Geländerelief deutlich aufzeigen).

8.2.3 Kartenmessen (Kartometrie)

Kartometrie bedeutet Messen oder Übertragen geometrischer Größen auf Karten und kartenverwandten Darstellungen. Sie setzt voraus, daß die betroffenen Objekte einwandfrei identifiziert sind (8.2.2 Nr. 1) und die möglichen Fehlerquellen (8.2.3.1) ausreichend berücksichtigt werden.

8.2.3.1 Fehlerquellen der Kartometrie

1. *Verzerrungen des Kartennetzentwurfes.* Diese fallen umso größer aus, je kleiner der Maßstab der Karte und je ausgedehnter die Messung ist: Kein Netzentwurf ist völlig längentreu; flächentreue Entwürfe weisen teilweise starke Winkelverzerrungen auf; umgekehrt können bei konformen Abbildungen die Flächen stark verzerrt sein. Zu rechnerischen Korrekturen an den ermittelten Größen kommt es aber gewöhnlich nur bei Bedarf und in Karten kleinerer Maßstäbe (etwa ab 1:1 Mio.). Einzelheiten siehe 2.2.

2. *Geometrische Genauigkeit des Karteninhalts.* Diese hängt ab a) von der geodätischen Grundlage, b) von der Genauigkeit der Einzelerfassung (topographische Vermessung oder thematische Aufnahme), c) vom Ausmaß der Generalisierung und den daraus resultierenden Lagemerkmalen und schließlich d) von den kartentechnischen Vorgängen von der Kartierung bis zum Mehrfarbendruck (Einzelangaben siehe u.a. in 9.3.1.6, 9.3.2.9).

Im allgemeinen sollten Grundrißangaben im Rahmen der Zeichengenauigkeit von etwa ± 0,15 mm geometrisch richtig sein. Diese Bedingung ist aber unter dem Einfluß der Generalisierung nicht mehr völlig einzuhalten. Bei lokalen Objekten wird die Lage meist durch die Mitte oder den Fußpunkt der Signatur gekennzeichnet. Am stärksten wirken sich die unvermeidbaren Verdrängungen aus: Bei linearen Objekten wie Wegen und Gewässern bleibt, wenn sie verbreitert, aber nicht verdrängt sind, wenigstens die richtige Lage der Mittellinie erhalten.

3. *Einfluß des Papierverzuges.* Schwankungen der Luftfeuchtigkeit rufen Längenänderungen des Papiers hervor (4.1.2.1). Man erhält die tatsächliche mittlere Maßstabszahl einer Karte aus einer bekannten Naturstrecke s und der gemessenen Kartenstrecke s' zu $m = s/s'$ (3.1.4). Als bekannte Strecken eignen sich z.B. auch die Sollstrecken aus dem Kartennetz. Solche Berechnungen sind aber entbehrlich, wenn man sich bei der Messung von Kartenstrecken der häufig auf der Karte mitgedruckten Maßstabsskala bedient, deren Teilung die Maßänderung des Papiers mitmacht.

8.2.3.2 Koordinatenmessung auf Karten

In Karten großer und mittlerer Maßstäbe werden in der Regel ebene rechtwinklige (geodätische) Koordinaten, in Karten kleiner Maßstäbe meist geographische Koordinaten gemessen oder übertragen. Solche Koordinaten legen Punkte im Grundriß in *absoluter* Weise fest.

Mit einfachen Hilfsmitteln wie Anlegemaßstab, Zirkel usw. geht man so vor, wie in den Abb. 199 und 200 dargestellt. Dazu sollte wenigstens die den Punkt P umgebende Netzmasche vollständig ausgezogen sein. Das ist mitunter durch Auszeichnen der Netzlinien (Abb. 234b) noch nachzuholen.

Da in *geodätischen* Koordinatensystemen die Gitterlinien parallel verlaufen und das metrische System zugrunde liegt, kann man zwischen den Netzlinien die Koordinatenabschnitte unmittelbar mit dem Maßstab ablesen. Dabei hat man auch jeweils den Rest bzw. die ganze Strecke zu messen, um den Einfluß des Papierverzuges zu tilgen. Sind z.B. in Abb. 199 im Rechtswert statt der dort angegebenen Zahlen die Intervalle 0,75 und 0,29 km abgelesen, so liegt eine tatsächliche Maschenweite von 1,04 km vor; um wieder auf den Sollwert 1,00 km zu kommen, muß man demnach die Abschnitte anteilmäßig auf 0.72 bzw. 0.28 km reduzieren.

Geographische Netzlinien bilden gewöhnlich kein quadratisches Gitter. Die durch den Punkt P führenden Hilfslinien der Koordinatenermittlung (Abb. 200) haben sich daher dem Verlauf der Netzlinien entsprechend anzupassen. Für die Ablesung der Grade und Minuten eignet sich am besten die meist im Kartenrahmen befindliche Skala.

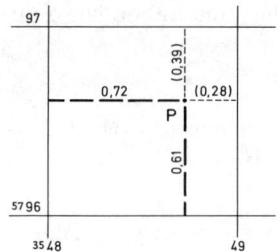

Abb. 199. Bestimmung der geodätischen Koordinaten eines Punktes *P*:
Rechts: 3548,72 km,
Hoch: 5796,61 km

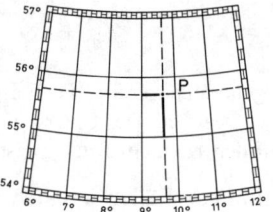

Abb. 200. Bestimmung der geographischen Koordinaten eines Punktes *P*:
östl. Länge: 9°38′,
nördl. Breite: 55°42′

Solche Methoden kommen dann in Betracht, wenn es sich um die Bestimmung weniger Punkte handelt. Werden aber vor allem geodätische Koordinaten in größerer Anzahl benötigt, sind andere Verfahren besser geeignet:
1. Verwendung eines transparenten engmaschigen Quadratnetzes (Millimeterpapier, Quadratglastafel). Dieses wird auf die Netzmasche eingepaßt und ermöglicht dann das Abzählen der Teilung sowie das Abschätzen innerhalb des den Punkt enthaltenden kleinen Feldes. Man erhält die Koordinatenabschnitte durch Multiplikation der abgelesenen Werte mit der Kartenmaßstabszahl m_k, oder man zählt die Teilung sogleich in Einheiten des Kartenmaßstabes. Auch der bisher in topographischen Karten enthaltene Planzeiger (Kartenzeiger, Koordinatenmesser) mit einer dem jeweiligen Maßstab entsprechenden Teilung ist dazu geeignet.
2. Einsatz eines Koordinatographen (4.3.1) oder eines Digitalisierungsgerätes (4.7), das auch eine weitere Verarbeitung der Daten ermöglicht (z.B. zur Entfernungsberechnung).

Ein Beispiel der *Übertragung* von Koordinaten ist die Eintragung eines modernen Koordinatennetzes in eine alte Karte anhand identischer Punkte. Das so entstehende *Verzerrungsgitter* liefert eine klare Anschauung über das Ausmaß der geometrischen Lagefehler (*Imhof* 1964).

8.2.3.3 Längenmessung auf Karten

Solche Längenangaben sind im Gegensatz zur absoluten Koordinatenmessung eines Punktes relative Festlegungen zwischen zwei Punkten im Grundriß.

1. Geradlinige Verbindungen

Man erhält die *Horizontal- oder Grundrißentfernung auf großmaßstäbigen* Karten zwischen zwei Punkten *eines* Kartenblattes am einfachsten mit Hilfe eines Anlegemaßstabes. Liegen die Punkte auf *zwei verschiedenen* Kartenblättern, so ordnet man entweder die beiden Blätter in der richtigen gegenseitigen Lage an und greift dann die Entfernung ab, oder man entnimmt für die mit *A* und *B* bezeichneten

Punkte die geodätischen Koordinaten (8.2.3.2) und rechnet die Entfernung s zu

$$s = \sqrt{(x_A - x_B)^2 + (y_A - y_B)^2}.$$

Streng genommen ergibt die Formel eine Strecke im Koordinatennetz und auf das Meeresniveau bezogen. Der Unterschied gegen die horizontale Naturstrecke ist jedoch im Hinblick auf den Kartenmaßstab meist vernachlässigbar klein.

In bestimmten Fällen ist auch die räumliche Entfernung (*Schrägentfernung*) s_r zwischen zwei Punkten von Interesse. Man erhält sie aus s und dem Höhenunterschied $h = H_A - H_B$, und zwar in strenger Form oder in einer bequemeren und meist ausreichenden Näherungsformel, wenn h wesentlich kleiner ist als s:

$$s_r = \sqrt{s^2 + h^2} \quad \text{bzw. genähert} \quad s_r = s + \frac{h^2}{2s}, \text{ wenn } h \ll s.$$

In *kleinmaßstäbigen* Karten ist neben den Längenverzerrungen des Netzentwurfes noch zu berücksichtigen, daß die kürzeste Verbindungslinie zweier Punkte auf der Kugeloberfläche, die *Orthodrome*, auf den Karten in der Regel nicht geradlinig verläuft (2.2.1.4). Bei größeren Entfernungen ist daher ein mit dem Anlegemaßstab abgelesener Wert zu ungenau; man bestimmt dann besser die geographischen Koordinaten (Breite φ und Länge λ) der Punkte A und B (8.2.3.2) und rechnet die Entfernung ausreichend genau nach den Formeln für die Kugel mit dem Radius R (2.2.1.3):

$$\cos \delta = \sin \varphi_A \cdot \sin \varphi_B + \cos \varphi_A \cdot \cos \varphi_B \cdot \cos(\lambda_A - \lambda_B), \quad s = R \cdot \delta.$$

Zu den geradlinigen Längenmessungen kann man auch das Bestimmen von Länge, Breite, Durchmesser usw. von Signaturen, Kartodiagrammen u.a. bei thematischen Darstellungen rechnen.

2. Gekrümmt oder geknickt verlaufende Verbindungen

Solche Fälle treten z.B. auf, wenn die Straßenentfernung zwischen zwei Punkten, die Länge eines Flußlaufes, einer Küstenlinie oder einer Staatsgrenze zu ermitteln ist. Die Verbindung wird entweder in besser meßbare Teilstücke zerlegt oder mittels Meßrädern kontinuierlich abgefahren.

Bei *Teilstreckenmessungen* verfährt man meist nach dem Verfahren der wachsenden *Zirkelöffnung*. Man nimmt das erste gerade Stück der Verbindung in den Zirkel, dreht diesen um den ersten Knickpunkt in die Verlängerung des nächsten geraden Stücks ein und erweitert die Zirkelöffnung um den Betrag dieses zweiten Intervalls, dann dreht man um den zweiten Knickpunkt usw., bis man zum Schluß die Gesamtlänge in der Zirkelöffnung hat, die man dann an einem Maßstab abliest. Das Verfahren ist in Abb. 201 dargestellt.

Zum *kontinuierlichen* Abfahren einer Länge gibt es Kurvenmesser, deren kleines Meßrädchen von Hand entlang der zu messenden Länge geführt wird. Die Umdrehungen des Rades übertragen sich auf einen Zeiger, der die unmittelbare Ablesung der Naturstrecke für die wichtigsten Kartenmaßstäbe mit Hilfe zahlreicher Skalen gestattet (Abb. 202).

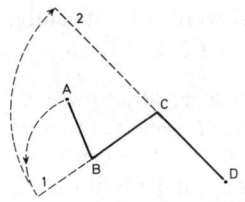

Abb. 201. Längenmessung *ABCD* mit wachsender Zirkelöffnung:
Mit *AB* um *B* drehen, ergibt 1 in Verlängerung *CB*, Öffnung bis *C* erweitern, mit *C*1 um *C* drehen, ergibt 2 in Verlängerung *DC*, Öffnung bis *D* erweitern = *ABCD*

Abb. 202. Kurvenmesser der Firma Thoma/Erlangen

Bei der Messung in *kleinmaßstäbigen* Karten ist zu berücksichtigen, daß infolge der vereinfachenden Wirkung der Generalisierung die Längen stets kürzer als der Natur entsprechend ausfallen. Das gilt in besonders hohem Maße für in der Natur stark gewundene Flüsse wie auch für zerklüftete Küstenlinien. So ermittelte z.B. *Penck* für einen Küstenabschnitt in Istrien die folgenden Längen:

Maßstab 1:	75 000	300 000	750 000	1,5 Mio.	3,7 Mio.	15 Mio.
Länge in km	223,81	190,6	199,5	157,6	132	105

3. Der Einfluß des *Papierverzugs* wird nach 8.2.3.1 berücksichtigt.

8.2.3.4 Winkelmessung auf Karten

Auf Karten lassen sich Horizontalwinkel unmittelbar und Vertikalwinkel mittelbar bestimmen bzw. übertragen. Solche Winkelangaben haben teils *absoluten,* teils *relativen* Festlegungscharakter.

1. Horizontalwinkel

Der von zwei Richtungen im Grundriß eingeschlossene Winkel gilt als *Richtungswinkel*, wenn eine Richtung (Nullrichtung) parallel zur x'-Achse (Gitter-Nord) eines geodätischen Koordinatensystems verläuft, als *geographisches Azimut*, wenn die Nullrichtung nach Geographisch-Nord zeigt, und als *magnetisches Azimut*, wenn sie nach Magnetisch-Nord weist (2.2.1.5). Die Winkel werden rechtsläufig, d.h. im Uhrzeigersinn gezählt. Über Winkelteilungen siehe 2.1.2.4.

Zur Winkelmessung dienen Vollkreis- oder Halbkreiswinkelmesser (*Transporteure*) aus Plexiglas. Soll wie in Abb. 203 der Richtungswinkel von A nach B gemessen werden, so zeichnet man von A die Richtungen zum Gitternord und nach B, legt dann den Transporteur mit dem Zentrum auf A und dreht ihn so, daß der Wert Null auf der Nullrichtung liegt. An der Strecke AB wird sodann der Winkelwert abgelesen. Halbkreiswinkelmesser besitzen oft eine gegenläufige Winkelskala und eignen sich daher besonders zum *Absetzen eines Winkels*. Wie in Abb. 204 dreht man z.B. den Winkelwert des Azimuts an der vorher eingetragenen Nullrichtung ein und zeichnet dann die Richtung nach B entlang der Kante des Winkelmessers.

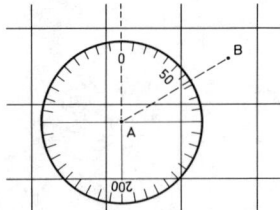

Abb. 203. Bestimmung eines Richtungswinkels mittels Vollkreiswinkelmesser: $t_A^B = 66$ gon

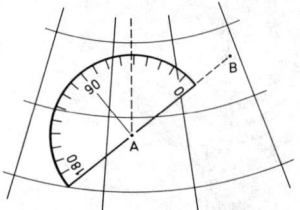

Abb. 204. Absetzen eines geographischen Azimuts (Kurswinkel) mittels gegenläufiger Skala eines Halbkreiswinkelmessers: $\alpha_A^B = 52°$

Läßt der Papierverzug bzw. der Netzentwurf eine größere Winkelverzerrung beim Messen mit Winkelmessern befürchten, so ist es besser, die Koordinaten abzugreifen (8.2.3.2) und aus diesen den Winkel zu rechnen. Dieses Verfahren ist ferner immer angebracht, wenn die beiden Punkte A und B auf verschiedenen Karten liegen. Bei geodätischen Koordinaten x_A, y_A, x_B, y_B ergibt sich dann der Richtungswinkel t von A nach B zu

$$\tan t = \frac{y_B - y_A}{x_B - x_A}.$$

Liegen für die Punkte A und B geographische Koordinaten $\varphi_A, \lambda_A, \varphi_B, \lambda_B$ vor, so folgt für das Azimut α, wenn die Erdfigur als Kugel angenommen wird,

$$\cot \alpha = \frac{\cos \varphi_A \cdot \tan \varphi_B - \sin \varphi_A \cdot \cos(\lambda_B - \lambda_A)}{\sin(\lambda_B - \lambda_A)}.$$

Die bekannteste Anwendung der Winkelmessung auf Karten ist die in der Schiff- und Luftfahrt bei der Navigation übliche Messung oder Übertragung eines Kurswinkels (meist eines Azimuts). Die Linie konstanten Azimuts heißt Loxodrome. Sie bildet sich in den Kartennetzen der Mercatorprojektion als Gerade ab (2.2.1.4, 2.2.4.4).

Zur Winkelmessung auf Karten kann man auch die *Kartenorientierung* (das *Einnorden*) rechnen. Man legt z.B. einen Kompaß mit seiner Kante an eine Netzlinie und dreht die Karte mit dem Kompaß solange, bis die Magnetnadel unter Berücksichtigung von Nadelabweichung bzw. Deklination (2.2.1.5) richtig einspielt. Ein anderes Verfahren besteht darin, daß eine in der Karte identifizierte Richtung vom Standpunkt zu einem markanten Punkt (z.B. Kirchturm) mit der örtlichen Richtung zu diesem Punkt durch Eindrehen der Karte in Übereinstimmung gebracht wird.

2. Vertikalwinkel

Er gibt die in einer Vertikalebene gemessene Neigung einer Geraden gegen eine Horizontalebene (*Höhenwinkel* α) bzw. gegen die Lotrichtung (*Zenitwinkel z*) an ($\alpha + z = 100$ gon). Da die Karte eine ebene Darstellung ist, lassen sich solche Winkel nur mittelbar aus Höhenunterschied *h* und Horizontalentfernung *s* zwischen zwei Punkten bestimmen:

$$\text{Höhenwinkel:} \quad \tan \alpha = \frac{h}{s}, \quad \text{Zenitwinkel:} \quad \cot z = \frac{h}{s}.$$

In der Praxis interessiert vor allem der *Böschungswinkel* als Maß für die Geländeneigung. In diesem Falle entspricht in den angegebenen Formeln h dem Höhenunterschied benachbarter Höhenlinien und s ihrem gegenseitigen Horizontalabstand. Der in den amtlichen topographischen Karten bisher enthaltene *Neigungsmaßstab (Böschungsdiagramm)* ermöglichte es, mit dem in der Karte abgegriffenen Abstand s' den Böschungswinkel sowie die Geländeneigung in Prozenten oder im Verhältnis 1:*x* zu ermitteln.

8.2.3.5 Flächenmessung auf Karten

Sie dient der Ermittlung der Flächeninhalte von Grundstücken, politischen Bezirken (Gemeinden, Kreise, Staaten), Bodennutzungen (Acker, Grünland, Wald), Einzugsgebieten von Gewässern, Höhenschichten, geologischen Formationen usw. Will man dabei den Papierverzug berücksichtigen, mißt man zusätzlich Flächen aus dem Kartennetz aus, für die sich der Sollwert leicht berechnen läßt. Bei der Messung auf kleinmaßstäbigen, nicht flächentreuen Karten ist evtl. eine weitere Korrektur infolge der Flächenverzerrung anzubringen. Auf der Grundlage einer Flächenberechnung zwischen Höhenlinien lassen sich auch Rauminhalte unterhalb der Erdoberfläche ermitteln.

Ist die zu messende Fläche durch gerade Linien begrenzt oder läßt sie sich durch solche ausreichend genau annähern, so kann man sie in Dreiecke zerlegen, deren Einzelflächen man nach der Formel $F = 1/2 \cdot g \cdot h$ (g = Grundlinie, h = Höhe) berechnet und dann zur Gesamtfläche summiert. Sind für die Eckpunkte einer solchen Figur die Koordinatenwerte bekannt, so ist auch eine Flächenberechnung nach der sog. *Gaußschen Dreiecksformel* möglich, bei der der Index *i* alle Punktnummern von 1 bis zur letzten Punktnummer *n* durchläuft (siehe auch 8.3):

$$F = \frac{1}{2} \sum_1^n x_i (y_{i+1} - y_{i-1}) = \frac{1}{2} \sum_1^n y_i (x_{i-1} - x_{i+1}).$$

Häufiger als polygonal konturierte Flächen treten aber solche auf, die von gekrümmten Linien begrenzt sind. Zu ihrer Bestimmung sind in der Praxis der *graphischen* Flächenbestimmung vorwiegend zwei Verfahren im Gebrauch: die Messung mit der Quadratglastafel und die mit dem Planimeter.

1. Die *Quadratglastafel* trägt gewöhnlich eine Teilung in mm^2, bei der die vollen cm^2 durch stärkere Linien hervorgehoben werden. Um nach dem Auflegen der Tafel auf die zu messende Fläche das ermüdende und fehleranfällige Auszählen der vielen kleinen Quadrate zu vermeiden, geht man wie folgt vor (Abb. 205): Die Figur wird mit Hilfe der Tafel in Zonen bestimmter Breite (z.B. 1 cm) geteilt; innerhalb jeder Zone wird sodann ein flächenerhaltender Grenzausgleich so vorgenommen, daß einfache geometrische Figuren (Trapeze, Rechtecke) entstehen, die sich leicht auszählen lassen (Abb. 206). Die aus allen Zonen ermittelte Gesamtzahl der mm^2 ist dann noch mit dem Flächenwert zu multiplizieren, der 1 mm^2 auf der Karte in der Natur entspricht.

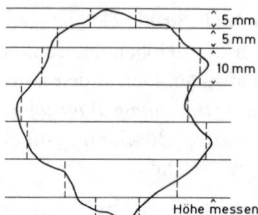

Abb. 205. Zonenweises Umwandeln einer Fläche in Rechtecke zur einfacheren Messung mit der Quadratglastafel

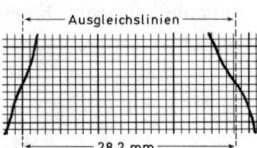

Abb. 206. Auszählen einer Zone der Quadratglastafel:
$F = 28{,}2 \cdot 10 = 282 \ mm^2$

2. Das *Planimeter* ist ein mechanisches Integriergerät, mit dessen Hilfe der Inhalt einer Fläche durch Abfahren ihrer Umringslinie ermittelt wird. Die Abfahrbewegungen übertragen sich auf eine Meßrolle, deren Umdrehung proportional der Fläche ist.

Das herkömmliche *Polarplanimeter* besteht aus einem Pol, der außerhalb der zu messenden Fläche durch Gewicht und Nadel festgelegt wird und um den sich der Polarm dreht. Dieser ist durch ein Gelenk mit dem Fahrarm verbunden, der an einem Ende den Fahrstift (die Fahrlupe) und am anderen Ende seitlich eine Meßrolle trägt. Im Gelenk lassen sich Polarm und Fahrarm gegeneinander drehen; ferner kann die Fahrarmlänge durch Verschieben im Gelenk verändert werden. Eine besondere Zählscheibe registriert die vollen Rollenumdrehungen. Man erhält, wenn der Pol außerhalb der Fläche liegt, den Flächeninhalt zu $F = kn$, wobei k eine Konstante ist, die durch Fahrarmlänge und Rollenumfang bestimmt wird, während n ein Maß für die Rollenabwicklung ist, die an der

Rolle abgelesen wird. Der Gerätehersteller gibt auf einer Tabelle für die gängigen Kartenmaßstäbe die zugehörigen Werte k an. Man kann aber k auch ermitteln durch Ausmessen einer Sollfläche (z.B. einer Netzmasche des Koordinatengitters); damit wird zugleich der Einfluß des Papierverzugs weitgehend getilgt.

Neben den konventionellen Polarplanimetern mit der visuellen (analogen) Ablesung an der Rolle gibt es noch Geräte mit elektronisch bewirkter digitaler Anzeige, die teilweise auch noch mit einem Mikroprozessor verbunden sind. Solche Geräte sind häufig Rollplanimeter (d.h. mit dem Pol im Unendlichen), die je nach Ausstattung auch den Papierverzug in zwei zueinander senkrechten Richtungen berücksichtigen und ihre Daten über eine Schnittstelle an einen Rechner abgeben können (Abb. 207).

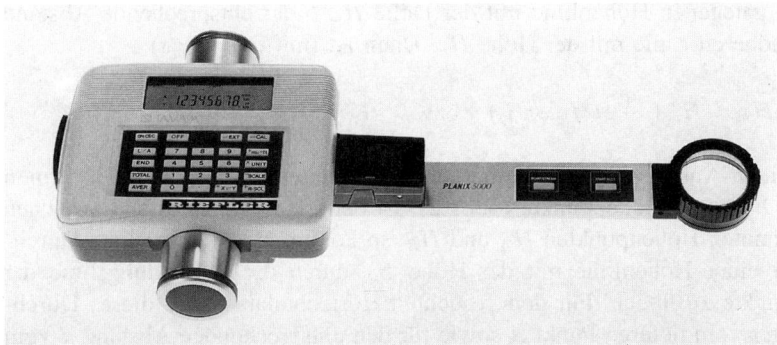

Abb. 207. Längen- und Flächenmeßgerät Planix 5000 der Firma Riefler

8.2.3.6 Höhenermittlung aus Karten

Exakte Höhenermittlungen sind nur aus Höhenliniendarstellungen in Karten großer und mittlerer Maßstäbe möglich. Dabei ergibt sich eine *absolute* Höhenangabe durch Zählung von der allgemeinen Bezugsfläche (z. B. Normal-Null) aus, während ein *relativer* Höhenwert als Differenz zweier Absoluthöhen entsteht (Höhenunterschied).

Die absolute Höhe eines Punktes ermittelt man in der Regel durch *lineare Interpolation* zwischen benachbarten Höhenlinien (Punkt A in Abb. 208), in einfachen Fällen kommt man auch mit einer Schätzung aus (Punkt B in Abb. 210). Im Bereich ausgezeichneter Geländepunkte (Bergspitzen, Sattel- und Muldenpunkte) und starker Gefällwechsel entspricht eine lineare Interpolation nicht immer den örtlichen Verhältnissen; hier sind ebenfalls nur Abschätzungen möglich (Punkte C bis F in Abb. 210).

Die lineare Interpolation ist rechnerisch oder graphisch möglich: Bei *rechnerischer* Interpolation ist s der Horizontalabstand benachbarter Höhenlinien im Bereich des Punktes A (Abb. 208), a der Horizontalabstand des Punktes A von

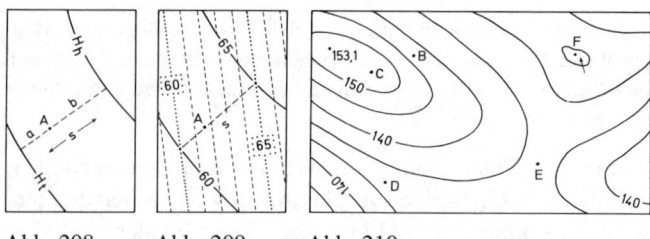

Abb. 208   Abb. 209   Abb. 210

Abb. 208. Rechnerische Höheninterpolation (siehe Text)
Abb. 209. Graphische Höheninterpolation: $H_A = 61{,}6$ m
Abb. 210. Abschätzen einer Punkthöhe: $H_B = 143$ m (Unsichere Höhenbestimmung bei den Punkten C, D, E, F)

der tiefer gelegenen Höhenlinie mit der Höhe H_t, b der entsprechende Abstand von der höheren Linie mit der Höhe H_h. Dann ist (mit $a + b = s$)

$$H_A = H_t + \frac{a}{s} \cdot (H_h - H_t) \quad \text{bzw.} \quad H_A = H_h - \frac{b}{s} \cdot (H_h - H_t).$$

Mit gleichem Ansatz gelangt man umgekehrt zur Interpolation von Höhenlinien zwischen bekannte Höhenpunkte (6.3.1.2): Ist der s Horizontalabstand zwischen zwei bekannten Höhenpunkten H_A und H_B, so kommt es darauf an, den Durchstoßpunkt einer Höhenlinie mit der Höhe H_L durch die Verbindungslinie der beiden Punkte zu finden. Für den gesuchten Horizontalabstand c dieses Durchstoßpunktes vom tieferen Punkt A sowie für den entsprechenden Abstand d vom höheren Punkt B ergibt sich dann (mit $c + d = s$)

$$c = (H_L - H_A) \frac{s}{H_B - H_A} \quad \text{und} \quad d = (H_B - H_L) \frac{s}{H_B - H_A}.$$

Die *graphische* Interpolation bedient sich einer geeigneten, auf einem Transparent (z.B. Millimeterpapier) gezeichneten Parallelenschar, die auf die Strecke s so eingedreht wird, daß die Endpunkte der Strecke, d.h. die Punkte auf den beiden Höhenlinien mit ihren Höhenwerten den auf der Parallelenschar festgelegten Höhenwerten entsprechen (Abb. 209). Dann liest man die Höhe des Punktes A aus der Parallelenschar ab.

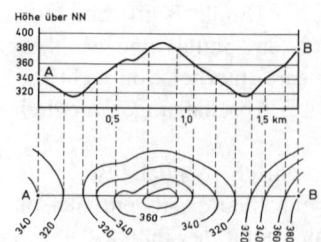

Abb. 211. Geländeprofil aus Höhenlinien: Kartenmaßstab 1:50 000, Höhenmaßstab 1:10 000 (5fache Überhöhung)

Neben der Entnahme einzelner Höhenwerte ist in der kartometrischen Praxis noch die Entnahme von *Profilen* aus Karten von Bedeutung. Dabei wird die vertikale Profilebene in der Karte durch eine Gerade markiert. Trägt man an den Schnittpunkten dieser Geraden mit den einzelnen Höhenlinien die jeweiligen Höhenwerte rechtwinklig zur Geraden ab und verbindet die Endpunkte miteinander, so entspricht das einem Umklappen des Profils in die Kartenebene (Abb. 211). Über Anwendung, Benennung und Überhöhung von Profilen siehe 12.1.5.

8.3 Auswertung digitaler Informationen

8.3.1 Grundzüge der digitalen Informationsauswertung

Wie bei der klassischen Kartenauswertung besteht auch das Ziel der Auswertung digitaler Geo-Daten darin, im Bewußtsein des Auswerters ein Tertiärmodell der Wirklichkeit zu erzeugen (1.5.2, 8.1). Damit es dazu kommt, sind folgende Maßnahmen durchzuführen:
– Auswahl der erforderlichen Geo-Daten,
– rechnergestützte Auswertung und
– Darstellung (Präsentation) der gewonnenen Geo-Informationen.

1. Die für die Auswertung erforderlichen Geo-Daten sind mit einem bestimmten Suchkriterium im digitalen Datenmodell zu *identifizieren*. Es gibt zwei elementare Möglichkeiten der Anfrage:
a) *Was* befindet sich in einem bestimmten Bereich?
b) *Wo* sind Objekte mit einer bestimmten Eigenschaft?

Im Falle a) wird ein *geometrisches* Suchkriterium vorgegeben, und zwar ein Punkt, eine Linie oder eine Fläche. Durch entsprechende geometrische Operationen sind die gespeicherten Informationen zu selektieren. Die Effizienz der Suche wird entscheidend durch die logische Datenstruktur und ihre Implementierung beeinflußt (3.3.2.2).

In Abb. 212 wird die häufig gebrauchte Punkt-in-Fläche Abfrage (engl. point-in-polygon test) dargestellt. Damit wird für einen vorgegebenen Punkt (Suchkriterium) geprüft, in welcher Fläche er liegt. Die weitere Auswertung wird mit den Daten der identifizierten Fläche fortgesetzt. Häufig sind Geo-Daten eines bestimmten Gebietes in der Nachbarschaft des eingebenen Suchkriteriums auszuwerten. Dann wird daraus das eigentliche Suchkriterium abgeleitet. Abb. 213 zeigt die oft angewendete Bestimmung eines Pufferbereiches, der durch Konstruktion von Parallelen zu Objektachsen oder -rändern entsteht.

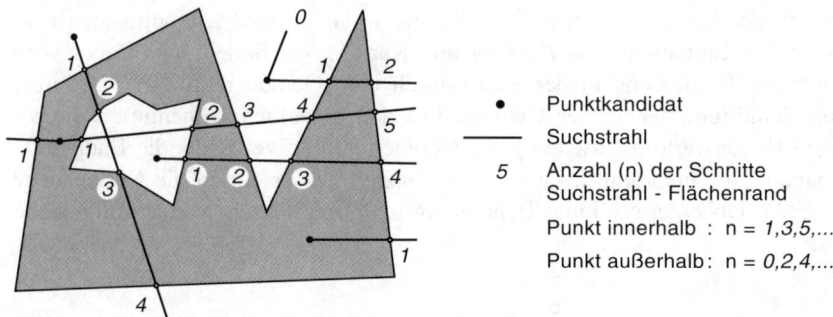

Abb. 212. Punkt-in-Fläche Test (Point-in-Polygon Test)

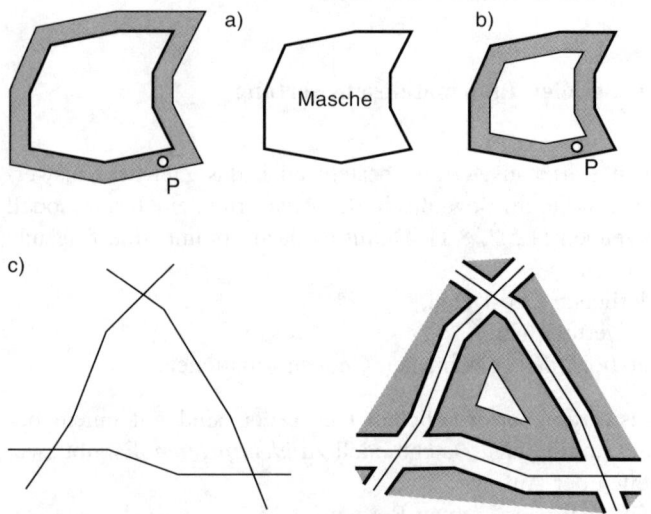

Abb. 213. Suchflächen mittels Pufferzonen

Im Falle b) wird ein *semantisches* Suchkriterium (z.B. eine bestimmte Objektklasse) vorgegeben. Die Auswahl bezieht sich auf den Gesamtbereich oder den definierten Teilbereich des digitalen Modells; als Ergebnis werden alle zur vorgegebenen Objektklasse gehörenden Objekte für die weitere Auswertung bereitgestellt.

Für die *Datenselektion* werden logische Operationen z.B. „gleich", „größer als" oder „logisches UND" (Abb. 135) sowie geometrische Operationen (z.B. Schnittbildung) verwendet.

2. Die selektierten Geo-Daten werden mit *fachspezifischen* Methoden ausgewertet (8.3.2). Mit einfacheren Operationen lassen sich die im digitalen Modell gespeicherten semantischen und geometrischen *Primärinformationen* ermitteln (8.2.1), soweit dies nicht bereits im Zuge der Auswahl geschehen ist. Darauf auf-

bauend ergeben sich mittels fachlicher Auswertemodelle vielfältige *Sekundärinformationen*, z.B. die Klassifizierung bzw. Typenbildung von Planungsräumen einschließlich der Entwicklungstendenzen und Entwicklungsmöglichkeiten (Potentiale). Bei der Entwicklung und Anwendung ist sorgfältig darauf zu achten, daß die Auswertmodelle die Qualität der Ausgangsdaten und der Zwischenergebnisse berücksichtigen sowie auch Indikatoren für die Qualität der Ergebnisse bestimmen und diese zur Beurteilung darstellen (8.3.3).

3. Die Auswerteergebnisse einschließlich ihrer Qualität (8.3.3) sind verständlich zu *präsentieren*. Dies geschieht üblicherweise in Form kartographischer Darstellungen (7.4); es ist aber auch in bestimmten Anwendungen eine Ausgabe akustischer Signale möglich (z.B. Ansage einer Fahrtroute in einem Fahrzeugnavigationssystem).

Die Möglichkeiten der rechnergestützten Auswertung digitaler Modelle haben die Entwicklung der GIS besonders stark beeinflußt. Während dabei anfangs die Auswertung digitalisierter Karten (8.3.2.1) im Vordergrund stand, bildet sich im Zusammenhang mit GIS immer mehr die Auswertung digitaler Objektmodelle (8.3.2.2) heraus.

In den raumbezogenen Wissenschaften ist seit 1980 eine umfangreiche Literatur zur Auswertung digitaler Geo-Daten entstanden. Sie nimmt in den Monographien zur GIS-Thematik einen breiten Raum ein (3.3). Einige Autoren beschäftigen sich besonders mit den kartographischen Aspekten der digitalen Informationsauswertung. So weist *Witt* (1982) auf die Notwendigkeit der Entwicklung einer theoretisch fundierten thematischen Kartometrie in Verbindung mit kartographischen Informationssystemen hin. *Findeisen* (1990) erarbeitet die Konzeption für ein räumliches Analyse- und Bilanzierungssystem; überwiegend im englischsprachigen Raum wird die Gewinnung raumbezogener Informationen als kartographische Modellierung bezeichnet, und die dafür verwendeten Funktionen werden zu einer kartographischen Algebra zusammengefaßt (z.B. *Tomlin* in *Maguire* u.a. 1991).

8.3.2 Methoden der Auswertung digitaler Geo-Daten

8.3.2.1 Methoden der Auswertung digitaler Kartenmodelle

Die rechnergestützten Auswertungen beziehen sich hierbei auf digitale Kartenmodelle meistens in Form von Raster-Daten. Kennzeichnend ist die geringe, nur auf das digitale Folienprinzip beschränkte Differenzierung der semantischen Informationen. Die Auswertung von Primärinformationen bezieht sich auf die Gewinnung bestimmter geometrischer Informationen, z.B. Flächeninhalte durch Auszählen der Pixel gleichen logischen, die Objektklasse charakterisierenden Grauwerts und Umrechnung in ein übliches Flächenmaß.

Der Vorteil der *rasterorientierten* Methoden besteht in der mathematisch einfach zu formulierenden Verknüpfung verschiedener Darstellungen, z.B. thematische Karten, Luft- und Satellitenbilder. Voraussetzung für die Auswertung ist die Abbildung aller Informationsschichten in ein Raster mit einheitlicher Maschengröße (7.4.2) Die Rastermasche ist die Raumbezugseinheit für die Auswertung. Auf sie sind zunächst alle Informationsschichten zu beziehen, bevor sie mit arithmetischen und logischen Operationen verknüpft werden können; z.B. werden mittels der logischen Operation UND Schnittmengen gebildet, d.h. gemeinsame Bildbereich bestimmt (Abb. 130, 134 und 135). Unter Anwendung bestimmter Bewertungsmodelle lassen sich damit Sekundärinformationen ableiten. Abb. 214 stellt das Prinzip dieser sog. *Grid-Methode* dar.

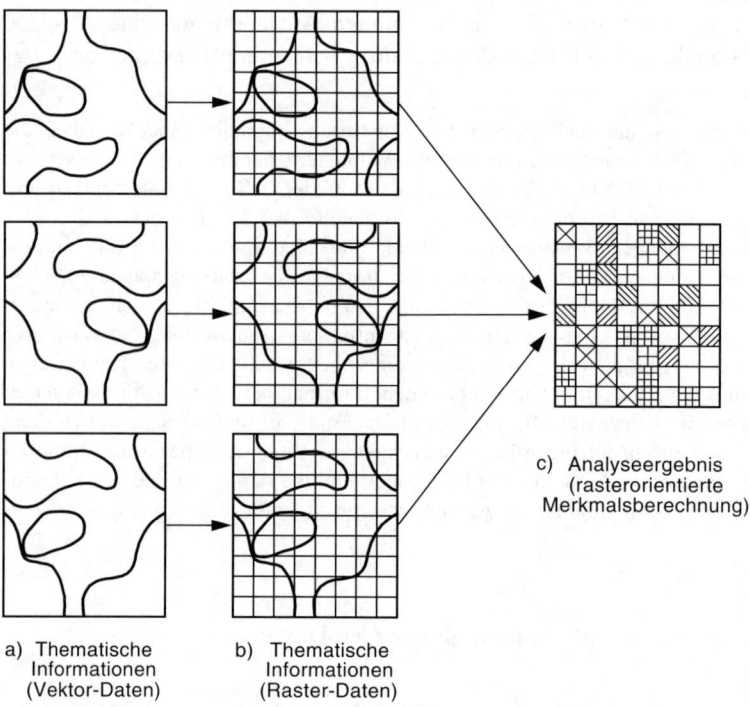

c) Analyseergebnis (rasterorientierte Merkmalsberechnung)

a) Thematische Informationen (Vektor-Daten)

b) Thematische Informationen (Raster-Daten)

Abb. 214. Auswertung nach der Grid-Methode

Die Anwendung der rasterorientierten Auswertung ist im mittel- und kleinmaßstäbigen Bereich weit verbreitet, und auch dort, wo wegen der Unschärfe der semantischen Informationen eine geringe geometrische Auflösung ausreichend ist (z.B. bei Immissionen). Probleme ergeben sich im Hinblick auf den Speicherplatzbedarf, wenn die Pixelgröße verringert wird sowie bei der Verknüpfung mit objektorientierten Auswertungen, die eine Raster-Vektor-Konvertierung erforderlich macht (4.9.4). Methoden und Algorithmen der Auswertung von Geo-Daten im Rasterformat behandelt *Göpfert* (1991). Einige dieser Methoden lassen sich auch auf digitale Objektmodelle in regelmäßiger Rechteckstruktur, z.B. DGM, anwenden (8.3.3.2).

8.3.2.2 Methoden der Auswertung digitaler Objektmodelle

Der Wunsch nach Gewinnung differenzierter und genauer Geo-Informationen im großmaßstäbigen Bereich hat die Entwicklung digitaler Objektmodelle maßgeblich beeinflußt. Diese haben den Vorteil, daß sie von der darstellungsbedingten kartographischen Generalisierung unbeeinflußt sind und somit sowohl in semantischer als auch in geometrischer Hinsicht differenzierte und genaue Ausgangsdaten liefern (1.4.3).

1. Ermittlung von Primärinformationen

Semantische Angaben lassen sich im einfachsten Fall durch Zählen bestimmter Attribute und in Verbindung mit geometrischen Operationen (z.B. Flächeninhalt aller Waldgebiete im Suchbereich) qualitativ und quantitativ ermitteln.

Die geometrischen Operationen basieren auf der koordinatenmäßigen Beschreibung der Objekte; sie werden mit den in 8.2.3 beschriebenen Ansätzen durchgeführt. Dabei ist zu berücksichtigen, daß sich die Ergebnisse auf die geodätischen Referenzsysteme (z.B. die zweidimensionalen Auswertungen auf das Referenzellipsoid, 2.1.1.2) beziehen. Falls die Angaben z.B. von Strecken und Flächen in Geländehöhe benötigt werden, müssen sie bei höheren Genauigkeitsanforderungen noch entsprechend umgerechnet werden (*Großmann* 1976).

Zu den in 8.2.3 angegebenen Methoden ergeben sich noch folgende Ergänzungen:

a) Bestimmung von Kurvenlängen

Für kurvenförmige Geometrien ist unter Verwendung einer geeigneten Interpolationsfunktion ein Polygonzug mit krümmungsabhängigen Punktabständen zu berechnen. Die Kurvenlänge S ergibt sich durch Aufsummierung der Längen der n Polygonseiten s_i, die sich nach der in 8.2.3.3 angegebenen Formel berechnen lassen:

$$S = \sum_{i=1}^{n} s_i.$$

b) Bestimmung von Höhen einzelner Punkte aus einem DGM

Die Höhe eines Punktes $P(x, y)$ wird durch Interpolation im Dreieck (bei einem triangulierten DGM) oder in der umgebenden Gittermasche (bei einem regelmäßigen DGM) berechnet. Im zweiten Fall ergibt sich die gesuchte Höhe (z) z.B. durch bilineare Interpolation:

$$z = a_0 + a_1 x + a_2 y + a_3 xy.$$

Die Koeffizienten a_0 bis a_3 werden aus den vier Stützpunkthöhen berechnet.

c) Bestimmung von Vertikalwinkeln

Voraussetzung ist die Ermittlung der Höhen der beteiligten Punkte, z.B. durch Interpolation aus einem DGM, sowie die Berechnung der Horizontalstrecken aus Koordinaten. Darauf ist die tan-Formel in 8.2.3.4 zu Nr. 2 anzuwenden.

362 Auswertung digitaler Informationen

d) Berechnung von Profilen
Dabei sind in Profilrichtung Schnitte mit einem DGM zu bilden und die Höhenverhältnisse für die Ermittlung der vom Standpunkt nicht einsehbaren Bereiche zu untersuchen. Solche Berechnungen werden z.B. bei Sichtbarkeitsanalysen und bei der rechnergestützten Konstruktion panoramischer Ansichten durchgeführt (7.4.4).

2. Ermittlung von Sekundärinformationen
Sekundärinformationen ergeben sich aus fachlichen Modellrechnungen auf der Grundlage von Primärinformationen.

a) Auswertung zweidimensionaler Objektmodelle
Eine zentrale Funktion ist die *Verschneidung* digitaler Modelle (Informationsschichten). Das Prinzip wird in Abb. 215a dargestellt.

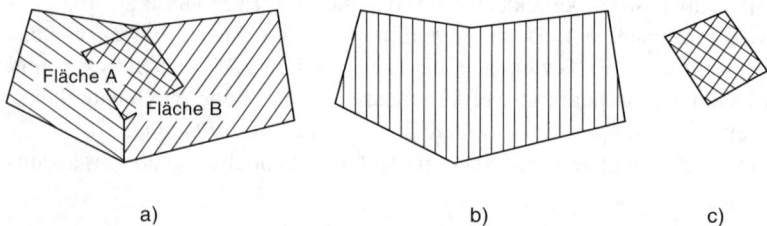

a)   b)   c)

Abb. 215. a) Verschneidung der Flächen A und B, b) Vereinigung und c) Schnitt von A und B

Der Ablauf der Verschneidung ist wie folgt:
- Identifizieren der Liniensegmente (Polygonseiten) unter Auswertung der Topologie;
- mit Punkt-in-Fläche Test prüfen, ob Liniensegmente der einen Fläche innerhalb der anderen Fläche liegen;
- mit den ermittelten Segmenten die Schnitte berechnen;
- neue Segmente einschließlich ihrer topologischen Relationen bilden;
- neue Flächenobjekte aus den neuen Segmenten bilden;
- abschließend sind den Flächenobjekten die aus den semantischen Beschreibungen der Ausgangsflächen ermittelten Attribute zuzuordnen. Dieser Vorgang wird auch als Aggregation bezeichnet.

Durch Verschneidung lassen sich mehrere Informationsschichten verknüpfen, z.B. zur Ermittlung von Konfliktbereichen. Abb. 216 zeigt ein Beispiel für die Auswertung dreier digitaler Fachmodelle auf der Grundlage eines einheitlichen Raumbezugssystems. Dabei beruht die für jedes Objekt des Raumbezugssystems durchgeführte Merkmalsberechnung auf einem fachspezifischen Auswertemodell, das die bilanzierten thematischen Daten berücksichtigt. Für die Qualität der Auswertung ist die Integration aller beteiligten Geo-Daten in ein solches System von besonderer Bedeutung (3.3, 7.4.2).

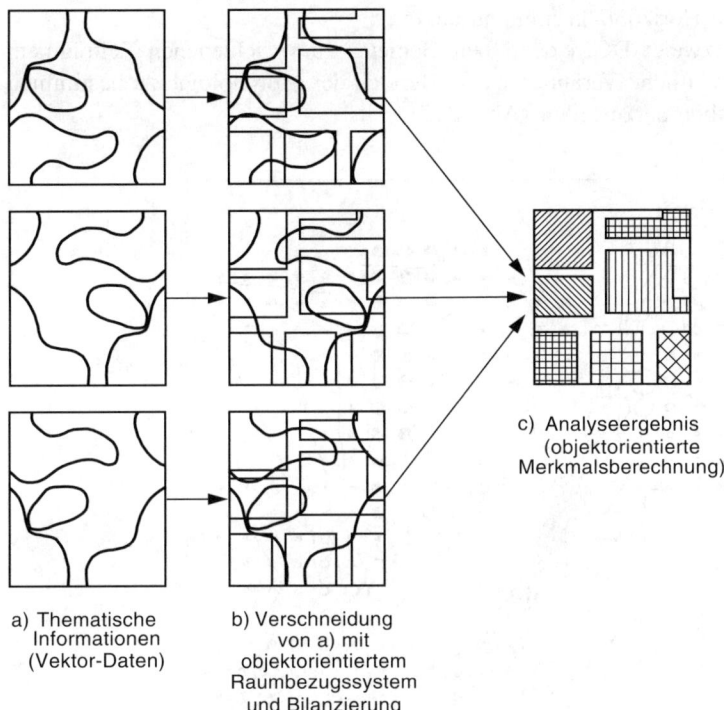

Abb. 216. Auswertung digitaler Objektmodelle

Die *Vereinigung* (Abb. 215b) benachbarter Flächen setzt voraus, daß diese durch Klassifizierung der gleichen Objektklasse zugeordnet werden können. Durch Weglassen gemeinsamer Grenzen ergeben sich neue, größere Objekte.

Einen graphentheoretischen Ansatz für die Vereinigung stellt *Grünreich* (1985) vor. Ein Verfahren der rechnergestützten Auswertung geowissenschaftlicher Karten beschreiben *Kuhnt/Vetter* (1988), der integrierten Auswertung von Umweltzustandsdaten *Mutz* und *Bock* (in *Günther* u.a. 1992). *Rase* behandelt die geometrische Mengenbildung als Auswertemethode für die Planung (in *ARL* 1991), *Radermacher* (in *Schilcher* 1991) und *Stralla* (in *Radermacher* 1992) behandeln die Auswertung von Landnutzungsdaten im Zusammenhang mit STABIS (13.4.1). Weitere Auswertungen beziehen sich auf Netzberechnungen, z.B. die Berechnung von Routen in einem Verkehrsnetz für die Fahrzeugnavigation. Solche Berechnungen beruhen auf graphentheoretischen Ansätzen (z.B. *Lawler* u.a. 1985).

b) Auswertung dreidimensionaler Objektmodelle
Die Ermittlung abgeleiteter Größen aus DGM (Reliefparameter) nimmt einen breiten Raum ein, insbesondere in den Geowissenschaften, in Hydrographie und Topographie sowie im Ingenieurbau. Hierzu gehören die Berechnung von
– Hangneigung und Exposition mit Darstellung als Fallinienvektorfeld;
– Einzugsgebieten für Fließgewässer;

364 Auswertung digitaler Informationen

- Vertikal- und Horizontalkrümmung u.a.m.;
- Differenzen zweier DGM desselben Gebietes zu verschiedenen Zeiträumen, z.B. um die zeitliche Veränderung im Bereich der Morphologie zu bestimmen und anschaulich darzustellen (Abb. 217)

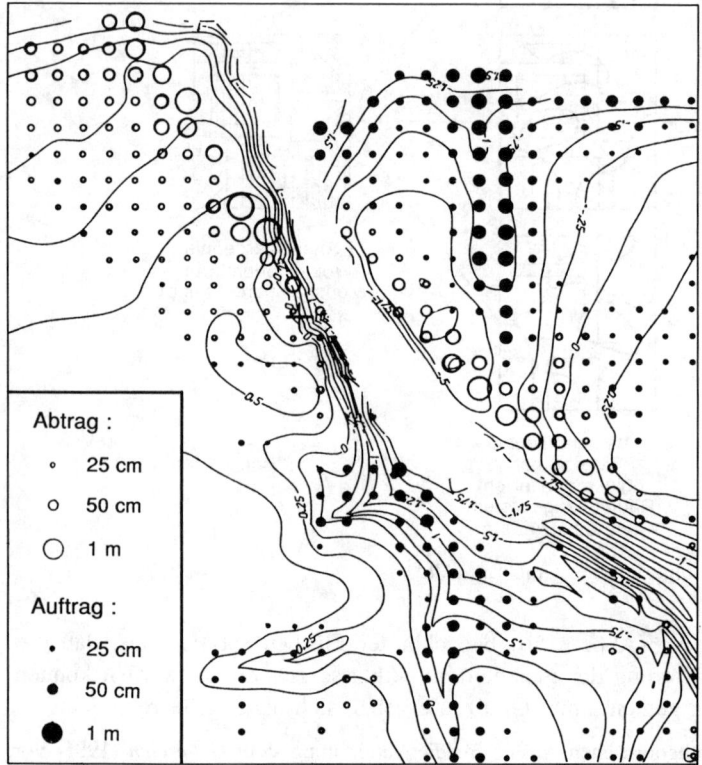

Abb. 217. Differenzbildung zweier DGM eines Wattgebietes

Neuere Arbeiten zur Auswertung digitaler Geländemodelle stammen von *Rieger* (1992) und *Köthe/Lehmeier* (1991). Zunehmend werden auch integrierte Auswertungen von zwei- und dreidimensionalen Geo-Daten durchgeführt, z.B. Bodendaten, Hangneigung, Landnutzung, Klima zur Ermittlung der Erosionsgefährdung (*Heineke* u.a. 1992, *Oelkers* 1993).

8.3.3 Datenqualität

Die Erfahrungen mit der Auswertung digitaler Geo-Daten lehren, daß sie nur dann sachgerecht und sinnvoll möglich ist, wenn die wesentlichen Qualitätsmerkmale der Daten bekannt sind. Dazu gehören nach *Caspary* (1992)
- die Herkunft der Daten (Datenquellen, Erfassungsmethoden, Transformationen, Interpolationsverfahren u.a.m.);
- Positionsgenauigkeit (Nachbarschaftsgenauigkeit, absolute Genauigkeit, Restklaffungen, Zuverlässigkeitsmaße u.a.m.);
- Attributgenauigkeit (Klassifizierungsgenauigkeit, Abgrenzungsgenauigkeit, kontinuierliche metrische Attribute wie Breite und Höhe u.a.);
- Logische Konsistenz (Richtigkeit der Beziehungen im Datenbestand, der Geometrie, der Topologie, Redundanz, u.a.m.);
- Vollständigkeit (Auflösung, kleinste erfaßte Einheit, Klassifizierungsmethode, Vollständigkeitstest u.a.m.)
- Aktualität (Quellendatum, Erfassungsdatum, Testdatum, geschätzte Veränderungsrate, letzte und nächste Aktualisierung u.a.m.).

Im Hinblick auf ein breites Spektrum unterschiedlicher Anwendungen ist es erforderlich, diese Merkmale zu erfassen und in ein dem digitalen Objektmodell zugeordnetes Qualitätsmodell zu integrieren. Dieses soll einerseits den Anwendern eine vollständige Auskunft über die Qualität des Geo-Datenmodells geben und andererseits die Beurteilung der Qualität von Auswerteergebnissen ermöglichen.

Die Problematik eines Qualitätsmodells für Geo-Daten diskutiert *Caspary* (1992, 1993). Über die weit fortgeschrittene Entwicklung in den USA zur Entwicklung eines Qualitätsmodells im Zusammenhang mit der Standardisierung des Austausches von Geo-Daten berichten *Fegeas* u.a. (1992). Wesentliche Teile eines Qualitätsmodells sind auch im Objektartenkatalog des ATKIS-Projekts (*AdV* 1989) enthalten.

Teil 2:
Angewandte Kartographie

9. Topographische Karten

9.1 Begriffe und Aufgaben

Entsprechend der Unterscheidung der Karten nach ihrem Inhalt (1.4.2.2 Nr. 1) gilt als topographische Karte in einem sehr weiten und allgemeinen Sinne jede „Karte, in der Situation, Gewässer, Geländeformen, Bodenbewachsung und eine Reihe sonstiger zur allgemeinen Orientierung notwendiger oder ausgezeichneter Erscheinungen den Hauptgegenstand bilden und durch Kartenbeschriftung eingehend erläutert sind" (*IfAG* 1973). Eine andere und kürzere Definition spricht von „... Karten aller Maßstäbe, in denen die Landschaft charakteristisch vereinfacht dargestellt ist" (*IfAG* 1971).

Topographische Karten gibt es in Form amtlicher Kartenwerke in bestimmten Maßstäben, als amtliche und private Stadtkarten sowie von verschiedenen Herstellern als touristische Karten, Übersichtskarten, Erdkarten usw., auch in der Form von Kartenwerken und Atlaskarten. Dabei handelt es sich nur selten um reine topographische Karten; fast immer trifft man auch auf *thematische Angaben* wie politische Grenzen, Nummern von Fernstraßen, Einwohnerzahlen (z.B. erkennbar an Art und Größe der Ortsnamen) usw. Häufig gibt es bei amtlichen Kartenwerken verschiedene *Arten der Ausgabe,* z.B. ohne Geländedarstellung, mit farblicher Betonung des Straßennetzes, mit Darstellung von Radwanderwegen, als einfarbige Ausgabe.

Die *Aufgaben* einer topographischen Karte orientieren sich an den unterschiedlichen Wünschen der Benutzer. Danach gibt es folgende Gruppen:
1. *Bildung und Information:* Unterricht, Selbststudium, Erläuterung aktueller Geschehnisse, Kommunikation über geographische Objekte;
2. *Geländeorientierung:* Wandern, Sport, militärische Operationen;
3. *Verwaltung und Planung:* a) Flächenhaft: Land- und Forstwirtschaft, Industrie, Wasserwirtschaft, Raumordnung und Städtebau, Landesverteidigung; b) Linienhaft: Verkehrswege, Versorgung, Energiewirtschaft;
4. *Wissenschaftliche Interpretation:* Geowissenschaften (Geographie, Geologie, Geomorphologie, Geophysik), Ur-, Siedlungs-, Verkehrs- und Wirtschaftsgeschichte, allgemeine Raumanalyse;
5. *Kartographische Grundlage:* Amtliche und private Stellen des Vermessungswesens und der Kartographie: Unterlage für Folgekarten, Quelle und Grundlage für thematische Karten.

Im Hinblick auf diesen Aufgabenkatalog hatten und haben sich topographische Karten laufend auf die mannigfaltigen, sich ständig verändernden und nicht selten divergierenden Anforderungen einzustellen. So standen bei den amtlichen Karten im 19 Jh. zunächst die militärischen Aspekte im Vordergrund; heute jedoch haben sie als Vielzweckkarten für verschiedene Bereiche zu dienen. Dies hat in vielen Staaten zu einer dichten Maßstabsfolge mit entsprechender Abstimmung der Karteninhalte nach Umfang der Darstellung und Grad der Generalisierung geführt.

Gegenwart und Zukunft der topographischen, vor allem der amtlichen Karten sind nunmehr aber durch zwei wesentliche Einflüsse gekennzeichnet:
- *Sachlich* erzwingen die umfangreichen und raschen Veränderungen im Landschaftsbild, daß der Schwerpunkt topographisch-kartographischer Arbeiten in der *Aktualisierung* der bestehenden Karten liegt.
- *Methodisch* bedeutet der Aufbau und der Einsatz von Geo-Informationssystemen (GIS), daß auf Benutzerwünsche nunmehr noch flexibler reagiert werden kann: Der verfügbare Datenbestand ist größer und erlaubt auch thematische Verknüpfungen; ein digitales Folienprinzip bietet mehr Kombinationen in der inhaltlichen Darstellung, und auch in Bezug auf Graphik, Maßstab, Format usw. ergeben sich größere Spielräume. Beispiele rechnergestützt bzw. vollständig digital bearbeiteter Karten siehe 7.3.2 und 7.4.4.1.

Neben der Darstellung in Lehr- und Handbüchern (*Imhof* 1968, *Arnberger/Kretschmer* 1975, *Wilhelmy* 1990) finden sich umfangreichere Ausführungen zu topographischen Karten in Sammelwerken bzw. Monographien von *Bosse* (1962), *Pöhlmann* (1974), *Kelnhofer* (1980), *Prell* (1983), *Leibbrand* (1987), in Teilbereichen wie Geländedarstellung bei *Imhof* (1965), *Bosse* (1978), Gebirgskartographie bei *Brandstätter* (1983) und Stadtkartographie bei *Bosse* (1976), *Gorki/Pape* (1987), mit dem Schwerpunkt der digitalen Technologien bei *Mayer* (1988, 1989, 1990), *Leibbrand* (1989), *Kainz/Mayer* (1993). Den Bereich der Generalisierung behandeln u.a. *Bosse* (1967), *Schweiz.Ges.f.Kartographie* (1975, 1990), beim Siedlungsbild *Neumann* (1972, 1978), *Meine* (in *Kretschmer* 1977). Zum Schrifttum über rechnergestützte Generalisierung siehe 7.4, zur Kartenauswertung siehe 8.2.1. Zur Erschließung der Erde durch topographische Karten siehe *Böhme* (1989/1991/1993).

9.2 Gruppierung topographischer Karten

Unabhängig von den verschiedenen begrifflichen Abgrenzungen (1.4.2.2. Nr. 1) ergibt sich infolge gleichbleibender Thematik – im Gegensatz zu den thematischen Karten – lediglich eine Gliederung nach Maßstabsbereichen:

1. *Topographische Karten im engeren Sinne* sind solche, die das Gelände und die mit ihm verbundenen Gegenstände in großen und mittleren Maßstäben mit maßstabsbedingter Vollständigkeit und Genauigkeit darstellen. Die Grenze dieses Bereiches liegt etwa beim Maßstab 1:300 000, und manche Autoren betrachten überhaupt nur solche Karten als topographische Karten. Deren weitere Einteilung ist meist wie folgt üblich:

a) *Topographische Grundkarten oder Plankarten* bis etwa 1:10 000 mit vorwiegend grundrißtreuer Darstellung,
b) *topographische Spezialkarten* etwa zwischen 1:20 000 und 1:75 000 mit weitgehend grundrißähnlicher Darstellung und stärkerer Farbdifferenzierung,
c) *topographische Übersichts- oder Generalkarten* etwa ab 1:100 000 mit höherem Grad von Generalisierung.
d) Daneben gibt es in zunehmendem Maße die besondere Gruppe der *Luft-* und *Satellitenbildkarten* (12.1.1).

2. Geographische Karten, auch als *chorographische* („raumbeschreibende") oder *physische* Karten bezeichnet, stellen die landschaftlichen Raumverhältnisse charakteristisch vereinfacht dar. Kennzeichnend für solche Karten in Maßstäben kleiner als etwa 1:300 000 ist damit der maßstabsbedingte Verzicht auf Detailwiedergabe zugunsten einer wohlabgestimmten Darstellung geographischer Zusammenhänge. Zu dieser Gruppe gehören auch die meisten Karten in allgemeinen Atlanten. Mitunter wird auch in dieser Gruppe noch unterteilt in Generalkarten (bis 1:1 Mio.), Regional- und Länderkarten (bis etwa 1:10 Mio.), Erdteilkarten und Erdkarten (etwa ab 1:10 Mio.). Dazu treten in wachsendem Umfang *Satellitenbildkarten* auf.

9.3 Karteninhalt

Als Karteninhalt gilt im semantischen Sinne die Gesamtheit der dargestellten Objekte (*Kartenthema*), in syntaktischer Hinsicht die Summe der graphischen Darstellungen (*Kartenbild*) bzw. der dafür stehenden Daten (*digitale Modelle*). Das Kartenbild besteht aus der Darstellung der Situation (9.3.1), des Geländes (9.3.2) und der Schrift (9.3.3). Die weiteren Ausführungen dazu gehen aus von bestimmten Objektgruppen und erörtern die dafür geeigneten kartographischen Gestaltungsmittel mit ihren Lagemerkmalen, ihrer Generalisierung sowie besonderen Kennzeichen und Problemen. Neben den Textabbildungen geben die Anlagen 1 bis 7 und 9 typische Beispiele für den jeweiligen Kartenmaßstab und lassen dabei in der Folge der Anlagen 2 bis 7 auch die Wirkungen der Generalisierung gut erkennen.

9.3.1 Situationsdarstellung

Diese bezieht sich auf alle topographischen Objekte (siehe 6.3.1.2) mit Ausnahme der Geländeoberfläche. Die graphische Wiedergabe in der zweidimensionalen Kartenebene entsteht entweder über einen graphischen Entwurf oder von einem digitalen Situationsmodell (DSM) her. Nach der Art des Raumbezuges handelt es sich stets um *Diskreta* (1.3.2). Man spricht auch von Lage- oder Grundrißdarstellung, muß dabei aber bedenken, daß auch die Geländewiedergabe auf einer Grundrißdarstellung beruht.

9.3.1.1 Siedlungen

Neben dem kartographischen Kennzeichen als Gebäude bzw. bebaute Fläche gewinnt die Gebäudehöhe als weiteres *topographisches* Merkmal des sog. Stadtreliefs an Bedeutung, und zwar durch Variation in Farbe oder Füllung der Fläche oder in der Strichbreite der Umringslinie. Als *thematisches* Merkmal erscheint vor allem in größeren Maßstäben die Angabe der Gebäudenutzung durch Flächenfarben oder -schraffuren.

1. Grundrißtreue Darstellung

Noch im Maßstab 1:5 000 lassen sich alle wesentlichen Grundrißeinzelheiten des Gebäudes maßstäblich wiedergeben: Bei der graphischen Minimaldimension von 0,3 mm (Abb. 65) entspricht dies einem noch darstellbaren Gebäudemaß von 1,5 m. Mit Mindestgrößen von 3 m erreicht man mit 1:10 000 den Grenzmaßstab für grundrißtreue Darstellung.

2. Grundrißähnliche Darstellung

Mit kleiner werdendem Maßstab setzt der Prozeß der *Generalisierung* (3.2) ein, da sonst bei maßstabsgetreuer Wiedergabe zuerst Details, später ganze Objekte geringer Ausdehnung die kartographischen Minimaldimensionen unterschreiten würden.

a) Bei *offener Bauweise* (freistehenden Einzelgebäuden) sind Einzelheiten (z.B. Anbauten) zu vernachlässigen und dadurch die Formen zu *vereinfachen*, ferner kleinere Objekte *fortzulassen.* Ist es aber wichtig, typische Merkmale (z.B. schmale Gebäudeseiten) bzw. auch kleinere Objekte (z.B. Umformerhaus) noch darzustellen, so sind die Dimensionen zu *vergrößern*. Das führt zu *Verdrängungen* in den gegenseitigen Lageverhältnissen, durch die z.B. Abstände zwischen Gebäuden und Verkehrswegen unterdrückt werden müssen. In der Folge kleinerer Maßstäbe sind schließlich *Zusammenfassungen* nicht zu vermeiden oder es fallen (z.B. in regelmäßigen Einzelhaussiedlungen) so viele Gebäude fort, daß die verbleibenden Darstellungen in Form kleiner schematischer Rechtecke damit als *Gebäudesignaturen* gelten, die jeweil mehrere Häuser repräsentieren.

Die Generalisierung eines Ortsbildes beginnt mit der lagerichtigen Festlegung der wichtigsten Bauwerke, Gewässer und Verkehrswege wie Kirchen, Bahnhöfe, Brücken, große Plätze, Hauptdurchgangsstraßen, Eisenbahnlinien. Vom Ortskern ausgehend folgen abschnittsweise die übrigen Straßen, Häuserblöcke und Einzelhäuser. Typische Formen von Kreuzungen und Abzweigungen sind eher zu betonen als abzuschwächen. Je nach topographischer Situation ist u.U. die äußere Bebauungsgrenze und die daran anschließende Gartenfläche unter Beachtung des sich ebenfalls ändernden Höhenlinienbildes leicht zu verdrängen. Für die notwendige Erhaltung des typischen Siedlungsbildes liefert die Entwicklungsgeschichte wertvolle Hinweise, und bei bereits generalisierten Darstellungen lassen sich dazu auch grundrißtreue Darstellungen und Luftbilder zu Rat ziehen. Ähnliches gilt auch bei der Aktualisierung von Karten mit den dabei unvermeidbaren Zwängen und Kompromissen.

Abb. 218 zeigt eine Siedlung im Maßstab 1:5 000 sowie in den Maßstäben 1:25 000 und 1:50 000. Um die Auswirkungen der Generalisierung zu verdeutlichen, sind in Abb. 219 die drei Darstellungen auf den gleichen Maßstab 1:10 000 reduziert.

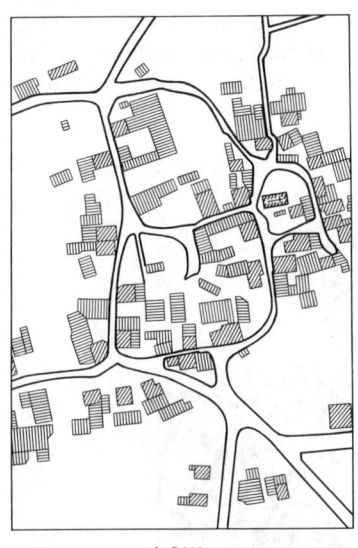

Abb. 218. Offene Bauweise in den Maßstäben 1:5 000, 1:25 000, 1:50 000

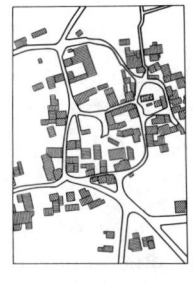

Abb. 219. Offene Bauweise nach Abb. 218, reduziert auf den einheitlichen Maßstab 1:10 000

b) Bei *geschlossener Bauweise* erscheinen in Karten 1:25 000 die Gebäude noch in ihren Einzelgrundrissen, soweit dies möglich ist; ältere Karten enthalten meist die sog. *Teilblockdarstellung* durch Flächenschraffur. In den Maßstäben 1:50 000 bis 1:200 000 erscheinen die eng bebauten Ortskerne in lückenlos gefüllter Flächendarstellung der Wohnblöcke ohne Berücksichtigung von Freiflächen. Die damit verbundene höhere Darstellungsdichte wird aber teilweise wieder aufgehoben durch die notwendige Verbreiterung der Straßenflächen. Abb. 220 zeigt einen Ortskern im jeweils richtigen Maßstab sowie im Ausgangsmaßstab 1:25 000.

In allgemeinen Betrachtungen (z.B. *Prell* 1985) und in Überlegungen zum Gestaltungswandel gibt es für den genannten Maßstabsbereich z.B. die Tendenz zu verstärkter Flächendarstellung, tlw. auch bei offener Bauweise in Verbindung mit farblicher Differenzierung, in 1:25 000 auch mit Beschriftung der wichtigsten Straßen usw. (Schrifttum siehe 9.7.1.1).

Abb. 220. Geschlossene Bauweise in den Maßstäben 1:25 000, 1:50 000, 1:100 000, zugleich auch dargestellt im einheitlichen Maßstab 1:25 000

c) Ohne Angaben zur *Bebauungsdichte* bleiben die Darstellungen in 1:300 000 und kleiner. Man beschränkt sich auf *Gesamtumrisse,* die bei sehr großen Städten bis zu Maßstäben von 1:5 Mio. erscheinen (Abb. 221a).

3. Lagetreue Darstellung durch Ortssignaturen

Etwa zwischen 1:300 000 und 1:1 Mio. läßt sich zwar die gesamte Siedlungsstruktur und bebaute Fläche eines bestimmten Gebietes noch zum Ausdruck bringen (Abb. 221a), doch geht man in der Praxis dieses Maßstabsbereiches meist zu Ortssignaturen über, die nicht mehr die bebaute Fläche anzeigen, sondern etwa in Ortsmitte als Zeichen für Siedlung stehen (Abb. 221b).

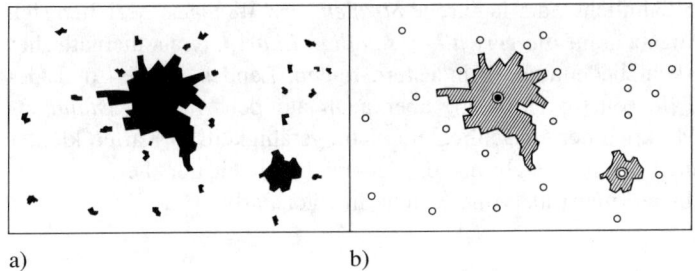

a)   b)

Abb. 221. Siedlungsdarstellung durch a) Gesamtumrisse und b) Ortssignaturen

In kleineren Maßstäben erscheinen die Orte nur noch in einer bestimmten Auswahl; diese kann nach der Einwohnerzahl, aber auch nach verkehrstechnischen, wirtschaftlichen, kulturellen, historischen, politischen und anderen Gesichtspunkten getroffen werden. Durch Variation in Größe, Form oder Füllung der Ortssignatur kann man zusätzlich eine *quantitative* Angabe – hier die Einwohnerzahl – in gestufter Weise darstellen.

9.3.1.2 Verkehrswege

Grundrißtreue Darstellungen der meist bandförmigen Flächen von Eisenbahnen und Straßen mit den Dämmen und Einschnitten sind bis etwa zum Maßstab 1:5 000 möglich. Dabei ließen sich Wege entsprechend den Minimaldimensionen bis herab zu einer Breite von 1,25 m maßstäblich wiedergeben; in der Deutschen Grundkarte 1:5 000 (9.7.1.1) sind jedoch solche Wege wie 3 m breite Wege zu behandeln. Qualitative Angaben erscheinen durch Signaturen oder Schrift. In kleineren Maßstäben richtet sich die Entscheidung zwischen *grundrißähnlichen* bzw. *lagetreuen* Darstellungen nach der Betonung des Verkehrsweges und der verfügbaren Kartenfläche. Qualitative, darunter auch thematische Merkmale (z.B. Art, Bedeutung und Leistungsfähigkeit) kommen vor allem durch lineare Signaturen und farbige Angaben zum Ausdruck.

Lagetreue *Schienenwege* werden in den deutschen amtlichen Kartenwerken qualitativ nach Spurweite und Anzahl der Gleise differenziert (Abb. 222). Kleinmaßstäbige Karten bringen lediglich die Hauptverkehrslinien, in Atlanten meist als volle Striche in schwarzer Farbe.

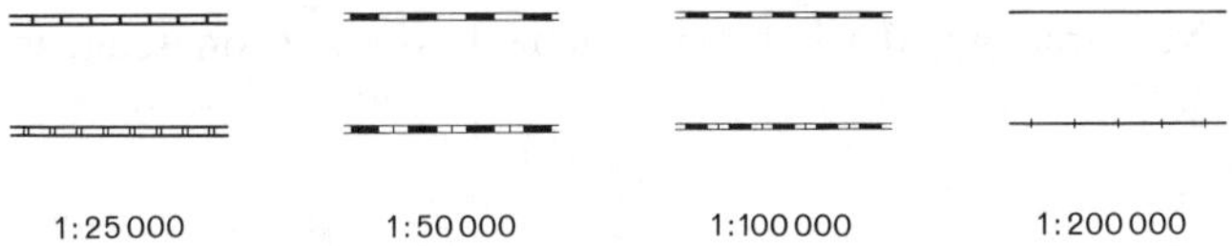

1:25 000   1:50 000   1:100 000   1:200 000

Abb. 222. Darstellung vollspuriger Eisenbahnen in amtlichen topographischen Karten, obere Zeile: eingleisig, untere Zeile: mehrgleisig

376 Karteninhalt

Für das grundrißähnliche oder lagetreue *Straßen- und Wegenetz* beziehen sich die qualitativen Angaben auf die *verwaltungsmäßige Einteilung* als thematischer Ausdruck der Verkehrsbedeutung (Bundesfernstraßen, Landes-, Kreis- und Gemeindestraßen sowie sonstige Straßen) aber auch auf den *Ausbauzustand* als topographisches Merkmal der tatsächlichen Leistungsfähigkeit. In Karten kleiner Maßstäbe erscheinen mit Rücksicht auf die Übersichtlichkeit nur die Hauptverkehrsadern, in Atlanten meist als volle Striche in roter Farbe.

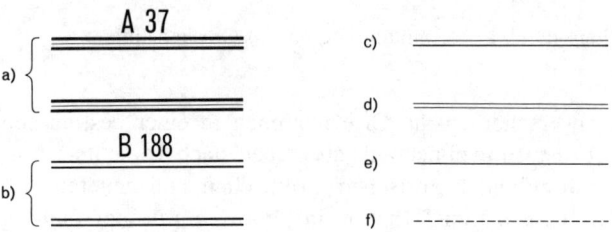

Abb. 223. Darstellung von Straßen und Wegen in der Topographischen Karte 1:25 000

Das Musterblatt der Topographischen Karte 1:25 000 in der Fassung von 1981 unterscheidet (siehe Abb. 223):
a) *Autobahnen* (mit Nummer) ohne Unterscheidung nach der Anzahl der Fahrspuren und *Autostraßen* als nicht zum Bundesautobahnnetz gehörende Kraftfahrstraßen mit mindestens vier Spuren.
b) *Bundesstraßen* (mit Nummer) und *Hauptstraßen (IA)* mit einer Fahrbahnbreite etwa ab 6 m.
c) *Nebenstraßen (IB)* mit einer Fahrbahnbreite etwa ab 4 m.
d) *Befestigte Fahrwege (II)* mit Unterbau und fester Fahrbahndecke sowie mit unterschiedlicher Fahrbahnbreite.
e) *Wirtschaftswege, Feld- und Waldwege (III)* als untergeordnete Verbindungen mit oder ohne befestigter Fahrbahn.
f) *Fuß- und Radfahrwege* werden nur dargestellt, wenn sie Verbindungen zwischen Wohnplätzen und Straßen, Straßenabkürzungen oder Wanderwege sind.
Die Darstellung der Straßen in topographischen Karten Westeuropas beschreibt *Berger* (1976). Zu den Problemen der Klassifizierung äußert sich *Bertinchamp* (1980).

Die Generalisierung der Verkehrswege bewirkt eine Verbreiterung sowie eine Unterdrückung von Krümmungen (Abb. 224). Die Straßenverbreiterung ergibt bereits im Maßstab 1:25 000 etwa das Vierfache und erreicht in 1:100 000 etwa das Fünfzehnfache der natürlichen Breite. Die teilweise Unterdrückung von Krümmungen führt zu Verkürzungen der Längen, was bei Entfernungsmessungen in Karten zu berücksichtigen ist (8.2.3.3).

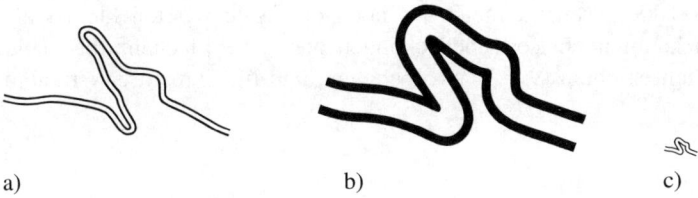

a)   b)   c)

Abb. 224. Straßendarstellung in 1:25 000 (a), generalisiert im Ausgangsmaßstab (b) und im Endmaßstab 1:200 000 (c)

9.3.1.3 Gewässer

Zum *Gewässernetz* zählen alle dauernd oder zeitweise mit Wasser bedeckten Flächen. Bei kleineren Wasserläufen führen grundrißähnliche Darstellungen mit Doppellinien meist zu einer Verbreiterung; lagetreue Darstellungen stellen die Mittellinien dar. Die Uferlinien von Flüssen, Strömen, Seen und Meeresküsten sind grundrißtreu oder -ähnlich; in mehrfarbigen Karten erscheinen sie in Blau und die von ihnen eingeschlossenen Wasserflächen gewöhnlich im Punktraster dieser Farbe. Wattflächen erhalten meist einen lichteren Punktraster. Richtungspfeile geben die Fließrichtung an. Für die Gewässernamen ist meist eine rückwärtsliegende Schrift üblich. Die *mit Gewässern verbundenen Objekte* erscheinen grundrißähnlich (z.B. Talsperren, Fähren) oder lagetreu (z.B. Buhnen, Furten) oder als lagetreue Signaturen (z.B. Brunnen, Pegel, Kran).

Die Generalisierung der Gewässer drückt sich aus in einer Verbreiterung der Linien und in besonderem Maße in einem Fortfall der nicht mehr darstellbaren Bögen und Schleifen bei Flußläufen bzw. Buchten und Vorsprüngen bei Küstenlinien. Eine solche Vereinfachung der Linienführung bewirkt eine Verkürzung der Längen, die noch erheblich größer sein kann als bei Straßen und Wegen (8.2.3.3). Beim Fortfall ganzer Wasserläufe ist darauf zu achten, daß das generalisierte Gewässernetz eine Dichte aufweist, die charakteristisch ist für die geomorphologischen und hydrogeologischen Verhältnisse des Gebietes.

9.3.1.4 Bodenbedeckungen

Zur *Bodenbedeckung* gehören alle flächenhaften topographischen Erscheinungen natürlicher Herkunft (z.B. Urwald, Wüste) oder als Folge menschlichen Wirkens (z.B. Garten). Dagegen ist die *Bodennutzung* mehr ein thematisches, stets mit menschlichem Eingriff verbundenes Merkmal, das lediglich durch topographische Anzeichen (z.B. Getreide) sichtbar werden kann.

Die Objekte werden durch Linien oder lineare Signaturen (z.B. Punktreihen) abgegrenzt, soweit dies exakt möglich ist. Der Angabe der Qualität dienen bis etwa zum Maßstab 1:100 000 flächenhafte Signaturen (Abb. 225) oder Flächenfarben; bei einfarbigen Ausgaben (z.B. für Planungszwecke) eignen sich nur Flächensignaturen. In kleineren Maßstäben nehmen die Flächensignaturen ab und die Flächenfarben zu. Gleichzeitig wird der Umfang der Darstellung insgesamt geringer; ab 1:500 000 erscheint meist nur noch der Wald. Karten kleiner als 1:1 Mio. weisen kaum noch Bodenbedeckungen nach; die Flächenfarben sind den farbigen Höhenschichten (9.3.2.7) vorbehalten, und für Signaturen ist kaum noch Platz.

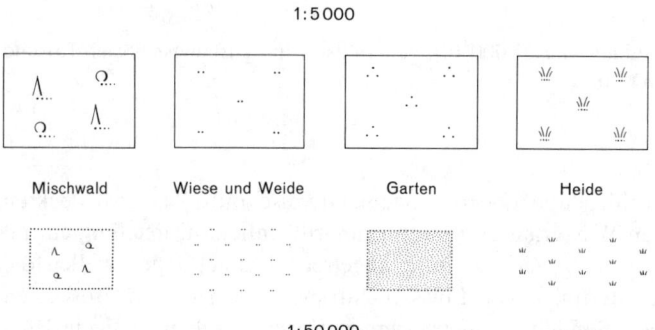

Abb. 225. Beispiele für die Darstellung von Bodenbedeckungen in den Maßstäben 1:5 000 und 1:50 000

In neuerer Zeit verstärkt sich jedoch die Tendenz, die Bodenbedeckung bzw. -nutzung auch in Karten kleinerer Maßstäbe noch differenzierter um Ausdruck zu bringen, z.B. in der Kombination von Oberflächenbedeckungsfarben und Schräglichtschattierung (*Herrmann* 1972).

9.3.1.5 Einzelobjekte

Für die unter diesem Sammelbegriff zusammengefaßten übrigen lokalen oder linienhaften Objekte kommen als Gestaltungsmittel fast ausschließlich die Signaturen (3.1.3.4) in Betracht, die in der Zeichenerklärung erläutert werden (sog. *Einzelzeichen*).

Abb. 226 enthält Beispiele für topographische Objekte, und zwar
a) für *lokale* Objekte wie 1) Denkmal, 2) hervorragender Baum, 3) Hünengrab, 4) zweitürmige Kirche, 5) Rundfunk- und Fernsehsender, 6) Trigonometrischer Bodenpunkt, 7) Turm, 8) Ruine;
b) für *lineare* Objekte wie 9) Damm, Deich, 10) Einfriedigung (Mauer oder Zaun), 11) Hochspannungsleitung, 12) Knick – kleiner Wall ohne Hecke.

Neben den topographischen Einzelobjekten erscheinen häufig auch solche *thematischer* Art wie die Grenzen politischer Bereiche, von Naturparks, Überschwemmungsgebieten usw., und zwar als lineare Signaturen, bei kleineren Maßstäben auch bandförmig als Schraffur oder Farbsaum.

Mit kleiner werdendem Maßstab findet ein fortwährendes Umsetzen in der Darstellung statt: Auf der einen Seite gehen grundrißtreue bzw. -ähnliche Darstellungen immer mehr in Signaturen über (z.B. Kirchen, Flughäfen), während auf

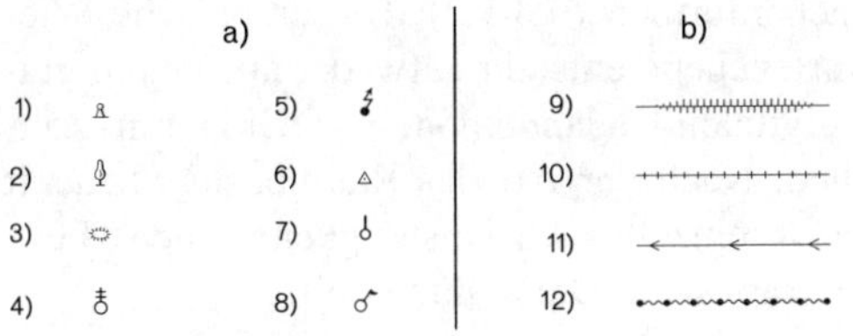

	a)			b)	
1)	ā	5)	⸸	9)	～～～～～
2)	⚑	6)	△	10)	＋＋＋＋＋＋＋＋
3)	○	7)	♂	11)	←—←
4)	᚛	8)	♂	12)	～～～～～

Abb. 226. Beispiele für Einzelzeichen in der Topographischen Karte 1:50 000

der anderen Seite die Signaturen für kleinere Objekte (Denkmäler, Schornsteine) mehr und mehr fortfallen.

9.3.1.6 Genauigkeit und Prüfung der Situationsdarstellung

Die größtmögliche *Lagegenauigkeit* eines Kartenpunktes ist identisch mit der Kartier- und Zeichengenauigkeit. Für diese gilt als Standardabweichung etwa $s = \pm 0,15$ mm. Dies ergibt in der Natur $s_L = \pm 0,15\, m_K/1\,000$ [m] (m_K = Maßstabszahl). Danach erhält man für die Maßstäbe 1:5 000, 1:25 000 und 1:100 000 die Werte $s_L = \pm 0,8$ m, 3,8 m bzw. 15 m. Die *tatsächlichen* Lagefehler sind jedoch oft das Mehrfache dieser Werte und zwar mit kleiner werdendem Maßstab vor allem infolge der Wirkungen der Generalisierung (besonders des Verbreiterns und Verdrängens), bei mehrfarbigen Karten durch die Passerungenauigkeit zwischen den Druckergebnissen der einzelnen Farben sowie im Bereich der Grenzlinien des Kartenfeldes beim Übergang zur Nachbarkarte (Problem der *Randanpassung*). Für die Deutsche Grundkarte 1:5 000 (9.7.1.1) soll der mittlere Lagefehler für eindeutig nach der Karte identifizierbare Punkte den Betrag $s_L = \pm 3$ m nicht überschreiten. Für die amtlichen deutschen Kartenwerke kleinerer Maßstäbe gibt es keine entsprechenden Forderungen.

Die *Prüfung* der Lagegenauigkeit kann sich auf die absolute und die relative Lage von Punkten und Linien beziehen. Die *absolute*, d.h. koordinatenrichtige Lage prüft man durch Vermessungen übergeordneter Genauigkeit oder durch exakte Karten größeren Maßstabs. Bei der Prüfung älterer Karten überträgt man oft das Koordinatennetz anhand identifizierbarer Punkte und erhält damit ein sog. *Verzerrungsgitter*, dessen Abweichungen von der Sollfigur Ausdruck für die Absolutgenauigkeit, aber auch für die Relativgenauigkeit von Teilbereichen ist. Die *relative* Lage, d.h. die Nachbarschaftsbeziehung läßt sich, vor allem in großen Maßstäben, oft bereits durch den Augenschein oder durch wenige Maße prüfen. Sie umfaßt dort u.a. die Angaben für Wege- und Gewässerbreiten, Gebäudemaße und -abstände sowie das Einhalten von Schnitten (z.B. Hochspannungsleitungen mit Grenzen), Parallelitäten und Rechtwinkligkeiten.

9.3.2 Geländedarstellung

9.3.2.1 Aufgaben und Probleme

Als Gelände oder Relief gilt die Grenzfläche zwischen fester Erde (Lithosphäre) und Luft (Atmosphäre) bzw. Wasser (Hydrosphäre) als Gesamtheit der räumli-

chen, d.h. dreidimensionalen Oberflächenformen (6.3.1.2). Die graphische Wiedergabe in der zweidimensionalen Kartenebene entsteht entweder aus einem graphischen Entwurf oder aus einem digitalen Geländemodell (DGM) mit Zahlenangaben in Koordinaten und Höhen. Nach der Art des Raumbezugs handelt es sich um ein *Kontinuum*, das aber vereinzelt auch Unstetigkeitsstellen (Fels, Böschungskanten u.ä.) aufweist. Die graphische Darstellung soll
1. geometrisch ausreichend exakt sein und
2. den Formcharakter zutreffend erkennbar machen.

Diese Aufgabe wird dadurch erschwert, daß die vertikale Dimension nicht unmittelbar darstellbar ist.

Bei Karten *großer* Maßstäbe steht die erste Bedingung im Vordergrund: Eine geometrisch einwandfreie Darstellung durch Höhenlinien gewährleistet, daß Höhenangaben, Geländeneigungen, Fallrichtungen und Profile bestimmbar und Erdmassen berechenbar sind. Dagegen ist eine unmittelbare Vorstellung von der Geländeoberfläche – außer bei Kleinformen – nur bedingt zu erzielen.

In Karten *mittlerer* Maßstäbe ergibt sich die beste Synthese beider Bedingungen: Die geometrische Wiedergabe bleibt weitgehend erhalten, von generalisierungsbedingten Einschränkungen abgesehen; andererseits läßt sich mit Hilfe weiterer Gestaltungsmittel eine anschauliche oder gar plastische Geländewiedergabe erzielen – geeignetes Gelände vorausgesetzt.

Hervorragende Beispiele für geometrisch exakte und zugleich formengerechte Kartendarstellungen liefern die zwischen 1968 und 1975 erschienenen *Topographisch-Geomorphologischen Kartenproben 1:25 000*. 30 Kartenausschnitte 4×6 km^2 zeigen verschiedene Landschaftstypen auf der Grundlage neuerer topographischer Vermessungen, dazu mit kartographischen Gestaltungsvarianten und eingehenden, vor allem geomorphologischen Beschreibungen (*Hofmann* 1976).

In Karten *kleiner* Maßstäbe ist eine geometrisch einwandfreie Wiedergabe weder möglich noch besonders nötig. Da auf der anderen Seite eine Karte stets einen relativ großen Geländeabschnitt erfaßt, wird die unmittelbare Vorstellung noch dadurch gefördert, daß die Formen in ihren großen Zusammenhängen erkennbar werden.

Auch die Situationsdarstellung kann mitunter Hinweise auf das Geländerelief geben: Der Verlauf der Gewässer markiert die jeweils tiefsten Stellen. Wege und Wirtschaftsgrenzen haben sich der Geländeform anzupassen; daher sind gewundene Linienführungen ein Indiz für steile Hänge oder Mulden, während gekrümmte Grenzen oft eine stärkere Hangwölbung anzeigen.

9.3.2.2 Seiten- und Schrägansichten

Seitenansichten waren im Altertum und Mittelalter als relativ schematische *Haufenzeichnung* oder *Maulwurfshügelmanier* die vorherrschende Art der Reliefdarstellung (15.3, Abb. 300). Etwa ab dem 16. Jh. vollzog sich sodann der Übergang zu mehr individueller Formenwiedergabe und zu *Schrägansichten*, die das Grundrißbild weniger verdecken oder verdrängen (Abb. 301). Solche Seiten- und Schrägansichten trifft man heute nur noch bei

Prospektkarten des Tourismus, kartenverwandten Darstellungen (Kap. 12) und einfachen Kartenskizzen an.

9.3.2.3 Schraffen

Beim Übergang von der Schrägansicht zur senkrechten Projektion behielt man mit Rücksicht auf die damalige Technik von Kupferstich und Lithographie die gewohnte Strichzeichnung bei. Der einzelne Strich – die Schraffe (Bergschraffe, Bergstrich) – verlief als Fallinie (6.3.1.2) meist in Richtung des stärksten Gefälles. Die von *Lehmann* 1799 eingeführte *Böschungsschraffe* (Abb. 303) lieferte ferner eine Aussage über die Hangneigung, die später entwickelte *Schattenschraffe* eine plastische Reliefvorstellung (Abb. 304).

Schraffen als Fallinien sind gewöhnlich in horizontalen Reihen angeordnet, so daß ihre Länge von der Geländeneigung abhängt. Darüber hinaus gilt:

Für die Böschungsschraffe:	Für die Schattenschraffe:
Je steiler die Böschung, desto dicker sind die Schraffen, und desto dunkler ist die Schraffendarstellung.	Mit einer angenommenen Schräglichtbeleuchtung (meist von links oben) sind die Schraffen an den Lichthängen dünner und an den Schattenhängen dicker.

Vereinfachte Gebirgsschraffen waren üblich in Karten kleiner Maßstäbe, z.B. Atlaskarten, wo die Schraffen aus Platzmangel und wegen des Zwanges zu stärkerem Generalisieren nicht mehr streng nach den obigen Regeln zu konstruieren waren.

Die Schraffen liefern keine absoluten Höhenangaben, sondern höchstens relative Angaben in Form von Neigungswerten. Da sie ferner einen hohen Zeichenaufwand erfordern und die Kartenfläche graphisch so stark belasten können, daß die Lesbarkeit anderer Darstellungen erschwert wird, benutzt man sie heute kaum noch.

9.3.2.4 Höhenlinien und Höhenpunkte

1. Begriffliches

Alle Linien, die durch den Schnitt von Niveauflächen mit der Geländeoberfläche entstehen, lassen sich allgemein als *Niveaulinien* oder *Horizontallinien* bezeichnen. Wählt man nun eine bestimmte Niveaufläche als Bezugsfläche (2.1.3.2) aus (z.B. Normal Null), so gelten die Niveaulinien oberhalb dieser Bezugsfläche als *Höhenlinien (Höhenkurven, Höhenschichtlinien, Isohypsen)*, die unterhalb gelegenen Niveaulinien als *Tiefenlinien (Isobathen)*. Höhenlinien bzw. Tiefenlinien lassen sich damit auch als Verbindungslinien benachbarter Geländepunkte gleicher Höhe über bzw. unter einer Bezugsfläche definieren. Ihre Orthogonalprojektion in die Kartenebene ergibt die Höhen(Tiefen-)liniendarstellung oder das *Höhen(Tiefen-)linienbild*.

Höhenlinien entstehen indirekt durch graphische oder rechnerische Interpolation (6.3.1.2) (aus Kartierungen oder digitalen Geländemodellen) oder direkt durch Stereo-

Luftbildauswertung (6.4.1.2). Sie sind demnach gedachte Linien, die nur im Falle von Uferlinien stehender Gewässer und bei Reisterrassen eine reale Entsprechung besitzen. Zur Entstehung der Tiefenlinien siehe 6.3.2; da für die Lotungen die Wasseroberfläche als reale Bezugsfläche relativ einfach zur Verfügung steht, erscheinen Tiefenlinien bereits ab 1600 in Karten (Abb. 302). Höhenlinien konnten sich dagegen wegen der meßtechnischen Erfordernisse und des stärkeren Abstraktionsgrades erst seit der Mitte des 19. Jh. durchsetzen.

2. Äquidistante Höhenlinien

Der Höhenunterschied zwischen benachbarten Höhenlinien wird als *Höhenstufe* (*Schichthöhe, Höhenlinienintervall*) bezeichnet. Ist diese für ein Höhenliniensystem konstant, so spricht man von *Äquidistanz*. Die durch sie festgelegten Höhenlinien gelten als *Haupthöhenlinien*. Diese erscheinen gewöhnlich als durchgehende Linien, in bestimmten Abständen (z.B. jede 10. Linie) zur besseren Gliederung des Höhenlinienbildes in größerer Strichbreite. Bezifferte Haupthöhenlinien bezeichnet man als *Zähllinien*. Der Betrag der Äquidistanz hängt ab vom Kartenmaßstab, von der Geländeneigung, vom Formenschatz und von der Genauigkeit der Höhenmessung.

lmhof (1965) findet die sog. *ideelle Äquidistanz* für eine Geländeneigung α zu

$$A = n \cdot \lg n \cdot \tan \alpha \,[\mathrm{m}] \quad \text{mit} \quad n\sqrt{m_K/100 + 1}.$$

Für die gebräuchlichsten großen und mittleren Kartenmaßstäbe ergeben sich daraus die auf benachbarte volle Meter abgerundeten Werte der folgenden Tabelle:

α_{max}	m_K = Maßstabszahl						
	2 000	5 000	10 000	25 000	50 000	100 000	200 000
45° (Gebirge)	2	5	10	20	30	50	100
25° (Berg- u. Hügelland)	1	2	5	10	15	25	50
10° (Flachland)	0,5	1	2	2,5	5	10	10

Da die maximale Geländeneigung in den Einzelblättern eines großen Kartenwerks sehr verschieden sein kann, ist es kaum möglich, insgesamt eine einheitliche Äquidistanz beizubehalten. So berücksichtigen die Musterblätter der deutschen amtlichen Kartenwerke den jeweiligen Landschaftscharakter, indem sie verschiedene Äquidistanzen festlegen. Aber auch innerhalb eines Kartenblattes können die Geländeneigungen stark differieren. Hier besteht die Möglichkeit, nach Bedarf an flachen Stellen *Hilfshöhenlinien (Zwischenhöhenlinien)*, meist in halber Äquidistanz, in Form linearer Signaturen einzuschalten (Abb. 227). Darüber hinaus läßt sich für flachere Gebietsteile auch allgemein eine kleinere Äquidistanz wählen, die dann im Kartenfeld zu *kombinierten (schwingenden) Äquidistanzen* führt. Solche Lösungen erhöhen zwar die lokale morphologische Aussagekraft, erschweren aber andererseits die Gesamtvorstellung vom Gelände. Mitunter hilft in solchen Fällen auch der Gebrauch von Formzeichen (9.3.2.6).

Die *kleinstmögliche Äquidistanz* in der graphischen Darstellung ergibt sich aus der Überlegung, daß bei einer vorgegebenen Strichbreite und -distanz nur eine Anzahl von k Linien in einem Millimeterintervall auf der Karte nebeneinander liegen kann. Dann ist

$$A_{\min} = \frac{m_K \cdot \tan \alpha_{\max}}{1\,000 \cdot k} \text{ [m]}.$$

Da sich k kaum größer als 3 wählen läßt, ergibt sich mit den Werten $\alpha_{\max} = 45°$ bzw. 25° bzw. 10° (vgl.Tabelle) $A_{45} = m_k/3000$ bzw. $A_{25} = m_k/6400$ bzw. $A_{10} = m_k/17000$.

3. Probleme der Höhenliniendarstellung

Trotz vieler Vorzüge weisen die Höhenlinien nicht die grundrißliche Eindeutigkeit auf, die bei der Situationsdarstellung vorherrscht. Im Flachland ist ihr Verlauf besonders unsicher und daher mit großen Lagefehlern behaftet (9.3.2.9). Auch ist für die Bereiche zwischen den Höhenlinien die Annahme eines gleichmäßigen Gefälles zunächst nur hypothetisch. Schließlich entsteht eine anschauliche Formwirkung nur bei genügend enger Scharung (formverwandtem Verlauf) benachbarter Linien; in anderen Fällen ist eine räumliche Vorstellung gewöhnlich erst auf dem Wege eines intensiven geistigen Prozesses zu gewinnen.

Ein weiterer Mangel ist die Tatsache, daß die Höhenliniendarstellung bestimmter Einzelformen von ihrer absoluten Höhenlage und von der Geländeneigung abhängt. So ändert sich z.B. das Höhenlinienbild eines Dammes, wenn man ihn bis zum Betrage einer Äquidistanz gleichmäßig hebt, aber auch, wenn man ihn neigt. Schließlich ist zu berücksichtigen, daß die Höhenlinien auch die Krümmung des Geländes nicht exakt wiedergeben: Während sich die Krümmung einer Oberfläche aus der Schnittlinie mit der zu ihr senkrechten Ebene (Normalschnitt) ergibt, zeigen die Höhenlinien als Schnittlinien mit einer Horizontalebene stets größere Krümmungen, und zwar um so stärker, je weniger das Gelände geneigt ist. Nach dem Satz von Meusnier ist der Krümmungsradius in der horizontalen Kartenebene $r_H = r_N \sin \alpha$ (r_N = Krümmungsradius im Normalschnitt, α = Geländeneigung), d.h. r_H ist stets kleiner als r_N. Die Ebene des Normalschnitts ist um $90° - \alpha$ gegen die Kartenebene geneigt.

4. Generalisierung der Höhenlinien

Sie beginnt mit der Festlegung einer größeren Äquidistanz, am einfachsten als Vielfaches der ursprünglichen Äquidistanz (Auswählen); bei Bedarf bleiben Teile einer sonst fortfallenden Höhenlinie als Hilfshöhenlinie erhalten. Die weiteren Veränderungen wirken sich vor allem auf die geometrische Lage aus; sie sind teils durch die notwendigen Formvereinfachungen (Glätten), teils durch die Verdrängungen in der Situationsdarstellung bedingt. Wichtig ist, daß dabei das Formtypische erhalten bleibt oder sogar – wenn notwendig – betont wird (Abb. 227). Zur rechnergestützten Generalisierung siehe 7.4.5.2.

Mit kleiner werdendem Maßstab spielt die *absolute,* also koordinatentreue Lage einer Höhenlinie eine abnehmende, die *relative,* d.h. die nachbarschaftliche Lage dagegen eine zunehmende Rolle, da nur aus ihr die Angaben über Größe, Richtung und Änderung des Gefälles sowie über Einzelformen zu gewinnen sind. Im allgemeinen gilt für die Formvereinfachungen, daß die Vollformen vor den Hohlformen Vorrang haben, d.h. daß z.B. kleine

384 Karteninhalt

Mulden geschlossen werden müssen. Sollen jedoch Hohlformen beibehalten werden, so sind sie etwas zu öffnen. Bei sehr enger lokaler Scharung der Höhenlinien kann es zu geringfügigen Verdrängungen kommen. Verdrängungen aus dem vorweg generalisierten Grundriß sind in Zonen abzufangen, die um so breiter sind, je steiler das Gelände ist, damit sich keine zu großen Formverzerrungen, Gefälländerungen usw. einstellen. Unter Beachtung solcher Regeln ist selbst in den Maßstäben 1:100 000 und 1:200 000 durchaus noch eine formtypische Generalisierung möglich.

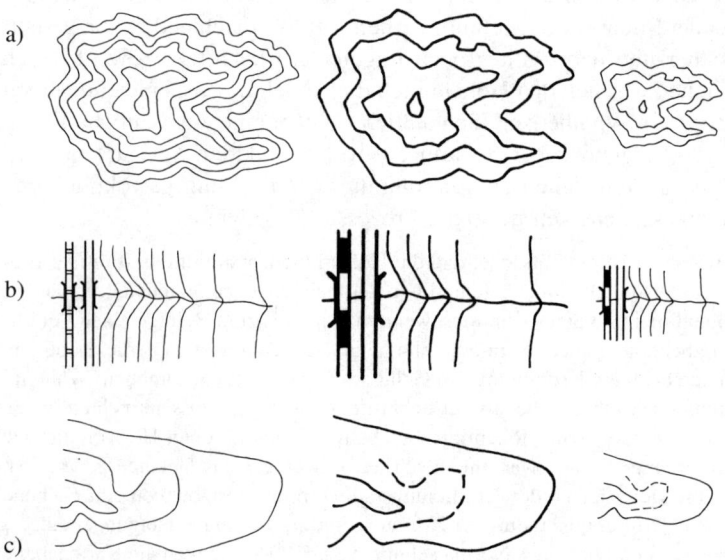

Abb. 227. Generalisieren von Höhenlinien durch Auswählen und
a) Vereinfachen (Glätten der Linien),
b) Verdrängen (infolge Straße und Eisenbahn),
c) Bewerten (in Form der Hilfshöhenlinie und Mulde), dargestellt im Maßstab der Ausgangskarte und der Folgekarte

5. *Farbton der Höhenlinien*

In mehrfarbigen Karten erscheinen die Höhenlinien meist in einem sepia- bis rotbraunen Farbton. Beim Verlauf durch Felsdarstellungen wird häufig auch eine schwarze, in Gletscherbereichen eine blaue Darstellung benutzt.

6. *Höhenpunkte*

Diese ergänzen das Höhenlinienbild durch sachgerechte Auswahl aus den Einzelpunkten der topographischen Vermessungen, und zwar mit beigeschriebener Höhenzahl an markanten Stellen, d.h. auf Kuppen und Sätteln, in Mulden und

Kesseln sowie an einwandfrei identifizierbaren Örtern der Situation (z.B. Wegekreuzungen und Bahnübergänge). Das Musterblatt der Topographischen Karte 1:25 000 sieht eine mittlere Dichte von etwa 2 Höhenpunkten je km^2 vor.

9.3.2.5 Schummerung (Schattierung)

Sie hat die Aufgabe, durch Erzeugung von Schatteneffekten die Geländeformen möglichst unmittelbar zu veranschaulichen (siehe auch Anlagen 3 bis 7). Als Gestaltungsmittel eignet sich der echte oder unechte Halbton (3.1.3.6) mit der Variation seines Tonwerts nach bestimmten Regeln: Denkt man sich ein Geländemodell durch eine Lichtquelle beleuchtet, so ergeben sich je nach Flächenneigung und Lichtrichtung unterschiedliche Tönungen, die in die Kartenfläche zu übertragen sind.

Bei der einfachen *Böschungsschummerung* nach dem Prinzip „je steiler, desto dunkler" ist die plastische Wirkung gering. Die dazu angenommene Senkrechtbeleuchtung entspricht der bei den Böschungsschraffen (9.3.2.3). Die *Schräglichtschummerung* nimmt meist eine von links oben kommende Hauptlichtrichtung an. Das entspricht wie bei den Schattenschraffen dem üblichen Lichteinfall beim Lesen und Schreiben und zugleich dem aus der Photographie bekannten plastischen Gegenlichteffekt. Eine von den natürlichen Verhältnissen auf der Nordhalbkugel abgeleitete Südbeleuchtung ruft dagegen beim Lesen der nach Norden orientierten Karten leicht Pseudoeffekte hervor (Abb. 228). Um an allen Stellen einen bestmöglichen Formeindruck zu erzielen, kommt man ohne lokale Lichtdrehungen nicht aus. Horizontale Flächen erhalten einen mittleren Tonwert. Die *kombinierte Schummerung* ist eine Verknüpfung von Böschungsschummerung mit Schräglichtschummerung. Damit ergibt sich für die flachen Bereiche ein relativ heller bis weißer Tonwert. Da aber gerade in den Talebenen die Situationsdarstellung besonders dicht ist, bleibt somit die Voraussetzung für eine gute Lesbarkeit erhalten.

Von Hand ausgeführte Flächentönungen zur Kennzeichnung der Böschungsverhältnisse findet man schon z.B. auf den Unikaten der Kurhannoverschen Landesaufnahme (1764-1786). Aber erst rund 100 Jahre später, als durch die Autotypie (7.2.3.1 Nr. 7b) eine drucktechnische Vervielfältigung von Halbtönen möglich wurde, gewann die Schummerung ihre volle Bedeutung. Ihre Herstellung ist heute manuell (4.2.3), mechanisch (4.3.5) oder durch GDV (7.4) möglich. Um einen zutreffenden Formeindruck zu erhalten, ist es in allen Fällen geboten, sich an der Darstellung der Höhenlinien und des Gewässernetzes zu orientieren.

Schummerungen können – bewegtes Gelände vorausgesetzt – in den Maßstäben 1:25 000 und kleiner zur plastischen Ausgestaltung des Kartenbildes Verwendung finden. Wegen ihres völligen Versagens in geometrischer Hinsicht werden sie bis etwa 1:500 000 in der Regel in Verbindung mit einer Höhenliniendarstellung angewandt. Der Vorteil der Schummerungen liegt darin, daß sie – im Gegensatz zu den Schraffen – die Lesbarkeit des übrigen Karteninhalts kaum beeinträchtigen. In Karten kleinerer Maßstäbe ist die Schummerung in Verbindung mit einigen Höhenzahlen oft alleiniges Mittel für die Geländedarstellung. Als *vereinfachte Gebirgsschummerung* kann sie bis zu kleinsten Maßstäben benutzt werden.

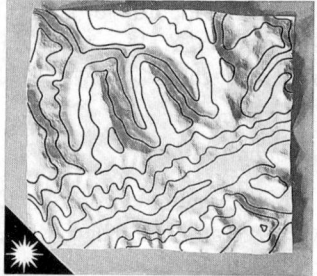

Abb. 228. Schräglichtschummerung mit verschiedenen Beleuchtungsrichtungen

9.3.2.6 Formzeichen und Formzeichnungen

Diese sind dazu bestimmt, das Höhenlinienbild zu ergänzen, indem sie *Kleinformen* vollständig oder überhaupt erst erkennbar machen. Unter den Arten der Geländedarstellung sind sie die einzige Art, die eine reale und diskrete topographische Erscheinung als gewisse Unstetigkeitsstelle im Kontinuum „Oberfläche" wiedergibt. Als Gestaltungsmittel dienen lineare oder flächenhafte Signaturen, in erster Linie Schraffen. Diese unterscheiden sich aber von den Bergschraffen (9.3.2.3) durch die Art ihrer Anordnung und den begrenzten Darstellungsbereich.

1. Natürliche Kleinformen

Gefällwechsel in den Oberflächenformen lassen in der Natur mehr oder weniger scharfe Kanten entstehen. Da diese durch Höhenlinien oft nicht ausreichend erkennbar werden, verwendet man zusätzliche *Kantenlinien*, meist in der Farbe der Höhenlinien. *Neugebauer* (1962) unterscheidet je nach Ausprägung im Gelände zwischen scharfen und stumpfen Kanten, gerundeten Übergängen und Negativkanten (am Rande von Talböden) (Abb. 229). Abrisse, Dolinen, Schutthalden, Dünen, vulkanische Kleinformen usw. werden meist durch Keilschraffen in Fallrichtung dargestellt (Abb. 230a,b).

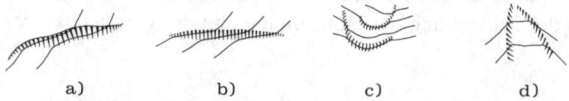

a)   b)   c)   d)

Abb. 229. Kantenlinien (in Kombination mit Höhenlinien)
a) scharfe Kante; b) stumpfe Kante; c) gerundeter Übergang; d) Negativkante

Als *Formzeichnung* gilt eine meist in Schwarz gehaltene Felsdarstellung, wenn die Schraffenkonstruktion nicht nur auf geometrischen Prinzipien beruht, sondern auch auf freieren, künstlerischen Strichdarstellungen. So kann z.B. mit einer horizontalen Schraffur eine typische Schichtcharakteristik wiedergegeben werden (Abb. 230c).

Abb. 230. Natürliche und künstliche Kleinformen
a) Abriß; b) Dünen; c) Felszeichnung; d) Steinbruch

2. Künstliche Kleinformen

Die wichtigste künstliche Form ist die Böschung. Keilschraffen liefern dabei die ansprechendste Darstellung, erfordern aber auch mehr Zeichenaufwand. Man findet daher besonders in Karten großer Maßstäbe die leichter darstellbaren Linearschraffen (Abb. 231). Auch zur Darstellung von Kiesgruben, Abraumhalden, Steinbrüchen usw. wendet man meist die Schraffen an (Abb. 230d).

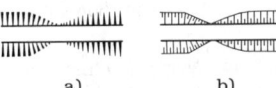

Abb. 231. Einschnitt und Damm
a) mit Keilschraffen; b) mit Linearschraffen

Die Schraffen verlaufen senkrecht zu den Höhenlinien und erscheinen in Karten großer Maßstäbe meist in schwarzer Farbe. Als Teil der Situationsdarstellung sind sie damit auch dann noch erkennbar, wenn die Karte keine Geländedarstellung durch Höhenlinien enthält (z.B. als Vorstufe der Deutschen Grundkarte 1:5 000).

9.3.2.7 Farbige Höhenschichten

Keine der bisher behandelten Darstellungsweisen vermag allein aus der *Anschauung* einen unmittelbaren Eindruck über die *absolute* Höhe von Geländebereichen zu vermitteln. Dies läßt sich jedoch erreichen, wenn für solche Bereiche der Höhe entsprechend eine Farbvariation nach den Farbmerkmalen Ton, Sättigung und/oder Helligkeit (3.1.2.2) stattfindet. Auch ergibt sich zugleich eine rasche und wirkungsvolle Übersicht über die großen Formzusammenhänge (siehe Anlagen 6 und 7). Da gewöhnlich die Zonen zwischen bestimmten Höhenlinien mit konstanten Farbmerkmalen versehen werden, entsteht allerdings ein gestufter Eindruck, der an sich dem Prinzip des Kontinuums nicht gerecht wird (siehe Abb. 70c).

Die beschriebene Darstellungsweise durch *farbige Höhenstufen (Höhenschichtenfarben, hypsometrische Methode)* hat etwa ab der Mitte des 19. Jh. zur Entwicklung zahlreicher *Höhenfarbskalen* geführt, die auf unterschiedlichen Regeln und Auffassungen beruhen:

1. In den Anfängen gab es neben regellosen, meist sehr kontrastreichen Farbskalen solche nach dem Grundsatz „Je höher, desto heller" (Graugrün bis Weiß), aber auch solche nach dem umgekehrten Prinzip „Je höher, desto dunkler" (Weiß bis Braun).

2. Ein großer Teil der heute vor allem bei Atlaskarten angewandten Höhenfarbskalen läßt sich aus Bodenbedeckungsfarben und/oder abgewandelten spektralen Farbreihen erklären.

a) Die auf *E. v. Sydow* 1838 zurückgeführten sog. *Regionalfarben* bilden eine Skala von Grün über Gelb oder Hellbraun zu Mittelbraun und Dunkelbraun, die damit etwa einer Gliederung nach kulturgeographischen Regionen (Grünland, Ackerland, Bergland) entspricht.

b) *K. Peucker* entwarf 1898 eine gesetzmäßige Farbenplastik nach folgenden Regeln:
– Je höher, desto heller   (Helligkeitsreihe)
– Je höher, desto farbsatter   (Sättigungsreihe)
– Je höher, desto wärmere Farbtone (Spektralreihe).

Diese drei Farbmerkmale bestimmen den Raumwert der „spektral-adaptiven" Skala. Sie führt von einer mittleren Höhe in Gelb in der Folge Orangegelb, Gelborange, Braunorange, Orange, Rotorange, Orangerot und Rot zu den Berggipfeln und mit Grüngelb, Gelbgrün, Grün, Blaugrün, Graugrün, Grüngrau und Grau zu den Tälern. Die blaue Farbe wird den Gewässern vorbehalten. Obwohl die Theorie der Farbenplastik heute weitgehend abgelehnt wird, hat die Skala selbst bis heute auf die Praxis großen Einfluß ausgeübt.

c) Die heutigen konventionellen Höhenfarbskalen lassen sich als Verfeinerungen oder Abwandlungen von a) oder b) auffassen. Hierbei steigen die Höhenstufen progressiv nach oben, so daß sich z.B. die nachstehende Folge ergibt:

0-100 m Blaugrün	200- 500 m Gelb	1 000-2 000 m Braun
100-200 m Gelbgrün	500-1 000 m Hellbraun	2 000-4 000 m Rotbraun
		über 4 000 m Braunrot.

Anstelle der braunen Farbtöne werden auch aufgehellte Folgen (z.B. Violett – Grau – Weiß bei der Internationalen Weltkarte, 9.7.3.2) benutzt. Die blauen Stufen der Ozeane zeigen mit zunehmender Tiefe eine stärkere Sättigung. In Küstennähe werden in der Regel geringere, im offenen Ozean größere, äquidistante Tiefenstufen gewählt.

3. *Luftperspektivische Höhenabstufung.* Die in der Schweiz entwickelte Farbskala verfolgt andere Gesichtspunkte. Sie ist so gewählt, daß unter Ausnutzung des Effektes der Luftperspektive (je tiefer, desto dunstiger) und unter Berücksichtigung des Zusammenspiels von Oberflächenfarbe und Schattenton möglichst natürliche Vorstellungen von der Landschaft geweckt werden. Um die Schummerung nicht zu beeinträchtigen, muß für die Farbe der hohen Bereiche ein heller Ton gewählt werden, der jedoch mit dem Grünblau der Tiefe möglichst kontrastiert. Die luftperspektivische Farbleiter umfaßt im allgemeinen von unten nach oben folgende, allmählich ineinander übergehende Farbtöne: graues Grünblau, Blaugrün, Grün, Gelbgrün, Gelb und rötliches Gelb.

9.3.2.8 Kombinationen der Darstellungsarten

Da keine der besprochenen Darstellungsarten allein geeignet ist, die in 9.3.2.1 genannten Bedingungen einer Geländedarstellung zu erfüllen, liegt es nahe, dies durch Kombination zu erreichen. Dabei ist zu berücksichtigen, daß die Anwendung von Schraffen einerseits den Gebrauch von Höhenlinien und Schummerung andererseits ausschließt. Die heute wichtigsten Kombinationen sind
– in Karten *großer Maßstäbe* Höhenlinien und Formzeichen,
– in Karten *mittlerer Maßstäbe* Höhenlinien, Schummerung und Formzeichen,

– in Karten *kleiner Maßstäbe* Schummerung mit farbigen Höhenschichten und/oder einzelnen Höhenpunkten.

Bei den in der Schweiz entwickelten Reliefkarten sind Höhenlinien, Felszeichnung, Schummerung bei Schrägbeleuchtung und luftperspektivische Höhenabstufung zu einem harmonischen Gesamtbild vereinigt, das vor allem geeignet ist, die großen Formzusammenhänge optimal wiederzugeben (*Imhof* 1965). Andererseits versucht *Brandstätter* (1983) mit dem von ihm entwickelten System der Scharungsplastik die aus Luftbildmessungen zu gewinnenden Aussagen über die kleineren Formen kartographisch deutlicher zu machen. Hierbei werden äquidistante Höhenliniensysteme ausreichend mit Kantenlinien versehen, und an Böschungsänderungen verstärken lokale Schummerungen den Eindruck von der Struktur des Reliefs. Solche und andere Bemühungen um die bestmögliche Aussage finden ihren Niederschlag auch in den topographisch-geomorphologischen Kartenproben 1:25 000 (9.3.2.1) und in zahlreichen Alpenvereinskarten (9.7.2.3) als weiteren Beispielen eindrucksvoller Hochgebirgskartographie.

9.3.2.9 Genauigkeit und Prüfung der Geländedarstellung

Angaben zur Genauigkeit und über geeignete Prüfverfahren können sich praktisch nur auf Höhenlinien und Höhenpunkte sowie auf Formzeichen beziehen, da die anderen Darstellungsmittel – Schraffen, Schummerung, Farbtöne – bei neueren Karten stets aus Höhenlinien abgeleitet werden. Bei Formzeichen erstrecken sich Genauigkeitsangaben und Prüfverfahren auf die geometrische Abgrenzung und die qualitativ sachgerechte Wiedergabe.

Das aus Messungen hervorgegangene Höhenlinienbild kann nie völlig fehlerfrei sein; es soll jedoch (1) *geometrisch* ausreichend genau sein und (2) in *geomorphologischer* Hinsicht die Formen richtig bzw. charakteristisch wiedergeben (9.3.2.1). Dazu gibt es verschiedene (3) Prüfverfahren.

1. Die *geometrische* Genauigkeit läßt sich angeben durch die Standardabweichung s_h aller auf den Höhenlinien gelegenen Punkte in der von *Koppe* 1902 angegebenen Form

$$s_h = \pm(a + b \cdot \tan\alpha) \quad \text{bzw.} \quad s_h = \pm(a + b \cdot p/100).$$

Dabei ist α der Winkel bzw. p die Prozentangabe der Geländeneigung; a und b sind Konstanten, die von Kartenmaßstab, Meßverfahren, örtlichen Verhältnissen und anderen Faktoren abhängen. Im Flachland ist demnach $s_h = \pm a$. Seine Zunahme mit wachsender Geländeneigung hängt vom Faktor b ab; dieser ist bei terrestrischen Messungen meist größer als bei photogrammetrischen Messungen.

Anschaulicher als der Höhenfehler ist der Lagefehler s_l, der nach Abb. 232 aus dem Höhenfehler mit $s_l = \pm s_h \cdot \cot\alpha$ hervorgeht:

$$s_l = \pm(b + a \cdot \cot\alpha) \quad \text{bzw.} \quad s_l = \pm(b + a \cdot 100/p).$$

Im Flachland ist demnach der Lagefehler sehr groß: Jede geringfügige Meßungenauigkeit bewirkt erhebliche Grundrißverschiebungen der Höhenlinie, so daß – vor allem in großen Maßstäben – der Lagefehler spürbar größer sein kann als der graphisch bedingte Kartier- und Zeichenfehler der Situationsdarstellung (9.3.1.6). Mit zunehmender Geländeneigung wird der Lagefehler der Höhenlinie immer geringer.

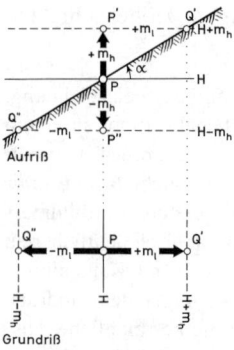

Abb. 232. Lage- und Höhenfehler von Höhenlinien

Für die „Deutsche Grundkarte 1:5000" (9.7.1.1) soll s_h den Betrag von ±0,3 m im Flachland (Äquidistanz 1 m oder kleiner) bzw. ±(0,4 + 3 tan α) [m] in den übrigen Fällen nicht überschreiten. Das ergibt z.B. für Geländeneigungen von 10° (18%), 20° (36%) bzw. 30° (58%) für s_h die Werte ±0,9 m, ±1,5 m bzw. ±2,1 m; für s_l betragen die Werte in diesen Fällen ±5,3 m, ±4,1 m bzw. ±3,7 m. Für andere amtliche deutsche Kartenwerke ist die geometrische Genauigkeit in dieser Form nicht festgelegt. In der Schweiz gilt für den Grundbuchübersichtsplan 1:10000 der Ansatz $s_h = \pm(1 + 3\tan\alpha)$ [m] und für die Landeskarte 1:25000 der Wert $s_h = \pm(1 + 7\tan\alpha)$ [m]. Die Standardabweichung s_P eines *Höhenpunktes* soll bei der Deutschen Grundkarte 1:5000 im Flachland den Wert ±0,2 m (Äquidistanz 1 m oder kleiner) bzw. in den übrigen Fällen ±0,3 m nicht überschreiten. *Imhof* (1965) ermittelte s_P für den Maßstab 1:10000 zu ±(0,2 bis 0,5) m und für 1:25000 zu ±(0,4 bis 1,0) m.

2. Die *geomorphologische* Richtigkeit einer Höhenliniendarstellung erläutert Abb. 233. Die linke Hälfte (a) zeigt ein fehlerfreies Höhenlinienbild mit den schraffierten Fehlersäumen für die Lagefehler s_l. Zwar liegen auch die Linien der rechten Hälfte (b) innerhalb des entsprechenden Fehlersaumes und genügen damit wohl den geometrischen Ansprüchen, doch entsprechen sie nicht den geomorphologischen Forderungen, da sie offensichtlich die Formen falsch wiedergeben. So zeigt z.B. der gleichförmig geneigte Talgrund einige Stufen; Hangrinne und Hangnase sind vernachlässigt, und der scharfkantige Hangfuß ist ausgerundet.

3. Die *Prüfung* von Höhenlinien geht in *geometrischer* Hinsicht von Vergleichsmessungen übergeordneter Genauigkeit aus. Dabei handelt es sich um einzelne Stichproben, um das gezielte Aufsuchen einer oder mehrerer Höhenlinien, um Profilschnitte oder um eine flächenhafte Neuaufnahme. In *geomorphologischer* Hinsicht geht es um die Überprüfung der Nachbarbeziehungen; sie ergibt sich nach dem Augenschein, durch Messung von Richtung und Betrag des Gefälles oder durch intensives Krokieren (6.3.1.2).

Betrachtungen zur Höhengenauigkeit stammen u.a. von *Schoppmeyer* (1983), *Finsterwalder* (1990) und *Boljen* (1990), zu Prüfungsergebnissen von *Kantelhardt* (1983).

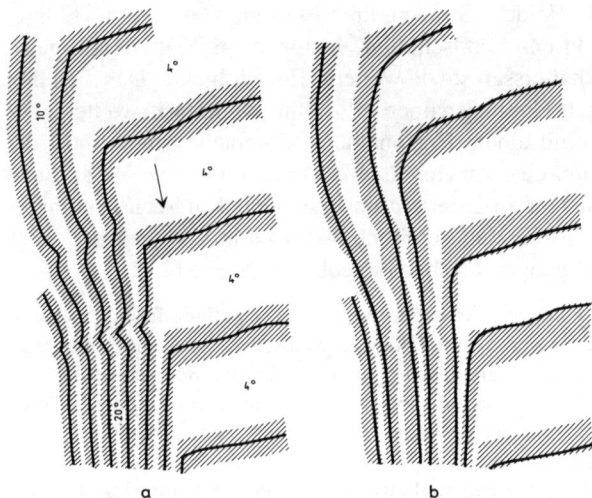

Abb. 233. Geometrische Genauigkeit und geomorphologische Richtigkeit von Höhenlinien

9.3.3 Schrift

Die Schrift ist das erläuternde Element der Karte. Obwohl sie die Situations- und Geländedarstellung teilweise beeinträchtigt, ist sie zu deren Ergänzung unentbehrlich, weil sie bestimmte notwendige Angaben liefert, die sich nicht als Graphik darstellen lassen.

Über die allgemeinen *Merkmale der Kartenschrift* und die damit verbundenen Aussagemöglichkeiten siehe 3.1.3.7. In topographischen Karten dient sie der individuellen Benennung durch (1) Eigennamen (Namengut) und Gattungsnamen oder durch (2) Abkürzungen, ferner der Angabe von (3) Zahlenwerten. Eine Karte 1:25 000 enthält oft mehr als 1 000 Namen, Bezeichnungen und Höhenzahlen; eine einzige Atlaskarte kann sogar mehr als 5 000 Schriftangaben aufweisen.

Die Wahl der Schriftart orientiert sich an der Lesbarkeit und der harmonischen Einfügung in das Kartenbild: Groteskschriften sind in kleinem Schriftgrad noch am besten lesbar; Antiquaschriften stören eine vorwiegend linienhafte, häufig gleichfarbige Darstellung am wenigsten. Vorteilhaft ist auch eine Schriftfarbe, die sich vor allem von der der Siedlungen und des Verkehrsnetzes unterscheidet. In den amtlichen topographischen Karten Deutschlands werden politische Gemeinden in stehender Schrift (dabei Städte in Großbuchstaben), Gemeindeteile in rechtsliegender Schrift dargestellt. Die Schriftgröße kennzeichnet die Einwohnerzahl. Gewässer werden mit einer rückwärtsliegenden Schrift bezeichnet, die bei mehrfarbigen Karten meist blau ist.

1. Bei den *Namen* handelt es sich gewöhnlich um Eigennamen von Siedlungen, Bodenerhebungen (Berge, Gebirge), Bodensenkungen (Täler, Niederungen),

Bodenbedeckungen (Wald, Heide), Straßen und Plätzen, Gewässern (Flüsse, Seen, Buchten), Inseln, Fluren, Landschaften, historischen Stätten (Burgen), Hoheits- und Eigentumsverhältnissen sowie weiterer Einzelobjekte. Daneben läßt sich eine Objektklasse durch Gattungsnamen (Postamt, Naturpark) weiter gliedern, häufig in Verbindung mit einem Eigennamen. Allgemein erlangt dazu die *Ortsnamenkunde (Toponymie)* eine zunehmende Bedeutung (*Böhme* 1988), auch im Hinblick auf das Namengut in Informationssystemen. Ein sechssprachiges Wörterbuch der Toponymie ist bei den Vereinten Nationen in Vorbereitung. Über Gemeindeverzeichnisse und geographische Namenbücher siehe 6.6.1.

Probleme der Schreibweise können sich ergeben bei der Darstellung fremder Sprachbereiche, zwangsläufig vor allem bei Karten kleiner Maßstäbe. Über die weltweiten Bemühungen zur Standardisierung geographischer Namen siehe u.a. *Böhme* (1987).

a) Als *Exonyme* gelten die in der eigenen Sprache gehaltenen Namen von Orten in anderen Sprachgebieten (*Breu* 1971). Sie werden allein oder neben dem landessprachlichen Namen angegeben, z.B. Milano/Mailand.

b) *Fremde Sprachen in lateinischer Schrift* sind zwar lesbar, doch kann im Einzelfalle die Aussprache nicht geläufig sein, vor allem bei den diakritischen Zeichen, wie z.B. bei ä, á, à, â, å. Wertvolle Hinweise hierzu sind enthalten für den europäischen Bereich im Wörterbuch geographischer Namen (*Ständiger Ausschuß* ... 1966) sowie in den Geographischen Namenbüchern einiger Staaten. Zur Schreibweise der Staaten und Hauptstädte siehe *Ständiger Ausschuß* (in *Dodt/Herzog* 1991).

c) *Fremde Sprachen in nichtlateinischer Schrift* werden nach bestimmten Regeln in die lateinische Schreibweise umgesetzt. Dabei ist die *Transkription* eine mehr phonetische Umschrift unter Erhaltung des Lautwerts (z.B. ARJOL für die russische Stadt ОРЕЛ), die *Transliteration* eine buchstabengetreue Umsetzung (OREL), die auch eine Rückübertragung gestattet (*Weygandt* 1961, *Grebe* 1962, *Breu* in *Österr. Geogr. Ges.* 1970). In der Praxis trifft man oft auf Mischformen beider Verfahren.

d) Zu den Registern von Karten und Atlanten äußert sich u.a. *Rennau* (1976).

2. *Abkürzungen (Abbreviaturen)* sind Übergangsformen zwischen Schrift und Signatur (3.1.3.4) und stets in der Legende zu erläutern. Anstelle eines Gattungsnamens entlasten sie das Kartenbild (z.B. Kapelle = Kp.) oder sie erweitern noch die Aussage zu einer Signatur (z.B. Br. = Brunnen).

3. *Zahlen* sind Daten des Raumbezugs (a) und/oder zum Objekt selbst (b).

a) Angaben zum Raumbezug ergeben sich für die *Erdoberfläche* an Punkten (Höhe bzw. Tiefe) und an Zähllinien im Höhen- bzw. Tiefenlinienbild, für *Gewässerspiegel* fließender und stehender Binnengewässer sowie als *Entfernungen* bei Verkehrswegen (Kilometrierung).

b) Sachangaben findet man als *Ordnungsmerkmale* bei der Numerierung von Straßen, Häusern, Forstabteilungen, Suchnetzen usw., als *Gattungsmerkmale* bei der Angabe von Baumhöhe und -dicke, Fahrbahnbreite usw. Als Orientierungshilfe sind sie zugleich ein gewisses Raumbezugsmerkmal.

9.4 Kartennetz und Kartenrandangaben

9.4.1 Kartennetz und Suchnetz

Das *Kartennetz* ist das Gerüst für die geometrische Lage des Karteninhalts. Es entsteht in der Kartenebene nach mathematischen Abbildungsgesetzen (2.2). Die Netzlinien stellen konstante und meist runde Zahlenwerte der ebenenrechtwinkligen (geodätischen) oder geographischen Koordinaten dar (z.B. alle runden 200 m, 1 km, 2 km; 30′, 1°, 5° usw.).

Die Netzlinien erscheinen im *Kartenrahmen* als kurz angesetzte Striche mit beigeschriebenen Koordinatenwerten (Abb. 236). Im *Kartenfeld* werden sie
1. netzartig voll durchgezogen (Abb. 234a, c, d) oder
2. nur als kleine Schnittkreuze angedeutet (Abb. 234b) oder
3. überhaupt nicht dargestellt.

Fall 1 ist meist zwingend bei geographischen Netzen, wenn die Netzlinien gekrümmt verlaufen bzw. bei geradem Verlauf unterschiedlich große Netzmaschen bilden. Die für Quadratnetze möglichen Fälle 2 und 3 stören das Kartenbild wenig bzw. gar nicht; sie erfordern jedoch für kartometrische Arbeiten evtl. die nachträgliche Vervollständigung des Netzes.

Das *Suchnetz* als rechtwinkliges Suchgitter oder polares Strahlennetz dient in Stadt-, Straßen- und Atlaskarten dem Auffinden von Straßen, Orten usw. mit Hilfe von Kennbuchstaben und -ziffern im Kartenrahmen, teilweise auch im Kartenfeld (siehe Anlage 9). Es ist mit dem Kartennetz identisch oder bildet ein besonderes Netz in anderer Farbe oder es befindet sich auf einer Deckfolie.

9.4.2 Angaben in Kartenrand und Kartenrahmen

Der *Kartenrand,* die außerhalb des Kartenrahmens gelegene Kartenfläche, enthält zusammen mit dem Kartenrahmen die zum Verständnis und zur Auswertung des Karteninhaltes erforderlichen Angaben. Zu den wichtigsten Angaben im Kartenrand gehören die Blattbenennung (9.5.2), die Maßstabsangabe (in numerischer Form), die Zeichenerklärung (Legende, *Freitag* 1987), Angaben über den Herausgeber und den Zeitpunkt der Herausgabe (Herausgabevermerk, Impressum) sowie einen graphischen Längenmaßstab.

Häufig findet man auch noch nähere Angaben zum Berichtigungsstand, Hinweise zur magnetischen Orientierung, zum Gebrauch eines Suchnetzes, einen Neigungsmaßstab sowie Angaben zum Kartennetzentwurf, über persönliche Bearbeiter oder beteiligte Institutionen, urheberrechtliche Vermerke (z.B. Copyright-Vermerk, 5.3), ferner Orientierungsvermerke und Verzeichnisse bei Stadt-, Straßen- und Wanderkarten und schließlich *Nebenkarten* als Blattübersichten, zur Darstellung von Verwaltungsgrenzen oder als sog.

Zuverlässigkeitsskizze (5.2.1), aus der Einzelheiten über die topographischen Unterlagen wie Vermessungsverfahren, Luftbilder, Aufnahmezeiten usw. ersichtlich sind. Zu den Randangaben im weiteren Sinne kann man auch die Angaben rechnen, die sich auf der *Rückseite* der Karte in Form von Blattübersichten, Titelangaben, Straßen- oder Ortsverzeichnissen, heimatkundlichen Beschreibungen, Bildern, Werbungen usw. befinden.

Die Angaben im *Kartenrahmen* bestehen aus den Koordinatenzahlen für die Linien des Kartennetzes, den Zahlen und Buchstaben des Suchnetzes, den Anschlußhinweisen zu den Nachbarblättern, den Richtungsangaben zum Verkehrsnetz sowie Teilen der Schrift, die als sog. Abgangsschrift das Kartenfeld verläßt oder als sog. Zugangsschrift in das Kartenfeld hineinführt (z.B. Gebirgsnamen).

9.5 Äußere Kartengestaltung

Während Karteninhalt, Kartennetz und Kartenrandangaben *sachliche* Bestandteile der Karte sind (3.1.5), bezieht sich die äußere Kartengestaltung auf Einzelheiten der *formalen* Gliederung. Allgemein ist bei der Abgrenzung des Kartenfeldes und der Verteilung der Randangaben zu berücksichtigen, daß bei allen technischen Arbeiten (Zeichnung, Reproduktion, Druck) die vorgesehenen Formate ohne Schwierigkeiten darstellbar sind.

Für den handlichen Gebrauch, vor allem im Gelände, ist eine günstige Faltung (Falzung) vorzusehen. (4.1.2.1). Bei der Plazierung der Randangaben und einem möglichen Textlayout für die Rückseite ist auf das Falzschema Rücksicht zu nehmen. Gefaltete Karten, besonders Stadtkarten, werden häufig mit einem Umschlag aus festem Karton versehen, in den sie eingesteckt, eingelegt oder eingeklebt werden. Straßenverzeichnisse, touristische Informationen usw. können sich dabei auf der Kartenrückseite, aber auch auf einem besonderen Blatt befinden.

9.5.1 Abgrenzung des Kartenfeldes durch den Kartenrahmen

Topographische Karten sind meist *Rahmenkarten*. Norden liegt gewöhnlich oben; Überzeichnungen der Rahmenlinie treten selten auf. Nach der *Blattschnittsystematik*, d.h. der Art der Abgrenzung durch die *Kartenschnittlinie* (*Kartenfeldrandlinie*, 3.1.5), kann man wie folgt unterscheiden:
1. Abgrenzung durch Netzlinien *geodätischer* Koordinaten.
    Dieser Fall der *Gitternetzkarten (Rechteckkarten)* herrscht vor bei Kartenwerken großer Maßstäbe. Es ergibt sich für fast alle Karten ein konstantes Format (Abb. 234a); nur an den Rändern der Streifensysteme (2.2.4.5) bilden

sich verschieden große Sonderformate (z.B. Trapeze und Sechsecke bei der Deutschen Grundkarte 1:5 000).
2. Abgrenzung durch Netzlinien *geographischer* Koordinaten.
Solche aus Meridian- und Parallelkreisabschnitten begrenzten Karten gelten als *Gradnetz-* oder *Gradabteilungskarten*. Sie sind meist schwach trapezförmig und damit bei ausgedehnten Kartenwerken von etwas unterschiedlichem Format. Man trifft diesen Fall bei vielen Kartenwerken *mittlerer* Maßstäbe in Verbindung mit einem Kartennetz aus geodätischen Koordinaten (Abb. 234b); dieser Sachverhalt ist teilweise historisch bedingt. Die Abgrenzung tritt ferner auf bei Kartenwerken *kleiner* Maßstäbe bis etwa 1:2,5 Mio., dort aber mit geographischen Kartennetzlinien (Abb. 234c).
3. Abgrenzung als *Rechteck* unabhängig von den Netzlinien.
Diesen Fall gibt es vor allem bei Verlagsprodukten wie *Stadt-, Straßen- und Wandkarten*. Sie richtet sich bei *Einzelkarten* vor allem nach einer möglichst günstigen Lage der wichtigsten darzustellenden Objekte im Kartenfeld, bei *Kartenwerken* nach dem günstigsten Gebrauchsformat und bei *Atlaskarten* auch nach dem Atlasformat (Abb. 234d).

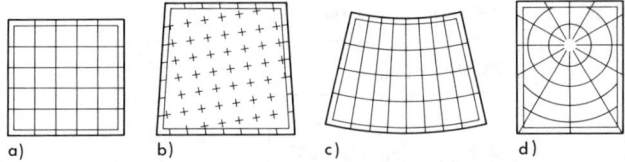

Abb. 234. Kartennetze und Abgrenzungen des Kartenfeldes
a) Netz und Abgrenzung aus geodätischen Koordinaten;
b) Netz aus geodätischen, Abgrenzung aus geographischen Koordinaten;
c) Netz und Abgrenzung aus geographischen Koordinaten;
d) Netz aus geographischen Koordinaten, Abgrenzung rechteckig

9.5.2 Kartenbenennung

Die Kartenbenennung (der *Kartentitel*) soll den dargestellten geographischen Bereich und den Maßstab einer Karte angeben. Die Bezeichnung von *Einzelkarten* beschränkt sich gewöhnlich auf die Angabe von Kartenart, Ortsname und Maßstab (z.B. „Stadtkarte Hannover 1:20 000"). Bei *Kartenwerken* spielt darüber hinaus die Systematik in der Benennung des Einzelblattes eine wichtige Rolle; sie setzt sich meist aus der Blattnummer und dem Blattnamen zusammen.

Die *Blattnummer* ergibt sich aus der Kombination von Ziffern und/oder Buchstaben, die jeweils den horizontalen, westöstlichen Reihen (Zonen) und den vertikalen, nordsüdlichen Spalten (Kolonnen) von Blättern zugeordnet sind und von einem bestimmten Ausgangspunkt aus gezählt werden. Zu diesen Angaben kann noch eine Maßstabskennzahl (z.B. das römische C für 1:100 000) treten. Atlaskarten, die gewöhnlich unregelmäßiger und auch überlappend angeordnet sind, werden meist durchlaufend numeriert.

Die Abbildung 235 zeigt a) das Benennungssystem der Topographischen Karte 1:25 000, bei dem die Reihen von Norden nach Süden und die Spalten von Westen nach Osten jeweils mit zwei Ziffern gezählt werden. Dagegen werden b) bei der Internationalen Weltkarte 1:1 Mio. die Reihen vom Äquator her mit Großbuchstaben A, B, C usw. bezeichnet, während die Zählung der Spalten vom 180. Längengrad aus in östlicher Richtung durch fortlaufende Numerierung vorgenommen wird. Der vorgestellte Buchstabe N bzw. S kennzeichnet die nördliche bzw. südliche Erdhalbkugel.

Der *Blattname* wird meist durch den Namen der auf dem Blatt dargestellten größten Siedlung angegeben. Ist eine solche nicht vorhanden, wird der wichtigste topographische Gegenstand (z.B. Berg oder See) zur Bezeichnung herangezogen. Karten kleiner Maßstäbe, z.B. Atlaskarten, tragen gewöhnlich den Namen einer Region, eines Staates, eines Kontinents oder eines Teiles davon.

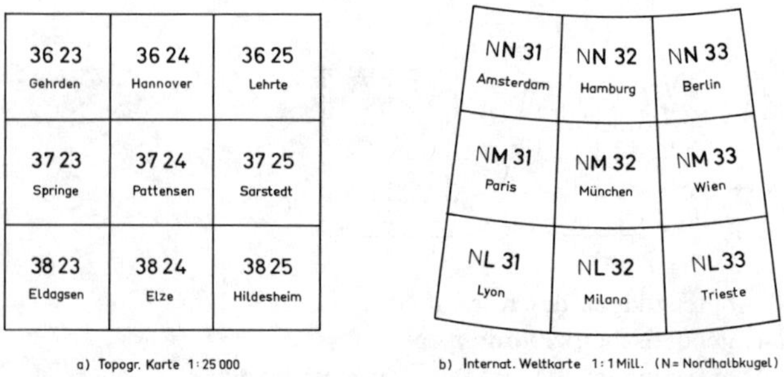

36 23 Gehrden	36 24 Hannover	36 25 Lehrte
37 23 Springe	37 24 Pattensen	37 25 Sarstedt
38 23 Eldagsen	38 24 Elze	38 25 Hildesheim

NN 31 Amsterdam	NN 32 Hamburg	NN 33 Berlin
NM 31 Paris	NM 32 München	NM 33 Wien
NL 31 Lyon	NL 32 Milano	NL 33 Trieste

a) Topogr. Karte 1:25 000   b) Internat. Weltkarte 1:1 Mill. (N = Nordhalbkugel)

Abb. 235. Beispiele von Blattbezeichnungen

Bei Kartenwerken gibt es in der Regel besondere *Blattübersichten* zum leichteren Auffinden des Einzelblattes. Weitere Angaben, z.B. für Bestellungen, können sich auf die Art der Kartenausgabe (z.B. einfarbig oder als orohydrographische Ausgabe) beziehen.

9.5.3 Gestaltung von Kartenrahmen und Kartenrand

Für den *Kartenrahmen* ergibt sich die *geometrische* Form aus der Abgrenzung des Kartenfeldes (9.5.1). Die *graphische* Gestaltung (z.B. der Rahmenlinien) richtet sich u.a. nach dem Ausmaß der im Rahmen vorgesehenen Schriftangaben und der weiteren Darstellungen (Abb. 236).

Kartenwerke, bei denen häufig benachbarte Blätter zusammenzufügen sind, enthalten mitunter die (sonst störenden) Kartenschnittlinien nicht mehr. Bei anderen ist die

Topographische Karten 397

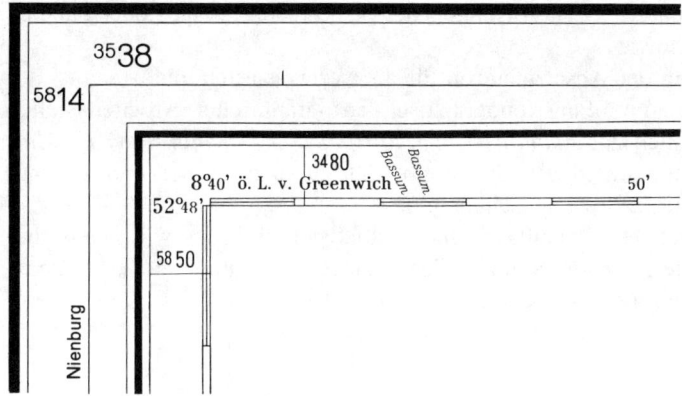

Abb. 236. Kartenrahmen (Ausschnitt)
außen: Stadtkarte Hannover 1:20 000 mit geodät. Koord. u. Richtungsangabe
innen: Top. Übersichtskarte 1:200 000 CC 3918 mit geodät. u. geograph. Koord. (Minutenleiste) und Richtungsangaben

Kartenschnittlinie an zwei Seiten identisch mit der Blattkante (Papiergrenze), so daß ein Zusammenfügen sofort ohne Beschneiden möglich ist.

Größe und Form des *Kartenrandes* richten sich nach dem Verhältnis von Kartenfeldformat zum Papierformat und deren gegenseitiger Lage sowie nach dem Umfang und der Verteilung der Kartenrandangaben (9.4.2). Die Kartenbenennung befindet sich meist im oberen Teil des Randes; die Anordnung der übrigen Angaben richtet sich ferner nach der Art der Falzung sowie danach, ob auch die Rückseite bedruckt wird. Übersichtliche Gruppierungen, sachliche Zusammenfassungen und Trennungen, betontes Hervorheben und Unterdrücken sind dabei auch auf ihre ästhetischen Wirkungen zu prüfen. Praktische Gesichtspunkte, die auch die Wahl des Papierformats beeinflussen, sind die Handlichkeit im Gebrauch, das Unterbringen und schnelle Herausfinden in Schränken sowie für den Hersteller die Vereinfachung des Papiervorrats durch Wahl eines einheitlichen Formats für verschiedene Kartenwerke.

9.6 Aktualisierung topographischer Karten

Die Notwendigkeit, in topographischen Karten den jeweils gegenwärtigen örtlichen Zustand darzustellen, ergibt sich allgemein aus den Erwartungen der Kartenbenutzer. Diese zu erfüllen, beruht bei den Herstellern
– auf dem gesetzlichen Auftrag an amtliche Stellen (z.B. Landesvermessung) bzw. auf Verwaltungs-Vereinbarungen,

- auf internen Anlässen (z.B. Auslaufen der bisherigen Auflage) oder äußeren Anforderungen sowie
- auf der Erhaltung der Absatzchancen für die Verlagskartographie.

Gemessen am Gesamtumfang topographisch-kartographischer Arbeiten stellen heute die Maßnahmen zur *Aktualisierung (Fortführung, Nachführung, Evidenthaltung)* den größten Anteil dar; dies ergibt sich aus den raschen und umfangreichen Veränderungen des Landschaftsbildes.

Die herausgegebene Neuauflage einer aktualisierten Karte wird meist beschrieben durch die laufende Nummer der Auflage (Ausgabe) seit der Erstausgabe und/oder durch die Angabe der Jahreszahl.

9.6.1 Aktualisierung amtlicher topographischer Kartenwerke

Eine *kontinuierliche* Aktualisierung (*Laufendhaltung*) ist nur bei großen Kartenmaßstäben praktikabel, wenn die Aktualisierungsdaten aus anderen Quellen (z.B. Kataster) ständig verfügbar, evtl. auch sofort einzuarbeiten sind und wenn jeweils nur geringe Auflagen durch einfache Vervielfältigungsverfahren (z.B. Lichtpause) entstehen.

In der Praxis besteht daher meist ein *Aktualisierungszyklus (Berichtigungsturnus)*, dessen zeitliche Festlegung vom Aktualisierungsumfang und der damit verbundenen personellen und materiellen Arbeitskapazität abhängt. In den europäischen Ländern liegt dieser Zyklus meist zwischen 5 und 10 Jahren, wobei ein mittelfristiges Aktualisierungsprogramm bei sehr unterschiedlicher Landschaftsstruktur (z.B. Ballungsgebiete und Hochgebirge) auch zeitliche Differenzierungen vorsehen kann.

Photogrammetrie und Fernerkundung spielen auch bei der Aktualisierung eine zunehmende Rolle. Dabei werden sowohl die Orthophototechnik als auch die Zweibildmessung eingesetzt. In kleineren Maßstäben ist auch schon die Auswertung von Satellitenbildern, vor allem bei flächenhaften Objekten (z.B. Wald, Kulturland) möglich. Darüber hinaus ist durch Digitalisierung von Vermessungsergebnissen, Generalisierungsentwürfen und anderen Unterlagen auch eine rechnergestützte Verarbeitung und automatische Zeichnung der Aktualisierungsfälle praktikabel. Ist die gesamte Karte bereits in digitaler Form vorhanden, so bietet die GDV weitere Möglichkeiten (7.3, 7.4 und Anlage 21).

Folgen einer Grundkarte mehr als ein Folgemaßstab, so sind zwei Vorgehensweisen möglich:
1. Die *Aktualisierung* in der *Maßstabsfolge*, d.h. die Berichtigung der Grundkarte mit anschließender Berichtigung der Folgekarten von Maßstab zu Maßstab, vermeidet Doppelarbeit, erfordert aber die gleichzeitige Bearbeitung großer Grundkartenbereiche und einen größeren Zeitraum bis zur Berichtigung der Karte kleinsten Maßstabs.

2. Die *direkte Aktualisierung*, d.h. die weitgehend gleichzeitige, also parallele Bearbeitung aller Karten führt zu spürbarem Zeitgewinn, erfordert aber höheren topographischen und gerätemäßigen Aufwand bei stärkerer Spezialisierung und Zentralisierung.

In der Praxis gibt es oft Mischformen: So werden z.B. die Maßstäbe 1:5 000 und 1:25 000 unabhängig voneinander aktualisiert (fortgeführt) und im Anhalt an 1:25 000 dann die kleineren Maßstäbe bearbeitet.

Nach dem *Umfang* der Aktualisierung unterscheidet man in Deutschland:
- Die *Berichtigung* bezieht sich auf sämtliche, im Bereich eines Blattes eingetretenen Veränderungen.
- *Nachträge* beschränken sich dagegen auf wesentliche Veränderungen (z.B. im Siedlungsbild, im Verkehrs- und im Gewässernetz).
- *Einzelne Nachträge* sind Nachführungen einzelner Objekte vor dem Nachdruck bei vergriffener Auflage.
- *Redaktionelle Änderungen* ergeben sich z.B. aus der Änderung von Verwaltungsgrenzen und Ortsnamen bei Eingemeindungen, erfordern also keine topographischen Arbeiten.

Eine *vollständige Neuherstellung (Neuzeichnung)* der Karte kann in den folgenden Fällen günstiger sein als die Aktualisierung der alten Originale:
- Die notwendigen Berichtigungen sind sehr umfangreich.
- Die geometrische Genauigkeit ist unzureichend, aber genauere Unterlagen liegen inzwischen vor.
- Beim Einsatz der GDV ist die Neuzeichnung meist wirtschaftlicher als das sonst übliche kartentechnische Zusammentragen der Darstellungen.

9.6.2 Aktualisierung sonstiger topographischer Karten

Um mit möglichst aktuellen Produkten auf dem Markt jederzeit präsent zu sein, können bedeutende und umfangreiche topographische Veränderungen (z.B. im Verkehrsnetz oder im Siedlungbild) den Kartenhersteller (z.B. von Stadtkarten) zu raschen Reaktionen zwingen. Dabei orientiert sich die Nachfrage durch die Kartenbenutzer auch an jahreszeitlichen Schwankungen (z.B. durch Urlaubsverhalten) oder an besonderen Ereignissen (z.B. lokale Großveranstaltungen). Dies gilt vor allem für touristische Karten aller Art und Stadtkarten, aber auch für Übersichtskarten kleinerer Maßstäbe. Bei Atlaskarten wird eine rasche Aktualisierung auch erzwungen, wenn politische Bereiche (Staaten, Länder, Bezirke usw.) neu entstehen oder sich in ihren Grenzen erheblich verändern, bei Karten in Schulatlanten ferner im Hinblick auf den Beginn des neuen Schuljahres.

9.7 Überblick zu den topographischen Karten

9.7.1 Amtliche topographische Kartenwerke

9.7.1.1 Amtliche topographische Kartenwerke in der Bundesrepublik Deutschland

Die Angelegenheiten des amtlichen Vermessungs- und Kartenwesens fallen in der Bundesrepublik Deutschland in die gesetzliche Zuständigkeit der Bundesländer. Diese haben die Herstellung und Aktualisierung der Landeskartenwerke im Rahmen von *Vermessungsgesetzen* geregelt. Als zuständige Behörden sind die *Landesvermessungsämter* tätig, teilweise auch die staatlichen und kommunalen Vermessungsämter (Katasterämter). Eine bundesweite Koordinierung findet statt in der *Arbeitsgemeinschaft der Vermessungsverwaltungen der Länder der Bundesrepublik Deutschland (AdV)*.

Das *Institut für Angewandte Geodäsie (IfAG)* in Frankfurt am Main (mit Außenstellen in Berlin, Leipzig und Potsdam) ist eine dem Bundesminister des Innern unterstellte Bundesbehörde, die u.a. im Rahmen eines Verwaltungsabkommens zwischen Bund und Ländern die Herstellung, Aktualisierung und Veröffentlichung der amtlichen Kartenwerke 1:200 000 bis 1:1 000 000 betreibt. Das IfAG bildet zugleich die Abteilung II „Angewandte Geodäsie" des von der Deutschen Geodätischen Kommission (DGK) bei der Bayerischen Akademie der Wissenschaften in München eingerichteten Deutschen Geodätischen Forschungsinstituts (DGFI).

In der DDR gab es eine zentrale Zuständigkeit in der Verwaltung „Staatliches Vermessungs- und Kartenwesen (VVK)" im Ministerium des Innern mit dem unterstellten Kombinat VEB „Geodäsie und Kartographie" (Leitung in Berlin und „Topographische Dienste" in Dresden, Erfurt und Schwerin). Daneben lag die Zuständigkeit für bestimmte Bereiche und Aufgaben bei den Institutionen „Geodätischer Dienst" in Leipzig, „Militärkartographischer Dienst" in Halle und „Kartographischer Dienst" in Potsdam. Die topographischen Karten erschienen als „Ausgabe für den Staat (AS)" (ab 1970 vollständig, aber unter Verschluß gehalten) sowie als „Ausgabe für die Volkswirtschaft" (AV) (ab 1989 vollständig, aber inhaltlich reduziert, mit 3°-Meridianstreifen auf dem Bessel-Ellipsoid).

Über Organisationsformen der behördlichen Kartographie in den westlichen Bundesländern siehe *Harbeck* in (*Dodt/Herzog* 1991), in den östlichen Bundesländern *Dodt/Herzog* in (*Dodt/Herzog* 1992). Zur Gestaltung der amtlichen topographischen Kartenwerke und ihrem Wandel, auch im äußeren Erscheinungsbild, sowie über entsprechende Versuche siehe u.a. *Müller* (1982), *Christ u.a.* (1983), *Grothenn* (1986,1990), *Harbeck* in (*Mayer* 1990), *Grothenn* in (*Festschrift* 1992), *Grimm* (1993). Über einheitliche europäische Kartenwerke stellt *Albrecht* in (*Bosse* 1979) Betrachtungen an. Vergleiche mit den Kartenwerken der DDR führt *Meine* (1968b) durch. Mit dem Verbleib der Originale der Kartenwerke des Deutschen Reiches befaßt sich *Böhme* (1978). Einzelheiten zur

Entwicklung und zum Stand der Kartenwerke in den alten Bundesländern finden sich bei *Lichtner* (1983b), *Staufenbiel, Schmid* und *Weber* in (*Leibbrand* 1984a), bei *Schmid* in (*Dodt/Herzog* 1988), ferner auch in einschlägigen Aufsätzen in den Topographischen Atlanten (11.6); in den neuen Bundesländern siehe *Schirm* in (*Dodt/Herzog* 1992). Über Kartennachweise siehe 14.4.

Die künftige Entwicklung der Kartenwerke orientiert sich in erster Linie am Aufbau des *ATKIS (Amtliches Topographisch-Kartographisches Informationssystem)* und an den daraus sich ergebenden inhaltlichen und formalen Möglichkeiten. Bis etwa 1997 soll dazu das auf den Maßstab 1:25 000 bezogene digitale Landschaftsmodell ATKIS-DLM25 flächendeckend vorliegen. Näheres siehe 13.4.1.

Bei der nachfolgenden Beschreibung der Kartenwerke müssen inhaltliche und formale Besonderheiten in den einzelnen Ländern zum Teil unberücksichtigt bleiben. Über die Bezugsgrundlagen der Kartenwerke siehe 2.1.3 und 2.2.4.5. Zur Blattschnittsystematik (9.5.1) gilt allgemein folgendes:

1. In den westlichen Bundesländern (alte Bundesrepublik)
   - sind die Grundkarten 1:5 000 (und größer) Gitternetzkarten,
   - ergeben sich die Karten 1:25 000 bis 1:200 000 als Gradabteilungskarten dadurch, daß 4 Karten des Ausgangsmaßstabs jeweils eine Folgekarte des nächstkleineren Maßstabs bilden,
   - weisen die Karten 1:500 000 und 1:1 Mio. einen besonderen Blattschnitt auf.
2. In den östlichen Bundesländern (ehemalige DDR) ergaben sich bisher die Karten aller Maßstäbe als Gradabteilungskarten durch fortgesetztes Teilen eines Blattes der Internationalen Weltkarte 1:1 Mio. (9.7.3.2) auf jeweils mehrere volle Blätter des nächstgrößeren Maßstabs. Über die eingeleiteten Umstellungen nach Form und Inhalt siehe bei den einzelnen Kartenmaßstäben.

1. Deutsche Grundkarte 1:5 000 (DGK 5) und vergleichbare Grundkarten

Herstellungszeitraum: Ab 1925, amtliche Karte seit 1940, Kartenwerk noch nicht fertig.
Art der Entstehung: Topographische Grundkarte unter Verwendung von Flurkarten und anderen großmaßstäbigen Karten, terrestrische und photogrammetrische Vermessungen, zunehmend auch nach Orthophotos und durch digitale Verfahren (Fehlergrenzen siehe 9.3.1.6 und 9.3.2.9).
Benennung: Rechts- und Hochwert der linken unteren Blattecke sowie Name des wichtigsten Ortes, Berges usw.
Kartennetz: Gauß-Krüger-Meridianstreifensystem, Netzlinien alle 200 m ($\hat{=}$ 40 mm i.d.K.).
Blattschnitt: Durch Linien der geraden km-Werte des Gauß-Krüger-Netzes mit Ausnahme an den Grenzmeridianen.
Format: $0{,}40 \times 0{,}40$ m² ($\hat{=} 2 \times 2 = 4$ km² Geländefläche).
Karteninhalt: Zweifarbige, weitgehend grundrißtreue Darstellung, dazu Grundstücksgrenzen, soweit maßstabsbedingt möglich (siehe Anlage 1). Schwarz: Situation, Schrift, Höhen der Festpunkte; Braun: Höhenlinien und -punkte mit Zahlen, natürliche Kleinformen.

Ausgabearten neben der DGK 5: Einfarbige Kombinationslichtpause (Grundriß und Höhe), DGK 5 G (teilweise Katasterplankarte) als Vorstufe nur mit einfarbiger Situation (Grundriß); DGK 5 L als Luftbildkarte (siehe Anlage 20); Sonderausgabe in mehr als zwei Farben für städtische Bereiche; DGK 5 Bo mit den Ergebnissen der Bodenschätzung (in Grün).

In Bayern wird die Karte nicht hergestellt, da dort die Höhenflurkarte 1:5 000 vorliegt; das gleiche gilt für den württembergischen Landesteil von Baden-Württemberg, da es dort bereits Höhenflurkarten 1:2 500 gibt. In Hessen entsteht nur im Bedarfsfalle die einfarbige Topographische Karte 1:5 000 (TK 5) bzw. Luftbildkarte 1:5 000 (LK 5) im Maßstab und Blattschnitt der DGK 5. In den neuen Bundesländern existiert die Karte 1:10 000 flächendeckend, daneben für Stadtbereiche auch als „Topographischer Stadtplan" sowie teilweise auch in 1:5 000. Die Karte 1:10 000 umfaßt ein Viertel der bisherigen Top. Karte 1:25 000 (Gradabteilungskarte in Abständen von 3′45″ in Länge und 2′30″ in Breite). Sie wird einstweilen in der Ausgabeform AS beibehalten.

2. Topographische Karte 1:25 000 (TK 25)

Herstellungszeitraum: Seit Anfang des 19. Jh., zunächst nur als Aufnahmemaßstab für Karten 1:100 000. Erst ab 1876 in Preußen als selbständiges Kartenwerk veröffentlicht und dort zu Beginn des 20. Jh., in anderen Ländern nach Umstellungen bis 1960 fertig.

Art der Entstehung: Als topographische Grundkarte durch Meßtischtachymetrie (daher früher als Meßtischblatt bezeichnet); auch heute noch Grundkarte, soweit keine Neuzeichnung bzw. Aktualisierung über die DGK 5 oder andere topographische Unterlagen.

Benennung: Durch Kombination der jeweils zweiziffrigen Numerierung von Kartenreihen und -spalten (Abb. 235), dazu Name des wichtigsten Ortes.

Kartennetz: In Norddeutschland ursprünglich Preußische Polyederprojektion (2.2.5): Begrenzungsmeridiane und -parallelkreise längentreu; letztere aber nicht als Kreisbogenstücke, sondern als deren Sehnen. Neu gezeichnete Blätter (etwa ab 1925) im Gauß-Krüger-System. Unterschiede beider Netzentwürfe jedoch geringer als die Zeichenungenauigkeit. Alle Blätter enthalten daher das Gauß-Krüger-Gitter im Kartenrahmen (Abstand 1 km ≙ 40 mm i.d.K.).

Blattschnitt: Durch Linien geographischer Koordinaten mit jeweils vollen 10′ in Länge und vollen 6′ in Breite (Gradabteilungskarte).

Format: Ost-West-Ausdehnung bei $\varphi = 55°$ etwa 425 mm, bei $\varphi = 47{,}5°$ etwa 500 mm; Nord-Süd-Ausdehnung rund 445 mm (Kartenfläche entspricht etwa 120 bis 140 km^2 Geländefläche).

Karteninhalt: Ursprünglich einfarbige, heute überwiegend drei- bis vierfarbige, weitgehend grundrißähnliche Darstellung (siehe Anlage 2). Schwarz: Situation und Schrift (ohne Gewässer); Blau: Gewässer, Firnhänge und Gletscher mit Namen; Braun: Höhenlinien und -punkte mit ihren Zahlen, natürliche Kleinformen; Grün: Flächenfarbe für Wald.

Ausgabearten: Neben der Normalausgabe teilweise Ausgaben mit Wanderwegen, mit Schummerung sowie auf Bestellung einfarbig und auch als Vergrößerung auf 1:10 000.

In der DDR waren die Karten 1:25 000 (AS) mehrfarbige, sehr detailreiche Karten im Blattschnitt von 7′30″ Längenunterschied und 5′ Breitenunterschied, die jeweils 4 Blätter 1:10 000 enthielten; sie werden auf die TK 25 umgestellt.

3. Topographische Karte 1:50 000 (TK 50)

Herstellungszeitraum: 1956-1967. Vorgänger: Wenige Blätter der Deutschen Karte 1:50 000 aus den 30er Jahren, in Süddeutschland Topographische Atlanten 1:50 000 ab Mitte 19. Jh.

Art der Entstehung: Als Folgekarte aus der TK 25 und anderen Unterlagen durch kartographisches Generalisieren.

Benennung: Buchstabe L (römische Schreibweise für 50 als Maßstabshinweis) und Blattnummer der in der Südwestecke gelegenen TK 25, dazu wichtigster Ortsname.

Kartennetz: Gauß-Krüger-System; im Kartenrahmen jede gerade km-Linie ($\triangleq$ 40 mm Abstand i.d.K.).

Blattschnitt: Durch Linien geographischer Koordinaten mit jeweils vollen 20' in Länge und vollen 12' in Breite. Damit umfaßt ein Blatt der TK 50 vier ganze Blätter der TK 25.

Format: Ost-West- bzw. Nord-Süd-Ausdehnung ergeben sich damit wie bei der TK 25 (Kartenfläche entspricht etwa 480 bis 560 km^2 Geländefläche).

Karteninhalt: Vierfarbige, weitgehend grundrißähnliche Normalausgabe. Schwarz, Blau, Braun: Ähnlich wie bei TK 25; Grün: Bodenbewachsung (Linien- und Flächenfarben).

Ausgabearten: Neben der Normalausgabe fünf- und mehrfarbige Ausgabe mit Schummerung (siehe Anlage 3) und/oder mit rotem Fernstraßenaufdruck sowie teilweise auch mit Wanderwegen; Orohydrographische Ausgabe (nur Gewässernetz und Geländedarstellung); Sonderformate für Naturparkkarten, Kreiskarten usw., teilweise mit Grundriß in Braun oder Grau; Militärisches Kartenwerk 1:50 000 (Serie M 745) mit voll durchgezogenem 1 km-UTM-Gitter, anderen und mehrsprachigen Randangaben, rot gerasterten Höhenlinien und ohne Schummerung.

In der DDR wies die Karte 1:50 000 einen Blattschnitt von 15' in Länge und 10' in Breite auf und enthielt 4 Blätter 1:25 000; sie wird auf die TK 50 umgestellt.

4. Topographische Karte 1:100 000 (TK 100)

Herstellungszeitraum: 1962-1987, Vorgänger: Karte des Deutschen Reiches 1:100 000 (Abb. 303) aus dem 19. Jh.

Art der Entstehung: Folgekarte aus TK 50 und TK 25.

Benennung: Buchstabe C (römische Schreibweise für 100 als Maßstabshinweis), sonst wie bei TK 50.

Kartennetz: Gauß-Krüger-System; Im Kartenrahmen alle vollen 5 km-Linien ($\triangleq$ 50 mm Abstand i.d.K.).

Blattschnitt: Durch Linien geographischer Koordinaten in Abständen von 40' in Länge und 24' in Breite. Damit umfaßt ein Blatt der TK 100 vier ganze Blätter der TK 50.

Format: Abmessungen der Karte etwa wie bei TK 25 und TK 50.

Karteninhalt: Weitgehend grundrißähnliche Normalausgabe mit Farbgebung ähnlich TK 50, aber auch Blätter mit mehr flächenhafter Siedlungsdarstellung.

Ausgabearten: Wie die zivilen Ausgaben der TK 50 (siehe Anlage 4), daneben tlw. in 1:75 000 (z.B. Radwanderkarten), ferner in Großformaten (z.B. als Kreiskarten), ab 1986 auch militärische Ausgabe (Serie M 648) mit UTM-Gitter.

In der DDR besaß die Karte 1:100 000 einen Blattschnitt von 30' in Länge und 20' in Breite und enthielt 4 Blätter der Karte 1:50 000; sie wird auf die TK 100 umgestellt.

5. Topographische Übersichtskarte 1:200 000 (TÜK 200)

Herstellungszeitraum: 1961-1974 durch das Institut für Angewandte Geodäsie (44 Blätter).
Vorgänger: Topographische Übersichtskarte des Deutschen Reiches 1:200 000.
Art der Entstehung: Folgekarte aus TK 50, TK 25 u.a.
Benennung: Buchstabe CC usw. wie das System der TK 100.
Kartennetz: Gauß-Krüger-System; im Kartenrahmen alle vollen 10 km-Linien ($\hat{=}$ 50 mm Abstand i.d.K.).
Blattschnitt: Durch Linien geographischer Koordinaten in Abständen von 80' in Länge und 48' in Breite. Damit umfaßt ein Blatt der TÜK 200 vier ganze Blätter der TK 100.
Format: Abmessungen der Karte etwa wie bei TK 25, TK 50 und TK 100.
Karteninhalt: Relativ detaillierte Siedlungsdarstellung, doch wird eine mehr flächenhafte Wiedergabe diskutiert. Farbgebung der Normalausgabe etwa wie bei TK 100, jedoch nur Eisenbahnen und Schrift in Schwarz, Siedlungen und Straßen in Braun.
Ausgabearten: Normalausgabe 7farbig (Flachlandbereiche ohne Schummerung) bzw. 11farbig (Anlage 5), 6-7farbige Arbeitsausgabe (ohne Straßenfüllung und Schummerung), 3 bzw. 6farbige Orohydrographische Ausgabe, Umgebungskarten von Berlin, Hamburg, Bremen, Frankfurt am Main und Stuttgart wie Normalausgaben mit farbiger Straßenfüllung.
In der DDR wies die Karte 1:200 000 einen Blattschnitt von 1° in Länge und 40' in Breite auf und enthielt 4 Blätter der Karte 1:100 000; sie wird auf die TÜK 200 umgestellt.

6. Übersichtskarte 1:500 000 (ÜK 500)

Herstellungszeitraum: 1973-1976 durch das Institut für Angewandte Geodäsie als 4 Einzelblätter (zunächst militärische, dann auch zivile Ausgabe) sowie 1979-1981 als 4 Großblätter.
Art der Entstehung: Aus der französischen Version des britischen Militärkartenwerks World Map 1:500 000 (Serie 1404) (9.7.3.1).
Benennung: Einzelblätter 170-C (Hamburg), 231-A (Frankfurt am Main), 231-D (Stuttgart), 231-C (München); Großblätter Blatt 1 (Nordwest), Blatt 2 (Nordost), Blatt 3 (Südost), Blatt 4 (Südwest).
Kartennetz: Konforme konische Abbildung mit zwei längentreuen Parallelkreisen (2.2.2.4) (geographisches Netz des Internationalen Ellipsoids) mit Darstellung des UTM-Gitters.
Blattschnitt und Format: Einzelblätter durch Linien geographischer Koordinaten mit 2,5° Längenunterschied und 2° Breitenunterschied, Großblätter in Anpassung an die Ländergrenzen mit starken Überlappungen.
Karteninhalt: Auf bis zu 27 Folien verteilt zur Erleichterung der Ausgabearten und thematischer Sonderwünsche.
Ausgabearten: 10farbige Normalausgabe mit farbigen Höhenschichten und Schummerung (siehe Anlage 6), 6farbige Arbeitsausgabe (ohne Höhenschichten), 8farbige Orohydrographische Ausgabe, 3farbige Verwaltungsausgabe, daneben spezielle Länderkarten durch die Länder herausgegeben.
In der DDR wies die Karte 1:500 000 einen Blattschnitt von 3° in Länge und 2° in Breite auf und enthielt 9 Blätter der Karte 1:200 000; sie wird auf die ÜK 500 umgestellt.

7. Internationale Weltkarte 1:1 000 000 (IWK 1 000)

Das Institut für Angewandte Geodäsie gibt abweichend vom Blattschnitt dieses Kartenwerks die Blätter „NN-31/32 Amsterdam-Hamburg" achtfarbig und „NM-32/33 München" neunfarbig heraus. Daneben gibt es ein Blatt für den gesamten Bereich der Bundesrepublik Deutschland (D 1 000), und zwar in den Ausgabearten Normal, Orohydrographisch, Verwaltungsgrenzen und Landschaften. Weitere Einzelheiten siehe 9.7.3.2 und Anlage 7.

9.7.1.2 Amtliche topographische Kartenwerke in Österreich

Das Bundesamt für Eich- und Vermessungswesen in Wien gibt die folgenden Kartenwerke heraus:
1. *Österreichische Basiskarte 1:5 000 (ÖBK 5)*
   Einfarbiges Orthophoto mit Kartenrahmen und Kombinationsmöglichkeit mit Grundrißangaben des Katasters, Höhenlinien und Schrift. Format 0,5 × 0,5 m² im Gauß-Krüger-Netz. Bisher nur für kleine Bereiche vorhanden.
2. *Österreichische Luftbildkarte 1:10 000 (ÖLK 10)*
   Einfarbiges Orthophoto mit Kartenrahmen, Höhenpunkten und Schrift im Format 0,5 × 0,5 m² nach Gauß-Krüger-Netz. Für größten Teil des Staatsgebietes vorhanden.
3. *Österreichische Karte 1:50 000 (ÖK 50)*
   Seit 1959 als Grundkarte aus Luftbildmessungen und terrestrischen Ergänzungen; 213 Blätter in Gauß-Krüger-Abbildung als Gradabteilungskarten im Format 15' × 15' in Länge und Breite; 7-8farbig mit Schummerung, als Ausgabe mit Wegemarkierungen, mit Straßenaufdruck sowie als Vergrößerung auf 1:25 000 (ÖK 25 V).
4. *Österreichische Karte 1:200 000 (ÖK 200)*
   Seit 1961 als Folgekarte aus der Karte 1:50 000; 23 Blätter in Gauß-Krüger-Abbildung als Gradabteilungskarten mit 1° × 1° in Länge und Breite (1 Blatt enthält das Gebiet von 16 ganzen Blättern der Karte 1:50 000); 11-14 farbige Ausgabe mit Schummerung.
5. *Übersichtskarte von Österreich 1:500 000 (ÖK 500)*
   Ein einziges Blatt in konformer konischer Abbildung mit 2 längentreuen Parallelkreisen in 46° und 49° Breite; 10farbige Ausgabe mit Schummerung und Straßenfarben, weitere Sonderausgaben sowie Vergrößerung auf 1:300 000 in 4 Blättern (ÖK 300 V).

Schrifttum: *Bernhard* in (*Inst. f. Kartographie d. Österr. Akad. d. Wiss.* 1984) und *Meckel* in (*Dodt/Herzog* 1988).

9.7.1.3 Amtliche topographische Kartenwerke in der Schweiz

Das Bundesamt für Landestopographie in Bern gibt die Landeskarten in den Maßstäben 1:25 000 und kleiner heraus; für die Karten größerer Maßstäbe sind kantonale Behörden zuständig. Es erscheinen in schiefachsiger konformer Zylinderabbildung (2.2.4.5) die folgenden Kartenwerke:
1. *Grundbuchübersichtspläne 1:5 000 und 1:10 000*
   Topographische Grundkarte als Ergebnis der 1920 begonnenen Grundbuchvermessungen, früher 5-6farbig, heute einfarbig.
2. *Landeskarte der Schweiz 1:25 000*
   Seit 1952 aus Grundbuchübersichtsplänen und Luftbildmessungen 249 Blätter als rechteckige Gitternetzkarte (0,48 m NS × 0,70 m WO) in 8farbiger Ausgabe mit Schummerung, daneben 14 Zusammensetzungen (Umgebungskarten).

3. *Landeskarte der Schweiz 1:50 000*
Seit 1938 aus Grundbuchübersichtsplänen und Luftbildmessungen 78 Blätter (0,48 × 0,70 m^2) mit dem Gebiet von jeweils 4 ganzen Karten 1:25 000 als 6farbige Ausgabe mit Schummerung, daneben 21 Zusammensetzungen sowie Wander- und Skiroutenkarten.
4. *Landeskarte der Schweiz 1:100 000*
Seit 1954 aus der Karte 1:50 000 insgesamt 23 Blätter (0,48 × 0,70 m^2) mit dem Gebiet von jeweils 4 ganzen Karten 1:50 000 in 10 Farben mit Schummerung und Straßenfarben, daneben 3 Zusammensetzungen.
5. *Landeskarte der Schweiz 1:200 000*
Seit 1971 aus der Karte 1:100 000 insgesamt 4 überlappende Blätter in 16 Farben mit Schummerung.
6. *Landeskarte der Schweiz 1:500 000:* Ein seit 1965 erscheinendes Blatt in 13 Farben.
Schrifttum: *Schweizerische Gesellschaft für Kartographie* (1984), *Jeanrichard* in (*Dodt/Herzog* 1991).

9.7.1.4 Amtliche topographische Karten anderer Staaten

Für die meisten europäischen Staaten gilt etwa folgende Situation: Karten in den Maßstäben 1:5 000 und 1:10 000 liegen nur zum Teil flächendeckend vor, doch nimmt ihr Bestand weiterhin zu. Dabei treten neben Strichkarten auch Luftbildkarten auf. Die Maßstäbe 1:25 000, 1:50 000 und 1:100 000 sind für die Mehrzahl der Staaten geschlossen vorhanden, doch gibt es dabei häufig provisorische Ausgaben, wechselnde Erscheinungsformen und unterschiedliche Aktualisierungsgrade. Auch die Maßstäbe 1:200 000 und 1:500 000 liegen in vielen Staaten vor. Als topographisches Kartenwerk der NATO gibt es die Kartenserie *Joint Operations Graphics* 1:250 000 (JOG 250).

Die Zuständigkeit für amtliche topographische Karten liegt in den meisten europäischen Ländern bei zentralen zivilen staatlichen Institutionen, z.B. Institut Géographique National (IGN) in Frankreich, Ordnance Survey (OS) in Großbritannien. Seit 1981 besteht für die Leiter dieser Institutionen in Europa ein *Comité Européen des Responsables de la Cartographie Officielle (CERCO)*, in dem die Vertreter aus 31 Staaten (1993) Erfahrungen und Gedanken austauschen sowie künftige Arbeiten erörtern und abstimmen.

Die verschiedenartige geschichtliche Entwicklung des Kartenwesens in den einzelnen Staaten hat dazu geführt, daß die genannten Regelmaßstäbe nicht selten aus anderen, meist älteren Kartenwerken abgeleitet wurden, und zwar aus anderen Maßstäben (z.B. aus 1:20 000 und 1:80 000 in Frankreich), aus anderen Netzentwürfen oder aus nichtmetrischen Maßsystemen (z.B. aus der „One Inch Map" 1:63 360 Großbritanniens, bei der 1 Zoll einer Meile entspricht).

Der relativ dichten Maßstabsfolge in Europa steht auch heute noch die Tatsache gegenüber, daß in vielen außereuropäischen Bereichen – vor allem in Mittel- und Südamerika, Afrika und Teilen Asiens – brauchbare Karten in den Maßstäben 1:50 000 und größer nicht ausreichend vorhanden sind (*Böhme* 1989/1991/1993). Über Kartennachweise siehe 14.4.

9.7.2 Topographisch-thematische Kartenwerke und Karten

Neben den amtlichen topographischen Karten gibt es in großen und mittleren Maßstäben weitere topographische Karten amtlicher und privater Herkunft, die ihrer Zweckbestimmung entsprechend in stärkerem Maße auch thematische Angaben enthalten. Sie liegen damit im Übergangsbereich zwischen topographischen und thematischen Karten.

Dabei besitzen Stadtkarten, Gewässer-, Watt- und Gletscherkarten sowie Karten für Tourismus und Freizeit meist einen noch weitgehend vollständigen topographischen Inhalt; sie werden daher nachfolgend behandelt. Dagegen sind Liegenschaftskarten (Flurkarten, Katasterkarten) und Verkehrskarten (Straßen-, See-, Eisenbahn- und Luftfahrtkarten) meist stärker thematisch geprägt; sie kommen deshalb im Kap. 10 zur Sprache. Über kleinmaßstäbige Kartenwerke siehe 9.7.3. Atlaskarten werden wegen ihrer besonderen Erscheinungsform im Kap. 11 behandelt. Karten mit großem Interessentenbereich (z.B. Stadtkarten) gibt es auch schon auf Disketten.

9.7.2.1 *Stadtkarten*

Diese werden von den Städten (Stadtvermessungsämtern) oder von anderen öffentlichen Stellen als *amtliche* Grund- oder Folgekarten, aber auch von *privater* Seite als Folgekarten herausgegeben. Die Maßstabsreihe der *amtlichen* Stadtkarten beginnt meist mit den auch als *Stadtgrundkarten* bezeichneten Rahmenkarten 1:1 000. Von diesen werden häufig die Karten 1:2 000 durch einfaches photographisches Verkleinern abgeleitet. Dagegen sind die Karten 1:5 000 entweder mit der Deutschen Grundkarte 1:5 000 identisch oder beruhen auf ähnlichen, oft vielfarbigen Konzepten.

Von besonderer Bedeutung sind vor allem die Folgekarten, die in einem Blatt das gesamte Stadtgebiet darstellen. Die Kartenmaßstäbe richten sich dabei nach der Ausdehnung des Stadtgebietes und dem vorgesehenen Kartenfeldformat; sie reichen von 1:5 000 bis 1:30 000, wobei die meisten Stadtkarten in den Bereich von 1:10 000 bis 1:20 000 (z.B. Anlage 9) fallen. Der Karteninhalt entsteht durch Generalisieren der Stadtgrundkarten, anderer topographischer Grundkarten, Flurkarten und Luftbilder.

Stadtkarten dienen der mannigfaltigen Planung und Verwaltung im Stadtgebiet; sie spielen daher eine bedeutende Rolle als Kartengrund zahlreicher thematischer Karten. Daher ergeben sich besondere Vorteile beim Einsatz der GDV, wenn dies auf der Grundlage eines einheitlichen Raumbezugssystems geschieht. Ein Beispiel dafür ist die vom Deutschen Städtetag empfohlene „Maßstabsorientierte Einheitliche Raumbezugsbasis für Kommunale Informations-Systeme (MERKIS)" (13.4.1). Daneben dienen Stadtkarten aber auch in erheblichem Maße den verschiedenen Orientierungszwecken. Darstellungen, die vorwiegend nur der Übersicht und Orientierung dienen sollen und daher ihrem Maßstab entsprechend geometrisch und inhaltlich stärker vereinfacht sind, werden häufig auch als *Stadtpläne* bezeichnet.

Je nach Funktion der Stadtkarte ist das Siedlungsbild mehr oder weniger stark gegliedert. Öffentliche Gebäude sind meist besonders hervorgehoben. Historische Bauwerke und andere Sehenswürdigkeiten erscheinen mitunter in einer ihrem tatsächlichen Aussehen entsprechende Ansichtsdarstellung. Auch das Straßen- und Verkehrsnetz wird gewöhnlich betont dargestellt und nach seiner Funktion gegliedert; die Wiedergabe umfaßt alle Straßennamen, oft auch einzelne Hausnummern, ferner Parkplätze, Einbahnstraßen, Haltestellen, Nummern der Verkehrslinien usw. Im Gegensatz zu vergleichbaren topographischen Karten der amtlichen Landesvermessung herrschen die Flächenfarben vor, doch ist die Grundrißdarstellung in Strichen so gehalten, daß auch einfarbige, meist graue Drucke für Planungszwecke oder als Grundlage thematischer Karten alle Angaben zur Geometrie und zur Schrift enthalten.

Zu den bei Karten sonst üblichen Randangaben (9.4.2) tritt oft ein Verzeichnis der Straßen, Behörden, kulturellen Einrichtungen, das Stadtwappen, ein historischer Abriß, Beschreibungen, Bilder usw. Mitunter erscheinen diese Angaben aber auch in einer besonderen Beilage.

Bei der Abgrenzung des Kartenfeldes ist nicht nur der Grenzverlauf für den Bereich der politischen Gemeinde zu berücksichtigen, sondern es sind evtl. auch noch solche Bereiche darzustellen, in denen wichtige Verkehrsanschlüsse, Erholungsgebiete, Sehenswürdigkeiten usw. liegen. In stärkerem Maße als bei anderen Karten treten Überzeichnungen und Nebenkarten auf. Oft müssen einzelne, weit ins Land hinausragende Flächen noch dargestellt werden. Großstadtkarten in relativ kleinem Maßstab erfordern meist noch eine Nebenkarte, die den Citybereich in größerem Maßstab wiedergibt. In anderen Fällen ist das Kartennetz so verzerrt dargestellt, daß der Stadtkern in relativ großem, die Randgebiete in relativ kleinem Maßstab erscheinen (2.2.7.1). Fast immer enthalten die Karten ein Suchgitter (9.4.1).

Die vielen und raschen Veränderungen im Siedlungsbild zwingen dazu, die Stadtkarten in relativ kurzen Zeitabständen neu aufzulegen. Im Hinblick auf die meist hohen Auflagen – vor allem bei Großstädten – sind solche kurzen Aktualisierungsperioden jedoch auch wirtschaftlich vertretbar.

Eingehendere Darstellungen zur Stadtkartographie, teilweise mit vielen Beispielen, bringen u.a. *Bosse* (1976), *Schriever* in (*Bosse* 1970b), *Gorki/Pape* sowie *Gintzel/Pfadenhauer* in (*Leibbrand* 1984a) und *Gorki/Pape* (1987). Eine Bibliographie stammt von *Dodt/Gorki/Herzog/Pape/Schöppner* (1985). Über digitale Stadtkarten siehe z.B. *Wilmerstadt* (1987).

9.7.2.2 Karten der Binnengewässer, Watten und Gletscher

Karten der *Binnengewässer* stellen größere Flüsse, Ströme, Kanäle und Seen in Maßstäben zwischen 1:5 000 und 1:100 000 dar. Die Herausgabe amtlicher Karten dazu betreiben in Deutschland die Bundeswasser- und Schiffahrtsverwaltungen. Die Wasserflächen erscheinen mit eingehenden Angaben zu den Tiefenverhältnissen, zu Schiffahrtseinrichtungen, zu Wassersportmöglichkeiten usw. Die Wiedergabe angrenzender Landflächen stammt aus amtlichen topographischen Karten oder ist nach diesen neugestaltet.

Wattkarten geben die an Gezeitenküsten bei Tideniedrigwasser trockenfallenden Watten wieder. Sie schließen damit die Lücke zwischen den Landkarten mit ihrer undifferenzierten Wattdarstellung und den Seekarten, die zwar einige Tiefenpunkte darstellen, aber eingehendere Angaben meist erst für die schiffbaren Tiefen enthalten. Herausgeber sind die zuständigen Fachbehörden der Küstenländer. Das Kuratorium für Forschungen im Küsteningenieurwesen (KFKI) betreibt seit 1977 die Herausgabe von 65 Blättern des mehrfarbigen *Küstenkartenwerkes* 1:25 000 für die gesamte Deutsche Bucht im Blattschnitt und doppelten Format der Topographischen Karte 1:25 000. Wegen der fortwährenden Veränderungen der Watten sind periodische Neuaufnahmen aus technischen und wissenschaftlichen Gründen von erheblicher Bedeutung.

Wattkarten 1:5 000 oder 1:10 000 beruhen auf terrestrischen, hydrographischen oder photogrammetrischen Vermessungen; Karten 1:25 000 sind teils Grundkarten, teils Folgekarten. Da topographische Einzelheiten im Wattgebiet meist fehlen, besteht die Darstellung fast nur aus Höhenlinien, bei mehrfarbigen Ausgaben ergänzt durch farbige Höhenschichten. Bezugsfläche ist Normal Null. Über Wattkarten als Luftbildkarten berichten u.a. *Hake/Heidorn/Wegener* (1982); dabei erscheinen alle Kleinformen wie Prielverästelungen, Rippeln usw. in einer sonst nicht zu erreichenden Feinheit der Wiedergabe.

Gletscherkarten stellen die vergletscherten Bereiche von Hochgebirgen dar. Sie dienen in großen Maßstäben (z.B. 1:10 000) der Bestandsaufnahme und der Ermittlung von Schwankungen; daher sind auch hier wie bei den Wattkarten Wiederholungsmessungen sehr wichtig. Orthophotos ermöglichen eine naturnahe Wiedergabe der feinen Gletscherstrukturen und finden daher zunehmend Anwendung. Über exakte Gletscherkartierungen der letzten 100 Jahre berichtet *Brunner* (1988).

9.7.2.3 Karten für Tourismus und Freizeit

Wanderkarten in den Maßstäben 1:20 000 bis 1:100 000 entstehen
– als Produkt der Privatkartographie in Form der reinen Wanderkarte bzw. als kombinierte Straßen- und Wanderkarte oder
– aus amtlichen Karten durch Aufdruck zusätzlicher Informationen über markierte Wanderwege, Aussichtspunkte, Hütten usw.
Daneben gibt es auch Wanderkarten auf der Basis von Luftbildern, ferner Wanderkarten mit zusätzlichen geologischen, pflanzenkundlichen, ökologischen, historischen, technischen usw. Erläuterungen. Zur Orientierung mit Karte und Kompaß siehe z.B. *Linke* (1992).

Kartenrand oder Kartenrückseite enthalten häufig nähere Beschreibungen der Routen oder auch der Landschaft, ihrer Sehenswürdigkeiten, Geschichte usw. Für einige Gebirge gibt es Ausgaben für den Sommer und den Winter. *Naturparkkarten* erscheinen vorwiegend in 1:50 000. Unter den von den großen Wandervereinen betreuten oder herausgegebenen Karten nehmen die *Alpenvereinskarten* eine besondere Stellung ein: Sie sind nicht nur gute Gebrauchskarten für Bergsteiger und Schifahrer, sondern vermitteln auch durch die exakte Geländedarstellung wertvolle geowissenschaftliche Informationen (*Arnberger* 1970, *Brandstätter* 1983, *Finsterwalder* 1984).

Radwegekarten zeigen das Netz der Radwege auf der Grundlage von Stadtkarten oder – mitunter vergrößerten – amtlichen topographischen Karten. Einen Überblick über Radwanderkartenwerke bringt *Schulz* (1984). Der Allgemeine Deutsche Fahrrad-Club (ADFC) gibt für Deutschland die ADFC-Radwanderkarte 1:150 000 heraus. *Freizeitkarten* stellen Freizeiteinrichtungen aller Art in 1:50 000 bis 1:200 000 dar. *Orientierungslaufkarten (OL-Karten)* bringen im Format DIN A4 und kleiner und in 1:15 000, 1:16 667 oder 1:20 000 die vorgesehenen Laufstrecken und eine Differenzierung der Topographie nach dem Grade der Belaufbarkeit (vor allem im Walde) (*Deumlich* 1987, *Holloway/Mumme* 1987).

Seit 1952 gibt Mairs Geographischer Verlag ein Kartenwerk heraus, das zunächst als sog. Deutsche Generalkarte, heute als *Die Generalkarte* den Bereich Deutschlands in nunmehr 37 sich etwas überlappenden Blättern 1:200 000 darstellt. Diese enthalten das UTM-Gitter, betonen das Straßennetz, zeigen Waldflächen in schwach grünem Flächenton und stellen das Gelände durch Schummerung und vereinzelte Höhenpunkte dar; sie eignen sich vor allem für Autoreisen. Das Kartenwerk erstreckt sich inzwischen auch auf Dänemark, die Niederlande, Belgien, die Schweiz, Österreich und touristisch wichtige Bereiche der Mittelmeerküste und einiger Inseln.

9.7.3 Topographische Kartenwerke der Erde

Solche Kartenwerke werden von nationalen oder internationalen, amtlichen oder privaten Institutionen herausgegeben. Dabei ist die noch überwiegend bestehende Bezeichnung als „Weltkarten" nicht mehr ganz zutreffend angesichts des weitergehenden Bedeutungsinhalts der neueren Weltraumkartographie; streng genommen handelt es sich um globale Erdkartenwerke.

9.7.3.1 World 1:500 000 (Serie 1404)

Das in Großbritannien entstandene Kartenwerk wird inzwischen auch von anderen europäischen Ländern für die eigenen Bereiche bearbeitet; dabei übernahm die Bundesrepublik Deutschland die Art der inhaltlichen Neubearbeitung von Frankreich (vgl. 9.7.1.1 Nr. 6 und Anlage 6). Das Kartenwerk überdeckt Europa, Nordafrika und den Vorderen Orient. Die Gradabteilungskarten im Blattschnitt der Internationalen Weltluftfahrtkarte 1:1 Mio. beruhen auf der konformen konischen Abbildung des Internationalen Ellipsoids (mit zwei längentreuen Parallelkreisen). Sie enthalten farbige Höhenschichten (seit 1960 im metrischen System), teilweise Schummerung, Straßenkilometrierung und teilweise das UTM-Gitter.

9.7.3.2 Internationale Weltkarte 1:1 000 000 (IWK)

Zweck: Einheitliche und allgemeine Übersicht der Landflächen, systematische Einbettung nationaler Kartenwerke, Kartengrund für thematische Darstellungen.

Entstehung: Anregung durch *Penck* 1891, seit Konferenzbeschluß 1913 in Paris als internationales Gemeinschaftswerk; Landflächen der Erde in etwa 750 Blättern weitgehend erfaßt, jedoch mit teilweise schlechtem Aktualisierungsstand und vielfach vergriffen. Als Ersatz eignet sich militärisches Luftkartenwerk ONC 1:1 Mio (10.7.2.6 Nr. 1 d).
Benennung: Siehe 9.5.2 und Abb. 235.
Kartennetz: Zunächst modifizierte polykonische Abbildung (2.2.5 und Abb. 47) mit Daten eines speziellen Ellipsoids; ab 1962 konforme konische Abbildung des Internationalen Ellipsoids (mit zwei längentreuen Parallelkreisen).
Blattschnitt: Gradabteilungskarte mit Abständen von 4° in Breite und 6° in Länge (Abb. 47).
Karteninhalt: 8-9 farbige Ausgabe mit Geländedarstellung durch farbige Höhenschichten (Anlage 7); in vielen Fällen jedoch Abweichungen vom Zeichenschlüssel; teilweise auch Sonderdrucke einzelner Staaten (siehe 9.7.1.1 Nr. 7).
Schrifttum: *Meynen* 1962 (Bibliographie), *United Nations* 1979.

9.7.3.3 Weltkarte 1:2 500 000

Zweck: Einheitliche und allgemeine Übersicht der gesamten Erdoberfläche (auch Ozeane), Kartengrund für thematische Darstellungen, insgesamt 234 Blätter.
Entstehung: 1964-1976 als Gemeinschaftsarbeit der Staaten Bulgarien, ČSSR, DDR, Polen, Rumänien, UdSSR und Ungarn.
Benennung: Durchlaufende Numerierung vom Nordpol (1) durch die Breitenzonen bis zum Südpol (234), dazu Name der wichtigsten Stadt, Insel usw. Kartennetz: Mittabstandstreue konische Abbildung (2.2.2.2) des Ellipsoids von Krassowskij (mit 2 längentreuen Parallelkreisen) zwischen 60° südl. und 64° nördl. Breite, mittabstandstreue Azimutalabbildung (2.2.3.2) für die Polbereiche.
Blattschnitt: Zwischen 48° südl. und nördl. Breite als Gradabteilungskarte mit Abständen von 12° in der Breite und 18° in der Länge (1 Blatt umfaßt 9 volle Blätter der IWK), in den Polregionen wachsende Längenunterschiede.
Karteninhalt: 12 farbige Ausgabe mit farbigen Höhenschichten, lateinischer Schrift (nach Transliterationsregeln), Randangaben in englischer und russischer Sprache; daneben Varianten für thematische Darstellungen.
Schrifttum: *Meine* 1971, *Haack* 1989.
Der Fortbestand des Kartenwerks ist zur Zeit ungewiß. Beim Institut für Angewandte Geodäsie sind aus der 2. Ausgabe Blätter vom Bereich Europa und Südamerika verfügbar.

9.7.3.4 Kartenwerke 1:5 000 000

1. *World 1:5 000 000* als US-amerikanisches Kartenwerk mit 16 nur über die Landflächen und Polgebiete verteilten mehrfarbigen, verschieden orientierten und teilweise überlappenden Blättern in modifizierter stereographischer Projektion (2.2.3.4). Von Blatt zu Blatt ergibt sich ein stetiger Übergang.
2. *Carte des Continents 1:5 000 000* des Institut Géographique National (IGN) in Paris mit 34 Blättern (dazu Sonderblatt Antarktis) 7-11farbig in transversaler konformer Zylinderabbildung (2.2.4.4), die sich kontinentweise zusammenfügen lassen.

9.7.3.5 Kartenwerke 1:10 000 000 und kleiner

1. *Carte Général du Monde 1:10 000 000* des Institut Géographique National (IGN) in Paris mit 12 rechteckig geschnittenen gleichformatigen 10farbigen Blättern in normaler konformer Zylinderabbildung (2.2.4.4) für die Erdoberfläche zwischen 57° südl. und 72° nördl. Breite, die sich zu einem Ganzen zusammenfügen lassen.
2. *The World 1:14 000 000* als US-amerikanisches Kartenwerk aus 6 mehrfarbigen Blättern in transversaler konformer Zylinderabbildung.
3. *Carte Général du Monde 1:15 000 000* als Kartenwerk des IGN in 3 Blättern, aus dem Kartenwerk 1:10 Mio. abgeleitet.
4. *The World 1:22 000 000* als US-amerikanisches Kartenwerk aus 3 mehrfarbigen Blättern in transversaler konformer Zylinderabbildung.
5. In Maßstäben 1:22 Mio. bis 1:50 Mio. erscheinen zahlreiche Erddarstellungen auf einem Blatt in Formaten bis zu 120 × 180 cm^2, vorwiegend von privaten Institutionen.

9.7.4 Topographische Karten anderer Weltkörper

9.7.4.1 Merkmale der Aufnahme und Wiedergabe

Mit der Raumfahrttechnik entwickelt sich auch die *Weltraumkartographie* als ein neuer Objektbereich der Kartographie: Neben den klassischen *astronomischen* Karten (*Himmelskarten, Sternkarten*) als Übersichtskarten zum Sternhimmel (10.7.1.9) entstehen nunmehr *Gestirnskarten* als topographische oder thematische Karten anderer Weltkörper (*Meine* in *Bosse* 1979). Bis dahin beruhten solche Karten auf visuellen Beobachtungen oder photographischen Aufnahmen an den Sternwarten der Erde: Sie führten zu Strichkarten oder photographischen Bildmosaiken, meist in transversalen orthographischen oder stereographischen Abbildungen (2.2.3.6, 2.2.3.4).

Der große Aufschwung in der Kartendarstellung der Planeten und ihrer Monde begann mit den Starts der sowjetischen und US-amerikanischen Raumsonden ab 1959. Bei den *unbemannten* Raumflügen wurden zunächst Fernsehbilder und dann photographische Bilder, letztere automatisch entwickelt und abgetastet, im Funkwege übertragen. Für die *bemannten* Raumflüge standen zunächst einfachere Photoapparate, ab 1971 auch Meßkammern zu Verfügung. In Zukunft werden vor allem digitale Techniken der Aufnahme und der Auswertung zum Zuge kommen (*NASA* 1984, *Batson* 1987, *Greeley/Batson* 1990).

Die Daten zur Figur und zum Gradnetz der Weltkörper beruhen auf astronomischen Messungen oder auf den Daten der Aufnahmen selbst. Erste Karten enthielten zunächst nur die Situation; spätere Darstellungen von Höhenlinien (aus Schattenmessungen oder durch Photogrammetrie) besitzen vorwiegend relativen Charakter wegen des Fehlens einer dem irdischen Meeresspiegel vergleichbaren realen Bezugsfläche. Neben topographischen Karten gibt es auch thematische Karten sowie Atlanten und Globen (*Janle* 1984).

Das Institut für Planetare Erkundung der Deutschen Forschungsanstalt für Luft- und Raumfahrt (DLR) sammelt und vertreibt die Bilddaten von Weltraumflügen in Form von Filmen, Abzügen, Datenträgern usw. sowie die daraus abgeleiteten Karten (*Neukum/Kretschmann* 1993). Karten der Planeten und Monde erscheinen auch von privaten Verlagen, vor allem beim Hallwag-Verlag.

9.7.4.2 Topographische Karten des Erdmondes

Seit 1960 entstand beim Aeronautical Chart and Information Center (ACIC) das Kartenwerk *Lunar Astronautical Chart (LAC) 1:1 000 000* als Reliefkarte mit Höhenlinien und Schummerung in konformer Abbildung auf Zylinder, Kegel oder Ebene (je nach Breitengrad) über die gesamte Mondoberfläche in 144 Blättern. Die Auswertung fußte zunächst auf Teleskopbeobachtungen, später auf Aufnahmen aus zahlreichen unbemannten und bemannten US- und sowjetischen Satelliten. Folgekartenwerke entstanden in den Maßstäben 1:2,75 Mio., 1:5 Mio. und 1:10 Mio. Die Satellitenaufnahmen lieferten auch Strich- und Photokarten in 1:250 000, teilweise auch 1:25 000 und 1:10 000, vor allem von Lande- und Erkundungsgebieten.

9.7.4.3 Topographische Karten der anderen Planeten und Monde

1. *Merkur.* Die Aufnahmen der US-Sonde Mariner 10 (1974) von etwa 75% der Oberfläche führte zu Reliefkarten 1:15 Mio. und geologischen Karten 1:5 Mio.
2. *Venus.* Die durch dichte Wolken verdeckte Oberfläche wurde erstmals 1962, vor allem aber ab 1978 durch Radarmessungen aus US-Pioneer Venus und sowjetischen Venera erfaßt und in Karten 1:50 Mio. sowie Radar-Mosaiken wiedergegeben.
3. *Mars.* Aus den 1964 begonnenen Missionen (US-Mariner, sowjetische Mars, US-Viking) entstanden Karten in 1:25 Mio. bis 1:1 Mio. (teils Relief-, teils Photokarten), ferner in Maßstäben 1:500 000 und 1:250 000 für kleinere Teilbereiche. Auch von den Monden Phobos und Deimos liegen Karten vor.
4. *Jupiter.* Die Aufnahmen der Sonden US-Pioneer (1973), US-Voyager (1979) und Galileo (USA und Deutschland, 1991), die im optischen Bereich eine dichte Atmosphäre zeigen, lassen die Ableitung topographischer Karten nicht zu. Dagegen gibt es Karten 1:25 Mio. bis teilweise 1:2 Mio. der vier großen Monde Io, Europa, Ganymed und Kallisto.
5. *Saturn.* Der Vorbeiflug von Voyager ergab 1980 Aufnahmen des Planeten und einiger Monde.
6. *Uranus.* Neben den Aufnahmen von 1986 (Voyager) entstanden Photomosaike 1:10 Mio. bis 1:2 Mio. der 5 größeren Monde.
7. *Neptun.* Die Aufnahmen von Voyager 1989 führten auch zu Photokarten 1:15 Mio. und 1:5 Mio. des Mondes Triton.

10 Thematische Karten

10.1 Begriffe und Aufgaben

Entsprechend der Unterscheidung der Karten nach ihrem Inhalt (1.4.2.2 Nr. 1) gilt als *thematische Karte* jede „Karte, in der Erscheinungen und Sachverhalte zur Erkenntnis ihrer selbst dargestellt sind. Der Kartengrund dient zur allgemeinen Orientierung und/oder zur Einbettung des Themas" (*Internat. Kartograph. Vereinigung* 1973).

Streng genommen ist auch die Topographie ein „Thema" wie jedes andere. Daß dennoch die topographischen Karten (Kap. 9) eine gesonderte Stellung einnehmen, ergibt sich einerseits aus ihrer Basisfunktion für den Kartengrund thematischer Karten, andererseits aus der historischen Entwicklung und der organisatorischen Struktur der Kartenpraxis (9.7.1, 14.2, 15.5). Dabei ist eine scharfe Trennung zwischen beiden Kartengruppen in der Praxis nicht immer möglich. So sind viele Karten für Tourismus und Freizeit (9.7.2.3) Verkehrskarten (10.7.2.6) und Liegenschaftskarten (10.7.2.2) als Übergangsformen anzusehen. Andererseits kann schon eine einzige, aber betonte thematische Darstellung in einer vollständigen topographischen Karte aus dieser eine thematische Karte machen. Als Begriff hat sich die „thematische Karte" gegenüber früheren Bezeichnungen wie „angewandte Karte", „Sonderkarte", „Spezialkarte" oder „wissenschaftliche Karte" seit etwa 1950 weitgehend, auch international, durchgesetzt.

Während die *Methodenlehre* der thematischen Kartographie noch ziemlich jung ist, liegen die ersten *praktischen* Anwendungen geschichtlich schon weit zurück (z.B. im Besitznachweis, Bergbau, Verkehrswesen und Militär). Inzwischen gibt es kaum eine raumbezogene Disziplin, die sich nicht der thematischen Karte bedient, und bis zu 85% aller herausgegebenen Karten sind heute solche mit thematischem Inhalt (*Ormeling* 1978).

Eine zunehmende Rolle spielen die *Medienkarten* (1.4.2.2 Nr. 5); sie liefern vor allem als *Kurzzeitkarten (Massenmedien-Karten)* in Presse und Fernsehen Schnellinformationen über Naturereignisse sowie über das politische, militärische, wirtschaftliche und kulturelle Geschehen aus aller Welt. Die meist stark generalisierten und kurzlebigen, im Fernsehen nur für Sekunden sichtbaren Darstellungen haben Übersichtscharakter und wirken meist schematisch oder gar skizzenhaft. Ihre Gestaltung richtet sich im übrigen stark nach den technischen Wiedergabemöglichkeiten der Medien.

Die *Aufgaben* der thematischen Karte entsprechen den in 9.1 beschriebenen Aufgaben der topographischen Karte, jedoch mit den im Einzelfalle jeweils thematisch bedingten Einschränkungen. Sie dienen daher ebenfalls der Bildung und Information, der Orientierung (bis zur Navigation bei Verkehrskarten), der Verwaltung und Planung (als Datensammlung und Entscheidungshilfe bis hin zur Festlegungskarte mit rechtlichen Wirkungen, 8.2.1), der wissenschaftlichen Interpretation sowie als Quelle für den Entwurf neuer Themakarten. Dabei ergibt sich, daß die thematische Karte oft mehr ist als nur die Wiedergabe räumlicher Objektbezüge, sondern daß sie darüber hinaus auch Erkenntnisse über die dahinter stehenden Strukturen, Kausalitäten und Funktionen vermittelt. Während es nämlich noch möglich ist, die konkreten Erscheinungen einer Landschaft außer durch *topographische* Karten auch mit Bildern zu vermitteln, ist die Information über abstrakte, raumbezogene Sachverhalte am wirksamsten oder überhaupt erst möglich mit Hilfe der *thematischen* Karten. Darin liegt ihre besondere Bedeutung.

Während die *topographischen* Karten in Geometrie und Erscheinungsbild vorwiegend nur vom Maßstab abhängen sowie meist langfristig und mit stetigem Wandel angelegt sind, lassen sich im Vergleich dazu die *thematischen* Karten etwa wie folgt kennzeichnen:
– Sie weisen selbst bei gleichen Maßstäben je nach thematischer Aussage eine sehr große kartengraphische Gestaltungsvielfalt auf.
– Sie besitzen je nach Thema einen unterschiedlichen Grad geometrischer Exaktheit, der mitunter sogar bis zur bloßen Raumtreue reduziert ist.
– Sie führen in den Fällen großer Gestaltungsspielräume innerhalb eines Themas zu günstigeren Voraussetzungen für die Anwendung der graphischen Datenverarbeitung (GDV) und moderner graphischer Techniken. Über Beispiele hierzu siehe 7.3.3 und 7.4.4.2.
– Es können alle Möglichkeiten von der kurzfristigen Einmaligkeit bis zur kontinuierlichen Daueraufgabe vorkommen.

In der Praxis von Datengewinnung und Entwurf ist die thematische Karte gekennzeichnet durch eine enge Kooperation zwischen Fachautor und Kartograph. Der Fachautor ist zuständig für die sachgerechte Verarbeitung der Fachdaten, evtl. zu einem digitalen Objektmodell (DOM) im Rahmen eines Fachinformationssystems (FIS), sowie zu ihrer ersten graphischen Wiedergabe in einer *Arbeits- oder Materialaufbereitungskarte*. Der Kartograph setzt das DOM um in ein digitales kartographisches Modell (DKM) bzw. „übersetzt" die bereits geometrisch geordnete fachliche Aussage der Arbeitskarte in den eigentlichen *Kartenentwurf*.

Große Gestaltungsspielräume in der Themakartographie bedeuten eine große kartengraphische Chance. Sie können aber auch die Lesbarkeit und vor allem den Vergleich thematischer Karten erschweren; dies wirft die Frage nach einer möglichen Normung der graphischen Strukturen auf. Für Flurkarten und viele Planungskarten bestehen bereits Normierungen, die vielfach sogar rechtsverbindlich vorgeschrieben sind. Die Darstellungen in Wetterkarten und geologischen Karten beruhen weitgehend auf international vereinbarten Zeichenschlüsseln. Allerdings ist eine universelle Standardisierung nicht praktikabel, doch bejaht *Arnberger* (1974) grundsätzlich die Bemühungen um themenspezifische Vereinheitlichungen, hält sie aber solange für verfrüht, solange nicht auf wissenschaftlichem Wege die jeweils optimale Struktur in bezug auf die visuelle Auffassung der Kartenzeichen gefunden ist.

Außer in den Lehr- und Handbüchern sowie in den Fachlexika zur gesamten Kartographie finden sich Gesamtdarstellungen zur thematischen Kartographie bei *Arnberger* (1966,1977), *Witt* (1970), *Monkhouse/Wilkinson* (1971), *Imhof* (1972), *Cuff/Matson*

(1982), *Dent* (1990). Daneben gibt es Sammelwerke mit zahlreichen Aufsätzen zu diesem Bereich (*ARL* 1969/1971/1973, 1977, 1987, 1990, 1991), *Bosse* (1962, 1967, 1970a, 1970b, 1979), *Österr. Geograph. Ges.* (1970), *Schweiz. Ges. f. Kartographie* (1978, 1984), *Inst. f. Kartographie d. Österr. Akad. d. Wiss.* (1984), *Leibbrand* (1984a, 1989), *Kelnhofer* (1989), *Asche/Topel* (1989), *Mayer* (1990). Über Stand und Zukunftsaspekte siehe z.B. *Mayer* (in *Kainz/Mayer* 1993).

10.2 Gruppierung thematischer Karten

Anders als bei topographischen Karten (9.2) gibt es bei den thematischen Karten mehrere Gruppierungsmöglichkeiten (siehe auch 1.4.2.2):

1. Gruppierung nach dem Karteninhalt (Kartenthemen, Kartenarten)
Die Gliederung nach Fachgebieten ist für die Praxis sinnvoll und übersichtlich; sie wird in 10.7 näher behandelt und mit Beispielen belegt. Für die Systematik der Kartengestaltung ist sie allerdings wenig geeignet und daher nur von exemplarischer Bedeutung.

2. Gruppierung nach Maßstabsbereichen
Diese für topographische Karten sinnvolle Gliederung erweist sich als nur bedingt geeignet. Zwar lassen sich bestimmte Themen (z.B. Geologie, Seeverkehr) weiter nach Maßstabsbereichen gliedern, doch treten viele Themen nur in einem einzigen Maßstabsbereich auf (z.B. Grundbesitz im großen, Landesplanung im mittleren und Weltstatistik im kleinen Maßstab).

3. Gruppierung nach der Entstehung
Während sich die topographischen Karten relativ leicht in Grund- und Folgekarten (1.4.2.2) einteilen lassen, ist eine entsprechende Zweiteilung bei den thematischen Karten teilweise schwieriger:

a) Zu den *Grundkarten* kann man ohne Vorbehalt alle Karten rechnen, die unmittelbare Beobachtungen und Messungen (also originär erfaßte thematische Informationen, 6.3.3, 6.4.3) wiedergeben. Das gilt für viele qualitative Karten großen Maßstabs (z.B. über Fundorte, Bodenarten) und bei zahlreichen quantitativen Karten mit absoluten Angaben (z.B. mit Daten von Wetterstationen). *Pillewizer* (1964) nennt dies *thematische Aufnahmekarten*, *Meynen* (1972) *thematische Primärkarten*. Der Begriff *Grundlagenkarte* meint den topographischen Kartengrund thematischer Karten (10.3.2), allgemeiner jede Karte als Arbeitsgrundlage.

Nicht mehr eindeutig sind dagegen die Fälle, in denen die geometrischen Festlegungen der Ausgangsdaten ungenau sind, z.B. bei der Linienkartierung im Anhalt an nur wenige gemessene Stützpunkte (Isolinien bei Wetterkarten, Wertgrenzen bei Bodengütekarten usw.).

b) Die *Folgekarten* lassen sich am besten als *abgeleitete* Karten (*thematische Sekundärkarten* nach *Meynen* 1972) kennzeichnen: Die thematischen Informationen stammen nicht aus einer unmittelbaren, also originären Erfassung, sondern aus anderen Quellen (6.5, 6.6). Für ihre Verarbeitung gelten daher die Grundsätze und Methoden der Generalisierung (3.2). Während jedoch bei topographischen Karten alle Objekte in einer gegenseitig gut ausgewogenen Weise zu generalisieren sind, kommt es hier gerade auf eine das Thema betonende Vorgehensweise an. Dabei gibt es zwei Fälle:
– Handelt es sich bei den Quellen um Statistiken, Fachliteratur, Archivalien (6.6), so sind die Informationen meist noch einer besonderen, oft nicht ganz problemlosen Aufbereitung zu unterziehen (z.b. durch Bildung von Dichte- oder Mittelwerten, Wertgruppen, Bezugsflächen). Damit liegt eine *Objektgeneralisierung* (3.2.1.2) vor.
– Handelt es sich bei den Quellen um Karten (6.5), so ergibt sich die *Folgekarte* durch eine typische *kartographische Generalisierung* (3.2.1.2). Dabei ist der Entwurf einer abgeleiteten *analytischen* Karte (siehe Nr. 5) meist relativ einfach: Da sich am Thema nichts ändert und die Vorlage gewöhnlich einen größeren Maßstab aufweist, ist der Generalisierungsprozeß vorwiegend *maßstabsbedingt* (z.B. bei geologischen Karten und Fundkarten). Dagegen ist der Entwurf einer *synthetischen Karte*, oft auch schon einer *komplexen* Karte, häufig wesentlich schwieriger. Hier wird das Thema umgestaltet, finden Typisierungen, Zusammenfassungen usw. statt, und diese Generalisierung ist daher vorwiegend *themabedingt*. Als Ausgangskarten dienen mehrere analytische Karten; der Maßstab bleibt erhalten oder wird kleiner gewählt.

4. Gruppierung nach der Struktur der Kartengraphik (Kartentypen)
Nach den Erscheinungsformen der Kartengraphik ergibt sich eine *methodenorientierte* Gliederung (3.1.3): So kann man unterscheiden nach Punktkarten, Isolinienkarten, Arealkarten, Signaturenkarten, Diagrammkarten usw. Eine solche Gruppierung geht (umgekehrt wie in Nr. 5) vom graphischen Gestaltungsmittel aus und fragt nach den Objekten mit ihren Merkmalen, die sich mit ihm wiedergeben lassen.

5. Gruppierung nach Merkmalen der Objekte
Diese Gruppierung entspricht einer *objektorientierten (problemorientierten)* Betrachtungsweise. Sie geht (umgekehrt wie in Nr. 4) vom Objektmerkmal aus und fragt nach den Gestaltungsmitteln, die zu seiner Bearbeitung geeignet sind. In dieser Weise sind auch die späteren Betrachtungen zum Karteninhalt (10.3) gegliedert; dabei kann man im Anhalt an die in 1.3 beschriebenen Objektmerkmale wie folgt unterscheiden:
a) Nach den Arten des Raumbezugs: *Diskreta* oder *Kontinua*.
b) Nach dem sachlichen (substantiellen, semantischen) Bezug:

- *Qualitative* Karten geben nur die Objektqualität zu erkennen und beantworten damit die Frage „Was ist wo?". Beispiele dafür sind geologische und politische Karten sowie Standort- und Fundkarten.
- *Quantitative* Karten bringen daneben auch Größen, Mengen, Werte usw. des Objekts zum Ausdruck und beantworten damit die Frage „Wieviel ist wo?". Die Angaben sind absolute (z.B. Einwohnerzahlen) oder relative Werte (z.B. Bevölkerungsdichte); weitere Kriterien siehe Abb. 3. Soweit die quantitativen Daten statistischer Herkunft sind, spricht man auch von statistischen Karten oder Statistik in Kartenlage.

c) Nach dem zeitlichen (temporalen) Bezug („Wann war was wo und wie?"):
- *Statische* Karten sind das Ergebnis der Bestandsaufnahme zu einem bestimmten Zeitpunkt. Zu dieser Gruppe der Bestands- oder Zustandskarten gehören die meisten thematischen Karten.
- *Dynamische* Karten geben entweder die Gesamtveränderungen der Objekte wieder (z.B. Transporte, Vogelflüge) oder die raumzeitlichen Entwicklungen von Objektabgrenzungen (z.B. Stadtentwicklung).

6. Gruppierung nach Umfang und Verarbeitungsgrad der Thematik
Hierbei ergeben sich folgende Fälle:

a) *Analytische Karten* sind monothematisch, d.h. sie stellen ein einziges Thema in seiner räumlich/sachlichen Aufgliederung dar. Zu ihnen gehören die meisten Themakarten, z.B. viele Einzelthemen aus dem Naturbereich sowie Bestandsdarstellungen zur Planung.

b) *Komplexe Karten (komplexanalytische Karten, Verknüpfungskarten)* sind polythematisch, d.h. sie behandeln mehrere Themen, die meist in sachlichem Zusammenhang stehen, jedoch weiterhin einzeln erkennbar bleiben. Sie sind daher eigentlich nur Zusammenfassungen mehrerer analytischer Karten (z.B. Heimatkarten mit historischen, siedlungs-, verkehrs- und wirtschaftsgeographischen Angaben).

c) *Synthetische Karten* ergeben sich als Darstellungen eines Gesamtbildes über das Zusammenwirken mehrerer Themen durch Überarbeitung analytischer Karten, evtl. bis zur Typenbildung (z.B. Karten der Landwirtschaftstypen, in denen betriebliche, bodenkundliche und klimatische Merkmale enthalten sind).

10.3 Karteninhalt

Als solcher gilt unter semantischem Aspekt die Gesamtheit der dargestellten Objekte (*Kartenthema*), in syntaktischer Hinsicht die Summe der graphischen Strukturen (*Kartenbild*) bzw. der dafür stehenden digitalen Daten. Das im *Kartenfeld* (3.1.5) befindliche Kartenbild besteht aus der Darstellung des Themas (10.3.1), des topographischen Kartengrundes (10.3.2) und der in beiden Teilen vorhandenen Schrift (10.3.3). Neben den Textabbildungen liefern auch die Anlagen 10 bis 19 einige Beispiele.

10.3.1 Thematische Darstellung

Die Ausführungen hierzu gliedern sich nach Objektmerkmalen (1.3, 10.2 Nr. 5) und beschreiben die dafür geeigneten kartographischen Gestaltungsmittel mit ihren Lagemerkmalen, ihrer Generalisierung und den besonderen Kennzeichen und Problemen. Die graphische Wiedergabe in der zweidimensionalen Kartenebene entsteht entweder über einen graphischen Entwurf oder von einem digitalen Objektmodell (DOM) her.

10.3.1.1 Lokale Diskreta

Da die Dimensionen der Objekte im jeweiligen Kartenmaßstab eine Grundrißdarstellung nicht mehr erlauben, erscheinen sie nur lagetreu als lokale, d.h. quasipunktförmige Objekte. Sie sind statisch und unterscheiden sich (1) in ihrer Qualität oder auch (2) in Quantität. Ob ein Objekt als lokal einzustufen ist, hängt von seiner absoluten Größe und vom Kartenmaßstab ab: Eine Fabrik läßt sich in sehr großem Maßstab noch in ihrem Grundriß, also flächenhaft darstellen; mit kleiner werdendem Maßstab entsteht daraus eine lokale Signatur.

1. Qualitative lokale Diskreta

Solche Darstellungen sind neben denen der qualitativen flächenhaften Diskreta (10.3.1.3) der wichtigste Fall der sog. qualitativen Karten (10.2 Nr. 5). Als Gestaltungsmittel kommen alle Arten lokaler Signaturen (Ortslagekartenzeichen) als sog. *Gattungs-* oder *Objektsignaturen* in Betracht (Abb. 72, 237, 238). Dabei wird die Objektlage meist durch die Signaturenmitte, die Objektqualität durch graphische Variation nach Form oder Farbe der Signatur angegeben. Solche *Positionskarten (Ortslagekarten, Signaturenkarten)* können infolge der Variationsmöglichkeiten und der geringen Größe der Kartenzeichen auch eine größere Anzahl lokaler Themen als komplexe Karten (10.2 Nr. 6) wiedergeben.

Positionskarten zeigen als *Standortkarten* die Lage von Industrien, Behörden, Schulen, Wetterstationen, historischen Stätten usw., als *Fundkarten* den Nachweis von Fundstätten urgeschichtlicher Gräber, Geräte, Siedlungen usw. Da sie keine quantitativen Angaben (z.B. Personenzahl, Produktionsmenge) liefern, kann ihr Aussagegehalt, z.B. bei der Darstellung von Berufsgruppen oder Industrien mitunter gering sein, evtl. sogar zu falschen Bedeutungsvorstellungen führen.

Die Unterscheidung mehrerer Objektqualitäten führt zum Einsatz der graphischen Variablen (3.1.2.2), evtl. in Verbindung mit einer auf das Objekt hinweisenden, einprägsamen Assoziation. Die wirkungsvollste Variation nach der Farbe erfordert jedoch einen Mehrfarbendruck. Bei einfarbiger Darstellung und

420 Karteninhalt

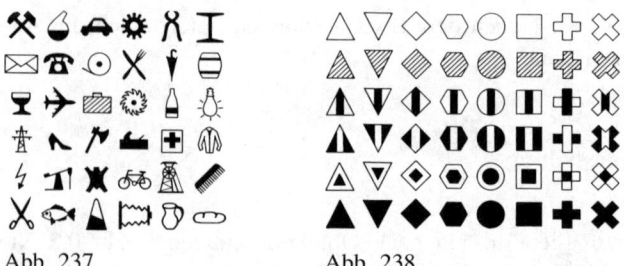

Abb. 237   Abb. 238

Abb. 237. Beispiele bildhafter Signaturen für Wirtschaftskarten
Abb. 238. Beispiele geometrischer Signaturen unter Variation in Form und Füllung (Einige Grundformen erscheinen auch verschieden orientiert)

geometrischen Signaturen erhöht sich die Unterscheidbarkeit, wenn mindestens zwei Arten der Variation stattfinden. Dabei ist die Verknüpfung von Form und Füllung am wirksamsten, doch sind untereinander die graphischen Gewichte der Signaturen zu beachten (Abb. 239a). Die Verknüpfung von Füllung mit Richtung (Orientierung) wirkt weniger differenzierend (Abb. 239c); die von Form und Richtung erscheint wie eine reine Formvariation (Abb. 239b; vgl. auch Abb. 238).

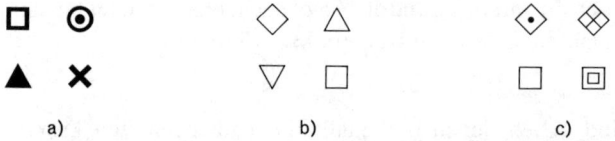

a)   b)   c)

Abb. 239. Verknüpfung zweier graphischer Variationen und ihre Unterscheidbarkeit durch a) Form und Füllung, b) Form und Richtung, c) Füllung und Richtung

Beziehungen *zwischen* Objektqualitäten (siehe Abb. 80) lassen sich am besten mit geometrischen Signaturen darstellen, wenn deren Gestaltung eine entsprechende graphische Logik aufweist:
– Die *Verknüpfung (Überlagerung, Mischung)* von Qualitäten (z.B. der Merkmale Industrie und Landwirtschaft) kommt zum Ausdruck, wenn deren Signaturen ineinander gestellt werden (Abb. 240a).
– Die *hierarchische Stufung* von Qualitäten in Ober-, Mittel- und Unterbegriffen ergibt sich aus graphischen Merkmalen (z.B. in der Form), die jeweils alle Signaturen einer Gruppe besitzen (Abb. 240b).
– Die *geordnete Folge* als sachliche Wertung (z.B. als Bedeutungsskala für Verkehrsknoten) oder als zeitliche Folge von Zuständen (z.B. geplant – im Bau – fertig) läßt sich entsprechend in der Entwicklung und Gewichtung einer Signatur ausdrücken (Abb. 240c).

Das Darstellen lokaler Qualitäten, die als *Objekttypen* anzusehen sind, erfordert vorab die Aufbereitung der Ausgangsdaten zum Zwecke der Typenbildung. Diese ergibt sich aus

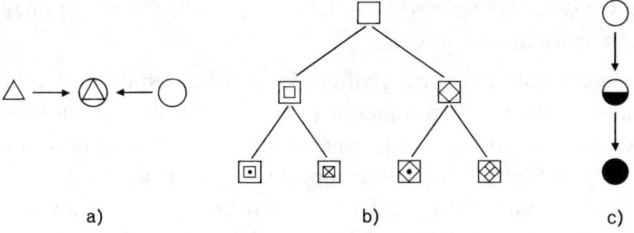

a)　　　　　　　　b)　　　　　　　　c)

Abb. 240. Graphische Logik von Signaturen zur Wiedergabe von Beziehungen (Strukturen) der Objektqualitäten:
a) Verknüpfung, b) hierarchische Stufung, c) geordnete Folge

den unterschiedlichen Anteilen oder Gewichten der Merkmale, die zur Beschreibung eines Typus dienen. Lassen sich die Anteile durch Zahlenwerte ausdrücken, so eignet sich z.B. das Dreiecksdiagramm zum Gebrauch bei drei Relativwerten, deren Summe 100% beträgt. Dann ergibt sich u.a. für die Bevölkerung eines Ortes der *Typ der Beschäftigungsstruktur* aus den Anteilen von Landwirtschaft, Industrie und Dienstleistung, der *Typ der Altersstruktur* aus den Anteilen von drei bestimmten Altersgruppen. Die Einzelfälle werden nach ihren Zahlenwerten kartiert (Abb. 241a); nach dem entstandenen Verteilungsmuster lassen sich dann die Typen abgrenzen (Abb. 241b).

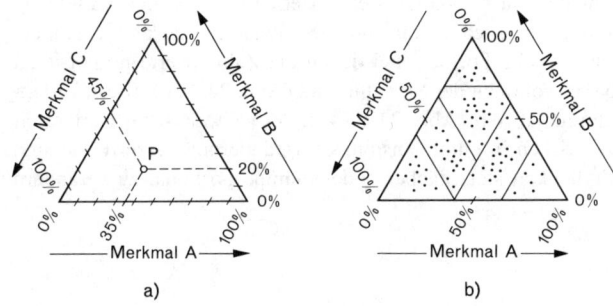

a)　　　　　　　　　　　b)

Abb. 241. Dreiecksdiagramm zur Typenbildung aus drei Merkmalen
a) Einzelkartierung P mit $A = 35\%$, $B = 20\%$, $C = 45\%$;
b) Bildung von 6 Typen aus dem Verteilungsmuster

2. Quantitative lokale Diskreta

Neben der Qualität enthält die thematische Aussage auch noch Angaben über Größe, Menge, Wert usw., und zwar meist *absolute* Zahlenwerte (im Gegensatz zu den relativen Flächendarstellungen, 10.3.1.3). Als Gestaltungsmittel dienen (a) lokale Signaturen, (b) Punkte und (c) lokale Diagramme. Da die Variation der Gestaltungsmittel in erster Linie zur *quantitativen* Aussage herangezogen wird, ist eine so umfangreiche Wiedergabe verschiedener *Qualitäten* wie in Nr. 1 nicht möglich. Der Themenkreis einer Karte ist damit stärker eingeschränkt.

a) Die Darstellung durch *lokale Signaturen* läßt sich (α) gestuft, (β) stetig oder (γ) mittels Werteinheiten vornehmen:

α) Die *gestufte Darstellung* beruht auf sprunghaftem Wechsel in Größe, Füllung, Form oder Farbe der meist geometrischen Signatur (Abb. 242). Dabei erscheinen größere Werte meist auch durch größere „Signaturgewichte" oder „Farbgewichte". Voraussetzung ist eine Bildung von Wertgruppen (10.3.1.3); deren Anzahl muß aber beschränkt bleiben, und diese sind so abzugrenzen, daß sie jeweils typische Bereiche kennzeichnen (z.B. Klein-, Mittel- und Großbetriebe).

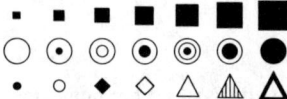

Abb. 242. Beispiele gestufter Signaturen

β) Die *stetige Darstellung* führt zu einer kontinuierlichen Veränderung der Signaturengröße in Abhängigkeit von der Objektquantität. Da die Signatur meßbar sein muß, herrschen *geometrische Zeichen* vor (Abb. 237). Dabei spielt die Wahl des passenden *Größenmaßstabs* eine zentrale Rolle.

Für einen visuellen Vergleich der Signaturen wären eindimensionale Veränderungen der Figuren (stabförmige Signaturen, Abb. 243a) am besten geeignet. Sie differieren jedoch bei großen Wertunterschieden stark, können sich oft erheblich von der Kartenlage des Objekts entfernen und damit auch leicht mit anderen Signaturen zusammenstoßen. Eine bessere Lösung sind daher solche Formen, bei denen die Zahlenwerte proportional der Fläche bzw. dem scheinbaren Volumen der Signatur sind (Abb. 243b, c). Sie erfordern aber einen besonderen Signaturenmaßstab (Abb. 244, 245), der sich meist im Kartenrande befindet. *Bildhafte Figuren* wirken in eindimensionaler Veränderung verzerrt; sie sind daher unter Erhaltung der Ähnlichkeit stets flächen- oder raumproportional zu verändern (Abb. 246).

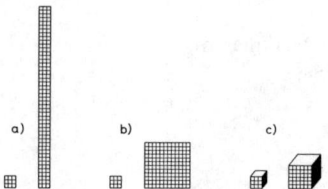

Abb. 243. Zwei Mengen im Verhältnis 1:16. Darstellung durch
a) stabförmige (lineare), b) quadratische (flächenhafte),
c) würfelartige (quasi-räumliche) Signaturen

Bei sehr großen Differenzen der Einzelwerte können die Größenmaßstäbe auch auf logarithmischen Skalen basieren. In solchen Fällen zeigt die Differenz zweier Figurenhöhen nicht mehr den Unterschied, sondern das Verhältnis ihrer Werte.

Thematische Karten 423

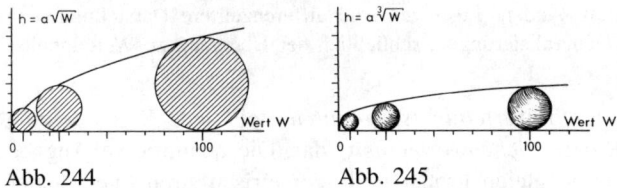

Abb. 244   Abb. 245

Abb. 244. Größenmaßstab für „Kugel"-Signaturen
Abb. 245. Größenmaßstab für Kreissignaturen. Die Werte verhalten sich in beiden Fällen wie 1:4:16.

Abb. 246. Zwei Mengen im Verhältnis 1:2. Darstellung durch flächenhaft gedachte bildhafte Signaturen

Der Signaturenmaßstab ist so zu wählen, daß er groß genug ist, um die visuelle Wahrnehmung der Größenunterschiede zu gewährleisten, und andererseits klein genug bleibt, damit die Ausdehnung der Signatur die Kartengraphik nicht beeinträchtigt. Zwar können sich größere Signaturen bis zu einem gewissen Maße gegenseitig durchdringen, wobei die kleineren auf den größeren Darstellungen zu liegen scheinen, doch ist die Grenze der Lesbarkeit dann erreicht, wenn die einzelne Signatur nicht mehr spontan erkennbar ist, wenn Mehrfachüberlappungen sich häufen oder wenn kein Platz mehr für weitere Kartendarstellungen bleibt. Abb. 247 liefert hierzu drei Beispiele. Beim Einsatz der GDV läßt sich der optimalen Größenmaßstab am Bildschirm aus zahlreichen Entwurfsvarianten leicht herausfinden.

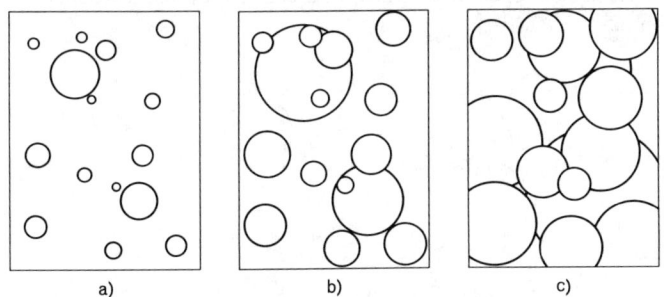

Abb. 247. Wahl des Signaturenmaßstabs: a) zu klein, b) richtig, c) zu groß.

Quantitative Aussagen mittels stetig veränderter Signaturen sind spürbar eingeschränkt, wenn sich die Signaturen in Ballungsgebieten oder bei komplexen Karten häufen. Der Ausweg, die Quantität lediglich durch Beischreiben des Zahlenwertes neben eine kleine Signatur anzugeben, wäre jedoch unbefriedigend, da dies keinen unmittelbaren visuellen Überblick vermittelt. Andere Lösungen sind differenziertere Darstellungen in Nebenkarten oder stärkere Generalisierungen, schließlich der Übergang zu Werteinheitssignaturen.

γ) Bei der Darstellung durch *Werteinheitssignaturen* stellt jede Signatur eine konstante Werteinheit (*Kartenzeichenwerteinheit*) dar. Die quantitative Angabe ergibt sich damit als Summe gleich großer und geometrisch streng geordneter Zeichen, die schnelle und sichere Vergleiche zulassen (Abb. 248). Durch den damit verbundenen großen Bedarf an Kartenfläche geht allerdings die Lagetreue verloren.

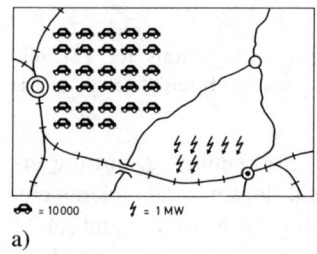 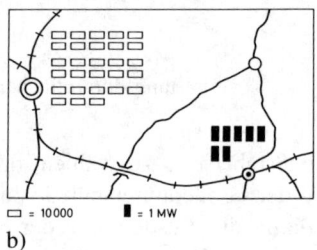

a) b)

Abb. 248. Werteinheitssignaturen durch
a) bildhafte Figuren, b) geometrische Zeichen

Im Gegensatz zu dieser sog. Wiener Methode der Bildstatistik, Zählrahmenmethode oder Darstellung nach Abzählgruppen verwendet die *Kleingeldmethode* Werteinheiten unterschiedlicher Größenordnung; sie kann damit vor allem große Zahlenwerte noch auf relativ kleiner Fläche zum Ausdruck bringen, doch gehen dabei Anschaulichkeit und visueller Vergleich teilweise verloren (Abb. 249). Die *Block-* oder *Quadermethode (Baukastenmethode)* setzt kleine Werteinheitskörper (z.B. Würfel) zu einem größeren auszählbaren Gebilde zusammen (Abb. 250).

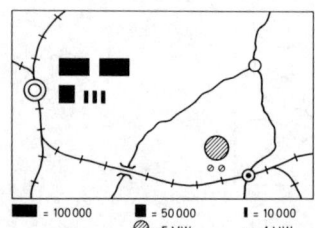 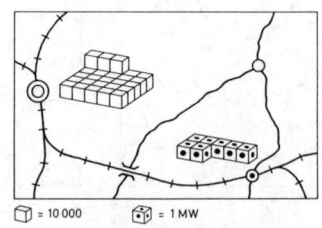

Abb. 249. „Kleingeldmethode"   Abb. 250. „Baukastenmethode"

b) Darstellung lokaler Quantitäten durch *Punkte (Punktmethode)*
Bei großer Objekthäufung und zur Wiedergabe typischer Objektverteilungen eignen sich Punkte als Gestaltungsmittel: Solange dabei jeweils ein Punkt ein Objekt

repräsentiert, entspricht dies der Darstellung qualitativer lokaler Diskreta in Gestalt einer Standortkarte (Nr. 1). Ist aber jedes *einzelne* Objekt infolge sehr großer Objektdichte nicht mehr darstellbar, so wird der Punkt zur Werteinheit für eine bestimmte Menge von Personen, Haustieren, Maschinen, Produkten usw. Damit ist die allgemeine Signaturenmethode zu einer spezifischen Punktmethode übergeleitet.

Bei solchen *Punktkarten (Punktstreuungs- oder Objektstreuungskarten)* ergibt sich die Gesamtmenge für einen Bereich durch Auszählen der Punkte und Multiplikation mit dem Mengenwert. Nachteilig ist die Tatsache, daß Objekte verschiedener Qualität nur durch kräftigen Farbwechsel oder durch Übergang zu kleinen Formsignaturen erkennbar zu machen sind; Punktstreuungskarten sind daher vorwiegend monothematisch, also analytische Karten.

Je kleiner der Mengenwert des Punktes ist, desto differenzierter ist die Wiedergabe (Abb. 251a). Die Festlegung dieses Wertes richtet sich nach den Darstellungsmöglichkeiten in Gebieten größter Objektdichte. Ergibt sich dabei ein relativ großer Punktwert, so wird in Gebieten geringerer Dichte die Wiedergabe zu ungenau, weil der Punkt einen größeren Bereich repräsentieren muß und daher dort die Objektstreuung nicht mehr ausreichend zu erkennen ist (Abb. 251b). Als Ausweg kann man wie bei der Kleingeldmethode (Abb. 248) in den Ballungsgebieten den Punktwert vereinzelt höher setzen und dies durch eine besondere Signatur zum Ausdruck bringen (Abb. 251c).

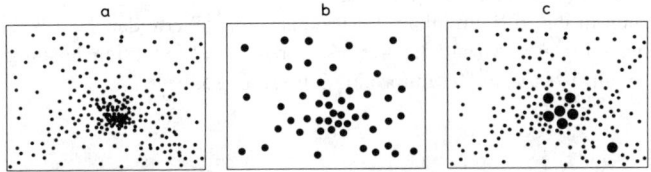

Abb. 251. Punktmethode zur Darstellung einer Objektstreuung
a) mit einheitlichem Mengenwert (1 Punkt ≙ 10);
b) mit einheitlichem Mengenwert (1 Punkt ≙ 50);
c) mit gestuften Mengenwerten (1 Punkt ≙ 100 bzw. 10)

c) Darstellung lokaler Quantitäten durch *lokale Diagramme*

Sind die Objektquantitäten (meist Absolutangaben) noch sachlich aufzugliedern (z.B. Bevölkerung nach Berufen) oder in zeitlicher Entwicklung (z.B. Veränderung der Einwohnerzahl) darzustellen, so benutzt man Diagramme *(Diagrammkarte, Ortslagediagramme, Positionsdiagramme,* Abb. 252). Da sich solche Diagramme meist nicht mehr lagerichtig anordnen lassen wie die Signaturen, wird der Bezugspunkt durch eine besondere Ortssignatur gekennzeichnet und das Diagramm daneben gestellt. Nur in den Fällen d) und e) der Abb. 252 und beim Kreissektorendiagramm (Tortendiagramm, Abb. 263a) ist eine zentrische Anordnung exakt möglich.

426 Karteninhalt

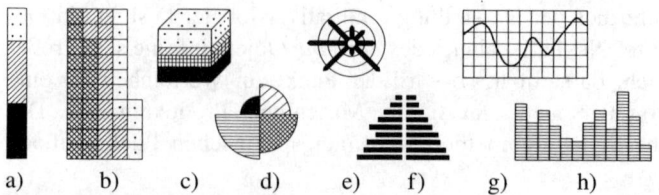

a) b) c) d) e) f) g) h)

Abb. 252. Beispiele von Diagrammfiguren:
a) Stab- oder Säulendiagramm,
b) Flächen- (hier Baukastendiagramm),
c) Körper- (hier Quaderdiagramm) (alle für sachliche Gliederungen),
d) Quadrantendiagramm (für Gegenüberstellungen),
e) Winddiagramm (prozentuale Häufigkeit der Windrichtungen),
f) Stabdiagramm als Bevölkerungspyramide (absolute und relative Gliederung nach Alter und Geschlecht),
g) Kurvendiagramm (für zeitliche Gliederungen),
h) Stabdiagramm als Histogramm (für Häufigkeitsverteilungen)

Bei *multiplikativer Verknüpfung* von Zahlenwerten gibt es vor allem folgende Möglichkeiten:
- *Rechteckdiagramme* bringen durch ihre Fläche das Produkt zweier Werte zum Ausdruck. Ist z.B. a = Anzahl der Urlauber, b = durchschnittliche Übernachtung je Urlauber, dann ist ab = Gesamtzahl der Übernachtungen (Abb. 253a).
- *Quaderdiagramme* stellen in ihrem Rauminhalt das Produkt dreier Werte dar. Ist z.B. a = Anzahl der Arbeitspersonen, b = Anzahl der Arbeitsstunden, c = Produktionsleistung je Person und Stunde, dann ist abc = Gesamtproduktion (Abb. 253b).

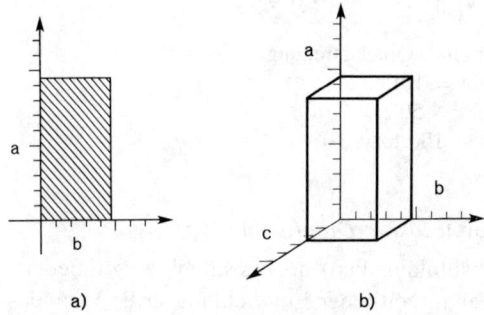

a) b)

Abb. 253. Multiplikative Verknüpfung quantitativer Daten als
a) Rechteckdiagramm, b) Quaderdiagramm

Äußerlich entsprechen die lokalen Diagramme den Kartodiagrammen (10.3.1.3), unterscheiden sich von diesen aber durch den eindeutigen lokalen Bezug, während die Kartodiagramme Summenwerte für eine bestimmte Bezugsfläche sind.

10.3.1.2 Lineare Diskreta

Diese erscheinen je nach Kartenmaßstab linienhaft bis bandförmig (z.B. Versorgungsleitung, Flugschneise). Die Wiedergabe erstreckt sich vorwiegend auf die Qualität des Objekts, vereinzelt auf zusätzliche quantitative Angaben. Das Lagemerkmal reicht von der Grundrißähnlichkeit bei Begrenzungslinien bis zur Lagetreue bei fiktiven Mittellinien. Die Objekte sind oft Träger räumlicher Veränderungen (10.3.1.5).

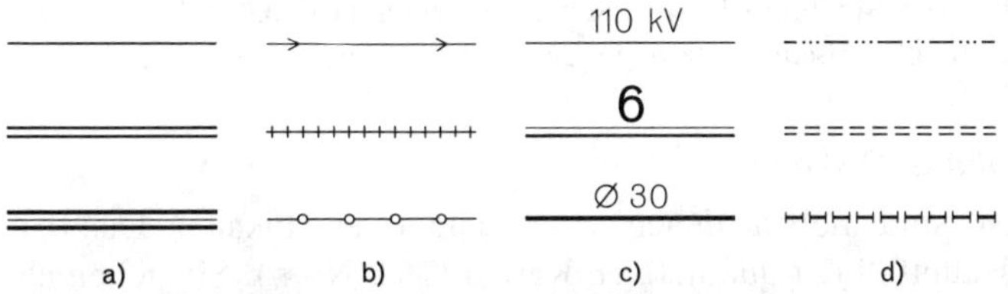

Abb. 254. Darstellung linienhafter Objekte:
a) Reine Linien, b) Linien mit linearen Signaturen,
c) Linien mit Schrift, d) reine lineare Signaturen.

Für die Angabe von (1) Lage, (2) Qualität und (3) Quantität lassen sich die Gestaltungsmittel wie folgt einsetzen (Abb. 254):
1. Zur Lageangabe eignen sich Linien und lineare Signaturen.
2. Qualitäten erscheinen bei reinen Linien durch Variation der Farbe (z.B. Rot für Erdöl) oder Breite (z.B. für Verkehrsbedeutung) oder als Zusatz von Signaturen (Abb. 254b) bzw. Schriften (Abb. 254c). Bei reinen linearen Signaturen ist neben der Farbvariation auch die Formvariation möglich (Abb. 254d). Abb. 255 zeigt einen Ausschnitt aus einem Nivellementsnetz, wobei durch Variation der linearen Signaturen und der Breite nach den drei Ordnungen unterschieden wird (*Netzkarte*).
3. Quantitäten (z.B. Straßenbelastung in to, Tiefe von Leitungen) kommen durch Breitenänderungen, Ziffernsignaturen oder Schrift zum Ausdruck.

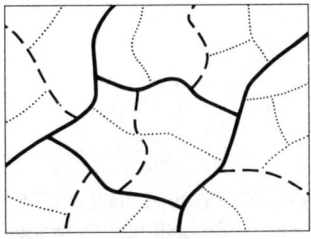

Abb. 255. Ausschnitt aus einer Übersicht zum Nivellementsnetz 1.-3. Ordnung

10.3.1.3 Flächenhafte Diskreta

Sie erscheinen in der Karte flächenhaft ausgedehnt und gestatten damit eine grundrißtreue bzw. -ähnliche Darstellung. Eine Gliederung mit Beispielen gibt Abb.1. Die hier als statisch anzusehenden Objekte unterscheiden sich (1) in ihrer Qualität oder auch (2) nach Quantität. Im Gegensatz zur möglichen Mehrfach-Thematik lokaler Diskreta (10.3.1.1) muß sich die Darstellung meist auf ein einziges flächenhaftes Thema beschränken, kann jedoch weitere lokale und lineare Themen aufnehmen.

Die Einstufung eines Objekts als flächenhaft hängt von seiner absoluten Größe und vom Kartenmaßstab ab: Eine Siedlungsfläche erscheint in einer großmaßstäbigen Karte flächenhaft, in einer kleinmaßstäbigen Karte dagegen lokal (z.b. als Kreissignatur).

1. Qualitative flächenhafte Diskreta

Solche Darstellungen sind neben denen der qualitativen lokalen Diskreta (10.3.1.1 Nr. 1) der Hauptfall der qualitativen Karten (10.2 Nr. 5). Sie gelten als *Arealkarten*, nach ihrer Erscheinung auch als *Mosaikkarten* oder *Gattungsmosaiken* (Abb. 70a). Dabei kann man unterscheiden (1.3.2):

a) *(Objekt-)Flächenkarten* zeigen Objekte in ihrem *absoluten*, d.h. ausschließlichen Vorkommen: Wo Granit ist, kann kein Kalkstein auftreten. Die Objekte sind konkrete Gegenstände (z.b. geologische Strukturen) oder abstrakte Sachverhalte (z.B. Rechtsgebiete)

b) In *Verbreitungskarten* treten die Objekte selbst gar nicht auf, sondern nur die Flächen, über die sie sich verbreiten, und oft sind die Merkmale (z.B. Tierart, Konfession) in ihren Trägern gar nicht eindeutig fixierbar. Ein solches *relatives* Vorkommen wird aber erst ab einem bestimmten Schwellenwert registriert: So wird man die Verbreitung der Malaien in Asien stets darstellen, ihr relativ geringes Auftreten in Europa dagegen unberücksichtigt lassen. *Pseudo-Areale* liegen vor, wenn eine größere Anzahl lagemäßig fester, meist kleiner Objekte (z.B. archäologische Fundstätten) durch entsprechende lokale Signaturen zwar darstellbar wäre, aber durch eine Flächenwiedergabe zum Ausdruck kommt (Abb. 256).

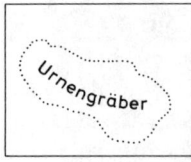

Abb. 256. Pseudo-Areal

Bei der Wiedergabe flächenhafter *Typen* kann es sich sowohl um Objektflächen (z.B. beim Bodentyp) als auch um Verbreitungsflächen (z.B. bei der Beschäftigungsstruktur in Landkreisen) handeln. Die vorangehende Typenbildung aus den einzelnen Merkmalen entspricht dem bei den lokalen Typen (10.3.1.1 Nr. 1) beschriebenen Verfahren.

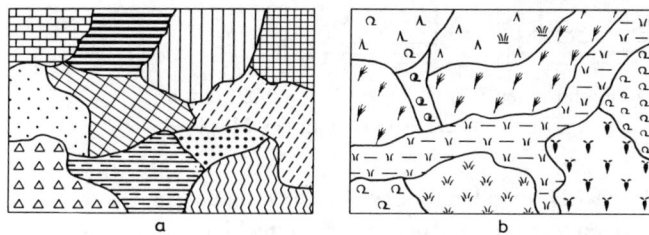

Abb. 257. Darstellung flächenhafter Objekte durch Flächensignaturen:
a) geometrisch-rasterförmig, b) bildhaft (Vegetationssignaturen)

Bei den Gestaltungsmitteln kommen zur Anwendung:
a) Linien bzw. lineare Signaturen zur grundrißtreuen bzw. grundrißähnlichen Abgrenzung der Objekte.
b) Flächen (Vollflächen), flächenhafte Signaturen (Eigenschaftssignaturen, Abb. 257) mit Einschluß von Strukturrastern (Abb. 109) oder Schriften, jeweils mit ihren graphischen Variationen, zur Angabe der Qualität. Bei Verwendung von Flächen ist auch ein Verzicht auf besondere Abgrenzungslinien möglich, da die Flächenkontur bereits selbst die Abgrenzung anzeigt (Abb. 70a).
c) Ziffernsignaturen oder Schriften für evtl. zusätzliche quantitative Angaben (z.B. Ertragswertzahlen bei Bodengütekarten).

Flächen mit ihrer Farbvariation (*Flächenfarben*) wirken anschaulich und lassen sich noch gut mit weiteren Darstellungen belasten (z.B. geologische Karten, Bodenkarten, Geschichtskarten, politische Karten und Planungskarten); sie erfordern aber andererseits einen höheren kartentechnischen Aufwand. *Flächensignaturen* (Flächenkartenzeichen) eignen sich nicht nur für eine mehrfarbige, sondern auch für einfarbige Wiedergabe, wo diese aus wirtschaftlichen oder anderen Gründen erforderlich ist (z.B. bei der Wiedergabe zwischen Texten in Büchern und Zeitschriften). Sie lassen sich ferner – wie auch die *Schriften* – in komplexen Karten mit Flächenfarben kombinieren, wenn sich Flächen verschiedener Merkmalsgruppen überlagern.

Die *Abgrenzung* flächenhafter Diskreta ist geometrisch von unterschiedlicher Exaktheit. So sind künstliche Festlegungen (z.B. Eigentumsgrenzen, Baulinien) meist sehr genau fixiert; dagegen weisen natürliche Grenzen (z.B. Wald) oder abstrakte Trennungen (z.B. von Dialekträumen) oft größere Unschärfen auf. Für die Darstellung ergeben sich damit die beiden Fälle (1) der Durchdringung und (2) der unscharfen Abgrenzung.

1. Die Objekte durchdringen sich in gewissen Bereichen gegenseitig (z.B. Volksgruppen, Sprachgebiete). Solche Gebiete gemischter Qualitäten werden dar-

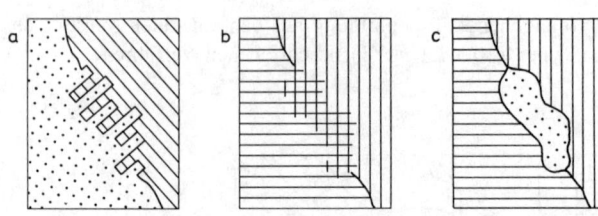

Abb. 258. Gegenseitiges Durchdringen von Objekten. Darstellung durch
a) Verzahnung, b) Überlappung, c) besondere Abgrenzung des Mischgebietes

gestellt (Abb. 258) durch (a) Verzahnen oder (b) Überlappen der Gestaltungsmittel oder durch (c) besondere Abgrenzung des Mischgebietes.

Solche Darstellungen liefern allerdings keine Angaben über das Maß der *quantitativen* Mischung. Für diese weiteren Differenzierungen eignen sich Farbton- bzw. Helligkeitsvariationen oder Signaturen, mit denen z.B. die Mischungsanteile in % gruppenweise erscheinen. Auch kann man Größensignaturen, Diagramme oder gar die Punktmethode anwenden (10.3.1.1. Nr. 2).

2. Für die Objekte läßt sich überhaupt nur eine ungefähre Lage angeben (z.B. politisches Einflußgebiet). Da die Angabe einer Grenzlinie dabei zu falschen Vorstellungen führen kann, benutzt man verlaufende Flächenfarben oder nicht abgegrenzte Flächensignaturen bzw. Schriften (Abb. 259), um z.B. in Plänen der Eindruck „parzellenscharfer" Festlegung zu vermeiden.

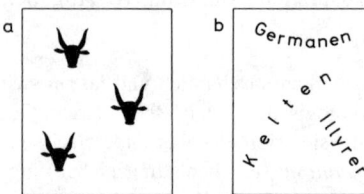

Abb. 259. Nicht exakt abgrenzbare Objektverteilung. Darstellung durch
a) bildhafte Flächensignaturen, b) Schrift

In der raumbezogenen Forschung kann es vorkommen, daß für einen flächenhaften Objekttyp die Abgrenzung erst noch zu finden ist. So ergibt sich z.B. ein Landschaftstyp aus dem Zusammenspiel von Relief, Klima, Agrarverfassung, Konfession, Sprachbereich usw. Trägt man die Abgrenzungen dieser Merkmale zusammen, so erhält man im Zuge einer sog. *Grenzgürtelmethode* eine mehr oder weniger exakte Abgrenzung eines derartigen Landschaftstyps.

Die *Generalisierung* flächenhafter Darstellungen richtet sich nach Inhalt und Zweck des Themas. Für stark verästelte oder in kleine Einheiten aufgelöste Flächen beschreibt *Arnberger* (1966, 1977) vier Methoden: 1. Die selektive Methode scheidet alle Flächen unterhalb einer bestimmten Mindestgröße aus. 2. Die individuelle Methode zielt auf die Erhaltung des Formtypus (z.B. bandförmiges Grünland längs der Gewässer). 3. Durch einseitige Betonung bleiben nur große, aber die Verteilung gut kennzeichnende Flächen erhalten. 4. Die aufwendige Wahrung der Flächenverhältnisse kommt in Betracht, wenn dies für die Kartenauswertung von Bedeutung ist.

2. *Quantitative flächenhafte Diskreta (Flächenbezogene Quantitäten)*

Solche quantitativen Karten (10.2 Nr. 5) entstehen aus der Zuordnung (Relation) von Quantitäten zu bestimmten Bezugsflächen (Gebietseinheiten). Da die Zahlenwerte sich innerhalb der Bezugsflächen nicht eindeutig und exakt fixieren lassen, ist ihre Darstellung lediglich raumtreu. Der Inhalt des topographischen Kartengrundes beschränkt sich daher meist auf wenige weitere Angaben (z.B. wichtigste Orte, Verkehrswege und Gewässer). Die Quantitäten sind (a) ungegliedert oder (b) gegliedert, absolute Zahlen (meist Summenwerte wie Produktionsmengen, Einwohnerzahlen) oder relative Größen (meist Mittelwerte wie Pro-Kopf-Verbrauch, Bevölkerungsdichte). Weitere Merkmale der Werte siehe auch Abb. 3.

a) Ungegliederte flächenbezogene Quantitäten

Darstellungen eines einzigen Zahlenwertes je Bezugsfläche werden oft als *Kartogramme* bezeichnet. Ist der Zahlenwert eine absolute Größe, so kommen als Gestaltungsmittel vorwiegend lokale Signaturen in Betracht (*Gebietssignaturenkarte, Signaturenkartogramm*). Diese sind entweder geometrische Zeichen (Abb. 261a), bildhafte Figuren (Abb. 261b) – beide meist in stetiger Darstellung mit Hilfe eines Größenmaßstabs – oder Werteinheitssignaturen (Abb. 261c). Darstellungen durch gestufte Signaturen (wie in Abb. 242) oder durch verschiedene Flächenfüllungen (wie in Abb. 262) sind bei Absolutwerten selten und auch meist ungeeignet.

Einzelheiten zur Systematik und Graphik von Größensignaturen siehe bei den lokalen Quantitäten (10.3.1.1 Nr. 2). Trotz aller Gemeinsamkeiten im äußeren Erscheinungsbild gibt es jedoch folgenden Unterschied: Beim Signaturenkartogramm ist die Signatur meist kleiner als die Bezugsfläche; beim lokalen Objekt ist die Signatur größer als dieses. Ferner ist die Kartogrammsignatur innerhalb der Bezugsfläche verschiebbar, während für die lokale Quantität eine exakte und damit feste Lage vorgegeben ist.

Einen Sonderfall bilden die Darstellungen, bei denen die Absolutangaben selbst die Größe der Bezugsflächen bestimmen. Solche verzerrten Karten (*Kartenanamorphosen*, 2.2.7.1) besitzen daher keinen geometrischen, sondern einen sachbezogenen Maßstab (Abb. 260).

Ist der Zahlenwert eine *relative* Größe, so treten als Gestaltungsmittel Vollflächen oder Flächensignaturen in gestufter Darstellung auf (*Flächendichtekarten, Flächenstufenkarten, Choroplethenkarten* oder *Flächenkartogramme*). Die aus den Einzelwerten gebildeten Gruppen unterscheiden sich durch graphische Variation von Farbtönen oder -helligkeiten bei den Vollflächen bzw. auch von

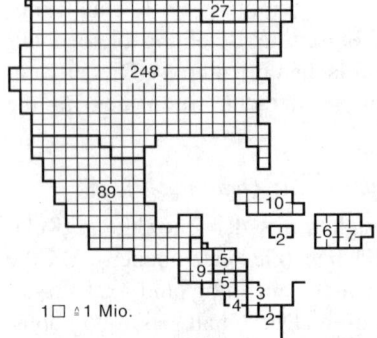

Abb. 260. Einwohnerzahl als Maß der Bezugsfläche für die Staaten Nord- und Mittelamerikas (1 Quadrat ≙ 1 Mio.)

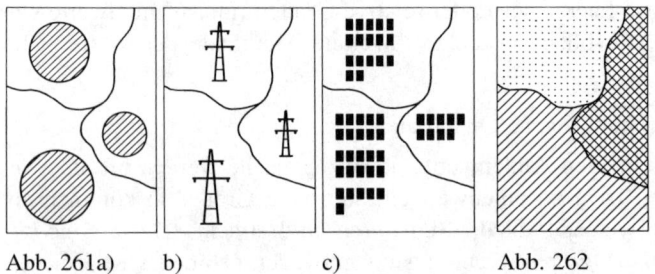

Abb. 261a) b) c) Abb. 262

Abb. 261. Absolutdarstellungen (Gebietssignaturenkarten, Signaturenkartogramme):
a) geometrisch (hier Kreissignaturen);
b) bildhaft (hier Figurensignaturen);
c) Werteinheitssignaturen (Zählrahmen)

Abb. 262. Relativdarstellung (Flächendichtekarte, Flächenkartogramm)

rasterartigen Stufen bei den Flächensignaturen (Abb. 262). Relativdarstellungen durch lokale Signaturen sind selten und meist ungeeignet.

Relative Angaben allein sind unbefriedigend, wenn der Sachverhalt nicht in Verbindung mit der Absolutangabe deutlich wird. So können prozentuale Daten über die Konfessionszugehörigkeiten im Stadt/Land-Verhältnis zu unrichtigen absoluten Vorstellungen führen, wenn nicht auch die Einwohnerzahlen selbst erkennbar gemacht werden. Dies ist durch kombinierte Darstellung möglich, z.B. durch Größensignatur und Flächentonwert (also Abb. 261a und 262 zusammen) oder wenn in Abb. 261a die Signaturenfüllung dem Dichtetonwert entspricht.

b) Gegliederte flächenbezogene Quantitäten

Hierbei gliedert sich der für eine Bezugsfläche gültige Zahlenwert sachlich nach Einzelmerkmalen (z.B. Fremdenverkehr nach Herkunftsländern) oder nach zeitlicher Entwicklung (z.B. Anzahl der Übernachtungen von Jahr zu Jahr). Solche

Darstellungen gelten als *Kartodiagramme, Gebietsdiagrammkarten* oder – im Gegensatz zu den Ortslagediagrammen (Abb. 252) – als *Flächendiagramme*. Die dargestellten Zahlenwerte sind überwiegend absolute Angaben. Als Gestaltungsmittel eignen sich in erster Linie Diagramme, daneben aber auch Werteinheitssignaturen (Abb. 252, 263).

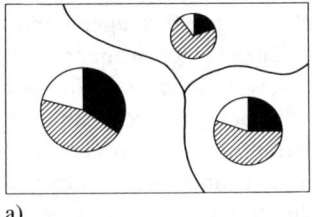 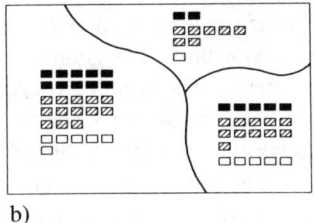

a) b)

Abb. 263. Gegliederte flächenbezogene Quantitäten (Kartodiagramme):
a) Kreissektorenkartodiagramme (Tortendiagramme),
b) Werteinheitssignaturen

Einen Sonderfall bilden die *Streifendiagramme* (*Streifenkartogramme, statistische Mosaiken*, Abb. 264), bei denen die einzelnen parallelen Streifen jeweils eine bestimmte Qualität (z.B. Art der landwirtschaftlichen Nutzung) angeben. Die Streifenbreite ist ein Maß für den relativen Anteil der einzelnen Qualität an der gesamten Bezugsfläche. Aus diesem Anteil und der Bezugsflächengröße läßt sich damit auch der Absolutbetrag der Fläche der einzelnen Qualität ermitteln. Der Streifenmaßstab darf nicht zu groß sein, d.h. die Streifen müssen sich ausreichend wiederholen, da sonst bei sehr unregelmäßigen und ausgebuchteten Flächen der visuelle Eindruck der einzelnen Streifenflächen zu fehlerhaften Annahmen führen kann.

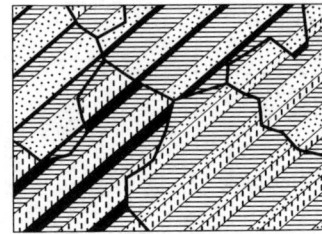

Abb. 264. Streifendiagramm

c) Aufbereitungs- und Darstellungsprobleme flächenbezogener Quantitäten

Der Vorteil solcher kartographischer Darstellungen ist im Vergleich zu Tabellen und Texten offenkundig: Man erkennt sofort die räumlichen Verteilungsmuster, Schwerpunkte, Differenzierungen, Tendenzen usw. Eine sachlich zutreffende und anschauliche Darstellung solcher Sachverhalte erfordert jedoch eine sorgfältige Aufbereitung des Datenmaterials. Dieses liegt zwar in den meisten Fällen bereits vor, ist aber primär für nichtkartographische Zwecke erfaßt worden (z.B. Einwohnerdaten, Verkehrszählungen, Wahlergebnisse, 6.6). Die kartographische Aufbereitung zwingt zu mehr oder weniger generalisierenden Eingriffen in das Zahlenwerk durch zwei wichtige Entscheidungen: (α) Die *Wahl der Bezugsfläche* und – besonders bei Relativdarstellungen – (β) die *Bildung von Wertgruppen*.

α) Wahl der Bezugsfläche

Nach der Art der Abgrenzung kann man zwischen (α1) topographisch/geographischen, (α2) administrativen und (α3) geometrischen Bezugsflächen unterscheiden. Die Abb. 265 liefert dafür weitere Merkmale sowie Beispiele, die nach kleiner werdendem Maßstab geordnet sind. Dabei gilt: Geographische und administrative Bereiche beruhen auf der örtlichen Situation und werden nach dieser kartographisch wiedergegeben; dagegen entstehen die geometrischen Bezugsflächen zunächst in der Karte und werden dann in die Örtlichkeit übertragen.

Art der Gebiets-gliederung	Merkmal der Abgrenzung	Beispiele (nach kleiner werdendem Maßstab geordnet)
Topographisch Geographisch	Natürliche Grenze	Reliefgliederung - Bodenbedeckung - Bebaubare Fläche - Wassereinzugsgebiet - Naturraum
	Künstliche Grenze	Baublock - Bodennutzung - Wegeblock - Gleiche Siedlungsstruktur - Wirtschaftsraum
Administrativ	Öffentliche Rechte	Zählbezirk - Stimmbezirk - Ortsteil - Gemeinde - Zweckverband - Landkreis - Bezirk - Bundesland
	Private Rechte	Grundstück (Flurstück) - Wirtschaftseinheit - Arbeitsbezirk - Organisationsbezirk
Geometrisch	koordinaten-abhängig	Quadratgitter im System der Landesvermessung - seltener Netzmaschen nach geograph. Koordinaten
	koordinaten-unabhängig	Willkürlich dem Einzelfall angepaßtes Netz aus Quadraten, Rechtecken, Sechsecken oder Dreiecken

Abb. 265. Kartographische Bezugsflächen, Merkmale und Beispiele

α1) *Geographische* Bezugsflächen sind Bereiche mit möglichst einheitlichem Merkmal (z.B. Ortskern, Ortsrand, Agrarfläche, Abb. 266c), die in sachgerechter Beziehung zu den statistischen Daten stehen. So wären Daten der Bevölkerungsstruktur ausschließlich auf bebaubare Flächen, Daten der Agrarstruktur auf landwirtschaftliche Flächen zu beziehen. Man gewinnt z.B. solche Bezugsflächen aus den Dichtebereichen einer Punktstreuungskarte (Abb. 251). Der Vorteil dieser Methode liegt in der stärkeren Berücksichtigung örtlicher Verhältnisse, der Nachteil im höheren Aufwand der Datenaufbereitung und in der eingeschränkten Vergleichbarkeit zwischen verschiedenen Erhebungszeitpunkten.

Thematische Karten 435

α2) Das Arbeiten mit *administrativen Bezugsflächen* gilt auch als *statistische Methode*, da es sich gewöhnlich um die Flächen handelt, auf die sich vor allem die amtlichen Statistiken beziehen (z.B. Gemeinde, Kreis, Schulbezirk, Kirchenbezirk, Landwirtschaftsbezirk). Im Vergleich zu den geographischen Bezugsflächen kehren sich Vor- und Nachteile des Verfahrens um, und es kann z.B. ein auf die Gesamtfläche bezogener statistischer Mittelwert entstehen, der an keiner Stelle eine reale Entsprechung aufweist (Abb. 266b).

 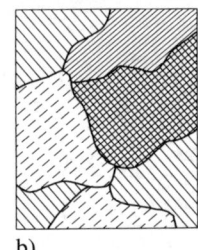 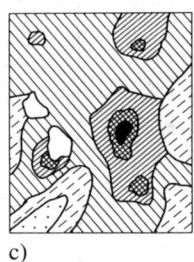
a) b) c)

Abb. 266. Darstellung der Bevölkerungsdichte:
a) Topographie und Grenzen, b) Administrative Methode c) Geographische Methode

α3) *Geometrische* Bezugsflächen entstehen aus der schematischen Festlegung durch ein regelmäßiges Netz (Abb. 267). Für eine allgemeine und übergebietliche Festlegung kommen nur koordinatengebundene Netze in Betracht, vor allem die *Quadratgittermethode (Verfahren der Rasterflächen)* in Anlehnung an das Koordinatensystem der Landesvermessung, das in allen amtlichen topographischen Karten (9.7.1) enthalten ist. Soweit das Verfahren in Planung und Statistik zum Zuge kommt (feinste Maschenweite etwa 0,1 km) wird es damit ebenfalls eine statistische Methode. Für geometrische Bezugsflächen sprechen die folgenden Gründe:
– Der *räumliche* Vergleich wird durch gleich große Flächen begünstigt.
– Der *zeitliche* Vergleich wird möglich, weil auch im Falle der Änderung geographischer und administrativer Bezugsflächen die geometrische Bezugsfläche beibehalten werden kann.
– Die Anwendung quadratischer Netze begünstigt den Einsatz der GDV.

Da die Netzlinien keine Merkmalsgrenzen sind, können bei relativ grobem Raster die Relativdarstellungen sehr von der Lage der Bezugsflächen abhängen (Abb. 268). Es kommt also darauf an, den Raster ausreichend fein zu wählen, ohne daß damit sogleich der Erhebungsaufwand für die Daten unwirtschaftlich würde.

β) Bildung von Wertgruppen (-klassen, -stufen)

Hierbei geht es um Entscheidungen über (ß1) die sachgerechte Anzahl und Abgrenzung der Wertgruppen und (ß2) die Art der graphischen Wiedergabe. Diese Vorgänge sind ihrer Art nach quantitative Generalisierungen von Relativdaten durch Klassifizieren (3.2.1.2).

β1) Die *Anzahl* der Wertgruppen sollte bei *einfarbiger* Darstellung höchstens 6 bis 8, bei *mehrfarbiger* Darstellung mit Kombination von Farbton- und

436 Karteninhalt

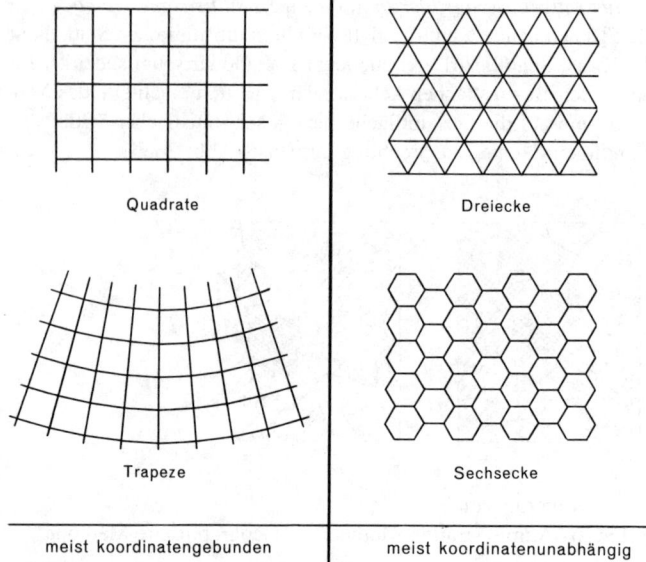

Abb. 267. Geometrische Bezugsflächen

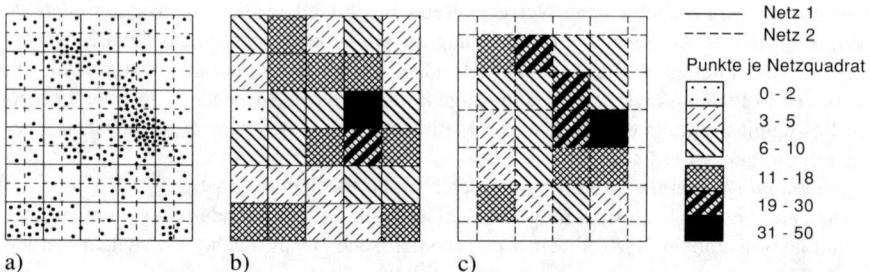

Abb. 268. Einfluß der Lage geometrischer Bezugsflächen auf eine Relativdarstellung:
a) Ableitung der Relativwerte aus einer Punktstreuungskarte durch Netzüberlagerung;
b) Flächendichtekarte mit Netz 1;
c) Flächendichtekarte mit Netz 2 (um halbe Maschenweite gegen 1 versetzt)

Farbhelligkeitsvariation maximal 10 bis 12 betragen, weil sonst das Unterscheidungsvermögen zwischen benachbarten Stufen, vor allem bei sehr kleinen Bezugsflächen, nicht mehr ausreichend gewährleistet ist. Für die *Abgrenzung* der Wertstufen sind die folgenden Methoden üblich:

• Die *Stufung nach Sinngruppen* ist angebracht, wenn zwischen den zu bildenden Gruppen eindeutige und ausgeprägte Merkmalsunterschiede bestehen (Abb. 269a). So müßte z.B. eine Bevölkerungsdichtekarte von Europa die Ballungsräume, ihre Randzonen und die Agrarbereiche ausreichend differenziert erkennbar machen, während für die dünn besiedelten Gebiete eine einzige Gruppe (0-20 Einw./km²) genügt. Umgekehrt wäre für die bevölkerungsarmen Bereiche Australiens eine weitere Unterteilung der Gruppe 0-20 zweckmäßig.

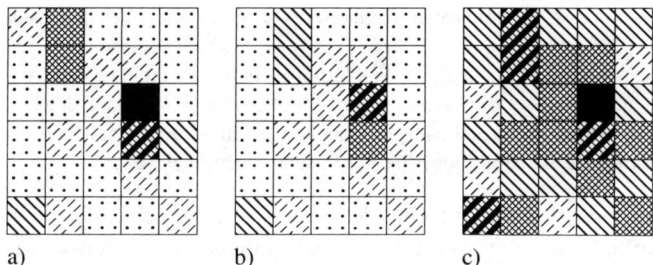

a)   b)   c)

Abb. 269. Einfluß der Gruppenbildung auf eine Relativdarstellung. Relativwerte und Raster aus Abb. 268 mit Netz 1:
a) Sinngruppen: 0-6; 7-12, 13-17, 18-22, 23-29, 30-40;
b) Arithmetische Reihe: 0-7; 8-14, 15-21, 22-28, 29-35, 36-42;
c) Geometrische Reihe: 0-1; 2-3, 4-7, 8-15, 16-31, 32-63

• Der *Stufung nach Häufigkeitsgruppen* (sog. natürlichen Gruppen) liegt die Häufigkeitsverteilung der Ausgangsdaten zugrunde, die sich z.B. aus einem Histogramm (Abb. 270) ergibt. Die dort auftretenden Minima ergeben die Grenzwerte (Schwellenwerte) zwischen den Wertgruppen. Die Verteilung darf jedoch nicht zu stark von Zufälligkeiten abhängen.

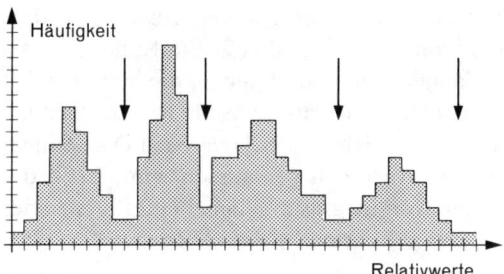

Abb. 270. Häufigkeitsdiagramm (Histogramm) von Relativwerten zur Festlegung von Wertgruppen. Die Pfeile markieren die Schwellenwerte.

• Die *Stufung nach mathematischen Regeln* bietet sich an, wenn kein Anlaß besteht, die Schwellenwerte nach Sinngruppen oder nach der Häufigkeitsverteilung festzulegen. Sie schafft eine leichtere quantitative Vergleichbarkeit der Gruppen und ist besonders günstig für den Einsatz der GDV. Folgenden Ansätze sind am bekanntesten:
− Die *arithmetische (äquidistante) Reihe* geht von einer konstanten Intervallbreite aller Wertgruppen aus, z.B. bei einer Teilung der Prozentskala in 10 Gruppen, die jeweils

10% umfassen. Ein anderes Beispiel gibt Abb. 269b. Das Verfahren ist vorteilhaft, wenn der Vergleich von Wertstufen vor allem ihren Differenzen gilt.
- Die *geometrische Reihe* beruht auf einem konstanten Zahlenverhältnis zwischen den Mittel- oder Grenzwerten benachbarter Gruppen, z.B. der Reihe 2, 4, 8, 16, 32 (Abb. 269c) oder der absteigenden Reihe 100, 50, 25, 12, 6, 3 ... (Faktor 0,5). Die Methode ist günstig, wenn der Vergleich von Wertstufen vor allem ihren Verhältnissen gilt.
- Das Prinzip der *Quantilen* sorgt dafür, daß alle Wertgruppen in einer gleich großen Anzahl von Bezugsflächen auftreten: Bei 7 Wertgruppen (Septilen) und 91 Bezugsflächen wären daher die Grenzwerte so festzulegen, daß jede Gruppe in 13 Bezugsflächen erscheint. Das Verfahren bietet die größtmögliche graphische Differenzierung.

β2) Die *graphische Gestaltung* spielt vor allem eine Rolle bei der einfarbigen Wiedergabe mittels Helligkeitsstufen. Dabei liegen der Wahl der Tonwertabstände zur bestmöglichen Unterscheidung der Gruppen wahrnehmungspsychologische Überlegungen zugrunde (*Morgenstern* 1974).

Mit den Mitteln der GDV ist zwar auch eine stetige Variation der Flächenhelligkeiten und damit die unmittelbare Wiedergabe des Einzelwertes möglich (*Kishimoto* in *Schweiz.Ges.f.Kartographie* 1990), ein spürbarer Gewinn ergibt sich aber nur dann, wenn die Helligkeit aus der Rasterweite oder densitometrisch meßbar ist. Ist dies nicht der Fall, so kann besonders der sog. Simultankontrast (3.1.2.5) die visuelle Zuordnung des Helligkeitswertes zur richtigen Gruppe bzw. zum richtigen Einzelwert verfälschen (*Schoppmeyer* 1978). Es gibt zahlreiche GDV-Programme für ein- und mehrfarbige Darstellungen, die teilweise stark von der sog. Präsentationsgraphik beeinflußt sind.

10.3.1.4 Kontinua

Diese sind räumlich oder flächenhaft unbegrenzt; sie gehören vorwiegend dem Naturbereich an. Eine Gliederung der Kontinua zeigt Abb. 2. Ein Kontinuum als *Wertefeld* wird durch die Lage von Zahlenwerten beschrieben, die sich von Ort zu Ort stetig ändern. Die Wiedergabe solcher hier als statisch zu betrachtenden Daten führt zu einer grundrißtreuen bzw. -ähnlichen oder lagetreuen Darstellung. Da das gesamte Kartenfeld graphisch in Anspruch genommen wird, ist in der Regel nur die Wiedergabe eines einzigen Kontinuums möglich, bei differenzierter Kartengraphik ausnahmsweise auch zweier Kontinua (Abb. 272).

Die Einordnung von Objekten als Diskreta oder Kontinua kann auch unterschiedlich ausfallen: So gilt z.B. ein Binnensee als Diskretum unter anderen Diskreta in einer Atlaskarte, aber als Kontinuum, wenn eine Wiedergabe hydrographischer Daten des Sees allein stattfindet.

Als Gestaltungsmittel eignen sich (Abb. 271)
1. Punkte bzw. lokale Signaturen zur Lageangabe der beobachteten oder registrierten Daten (z.B. Wetterstation, Grundwasserpegel),
2. Schriften (Zahlen), seltener Diagramme zur Angabe der Daten selbst (z.B. Lufttemperatur, Wasserstand),

3. Linien bzw. lineare Signaturen, die als sog. Isolinien nach den ermittelten Daten konstruiert werden,
4. Flächenfarben bzw. Flächensignaturen, die zur besseren Veranschaulichung die Fläche zwischen benachbarten Isolinien ausfüllen.

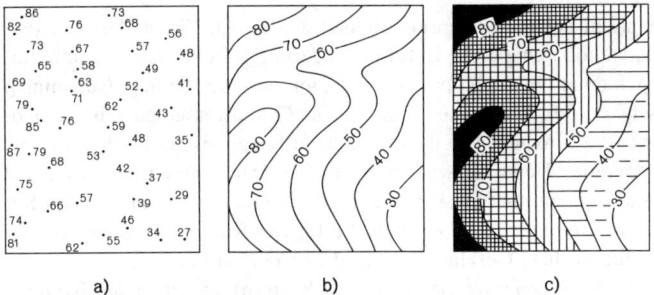

Abb. 271. Darstellung eines Kontinuums
a) durch die Meßpunkte mit Daten,
b) durch die daraus interpolierten Isolinien,
c) durch Isolinien mit Flächenfüllung dazwischen

Das wichtigste und häufigste Mittel der Kontinuumsdarstellung sind *Isolinien* (*Isarithmen*) als Linien, die benachbarte Punkte gleicher Werte miteinander verbinden (*Isolinienkarte*, Abb. 271b). Sie stellen gewöhnlich runde Zahlenwerte dar (z.B. volle Temperaturgrade). Der Intervallwert (die Wertstufe) zwischen benachbarten Isolinien richtet sich nach dem Kartenmaßstab und nach der Genauigkeit der Ausgangsdaten; zu groß gewählte Intervallwerte und damit oft sehr große Horizontalabstände der Isolinien mindern den Aussagewert, zu kleine belasten den Karteninhalt stark. Ein konstanter Intervallwert entspricht den Äquidistanzen der Höhenlinien (9.3.2.4). Solche äquidistanten Systeme geben die beste Übersicht über die Werteverteilung im Kontinuum, lassen sich aber mitunter nur schwer realisieren, z.B. beim Auftreten großer Anomalien.

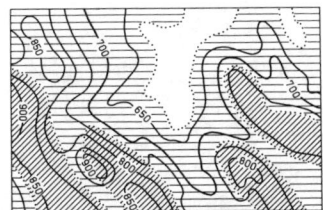

Abb. 272. Linien gleichen mittleren Jahresniederschlages (Isohyeten) in mm:
Die punktierten Höhenlinien (Isohypsen) und die gerasterten Höhenstufen verdeutlichen die Abhängigkeit vom Geländerelief.

440 Karteninhalt

Die Konstruktion der Isolinien beruht auf einer Interpolation zwischen den Meßpunkten (vgl. 8.2.3.6). Während aber in der Topographie die Höhenlinien (Isohypsen) im Anhalt an ein dichtes Punktfeld meist linear interpoliert werden (6.3.1.2) und nur die Formrichtigkeit zu beachten ist, liegen beim Entwurf thematischer Isolinien die Punkte oft weit auseinander, und andere Zusammenhänge sind stärker zu beachten. So hängt z.B. der Verlauf der Linien gleichen Niederschlages (Isohyeten) in starkem Maße vom Geländerelief ab (Abb. 272).

Isolinien treten vor allem bei geowissenschaftlichen Karten auf. So stellen z.B. dar: Isobaren gleichen Druck, Isallobaren gleiche Luftdruckänderung je Zeiteinheit, Isoamplituden gleiche Schwankungen einer Größe, Isobasen gleiche tektonische Hebung, Isogammen gleiche Anomalie der Schwerkraft, Hydroisohypsen gleiche Grundwasserspiegelhöhe, Isokatabasen gleiche tektonische Senkung, Isoklinen gleiche erdmagnetische Inklination und Isothermen gleiche Temperatur. Heute verwendet man über 150 Isolinien-Begriffe, und zwar nicht nur in den Naturwissenschaften, sondern auch als Pseudo-Isolinien in den Sozialwissenschaften. *Gulley/Sinnhuber* (1961) haben die für die Kartographie wichtigsten Isolinien zusammengestellt; zu ihrer Geschichte siehe *Horn* (1959) und Kap 15.

Durch *Flächenfarben* oder *Flächensignaturen* (meist Rastern) zwischen den Isolinien entsteht zwar ein stufenförmiger Eindruck (Abb. 70c), der dem Stetigkeitsprinzip eines Kontinuums widerspricht, doch kann man durch geschickte Wahl der Farbtöne oder der Rasterstufen die Werteverteilung im Kontinuum (Maxima, Minima, Gefällwechsel) unmittelbar und anschaulich erkennbar machen (vgl. die farbigen Höhenschichten in 9.3.2.7). So werden z.B. in Niederschlagskarten die bläulich-kühlen Farbtöne bzw. die dunklen Rasterstufen den Bereichen mit hohen Niederschlägen zugeordnet. Mehr als 8 bis 10 Stufen sollte man dabei vermeiden.

Neben den Kontinua aus dem Naturbereich gibt es noch fiktive, rein *geometrische Kontinua*. Zu diesen zählt z.B. die Darstellung durch Isodistanzen als Orte gleicher räumlicher Entfernung von einem Punkt; diese sind im Falle geradliniger Verbindung konzentrische Kreise, bei Bindung an Verkehrswege dagegen unregelmäßige, vom Verlauf dieser Wege abhängige Linien. Ferner gibt es Isochronen zur topographischen Anzeige aller Orte, die von einem Ausgangspunkt nach einer bestimmten Reisezeit erreicht werden können (Abb. 273 und 2.2.7.1) sowie Isodeformaten (Äquideformaten) als Linien gleicher Verzerrungen in Kartennetzentwürfen (2.2).

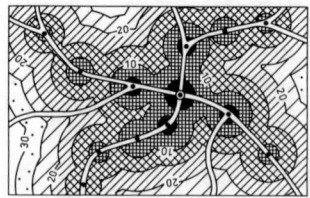

Abb. 273. Linien gleicher Reisezeit (Isochronen) in Minuten vom bzw. zum Ortszentrum (Fahr- und Gehzeit). Die Konstruktion ergibt sich aus konzentrischen Kreisen um die Haltestellen öffentlicher Verkehrsmittel mit Berücksichtigung topographischer Besonderheiten. Flächenfüllung durch Raster.

Pseudo-Isolinien (Isopleths) stellen konstante Werte für Objekte dar, die selbst keine Kontinua sind (z.B. Grundstückspreise, Bevölkerungsdichte, Abb. 274). Solche Darstellungen zeigen zwar ein gewisses Verteilungsmuster, doch sind die Pseudo-Isolinien nicht mehr als Wertgrenzlinien, die sich im Gegensatz zu den echten Isolinien auch berühren können und daher auch keine zuverlässigen Interpolationen gestatten. Die Konstruktion beruht meist auf Punktstreuungskarten (10.3.1.1 Nr. 2).

Die *Generalisierung* von Isolinien besteht in der Auswahl durch Übergang zu einem größeren Intervallwert und einer Vereinfachung der Linienführung, bei der aber typischen Aussagen (z.B. Anomalien, Einfluß von Geländerelief, Verkehrsnetz usw.) erhalten bleiben oder gar betont werden.

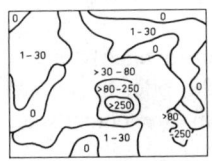

Abb. 274. Pseudo-Isolinien als Grenzlinien für bestimmte Dichtewerte, z.B. Bevölkerungsdichte. Konstruktion nach der Punktkarte in Abb. 251a

10.3.1.5 Räumliche Veränderungen

Während in den bisherigen Abschnitten die Objekte stets als statisch gelten, kommt es nunmehr gerade auf die Wiedergabe ihrer *dynamischen* Komponente an. Diese bewirkt im zeitlichen Verhalten eine Veränderung
– im *Raumbezug,* d.h. in der Geometrie und/oder
– in der *Sache (Substanz),* d.h. in der Qualität und/oder Quantität.

Die Objekte räumlicher Veränderungen können Diskreta oder Kontinua, ihre räumlichen Veränderungen kurz- oder langfristig sein. Allgemein ergibt sich dabei für die Wiedergabe solcher *dynamischer Karten* folgendes:
1. Bei der Wiedergabe in einer *einzigen* Karte kommt es zur Anzeige der Veränderung innerhalb eines Zeitabschnitts oder zu bestimmten Zeitpunkten. Dieser Fall wird nachfolgend behandelt; zur Methodik siehe auch *Bär* (1976).

2. Bei der Wiedergabe in einer *Kartenfolge (multitemporale Karten)* handelt es sich um eine Sammlung statischer Karten mit dem jeweiligen Zustand eines Zeitpunktes, und zwar auf *einem* Träger nebeneinander, auf *verschiedenen* Trägern oder auf transparenten Deckblättern.

3. Zur Wiedergabe als *bewegte Karte (Filmkarte, animated map)* siehe 12.4.

442 Karteninhalt

1. Veränderungen diskreter Objekte

a) Bewegungen des gesamten Objekts

Bei diesen meist *kurzfristigen* Veränderungen erscheint nicht das Objekt selbst, sondern nur der Weg seiner Veränderung (z.B. Vogelflüge, Berufspendler, militärische Operationen, Schiffsrouten). Ist der Weg topographisch fixierbar (z.B. Straße, Gewässer), so ist die Wiedergabe lagetreu, in anderen Fällen (z.B. beim Geldverkehr) nur raumtreu.

Als Gestaltungsmittel kommen in Betracht:

α) Zur Lageangabe die für lineare Diskreta als den Trägern solcher Veränderungen (z.B. Schienenwege, Pipelines) üblichen Gestaltungsmittel (10.3.1.2), zur Angabe der Bewegungsrichtung im Grundriß lineare, meist pfeilartige Signaturen (Bewegungslinien, Vektoren, Abb. 275);

β) zur Angabe der Qualität (z.B. Alter und Geschlecht der Pendler, Transportgut) Signaturen, Schriften oder Farben mit ihren Variationen;

γ) zur Angabe der Quantität (z.B. Zahl der Pendler, Transportmengen) lineare Signaturen in gestufter Darstellung (vergleichbar Abb. 242a) oder in stetiger Darstellung (Bandsignatur variabler Breite mit besonderem Breitenmaßstab, Abb. 276).

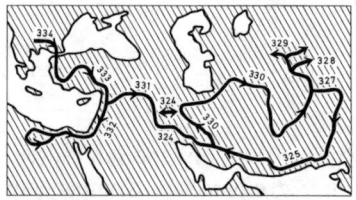
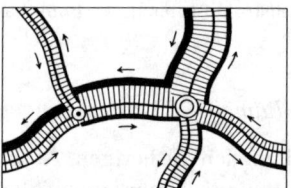

Abb. 275. Der Zug Alexanders des Großen. Rein qualitative Darstellung mit zeitlicher Fixierung durch Jahresangabe

Abb. 276. Straßenbelastung in einem bestimmten Zeitabschnitt, getrennt nach Richtungen, Personen- und Lastkraftwagen. Quantitative Darstellung durch variable Bandbreite

Schematische, d.h. nur raumtreue Darstellungen von Objektbewegungen treten häufig bei statistischen Daten auf, für die der Transportweg uninteressant oder nicht fixierbar ist (z.B. Ein- und Ausfuhr). Da solche Objekte meist zu Bezugsflächen gehören (z.B. Staaten), spricht man in Anlehnung an 10.3.1.3. Nr. 2 oft auch von *Bandkartogrammen* (Abb. 277).

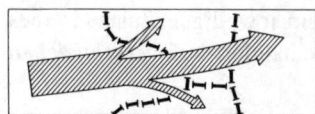

Abb. 277. Bandkartogramm durch Pfeilsignatur: Ausfuhr nach verschiedenen Staaten

b) Veränderungen des Objekts nach Gestalt und Inhalt

Diese meist *langfristigen* Veränderungen (z.B. Entwicklung von Siedlungen, Landnutzungen, politischen Bereichen) führen zum Typ der *genetischen Karte* (Abb. 278). Dabei läßt sich die Veränderung von Flächenabgrenzungen (z.B. Ortsumrisse) grundrißtreu oder -ähnlich, die Entwicklung linearer Netze (z.B. Verkehrsnetze) lagetreu darstellen.

Als Gestaltungsmittel eignen sich:

α) Zur Lageangabe die Gestaltungsmittel, die dafür bei den linearen (10.3.1.2) bzw. flächenhaften (10.3.1.3) Diskreta üblich sind;

β) zur Angabe der Qualität die Variation linearer und flächenhafter Darstellungen nach Form, Füllung (Abb. 239) und Farbe, dazu gehören auch die zeitliche Datierung und die Angabe eines Trends;

γ) zur Angabe der Quantität, die vereinzelt bei Flächenobjekten auftritt (z.B. Zunahme in %), eine Darstellung, die in der Variation von Flächen und Signaturen auf die Wiedergabe der Qualitäten abgestimmt ist.

Nicht exakt fixierbare Flächenausdehnungen (z.B. bei der Erweiterung historischer Einflußbereiche oder bei generellen Planungsentwürfen) lassen sich durch verlaufende Farben oder Scharungen bzw. Bündelungen von Pfeilen darstellen, Objektveränderungen, die sich nur auf den Inhalt beziehen, durch Farbtonvariation wiedergeben (z.B. Zu- und Abnahme der Bevölkerungsdichte durch Rot und Blau bei gleichbleibenden Bezugsflächen und Dichteangabe durch Helligkeitsvariation).

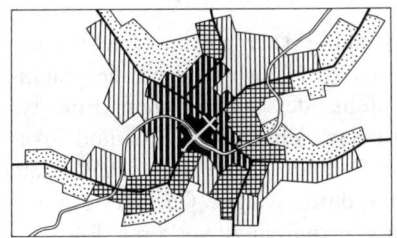

Abb. 278. Genetische Karte zur Entwicklung bebauter Flächen einer Stadt:
Die Rasterflächen kennzeichnen Zeitintervalle nach dem Prinzip je älter, desto dunkler.

2. Veränderungen kontinuierlicher Objekte

Hierbei handelt es sich meist um Veränderungen der Form oder des inneren Gefüges. Als *kurzfristig* gelten dabei z. B. Strömungen in Gewässern oder in der Atmosphäre, als *langfristig* die tektonischen Hebungen bzw. Senkungen, Änderungen im Magnetfeld der Erde usw.

Als Gestaltungsmittel dienen (vgl. 10.3.1.4)

a) Punkte bzw. lokale Signaturen zur Lageangabe der Punkte, an denen die Veränderungen gemessen werden (z.B. Schreibpegel),

b) Schriften (Zahlen) oder Diagramme zur Angabe der am Punkt ermittelten Daten (z.B. Luftdruckdifferenz, Pegeldiagramm),
c) pfeilartige Signaturen, die entweder rein qualitativ nur Richtungstendenzen angeben (z.B. bei Wetterfronten) oder durch maßstäbliche Länge auch quantitative Daten ausdrücken (z.B. Strömungsgeschwindigkeiten, Abb. 279), schließlich Isolinien, die nach den Meßpunkten konstruiert werden (z.B. Isallothermen als Linien gleicher Temperaturschwankung in einer bestimmten Zeit).

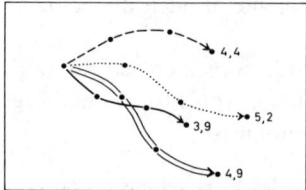

Abb. 279. Räumliche Veränderungen im Kontinuum: Strömungen in einem Binnensee. Die Pfeilsignatur kennzeichnet durch ihre Form die jeweilige Meßtiefe, durch ihren Verlauf Richtung und Ausmaß der Strömung in einem Zeitabschnitt. Punkte = Meßstellen, Zahlen = mittl. Geschwindigkeit in cm/s

10.3.1.6 Komplexe Darstellung verschiedener Merkmalsgruppen

In komplexen und synthetischen Karten sind häufig Themen mit Objekten unterschiedlicher Merkmalsgruppen gemeinsam darzustellen und dazu die graphischen Möglichkeiten besonders sorgfältig aufeinander abzustimmen. Eine typische Kombination ist das Zusammentreffen flächenhafter, linearer und lokaler Diskreta, dazu evtl. auch noch räumlicher Veränderungen. Dabei halten die Flächenfarben noch eine relativ hohe Belastung durch weitere Gestaltungsmittel aus, ohne gleich an Ausdruckskraft und Lesbarkeit spürbar zu verlieren. Flächensignaturen, die den Flächenfarben überlagert werden, sollten sich aber in ihrer Wirkung so zurückhalten, daß die weiteren linearen und lokalen Signaturen sich in Größe und Farbe noch deutlich herausheben können.

So ergibt sich z.B. für *Wirtschaftskarten* (10.7.2.5) häufig die folgende Gestaltung:
1. Flächenhafte Diskreta (Acker, Grünland, Wald) durch Flächenfarben, die weitere Differenzierung solcher Flächen (Getreide, Hackfrüchte; Buche, Kiefer) durch Flächensignaturen, 2. lokale Diskreta (Industrieanlagen, Bohrtürme, Kraftwerke) durch lokale Signaturen, 3. lineare Diskreta, häufig als Träger räumlicher Veränderungen (Hochspannungsleitungen, Pipelines) durch lineare Signaturen. Beispiele für die graphischen Maßnahmen bei sog. mehrschichtigem Bildaufbau beschreibt Spiess (in *Schweizerische Gesellschaft für Kartographie* 1978).

10.3.1.7 Andere Gliederungen zur thematischen Darstellung

In der Lehre zur thematischen Kartographie gibt es mehrere Ansätze, die Darstellungen systematisch zu gliedern. Die bisher vorgestellte Gruppierung geht von den Objektmerkmalen aus (10.2 Nr. 5). In vergleichbarer *objektorientierter*, nur anders strukturierter Weise stützt sich *Witt* (1970) auf die Einteilung in 1. qualitative Karten und 2. quantitative Karten (Isolinienkarten, absolute und relative Karten).

Imhof (1972) geht dagegen von den kartographischen Erscheinungsbildern aus (Kartentypen) und erhält damit eine *methodenorientierte* Betrachtungsweise (10.2 Nr. 4). als Gefüge thematischer Karten (unbeschadet der objektbezogenen Bezeichnung bei 4 und 5):

A. Gefüge vorwiegend grundrißlich gestalteter oder grundrißlich bezogener Vorkommnisse:
1. lokale Gattungssignaturen,
2. Netze linearer Elemente,
3. Gattungsmosaiken,
4. Kontinua,
5. Darstellungen von Bewegungen und Kräften;

B. Gefüge zur Darstellung statistischer Werte, sogenannte statistische Karten:
6. Wertpunkte und Wertsignaturen,
7. Dichtemosaiken,
8. andere statistische Mosaiken,
9. Orts- und Gebietsdiagramme,
10. Banddiagramme.

Pillewizer (1964) stellt die folgenden zehn Hauptmethoden der graphischen Gestaltung als ebenfalls methodenorientierte Systematik vor:

1. Signaturenmethode,
2. Methode der lokalisierten Diagramme,
3. Methode der Objektlinien und -bänder,
4. Flächenmethode,
5. Methode der Flächenhauptoder Mittelwerte,

6. Isolinienmethode,
7. Methode der Vektoren und Bewegungslinien,
8. Punktmethode,
9. Methode des Kartodiagramms,
10. Methode des Flächenkartogramms.

Meynen (1972) beschreibt durch Texte, Tabellen und Kartenausschnitte 27 verschiedene Strukturformen und Grundtypen und legt dazu Begriffe fest, die jeweils auf die typische Graphik hinweisen, z.B. Grundrißkarte, Ortssignaturkarte, Vektorkarte. Eine Zuordnung zu den Objektgruppen in 10.3.1.1 bis 10.3.1.5 ist leicht vorzunehmen und teilweise auch mehrfach möglich. So kann z.B. die Positionskarte als Belegkarte sowohl bei den lokalen Diskreta als auch bei den Kontinua auftreten. Auch *Imhof* vergleicht seine Einteilung mit der von *Meynen*.

Schließlich führt *Arnberger* (1966, 1977) alle kartographischen Gestaltungsmöglichkeiten auf die folgenden vier Grundprinzipien zurück:
1. Das *Lageprinzip (topographisches Prinzip)* umfaßt alle grundriß- bzw. lagetreuen, vorwiegend qualitativen Darstellungen mit geeignetem topographischen Kartengrund.
2. Das *Diagrammprinzip* dient der quantitativen Aussage mit Hilfe von Diagrammen, aber auch mit Flächenfarben und Signaturen.
3. Das *bildstatistische Prinzip* beruht auf dem Gebrauch von Werteinheitssignaturen, die absolute quantitative Daten darstellen.
4. Das *bildhafte Prinzip* führt zu einer rein qualitativen, stark vereinfachten Aussage mit bildhaften Signaturen als Individualbilder (z.B. Aufrißbilder bedeutender Bauwerke) oder Typenbilder (z.B. zum Veranschaulichen von Flächennutzungen).

10.3.2 Topographischer Kartengrund

Der topographische Kartengrund *(Basiskarte, Grundlagenkarte)* der thematischen Darstellung liefert die topographischen Angaben, die erforderlich sind
– als geometrisches Gerüst zur Festlegung der thematischen Angaben und
– zum sachlichen Verständnis des Themas.
Allgemein gilt für den topographischen Kartengrund, daß seine Darstellung zwar ausreichend lesbar sein muß, aber als quasi „Hintergrundinformation" gegenüber der thematischen Darstellung graphisch zurückzutreten hat. Nach Entstehung und Inhalt kann man zwischen vier Fällen unterscheiden:

1. Der Kartengrund ist eine *unveränderte* topographische Karte, z.B. der Auflagedruck einer amtlichen Karte. Die thematische Darstellung wird lediglich eingezeichnet oder eingedruckt.

Dieser Fall ist anwendbar bei punktförmigen oder linienhaften Darstellungen geringen Umfangs, z.B. bei Standortkarten (Verwaltungssitze, Jugendherbergen, Industrien), Fundkarten (Hügelgräber), Wanderkarten (Wanderwege, Aussichtspunkte) und Arealkarten (z.B. Bodenkarte 1:5 000 als grüner Aufdruck zur Deutschen Grundkarte 1:5 000). Die unveränderte topographische Karte ist daneben oft auch die Kartengrundlage in der Entwurfsphase der thematischen Karte. In den dabei entstehenden *Arbeits-* oder *Materialaufbereitungskarten* lassen sich dadurch die thematischen Daten bestmöglich fixieren. Als Grundlage vieler geowissenschaftlicher Themen eignet sich auch die orohydrographische Ausgabe amtlicher topographischer Karten (9.7.1.1).

2. Der Kartengrund entsteht durch Verändern der topographischen Karte: a) Durch *reproduktionstechnisches Umwandeln* ergeben sich Basiskarten in matten Farben oder als einfarbige Schwarz- bzw. Graudrucke; dabei sind auch Maßstabsänderungen, meist Vergrößerungen, möglich. b) Durch *Verzicht auf Farbfolien*, deren Inhalt für das Thema unbedeutend ist und stören würde (z.B. Flächenfarbe für Wald bei statistischen Darstellungen) kann das Thema selbst durch kräftige Farbflächen zum Ausdruck kommen.

3. Der Kartengrund entsteht als *neuer Entwurf* speziell für die thematische Darstellung. Dies ist in vielen Fällen die beste, aber auch die aufwendigste Lösung. Dabei ist häufig der Inhalt der Grundlage stärker zu generalisieren, als dies bei maßstabsgleichen topographischen Karten der Fall ist: Neben dem Fortlassen von Objekten ergibt sich oft eine deutliche Schematisierung in der Linienführung von Verkehrswegen und Grenzen.

4. Der Kartengrund entsteht als entzerrte Darstellung von *Luftbildern*, in kleinen Maßstäben auch von *Satellitenbildern*. Dabei läßt sich die Bildwiedergabe noch in ihren Helligkeits- und Farbtonwerten verändern sowie mit kartographischen Gestaltungsmitteln ergänzen. Schließlich kann man aus einer solchen Bildkarte mit Hilfe einer Interpretation (6.4.3) wieder eine Strichkarte im Sinne von Fall 3 ableiten.

Eine Übersicht über die Probleme und Wirksamkeiten des Kartengrundes gibt *Spiess* (1971). Dabei unterscheidet er vor allem zwei Haupttypen von sog. Basiskarten: Detailreiche Basiskarten mit einem dichten Netz von Bezugspunkten und -linien und vereinfachte Basiskarten mit relativ wenigen, aber möglichst charakteristischen Elementen. *Arnberger* (1966) stellt zum Inhalt des Kartengrundes fest, daß für eine überwiegende Anzahl von Themen die Kartengrundlage die wichtigsten Siedlungen, die Verkehrswege, Gewässer und Geländeformen enthalten sollte. *Hake* gibt (in *ARL* 1971) eine allgemeine Übersicht zum Bedarf an topographischen Angaben in thematischen Karten vieler Fachgebiete. Nach *Louis* (1960) soll die Dichte topographischer Bezugselemente mindestens etwa 4-8 mm, in Karten kleiner Maßstäbe 3-6 mm betragen, wenn zahlreiche thematische Daten in der Karte zu fixieren sind. Über den Kartengrund flächenbezogener Quantitäten siehe 10.3.1.3 Nr. 2. Das Minimum an Grundlageninhalt ergibt sich bei den Wetterkarten, die in der Stufe der Arbeitskarten oder Entwürfe nicht viel mehr als die Umrisse der Kontinente enthalten, ferner bei der Wiedergabe physikalischer Kontinua (z.B. Schwerefeld, Geoid).

Für *thematische Atlanten* (z.B. Planungsgrundlagenatlanten) und vergleichbare Kartensätze, die für dasselbe Gebiet bestimmte Themenkreise darstellen, ist es – schon aus wirtschaftlichen Gründen – nicht möglich, jede einzelne Karte mit einem speziellen Kartengrund zu versehen. Statt dessen gibt es wenige Grundtypen für jeweils mehrere Themen. Dazu gehören vor allem 1. eine *Situationskarte* mit den wichtigsten Siedlungen, Verkehrswegen und Gewässern (für Darstellungen von Diskreta und Kontinua einschl. räumlicher Veränderungen) und 2. eine *Verwaltungsgrenzenkarte* (zur Wiedergabe flächenbezogener Quantitäten, Abb. 280).

10.3.3 Schrift

Wie bei den topographischen Karten (Näheres siehe bei 9.3.3) handelt es sich um Namen, Abkürzungen (mit Erläuterungen dazu) und Zahlen, hier jedoch mit stärkerer Fachbezogenheit. Daneben können textliche Darstellungen auftreten, die mitunter sehr umfangreich sind, wenn es um eingehende fachwissenschaftliche

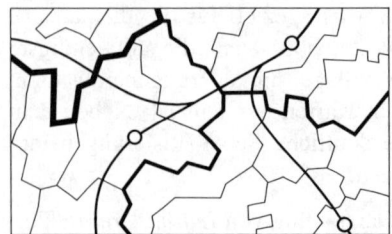

Abb. 280. Verwaltungsgrenzenkarte:
Grenzen von Gemeinden, Kreisen und Regierungsbezirken mit Darstellung des Eisenbahnnetzes und der Sitze der Kreisverwaltungen

Darlegungen, vorgeschriebene planerische Aussagen, heimatkundliche Beschreibungen usw. geht. Solche Texte erscheinen seltener im Kartenfeld, meist dagegen im Kartenrand, mitunter auch auf der Kartenrückseite.

Bei den Namen sind die *Eigennamen* oft historisch-umgangssprachlich entstanden (z.B. alte Orte, Namen von Völkern); die *Gattungsnamen* ergeben sich dagegen überwiegend aus der Fachsprache (z.B. geologische Strukturen, Klimatypen, soziologische Klassifizierungen). Namen erscheinen mitunter in verstärktem Maße als Abkürzungen (z.B. Bodenarten, Luftfahrtzonen, Art der baulichen Nutzung); sie sind teilweise verbindlich festgelegt. Allgemeines zur Kartenschrift siehe 3.1.3.7.

Bei der Schrift des topographischen Kartengrundes zwingt der im Vergleich zu einer maßstabsgleichen topographischen Karte oft höhere Generalisierungsgrad auch zu einer sparsameren Verwendung der Schrift, insbesondere bei Angabe der Namen. Soll z.B. eine umfangreiche thematische Darstellung durch Schrift möglichst wenig beeinträchtigt werden, so erscheinen mitunter nur die Anfangsbuchstaben von Ortsnamen neben der Ortssignatur.

10.4 Kartennetz und Kartenrandangaben

10.4.1 Kartennetz und Suchnetz

Auch bei den thematischen Karten ist das Kartennetz das geometrische Gerüst für den Karteninhalt, und daher gelten auch hier sinngemäß die entsprechenden Ausführungen bei den topographischen Karten (9.4.1). Es gibt jedoch thematische Darstellungen, in denen der unmittelbare Bezug zwischen Thema und Kartennetz entbehrlich oder gar nicht möglich ist, weil die Darstellung nicht mehr lagetreu ist (z.B. bei den flächenbezogenen Quantitäten, 10.3.1.3 Nr. 2). In solchen und ähnlichen Fällen ist eine Wiedergabe des Kartennetzes nicht erforderlich, da nur die gegenseitige (relative) räumliche Beziehung der thematischen Aussagen interessiert, nicht aber die absolute Fixierung im System von Koordinaten. Der indirekte Bezug zum Kartennetz bleibt ohnehin dadurch erhalten, daß der topographische Kartengrund (10.3.2) sich meist auf eine mit Netz versehene Vorlage zurückführen läßt.

Unabhängig davon, ob das Kartennetz dargestellt ist oder nicht, spielt die *Wahl des Netzentwurfes* eine große Rolle, vor allem bei Karten kleiner Maßstäbe. Hierbei bestimmen das Thema und die damit verbundene Art der Kartenauswertung (z.B. Flächenermittlungen), welche Abbildungseigenschaften das Kartennetz aufzuweisen hat (2.2.1).

Kretschmer (in *Österreichische Geographische Gesellschaft* 1970) faßt einen Überblick zur Wahl der Netzentwürfe wie folgt zusammen: Sind kleinere Teile der Erdoberfläche darzustellen, so wird meist auf die Netzentwürfe vorhandener topographischer Karten zurückgegriffen, z.B. bei amtlichen Kartenwerken auf die Landeskoordinatensysteme und bei der Internationalen Weltkarte auf das Netz geographischer Koordinaten. Bei größeren Teilen der Erdoberfläche eignen sich für Karten mit Verbreitungsflächen (10.3.1.3) besonders die flächentreuen Entwürfe, vor allem die azimutalen und konischen Abbildungen. Für Karten der Navigation und der Meteorologie kommen dagegen konforme Netze in Betracht. Bei der Darstellung der gesamten Erde sind die flächentreuen Planisphären mit Pollinie sowie der Entwurf von Winkel und einige Sonderformen von Vorteil.

Suchnetze trifft man nur bei bestimmten Arten von Themakarten. Als Meldenetze, meist als Meldegitter (z.B. in Karten des Katastrophenschutzes) sind sie meist identisch mit dem Kartennetz. Als Suchnetze im engeren Sinne zum Aufsuchen von Orten usw. (z.B. in Straßenkarten oder Atlaskarten) gehen sie entweder auf das Kartennetz unter Verwendung zusätzlicher Buchstaben und/oder Zahlen zurück, oder sie befinden sich als eigenes Netz auf einer Deckfolie (gitter- oder sternförmig), die in loser Form mitunter auch für alle oder viele Karten eines Atlasses verwendbar ist.

10.4.2 Angaben in Kartenrand und Kartenrahmen

Hinweise und Darstellungen, die zum Verständnis und zur Auswertung des Karteninhalts nötig sind, befinden sich teilweise im Kartenrahmen, vor allem aber im Kartenrand als der außerhalb des Kartenrahmens gelegenen Fläche. Ist die Karte eine Inselkarte, so verteilen sich die Angaben auf die außerhalb des inselartigen Kartenfeldes gelegenen Flächen.

Zu den wichtigsten Angaben gehören die Kartenbenennung (10.5.2), der Kartenmaßstab, der Herausgeber sowie die Zeitpunkte der Entstehung der thematischen Daten und der Herstellung bzw. Aktualisierung der Karte. Ist der Kartenmaßstab für das Thema relativ unwesentlich (z.B. bei Punktstreuungskarten), so entfällt häufig die numerische Maßstabsangabe, und es erscheint nur ein graphischer Längenmaßstab (Maßstabsbalken). Eine bedeutende Rolle spielen die Angaben zum Quellenmaterial (Kap.6) und die *Zeichenerklärung (Legende)*, die mitunter sehr viel Platz beansprucht.

Vor allem die komplexen und synthetischen Karten mit vielen Flächenfarben und Signaturen (z.B. geomorphologische und vegetationskundliche Karten) benötigen viel Fläche für die Legende, wenn die Sachverhalte nicht mit wenigen Worten zu erläutern sind. Dagegen kommen z.B. Punktstreuungskarten meist mit wenigen Angaben aus. Eine sachlogische und übersichtliche Gliederung, z.B. auch durch Variation in den Schriftgrößen, kann das Verständnis umfangreicher Legenden erleichtern. Zur Zeichenerklärung gehören bei quantitativen stetigen Darstellungen auch die *Größenmaßstäbe* der Signaturen bzw. Diagramme. Ferner können *Nebenkarten* auftreten, die verwandte Themengebiete darstellen (z.B. Geologie bei geomorphologischen Karten) bzw. die thematische Darstellung als Ausschnittvergrößerung für Teilbereiche verdeutlichen. Durch *Profile* (z.B. bei Bodenkarten), *Diagramme* (z.B. Pegelkurven) und *textliche Beschreibungen* (z.B. von Klimazonen) lassen sich weitere Erklärungen geben.

Weitere Angaben beziehen sich auf den Kartennetzentwurf, auf die Namen des Kartenautors, des Entwurfskartographen, der kartographischen Anstalt und der Druckerei, wenn die einzelnen Teilarbeiten bei verschiedenen Stellen abgewickelt wurden, schließlich auf den Copyright-Vermerk.

10.5 Äußere Kartengestaltung

10.5.1 Abgrenzung des Kartenfeldes, Kartenrahmen

Die *Größe des Kartenfeldes* hängt ab vom Ausmaß des darzustellenden Gebietes und vom gewählten Kartenmaßstab; letzterer richtet sich nach der Darstellbarkeit der thematischen Angaben. Häufiger als bei topographischen Karten sind dabei auch unkonventionelle Maßstäbe üblich (z.B. 1:600 000, 1:800 000, 1:1,6 Mio.). Dazu zwingen oft auch äußere Bedingungen wie Buch- und Atlasformate, und es gibt kaum Nachteile, solange maßstabsgebundene kartometrische Vorgänge selten stattfinden. In thematischen Kartenwerken (z.B. geologischen Karten) oder Atlanten (z.B. Klimaatlanten) weisen die Einzelblätter meist ein einheitliches Format auf. Dagegen ist eine einzelne thematische Karte von solchen Bindungen frei und kann daher das Gebiet in einer möglichst optimalen Abgrenzung darstellen.

Nach der *Art der Abgrenzung* sind die meisten thematischen Karten wie die topographischen Karten Rahmenkarten mit Nordorientierung. Bei bestimmten Themen (z.B. Wirtschaftskarten) kann es jedoch schwierig oder gar unmöglich sein, für das gesamte Kartenfeld die erforderlichen Daten zu erfassen (z.B. über

Staatsgrenzen hinaus). In solchen Fällen erscheint zwar die thematische Darstellung inselartig, doch sollte der topographische Kartengrund stets als Rahmenkarte gestaltet sein, zumal damit auch dem Verständnis der thematischen Zusammenhänge wesentlich gedient ist.

Ist der topographische Kartengrund eine unveränderte oder nur inhaltlich veränderte topographische Karte (10.3.2, Fall 1 und 2), so bleiben Format und Blattschnitt meist erhalten. Beispiele dafür sind Baugrundkarten (aus Stadtkarten), Bodenkarten (aus topographischen Grundkarten 1:5 000) und geologische Karten (aus topographischen Karten 1:25 000). In den übrigen Fällen ist die Kartenschnittlinie, die das Kartenfeld nach außen abgrenzt, in ihrem Verlauf häufig unabhängig vom Kartennetz, wenn dies thematisch möglich und sinnvoll ist. Die Nordorientierung bleibt aber in den meisten Fällen erhalten.

10.5.2 Kartenbenennung

Die Kartenbenennung, der sog. *Kartentitel*, besteht
– in einer kurzen und ins Auge fallenden Angabe des Themas, z.B. „Mittlere jährliche Sonnenscheindauer" und
– in einem Hinweis auf das vom Thema erfaßte Gebiet.
Handelt es sich um ein Thema, das sich nur mit größerem Wortaufwand beschreiben läßt, so kann es günstig sein, zunächst eine Kurzform in größerer Schrift zu wählen und dann das genaue Thema als Untertitel in einem kleineren Schriftgrad ausführlicher zu beschreiben.

Bei Kartenwerken tritt zum Kartentitel noch die Benennung des Einzelblattes, die wie bei den topographischen Karten (9.5.2) meist auf einer bestimmten Systematik beruht. Diese lehnt sich oft an topographische Kartenwerke an, wenn jene als Kartengrund dienen.

10.5.3 Gestaltung von Kartenrahmen und Kartenrand

Der Kartenrahmen bleibt meist einfacher gestaltet, da Koordinatenangaben und Anschlußhinweise oft entbehrlich sind. Mitunter besteht der Kartenrahmen nur aus der Kartenschnittlinie (Kartenfeldrandlinie) allein. Andererseits ist über die genaue Plazierung des Rahmens innerhalb des Papierformats sorgfältig zu entscheiden, damit die erforderlichen Kartenrandangaben in der Randfläche übersichtlich angeordnet werden können.

In den meist rechteckigen Rahmenkarten verbleiben nach außen für den Kartenrand ebenfalls rechteckige Flächenbereiche. Bei der Verteilung der Randangaben (Texte, Graphiken, Nebenkarten usw.) ist auf eine harmonische und übersichtliche Gliederung (z.B. Texte in Kolumnen) und damit auf einen ästhetischen Gesamteindruck der Karte zu achten. Bei Inselkarten und Gesamtdarstellungen der Erde in Form von Planisphären usw. ist gleichfalls eine sorgfältige Verteilung der Randangaben auf der relativ großen Freifläche vorzunehmen. *Imhof* (1972) gibt Beispiele für gute und schlechte Lösungen der Randgestaltung.

10.6 Aktualisierung thematischer Karten

Im Vergleich zur Aktualisierung topographischer Karten (9.6) treten bei den thematischen Karten alle Fälle von der gesetzlich fixierten Daueraufgabe bis zur zeitlich begrenzten Einmaligkeit auf:

1. Gesetzlicher Auftrag infolge öffentlicher Erfordernisse

Zu solchen Erfordernissen gehören u.a. die Rechtssicherheit (z.B. bei Flurkarten), die Verkehrssicherheit (z.B. bei See- und Luftfahrtkarten), eine sachgerechte Raumplanung (z.B. bei Karten des Raumordnungskatasters).

2. Bedarfsdeckung zu privaten Informationsbedürfnissen

Kartenbenutzer erwarten Informationen zum gegenwärtigen Zustand ihrer Umwelt. Der damit sich ergebende Zwang zur Korrektur veralteter Karten ist am auffälligsten bei den auflagenstarken Stadt- und Straßenkarten der gewerblichen Kartenhersteller, wo schon die Konkurrenz auf dem Markt eine rasche Aktualisierung erfordert.

3. Möglichkeiten zur Verbesserung des Datenmaterials

Neue Erfassungsmethoden (z.B. aus Luftbildern), Verbesserungen im Festpunktnetz oder größerer Aufwand im Detail (z.B. bei statistischen Stichproben) können die Darstellung geometrisch und sachlich verbessern. Oft steht dies auch in Verbindung mit neuen fachwissenschaftlichen Erkenntnissen (z.B. in Geo- und Geschichtswissenschaften).

4. Periodische Neuherstellung von Karten

Bei ständiger, mehr oder weniger schneller Änderung von Sachverhalten kann es zu konstanten Zeitintervallen für die Neuausgabe von Karten kommen, z.B. bei den täglich erscheinenden Wetterkarten, bei den Darstellungen von Wahlergebnissen am Beginn einer neuen Wahlperiode oder bei den Bevölkerungskarten im Zuge statistischer Zählungen. Die Thema-Originale werden dazu meist nicht aktualisiert, sondern neu hergestellt.

5. Einmalige Kartenherstellung ohne Aktualisierung

Zahlreiche Themakarten sind von vornherein nicht zur Aktualisierung vorgesehen. Dazu gehören z.B. Medienkarten, die nur einmal in Presse und Fernsehen erscheinen, ferner Textkarten und Beilagen zu wissenschaftlichen Veröffentlichungen, Karten mit zeitlich datiertem Bestand (z.B. bei Besiedlung) sowie Karten mit spezieller, meist zeitgebundener Thematik.

10.7 Überblick zu den thematischen Karten

Diese Übersicht orientiert sich an der Gruppierung nach Fachgebieten (10.2 Nr. 1), und liefert für deren wichtigste oder typische Kartenarten die Angaben über Inhalt, Gestaltung, Maßstab und Grundlage. Eine solche Einteilung schließt nicht aus, daß
1. es auch Karten gibt, die in Einzelfällen im Grenzbereich zwischen zwei Fachgebieten liegen (z.B. Wasserwirtschaftskarten zwischen Hydrographie und Wirtschaft) und daß
2. auch komplexe und synthetische Karten bestehen, die zugleich Themen aus verschiedenen Fachgebieten behandeln.

Eine *thematische Landesaufnahme* liegt vor, wenn eine umfassende und systematische Zusammenstellung verschiedener thematischer Karten für ein Staatsgebiet oder eine größere Region vorliegt. In wachsendem Maße sind thematische Karten mit *Fachinformationssystemen* verbunden: Als Datenquelle beim Aufbau und als Analogausgabe beim Benutzen solcher Systeme (Kap. 13).

Allgemein trifft man in nahezu allen Fachgebieten noch
– *Übersichtskarten,* die Auskunft geben zum Bearbeitungsstand, zur Zuständigkeit und zu den Grundlagen (z.B. Nachweis von Bildflügen, geodätischen Festpunkten, topographischen Kartenwerken) sowie die Bestellung von Karten erleichtern, ferner
– *Nebenkarten* zur eigentlichen Themakarte, die auf Quellenmaterial, Anschlußkarten, Aktualisierungszeitpunkte usw. hinweisen.

Mitunter werden Themakarten verschiedenen Inhalts für eine bestimmte Region zum Zwecke der Landeskunde, Planung usw. als lose Kartensammlung (Kartensatz) oder in Atlasform zusammengestellt (z.B. Regionalatlas, Planungsatlas, 11.4). Für jeweils ein einziges Fachgebiet gibt es auch zahlreiche Fachatlanten (11.7). Über Kartennachweise siehe 14.4.

10.7.1 Naturbereich

In diesem Bereich gibt es diskrete und kontinuierliche Objekte, die meist statischer, teilweise aber auch dynamischer Natur sind. Damit ergeben sich sowohl qualitative wie quantitative Angaben. Mittlere und kleine Maßstäbe herrschen vor. Der topographische Kartengrund ist bei einigen Themengebieten reichhaltig (z.B. in der mittelmaßstäbigen geologischen Karte), in anderen dagegen von geringem Inhalt (z.B. in Wetterkarten).

Thematische Karten anderer Weltkörper (thematische Gestirnskarten) sind „geo"-wissenschaftlichen Inhalts, meist geophysikalische oder geologische Karten. Über topographische Gestirnskarten siehe 9.7.4. Die klassischen *astronomischen Karten (Himmelskarten, Sternkarten)* sind Übersichtskarten über den Sternenhimmel (10.7.1.9).

10.7.1.1 Geophysik

Die Daten aus geophysikalischen Messungen (z.B. mit Gravimeter, Magnetometer) sowie aus der Bestimmung der Stationspunkte nach Lage und Höhe (evtl. aus topographischen Karten) führen meist zu Kontinuumsdarstellungen durch Isolinien. Die analytischen Karten weisen vorwiegend mittlere oder kleine Maßstäbe auf; ihre Kartengrundlage ist meist von spärlichem topographischen Inhalt. Die Kartennetze sind durchweg winkeltreu, um den Verlauf der Isolinien sachgemäß auswerten zu können.

Isogonenkarten zeigen die Werte erdmagnetischer Deklination, *Isoklinenkarten* die der Inklination. In *Isogammenkarten* kommen die Werte der Abweichung vom Normalwert der Erdschwere zum Ausdruck. Durch *Isoseismen* bzw. *Isoseisten* wird die Häufigkeit bzw. Stärke von Erdbeben dargestellt. Daneben gibt es Karten über Geoidundulationen, isostatische Anomalien usw.

10.7.1.2 Geologie

Die thematische Erfassung (*geologische Kartierung*) auf der Grundlage der topographischen Karten 1 : 25 000 und größer oder geeigneter Luftbilder bezieht sich auf die an der Erdoberfläche anstehenden Gesteinsformationen (Stratigraphie), ihre Struktur und sonstige Beschaffenheit sowie auf oberflächige Lockerdecken, auf Wasserführung, Bohrungen usw. Sie ergibt überwiegend qualitative Karten, und zwar typische Beispiele für die Wiedergabe flächenhafter Objekte durch Flächenfarben und Signaturen. Der meist analytische oder komplexe Karteninhalt wird u.U. noch durch Profildarstellungen ergänzt. Als Kartengrundlage dient in mittleren Maßstäben meist die vollständige amtliche topographische Karte, oft einfarbig, teilweise im Graudruck; in kleineren Maßstäben ist dagegen der topographische Inhalt knapper. Die Flächen sind meist in kräftigen Farben gehalten, deren Wahl sich vor allem bei kleinmaßstäbigen Karten nach einer internationalen Norm richtet. Anlagen 12 und 22 zeigen Beispiele.

Amtliche geologische Karten werden in der Bundesrepublik Deutschland herausgegeben von den geologischen Landesämtern und der Bundesanstalt für Geowissenschaften und Rohstoffe. Die Geologischen Landesämter stellen vor allem her:
– *Geologische Karte 1:25 000 (GK 25)* in Anlehnung an die TK 25 (9.7.1.1 Nr. 2),
– *Geologische Karte von Mitteleuropa 1:2 Mio.*
Die Bundesanstalt für Geowissenschaften und Rohstoffe gibt unter anderem heraus:
– *Geologische Übersichtskarte 1:200 000 (GÜK 200)* auf der TÜK 200 (9.7.1.1 Nr. 5),
– *Geologische Übersichtskarte der Bundesrepublik Deutschland 1:1 Mio.*
sowie im Rahmen internationaler Vereinbarungen vom europäischen Bereich:
– *Hydrogeologische Karte 1:1,5 Mio,*
– *Geologische Karte 1:1,5 Mio. und 1:5 Mio.,*
– *Quartärkarte 1:2,5 Mio.,*

– *Karte d. Eisenerzlagerstätten 1 : 2,5 Mio,*
– *Karte der Erdöl- und Gasfelder 1:1,5 Mio.*

Sonderformen geologischer Karten entstehen durch Beschränkung, Umgestaltung oder Ergänzung des thematischen Inhalts. So geben *tektonische Karten* z.B. die Höhenlage der Grenzfläche zwischen zwei Systemen über ein größeres Gebiet zu erkennen oder sie stellen durch Isobasen die tektonische Hebung von Oberflächen dar. Für ingenieurgeologische Zwecke sind vor allem *petrographische Karten* von Bedeutung, die nähere Auskunft über die Gesteinseigenschaften geben, ferner *Lagerstättenkarten* mit genauer Bezeichnung mineralischer oder organogener Abbaustoffe, *hydrogeologische Karten,* die die geologischen Sachverhalte nach ihrer Beziehung zum Grundwasser (10.7.1.5) gliedern, schließlich auch *Baugrundkarten,* die vor allem in städtischen Bereichen eine wichtige Rolle spielen und in großen Maßstäben eingehende Angaben über den Baugrund und das Grundwasser enthalten. *Höhlenkarten* sind Ergebnisse und Hilfsmittel der Höhlenforschung (Speläologie). Weitere Kartenarten zeigen rezente Bewegungen der Erdkruste, den Vulkanismus usw.

Ausführlichere Darstellungen zur geologischen Karte geben *Falke* (1975), *Vossmerbäumer* (1983) und *Blaschke* (1989), zur Photogeologie *Kronberg* (1984), zur Anwendung der Fernerkundung *Kronberg* (1985), ein Beispiel digitaler geowissenschaftlicher Kartenwerke erläutern *Heineke u.a.* (1992).

10.7.1.3 Bodenkunde (Pedologie)

Bodenkarten zeigen vorwiegend flächenhafte Diskreta, können analytisch oder synthetisch sein und treten in allen Maßstabsbereichen auf. In großen und mittleren Maßstäben dienen als Kartengrundlagen meist topographische Karten, in kleinen Maßstäben gewöhnlich Neuzeichnungen geringen Inhalts. Großmaßstäbige Karten sind Grundkarten durch die Eintragung von Bodenprofilen und Grenzlinien in Karten oder Luftbilder.

Bodenartenkarten geben in analytischer Weise die stoffliche Zusammensetzung des Bodens (z.B. Ton-, Lehm-, Sand-, Moorboden) wieder, während *Bodentypenkarten* in einer mehr synthetischen Weise die Entstehung des Bodens in Abhängigkeit vom Ausgangsgestein, vom Klima und vom Wasser kennzeichnen. Die *Bodenkarte der Bundesrepublik Deutschland 1:1 Mio.* von 1963 zeigt sowohl die Merkmale der Bodenart als auch des Bodentyps und des Ausgangsgesteins. *Bodengütekarten* und *Bodenschätzungskarten* enthalten zusätzliche quantitative Angaben in Form von Verhältniszahlen als Maß für die Ertragfähigkeit des Bodens bei landwirtschaftlicher Nutzung, z.B. die *Bodenkarte 1:5 000 auf der Grundlage der Bodenschätzung* einiger Bundesländer. *Bodenkarten 1:25 000* benutzen die TK 25 als Kartengrund (Anlagen 23 und 24).

10.7.1.4 Geomorphologie

Geomorphologische Karten stellen in allen Maßstabsbereichen in meist qualitativer Weise den Formenschatz der Erdoberfläche nach Erscheinung und Entstehung dar. Der Mannigfaltigkeit flächiger, linearer und punktförmiger Diskreta (z.B. Schotterflächen, Geländekanten, Dolinen) entspricht ein umfangreicher Zeichenschlüssel, der mit Flächenfarben und verschiedensten Signaturen arbeitet.

Kartengrundlage und zugleich Aufnahmeunterlage ist bei großen Maßstäben eine topographische Karte, die vor allem eine formrichtige Höhendarstellung enthalten muß. Bei Karten kleinerer Maßstäbe lassen Umfang und Detailreichtum der thematischen Darstellung kaum noch Platz für einen größeren Inhalt der Kartengrundlage.

Neben komplexen Karten als Gesamtdarstellungen gibt es spezielle Karten, die sich auf die Wiedergabe bestimmter Sachverhalte beschränken: So beschreiben *morphographische Karten* den gegenwärtigen Formenzustand, *morphogenetische Karten* dagegen die Entstehung und Entwicklung der Formen. In *morphometrischen Karten* treten quantitative Angaben, z.B. über Hangneigungen, Reliefenergie auf. Für ausgewählte Landschaftstypen gibt es in Deutschland die *Geomorphologischen Karten 1:25 000 (GMK 25)* und *1:100 000 (GMK 100)* als Ergebnis eines Schwerpunktprogramms der Deutschen Forschungsgemeinschaft.

10.7.1.5 Hydrographie, Ozeanographie, Limnologie, Glaziologie

In diesen Fachgebieten gilt das ober- bzw. unterirdische Wasser entweder als Diskretum oder als Kontinuum. Die teils analytischen, teils komplexen Karten verschiedenster Maßstäbe enthalten qualitative und quantitative Daten. Zur Kartengestaltung kommen vorwiegend Linien, Flächenfarben und Signaturen in Betracht. Die Kartengrundlage ist entweder mit der topographischen Karte gleichen oder ähnlichen Maßstabes identisch, oder sie wird aus dieser abgeleitet und dient dann – z.B. bei Atlanten oder größeren Sammlungen für ein Gebiet – als einheitliche Arbeitskarte bzw. endgültige Grundlage.

Hydrographische Karten (Gewässerkarten im engeren Sinne) zeigen Gewässernetze, Wasserscheiden, Überschwemmungsgebiete, Pegelstellen, Wasserbauwerke usw. und mit quantitativen Angaben Wasserstände, Gewässerdichte, Abflußmengen u.dgl. Durch Zufügen weiterer, mehr wirtschaftlicher Daten wie Be- und Entwässerungsgebiete, Wasserentnahmestellen, Abwässereinleitungen usw. werden daraus *Wasserwirtschaftskarten* (10.7.2.5). *Grundwasserkarten* enthalten Angaben über Grundwasservorkommen, Quellen usw. Dabei sind Hydroisobathen (Flurabstandsgleichen) die Linien gleicher Tiefe des Grundwasserspiegels unter der Erdoberfläche und Hydroisohypsen (Grundwasserhöhengleichen) die Linien gleicher Höhe über einer Bezugsfläche (z.B. Normal-Null). In *Karten der Meere und Binnenseen* werden ozeanographische bzw. limnologische Daten dargestellt, z.B. durch Isobathen die Tiefenverhältnisse (Bathymetrische Karten, siehe auch Seekarten in 10.7.2.6), durch Isobathythermen die Temperaturverhältnisse, durch Isohalinen der Salzgehalt, durch Isoplankten der Planktongehalt usw., ferner durch Bewegungssignaturen die Wanderung von Eisbergen, die Wasserströmungen an und unter der Oberfläche usw. Über *Wattkarten* und *Gletscherkarten* siehe 9.7.2.2; dabei lassen sich auch durch Vergleich mit älteren Aufnahmen räumliche Veränderungen (z.B. durch Bewegungssignaturen oder Differenzenflächen) sowie weitere hydrographische und glaziologische Daten darstellen.

10.7.1.6 Meteorologie, Klimatologie

Karten dieser Fachgebiete sind meist analytische quantitative Karten als Darstellungen von Kontinua in mittleren oder kleinen Maßstäben, meist durch Isolinien. Daneben gibt es Signaturen für Stationspunkte, Wetterfronten, Niederschlagsgebiete usw. sowie lokale Diagramme für Windverhältnisse, tägliche Schwankungen usw. Der topographische Kartengrund ist im Inhalt unterschiedlich. Die Wahl der Maßstäbe, der Kartennetze und der Darstellungsmittel beruht teilweise auf internationalen Vereinbarungen bzw. Empfehlungen. Da die Lage der Meßstationen auf See und an Land sowie der Sonden und Satelliten bekannt oder bestimmbar ist, besteht die thematische Aufnahme aus der Erfassung der Sachdaten mit heute meist automatisch registrierenden Geräten und der Meldung dieser Daten über Funk oder Leitungen an zentrale Stellen.

Wetterkarten stellen in synoptischer Weise den gegenwärtigen Wetterzustand dar. Bei den meist kleinmaßstäbigen Karten in konformer Abbildung enthält der topographische Kartengrund nur wenige Angaben (einzelne Höhenstufen, Gewässer und Orte). Die Arbeitskarten als Vorstufen dazu weisen meist nur die Küstenlinie in unterbrochener, oft nur angedeuteter Manier auf. Der Zwang zur raschen Verarbeitung umfangreicher Daten, die periodische, z.B tägliche Neuzeichnung sowie die relativ einfache Kartgraphik sind günstige Voraussetzungen für Verfahren der GDV. Aus den amtlichen Wetterkarten werden die Fernseh- und Zeitungswetterkarten abgeleitet. Sonderformen der Wetterkarte sind die *Vorhersagekarte*, die Isobaren und Fronten enthält, die *Höhenkarte* mit Isohypsen (Höhenlinien) für einen bestimmten Wert des Luftdruck sowie für den Seewetterdienst die *Seegangskarte* mit Linien gleicher Wellenhöhe und die *Eiskarte* mit verschiedenen Signaturen für Treibeis, Packeis, Eisberge usw.

Klimakarten geben für einen bestimmten Zeitabschnitt (z.B. Monat, Jahr) die Mittelwerte des atmosphärischen Zustandes oder die auftretenden Schwankungen an. So ergeben sich Linien gleicher Temperatur (Isothermen), gleicher Temperaturschwankung (Isallothermen), gleichen Luftdrucks (Isobaren), gleicher Luftdruckschwankung (Isallobaren), gleichen Niederschlags (Isohyeten), gleicher Windstärke (Isanemonen) usw. Die Karten mittlerer und kleiner Maßstäbe sind meist flächentreu und sollten zum Verständnis der klimatischen Verhältnisse mindestens das Geländerelief anzeigen. Zu den Klimakarten kann man auch die *phänologischen Karten* zählen, in denen durch Isolinien (Isophanen) der zeitliche Eintritt einer Wachstumsphase für eine bestimmte Pflanze (z.B. Apfelblüte) dargestellt wird. *Bioklimatische Karten* gliedern das Klima nach seinen Wirkungen auf Lebewesen, vor allem auf Menschen. Anlage 13 zeigt eine Klimakarte.

Über Wetter- und Klimakarten siehe z.B. *Vent-Schmidt* (1980) und *Kalb* u.a. (in *Leibbrand* 1984a), über *Klimaatlanten* siehe 11.7.

10.7.1.7 Pflanzen- und Tiergeographie

Hierbei geht es meist um Verbreitungskarten, die in qualitativer und analytischer Weise das Vorkommen einzelner Arten oder von Gesellschaften darstellen. In großmaßstäbigen Karten treten vereinzelt noch lokale Signaturen auf (z.B Standorte seltener Baumarten), im übrigen herrscht aber die flächige Darstellung durch Farben oder Signaturen vor. Die Kartengrundlage enthält zum Verständnis des

Themas wenigstens das Gewässernetz und Geländerelief, was aber bei einfarbigen Darstellungen mitunter die Lesbarkeit erschweren kann.

Vegetationskarten entstehen als Grundkarten meist durch pflanzensoziologische Kartierung, oft mit Hilfe von Luftbildern. Die Generalisierung zu kleineren Maßstäben hin ist nicht ohne Probleme. Neben Darstellungen der tatsächlichen Vegetation gibt es auch solche der möglichen Vegetation; hierzu gehören z.B. die Blätter der *Karte der potentiellen natürlichen Vegetation der Bundesrepublik Deutschland 1:200 000*. Die zusätzliche Darstellung wirtschaftlicher Daten leitet z.b. zu Forstwirtschaftskarten (10.7.2.5) über.

Tiergeographische Karten gibt es fast nur in kleineren Maßstäben. Da im Gegensatz zu den Pflanzen rasche räumliche Veränderungen auftreten können, werden nicht nur die Vorkommen, sondern auch die Bewegungen (Vogelflüge, Heuschreckenschwärme, Fischströme) nachgewiesen (z.B. durch Bewegungssignaturen).

10.7.1.8 Landschaft, Ökologie, Umweltschutz

Karten zu diesen Themen stellen die jeweils typischen Objektmerkmale in vorwiegend großen und mittleren Maßstäben dar. Dabei ist der topographische Kartengrund zum Verständnis der Sachverhalte meist relativ ausführlich. Die Daten stammen aus örtlichen Erhebungen, Laboruntersuchungen, Luftbildern und Fernerkundungen. Neben Bestandsdarstellungen erscheinen auch Karten über Tendenzen, geplante Eingriffe usw., meist verknüpft mit Darstellungen aus anderen Fachgebieten.

Ökologische Karten stellen die Wechselwirkungen zwischen den Lebewesen untereinander sowie zwischen ihnen und den Standortfaktoren wie Boden, Klima usw. dar. Die Daten über solche Ökosysteme sind notwendige Voraussetzungen für die Maßnahmen des Umweltschutzes. Neben den Zustandskarten spielen die Eignungskarten eine zunehmende Rolle (z.B. zur Umweltverträglichkeitsprüfung bei planerischen Maßnahmen).

Im Rahmen des Umweltschutzes geben *Karten der Umweltschäden* zunächst Auskünfte über negative Einflüsse auf den Lebensraum wie Verunreinigungen der Luft, des Bodens und des Wassers (z.B Gewässergütekarten), ferner Lärm, Gestank, Strahlung, Abfälle usw. Dies schließt auch die Erhebung und Darstellung früherer Schäden als sog. *Altlasten* ein. *Karten der Umweltgestaltung* beziehen sich sowohl auf Erhaltung und Pflege einer gesunden Natur (z.B. Naturschutz-Karten) als auch auf Maßnahmen zur Vermeidung weiterer Schäden.

10.7.1.9 Astronomie

Himmelskarten (Sternkarten) sind Übersichtskarten zum Sternenhimmel oder Teilen davon (z.B. bei den drehbaren Sternkarten). Das meist konforme Kartennetz wird aus den Linien von Rektaszension und Deklination gebildet. Die Fixsterne, Sternhaufen, Nebel usw. erscheinen als Punkte oder Signaturen und durch Angabe ihrer Bezeichnung. Gestufte Signaturen gliedern oft die Sterne nach den Größenklassen der scheinbaren Helligkeit.

Thematische Karten der Gestirne sind meist geologischer oder geophysikalischer Art. Raumfahrtkarten dienen dazu, die Bewegungen von Raumfahrzeugen zu veranschaulichen oder Orientierungshilfen zu geben. Als Sammelbegriff für alle Karten dieses Themenbereichs spricht man auch von *Weltraumkarten*. *Zeitzonenkarten* stellen die Datumsgrenze (180° westl. bzw. östl. Greenwich) und die Zeitzonen der Erde dar; diese bilden in weitgehender Anlehnung an die Meridiane einen Streifen von jeweils 15° Längenunterschied ($\hat{=}$1 Stunde). Dabei sind Kartennetze mit geradlinig verlaufenden Meridianen vorteilhaft, z.B. zylindrische Abbildungen in normaler Lage.

10.7.2 Bereich menschlichen Wirkens

Die Objekte dieses Bereiches sind fast immer Diskreta, und ihre Wiedergabe kann statisch oder dynamisch, qualitativ und quantitativ, analytisch bis synthetisch sein. Alle Maßstabsbereiche sind vertreten, und die Kartengrundlagen reichen vom vollständigen Inhalt topographischer Karten (z.B. bei Verkehrsdarstellungen) bis zu einfachen Verwaltungsgrenzenkarten (z.B. bei der Wiedergabe statistischer Daten).

10.7.2.1 Bevölkerung und Kultur

Zu den wichtigsten Informationen über die Bevölkerung gehören Angaben über ihre Verteilung und Dichte. Die *Verteilung* läßt sich am besten durch Punktstreuungskarten, die *Dichte* (Einwohner je km^2) durch relative Dichtekarten (Flächenkartogramme) veranschaulichen. Soweit diese Angaben als Sachinformationen nicht mehr ausreichen, sind sie noch zu ergänzen, z.B. über die Sozial- und Erwerbsstruktur, über die Mobilität und über eine Differenzierung nach Tag-, Nacht- und Freizeitbevölkerung. Die besondere Eignung der GDV ergibt sich aus der Existenz digitaler Daten in der amtlichen Statistik und der relativ einfachen Kartengraphik. Probleme ergeben sich jedoch aus den Erfordernissen des Datenschutzes und aus den Veränderungen der Erhebungsbereiche; sie können Detailangaben, Aussagen zu Tendenzen, historische Vergleiche usw. erschweren oder verhindern.

Punktstreuungskarten (10.3.1.1), die durch Auszählen der Punkte auch absolute Daten liefern können, bezeichnet man auch mitunter als *absolute Bevölkerungsdichtekarten*. Sie bereiten in großen Maßstäben keine Probleme, erfordern in kleineren Maßstäben aber u.U. für Ballungsgebiete den Übergang zu lokalen, nach den Einwohnerzahlen variablen Signaturen. Die *relativen Bevölkerungsdichtekarten* lassen sich aus Punktdarstellungen ableiten (Abb. 251), entstehen aber bis zu mittleren Maßstäben meist auf der Grundlage der statistischen Bezirke (Verwaltungseinheiten) oder der naturräumlichen Einheiten (Abb. 266). Die dabei auftretenden Probleme der Dichtestufen und Bezugsflächen sind in 10.3.1.3 näher behandelt. Im allgemeinen sollte eine Kombination von absoluter und relativer Darstellung angestrebt werden, wobei durch Typenbildung auch bestimmte Strukturen zum Ausdruck kommen können.

Karten der Säuglingssterblichkeit, Geburtenüberschüsse usw. geben relative Daten wieder, während Darstellungen über die *Bevölkerungsentwicklung*, die *Aufgliederung nach*

Berufen, den *Altersaufbau, ausländische Arbeitnehmer* usw. sowohl relativ wie absolut sein können. Über *Berufspendler* und die *Stadt- und Landflucht* ergibt sich eine statische Wiedergabe in relativer wie absoluter Weise für einen festen Zeitpunkt, eine dynamische Darstellung durch Einbeziehen von Zeitabschnitten mit zusätzlichen Angaben zum Verkehrsnetz, zur Wirtschaftsstruktur usw. Rein dynamische Karten sind solche über *Völkerwanderungen, Vertreibungen* usw., die sich vor allem bandförmiger Signaturen bedienen und sowohl rein qualitativ (Abb. 275) als auch quantitativ-absolut (Abb. 276) sein können.

Sprachenkarten, Völkerkarten, Rassenkarten, Konfessionskarten und volkskundliche Karten sind typische Karten relativen Vorkommens (10.3.1.3), in denen Flächenfarben und -signaturen vorherrschen. Da diese Karten rein qualitativer Art sind, bleiben sie nur so lange unproblematisch, solange der jeweilige Sachverhalt in einem Gebiet ausschließlich oder ganz überwiegend anzutreffen ist. Das Problem der Mischgebiete (Abb. 258) kann dagegen in der Darstellungstendenz bis zur politischen Brisanz führen. Über die genannten Sachgebiete liegen zahlreiche Fachatlanten (11.7) vor.

Medizinische Karten, die Auftreten und Ausbreitung von Epidemien anzeigen, enthalten auch meist so viele verkehrsbezogene, topographische, klimatologische und vegetationskundliche Daten, daß sich mit diesen die Verbreitung, besondere Gefährdung und örtliche Abgrenzung erklären läßt. Daneben kann man z.B. durch Linien gleichen Zeiteintritts (Isodaten) die räumliche und zeitliche Entfaltung von Krankheiten darstellen, ein Verfahren, das vor allem der Vorbeugung wichtige Hinweise liefert. *Anthropologische Karten* dienen dem Nachweis der Verbreitung bestimmter körperlicher und geistiger Merkmale des Menschen (z. B.Schädelindex, Intelligenzgrad).

Karten kultureller Einrichtungen und Bildungsstätten (Schulen, Museen, Theater) sind meist typische Standortkarten, in denen durch bildhafte oder abstrakte lokale Signaturen die einzelnen Objekte zum Ausdruck kommen. Bei der Angabe von Schulen wird häufig auch das Einzugsgebiet sichtbar gemacht, evtl. in komplexer Weise in Verbindung mit Themen aus dem Bereich des Verkehrs.

10.7.2.2 Staat, Verwaltung, Recht

Karten mit der Darstellung von Staatsgebieten, Bündnisbereichen, Einflußsphären usw. gelten als *politische Karten*. Dagegen zeigen *Verwaltungskarten* die Bereiche von Provinzen, Bezirken, Kreisen, Gemeinden und bestimmter Gebietskörperschaften (z.B. Wasserverbände) sowie die Zuständigkeit von Gerichten und Behörden (z.B. Landgerichte, Forstämter).

Als Gestaltungsmittel dienen Flächenfarben, längs der Grenzen oft lineare Signaturen und Farbsäume, bei einfarbigen Karten auch Flächensignaturen. Die Kartengrundlage beschränkt sich auf die wichtigste Topographie (Orte, Verkehrs- und Gewässernetz); Verwaltungssitze werden durch lokale Signaturen oder Unterstreichungen hervorgehoben.

Verwaltungsgrenzenkarten stellen die Abgrenzung von Gemeinden, Kreisen usw. mit oder ohne Topographie dar. Neben der unmittelbaren Übersicht dienen sie auch als Kartengrundlagen oder Arbeitskarte für viele thematische Darstellungen, vor allem solche statistischer Art (10.3.1.3 und Abb. 280). Die Ergebnisse und Beteiligungen bei *Wahlen* werden durch Signaturen oder Diagramme unter Bezug auf Wahlkreise und Wahlbezirke dargestellt. *Karten der Anwendung bestimmter Rechtsnormen* sind typische Beispiele für flächenhafte absolute Vorkommen (10.3.1.3). Hierbei werden die Flächen durch Flächenfarben oder -signaturen gefüllt oder durch Farbsäume, Bandschraffuren oder lineare Signaturen abgegrenzt.

In der Bundesrepublik Deutschland und den Bundesländern gibt es zahlreiche Verwaltungskarten, Kreisgrenzen- und Gemeindegrenzenkarten als Einzelblätter, aber auch in Atlasform (11.7) mit weiteren Erläuterungen über Entwicklung, Kompetenzen und Funktionen von Behörden usw. Ein Beispiel des Katastrophenschutzes ist die Waldbrandeinsatzkarte (Anlage 18).

Dem Nachweis von Eigentumsrechten am Grund und Boden dienen die *Liegenschaftskarten (Flurkarten, Katasterkarten).* die in Österreich unter der Bezeichnung *Katastralmappen,* in der Schweiz als *Grundbuchpläne* geführt werden. Sie enthalten Angaben über Grenzabmarkungen und Grenzlinien, über den Gebäudebestand sowie über die Nutzungsarten und die Nummern der Flurstücke; die getrennt geführte *Schätzungsfolie* enthält für die landwirtschaftlichen Flächen die Merkmale der Bodenschätzung. Zusammen mit den Katasterbüchern bilden die Karten das sog. *Liegenschaftskataster* und werden bei den Kataster-(Vermessungs-)ämtern geführt. Die Karten dienen heute auch als Unterlagen der Ortsplanung und technischer Projekte sowie zur Herstellung der Deutschen Grundkarte 1:5 000 (9.7.1.1).

Wegen der rechtlichen Bedeutung ihres Inhalts sind Herstellung und Aktualisierung an strenge Formvorschriften (z.B. Abmarkungsprotokolle, Fehlergrenzen bei Längenmessungen und Flächenberechnungen) gebunden. Die Zeichenvorschriften der Bundesländer orientieren sich weitgehend an den Normblättern.

Infolge der großen Unterschiede in Entstehung, Form und Inhalt dieser Karten fällt ihre Eingruppierung im System der Karten verschieden aus: In Süddeutschland entstanden sie auf einheitlicher Netzgrundlage im Rahmenformat und mit umfangreichen topographischen Darstellungen; durch zusätzliche Geländeaufnahme ergaben sie zugleich topographische Grundkarten (*Höhenflurkarten*). In Norddeutschland, vor allem in Preußen, entstanden sie für einen beschränkten Zweck als Inselkarten (Insel = Flur) mit verschiedenen Maßstäben, Kartennetzen und meist spärlichem topographischen Inhalt, und sie besitzen daher mehr das Kennzeichen einer thematischen Karte.

Die Nachteile der uneinheitlichen und meist auch ungenauen Inselkarten sind schon frühzeitig erkannt worden. Intensiv betriebene *Neueinrichtungen des Kartenwerks* führen zu geometrisch einwandfreien Rahmenkarten 1:500, 1:1 000 (Anlage 19) oder 1:2 000 im System der Gauß-Krüger-Koordinaten (2.2.4.5) und in zunehmendem Maße als automatisierte Liegenschaftskarten (ALK, 13.4.1). Daneben ist der Buchnachweis bereits weitgehend automatisiert (automatisiertes Liegenschaftsbuch, ALB); er dient auch dem Aufbau einer Grundstücksdatenbank. Schrifttum zur Katasterkunde siehe z.B. bei *Herzfeld/Kriegel* (1973ff.) und *Kriegel/Dresbach* (1991).

10.7.2.3 Geschichte, Archäologie, Heimatkunde

Historische Karten behandeln geschichtliche Themen (*Geschichtskarten*); Karten aus der Vergangenheit sollten dagegen als *alte Karten* oder *Karten aus früherer Zeit* gelten (Kap.15). Geschichtskarten können statisch oder dynamisch sein; im ersten Falle geben sie den Zustand eines geschichtlichen Zeitpunktes wieder, im zweiten Fall zeigen sie Entwicklungen auf (z.B. Besiedlungen, Grenzänderungen). Die dynamischen Darstellungen sind häufig komplexer Natur: Besiedlungen werden erst richtig verständlich durch Angabe von Landnutzungen, Handelswegen usw., Grenzänderungen durch militärische Operationen oder koloniale Eroberungen. Die statischen Karten ähneln den politischen Karten; in den dynamischen Karten treten Bewegungssignaturen und Farbverläufe (zur Kennzeichnung variabler Grenzen) auf. Über Geschichtsatlanten siehe 11.7.

Geopolitische Karten stellen die Kraftfelder und Tendenzen politischer Machtentfaltung dar. Neben Flächenfarben treten dabei Bewegungssignaturen für Entwicklungen, Bündnisse usw. und lokale Signaturen für Brennpunkte des Geschehens, Machtzentren usw. auf.

Archäologische Karten sind der Typfall der Fundkarte. Ausgrabungsstätten, Hügelgräber usw. werden durch lokale Signaturen oder Pseudo-Areale dargestellt. Auf der Grundlage topographischer Karten oder spezieller Aufnahmen erscheinen daneben die Einzelheiten von Wallanlagen, Fluchtburgen usw. in möglichst lagerichtiger Wiedergabe.

Heimatkarten verknüpfen topographische Angaben mit solchen über bedeutende historische, wirtschaftliche und kulturelle Sachverhalte und Ereignisse. Es sind durchweg rein qualitative Darstellungen, die mitunter in sehr bildhaften Signaturen die Einzelobjekte anschaulich wiedergeben. In großen und mittleren Maßstäben dienen sie zugleich als Stadt-, Wander- oder Orientierungskarte.

10.7.2.4 Siedlungen

Siedlungsgeographische Karten geben in *statischer* Weise Auskunft über Siedlungs- und Flurformen (z.B. Haufendorf, Weiler, Gewannflur), über Siedlungsstrukturen (Kern- und Randgebiete, Art der Bebauung usw.) sowie über Siedlungsfunktionen (Verwaltung, Industrie, Verkehr, zentrale Einrichtungen, Grünflächen usw.); in *dynamischer* Weise liefern sie Angaben über die Entwicklung eines Ortes, und zwar entweder in Kartenfolgen gleichen Maßstabs oder durch andersfarbigen Eindruck eines neueren Karteninhalts in eine ältere Karte oder durch farbliche bzw. signaturenhafte Abstufung nach Zeitpunkten auf einer Karte des neuesten Zustandes.

Solche Darstellungen widmen sich ganz überwiegend den städtischen Bereichen, so daß man meist von *thematischen Stadtkarten* sprechen kann. Als Kartengrundlagen dienen gewöhnlich neuere oder ältere Karten großen oder mittleren Maßstabs (Stadtkarten, Flurkarten, topographische Karten), aus denen bereits ein Teil der thematischen Daten (z.B. Grundrißtypen, Dichte der Bebauung) zu gewinnen ist. Weitere Angaben (z.B. über Baustil, Baualter, Gebäudehöhe) lassen sich durch örtliche Aufnahme, aus Luftbildern oder mit Hilfe alter Unterlagen ermitteln.

Den heute zahlreichen Planungen in Siedlungsräumen müssen umfangreiche Bestandsaufnahmen aus vielen Fachbereichen vorausgehen. Dazu gehören auch *Grundbesitzkarten*, die auf der Basis von Kataster und Grundbuch die Besitz- bzw. Eigentumsverhältnisse mit Hilfe von Flurstücksnummern, Schlüsselzahlen oder Flächenfarben veranschaulichen. *Richtwertkarten* liefern unter Aufgliederung nach bestimmten Bodennutzungen Angaben über Grundstückspreise durch lokale Größensignaturen oder Zahlenwerte. Die Karten des sog. *Leitungskatasters* stellen vor allem für großstädtische Bereiche in Maßstäben zwischen 1:200 und 1:1 000 die vielen unterirdischen Leitungen der Versorgung, der Post usw. durch lagetreue Linien bzw lineare Signaturen mit erläuternden Zusätzen dar. Zu den thematischen Stadtkarten sind auch die Baugrundkarten (10.7.1.2) zu rechnen. Über die Darstellung von Umweltschäden in Ballungsgebieten siehe 10.7.1.8, über die Planungsdarstellung 10.7.2.9.

Ausführliche Darstellungen zu thematischen Stadtkarten finden sich u.a. bei *Gorki/Pape* (1987). Eine Bibliographie zur Stadtkartographie stammt von *Dodt* u.a. (1985).

10.7.2.5 Wirtschaft und Handel

Wirtschaftskarten zeigen die Nutzung von Gebieten, die Erzeugung und Verarbeitung von Gütern, den Transport, Handel und Verbrauch sowie die damit verbundenen Funktionen (z.B. Häfen, Banken) und sozialen Strukturen (z.B. Berufspendler). Sie reichen von der rein qualitativen Darstellung der Standorte über quantitative Wiedergaben von Produktions- oder Transportmengen bis zu synthetischen Karten über Wirtschaftsregionen mit jeweils typischen Funktionen im Innern und nach außen. Über *Wirtschaftsatlanten* siehe 11.7.

Landnutzungskarten (Bodennutzungskarten) geben in Maßstäben 1:25 000 bis 1:1 Mio. einen Überblick über die verschiedenen Nutzungen des Bodens; dabei bedient sich die Datenerfassung zunehmend auch der Satellitenaufnahmen. *Landwirtschaftskarten* geben z.B. Auskunft über Art der Nutzung, Fruchtfolge, Betriebsformen, Hektarerträge, Grad der Mechanisierung; dazu gehören auch Karten der Weinbaugebiete. Zur Darstellung von Produktionsmengen verwendet man häufig – besonders in Karten kleiner Maßstäbe – die Methode der Punktstreuungskarte (10.3.1.1). Daneben gibt es spezielle Bodenrichtwertkarten. *Forstwirtschaftskarten* stellen in Flächenfarben und Signaturen die Angaben zusammen, die für Einrichtung und Bewirtschaftung von Forsten von Bedeutung sind. Zahlreiche Daten lassen sich dazu aus Luftbildern entnehmen. Als Kartengrundlage in großen Maßstäbe dient – vor allem bei Staatsforsten – die Forstgrundkarte 1:5 000 oder 1:10 000; von ihr werden weitere Karten (z.B. Blankettkarte, Betriebskarte) abgeleitet. Übersichtskarten in Maßstäben bis zu 1:100 000 vermitteln einen Einblick in die Verteilung und Struktur der Forstflächen; sie werden gewöhnlich aus amtlichen topographischen Karten abgeleitet.

Karten des Lagerstättenabbaus sind Sonderformen geologischer Karten (10.7.1.2), die zusätzliche Angaben über die Standorte der Verarbeitungsbetriebe, die Fördermengen, das Verkehrsnetz und die Siedlungen enthalten. Daneben gibt es, vor allem unter den *Bergbaukarten*, nicht nur reine Wirtschaftskarten, sondern auch Verwaltungskarten, Karten der technischen Anlagen usw., meist in mittleren Maßstäben. Technischen und betrieblichen Zwecken dienen die in großen Maßstäben gehaltenen Grubenriß- und Betriebsplanwerke, deren Herstellung und Aktualisierung zu den Hauptaufgaben der Markscheider der Bergwerksgesellschaften gehören.

Industriekarten reichen von einfachen Standortkarten bis zu Darstellungen über die in der Industrie Beschäftigten sowie über Produktionsmengen, -entwicklung und -intensität. *Energiewirtschaftskarten* (z.B. Anlage 14) stellen durch Linien und lineare Signaturen den Transport von Strom, Öl, Ferngas sowie durch lokale Signaturen die zugehörigen

Kraftwerke, Raffinerien, Kokereien, teilweise mit Angabe der Produktionsmengen dar. Durch Flächenfarben oder -signaturen werden die Versorgungsbereiche gekennzeichnet. *Wasserwirtschaftskarten* sind hydrographische Karten (10.7.1.5) mit zusätzlichen Angaben über Küstenschutzeinrichtungen, Kraftwerke, Dränflächen, Wasserversorgung usw. Mitunter erscheinen sie als Bestandteil einer Sammlung gewässerkundlicher Karten für einen bestimmten Bereich (z.B. die „hydrogeologische Arbeitskarte 1:500 000" in der Bundesrepublik Deutschland). Fischereikarten sind meist Seekarten (10.7.2.6), die zusätzliche Daten über Hoheitsgewässer, Fischereigrenzen, Beschaffenheit des Meeresgrundes usw. enthalten. Andere Karten liefern dagegen mehr wirtschaftliche Angaben (Fangmengen, Heimathäfen, Verarbeitungsindustrie usw.).

Karten der Wirtschafts- und Finanzstatistik sind quantitative Darstellungen, die durch lokale Signaturen, Diagramme oder Flächenkartogramme Angaben über den Pro-Kopf-Verbrauch, die Devisenwirtschaft, die Entwicklung des Sozialprodukts und bestimmter Indexwerte usw. liefern. *Karten des Handels* verbinden meist quantitative Darstellungen mit der Wiedergabe von Transportwegen, Umschlagplätzen usw. Themenspezifische *Übersichtskarten* zeigen organisatorische, funktionale und andere Gliederungen von Firmen, Fachverbänden, Banken, Versicherungen usw. durch Angabe von Direktionsbezirken, Vertreterbereichen, Geschäftsstellen usw.

Fremdenverkehrskarten sind meist quantitativer Art und geben z.B. die Anzahl der Hotelbetten oder der Übernachtungen, evtl. gestaffel nach Herkunftsländern, durch lokale Größensignaturen oder Diagramme wieder.

10.7.2.6 Verkehr

Verkehrskarten sind Karten (1) über Verkehrswege und (2) über den Verkehr selbst. Dabei zeigen komplexe Darstellungen auch noch Daten zur Bevölkerung, Siedlung, Wirtschaft und zum Handel. Allgemeine Abhandlungen zu Verkehrskarten stammen von *Freitag* (1966) und *Meine* (1967).

1. Karten der Verkehrswege

Solche Karten dienen der Übersicht, Planung und Beurteilung von Fahrtrouten sowie der räumlichen Orientierung während der Fahrt bis hin zur exakten Navigation. Nach der *Art* des Verkehr gibt es Karten des (a) Straßen-, (b) Schienen-, (c) Schiffs- und (d) Luftverkehrs, (e) der Raumfahrt sowie (f) der Touristik und (g) des Nachrichtenverkehrs. Die Karten liegen inhaltlich oft im topographisch-thematischen Grenzbereich. Dies ist besonders dort augenfällig, wo sie aus topographischen Karten lediglich durch Aufdrucke (z.B. Straßen mit roter Füllung, Entfernungsangaben) entstehen. Die meisten Karten sind jedoch das Ergebnis neuer, spezieller Entwürfe.

Mehr auf der Seite der thematischen Karten stehen dagegen z.B. die *Entfernungskarten*, die oft ohne weiteren topographischen Untergrund auskommen und das Verkehrsnetz vielfach in stark schematisierter Form wiedergeben. Sie zeigen für zweckvoll abgeteilte Wegeintervalle (zwischen Knoten, Abzweigungen usw.) jeweils die Streckenlängen an, so daß sich der Gesamtweg durch Summieren der Intervallängen ergibt.

a) *Straßenkarten* gehören heute zu den Karten mit den höchsten Auflagezahlen. Sie geben das Straßennetz in betonter und nach Bedeutung gegliederter Weise wieder und enthalten daneben die für den Kraftfahrer wichtigen Informationen (z.B. Entfernungen, Steigungen, Ausblicke, schöne Strecken, Ortsdurchfahrten, Rasthäuser, Fähren, Grenzübergänge). Anlage 16 zeigt ein Beispiel.

Die Karten stammen größtenteils aus der gewerblichen Kartographie (*Möller* in *Leibbrand* 1984a); mitunter trifft man auch auf Ausgaben, die durch Darstellung bestimmte Werkstatt- oder Tankstellennetze usw. zugleich der Werbung dienen. Die Karten sind häufig zu Atlanten bestimmter Gebiete zusammengefaßt (Straßenatlanten, Autoatlanten, siehe 11.7). Die Maßstäbe liege zwischen 1:200 000 und 1:500 000. Der weitere topographische Inhalt besteht mindestens aus der Wiedergabe der Siedlungen, des Gewässernetzes und oft auch der Waldgebiete. Die Geländedarstellung beschränkt sich meist auf eine Schummerung und die Angabe einzelner Höhenpunkte. Über die öffentlichen Straßen (Bundes-, Landes-, Kreis- und Gemeindestraßen) führen die zuständigen Behörden Übersichtskarten und großmaßstäbige Detailkarten, darüber hinaus in zunehmendem Maße auch sog. Straßendatenbanken. Für den allgemeinen Gebrauch gibt es auch schon Straßenkarten auf Datenträgern und Kfz.Navigationssysteme (13.4.2).

b) *Karten des Schienenverkehrs* dienen teils dem internen Betrieb und teils der öffentlichen Nachfrage. Herausgeber in Deutschland ist vor allem die Deutsche Bahn AG, bisher Deutsche Bundesbahn (*Köthe* in *Leibbrand* 1984a) bzw. Deutsche Reichsbahn. Großmaßstäbige Karten dienen vorwiegend den technischen und liegenschaftsrechtlichen Belangen der Fachdienste, die weiteren Karten als Übersichten zu Verkehrsanlagen und fachthematischen Sachverhalten.

Zu den Karten des *Dienstbetriebes* gehören u.a. Strecken- und Brückenbelastungskarten, Übersichten zu Direktionen und Betriebsämtern, zur Streckenleistung und Stromversorgung, zu Tarifen usw. Zu den mehr für die *Öffentlichkeit* bestimmten Karten zählen z.B. die Reisekarte 1:1,2 Mio. (6-farbig mit Relief und Gewässern, auch in Zügen), die Übersichtskarten zum Kursbuch (Bahn/Bus 1:425 000, Deutschland 1:1,2 Mio., Europa 1:5,3 Mio.) und als Sonderkarte die Bodensee-Schiffahrtskarte 1:50 000, ferner Direktionskarten 1:300 000, Streckenkarten 1:750 000 (mit Angabe aller Bahnhöfe), Karten der Verkehrswege (auch mit Straßen) sowie internationale Personenverkehrs- und Güterverkehrskarten 1:3,5 Mio.

c) Zu den *Schiffahrtskarten* gehören Karten der (α) Binnenschiffahrt und (β) Seekarten. Über die Datenerfassung für solche Karten siehe 6.3.2.

α) *Binnenschiffahrtskarten* dienen dem Schiffsverkehr auf Binnenseen, Kanälen und schiffbaren Flüssen. Sie reichen von großmaßstäbigen Detailkarten mit Darstellung der Schiffahrtswege und -bauwerke bis zu kleinmaßstäbigen Übersichtskarten (*Lenz* in *Leibbrand* 1984a).

Strom- und Kanalkarten – meist im Maßstab 1:500 – geben alle Einzelheiten des Wasserweges und der baulichen Anlagen grundrißtreu wieder; daneben enthalten sie auch noch Angaben aus der Flurkarte des Liegenschaftskatasters. Für den Bereich größerer Bauwerke wie z.B. Schleusen und von Zusammenflüssen gibt es auch noch Übersichtskarten 1:10 000. Die Bundeswasserstraßenkarte 1:1 Mio. unterteilt die Wasserstraßen in verschiedene Klassen, für die jeweils ein Typschiff mit bestimmten Abmessungen gilt. Daneben enthält sie eine Darstellung der Staats- und Verwaltungsgrenzen sowie der Grenzen der Binnenwasserstraßen und des Geltungsbereiches der Seeschiffahrtsstraßenordnung. Herausgeber der Karten sind die Behörden der Bundeswasser- und Schiffahrtsverwaltung.

β) *Seekarten* sind die ältesten Verkehrskarten; sie dienen in erster Linie der Navigation. Dieser Hauptzweck bestimmt daher den Karteninhalt und die Wahl des Kartennetzes. Letzteres ist fast stets ein konformer zylindrischer Entwurf (Mercatorprojektion), da sich hierbei die Kurslinie (Loxodrome = Linie konstanten Azimuts, 2.2.1.4) als Gerade abbildet (2.2.4.4).

Der Karteninhalt erstreckt sich auf Tiefenangaben durch Tiefenpunkte (aus den Lotungen ausgewählt) und bestimmte Tiefenlinien (die z.B flachere Gebiete abgrenzen), auf die Darstellung von Riffen, Sandbänken, Wracks usw. sowie im Küstenbereich auf alle für die Navigation wichtigen Seezeichen wie Leuchttürme, Bojen, Baken usw. Die Wiedergabe von Landflächen ist beschränkt auf die unmittelbar im Küstenbereich gelegenen wichtigsten Objekte wie Siedlungen, einzelne Türme, Erhebungen u.ä. Im Gegensatz zu den Landkarten und Atlaskarten werden die Wasserflächen ohne Farbe dargestellt; lediglich die flacheren Bereiche erscheinen je nach Kartenzweck in einem blauen Ton. Wattflächen sind blaugrau, Landflächen ockergelb. Die Tiefenangaben beziehen sich auf ein örtliches gezeitenbedingtes Seekartennull (SKN), das meist tiefer liegt als der Bezugshorizont der Landkarten (2.1.3.2).

Der Maßstab der Seekarten ist regional sehr unterschiedlich: Karten in 1:5 Mio. und kleiner dienen der Reiseplanung, in 1:1,6 Mio. bis 1:5 Mio. als Navigationsunterlagen auf hoher See. Maßstäbe zwischen 1:300 000 bis 1:1,6 Mio. erlauben durch ihren detaillierteren Inhalt die Schiffsführung in Küstennähe, solche in 1:30 000 bis 1:300 000 (Anlage 10) die weitere Ansteuerung der Küste; noch größere Maßstäbe stellen schwierige Fahrwasser, Flußmündungen, Häfen usw dar. Zur *elektronischen Seekarte* (Anlage 11) siehe 13.4.1 und *Hecht* (1993). Für verschiedene Gebiete enthalten die Karten auch Funkortungsnetze (z.B. mit Decca, Loran). Daneben gibt es nautische Hilfskarten (Großkreis-, Mercator- und Leerkarten), Karten für die Sportschiffahrt sowie Arbeitskarten mit den originären hydrographischen Daten.

Die Sicherheit der Schiffahrt erfordert eine laufende Aktualisierung der Seekarten (wegen Änderung der Tiefen, Betonnung, Gefährdung durch Wracks usw.). Die an Bord in Gebrauch befindlichen Karten lassen sich nach den Angaben periodisch erscheinender Mitteilungsblätter („Nachrichten für Seefahrer" – NfS) von Hand nachführen.

Das Seekartenwerk der Bundesrepublik Deutschland – 1861 ins Leben gerufen – wird von der Bundesanstalt für Seeschiffahrt und Hydrographie (BSH), früher Deutsches Hydrographisches Institut (DHI), in Hamburg (mit Außenstelle Rostock) bearbeitet und umfaßt etwa 1 000 Seekarten der Meeresgebiete, die für die deutsche Seefahrt von Bedeutung sind (*Bettac* in *Leibbrand* 1984a); zur weiteren Entwicklung siehe *Hecht* (1989). Der Vertrieb wird über Agenturen im In- und Ausland abgewickelt. Das Internationale Hydrographische Büro in Monaco sorgt dafür, daß durch Arbeitsteilung und Austausch von Unterlagen „Internationale Seekarten" entstehen und damit Mehrfachbearbeitungen identischer Gebiete durch verschiedene hydrographische Dienste vermieden werden; dies ist vor allem schon bei kleinen Maßstäben der Fall.

d) *Luftfahrtkarten* sind wie die Seekarten in erster Linie Navigationskarten. Ihre Kartennetze sind daher gleichfalls konforme Abbildungen, jedoch als konische bzw. an den Polen als azimutale Entwürfe (2.2.2.4, 2.2.3.4).

Richtlinien für die Herstellung solcher Karten stammen von der Internationalen Weltluftfahrtorganisation (International Civil Aviation Organisation, lCAO). Die Aeronautical Chart ICAO 1:500 000 (Anlage 8) enthält die für Sichtnavigation über Landflächen wichtigsten topographischen Objekte (Städte, Verkehrswege, Gewässer, Waldflächen sowie das Gelände durch Schummerung und Höhenpunkte). Die Blätter erscheinen mit Flugsicherungsaufdruck (Flughäfen, Landeplätze, Funkfeuer, Sperrgebiete usw in Dunkelblau). Neben Übersichtskarten 1:2 Mio. und 1:5 Mio. spielt vor allem das US-amerikanische Kartenwerk Operational Navigation Charts (ONC) 1:1 Mio. eine Rolle. Karten größerer Maßstäbe erfüllen spezielle Aufgaben als Nahverkehrsbereichskarten (für An- und Abflug, z.B. 1:200 000), Flugplatzkarten (für Starten und Landen, z.B. 1:35 000) und Flugplatzhinderniskarten (z.B. 1:10 000). Flugstreckenkarten stellen streifenförmig in etwa 1:1 Mio. bis 1:3 Mio. für eine Strecke zwischen zwei Flughäfen alle Angaben dar, die zur Sicht- und Funknavigation erforderlich sind. Spezialkarten für die Funknavigation entsprechen nach Inhalt und Anwendung etwa den vergleichbaren Seekarten. Näheres siehe z.B. *Reents* (in *Leibbrand* 1984a).

Analog zu der Regelung bei den Seekarten gibt es die „Nachrichten für Luftfahrer" (NfL), die behördliche Anordnungen und wichtige Informationen (vor allem Änderungen) für die Luftfahrt enthalten. Herausgeber der Luftfahrtkarten für den Bereich der Bundesrepublik Deutschland ist die Deutsche Flugsicherung GmbH (DFS, bisher Bundesanstalt für Flugsicherung, BFS) in Frankfurt am Main.

e) Unter den *Raumfahrtkarten* stehen zur Zeit die Umlaufkarten im Vordergrund. Diese stellen die Umlaufbahn eines Raumfahrzeuges um die Erde bzw. um den Mond als senkrechte Projektion auf die Oberfläche des Weltkörpers dar. Der Bahnverlauf wird vielfach mit Zeitangaben versehen; die Oberflächenwiedergabe ist weitgehend naturähnlich. In Zukunft dürften auch Orientierungskarten für Fahrten zwischen Weltkörpern an Bedeutung gewinnen.

f) *Karten der Touristik* reichen von Unterlagen für ausgedehnte Reisen bis zu solchen für Ausflüge begrenzten Umfangs. In kleinen Maßstäbe sind sie häufig nur Übersichten über Feriengebiete mit vielfach bildhafter Darstellung von Sehenswürdigkeiten, Verkehrsanschlüssen usw., als Prospektkarten oft in einer mehr bildhaften und unmaßstäblichen Weise.

In großen und mittleren Maßstäben bilden sie die Gruppe der Heimat-, Wander-, Radwander-, Schiwander-, Wassersport- und Umgebungskarten, in denen durch lineare und lokale Signaturen Wanderwege, Schirouten, Aussichtspunkte, Unterkünfte usw. wiedergegeben werden (9.7.2.3). Oft trifft man am Kartenrande oder auf der Kartenrückseite auf heimatkundliche, kulturhistorische und andere Erläuterungen (siehe auch 10.7.2.3).

g) *Karten der Nachrichtendienste* sind in einfachen Fällen Standort- und Leitungskarten; sie zeigen durch lokale und lineare Signaturen Einrichtungen des Nachrichtendienstes (z.B. Sende- und Relaisstationen, Fernsprechkabel), Zuständigkeiten, Postleitzahlen usw. Überwiegend quantitative Angaben liefern die Karten, die durch Größensignaturen oder Diagramme die täglichen oder jährlichen Leistungen im Brief-, Telegramm- und Fernsprechdienst aufzeigen. Funkkarten liefern Angaben für die Einstellung von Sendeantennen: Dazu befindet sich der Sender im Hauptpunkt einer mittabstandstreuen azimutalen Abbildung (2.2.3.2), so daß der Karte Richtung und Strecke vom Sender zu einem beliebigen Empfangspunkt unverzerrt entnommen werden können. Das Netz kann sich auf die gesamte Erdoberfläche ausdehnen.

2. Karten über den Verkehr

a) *Verkehrsdichtekarten* zeigen die Dichte eines Verkehrsnetzes durch eine relative Quantität (z.b. Straßenkilometer je km^2 für eine bestimmte Gebietseinheit meist durch Flächenkartogramme (10.3.1.3).

b) *Karten über das Verkehrsaufkommen (Verkehrsumfang)* geben z.b. die Straßenbelastung (stündlich, täglich usw.) sowie die Transportmengen im Personen- und Güterverkehr vorwiegen durch Bandsignaturen wieder.

c) Bei der Darstellung der *Verkehrsbeziehungen* kommen vor allem die räumlichen Beziehungen im Nah- und Fernverkehr nach Art und Menge zum Ausdruck. Hierzu kann man auch die *Isochronenkarten* rechnen, die durch Isolinien die Reisezeiten zu oder von einem Ausgangspunkt darstellen und dadurch z.B verkehrsgünstige bzw. -ungünstige Räume erkennbar machen (Abb. 273). *Verkehrsanalysen*, die auch den ruhenden Verkehr einschließen, lassen sich durch Diagramme oder Größensignaturen wiedergeben.

d) *Verkehrsleistungen* in bezug auf Fahrzeit, Verkehrsfrequenz und Platzangebot werden besonders für die Gruppe der öffentlichen Verkehrsmittel dargestellt. Den mehr wirtschaftlichen Aspekt zeigen dabei die *Tarifkarten*, die das Verkehrsnetz of schematisch (Topogramm) wiedergeben und Merkmale zu den Fahrpreisen enthalten. Mehr technischer Natur sind dagegen die *Betriebskarten* als Wiedergaben technischer Anlagen.

10.7.2.7 Raumgliederung

Es handelt sich um die Abgrenzung von Gebieten, in denen bestimmte geographische Sachverhalte weitgehend einheitliche Merkmale aufweisen. Solche Räume eignen sich in vielen Fällen auch als Bezugsflächen für relative Darstellungen (10.3.1.3).

Naturräumliche Gliederungen gehen in erster Linie von den natürlichen Gegebenheiten des Bodens, der Geländeform, des Wassers und Klimas aus und teilen die Landfläche in größere und kleinere Landschaften mit jeweils besonderen Merkmalen (z.B. die „Naturräumliche Gliederung Deutschlands" im Maßstab 1:1 Mio.). *Wirtschaftsräumliche Gliederungen* ergeben sich aus den Standortlagen und Verflechtungen der Wirtschaft. Der Abgrenzung solcher Räume liegen bestimmte Funktionen und Strukturen zugrunde, die den Raum prägen (z.B. die Ausstrahlung bestimmter Orte als Sitz von Industrien, Dienstleistungsbetrieben usw.). Darstellungen dieser Art sind durch Signaturen und Flächenfarben gekennzeichnet. In der Raumplanung spielen Wirtschaftsräume eine wichtige Rolle bei der Abgrenzung von Planungsregionen. *Sozialräumliche Gliederungen* sind neben den wirtschaftlichen Aspekten vor allem geprägt durch gesellschaftliche Merkmale (Sprache,

Kultur usw.). Bei ausgedehnten Sozialräumen (z.B. Volksstamm) ist die Abgrenzung oft schwierig, bei kleinen Einheiten (z.B. Wohnviertel) meist günstiger. Über *administrative Gliederungen* siehe 10.7.2.2.

10.7.2.8 Landesverteidigung

Thematische Karten dieses Bereichs sind solche, in denen die für taktische und strategische Maßnahmen notwendigen Daten zusammengetragen sind, ferner Operationskarten sowie Karten der militärischen Dokumentation.

In vielen Fällen lassen sich die für die Landesverteidigung erforderlichen Unterlagen aus Karten anderer Themenbereiche ableiten (z.B. hydrogeologische Angaben für den Stellungskrieg und zur Trinkwasserversorgung, Angaben zur Energieversorgung); andere Angaben sind dagegen besonders zusammenzutragen (z.B. Brückenbelastung und Geländebefahrbarkeit beim Einsatz von Panzerfahrzeugen, Breite und Strömungsgeschwindigkeit von Gewässern). *Lagekarten, Operationskarten* sind zum Teil auch dynamische Karten, da sie nicht nur die militärische Lage eines bestimmten Zeitpunktes, sondern auch eigene und gegnerische Truppenbewegungen durch Bewegungssignaturen auf der Grundlage topographischer Karten wiedergeben. In ähnlicher Weise stellen *Dokumentationskarten* den Ablauf eines Feldzuges, einer Belagerung usw. aus historischer Sicht dar, vielfach in kleineren Maßstäben und in generalisierter Form.

10.7.2.9 Raumbezogene Planungen

Nach dem *zeitlichen* Bezug und damit nach der künftigen Wirkung ihres Inhalts gruppieren sich die Karten dieses Bereichs wie folgt:
- *Planungsgrundlagenkarten (Bestandskarten, Zustandskarten)* geben den gegenwärtigen oder früheren Zustand der Erscheinungen und Sachverhalte im Planungsgebiet wieder, die als Ausgangsmaterial für die planerischen Vorhaben erforderlich sind. Neben topographischen Karten sind dies thematische Karten der meisten bisher behandelten Fachgebiete.
- *Planungsbeteiligungskarten* zeigen den am Planungsprozeß Beteiligten im Anhalt an die Planungsgrundlagenkarten die gedanklichen Ansätze zu einem Vorhaben, evtl. auch Varianten dazu, so daß eine sachgerechte und erschöpfende Erörterung der geplanten Maßnahmen möglich ist; dazu gehören auch Darstellungen zur *Umweltverträglichkeitsprüfung (UVP)*.
- *Planungskarten* im engeren Sinne sind die kartographischen Darstellungen künftiger Vorhaben, d.h. der eigentlichen und endgültigen Planung. Solche Karten werden in den gesetzlichen Vorschriften (oft in Verbindung mit einem vorgeschriebenen Textteil) auch als Pläne bezeichnet, die jeweils ein räumlich und zeitlich begrenztes Planungsverfahren (Raumordnungsplan, Bebauungsplan usw.) mit teilweise rechtlichen Festlegungen regeln.

Über Planungsatlanten bzw. Planungsgrundlagenatlanten siehe 11.4.

Nach ihrem *sachlichen* Bezug ist Planung
1. *allgemeine* Planung, die sich übergreifend auf Siedlung, Verkehr, Wirtschaft und andere wichtige Strukturen im Planungsgebiet bezieht, oder

2. *Fachplanung*, die nur die Neugestaltung bestimmte Teilbereiche wie Verkehrswege, Agrarstruktur, Erholungsgebiete usw. zum Gegenstand hat.

Nach der *Größe* des Planungsgebietes bzw. -objektes reichen die Planungen von der große Bereiche erfassenden Raumordnung bis zur Ortsplanung, deren einzelner Bebauungsplan sich mitunter nur über wenige Grundstücke erstreckt, in der Fachplanung z.B. von wasserwirtschaftlichen Rahmenplänen bis zur Planung eines Brückenbauwerkes oder einer Grunstücksentwässerung.

1. Allgemeine Planung

a) Raumordnung, Landes- und Regionalplanung

In der Bundesrepublik Deutschland bilden dazu das *Raumordnungsgesetz des Bundes* als Rahmengesetz und die *Raumordnungs- bzw. Landesplanungsgesetze der Bundesländer* die gesetzlichen Grundlagen. Danach stellen die Länder im Anhalt an das Bundesraumordnungsprogramm eigene Landesentwicklungsprogramme (Landesraumordnungsprogramme oder -pläne) auf. Für Teilbereiche der Länder (Planungsregionen) entstehen sodann durch staatliche, kommunale oder andere Stellen detailliertere Regionalpläne. Alle Pläne sind überörtliche Leitpläne zur künftigen Entwicklung; sie stimmen die verschiedenen Planungen der Fachressorts, der Gemeinden und anderer Institutionen aufeinander ab und binden diese andererseits.

Die eigentlichen Planungskarten sind vorwiegend qualitative und komplexe Darstellungen in Maßstäben zwischen 1:25 000 und 1:500 000. Als Gestaltungsmittel dienen Flächenfarben und Signaturen, die meist in relativ kräftigen Farben künftige Nutzungen, Standorte usw. zum Ausdruck bringen. Der topographische Kartengrund wird gewöhnlich von den amtlichen topographischen Kartenwerken gebildet, u.U in einfarbig-matter Manier. Als Arbeitsmaterialien dienen neben den Grundlagenkarten auch Luft- und Satellitenbilder. Bei der Aufstellung solcher Pläne sind alle bereits vorliegenden Planungen zu berücksichtigen. Dazu dient ein als *Raumordnungskataster* bezeichneter Nachweis in topographischen Karten 1:5 000 bis 1:25 000 und in Datenbanken über bereits festgestellte Planungen (z.B. genaue und endgültige Festlegung eines Schiffahrtskanals) und über laufende Planverfahren (z.B. generelle Festlegung über die Linienführung einer Fernstraße).

b) Ortsplanung

Grundlage für die bauliche Entwicklung einer Gemeinde ist in der Bundesrepublik Deutschland das *Baugesetzbuch* von 1986 (mit späteren Änderungen). Danach stellen die Gemeinden vorbereitende und verbindliche Bauleitpläne auf.

Vorbereitende Bauleitpläne sind sog. *Flächennutzungspläne*, die auf der Grundlage topographischer Karten in Maßstäben 1:5 000, 1:10 000 oder 1:25 000 für das Gebiet einer Gemeinde die künftige Bodennutzung in rein qualitativer Darstellung in den Grundzügen, d.h. ohne geometrisch-exakte „Parzellenschärfe" meist durch Flächenfarben und Signaturen wiedergeben (Anlage 17). Flächennutzungspläne sind zwar unverbindlich im Detail, verpflichten jedoch jede Fachplanung zur Einpassung in den festgelegten Rahmen.

Verbindliche Bauleitpläne legen als sog. *Bebauungspläne* Art und Maß der Bebauung sowie die sonstige Nutzung von Grundstücken in einer für jedermann rechtsverbindlichen Weise fest. Die dazu notwendigen geometrischen und teilweise auch zahlenmäßigen Festlegungen (Straßenbreiten, Gebäudeabstände, Baulinien usw.) finden ihren Niederschlag in Karten 1:1 000, zum Teil sogar 1:500. Die weitreichende Rechtswirksamkeit von Bebauungsplänen setzt voraus daß der topographische Kartengrund (meist Flur- oder Stadtgrundkarten, evtl. topographisch ergänzt) inhaltlich vollständig und für eine widerspruchsfreie und genaue Eintragung der Planungsziele geeignet ist. Der Bedeutung des Planinhaltes entpricht auch die eingehend geregelte formale Gestaltung, wie sie in der dazu herausgekommene Planzeichenverordnung zum Ausdruck kommt. Diese setzt die Art und Weise der Objektdarstellung im einzelnen fest, und zwar sowohl für eine mehrfarbige Bearbeitung mit Flächenfarben und Signaturen wie für eine aus reproduktionstechnischen Gründen oft unvermeidbare einfarbige Darstellung, in der statt der Flächenfarben relativ grobe Schraffuren sowie Strukturraster, Signaturen usw. zu benutzen sind. Die festgelegten Planzeichen gelten auch für Flächennutzungspläne.

Zahlreiche Abhandlungen zur Planungskartographie finden sich u.a. bei *Strubelt, Haubner/Wille, Reiners* (alle in *Leibbrand* 1984a), in *Leibbrand* (1989), *ARL* (1990, 1991), zum Raumordnungskataster u.a. bei *Reiners* (1991).

2. Fachplanungen

Flächenhafte Planungen, soweit sie größere Bereiche erfassen, tragen teilweise auch Merkmale der allgemeinen Planung. Dazu gehören z.B. Landschaftspläne, die den Naturschutz, die Landschaftspflege und die Grünordnung zum Gegenstand haben; sie ähneln nach Maßstab, Kartengrundlage und Darstellungsart den Flächennutzungsplänen. Auch Pläne im Bereich agrarstruktureller Maßnahmen (Flurbereinigung, Besiedlung, Dorferneuerung) sowie der wasserwirtschaftlichen Rahmenplanung haben zum Teil allgemeinen Charakter. In kleineren Bereichen erstrecken sich flächenhafte Planungen z.B. auf die Anlage von Flughäfen oder Kraftwerken. *Linienförmige* Planungen beziehen sich z.B. auf Straßen, Eisenbahnen, Schiffahrtswege sowie ober- und unterirdische Versorgungsleitungen.

Die Aufstellung der dazu gehörigen Pläne nach Inhalt und Darstellungsart richtet sich vielfach nach Rechtsverordnungen, Verwaltungsvorschriften oder Empfehlungen. Das Verfahren der förmlichen Feststellung und der örtliche Ausführung der Fachpläne ist gesetzlich geregelt. Die mehr technische Seite der Fachplanung erfordert darüber hinaus noch weitere Karten und Pläne in größeren Maßstäben (z.B. Vorentwurf und Bauentwurf in der Straßenplanung). Der *Vorentwurf* beginnt mit einer Vorstudie (1:5 000 bis 1:50 000 je nach der topographischen Situation) über die vorgesehene Linienführung, evtl. mit Varianten. Darauf folgen Lagepläne 1:1 000 bis 1:5 000, u.U. auf der Grundlage einer besonderen Geländeaufnahme. Diese zeigen weitere Einzelheiten bis hin zu den Trassierungselementen und den Grundbesitzverhältnissen. Der *Bauentwurf* in 1:100 bis 1:1 000 schließlich enthält alle technischen Angaben zur Durchführung des Bauvorhabens. Beim Einsatz der GDV entstehen Entwurfsvarianten, die zur Optimierung bestimmter Parameter führen (z.B. unter Minimierung der Erdmassenbewegung); erst der endgültige Entwurf wird dann kartographisch festgehalten.

11 Atlanten

11.1 Begriffe und Aufgaben

Atlanten sind systematische Sammlungen topographischer und/oder thematischer Karten ausgewählter Maßstäbe für ein bestimmtes Gebiet. Atlaskarten bilden daher inhaltlich keine neue Kartengruppe, unterscheiden sich jedoch von Einzelkarten dadurch, daß sie meist in stärkerem Maße den Zwängen der jeweiligen Atlaskonzeption in bezug auf Abgrenzung, Format, Maßstab, Inhalt und Graphik unterliegen. Dies erfordert zugleich auch besonders umfangreiche und diffizile redaktionelle Arbeiten (siehe 5.2.3). Zur Atlasgeschichte und zur Herkunft der Bezeichnung „Atlas" siehe 15.7.

Es ist die Aufgabe der Atlanten, über ein bestimmtes Gebiet und/oder über einen bestimmten Themenbereich mit einer größeren Anzahl von Karten zu informieren, oft beschränkt auf einem bestimmten Zweck und Benutzerkreis. Danach lassen sich Atlanten *inhaltlich* wie folgt gliedern:

1. Nach dem *geographischen* Bereich in Weltraum- (11.2), Erd- (Welt-) (11.3), National- und Regional- (11.4) sowie Stadt-Atlanten (11.5);
2. nach dem *Objektbereich* in Topographische Atlanten (11.6) und Fachatlanten (einzelne Fachthemen oder Themengruppen; 11.7);
3. nach *Zweck und Benutzergruppe* in Schul-, Planungs-, Auto-, Heimat- usw. -Atlanten.

Daneben führt das *äußere Erscheinungsbild* zu folgenden Gliederungen:

4. Nach *Umfang und Format* in Taschen-, Lexikon- und Handatlas; als Hausatlas gilt gewöhnlich ein Erdatlas mittlerer Größe, der vorwiegend allgemeine, weniger detaillierte Informationen liefert (oft als Kartenauswahl aus einem Handatlas und dazu Bild- und Textteil);
5. nach der *Art der Zusammenfügung der Karten* in Atlanten in gebundener Form, als Ordner in Ring- oder Schraubheftung sowie in Mappenform mit loser Ablage der Karten;
6. nach der *Art der Informationsspeicherung* in konventionelle Atlanten mit gedruckten Karten (11.2 bis 11.7) oder Bildern (11.8), in taktile Atlanten sowie Atlanten auf Videobändern oder auf Datenträgern der GDV (11.9).

Über die beschriebene Einteilung hinaus wird der Begriff „Atlas" innerhalb und außerhalb der Kartographie zunehmend auch für Veröffentlichungen benutzt, die ausschließlich aktuelle Problemkreise (z.B. Umweltschäden, Rüstungspotentiale) behandeln und deren meist kleinmaßstäbige Karten in der Feinheit und Güte der Kartengraphik oft sehr unterschiedlich sind. Auch Themen ohne klaren Raumbezug erscheinen im Buchhandel gelegentlich unter der Bezeichnung „Atlas" (z.B. zur Chemie).

Neuere Atlanten lassen eine zunehmende Verknüpfung mit Texten, Bildern, Tabellen, Diagrammen usw. sowie themenübergreifende Darstellungen erkennen. In der *Herstellung* kommt es immer mehr zum Einsatz der GDV (7.3.3.2 Nr. 3), und darüber hinaus gibt es Ansätze, die GDV auch bei der *Auswertung* von Atlaskarten einzusetzen, wobei evtl. sogar Eingriffe bei der Darstellung oder sogar weitere Zutaten möglich sind (siehe 11.9).

Atlanten kommen vorwiegend komplett heraus. Umfangreiche wissenschaftliche Atlanten sowie National- und Regionalatlanten erscheinen jedoch mitunter auch in Teillieferungen. Herausgeber von Atlanten sind Verwaltungen, wissenschaftliche Einrichtungen, nationale und internationale Organisationen, Verlage sowie Institutionen der gewerblichen Kartographie.

Nachweise von Atlanten finden sich in Verzeichnissen von Verlagen, Vertriebsfirmen (z.B. Internationales Landkartenhaus – Geo-Center), Bibliotheken, nationalen und internationalen Organisationen (z.B. UNESCO) sowie bei einzelnen Autoren, z.B. *Winch* (1976), *Alexander* (1977). Über den Stand der Atlaskartographie berichten zu Deutschland *Bormann* (in *Leibbrand* 1984a), zu Österreich *Kretschmer* (1991). Mit Entwicklungstendenzen befassen sich u.a. *Stams* (1977), *Monmonier* (1981) und *Mayer* (1987), mit dem Einsatz der GDV z.B. *Spiess* (1987). Zahlreiche Aufsätze zu Atlanten finden sich u.a. in *Asche/Topel* (1989) und *Mayer* (1992).

11.2 Weltraumatlanten

Weltraumatlanten enthalten Karten und Bilder der Gestirne einschließlich Ansichten der Erde aus dem Weltraum sowie Übersichtsdarstellungen zum Sternenhimmel. Weisen sie nur solche Übersichten auf, spricht man auch von *Himmels-* oder *Sternatlanten* (siehe auch 10.7.1.9). Über Atlanten mit Bildern aus erdumkreisenden Satelliten siehe 11.8.

Als klassischer Himmelsatlas gilt der Atlas der Bonner Durchmusterung (ab 1855 mit späteren Auflagen) mit über 450 000 Sternen (einschl. 9. bis 10. Größenklasse) bis zur südlichen Deklination von 23°; der Bereich bis zum Südpol ist später durch die sog. Cordobaer Durchmusterung erfaßt worden. Daneben gibt es einige kleinere Atlanten in Kartenform, aber auch solche auf der Grundlage von Himmelsphotos. Das größte Werk ist schließlich der Mount Palomar Sky Atlas, der als photographischer Himmelsatlas für die nördliche Himmelskugel Sterne bis zur 20. Größenklasse enthält. Thematisch umfassender sind Atlanten zur Himmelskunde, zum Universum u.ä. Daneben gibt es spezielle Atlanten zum Sonnensystem, zu allen und zu einzelnen Planeten und Monden, vorwiegend nach Aufnahmen aus Raumfahrzeugen.

11.3 Erdatlanten

Erdatlanten – meist nicht ganz zutreffend als Weltatlanten bezeichnet – stellen den Gesamtbereich der Erde in Karten verschiedener, aber aufeinander abgestimmter Maßstäbe dar. Sie enthalten topographische (geographische) und/oder thematische Karten. Während Erdatlanten früher meist neben den topographischen (physischen) nur noch politische Karten enthielten, hat inzwischen der Umfang thematischer Darstellungen stark zugenommen. Es gibt auch *thematische Erdatlanten*, die nur noch aus thematischen Karten bestehen; sie unterscheiden sich von den Fachatlanten (11.7) durch den ausgedehnten Themenkreis. In Atlanten mittlerer Größe (Hausatlanten) erscheinen häufig noch Weltraumkarten (Himmelskarten, Mondkarten, Darstellungen des Planetensystems usw.) sowie Länderbeschreibungen mit Statistiken und Bildern. Herausgeber von Erdatlanten sind meist Institutionen der gewerblichen Kartographie.

Für die Karten der Erdatlanten ergibt sich etwa folgende Gruppierung:

Gesamte Erde	1:75 Mio. und kleiner,	Teile von Staaten	1:1 Mio. bis 1:2 Mio.,
Erdteile	1:20 Mio. und kleiner,	Ballungsräume	1:500 000 bis 1:1 Mio.,
einzelne Staaten	1:5 Mio. bis 1:15 Mio.,	Großstädte	1:200 000 bis 1:500 000.

Die Kartennetzentwürfe sind vorwiegend flächentreu, bei Karten der gesamten Erde als Planisphären, teilweise auch in vermittelnder Abbildung. Beim Namengut sind die amtliche Schreibweise ebenso zu berücksichtigen wie die Regeln der Transkription oder Transliteration (9.3.3) nichtlateinischer Alphabete; einige Atlanten erläutern diese Regeln eingehend. Ein alphabetisch geordnetes Namenregister (bis zu 200 000 Namen) am Ende des Atlasses erleichtert das Auffinden von Orten usw. in Verbindung mit den Angaben eines Suchnetzes.

Größere Erdatlanten in *deutscher Sprache* sind teils Eigenschöpfungen der Verlage, teils auch Lizenzausgaben fremdsprachiger Atlanten. Neben Werken in Formaten von 30×40 cm^2 und mehr gibt es noch die Lexikonatlanten im Format der Lexikonbände sowie Taschenatlanten im Format der Taschenbuchreihen. Für die international bekannten Erdatlanten in *fremder Sprache* gibt es teilweise auch Ausgaben in mehreren Sprachen.

Schulatlanten orientieren sich in ihrer Konzeption an den Belangen des Schulunterrichts, teilweise sogar einzelner Schulstufen. In ihren didaktisch-methodischen Grundsätzen sind sie damit an den Unterrichtsstoff und die Art seiner Vermittlung gebunden. Dabei haben besonders die Wandlungen der Lehrinhalte bewirkt, daß insgesamt der Anteil thematischer Karten nunmehr überwiegt, und gerade deren Gestaltung hat vorrangig und exemplarisch die gesamte Kartengraphik der Themakartographie entscheidend gefördert. Darüber hinaus zeigen die geänderten Ansätze der Atlaskonzeption insgesamt bei allen Erdatlanten die Fortschritte, die sich erzielen lassen mit Hilfe der Satelliten- und Luftbilddaten, der GDV, den rechnergestützten Registerarbeiten und dem Vierfarbendruck in der kurzen Skala.

Zur Herstellung und Redaktion von Erdatlanten äußern sich u.a. *Bormann* (1972) und *Thauer* (1980); eingehendere Ausführungen zur Namenschreibung und zu Problemen der Lizenzvergabe stammen von *Thieme* (1968a, 1980), zu Transkriptionssystemen von *Weygandt* (1961), zu Registern von *Rennau* (1976). Zu Schulatlanten finden sich Beiträge u.a. bei *Aurada* (1981), *Arnberger* (1982a), *Gorki* (1983), *Mayer* (1987), *Kötter* (1989), *Aurada, Brucker, Fick, Hake, Ritter, Thauer, Zahn* (alle in *Asche/Topel* 1989) sowie in *Mayer* (1992). Eine Bibliographie von Schulatlanten bis 1950 stammt von *Badziag/Mohs* (1982).

11.4 National- und Regionalatlanten

Die Atlanten dieser Gruppe sind durch folgende Merkmale gekennzeichnet:
1. Sie erfassen stets nur ein bestimmtes Gebiet. Handelt es sich dabei um den Bereich eines Staates, so spricht man vom *Nationalatlas*, ist dagegen ein Bundesland, ein Wirtschaftsraum oder eine Großstadt mit ihrem Umland dargestellt, so liegt ein *Regionalatlas* vor.
2. Sie sind meist eine Sammlung thematischer Karten aus fast allen Themenbereichen, besonders solchen, die als Bestandsdarstellung für raumplanerische Maßnahmen von Bedeutung sind. Damit erscheinen sie wie das Ergebnis einer thematischen Landesaufnahme (10.7). Dies gilt auch für die meisten sog. *Planungsatlanten*, die daher streng genommen ganz oder vorwiegend Planungsgrundlagenatlanten sind.
3. Sie weisen meist einen einheitlichen Maßstab auf und machen damit die Karten leichter aufeinander beziehbar. Abweichende Maßstäbe gibt es in erster Linie bei Nebenkarten.
4. Der topographische Kartengrund besteht aus wenigen Grundtypen und wiederholt sich daher bei vielen Darstellungen.
5. Herausgeber sind meist amtliche oder halbamtliche, häufig wissenschaftliche Institutionen.

Im deutschen Sprachgebiet gibt es folgende *Nationalatlanten* bzw. vergleichbare Werke:
– „Die Bundesrepublik Deutschland in Karten" (1965-1970), ergänzt durch „Atlas zur Raumentwicklung" (1976-1987);
– „Atlas Deutsche Demokratische Republik" (1976-1981);
– „Atlas der Republik Österreich" (1961-1980), ergänzt durch „Atlas zur räumlichen Entwicklung Österreichs" (ab 1984), sowie in österreichischer Zusammenarbeit mit den Anliegerstaaten der Donau der „Atlas der Donauländer" (1970-1989);
– „Atlas der Schweiz" (1965-1978), daneben der „Computer-Atlas der Schweiz" (1972) als erste Wiedergabe statistischer Daten einiger Themenbereiche durch Zeilendruckerkarten.

Unter den *Regionalatlanten* sind vorrangig zu nennen:
– „Deutscher Planungsatlas" in 10 Länderbänden (1960-1990, dazu Ergänzungsblätter). Die Länderbände gehen von einer einheitlichen Grundkonzeption aus, unterscheiden

sich aber im einzelnen nach Umfang, Gestaltung und durch die den Ländergrößen der Länder am besten entsprechenden Hauptmaßstäbe. Als topographischer Kartengrund dienen vor allem a) Verwaltungsgrenzenkarten und b) Darstellungen, die das Verkehrs- und Gewässernetz, die Siedlungen und teilweise auch das Relief enthalten (10.3.2).
- Atlanten der Bundesländer Österreichs (seit 1951) mit nur teilweise Weiterführungen;
- Atlanten der Bereiche Basel und Bern/Schweiz (seit 1967).

Mit der Problematik der Nationalatlanten befasen sich u.a. *Lehmann* (1959) und *Sališčev* (1960). Eine Aufzählung solcher Atlanten bringt *Witt* (1979). Zum Deutschen Planungsatlas siehe *Haubner/Wille* und zum Atlas zur Raumentwicklung *Strubelt* (alle in *Leibbrand* 1984a), über deutsche Regional- und Planungsatlanten *Witt* (in *Asche/Topel* 1989), über einschlägige österreichische Atlanten *Bobek/Bobek-Fesl* und *Leidlmair* (in *Inst.f.Kartographie...* 1984) sowie zum Atlas der Schweiz *Spiess* (in *Schweiz.Ges.f.Kartographie* 1984). Zur Planung eines neuen Nationalatlasses der Bundesrepublik Deutschland siehe *Richter* (in *Neumann/Zögner* 1992).

11.5 Stadtatlanten

Stadtatlanten stellen den Bereich einer größeren Stadt mit ihrem Umland oder den Ballungsraum mehrerer Städte in den für Stadtkarten üblichen Maßstäben im handlichen Format für Orientierungszwecke dar (9.7.2.1). Dazu treten meist Übersichtskarten zu Verkehrsnetzen, Sehenswürdigkeiten usw. Im größeren Format und Umfang enthalten sie oft auch thematische Karten und sind dann (vergleichbar den National- und Regionalatlanten) vor allem für Zwecke der Verwaltung und Planung bestimmt. Zu den für vergleichende Stadtgeschichte konzipierten Städteatlanten siehe 11.7 Nr.6.

Beispiele für Orientierungszwecke sind die gebundenen Stadtatlanten einiger Verlage sowie der Atlas des Stadtplanwerks Ruhrgebiet des Kommunalverbandes Ruhrgebiet, der in Form eines Schraubordners im Maßstab 1:20 000 rund 7000 km^2 überdeckt.

11.6 Topographische Atlanten

Diese bilden eine Auswahl von Ausschnitten amtlicher topographischer Karten verschiedener Maßstäbe für Bereiche, die im Hinblick auf Landschaftsgliederung, Geomorphologie, Siedlungsstruktur und -entwicklung, Wirtschaft und Verkehr besonders interessante Beispiele liefern. Dazu enthält die jeweils gegenüberliegende Seite meist eine landeskundliche Beschreibung; mitunter treten auch noch Geschichtskarten und Luftbilder auf.

Als erster Atlas dieser Art erschien 1953 der Band „Die Landschaften Niedersachsens", in weiteren Auflagen als „Topographischer Atlas Niedersachsen und Bremen". Später folgten Atlanten in anderen Bundesländern sowie „Topographischer Atlas der Bundesrepublik Deutschland". Einzelheiten siehe z.B. *Grothenn* (1977).

Terminologisch wäre auch ein Erdatlas ein topographischer Atlas, wenn er nur topographische Karten – früher auch als physische Karten bezeichnet – enthielte, was heute kaum noch der Fall ist. Im 19. Jh. bezeichnete man andererseits als topographischen Atlas auch die Gesamtheit alle Karten eines bestimmten Kartenwerks (z.B. „Topographischer Atlas von Bayern 1:50 000" und „Topographischer Atlas von Württemberg 1:50 000").

11.7 Fachatlanten

Sie beziehen sich auf ein oder mehrere zusammenhängende Fachgebiete für den Bereich der Erde oder eines Teiles davon. Während die thematischen Karten in Erdatlanten vorwiegend Übersichtscharakter besitzen und in National- und Regionalatlanten als zusammenhängende Bestandsaufnahme anzusehen sind, überwiegt in den Fachatlanten die sehr detaillierte, aber gegen andere Themen stärker isolierte Wiedergabe aus einem Fachgebiet. Fachatlanten vom Gesamtbereich der Erde weisen meist unterschiedliche Maßstäbe auf, solche eines bestimmten Gebietes besitzen dagegen gewöhnlich einen einheitlichen Maßstab. Herausgeber sind amtliche oder wissenschaftliche Institutionen, aber auch private Verlage.

Die Redaktion von Fachatlanten erörtert *Kretschmer* (1972). Zahlreiche Aufsätze zum Problem thematischer Weltatlanten befinden sich bei *Suchy* (1988). Eine Reihe von Fachatlanten ist in *Ehlers* (1991) aufgelistet. In der Reihenfolge der Themengebiete in 10.7 sind nachfolgend einige Beispiele für Fachatlanten zusammengestellt:

1. *Geologische Atlanten* decken die Maßstabsbereiche, Gebiete oder speziellen Themen ab, für die nicht bereits geologische Kartenwerke vorliegen. So gibt es einen Geologischen Weltatlas der UNESCO in 1:10 Mio., den Geologischen Atlas von West- und Mitteleuropa in 1:7 Mio.

2. *Ozeanographische Atlanten* enthalten Karten mit den wichtigsten ozeanographischen Daten für die Weltmeere oder Teile davon; häufig treten dazu noch Klimakarten. Dazu gehören z.B. der sowjetische Meeresatlas (1976-1982, 3 Bde., auch mit englischen Erläuterungen), ferner der ozeanographische Atlas der Polarmeere (USA, 1957). 1978 erschien ein *Hydrologischer Atlas der Bundesrepublik Deutschland* mit einem Textband.

3. *Klimaatlanten* gibt es z.B. von Europa (1:5 und 1:10 Mio.), ferner als Klimadiagramm-Weltatlas mit über 8000 Klimadiagrammen. Neben den vom Deutschen Wetterdienst herausgegebenen Klimaatlas der Bundesrepublik Deutschland 1:2 Mio. (mit Daten von 1931-1960) sowie Klimaatlanten der einzelnen Bundesländer in 1:1 Mio. gibt es den Klimaatlas der DDR in 1:1 Mio. (1953) und den Klimaatlas der Schweiz (ab 1982). Auch gibt es Atlanten über meteorologische Daten über die gesamte Erde.

4. Aus dem Bereich von Bevölkerung und Kultur gibt es eine große Anzahl verschiedenster Atlanten. Dazu zählen *Nationalitäten-, Sprachen-, Dialekt-, Volkskunde-, Konfessions- und Kulturatlanten*. Beispiele dazu sind der „Atlas Linguarum Europae" (seit 1975), „Deutscher Sprachatlas" (1926-1956) sowie zahlreiche Sprachatlanten von Teilgebieten, ferner der „Atlas der deutschen Volkskunde" (seit 1958), der „Volkskundeatlas von Österreich" (seit 1959), der „Atlas der Schweizerischen Volkskunde" (seit 1950). Zu den *geomedizinischen* Atlanten gehören u.a. der deutsche Weltseuchenatlas (1952), der Krankenhausatlas der Bundesrepublik Deutschland (1977) sowie Krebsatlanten einiger Staaten. Zur Sozialstrutur besteht z.B. ein *Kriminalitätsatlas* (1952).

5. *Verwaltungsatlanten* sind Kartensammlungen, in denen für einen bestimmten politischen Bereich die Verwaltungsgliederung, die regionale Zuständigkeit und der Sitz von Dienststellen usw., evtl. mit textlicher Erläuterung, dargestellt ist.

6. *Geschichtsatlanten (Historische Atlanten)* stellen in ihren Karten die wichtigsten geschichtlichen Sachverhalte und Ereignisse dar. Ihre äußere Gestaltung reicht vom Paperback bis zur großformatigen Kartensammlung. Neben Gesamtdarstellungen gibt es auch Atlanten, die sich auf ein bestimmtes Gebiet beschränken (z.B. „Deutscher Städteatlas" seit 1973, „Österreichischer Städteatlas" seit 1982, „Historischer Atlas von Wien" seit 1981), nur eine spezielle Thematik behandeln (z.B. zur Kirchengeschichte) oder nur einen besonderen Zeitabschnitt erfassen (z.B. *archäologische Atlanten*). Eine große Rolle spielen die *geschichtlichen Schulatlanten*. Wegen ihres heute historischen Aspektes kann man zu den *historischen Atlanten* auch die Reprints älterer Atlanten (z.B. Katalanischer Weltatlas von 1375) zählen.

7. *Wirtschaftsatlanten* informieren über wirtschaftsgeographische Sachverhalte in bestimmten Ländern oder für den Bereich der ganzen Erde. Dabei erfassen die *Weltwirtschaftsatlanten* meist alle Bereiche der Wirtschaft sowie weitere für das Thema wichtige Sachverhalte wie Klima, Vegetation usw. *Landwirtschaftsatlanten* gibt es für zahlreiche Staaten (z.B. „Atlas der deutschen Agrarlandschaft" 1962-1971); für die gesamte Erde gibt es z.B. den „World Atlas of Agriculture" (1977). Auf eine einzige Kulturpflanze und ihre Anbaugebiete beschränken sich z.B. Weinatlanten. Als Forstatlas ist der deutsche „Weltforstatlas" (ab 1951) der erste seiner Art. Als *Lagerstättenatlas* gibt es z.B. den Petro-Atlas. In *Wasserwirtschaftsatlanten* sind hydrographische und wirtschaftliche Daten für einen politischen Bereich oder ein Einzugsgebiet zusammengetragen. *Industrieatlanten* einzelner Länder stellen Standorte und Eignungen dar. Angaben zur Industrie, zu Bergbau und zur Energiewirtschaft sind daneben in den Weltwirtschaftsatlanten enthalten.

8. Im Bereich des Verkehrs gibt es neben wenigen Atlanten über Verkehrsgeographie, Eisenbahnen und Schiffahrt vor allem die *Straßenatlanten (Autoatlanten)*. Sie enthalten neben einer Sammlung von Straßen- Umgebungs- und Ortsdurchfahrtkarten häufig noch Namenregister, Ortsbeschreibungen, Hotelverzeichnisse usw.

11.8 Bildatlanten

Als solche gelten Sammlungen photographischer Landschaftsbilder, wie man sie teilweise auch im Bildteil von Hausatlanten antrifft, ferner von vogelschauartigen

Reliefdarstellungen, die zum Teil dem Anblick aus Raumfahrzeugen entsprechen sollen. *Luftbild- und Satellitenbildatlanten* sind Sammlungen von Aufnahmen, die aus Luftfahrzeugen (vorwiegend als farbige Schrägaufnahmen) bzw. aus erdumkreisenden Satelliten aufgenommen wurden und denen textliche Erläuterungen beigefügt sind.

Luftbildatlanten gibt es seit 1972 von der Bundesrepublik Deutschland, von Österreich und anderen europäischen Staaten sowie von zahlreichen Bundesländern. Oft erscheinen dazu die entsprechenden Kartenausschnitte oder es wird auf vergleichbare Ausschnitte topographischer Atlanten (11.6) verwiesen. Die bisher ab 1980 erschienenen Satellitenbildatlanten (Weltraumbildatlanten) beruhen meist auf der Wiedergabe von Landsat-Aufnahmen.

11.9 Sonderformen von Atlanten

1. *Taktile Atlanten* für Sehbehinderte (vgl. 12.2). Das bekannteste Beispiel ist der seit 1987 erscheinende *Tactual Atlas of Australia*.
2. *Atlasdarstellungen auf Videobändern*. Sie eignen sich meist nur als Zwischenspeicher für Lehrzwecke und Kurzinformation.
3. *Elektronische Atlanten*. Sie ergeben sich, wenn die GDV nicht nur bei der Herstellung, sondern auch für die Präsentation mit Hilfe von Datenträgern (meist Disketten) und Bildschirmen zum Einsatz gelangt. In Anlehnung an *Mayer* (in *Mayer* 1990) gibt es dazu folgende Fälle:

a) Atlanten, die in statischer Weise den Inhalt konventioneller Atlanten lediglich in eine Bildschirmdarstellung umsetzen, z.B. Stadt- und Straßenatlanten.
b) Atlanten mit einem statischen Kartenrepertoire, das jedoch variierbar ist in der Verwendung eines zugehörigen, vorwiegend länderkundlichen Datenbestandes, in Maßstäben, Farben usw.
c) Atlanten, die in statischer Weise einen Kartengrund liefern (z.B. Ländergrenzen, Gewässernetze), der sich in der Graphik variieren und mit beliebigen eigenen Daten ergänzen läßt.
d) Atlanten, die in dynamischer Weise wie ein Film
– entweder eine kontinuierliche Veränderung der Objektbetrachtung vornehmen (z.B. Änderung in Perspektive und Maßstab, Standpunktänderung als scheinbarer Flug über die Region),
– oder räumliche Objektveränderungen aufzeigen, wobei sich der Zeitmaßstab kürzen oder dehnen läßt.

Möglichkeiten und Beispiele zum sog. *electronic mapping* zeigen *Siekierska/Taylor* in (*Mayer* 1990), u.a. am *Electronic Atlas of Canada*.

12 Kartenverwandte Darstellungen

Als solche gelten alle *kartographischen Darstellungen* (1.1), die es neben der Karte noch gibt: *Ebene* kartenverwandte Darstellungen (12.1), Reliefs (12.2), Globen (12.3) und bewegte Karten (12.4). Die Verwandtschaft zur Karte besteht in der Ähnlichkeit hinsichtlich Objekt- und Maßstabsbereich, während der Unterschied im Ansatz anderer, mehr oder weniger exakter geometrischer Regeln liegt. Die Objektinformationen stammen aus Karten oder besonderen Erfassungen (z.B. Satellitenbild). Die graphische Struktur reicht von der exakten Strichzeichnung (z.B. beim Profil) über Photos (z.B. beim Luftbild) bis zur bildhaft-künstlerischen Darstellung (z.B. bei der Vogelperspektive). Eingehendere Darstellungen finden sich z.B. bei *Klein* (1961), *Imhof* (1963) und *Herrmann/Kern* (1986). Über Beispiele digital bearbeiteter Darstellungen siehe 7.4.4.3.

12.1 Ebene kartenverwandte Darstellungen

Die *Karte* entsteht geometrisch als Senkrechtprojektion (Grundrißbild) auf eine horizontal gedachte Bezugsfläche (1.4.2.1). Die *ebenen kartenverwandten Darstellungen* beruhen dagegen auf anderen Projektionen und/oder einer anderen Lage der Projektionsebene (Abb. 281). Mit Ausnahme des Profils bezeichnet man diese Darstellungen mitunter auch als *Raumbilder*.

Art der Projektion	Lage der Projektionsebene		
	horizontal	schräg	vertikal
Parallelprojektion senkrecht zur Proj.-ebene (senkrechte Axonometrie)	(Karte) Stereo-Darstellung	Blockbild	Profil
schräg zur Proj.-ebene (schiefe Axonometrie)	Militär- perspektive	—	Kavalier- perspektive
Zentralprojektion Projektionszentrum für das ganze Bild	Senkrecht-Luftbild Stereo-Darstellung	Schräg-Luftbild Vogelperspektive Blockbild	terrestr. Meßbild Panorama
Projektionszentrum nur für jeweils ein Bildelement	Zeilenabtastung der Fernerkundung		—

Abb. 281. Gliederung ebener kartenverwandter Darstellungen nach Art der Projektion und Lage der Projektionsebene

12.1.1 Von Luft- und Satellitenbildern bis zur Bildkarte

Luft- und Satellitenbilder entstehen durch Aufnahme aus Luftfahrzeugen und bemannten bzw. unbemannten Satelliten durch Einsatz von Kameras oder Abtastsystemen (6.4.1.1). Nachfolgend geht es vorwiegend um die analogen, d.h. bildhaften Aufnahmeergebnisse; dazu sind digitale Registrierungen jeweils noch einer Digital-Analog-Wandlung zu unterziehen.

In der Praxis sind solche Luftbilder von Interesse, die mit großformatigen Meßkammern als Senkrechtaufnahmen auf Film entstanden sind, ferner zunehmend auch Satellitenbilder. Die weitere Bildverarbeitung (6.4.1.2) bewirkt, daß die Bilder Zug um Zug kartenähnlicher werden, und zwar in ihrer Maßstäblichkeit (als Ergebnis einer *geometrischen* Bildtransformation), in der inneren Bildgestaltung (als *strukturelle* Bildtransformation mit speziellen Techniken, 12.1.1.5) und in der äußeren Form (z.B. durch Verwendung von Kartenrahmen und -rand).

12.1.1.1 Bilder mit der Geometrie des Aufnahmevorgangs

Sie dienen vorwiegen der Arbeitsplanung, der Bildinterpretation und für Übersichtszwecke. Dazu gehören:
1. Einfache Kontakt-Abzüge oder Vergrößerungen vom Film einer photographischen Kamera. Diese weisen gewöhnlich keinen einheitlichen Maßstab auf, da die Aufnahmeachse einer Kamera meist nicht streng lotrecht ist. Sie sind somit zur Entnahme geometrischer Daten wie Strecken und Winkeln nicht geeignet und werden daher in erster Linie nur zur *Bildinterpretation* (evtl. durch Stereobetrachtung) herangezogen. Aus einer Gruppe benachbarter Abzüge bzw. Vergrößerungen kann man auch ein *Bildmosaik* herstellen, das allerdings nur von geringer Lagegenauigkeit ist und an den Nahtstellen zwischen den Einzelbildern mehr oder weniger große Sprungstellen aufweisen kann.

2. Durch einfache Digital-Analog-Wandlung entstandene Bilder aus Abtastsystemen. Dabei wird man aus praktischen Gründen, z.B. des Formats, innerhalb des Streifens in sinnvoller Weise „Bilder" abgrenzen. Beim Zusammenfügen mehrerer Streifen zu einem *Streifenmosaik* würden an den Nahtstellen der Streifen Klaffungen entstehen. Um diese zu vermeiden, ist es daher zweckmäßig, bei der analogen Umsetzung sogleich auch eine rechnerische Entzerrung vorzunehmen (12.1.1.3 Nr.2).

12.1.1.2 Entzerrte Bilder

Die durch Entzerrung (als Sonderfall der geometrischen Bildtransfomation) entstandenen Bilder dienen meist
– als Ausgangsmaterial zur Herstellung von Bildplänen und -karten oder
– als Arbeitsmaterial (Datenquelle) zur Herstellung oder Aktualisierung konventioneller Strichkarten.

482 Ebene kartenverwandte Darstellungen

Entzerrte Bilder eignen sich nicht nur für Interpretationszwecke, sondern wegen ihrer Maßstäblichkeit auch zur Entnahme von Strecken, Winkeln und Flächen; Voraussetzung dazu ist eine einwandfreie Identifizierung der Objekte. Zwar sind die Entzerrungsergebnisse nur Grundrißangaben, doch stehen indirekt auch Höhenangaben zur Verfügung, wenn eine Orthoprojektion zugrunde liegt. Darüber hinaus kann man Stereoorthophotos (Stereopartner) zur räumlichen Betrachtung und zugleich Ausmessung benutzen.

12.1.1.3 Bildpläne

Sie entstehen durch das Zusammentragen entzerrter Bilder und das anschließende Abgrenzen der einzelnen Blätter nach einer übersichtlichen Systematik. Damit vermeidet man die bei Einzelentzerrungen auftretende unregelmäßige Abgrenzung der Bilder, ihre teilweise gegenseitige Überlappung und die aus beiden Gründen erschwerte geographische Orientierung.

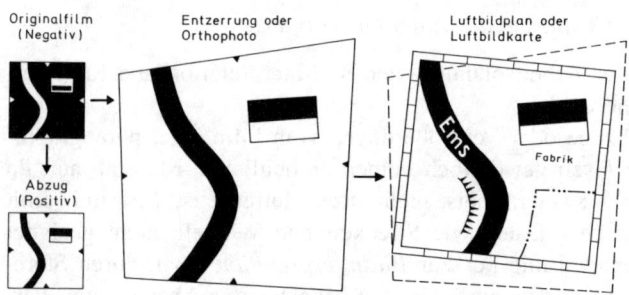

Abb. 282. Vom Luftbildoriginal bis zur Luftbildkarte

1. Bildpläne entzerrter Kamera-Bilder

Diese ergeben sich, wenn man benachbarte entzerrte Luftbilder in den Überlappungsbereichen beschneidet und zu einer großen *Bildmontage* zusammenfaßt. Nach Einfügen einiger Schriftangaben (z.B. Orte und Gewässer) nimmt man dann Abgrenzungen nach bestimmten Gitterlinien oder im Blattschnitt vorhandener Kartenwerke vor (Abb. 282). Die einzelnen Pläne werden entweder herausgeschnitten oder jeweils durch eine aufgelegte Maske begrenzt, die wie ein Kartenrand mit Benennung, Maßstabsangabe usw. versehen ist. Durch Aufnahme mit einer großformatigen Reproduktionskamera oder am Kopiergerät entsteht dann ein *Luftbildplan* als buntes oder unbuntes Halbtonphoto oder bereits in gerasterter Form. Über zusätzliche technische Vorgänge siehe 12.1.1.5.

Luftbildpläne gibt es vorwiegend im Maßstabsbereich 1:2 000 bis 1:25 000, zunehmend auch bis 1:100 000. Ihr großer Wert liegt in der sehr bildhaften Wirkung, die die Aussage von Karten gleichen Maßstabs durch hohe Anschaulichkeit und viele weitere Einzelheiten ergänzt. Damit eignen sich die Luftbildpläne besonders als Unterlagen für planerische Maßnahmen, aber auch zur Bestands-Dokumentation für einen bestimmten Zeitpunkt. Luftbildplanwerke gibt es daher sehr häufig für den Bereich von Städten, Flurbereinigungen, Verkehrswegen und Forsten.

2. Bildpläne entzerrter Abtaster-Registrierungen

Hier läßt sich bereits im Zuge der rechnerischen Entzerrung auch die Abgrenzung der Bildpläne berücksichtigen, so daß einige der bei (1) beschriebenen Prozesse entfallen. Die weiteren reproduktionstechnischen Arbeiten, z.B. das Zusammentragen mit vorbereiteten Randangaben sowie die farbliche Gestaltung, hängen vom Einzelfall ab (12.1.1.5). Bisher veröffentlichte Satellitenbilder entsprechen meist dem, was hier als Satellitenbildplan zu bezeichnen ist. Solche Pläne gibt es als Anhang oder im Text zu Veröffentlichungen, in der Gegenüberstellung zu Karten (z.B. Anlage 15), als Atlaswerk oder in der Aufmachung wie eine Wandkarte. Die bisherigen Maßstäbe liegen bei etwa 1:200 000 und kleiner.

12.1.1.4 Bildkarten

Sie entstehen aus Bildplänen, wenn diese zusätzlich in größerem Umfang mit kartographischen Gestaltungsmittel (z.B. Signaturen, Linien, Flächenfarben, Schrift) versehen werden. Nach dem Ausgangsmaterial lassen sich *Luftbildkarten* und *Satellitenbildkarten* unterscheiden.

Eine solche Überarbeitung von Bildplänen ergibt sich aus dem Gedanken, ob derartige Bildkarten ganz oder teilweise auch die Funktion klassischer Strichkarten übernehmen könnten. Dafür sprechen der hohe Grad von Anschaulichkeit, die Menge der entnehmbaren Informationen sowie die schnelle und wirtschaftliche Herstellung. Dabei sind folgende Fälle denkbar:
1. Die Bildkarten treten *neben* vorhandene Strichkarten als Ergänzung oder Aktualisierung.
2. Die Bildkarten treten an *die Stelle* geplanter oder veralteter Strichkarten, und zwar entweder als eine Vorstufe bis zur späteren Fertigstellung der Strichkarten oder ständig unter Verzicht auf diese.

Solche Aufgaben können reine Bildpläne nicht erfüllen, da manche Angaben, die regelmäßig in Karten enthalten sind, aus den Bildern nicht oder nur unsicher zu gewinnen sind. Dazu gehören z.B. die nicht sichtbaren oder nicht identifizierbaren Objekte bzw. Objektqualitäten, das Namengut und die geometrische Beschreibung des Reliefs. Auch muß mit der Übernahme der Funktion einer Karte auch deren graphische Logik (3.1.2.3) ausreichend gewährleistet sein, z.B. der Grundsatz, daß Gleiches gleich darzustellen ist. In Luftbildern erscheinen aber oft z.B. wichtige Verkehrswege in Waldgebieten schmal und kontrastarm, in offener Feldlage dagegen breit und kontrastreich; darüber hinaus sind Luftbildinhalte auch abhängig von den jahres- und tageszeitlichen Verhältnissen (Sonnenstand, Vegetation usw.).

Für die Herstellung von *Luftbildkarten* ergibt sich damit:

1. Wegen der Genauigkeitsansprüche beruht die Bilddarstellung in der Regel auf einer differentiellen Entzerrung (Orthoprojektion); man spricht daher häufig auch von der *Orthobildkarte (Orthophotokarte)*.
2. Der Einsatz kartographischer Gestaltungsmittel bewirkt allgemein, daß an die Stelle einer mitunter schwierigen oder gar unmöglichen Bildinterpretation eine aufbereitete und damit eindeutige Aussage tritt. Dabei beschränkt sich die Gestaltung oft nicht nur auf ein einfaches Hinzufügen kartengraphischer Strukturen, z.b. durch Einkopieren von Linien; es kann auch vorteilhaft sein, den Bildinhalt selbst noch zu verändern, um z.b. die Lesbarkeit zu verbessern.

Im einzelnen lassen sich die Gestaltungsvorgänge nach ihrer Wirkung wie folgt beschreiben:
– *Ergänzen* durch Darstellung von Objekten, die im Luftbild nicht sichtbar sind, weil sie verdeckt liegen (z.b. Waldweg), für den Bildmaßstab zu klein sind (z.b. Denkmal) oder als abstrakte Sachverhalte überhaupt nicht erkennbar sind (z.b. Naturschutzgebiet, Verwaltungsgrenze). Dazu gehört auch die Reliefdarstellung durch Höhenlinien.
– *Erläutern* durch Namen und Abkürzungen.
– *Verdeutlichen* nicht gut identifizierbarer Objekte durch Nachzeichnen der Kontur (z.B. Böschungskante) oder der Mittellinie (z.B. Schienenweg) oder durch Signaturen (z.B. Bodennutzungen, Kleinformen), evtl. auch durch Herstellen von Farbdeckern beim Mehrfarbendruck (z.B. für Wald- und Gewässerflächen).
– *Klassifizieren* durch graphisches Vereinheitlichen und Betonen, z.B. beim Verkehrsnetz.

Vom Kartenmaßstab her liegt die hauptsächliche Anwendung von Luftbildkarten zwischen den Maßstäben 1:2 000 und 1:25 000, da in diesem Bereich die topographische Informationsfülle der Luftbilder diejenige vergleichbarer Karten weit übersteigt. Bei größeren Maßstäben ist kaum noch ein Gewinn an zusätzlich wichtiger topographischer Information zu verzeichnen, wenn man von Sonderanwendungen im Kataster, bei der Stadttopographie und in der Erfassung von Verkehrswegen absieht. Bei kleineren Maßstäben ist dagegen die Lesbarkeit bedeutender linearer Objekte (z.B. Wasserläufe, Verkehrswege) in Frage gestellt; die Luftbilder bekommen Übersichtscharakter, geben aber noch viele wichtige Flächeninformationen (z.B über Landnutzungen und Formzusammenhänge) sowie solche thematischer Art (z.B. geologische Strukturen) wieder.

Die Vorteile der Luftbildkarte in bezug auf Inhalt und Herstellung zeigen sich vor allem dort, wo Strichkarten noch nicht vorliegen oder der Aktualitätsgrad vorhandener Strichkarten nicht ausreichend ist. Im allgemeinen dürfte die Situationsdarstellung der Luftbildkarte den meisten Ansprüchen genügen. Bei der Geländedarstellung ist zu beachten, ob die Höhenlinien aus einer besonderen topographischen Vermessung stammen oder – meist ungenauer – im Zuge der Orthoprojektion erstmalig abgeleitet wurden.

Allgemeine Ausführungen über Bildkarten stammen von *Schweißthal* (in *Bosse* 1973), *Brunner* (1980), *Schmidt-Falkenberg* (in *Leibbrand* 1984a) und *Bastian* (1985), über Satellitenbildkarten von *Mayer* (in *Leibbrand* 1984a) und *Albertz* (1991,1992), zur Luftbildinterpretation von *Schneider* (1974) und *Scholz/Tanner/Jänckel* (1983), zur Nutzung räumlicher Orthophotos *Finsterwalder* (1989). Näheres über den Einsatz für die Deutsche Grundkarte 1:5 000 findet sich z.B. bei *Pape, E.* (1971), für die Topographische Karte 1:25 000 bei *Schmidt-Falkenberg* (1974a), für kleinmaßstäbige Karten bei *Pape, H.* (1971), für Hochgebirgskarten bei *Pillewizer* (in *Kretschmer* 1977), für Stadtkarten bei *Kellersmann* (1985), *Matthias* (1990) und *Stoye* (1991), für Wattkarten bei *Heidorn/Rosengarten* (1985), für die Ökonomischen Karte 1:10 000 von Schweden bei *Jonasson/Ottoson* (1974).

12.1.1.5 Bearbeitungstechniken bei Luft- und Satellitenbildern

Neben den bereits genannten Verfahren zur Herstellung von Kontaktkopien (12.1.1.1) und Entzerrungen (12.1.1.2) beruht die *Bildverarbeitung* (6.4.1.2) auf folgenden Verfahren (siehe auch Abb. 194):

1. Die *Grauwertveränderung* durch analoge oder digitale Verfahren dient u.a. der Verbesserung der Lesbarkeit: Sehr dunkle Stelle werden aufgehellt, sehr helle Stellen besser durchgezeichnet *(Kontrastausgleich)*.

2. Die *photomechanische Konturierung* (z.B. mit Hilfe eines speziellen Konturenfilms oder durch digitale *Kantenextraktion)* betont Begrenzungslinien (z.B. von Wegen) und unterdrückt Flächentöne. Das Bild tendiert zur Strichkarte, wird also „kartenähnlicher".

3. Die *Betonung von Flächen gleicher Helligkeit* (z.B. durch Farbabstufung mit sog. Äquidensitenfilm) eignet sich z.B. zur Klassifizierung thematischer Sachverhalte.

4. Die *Farbveränderungen* durch analoge Techniken (z.B. Filter) oder digitale Methoden (z.B. Berechnung anderer Helligkeitswerte) wandelt z.B. bei Multispektralaufnahmen die übliche Falschfarbendarstellung der Landsat-Abtastung in eine den Naturfarben weitgehend entsprechende sog. „Grünversion" um (Anlage 15).

5. Die *Rasterung* des Bildes (4.3.6) ist erforderlich für dessen Vervielfältigung durch Druck oder mit gewöhnlichem Lichtpauspapier.

6. Das *Farbauszugsverfahren* (7.2.2.5) auf photomechanischem Wege (z.B. mit Reproduktionskamera) oder elektronisch (z.B. mit Repro-Scanner) erzeugt darüber hinaus die notwendigen Farbfolien für den Mehrfarbendruck nach bunten Bildern, meist direkt verknüpft mit der Rasterung (Nr.5).

7. Die *Farbtrennung nach Sachgruppen* (7.2.2.4) erzeugt zusätzlich einzelne Farbfolien (z.B. für schmale Wasserläufe in Blau, Waldflächen in Grün), um einen einfarbigen Bildinhalt mit Farbaufdrucken zu versehen. Darüber hinaus läßt sich das Bild selbst in Farbfolien zerlegen und zwar durch jeweiliges Auskopieren mit Deckern, die auf besonderer Folie durch Zeichnung der auszukopierenden Stellen entstehen.

8. Das *Zusammenfügen* (7.2.3.1) von Bildinhalt und kartographischen Gestaltungsmitteln auf einer Folie geht aus von der kartographischen Darstellung (Zeichnung oder Montage) von Wegeflächen, Signaturen oder Schriften auf einer besonderen Folie (als sog. Maske oder Decker). Wird diese dann zusammen mit

dem negativen Bild (z.B. Orthophoto) auf eine Photoemulsion im Kontakt belichtet, so entsteht ein positives Bild, das in den abgedeckten Zeichnungsbereichen keinen Halbton mehr enthält. Die Zeichnung erscheint als Negativdarstellung in Weiß mit meist gutem Kontrast zur Umgebung. Wird dagegen die Zeichnung als Negativ und danach das negative Orthophoto aufbelichtet, so erscheint im positiven Bild die Zeichnung in Schwarz, also ebenfalls positiv. Anlage 20 zeigt eine Kombination beider Möglichkeiten.

12.1.2 Vogel- und Satellitenperspektiven

Solche auch als *Vogelschau* bezeichneten Perspektiven entsprechen der Sicht von einem hohen Berge oder aus einem Luft- bzw. Raumfahrzeug. Sie sind geometrisch Zentralprojektionen auf eine schräge Ebene und entsprechen daher perspektiv einem Photo vom selben Aufnahmepunkt mit gleicher Aufnahmerichtung (Schrägbild). Für die Konstruktion der Vogelschau gibt es unterschiedlich exakte Ansätze.

1. Läßt sich der Einfluß der Erdkrümmung vernachlässigen (z.B. beim Blick in ein Tal), so erscheint das in einer Ebene gedachte Gitter eines Koordinatensystems zentralperspektiv wie bei der Konstruktion von Blockbildern (Abb. 284). Die Objekte werden nach Lage und Höhe aus Karten entnommen; der Horizont liegt meist außerhalb des Bildfeldes.
2. Ist der Einfluß der Erdkrümmung zu berücksichtigen (z.B. bei größeren Bereichen, in denen auch der Horizont im Bild erscheint), so führt die strenge Lösung bei der Wiedergabe des Gitters oder geographischer Netzlinien zu den Formeln der allgemeinen zentralperspektiven Azimutalabbildung (2.2.3.7).
3. Eine Näherungslösung zu (2) zieht als sog. *progressive Perspektive* (nach *Hölzel* 1963) die hinteren Felder eines Gitters nach (1) soweit zusammen, daß als Abschluß stets ein echter Horizont und nicht eine willkürliche Schnittlinie entsteht.

Beruht die Inhaltsgestaltung solcher Perspektiven vor allem auf den bildhaften Elementen künstlerischer Landschaftsmalerei, so spricht man von *Vogelschaubildern*; überwiegt dagegen die Anwendung kartographischer Mittel, so liegen *Vogelschaukarten* vor (*Stollt* 1958). Dem Vorteil hoher Anschaulichkeit – bei den Bildern auch der Naturähnlichkeit – steht der Nachteil gegenüber, daß diese Perspektiven sich nicht zur Entnahme von Entfernungen, Höhen usw. eignen. Sie kommen daher in erster Linie für Tourismus, Übersichtszwecke und Werbung sowie als Lehrmittel in Betracht.

12.1.3 Panoramen

Panoramen sind zentralperspektive Abbildungen auf vertikale Flächen rund um den ganzen Horizont (*Rundbild*) oder einen Teil davon (*Teilpanorama*).

Zur Konstruktion denke man sich einen senkrechten Kreiszylindermantel, in dessen Achse der Aufnahmeort 0 liegt (Abb. 283). Die Horizontalebene durch den Aufnahmeort schneidet den Zylinder mit dem Radius r in der Horizontallinie. Legt man in dieser eine Nullrichtung fest, so ist jeder Bildpunkt P' durch den Horizontalwinkel α und den Höhenwinkel β wie folgt fixiert:

$$x' = r \tan \beta, \quad y' = r\alpha.$$

Mit der Näherungsformel $x' = r\beta$ vereinfacht sich die Konstruktion durch einfaches Abtragen der Winkelwerte α und β in einem bestimmten Maßstab. Die Formeln entsprechen im System der Kartennetzentwürfe denen einer normalen perspektiven Zylinderabbildung, im Näherungsfalle der quadratischen Plattkarte (2.2.4.2).

Entsteht somit das *Rundbild* durch Abwickeln des Zylindermantels in der Ebene, so findet bei *Teilpanoramen* die Abbildung häufig auf eine Vertikalebene statt: Das entspricht einem Photo mit Horizontalrichtung bzw. dem Sonderfall der Vogelschau mit vertikaler Projektionsebene. Beim Zusammenfügen mehrerer Photos zu einem Photopanorama können dann aber an den Nahtstellen unstetige Übergänge auftreten.

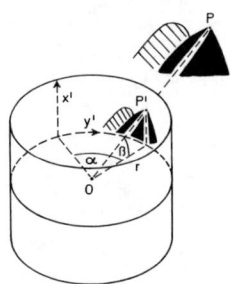

Abb. 283. Panorama (Konstruktionsprinzip)

Vor- und Nachteile der Panoramen stimmen sinngemäß mit denen überein, die für die Vogelperspektiven gelten. Die Hauptanwendung liegt bei *Gebirgspanoramen* (*Arnberger* 1970); aus historischer Zeit sind auch zahlreiche *Schlachtenpanoramen* bekannt. *Flußpanoramen* wie z.B. das von *Klein* (1961) beschriebene Rheinpanorama von *Delkeskamp* sowie die zahlreichen Panoramakarten von *Berann* (in *Asche/Topel* 1989) sind von der Konstruktion her keine Panoramen, sondern Vogelperspektiven (12.1.2) oder Axonometrien (12.1.6-12.1.7). Ausführungen zum Panorama geben allgemein *Solar* (1979), zum Einsatz modernerer Techniken *Stummvoll* (1986), zur automatischen Konstruktion aus digitalen Geländemodellen *Weibel/Herzog* (1988).

12.1.4 Blockbilder

Solche auch *Blockdiagramme* genannten Darstellungen sind Projektionen auf schräge Bildebenen. Dabei erzeugen *zentralperspektive* Blockbilder einen natürlicheren Eindruck; *parallelperspektive* Blockbilder sind dagegen leichter zu konstruieren und auszumessen. Im Gegensatz zur Vogelschau ist das Blockbild durch vertikale Schnittebenen wie ein quadratischer oder rechteckiger Block begrenzt.

488 Ebene kartenverwandte Darstellungen

Die Konstruktion eines *zentralperspektiven* Blockbildes läßt sich mit Hilfe eines zu den Blockbegrenzungen parallelen Gitters, im günstigsten Falle mit dem Koordinatennetz, wie folgt vornehmen (Abb. 284): Man legt auf der Geraden g den vorderen Eckpunkt A und von diesem aus nach links und rechts die beiden verschiedenen oder gleichen (wie in Abb. 284) Teilungsmaßstäbe fest. Parallel zu g verläuft die Horizontlinie h, und auf dieser liegen die beiden Fluchtpunkte F_1 und F_2 so, daß der in A entstehende Winkel nicht zu spitz wird. Das Gitter entsteht dann aus den Verbindungslinien der Fluchtpunkte mit den Teilungspunkten. Mit Hilfe des Gitters und des Teilungsmaßstabes kann jeder Punkt in seiner Grundrißlage fixiert werden. Sinngemäß ergibt sich die Höhe eines Punktes P aus dem am Höhenmaßstab abgesetzten Höhenwert h_p. Diese sog. *Zweipunktperspektive* ist eine Näherungslösung, da streng genommen auch die Lotlinien in einem dritten Fluchtpunkt zusammenlaufen müßten.

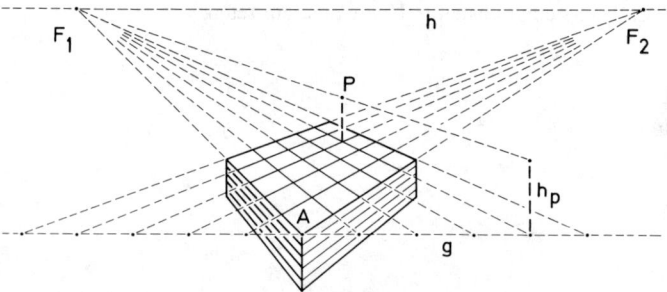

Abb. 284. Zentralperspektive Konstruktion eines Blockbildes

Für ein *parallelperspektives* Blockbild legt man ebenfalls auf der Geraden den Eckpunkt A und die Teilungsmaßstäbe fest (Abb. 285), ferner von A ausgehend die beiden Richtungen der vorderen Blockbegrenzungen. Das entspricht den Verfahren bei der Axonometrie (12.1.6 und 12.1.7). Das Gitter entsteht dann durch Parallelen zu diesen Richtungen durch die Teilungspunkte. Jede Punkthöhe läßt sich unmittelbar über ihrer Grundrißlage auftragen. Der Teilungsmaßstaß in Abb. 285 entspricht etwa dem mittleren Maßstab im Blockbild Abb. 284.

Liegen digitale Objektdaten auf der Grundlage eines digitalen Geländemodells vor, so entstehen die Blockbilder nach Programmen der GDV, wobei am Bildschirm Drehungen, Maßstabsänderungen usw. sowie Oberflächendarstellungen nach digitalen Luft- bzw. Satellitenbildern möglich sind.

Blockbilder spielen vor allem in der Geologie, Geomorphologie und Geographie eine große Rolle. Neben der raumbildlichen Darstellung der Oberflächenformen liegt ihr besonderer Vorteil darin, daß in den vertikalen Schnittebenen noch der geologische Aufbau mit seinen Besonderheiten wiedergegeben werden kann (Abb. 286) (*Frebold* 1951).

Kartenverwandte Darstellungen 489

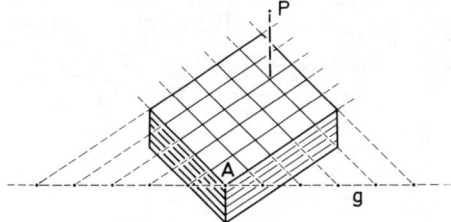

Abb. 285. Parallelperspektive (axonometrische) Konstruktion eines Blockbildes

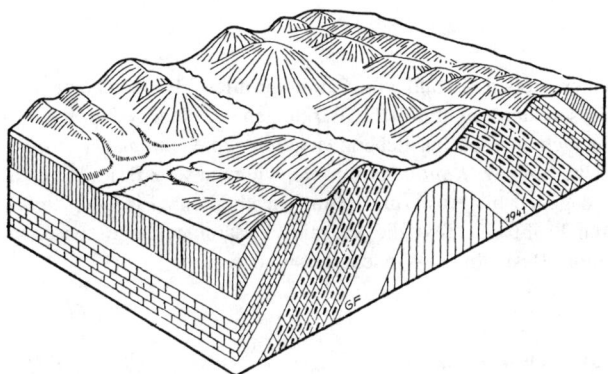

Abb. 286. Zentralperspektives Blockbild eines geologischen Sattels
(Nach G. *Frebold:* Profil und Blockbild)

12.1.5 Profile

Geländeprofile entstehen durch Parallelprojektion auf eine senkrechte Ebene. Die Konstruktion beginnt mit einer waagerechten Bezugsgeraden (sog. Horizont), die einen meist runden Höhenwert erhält. Danach trägt man auf diesem Horizont die Horizontalentfernungen der Profilpunkte ab (im Ingenieurbau in Form der sog. Stationierung) und senkrecht dazu die Differenzen zwischen Punkthöhen und Horizonthöhe. Zum Verdeutlichen von Höhenunterschieden wählt man häufig den Höhenmaßstab größer als den Längenmaßstab (sog. *Überhöhung*).

Im Ingenieurbau (z.B. Straßenbau, Wasserbau) beträgt die Überhöhung bei *Längsprofilen* (Abb. 287) meist 10:1 oder 5:1. Solche Profile folgen dem Verlauf der Straße, des Kanals usw. und können daher im Grundriß auch gekrümmt verlaufen. *Querprofile* (quer zur Linienführung) werden dagegen ohne Überhöhung dargestellt, damit graphische Bestimmungen der Profilflächen und damit auch Massenberechnungen möglich sind.

Profile eignen sich auch zur *Sichtbarkeitsermittlung* bei großräumigen Vermessungen (Triangulation) und militärischen Aufgaben sowie zur Erreichbarkeitsermittlung für Funk und Fernsehen. Die Daten werden digitalen Geländemodellen oder Karten entnom-

490 Ebene kartenverwandte Darstellungen

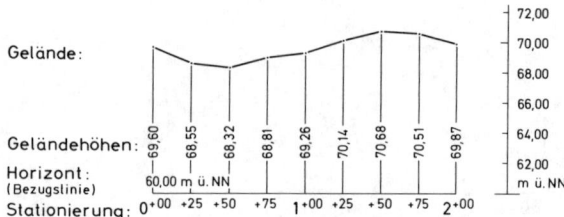

Abb. 287. Längsprofil in 10facher Überhöhung. Maßstab der Längen 1:5 000, der Höhen 1:500.
Im Ingenieurbau wird später noch der Entwurf eingetragen (mit Angabe der Stationshöhen, des Gefälles usw.).

men (z.B. Abb. 211). Mit einer großen Anzahl von Parallelprofilen, die gegeneinander versetzt dargestellt werden, lassen sich raumbildliche Wirkungen erzielen. Neben technischen Zwecken dienen Profile auch wissenschaftlichen Darstellungen: *Geologische Profile* erscheinen dabei meist ohne Überhöhung, *Kontinentalprofile*, wie man sie z.B. in Atlanten und Fachbüchern trifft, sind dagegen bis etwa zum 100fachen überhöht. Ein *geographisches Kausalprofil* stellt durch Profil und Text die kausalen Zusammenhänge zwischen Geländeform, Klima, Vegetation, Besiedlung, Wirtschaft usw. dar.

12.1.6 Senkrechte Axonometrien

Die Objektbilder entstehen durch *senkrechte* Parallelprojektion auf eine beliebig geneigte Ebene. Jeder Objektpunkt ist eindeutig festgelegt durch Zahlenwerte in einem räumlichen rechtwinkligen Koordinatensystem x,y,z (rechtwinkliges Achsenkreuz). Bei der Abbildung dieses Achsenkreuzes tritt auf jedem Achsbild eine Maßstabsverkürzung auf, solange keine der drei Achsen parallel zur Bildebene liegt. Sind aus der gegenseitigen Lage von Achsenkreuz und Bildebene die Verkürzungsverhältnisse bekannt, so läßt sich das Bild jedes Punktes aus seinen Koordinatenwerten mit Hilfe von Parallelen zu den Achsbildern konstruieren (*Haack* 1980).

Liegen digitale Objektdaten vor, so lassen sich mittels GDV beliebige Perspektiven (auch *schiefachsige* Axonometrien, 12.1.7.2) durch Drehung, Maßstabsänderung in den Achsen usw. erzeugen. Das ist besonders wirkungsvoll, wenn z.B. dreidimensionale digitale photogrammetrische Daten bebauter Bereiche zu Stadtansichten ausgewertet werden.

Im allgemeinen Abbildungsfalle weist jedes der drei Achsbilder ein spezielles Verkürzungsverhältnis auf; es liegt eine *trimetrische* Projektion vor (Abb. 288). Wird dagegen das Achsenkreuz so gedreht, daß das Verkürzungsverhältnis in zwei Koordinatenrichtungen gleich groß ist, so ergibt sich die *dimetrische* Projektion. Bei der *isometrischen* Projektion schließlich liegt in allen drei Achsrichtungen ein gleich großer Maßstab vor. Das bedeutet, daß jede der drei Achsen um den gleichen Winkel – nämlich 35°16′ –

gegen die Bildebene geneigt ist; in der Abbildung schließen sie jeweils einen Winkel von 120° ein. Der Verkürzungsfaktor μ ergibt sich nach Abb. 289 aus dem gleichschenkligen Dreieck $A'0'B'$ mit der längentreu abgebildeten Quadratdiagonale $A'B' = d' = d$ wie folgt:

$$\text{Urbild:} \quad a = \frac{d}{\sqrt{2}}, \quad \text{Abbild:} \quad a' = \frac{d'}{2\sin 60°} = \frac{d'}{\sqrt{3}} = \frac{d}{\sqrt{3}}.$$

Damit wird $\mu = a'/a = \sqrt{2/3} \approx 0{,}816$. In der Praxis trägt man jedoch auf den Achsbildern die originalen Koordinatenwerte ab, um sich jede Rechnung mit dem Reduktionsfaktor zu ersparen; diese Maßnahme bewirkt lediglich eine Maßstabsänderung der Gesamtdarstellung. Allgemein gilt in allen senkrechten Axonometrien für die Verkürzungsverhältnisse

$$\mu_x^2 + \mu_y^2 + \mu_z^2 = 2.$$

Die isometrische Projektion kommt in der Kartographie vor allem für die Anfertigung von Blockbildern und raumbildlichen Darstellungen bebauter Gebiete in Betracht. Außer in den Bereichen der Konstruktionstechnik wird sie auch noch gern im Markscheidewesen zur Darstellung von Lagerstätten und Grubenbauten benutzt. Zur Erleichterung der Konstruktion gibt es gedruckte isometrische Liniennetze (DIN 5) (Abb. 289).

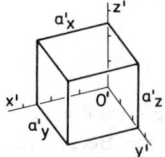

Abb. 288. Trimetrische Projektion eines Würfels mit der Kantenlänge $a = 2{,}5$. Verkürzungsfaktor $\mu_x = 0{,}94$, $\mu_y = 0{,}67$, $\mu_z = 0{,}82$

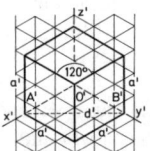

Abb. 289. Isometrische Projektion eines Würfels mit der Kantenlänge $a = 2{,}5$, abgeleitet aus einem isometrischen Netz

Als *Sonderfälle* der senkrechten Axonometrie lassen sich auffassen:
1. Die *Karte* als der Fall, bei dem die Bildebene parallel zur xy-Grundrißebene liegt; 2. das *Profil*, bei dem die Bildebene die z-Achse oder eine Parallele zu dieser enthält.

12.1.7 Schiefe Axonometrien

Im Gegensatz zur senkrechten Axonometrie entstehen die Objektbilder hier durch *schiefe* Parallelprojektionen. Dabei interessieren vor allem die Fälle, in denen jeweils eine bestimmte Ebene des räumlichen Achsenkreuzes parallel zur Bildebene liegt (*Ferschke* 1953).

12.1.7.1 Aufriß-Schrägbilder (Kavalierperspektiven)

Würde man bei der senkrechten Axonometrie die Bildebene so anordnen, daß sie parallel zur yz-Ebene des rechtwinkligen Achsenkreuzes liegt, so stände die x-Achse senkrecht zur Bildebene, d.h. x-Werte wären nicht darstellbar (Fall des Profils). Klappt man nun bei dieser Lage das Bild der x-Achse nach links unten, so entspricht das einer schiefen Parallelprojektion von rechts oben. Bei dieser Annahme gilt als *Kavalierperspektive* meist der Fall, bei dem die Bilder von x- und y-Achse einen Winkel von 135° bilden und das Verkürzungsverhältnis der x-Werte 0,5 beträgt (Abb. 290a). Als Kavalier galt früher ein hoher Punkt bzw. Turm in Festungsbauwerken mit besonders guter Übersicht über das Vorgelände.

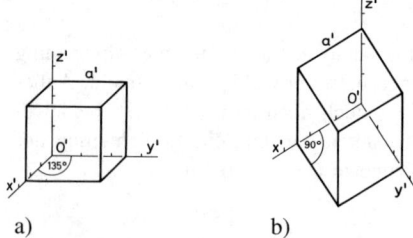

a) b)

Abb. 290. Schiefe Axonometrie eines Würfels mit der Kantenlänge $a = 2,5$; a) Kavalierperspektive, b) Militärperspektive

Alle Aufrisse parallel zur yz-Ebene werden maßstäblich wiedergegeben, während der Grundriß der xy-Ebene gestaucht und verzerrt wird. Erhebungen wie Gebäude, Berge usw. können größere Verdeckungen im Aufriß hervorrufen; dieser Umstand schränkt die Eignung der Kavalierperspektive als raumbildliche Darstellung u.U. erheblich ein. Der beste optische Eindruck beim Betrachten entsteht in Projektionsrichtung, d.h. beim Anblick von rechts oben.

12.1.7.2 Grundriß-Schrägbilder (Militärperspektiven)

Wenn bei der senkrechten Axonometrie die Bildebene parallel zur xy-Ebene (Grundrißebene) liegt, steht die z-Achse senkrecht zur Bildebene, und z-Werte wären nicht darstellbar (Fall der Karte). Klappt man nun das Bild der z-Achse nach oben zurück, so entspricht das einer schiefen Parallelprojektion von unten her. Bei dieser sog. *Militärperspektive* ist für die z-Achse noch ein besonderer Maßstab festzulegen. Er wird häufig dem in x und y gleichgesetzt, was einer Neigung der Projektionsstrahlen von 45° gegen die xy-Ebene entspricht (Abb. 290b). Diese Maßstabsgleichheit in x, y, z hat der Perspektive die mitunter übliche, aber unzutreffende Bezeichnung als isometrische Darstellung (12.1.6) verschafft.

Bei der Konstruktion der Perspektive geht man meist von einem vorhandenen Kartengrundriß aus und trägt dann in den Grundrißpunkten die Höhen im vorgegebenen Maßstab nach oben ab. Insoweit ist die Militärperspektive we-

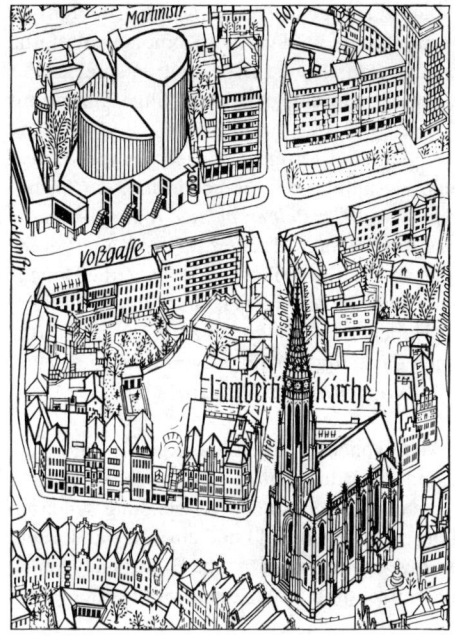

Abb. 291. Ausschnitt aus einer Bollmann-Bildkarte von Münster/Westfalen. Das Herausgabeexemplar ist mehrfarbig.

sentlich bequemer zu erzeugen als die isometrische Darstellung, die ihrerseits jedoch ein etwas gefälligeres Aussehen aufweist. Das Verfahren ist schon seit Jahrhunderten im Gebrauch und besonders wirkungsvoll bei der raumbildlichen Wiedergabe von Städten und Bauwerken. Ein bekanntes Beispiel der Gegenwart sind die *Bollmann-Bildkarten* von zahlreichen Städten des In- und Auslandes in Maßstäben von 1:5 000 und kleiner und mit Überhöhungen in z (Gebäudehöhen) um das 1,5- bis 1,8-fache (Abb. 291). Der beste visuelle Eindruck ergibt sich dazu bei Betrachtung von schräg unten, d.h. in Projektionsrichtung. Über digitale Verfahren siehe 12.1.6.

12.1.8 Stereodarstellungen

Diese vermitteln bei stereoskopischer Betrachtung einen echten Raumeindruck. Man findet sie in erster Linie bei Luftbildern, seltener bei Karten und Blockbildern. Ihre Herstellung setzt voraus, daß zwei Perspektiven vom *selben* Objekt, aber mit *verschiedenen* Projektionszentren vorliegen. Beide Perspektiven sind so zu wählen, daß sie einem stark erweiterten menschlichen Augenabstand entsprechen und möglichst parallele oder leicht konvergierende Blickrichtungen aufweisen. Durch sog. *Bildtrennung* wird jedes Bild sodann einem Auge allein zugeordnet. Die von den Augen getrennt wahrgenommenen, geometrisch verschiedenen Bilder verschmelzen im Gehirn zu einem einzigen Bild mit räumlicher Wirkung.

Für die erforderliche Bildtrennung benutzt man vorwiegend das *Anaglyphen-Verfahren*: Die eine Darstellung erscheint in blauer Farbe; die zweite wird in roter Komplementärfarbe darüber gedruckt oder gezeichnet. Bei Betrachtung durch eine Brille mit entsprechender blauer bzw. roter Filterfarbe wird jeweils ein Bild gelöscht, d.h. jedes Auge nimmt nur das ihm zugedachte Bild wahr.

Luftbilder sowie Photos von Geländemodellen sind fertige Vorlagen für *zentralperspektive Anaglyphenbilder*; eine entsprechende Gestaltung bei Stereopartnern der Orthophototechnik (12.1.1.2) führt zur Parallelperspektive. *Parallelperspektive Anaglyphenkarten, -blockbilder* usw. sind noch besonders zu konstruieren. Liegt z.B. die Karte bereits vor, so beschränkt sich die Konstruktion auf die zweite Darstellung, in der u.a. die Höhenlinien um konstante Beträge parallel zur Augenbasis zu verschieben sind, um die nötigen Betrachtungsparallaxen für die verschiedenen Höhenwahrnehmungen zu erzeugen. In Anlehnung an das Höhenlinienbild ist sodann auch das Grundrißbild zu verschieben. Liegen die Ausgangsdaten in digitaler Form vor, so lassen sich solche Verschiebungen im Wege der GDV erzeugen.

Statt die beiden Darstellungen wie beim Anaglyphenverfahren übereinander zu legen, kann man sie auch nebeneinander anordnen und die Bildtrennung z.B. durch ein *Stereoskop* vornehmen (Abb. 174). Ein weiteres Verfahren besteht in der Verwendung synchron arbeitender Schwingblenden, die in rascher Folge jeweils ein Bild und ein Auge abdecken. Schließlich läßt sich bei transparenten Darstellungen im Durchlicht eine Bildtrennung auch durch Projektion mit polarisiertem Licht und Betrachtung mittel Polarisationsfilter erzielen.

12.2 Reliefs

Die Schwierigkeiten, aus ebenen Darstellungen eine zutreffende Vorstellung der Oberflächenformen zu gewinnen, haben neben den Stereodarstellungen stets den Wunsch nach echten dreidimensionalen Wiedergaben aufkommen lassen. Als einfachstes Verfahren gilt die *Sandkastenmethode*, die typische Geländeformen gut erkennbar machen kann, jedoch ohne genauere Lage und Höhe der Objekte. Eine exaktere Methode ist dagegen die Entwicklung von *Stufenreliefs* aus horizontalen Platten bestimmter Dicke, die den Höhenlinien entsprechend abgegrenzt sind. Ein solcher Modellaufbau ist in anderer Weise auch mit Hilfe vertikaler *Profilplatten* möglich.

Das Material der Plattenreliefs besteht meist aus Holz oder Pappe. Beim weiteren Modellieren zum Beseitigen der Stufen und Absätze wird Gips oder plastischer Kunststoff benutzt. Das gehärtete Relief wird sodann an der Oberfläche weiter gestaltet. Mit Spezialgeräten läßt sich die Reliefherstellung heute weitgehend mechanisieren. So wird z.B. das für die mechanische Schummerung (4.3.5) erforderliche Geländemodell durch eine Gipsfräsmaschine hergestellt, bei der das Abfahren einer Kartenhöhenlinie auf die Fräse übertragen wird.

Großes Gewicht und oft erhebliche Ausmaße machen solche Reliefs für eine leichte Handhabung und einen bequemen Transport ungeeignet. Für viele Zwecke sind daher die leichten und flexiblen plastischen *Kartenreliefs* – auch als *Reliefkarten* bezeichnet – günstiger. Diese bestehen aus einer mit Kartendruck versehenen Kunststoffolie, die erwärmt und dann durch Unterdruck gegen eine Form gepreßt wird (Vakuumverformung). Die Form besteht meist aus Gips, der an mehreren Stellen zur Erzeugung des Vakuums durchbohrt ist. Die Geländeüberhöhung ist um so größer, je flacher das Gelände bzw. je kleiner der Maßstab ist. Bei 1:50 000 und größer liegt die Überhöhung je nach Relief etwa zwischen 1 und 2; bei 1:1 Mio. beträgt sie das 2-4fache und kann bei 1:40 Mio das 20-80fache erreichen.

Man unterscheidet zwischen der *Negativverformung (Tiefziehen)*, bei der die Form ein Negativmodell des Geländes ist, und der *Positivverformung*, bei der eine positive Geländeform vorliegt (*Mühle* 1967). Widersprüche, die nach der Verformung zwischen dem entstandenen Relief und dem vorher aufgedruckten Höhenlinienbild auftreten können, sind am geringsten in der Negativverformung für die Talbereiche, in der Positivverformung für die Bergspitzen. Sie lassen exakte kartometrische Arbeiten meist noch nicht zu.

Auch *Blindenkarten (Tastkarten, taktile Karten, tactual maps)* entstehen durch thermische Kunststoff-Verformung. Sie stellen als Stadtkarte das Stadtrelief dar, meist in negativer Form durch hochgestellte Straßen in Verbindung mit der Blindenschrift nach Braille (*Podschadli* 1988).

12.3 Globen

Globen sind Nachbildungen der Erde, eines anderen Weltkörpers oder der scheinbaren Himmelskugel. Sie bestehen aus Holz, Pappe, Blech, Glas oder Kunststoff und weisen meist Durchmesser von rund 25 bis 50 cm auf, was bei Erdgloben Maßstäben von 1:50 Mio. bis 1:25 Mio. entspricht.

Das besondere Merkmal des Globus ist seine geometrische Ähnlichkeit mit dem Urbild (z.B. der Erde als Kugel) im Kleinen wie im Großen. Damit liegt eine völlig verzerrungsfreie, d.h. längen-, flächen- und winkeltreue kartographische Abbildung vor. Diesem wesentlichen Vorzug im ganzen stehen allerdings Nachteile gegenüber, die sich beim Vergleichen zwischen weit auseinanderliegenden Darstellungen, bei kartometrischen Arbeiten (z.B. Flächenbestimmungen) sowie bei Handhabung und Transport ergeben.

Die meisten Globen sind um eine Achse drehbar, die in den beiden Endpunkten eines halbkreisförmigen Meridianteilers liegt; dieser wiederum ist auf einem Sockel so befestigt, daß die Drehachse den planetarischen Verhältnissen entsprechend geneigt ist, z.B. beim Erdglobus um etwa 23,5° gegen die Lotrichtung. Der *Rollglobus* ist dagegen eine lose Kugel, die in zwei gekreuzten Quadranten ruht. Mit Hilfe der auf den Quadranten befindlichen Maßskalen kann man auf dem Globus beliebige Entfernungen messen.

Globen

Wie bei der Gruppierung der Karten nach dem Inhalt kann man auch bei den *Erdgloben* zwei Gruppen unterscheiden:

1. *Physische Globen* sind wie geographische (also topographische) Karten gestaltet; sie stellen teilweise auch die Formen des Meeresbodens dar. Einen Sonderfall bilden die *Reliefgloben*, die wie Kartenreliefs (12.2) mit sehr starker Überhöhung die großen Gebirge der Erde plastisch wiedergeben, ferner *taktile* Globen.

2. *Thematische Globen* begannen als *politische* Globen, später erschienen auch Globen über Geologie, Geotektonik, Klima, Wirtschaft und Verkehr.

Himmelsgloben bilden – entsprechend einer scheinbaren Betrachtung des Himmelsgewölbes von außen – den Sternenhimmel seitenverkehrt ab. Die waagerechte Ebene durch den Globusmittelpunkt ist dabei als örtlicher Horizont zu denken. Neben topographischen und geologischen Globen vom Erdmond gibt es auch erste Globen von anderen Planeten und Monden.

Leuchtgloben kombinieren zwei Darstellungen, z.B. beleuchtet die physische und unbeleuchtet die politische Situation *(Duo-Globen).* Andere Leuchtgloben demonstrieren mit Hilfe der teilweise abgedeckten Lichtquelle die Tag-Nacht-Situation auf der Erdoberfläche im Wandel der Tages- und Jahreszeiten. *Induktionsgloben* sind meist schwarze Kugeln (z.B. Schiefergloben) mit oder ohne Gradnetz für Lehrzwecke (siehe z.B. die Kugeloberfläche in Abb. 17). Neben solchen kugelartigen Globen gibt es auch ellipsoidische Formen.

Das Schrifttum zur Globenkunde bis etwa 1960 hat *Bonacker* (1960) zusammengestellt. Mit thematischen Globen befaßt sich *Jensch* (in *Österreichische Geographische Gesellschaft* 1970). Zahlreiche Einzelinformationen über Globen enthält „Der Globusfreund", die Zeitschrift der Coronelli-Gesellschaft für Globen und Instrumentenkunde, Wien. Über taktile Globen für Sehbehinderte berichtet *Podschadli* (1988). Wie man umgekehrt die Oberfläche eines historischen Globus durch Photogrammetrie und digitale Bildverarbeitung verbessern und dazu auch bewegte Bilder erzeugen kann, beschreiben *Kager/Kraus/Steinnocher* (1992).

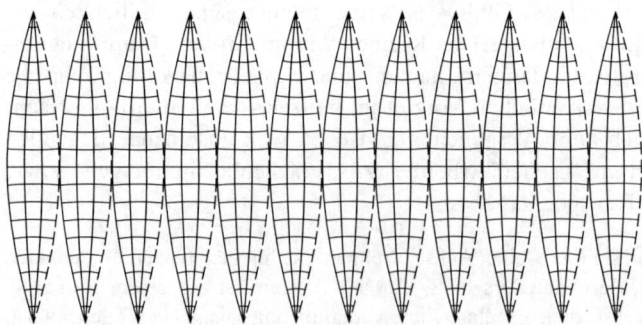

Abb. 292. Kartenherstellung für eine Globusoberfläche aus 12 sphärischen Zweiecken zu je 30° Längenunterschied

Zur Herstellung von Globen wird eine Folge von sphärischen Zweiecken (Globuszwickel, Abb. 292) wie eine ebene Karte mehrfarbig bedruckt und dann Zweieck für Zweieck auf die Globusoberfläche geklebt. Bei gewöhnlichen Globen sind die Zweiecke meist in einem Längenunterschied von 30° durch Schnittlinien begrenzt, die zwischen den gedruckten Meridianen liegen. Die beiden Polbereiche werden als kreisrunde Kappen geklebt. Bei Globuskugeln aus Kunststoff ist auch ein direktes Bedrucken der Oberfläche möglich.

12.4. Bewegte Karten (Filmkarten)

Auch die Darstellung räumlicher Veränderungen in Karten (10.3.1.5) kann nicht mehr sein als eine statische Kartengraphik, die lediglich die Zustände zu bestimmten Zeitpunkten oder die Wege der Bewegungen wiedergibt. Daher liegt der Gedanke nahe, die Objektdynamik so zu verdeutlichen, daß die Abläufe quasi kontinuierlich wie ein Kinofilm erscheinen.

Solche Ansätze sind jedoch in der klassischen Analogtechnik außerordentlich aufwendig und daher auch nur für Karten einfacher Graphik und mit Filmen sehr kurzer Zeitdauer realisierbar: Dies ergibt sich vor allem aus dem Zwang, jede kleine graphische Veränderung bis zum Betrag der Mindestdimensionen (3.1.2.4) durch Zeichnung, Montage usw. neu zu erzeugen.

Bessere Möglichkeiten bietet dagegen die Digitaltechnik, bei der mit geeigneten Programmen der Computergraphik die Bildveränderungen zügiger umsetzbar und über Datenträger bequem am Bildschirm darstellbar sind. In solchen sog. *animated maps* lassen sich darüber hinaus Kartengraphiken mit Luft- und Satellitenbildern verknüpfen sowie allmähliche Übergänge zwischen grundrißlichen und anderen Perspektiven (für Unterricht, Werbung usw.), Maßstabsänderungen, jahreszeitliche Erscheinungswechsel usw. erzeugen (siehe auch 11.9).

13. Geo-Informationssysteme (GIS)

13.1 Begriffe und Aufgaben

Als *Informationssystem* wird allgemein ein System bezeichnet, in dem ein Personenkreis (Betreiber) auf Anforderung eines anderen Personenkreises (Benutzer) bestimmte Informationen unter Anwendung technischer Hilfsmittel (Technologien) produziert und bereitstellt (*Dworatschek* 1989, *Schneider* 1991).

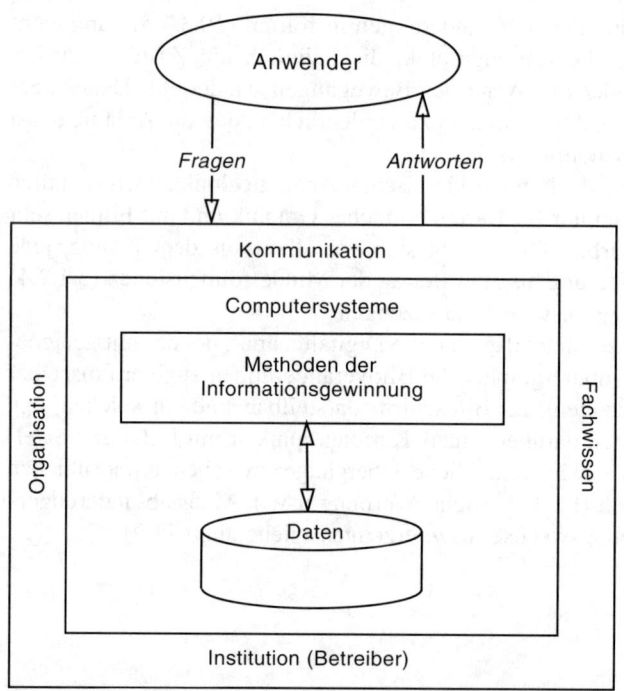

Abb. 293. Allgemeiner Aufbau und Funktion eines Informationsystems

Diese Definition läßt sich z.B. auch anwenden auf die topographischen Kartenwerke (9.), die in einem Landesvermessungsamt auf Anforderung der Öffentlichkeit unter Anwendung der Photogrammetrie, der Karten- und Reproduktionstechnik hergestellt werden, und man kann von einem *analogen* Geo-Informationssystem (GIS) sprechen. Nach dem heutigen Sprachgebrauch bezieht sich die Bezeichnung *GIS* jedoch auf den Fall, daß unter Einsatz digitaler

Technologien objektorientierte Modelle der Umwelt erzeugt und daraus Geo-Informationen abgeleitet und dargestellt werden (Abb. 86).

GIS treten zunehmend in allen *Aufgabengebieten mit Geo-Bezug,* z.B. Liegenschaftskataster, Versorgung und Entsorgung, topographische und geowissenschaftliche Landesaufnahme, Raumordnung und Regionalplanung, Umweltschutz u.a.m., an die Stelle der klassischen Informationssysteme. Motor der Entwicklung ist die Erwartung, daß sich mittels der *GIS-Technologie* praktisch beliebig große Datenmengen auf wirtschaftliche Weise erfassen verwalten, verarbeiten und präsentieren lassen.

Die *GIS-Technologie* hat sich aus den kartographischen Automationssystemen (4.11) entwickelt. Sie umfaßt Komponenten für die Datenerfassung und Datenverwaltung, die numerische und graphische Datenverarbeitung und die Visualisierung. Häufig werden die Begriffe GIS-Technologie und GIS mit gleicher Bedeutung gebraucht; z.B. definieren *Bill/Fritsch* (1991): „Ein GIS ist ein rechnergestütztes *System,* das aus Hardware, Software, Daten und Anwendungen besteht. Mit ihm können raumbezogene Daten digital erfaßt und redigiert, gespeichert und reorganisiert, modelliert und analysiert sowie alphanumerisch und graphisch präsentiert werden". Diese Definition betont die technologischen Aspekte stärker als die informations- und kommunikationsorientierten. Dabei sollte jedoch nicht übersehen werden, daß die GIS-Technologie eine unterstützende Funktion bei der Lösung der klassischen und neuen Aufgabenstellungen raumbezogener Informationssysteme hat. Die Entwicklung und Anwendung konzeptioneller und methodischer Lösungsansätze bleibt Sache der klassischen Fachdisziplinen. Dies gilt auch für die Kartographie, die die rasch zunehmende Menge der Geo-Daten für die visuelle Kommunikation aufzubereiten hat.

Allgemeine Ausführungen zum Begriff, zur Konzeption und zur Technologie der GIS sowie zur weiteren Entwicklung stammen z.B. von *Maguire* (in *Maguire* u.a. 1991), *Weber* (1991), *Bill/Fritsch* (1991), *Frank* (in *Günther* u.a. 1992) und *Grünreich* (in *Grünreich* u.a. 1992) (s. Literatur zu 3.3.1).

13.2 Gruppierung der GIS

1. Gruppierung nach Themenbereichen

Für die auf begrenzte Themenkreise bezogenen Fachinformationssysteme (FIS) (1.4.3) ist eine weitere Gliederung nach Themenbereichen für die Praxis sinnvoll und übersichtlich. Sie entspricht der für thematische Karten entwickelten Gruppierung (10.7).

2. Gruppierung nach Aufgabenbereichen bzw. nach Trägern der GIS

Diese Gruppierung unterscheidet nach *amtlichen* GIS (z.B. ATKIS), *kommerziellen* GIS (z.B. GIS für die Kfz-Navigation) und GIS im *Bereich der Wissenschaft.* Sie ist sinnvoll in Verbindung mit einer weiteren Gliederung nach Themenbereichen und wird deshalb für die Ausführungen in 13.4 verwendet.

3. Gruppierung nach der inneren Struktur des GIS

Diese Gliederung berücksichtigt den Aufbau eines GIS (z.B. zentrale und/oder dezentrale Organisation) und den dadurch bedingten Ablauf der GIS-Anwendungen. In 13.3 wird die allgemeine Struktur eines integrierten GIS erläutert.

4. Gruppierung nach Detaillierungsgrad (Modellauflösung)

Diese Gruppierung lehnt sich an die bei analogen Karten übliche Betrachtungsweise an. Sie ist bei bestimmten Themen (GIS bzw. digitale Modelle im Umweltbereich) sinnvoll, läßt sich aber nicht durchgängig anwenden, weil viele Themen nur in einem bestimmten Maßstabsbereich auftreten (z.B. grundstücksbezogene Landinformationssysteme). In Verbindung mit einer Gruppierung der GIS nach Aufgabenbereichen (13.4) kann jedoch eine weitere Untergliederung nach der Modellauflösung vorgenommen werden (z.B. bei Umweltinformationssystemen).

5. Gruppierung nach methodisch-technischen Merkmalen

Die Gliederung nach methodischen und technischen Merkmalen tritt häufig auf in Verbindung mit der technologischen GIS-Definition (13.1). Gliederungsmöglichkeiten ergeben sich dabei nach der Datenform (z.B. vektor- und rasterorientierte GIS), nach dem Datenmodell (z.B. relationales oder objektorientiertes GIS), nach den Methoden der Datenverarbeitung (z.B. Raster- oder Vektor-Datenverarbeitung) u.a.m..

13.3 Aufbau eines GIS

Der Aufbau von GIS in den einzelnen Fachgebieten ist i.d.R. gekennzeichnet durch fachthematisch isolierte Konzeptionen und Implementierungen. Die Erschließung der fachlichen Objektmodelle für integrierte Anwendungen, z.B. in einem Umweltinformationssystem, erfordert umfangreiche organisatorische, methodische und technische Maßnahmen.

Im Bereich der öffentlichen Aufgaben ist der Bedarf zur Integration verschiedener FIS besonders hoch. Erste konzeptionelle Arbeiten wurden in den 1970er Jahren für eine geplante Grundstücksdatenbank durchgeführt (*Schlehuber* 1975). Sie führten zur Automatisierung des Liegenschaftskatasters (13.4.1), einem der ersten GIS-Projekte. Im folgenden wird eine moderne Konzeption dargelegt, die in der zweiten Hälfte der 1980er Jahre von einer Arbeitsgruppe im Bereich der Umweltministerkonferenz für den Aufbau und Einsatz eines integrierten GIS im Bereich des Bodenschutzes entwickelt wurde, jedoch auch auf andere Aufgabenstellungen übertragen werden kann (*Heineke* u.a. 1992).

Ein integriertes GIS besteht aus einem Kernsystem und einer Anzahl von FIS (Abb. 294).

Aufgabe des *Kernsystems* ist es, über die vorhandenen Daten und Methoden zu informieren, Bedingungen des Zugriffs auf Daten festzulegen und Steuerungsfunktionen auszuführen. Die FIS bestehen jeweils aus einem Methodenbereich und einem Datenbereich. Der *Methodenbereich* umfaßt die Methoden für die Systematisierung, Erhebung, Homogenisierung und Auswertung der Daten sowie die Werkzeuge für ihre Erfassung, Verwaltung, Auswertung und Ausgabe. Der *Datenbereich* enthält jeweils die Sachdaten eines Fachgebietes und die geometrischen Angaben zum Raumbezug, die sich auf ein einheitliches Raumbezugssystem beziehen müssen.

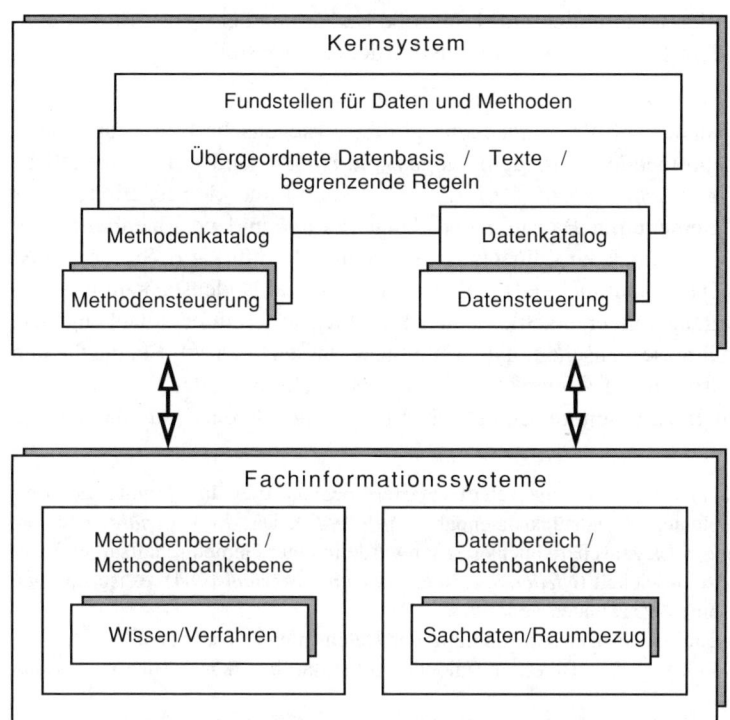

Abb. 294. Aufbau eines integrierten GIS (nach Heineke u.a. 1992)

Diese Forderung wird in der Konzeption des Umweltinformationssystems (UIS) des Landes Baden-Württemberg durch Einrichtung eines *Räumlichen Informations- und Planungssystems (RIPS)* mit den Basisinformationssystemen ALK und ATKIS realisiert. RIPS hat die Aufgabe, allen UIS-Nutzern den Zugriff auf die gespeicherten Geo-Daten und die Verknüpfung zwischen den geometrischen und semantischen Informationen der verschiedenen FIS zu ermöglichen (*Mayer-Föll* 1989, *Müller* in *Grünreich* u.a. 1992).

13.4 Überblick zu den GIS

13.4.1 GIS im Bereich öffentlicher Aufgaben

1. Basisinformationssysteme des Vermessungswesens
Nachdem das öffentliche Vermessungswesen bereits in den 1960er Jahren damit begonnen hatte, die Computertechnik einzusetzen, sind in den 1980er Jahren die Konzeptionen für das „Automatisierte Liegenschaftskataster" und das „Amtliches Topographisch-Kartographisches Informationssystem" einsatzreif entwickelt worden; sie werden im Hinblick auf ihre große Bedeutung als Basisinformationssysteme für andere GIS im folgenden ausführlicher dargestellt.

a) Automatisierung des Liegenschaftskatasters
Das für jedes Bundesland flächendeckend geführte Liegenschaftskataster besteht aus einem beschreibenden *Teil*, dem *Liegenschaftsbuch*, und einem darstellenden *Teil*, der *Liegenschaftskarte* (10.7.2.2). Man kann seine kleinste Einheit, das *Flurstück*, als elementaren Baustein und Träger raum- und personenbezogener Merkmale (z.B. Flurstückskoordinaten, Bezeichnung der Flurkarte, Straße, Hausnummer, Gemeinde, Baublock, tatsächliche Nutzung und Bodenschätzungsmerkmale in Verbindung mit unterschiedlichen Flurstücksabschnitten, Flächengröße, Eigentumsverhältnisse) ansehen. Die Flurstücke lassen sich zu Bezugsflächen verschiedener Struktur zusammensetzen, z.B. als Baublöcke oder Rasterelemente, was für den Bezug weiterer statistischer Daten und deren Kartendarstellung von Vorteil ist.

Die Automatisierung des Liegenschaftskatasters begann 1970 im Rahmen der Entwicklung der geplanten Grundstücksdatenbank (*AdV* 1973). Das *EDV-Verfahren* für die Automatisierung des Liegenschaftsbuchs (ALB) wurde in einer Gemeinschaftsarbeit mehrerer Bundesländer entwickelt (*Niedersächsisches Innenministerium* 1984); es ist seit 1986 im Einsatz. Zu seinen Merkmalen gehören:
- die weitgehend redundanzfreie Speicherung der Daten in einer Datenbank,
- die alleinige Führung der Daten mit hoher Aktualität bei den zuständigen Katasterämtern,
- die Verwaltung der Flurstückshistorie,
- die ständige Auskunftsbereitschaft und
- die Möglichkeit zur schnellen Auswertung mit universeller Sortierbarkeit und Kombinierbarkeit über eindeutige regionale Ordnungsmerkmale und/oder andere Verknüpfungsmerkmale.

Das informationstechnische Konzept der ALK ist durch die Trennung von flächendeckender Datenverwaltung in einem *Datenbankteil* und auftragsbezogener Datenverarbeitung in einem *Verarbeitungsteil* gekennzeichnet. Die logische ALK-Datenstruktur ist das verbindende Element zwischen dem Datenbankteil und dem Verarbeitungsteil. Sie wird sowohl in der Datenbank als auch in der im Verarbeitungsteil eingesetzten GIS-Datenverwaltungssoftware implementiert und darüber hinaus in linearisierter Form in der

Einheitlichen Datenbankschnittstelle (EDBS) abgebildet, die der Kommunikation zwischen dem Datenbankteil und dem Verarbeitungsteil dient (*Sellge* in *Grünreich* u.a. 1992).
Der Datenbankteil des ALK-Systems umfaßt folgende Primärdateien:
- Die objektstrukturierte *Grundrißdatei* enthält alle geometrischen und semantischen Informationen für die Darstellung des Karteninhalts auf der Grundlage der Gauß-Krüger-Lagekoordinaten;
- die *Punktdatei* enthält die Lagekoordinaten und Höhen sowie weitere Angaben zur Beschreibung und Verwaltung der Punkte des Lage- und Höhenfestpunktfeldes, der numerierten Punkte des Liegenschaftskatasters und weiterer Punktarten;
- die optionale *Datei der Messungselemente* umfaßt alle Bestimmungsstücke für die Koodinatenberechnung.

ALB und ALK sind über die Datenelemente „Flurstückskennzeichen" und „Flurstückskoordinaten" miteinander verknüpft. Mit den Flurstückskoordinaten kann vom ALB auf die Geometrie des entsprechenden Flurstücks und mit dem Flurstückskennzeichen aus der ALK-Grundrißdatei auf die beschreibenden Daten der Fachdatei „ALB" zugegriffen werden. Anstelle der Fachdatei ALB können auch andere Fachdateien mit der Basisgeometrie der ALK-Grundrißdatei verbunden werden.

Haag/Köpper (1987) beschreiben die ALK-Grundrißdatei als zentrale Datei eines bodenbezogenen Informationssystems.

b) Amtliches Topographisch-Kartographisches Informationssystem (ATKIS)
Mit der zunehmenden Anwendung rechnergestützter Verfahren in den raumbezogenen Fachdisziplinen ergab sich die Notwendigkeit, die Informationen der topographischen Landesaufnahme und Landeskartographie in digitaler objektorientierter Form bereitzustellen.

Nachdem die Impulse für die Entwicklung von ATKIS anfangs aus den Projekten *Topographisches Informationssystem (TOPIS)* des Militärgeographischen Dienstes der Bundeswehr und *Statistisches Informationssystem zur Bodennutzung (STABIS)* des Statistischen Bundesamts kamen, konkretisierten sich seit Mitte der 1980er Jahre auch die Anforderungen der Länder bei Umwelt- und Bodeninformationssystemen sowie bei Planungsinformationssystemen. Arbeitsgruppen der AdV entwickelten von 1984 bis 1989 die Konzeption für ein rechnergestütztes topographisch-kartographisches Informationssystem (*AdV* 1989, *Brüggemann* 1990, *Grünreich* 1990, *Harbeck* in *Mayer* 1990).

Die Ziele des Geo-Informationssystems ATKIS sind:
- Bereitstellung eines einheitlichen räumlichen Bezugssystems und aktueller Informationen über topographische Objekte in digitaler Form als Basisinformation für externe GIS-Anwendungen nach dem Grundsatz „einmalige Erfassung und mehrfache Nutzung";
- die rationellere und schnellere Herstellung der amtlichen topographischen Kartenwerke durch digitale Verfahren (7.4).

Die Konzeption von ATKIS basiert auf den in der Kartographie und in der Geo-Informatik entwickelten theoretischen Grundlagen (1.4, 3.3). Die Systemkonzeption läßt sich in Form eines Referenzmodells (einer schematisierten Übersicht aller in ATKIS auftretenden Vorgänge) darstellen (Abb. 295). Es gliedert

504 Überblick zu den GIS

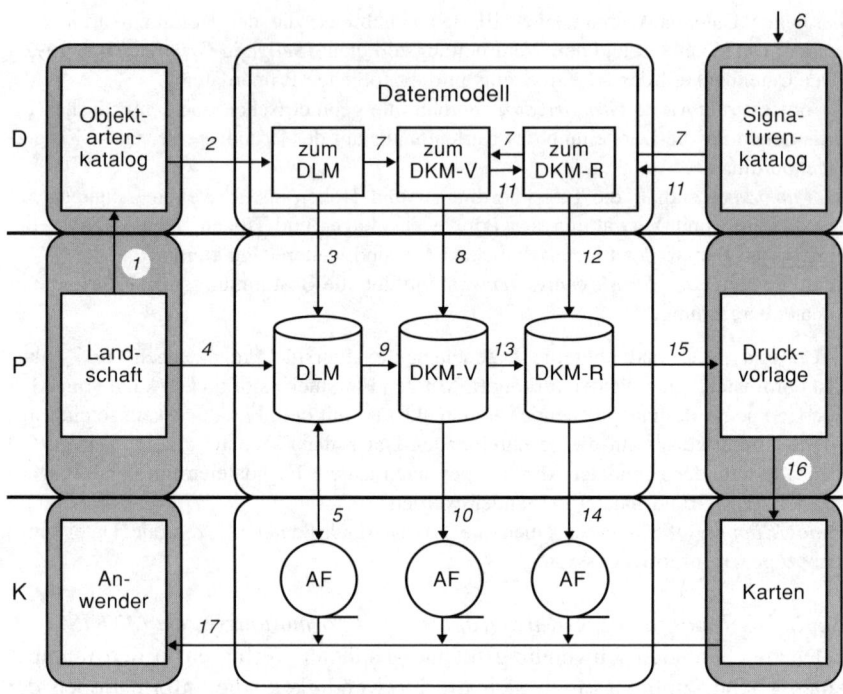

D = Definitionsebene   P = Produktionsebene   K = Kommunikationsebene
Abb. 295. ATKIS-Referenzmodell (in Anlehnung an *Brüggemann* 1990)

sich in die Betrachtungsebenen „Definition" (D), „Produktion" (P) und „Kommunikation" (K).

Die *Definitionsebene* umfaßt die inhaltlichen und datentechnischen Festlegungen von ATKIS. Es handelt sich um den ATKIS-Objektartenkatalog, den Signaturenkatalog und das ATKIS-Datenmodell. Die Produktion beginnt mit der Erfassung topographischer Daten der Landschaft bzw. aus abgeleiteten Quellen (z.B. Karten). Auf dem Weg zur analogen Darstellung entstehen das aus digitalem Situationsmodell (DSM) und digitalem Geländereliefmodell (DGM) gebildete DLM sowie verschiedene DKM in Vektor-Daten (DKM-V) und in Raster-Daten (DKM-R). Die *Kommunikationsebene* beschreibt die Bereitstellung von ATKIS-Daten in Form von Karten und Dateien im ATKIS-Austauschformat (AF) für die Anwender; dafür wird die EDBS verwendet.

Im einzelnen ergeben sich aus Abb. 295 folgende Vorgänge:
(1) Definition des ATKIS-OK (3.3.3, Abb. 96),
(2) Entwicklung des DLM-Datenmodells (Abb. 97) aus dem ATKIS-OK,
(3) Verwendung des DLM-Datenmodells als Datenbankschema,
(4) Bildung des DLM aus den Daten der Landschaftsobjekte,
(5) Transformation des DLM in das ATKIS-Austauschformat,

(6) Definition des ATKIS-SK (Abb. 102) unter Berücksichtigung der Anwender,
(7) Entwicklung des DKM-V-Datenmodells (Abb. 103) aus dem ATKIS-SK und unter Berücksichtigung des DLM-Datenmodells,
(8) Verwendung des DKM-V-Datenmodells als Datenbankschema,
(9) Ableitung des DKM-V aus dem DLM,
(10) Transformation des DKM-V in das ATKIS-Austauschformat,
(11) Entwicklung des DKM-R-Datenmodells aus dem ATKIS-SK und unter Berücksichtigung des DKM-V-Datenmodells,
(12) Verwendung des DKM-R-Datenmodells als Datenbankschema,
(13) Ableitung des DKM-R aus dem DKM-V,
(14) Transformation des DKM-R in das ATKIS-Austauschformat,
(15) Herstellung der Druckvorlagen aus dem DKM-R,
(16) Kartendruck,
(17) Abgabe der ATKIS-Produkte an den/die Anwender.

Das *Einrichtungskonzept* der AdV legt fest, daß zunächst drei Digitale Landschaftsmodelle (DLM) eingerichtet und geführt werden, und zwar
– das DLM 25 bei den Landesvermessungsbehörden in Anlehnung an die TK 25 und inbezug auf die geometrische Lagegenauigkeit von ± 3-5 m an die DGK5;
– das DLM 200 und das DLM 1 000 beim IfAG, und zwar das DLM 200 in Anlehnung an die Topographische Übersichtskarte 1:200 000 (TÜK 200) und
– das DLM 1 000 in Anlehnung an die IWK.

Um digitale Landschaftsmodelle möglichst frühzeitig flächendeckend bereitstellen zu können, hat die AdV ein Stufenkonzept für den Aufbau der DLM 25, DLM 200 und DLM1 000 entwickelt, das mit den wichtigsten Anwendern abgestimmt wurde. Danach richten die Landesvermessungsbehörden bis etwa 1997 ein inhaltlich reduziertes DLM 25 ein, welches die Landschaft lückenlos und insbesondere in den Objektbereichen *Verkehrsnetz*, *Gewässernetz* und *Vegetation* geometrisch-topologisch vollständig beschreibt; der Objektbereich *Siedlung* wird dagegen reduziert und z.B. ohne Gebäude erfaßt (DSM 25/1). Der Objektbereich *Relief* wird zunächst als unabhängiges DGM geführt und erst zu einem späteren Zeitpunkt mit dem DSM verknüpft, wenn die Ergebnisse der dafür erforderlichen Forschungs- und Entwicklungsarbeiten vorliegen (*Grünreich* in Festschrift für *Günter Hake* 1992). Das IfAG hat die Konzepte für die Erfassung der Aufbaustufe des DLM 200 erarbeitet. Dabei ist berücksichtigt, daß für die DLM-Erfassung in den alten und neuen Bundesländern unterschiedliche Quellen und geodätische Grundlagen vorliegen (*Jochemczyk* 1991).

In der ATKIS-Konzeption hat die Bildung kartographischer Modelle der Umwelt grundsätzlich den gleichen Stellenwert wie die Bildung der topographischen Landschaftsmodelle. Um den Bedarf nach visueller Darstellung der digitalen Geo-Daten bereits in der Aufbauphase des DSM 25/1 erfüllen zu können, werden in den Landesvermessungsbehörden DKM-Vorstufen konzipiert und realisiert. Die Darstellungen sind für interne Anwendungen ausreichend. Im Hinblick auf die Erfüllung der Wünsche externer Anwender (z.B. Entscheidungsträger in Politik, Verwaltungen und Wirtschaft) besteht jedoch ein großer Forschungsbedarf, insbesondere zur rechnergestützten Generalisierung (7.4.5). Über die Basisinformationen der Vermessungsverwaltungen berichtet *Sellge* (in *Grünreich* u.a. 1992).

2. Kommunale Informationssysteme

In den Städten besteht ein erheblicher Bedarf an Geo-Informationen für Planung, Verwaltung und Schutz der natürlichen Lebensgrundlagen. Dieser läßt sich nur noch unter Anwendung der GDV sowie durch Einrichtung und Führung der kommunalen Grundlagenkarten in digitaler Form erfüllen. Der Deutsche Städtetag (DST) hat empfohlen, hierfür eine *„Maßstaborientierte Einheitliche Raumbezugsbasis für Kommunale Informationssysteme (MERKIS)"* aufzubauen (*DST* 1988). Darunter wird eine digitale Datenbasis verstanden, die alle topographischen und fachthematischen Geo-Daten innerhalb einer Kommune in verschiedenen Maßstabsebenen umfaßt. Damit sollen im wesentlichen zwei Anwendungsbereiche unterstützt werden:
– Herstellung und Aktualisierung der kommunalen Kartenwerke;
– Nutzung als Informationsbasis (*Cummerwie* 1989).

MERKIS knüpft an an das in den 1970er Jahren geplante Projekt *Grundstücksdatenbank* an (AdV 1971). Es entspricht insbesondere auch der FIG-Definition für ein *Landinformationssystem (LIS)*. Dieses ist nach einer Definition der Féderation Internationale des Géomètres (FIG) „ein Instrument zur Entscheidungsfindung in Recht, Verwaltung und Wirtschaft sowie ein Hilfsmittel für Planung und Entwicklung. Es besteht einerseits aus einer Datensammlung, welche auf Grund und Boden bezogene Daten einer bestimmten Region enthält, andererseits aus Verfahren und Methoden für die systematische Erfassung, Aktualisierung, Verarbeitung und Umsetzung dieser Daten. Die Grundlage eines LIS bildet ein einheitliches, räumliches Bezugssystem für die gespeicherten Daten, welches auch eine Verknüpfung der im System gespeicherten Daten mit anderen bodenbezogenen Daten erleichtert" (*Eichhorn* 1980). Darüber hinaus kann ein LIS auch noch Angaben enthalten über die natürlichen Gegebenheiten (Geologie, Lagerstätten, Wasser, Vegetation, Klima usw.), über technische Anlagen (Industrie, Verkehr usw.), über wirtschaftliche, soziale und kulturelle Indikatoren, über Umwelteinflüsse usw.. Damit ließen sich in einem LIS auch bereits bestehende Straßendatenbanken, kommunale und regionale Informationssysteme sowie Leitungskataster integrieren. *Wieser* (1990) behandelt die organisatorischen Probleme (u.a. Aktualisierung) kommunaler LIS.

Ein nach dem MERKIS-Konzept eingerichtetes Kommunales Landinformationssystem (KLIS) orientiert sich an den analogen Stadtkartenwerken. Nach dem Prinzip der vertikalen Integration werden mehrere Raumbezugsebenen (RBE) eingerichtet, die jeweils ein digitales Objektmodell bilden:
– die *RBE 500* stellt die *Grundstufe* dar; sie wird aus der Stadtgrundkarte/Flurkarte 1:500/1 000 abgeleitet;
– die *RBE 5 000* bildet die 1. *Folgestufe,* sie entspricht der topographischen Stadtkarte/Deutschen Grundkarte 1:2 500/5 000;
– die *RBE 10 000* ist die 2. *Folgestufe.* Grundlage ist die Stadtübersichtskarte 1:10 000. Die RBE 10 000 dient der Darstellung verschiedener Themenbereiche bis zu Maßstäben kleiner 1:50 000.

Die enge Verbindung der Konzeptionen von MERKIS, ALK und ATKIS ist offensichtlich: Die ALK-Grundrißdatei kann die Basis für die RBE 500 und das ATKIS-DLM 25 für die RBE 10 000 bilden.

Vor dem Hintergrund des Aufwandes und der Notwendigkeit der Generalisierung im großmaßstäbigen Bereich wird gegenwärtig diskutiert, ob auf die RBE 5 000 zugunsten einer Zusammenlegung von RBE 500 und RBE 5 000 verzichtet werden kann. Künftig soll im Hinblick auf die vertikale Integration aller Geo-Daten einer Kommune mit den Methoden der rechnergestützten Generalisierung auf der Basis der digitalen Stadtgrundkarte gearbeitet werden. Weiterhin wird gefordert, die dritte Dimension sowohl für das Geländerelief als auch für die Bauwerke (Höhe der Bauwerke) im Datenmodell zu berücksichtigen. Diese Anforderungen lassen sich jedoch nicht mit dem ALK-Datenmodell, sondern nur mit dem Datenmodell des ATKIS-Projekts erfüllen. Das spricht für die einheitliche Verwendung dieses Modells für alle Raumbezugsebenen. Ein entsprechender Diskussionsbeitrag stammt von *Mittelstraß* (1993). Die von *Grünreich* (1985) durchgeführte Untersuchung zeigt, daß eine Generalisierung beim Übergang von 1:500/1 000 nach 1:5 000 erforderlich ist.

3. GIS in der Statistik

Nachdem die bisher auf agrarstatistische Erhebungen auf der Basis des Liegenschaftskatasters beschränkte Statistik nicht mehr den Informationsbedarf erfüllte, wurde das Statistische Bundesamt (1986) beauftragt, das Konzept für ein GIS zu entwickeln, mit dem differenzierte Bodennutzungsdaten erhoben und ausgewertet werden können (*Deggau* in *Grünreich* u.a. 1992).

Ziel ist die Einrichtung eines DOM für folgende Auswertungen:
- Bodennutzungsstatistiken,
- exakte Analysen der Veränderungen der Bodennutzung im Zeitablauf (Wanderungsanalysen),
- Nachbarschaftsanalysen, (z.B. welche Flächennutzung haben die Objekte in einer bestimmten Abstandszone um Autobahnen),
- zu einem späteren Zeitpunkt sollen weitere Daten, z.B. geplante Bodennutzungen, Bevölkerung, Arbeitsstätten, Wohnungen u.a.m., einbezogen werden, um damit eine sog. Umweltökonomische Gesamtrechnung im Rahmen einer statistischen Umweltberichterstattung durchführen zu können (*Radermacher* in *Schilcher* 1991).

Für das als Statistisches Informationssystem zur Bodennutzung (STABIS) bezeichnete GIS entstand eine *Systematik der Bodennutzung,* die 70 Nutzungsarten umfaßt. In einem Forschungsvorhaben wurde diese Systematik erprobt. Als Datenquelle wurden in einer größeren Anzahl von Testgebieten S/W-Luftbilder 1:32 000 sowie die entsprechenden Blätter der TK 25 für die Geocodierung verwendet. Darüber hinaus wurde daran mitgearbeitet, das ATKIS-DLM 25 als mögliche Datenquelle auf die Anforderungen der Bodennutzungssystematik abzustimmen. Die rechnergestützte Ableitung des STABIS-Objektmodells wurde in einem Testgebiet untersucht.

Für den *Aufbau von STABIS* ist eine zweistufige Vorgehensweise geplant. In der *ersten Stufe* soll ein digitales Objektmodell mit der Modellauflösung 1:100 000 mit 44 Nutzungsarten im Rahmen des europäischen Projekts CORINE (Community-wide Coordination of Information on the Environment) aufgebaut werden (*Deggau* in *Grünreich* u.a. 1992). In der *zweiten Stufe* sollen die STABIS-relevanten Daten aus dem DLM 25 abgeleitet werden. Zur Reduzierung des erheblichen Aufwandes für die interaktive Ableitung der in

STABIS erforderlichen Objektstrukturen sind noch Verfahren der automatisierten Modellgeneralisierung des DLM 25 zu entwickeln.

4. GIS im Umweltbereich

Im Rahmen des Umweltschutzes ist der Bedarf an bodenkundlichen Informationen sprunghaft angestiegen. Deshalb werden Bodeninformationssysteme (BIS) aufgebaut mit dem Ziel, Gefährdungen für den Boden vorherzusagen (*Heineke u.a.* 1992). Dafür ist zunächst der Zustand des Bodens und seine Belastbarkeit in einem fachlichen Datenmodell zu beschreiben. Abb. 296 stellt den Aufbau der Datenbasis eines BIS durch systematische Auswertung der vorhandenen Unterlagen am Beispiel des Niedersächsischen Bodeninformationssystems (NIBIS) dar.

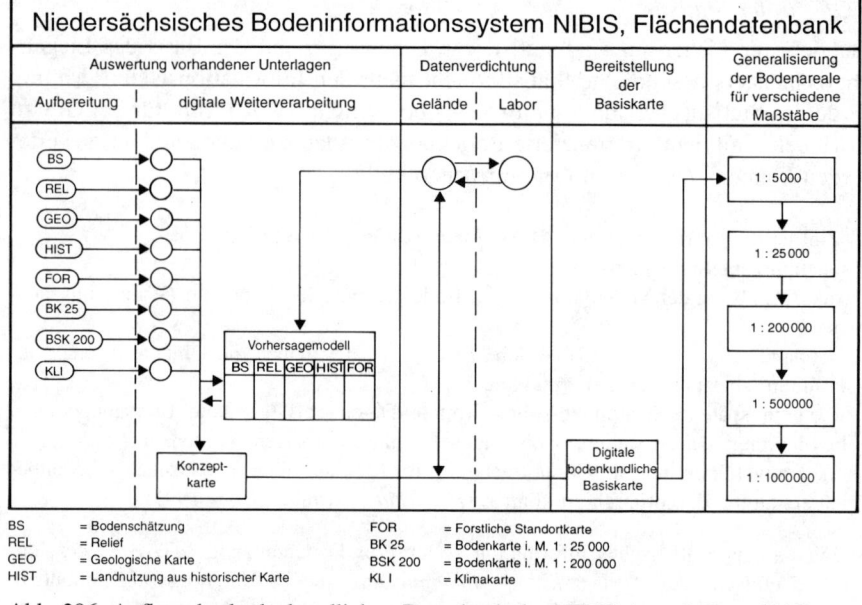

Abb. 296. Aufbau der bodenkundlichen Datenbank des NIBIS (aus *Oelkers* 1993)

Im ersten Arbeitsabschnitt sind die vorliegenden Daten (s. Legende) aufzubereiten und zu digitalisieren; hierbei findet eine homogene semantische Modellierung (3.3.3) statt. Die digitalen Daten werden anschließend verknüpft; dabei ergeben sich durch Verschneidung neue Flächenobjekte, deren semantische Informationen durch eine regelbasierte Interpretation der Ausgangsfaktoren ermittelt werden (Vorhersagemodell). Die daraus resultierende Konzeptkarte wird durch weitere Erhebungen verdichtet. Dabei entstehen als Ergebnisse die digitale bodenkundliche Basiskarte und neues Wissen über Wirkungszusammenhänge, das im Vorhersagemodell gespeichert wird. Aus der bodenkundlichen Basiskarte lassen sich durch Generalisierung Folgekarten ableiten. Anlage 23 zeigt einen Ausschnitt aus dieser Karte von Niedersachsen 1:25 000 (BK25), in dem alle Grenzen der Bodenschätzung mit einer komprimierten Wiedergabe der Grablochbeschreibungen dargestellt sind. Weitere Ausführungen dazu stammen von *Oelkers* (1993). Anlage 24 ist ein Beispiel für die Nutzung der NIBIS-Datenbank; dargestellt wird eine Gesamtbewertung des Standortes hinsichtlich der Wasserversorgung bei landwirtschaftlicher Nutzung.

Weitere aktuelle Entwicklungen von GIS im Umweltbereich werden z.B. in *Günther* u.a. (1992) dargestellt.

5. GIS für die Raumplanung

Der Einsatz von GIS in der Raumplanung ermöglicht eine wirksame Unterstützung bei den Planungs- und Entscheidungsprozessen. Die längsten Erfahrungen liegen bei der Bundesforschungsanstalt für Landeskunde und Raumordnung im Bereich der Bundesraumordnung vor (*Rase* in *Günther* u.a. 1992 und in *DGfK* 1993). Auf der Ebene der *Regionalplanung* haben eine Reihe von Planungsverbänden bereits seit Mitte der 1970er Jahre GIS für raumbezogene Informationen aufgebaut und für die Planung eingesetzt, z.B. der Umlandverband Frankfurt a.M.(*UVF* 1985). Es ist zu erwarten, daß dieser GIS-Anwendungsbereich mit der flächendeckenden Bereitstellung der Basisinformationssysteme ALK/ALB und ATKIS sowie der geowissenschaftlichen GIS weiter ausgebaut wird.

Bei Anwendung von GIS können Planungskarten vorwiegend als Mittel zur analytischen Durchdringung der Planungsgrundlagen, zur Aufdeckung von Nutzungskonflikten und zur Erarbeitung von Nutzungskompromissen verwendet werden.

Der Einsatz von GIS in der raumbezogenen Planung ist Gegenstand zweier Untersuchungen der *ARL* (*ARL* 1990 und 1991). Über das Ökologische Planungsinstrument Berlin berichtet *Bock* (in *Günther* u.a. 1992).

6. GIS in der Nautik

Bisher bilden traditionelle Seekarten ein unentbehrliches Hilfsmittel für die Sicherheit und Leichtigkeit des Seeverkehrs (*Hecht* 1989, 1993). Nachdem Verfahren der Datenverarbeitung schon seit Beginn der 1970er Jahre für die rationelle Herstellung von Seekarten eingesetzt werden, wird seit Mitte der 1980er Jahre die *elektronische Seekarte* (Electronic Navigation Chart – ENC) als Komponente eines „*Electronic Chart Display and Information Systems (ECDIS)*". Die Vorteile eines solchen Systems sind folgende (Abb. 297):
- In Verbindung mit einem Satelliten-Positionierungssystem (z.B. GPS) können Schiffsort und Kurs auf dem Graphikbildschirm dargestellt werden;
- die Seekartenanzeige wird automatisch dem sich ändernden Standort angepaßt;
- Fahrtplanung und -überwachung lassen sich schneller und sicherer durchführen;
- bei Bedarf (z.B. schlechte Sicht) kann das Radarbild der Karte überlagert werden;
- Veränderungen in den Seekarten können mittels Satelliten übertragen und ohne Verzögerung in die Elektronische Seekarte eingetragen werden.

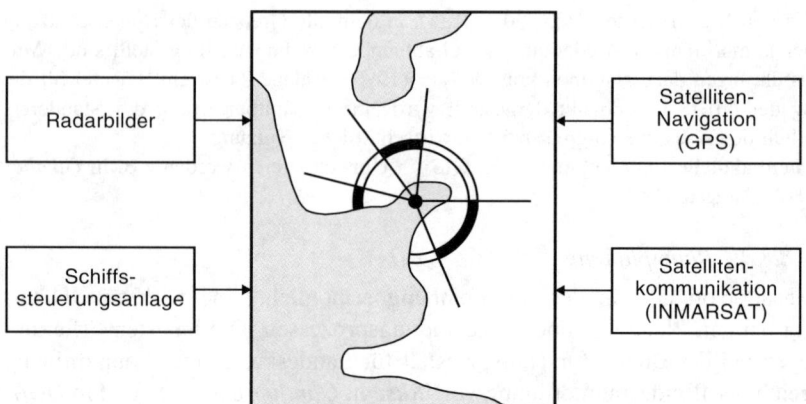

Abb. 297. Electronic Chart Display and Informationsystem (ECDIS).

7. Entwicklungen im Ausland (Auswahl)

Im Hinblick auf einen europaweit koordinierten Austausch digitaler Geo-Daten wird beim IfAG ein „*MEGRIN Service Centre*" eingerichtet. Es handelt sich dabei um das CERCO-Projekt „Multipurpose European Ground-Related Information Network", in dem künftig Informationen über raumbezogene Datenbestände in *Europa* und über ihren Austausch in standardisierter Form sowie über europaweite geodätische Referenzsysteme einschließlich der Transformationskonstanten für die geometrische Umformung der Geo-Daten bereitgestellt werden sollen. Über MEGRIN kann z.B. der Stand der Projekte CORINE und European Territorial Data Base (ETDB) abgefragt werden.

Das IGN France führt eine flächendeckende photogrammetrische Neuvermessung *Frankreichs* für den Aufbau eines topographischen Datenmodells durch, das im Ergebnis dem DLM 25 ähnelt, aber eine höhere geometrische Genauigkeit hat. Der britische Ordnance Survey erstellt eine großmaßstäbige topographische Datenbank durch Digitalisierung der Grundkarten 1:1 250 bis 1:10 000. Folgemaßstäbe sollen durch rechnergestützte Generalisierung abgeleitet werden.

In den USA baut der US Geological Survey GIS-Projekte im Bereich der mittelmaßstäbigen topographischen Kartographie auf, die etwa mit ATKIS vergleichbar sind.

13.4.2 GIS in der Industrie

1. Ver- und Entsorgungsindustrie

Die Industrie setzt bereits seit Anfang der 1970er GIS für die Dokumentation und Bearbeitung von Daten für den Betrieb von Ver- und Entsorgungsnetzen (Betriebsmittel) ein. Hierfür wird der Begriff Facility Management (FM) benutzt.

In Verbindung mit der eingesetzten GIS-Technologie (Automated Mapping – AM) ist die international gebräuchliche Abkürzung AM/FM entstanden. Es gibt einen internationalen AM/FM-Dachverband und gleichnamige nationale Organisationen, die z.B. jährliche Tagungen zum Einsatz und zum Trend von GIS für durchführen. Im Hinblick auf die mathematische Modellierung handelt es sich um Netzinformationssysteme in Vektor-Daten.

Die Anforderungen eines Versorgungsunternehmens an Basisdaten für Netzinformationssysteme erläutert *Fischer* (in *Grünreich* u.a. 1992).

2. GIS im Bereich der Kfz-Navigation

Die Elektronikindustrie entwickelt gegenwärtig Kfz-Navigations- und Informationssysteme zur Unterstützung des Fahrzeugführers; diese bestehen aus den Komponenten Ortungssystem, Elektronischer Verkehrslotse und einem digitalen Modell des Straßennetzes und damit verbundener Objekte. Aufgabe eines Kfz-Navigationssystems ist es, zuverlässig und schnell Antwort auf folgende Fragen zu geben:
- Wo befinde ich mich?
- Auf welcher Straße erreiche ich mein Ziel am günstigsten?
- Wie kann ich flexibel auf Verkehrsstörungen reagieren?
- Wo erhalte ich Service-Leistungen?

Ziel dieser Systeme ist es, den Fahrer schneller und besser zum Ziel zu lotsen als es mit Hilfe herkömmlicher Straßenkarten normalerweise gelingt. Das mathematische Modell für die Beschreibung des Straßennetzes ist ein Graph (2.3). Dieser ist nach Teilgebieten (Segmenten) gegliedert, die nach geographischen Gegebenheiten gebildet werden. Für die Routenbestimmung werden Verfahren zur Bestimmung der kürzesten Fahrtzeit verwendet, die auf den in der Graphentheorie bekannten Kürzeste-Wege-Algorithmen aufbauen.

Autonome Navigationssysteme führen die Positionsbestimmung nach dem Prinzip der Koppelnavigation durch. Da die Sensormessungen zur Bestimmung der Position (Radumdrehungen, magnetisches Azimut) nicht fehlerfrei sind, müssen sie von Zeit zu Zeit korrigiert werden. Diesem Zweck dient (neben der Routenbestimmung) die im Bordcomputer auf einer CD-ROM mitgeführte *digitale Straßenkarte*. Zur Korrektur der aus Sensormessungen geschätzten Fahrzeugposition werden gewöhnlich die Koordinaten von Knoten des Straßennetzes verwendet (Abb. 298).

Im Zusammenhang mit den hohen Aktualitätsanforderungen an die digitalen Straßenkarte ergeben sich neue Aufgaben für die Kartographie. Da der wiederholte Kauf einer neuen CD-ROM nach kurzen Zeitabständen nicht zumutbar ist, müssen Verfahren der selektiven Aktualisierung entwickelt werden. Ein möglicher Ansatz besteht darin, das digitale Modell des Straßennetzes auf einem zentralen Rechner zu führen und von dort die regional benötigten Straßendaten z.B. per Funk anzubieten. Neben der Bewältigung der Aktualisierung ergäbe sich dabei auch die Möglichkeit, komplexe Visualisierungsprobleme zentral zu bearbeiten. Weitere Ausführungen hierzu stammen von *Lichtner* (in *Mayer*

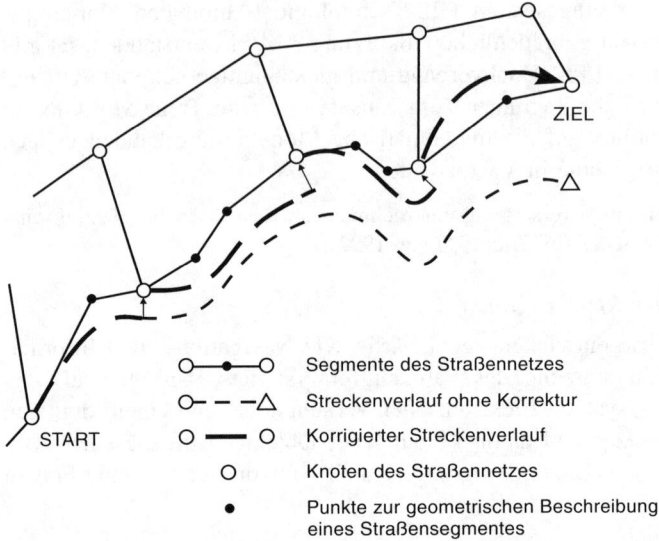

Abb. 298. Prinzip der kartengestützten Koppelnavigation

1988) und *Rappe* (in *DGfK* 1993). *Mertens* (in *Schilcher* 1993) betrachtet das wissenschaftliche Umfeld und die technische Realisierbarkeit der Verkehrsinformationssysteme.

Im Hinblick auf die arbeitsteilige Herstellung einer digitalen Straßenkarte für Europa haben sich die einschlägigen Firmen zu einer „Task Force European Digital Road Map" zusammengefunden und einen Austauschstandard Geographic Data File-Exchange Format (GDF-EF) entwickelt.

13.4.3 GIS in Wissenschaft und Forschung

Die GIS-bezogenen Forschungsarbeiten wissenschaftlicher Einrichtungen verfolgen zwei unterschiedliche Zielrichtungen. Einerseits geht es um die Optimierung einzelner GIS-Komponenten z.B. Entwicklung neuer Datenhaltungsverfahren unter Einsatz objektorientierter Techniken (13.5); andererseits werden GIS zunehmend zur Erforschung bisher nicht lösbarer Fragestellungen eingesetzt.

Über den Einsatz eines GIS in der Forschung berichtet z.B. *Schweinfurth* (1991). Umfangreiche Ausführungen zur GIS-Anwendung im Bereich der Ökosystemforschung stammen u.a. von *Fränzle u.a.* (1991) und *Page* (1989).

13.5 Forschung und Entwicklung

13.5.1 Forschung zu GIS-Methoden

Zu den noch weitgehend ungelösten Problemen gehören
- die Aufbereitung der Geo-Daten verschiedener Fachgebiete zu einem integrierten Datenmodell einschließlich seiner Aktualisierung (3.3),
- die fehlenden Methoden und Verfahren der rechnergestützten Modellgeneralisierung und der kartographischen Generalisierung, letztere unter Beachtung der Erfordernisse der visuellen Kommunikation, im Hinblick auf die Mehrfachnutzung digitaler Objektmodelle,
- die noch nicht sehr weit entwickelte Modellierung zeitabhängiger Phänomene einschließlich ihrer graphischen Präsentation in Form bewegter Karten (Animation).

In den aktuellen Forschungsvorhaben (7.4) werden auch die Einsatzmöglichkeiten von Expertensystemen untersucht (z.B. *Meng* 1993).

13.5.2 Entwicklungen auf dem Gebiet der GIS

Die Entwicklung auf dem Gebiet der GIS ist gekennzeichnet durch das Bemühen um Koordinierung und Standardisierung. Von einer weltweiten Standardisierung wird erwartet, daß sie sowohl die Kosten und Risiken bei Entwicklung, Aufbau und Verwaltung raumbezogener Datenbanken als auch für die darauf aufbauenden Anwendungen reduziert. Darüber hinaus würden sich die nationalen Standardisierungen koordinieren lassen, und der Einsatz von GIS in Entwicklungsländern würde erleichtert.

Das Europäische Kommittee für Standardisierung (Comité Européen de Normalisation – CEN) hat das Technische Kommittee (TC 287) „Geographical Information" eingerichtet und beauftragt, Standards im Bereich der digitalen Geo-Information zu definieren. Ziel ist dabei, den Gebrauch digitaler Geo-Informationen mittels der GIS-Technologie zu erleichtern. Die ersten europäischen Standards werden voraussichtlich ab 1994 veröffentlicht. Die in CEN zusammengeschlossenen Länder bereiten die Beschlüsse der TC 287 auf nationaler Ebene vor. In Deutschland liegt die Federführung beim DIN-Bauausschuß „Vermessungswesen", der einen Arbeitsausschuß „Geoinformation und Kartographie" (AA 03.03.00) mit mehreren Arbeitsgruppen eingerichtet hat.

Ein weiterer Vorschlag bezieht sich auf die Einrichtung einer europäischen Dachorganisation mit der Bezeichnung EUROGI (European Umbrella Organisation for Geographical Information) als Zusammenschluß fachübergreifender nationaler Vereinigungen.

Einen nicht unerheblichen Einfluß auf die internationale Standardisierung des Datenaustauschs hat die internationale „Digital Geographic Information Working Group" (DGIWG). Sie hat einen Standard für den Austausch digitaler raumbezogener Daten mit der Bezeichnung „DIgital Geographic Information Exchange STandard" (DIGEST) erarbeitet. Die International Standardization Organization (ISO) verwendet DIGEST als Basis für die Entwicklung einer weltweit geltenden Datenschittstelle für den Austausch raumbezogener Daten. Einen Überblick über den Stand der nationalen und internationalen *Standardisierung* gibt *Brüggemann* (in *Günther* u.a. 1992).

Teil 3:
Gegenwart und Geschichte der Kartographie

14 Gegenwart der Kartographie

14.1 Stellung der Kartographie

Die in 1.2 beschriebenen Merkmale der Kartographie verdeutlichen zwar ihre Eigenständigkeit in Theorie und Praxis, doch bedingt ihr sachbezogenes Wirken zwangsläufig auch eine enge Verknüpfung mit verschiedenartigen Wissenschaften und Berufsfeldern. Zu den mit ihr verbundenen *Wissenschaften* zählen seit langem die Geowissenschaften (Geodäsie, Geographie, Geologie, Geophysik) und die Raumforschung; in diese Bereiche war sie anfänglich auch wissenschaftlich eingebettet. Die neueren Entwicklungen lassen darüber hinaus erstmalige oder vertiefte Bezüge entstehen zur Kommunikationstheorie, zur Mathematik und Informatik, zur Wahrnehmungspsychologie, zur Nachrichtentechnik, zur Didaktik und zu den Geschichtswissenschaften.

Der Wirkungsbereich der Kartographie ergibt sich aus ihren in 1.1 beschriebenen Aufgaben. Daher liegt ihr Einsatz ganz allgemein in allen Bereichen von Praxis, Lehre und Forschung, in denen es um die Bearbeitung und den vielfältigen Gebrauch kartographischer Darstellungen geht. Dabei wird aber mit den zunehmenden Systemtechniken die fachliche Abgrenzung der Kartographie selbst immer unschärfer (1.1). So ergeben sich für die Kartographie die folgenden benachbarten *Berufsfelder* unter mehr oder weniger starker gegenseitiger Verzahnung: Vermessungswesen mit Topographie und Hydrographie, raumbezogene Bestandserhebung und Planung (von der Statistik bis zum Umweltschutz), Unterrichts- und Verlagswesen, Computertechnik und graphisches Gewerbe.

14.2 Institutionen der Kartographie

Kartographische Tätigkeiten finden statt
- in *öffentlichen* (*amtlichen*) Einrichtungen des Bundes, der Länder, der Gemeinden sowie anderer öffentlicher Körperschaften (Nr. 1),
- in *gewerblichen* Unternehmungen wie Verlagen, Ingenieurbüros, Firmen der Industrie, des Handels, des Verkehrs usw. (Nr. 2),
- im Bereich der *Hochschulen* sowie besonderer Einrichtungen der Lehre und Forschung (14.3).

Daneben gibt es Fachvereine, die sich ganz oder teilweise der Kartographie widmen (Nr. 3).

1. Die *amtliche* Kartographie in der Bundesrepublik Deutschland wird in erster Linie von folgenden Stellen wahrgenommen:
– Landesvermessungsbehörden und Institut für Angewandte Geodäsie (Topographische Kartenwerke, 9.7.1.1),
– Kataster- bzw. Vermessungsämter (Liegenschaftskarten, 10.7.2.2),
– Stadtvermessungsämter (Stadtkarten, 9.7.2.1, 10.7.2.4),
– Landesforstverwaltungen (Forstkarten, 10.7.2.5),
– Agrarstrukturbehörden (Karten der Agrarplanung, 10.7.2.9),
– Bundesanstalt für Seeschiffahrt und Hydrographie (früher Deutsches Hydrographisches Institut, Seekarten, 10.7.2.6),
– Behörden der Bundeswasser- und Schiffahrtsverwaltung (Strom- und Kanalkarten, 9.7.2.2, 10.7.2.6),
– Deutsche Bahn AG (Eisenbahnkarten, 10.7.2.6),
– Deutsche Flugsicherung GmbH (früher Bundesanstalt für Flugsicherung) im Auftrage des Bundesverkehrsministers (Luftfahrtkarten, 10.7.2.6),
– Bundesforschungsanstalt für Landeskunde und Raumordnung (Thematische Karten zur Raumentwicklung, 10.7.2),
– Bundesanstalt für Geowissenschaften und Rohstoffe sowie Geologische Landesämter (Geologische Karten, 10.7.1.2; Bodenkarten, 10.7.1.3),
– Deutscher Wetterdienst (Wetter- und Klimakarten, 10.7.1.6),
– Militärgeographischer Dienst (Karten der Landesverteidigung, 10.7.2.8).
Über die Herausgeber der amtlichen topographischen Kartenwerke in Österreich und in der Schweiz siehe 9.7.1.2 und 9.7.1.3.

2. Die *gewerbliche* Kartographie in der Bundesrepublik Deutschland erzeugt vor allem Stadtkarten, Straßenkarten, Karten für den Tourismus, Wandkarten, Atlanten und Globen. Zahlreiche Einrichtungen der Privatkartographie führen daneben ganz oder teilweise kartographische Aufträge anderer Stellen aus, vor allem von Behörden.

Umfangreiche Darstellungen zu beiden Bereichen mit zahlreichen Kartenbeispielen sind enthalten in *Bosse* (1970b) und *Leibbrand* (1984a). Eine eingehende Übersicht über die Institutionen mit kartographischen Tätigkeiten in der Bundesrepublik Deutschland mit dem Stande vom 1.1.1979 gibt *Bormann* in (*Bosse* 1979). Über die Kartographie in Österreich siehe z.B. in *Institut für Kartographie* u.a. (1984), in der Schweiz z.B. in *Schweizerische Gesellschaft für Kartographie* (1984).

3. Die *Deutsche Gesellschaft für Kartographie (DGfK)* ist eine Vereinigung von kartographisch Tätigen und Angehörigen verwandter Berufe zur Pflege der Kartographie sowie der fachlichen Förderung der in den kartographischen Berufen Tätigen und des Berufsnachwuchses. Sie besteht aus etwa 2 200 Mitgliedern (1993) und veranstaltet jährlich den Deutschen Kartographentag. In Österreich gibt es die *Österreichische Kartographische Kommission in der Österreichischen Geographischen Gesellschaft (OeKK)* und in der Schweiz die *Schweizerische Gesellschaft für Kartographie (SGK)*. Diese drei Einrichtungen sind Mitglieder der 1959 in Bern gegründeten *Internationalen Kartographischen Vereinigung (IKV;*

englisch: International Cartographic Association/ICA). Die IKV, die 68 nationale Mitgliedsgesellschaften umfaßt (1993), veranstaltet alle zwei Jahre eine größere Tagung (1962 in Frankfurt am Main, 1993 in Köln). Ihre Aufgaben im einzelnen beschreibt *Ormeling* in *(Bosse* 1979).

Neben solchen kartographisch orientierten Zusammenschlüssen gibt es weitere Fachgesellschaften, die sich teilweise auch mit Kartographie in Vorträgen und Veröffentlichungen befassen, z.B. Deutscher Verein für Vermessungswesen (DVW), Verband deutscher Vermessungsingenieure (VDV), Deutsche Gesellschaft für Photogrammetrie und Fernerkundung (DGPF), Zentralverband der Deutschen Geographen und andere geographische Verbände, Deutsche Geologische Gesellschaft, Deutsche Hydrographische Gesellschaft, Deutscher Markscheider-Verein, Österreichischer Verein für Vermessungswesen und Photogrammetrie, Schweizerischer Verein für Vermessungswesen und Kulturtechnik, Internationale Coronelli-Gesellschaft für Globen- und Instrumentenkunde.

14.3 Ausbildungswege und Forschungen zur Kartographie

Für die fachliche Ausbildung bestehen in der Bundesrepublik Deutschland drei Möglichkeiten:

1. Die praktische Ausbildung zum Kartographen beruht auf der „Verordnung über die Berufsausbildung zum Kartographen von 1975". Sie ist bei geeigneten Stellen der amtlichen oder der gewerblichen Kartographie möglich und verteilt sich nach einem 3jährigen Ausbildungsplan auf Betrieb und Berufsschule. Einen neueren Ausbildungsleitfaden als Ergebnis eines mehrjährigen Modellversuchs unter Berücksichtigung rechnergestützter Verfahren hat die *Deutsche Gesellschaft für Kartographie* (1992) erarbeitet.

2. Die Ausbildung zum Diplom-Ingenieur (FH) ist an den Fachhochschulen Berlin, Dresden, Karlsruhe und München möglich. Sie geht von einem 6semestrigen bzw. 8semestrigen (mit 2 Praxissemestern) Studienplan aus (*Zylka* in *Dodt/Herzog* 1990).

3. Die Ausbildung zum wissenschaftlichen Kartographen ist durch das Studium der Kartographie (nur an der TU Dresden), des Vermessungswesens oder der Geographie (Nebenfach Kartographie) an einer wissenschaftlichen Hochschule möglich. Sie beruht auf einem 8- bis 10semestrigen Studienplan. Ein großer Teil der Diplom-Ingenieure des Vermessungswesens legt nach einem 2jährigen Vorbereitungsdienst noch die II. (Große) Staatsprüfung ab und qualifiziert sich damit für den höheren vermessungstechnischen Verwaltungsdienst.

Die Ausbildung in den Fällen 2 und 3 beruht auf den jeweils gültigen Hochschulgesetzen, Studien- und Prüfungsordnungen. Für alle drei Bereiche gibt es einschlägige Blätter zur Berufskunde (Herausgeber: Bundesanstalt für Arbeit) als Informationsmaterial zur Berufswahl. Nähere Ausführungen zu den Ausbildungswegen in der Kartographie stammen von *Hake/Ferschke/Mellmann/Böser/ Brunner/Meine* (in *Leibbrand* 1984a) sowie von *Koch* (1993).

Der wissenschaftlichen Forschung zur Kartographie und ihren Randbereichen widmen sich vor allem die Fachgebiete für Kartographie, Photogrammetrie, Fernerkundung, Geodäsie und Geographie der wissenschaftlichen Hochschulen sowie das Institut für Angewandte Geodäsie. Die Inhalte solcher Forschungen ergeben sich entsprechend der Abgrenzung und Einteilung der Kartographie (1.2). Dabei liegen die Schwerpunkte heute weltweit in der Anwendung und Verbesserung digitaler Methoden zur Aufbereitung, Verarbeitung und Wiedergabe der Objektinformationen, vor allem im Rahmen von Geo-Informationssystemen sowie mit besonderem Gewicht bei den verschiedenen Generalisierungsprozessen und der Visualisierung der Daten als Kommunikations- und Wahrnehmungsvorgang. Dazu geht es sowohl um theoretische Ansätze als auch um Realisierungen mittels GDV und modernen graphischen Techniken. Schließlich gewinnen die Untersuchungen zur Geschichte der Kartographie und einzelner kartographischer Darstellungen weiterhin an Bedeutung. Berichte über solche Arbeiten geben u.a. *Freitag* (1993), *Grünreich* u.a. (1993), *Göpfert* u.a. (1993), *Bollmann* (1993).

Zur Ausbildung und Forschung in Österreich siehe z.B. *Institut f. Kartographie* (1984), in der Schweiz z.B. *Schweiz. Ges. f. Kartographie* (1984).

14.4 Schrifttum, Kartennachweise

Der Entwicklung der Kartographie entsprechend erschienen Abhandlungen mit kartographischer Thematik zunächst vor allem in Büchern und Zeitschriften aus den Bereichen der Geographie und des Vermessungswesens. Daneben gab es Monographien zu einzelnen Teilgebieten (z.B. Kartennetzentwürfen), kurzgefaßte Einführungen sowie stärker anwendungsbezogene Werke (z.B zum militärischen Kartenwesen und zu geologischen Karten). Als erste allgemeine und wissenschaftlich fundierte Darstellung in deutscher Sprache gilt das Werk von *Eckert* (1921/1925).

Etwa seit der Mitte des 20. Jh. nimmt die Menge kartographischer Fachliteratur erheblich zu. Neben zahlreichen Hand- und Lehrbüchern (*Pobanz* in *Dodt/Herzog* 1991) erscheinen auch neue Fachzeitschriften mit rein kartographischem Inhalt in verschiedenen Sprachen. Eine Zusammenstellung von Zeitschriften mit kartographischen Beiträgen gibt *Zögner* (in *Dodt/Herzog* 1988).

Als einzige Fachzeitschrift ihrer Art in deutscher Sprache gibt es seit 1951 die „Kartographische Nachrichten"; sie ist zugleich Organ der Deutschen Gesellschaft für Kartographie, der Schweizerischen Gesellschaft für Kartographie und der Österreichischen Kartographischen Kommission in der Österreichischen Geographischen Gesellschaft. Daneben erscheinen kartographische Fachaufsätze auch in „Petermanns Geographischen Mitteilungen" (seit 1855), in Zeitschriften des Vermessungswesens, der Geowissenschaften (z.B. „Geo-Informations-Systeme" seit 1988), der Raumplanung, der Datenverarbeitung, des graphischen Gewerbes usw.

Mit Aufsätzen in Englisch, Französisch oder Deutsch erscheint seit 1961 in Deutschland „Internationales Jahrbuch für Kartographie". Unter den Zeitschriften in fremder Sprache sind u.a. zu nennen: „Cartography and Geographic Information Systems" (USA, bis 1989 „The American Cartographer"), „Cartographica" (Kanada, mit Abstracts auch in Deutsch) und „The Cartographic Journal" (Großbritannien), „Bulletin du Comité Français de Cartographie" (Frankreich), „Bolletino dell' Associazione Italiana di Cartografia" (Italien), „Kartografisch Tijdschrift" (Niederlande), „World Cartography" (Vereinte Nationen).

Als Nachweis des nationalen und internationalen Schrifttums gibt es seit 1974 in der Bundesrepublik Deutschland jährlich die „Bibliographia Cartographica" mit bisher 19 Bänden (Stand Mitte 1993) und insgesamt über 55 000 Titeln; ihr Vorgänger war die „Bibliotheca Cartographica", die von 1957 bis 1971 in einer Folge von 30 Heften mit rund 25 000 Titeln erschien (*Kallenbach* 1988). Eine internationale bibliographische Zusammenstellung findet sich auch bei *Hodgkiss/Tatham* (1986). Daneben gibt es Bibliographien für einzelne Teilgebiete, z.B. zur Globenkunde (*Bonacker* 1960), für die Internationale Weltkarte 1:1 Mio. (*Meynen* 1962), zur Straßenkarte (*Bonacker* 1973), zu Schulatlanten (*Badziag/Mohs* 1982), zur Stadtkartographie (*Dodt* u.a. 1985).

Über die von ihnen herausgegebenen Karten führen die Behörden Kartenverzeichnisse mit Blattübersichten, Preisangaben usw. Daneben gibt es bei Buchhändlern auch Verlagsverzeichnisse sowie für bestimmte Gebiete Nachweise aller wichtigen amtlichen und privaten Karten, wobei meist touristische Gesichtspunkte vorherrschen. Nach Vollzähligkeit und Umfang ist besonders der jährlich erscheinende Geo-Katalog des Internationalen Landkartenhauses „Geo-Center" (Stuttgart/München/Berlin) mit rund 50 000 Titeln zu erwähnen, in denen Karten, Atlanten, Globen, Reiseführer und Zubehör aus allen Bereichen der Erde nachgewiesen sind. Ein internationaler Nachweis stammt auch von *Parry/Perkins* (1990). Zum Nachweis von Atlanten siehe auch 11.1.

Größere Bibliotheken mit Kartenabteilungen führen Kartenkataloge und geben Mitteilungen über Neuerwerbungen heraus. Über solche und andere Kartensammlungen informiert *Zögner* (1983 und in *Neumann/Zögner* 1992). Einen weltweiten Überblick über Institutionen mit Kartensammlungen gibt *Wolter* (1986).

15 Überblick zur Geschichte der Kartographie

15.1 Begriffe und Aufgaben

Die Geschichte der Kartographie befaßt sich mit der wissenschaftlichen Erforschung und Beschreibung des Zwecks, der Möglichkeiten, der Bedeutung, der Entwicklung und des Wandels kartographischer Tätigkeiten bis zur Gegenwart. Sie bezieht sich dabei einerseits auf die entstandenen *Werke* – Karten, Atlanten, Globen usw. – von der Idee bis zur technischen Realisierung, auf ihre Nutzung und ihr weiteres Schicksal. Andererseits widmet sie sich auch den damit verbundenen *Personen* und *Institutionen*, den Auftraggebern, vor allem aber den Kartenmachern, daneben auch den Benutzern, den Kritikern und denen, die heute solche Werke sammeln, beschreiben oder nachweisen. Schließlich erstreckt sie sich auch auf die inhaltlichen und organisatorischen Strukturen der Ausbildung, der Berufsausübung, des Schrifttums und der fachlichen Vereinigungen.

Kartographie-Geschichte ist ein Teil der *Technik-Geschichte*, soweit dabei die Techniken der Erfassung, Darstellung und Vermittlung von Informationen im Vordergrund stehen. Sie ist ein Teil der *Kultur-Geschichte*, soweit es vor allem um die kulturellen Funktionen, den künstlerisch-ästhetischen Ausdruck, das Statussymbol für Bildung und Wissen, den Prestigewert und den Informationsvorsprung einer kartographischen Darstellung in einer bestimmten Zeitepoche geht.

Begrifflich sollte man dabei wie folgt unterscheiden:
- *Karten aus früherer Zeit (alte Karten)* liegen vor, wenn sie ein gewisses Alter erreicht haben und nicht mehr bearbeitet werden oder bereits durch neue Karten in anderer Darstellungsweise ersetzt wurden.
- *Historische Karten* sind dagegen lediglich solche thematische Karten, die ein geschichtliches Thema behandeln *(Geschichtskarten)*.

Das zunehmende Interesse an Karten aus frühere Zeit und die Leistungsfähigkeit der modernen Reproduktionstechnik – insbesondere des elektronischen Farbauszugs – bewirken in wachsendem Maße die Herstellung von *Faksimile-Drucken,* die mit den Vorlagen weitestgehend übereinstimmen.

Allgemeine Darstellungen der Kartographiegeschichte stammen von *Grosjean/Kinauer* (1975), *Grosjean* (1980), *Bagrow/Skelton* (1985), *Harley/Woodward* (1987/1992) und *Sammet* (1990). Geschichtliche Abhandlungen findet man auch in den Werken von *Eckert* (1925), *Arnberger* (1966), *Sališčev* (1967) sowie unter den jeweiligen Stichwörtern der Fachlexika. Ein Lexikon zur Geschichte der Kartographie stammt von *Kretschmer/Dörflinger/Wawrik* (1986). Eine Beschreibung der Zeitalter der Kartographie liefert *Freitag* (1972), Zeittafeln befinden sich in *Witt* (1979), *Ogrissek* (1983) und *Wilhelmy* (1990). Über Kartenautoren informieren *Bonacker* (1966), *Crone* (1978) und *Tooley* (1979). Zu Problemen und Tendenzen der Kartengeschichte äußern sich *Blackmore/Harley* (1980),

Scharfe (1981 und in *Leibbrand* 1984a) und *Kretschmer* (in *Scharfe/Kretschmer/Wawrik* 1987), über Begriffsgeschichtliches *Neumann* (1988), über die Karte als Kunstwerk *Seifert* (1979); Einzelheiten zur Geschichte der Globen und zu historisch bedeutenden Exemplaren finden sich bei *Muris/Saarmann* (1961), *Fauser* (1967) und *Stevenson* (1971).

Seit 1967 findet im Turnus von 2 Jahren an wechselnden Orten die Internationale Konferenz zur Geschichte der Kartographie statt. In vergleichbarer Weise veranstaltet seit 1982 der Arbeitskreis „Geschichte der Kartographie" der Deutschen Gesellschaft für Kartographie alle 2 Jahre ein Kartographiehistorisches Kolloquium und veröffentlicht die Vorträge und Berichte (*Scharfe u.a.* 1983, 1985, 1987, 1990, 1991, 1993). Dort und in vielen anderen Sammelwerken, Monographien, Ausstellungskatalogen und in den Textteilen einiger Atlanten (z.B. topographischer Atlanten) gibt es auch regionale Darstellungen sowie Biographien von Kartenmachern.

Überblicke über den Stand der deutschen Kartographie im Jahr 1970 bzw. 1984 sowie über Aktivitäten der Deutschen Gesellschaft für Kartographie (auch über ihre Vorgängerin „Deutsche Kartographische Gesellschaft", über ihre Regionalvereine, Arbeitskreise und IKV-Beziehungen) finden sich in *Bosse* (1970b) und *Leibbrand* (1984a), über die Geschichte der Gesellschaft bis 1990 bei *Bosse* (1991), über Entwicklungslinien deutscher Kartographiegeschichte *Neumann* (1993), zur Kartographie in der ehemaligen DDR *Wilfert* (1993). Zur Kartographie in Österreich in der zweiten Hälfte des 20. Jahrhunderts berichtet *Arnberger* (in *Inst.f.Kartographie...* 1984), über 15 Jahre schweizerische Gesellschaft für Kartographie *Ficker* (in *Schweiz. Ges. f. Kartographie* 1984).

Die Zeitschriften „Imago Mundi", „Der Globusfreund" und „Cartographica Helvetica" widmen sich der Geschichte der Kartographie bzw. Teilen daraus; in „Acta Cartographica" erscheinen Nachdrucke von Monographien sowie von Aufsätzen aus Periodika der Zeit nach 1800. Bibliographien stammen von *Jäger* (1978), *Franz/Jäger* (1980), *Grewe* (1984/1992, mit Betonung des Vermessungswesens) und *Zögner* (1984).

15.2 Die Kartographie im Altertum

Obwohl historische Quellen erkennen lassen, daß sich im Altertum vor allem die *Babylonier, Ägypter, Chinesen, Griechen* und *Römer* in der Blütezeit ihrer Kulturen auch mit kartographischen Darstellungen befaßt haben, sind nur ganz wenige davon bis auf den heutigen Tag überliefert.

Als ältestes kartographisches Dokument gilt eine auf 3800 v.Chr. datierte *babylonische* Karte, die auf einem geritzten Tonplättchen das nördliche Mesopotamien mit dem Euphrat, einigen Orten und den das Land begrenzenden Gebirgen (in schematischen Aufrißbildern) wiedergibt. Eine bedeutende kartographische Urkunde der *Ägypter* ist die auf Papyrus gezeichnete nubische Goldminenkarte (1300 v.Chr.) als Versuch, die Berge durch umgeklappte Profile beiderseits der Wege in der Kartenebene wiederzugeben (Abb. 299).

Die Entwicklung bis zu solchen Karten ist sicherlich von Darstellungen ausgegangen, wie sie auch später noch bei *Naturvölkern* in anderen Bereichen angetroffen wurden. Dazu

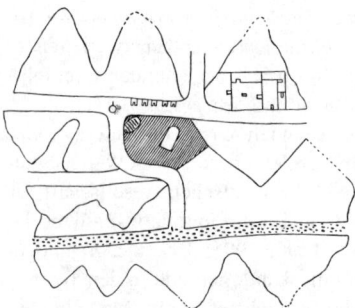

Abb. 299. Nubische Goldminenkarte

gehören neben manchen Felszeichnungen vor allem die Ritzungen in Steine, Baumrinden, Mammutzähne (*Häberlein* 1990) sowie Zeichnungen auf gegerbte Häute. Bemerkenswert und ohne Gegenstück sind die etwa auf das 16. Jh. n.Chr. datierten Seekarten der Einwohner der Marshall-Inseln im Pazifischen Ozean: Es handelt sich um linienhafte Verknüpfungen von Blattrippen der Kokospalme, deren Knotenpunkte die Inseln durch Muscheln anzeigen. Über die Kartographie bei den Naturvölkern berichtet *Dröber* (1964).

Für die *Griechen* war die Kartographie weitgehend gleichbedeutend mit der Frage nach der Gestalt der Erde. Die ersten Erdkarten, über die berichtet wird, stellen die Erde als ein rings von Meeren umflossene Scheibe dar. Die Auffassungen von der Kugelgestalt der Erde breiteten sich aus mit den Lehren der *Pythagoräer* (etwa 500 v.Chr.) und durch den Beweis des *Aristoteles* (etwa 350 v.Chr.), wonach der stets kreisförmige Erdschatten bei Mondfinsternissen nur von einer Kugel stammen könne.

Als Folge davon kam es zur Entwicklung von Kartennetzen. *Dikäarchos* (350-290 v.Chr.) stellte zunächst nur eine West-Ost-Orientierungslinie dar, während *Eratosthenes* (276-195 v.Chr.), der als erster auch die Größe der Erde bestimmte (2.1.1.1), bereits ein Netz von Parallelscharen verwandte. *Hipparch* (190-125 v.Chr.) teilte den Äquator in 360° und entwarf die stereographische und die orthographische Projektion (2.2.3.4, 2.2.3.6). *Marinus von Tyros* (um 100 n.Chr.) entwickelte das rechtwinklige Netz der mittabstandstreuen Zylinderentwürfe (Plattkarten, 2.2.4.2), *Ptolemäus* (87-150 n.Chr.) den ersten Kegelentwurf.

Eine Vorstufe der Karte ist der im Altertum benutzte *Periplus*, der eine Beschreibung von Küsten, Inseln, Ländern mit nautisch-technischen Angaben darstellt. Dieser geht später in die mittelalterlichen Portolane über.

Von den Arbeiten des *Ptolemäus* in Alexandria ging der nachhaltigste Einfluß aus. Seine „Geographie", eine Anleitung zur Kartenanfertigung mit einem Verzeichnis von Orten, Ländern usw., wirkte bis ins 15. Jh. Die Originalmanuskripte gingen zwar beim Brand der alexandrinischen Bibliothek 391 n.Chr. verloren, später aufgefundene Manuskripte und Karten wurden aber als Kopien seiner Arbeit gedeutet. Unter diesen befindet sich auch die bekannte Weltkarte.

Unter den *Römern* machte die Kartographie keine Fortschritte. Ihre Karten galten nicht geographischen Erkenntnissen wie bei den Griechen, sondern Darstellungen ihres Besitzes und der Verkehrsverbindungen in ihrem Reich. Die sehr unmaßstäblichen Itinerarien dienten als Wegekarten für militärische Zwecke, später wohl auch zur Wiedergabe von Handelswegen und -plätzen.

Die bekannte „Tabula Peutingeriana", die der Augsburger Humanist, Kaufmann und Stadtschreiber *K. Peutinger* (1465-1547) als Sammler erwarb, soll eine im 14.Jh. gefertigte Kopie von Unterlagen sein, die aus römischen Straßenkarten abgeleitet und vermutlich bis zum 7.Jh. laufend ergänzt wurden. Die Tafel besteht aus 12 Blättern, die aneinandergelegt rund 7 m lang sind. Die Darstellung ist in Ost-West-Richtung gedehnt, in Nord-Süd-Richtung stark verkürzt und daher völlig unmaßstäblich. Einzelheiten beschreibt *Miller* (1962).

Der einzige aus der Antike erhaltengebliebene und damit älteste Globus, der Atlas Farnese in Neapel, ist ein Himmelsglobus, der als römische Kopie einer griechischen Arbeit auf das 1. Jh. v.Chr. datiert wird.

15.3 Die Kartographie im Mittelalter

Während die islamischen Kulturen das geographische Wissen der Griechen übernahmen und weiter entwickelten, verharrte die Kartographie des europäischen Mittelalters zunächst ganz in den religiösen Vorstellungen ihrer Zeit. Die *Mönchs-* oder *Klosterkarten* sind als Erdkarten nicht allein Darstellungen realer geographischer Gegenstände, sondern dienen auch der Illustration biblischen Geschehens. Die Erde erscheint als kreisförmige Scheibe (Radkarte) mit obenliegender Ostrichtung und einer meist T-förmigen Gliederung: Asien liegt oberhalb des T-Balkens, Europa links unten, Afrika rechts unten.

Eines der bekanntesten Beispiele ist die um 1235 entstandene *Ebstorfer Weltkarte* (Kloster Ebstorf bei Uelzen), die im 2. Weltkrieg zerstört, inzwischen aber neu gezeichnet wurde. Die kreisrunde Karte hat einen Durchmesser von 3,5 m und setzt sich aus 30 Pergamentblättern zusammen. In der Mitte liegt Jerusalem. Neben der Wiedergabe von Städten, Flüssen, Bergen und Meeren enthält die Karte auch die Lage des Paradieses, zahlreiche mythologische und biblische Figuren sowie Kopf, Hände und Füße des gekreuzigten Christus.

Die Gebirgsdarstellung in solchen Karten ergab sich in Form stark schematisierter Seiten- oder Schrägansichten, mitunter als Bänder mit teilweise ornamentalen und bildhaften Einzeichnungen, die man als *Haufenzeichnung* oder *Maulwurfshügelmanier* bezeichnet (Abb. 300).

Etwa um 1300 kamen in Italien und Katalonien die ersten Seekarten auf. Sie entwickelten sich aus den schon im Altertum gebräuchlichen Segelanweisungen über die später als Portolane oder Portulane bezeichneten Navigationsbeschrei-

Abb. 300. Maulwurfshügelmanier

bungen zu den sog. *Portolankarten (Rumbenkarten)*. Diese meist auf Tierfellen gezeichneten Karten enthalten neben den Ländern, Inseln, Häfen usw. auch ein Netz von Rumben, die man auch als Windstrahlen bezeichnete, was zu der sachlich nicht korrekten Benennung als Kompaßkarten geführt hat.

Erst im späten Mittelalter löste der zunehmende geographische Informationsstand die Kartographie aus ihren durch kirchlich-religiöse Vorstellungen geprägten Bindungen und führte zu Fortschritten in der Herstellung von Erdkarten. Bemerkenswerte Zeugnisse diese Art sind die ovale Genuesische Weltkarte (unbekannter Verfasser, 1457) und die kreisförmige (7 m Durchmesser) „mappa mundi" (1459) des Camaldulensermönches *Fra Mauro*.

15.4 Die Kartographie im Zeitalter der Entdeckungen

Zwei bedeutende Ereignisse beeinflußten die Entwicklung der Kartographie im 15. und 16. Jh.: Die geographischen Entdeckungen und das Aufkommen der Druckverfahren (*Campbell* 1987). Die Entdeckungen brachten eine Fülle neuer Kenntnisse, steigerten aber auch andererseits den Bedarf an Karten. Die Vervielfältigung nach Holzschnitten oder Kupferstichen ersetzte das teure und fehlerhafte manuelle Kopieren und verhalf den Karten damit zu einer wachsenden Verbreitung (siehe 15.7).

Ein großer Anstoß zu geographischen Arbeiten ging auch von der „Geographie" des Ptolemäus aus, deren Kopien durch Flüchtlinge aus dem von den Türken bedrohten Byzanz rasch bekannt wurden. Aus der Übersetzung in das Lateinische (ab 1409) entstanden zahlreiche weitere Handschriften und Kartenkopien, denen später auch neue Karten hinzugefügt wurden. 1477 erschien die erste gedruckte Ausgabe als Atlas in Bologna. Schließlich verlor aber die „Geographie" an Bedeutung, als mit der in vielen Ausgaben herausgekommenen „Cosmographia" des *Sebastian Münster* (1488-1552) immer mehr neue und bessere Karten entstanden.

Das umfangreiche Sammeln und Verarbeiten geographischer Informationen führte zu einem gewaltigen Aufschwung der Kartographie. Es bildeten sich kartographische Zentren, zunächst in Italien, Spanien und Portugal, dann in Deutschland und später auch in den Niederlanden. Dabei galt das Hauptinteresse den Erd- und Seekarten; daneben entstanden aber auch die ersten Erdgloben und größere Regionalkarten. Die Forderung nach einer geometrisch richtigen Darstellung, die vor allem von der Seefahrt erhoben wurde, führte zur ersten intensiven Anwendung von Kartennetzen und zur Entwicklung weiterer Kartennetzentwürfe.

Bedeutende italienische Kartographen dieser Zeit waren u.a. *Fra Mauro* († 1460, siehe auch 15.3), *Paolo Toscanelli* (1397-1482), der in einer verlorengegangenen Karte den Seeweg nach Indien in westlicher Richtung beschreibt, ferner auch *Leonardo da Vinci* (1452-1519), der auch Karten kleinerer Gebiete herstellte. Der spanische Kartograph *Juan de la Cosa* († 1509), der mit Kolumbus und Vespucci nach Amerika segelte, fertigte 1500 eine Weltkarte, die als erste den amerikanischen Kontinent enthält.

In Deutschland schuf *Martin Behaim* (1459-1507) den ersten Erdglobus („Erdapfel" 1492) sowie eine Seekarte für Magelhaes. Von *Erhard Etzlaub* (1460-1532) stammt die Romweg-Karte für Pilger mit einer Wegeteilung in Meilenintervalle, ferner der erste Versuch einer Weltkarte in Mercatorprojektion auf einem Kompaßdeckel. *Martin Waldseemüller* gen. *Ilacomilus* (1470-1518) brachte die erste Weltkarte heraus, auf der sich der Name „Amerika" befindet, ferner eine See- und Europakarte; von ihm stammt auch eine Ausgabe der Ptolemäus-Geographie sowie ein Globus. Weitere Globen sind aus der Hand von *Johannes Schöner* (1477-1547).

Einen kartographischen Höhepunkt stellen die Werke des in Duisburg tätig gewesenen *Gerhard Kremer* gen. *Mercator* (1512-1594) dar. Nach zahlreichen Regionalkarten und Globen kam 1569 die berühmte, für die Seefahrt bestimmte Weltkarte in der nach ihm benannten Projektion heraus, die bis auf den heutigen Tag das Kartennetz der meisten Seekarten bestimmt. Seine drei Söhne setzten seine Arbeiten, vor allem am begonnenen Atlas, fort.

In den Niederlanden schuf *Abraham Ortelius* (1527-1596) eine achtblättrige Weltkarte, einzelne Gebietskarten sowie die in vielen Ausgaben erschienene Kartensammlung „Theatrum orbis terrarum". Weitere Weltkarten stammen von *Jodocus Hondius* (1563-1611), der neben *Gemma Frisius* (1508-1555) auch Globen herstellte.

Kennzeichnend für viele Karten dieser Zeit und bis etwa in das 18. Jh. hinein ist die oft sehr ausgeprägte Titel- und Randgestaltung: Kartuschen als schildförmige Ornamentmotive enthalten Erläuterungen und wortreiche Widmungen; der Rand ist durch ornamentale Verzierungen (*Vignetten*) geprägt, und daneben trifft man häufig auf Wappen, Landschaftsbilder (*Veduten*), mythologische Gestalten und allegorische Darstellungen. In Seekarten findet man häufig die sog. *Vertoonungen*, das sind Ansichtsbilder der Küste von See her, die dem Seemann die Sichtnavigation durch Identifizierung topographischer Objekte erleichtern sollen.

Das Bedürfnis nach Information, aber auch nach möglichst eindrucksvoller Repräsentation förderte in starkem Maße auch die Herstellung von Globen. Einer der bedeutendsten Globenhersteller war *V. Coronelli,* der um 1700 neben zahlreichen kleineren Globen auch mehrere Riesengloben von rund 2 bzw. 4 m Durchmesser schuf.

15.5 Von der Regionalkartographie zur topographischen Landesaufnahme

So wie die Entwicklung von Geographie und Verkehr den Bedarf an Erd- und Seekarten weiter ansteigen ließ, so ließ sie auch das Interesse an Regionalkarten wachsen. Die dazu erforderlichen topographischen Arbeiten waren allerdings noch weit entfernt von den Techniken der späteren Landesaufnahmen. Die ersten Darstellungen beruhten auf groben geographischen Orientierungen, Auswertungen von Reisezeiten und skizzenartigen Einschneideverfahren. Später verwendete man auch Kompaß, Meßschnur und Schrittmaß; eine übergeordnete Festpunktbestimmung – von spärlichen astronomischen Ortsbestimmungen abgesehen – gab es noch nicht. Die Messungen führten meist an den Wegen entlang und erfaßten das Gelände links und rechts mehr oder weniger skizzenhaft. Die kartographische Wiedergabe erstreckte sich auf die wichtigsten Gewässer und Siedlungen, letztere oft in individuellen Aufrißbildern, ferner auf die Geländedarstellung als Seiten- oder Schrägansicht mit zunehmender Darstellung der Einzelformen und oft künstlerisch-bildhafter Bearbeitung mit Hilfe von Formlinien und Schattenzeichnungen (Abb. 301). Die Namen erschienen in Fraktur-, später immer mehr in Antiquaschrift. Die Vervielfältigung beruhte zunächst auf dem Hochdruck nach Holzschnitten, später auf dem Tiefdruck nach Kupferstichen.

Abb. 301. Seitenansicht in individueller Form (aus Apians „Große Karte von Bayern")

Erste Regionalkarten waren die Karte der Schweiz (1497) von *Konrad Türst* (1450-1503) und die Karte der Toscana (1503) von *Leonardo da Vinci*. Unter späteren Werken sind vor allem die 24 Blätter der „Bayerischen Landtafeln" (1568) von *Philipp Apian* (1531-1589) und die „Preußischen Landtafeln" (1584) des *Kaspar Hennenberger* (1529-1600) bekannt.

Die weitere Entwicklung der topographischen Kartographie ist gekennzeichnet durch die Verbesserung der topographischen Aufnahmemethoden und durch den allmählichen Übergang von der noch sehr bildhaften zur mehr abstraktgeometrischen Darstellungsweise. Dabei werden die topographischen Arbeiten – zunächst allerdings nur sehr langsam – durch zwei Neuerungen entscheidend beeinflußt: Die erste Dreiecksmessung (Triangulation, 2.1.3.1) von 1617 des Niederländers *Willibrord Snellius* und die Erfindung des Meßtisches (6.3.1.2, vermutlich durch *Johannes Prätorius* oder durch die sog. *Züricher Schule* um 1600).

Erste, wenn auch nur graphische Anwendungen der Triangulation finden sich bei den 56 Blättern 1:32 000 der kartographisch hervorragenden Karte des Kantons Zürich von *Hans Konrad Gyger* (1599-1674) und den 13 (heute nur im Entwurf vorhandenen) Blättern 1:140 000 der „Württembergischen Landtafeln" von *Wilhelm Schickhart* (1592-1635). Letzterer benutzte auch bereits die Meßtischmethode.

Durch die genauere Einzelvermessung war es auch möglich, die topographischen Gegenstände mehr und mehr nach ihrer exakten Grundrißprojektion darzustellen. So wurde die vogelschauartige Siedlungsdarstellung, deren Höhepunkt die „Topographien" von *Matthäus Merian* (Vater und Sohn, ab 1640) bildeten, durch den geometrisch-nüchternen Straßengrundriß abgelöst; für kleinere Objekte kamen die ersten Kartenzeichen (Signaturen) auf. Da die in der Geländedarstellung bis dahin üblichen Seitenansichten bei bergigen Gebieten große Teile des Grundrisses verdeckten, vollzog sich der allmähliche Übergang zu *Schrägansichten*, die oft aus militärischen Gründen gefertigt wurden und die Bezeichnung *Kavalier-, Militär-* oder *Halbperspektive* (12.1.7) erhielten. Schließlich gelangte man zu der heute üblichen *senkrechten (orthogonalen) Parallelprojektion*. Über Beiträge zur Geschichte der topographischen Kartographie, u.a. zur Prüfung der geometrischen Genauigkeit alter Karten mit einem *Verzerrungsgitter*, siehe *Imhof* (1964).

Bei der Bestimmung von Wassertiefen an der Mündung schiffbarer Flüsse ergaben sich erste Anwendungen von Isolinien aus der Lotung gegen die Wasseroberfläche und der damit verbundenen Lagemessung. Die erste Karte mit Tiefenlinien (Isobathen) wird dem Feldmesser *P. Bruinss* zugeschrieben (7-Fuß-Tiefenlinie des Sparneflusses in Haarlem 1584). Der Rotterdamer Landmesser *P. Ancelin* schuf 1697 eine Karte der Maas einschließlich des alten Hafens mit Tiefenlinien von 5 zu 5 Fuß (Abb. 302).

Die allgemeine Anwendung der Triangulation in der Landesvermessung setzte ein, nachdem die Franzosen sich dieses Verfahrens in ihren zahlreichen Erdmessungen (Gradmessungen) zwischen 1669 und 1741 mit Erfolg bedient hatten (2.1.1.2). *César François Cassini* (1714-1784), in dritter Generation an diesen Arbeiten beteiligt, überzog ab 1750 Frankreich mit einem Netz aus über 2 000 Dreiecken und leitete auf dieser Grundlage die Herstellung des Kartenwerkes 1:86 400 ein, das 1815 unter seinem Sohn *Jean Dominique Cassini* vollendet wurde.

Die Cassinische Karte stellte das Gelände in einer Schraffenmanier dar; ihr Kartennetz stammte aus einer mittabstandstreuen zylindrischen Abbildung in transversaler Lage. Sie war der Auftakt zur systematischen und exakten topographischen Landesaufnahme in zahlreichen Staaten. Diese Entwicklung wurde noch dadurch beschleunigt, daß vor allem militärische Zwecke ein geschlossenes topographisches Kartenwerk mit geeigneter Geländewiedergabe erforderten.

Zur deutschen Kartographie im 18. Jh. äußert sich *Satzinger* (1977), zur Darstellung Ostpreußens *Jäger* (1983), zur Kartographie Brandenburgs *Scharfe* (1972), zu den

Abb. 302. P. Ancelin. Tiefenlinienkarte der Maas in Rotterdam, 1697; Originalmaßstab 1:2 500

dortigen Problemen der Kartenproduktion *Jäger* (1982), zur Kartographie des deutschen Südwestens *Oehme* (1961).

Zu Beginn des 19. Jh. war die Herstellung topographischer Karten mittlerer Maßstäbe wie folgt gekennzeichnet: 1. Die Arbeiten lagen in den Händen staatlicher, oft militärischer Institutionen. 2. Es entstanden einheitliche Triangulationsnetze. 3. Die topographische Aufnahme war das Ergebnis einer Vermessung, gewöhnlich der Meßtischmethode. 4. Das Geländerelief wurde grundrißartig durch Schraffen dargestellt, und zwar ab 1799 zunächst durch die Böschungsschraffenmanier (9.3.2.3, Abb. 303) von *Johann Georg Lehmann* (1765-1811); die dazu erforderlichen örtlichen Arbeiten bestanden im Aufsuchen von Formlinien und im Ermitteln von Böschungswinkeln.

Eine Höhenliniendarstellung mit absoluten Höhenzahlen war noch nicht zu verwirklichen, da es an geeigneten Instrumenten und Bezugsgrundlagen fehlte; auch wurden die Höhenlinien noch als zu unanschaulich empfunden. Die für Schraffendarstellungen und einzelne Punktangaben benötigten Höhenunterschiede wurden meist barometrisch oder trigonometrisch gemessen. Erst in der Mitte des 19. Jh. kamen Tachymeter und Nivelliergeräte in Gebrauch, und es wurden Nivellementsnetze mit eindeutig definierter Höhenbezugsfläche gemessen. Im Anschluß daran fanden neue topographische Aufnahmen statt, die nunmehr durch die Höhenliniendarstellung und deren Genauigkeitsgrad auch die zivilen Belange

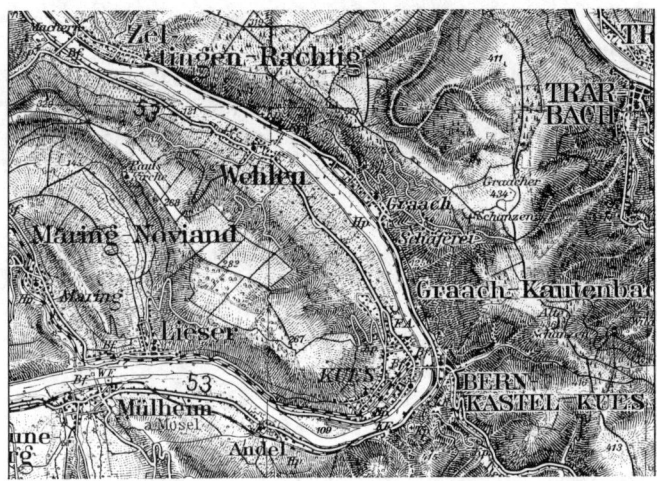

Abb. 303. Böschungsschraffen in der Karte des Deutschen Reiches 1:100 000 (vergleiche Anlage 4)

des Ingenieurbaus, der wissenschaftlichen Forschung und der Planung berücksichtigten.

In *Preußen*, wo die Landesaufnahme seit 1816 in der Hand des Generalstabs lag, entstanden bis 1846 Meßtischaufnahmen 1:25 000 mit einer Geländewiedergabe durch Schraffen. Die Ergebnisse dienten ausschließlich der Herstellung des Kartenwerks 1:100 000 (Generalstabskarte, Abb. 303). Erst die Neuaufnahmen 1:25 000 ab 1875 mit Höhenliniendarstellung und Bezug auf Normal-Null führten zu einem eigenständigen Kartenwerk 1:25 000 (Meßtischblatt), das vor allem den zunehmenden zivilen Bedarf befriedigen sollte. Unabhängig von dieser Landesaufnahme vollzog sich der Aufbau des zunächst nur für Steuerzwecke bestimmten Katasterkartenwerks (10.7.2.2, 15.6) auf der Grundlage eigener, regional begrenzter Triangulationssysteme.

In *Bayern* begann nach der Gründung des Topographischen Büros 1801 eine systematische Landesvermessung, bei der auf einheitlicher Netzgrundlage Flurkarten 1:5 000 (in geringem Umfang auch 1:2 500) durch Meßtischaufnahme entstanden. Bereits ab 1817 dienten Verkleinerungen dieser Flurkarten als Ausgangsmaterial für den Grundriß der sog. Positionsblätter 1:25 000, während die Geländedarstellung durch Schraffen unmittelbar im Maßstab der Positionsblätter gewonnen wurde. Ab 1840 fanden jedoch Höhenaufnahmen nur noch unmittelbar auf dem Grundriß der Flurkarte 1:5 000 statt. Die daraus abgeleiteten Positionsblätter 1:25 000 waren aber nicht zur Veröffentlichung bestimmt, sondern dienten der Herstellung des Topographischen Atlasses 1:50 000, dessen Blätter 1867 geschlossen vorlagen. Ab 1872 wurden auch die Positionsblätter veröffentlicht, wobei später der Zeichenschlüssel mehrmals wechselte. 1866 entstanden die ersten Höhenlinienaufnahmen 1:5 000, die wegen der unterschiedlichen Ausgangspunkte und Meßmethoden jedoch mehr Formlinien als exakte Höhenlinien erzeugten. Das änderte sich ab 1896 mit dem Bezug auf Normal-Null und ab 1920 infolge höherer Punktdichte, besserer Instrumente und einer speziellen Meßmethode (Bayerisches Verfahren). Von 1910 an wurden diese

Vermessungsergebnisse auch als selbständiges Kartenwerk „Höhenflurkarte 1:5 000" im Zweifarbendruck veröffentlicht.

Die in *Württemberg* 1818 eingerichtete staatliche Landesvermessung stellte zunächst Flurkarten 1:2 500 her, bildete dann aus Verkleinerungen dieser Karten Aufnahmeblätter 1:25 000, die durch eine einfache Höhenmessung mit Lehmannschen Böschungsschraffen versehen wurden, und leitete daraus die 55 Blätter des Topographischen Atlasses 1:50 000 ab, die zwischen 1826 und 1851 erschienen. Die systematische Landeshöhenaufnahme für die Topographische Karte 1:25 000 begann 1890, und zwar auf der Grundlage der Flurkarte 1:2 500, in die das Ergebnis der tachymetrischen Vermessungen (Württembergisches Verfahren) kartiert wurde. Diese Darstellung diente als sog. Topographische Flurkarte zunächst in erster Linie der Herstellung der Karte 1:25 000; erst allmählich entwickelte sich daraus auch als selbständiges Kartenwerk die Höhenflurkarte 1:2 500, die ab 1914 im Zweifarbendruck erschien.

Die Entwicklung des deutschen Vermessungswesens beschreiben *Jordan/Steppes* (1882), *Kriegel/Böhm* (1961), und *Scheel/Mohr* (1978), der Landesaufnahme *Krauß/Harbeck* (1984), des Beirats für das Vermessungswesen *Albrecht* (1984), die Reichskartenwerke *Kleffner* (1939), den Verbleib der Kartenoriginale des Deutschen Reiches *Böhme* (1978). Aus der Entwicklung in Teilbereichen Preußens berichten *Pesch* (in *Meine* 1968a). *Schmidt* (1973) und *Pötzschner* (1979), aus der bayerischen Kartographie *Finsterwalder* (1967), *Katzenberger* (1977) und *Thaler* (1982), aus der Württembergischen Landesvermessung *Landesvermessungsamt Baden-Württemberg* (1968), aus dem Rhein-Main-Gebiet *Bertinchamp* (1979), aus der Landesaufnahme Sachsens *Töpfer* (1981). Weitere Einzelheiten zu regionalen kartengeschichtlichen Entwicklungen enthalten auch die in den einzelnen Bundesländern erschienenen topographischen Atlanten (11.6).

In *Österreich* fand unter militärischer Leitung 1763-1787 die erste Landesaufnahme statt, der auf der Basis einer Triangulation die zweite Aufnahme 1806-1869 folgte. Die dabei entstandenen Aufnahmeblätter 1:28 800 dienten der Herausgabe der Spezialkarte 1:144 000 mit Böschungsschraffen. 1839 wurde das Militärgeographische Institut gegründet. Die später einsetzende dritte Landesaufnahme führte über Aufnahmeblätter 1:25 000 mit Höhenlinien zur Spezialkarte 1:75 000 mit Schraffen. Weitere Einzelheiten siehe *Bundesamt für Eich- und Vermessungswesen* (1970) und *Arnberger/Kretschmer* (1975).

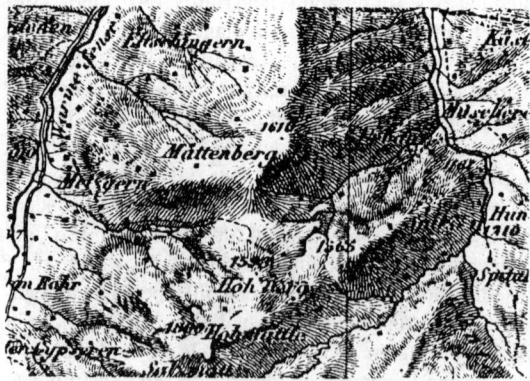

Abb. 304. Schattenschraffen in der Dufourkarte

In der Schweiz gab das 1838 gegründete „Eidgenössische Topographische Büro" 1844-1864 das erste amtliche eidgenössische Kartenwerk 1:100 000 (Dufourkarte) auf der Grundlage vorhandener und verbesserter kantonaler Karten 1:25 000 bzw. 1:50 000 heraus. Das Gelände war dabei durch Schattenschraffen wiedergegeben (Abb. 304). Ab 1870 erschienen die Blätter des „Topographischen Atlas der Schweiz" (Siegfriedkarte) in 1:25 000 (bzw. 1:50 000 für den alpinen Bereich) mit Höhenliniendarstellung. Weitere Einzelheiten siehe *Imhof* (1968).

15.6 Der Aufstieg der Themakartographie

Erste graphische Darstellungen aus dem Altertum und dem Mittelalter mit einem thematischen Raumbezug erstrecken sich vor allem auf die Nutzung von Böden und Lagerstätten sowie auf den Verkehr. Markante Beispiele des Altertums sind die Nubische Goldminenkarte (Abb. 299) und die „Tabula Peutingeriana" (15.2). Von den bereits im Altertum vorgenommenen Grenzfestlegungen nach den alljährlichen Nilüberschwemmungen in Ägypten existieren keine kartenartigen Nachweise. Unter den Verkehrskarten des Mittelalters dominieren vor allem die Portolankarten (15.3), die der Seefahrt im Mittelmeer, später auch in anderen Gewässern dienen. Sie übertreffen in ihrer Relativgenauigkeit und in der regionalen Formtreue der Küstenbereiche fast alle anderen Karten des gleichen Zeitraums, weisen aber noch kein geographisches Netz auf.

Das Zeitalter der Entdeckungen fördert neben den mehr topographischen Welt- und Regionalkarten auch die Herstellung und Verbesserung der Seekarten, u.a. durch genauere Ortsbestimmungen und durch die damit verknüpfte exaktere Darstellung des geographischen Netzes, vor allem in Form der Mercatorprojektion (2.2.4.4). Ein bekanntes Beispiel für Verkehrskarten auf Landflächen ist die Romwegkarte von *Etzlaub* (15.4).

Insgesamt orientieren sich solche Darstellungen meist an ihrer jeweiligen Zweckbestimmung und lassen sich nicht selten in der Herkunft der Daten auf andere Karten zurückführen. Das ist verständlich, weil es an exaktem geometrischen Raumbezug mangelt (z.B. in Form des heute üblichen topographischen Kartengrundes) und weil neuere Informationen oft schwer zu erlangen waren oder gar unter Verschluß gehalten wurden.

Mit der zunehmenden Intensität der Landnutzungen und der ersten Verfeinerung der Aufnahmemethoden kommt es ab dem 17. Jh. vermehrt zu Karten, die die Abgrenzung hoheitlicher Macht oder privater Nutzung dokumentieren und im Streitfalle als Grundlage dienen sollen. Auch enthalten Regionalkarten zunehmend administrative Informationen wie z.B. Amtssitze und Grenzen von Verwaltungseinheiten. Im großmaßstäbigen Bereich tauchen erste Karten auf, die sich befassen mit der Erschließung, Be- und Entwässerung neuer landwirtschaftlicher Flächen, mit Projekten und Dokumentationen zum Kanalbau sowie zum Küsten- und Hochwasserschutz, zum Bergbau, zur Forstwirtschaft, zur planmäßigen Bebauung, zu militärischen Anlagen und Operationen usw. Solche Karten sind in der Regel Unikate auf Karton, teilweise mit farbigem Handkolorit.

Im 18. Jh. kommt es als Folge der zunehmenden naturwissenschaftlichen Erkenntnisse und der Erforschung der Erde zu einer Reihe geowissenschaftlicher Karten, und im Bereich der Verkehrskarten entstehen zahlreiche Darstellungen der Handelswege und Postrouten. Diese Entwicklung verstärkt sich mit Beginn des 19. Jh., und sie wird begünstigt durch die aufkommenden topographischen Kartenwerke als Kartengrundlage sowie durch die Techniken der Vervielfältigung. Auch entstehen Karten aus neuen Themenbereichen, und es entwickeln sich die heute üblichen methodischen Ansätze: Die thematischen Kontinua in Geophysik und Meteorologie/Klimatologie fördern die Verbreitung der Isoliniendarstellung. Darstellungen zur Bevölkerung führen bei Nationalitäten-, Konfessions- und Sprachenkarten zur Methode der Verbreitungsflächen, im Falle statistischer Darstellungen zu den Verfahren der Punktstreuungskarten, der Kartodiagramme und der Flächendichtekarten, mitunter auch in der Vorstufe der einfachen Zahlenangaben innerhalb der jeweiligen Bezugsflächen.

1701 beginnt mit der Isogonenkarte (erdmagnetische Deklination) des Atlantiks von *Halley* die Darstellung thematischer Kontinua. In der Geophysik kommt es ferner zu Karten der Inklination (Isoklinen) sowie der Intensität (Isodynamen), letzteres 1804 durch *A.v.Humboldt*. Dieser gibt ferner mit seiner Isothermenkarte (1817) den Anstoß zu weiteren ähnlichen Darstellungen. 1849 erscheint die erste Wetterkarte, ermöglicht durch die neue telegraphische Nachrichtenübermittlung.

Schon seit langer Zeit gibt es Himmelskarten (astronomische Karten, Sternkarten) mit Eintragung der Sternzeichen usw. Im 19.Jh. kommt es zu den ersten Karten der Erdmondes und der großen Planeten als Zeichnungen nach Beobachtungen an Fernrohren. Sie werden später oft durch photographische Aufnahmen ersetzt.

Erste Karten geologischen Inhalts erscheinen bereits Mitte des 18.Jh., erst einfarbig, danach auch in handkolorierten Flächenfarben. In der ersten Hälfte des 19.Jh. kommen die ersten geologischen Kartenwerke auf, ab 1842 auch die ersten Drucke durch Farblithographie. Mit der Einrichtung meist amtlicher geologischer Anstalten in der 2. Hälfte des 19.Jh. entstehen die ersten Kartenwerke 1:25 000, und es verstärken sich die internationalen Bemühungen um eine einheitliche Farbgebung.

Bodenkarten entwickeln sich zunächst in Verbindung mit den geologischen Karten; erst ab der 2. Hälfte des 19.Jh. bleiben sie thematisch auf den Boden allein bezogen. In Verbindung mit der Aufstellung von Karten des Steuerkatasters orientieren sie sich an der landwirtschaftlichen Ertragsfähigkeit nach einem vorgegebenen Schätzungsrahmen. Zu geomorphologischen Karten kommt es dagegen erst im 20.Jh., bedingt durch die enge Wechselwirkung mit der Qualität der Reliefdarstellung in topographischen Karten. Eine längere Tradition besitzen Karten der Küstenbereiche, vor allem in Gezeitengebieten und hierbei meist in Verbindung mit den praktischen Erfordernissen des Küstenschutzes usw. Bereits seit dem 16.Jh. gibt es Gewässerkarten mit Darstellung von Tiefenlinien (Isobathen, Abb. 302). Erste Gletscherkarten 1:10 000 und kleiner aus den Alpen gibt es seit 1840, später auch in 1:5 000 und dann auch als Wiederholungsaufnahmen.

Mit dem Aufkommen der Statistik entstehen im 19. Jh. zunehmend detailliertere Bevölkerungskarten sowie Sprachen- und Völkerkarten. Dagegen treten erste Geschichtskarten schon seit *Ortelius, Mercator* und *Hondius* auf (meist mit Themen aus dem Altertum), doch setzt die strengere historische Sicht erst im 18. Jh. ein, und im 19. Jh. kommt es zu einer starken Entfaltung der historischen Karten durch die Entwicklung der Geschichtswissenschaft und die Anwendungen in der Schule.

Über die älteren politischen und administrativen Karten hinaus führt der Wunsch nach einer möglichst gerechten Bemessung bei der Erhebung der Grundsteuer in vielen Ländern zum Aufbau großmaßstäbiger Kartenwerke, aus denen Flächengrößen ermittelt und teilweise auch die Bodengüte abgelesen werden können. So entstehen in den Ländern des Deutschen Reichs ab der ersten Hälfte des 19. Jh. die Katasterkarten (Flurkarten) in Maßstäben 1:500 bis 1:5 000 (Grundsteuerkataster), und zwar in Preußen als Inselkarten und weitgehend unabhängig von der topographischen Landesaufnahme und ihrer Triangulation, in den süddeutschen Ländern dagegen als Rahmenkarten unter stärkerer Verknüpfung mit den topographischen Karten und ihren Grundlagen. Seit 1897 sind die Flurkarten auch das amtliche Verzeichnis der Grundstücke für das Grundbuch und tragen seit 1934 die Ergebnisse der Bodenschätzung. In Österreich entsteht das Grundsteuerkataster von 1817 bis 1861 auf der Grundlage von Triangulation und Meßtischaufnahme mit Karten 1:1 440, 1:2 880 bzw. 1:5 760. In der Schweiz bildet das Zivilgesetzbuch von 1912 die Grundlage für den Aufbau eines Rechtskatasters mit Grundbuchplänen zwischen 1:500 und 1:10 000 und mehr topographischen Übersichtsplänen 1:5 000 bzw. 1:10 000. In allen Ländern werden die Katasterkarten in ihren geometrischen Grundlagen ständig verbessert und inhaltlich laufend aktualisiert. Einen weltweiten geschichtlichen Überblick zu Katasterkarten geben *Kain/Baigent* (1992).

Industrialisierung und verstärkte Landnutzung führen im 19. Jh. auch zu Karten der Land- und Forstwirtschaft, des Bergbaus und der damit verbundenen Festlegung von Bergrechten. Die Entwicklung der Städte erfordert Darstellungen zum Baugrund, zur Vegetation, zum Klima, zur Bevölkerungsstruktur und damit auch zu Planungskarten über städtebauliche Erschließungen (z.B. Fluchtlinienpläne) und über die dazu notwendige Kanalisation.

Unter den Verkehrskarten gibt es im 19. Jh. neben Karten der Schiffahrts- und Handelswege nun auch Eisenbahnkarten, teilweise mit Angabe der dabei auftretenden Transportleistungen. Der verstärkte Welthandel, die weiteren Kolonialisierungen und die Wahrnehmung überseeischer politischer und militärischer Interessen sowie die immer dichteren und genaueren Tiefenangaben führen zum Aufbau umfangreicher Seekartenwerke mit Tiefenlinien (Isobathen): Das britische Seekartenwerk kommt auf etwa 4000 Karten, Frankreich und die USA erreichen jeweils rund 3000 Karten.

Eingehendere Angaben zur Geschichte der thematischen Karten finden sich bei *Eckert* (1925), *Arnberger* (1966), *Robinson* (1982), *Kretschmer/Dörflinger/Wawrik* (1986) und *Kretschmer* (in *Kelnhofer* (1989).

15.7 Die Entwicklung der Atlaskartographie

Als erste atlasähnliche Kartensammlungen gelten die Zusammenstellungen in den verschiedenen, ab Mitte des 15. Jh. erschienenen Ausgaben der Geographie des

Ptolemäus. Freilich besaßen diese Sammlungen noch nicht die Einheitlichkeit in Form und Inhalt, die heute ein wesentliches Merkmal eines Atlasses ist, zumal alte und neue Karten zusammentrafen.

Einheitlichkeit nach Format und Druck zeigte dagegen schon das Kartenmaterial im „Theatrum orbis terrarum" (1570) des *Ortelius* (15.4), im „Speculum orbis terrarum" (1578) des *Gerard de Jode* (1515-1591) und im „Seespiegel" (1584) des *Lucas Jansz Waghenaer* (†1593).

Ein bedeutender Fortschritt, nämlich das Bemühen um Einheitlichkeit auch im Inhalt, zeigte sich in dem 1595 erstmalig vollständig erschienenen Atlas *Gerhard Mercators* (15.4). Diese Werk, zunächst nur als Illustration zu einer Beschreibung der Entstehung und Beschaffenheit der Welt bestimmt, weist durch seinen Titel „Atlas sive cosmographicae meditationes de fabrica mundi et fabricati figura" zum ersten Male die Bezeichnung „Atlas" auf. Der Textteil geriet bald in Vergessenheit, der Atlas aber wurde ein großer Erfolg und bestimmte maßgebend den weiteren Weg der Atlaskartographie.

Durch die Verbreitung dieses Werkes von Mercator wurde auch der neue Name „Atlas" bekannt. doch setzte er sich zunächst nur sehr zögernd durch und ist eigentlich erst seit 200 Jahren ein allgemeingültiger Begriff. Es ist nicht sicher, ob Mercator hierbei die Gestalt des Himmelsträgers Atlas mit dem ihm nach der Mythologie zugedachte Wissen um Himmel und Erde im Sinne hatte.

Im 17. Jh. waren vor allem die Niederländer in der Atlaskartographie führend. *Jodocus Hondius* (1563-1611) erwarb Mercators Platten und gab weitere Ausgaben heraus. Am umfangreichsten aber war die Produktion von *Willem Blaeu* (1571-1638) und seinem Sohne *Johan* (1596-1673); unter ihren zahlreichen Atlanten ist vor allem die 12bändige „Geographia Blaviana" bemerkenswert. Inhaltlich zeigen diese Werke allerdings keine Fortschritte gegenüber den Arbeiten Mercators. Von solchen Atlaswerken gibt es heute zahlreiche Nachdrucke; dazu gehört auch der Atlas des Großen Kurfürsten.

Weitere bedeutende Atlanten entstanden im 17. und 18. Jh. in Frankreich u.a. durch *Nicolas Sanson d'Abbéville* (1600-1667), seine Söhne und Enkel sowie durch *Guilleaume de l'Isle* (1675-1726). in Deutschland vor allem durch *Johann Baptist Homann* (1663-1724) und seine Erben (bis 1813) in Nürnberg und durch *Matthäus Seutter* (1678-1757) in Augsburg. Eine besondere Stellung nimmt der 1749 erschienene Preußische Seeatlas ein, eine Sammlung von 12 Seekarten 1:20 Mio..

Wenn auch der Inhalt dieser Atlanten durch genauere Ortsbestimmungen und neuere Regionalkarten nach und nach verbessert werden konnte, so blieben doch noch spürbare Mängel. Diese lagen darin begründet, daß neuestes Quellenmaterial oft aus politischen oder wirtschaftlichen Gründen geheimgehalten wurde und daß man aus kommerziellen Gründen mitunter die Herstellung und Aktualisierung neuer Originale zurückstellte und dafür lieber die billigere Kopie älterer Vorlagen vornahm.

Im 19. Jh. beginnt die Entwicklung der modernen Atlaskartographie: Der Besitz teurer und großer Atlanten ist nicht mehr das Privileg einiger Begüterter; die zunehmende Bedeutung der Geographie in Unterricht und Allgemeinbildung schafft die Grundlage für eine weite Verbreitung von Schul- und Handatlanten. Durch die Ergebnisse der topographischen Landesaufnahmen werden die Karten inhaltlich durchgreifend verbessert, und die Anwendung des Steindrucks ermöglicht hohe und zugleich preiswerte Auflagen.

Diese günstigen Umstände führen zur Entwicklung einiger neuer und namhafter privatkartographischer Anstalten wie Perthes in Gotha, Ravenstein in Frankfurt am Main und Wagner-Debes in Leipzig, die sich intensiv mit der Herstellung von Atlanten befassen. Ein weit über die Grenzen Deutschlands bekanntgewordenes Atlaswerk ist das von *Adolf Stieler* (1775-1836), das 1823 erstmalig vorlag und bis in das 20.Jh. hinein in laufend verbesserten Auflagen (Hundertjahrausgabe 1925 durch *Hermann Haack*) herauskam. 1883 erschien erstmalig der heute noch verlegte *Diercke-Atlas* im Verlag Westermann in Braunschweig.

Während in den ersten Jahrhunderten der Atlaskartographie nur solche Werke entstanden, deren Karten ihrem Wesen nach topographisch (allgemein-geographisch) sind, traten vom 19. Jh. an die ersten Atlanten mit thematischen Darstellungen auf. Um die Wende zum 20. Jh. kam es schließlich zur Herausgabe der ersten Nationalatlanten.

Im Anfang dieser Entwicklung stand 1848 der durch *Alexander von Humboldt* angeregte „Physikalische Atlas" von *Heinrich Berghaus* (1797-1884) als Weltatlas mit Themen aus dem Naturbereich. Das Werk diente auch als Vorlage für den von *Alexander Keith Johnston* (1804-1871) in Edinburgh 1848 herausgegebenen Atlas. In der zweiten Hälfte des 19. Jh. erschienen die ersten Fachatlanten (z.B über Klima, Landwirtschaft, Bevölkerung, Geschichte). 1899 begann mit dem Atlas von Finnland die Reihe der Nationalatlanten. Es folgten weitere Werke dieser Art, doch setzte die große Welle in der Herstellung von Nationalatlanten erst nach 1950 ein.

Zur Geschichte der Atlanten äußert sich *Horn* (1961), zum Wandel von Schulatlanten *Arnberger* (1982a). Eine Bibliographie von Schulatlanten stammt von *Badziag u.a.* (1982).

15.8. Die Entwicklung der kartographischen Technologien

Im Altertum und Mittelalter entstanden Kartenoriginale unter anderem durch Ritzen auf Tontafeln (Babylonien) oder Metallplatten (China), als Zeichnung auf Papyrus (Ägypten), Pergament (Mönchskarten) oder Tierhäuten (Portolankarten) oder durch Meißeln in Stein (Rom). Eine Vervielfältigung war nur durch manuelle Anfertigung weiterer Exemplare, d.h. durch erneutes Ritzen, Zeichnen usw. möglich.

Die ersten Druckplatten entstanden als *Holzschnitte* etwa zu Beginn des 15. Jh.: Von diesen wurden die Karten nach den Grundsätzen des Hochdrucks (4.5.1.2) mit einer Handpresse in geringer Auflage vervielfältigt. Die Wiedergabe feiner Linien war dabei naturgemäß nicht möglich. Um die Mitte des 15. Jh.

brachte der Kupferstich einen großen Fortschritt; er machte es möglich, Karten hoher graphischer Qualität durch sehr feine Strichwiedergabe im Wege des Tiefdrucks (4.5.1.3) herzustellen.

Die Anwendung der Druckverfahren beeinflußte auch die Originalherstellung nachhaltig. Formschneider und Graveure fanden ein großes Betätigungsfeld, und die Druckformen stellten erhebliche Wertobjekte dar. Von historischem Interesse sind heute vor allem die *Erstlings-* oder *Wiegendrucke* von Karten (*Inkunabeln*).

Der seitenverkehrte Kupferstich wurde auf einer plangeschliffenen, bis zu 4 mm starken Kupferplatte nach einer Zeichnung durchgeführt, die anfangs durch eine Gelatinepause, später photographisch auf die Platte übertragen wurde. Durch die *Handgravur* wurden dann die Linien mit verschiedenartig geschliffenen Sticheln und Nadeln eingegraben; Kartenzeichen und Zahlen ließen sich mit Stahlstempeln einschlagen. Nach dem Farbauftrag war zunächst eine Reinigung der Plattenoberfläche erforderlich, und dann fand der Druck auf angefeuchtetes Papier statt. Die *galvanische* Gravur, d.h. das mechanische Tieflegen der Zeichnung auf elektrolytischem Wege, wurde erst seit etwa 1930 angewandt. Der Druck von der Kupferplatte ließ wegen der Weichheit des Metalls nur geringe Auflagen zu. Größere Auflagen erforderten daher die Vervielfältigung mit Hilfe von Maschinendruckplatten (Stein oder Zink), die vom Kupferoriginal durch Umdruck mit besonderem Umdruckpapier abgeleitet wurden.

Zu den letzten Beispielen von Kupfer-Originalen gehörten die „Karte des Deutschen Reiches 1:100 000" (Abb. 303) und die Karten des deutschen Seekartenwerks (10.7.2.6).

Abb. 305. Originalstein

1796 erfand *Alois Senefelder* die Lithographie. Damit wurde der Steindruck zum ersten Flachdruckverfahren (4.5.1.4) und als Kartolithographie ein rasch an Bedeutung gewinnendes Verfahren des Kartendrucks.

Das Ausgangsmaterial ist ein etwa 9-11 cm dicker Stein aus Plattenkalk (vorwiegend aus Solnhofen im Fränk. Jura), dessen Oberfläche sehr glatt geschliffen und chemisch gegen Fett und Öl (Farbe!) widerstandsfähig gemacht wird. Auf diese läßt sich die Entwurfsvorlage wie bei der Kupferplatte übertragen. Der Stein wird sodann entweder durch Gravur mit Stahlsticheln (Tiefmanier) oder durch Federzeichnung mit sog. Lithographietusche (Flachmanier) bearbeitet. Wie beim Kupfertiefdruck fand auch beim Steindruck der Auflagendruck nicht mit dem Originalstein (Abb. 305) statt, sondern mit einem zweiten sog. Umdruckstein oder mittels kopierter Metallplatte. Die letzten Stein-Originale gab es bei der Topographischen Karte 1:25 000 (9.7.1.1) und den Höhenflurkarten 1:5 000 (Bayern) bzw. 1:2 500 (Württemberg).

Die genannten Druckformen nahmen gewöhnlich jeweils die gesamte Kartendarstellung auf, d.h. die Karte wurde einfarbig gedruckt. Eine mehrfarbige Gestaltung (Flächen, Farbsäume an Grenzen usw.), wie man sie z.B. bei alten Atlaskarten trifft, war daher nur nachträglich durch Handkolorit des Einzelexemplars möglich.

Der *mehrfarbige* Kartendruck, der im 19. Jh. vor allem bei den auflagenstärkeren Atlaskarten aufkam, wurde durch den Flachdruck und die neuen Reproduktionstechniken ermöglicht bzw. begünstigt. Die *Photographie* (seit 1839) erlaubte es, anstelle der manuellen Bearbeitung des Druckträgers das graphisch endgültige Original durch Zeichnung zu erstellen und dann auf den präparierten Druckträger zu übertragen. Die autotypische Rasterung (1881) gestattete es, auch Halbtöne zu drucken. An die Stelle von Steinen traten *Metallplatten* als Träger des Auflagen-Flachdrucks. Damit wurden auch die seit der Mitte des 19. Jh. eingesetzten Steindruckschnellpressen allmählich abgelöst durch Maschinen nach dem schnelleren Rotationsprinzip mittels Druckzylinder. Im 20. Jh. setzte sich dann das 1904 erfundene Offset-Prinzip durch.

Den Weg bis zum Offsetdruck erleichterten schließlich die folgenden weiteren Verbesserungen:
– In der *Zeichentechnik* traten weitere Fortschritte ein durch bessere Zeichenträger (stabilisierter Zeichenkarton, ab 1937 vor allem die transparente Kunststoff-Folie), durch methodische Qualitätssteigerung, besonders mit Hilfe der Schichtgravur (etwa ab 1950) und des photomechanischen Schriftsatzes (etwa ab 1955).
– In der *Reproduktionstechnik* führte der Einsatz großer und präziser Kameras, der Gebrauch von Trockenfilmen (anstelle des nassen Jod-Kollodium-Verfahrens auf Glas), das Lichtpausverfahren (1923) und das Folien-Kopierverfahren (1937) zu einer großen Variations- und Kombinationsvielfalt auf dem Wege von der Reinzeichnung zur Druckplatte.

Die jüngste Epoche kartographischer Technologien ist gekennzeichnet durch einen wachsenden Einsatz der *Computertechniken,* vor allem der GDV, in nahezu allen Arbeitsfeldern. Damit werden sich in methodischer Hinsicht die bisher größten Änderungen der gesamten Kartographie ergeben.

Zur Geschichte der Druck- und graphischen Verfahren allgemein siehe z.B. *Gerhardt* (1974/1975) und *Wolf* (1990), zur Geschichte des Kartendrucks *Woodward* (1975) und *Gerhardt* (1981). Die historische Entwicklung der Kartentechnik beschreibt *Leibbrand* (in *Bosse* 1979) und *Leibbrand* (1984b). Die Kartentechnik der ersten Hälfte des 20. Jh. beschreiben *Ermel* (1949) und *Bosse* (1954/1955), die der Zeit von 1950 bis 1990 erörtert *Hake* (1991).

Anhang

Anhang 1: Abkürzungen

Weitere Abkürzungen siehe auch Anhang 2 (Schrifttum) und Anhang 3 (Formelzeichen)

1. Allgemeine Abkürzungen

Akad.	Akademie	Kap.	Kapitel
Aufl.	Auflage	Kartogr.	Kartograph(isch)
Bd.	Band	Kfz.	Kraftfahrzeug
BGH	Bundesgerichtshof	max.	maximal
BRD	Bundesrepublik Deutschland	Mio.	Million
bzw.	beziehungsweise	Mitt.	Mitteilung(en)
CEN	Comité Européen de Normalisation [Europäisches Normungskomittee]	n.Chr.	nach Christi Geburt
		o.ä.	oder ähnlich
DIN	Deutsches Institut für Normung e.V.	o.g.	oben genannt
Diss.	Dissertation	ö.L.	östliche Länge von Greenwich
DDR	Deutsche Demokratische Republik	Österr.	Österreich(isch)
d.h.	das heißt	Red.	Redaktion
ETH	Eidgenössische Technische Hochschule	S.	Seite
evtl.	eventuell	Schweiz.	schweizerisch
FB	Fachbereich	sog.	sogenannt(e/er/es)
f.	[die] folgende [Seite]	tlw.	teilweise
ff.	[die] folgenden [Seiten]	top.	topographisch
FH	Fachhochschule	TU	Technische Universität
Geogr.	Geograph(isch)	u.a.	unter anderem
Ges.	Gesellschaft	u.a.m.	und anderes mehr
ggfls.	gegebenenfalls	u.ä.	und ähnliches
Habil.	Habilitation	Univ.	Universität
Hrsg.	Herausgeber	USA	United States of America
i.d.R.	in der Regel	usw.	und so weiter
Inst.	Institut	u.U.	unter Umständen
ISO	International Organization for Standardization	v.Chr.	vor Christi Geburt
		vgl.	vergleiche
Jh.	Jahrhundert	w.L.	westliche Länge von Greenwich
i.d.K.	in der Karte	z.B.	zum Beispiel
		z.Zt.	zur Zeit

2. Fachliche Abkürzungen

Es bedeuten [...] Erläuternder Zusatz
(...) Äquivalent in deutscher Sprache

ACIC	Aeronautical Chart and Information Center
ACSM	American Congress on Surveying and Mapping
ADFC	Allgemeiner Deutscher Fahrrad-Club
AdV	Arbeitsgemeinschaft der Vermessungsverwaltungen der Länder der Bundesrepublik Deutschland
AGN	Astronomisch-Geodätisches Netz
ALB	Automatisiertes Liegenschaftsbuch
ALK	Automatisierte Liegenschaftskarte
AM/FM	Automated Mapping/Facility Management
ARL	Akademie für Raumforschung und Landesplanung
AS	Ausgabe für den Staat
ASPRS	American Society of Photogranumetry and Remote Sensing
ATKIS	Amtliches Topographisch-Kartographisches Informationssystem
AV	Ausgabe für die Volkswirtschaft
BFS	Bundesanstalt für Flugsicherung [jetzt DFS]
BGH	Bundesgerichtshof
BIS	Bodeninformationssystem
BK25	Bodenkarte 1:25 000
BSH	Bundesanstalt für Seeschiffahrt und Hydrographie
CAD	Computer Aided Design (Computergestützte Gestaltung)
CCD	Charge Coupled Devices (Ladungsgekoppelte Halbleiter-Bauelemente)
CD	Compact Disc
CD-ROM	Compact Disc – Read Only Memory
CERCO	Comité Européen des Responsables de la Cartographie Officielle
CGM	Computer Graphics Metafile
CIE	Commission Internationale de l'Éclairage (Internat. Beleuchtungs-Kommission)
CISC	Complex Instruction Set Computer
CMY	Cyan-Magenta-Yellow [Normfarben der Drucktechnik]
CODASYL	Conference on Data Systems Languages
COM	Computer Output on Microfilm
CORINE	Community-wide Coordination of Information on the Environment [Europäisches Projekt für die koordinierte Erhebung von Umweltdaten]
CRT	Cathode Ray Tube
DB	Datenbank
DBMS	Data Base Management System (Datenbankverwaltungssystem)
DBV	Digitale Bildverarbeitung
DCW	Digital Chart of the World [Digitale Weltkarte]
DFG	Deutsche Forschungsgemeinschaft
DFM	Digitales fachthematisches Modell
DFS	Deutsche Flugsicherung GmbH
DGFI	Deutsches Geodätisches Forschungsinstitut

DGfK	Deutsche Gesellschaft für Kartographie
DGK	Deutsche Geodätische Kommission
DGK5	Deutsche Grundkarte 1:5 000
DGM	Digitales Geländemodell
DGPF	Deutsche Gesellschaft für Photogrammetrie und Fernerkundung
DHDN	Deutsches Hauptdreiecksnetz
DHHN	Deutsches Haupthöhennetz
DHI	Deutsches Hydrographisches Institut [jetzt BSH]
DHM	Digitales Höhenmodell
DHSN	Deutsches Hauptschwerenetz
DKM	Digitales Kartographisches Modell
DLM	Digitales Landschaftsmodell
DLR	Deutsche Forschungsanstalt für Luft- und Raumfahrt
DOM	Digitales Objektmodell
DRM	Digitales Reliefmodell
DSGN	Deutsches Schweregrundnetz
DSM	Digitales Situationsmodell
DTM	Desk Top Mapping
DV	Datenverarbeitung
DVA	Datenverarbeitungsanlage
DVW	Deutscher Verein für Vermessungswesen
EBV	Elektronische Bildverarbeitung
ECDIS	Electronic Chart Display and Information System [Elektronisches Kartendarstellungs- und Informationssystem]
EDBS	Einheiliche Datenbankschnittstelle der AdV
EDV	Elektronische Datenverarbeitung
EER	Extended Entity-Relationship Model
ENC	Electronic Navigation Chart [Elektronische Seekerte]
ERS	European Remote Sensing Satellite (Europ. Fernerkundungssatellit)
ESA	European Space Agency
ETDB	European Territorial Data Base [Europäische Geo-Datenbank]
ETRS	European Terrestrial Reference System
EUROGI	European Umbrella Organisation for Geographical Information [Europäischer Dachverband für Geo-Information]
FIG	Féderation Internationale des Géométres
FIS	Fach-Informationssystem
FMS	File Management System [Dateiverwaltungssystem]
GDF-EF	Geographic Data File-Exchange Format [Austauschformat der Auto- u. Elektronikindustrie]
GDV	Graphische Datenverarbeitung
GEBCO	General Bathymetric Chart of the Oceans [Tiefenkarte der Ozeane]
GIS	Geo-Informationssystem
GKS	Graphisches Kern-System
GMK	Geomorphologische Karte
GPS	Global Positioning System [Positionierungssystem mittels Satelliten]
HDM	Hierarchisches Datenmodell
IAG	Internationale Assoziation für Geodäsie

ICA	International Cartographic Association [= IKV]
ICAO	International Civil Aviation Organisation
IfAG	Institut für Angewandte Geodäsie
IGN	Institut Géographique National
IGSN	International Gravity Standardization Net
IGU	Internationale Geographische Union
IKV	Internationale Kartographische Vereinigung [= IAC]
ISPRS	International Society of Photogrammetry and Remote Sensing
IUGG	Internationale Union für Geodäsie und Geophysik
IWK	Internationale Weltkarte [1:1 Mio.]
JOG	Joint Operations Graphics [NATO-Kartenwerk 1:250 000]
KFKI	Kuratorium für Forschungen im Küsteningenieurwesen
KIGS	Kompatible Interaktive Graphische Schnittstelle
LAC	Lunar Astronautical Chart
LAN	Local Area Network [Kommunikationsnetz für Computer im lokalen Bereich]
LCD	Liquid Crystal Display
LED	Light Emitting Diodes
LIS	Landinformationssystem
LUT	Look-up Table
MAZ	Magnetische Aufzeichnung
MC	Metric Camera
MEGRIN	Multipurpose European Ground-Related Information Network [Informationsdienst für raumbezogene Daten in Europa]
MERKIS	Maßstabsorientierte Einheitliche Raumbezugsbasis für kommunale Informationssyssteme
MOMS	Modular Optoelectronic Multispectral Scanner
MSpN	Örtliches mittleres Springniedrigwasser [als Seekartennull]
MSS	Multispectral Scanner [im LANDSAT-Satelliten]
NASA	National Aeronautics and Space Administration
NATO	North Atlantic Treaty Organisation
NCGIA	National Center for Geographic Information and Analysis [USA]
NDM	Netzwerk-Datenmodell
NEG	Negativ [bei Darstellung und Wiedergabe]
NfL	Nachrichten für Luftfahrer
NfS	Nachrichten für Seefahrer
NH	Normal-Höhenpunkt
NIBIS	Niedersächsisches Bodeninformationssystem
NivP	Nivellementspunkt
NN	Normal Null
N.4	Umgebung eines Pixel bestehend aus den horizontalen u. vertikalen Nachbarn
N.8	Umgebung eines Pixel, bestehend aus dem N.4 u. den diagonalen Nachbarn
O	Ordnung [z.B. 1.O. = Erster Ordnung]
ÖBK	Österreichische Basiskarte
OeKK	Österreichische Kartographische Kommission i. d. Österr. Geograph. Ges.
ÖK	Österreichische Karte
OL	Orientierungslauf [mit Karten]
ÖLK	Österreichische Luftbildkarte

ONC	Operational Navigation Chart
OODM	Objektorientiertes Datenmodell
OS	Ordnance Survey
PC	Personal Computer
PHIGS	Programmers Hierarchical Interactive Graphics Standard
POS	Positiv [bei Darstellung und Wiedergabe]
R	Rasterform [der Daten]
RAM	Random Access Memory [Arbeitsspeicher eines Computers]
RBÜ	Revidierte Berner Übereinkunft
RDBMS	Relational Data Base Management System
REUN	Réseau Européen Unifié de Nivellement (Einheitliches Europäisches Niv.-Netz)
RGB	Rot-Grün-Blau [Grundfarben des Farbbildschirms]
RIPS	Raumbezogenes Informations- und Planungssystem
RIS	Raumbezogenes Informationssystem
RISC	Reduced Instruction Set Computer [mit Mikroprozessoren mit wenigen Maschinenbefehlen]
ROM	Read Only Memory [Speicher mit unveränderbarem Inhalt]
SAR	Synthetic Aperture Radar
SGK	Schweizerische Gesellschaft für Kartographie
SGN	Staatliches Gravimeternetz
SI	Système International d'Unités (Internationales Einheitensystem)
SKN	Seekartennull
SNN	Staatliches Nivellementsnetz
SPOT	Système Probatoire d'Observation de la Terre
SQL	Structured Query Language (Anfragesprache bei RDBMS)
STABIS	Statistisches Informationssystem zur Bodennutzung des Statistischen Bundesamtes
STN	Staatliches Trigonometrisches Netz
TC	Technical Committee [Technisches Komitee in CEN]
TCP/IP	Transmission Control Protocol / Internet Protocol (Kommunikationssystem für LAN)
TIN	Triangulated Irregular Network [unregelmäßige Dreiecksstruktur, z.B. bei DGM]
TK	Topographische Karte [Amtliche]
TM	Thematic Mapper [im LANDSAT-Satelliten]
TOPIS	Topographisches Informationssystem (GIS des militärgeographischen Dienstes)
TP	Trigonometrischer Punkt
TÜK	Topographische Übersichtskarte [Amtliche]
UBA	Umweltbundesamt
UDM	Unstrukturiertes Datenmodell
UF	Unterirdische Festlegung
ÜK	Übersichtskarte [Amtliche]
UIS	Umweltinformationssystem
UN	United Nations (Vereinte Nationen)
UNESCO	United Nations Educational, Scientific and Cultural Organization

UNIX	z.Zt. Standardbetriebssystem (abgeleitet von „Universal and Exchange")
UPS	Universal Polar Stereographic [Geodätische konforme Azimutal-Abb. d. Pole]
UrhG	Urheberrechtsgesetz
UTM	Universal Transversal Mercator Projection [Geodätische konforme Zylinder-Abb.]
UV	Ultraviolett
UVP	Umweltverträglichkeitsprüfung
V	Vergrößerung [als Ausgabeart bei Karten] / Vektorform [der Daten]
VEB	Volkseigener Betrieb
VDV	Verband Deutscher Vermessungsingenieure
VVK	Verwaltung Vermessungs- und Kartenwesen
WAN	Wide Area Network [weiträumiges Kommunikationsnetz für Computer]
WGS	World Geodetic System [Internat. Bezugssystem für GPS]
WORM	Write Once Read Multiple [optische Speicher mit unveränderbarem Inhalt]
WMRM	Write Multiple Read Multiple [optische Speicher mit veränderbarem Inhalt]
WUA	Welturheberrechtsabkommen
2D	zweidimensional
3D	dreidimensional

Anhang 2: DIN-Normen

(ISO) = Internationale Normen der ISO (International Organization for Standardization)

5	Axonometrische Projektionen
198	Endformate nach DIN 476; Beispiele
476	Papier-Endformate
1301	Einheiten, Teil 1: Einheitennamen, Einheitenzeichen
	Einheiten, Teil 2: Allgemein angewendete Teile und Vielfache
	Einheiten, Teil 3: Umrechnungen für nicht mehr anzuwendende Einheiten
1304	Allgemeine Formelzeichen
1313	Physikalische Größen und Gleichungen; Begriffe, Schreibweisen
1315	Winkel; Begriffe, Einheiten
1319	Grundbegriffe der Meßtechnik
1338	Formelschreibweise und Formelsatz
1353	Abkürzungen von Benennungen; Elementarabkürzungen
1450	Schriften; Leserlichkeit
1451	Schriften; Serifenlose Linear-Antiqua
2338	Begriffssystem Zeichen; Zeichentypologie
3872	(ISO) Drucktechnik; Bogendruckmaschinen; Auswahlreihe
4506	Photographische Papiere
4512	Photographische Sensitometrie
4513	Filme für den Photosatz
4514	Strahlungsempfindliche Papiere für den Photosatz
4515	Filme in Blattform

4518 Strahlungsempfindliche Materialien für die Reprographie
4895 Orthogonale Koordinatensysteme
5007 Ordnen von Schriftzeichenfolgen (ABC-Regeln)
5033 Farbmessung
5381 Kennfarben
6164 DIN-Farbenkarte; Farbmaßzahlen für Normlichtart C
6167 Beschreibung der Vergilbung
6169 Farbwiedergabe
6728 Papiere für Landkartendruck
6730 Papier und Pappe; Begriffe
6774 Technische Zeichnungen; Ausführungsregeln, gezeichnete Vorlagen f. Druck
6776 Technische Zeichnungen; Beschriftung, Schriftzeichen (ISO 3098)
6778 Schrift- und Zeichenschablonen; Maße, Kennzeichnung
7942 (ISO) Graphical Kernel System - GKS; Functional Description
8402 (ISO) Qualitätsmanagement und Qualitätssicherung; Begriffe
8632 (ISO) Metafile for the Storage and Transfer of Picture Description Information (CGM)
8730 Druckmaschinen; Begriffe
8805 (ISO) Graphical Kernel System (GKS-3D)
9592 (ISO) Programmer's Hierarchical Interactive Graphics System (PHIGS); Part 1
16500 Drucktechnik; Grundbegriffe
16507 Typographische Maße
16508 Farbskale für den Buchdruck; Normfarben
16509 Farbskala für den Offsetdruck; Normfarben
16511 Korrekturzeichen
16514 Drucktechnik; Begriffe für den Hochdruck
16515 Drucktechnik; Farbbegriffe im graphischen Gewerbe
16518 Drucktechnik; Klassifikation der Schriften
16519 Drucktechnik; Prüfung von Drucken und Druckfarben
16524 Drucktechnik; Prüfung von Drucken und Druckfarben
16525 Drucktechnik; Prüfung von Drucken und Druckfarben
16526 Drucktechnik; Prüfung von Drucken und Druckfarben
16527 Drucktechnik; Kontrollfeld, Kontrollbild, Kontrollmarke
16528 Drucktechnik; Begriffe für den Tiefdruck
16529 Drucktechnik; Begriffe für den Flachdruck
16536 Drucktechnik; Farbdichtemessung an Drucken, Begriffe
16538 Europäische Farbskala für den Buchdruck; Normdruckfarben
16539 Europäische Farbskala für den Offsetdruck; Normdruckfarben
16543 Aufsichts-Grauskala für die Reproduktionstechnik
16544 Drucktechnik; Begriffe der Reproduktionstechnik
16545 Durchsichts-Grauskala für die Reproduktionstechnik
16546 Filter für Farbauszüge in der Reproduktionstechnik
16547 Rasterwinklungen bei der Farben-Rasterreproduktion
16549 Sinnbilder für die Reproduktionstechnik
16553 Druck- und Reproduktionstechnik; Paßsysteme
16600 Reproduktionstechnik im graphischen Gewerbe; Rastertonwerte
16609 Drucktechnik; Durchdruck; Begriffe

16610 Drucktechnik; Begriffe für den Siebdruck
16611 Drucktechnik; Maßgrößen für den Siebdruck
16620 Drucktechnik; Druckplatten für den indirekten Flachdruck
18702 Zeichen für Vermessungsrisse, großmaßstäbige Karten und Pläne
18709 Begriffe, Kurzzeichen und Formelzeichen im Vermessungswesen
18716 Photogrammetrie und Fernerkundung
18718 Arten und Bauteile von geodätischen Instrumenten; Begriffe
19051 Testvorlagen für die Reprographie
19052 Mikrofilmtechnik; Zeichnungsverfilmung
19054 Mikrofilmtechnik; Mikroplanfilm (Microfiche)
19056 Mikrofilmtechnik ; Diazo-Kopien
19063 Mikrofilmtechnik ; Mikrofilmtasche (Microfilm Jacket)
19078 Mikrofilmtechnik; Mikrofilm-Lesegeräte
21900 Bergmännisches Rißwerk
 bis Bergmännisches Rißwerk
21920 Bergmännisches Rißwerk
33855 Büro- und Datentechnik; Graphische Symbole
40146 Begriffe der Nachrichtenübertragung
44300 Informationsverarbeitung; Begriffe
44301 Informationstheorie; Begriffe
44302 Informationsverarbeitung; Datenübertragung
44310 Gliederung der Informationstechnik
66001 Informationsverarbeitung; Sinnbilder
66003 Code Tabelle 2; Zulässige Zeichen
66008 Schrift für die maschinelle optische Zeichenerkennung
66234 Ergonomische Gestaltung von Bildschirmarbeitsplätzen
66241 Informationsverarbeitung; Entscheidungstabelle
66252 Graphisches Kernsystem - GKS; Funktionale Beschreibung

Frühere, inzwischen zurückgezogene Normen

   16 Schräge Normschrift
   17 Senkrechte Normschrift
16540 Glasraster für die autotypische Reproduktion
16601 Kopierraster für die Kartographie
19040 Begriffe der Photographie
19060 Begriffe der Reprographie
19710 Gewässerkundliche Zeichen

Anhang 3: Formelzeichen

1. Koordinatensysteme und Kartennetze

φ, λ geographische Koordinaten in Breite und Länge
δ Poldistanz $= 90° - \varphi$ / Zentriwinkel einer Orthodrome / magnetische Deklination
x,y,z   allgemeine rechtwinklige Koordinaten (Abszisse, Ordinate, Höhe)

x_h, y_h, w	homogene (kartesische) Koordinaten der graphischen Datenverarbeitung (GDV)
x_A, y_A	Koordinaten des Anfangspunktes eines Vektors
x_E, y_E	Koordinaten des Endpunktes eines Vektors
x_0, y_0	Koordinaten des Nullpunktes eines kartesischen Koordinatensystems
R,H	geodätische Koordinaten des Gauß-Krüger-Systems (Rechts und Hoch)
E,N	geodätische Koordinaten des UTM-Systems (East und North)
X,Y,Z	geozentrische (dreidimensionale) Koordinaten
r, α	allgemeine Polarkoordinaten (Radius und Winkel)
s,t	Entfernung und Richtungswinkel zwischen zwei Punkten
x', y'	rechtwinklige Koordinaten in der Abbildungsebene (Abszisse, Ordinate)
m, α	polare Koordinaten in der Abbildungsebene (Radius, Winkel)
d_-, Δ_-	Vorsatzbuchstabe für differentiellen bzw. endlichen Unterschied
R	Radius der Erdkugel
R^2	zweidimensionaler Raum
a,b	große und kleine Halbachse des Erdellipsoids
a,b	große und kleine Halbachse der Verzerrungsellipse
ρ	differentielle Längenverzerrung in beliebiger Richtung
h,k	differentielle Längenverzerrung in Meridian und Breitenkreis
s, α	differentielle Elemente (Strecke, Azimut) im Urbild
s', α'	differentielle Elemente (Strecke, Azimut) im Abbild
F,F'	differentielle Flächenelemente in Urbild und Abbild
ϕ	Flächenverzerrungsfaktor = F'/F
ω	Maximalwert der Richtungsverzerrung = $(\alpha' - \alpha)_{max}$
w	Maximalwert der Winkelverzerrung
n	Abbildungskonstante bei konischen Abbildungen = α/λ
C	Integrationskonstante
r	Radius des Zylinders bei zylindrischen Abbildungen

2. Vermessungsverfahren und Kartometrie

t, α	Richtungswinkel, geographisches Azimut
s, s_r	Horizontalentfernung und Schrägentfernung (Raumstrecke)
S	Länge einer Kurve als Summe aller Streckenabschnitte
E	Entfernung bei der optischen Streckenmessung
l	Lattenabschnitt bei der optischen Streckenmessung
c,k	Additions-, Multiplikationskonstante bei der optischen Streckenmessung
c	Ausbreitungsgeschwindigkeit der Wellen bei elektronischer Streckenmessung
α, z	Vertikalwinkel als Höhen- bzw. Zenitwinkel ($\alpha = 100$ gon $- z$)
H,h	Höhe und Höhenunterschied
R,V	Rückblick, Vorblick (beim Nivellement)
i,t	Instrumenten- und Tafel-(Zielpunkt-)höhe
k	Refraktionskonstante
γ_0, g	Normalschwere, tatsächliche Schwere
M_k, M_b	Kartenmaßstab, Bildmaßstab
m_k, m_b	Kartenmaßstabszahl, Bildmaßstabszahl

550   Formelzeichen

n_x, m_y	Maßstabsfaktoren
f	Brennweite der Aufnahmekammer
s'	Bildstrecke im Luftbild
ν	Nadirwinkel der Luftbildaufnahmerichtung
$\Delta h, \Delta r$	Höhenunterschied bzw. radialer Lagefehler bei der Luftbildentzerrung
A_{min}	Kleinstmögliche Äquidistanz
α, p	Geländeneigung als Vertikalwinkel bzw. in Prozenten
r_H, r_N	Krümmungsradius der Höhenlinien im Horizontal- bzw. Normalschnitt
a,b	Konstanten der Höhenfehler-Formel (Koppe'sche Formel)
s_H, s_L	Standardabweichung in Höhe und Lage
F	Flächengröße
k	Planimeter-Konstante
r, α, β	Zylinderradius, Horizontal- bzw. Vertikalwinkel bei Panoramen
μ	Verkürzungsfaktor in Axonometrien

3. Kartographische Informationstechnologie

D	Dichte (Schwärzung)
ϕ	Lichtstrom
O_p	Opazität (Undurchlässigkeit)
R	Reflexionsgrad (Reflexionsvermögen)
T	Transmissionsgrad (Transparenz, Durchlässigkeit)
k_{mm}	Rasterkonstante, Rasterperiode
P_i, P_{i+1}	Stützpunkte einer Kurve
a	Breitenparameter eines Grenzbandes für Punktreduktion
a_i	Polynomkoeffizienten
A,B	Binärbilder (Rastermatrizen)
i_A, j_A	Zeilen- und Spaltennummer eines Anfangspixels
R_i	Richtung zum Folgepixel i
N	Anzahl Folgepixel
A1	Bezeichnung für Anwendungsprogramm
A_i	Bezeichnung für Attribute zum Objekt i
S	Schnittpunkt
t	Parameter für die Beschreibung von Kurven
Δt	Abstand zweier Polygonpunkte
XYZ	Normfarbwerte der Commission Internationale de l'Éclairage (CIE)
F	beliebige Farbvalenz im Normfarbsystem
α	Farbwinkel im IHS-System
CMY	Cyan, Magenta, Yellow
CMYK	Cyan, Magenta, Yellow, Black (kurze Skala)
IHS	Intensity (Helligkeit), Hue (Farbton), Saturation (Sättigung)
$\lambda_R, \lambda_G, \lambda_B$	Primärvalenzen (z.B. Rot, Grün und Blau) der CIE
$\vec{r}, \vec{g}, \vec{b}$	Einheitsvektoren der Primärvalenzen
R_F, G_F, B_F	Farbwerte der Primärvalenzen (z.B. Rot, Grün, Blau)
S/W	Schwarz/Weiß

dS$_{max}$ Max. Fehler bei der Approximation
S"$_{max}$ Max. Krümmung zwischen zwei Polygonpunkten bei Kurvenapproximation

4. Abkürzung von Einheiten

Zu den Einheiten von Längenmaßen, Flächenmaßen und Winkelteilungen sowie deren Vielfache und Teile siehe 2.1.2

Bit	Binary digit (Binärziffer = kleinste Speichereinheit in der Form 0 oder 1)
Byte	(kleinste adressierbare Speichereinheit = 8 Datenbits und 1 Prüfbit)
KB	Kilo-Byte (1 kByte = 2^{10} Byte = 1024 Byte)
MB	Mega-Byte (1 MByte = 2^{10} KB = 1024 KB = 2^{20} Byte = 1048576 Byte)
GB	Giga-Byte (1 GByte = 2^{10} MB = 1024 MB = 2^{20} KB = 1048576 KB)
dpi	dots per inch (Punkte je Zoll, Auflösungs-Merkmal graphischer Ausgabegeräte)
MIPS	Million instructions per second (Millionen Befehle pro Sekunde, Leistungsmerkmal der Rechner-Geschwindigkeit)
Pixel	Picture element (Bildelement, kleinste Einheit der digitalen Bildverarbeitung)
ms	Millisekunde
Hz	Hertz (Einheit der Frequenz $1s^{-1} = 1Hz$)
P/mm	Punkte/Millimeter
Upm	Umdrehungen je Minute

Literaturverzeichnis

Hand- und Lehrbücher sind mit einem * vor dem Namen des Autors gekennzeichnet. Die daneben aufgezählten Zeitschriftenaufsätze, Monographien, Sammelwerke, Berichte, Bibliographien, Wörterbücher usw. stellen nur eine Auswahl dar. Hierbei liegt der Schwerpunkt bei der leicht erreichbaren Literatur in deutscher Sprache. Bei spezieller Thematik mit rascher Entwicklung beschränken sich die Angaben meist auf das jeweils neueste Schrifttum; erfahrungsgemäß enthält dieses dann weitere Hinweise auf älteres Schrifttum, auch solches in anderen Sprachen. Aufsätze in Festschriften, Sammelwerken u.ä. erscheinen nur dann, wenn diese Werke selbst nicht aufgeführt sind; im anderen Falle nennen die Zitate im Buchtext den jeweiligen Autor unter Hinweis auf den genannten Herausgeber des Werks. Allgemeines zum kartographischen Schrifttum siehe Kap. 14.4.

Abkürzungen

(für Institutionen, Publikationen und weitere bibliographische Angaben)

AdV	Arbeitsgemeinschaft der Vermessungsverwaltungen......
AkNd	Arbeitskurs Niederdollendorf
ARL	Akademie für Raumforschung und Landesplanung
AVN	Allgemeine Vermessungs-Nachrichten
BuL	Bildmessung und Luftbildwesen
Diss.	Dissertation
DGK	Deutsche Geodätische Kommission
FuS	Forschungs- und Sitzungsberichte
GIS	Geo-Informations-Systeme
GTB	Geographisches Taschenbuch
IfAG	Institut für Angewandte Geodäsie
IJGIS	International Journal of Geographical Information Systems
IJK	Internationales Jahrbuch für Kartographie
KN	Kartographische Nachrichten
KS	Kartographische Schriften
KTB	Kartographisches Taschenbuch
LVA	Landesvermessungsamt
NaKaVerm	Nachrichten aus dem Karten- und Vermessungswesen
PGM	Petermanns Geographische Mitteilungen
SIKB	Schriftenreihe d. Inst. f. Kartographie u. Topographie d. Univ. Bonn
VPK	Vermessung, Photogrammetrie, Kulturtechnik
VR	Vermessungswesen und Raumordnung
VT	Vermessungstechnik
WAVH	Wiss. Arbeiten d. Fachrichtung Verm.wesen d. Univ. Hannover
ZfV	Zeitschrift für Vermessungswesen
ZPF	Zeitschrift für Photogrammetrie und Fernerkundung (früher BuL)

Literaturverzeichnis

Aasgaard, R. (1992): Automated Cartographic Generalization, with Emphasis on Realtime Applications. Diss. Univ. Trondheim. Trondheim 1992

Abramowski, S. u. H. Müller (1991): Geometrisches Modellieren. Reihe Informatik, Bd. 75. Mannheim 1991

AdV (Hrsg.) (1973): Automatisiertes Liegenschaftskataster als Basis der Grundstücksdatenbank – Sollkonzept. LVA Rheinland-Pfalz, Koblenz 1973

AdV (Hrsg.) (1975): Automatisiertes Liegenschaftskataster als Basis der Grundstücksdatenbank – Band 2: Automatisierte Liegenschaftskarte. Niedersächsisches Landesverwaltungsamt – Landesvermessung. Hannover 1975

AdV (Hrsg.) (1984): Das Liegenschaftskataster als Grundlage für Arbeits- und Fachdateien anderer Bereiche – Verfahrenskurzbeschreibung für das Liegenschaftsbuch. LVA Rheinland-Pfalz, Koblenz 1984

AdV (Hrsg.) (1989): ATKIS-Gesamtdokumentation. Hannover, Bonn 1989

Agte, R. (1981): Der richtige Fachbegriff in der Druckindustrie. Frankfurt am Main 1981

Aigner, M. (1984): Graphentheorie – Eine Entwicklung aus dem 4-Farben-Problem. Stuttgart 1984

Albertz, J., M. Kähler, B. Kugler u. A. Mehlbreuer (1987): A Digital Approach to Satellite Image Map Production. Berliner Geowiss. Abhandlungen, Reihe A, Bd. 75.3, S. 833-872. Berlin 1987

Albertz/Kreiling (1989): Photogrammetrisches Taschenbuch, 4. Aufl. Karlsruhe 1989

Albertz, J. (1991): Grundlagen der Interpretation von Luft- und Satellitenbildern. Darmstadt 1991

Albertz, J. u.a. (1992): Herstellung und Gestaltung hochauflösender Satelliten-Bildkarten. KN (42) 1992, S. 205-213

Albinus, H.-J. (1981): Anmerkungen und Kritik zur Entfernungsverzerrung. KN 31 (1981), S. 179-183

Albrecht, O. (1984): Der Beirat für das Vermessungswesen im Deutschen Reich 1921-1935. DGK Reihe E Heft 21. München 1984

Alexander, G.L. (1977): Guide to Atlases – An international listing of atlases published since 1950. Metuchen, N.J. 1977

Appelt, G. (1986): Scanner-unterstützte Nachführung topographischer Karten 1:25000. ZfV 111 (1986), S. 543-547

ARL (Hrsg.) (1969/1971/1973): Untersuchungen zur thematischen Kartographie (1., 2. und 3. Teil). FuS Bände 51, 64 und 86. Hannover 1969, 1971, 1973

ARL (Hrsg.) (1970): Handwörterbuch der Raumforschung und Landesplanung, 2.Aufl. Hannover 1970

ARL (Hrsg.) (1977): Thematische Kartographie und elektronische Datenverarbeitung. FuS Band 115. Hannover 1977

ARL (Hrsg.) (1981ff.): Daten zur Raumplanung, Zahlen – Richtwerte – Übersichten, 2.Aufl. Hannover 1981 (Teil A), 1983 (B), 1989 (C), 1987 (D)

ARL (Hrsg.) (1982): Grundriß der Raumordnung. Hannover 1982

ARL (Hrsg.) (1984): Angewandte Fernerkundung – Methoden und Beispiele. Hannover 1984

ARL (Hrsg.) (1987): Karten und Pläne im Planungsprozeß. Arbeitsmaterial Nr. 117. Hannover 1987

ARL (Hrsg.) (1990): Einsatz graphischer Datenverarbeitung in der Landes- und Regionalplanung. FuS Band 183. Hannover 1990

ARL (Hrsg.) (1991): Aufgabe und Gestaltung von Planungskarten. FuS Band 185. Hannover 1991

* *Arnberger, E. (1966):* Handbuch der thematischen Kartographie, Wien 1966

Arnberger, E. (1970): Die Kartographie im Alpenverein. München-Innsbruck 1970

Arnberger, E. (1974): Problems of an International Standardization of a Means of Communication through Cartographic Symbols. IJK XIV (1974), S.19-35

* *Arnberger, E. u. I. Kretschmer (1975):* Wesen und Aufgaben der Kartographie – Topographische Karten. Band I der Enzyklopädie der Kartographie. Wien 1975

Arnberger, E. (1976): Der Weg der Theoretischen Kartographie zur selbständigen Wissenschaft. In: Geodätische Woche Köln 1975, S. 264-270, Stuttgart 1976

* *Arnberger, E. (1977):* Thematische Kartographie (Das geographische Seminar). Braunschweig 1977

Arnberger, E. (1982a): Der Wandel der Schulgeographie in der Bundesrepublik Deutschland und in Österreich. Bd.10/10a d. Beiträge a.d. Seminarbetrieb d. Inst.f.Geographie d. Univ. Wien, 2.Aufl. Wien 1982

Arnberger, E. (1982b): Neuere Forschungen zur Wahrnehmung von Karteninhalten. KN 32 (1982), S.121-132

Asche, H. (1988): Anwendungsmöglichkeiten rechnergestützter Blickregistrierung bei der Gestaltung von Planungskarten. KN 38 (1988), S.236-240

Asche, H. u. T. Topel (Hrsg.) (1989): Beiträge zur Geographie und Kartographie; Festschrift für Ferdinand Mayer zum 60. Geburtstag. Wiener Schriften zur Geographie und Kartographie, Band 3. Wien 1989

Aurada, F. (1981): Fünfundzwanzig Jahre Schulatlas-Entwicklung im deutschsprachigen Raum. KN 31 (1981), S.85-100

Badziag, A. u. P. Mohs (Bearb.) (1982): Schulatlanten in Deutschland und benachbarten Ländern vom 18. Jh. bis 1950. Bibliographia Cartographica, Sonderheft 1. München 1982

* *Bagrow, L. u. R.A. Skelton (1985):* Meister der Kartographie, 6. Aufl. Berlin 1985

Bähr, H.-P. (1987): Das digitale Orthophoto – Basis für neue Möglichkeiten rechnergestützter Kartographie. KN 37 (1987), S.134-140

Bähr/Vögtle (Hrsg.) (1991): Digitale Bildverarbeitung, 2. Aufl. Karlsruhe 1991

Bär, W.-F. (1976): Zur Methodik der Darstellung dynamischer Phänomene in thematischen Karten. Diss. Univ. Frankfurt. Frankfurter Geographische Hefte, Nr.51. Frankfurt am Main 1976

* *Bartelme, N. (1989):* GIS-Technologie, Geoinformationssysteme, Landinformationssysteme und ihre Grundlagen. Berlin-Heidelberg 1989

Bartsch, E. (1983): Umbezifferung von Kartennetzen. ZfV 108 (1983), S. 471-478

Bastian, K.-H. (1985): Herstellung und Verwendung des Orthophotos für die Luftbildkarte und Anwendungsmöglichkeiten am Beispiel des Landes Rheinland-Pfalz. Diss. Univ. Bonn. Koblenz 1985

Batson, R.M. (1987): Digital cartography of the planets: new methods, its status and its future. Photogrammetric Engineering and Remote Sensing 53 (1987), S.1211-1218

Bauer, F. (1986): Lexikon der Reproduktionstechnik. Itzehoe 1986

* *Bauer, M. (1992):* Vermessung und Ortung mit Satelliten. 2. Aufl. Karlsruhe 1992

* *Baumann, E. (1991/1992):* Vermessungskunde, Band 1: Einfache Lagemessung und Nivellement, 3. Aufl. Bonn 1992, Band 2: Punktbestimmung nach Lage und Höhe, 3. Aufl. Bonn 1991

Beineke D. (1991): Untersuchungen zur Robinson-Abbildung und Vorschlag einer analytischen Abbildungsvorschrift. KN 41 (1991), S.85-94

Benning, W. u. T. Scholz (1990): Modell und Realisierung der Kartenhomogenisierung mit Hilfe strenger Ausgleichungstechniken. ZfV 115 (1990), S.45-55

Berger, A. (1976): Die Darstellung der Straßen in topographischen Karten Westeuropas. AVN 83 (1976), S.47-58

* *Bernhardsen, T. (1992):* Geographic Information Systems. Viak IT and Norwegian Mapping Authority, Arendal, Norwegen 1992

* *Bertin, J. (1974):* Graphische Semiologie (übersetzt nach der 2.französischen Auflage), Berlin-New York 1974

* *Bertin, J. (1982):* Graphische Darstellungen und die graphische Weiterverarbeitung der Information (aus dem Französischen), Berlin, New York 1982

Bertinchamp, H.-P. (1979): Historische Entwicklung der Landesaufnahmen im Rhein-Main-Gebiet. KN 29 (1979), S.165-172

Bertinchamp, H.-P. (1980): Straßen und Wege in den topographischen Karten – Kritische Bemerkungen zur Klassifizierung nach dem Ausbauzustand. ZfV 105 (1980), S.365-369

Bialas, V. (1982): Erdgestalt, Kosmologie und Weltanschauung. Stuttgart 1982

* *Bill, R. u. D. Fritsch (1991/1994):* Grundlagen der Geo-Informationssysteme, Band 1: Hardware, Software und Daten. Karlsruhe 1991. Band 2: Analysen, Anwendungen und neue Entwicklungen. Karlsruhe 1994 (i.Vorb.)

Bill, R. (1992): Multi-Media-GIS-Definition, Anforderung und Anwendungsmöglichkeiten. ZfV 117 (1992), S.407-416

Blachut, T.J. u. R. Burkhardt (1988): Geschichte der Photogrammetrie. NaKaVerm Sonderheft, Band 1. Frankfurt am Main 1988

Blackmore, M.J. u. J.B. Harley (1980): Concepts in the History of Cartography: A Review and Pespective. Cartographica, Vol.17, Nr.4 (Monograph 26), 1980

Blakemore, M. (Hrsg.) (1986): Proceedings AUTO CARTO London, Bd. 1: Hardware, Data Capture and Management Techniques; Bd. 2: Digital Mapping and Spatial Information Systems. The Royal Institution of Chartered Surveyors, London 1986

* *Blaschke, R. u.a. (1989):* Interpretation geologischer Karten, 2. Aufl. Stuttgart 1989

Board, C. (1967): Maps as Models. In: Chorley, R.J. and P. Haggett: Models in Geography, S. 671-725. London 1967

Böhm, R. (1991): Herstellung und Gestaltung von Schummerungen aus Rasterhöhendaten. Anwendung von Filteralgorithmen auf digitale Geländemodelle. KN 41 (1991), S.129-136

Böhme, R. (1978): Der Verbleib der Originale der amtlichen Kartenwerke des Deutschen Reiches. DGK Reihe E Heft 16. Frankfurt am Main 1978

Böhme, R. (1980): Geographisches Namenbuch Bundesrepublik Deutschland. KN 30 (1980), S.92-102

Böhme, R. (1987): Bericht zur 6. Konferenz der Vereinten Nationen zur Standardisierung geographischer Namen.... KN 37 (1987), S.231-234

Böhme, R. (1988): Der ständige Ausschuß für geographische Namen (StAGN). KN 38 (1988), S.159-162

Böhme, R. (1989/1991/1993): Inventory of World Topographic Mapping. Vol.1 (1989): Western Europe, North America and Australasia. Vol.2 (1991): South America, Central America and Africa. Vol.3 (1993): Eastern Europe, Asia, Pacific, Antarctica. London-New York 1989/1991/1993

Böhme, R. (1991): Der Beitrag der Deutschen Gesellschaft für Kartographie zur Entwicklung der Internationalen Kartographischen Vereinigung. KN 41 (1991), S.59-61

Boljen, J. (1987): Berücksichtigung von Flächenangaben bei der Digitalisierung von Katasterkarten. ZfV 112 (1987), S.545-548

Boljen, J. (1990): Interpretation der Koppeschen Formel zur Beschreibung der Höhengenauigkeit topographischer Karten. KN 40 (1990), S.177-179

Bolliger, J. (1967): Die Projektion der schweizerischen Plan- und Kartenwerke. Winterthur 1967

Bollmann, J. (1981): Aspekte kartographischer Zeichenwahrnehmung. Bonn 1981

Bollmann, J. (1993): Lehr- und Forschungssituation der Abteilung Kartographie an der Universität Trier. KN 43 (1993), S. 79-82

Bonacker, W. (1960): Das Schrifttum zur Globenkunde. Leiden 1960

Bonacker, W. (1966): Kartenmacher aller Länder und Zeiten. Stuttgart 1966

Bonacker, W. (1973): Bibliographie der Straßenkarte. Bonn 1973

Bormann, W. (1972): Erdatlanten. AVN 79 (1972), S.133-146

Bormann, W. (1975): Titel, Impressum, Copyright, Quellenangabe und Anerkennung der Urheberschaft kartographischer Werke – insbesondere von Atlanten – im Lichte der Gesetze. KN 25 (1975), S.133-143

Born, E. (1972): Lexikon für die graphische Industrie, 2.Aufl. Frankfurt am Main 1972

* Bosse, H. (1954/1955): Kartentechnik I/II. Lahr 1954/1955

Bosse, H. (Hrsg.) (1962): Kartengestaltung und Kartenentwurf. 4. AkNd 1962. Mannheim 1962

Bosse, H. (Hrsg.) (1967): Kartographische Generalisierung. 6. AkNd 1966. Mannheim 1967

Bosse, H. (Hrsg.) (1970a): Thematische Kartographie. 7. AkNd 1968. Mannheim 1970

Bosse, H. (Hrsg.) (1970b): Deutsche Kartographie der Gegenwart. Bielefeld 1970

Bosse, H. (Hrsg.) (1973): Kartographische Originalherstellung. 8. AkNd 1970. Bielefeld 1973

Bosse, H. (Hrsg.) (1976): Stadtkartographie. 9. AkNd 1972. Bielefeld 1976

Bosse, H. (Hrsg.) (1978): Probleme der Geländedarstellung. 11. AkNd 1976. Bielefeld 1978

Bosse, H. (Hrsg.) (1979): Kartographische Aspekte in der Zukunft. 12. AkNd. 1978. Bielefeld 1979

Bosse, H. (1991): Vierzig Jahre Deutsche Gesellschaft für Kartographie. KN 41 (1991), S.62-68

Brandenberger, C.G. (1985): Koordinatentransformation für digitale kartographische Daten mit Lagrange- und Spline-Interpolation. Diss. ETH Zürich 1985

Brandenberger, C.G. (1993): Von der Datenübernahme aus einem GIS bis zu druckfertigen Kartenoriginalen. VPK 91 (1993), S.28-34

* Brandstätter, L. (1983): Gebirgskartographie. Band II der Enzyklopädie der Kartographie. Wien 1983

Brassel, K. (1973): Modelle und Versuche zur auktomatischen Schräglichtschattierung. Diss. Univ. Zürich 1973

Brassel, K. u.R. Weibel (1988): A Review and Framework of Automated Map Generalization. In: IJGIS, Vol. 2, No. 3, S. 229-244

Breu, J. (1971): Kartographie und Ortsnamenkunde. IJK XI (1971), S.291-302
Breu, J. (1975): Geographisches Namenbuch Österreichs. Forschungen zur theoretischen Kartographie, Band 3. Veröffentl.d.Inst.f.Kartographie d.Österreich. Akad.d.Wiss. Wien 1975
Brüggemann, H. (1981): Geometrische Bedingungen bei der Digitalisierung. NaKaVerm I/85, S. 5-11. Frankfurt am Main 1981
Brüggemann, H. (1986): Der Graphisch-Interaktive Arbeitsplatz (GIAP) – Beispiel für ein offenes graphisches System. ZfV 111 (1986), S.93-104
Brüggemann, H. (1990): Das ATKIS-Datenmodell. NaKaVerm I/105, S.31-40. Frankfurt am Main 1990
Brülke, B. u. P. Hermann (1991): Ein Beispiel der darstellungsorientierten Klassifikation kartographischer Informationen. KN 41 (1991), S.178-185
Brunner, K. (1980): Zur heutigen Bedeutung von Orthophotokarten. BuL 48 (1980), S.151-157
Brunner, K. (1988): Exakte großmaßstäbige Karten von Alpengletschern – ein Säkulum ihrer Bearbeitung. PGM 132 (1988), S.129-140
Brunner, K. u. G. Hell (1993): Kartographische Arbeiten im Rahmen der Geowissenschaftlichen Spitzbergen-Expedition 1990. KN 43 (1993), S.71-73
* *Buchroithner, M. (1989):* Fernerkundungskartographie mit Satellitenaufnahmen. Digitale Methoden, Reliefkartierung, geowissenschaftliche Applikationsbeispiele. Band IV/2 der Enzyklopädie der Kartographie. Wien 1989
Bundesamt für Eich- und Vermessungswesen (Hrsg.) (1970): Die amtliche Kartographie Österreichs. Wien 1970
Buttenfield, B.P. and R.B. McMaster (Hrsg.) (1991): Map Generalization – Making Rules for Knowledge Representation. Harlow/England 1991
Buziek, G. (1990): Neuere Untersuchungen zur Dreiecksvermaschung. NaKaVerm I/105, S.41-54. Frankfurt am Main 1990
Buziek, G. u. D. Grünreich (1993): Anwendung digitaler Geländemodelle in der Bathymetrie. ZfV 118 (1993), S.152-162
Buziek, G. u. G. Hake (1991): Feintopographische Vermessung ausgewählter Küstenbereiche zur Bestimmung morphologischer Analyseeinheiten. WAVH Nr. 171. Hannover 1991
* *Campbell, J. (1984):* Introductory cartography, Englewood Cliffs 1984
Campbell, T. (1987): The earliest printed maps, 1472-1500. Berkeley 1987
* *Canters, F. u. H. Decleir (1989):* The World in Perspective – A Directory of World Map Projections. Chichester 1989
Caspary, W. (1992): Qualitätsmerkmale von Geo-Daten. ZfV (117) 1992, S. 360-367
Caspary, W. (1993): Qualitätsaspekte bei Geoinformationssystemen. ZfV 118 (1993), S. 444-449
Castner, H.W. u. R. Eastman (1984/1985): Eye movement parameters and perceived map complexity. American Cartographer 11 (1984), S.107-117 und 12 (1985), S.29-40
Christ, F (1979): Ein Programm zur vollautomatischen Verdrängung von Punkt- und Linienobjekten bei der kartographischen Generalisierung. IJK XIX, S. 41-63. Bonn-Bad Godesberg 1979
Christ, F. u.a. (1983): Versuch einer flächenhaften Siedlungsdarstellung...in... 1:100 000... und 1:200 000. KN 33 (1983), S.19-24

Christ, F. (1988): Digitales Höhenmodell, dreidimensionales Geländerelief und mehrfarbige Reliefkarte von Berlin und Umgebung. ZfV 113 (1988), S.445-453
Clauer, A. u. W. Purgathofer (Hrsg.) (1988): AUSTROGRAPHICS '88, Proceedings. Informatikfachberichte. Berlin-Heidelberg 1988
Crone, G.R. (1978): Maps and their Makers, 6.Aufl. London 1978
* *Cuénin, R. (1972/1973):* Cartographie générale, 2 Bände, Paris 1972/1973
* *Cuff, D.J. u. M.T. Mattson (1982):* Thematic Maps – Their Design and Production. New York-London 1982
Cummerwie, H.-G. (1989): Mit MERKIS auf dem Weg zur individuellen Stadtkarte. KN 39 (1989), S.131-138
* *Curran, J.P. (Hrsg.) (1988):* Compendium of cartographic techniques. London-New York 1988
Dahlberg, R.E. (1962): Evolution of Interrupted Map Projections. IJK 2 (1962), S. 36-54
Deggau, M. (1991): Abschlußbericht zum Forschungsvorhaben „Methodik der Auswertung von Daten zur realen Bodennutzung im Hinblick auf den Bodenschutz – Teilbeitrag zum Praxistest des Statistischen Informationssystems zur Bodennutzung". Statistisches Bundesamt, Wiesbaden 1991
* *Dent, B.D. (1990):* Cartography: Thematic map design, 2.Aufl. Dubuque/Iowa 1990
Deuel, L. (1977): Flug ins Gestern – Das Abenteuer der Luftarchäologie, 2.Aufl. München 1977
Deumlich, F. (1987): Spezialkarten für den Orientierungslauf. VT 35 (1987), S.247-248
* *Deumlich, F. (1988):* Instrumentenkunde der Vermessungstechnik, 8. Aufl. Berlin-Karlsruhe 1988
Deutsche Gesellschaft für Kartographie (DGfK) (Hrsg.) (1992): Ausbildungsleitfaden Kartograph/Kartographin. Dortmund 1992
Deutsche Gesellschaft für Kartographie (DGfK) (Hrsg.) (1993): Kartographie und Geo-Informationssysteme. KS Band 1. Bonn 1993.
Deutscher Städtetag (DST) (Hrsg.) (1988): „Maßstabsorientierte Einheitliche Raumbezugsbasis für Kommunale Informationssysteme". Deutscher Städtetag, Reihe E, DST-Beiträge zur Stadtentwicklung und zum Umweltschutz, Heft 15. Köln 1988
Deutscher Verein für Vermessungswesen (DVW) (Hrsg.) (1992): Grundbuch- und Katastersysteme in der Bundesrepublik Deutschland – Entwicklund und aktueller Stand. Schriftenreihe des DVW, Band 7. Stuttgart 1992
* *Dickinson, G.C. (1979):* Maps and Air Photographs, 2.Aufl. London 1979
Dodt-Gorki-Herzog-Pape-Schöppner (1985): Bibliographie zur Stadtkartographie. Bochum 1985
Dodt, J. u. W. Herzog (Hrsg.) (1988): Kartographisches Taschenbuch 1988/89. Bonn 1988
Dodt, J. u. W. Herzog (Hrsg.) (1991): Kartographisches Taschenbuch 1990/91. Bonn 1991
Dodt, J. u. W. Herzog (Hrsg.) (1992): Kartographisches Taschenbuch 1992/93. Bonn 1992.
Douglas, D.H. u. Th.K. Peucker (1973): Algorithms for the reduction of the number of points required to represent a line or its caricature. The Canadian Cartographer 10 (2), S.112-123
Downs, R.M. u. D. Stea (1982): Kognitive Karten. Die Welt in unseren Köpfen (aus dem Englischen). New York 1982

Dresbach, D. (1993): Prisma – Taschenbuch für das Vermessungswesen, 3. Aufl. Karlsruhe 1993

Dresse, B. (1992): Die Entzerrung von Rasterdaten mit Transputern. NaKaVerm I/108, S.21-30. Frankfurt am Main 1992

Dröber, W. (1964): Kartographie bei den Naturvölkern (1903). Nachdruck Amsterdam 1964

* *Duppen, J.v. (1986):* Handbuch für den Siebdruck. Lübeck 1986

* *Dworatschek, S. (1989):* Grundlagen der Datenverarbeitung, 5.Aufl. Berlin-New York 1989

Ebner, H. u.a. (1983): HIFI – Ein Minicomputer-Programmsystem für Höhenlinieninterpolation mit finiten Elementen. BuL 51 (1983), S.3-9

Ebner, H. u.a. (1989): Beiträge der Rasterdatenverarbeitung zum Aufbau digitaler Geländemodelle. ZfV 114 (1989), S.268-278

Ecker, R. (1991): Rastergraphische Visualisierung mittels digitaler Geländemodelle. Diss. TU Wien. Geowiss. Mitteilung Nr.38. Wien 1991

* *Eckert, M. (1921/1925):* Die Kartenwissenschaft, 2 Bände. Berlin,Leipzig 1921/1925

* *Eco, U. (1972):* Einführung in die Semiotik. München 1972

Ehlers, E. (Hrsg.) (1989): Geographisches Taschenbuch 1989-1990. Stuttgart 1989

Ehlers, E. (Hrsg.) (1991): Geographisches Taschenbuch 1991-1992. Stuttgart 1991

Eichhorn, G. (1980): Auf- und Ausbau von Landinformationssystemen in Industrie- und Entwicklungsländern. ZfV 105 (1980), S. 541-550

Encarnaçao, J. u. W. Strasser (1988): Computer Graphics. München-Wien 1988

Encarnaçao, J. u. H. Kuhlmann (Hrsg.) (1989): Graphik in Industrie und Technik – Berlin-Heidelberg-New York 1989

Endrullis, M. (1987): Zur rechentechnischen Läsung von Darstellungskonflikten in topographischen Karten durch Verdrängung und Freistellung. Arbeiten aus dem Verm.- in Kartenwesen der DDR, Bd. 54, S. 81-95. Leipzig 1987

Endrullis, M. u. A. Hoppe (1989): Zur Klassifizierung von Darstellungsprinzipien für die automatisierte Kartenherstellung. VT 37 (1989), S.303-306

* *Ermel, H. (1949):* Die Reproduktionstechnik im Vermessungswesen und in der Kartographie. Berlin 1949.

* *Falke, H. (1975):* Anlegung und Ausdeutung einer geologischen Karte. Berlin 1975

Fauser, A. (1967): Die Welt in Händen. Stuttgart 1967

Fegeas, R.G. u.a. (1992): An Overview of FIPS 173, The Spatial Data Transfer Standard. Cartography and Geographic Information Systems 19, S. 278-293, 1992

Fellner, W.D. (1992): Computergrafik. Reihe Informatik, Bd. 58. Mannheim 1992

Ferschke, H. (1953): Militärperspektive – Kavalierperspektive. AVN 60 (1953), S.295-301

Festschrift für Günter Hake (1992): Festschrift...zum 70. Geburtstag. WAVH Nr. 180. Hannover 1992

* *Fezer, F. (1976):* Karteninterpretation (Das geographische Seminar), 2.Aufl. Braunschweig 1976

Findeisen, D. (1990): Datenstrukturen und Abfragesprachen für raumbezogene Informationen. Diss. Univ. Bonn 1990

Finsterwalder, R. (1967): Zur Entwicklung der bayerischen Kartographie von ihren Anfängen bis zum Beginn der amtlichen Landesaufnahme. DGK Reihe C Heft 108. München 1967

Finsterwalder, R. (1984): Die Alpenvereinskarte und ihr Gebrauch. München 1984
Finsterwalder, R. (1989): Die kartographische Nutzung von räumlichen Orthophotos. KN 39 (1989), S.41-46
Finsterwalder, R. (1990): Neue Genauigkeitsmaße für die Geländeerfassung durch digitale Geländemodelle. ZfV 115 (1990), S.411-414
Finsterwalder, R. (1993): Die optimale Einpassung zweier ebener Liniensysteme aufeinander. KN 43 (1993), S.111-113
Fischer, E.-U. (1979): Zur Transformation digitaler kartographischer Daten mit Potenzreihen. NaKaVerm I/79, S.23-42. Frankfurt am Main 1979
Fischer, E.-U. (1982a): Spektralanalytische Betrachtungen über Digitalisierungen im Vektorformat. NaKaVerm I/88, S.41-60. Frankfurt am Main 1982
Fischer, E.-U. (1982b): Digitale Signalverarbeitung in der rechnergestützten Kartographie. Habil.Schrift Univ. Bonn. DGK Reihe C Nr.278. Frankfurt am Main 1982
Fischer, G. (1990): Genauigkeitsbetrachtung zur automatisierten Digitalisierung von Katasterkarten. Vermessungsingenieur 6 (1990), S.262-264
Fischer, G. (1992): Automatisierte Digitalisierung von Katasterkarten mittels Mustererkennung beim Rhein-Sieg-Kreis. ZfV 117 (1992), S.139-145
Frančula, N. (1971): Die vorteilhaftesten Abbildungen in der Atlaskartographie. Diss. Univ. Bonn 1971
Frank, A. (1983): Datenstrukturen für Landinformationssysteme – semantische, topologische und räumliche Beziehungen. Institut f. Geodäsie u. Photogrammetrie, ETH Zürich, Mitteilungen Nr. 34. Zürich 1983
Frank, A. (1985): Anforderungen an Datenbanksysteme zur Verwaltung großer raumbezogener Datenbestände. VPK 83 (1985), S.5-16
Franklin, W. R. (1979): Evaluation of Algorithms to Display Vector Plots on Raster Devices. Computer Graphics and Image Processing, II/79, S.377-397
Franz, G. u. H. Jäger (1980): Historische Kartographie – Forschung und Bibliographie. Bd.46 d. Beiträge d. ARL, 3.Aufl. Hannover 1980
Fränzle, O., R. Zölitz-Müller u.a. (1991): Erarbeitung und Erprobung einer Konzeption für die ökologisch orientierte Planung auf der Grundlage der regionalisierenden Umweltbeobachtung am Beispiel Schleswig-Holstein. Forschungsbericht, UBA-Texte 20/92. Berlin 1991
* *Frebold, G. (1951):* Profil und Blockbild. Braunschweig 1951
Freeman, H. u. J. Ahn (1984): AUTONAP – an expert system for automatic name placement. Proceedings of the 1st International Symposium on Spatial Data Handling. Univ. Zürich, S.544-569. Zürich 1984
Freitag, U. (1962): Der Kartenmaßstab – Betrachtungen über den Maßstabsbegriff in der Kartographie. KN 12 (1962), S.134-162
Freitag, U. (1966): Verkehrskarten. Diss. Univ. Giessen 1966
Freitag, U. (1972): Die Zeitalter und Epochen der Kartengeschichte. KN 22 (1972), S. 184-191
Freitag, U. (1977): Pragmatische Aspekte der Kartographie in Entwicklungsländern. KN 27 (1977), S.53-62
Freitag, U. (1987): Die Kartenlegende – nur eine Randangabe? KN 37 (1987), S.42-49
Freitag, U. (1991): Zur Theorie der Kartographie. KN 41 (1991), S. 42-49
Freitag, U. (1992): Kartographische Konzeptionen – Cartographic Conceptions. Berliner Geowissenschaftliche Abhandlungen, Reihe C, Kartographie, Band 14. Berlin 1992

Freitag, U. (1993): Lehre und Forschung der Fachrichtung Kartographie der Freien Universität Berlin. KN 43 (1993), S. 74-75
Frey, H. (1988): Digitale Bildverarbeitung in Farbräumen. Diss. TU München, Lehrstuhl für Nachrichtentechnik. München 1988
Fritsch, D. (1991): Raumbezogene Informationssysteme und digitale Geländemodelle. Habil.Schrift TU München. DGK C 369. München 1991
* *Gaitzsch, R. (1987):* Lehrbuch der Druckformenherstellung. Itzehoe 1987
Gerhardt, C.W. (1974/1975): Geschichte der Druckverfahren I/II. Stuttgart 1974/1975
Gerhardt, C.W. (1981): Der Landkartendruck im 19. und 20. Jahrhundert. IJK XXI (1981), S.82-96
Giebels, M. (1983): Automatische Symbolerzeugung für topographische Karten durch digitale Rasterdatenverarbeitung am Beispiel der Topographischen Übersichtskarte 1:200 000 (TÜK 200). NaKaVerm I/92, S.11-26. Frankfurt am Main 1983
Giebels, M. u. H. Meurisch (1993): Ein neues automationsgestütztes Verfahren zur Fortführung der Kartenserie JOG 250. KN 43 (1993), S.53-58
Giebels, M. u. W. Weber (1990): Methoden der Datenerfassung für das digitale Landschaftsmodell 1:200 000. KN 40 (1990), S.169-174.
* *Gierloff-Emden, H.G. (1989):* Fernerkundungskartographie mit Satellitenaufnahmen. Allgemeine Grundlagen und Anwendungen. Band IV/1 der Enzyklopädie der Kartographie. Wien 1989
* *Golpon, R. u.a. (1988):* Lehrbuch der Druckindustrie. Frankfurt am Main 1988
* *Göpfert, W. (1991):* Raumbezogene Informationssysteme, 2. Aufl. Karlsruhe 1991
Göpfert, W. u. M. Weisensee (1993): Aktuelle Forschungsarbeiten im Fachgebiet Kartographie der Technischen Hochschule Darmstadt. KN 43 (1993), S. 78-79
Goodchild, M. u. S. Gopal (Hrsg.) (1989): Accuracy of Spatial Databases. London, New York, Philadelphia 1989
Gorki, H.F. (1983): Glanz und Elend der Schulkartographie – Gedanken anläßlich der neuen Gesamtausgabe des Alexander-Weltatlas. KN 33 (1983), S.137-141
* *Gorki, H.F. u. H. Pape (1987):* Stadtkartographie. Band III der Enzyklopädie der Kartographie. Wien 1987
Gottschalk, H.-J. (1988): Die Konstruktion eines DGM mit Hilfe der Triangulation im Raster. NaKaVerm I/100, S.21-30. Frankfurt am Main 1988
Gould, P. and R. White (1986): Mental Maps, 2. Aufl. Hemel Hempstead 1986
Grafarend, E. u. A. Niermann (1984): Beste echte Zylinderabbildungen. KN 34 (1984), S.103-107
Grebe, P. (1962): Transkription und Transliteration in der Kartographie. KN 12 (1962), S.161-166
Greeley, R. and R.M.Batson (1990): Planetary Mapping. Cambridge 1990.
Grewe, K. (1984/1992): Bibliographie zur Geschichte des Vermessungswesens (mit 1.Ergänzungslieferung). Stuttgart 1984/1992
Grimm, W. (1993): Neue Kartengraphik für „ATKIS-DKM 25". KN 43 (1993), S.61-68
* *Grosjean, G. u. R. Kinauer (1975):* Kartenkunst und Kartentechnik vom Altertum bis zum Barock, 2.Aufl. Bern 1975
* *Grosjean, G. (1980):* Geschichte der Kartographie. Bern 1980
* *Großmann, W. (1976):* Geodätische Rechnungen und Abbildungen, 3. Aufl. Stuttgart 1976

* *Groten, E. (1979/1980):* Geodesy and the Earth's Gravity Field. 2 Bände, Bonn 1979/1980
Grothenn, D. (1977): Topographische Atlanten in der Bundesrepublik Deutschland. IJK XVII (1977), S.90-103
Grothenn, D. (1986): Gestaltung der Topographischen Landeskartenwerke. KN 36 (1986), S.1-6
Grothenn, D. (1990): Topographische Landeskartenwerke in neuem Gewand. KN 40 (1990), S.18-19
Grüner, W. u. N. Carstensen (1993): Einsatz der Mustererkennung bei der Ersterfassung der ALK in Schleswig-Holstein. AVN 100 (1993), S.191-197
Grünreich, D. (1981): Zur Anwendung der COM-Technik bei der rechnergestützten Kartenherstellung. NaKaVerm I/85, S.53-66. Frankfurt am Main 1981
Grünreich, D. (1985): Untersuchungen zu den Datenquellen und zur rechnergestützten Herstellung des Grundrisses großmaßstäbiger topographischer Karten. Diss. Univ. Hannover. WAVH Nr.132. Hannover 1985
Grünreich, D. (1990a): Fortführung der TK 25 durch kartographische Vektor- und Rasterdatenverarbeitung - Konzeption und erste Testergebnisse. NaKaVerm I/105, S.87-100. Frankfurt am Main 1990
Gründreich, D. (1990b): Amtliches Topographisch-Kartographisches Informationssystem der Landesvermessung. GIS 3 (1990), S. 4-9
Grünreich, D. u. G. Buziek (Red.) (1992): Gewinnung von Basisdaten für Geo-Informationssystemen. Schriftenreihe DVW, Bd.4. Stuttgart 1992
Grünreich, D. u. a. (1993): Aktuelle Forschungs- und Entwicklungsarbeiten des Instituts für Kartographie der Universität Hannover. KN 43 (1993), S. 75-78
Gulley, J.L.M. u. K.A. Sinnhuber (1961): Isokartographie. KN 11 (1961), S. 89-99
Günther, O. u. W.-F. Riekert (Hrsg.) (1992): Wissensbasierte Methoden zur Fernerkundung der Umwelt. Karlsruhe 1992
Günther, O., K.-P. Schulz u. J. Seggelke (Hrsg.) (1992): Umweltanwendungen geographischer Informationssysteme. Karlsruhe 1992
Györffy, J. (1990): Anmerkungen zur Frage der besten echten Zylinderabbildungen. KN 40 (1990), S.140-146
Haack, E. (1989): Die 2. Ausgabe der Weltkarte 1:2 500 000 unter besonderer Berücksichtigung der verbesserten Darstellung des Karteninhalts. VT 37 (1989), S.218-220
* *Haack, W. (1980):* Darstellende Geometrie, Band III. Berlin-New York 1980
Haag, K. u. B. Köpper (1987): Die ALK-Grundrißdatei als zentrale Datei eines bodenbezogenen Informationssystems. ZfV 112 (1987), S.459-474
Haberäcker, P. (1991): Digitale Bildverarbeitung: Grundlagen und Anwendungen, 2.Aufl. München-Wien 1991
Häberlein, R. u. G. Weisser (1989): Rechnergestützte Herstellung der Geologischen Karte 1:25 000. KN 39 (1989), S.46-51
Häberlein, R. (1990): Kartenähnliche Darstellungen im Eiszeitalter. KN 40 (1990), S.185-187
Hake, G., D. Heidorn u. B. Wegener (1982): Wattkarten als Luftbildkarten - Gestaltung und Herstellung - WAVH Nr. 110, Hannover 1982
Hake, G. (1975): Zum Begriffssystem der Generalisierung. NaKaVerm Sonderheft (Festschrift Knorr). S. 53-62. Frankfurt am Main 1975
Hake, G. (1988): Gedanken zu Form und Inhalt heutiger Karten. KN 38 (1988), S. 65-72

Hake, G. (1991): Die Entwicklung der Kartentechnik seit 1950. KN 41 (1991), S.50-59
* *Hammer, E. (1889):* Über die geographisch wichtigsten Kartenprojektionen. Stuttgart 1889
* *Harley, J.B. u. D. Woodward (Hrsg.) (1987/1992):* The History of Cartography, 2 Bde. Chicago-London 1987/1992
Hecht, H. (1989): Innovationen bei der Herstellung und Fortführung von Seekarten. KN 39 (1989), S.143-152
Hecht, H. (1993): Entwicklungsstand der Elektronischen Seekarte, KN 43 (1993), S.58-61
* *Heck, B. (1987):* Rechenverfahren und Auswertemodelle der Landesvermessung. Karlsruhe 1987
Heidorn, D. u. H. Rosengarten (1985): Die Luftbildkarte des Watts – ein neuer Wattkartentyp. KN 35 (1985), S.53-61
Heidorn, D. (1990): THEMSE. Ein Verfahren zur rechnergestützten Herstellung thematischer Karten. KN 40 (1990), S.216-221
Heineke, H.J., H. Preuß u. R. Vinken (1992): Digitale geowissenschaftliche Kartenwerke im Niedersächsischen Bodeninformationssystem. KN 42 (1992), S.85-94
* *Heitz, S. (1985):* Koordinaten auf geodätischen Bezugsflächen, Bonn 1985
Hentschel, W. (1979): Zur automatischen Höhenliniengeneralisierung in topographischen Karten. Diss. Univ. Hannover. WAVH Nr. 90. Hannover 1979
Herdeg, E. (1993): Die amtliche Kartographie zwischen analoger und digitaler Karte. KN 43 (1993), S. 1-7
Herrmann, Ch. (1972): Studie zu einer naturähnlichen Karte. Diss. Univ. Zürich 1972
Herrmann, Ch. u. H. Kern (Hrsg.) (1986): Kartenverwandte Darstellungen. Karlsruher geowissenschaftliche Schriften, Reihe A, Band 4. Karlsruhe 1986
Herzfeld, G. u. O. Kriegel (1973ff.): Katasterkunde in Einzeldarstellungen (Loseblattsammlung mit Ergänzungen). Karlsruhe 1973ff.
Herzog, W. (1988): „Kartographische Darstellungen", eine terminologische Diskussion. KN 38 (1988), S.72-77
Heupel, A. u. J. Schoppmeyer (1979): Zur Wahl der Kartenabbildungen für Hintergrundkarten im Fernsehen. KN 29 (1979), S.41-51.
* *Hildebrandt, G. (1992):* Fernerkundung und Luftbildmessung für Forstwirtschaft, Landespflege und Vegetationskartierung. Karlsruhe 1992
Hodgkiss, A.G. u. A.F.Tatham (1986): Keyguide to information sources in Cartography. London 1986
Hoffmann, F. (1980): Experimentelle Untersuchung der Leistungsparameter von Zeichenautomaten. VT 28 (1980), S.40-44
Hofmann, W. (1971): Geländeaufnahme-Geländedarstellung (Das geographische Seminar). Braunschweig 1971
Hofmann, W. (1976): Die Topographisch-Geomorphologischen Kartenproben – Ein Bericht . In: Geodätische Woche Köln 1975, S.270-275. Stuttgart 1976
Holloway, W. und J. Mumme (1987): Orientierungslauf – Training, Technik, Taktik. Hamburg 1987
Hölzel, F. (1963): Perspektivische Karten. IJK III (1963), S.100-118.
* *Höpcke, W. (1980):* Fehlerlehre und Ausgleichsrechnung. Berlin-New York 1980
Höpfner, J. (1990a): Methoden zur Höheninterpolation in digitalen Reliefmodellen. VT 38 (1990), S.317-320

Höpfner, J. (1990b): Zum rationellen Aufbau digitaler Reliefmodelle. VT 38 (1990), S.343-345

Horn, W. (1959): Die Geschichte der Isarithmenkarte. PGM 103 (1959), S.225-232

Horn, W. (1961): Zur Geschichte der Atlanten. KN 11 (1961), S.1-8

Horst, B. (1989): Reprotechnische Verfahren zur Herstellung und Fortführung von analogen Karten. KN 39 (1989), S.121-131

* *Hoschek, J. (1984):* Mathematische Grundlagen der Kartographie, 2. Aufl. Mannheim/ Wien/Zürich 1984

Hoschek, J. und D. Lasser (1989): Grundlagen der geometrischen Datenverarbeitung. Stuttgart 1989

Hufnagel, H. (1989): Ein System unecht-zylindrischer Kartennetze für Erdkarten. KN 39 (1989), S. 89-96

Humbel, V. (1993): Frequenzmodulierte Rasterverfahren und ihre Eignung für niedrig auflösende Wiedergabesysteme. UGRA-Bericht 89/1. St. Gallen 1990

Hurni, L. (1992): Hard- und Softwarelösungen für die integrierte digitale Kartenproduktion mit Raster- und Vektor-Daten. NaKaVerm I/108, S.129-144. Frankfurt am Main 1992

Huss, J. (Hrsg.) (1984): Luftbildmessung und Fernerkundung in der Forstwirtschaft. Karlsruhe 1984

Hüttermann, A. (Hrsg.) (1981): Probleme der geographischen Kartenauswertung. Darmstadt 1981

* *Hüttermann, A. (1979/1992):* Karteninterpretation in Stichworten, Band 1: Geograph. Interpretation topographischer Karten, 3. Aufl. Kiel 1992, Band 2: Geograph. Interpretation thematischer Karten. Kiel 1979

IfAG (Hrsg.) (1971): Fachwörterbuch – Benennungen und Definitionen im deutschen Vermessungswesen, Heft 6 – Topographie, Heft 8 – Kartographie, Kartenvervielfältigung, Frankfurt am Main 1971

IfAG (Hrsg.) (1981): Geographisches Namenbuch, Bundesrepublik Deutschland. Frankfurt am Main 1981

IfAG (Hrsg.) (1993): Deutsches Fachwörterbuch Photogrammetrie und Fernerkundung. NaKaVerm Sonderheft. Frankfurt am Main 1993

Ihde, J. (1991): Geodätische Bezugssysteme. VT 39 (1991), S.13-15, 57-63

* *Ihme, R. (1991):* Lehrbuch der Reproduktionstechnik. 4.Aufl. Leipzig 1991

Illert, A. (1990): Automatische Erfassung von Kartenschrift, Symbolen und Grundrißobjekten aus der Deutschen Grundkarte 1:5000. Diss. Univ. Hannover, WAVH Nr.166, Hannover 1990

Illert, A. (1992): Automatisierte Digitalisierung von Karten durch Mustererkennung. KN 42 (1992), S.6-12

Imhof, E. (1956): Aufgaben und Methoden der theoretischen Kartographie, PGM 100 (1956), S.165-171

Imhof, E. (1963): Kartenverwandte Darstellungen der Erdoberfläche. IJK III (1963), S.54-99

Imhof, E. (1964): Beiträge zur Geschichte der topographischen Kartographie. IJK IV (1964), S. 129-152

* *Imhof, E. (1965):* Kartographische Geländedarstellung. Berlin 1965

* *Imhof, E. (1968):* Gelände und Karte, 3.Aufl., Erlenbach-Zürich 1968

* *Imhof, E. (1972):* Thematische Kartographie, Berlin-New York 1972

Institut für Kartographie der Österreichischen Akademie der Wissenschaften u.a. (Hrsg.) (1984): Kartographie der Gegenwart in Österreich. Wien 1984

Internationale Kartographische Vereinigung (1973): Mehrsprachiges Wörterbuch kartographischer Fachbegriffe. Wiesbaden 1973

Irmer, M. u. R. Wojdziak (1989): Möglichkeiten der automatisierten kartographischen Freistellung. VT 37 (1989), S.270-272

Jäger, E. (1978): Bibliographie zur Kartengeschichte von Deutschland und Osteuropa. Lüneburg 1978

Jäger, E. (1982): Probleme der Landkartenproduktion in Brandenburg-Preußen. NaKa-Verm I/87, S.5-45. Frankfurt am Main 1982.

Jäger, E. (1983): Prussia-Karten 1542-1810. Weißenhorn 1983.

Jäger, E. (1990): Untersuchungen zur kartographischen Symbolisierung und Verdrängung im Rasterdatenformat. Diss. Univ. Hannover. WAVH Nr.167. Hannover 1990

Janle, P. (1984): Kartographie der Oberfläche der terrestrischen Planeten. KN 34 (1984), S.81-96

Jansa, J. u. E. Vozikis (1985): Karten-Transformation mittels optischer Differentialumbildung. AVN 92 (1985), S.262-271

* *Jensch, G. (1975):* Die Erde und ihre Darstellung im Kartenbild (Das geographische Seminar), 2.Aufl. Braunschweig 1975

* *Jeschor, A. u. K.-H. Bleiel (1989):* Orientierung mit Karte und Luftbild, 3. Aufl. Regensburg 1989

Jochemczyk, H. (1991): ATKIS: Die Einführungsphase beim IfAG. NaKaVerm I/106, S. 53-64. Frankfurt am Main 1991

Johannsen, T. und M. Giebels (1978): Manuelle und subjektive Einflüsse beim Digitalisieren von Linien. AVN 85 (1978), S.89-100

Johannsen, T. u. H. Uhrig (1977): Digitalisieren – Umwandlung graphischer Vorlagen in computergerechter Form. AVN 84 (1977), S.37-57

Johannsen, T. (1979): Genauigkeitstests an kartographischen Geräten – erste Ergebnisse. IJK XIX (1979), S.65-79

* *Joly, F. (1976):* La Cartographie, Paris 1976

Jonasson, F. u. L. Ottoson (1974): The Economic Map of Sweden. BuL 42 (1974), S.81-86

* *Jordan-Eggert-Kneißl (1956ff.):* Handbuch der Vermessungskunde, 12 Bände. Stuttgart 1956ff.

Jordan, W. u. K. Steppes (1882): Das deutsche Vermessungswesen. Stuttgart 1882

Kadmon, N. (1975): Data-bank Derived Hyperbolic Scale Equitemporal Town Maps. IJK XV (1975), S.47-54

Kager, H., K. Kraus u. K.Steinnocher (1992): Photogrammetrie und digitale Bildverarbeitung angewandt auf den Behaim-Globus. ZPF 60 (1992), S.142-148

* *Kahmen, H. (1992):* Elektronische Meßverfahren in der Geodäsie. 3.Aufl., Karlsruhe 1992

* *Kahmen, H. (1993):* Vermessungskunde, 18. Aufl. Berlin-New York 1993

Kain, R.J.P. and E. Baigent (1992): The Cadastral Map in the service of the state – A History of Property Mapping. Chicago-London 1992

Kainz, W. u. F. Mayer (Hrsg.) (1993): GIS und Kartographie. Wiener Symposium 1991. Wiener Schriften zur Geographie und Kartographie, Band 6. Wien 1993

Kallenbach, H. (1988): 30 Jahre Bibliographie des kartographischen Schrifttums. KN 38 (1988), S.156-159
Kantelhardt, H. (1983): Geometrische Zuverlässigkeit von Höhendarstellungen verschiedener Verfahren. ZfV 108 (1983), S.198-206
Katzenberger, L. (1977): 175 Jahre Bayerische Landesvermessung in kartographischer Sicht. IJK XVII (1977), S.104-112
Kauper, R. (1989): Zur Genauigkeitsuntersuchung von Digitizern. NaKaVerm I/103, S.79-90. Frankfurt am Main 1989
* *Keates, J. (1982):* Understanding maps. London-New York 1982
* *Keates, J. (1989):* Cartographic design and production, 2nd ed. Harlow 1989
Kellersmann, H. (1985): Farbige Luftbildkarten 1:5 000 – nein, danke ?. BuL 53 (1985), S.19-22
Kelnhofer, F.(1980): Darstellungs- und Entwurfsprobleme in topographischen Karten mittlerer Maßstäbe. Band 5 der Forschungen zur Theoretischen Kartographie. Österreichische Akademie der Wissenschaften, Wien 1980
Kelnhofer, F. (Hrsg.) (1989): Beiträge zur themakartographischen Methodenlehre und ihren Anwendungsbereichen. Österr. Akad. d. Wiss., Inst. f. Kartographie, Berichte und Informationen (Sammelband der Hefte 10-20). Wien 1989
Kessler, O. (1980): „Cut and leave" – eine spezielle Anwendung der Folienschneidetechnik bei der Kartenherstellung. KN 30 (1980), S.216-229
Kishimoto, H. (1972): Ein Beitrag zur Klassenbildung in statistischer Kartographie unter besonderer Berücksichtigung der maschinellen Herstellung von Choroplethenkarten. KN 22 (1972), S.224-239
Klauer, R.H. (1986): Automatisierte Digitalisierung und Strukturierung von Strichdarstellungen. ZfV 111 (1986), S.148-157
Klauer, R.H. (1993): Untersuchungen zur Optimierung von Verfahren der automatisierten Digitalisierung von Flurkarten. Diss. Univ. Hannover, WAVH Nr.184. Hannover 1993.
Kleffner, W. (1939): Die Reichskartenwerke. Berlin 1939
Klein, J. (1961): Methoden raumbildlicher Darstellungen und ihr Verhältnis zur Karte. DGK Reihe C Heft 43. München 1961
Kloos, H.W. (1990): Landinformationssysteme in der öffentlichen Verwaltung – Ein Handbuch der Nutzung grundstücks- und raumbezogener Datensammlungen für Umweltschutz, Städtebau, Raumordnung und Statistik. Schriftenreihe Verwaltungsinformatik. Heidelberg 1990
Koch, W.G. (1993): Der Studiengang Kartographie an der Technischen Universität Dresden. AVN 100 (1993), S. 136-144
* *Konecny, G. u. G. Lehmann (1984):* Photogrammetrie, 4. Aufl. Berlin-New York 1984
Köthe, R. u. F. Lehmeier (1991): Digitale Reliefanalyse – Ein Projekt zur geomorphologischen Auswertung Digitaler Geländemodell. Freiburger Geogr. Hefte, H.34, S.99-101. Freiburg 1991
Kötter, H. (1989): Der Schulatlas – ein Produkt seiner Zeit. KN 39 (1989), S.81-89
Kraak, M.J. (1988): Computer-assisted Cartographical Three-Dimensional Imaging Techniques. Diss. TH Delft. Delft 1988
* *Kraus, K. (1987/1989):* Photogrammetrie, Band 1: Grundlagen und Standardverfahren, 3. Aufl. Bonn 1989, Band 2: Theorie und Praxis der Auswertesysteme, 2. Aufl. Bonn 1987

* *Kraus, K. u. W. Schneider (1988/1990):* Fernerkundung, Band 1: Physikalische Grundlagen und Aufnahmetechnik, Bonn 1988, Band 2: Auswertung photographischer und digitaler Bilder, Bonn 1990
Kraus, K. (1991): Die dritte Dimension in Geo-Informationssystemen. In: Schriftenreihe d. Inst. f. Photogrammetrie d. Univ. Stuttgart, Heft 15 (43. Photogrammetrische Woche 1991). Stuttgart 1991
Kraus, K. u. K. Haussteiner (1993): Visualisierung der Genauigkeit geometrischer Daten. GIS 6 (1993), S.7-12
Krauß, G. u. R. Harbeck (1984): Die Entwicklung der Landesaufnahme. Karlsruhe 1984
Kreifelts, T., Pick, K., Wisskirchen, P. u. G. Woetzel (1974): Erfahrungen mit der Digitalisierung von rastermäßig erfaßten Linienstrukturen. Mitteilung der Gesellschaft für Mathematik und Datenverarbeitung Nr.30. Bonn 1974
Kretschmer, I. (1972): Die Redaktion von Fachatlanten. IJK XII (1972), S.45-62
Kretschmer, I. (Hrsg.) (1977): Beiträge zur theoretischen Kartographie – Festschrift für Erik Arnberger. Wien 1977
Kretschmer, I. (1980): Theoretical Cartography: Position and Tasks. IJK XX (1980), S.141-155
Kretschmer, I. (1991): Zum Stand der Atlaskartographie in Österreich. Mitt. d. Österr. Geograph. Ges. 133 (1991), S.201-232
* *Kretschmer I., J. Dörflinger u. F. Wawrik (Hrsg.) (1986):* Lexikon zur Geschichte der Kartographie, Band C/1 und C/2 der Enzyklopädie der Kartographie. Wien 1986
Kriegel, O. u. M. Böhm (1961): Das öffentliche Vermessungs- und Landkartenwesen in der Bundesrepublik Deutschland. Hamburg 1961
Kriegel/Dresbach (1991): Kataster-ABC, 2.Aufl. Karlsruhe 1991
* *Kronberg, P. (1984):* Photogeologie – Eine Einführung in die Grundlagen und Methoden der geologischen Auswertung von Luftbildern. Stuttgart 1984
Kronberg, P. (1985): Fernerkundung der Erde, Grundlagen und Methoden des Remote Sensing in der Geologie. Stuttgart 1985
Kruse, I. (1990): Neuere Entwicklungen und Einsatzmöglichkeiten des Programmsystems TASH. KN 40 (1990), S.90-93
Kühbauch, W. u.a. (1990): Fernerkundung in der Landwirtschaft. In: Luft- und Raumfahrt 11 (1990), S.36-45
Kuhnt, G. u. L. Vetter (1988): Rechnergestützte Auswertung geowissenschaftlicher Karten als Grundlage der Umweltplanung. KN 38 (1988), S.190-198
Kummer, K. (1992): Modellentwicklung für die digitale Führung des Zahlen- und Kartenwerkes im Liegenschaftskataster. Diss. Univ. Hannover. WAVH Nr.174. Hannover 1992
* *Kuntz, E. (1990):* Kartennetzentwurfslehre, Grundlagen und Anwendungen, 2. Aufl. Karlsruhe 1990
Küppers, H. (1978): DuMont's Farbenatlas. Köln 1978
* *Küppers, H. (1985):* Die Farbenlehre der Fernseh-, Foto- und Drucktechnik. Köln 1985
Landesvermessungsamt Baden-Württemberg (Hrsg.) (1968): 150 Jahre Württembergische Landesvermesung. Stuttgart 1968
* *Laurini, R. u. D. Thompson (1992):* Fundamentals of Spatial Information Systems. London-San Diego-New York 1992
Lawler, E.L. u.a. (1985): The travelling Salesman Problem. New York 1985
* *Lawrence, G.R.P. (1979):* Cartographic Methods, 2.Aufl. London-New York 1979

Lay, H.-G. u. W. Weber (1983): Waldgeneralisierung durch digitale Rasterdatenverarbeitung. NaKaVerm I/92, S.61-71. Frankfurt am Main 1983
Leberl, F. u.a. (1984): Herstellung sehr dichter Höhenraster aus digitalisierten Schichtlinien. ZfV 109 (1984), S.27-34
Lehmann, E. (1959): Zur Problematik der Nationalatlanten. PGM 103 (1959), S.300-310
Lehmbrock, H. u. M. Oster (1981): Die automationsgestützte Fortführung der Topographischen Karte 1:25 000 in Nordrhein-Westfalen. KN 31 (1981), S.52-59
Leibbrand, W. (Hrsg.) (1981): Planung, Steuerung und Kontrolle in der Kartographie. 13. AkNd. 1980. Bielefeld 1981
Leibbrand, W. (Hrsg.) (1984a): Kartographie der Gegenwart in der Bundesrepublik Deutschland '84. Bielefeld 1984
Leibbrand, W. (Hrsg.) (1984b): Kartenoriginalherstellung '83. 15. AkNd. 1983. Bielefeld 1984
Leibbrand, W. (Hrsg.) (1985): Kartentechnik und Reproduktionstechnik. 15. AkNd. 1985. Bielefeld 1985
Leibbrand, W. (Hrsg.) (1987): Kartengestaltung und Kartenentwurf. 16. AkNd. 1986. Bonn-Bad Godesberg 1987
Leibbrand, W. (Hrsg.) (1989): Planungskartographie und rechnergestützte Kartographie. 17. AkNd. 1988. Bonn-Bad Godesberg 1989
Leibbrand, W. (Hrsg.) (1991): Moderne Techniken der Kartenherstellung. 18. AkNd. 1990. Bonn 1991
* *Leister, W., H. Müller u. A. Stosser (1991):* Fotorealistische Computeranimation. Berlin-Heidelberg-New York 1991
Leser, H. (1977): Feld- und Labormethoden der Geomorphologie. Berlin-New York 1977
Lichtner, W. (1981): Anwendungsmöglichkeiten der Rasterdatenverarbeitung in der Kartographie. Habil.Schrift Univ. Hannover. WAVH Nr.105. Hannover1981
Lichtner, W. (1983a): Computerunterstützte Verzerrung von Kartenbildern bei der Herstellung thematischer Karten. IJK XXIII (1983), S. 83-96
Lichtner, W. (Hrsg.) (1983b): Funktion und Gestaltung der Deutschen Grundkarte 1:5000 (DGK 5). Darmstadt 1983
Lichtner, W. (1987): RAVEL – ein Programm zur Raster-Vektor-Transformation. KN 37 (1987), S.63-68
* *Liedtke, C.-E. u. M. Ender (1989):* Wissensbasierte Bildverarbeitung. Berlin-Heidelberg-New York 1989
* *Linke, W. (1992):* Orientierung mit Karte und Kompaß, 6.Aufl. Herford 1992
Louis, H. (1960): Die thematische Karte und ihre Beziehungsgrundlage. PGM 104 (1960), S.54-62
Mackaness, W.A. u. P. Fischer (1987): Automatic recognition and resolution of spatial conflicts in cartographic generalization. Proceedings Auto-CARTO 8, S.709-718. Maryland 1987
Maguire, D.J., M.F. Goodchild and D. Rhind (Hrsg.) (1991): Geographical Information Systems – Principles and Applications, 2 Bände. Harlow/England 1991
* *Maling, D.H. (1989):* Measurements from maps – Principles and methods of Cartometry. Oxford 1989
* *Maling, D.H. (1992):* Coordinate Systems and Map Projections, 2. Aufl. Oxford 1992
Marckwardt, W. (1983): Die Bewertung von Leistungsangaben für Zeichenautomaten. VT 31 (1983), S.291-293

Matthias, E. (1990): Luftbildkarte von Hamburg. KN 40 (1990), S.227-229
Mayer, F. (1987): Atlaskartographie im Wandel. KN 37 (1987), S.49-55
Mayer, F. (Hrsg.) (1988): Digitale Technologie in der Kartographie. Wiener Schriften zur Geographie und Kartographie, Band 1. Wien 1988
Mayer, F. (Hrsg.) (1989): Digitale Technologie in der Kartographie. Wiener Schriften zur Geographie und Kartographie, Band 2. Wien 1989
Mayer, F. (Hrsg.) (1990): Kartographenkongreß Wien 1989. Wiener Schriften zur Geographie und Kartographie, Band 4. Wien 1990
Mayer, F. (Hrsg.) (1992): Schulkartographie. Wiener Symposium 1990. Wiener Schriften zur Geographie und Kartographie, Band 5. Wien 1992
Mayer, F. (Hrsg.) (1993): GIS und Kartographie. Wiener Symposium 1991. Wiener Schriften zur Geographie und Kartographie, Band 6. Wien 1993
Mayer-Föll, R. (1989): Das Umweltinformationssystem Baden-Württemberg. ZfV 114 (1989), S.385-391
McMaster, R.B. (1987): Automated line generalization. Cartographica 24 (1987), S.74-111
Mehlbreuer, A. (1992): Entwicklungen zu kartographischen Expertensystemen im ITC. NaKaVerm I/108, S.129-144. Frankfurt am Main 1992
Meier, S. (1991): Rechnergestützte Reliefgeneralisierung – ein integriertes Filterkonzept. VT 39 (1991), S.188-190
Meier, S. (1993): Zur mathematischen Fundierung der Digitalkartographie. AVN 100 (1993), S.197-199
Meine, K.-H. (1967): Darstellung verkehrsgeographischer Sachverhalte – Ein Beitrag zur thematischen Verkehrskartographie. Bd. 136 d. Forschungen zur deutschen Landeskunde. Bad Godesberg 1967
Meine, K.-H. (Hrsg.) (1968a): Kartengeschichte und Kartenbearbeitung. Bad Godesberg 1968
Meine, K.-H. (1968b): Grundzüge der Organisation, des Inhalts und der Gestaltung der amtlichen topographischen Kartenwerke in den Teilen Deutschlands von 1945 bis 1965. DGK Reihe C Heft 123. München 1968
Meine, K.H. (1971): КАРТА МИРА – World Map – Weltkarte 1:2 500 000. AVN 78 (1971), S.12-23
Meng, L. (1993): Erkennung der Kartenschrift mit einem Expertensystem. Diss. Univ. Hannover. WAVH Nr.184. Hannover 1993
Menke, K. (1980): Entwicklung digitaler Höhenmodelle aus Höhenliniendarstellungen. NaKaVerm I/81, S.77-94. Frankfurt am Main 1980
Menke, K. (1981): Bemerkungen zu Prinzipien der Klasseneinteilung in der thematischen Kartographie und Vorstellung eines EDV-gestützten Verfahrens. KN 31 (1981), S.139-149
Menke, K. (1982): Zur rechnergestützten Generalisierung des Verkehrswege- und Gewässernetzes, insbesondere für den Maßstab 1:25 000. Diss. Univ. Hannover. WAVH Nr.119. Hannover 1982
Mesenburg, P. (1985): Zur Problematik der rechnergestützten Herstellung von Anaglyphenkarten und ihrer Vervielfältigung im Siebdruckverfahren. In: SIKB H.15, S.89-96. Eine Festschrift für A. Heupel zum 60. Geburtstag. Bonn 1985
Mesenburg, P. (1988): Rechnergestützte Gestaltung anschaulicher Siedlungsdarstellungen. NaKaVerm I/101, S.83-90. Frankfurt am Main 1988

Mesenburg, P. (Hrsg.) (1993): Proceedings of the 16th International Cartographic Conference Köln 1993, Vol.1 u. 2. Bielefeld 1993
Meurisch, H. u. W. Weber (1985): Reproduktion der Topographischen Übersichtskarte im verkürzten Rastermodus. NaKaVerm I/95, S.107-114. Frankfurt am Main 1985
Meyer, U. (1989): Generalisierung der Siedlungsdarstellung in digitalen Situationsmodellen. Diss. Univ. Hannover. WAVH Nr.159. Hannover 1989
Meynen, E. (1962): International Bibliography of the „Carte internationale du Monde au Millionième". Bonn-Bad Godesberg 1962
Meynen, E. (1972): Die kartographischen Strukturformen und Grundtypen der thematischen Karte. GTB 1970/1972, S.305-318. Wiesbaden 1972
* *Mildenberger, O. (1990):* Informationstheorie und Codierung. Braunschweig/ Wiesbaden 1990
Miller, C.L. u. R.A. Laflamme (1958): The Digital Terrain Model – Theory and Application. Photogrammetric Engineering, Vol. 24, S.433-442
Miller, K. (1962): Die Peutingersche Tafel. Neudruck Stuttgart 1962
Mittelstraß, G. (1989): Anforderungen an graphische Arbeiten aus der Sicht der ALK. ZfV 114 (1989), S.176-189
Mittelstraß, G. (1993): Verbindungen zwischen ALK, ATKIS und MERKIS. ZfV 118 (1993), S.242-248
* *Monkhouse, F.J. and H.R. Wilkinson (1971):* Maps and Diagramms, 3.Aufl. London 1971
Monmonier, M.S. (1981): Trends in Atlas Development. Cartographica 18 Nr.2 (1981), S.187-213
Monmonier, M.S. (1985): Technological transition in cartography. Madison/Wisconsin 1985
Mommonier, M.S. (1989): Interpolated Generalization: Cartographic Theory for Expert-Guided Feature Displacement. Cartographica, Vol.26, No.1, S.43-64, 1989
Morgenstern, D. (1974): Zur optimalen Auswahl einer physiologisch gleichabständigen Tonwertskala für die Kartographie. KN 24 (1974), S.45-53
* *Morgenstern, D. (1985):* Rasterungstechnik – fotomechanisch und elektronisch. Frankfurt am Main 1985
Morgenstern, D., Prell, K.-M. u. H.-G. Riemer (1988): Digitalisierung, Aufbereitung und Verbesserung inhomogener Katasterkarten. AVN 95 (1988), S.314-324
* *Moritz, H. (1990):* The Figure of the Earth. Karlsruhe 1990
* *Morris, Ch. (1972) :* Grundlagen der Zeichentheorie. München 1972
Mühle, H. (1967): Die Vakuumverformung von Kunststoff-Folien zu Kartenreliefs. NaKaVerm I/34, S.25-45. Frankfurt am Main 1967
* *Muehrcke, P.C. (1978):* Map Use – Reading, Analysis and Interpretation. Madison 1978
Mulders, M.A. (1987): Remote Sensing in Soil Science. Amsterdam 1987
Muller, J.C. (1990): Rule-based generalization: potentials and impediments. Proceedings, 4th International Symposium on Spatial Data Handling, S.317-334. Zürich 1990
Muller, J.C. (Hrsg.) (1991): Advances in Cartography. London-New York 1991
Müller, H.H. (1982): Bemerkungen zur amtlichen Maßstabsreihe und zur Topographischen Übersichtskarte 1:200 000. KN 32 (1982), S.161-167
Müller, K. u.a. (1993): Digitale Kartenherstellung der Planetenbildkarte Olympus Mons/Planet Mars. KN 43 (1993), S.68-71

Muris, O. u. G. Saarmann (1961): Der Globus im Wandel der Zeiten. Berlin 1961
NASA (Hrsg.) (1984): Planetary cartography in the next decade (1984-1994). SP-475. Washington D.C. 1984
Neugebauer, G. (1962): Die topographisch-kartographische Ausgestaltung von Höhenlinienplänen. KN 12 (1962), S.102-109
Neukum, G. u. G. Neugebauer (1984): Fernerkundung der Planeten und kartographische Ergebnisse. Schriftenreihe Studiengang Vermessungswesen der Hochschule der Bundeswehr München, Heft 15. München 1984
Neukum, G. u. S. Kretschmann (Bearb.) (1993): Regional Planetary Image Facility (RPIF) – Bestandsverzeichnis. DLR Berlin-Adlershof 1993
Neumann, J. (1972): Gibt es bei der quantitativen Siedlungsgeneralisierung Gesetzmäßigkeiten? NaKaVerm I/55, S.45-91. Frankfurt am Main 1972
Neumann, J. (1978): Untersuchungen zur Bebauungs- und Straßengeneralisierung. DGK Reihe B Heft 224. Frankfurt am Main 1978
Neumann, J. (1988): Begriffsgeschichtliches um den Kartographen. KN 38 (1988), S.185-190
Neumann, J. (1993): Entwicklungslinien deutscher Kartographiegeschichte. KN 43 (1993), S.41-48
Neumann, J. u. L. Zögner (Hrsg.) (1992): Aus Kartographie und Geographie. Festschrift für Emil Meynen. Karlsruher geowissenschaftliche Schriften, Reihe A, Band 9. Karlsruhe 1992
Neumann, K. (1991): Thematische Karten als Datenbankobjekte. NaKaVerm I/106, S.83-84. Frankfurt am Main 1991
Nickerson, B.G. u. H. Freeman (1986): Development of a rule-based systemfor automatic map generalization. Proceedings, 2. International Symposium on Spatial Data Handling, S.537-556. Seattle 1986
Niedersächsisches Innenministerium (Hrsg.) (1984): Automatisiertes Liegenschaftsbuch (ALB) – verfaßt von der Gemeinschaft der Anwender des ALB. Hannover 1984
Nielsen, J. (1990): Hypertext and Hypermedia. San Diego/Ca. 1990
Oehme, R. (1961): Geschichte der Kartographie des deutschen Südwestens. Konstanz-Stuttgart 1961
Oelkers, K.-H. (1993): Aufbau und Nutzung des Niedersächsischen Bodeninformationssystems NIBIS – Fachinformationssystem Bodenkunde. Geologisches Jahrbuch, F27 (1993), S.5-38. Hannover 1993
Oesten, G., S. Kuntz u. C.P. Gross (Hrsg.) (1991): Fernerkundung in der Forstwirtschaft – Stand und Entwicklung. Karlsruhe 1991
Oesterreichische Geographische Gesellschaft (Hrsg.) (1970): Grundsatzfragen der Kartographie. Wien 1970
* *Ogrissek, R. (Hrsg.) (1983):* Brockhaus ABC Kartenkunde. Leipzig 1983
* *Ogrissek, R. (1987):* Theoretische Kartographie. Gotha 1987
Ohlhof, T. (1992): Zur Digitalisierung topographischer Karten unter Einsatz von Geo-Informationssystemen. ZfV 117 (1992); S.377-385
Ormeling, F.J. (1978): Einige Aspekte und Tendenzen der modernen Kartographie. KN 28 (1978), S.90-95
Page, B. (1989): Zum Stand der DV- und Informatikanwendungen auf dem Umweltsektor. In: Umweltbundesamt, UMPLIS Bibliographie Umwelt-Informatik. Berlin 1989

Pape, E. (1971): Die Deutsche Grundkarte 1:5 000 als Luftbildkarte. BuL 39 (1971), S.194-198
Pape, H. (1971): Kleinmaßstäbliche Luftbildkarten. KN 21 (1971), S.41-50
Parry, R.B. and C.R.Perkins (1990): Information Sources in Cartography. London-Melbourne-Munich-New York 1990
Peterle, J. (1984): Ein Konzept zur Kartenfortführung mit Methoden der digitalen Bildverarbeitung. NaKaVerm I/94, S.101-110. Frankfurt am Main 1984
Peters, A.B. (1982): Zur Theorie der Entfernungsverzerrung. KN 32 (1982), S.132-134
Peterson, M.P. (1984): Mentale Bilder in der kartographischen Kommunikation. KN 34 (1984), S.201-206
Peucker, K. (1902): Die Thesen zum Ausbau der theoretischen Kartographie. Geographische Zeitschrift 8 (1902), S.65-80, 145-160, 204-222
Peucker, T. and N. Chrisman (1975): Cartographic data structure. The American Cartographer, 2 (1975), S.55-69
Peucker, T. (1976): A Theory of the Cartographic Line. IJK XVI (1976), S.21-37
Peuquet, D.J. (1984): A conceptual framework and comparison of spatial data models. Cartographica, Bd. 21, Nr. 1, S.66-113
Peyke, G. (1989): Thematische Kartographie mit PC und Workstation. KN 39 (1989), S.168-174
Pfeiffer, B. u. G. Weimann (1991): Geometrische Grundlagen der Luftbildinterpretation, 2. Aufl. Karlsruhe 1991
Pillewizer, W. (1964): Ein System der thematischen Karten. PGM 108 (1964), S.231-238 und 309-317
Podschadli, E. u. R. Schweißthal (Hrsg.) (1982): Gravurseminar '81. Recklinghausen 1982
Podschadli, E. (1988): Tastbare Karten, Atlanten und Globen. KN 38 (1988), S.47-55
Pöhlmann, G. (1974): Die kartographische Darstellung der Landschaftsphysiognomie. Diss. Freie Univ. Berlin 1974
Pötzschner, W. (1979): 150 Jahre Landesvermessung in Niedersachsen. ZfV 104 (1979), S.26-37
Powitz, B.M. (1993): Zur Automatisierung der kartographischen Generalisierung topographischer Daten in Geo-Informationssystemen. Diss. Univ. Hannover. WAVH Nr.185. Hannover 1993
Prell, K.-M. (1983): Informationswiedergabe in topographischen Karten. Diss. Univ. Bonn 1983
Prell, K.-M. (1985): Grundlagen und Formulierung siedlungsspezifischer Aussagemöglichkeiten in topographischen Karten. KN 35 (1985), S.161-172
Radermacher, W. (Hrsg.) (1992): Neue Wege raumbezogener Statistik. Schriftenreihe Forum der Bundesstatistik, Bd.20. Stuttgart 1992
Rase, W.-D. (1992): Kartographische Anamorphosen. KN 42 (1992), S.99-105
* *Rase, W.-D. (1993):* Liniengeometrie und Liniengraphik: Algorithmen und Programme für die Liniendarstellung mit GKS-Funktionen. Karlsruhe 1993
* *Regensburger, K. (1990):* Photogrammetrie – Anwendungen in Wissenschaft und Technik. Berlin-Karlsruhe 1990
Reignier, F. (1957): Les Systèmes de Projection et leurs Applications, 2. Bde. Paris 1957
Reiners, H. (1991): Raumordnungs- und Planungskataster. ARL, Arbeitsmaterial. Hannover 1991

Rennau, G. (1976): Register von Karten und Atlanten. Gotha/Leipzig 1976
* *Richardus, P. and R.K. Adler (1972):* Map Projections. Amsterdam 1972
* *Richter, M. (1981):* Einführung in die Farbmetrik, 2.Aufl. Berlin-New York 1981
Rieger, W. (1992): Hydrologische Anwendungen des digitalen Geländemodells. Diss. TU Wien. Geowissenschaftliche Mitteilungen Nr.39. Wien 1992
Riemer, H.-G. (1985): Zur Evaluierung von Digitalisierverfahren für Flächensysteme. In: SIKB H.15, S.147-158. Eine Festschrift für A. Heupel zum 60. Geburtstag. Bonn 1985
Robinson, A.H. and B.B. Petchenik (1976): The Nature of maps. Chicago-London 1976
Robinson, A.H. (1982): Early thematic mapping in the history of cartography. Chicago-London 1982
* *Robinson, A.H., R.D.Sale, J.L. Morrison, P.C. Muehrcke (1984):* Elements of Cartography, 6. Aufl. New York 1984
Rose, A. (1988): Geraden- und Rechtwinkelausgleichung bei der Digitalisierung von Katasterkarten. ZfV 118 (1988), S.581-587
Rossol, G. (1989): Die Einheitliche Datenbankschnittstelle (EDBS) als Schnittstelle für das Amtliche Topographisch-Kartographische Informationssystem (ATKIS). NaKa-Verm I/103, S.97-104. Frankfurt am Main 1989
Roszak, T. (1986): Der Verlust des Denkens – Über die Mythen des Computer-Zeitalters. München 1986
* *Rüger/Pietschner/Regensburger (1987):* Photogrammetrie – Verfahren und Geräte zur Kartenherstellung, 6. Aufl. Berlin-Karlsruhe 1987
Sališčev, K.A. (1960): Nationalatlanten. Vorschläge zu ihrer Vervollkommnung. PGM 104 (1960), S.77-88
* *Sališčev, K.A. (1967):* Einführung in die Kartographie (aus dem Russischen), 2 Bände. Gotha 1967
Sališčev, K.A. (1979): Wie alt sind die Begriffe Karte und Kartographie ? PGM 123 (1979), S. 65-68
* *Sališčev, K.A. (1982 a):* Kartovedenie (Kartenkunde, in russischer Sprache), 2.Aufl., Moskau 1982
* *Sališčev, K.A. (1982 b):* Kartografija (Kartographie, in russischer Sprache), Moskau 1982
Samet, H. (1989): The design and analysis of spatial data structures. Reading (Mass.)/USA 1989
Sammet, G. (1990): Der vermessene Planet. Hamburg 1990
* *Sandermann, W. (1988):* Die Kulturgeschichte des Papiers. Berlin 1988
Satzinger, W. (1975): Die Ableitung thematischer karten aus amtlichen kleinmaßstäbigen Karten. NaKaVerm Sonderheft (Festschrift Knorr), S.117-128. Frankfurt am Main 1975
Satzinger, W. (1977): Impulse zur Kartographie in Deutschland im 18. Jahrhundert. NaKaVerm I/71, S.61-68. Frankfurt am Main 1977
Schaffeld, H.-J. (1988): Eine Finite-Elemente-Methode und ihre Anwendung zur Erstellung von Digitalen Geländemodellen. Veröffentlichung des Geodätischen Instituts der TH Aachen, Nr.42. Aachen 1988
Schaffner, M. (1991): Polygraph-Fachlexikon EDV in der Druckindustrie. Frankfurt am Main 1991

Scharfe, W. (1972): Abriß der Kartographie Brandenburgs 1771-1821. Bd.35 d. Veröffentl. d. Hist. Kommission zu Berlin. Berlin 1972
Scharfe, W. (1981): Die Geschichte der Kartographie im Wandel. IJK XXI (1981), S.168-176
Scharfe, W., H. Vollet u. E. Herrmann (Hrsg.) (1983): Kartenhistorisches Colloquium Bayreuth '82. Vorträge und Berichte. Berlin 1983
Scharfe, W. u. E. Jäger (Hrsg.) (1985): Kartographiehistorisches Colloquium Lüneburg '84. Vorträge. Berlin 1985
Scharfe, W., I. Kretschmer u. F. Wawrik (Hrsg.) (1987): Kartographiehistorisches Kolloquium Wien '86. Vorträge und Berichte. Berlin 1987
Scharfe, W. u. J. Neumann (Hrsg.) (1990): 4. Kartographiehistorisches Kolloquium Karlsruhe 1988. Vorträge und Berichte. Berlin 1990
Scharfe, W. u. H. Harms (Hrsg.) (1991): 5. Kartographiehistorisches Kolloquium Oldenburg 1990. Vorträge und Berichte. Berlin 1991
Scharfe, W. (Hrsg.) (1993): 6. Kartographiehistorisches Kolloquium Berlin 1992. Vorträge und Berichte. Berlin 1993
Scheel, G. u. G. Mohr (1978): Die Entwicklung der deutschen Landesvermessung. Wiesbaden 1978
Schek, H.J. (1989): Relational Database Concepts and Research Aspects to Cover Spatial Data Needs. In: Kölbl (Hrsg.): Photogrammetry and Land Information Systems. Lausanne 1989
Schenk, E. (1990): Das Liegenschaftskataster in der Bundesrepublik Deutschland – Stand und weitere Entwicklungen. Nachrichtenblatt d. Verm.- u. Kat.-Verw. Rheinland-Pfalz 1990, S.240 ff. Koblenz 1990
Schilcher, M. u. D. Fritsch (Hrsg.) (1989): Geo-Informationssysteme. Karlsruhe 1989
Schilcher, M. (Hrsg.) (1990): CAD-Kartographie, 2. Aufl. Karlsruhe 1990
Schilcher, M. (Hrsg.) (1991): Geo-Informatik – Anwendungen, Erfahrungen, Tendenzen. Berlin-München 1991
Schilcher, M. u. B. Sonne (Hrsg.) (1993): Geoinformationssysteme – Neue Perspektiven. München 1993
Schlehuber, J. (1975): Die Koordinaten- und Grundrißdatei als Bestandteil der Grundstücksdatenbank. In: Krauß, G. (Hrsg.): Geodätische Woche Köln 1975, S.106-112. Stuttgart 1975
Schlez, G. (1982): Planzeichenverordnung 1981 mit Erläuterungen Wiesbaden -Berlin 1982
Schmid, D. (1983): Struktur- und Raumnutzungskarten der Regionalpläne auf der Grundlage der amtlichen Karten in Baden-Württemberg. KN 33 (1983), S.85-91
Schmidt, G. (1982): Automatischer Randanschluß für CIPS-Datenbanken. NaKaVerm I/89, S.105-111. Frankfurt am Main 1982
Schmidt, R. (1973): Die Kartenaufnahme der Rheinlande durch Tranchot und von Müffling 1801-1828. Köln-Bonn 1973
Schmidt-Falkenberg, H. (1964): Begriff, Einteilung und Stellung der Kartographie in heutiger Sicht. KN 14 (1964), S.52-63
Schmidt-Falkenberg, H. (1974a): Topographische Karte 1:25 000 (Luftbildkarte). BuL 42 (1974), S.74-80

Schmidt-Falkenberg, H. (1974b): Zum Begriff „geistige Schöpfung" in der Kartographie und zum urheberrechtlichen Schutz kartographischer Ausdrucksformen. KN 24 (1974), S.1-5

Schmidt-Falkenberg, H. (1978): 25 Jahre Luftbild-Nachweis des Instituts für Angewandte Geodäsie. NaKaVerm I/74, S.21-38. Frankfurt am Main 1978

Schneider, H.-J. (Hrsg.) (1991): Lexikon der Informatik und Datenverarbeitung. München-Wien 1991

* *Schneider, S. (1974):* Luftbild und Luftbildinterpretation. Berlin-New York 1974

* *Scholz, E., G. Tanner u. R. Jänckel (1983):* Einführung in die Kartographie und Luftbildinterpretation, 2. Aufl. Studienbücherei für Lehrer, Bd. 16. Gotha 1983

Schoppmeyer, J. (1978): Die Wahrnehmung von Rastern und die Abstufung von Tonwertskalen in der Kartographie. Diss. Univ. Bonn 1978

Schoppmeyer, J. (1983): Zum Zusammenhang zwischen Aufnahmegenauigkeit und Äquidistanz bei Höhenliniendarstellungen. AVN 90 (1983), S.171-177

Schoppmeyer, J. (1991): Farbreproduktion in der Kartographie und ihre theoretischen Grundlagen. Habil.Schrift Univ. Bonn, SIKB Heft 18. Frankfurt am Main 1991

Schoppmeyer, J. (1992): Farbe – Definition und Behandlung beim Übergang zur digitalen Kartographie. KN 42 (1992), S.125-134

* *Schröder, E. (1988):* Kartenentwürfe der Erde. Leipzig 1988

Schulz, K.-L. (1984): Gestaltungsmerkmale bedeutender Radwanderkartenwerke. KN 34 (1984), S.127-136

Schulz, S. (1990): Herstellung mehrfarbiger Schummerung mit Hilfe der EBV. KN 40 (1990), S.1-5

Schulze, H.H. (1990): Das rororo Computer Lexikon der Datenverarbeitung. Reinbek bei Hamburg 1990

Schweinfurth, G. (1984): Höhenliniengeneralisierung mit Methoden der digitalen Bildverarbeitung. NaKaVerm I/94, S.133-156. Frankfurt am Main 1984

Schweinfurth, G. (1991): Aufgaben und Aufbau des Geo-Informationssystems innerhalb des Regio-Klima-Projekts (REKLIP) im Oberrheinggraben. NaKaVerm I/106, S.105-114. Frankfurt am Main 1991

Schweißthal, R. (1989): Kartographische Gravurtechnik – Gravierwerkzeuge und Gravurfolien – Zum heutigen Entwicklungsstand. KN 39 (1989), S.161-168

Schweiz. Ges. f. Kartographie (Hrsg.) (1975): Kartographische Generalisierung – Topographische Karten. Bern 1975

Schweiz. Ges. f. Kartographie (Hrsg.) (1978): Thematische Kartographie – Graphik, Konzeption, Technik -. Kartographische Schriftenreihe, Nr.3. Bern 1978

Schweiz. Ges. f. Kartographie (Hrsg.) (1984): Kartographie der Gegenwart in der Schweiz. Kartographische Schriftenreihe, Nr.6. Zürich 1984

Schweiz. Ges. f. Kartographie (Hrsg.) (1990): Kartographisches Generalisieren. Kartographische Publikationsreihe, Nr.10. Zürich 1990

* *Schwidefsky/Ackermann (1976):* Photogrammetrie, 8.Aufl. Stuttgart 1976

* *Seeber, G. (1989):* Satellitengeodäsie. Berlin-New York 1989

* *Seeber, G. (1993):* Satellite Geodesy. Berlin-New York 1993

Seifert, T. (Bearb.) (1979): Die Karte als Kunstwerk. Bayer. Staatsbibliothek (Hrsg.). Unterschneidheim 1979

* *Seiffert, H. (1991):* Einführung in die Wissenschaftstheorie, 2 Bde., 11. bzw. 9.Aufl. München 1991

* *Sigl, R. (1989):* Geodätische Astronomie, 4.Aufl. Karlsruhe 1989
Snyder, J.P. (1982): Geometry of a mapping satellite. Photogramm.Eng.Remote Sensing 48 (1982), S.1593-1602
* *Snyder, J.P. (1987):* Map projections – a working manual. Washington 1987
Snyder, J.P. (1988): Bibliography of map projections. Denver 1988
Solar, G. (1979): Das Panorama. Zürich 1979
Späni, B. (1990): Scannen von Plänen – und dann? Eine Zwischenbilanz. VPK (1990), S.251-253
Spiess, E. (1971): Wirksame Basiskarten für thematische Karten. IJK XI (1971), S.224-238
Spiess, E. (1987): Computergestützte Verfahren im Entwurf und in der Herstellung von Atlaskarten. KN 37 (1987), S.55-63
Spiess, E. (1988): Computergestützte Kartenherstellung und digitale Kartographie. VPK 86 (1988), S.140-145
Spiess, E. (1990): Bemerkungen zu wissensbasierten Systemen für die Kartographie. VPK 88 (1990), S.75-81
Spiess, E. (1992): Herstellung von Satellitenkarten an der ETH Zürich. KN 42 (1992), S.173-181
Springstein, K.-A. (1982): Elektronische Bildverarbeitung von A-Z. Itzehoe 1982
Ständiger Ausschuß für Geographische Namen (Hrsg.) (1966): Duden – Wörterbuch geographischer Namen, Europa (ohne Sowjetunion). Mannheim 1966
Stams, W. (1977): Entwicklungstendenzen in der Atlaskartographie. PGM 121 (1977), S.61-70
Staufenbiel, W. (1974): Zur Automation der Siedlungsgeneralisierung unter besonderer Berücksichtigung der Formvereinfachung. NaKaVerm I/65, S.145-156. Frankfurt am Main 1974
Stevenson, E.L. (1971): Terrestrial and Celestial Globus – Their history and construction, 2 Bände. New York 1971
* *Stiebner, E.D. u.a. (1986):* Bruckmann's Handbuch der Drucktechnik. München 1986
Stollt, O. (1958): Die Geländedarstellung im Vogelschaubild. KN 8 (1958), S.123-129
Stoye, U. (1991): Eine Luftbildkarte 1:5 000 in Farbe. ZPF 59 (1991), S.11-14
Strathmann, F.W. (1993): Taschenbuch zur Fernerkundung, 2.Aufl. Karlsruhe 1993
Strauß, R. (1991): Lagebezugssysteme in Deutschland im Wandel. AVN 98 (1991), S.130-138
Strobel, E. (1988): BGH bejaht grundsätzlich Urheberrecht an topographischen Karten. ZfV 113 (1988), S.146-147
Stummvoll, F. (1986): Die Entstehung moderner Panoramen. KN 36 (1986), S.92-97
Suchy, G. (Hrsg.) (1988): Zum Problem der thematischen Weltatlanten. Gotha 1988
Taylor, D.R.F. (1983): Graphic communication and design in contemporary cartography. Chichester/New York 1983
Taylor, D.R.F. (1987): The art and sciene of Cartography. The Canadian Surveyor 41 (1987), S.359-372
Taylor, D.R.F. (Hrsg.) (1991): Geographic Information Systems – The Microcomputer and Modern Cartography. Oxford 1991
* *Tenzer, H.-J. (1989):* Leitfaden der Papierverarbeitungstechnik. Leipzig 1989
* *Teschner, H. (1990):* Offsetdrucktechnik, 8.Aufl. Fellbach 1990

Thaler, E. (1982): Zur Entwicklung der Geländeaufnahme und der Geländedarstellung in den amtlichen topographischen Karten in Bayern von 1801 bis 1919. Diss. TU München. Schriftenreihe d. Mil.Geo.Dienstes H.20 (1982)

Thauer, W. (1980): Atlasredaktion im Zusammenspiel von Kartographie, Geographie und Regionalstatistik. IJK XX (1980), S.180-204

Thieme, K. (1968a): Gedanken zur Namenschreibung in Karten und Atlanten. KN 18 (1968), S.52-61

Thieme, K. (1968b): Die amtlichen Gemeindeverzeichnisse der Bundesrepublik. KN 18 (1968), S.109-119

Thieme, K. (1980): Kartographische Aspekte bei der Vergabe von Lizenzen von Weltatlanten. KN 30 (1980), S.122-130

Tikunov, V.S. (1987): Aktuelle Probleme der theoretischen Kartographie (aus dem Russischen). PGM 131 (1987), S.275-278

Tooley, R.V. (1979): Tooley's Dictionary of Mapmakers. New York-Amsterdam 1979

* *Töpfer, F. (1974):* Kartographische Generalisierung. Gotha-Leipzig 1974

Töpfer, F. (1981): 200 Jahre topographische Landesaufnahme in Sachsen. VT 29 (1981), S.122-125

Töpfer, F. (1992): Zur Bedeutung der kartographischen Generalisierung für Geo-Informationssysteme. KN 42 (1992), S.12-20

* *Torge, W. (1975):* Geodäsie. Berlin-New York 1975
* *Torge, W. (1989):* Gravimetry. Berlin-New York 1989
* *Torge, W. (1991):* Geodesy, 2.Aufl. Berlin-New York 1991

Trepper, W. (1991): Scannertechnologie als Alternative zum Hand-Digitalisieren – Datenerfassung der 90er Jahre. NaKaVerm I/106, S.115-122. Frankfurt am Main 1991

Ucar, D. (1979): Kommunikationstheoretische Aspekte der Informationsübetragung mittels Karten. Diss. Univ. Bonn 1979

Umlandverband Frankfurt (UVF) (1985): Informations- und Planungssystem. Frankfurt am Main 1985

United Nations (Hrsg.) (1979): International Map of the World on the Millionth Scale – Report for 1977. New York 1979

United Nations (Hrsg.) (1983): World Cartography, Vol. XVII. New York 1983

United Nations (Hrsg.) (1990): World Cartography, Vol. XX. New York 1990

Uthe, A.-D. (1991): Kartographische Kommunikationsschnittstelle zur Verarbeitung geowissenschaftlicher Daten. In: Beiträge zur kartographischen Informationsverarbeitung. Univ. Trier u. Geogr. Gesellschaft Trier, Bd. 3. Trier 1991

Vickus, G. (1992): Objektgeneralisierung vom DLM zum DKM und ihre Anforderungen an die ATKIS-Modellierung. NaKaVerm I/108, S.191-201. Frankfurt am Main 1992

Vent-Schmidt, V. (1980): Analytische und synthetische Klimakarten. KN 30 (1980), S.137-143.

Verstappen, H.T. (1977): Remote Sensing in Geomorphology. Amsterdam 1977

Vinken, R. (1980): Neue Kommunikationswege in den Geowissenschaften mit Hilfe der Automatischen Datenverarbeitung. NaKaVerm I/81, S.111-124. Frankfurt am Main 1980

Vinken, R. (1985): Digitale Geowissenschaftliche Kartenwerke. Ein neues Schwerpunktprogramm der Deutschen Forschungsgemeinschaft. NaKaVerm I/95, S.163-173. Frankfurt am Main 1985

Vinken, R. (Hrsg.) (1992): From Geoscientific Map Series to Geo-Information Systems. Geolog. Jahrbuch A/122. Hannover 1992
* *Volquardts/Matthews (1985/1986):* Vermessungskunde, Band 1 (26.Aufl.), Band 2 (15.Aufl.). Stuttgart 1985/1986
Vonhoff, H.-P. (1987): Auswirkungen des neuen Urheberrechtsgesetzes auf kartographische Erzeugnisse – eine Übersicht. KN 37 (1987), S.129-133
* *Vossmerbäumer, H. (1983):* Geologische Karten. Stuttgart 1983
* *Wagner, K.H. (1962):* Kartographische Netzentwürfe. Mannheim 1962
Wagner, K.H. (1966): Über das Zusammenfügen von geographischen Kartennetzen. In: Die wissenschaftl. Redaktion, H.2 (S.89-117) und H.3 (S.7-55). Mannheim 1966
Wagner, K.H. (1982): Bemerkungen zum Umbeziffern von Kartennetzen. KN 32 (1982), S.211-218
* *Walenski, W. (1991):* Polygraph Handbuch – Offsettdruck. Frankfurt am Main 1991
Watzlawick, P. (1971): Menschliche Kommunikation. Bern 1971
Weber, D. (1991): Die Vereinheitlichung der Höhen- und Schwerenetze in Deutschland. AVN 98 (1991), S.190-197
Weber, W. (1978): Drei Typen geographischer Datenstrukturen – Gemeinsamkeiten, Unterschiede und eine mögliche Synthese. NaKaVerm I/75, S.133-158. Frankfurt am Main 1978
Weber, W. (1980): Automation mit Rasterdaten in der topographischen Kartographie. KN 30 (1980), S.161-176
Weber, W. (1982a): Raster-Datenverarbeitung in der Kartographie. NaKaVerm I/88, S.111-190. Frankfurt am Main 1982
Weber, W. (1982b): Automationsgestützte Generalisierung. NaKaVerm I/88, S.77-110. Frankfurt am Main 1982
Weber, W. (1983a): Vorschlag für ein System zur kartographischen Mustererkennung nach Methoden der digitalen Rasterdatenverarbeitung. In: NaKaVerm I/92, S.177-189. Frankfurt am Main 1983
Weber, W. (1983b): Ein Datenverwaltungssystem für digitale Rasterkarten. NaKaVerm I/91, S.77-95. Frankfurt am Main 1983
Weber, W. (1986): Ein digitales Rasterverfahren zur Fortführung einer topographischen Karte. IJK XXVI (1986), S.189-210
Weber, W. (1987): Massendigitalisierung. IJK XXVII (1987), S.233-252.
Weber, W. (1988): Kartographische Mustererkennung. KN 38 (1988), S.103-120
Weber, W. (1991a): Zum Entwicklungsstand der rechnergestützten Kartographie. KTB 1990/91, S.9-35
Weber, W. (1991b): Geographische Datenmodelle – Ein Überblick. NaKaVerm I/106, S.123-144. Frankfurt am Main 1991
Weibel, R. u. A. Herzog (1988): Automatische Konstruktion panoramischer Ansichten aus digitalen Geländemodellen. NaKaVerm I/100, S.49-84. Frankfurt am Main 1988
Weibel, R. (1989): Konzepte und Experimente zur Automatisierung der Reliefgeneralisierung. Diss. Univ. Zürich. Zürich 1989
Weibel, R. (1991): Entwurf und Implementation einer Strategie für die adaptive rechnergestützte Reliefgeneralisierung. KN (41) (1991), S.94-103
Weygandt, H. (1961): Zur Präparation exotischer Nomenklaturen in der Atlaskartographie. KN 11 (1961), S.156-177

Wiens, H. (1986): Flurkartenerneuerung mittels Digitalisierung und numerischer Bearbeitung unter besonderer Berücksichtigung des Zusammenschlusses von Inselkarten zu einem homogenen Rahmenkartenwerk. Diss. Univ. Bonn. SIKB Nr.17. Bonn 1986

Wiener, E. (1990): Bedarfsanalyse für ein Kommunales Landinformationssystem. ZfV 115(1990), S.112-123

* *Wilhelmy H. (1990):* Kartographie in Stichworten, 6.Aufl. von Hüttermann, A. u. P. Schröder. Kiel 1990

Wilfert, I. (1993): Kartographie in der ehemaligen DDR. KN 43 (1993), S. 48-53

Williams, C.M. (1978): An Efficient Algorithm for the Piecewise Linear Approximation of Planar Curves. Computer Graphics and Image Processing, Vol 8 (1978), S.286-293

Wilmerstadt, B. (1987): Digitale Stadtkarten. ZfV 112 (1987), S.603-611

Winch, K.L. (1976): International Maps and Atlases in Print. 2.Aufl. London-New York 1976

* *Wisskirchen, P. (1990):* Object-Oriented Graphics: From GKS and PHIGS to Object-Oriented Systems. Berlin-Heidelberg-New York 1990

* *Witt, W. (1970):* Thematische Kartographie, 2.Aufl. Hannover 1970

* *Witt, W. (1979):* Lexikon der Kartographie, Band B der Enzyklopädie der Kartographie. Wien 1979

Witt, W. (1982): Themakartographie: Technischer Fortschritt and theoretische Problematik. ZfV 107 (1982), S.7-15

Wolf, G.W. (1988): Generalisierung topographischer Karten mittels Oberflächengraphen. Diss. Univ. Klagenfurt. Klagenfurt 1988

* *Wolf, H.-J. (1990):* Geschichte der graphischen Verfahren. Dornstadt 1990

Wolter, J.A. (Hrsg.) (1986): World Directory of Map Collections, 2.Aufl. München-New York-London-Paris 1986

Woodward, D. (Hrsg.) (1975): Five Centuries of Map Printing. Chicago 1975

Wu, H.-H. (1981): Prinzip und Methode der automatischen Generalisierung der Reliefformen. NaKaVerm I/85, S.163-174. Frankfurt am Main 1981

Yang, H. (1990): Quadtree-Datenstrukturen als Basis für Geo-Informationssysteme mit Vektor- und Rasterdaten – Basisdaten, Geometrie und Topologie von integrierten thematischen Datenbanken. NaKaVerm I/105, S.167-196. Frankfurt am Main 1990

Yang, H. (1992): Zur Integration von Vektor- und Rasterdaten in Geo-Informationssystemen – Theoretische und praktische Aspekte der Quadtree-Struktur für Geometrie-Daten. DGK Reihe C 389. München 1992

Yang, J. (1989): Automatische Digitalisierung von Deckfolien der Deutschen Grundkarte 1:5000 – Bodenkarte. Diss. Univ. Hannover WAVH Nr.161. Hannover 1989

Yoeli, P. (1972): The Logic of Automated Map Lettering. The Cartographic Journal 1972, S.99-108

Yoeli, P. (1984): Computer-Assisted Determination of the Valley and Ridge Lines of Digital Terrain Models. IJK XXIV, S.197-206

* *Zehnder, C.A. (1987):* Informationssysteme und Datenbanken. Stuttgart 1987

Zögner, L. (Bearb.) (1983): Verzeichnis der Kartensammlungen in der Bundesrepublic Deutschland und Berlin (West). Wiesbaden 1983

Zögner, L. (Bearb.) (1984): Bibliographie zur Geschichte der deutschen Kartographie. Bibliographia Cartographica, Sonderheft 2. München 1984

Sachverzeichnis

Abbild 49ff.
Abbildung, äquatorständige 46
–, abweitungstreue 74
–, azimutale 44f., 58ff., 73ff., 411, 449, 467f., 486
–, echte 45, 48
–, erdachsige 46
–, flächentreue 47, 50f., 55, 57, 59, 64f., 72ff., 449, 457, 474, 495
–, geodätische 36, 44, 48, 52, 60, 63, 66ff.
–, gnomonische 51, 61f., 73
–, kombinierte 76
–, konforme 47, 56f., 60, 63, 65f., 68ff., 72, 404f., 410ff., 449, 458, 466f.
–, konische 45f., 54ff., 74, 404f., 410f., 449, 467
–, längentreue 495
–, mehrpolige 76
–, mittabstandstreue 55, 59, 64, 67, 74, 76, 411, 468, 524, 529
–, mittzeittreue 77
–, modifizierte polykonische Abbildung 411
–, normale 46, 54, 59ff., 63, 76, 293, 412, 459, 487
–, ordinatentreue 67f.
–, orthographische 61, 412, 524
–, perspektive 58, 60ff., 487
–, polständige 46
–, polykonische 72f.
–, querachsige 46
–, schiefachsige 46, 48, 63, 71f., 74ff., 405
–, selenographische 61
–, speichentreue 59
–, stereographische 60, 62, 73, 411f., 524
–, transversale 46, 48f., 61, 63, 66ff., 411f.
–, unechte 45, 73ff.
–, vermittelnde 47, 73f., 76, 474
–, winkeltreue 495
–, zwischenständige 46
–, zylindrische 45, 63ff., 75, 405, 411f., 459, 466, 487, 524, 529
Abbildungskonstante 54f., 58, 63
Abbildungsverzerrung 50
Abbreviatur 392
Abgangsschrift 394
Abreibfolie (-verfahren) 159f., 295
Abszisse 36, 53, 66f., 69
Abszissendehnung 67f.
Abtaster (Scanner) 72, 192f., 270, 274, 277, 487
Abtastsystem 264, 266, 274
Abtasttheorem 282
Abzählgruppen 424
Abziehverfahren 157, 160, 299, 304
Additionskopie 306
Äquideformate 51, 440
Äquidensite 270, 485
Äquidistanz (bei Isolinien) 382f., 388ff., 439
Äquidistanz (bei Kartennetzen) 47
Äquivalenz 47
Aerotriangulation 39, 272f.
Ätzgravur 304
Affin-Transformation 219, 224
Aktualisierung (Fortführung) 18, 190, 239, 240, 242ff., 257ff., 274, 285f., 290f., 294, 304, 308f., 311, 313f., 316, 370, 373, 397ff., 400, 402, 406, 408, 449, 452f., 461, 466, 481, 483, 535f.
–, rechnergestützt 314
Altimeter 255
Alu-Karton 146
Amtl. Topograph.-Kartograph. Informationssystem (ATKIS) 289, 401, 503ff.

Anaglyphen 494
Analog-Digital-Wandlung 21, 188, 192
Andruck 171, 174, 308
Aneroid 255
Anhaltsdarstellung 299, 303
Anhaltskopie 155f., 294, 303f.
animated map 14, 20, 331, 497
Ankerpunktverfahren 224
Approximation 220f.
Areal 314
arithmetische Operation 204f.
Atlas 19, 518, 535ff.
–, Bild- 478f.
–, elektronischer 479
–, Erd- 474
–, Fach- 477, 537
–, Hand- 472
–, Haus- 472
–, Luftbild- 479
–, National- 475, 537
–, Planungs- 475
–, Regional- 475
–, Satellitenbild- 479
–, Schul- 474f., 537
–, Stadt- 476
–, taktiler 479
–, topographischer 476
–, Welt- 474f., 537
–, Weltraum- 473
Attribut 7, 125ff., 132f., 140
Auflagedruck 171, 176, 297, 308
Aufrißbild 99
Aufsichtsvorlage 164, 168
Ausgangsoriginal 291, 295f.
Ausgleichungsrechnung 250
Auswahlkriterium 116
Auswaschfilm 151
Auswaschkopie 155, 304
automatisierte Erfassung 284
Automatisierte Liegenschaftskarte (ALK) 288, 461, 502, 506
Automatisiertes Liegenschaftsbuch (ALB) 288, 461, 503
Autorenentwurf 292, 314
Axonometrie 490ff.
Azimut 39, 44, 52, 66, 251, 351f.

Banddiagramm 445
Bandkartogramm 101, 442
Barometer 255
Basisinformationssystem 139, 335, 502, 511
Basisvergrößerungsnetz 38
Baukastenmethode 424
Baumstruktur 129
Bergschraffe 381, 386
Bergstrich 381
Berichtigung 393, 398f.
Berührungskegel 54ff.
Berührungskreis 55
Berührungszylinder 64f.
Beschickung 261
Bewegungslinie 442
Bezugsbreite 66
Bezugsfläche 10, 16, 19, 29, 31, 36, 98f., 102, 248f., 253, 256f., 287f., 315f., 381, 417, 426, 431ff., 442f., 459, 468, 502, 534
Bezugssystem 3, 30, 37, 39, 79, 138, 248f., 256f., 362, 407, 503, 506
Bildinterpretation 265, 270, 275, 481, 484
Bildmessung 250, 258, 265, 271ff., 275, 292, 294, 381, 389, 398, 405f.
Bildmosaik 412, 481
Bildplan 483
Bildstatistik 446
Bildverarbeitung 178, 194, 204, 217, 224, 265, 268ff., 275f., 314, 481, 485
Bildwiederholspeicher 184
Bildzeichen 6
Binärbild 199, 205, 213, 215ff.
Binärisierung 205
Bitebene 185
Blattbezeichnung 396
Blattformat 109, 240, 297
Blattschnitt 482
Blattübersicht 393f., 396, 521
Blaudruck, Blaukopie 303
Blockbild 486ff., 491, 493f.
Blockdiagramm 487
Blockmethode 424

Sachverzeichnis

Blocktriangulation 273
Böschungsdiagramm 108, 353
Böschungsschraffe 381, 385, 530ff.
Böschungsschummerung 385
Bonnesche Abbildung 74
Breitenkreis 34ff., 44ff.
Bruchkante 10, 259, 324

Celluloseacetat 146
Chart 16, 467
Charta 16
City-Block-Distanz (-Metrik) 82
CMY-Farbraum 209
Codierung 23f., 203, 254, 270, 278, 281f.
COM-Plotter 232
Computer Aided Design (CAD) 178
Computergraphik 497
Copyright 247, 393, 450
Cursor 189f.

Datei (File) 194f.
Dateiverwaltungssystem 195, 200
Daten 25
Datenaufbereitung 281, 310, 312f.
Datenausgabe 229f., 312
Datenbank 132, 134, 143, 195ff., 200, 202, 204, 338, 470, 502, 513
– -modell 197
– -system 195f., 200f.
– -system, objektorientiertes 202
– -technik, objektorientierte 201
–, objektorientierte 197
–, Raster- 143, 202
–, Vektor- 202
–, verteilte 237
– und Methodenbanksystem 201
Datenerfassung 4, 21, 107, 178, 194, 199, 237, 241, 279, 281, 284, 322, 330, 499
Datenheterogenität 138
Datenintegration 120, 137, 139, 142, 285, 323, 326, 335
Datenkatalog 122, 132f.
Datenmodell 86f., 120, 122, 124ff., 130ff., 134, 141, 221, 237, 321ff., 325, 327, 335

–, geometrisches 80f., 86f., 200
–, hierarchisches 124
–, hybrides 131
–, logisches 122
–, mosaikorientiertes 127
–, Netzwerk- 124
–, objektorientiertes 124, 132, 134, 142
–, Raster- 129, 131, 202
–, Spaghetti- 127
–, topologisches 127
–, unstrukturiertes 124
–, Vektor- 128f., 131, 200
–, vektororientiertes 127
Datenqualität 129ff., 136f., 140, 143, 365
Datenreduktion 218f., 224
Datensatz 195
Datenspeicherung 138, 180, 186, 196f., 200, 224, 229
Datenstruktur 83, 125, 143
–, logische 122, 132
Datentyp 125, 143
Datenverarbeitung 120, 143, 178, 180, 186, 202, 211, 229, 234, 237, 267, 309, 312f., 500, 502f., 509
–, hybride 314
–, kartographische 229, 235
–, Raster- 318, 324, 338
–, Vektor- 318, 324, 338
–, verteilte 237
Datenverwaltung 194ff., 236, 243, 316, 335, 499, 502
Deckfolie 294, 308, 345, 393, 449
Decodierung 24
Definitionsgeometrie 135
Deklination 52f., 353, 534
Densitometer 149
Desktop Mapping 310
Diagramm 89, 102, 109, 178, 292, 295, 421, 425f., 430, 433, 438, 444f., 450, 464, 467f.
Diagrammprinzip 446
Diazo (-verfahren) 150, 155, 169, 307
Dichromat (-verfahren) 150, 307

Dichte, photographische 149f.
Dichtemosaik 445
Differentialentzerrung 79, 269
Digital-Analog-Wandlung 3, 89, 178, 229, 481
digitales -Modell
– Fachmodell 362
– Geländemodell (DGM) 23, 132, 136, 139, 260, 270, 272f., 317, 323f., 332f., 338, 380f., 487ff.
– kartographisches Modell (DKM) 229, 309, 319, 359, 415
– Landschaftsmodell (DLM) 23, 89, 132, 134, 322, 401, 505
– Objektmodell (DOM) 132, 319, 322, 332, 335, 360ff., 415, 419
– Reliefmodell 504
– Situationsmodell (DSM) 23, 132, 260, 322, 337f., 372
Digitalisierung 16, 188ff., 236, 279ff., 313, 322, 398, 510, 512
– am Bildschirm 190f.
–, automatisierte 282f.
–, halbautomatische 191
–, interaktive (operatorgesteuerte) 281
–, manuelle 190, 218
–, Objekt- 281
Digitalisierungsgenauigkeit 230
Digitalisierungsgerät (Digitizer) 189f., 349
dimetrische Projektion 490
Direktpositivfilm 148, 303
Diskreta 9f., 13, 372, 417, 419ff., 441ff., 459ff.
diskrete Geometrie 82
Distanzmatrix 206, 215f.
Dreiecksdiagramm 421
Dreiecksformel, Gaußsche 353
Dreiecksnetz 39, 131, 136, 324
Drucker (Datenverarbeitung) 181
Druckplatten (-kopie) 151, 169, 291, 296, 300, 308, 537ff.
Drucktechnik 144
duales Netz 131
Dualitätsprinzip 131
Durchdruck 170, 176f.
Durchsichtsvorlage 164, 168

dynamische Genauigkeit 230

Ebenen-(Layer-)Prinzip 199
Echogramm 79, 261
Echolotung 262
Editor 236
Einbildauswertung 268
Eingradfeld 43
Einrichten 175
Einteilungsbogen 299
Einzelblatt 19, 395f., 451
Einzelvermessung 249
Einzelzeichen 378ff.
Einzugsscanner 192f.
Electronic Chart (ECDIS) 509f.
Elektrophotographie 152, 168f., 177
elementare Operation 204f.
Ellipsoid 29ff., 35f., 39, 42ff., 400, 496
Entität, entity 124f., 133
Entity-Relationship-Diagramm 125f.
Entwurfszeichnung 291ff., 301
Entzerrung (indirekte) 224f., 234
Entzerrung (Luftbild-) 268ff., 274f., 481f.
Erdapfel 527
Erddimensionen 30f., 34
Erdkrümmung 255, 486
Erstlingsdruck 538
Estompe 157
Euklidische Distanz 82
Euklidischer Raum 82
Eulersche Formel 84
Europa-Skala 171
Evidenthaltung 398
Exonyme 392
Expertensystem 143
Externer Speicher 182f.

Fachinformationssystem (FIS) 22, 248, 262, 415, 453, 499
Faksimile-Druck 522
Fallinie 259f., 363, 381
Falzung 146, 244, 394, 397
Farb-Rasterscanner 235
Farbassoziation 92
Farbatlas 299

Farbauszug (-sverfahren) 153, 295f., 299ff., 305, 485, 522
Farbbildschirm 183f.
Farbcode 185
Farbdecker 157, 160, 297, 305, 484
Farbenplastik 388
Farbfolie 96, 160, 169, 198, 294, 296ff., 306ff., 311, 446, 485
Farbmischung 171, 305
–, additive 92, 208
–, autotypische 92
–, subtraktive 92, 96, 300
Farbphotographie 148, 152
Farbprüfverfahren 152, 171, 308
Farbrasterbildschirm 210
Farbrasterplotter 210
Farbraum (-transformation) 208ff.
Farbscanner 192
Farbskala 171, 275, 297, 388
Farbtafel 92, 299
Farbtrennung 155, 296ff., 485
Farbvariation 91
Feldkartierung 263
Feldriß 259f.
Feldskizze 260, 263
Felsdarstellung 384, 386
Fernerkundung 4, 178, 194, 250, 264ff., 398, 519f.
Filteroperation 206
Flachbettscanner 193f.
Flachdruck 151, 169f., 173ff., 538f.
Flächendecker 297
Flächendiagramm 433
Flächenkartogramm 98, 431f., 445, 459, 464, 468
Flächentreue 47, 50f., 55, 57, 59, 64f., 72ff.
Flächenverzerrung 50ff., 353
flatbed plotter 230
Flurabstandsgleiche 456
Folienkopie 169, 539
Folienprinzip 290, 294, 296, 359
–, digitales 311, 370
Folienschneiden 157, 231
Formlinie 259, 528, 530f.
Formzeichen 102, 382, 386, 388ff.
Formzeichnung 386

Fortdruck 171
Fortführung → Aktualisierung
Freeman-Codierung 213
freie Stationierung 258
Freistellung 204, 223, 306, 329
Funkortungsverfahren 252, 262

galvanische Gravur 538
Gattungsmosaik 428, 445
Gauß-Krüger-Netz 401, 405
Gauß-Krüger-System 53, 69, 402ff.
Gebirgsschraffe 381
Gebrauchsoriginal 291, 296, 308
Gefällmesser 260, 264
Gelände 257, 379
Geländekante, Geländelinie 259f.
Geländepunkt 259, 339
Geländeskizze 21
Gemeindeverzeichnis 285, 392
Generalisierung 6, 8, 11, 14, 88, 93, 110ff., 122, 140, 143, 201, 223, 228, 279, 281, 292ff., 313, 321, 325, 328, 330f., 335, 337ff., 348, 351, 370ff., 417, 419, 430, 441, 505, 507f., 510, 513, 520
–, Erfassungs- 110, 135
–, kartographische 111f., 129, 339, 417
–, Modell- 23, 110f., 140f., 325, 335, 337
–, Objekt- 110, 417
Geo-Daten 4, 119ff., 124, 132, 134, 136ff., 140, 143, 198, 202, 204
Geo-Daten, objektorientierte 120
Geo-Informatik 4
Geo-Information 119f., 131, 136f., 140
Geo-Informationssystem (GIS) 6, 21f., 119, 137, 237, 239, 257, 288, 312, 319, 321, 334, 370, 498, 503, 510ff., 520
Geo-Informationsverarbeitung 235, 237
Geo-Objekt 119, 125, 129, 132, 134f., 140f.
Geocodierung 29, 268, 322
Geodäsie 249ff.
Geodätisches Datum 39

geodätisches Netz 44, 54, 158
Geographisch Nord 52f., 251, 351
geographisches Netz 44, 48, 54, 533
Geoid 15, 31, 36, 41f.
Geoidundulation 31, 256
Geometrieelement 135
geometrische Bedingung 284
geopotentielle Kote 33
Geripplinie 259
Gesamtumriß 374
Gestaltungsmittel 89f., 96ff., 221, 304, 371, 385, 483ff.
Gestaltwahrnehmung 94
Gewässervermessung 261
Gitter-Nord 36, 52f., 251, 351f.
Gitterelement 44
Glasplatte 147, 154
Global Positioning System (GPS) 40, 256, 258, 261
Globularprojektion 73f., 76
Globus 46, 412, , 495ff., 518f., 525f.
Gradfeld 43
Gradmessung 29ff., 529
Gradnetz (-entwurf) 43ff.
Graph 136
–, planarer 124, 127
Graphentheorie 86
Graphik-Arbeitsstation → Workstation
Graphikbildschirm 183, 229
Graphikprozessor 184f.
Graphische Datenverarbeitung (GDV) 5, 21f., 119, 178ff., 187f., 202ff., 211, 213, 334, 398f., 415, 423, 435, 438, 471ff., 488, 499, 520, 539
–, interaktive 179
–, passive 179
graphische Variation 90ff., 304
graphisches Element 89
graphisches Gefüge 89f.
graphisches Kernsystem (GKS) 180, 186f., 203
Grautonpause 168
Grauwert 192, 194, 199, 205, 268, 270, 275f., 329, 359, 485
Grauwertoperation 270

Grauwertselektion 205
Gravimeter 41
Gravimetrie 256
Grenzgürtelmethode 346, 430
Grunddatentypen 80f.
Grundfarbe 92, 152, 169, 208f., 299f.
Grundlagenvermessung 249
Grundrißähnlichkeit 117, 371ff., 402ff., 427ff., 438, 443
Grundrißbild 16, 99, 480
Grundrißtreue 117f., 371ff., 401, 428f., 438, 443, 465
Grundstücksdatenbank 461, 500, 502, 506
Grundwasserhöhengleiche 456
Gummierung 169

Häufigkeitsdiagramm, H.-gruppen 437
Häufigkeitsverteilung 426
Halbmessergesetz 54f., 59f.
Halbperspektive 529
Halbton-Vorlage 169
Halbton 89, 95, 102f., 149f., 156, 168, 295f., 300f., 304f., 385, 482, 486, 539
Hardcopy 13, 182, 184, 229, 270
Haufenzeichnung 525
Hauptdreiecksnetz (DHDN) 39
Haupthöhenlinie 382
Haupthöhennetz (DHHN) 41
Hauptkreis 48, 58
Hauptpunkt 48f., 59, 63, 66, 468
Hauptschwerenetz (DHSN) 42
Hauptverzerrungsrichtung 49, 72
Hilfshöhenlinie 382ff.
Histogramm 426, 437
Hochdruck 170ff., 528, 537
Hochwert 69, 71, 401
Hochzeichnen 79, 299
Höhenbezugsfläche 41, 249, 251, 261, 323, 530
Höhenfarbskala 387
Höhenfestpunkt 40, 42, 249, 258
Höhenlinie 257ff., 264, 272ff., 321, 324, 338, 353, 355ff., 372, 380ff., 409, 413, 439f., 484, 494f., 530ff.
Höhenmessung 31, 249, 253ff., 532

Höhenpunkt 273, 356, 381, 384f., 389f.
Höhenschicht 387, 389
Höhenstufe 382, 387f., 439
Holzschnitt 20, 95, 172, 526, 528, 537
Homogenisierung 284
Horizontalabbildung 44
Horizontalkreis 48, 58
Horizontallinie 381
Hydroisobathe 456
Hydroisohypse 440, 456
hypsometrische Methode 387

Imprimatur 171
Indikatrix 49f., 60
Induktionsglobus 496
inertiales Meßsystem 257
Informatik 6, 517
Informationssystem 3, 4, 9, 16, 21f., 37, 79f., 181, 248, 285, 287f., 309, 331, 498f., 501ff., 506ff., 511f.
–, Geo- → Geo-Informationssystem
–, raumbezogenes (RIS) 22
Informationstheorie 15, 24, 122
Ingenieurvermessung 249
Ink-Jet-Plotter 234
Inkrement 189
Inkrementalsteuerung 230
Inkunabeln 538
Integrationsproblem 138
Internationales Einheitensystem (SI) 31
Interpolation 79, 120, 220f., 260, 264, 273f., 293, 317, 323f., 331, 355f., 361, 365, 381, 440f.
Interpretationsschlüssel 276
interrupted projection 76
Intervallskala 11
Isallobare 440, 457
Isallotherme 444, 457
Isanemone 457
Isarithme 439
Isoamplitude 440
Isobare, Isobase 440, 455ff.
Isobathe 262, 381, 456, 534, 535
Isobathytherme 456

Isochrone 78, 440, 468
Isodaten 460
Isodeformate 51, 440
Isodistanz 440
Isodyname 534
Isogamme 440, 454
Isogone 454, 534
Isohaline 456
Isohyete 439f., 457
Isohypse 381
Isokatabase 440
Isokline 440, 454, 534
Isolinie 98, 264, 317, 439ff., 444f., 454, 457, 534
isometrische Projektion 490f.
Isophane 457
Isoplankte 456
Isopleths 441
Isoseisme, Isoseiste 454
Isotherme 440, 457, 534
Itinerar 525

Kachel 199
Kante (arc, edge) 84ff.
Kantenlinie 259, 386, 389
Kapitalschrift 103
Karte 15ff., 480
–, abgeleitete 18, 417
–, alte 20
–, amtliche 20
–, analytische 417f., 425
–, angewandte 414
–, Arbeits- 20, 415, 446f., 456f., 460, 464, 466
–, Areal- 98f., 315f., 417, 428, 446
–, Atlas- 318, 388, 391, 393, 395f., 399, 407, 438, 449, 466, 472ff., 518, 535ff., 539
–, Aufnahme- 416
–, Ausgangs- 373, 384
–, Basis- 446f.
–, Bei- 109
–, Bestands- 418, 469
–, bewegte 14, 20, 441, 497
–, Bezugsflächen- 314f.
–, Bild- 18, 102, 270, 274f., 300, 333f., 371, 402, 405f., 409, 447, 481ff., 493

–, Bildschirm- 13, 20
–, Blinden- 14, 20, 495
–, chorographische 17, 371
–, Choroplethen- 316, 431
–, Computer- 20
–, Deckblatt- 19
–, Diagramm- 318, 417, 425
–, digitale 23, 89
–, dynamische 418, 441
–, Einzel- 243, 395, 472
–, Fernseh- 19
–, Film- 497
–, Flächendichte- 98f., 102, 305, 431f., 436, 534
–, Flächenstufen- 431
–, Flur- 166, 278f., 284, 292, 296, 308, 330, 401, 407, 415, 461f., 465, 502, 506, 531f., 535, 538
–, Folge- 18, 110f., 116, 292ff., 313, 369, 373, 384, 398, 401, 403ff., 407, 409, 413, 416f.
–, Frage- 109
–, Gebietsdiagramm- 433
–, genetische 443
–, geographische 17, 371
–, Geschichts- 20
–, Gestirns- 412
–, Gitternetz- 394, 401
–, Gradabteilungs- 395, 401f., 405, 410f.
–, Grund- 18, 110, 248, 292, 294, 310, 312f., 371, 398, 401f., 405, 407, 409, 416
–, Grundlagen- 20, 416, 446, 469f.
–, Halbton- 18
–, Hand- 19
–, Haupt- 109
–, historische 20
–, Höhenflur- 402, 461, 532
–, Insel- 108f., 449, 451, 461, 535
–, Isolinien- 18, 314, 317, 417, 439, 445
–, Kloster- 525
–, kognitive 14, 342
–, Kompaß- 526
–, komplexanalytische 418
–, komplexe 417ff., 423

–, Kurzzeit- 19, 414
–, Land- 16, 409, 466
–, Leer-, Lern- 109
–, Manuskript- 315
–, Massenmedien- 414
–, Materialaufbereitungs- 292, 415, 446
–, Medien- 19, 314, 343, 414, 452
–, Misch- 76
–, Mönchs- 525
–, Mosaik- 428
–, multitemporale 441
–, Neben- 109, 242f., 393, 408, 424, 450f., 453, 475
–, Objektstreuungs- 425
–, Oleaten- 19
–, Ortslage- 419
–, Ortssignatur- 445
–, papierlose 13
–, Photo- 18
–, physische 371
–, Plan- 371
–, Planungs- 318
–, Planungsgrundlagen- 318
–, Platt- 64, 524
–, Plotter- 20
–, Portolan- 524ff., 533, 537
–, Positions- 419, 445
–, Presse- 19
–, Printer- 20
–, private 20
–, Probe- 244f.
–, Punkt- 425, 441
–, Punktstreuungs- 425, 434, 436, 441, 534
–, qualitative 418
–, quantitative 418
–, Rad- 525
–, Rahmen- 108, 243, 394, 407, 450f., 461, 535
–, Relief- 389, 495
–, Rumben- 526
–, Satellitenbild- 483, 485
–, Siebdruck- 20
–, Signaturen- 18, 314ff., 417, 419
–, Situations- 447
–, Sonder- 414

–, Spezial- 371, 414
–, Standort- 419, 425, 446
–, statische 418, 441
–, statistische 418
–, Strich- 18, 95, 178, 188, 194, 406, 412, 447, 481, 483ff.
–, stumme 109
–, synthetische 417f.
–, taktile 20, 495
–, Tast- 495
–, Text- 19, 452
–, thematische 17, 414ff.
–, thematische Primär- 416
–, thematische Sekundär- 417
–, topographische 17, 369ff.
–, Übersichts- 453f., 458, 464f., 476
–, Umriß- 20, 109, 345
–, Vektor- 445
–, Verbreitungs- 314f., 428
–, Verknüpfungs- 418
–, Verwaltungsgrenzen- 447f.
–, Video- 19
–, Vogelschau- 486
–, Vorstellungs- 15, 342
–, Wand- 18f., 345, 395, 483, 518
–, wissenschaftliche 414
–, Zeitungs- 19
–, Zustands- 418, 469
Kartenabbildung 42, 52 → Kartennetz
Kartenanamorphose 20, 45, 77, 431
Kartenart 16f., 20, 221f., 395, 416, 453
Kartenauswertung 341ff.
Kartenbenennung 17, 395, 397, 401ff., 449, 451
Kartenbild 18, 108f., 371, 393, 418
Kartenblatt 19
Kartenblattschnitt 394, 401ff.
Kartenentwurf 243, 290ff., 309, 311, 319, 415
Kartenfeld 21, 51, 106, 108f., 243, 393ff., 407f., 418, 438, 448ff.
Kartenfeldbegrenzungslinie 109
Kartenfeldrandlinie 109, 394, 451
Kartenfolge 19
Kartengestaltung, äußere 394ff., 416

Kartengraphik 5, 15f., 88ff., 221, 240, 346, 417, 472, 474, 497
Kartengrund 17, 20, 242, 292, 296, 299, 407, 410f., 414, 416, 446f., 449, 451, 453, 455, 475f., 479, 533
Kartengruppierung 16, 370f., 416
Kartenherstellung
– durch digit. Inform.verarbeitg. 319ff.
–, rechnergestützt 309ff.
Karteninhalt 16f., 108f., 292f., 296, 371ff., 393, 401ff., 416, 418ff., 448
Karteninterpretation 275, 279, 281f., 345
Kartenkritik 341
Kartenkunde 6
Kartenlesen 343ff.
Kartenmanuskript 290
Kartenmaßstab → Maßstab
Kartenmessen 343ff.
Kartennetz (-entwurf) 15, 21, 43ff., 107ff., 270, 292ff., 309, 329, 348, 353, 393ff., 401ff., 408, 411, 448f., 451, 454, 461, 474, 524, 527, 529
Kartenorientierung 353
Kartenoriginal 144, 290f., 295ff.
Kartenpapier 145f.
Kartenprojektion 43ff.
Kartenrahmen 109, 244, 299, 348, 393ff., 449ff., 481
Kartenrand 109, 242, 244, 342, 393, 396, 409, 448f., 451, 481ff.
– -angaben 109, 299, 393f., 397, 408, 448, 451f., 483
Kartenredaktion 241, 244, 475
Kartenreihe 19
Kartenrelief 495f.
Kartenrückseite 244, 394, 409, 448, 467
Kartensammlung 19, 453, 521
Kartensatz 19, 453
Kartenschnittlinie 109, 394, 396, 451
Kartenschrift 89, 103ff., 157f., 261, 304, 306, 312, 318, 329, 391f.

Kartenserie 19
Kartenskizze 15, 21
Kartenspiegel 108
Kartentechnik 94ff., 144ff., 290ff., 537ff.
Kartentechnologie 144, 290ff.
Kartenthema 16, 109, 371, 416, 418
Kartentitel 395, 451
Kartentyp 16, 18, 315, 317, 417
Kartenvervielfältigung 144, 170, 290f., 309, 311
kartenverwandte Darstellung 3, 6, 19, 319, 331f., 480ff.
Kartenverzeichnis 521
Kartenwerk 6f., 18f., 22, 106, 239, 243ff., 291, 299, 369, 379, 381f., 390, 394ff., 398, 400ff., 449ff., 453, 455, 461, 466f., 470, 477, 482, 518f., 529, 531ff., 538
Kartenzeichen 99ff., → Signatur
Kartenzeichenwerteinheit 424
Kartenzeiger 349
Kartierung 17, 259f., 291ff., 381, 458
Kartodiagramm 426, 433, 445, 534
Kartogramm 19f., 102, 431
kartographische Ausdrucksform 3
kartographische Darstellung 3, 5, 15, 89, 110, 121, 239, 480ff.
kartographische Entzerrung 79, 303, 311
kartographisches Automationssystem 119, 235f.
Kartolithographie 538
Kartometrie 343ff., 359
Karton 145f., 153, 156f., 168, 301, 303, 534, 539
Kartusche 527
Katastervermessung 249
Kategorialskala 11
Kathodenstrahlröhre (CRT) 183
Kausalprofil 490
Kavalierperspektive 492, 529
Keilschraffe 386f.
Kette 128f.
Kfz-.Navigation 511
Kippregel 260

Klassifizierung 8f., 112, 133f., 136, 141, 178, 215, 249, 263, 270, 276f., 283, 327f., 337, 359, 363, 365, 376, 484f.
Kleinform 218, 257, 259, 380, 386f., 484
Kleingeldmethode 424f.
Knoten (node) 84ff., 131
Knotenextraktion 216
Kommunikation 24, 120, 520
Kommunikationsnetz 27
Kommunikationstheorie 24, 237, 517
Kompatibilität 203
Konfiguration 15
Konformität 47, 50f., 56f., 60, 63, 65f., 68ff.
Konsistenz 124, 132, 134
Konstruktionsnetz 48, 58
Kontaktkopie 164, 167ff., 268, 485
Kontern 305
Kontinentalprofil 490
Kontinua 9f., 129, 136, 139, 317, 380, 387, 417, 438ff., 445, 447, 534
Kontrastausgleich 485
Kontrollelemente 171
Kontrollstreifen 171, 176, 297
Konturenfolie 160
Konturierung 485
Koordinaten 34ff.
–, azimutale 48
–, ebene 36
–, Gauß-Krüger- 68
–, geodätische 43, 56, 63, 66ff., 139, 251, 293, 348ff., 393ff.
–, geographische 34f., 39, 43, 47ff., 293, 348ff., 393, 395, 402ff., 449
–, geozentrische 36
–, homogene 204
–, Konstruktions- 48
–, polare 36f., 47, 54
–, rechtwinklige 37, 47, 54, 293
–, topozentrische 36
–, transversale Mercator- 68
Koordinatentransformation 204, 219f.
Koordinatograph 53, 158, 293, 349

Kopie 170, 291, 525
Kopiergerät 482
Kopieroriginal 169, 176, 291, 311
Kreissektorendiagramm 425
Kreistreue 60
Krokieren 260, 390
Kunststoffolie 146, 153f., 156f., 539
Kupferplatte 291
Kupferstich 95, 172, 305, 381, 526, 528, 538
Kurslinie 52, 66, 466
Kurswinkel 52, 352
Kurvenmesser 350f.
kurze Skala 164, 176, 222, 226, 244, 297, 299f., 302, 474

Längenkreis 34ff., 44ff.
Längentreue 47, 50f., 106
Längenverzerrung 49ff., 106, 350
Lagebezugsfläche 39, 249
Lagefestpunkt 37ff., 43, 249, 258
Lagemerkmal 117ff., 348, 371, 419
Lagemessung 249
Lageplan 18, 471
Lageprinzip 446
Lagetreue 117f., 374ff., 419, 424, 427, 438, 442f., 446, 448, 463
Landesaufnahme, thematische 262, 453
–, topographische 249, 257, 528f., 535, 537
Landesvermessung 30f., 36f., 39, 63, 69, 220, 249, 258, 266, 400, 518, 529, 531f.
Landinformationssystem (LIS) 22, 288, 500, 506
Landsat 266f., 274, 479, 485
Landtafel 16, 528f.
Laser-Rasterplotter 221f., 233f.
Laserimpulsentfernungsmessung 253
Laufendhaltung 398
Lauflängencodierung 199
Laufrichtung 146, 175
Legende 99, 109, 244, 342, 392f., 450
Leitdarstellung 299, 303
Leitkopie 303
Leitlinie 259

Leporellofalzung 146
Lichtpause 150, 155, 168, 296, 307f., 539
Lichtpausfolie 308
Lichtpauspapier 485
Lichtsatz 158
Liegenschaftskataster 37, 239, 263, 287, 461, 465, 499f., 502f., 507
Linearschraffe 387
Linienerfassung 281
Linienverfolgung (-smodus) 190f.
Lithographie 381, 538
Lithographiestein 291
Local Area Network (LAN) 186
logische Operation 204f.
Look-up Table (LUT) 185
Lotabweichung 31, 39
Lotung 261f.
Loxodrome 51f., 66, 352, 466
Luftbild 79, 102, 149, 258, 265ff., 292ff., 296, 305, 373, 381, 407, 447, 452, 474, 477, 479, 481ff., 493f., 497, 507
Luftbildinterpretation 270
Luftbildkarte 483ff.
Luftbildplan 482f.
Luftperspektive 388f.

Machsches Phänomen 95
Magnetband 182f.
magnetisch Nord 53, 251, 352
magnetische Bildaufzeichnung 152
Magnetplatte 182
Majuskel 103
Makroraster 100f.
map, mappa 16
Masche (area, polygon) 84ff., 136, 281
Maske 297
Maskierung 270, 300, 304
Maßstab der wachsenden Breite 66
–, Arbeits- 107, 292, 295
–, Aufnahme- 107, 402
–, Bild- 265f., 268, 276, 484
–, graphischer Karten- 107
–, graphischer Längen- 450
–, Größen- 99, 292, 422f., 431, 450

–, Karten- 18, 106ff., 240, 257, 350, 371f., 389, 419, 427f., 439, 449ff., 484
–, Neigungs- 108
–, Original- 107, 295
–, Schritt- 107
–, Signaturen- 99, 108, 422f.
–, Transversal- 107
–, Wert- 108
Matrixdrucker 235
Maulwurfshügelmanier 525f.
Maßstabsänderung 301, 303
Maßstabsbalken 450
Maßstabsdiagramm 106
Maßstabsfaktor 106
Maßstabsfolge 107, 398
Maßstabsgruppen 18
Maßstabsleiste, -reihe 107
Maßstabsskala 107, 348
Maßstabszahl 106
Maßsystem 31
–, nichtmetrisches 32
Meereshöhe 16, 33, 41
MEGRIN 510
Mehrfarbenkopie 308f.
Meldegitter 63, 70, 298, 449
Mengenwert 97, 100, 425
mental map 15, 342
Menü (-Technik) 191, 281
Mercatorabbildung (-projektion) 52, 65ff., 74, 352, 466, 527, 533
Meridian 32, 34ff., 44ff., 497
–, Grenz- 53, 69f., 72, 401
–, Haupt- 53, 67ff.
–, magnetischer 52
–, Mittel- 53, 69ff., 72, 74ff.
–, Netz- 48, 59
–, Null- 34, 63
Meridiankonvergenz 52f., 57, 63, 71
Meridianstreifen 36, 44, 53, 69ff., 80, 400f.
Meridianteiler 495
MERKIS 407, 506f.
Metadaten 122, 136
Metallplatte 147, 175, 539
Meter, internationales und legales 32
Metrik 82

Meßbild 265, 271
Meßkammer 264ff., 274
Meßtisch 260, 529f., 535
Meßtischblatt 21, 73, 402, 531
Mikrofiche 166
Mikrofilm 165f., 191, 231f.
Mikrofilm-Jacket 166
Mikrofilmzeichner (COM-Plotter) 232
Mikrozensus 286
Militärperspektive 492, 529
Mindestgröße 93f., 110, 372, 430
Minuskel 103
Modell 4, 9f., 14ff., 22, 26f., 88, 187
–, Abbildungs- 15, 278
–, additives Farb- 183, 208f.
–, analoges 16, 89, 111
–, bildorientiertes 319
–, Darstellungs- 23, 89, 140
–, Daten- → Datenmodell
–, deduktives 15
–, digitales 15, 22f., 110f. → digitales Modell
–, Fach- 23, 26, 89, 325
–, Farb- 211
–, Gelände- 161, 385, 494f.
–, graphikbezogenes 16
–, graphisches 16, 89
–, Höhen- 23
–, HSV- 209f.
–, IHS- 209f.
–, IHS-Farb- 209
–, induktives 15
–, Karten- 23, 327
–, kartographisches 23, 89, 111, 120, 140
–, konzeptionelles 120
–, Landschafts- 23, 89, 132, 134, 319, 322, 359, 415, 505
–, Netzwerk-Datenbank- 197
–, Objekt- 23, 89, 110f., 132, 140, 248
–, objektorientiertes 142, 188
–, Primär- 6, 14, 26, 28, 89, 120, 248, 290
–, Relief- 23, 132, 324, 332
–, Sekundär- 6, 14, 26, 89, 120f., 142, 144, 278, 290, 341

–, Situations- 273
–, strukturiertes 16
–, Symbol- 15
–, Tertiär- 6, 14, 26f., 341, 357
Modellauflösung 325
Modellberechnung 204
Modellbildung 122, 134f., 140, 142
Modellierung 120, 125, 127, 129, 135ff., 187, 197f., 220f., 223, 225
–, semantische 122, 133, 138
Modellrechnung 135ff., 202
Moiré 164, 226
Montage 159, 294f., 297, 299, 303, 306, 482, 485, 497
Mosaikmodus 129
Muldenlinie 259
Multispektralaufnahme 271
multispektrales Bild 270, 275f.
Multispektralkammer (-scanner) 265ff.
multitemporales Bild 270, 275
Musterblatt 221, 244, 376, 385
Mustererkennung 178, 192, 213, 216, 276, 283f., 337
Mutterpause 308

Nachbarschaft 83, 86
Nachbarschaftstyp 214f.
Nachdruck 171
Nachführung 398
Nachträge (einzelne) 399
Nadelabweichung 52f., 353
Nadir 269
Nadirwinkel 268
Namenbuch 285, 392
Namengut 242, 244, 257, 391f., 474, 483
Namenregister 474, 478
Negativgravur 155f., 303, 305
Negativkopie 151
Negativverformung 495
Neigungsmaßstab 353
Netzbreite 48, 51
Netzdichte 54
Netzentwurf 243, 310
Netzkonstruktion 53, 158, 293
Netztransformation 77

Neudruck 171
NIBIS 318, 508f.
Niveaulinie 381
Nivellement (-snetz) 40ff., 253ff., 530
–, hydrostatisches 255
– -snetz, einheitl. europ. (REUN) 41
Nivelliergerät 251, 254, 260
Nivellierlatte 253f.
Nivelliertachymetrie 260
Nominalskala 11
Nordrichtung 52f.
Normal Null (NN) 41, 381, 409, 456, 531
Normalausgabe 402ff.
Normalhöhe 33
Normalhöhenpunkt 41
Normalschwere 33
Normfarbe 92, 96, 299, 308
Normfarbsystem 210
Normschrift 153, 158
Nutzendruck 171

Objektartenkatalog 9, 133f.
Objektfläche 9, 98, 428
Objektgruppen 12
Objektrelation 134
Objektschlüssel 213
Objektstreuung 425
Objektteil 135, 140
Objektverteilung 97
Offsetdruck 20, 145, 169, 171, 173ff., 539
Offsetkopie 169
Opazität 149f.
optische Projektion 164
optischer Plattenspeicher (CD-ROM, WORM, WRRM) 182
optischer Umzeichner 79
Ordinalskala 11
Ordinate 36, 66, 69
Ordinatenzuschlag 68
Ordnungstheorie 87
Orientierung (Karte) 345, 369
Orientierung (Luftbild) 265, 268
Originalherstellung 243, 309
Orohydrographische Ausgabe 403f.
Orthodrome 51f., 61, 350

Orthophoto 269f., 274, 322, 334, 398, 401, 405, 409, 482ff., 494
Orthophotokarte 484
Orthoprojektor 79, 269
Ortslagediagramm 425, 433
Ortslagekartenzeichen 419
Ortsnamenkunde 392
Ortung 252, 261f.

Panorama 486f.
Pantograph (optischer) 158
Papier 145f., 168, 348f., 356, 538
Papierformat 397, 451
Papierverzug 146, 348, 351ff., 355
Pappe 146
Papyrus 145, 523, 537
Parallelkreis 34ff., 44ff.
Parallelprofil 490
Parallelprojektion 489ff.
Parameterdarstellung 220
Partitionierung 216
Pause (Licht-) 148
Pausgut 168
Paßpunkt 268, 270, 272ff.
Paßsystem 175, 297, 306
Pegel, Amsterdamer und Kronstädter 41
Peilung 261
pen plotter 231
Pergament 145, 525, 537
Peripheriegerät 186
Periplus 524
Perspektive 43, 58, 60f., 328, 332
Photogrammetrie 4, 62, 178, 194, 250, 265ff., 398, 412, 519f.
Photoplotter 231
Photopolymer 151, 169, 177
Photosatz 158f., 295
physische Dateistruktur 122, 132
Pixel 81, 87, 129, 184f., 188, 192ff., 199, 204ff., 212ff., 216f., 224, 226, 230, 233, 267f., 270, 276, 322, 359f.
Plan 17f., 469
Planiglob 45, 73
Planimeter 354
Planisphäre 45, 73ff., 449, 474
Planzeiger 349

Plotter-Pixel 226
Plotter 182, 191, 311, 314, 316, 321, 329, 331
–, off-line, on-line 229
Polaraufnahme 258
Poldistanz 47
Polycarbonat 147
Polyederabbildung 72
Polyester (PE) 146f., 153f.
Polyfokales Netz 78
Polygonzug 39f.
Polyvinylchlorid (PVC) 146f., 153, 156
Portabilität 203
Portolan 524ff., 533, 537
Positionsblatt 531
Positionsdiagramm 425
Positionstreue 118
Positivgravur 155f., 303
Positivkopie 151
Positivverformung 495
Prägnanzprinzip 94
Präzisions-Rasterplotter 235
Präzisionsplotter 236
Präzisionszeichenmaschine (-plotter) 231, 236
Pragmatik 26, 239, 342
Preußische Polyederprojektion 73, 402
Primärinformation 13, 278, 334, 342, 361
Printer-Plotter 234
Profil 257, 259, 261ff., 356f., 361, 380, 390, 450, 454f., 489ff., 523
Profilplatten 494
progressive Perspektive 486
prozedurale Methode 284
Prüfkopie 308
Pseudo-Areal 428, 462
Pseudo-Halbton 103
Pseudo-Halbtonpause 169
Pseudo-Isolinie 440f.
Pufferzone 357f.
Punkt-in-Fläche-Test 357f.
Punktmethode 424f., 430, 445
Punktmodus 190

Quadermethode 424

Quadratgittermethode 435
Quadratglastafel 349, 354
Quadtree 199, 202
Quantile 438
Quantisierung 192
Quellenkritik 241, 244
Quellenmaterial 242, 244f.
Quellenvermerk 242

Radar 264, 267, 277
Radiant 32, 34
räumliche Veränderung 441, 497
Randangaben → Kartenrandangaben
Randanpassung 312, 379
Randlinienextraktion 214
Rangskala 11
Raster (Graphik, Repro) 161ff., 300, 304f.
–, Aufnahme- 161
–, autotypischer 156, 305, 539
–, digitaler, elektronischer 226f.
–, Distanz- 162, 305
–, Film- 161, 304
–, Glas- 161f.
–, Grau- 305
–, Kontakt- 162f., 304ff.
–, Kopier- 304ff.
–, Magenta- 305
– -merkmale 161ff.
–, Projektions- 162
–, Struktur- 162, 305, 429, 471
Raster (GDV) 81, 204ff.,
 – -Daten 131, 188, 190, 199f., 204, 206, 211, 213, 219, 223ff., 229f., 283, 311, 313f., 327, 329, 359
 – -Datenverarbeitung 129, 131, 203f., 222f., 236, 318, 324, 338
 – -Scan-Prinzip 184f., 190
 – -Vektor-Konvertierung 213ff.
Rasterbildschirm 230
Rasterfläche 435, 443
Rasterformat 188, 192f., 198
Raster Image Prozessor (RIP) 213
Rasterisierung 211ff., 215
Rastermatrix 81, 188
Rastermuster 162
Rastern 144, 234, 312
Rasterplotter 211, 229f., 233

–, elektrostatischer 234f.
Rasterwinklung 163
Ratioskala 11
Raumbild 480ff.
Raumtreue 117ff., 415, 442.
Rechtswert 69, 71, 401
redaktionelle Änderung 399
Reduktionstachymeter 251
Reflexionsgrad 149
Reflexverfahren 303
Refraktion 255
Regionalfarben 388
Registriertachymeter 260
Reinzeichnung 293, 295f., 301, 539
Relation 124f., 131f., 136
Relief 494f.
Reliefparameter 363f.
Remote Sensing 265ff.
Repro-Scanner 485
Reproduktionskamera 164f., 303, 482, 485
Reproduktionsphotographie 148
Reproduktionstechnik 144f.
Reprographie 170
Reproscanner 16, 192, 194, 229, 234
Resampling 224
Resolution 190
Revidierte Berner Übereinkunft (RBÜ) 247
RGB-Farbraum 208f.
Richtungscharakteristik 231
Richtungsverzerrung 50
Richtungswinkel 36, 351f.
Rohzeichnung 290
Rollglobus 495
Rotationsellipsoid 30, 34
Rückenlinie 259
Rückvergrößerung 232
run length encoding 193
Rundbild 486f.

Sammelkopie 306
Sammelpause 168
Sandkastenmethode 494
Satellitenaltimetrie 253
Satellitenaufnahme 79, 264, 270
Satellitenbild 270, 278, 481, 497
Satellitengeodäsie 250

Satellitenperspektive 62, 486
Satellitenpositionierung 256
Scannen 192ff., 282
Scanner (GDV) 190, 192ff., 199, 213, 236, 311
Scanner (Fernerkundung) 266ff.
Scanner/Rasterplotter 233
Scanner/Recorder 234
Scannerdigitalisierung 205
Schablone 153f., 158, 176f., 224f., 295, 297
Scharungsplastik 389
Schattenschraffe 381, 385, 532f.
Schattierung 385
Schichtgravur 154ff., 297, 303, 539
Schichthöhe 382
Schlauchwaage 255
Schnittkegel 55, 57
Schnittzylinder 64ff., 69
Schön- und Widerdruck 171
Schrägansicht 380f., 525, 528f.
Schrägentfernung 350
Schräglichtschummerung 385f.
Schraffe 381, 385ff., 529ff.
Schraffur 100f., 471
Schriftfolie 304, 306
Schriftgestaltung 223, 227f.
Schriftliste 159
Schriftmanuskript 159
Schriftplazierung 105, 159, 312
Schriftsatz 158
Schriftvorlage 159, 304
Schummerung 95, 102, 156f., 161, 246, 296, 305f., 329, 385, 388f., 494
–, kombinierte 385
Schwärzung 148f.
Schwellwertoperation 204ff.
Schwerefestpunkt 42, 249
Schweregrundnetz (DSGN 76) 42
Schweremessung 256
Seekartennull (SKN) 42, 261, 466
Seemeile 32
Seitenansicht 380, 528f.
Seitenvertauschung 148, 305ff.
Sekundärinformation 13, 334, 342, 359, 361

Semantik 6, 10, 26, 28, 93, 109, 113, 239, 278, 342, 371, 418
Semiotik 25, 89
senkrechte Parallelprojektion 16
Sensor 264, 267
Serieneinzelbildmessung 274
Serigraphie 176
Siebdruck 144, 176f.
SI-Einheit 32, 34
Signal 24ff.
Signatur 26, 89, 93, 97ff., 292, 295, 304, 306, 348, 378, 483ff., 529
–, abstrakte 100
–, Band- 101, 442, 460, 468
–, Bewegungs- 458, 462, 469
–, bildhafte 96, 99, 420, 423, 446, 460, 462
–, Eigenschafts- 429
–, Figuren- 432
–, Flächen- (flächenhafte) 96, 98, 101f., 226, 305, 315, 377, 386, 429, 429ff., 439f., 444, 460f., 464
–, Gattungs- 419, 445
–, Gebäude- 372
–, Gebiets- 431f.
–, geometrische 100, 420, 422
–, gestufte 422, 431, 458
–, Größen- 430ff., 463f., 467f.
–, Kartogramm- 431
–, Kreis- 432
–, Linien- (lineare) 96f., 100f., 206, 222, 224f., 375, 377f., 382, 386, 427ff., 439, 444, 460f., 463, 467
–, lokale 100, 419, 421f., 428, 431f., 438, 443f., 460, 462f., 467
–, Magnet- 345
–, Objekt- 419
–, Orts- 374f., 425, 448
–, Pfeil- 101, 442, 444
–, Positions- 100
–, Punkt- (punktförmige) 222, 224, 227
–, Wert- 445
–, Werteinheits- 100, 424, 431ff., 446
–, Ziffern- 100, 427, 429
Signaturen-Bibliothek 221, 224

Signaturenkartogramm 102, 431f.
Signaturenkatalog 140f., 327
Signaturieren 221ff., 226
Silberhalogenid 148
Silbersalz (-verfahren) 148, 306f.
Simultankontrast 95
Sinngruppen 436f.
Situation 257f., 260
Situationsdarstellung 371ff., 383, 387, 389, 484
Situationspunkt 259
Skalierung 11
Skelett 208, 212
–, Raster- 214, 224
Skelettierung (topologische) 215
sliver polygon 138
spatial entities 125
spheroid 30
Splitterpolygon 138
STABIS 507f.
Stadtrelief 372
Standardisierung 149, 203, 237, 415, 513f.
Standbogen 299
Statistik 6, 286ff., 292, 534
statistisches Mosaik 433, 445
Stehfolie 299
Steindruck 173, 537ff.
Stereodarstellung 493f.
Stereophoto 270
Stereophotogrammetrie 271
Stereoskop 270f.
Stetigbahnsteuerung 230
Störpixel 206f.
Storchschnabel 158
Streckenmessung 250ff., 262
Streckenverzerrung 71
Streifendiagramm 433
Streifenkartogramm 433
Streifenmosaik 481
Strichbreitenänderung 306
Strip-Mask-Verfahren 157, 160
Stripkopie 304
Strukturlinie 324
Stützpunkt 79, 81, 128ff., 136, 138f., 221, 281, 323f., 338, 361
Stufenrelief 494

Suchgitter 393, 408
Suchkriterium, geometrisches 357
–, semantisches 358
Suchnetz 392ff., 448f., 474
Superpixel 199
Symbol 99f.
Symbolisierung 221
Syntaktik 109, 239, 342, 371, 418
Syntax 25, 28
Systemsoftware 186

Tablett 183, 190
tabula 16, 525, 533
Tachymeter 40, 250ff.
Tachymetrie 258
Tangentialsteuerung 231
Taxi-Distanz 82
Teilblockdarstellung 374
Teilpanorama 486
Template Matching 283
Terminal 181
terrestrische Messung 250
tessellation model (mosaikorientiertes Datenmodell) 81
Theodolit 250ff.
Thermographie 152, 177
Thiessen-Polygon 130f.
Tiefdruck 170, 172f., 528, 538
Tiefenlinie 257, 262, 381f., 392, 466, 529f., 534f.
Tiefenmessung 253, 261f.
Tiefziehen 495
Tilgungsdecker 297
Tintenstrahlzeichner (ink jet plotter) 234
Tischzeichner 230
Topogramm 20, 118
Topographisch-Geomorphologische Kartenprobe 380, 389
Topologie 83, 86, 281
topologische Beziehung 84
topologischer Raum 83
Toponymie 392
Tortendiagramm 425, 433
Transfer-Verfahren 152
Transformation 281
Transkription 392, 474
Transliteration 392, 411, 474

598 Sachverzeichnis

Transmissionsgrad 149
Transparentpapier 146
Transporteur 153, 352
Traverse 39
Trennkopie 299, 308
Triangulation 38, 130, 324, 528, 530
trigonometrischer Punkt 37
Trilateration 38
trimetrische Projektion 490f.
Trommelscanner 192f.
Trommelzeichner (drum plotter) 232
Tuschezeichnung 153f.
Typenbildung 418, 420f., 429

Überhöhung 356f., 489f., 493, 495f.
Überzeichnung 109, 408
Umbeziffern 74, 78
Umdruckpapier 538
Umdruckstein 538
Umkopie 304, 306, 308
Umweltinformationssystem 500f.
Unikat 20, 153, 290, 297, 300, 534
Universal Polar Stereographic (UPS) 63
Universal Transversal Mercator Projection (UTM) 69, 403
Urbild 49ff.
Urheberrecht 245ff.

Vedute 527
Vektor-Daten 131, 188, 211, 200, 203, 211, 213f., 222, 225, 229, 231f, 280f., 284
Vektor-Datenverarbeitung 131, 203, 211, 218, 236, 318, 324, 338
Vektorformat 188ff., 198
Vektorisierung 212ff., 216f.
Vektormodus 130f.
Vektorplotter 229
Verbreitungsfläche 9, 98f., 305, 428, 449, 534
Verdicken, Verdünnen 206f.
vereinfachte Gebirgsschummerung 385
Vereinigung 363
Verhältnisskala 11
Verifikationsplotter 231f., 235
Vermessung, hydrographische 249

–, topographische 249
Vermessungskunde 249ff., 400
Vermessungswesen 6, 519
Verortung 29
Versalschrift 103
Verschneidung 361f.
Vertoonung 527
Vervielfältigung 243
Very Long Baseline Interferometry (VLBI) 253
Verzerrungsdiagramm 58, 62, 67
Verzerrungsellipse 49ff.
Verzerrungsgitter 349, 379, 529
Videoscanner 192ff.
Vier-Farben-Problem 86, 92
Vignette 527
Vignettieren 306
Visualisierung 21, 137, 221, 520
Vogelperspektive 486f.
Vogelschau 486
Vogelschaubild 486
Vorlagenvorbereitung 281f.

Wahrnehmungspsychologie 94, 517
Wash-Off-Verfahren 151
Wasserlinienverfahren 274
Weltraumkartographie 412
Welturheberrechtsabkommen (WUA) 247
Wertefeld 10, 264, 438
Werteinheit 100, 422, 424f.
Wertelinie 98
Wertgrenzlinie 441
Wertgruppe 422, 435, 437f.
Wertpunkt 445
Wertstufe 99, 436, 438f.
Wiederholungs-Genauigkeit 230
Wiegendruck 538
Wiener Methode der Bildstatistik 424
Windstrahlen 526
Winkelmesser 153, 352
Winkelmessung 250f., 351ff.
Winkelteilung 34
Winkeltreue 47, 50, 56f., 60, 63, 65f., 68ff.
Winkelverzerrung 50f., 73
wissensbasierte Methoden 284

Workstation 179ff., 184, 186f., 190f.,
    221, 235, 237
World Geodetic System 1984
    (WGS84) 30

Xerographie 152

Zähllinie 382, 392
Zählrahmenmethode 424
Zahlencodes 9
Zahlentachymetrie 257, 260
Zeichen 24ff.
Zeichenbedeutung 25f.
Zeichendimension 25f.
Zeichenerklärung 26, 99, 244, 342,
    378, 393, 450
Zeichengenauigkeit 221, 348, 379
Zeichenrepertoire 342
Zeichenschlüssel 93, 96, 114, 116,
    180, 244f., 290, 292, 294, 297,
    415
Zeichensprache 6
Zeichensystem 25, 89f., 245
Zeichentheorie 24ff., 89, 342

Zeichenvariation 90ff.
Zeichenvorrat 16, 19, 25
Zeichenvorschrift 98, 116f., 239, 244,
    260, 461
Zeichenwerkzeug 230
Zeichnungsträger 145, 229f., 232,
    234
Zelle 81, 84
Zenit 251
Zenitwinkel 29, 251f., 255, 353
Zentraleinheit 180, 186
zerlapptes Netz 76
Zirkelöffnung 350f.
Zugangsschrift 394
Zusammenkopie 296, 299, 306ff.
Zuverlässigkeitsskizze 242, 394
Zweibildmessung 271ff.
Zweipunktperspektive 488
Zweitonoriginal 308
Zweitonpause 168
Zwischenhöhenlinie 382
Zwischenoriginal 291, 296, 308

Walter de Gruyter
Berlin • New York

Heribert Kahmen

Vermessungskunde

18., völlig neu bearbeitete und erweiterte Auflage
1993. 15,5 x 23 cm. XVI, 740 Seiten.
Gebunden   ISBN 3-11-013733-X
Broschur   ISBN 3-11-013732-1
(de Gruyter Lehrbuch)

Die 18. Auflage dieses Standardwerks über Vermessungskunde liegt nun in neuer, überarbeiteter und aktualisierter Form als geschlossenes Lehrbuch vor, das die bewährte Tradition der bisherigen in der Sammlung Göschen erschienenen dreibändigen Taschenbuchausgabe fortsetzt. Damit steht eine Zusammenfassung der gesamten Vermessungskunde in einem Buch zur Verfügung, das sowohl als Einführung in das Vermessungswesen als auch zum vertieften Studium sowie als Nachschlagewerk für bereits im Beruf stehende Fachleute verwendet werden kann. Besonderes Gewicht liegt dabei auf der Darstellung modernster Technologien wie Lasertechniken, computergestützte Meßeinrichtungen, Meßroboter und Satellitenverfahren, deren Kenntnis im Zusammenhang mit der Verwendung von Geo-Informationssystemen für jeden Vermessungsingenieur unerläßlich ist.

Das Buch wendet sich an Studierende des Vermessungswesens und benachbarter Fachrichtungen wie Kartographie, Bauingenieurwesen, Architektur, Raum- und Landesplanung, Geographie, etc. sowie an im Vermessungswesen tätige Praktiker.

Inhalt:

…rundlagen • Bestandteile geodätischer Meßinstrumente • Der Theodolit und das …ssen von Richtungen und Winkeln • Distanzmessung mit Distanzmeßgeräten • …tronische Tachymeter und Meßroboter • Lagevermessung für großmaßstäbige …n • Grundaufgaben der ebenen Koordinatenrechnung, Koordinatensysteme • …mung von Lagepunkten • Verfahren der Höhenmessung und Höhensysteme • …nente und Geräte zum Nivellieren, Modellbildung • Nivellierverfahren • …metrische Höhenmessung • Höhenmessung mit Satellitenverfahren • Barometer …ometrische Höhenmessung • Hydrostatisches Nivellement • Spezielle …te für topographische Vermessungen • Topographische Vermessungen • …nsbestimmung mit Satellitenverfahren • Grundlagen der Landesvermessung …gsverfahren • Ingenieurgeodäsie

Ausschnitt aus der
Deutschen Grundkarte 1:5000

Anlage 1
Bernkastel-Kues

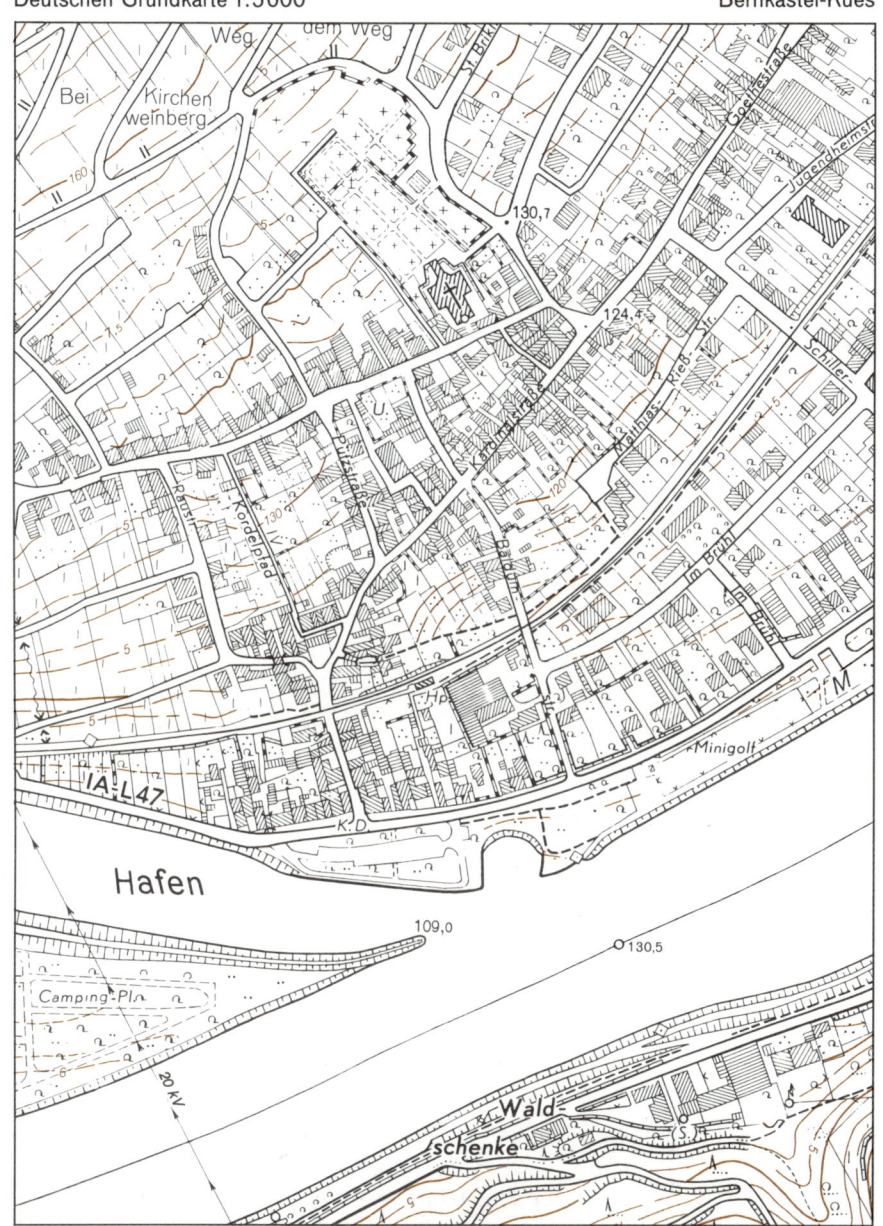

Herstellung und Druck: Landesvermessungsamt Rheinland-Pfalz

Ausschnitt aus der
Topographischen Karte 1:25000

Anlage 2
Blatt 6008 Bernkastel-Kues

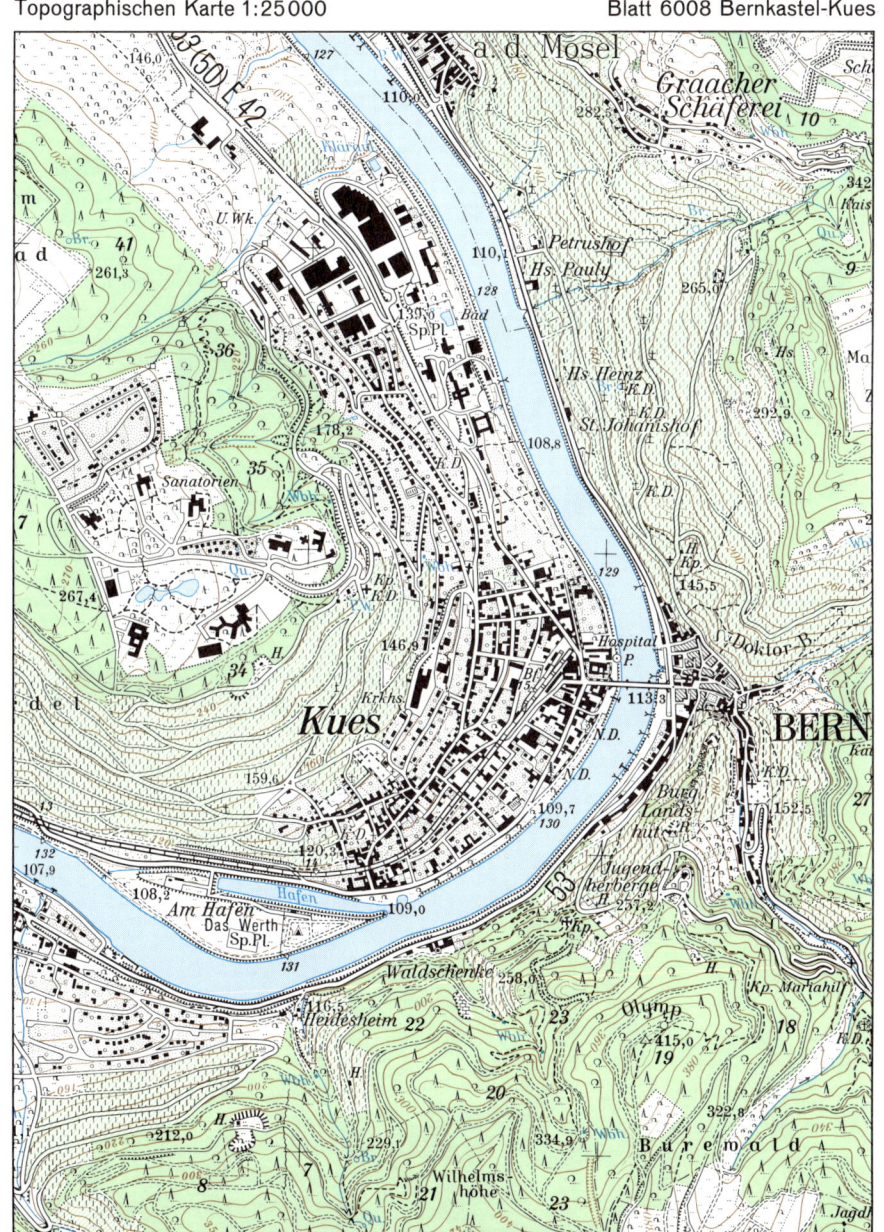

Herstellung und Druck: Landesvermessungsamt Rheinland-Pfalz

Erziehungswissenschaftliche Fakultät
der Christian-Albrechts-Universität zu Kiel
Fachbibliothek

Ausschnitt aus der
Topographischen Karte 1:50000

Anlage 3
Blatt L 6108 Bernkastel-Kues

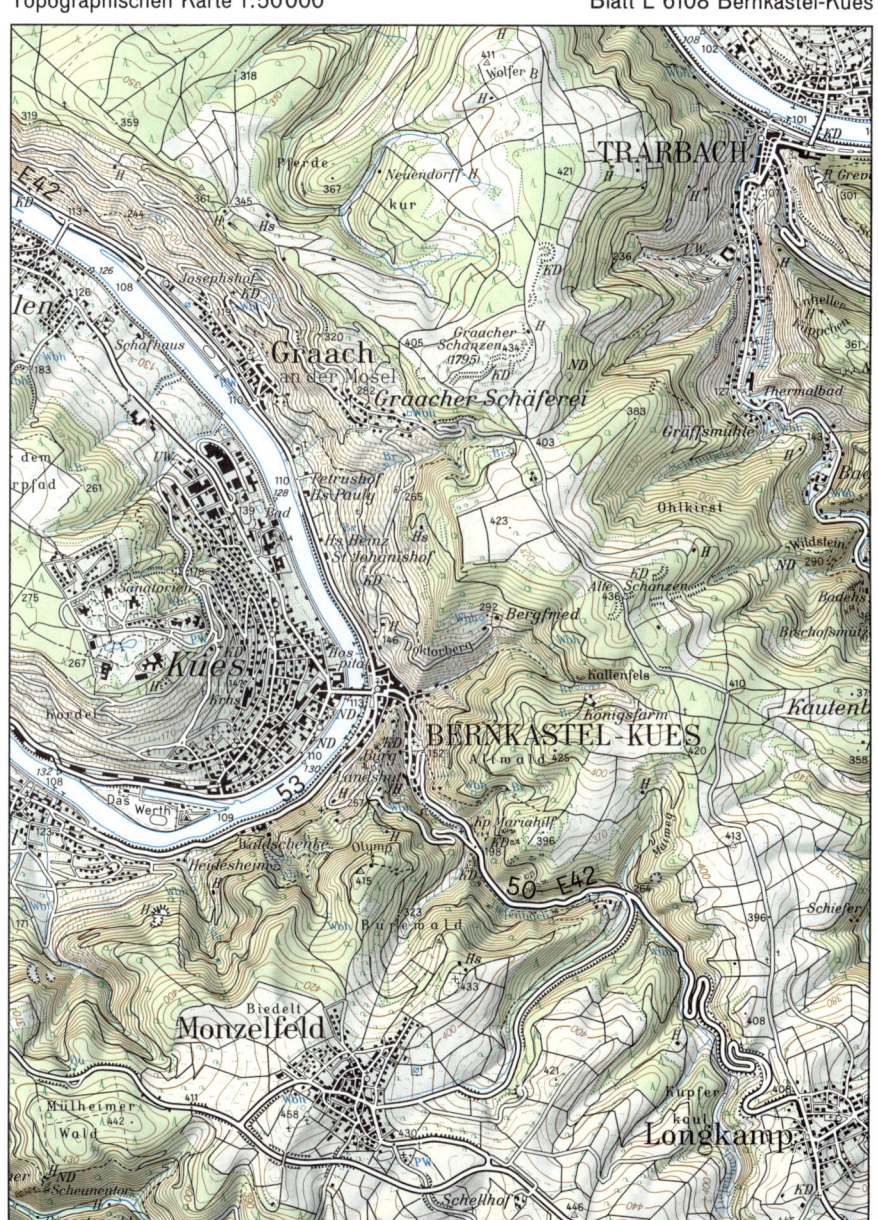

Herstellung und Druck: Landesvermessungsamt Rheinland-Pfalz

Erziehungswissenschaftliche Fakultät
der Christian-Albrechts-Universität zu Kiel
Fachbibliothek

Ausschnitt aus der
Topographischen Karte 1:100 000

Anlage 4
Blatt C 6306 Idar-Oberstein

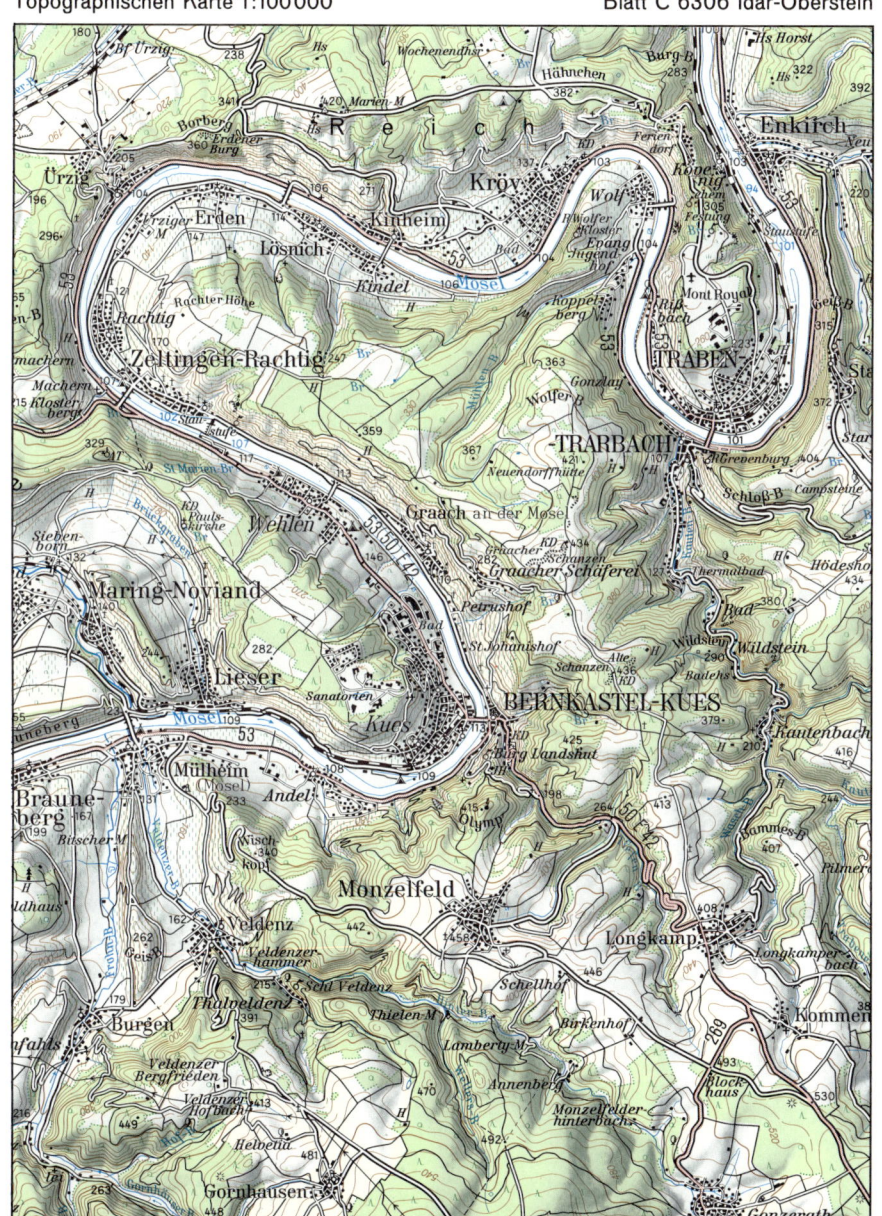

Herstellung und Druck: Landesvermessungsamt Rheinland-Pfalz

Erziehungswissenschaftliche Fakultät
der Christian-Albrechts-Universität zu Kiel
Fachbibliothek

Ausschnitt aus der
Topographischen Übersichtskarte 1 : 200 000

Anlage 5
Blatt CC 6302 Trier, Normalausgabe

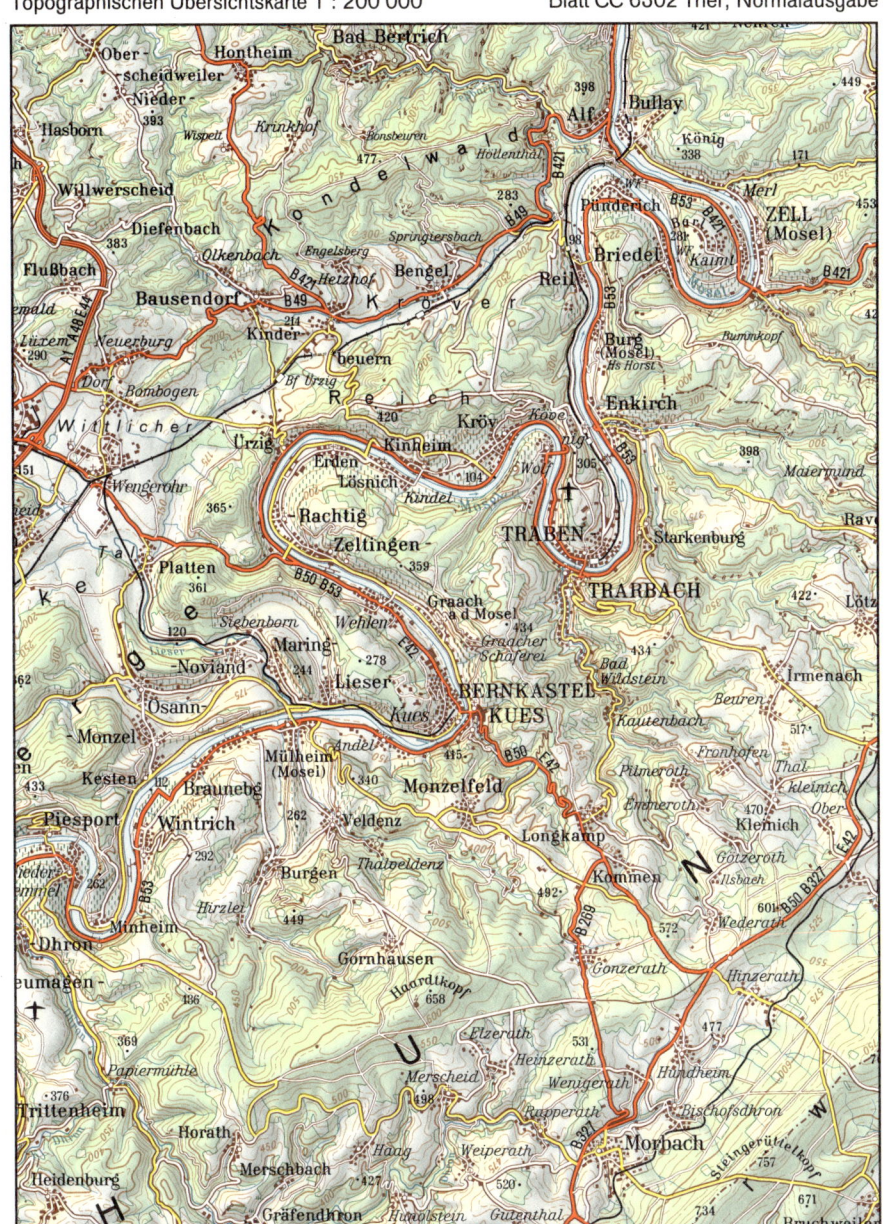

Herstellung und Druck: Institut für Angewandte Geodäsie, Frankfurt am Main, 1992

Erziehungswissenschaftliche Fakultät
der Christian-Albrechts-Universität zu Kiel
Fachbibliothek

Ausschnitt aus der
Übersichtskarte 1 : 500 000

Anlage 6
Großblatt Südwest, Normalausgabe

Herstellung und Druck: Institut für Angewandte Geodäsie, Frankfurt am Main, 1992

Erziehungswissenschaftliche Fakultät
der Christian-Albrechts-Universität zu Kiel
Fachbibliothek

Ausschnitt aus der Karte
Bundesrepublik Deutschland 1 : 1 000 000

Anlage 7
Normalausgabe

Herstellung und Druck: Institut für Angewandte Geodäsie, Frankfurt am Main, 1992

Ausschnitt aus der
Luftfahrtkarte ICAO 1 : 500 000

Anlage 8
Hamburg (NO 53/6)

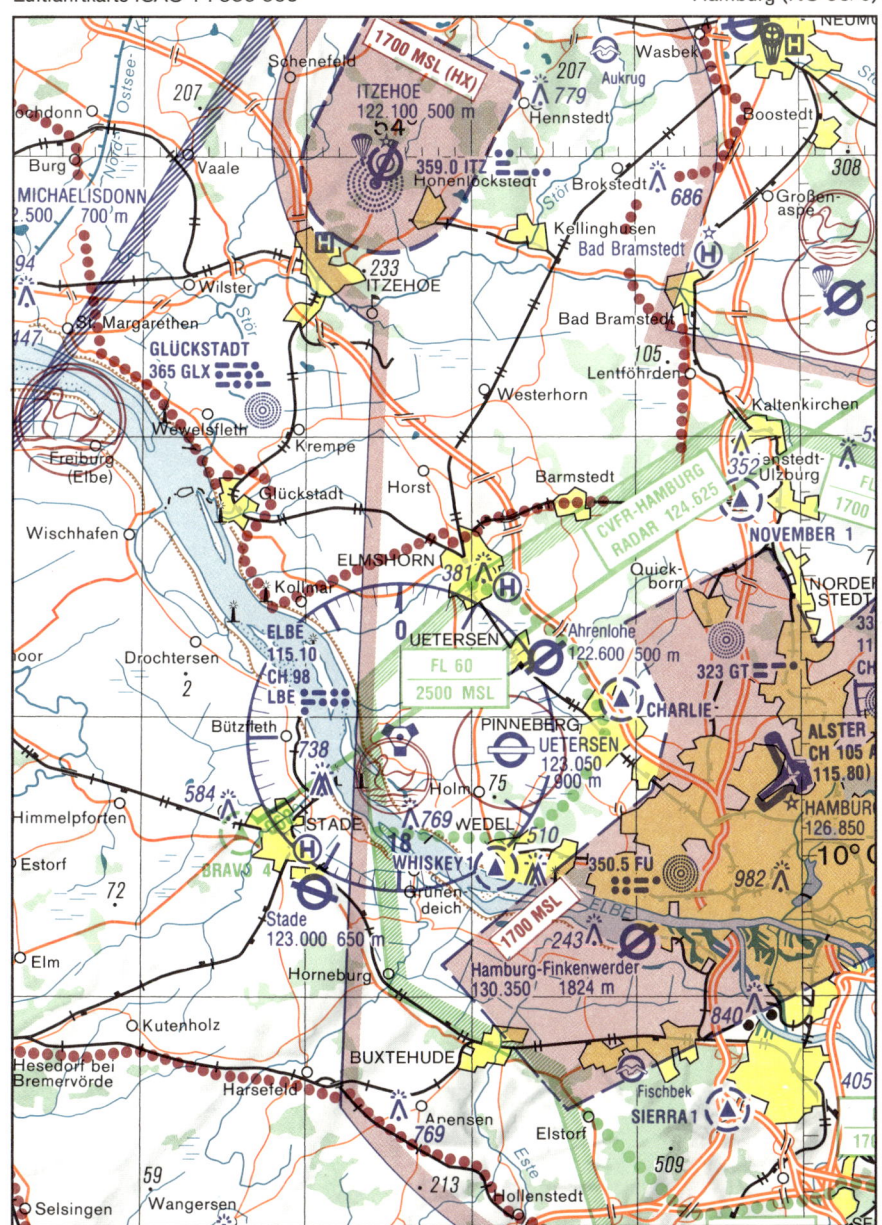

Herstellung und Druck: Institut für Angewandte Geodäsie, Frankfurt am Main, 1992

Ausschnitt aus der Stadtkarte Hannover 1:20000   Anlage 9

Herstellung und Druck: Landeshauptstadt Hannover - Stadtvermessungsamt -

Erziehungswissenschaftliche Fakultät
der Christian-Albrechts-Universität zu Kiel
Fachbibliothek

Ausschnitt aus der Seekarte Nr. 44 (konventionelle Karte)

Anlage 10

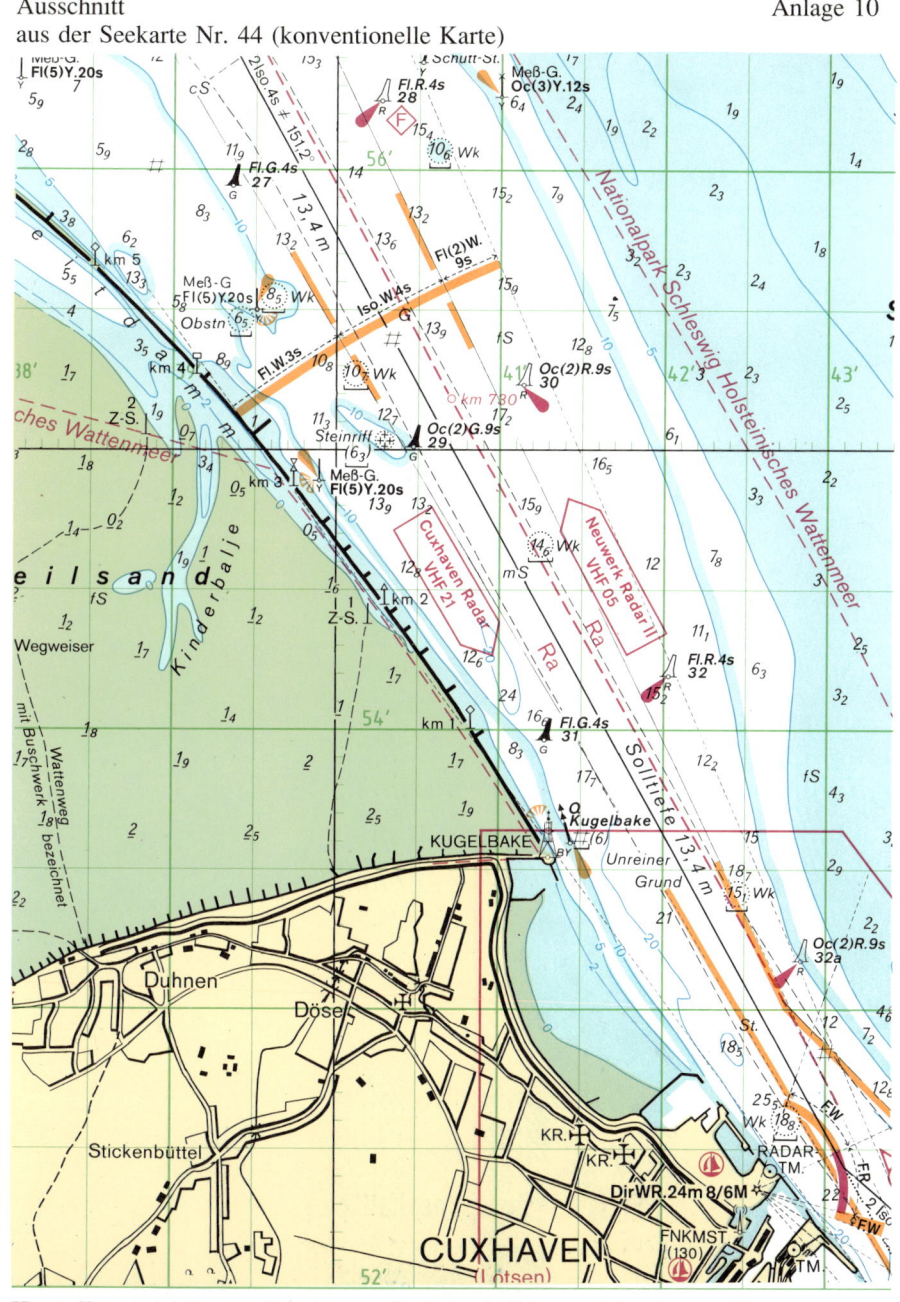

Herstellung und Druck: Bundesamt für Seeschiffahrt und Hydrographie

Elektronische Karte, entsprechend dem Ausschnitt aus der Seekarte Nr. 44

Anlage 11

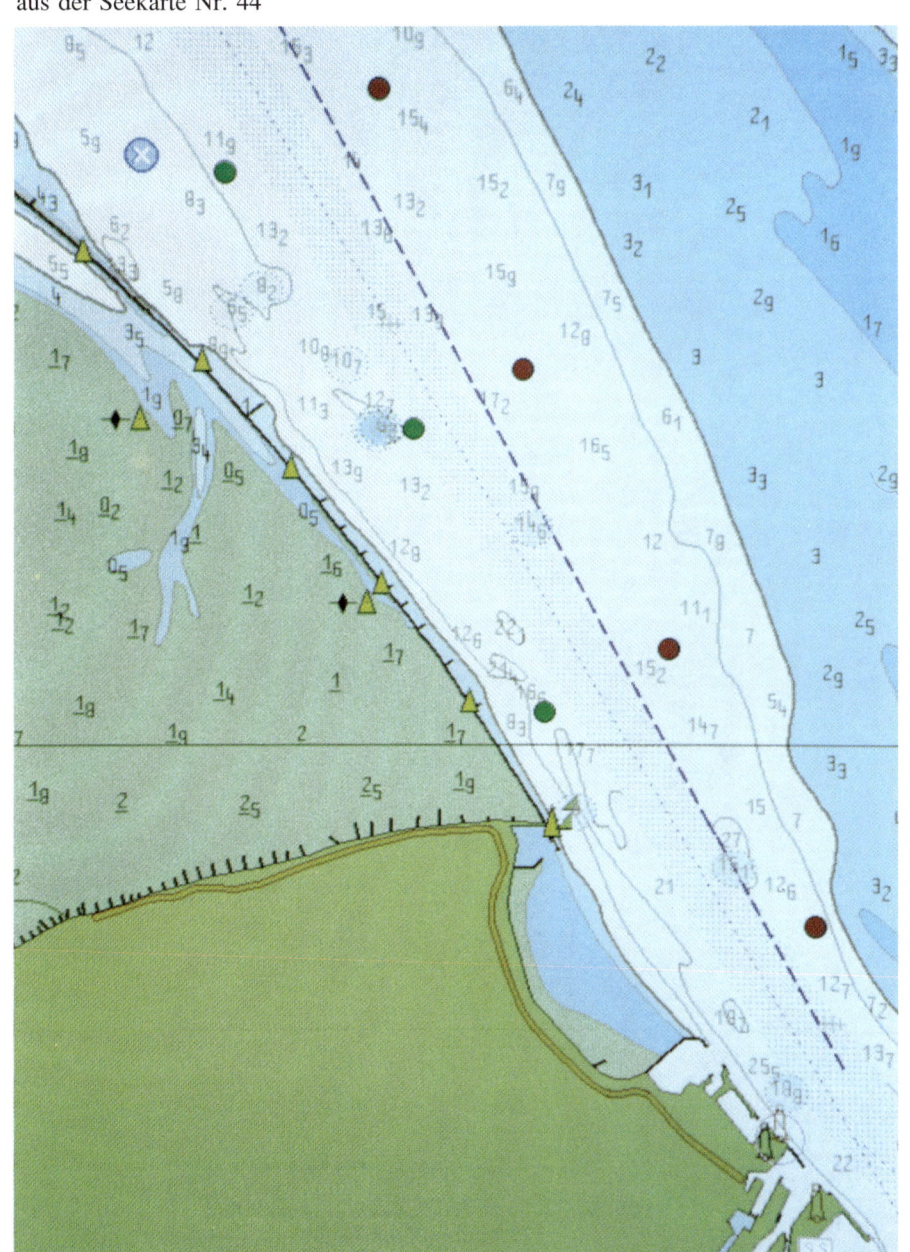

Herstellung und Druck: Bundesamt für Seeschiffahrt und Hydrographie

Ausschnitt aus „Diercke Weltatlas", Mitteleuropa – Geologie 1 : 4 500 000

Anlage 12

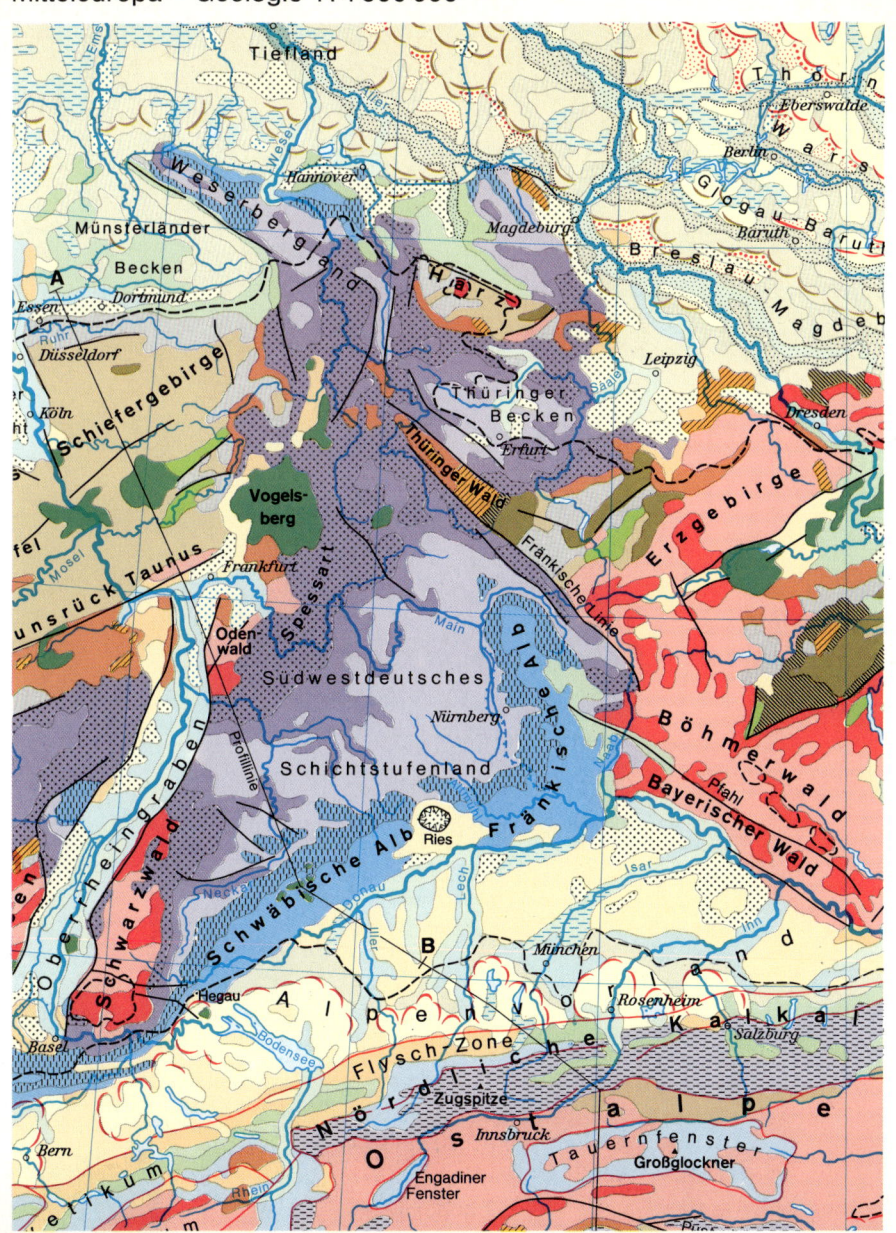

Herstellung und Druck: © Westermann, Braunschweig

Erziehungswissenschaftliche Fakultät
der Christian-Albrechts-Universität zu Kiel
Fachbibliothek

Ausschnitt aus „Diercke Weltatlas", Deutschland – Klima 1 : 3 500 000

Anlage 13

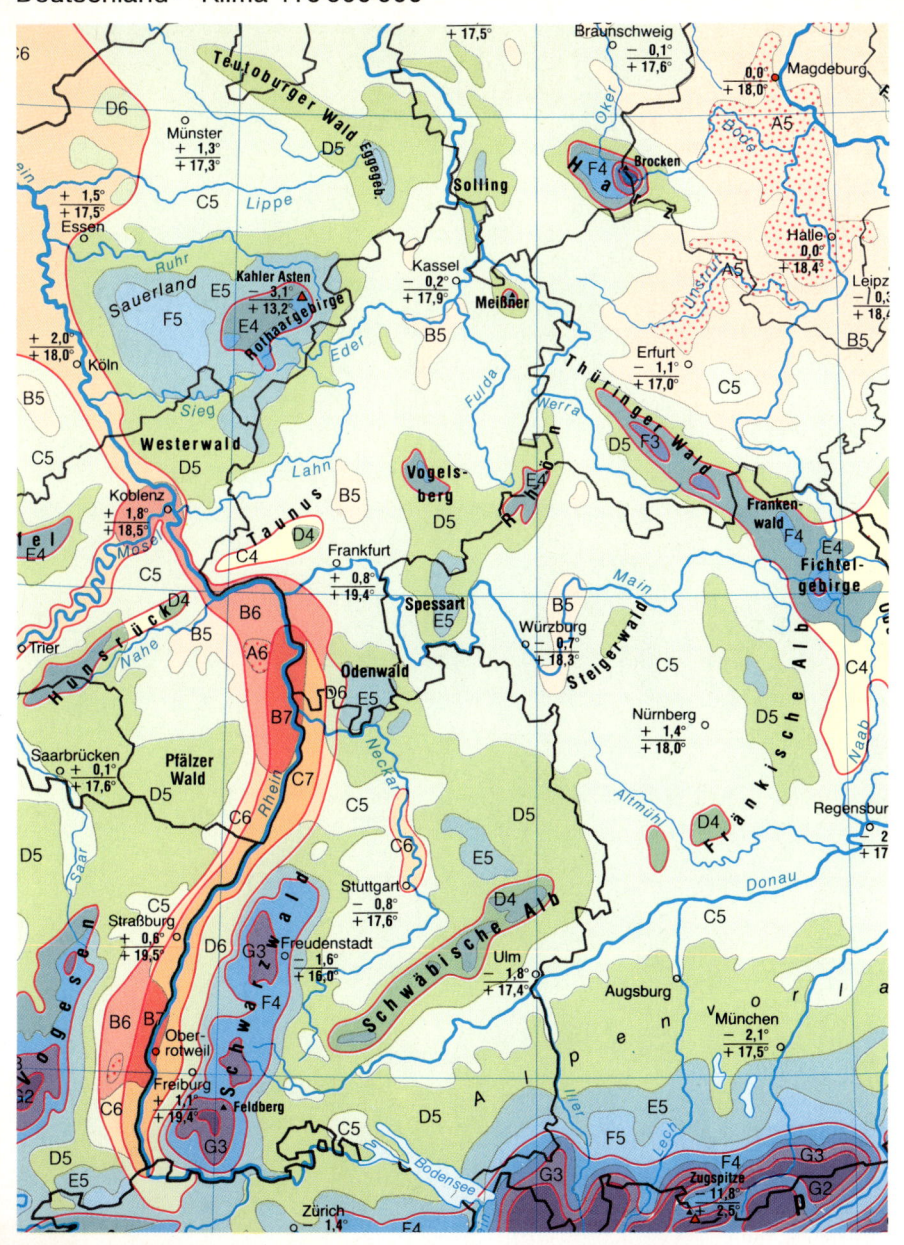

Herstellung und Druck: © Westermann, Braunschweig

Ausschnitt aus „Diercke Weltatlas",
Deutschland – Energiewirtschaft 1 : 5 000 000

Anlage 14

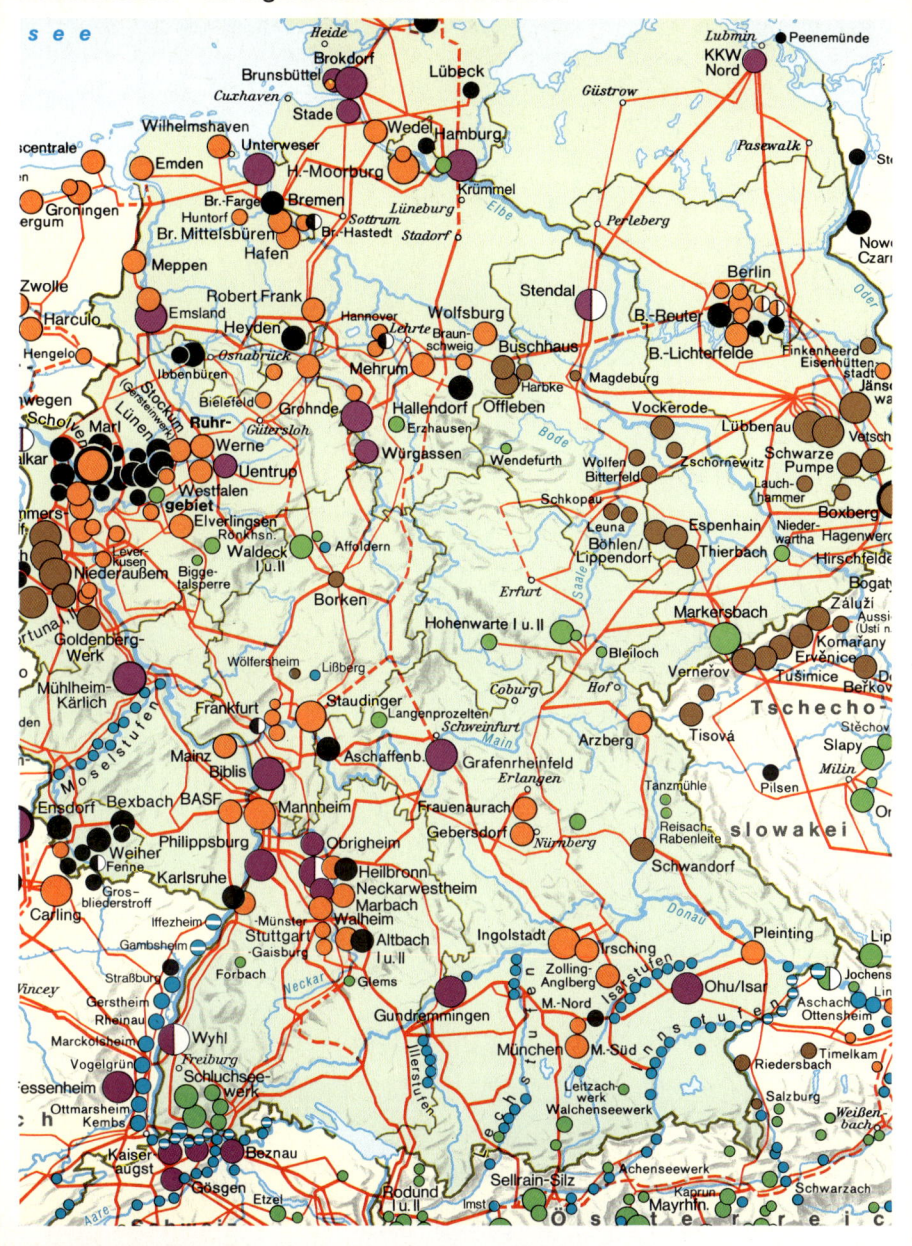

Herstellung und Druck: © Westermann, Braunschweig

Erziehungswissenschaftliche Fakultät
der Christian-Albrechts-Universität zu Kiel
Fachbibliothek

Ausschnitt aus „Diercke-Weltraumbildatlas",
Vulkanismus 1 : 400 000 (Satellitenbild und themat. Karte)

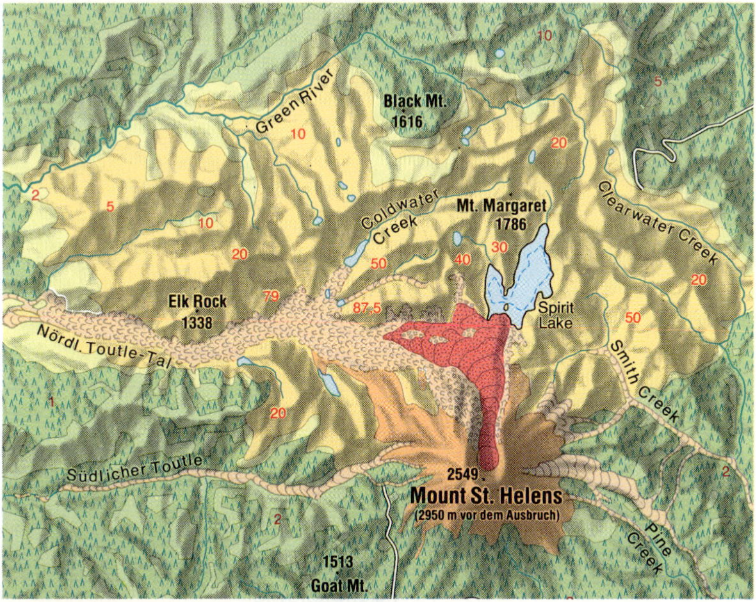

Anlage 15

Herstellung und Druck: © Westermann, Braunschweig

Erziehungswissenschaftliche Fakultät
der Christian-Albrechts-Universität zu Kiel
Fachbibliothek

Ausschnitt aus Ravenstein-Atlas 1 : 250 000 „STRASSEN 1993" Anlage 16

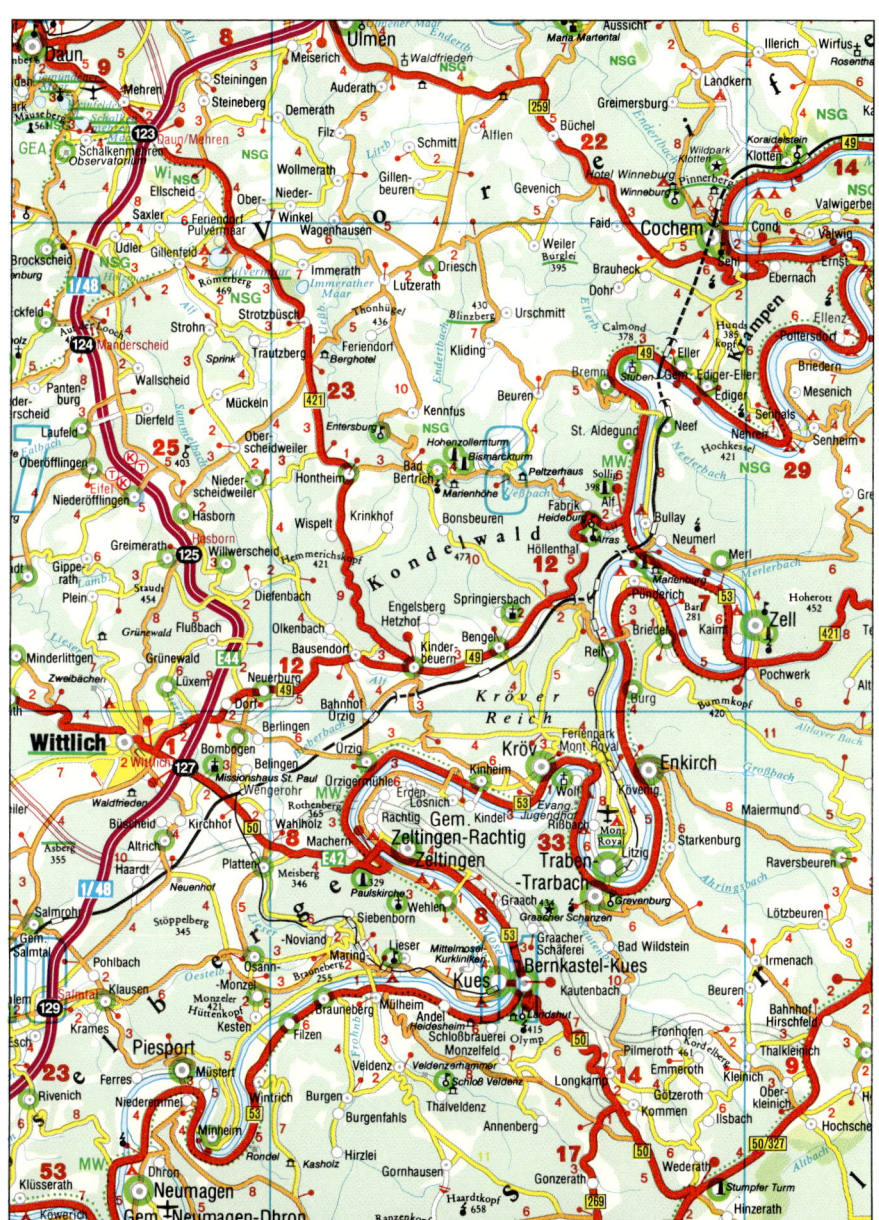

Herstellung und Druck: Ravenstein Verlag, Bad Soden/Ts.

Ausschnitt aus dem
Flächennutzungsplan der Freien und Hansestadt Hamburg
Maßstab 1 : 20 000

Anlage 17

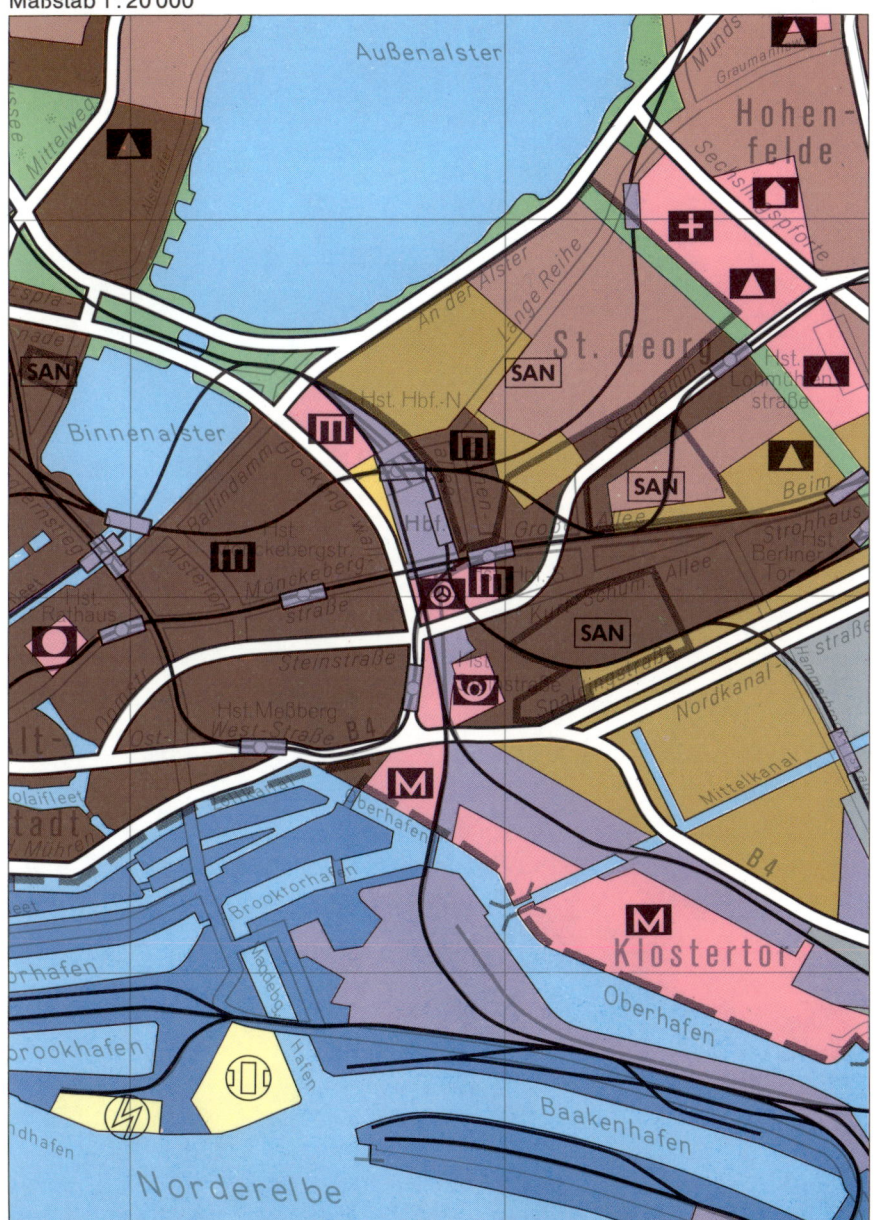

Herstellung und Druck:
Freie und Hansestadt Hamburg - Baubehörde - Vermessungsamt

Erziehungswissenschaftliche Fakultät
der Christian-Albrechts-Universität zu Kiel
Fachbibliothek

Ausschnitt aus der Waldbrandeinsatzkarte 1:50 000 L 3922

Anlage 18

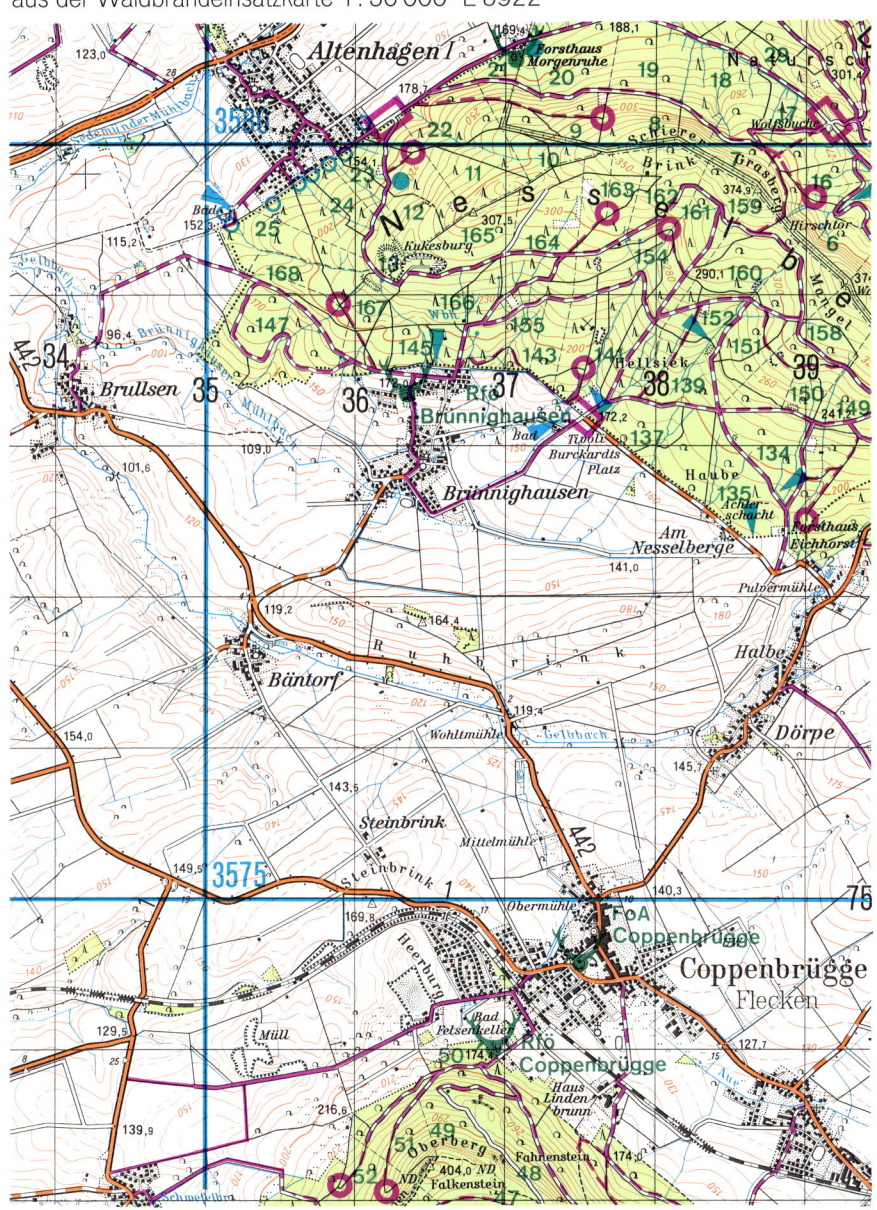

Herstellung und Druck:
Niedersächsisches Landesverwaltungsamt — Landesvermessung —

Erziehungswissenschaftliche Fakultät
der Christian-Albrechts-Universität zu Kiel
Fachbibliothek

Ausschnitt aus der Liegenschaftskarte 1:1000 als Zeichenmuster

Anlage 19

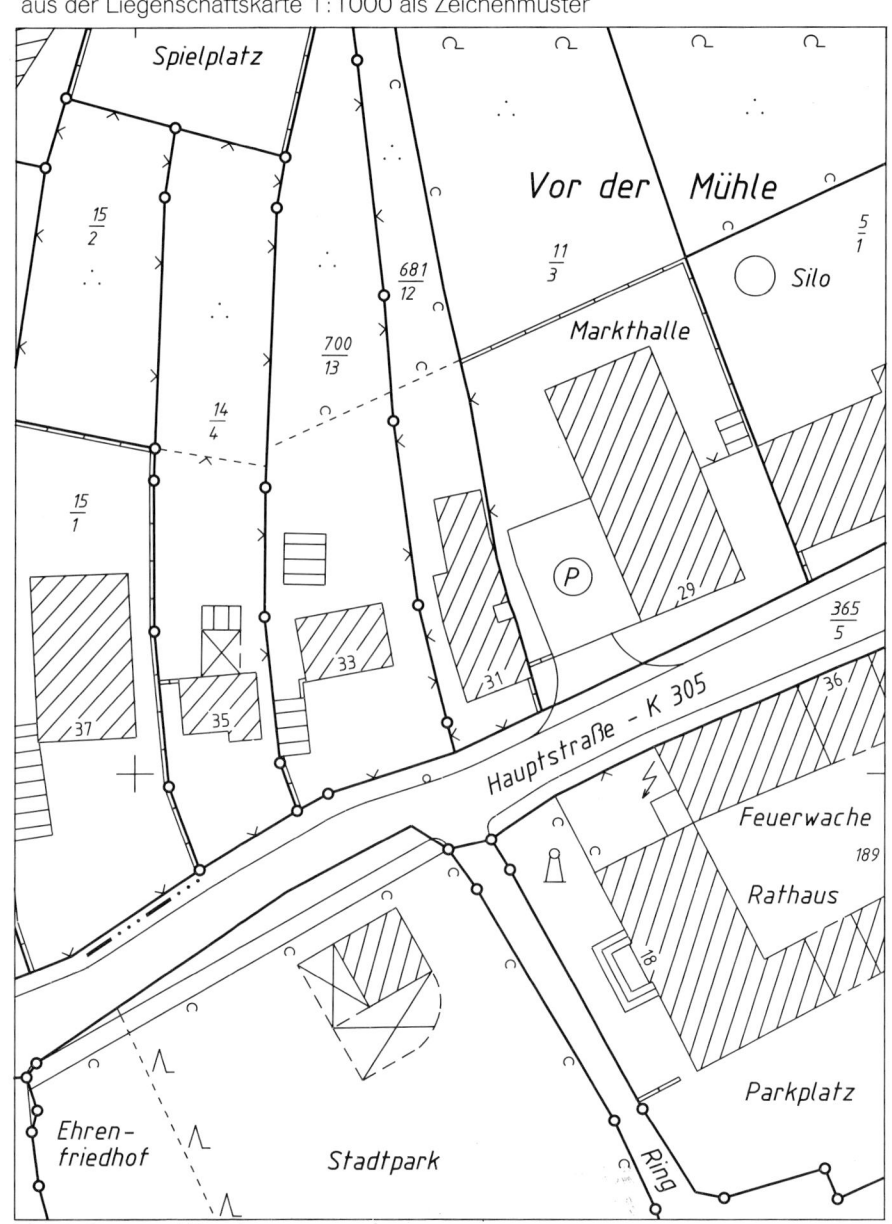

Herstellung und Druck:
Niedersächsisches Landesverwaltungsamt – Landesvermessung –

Erziehungswissenschaftliche Fakultät
der Christian-Albrechts-Universität zu Kiel
Fachbibliothek

Ausschnitt
aus der Luftbildkarte 1:5000 Lemgo Süd

Anlage 20

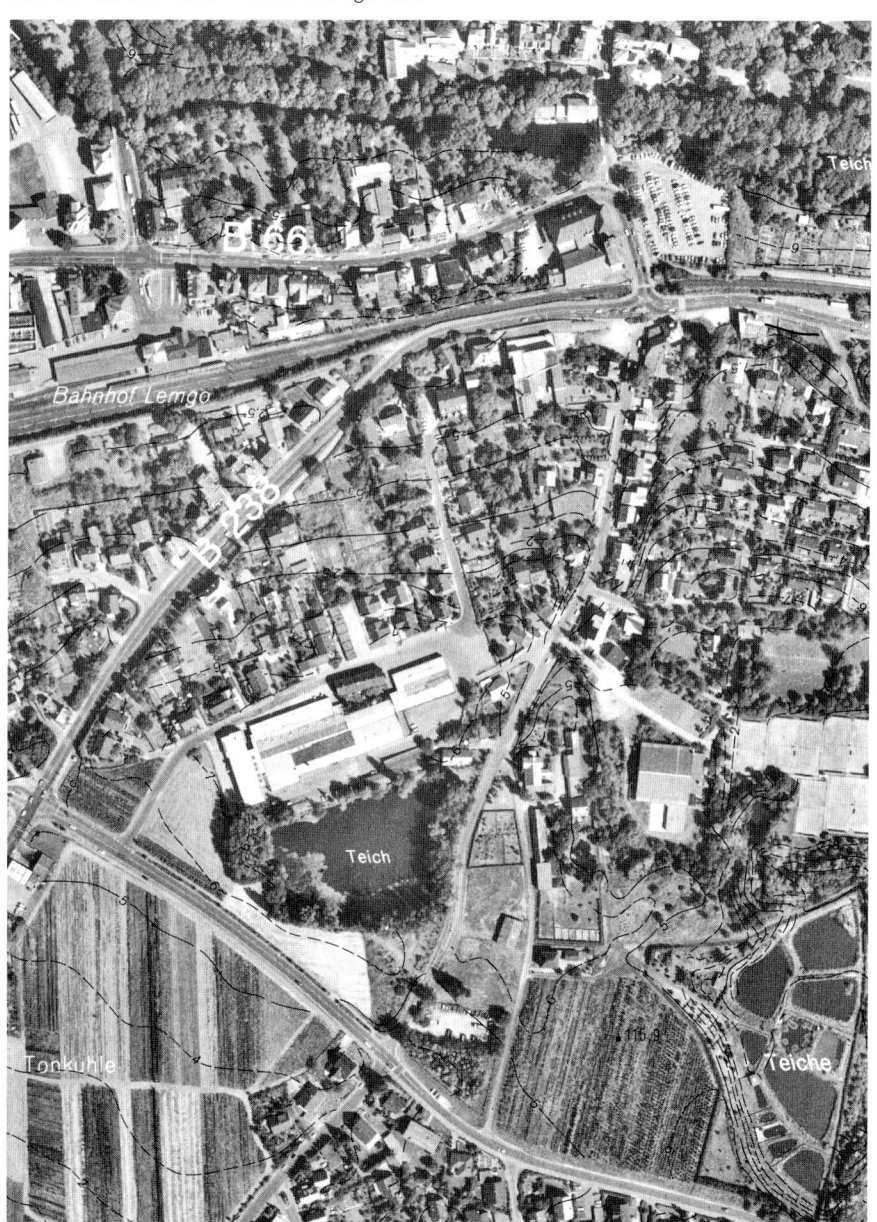

Herstellung und Druck: Landesvermessungsamt Nordrhein-Westfalen

Ausschnitt aus einer TopographischenKarte 1 : 25 000
Rechnergestützte Aktualisierung mit SICAD-MAP-REVISOR

Anlage 21

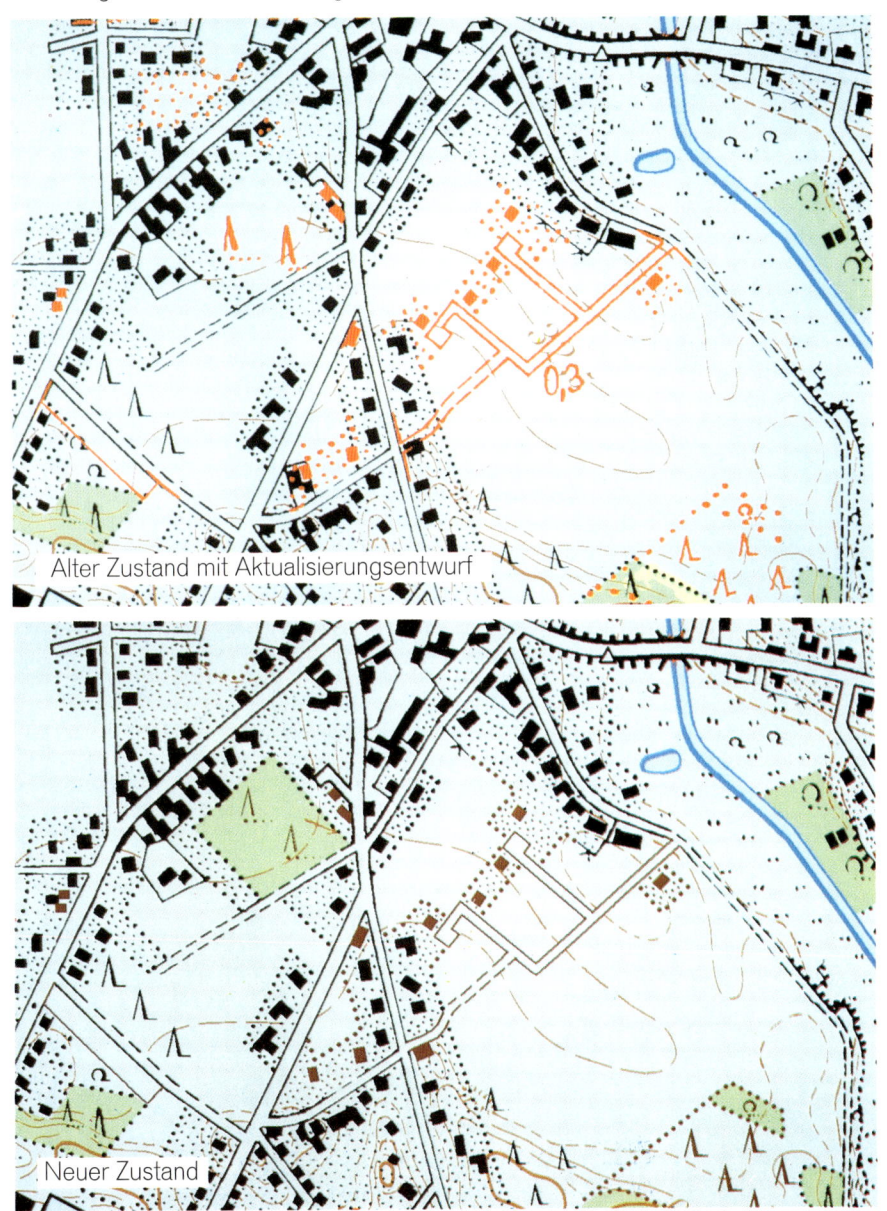

Alter Zustand mit Aktualisierungsentwurf

Neuer Zustand

Herstellung und Druck:
Niedersächsisches Landesverwaltungsamt – Landesvermessung –

Erziehungswissenschaftliche Fakultät
der Christian-Albrechts-Universität zu Kiel
Fachbibliothek

Ausschnitt aus der

Anlage 22

GEOLOGISCHE KARTE DER BUNDESREPUBLIK DEUTSCHLAND 1:1 000 000

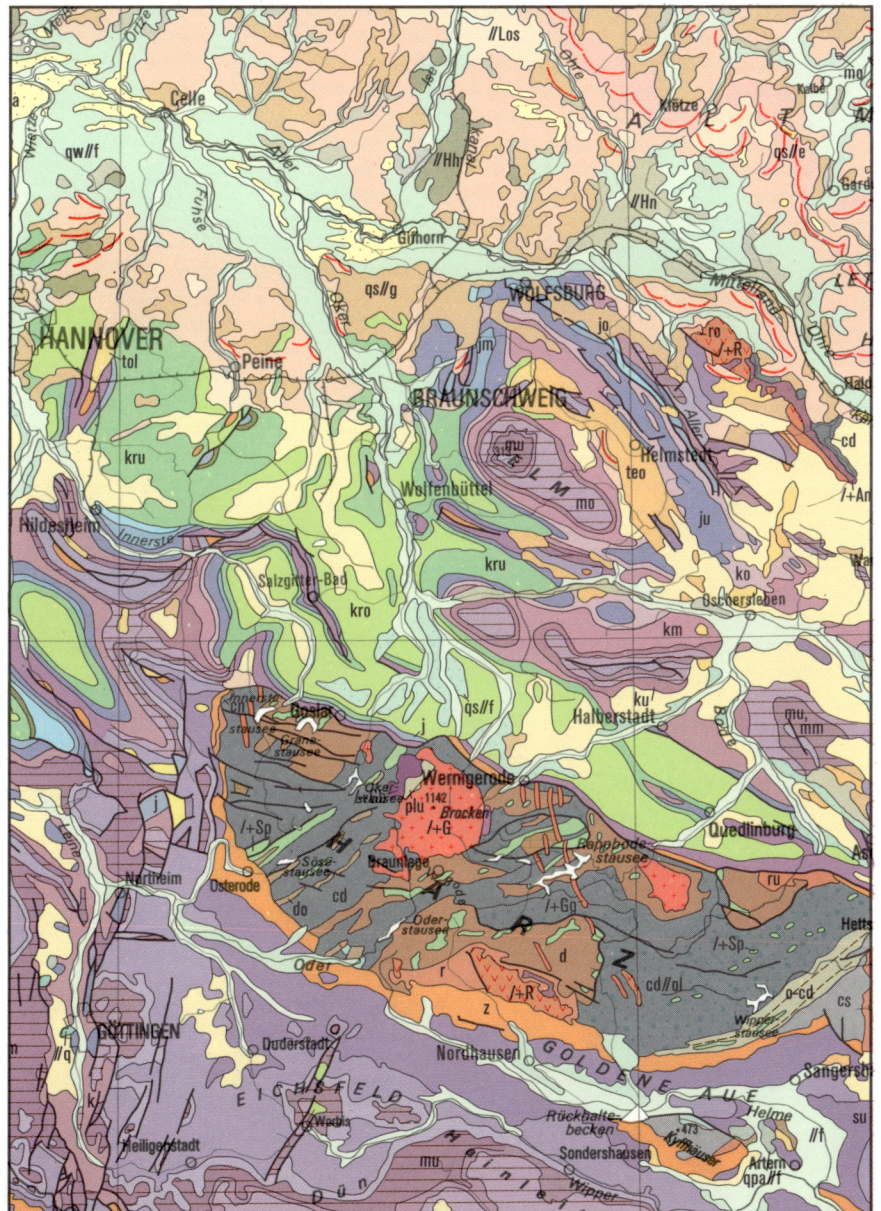

Herstellung: Bundesanstalt für Geowissenschaften und Rohstoffe, Hannover

Erziehungswissenschaftliche Fakultät
der Christian-Albrechts-Universität zu Kiel
Fachbibliothek

Ausschnitt aus einer Bodenkarte 1: 25000 Anlage 23

GRUNDLAGENKARTE

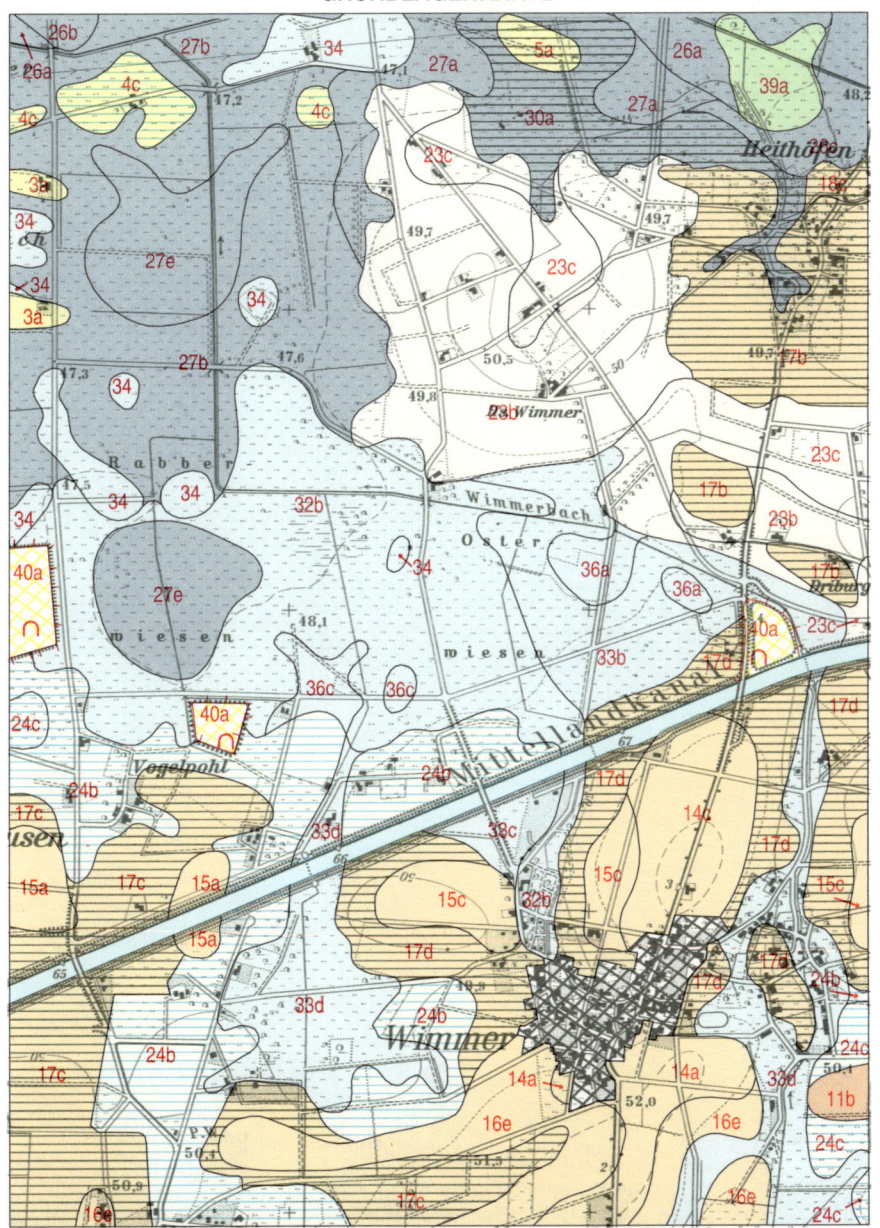

Herstellung: Niedersächsisches Landesamt für Bodenforschung, Hannover

Erziehungswissenschaftliche Fakultät
der Christian-Albrechts-Universität zu Kiel
Fachbibliothek

Ausschnitt aus einer Auswertungskarte 1: 25000 Anlage 24

BODENKUNDLICHE FEUCHTESTUFE

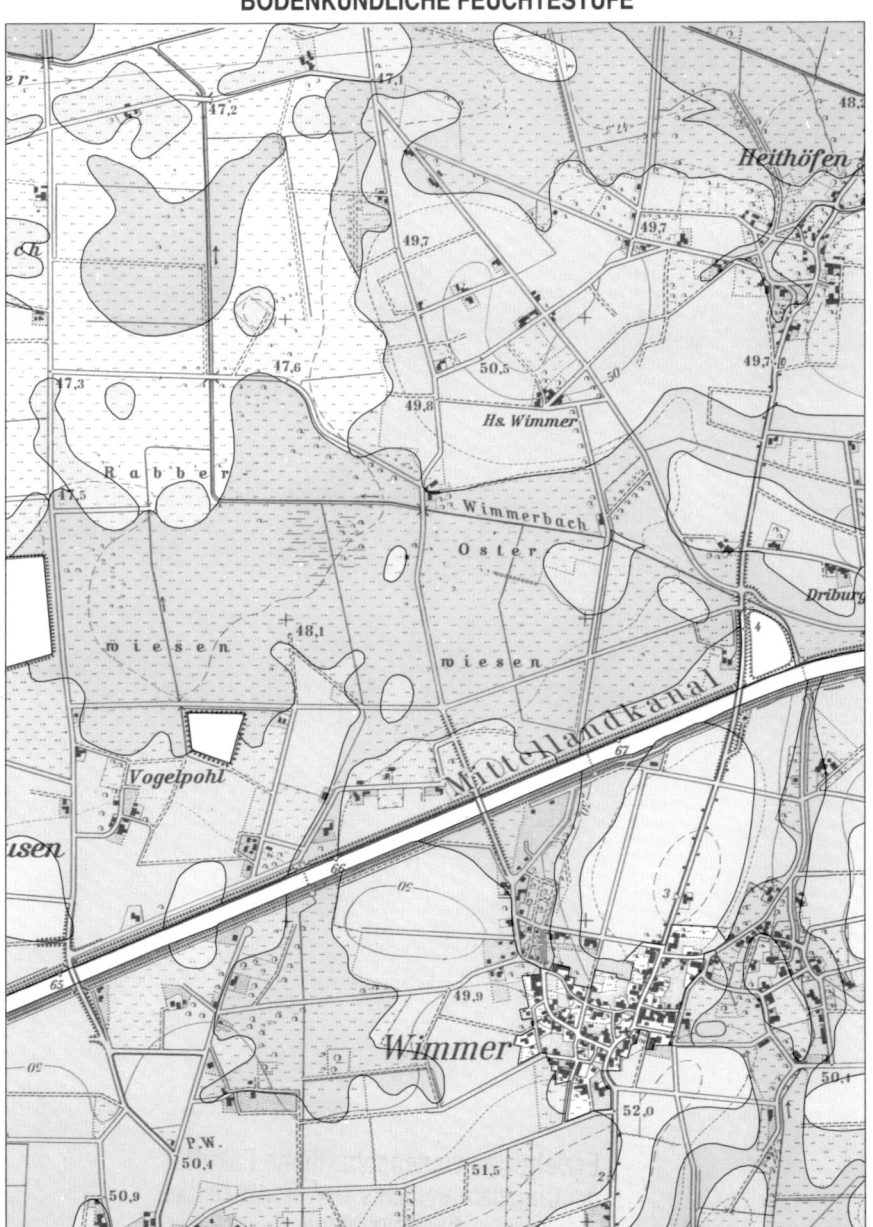

Herstellung: Niedersächsisches Landesamt für Bodenforschung, Hannover

Erziehungswissenschaftliche Fakultät
der Christian-Albrechts-Universität zu Kiel
Fachbibliothek